第三届全国高等学校 航空航天类专业教育教学研讨会 论文集

教育部高等学校航空航天类专业教学指导委员会 编

北京航空航天大学出版社

内容简介

第三届全国高等学校航空航天类专业教育教学研讨会由教育部高等学校航空航天类专业教学指导委员会主办。本论文集收录了本次研讨会所设的航空航天类专业的课程思政，一流专业核心课程体系、课程内容和教材，创新教学模式、教学手段和教学资源，创新实验实践教学，以及产学研用协同育人机制的建设与研究等5个议题的159篇论文。

本书可作为各高等院校航空航天类专业教育教学工作者的参考用书。

图书在版编目(CIP)数据

第三届全国高等学校航空航天类专业教育教学研讨会论文集 / 教育部高等学校航空航天类专业教学指导委员会编. -- 北京 ：北京航空航天大学出版社，2022.6

ISBN 978-7-5124-3785-2

Ⅰ. ①第… Ⅱ. ①教… Ⅲ. ①航空工程－教学研究－高等学校－文集②航天工程－教学研究－高等学校－文集 Ⅳ. ①V-53

中国版本图书馆CIP数据核字(2022)第089878号

第三届全国高等学校航空航天类专业教育教学研讨会论文集

教育部高等学校航空航天类专业教学指导委员会 编

策划编辑 蔡 喆 责任编辑 蔡 喆

*

北京航空航天大学出版社出版发行

北京市海淀区学院路37号(邮编100191) http://www.buaapress.com.cn

发行部电话：(010)82317024 传真：(010)82328026

读者信箱：goodtextbook@126.com 邮购电话：(010)82316936

北京富资园科技发展有限公司印装 各地书店经销

*

开本：787×1 092 1/16 印张：57.5 字数：1 472千字

2022年6月第1版 2022年6月第1次印刷

ISBN 978-7-5124-3785-2 定价：599.00元

前　言

实现中华民族伟大复兴的中国梦必须建设科技强国，空天强国是科技强国的重要组成，航空航天专业人才培养是实现空天强国的基石。教育部高等学校航空航天类专业教学指导委员会于2019年10月在北京和2020年11月在南京分别主办了第一届和第二届全国高等学校航空航天类专业教育教学研讨会，得到了各高校和广大教师的积极响应，增进了教师之间的交流，促进了高水平航空航天类专业的建设。

为了持续推进我国航空航天类专业建设，提升教育教学质量，培养航空航天专业优秀人才，教育部高等学校航空航天类专业教学指导委员会主办、四川大学和电子科技大学联合承办了第三届全国高等学校航空航天类专业教育教学研讨会，助力我国航空航天专业人才培养的高水平发展。因突发疫情影响，研讨会延期至2022年11月初在成都举行，先行出版研讨会论文集。

本论文集包含航空航天类专业的课程思政，一流专业核心课程体系、课程内容和教材，创新教学模式、教学手段和教学资源，创新实验实践教学，以及产学研用协同育人机制的建设与研究等5个议题，共收录论文159篇。

教育部高等学校航空航天类专业教学指导委员会

2022年6月

目　　录

议题1　航空航天类专业课程思政的建设与研究

议题2　航空航天类一流专业核心课程体系、课程内容和教材的建设与研究

议题3 航空航天类专业创新教学模式、教学手段和教学资源的建设与研究

议题 4　航空航天类专业创新实验实践教学的建设与研究

议题 5　航空航天类专业产学研用协同育人机制的建设与研究

议题 1

航空航天类专业
课程思政的建设与研究

立德树人宗旨下的高校课程思政研究
——以无损检测技术课程为例

刘俊岩[1,2]　王飞[1,2]　宋鹏[3]　孟祥林[4]　岳卓言[1,2]　王扬[1,2]

（1. 哈尔滨工业大学 机电工程学院，哈尔滨　150001

2. 哈尔滨工业大学 机器人技术与系统国家重点实验室，哈尔滨　150001

3. 哈尔滨工业大学 仪器科学与工程学院，哈尔滨　150001

4. 黑龙江科技大学 机械工程学院，哈尔滨　150022）

摘　要：大学生是祖国的未来和希望，是未来国家建设的主力军和接班人。如何让大学生在学习新知识的同时，树立积极向上的三观理念，成为了我国各高校需要关注并解决的问题。课程思政为此提出了具有建设性的方案，高校教师在进行专业课程教学时不仅要完成知识的传授，更要投入精力在学生的思想培养方面。本文以无损检测技术课程为例，系统分析目前课程存在的问题，梳理挖掘课程存在的思政教育元素，将爱国案例融入课程体系，积极采用新媒介教学等方法，发挥大学生的学习主体作用，实现学生自发参与课程思政建设，确保高职院校完成立德树人的根本任务。

关键词：课程思政；无损检测；课程建设；专业课；爱国教育；新媒介

如今，国内发展日新月异，国际形势日趋复杂，加之移动互联网的普及，各种新知识、新思想、新理念在我国广泛传播。在这种思想多元化的环境下，正处于思想观念不成熟时期的青年学生很容易受到影响，形成不利于自身发展的，甚至是错误的人生观念。而高校作为为国家提供高质量人才的最重要的摇篮，则应该肩负起相应的责任，结合学生自身的实际情况，按照马克思主义的观念与方法，对学生进行教育和引导，使其树立积极正确的人生观、世界观和价值观。

2016 年，习近平在全国高校思想政治工作会议上指出，要用好课堂教学这个主渠道，将思想政治工作贯穿教育教学全过程，实现全程育人、全方位育人，其他各门课都要守好一段渠、种好责任田，使各类课程与思想政治理论课同向同行，形成协同效应[1]。其中，如何解决高校思政教育与专业教育之间的沟通桥梁缺失这一关键问题，实现专业知识与课程思政在育德育才上的有机结合，对于有效践行立德树人宗旨，全面推进高校专业课程思政建设具有重要意义[2]。本文将以无损检测技术课程为例研究高校课程思政教育的特点和方法，为培养学生正确的世界观、人生观和价值观，成长为具有创新精神和实践动手能力的综合型人才打下坚实基础。

1　目前课程思政存在的问题

继 2016 年习近平提出落实思政教育与专业教育齐头并进之后，2018 年 6 月教育部在成都召开新时代全国高等学校本科教育工作会议时指出，要坚持正确的政治方向，促进专业知识教育与思想政治教育相结合，倾心培养建设者和接班人[3]。至此之后，高校积极推进课程思政建设，在原有的基础上，将很多专业性较强的基础课程如大学物理、高等数学等相继纳入课程思政的行列，对更多的工科课程进行改革。但由于课程思政开展的时间有限，各大高校尚未形成一套行之有效的课程体系，加之不同于以往的课程改革，因此在推行课程思政建设时，还存在一些亟待解决的问题。

1.1 授课教师无法及时转换自身角色

授课教师在思政教育建设中处于直接执行者的重要地位，其授课方法、教学效果对学生“德智体美劳”的全面发展有着不可忽视的影响。在此之前大多数专业课教师普遍认为“术业有专攻”，自身应优先进行专业知识的教学，而思想引领的任务则应该由思政教师来完成。可以说，课程思政教学对众多老师，尤其是对理工科教师来说是一种全新的教学方法尝试，加之各大高校实施课程思政建设时间不一，没有可供多数人参考的“答案”，因此授课教师很容易陷入到“讲道理”“喊口号”的说教式、宣传式教学[4]。

这种方式忽略了师生间思想观念的差异，只从教师自身授课教学的角度出发，没有考虑学生是否接受并真正领会教师的意图。如今社会节奏加快，一味地进行冗长枯燥的说教很难引起学生的兴趣，甚至会让学生反感，产生反作用。

因此，授课教师在进行课程思政教学时应该注重学生的感受，旨在激发学生的主观能动性，通过引领、启发、激励学生，在潜移默化的过程中让他们认同、理解新知识、新理念，从而在学习专业知识的同时形成正确的思想观念。

1.2 专业教育与思政教育结合过于生硬

目前，课程思政建设正处于摸索阶段，如何将专业知识传授和思政教育紧密结合起来，成为了很多教师需要面对的问题。教师自身没有做到将思政教学与知识教学自然无缝融合，加之现有的专业教材也没有紧跟思政建设的改革步伐，在实际教学中，很容易出现思政教育和专业知识脱节，思政教育变成思政课程的情况。

课程思政贵在“春风化雨、润物无声”，如果不能将课程知识与思政内容有机结合，生搬硬套，不仅达不到育人的目的，反而会使学生反感，严重影响教学效果[5]。因此教师在备课过程中，需要将深度发掘课程知识中包含的深刻思政内容，提炼出二者的共通之处，并以此为核心，实现二者的“协同作用”，让学生自然而然地接受，从而达到提高学生素质、引领学生价值取向的目的，真正实现思政教育“全面育人”的效果。

2 无损检测技术课程思政探究

2.1 无损检测技术课程中的思政教育元素

无损检测技术课程重点讲述的是各类无损检测技术的特点与应用。由于超声检测、射线检测等课程教学内容很自然地涉及全行业尤其是国内的发展情况，具有进行课程思政建设的独特优势，因此，通过系统梳理课程教学内容，选择最具有代表性的内容（见表1[6]），将思政元素融入其中。

表 1　无损检测技术课程中的思政结合点

教学内容	思政元素切入点	育人目标
无损检测技术的特点	采用视觉引领情境式教学法，选择目前讨论较多的航天发动机、航母、神舟十二号等作为对象，以及一些国外先进案例，介绍其应用到的检测技术，并通过分析技术特点，使学生了解到无损检测技术对国防的重要性	帮助学生了解我国无损检测技术研究水平，激发学生的爱国主义情怀和民族自豪感
保密教育	采用正反对比法、案例教学法，介绍保密条例和保密文件，使学生了解保守国家秘密的重要性	使学生明确自己的职责和历史使命，加强保密意识，做到保守国家机密，维护国家安全

2.2　无损检测技术课程的思政教育方法

2.2.1　与爱国教育相结合的思政教育方法

无损检测技术是一门时效性较强的课程，且各种相关技术仍处在飞速发展时期。在专业课教学中，教师可以采用讲座、访谈等方式，及时向学生介绍无损检测专业的最新行业动态，将国外先进成果与国内作对比，让学生充分了解无损检测在国家重大项目建设过程中发挥的巨大作用及在国家工业领域取得的巨大成就，并意识到我国的无损检测技术水平同国际水平还存在差距，激发学生的学习兴趣、爱国热情与民族自豪感。

在此基础上，教师还可以采用小组讨论并展示成果的方式，在布置作业、课后点评等环节对学生进行思政教育，引导学生热爱自己的专业，勇于肩负起建设制造业强国的重任，将个人志向与国家发展紧密联系在一起。

2.2.2　采用新媒介教学的思政教育方法

在进行无损检测技术的课程教学时，可以大胆采用新媒介，在传统学校课堂的基础上，扩展新课堂，结合思政教育进行更有特色的教学。专业课教师可以借助互联网手段进行课程思政，与思政教师紧密合作，于网络教学平台中进行专业核心课的教学，在课前预习、导入新课、师生互动、教师点评和课后测评环节中有机插入“讲政策”“讲国家”“讲故事”等思政元素。这样既可以提升专业课教学的吸引力，也可以达到寓教于乐、全面育人的目的[7]。

除此以外，还可以进行生产实习等活动，进入一线工厂参观实习，亲自动手进行检测作业。如图 1 所示，学生在企业实习并接受指导，这相当于学生在从业之前的一次实战演习，在实战中学到更多的有用经验和知识，从而增强他们学习无损检测技术的自觉性和主动性，变被动学习为主动学习，大大提升了学习效果，最终实现学生的人文素养、政治道德水平与专业水平共同提高，实现知识传授与价值引领相结合的课程思政目标，如图 2 所示。

3　结　论

本文系统总结了目前课程思政的现状和存在的问题，以无损检测技术课程为例充分挖掘课程内容的思政教育元素，并给出了具体的解决方法。

经过近几届学生的实践，将专业教育与爱国教育相结合，并积极采用新媒介、新形式进行的教学方式，可以实现思政教育与专业教育的协调统一，以耳濡目染、潜移默化的方式培养学生的创新精神、大国情怀，开阔学生眼界的同时为其树立正确的榜样，激励学生自发地把实现个人理想融入国家建设大业之中，最终实现了学生的全面发展，提高了高校的人才培养质量，贯彻了“立德树人”的教学宗旨，为后续开展更多、更深入的课程思政建设打下了坚实的基础。

图1　学生企业实习并接受指导[6]

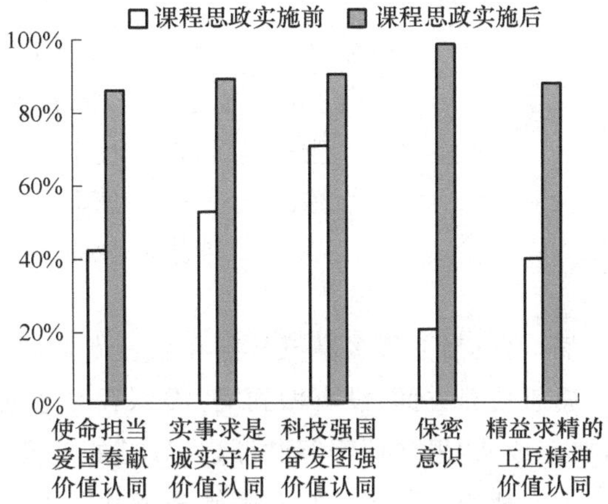

图2　实施课程思政前后学生的人文素养和价值认同调查[6]

致　谢

感谢哈尔滨工业大学机电工程学院。

参考文献

[1] 习近平：把思想政治工作贯穿教育教学全过程 开创我国高等教育事业发展新局面[EB/OL].(2016-12-09). http://jhsjk.people.cn/article/28936173.

[2] 高鸿波，张小海，邬冠华，等. 融合思政元素的工程实践案例式教学探索——以无损检测专业“企业实习”为例[J]. 南昌航空大学学报(自然科学版)，2020，34(4)：97-103.

[3] 中华人民共和国教育部. 一流本科教育宣言（“成都宣言”）[J]. 中国大学教学，2018(6)：4-6.

[4] 戈薇. 课程思政理念下高职课堂教学的设计与实施[D]. 锦州：渤海大学，2021.

[5] 潘梦，魏学岭，李兴扬，等. 论理工科专业课中润物无声的课程思政方法——以化工热力学课程思政教学实例为例[J]. 大学化学，2021(10)：1-4.

[6] 马小荣. 高职院校专业课课程思政实施路径研究——以无损检测技术专业为例[J]. 教育观察，2020，9(14)：3-4.

增材制造技术课程思政内容融合方法研究

刘俊岩[1,2]　王飞[1,2]　宋鹏[3]　孟祥林[4]　赵江浩[1,2]　王扬[1,2]

(1. 哈尔滨工业大学 机电工程学院,哈尔滨　150001

2. 哈尔滨工业大学 机器人技术与系统国家重点实验室,哈尔滨　150001

3. 哈尔滨工业大学 仪器科学与工程学院,哈尔滨　150001

4. 黑龙江科技大学 机械工程学院,哈尔滨　150022)

摘　要:当下很多高校教师在教授专业课程时仅仅完成知识的传授,没有把重心投入向学生的思想培养方面,没有做到"各类课程与思想政治理论课同向同行,形成协同效应"[1]。因此,要完成从"思政课程"到"课程思政"的转变,"课程思政"指向一种新的思想政治工作理念,是一种全新的课程观。它对高校坚持社会主义办学方向,贯彻和落实立德树人根本任务,强化和坚定政治理想信念,确保高校育人工作贯彻教育教学全过程具有重要推动作用。本文以"增材制造技术"课程为例,系统梳理挖掘课程存在的思政教育元素,提出以定理和重要知识点为主轴,以3D打印等新技术为载体的思政教育方法,实现寓道于教,寓教于乐,达到启迪学生智慧,引领学生价值观的目的。

关键词:课程思政;增材制造技术;价值内核;价值引领;育人功能

引　言

优化高校思想政治教育模式是高校坚持立德树人中心工作的重要前提,也是确保我国高校沿着社会主义办学方向迈进的重要保证。自2016年12月习近平在全国高校思想政治工作会议上明确提出"各类课程与思想政治理论课同向同行,形成协同效应"的教育理念以来,有关高校所有课程都要发挥思想政治教育作用的"课程思政"教学模式也随之进入大众视野,并成为各界关注的焦点。从"思政课程"到"课程思政"的转变,彰显了以习近平为核心的党中央对做好高校思想政治教育工作的高度重视,也预示着今后高校思想政治教育模式创新发展的基本趋向。课程思政的概念自提出以来,国内学术界虽对此进行了一定的研究,但目前整体还停留在"价值构建"和"经验借鉴"层面上,对一些重大理论问题和现实问题依然缺乏深刻洞见[2]。

因此,笔者根据目前课程思政存在的问题,以增材制造技术课程为例研究课程思政教育的特点和方法,以便在知识讲授过程中培养学生能力,启迪学生智慧。

1　高校实施课程思政改革的重要意义

高校的根本任务在于立德树人、以文化人。习近平在全国高校思想政治工作会议上强调:“高校立身之本在于立德树人。要坚持把立德树人作为中心环节,把思想政治工作贯穿教育教学全过程,实现全程育人、全方位育人。”由此可知,就理论层面而言,回答和明确了高等教育的人才培养目标;就实践层面而言,指明了高等教育课程与教学改革的行动方向。“课程思政”的提出既是新时代加强和改进高校思想政治工作的时代需求,也是全面提升高校思想政治工作质量的重要举措。可以说,实施“课程思政”改革,对于高校坚持社会主义办学方向、落实立德树人根本任务、确保育人工作贯穿教育教学全过程具有十分重要的意义[3]。

1.1　课程思政僵硬的说教模式

课程思政教学对于理工科老师是个新鲜的尝试,很容易陷入说教模式。与此同时,现在的高校学生的思想观念发生了巨大变化,与老师之间本身就有思想观念的差异。因此,说教模式的课程思政教学可能会引起学生的反感,不能达到预期的目标,甚至产生反作用。因此,课程思政教学应注重启发,是能动的认知、认同、内化,而非被动的注入、移植、楔入,更非填鸭式的宣传教育。必须通过自然合适的方式、方法让他们接收这些正确的思想观念,使学生在引人入胜中受到潜移默化的影响。

1.2　课程思政的价值本源是育人

对于高校而言,培养人才是它的第一要务,育人是高校的立校之本,高校实施各项教育教学活动归根结底都是为了服务于育人工作,育人是其价值本位。“课程思政”改革指向一种新的思想政治工作理念,旨在形成全员、全过程、全方位以及全课程的“大思政”育人格局,改变高校思想政治教育长期存在的“孤岛”困境,实现高校各类课程与思想政治理论课同向同行、协同育人。因此,高校实施课程思政改革,要紧紧围绕高校育人这个价值本源,落实立德树人这个根本任务,在实践层面上积极探索知识传授与价值引领、科学研究与教书育人、学科发展与学生发展这三者间的内在统一问题。通过挖掘各课程的育人价值,利用好课堂教学主渠道,在课堂教学中落实育人目标,从而使高校人才培养实现“本体价值和工具价值”相统一、“育人和育才”相统一,形成课程整体育人的联动效应,促进育人目的的顺利实现[4]。

2　增材制造技术课程的思政教育元素和方法

2.1　增材制造技术课程的思政教育元素

增材制造技术(也称为3D打印技术)被美国麦肯锡咨询公司列入“展望2025”报告中“决定未来经济的十二大颠覆技术”名单。目前,增材制造为现代制造业的发展以及传统制造业的转型升级提供了巨大契机。增材制造以其强大的个性化制造能力充分满足未来社会大规模个性化定制的需求,以其对设计创新的强力支撑颠覆高端装备的传统设计和制造途径,形成前所未有的全新解决方案,使大量的产品概念发生革命性变化,成为支撑我国制造业从转型到创新驱动发展模式的转换。增材制造技术是满足国家重大需求、支撑国民经济发展的“国之重器”,

已成为世界先进制造领域发展最快、技术研究最活跃、关注度最高的学科方向之一。发展自主创新的增材制造技术是我国由"制造大国"向"制造强国"跨越的必由之路,对建设创新型国家、发展国民经济、维护国家安全、实现社会主义现代化具有重要的意义[5]。

因此,高校教师要充分提炼增材制造技术课程中蕴含的社会责任、文化自信等价值理念,将课程思政元素嵌入课程大纲、教学、考核等所有环节,实现知识传授与价值引领有机融合的嵌入式课程思政育人。

2.2 以制造业发展为主轴的思政教育方法

教学环节嵌入行业价值引领,整合校内师资和校外工业界专家。引入中国航天集团、中国商飞公司等重点行业企业的专家,在课堂知识讲授过程中注重结合增材制造技术领域及先进技术前沿的情况。

在实践环节提升学生的行业认同度。采取创新设计理论教学和工程实践相结合的双向驱动模式,通过师资团队的指导,基于学生团队项目式学习方法,注重从企业需求、工程实践和社会实践中提炼问题,指导教师则带领学生团队走进企业挖掘市场需求,完成需求调研、项目规划、实体设计、样机开发等过程,激发学生创新意识,在解决实际工程问题中提升学生的行业认同度。

考核环节培育学生的社会认知。采用课程项目展示与竞赛的形式对学生的综合实践能力进行评价,引入企业专家评委,让学生团队直面企业市场的真实反馈,确保学生项目团队在综合考虑项目的社会价值、商业价值和技术价值的前提下,综合运用所学知识完成项目,从而培养学生对技术价值、行业理想等方面的社会认知,激发学生的创新动力和创业意识。

增材制造技术是我国实体经济转型升级的利器。围绕国家制造业强国战略,针对国民经济和国防安全的需求,增材制造应开展新材料、新结构、智能控制、组织和性能调控、精度调控等研究,为增材制造主动形性调控和智能化发展奠定基础。

因此,在课程教学研究中可以充分挖掘大国制造和国内发展的思政元素,让学生真正理解定理和重要知识点的发展过程和科技发展规律,促使他们形成正确的价值观、世界观和人生观。

2.3 以3D打印技术为载体的思政教育方法

增材制造的发展将遵循"应用发展为先导,技术创新为驱动,产业发展为目标"[6]的原则。应用方面需结合增材制造工艺特点进行产品设计和优化、创新型应用的开发、个性化定制生产等,以拓展增材制造的应用领域;利用增材制造云平台等新模式拓展增材制造的应用路径;结合增材制造设备和技术的高精高效发展特点,应提高增材制造批量化生产能力,拓展领域规模化应用;结合增材制造设备的多样化生产特点,可推广增材制造产品在社会各行各业的应用。同时,产业可持续发展方面,力求建立健全的增材制造产业标准体系,结合云制造、大数据、物联网等新兴技术及其他基于工业4.0的智能集成系统,促进增材制造设备和技术的全面革新,培育一批具有国际竞争力的尖端科技和制造企业,最终实现增材制造产业的快速可持续发展。生物增材制造需有效促进先进技术转化应用落地,构筑总产值达千亿元的生物增材制造创新产业体系,培育生物增材制造产业国际性领军企业,带动我国再生医学、生物材料、医学工程等多个相关产业快速发展[7]。

教师提炼了增材制造技术课中蕴含的社会责任、文化自信等价值范式，将其嵌入课程教学中实现知识传授与价值引领相融合，提升了专业课程的思政教育感染力，培养了学生的家国情怀和行业理想。研究生课程思政试点项目，依托学科领域知识与实践方法，注重提炼专业课程中所蕴含的国家战略思维、爱国情怀、社会责任、文化自信、人文精神等价值理念，将价值引领融于相应的专业知识传授中，逐步摆脱单向灌输等传统教育方式的路径依赖，不断增进内容的知识性、学理性以及方法的多样性，全面提升了专业课程思政育人的吸引力和感染力，缓解了思政理论课"孤岛化"的现实困境，进一步培养了学生的家国情怀和行业理想。

高校课程思政试点项目，依托教师丰富的教学经验，联合重点行业企业，将国内外具有丰富经验的行业专家、企业专家请进课堂，并联合行业企业开展实践教学，为专业课程注入来自市场的新鲜血液，将企业、行业最新技术内容和前沿知识有机融合到专业课程的教学中，将行业和产业技术发展情况嵌入思想政治价值理念中，一方面极大改善了专业课程内容滞后于市场发展的弊病，另一方面极大开阔了学生的视野，让学生直面市场最新技术、直观感受行业前沿，进一步培养了学生的行业认同度和行业情怀。

3 结 论

本文系统总结了增材制造技术的国内外发展状况，分析了我国在该技术领域面临的机遇与挑战，认为未来增材制造技术应该围绕金属成形中的强非平衡态凝固学、极端条件下增材制造新机理、梯度材料、结构的增材制造机理，以及组织工程支架活化生长和功能再创的生化、生命学原理等科学问题开展研究。建立"应用发展为先导、技术创新为驱动、产业发展为目标"的研究发展思路，以推进增材制造技术的发展，为创新型国家建设提供有力支撑[8]。

本文还分析了目前课程思政的现状和存在的问题，以增材制造技术课程为例充分挖掘课程内容的思政教育元素，给出了具体的解决方法。课程思政的教育教学改革中，坚持把立德树人作为中心环节，立足于学科专业视野、理论和方法，围绕课程思政所要求的"价值塑造、能力培养、知识传授"三位一体的教学目标，通过设立研究生课程思政试点项目，提炼专业课中蕴含的爱国情、强国志、报国行，开放学科先进的科研资源平台，联动工业产业界和国际学术界行业专家，将学院的专业课程资源优势、学术科研资源优势、产业行业界资源优势转化为课程思政育人的资源优势，深入挖掘提炼专业课中蕴含的家国情怀、社会责任、文化自信等价值理念，引导落实专业教师的育人职责，将价值引领融于相应的专业知识传授中，将思想政治教育贯穿于学校教育教学的全过程，将教书育人落实于课堂教学的主渠道之中，初步构建了"学科、课程、教师、教学"多位一体的高校研究生课程思政教育新模式，一定程度上提升了研究生专业课程思政育人的吸引力和感染力，有效促进了研究生专业课程的建设。

参考文献

[1] 习近平：把思想政治工作贯穿教育教学全过程 开创我国高等教育事业发展新局面[EB/OL].(2016-12-09). http://jhsjk.people.cn/article/28936173.

[2] 蔡小春，刘英翠，顾希垚，等. 工科研究生培养中"课程思政"教学路径的探索与实践[J]. 学位与研究生教育，2019(10):7-13.

[3] 朱梦洁."课程思政"的探索与实践[D].上海:上海外国语大学,2019.
[4] 朱飞.高校课程思政的价值澄明与进路选择[J].思想理论教育,2019(08):67-72.
[5] 刘鹤,石瑛,金祥雷.课程思政建设的理性内涵与实施路径[J].中国大学教学,2019(03):59-62.
[6] 卢秉恒.增材制造技术——现状与未来[J].中国机械工程,2020,31(01):19-23.
[7] 杨平华,高祥熙,梁菁,等.金属增材制造技术发展动向及无损检测研究进展[J].材料工程,2017,45(09):13-21.
[8] 卢秉恒,李涤尘.增材制造(3D打印)技术发展[J].机械制造与自动化,2013,42(04):1-4.

光热科学与探测技术课程中思政工作导入研究

王飞[1,2]　刘俊岩[1,2]　孟祥林[3]　宋鹏[4]　赵江浩[1,2]　王扬[1,2]

（1. 哈尔滨工业大学 机电工程学院，哈尔滨　150001

2. 哈尔滨工业大学 机器人技术与系统国家重点实验室，哈尔滨　150001

3. 黑龙江科技大学 机械工程学院，哈尔滨　150022

4. 哈尔滨工业大学 仪器科学与工程学院，哈尔滨　150001）

摘　要：全国高校思想政治工作会议于2016年12月7日至8日在北京召开。习近平指出，思想政治工作从根本上说是做人的工作，必须围绕学生、关照学生、服务学生，不断提高学生思想水平、政治觉悟、道德品质、文化素养，让学生成为德才兼备、全面发展的人才。然而，很多工科类专业的老师在该方面的意识较为淡薄，只完成专业知识的传授，在思政工作上存在诸多问题。本文以光热科学与探测技术课程为例，梳理存在的问题、解决的方法，并提出一个相关案例作为参考，以达到提升思想政治教育亲和力和针对性，满足学生成长发展需求和期待的目的。

关键词：光热科学与探测技术；思政工作；道德品质；文化素养；全面发展

引　言

全国高校思想政治工作会议于2016年12月7日至8日在北京召开。习近平出席会议并发表重要讲话。习近平强调，我们的高校是党领导下的高校，是中国特色社会主义高校[1]。办好我们的高校，必须坚持以马克思主义为指导，全面贯彻党的教育方针。要坚持不懈传播马克思主义科学理论，抓好马克思主义理论教育，为学生一生成长奠定科学的思想基础。习近平在全国高校思想政治工作会议上强调，思想政治工作贯穿教育教学全过程，实现全程育人、全方位育人，并且要用好课堂教学这个主渠道。本文以光热科学与探测技术课程为例，指出课程中思政工作导入存在的问题和解决方法[2]。在现代高校教育中，为了提高思政教育的有效性，应以思政育人思想为指导，对专业课程中的思政教育资源进行挖掘和利用，将思政教育渗透到高职院校所有课程中，形成全方位思政教育格局，使高校教育在提高学生职业技能的同时，塑造其良好的道德素养和价值观念。基于“课程思政”的高校专业课程建设应该坚实思政育人的核心，在专业课程中合理地融入德育内容，首先要通过机制创新对专业课程中的思政教育资源进行挖掘，对于光热科学与探测技术，可挖掘的思政资源包括创新意识、科学精神、工匠精神、敬业精神等[3]。同时突出专业思政对于专业成长的重要性，如光热科学与探测技术的安全意识、规则意识等。之后，再对教学方法进行创新。教师一方面要做到言传身教，潜移默化地影响学生，另一方面可以通过专业实训课让学生们真切地感受职业精神的内涵。采用混合式学习的教学设计理念，对线上学习和线下学习进行整合，并根据学生的实际情况做出灵活的调整，提高课程学习对学生的吸引力。

1 课程思政研究现状及存在问题

在普通人眼中，工程科学是一台冰冷的机器，是一个既缺乏人文环境又缺乏人文精神的枯燥而深奥的方程式。科学技术不仅强调逻辑知识，而且强调人文思维，我们所教育的人没有环保意识，这在制造业和建筑业产生了环境问题。如果我们教育的人得不到人文关怀，医疗改革就很难进行如果我们教育的人没有诚信，互联网经济就没有支柱。2014 年，上海市将德育纳入教育综合改革重要项目，逐步探索从思政课程到课程思政的转变[2]。但目前仍然存在很多问题。

1.1 教学内容的“课程＋思政”问题严重

课程思政不是简单的“课程＋思政”，不是在 64 学时的专业课程中拿出 8 课时讲授思政内容，也不是每节课拿出 5 分钟讲思政的内容，更不是把专业课程讲成思想政治理论课，但是就目前来看，很多老师显然并没有正确地认识这件事，在实际教学程中，依然存在类似这样的误区，他们并没有做到在显性知识传授中融入隐性育人知识，实现知识传授与价值引领的有机结合，没有打破课程思政是思政元素简单嵌入课程的误区，实现思政元素与课程内容有机融合[4]。思想政治工作往往就事论事，发现问题才去事后处理，头痛医头，脚痛医脚，缺乏针对性和预见性。

1.2 内容重构困难

很多老师并没有这方面的经验，从以往的经验来看，老师们把重点都放在了内容的传授上，用大块教育代替经常性思想教育，对经常性思想教育重视不够，满足于完成上级统一部署的几项大的教育，习惯用“一把钥匙开百把锁”。课程思政建设其实是对专业课程内容的重新认识和梳理，是按照教学设计梳理的主线，将挖掘出的育人元素随各类专业课程内容有机融入到教学之中，做到专业课程与思政课程同向同行，相得益彰。在课程思政建设过程中，不能生搬硬套，在专业课上强行加入思政课的内容[5]。也不是每一节课、每个章节都要搞思政元素融入，而是在适合有机联系、需要视角提升的时候，思政元素融入专业教学才有成效。例如，融入社会主义核心价值观教育是课程思政建设的重点内容，并不是让老师去讲社会主义核心价值观二十四字的含义，而是要将内涵落实到专业课程中去，在财经专业中更多的是融入诚信的品质，在商贸类专业中更多的是融入勤勉尽责，在制造类专业中更多的是融入职业忠诚。

1.3 思想政治工作存在表面现象

思想政治工作应该说是横向到边、纵向到底、不留死角的立体式工作体系，但有的老师除了完成日常布置的规定工作外，很少开展深入细致的思想政治工作，思想政治工作的运行机制已经跟不上社会经济发展的步伐，对思想政治工作不够重视，有的老师没有正确处理专业知识能力与思想政治工作的关系，认为抓专业技能任务繁重，哪有闲暇顾及思想政治工作[6]。有的老师认为思想政治工作是虚的，是软指标，可有可无，可做可不做，因而片面地强调一些思政内容，不注重调动学生的积极性和创造性，没有使工作中最根本最活跃的要素——人，释放出最大的能量。另外缺乏科学的规划。工作没有长远的规划，没有前瞻性，没有形成有机统一的工作体系，目标不明、责任不清，更没有完善的监督约束机制。

2 以光热科学与探测技术为主轴的思政教育方法

光热探测技术的基本原理是，一个强度调制的热源(例如激光束)辐射到材料表面时，材料表面会产生一个周期性的温度场分布，即“热波”。热波在材料内部的传播衰减得很快，其传播距离与调制频率有关，热波在材料内部传播过程中受到不断的反射和散射，同时还有其他相关的过程发生：声波在材料内部及其周围气体介质中的传播；材料表面的热弹性形变；材料表面的红外热辐射；材料表面附近空气介质折射率的变化等。可用不同的方法对这些过程进行探测，从而了解材料内部(近表面)的结构-缺陷特征[7]。

从历史的维度来看，哲学是科学之源。现代科学的前身就是古希腊的自然哲学，之后相当长时间内，科学家都把自己的工作看作是自然哲学的一部分。牛顿的伟大著作命名为《自然哲学之数学原理》；拉马克的《动物学哲学》包含了进化思想的萌芽；道尔顿在其《化学哲学新体系》中奠定了现代化学的基础。古希腊哲学家对浩渺星空的好奇和惊异、对宇宙本质问题的痴迷和热情、对思想穷根究底的辩驳和拷问、对逻辑与理性的推崇和赞赏，为现代科学传统注入了最深层的精神内核。我们高校的老师首先要精准定位，密切围绕当代科学的前沿和基础问题开展研究。特别是要结合物理学、生命科学、人工智能等领域的最新进展，在宇宙、生命、意识的本质这些正酝酿革命性突破的问题上，开辟新的思维空间；其次，要广纳百川，吸收人类科学与哲学的优秀成果，发挥中国传统的科学、哲学思想的独特优势。光热科学与探测技术正蕴含了哲学三大定律，科学和哲学之间有着不可分割的关系。

坚持价值塑造、知识传授和能力培养“三位一体”，推动课程思政教学体系建设。一是弘扬爱国精神，激发学生的爱国情、强国志、报国行。将共同抗击新冠疫情等时代命题融入专业教育，将学科史、科技史教育融入教学内容，将“工程伦理”等价值引领课程融入教学改革，引导学生将个人的“小我”融入到祖国的“大我”、人民的“大我”之中。二是崇尚专业精神，服务国家战略、行业要求。聚焦国家重大战略需求，聚焦世界科技前沿，讲清楚特定领域受制于国外“卡脖子”的现状和国家加快自主创新，加强关键核心技术攻关的骨气和志气，引导学生主动为国家和民族的发展出力争光。三是培养创新精神，实现自我价值。建设好学科专业思政素材库，挖掘和整理学科专业中的时代楷模与身边榜样、在重大工程以及生活中的应用和中国历史上的发明与创新、学科专业的光荣使命等，为培养学生精益求精的大国工匠精神提供鲜活案例[8]。四是培育实践精神，让学生了解行业和社会的发展状况。开展专业实践，激发学生的专业荣誉感与行业自豪感，开展社会实践，在实践中引导青年学生扎根中国大地，用创新创业成果服务国家发展。

3 相关案例

工程伦理应该成为工程教育开学第一课。华东理工大学资源与环境工程学院院长修光利反复告诫学生，美国“挑战者号”航天飞机灾难事件、重庆彩虹桥坍塌事故等重大工程事故的背后，都是工程项目决策者和实践者在趋利心态下的错误行动，“只有培养具有伦理意识以及以造福人类和可持续发展为理念的现代工程师，才能在面对道德困境时，作出正确的判断和选择”。工程伦理教育不是一门课，但却像空气一样，从大一到大四，从专业理论课到实践环节，贯穿着学生专业学习的始终。以环境工程专业为例，环境与安全工程专业概论课，通过分析国家发展理念和目前的环保形势，让学生明白将来从事的工作要承担怎样的责任；对环境法律法规的解读，则是让学生懂法、知法，进而在设计相关项目时守法；环境管理和环境评价课，通过一个个环境事件案例，引导学生树立严谨求实的工程设计理念……这种顺其自然的教学活动，学生很受用。“一次大气课上，老师说工厂的气体排放要经过事先处理，配备合适的处理系统和设备，这可能比较昂贵，但对于整个环境和人类的可持续发展来说，这个成本又是非常低的。”资源与环境工程学院大三学生杨莹莹说。由此，她意识到，任何一项工程，不管是设计、建造还是实施阶段，都要对周围的生命和环境保持理解和尊重。

4 结 论

中华民族伟大复兴事业正处在一个关键时期。我们面临着实现“两个一百年”的宏伟目标。当前国际环境包括科研环境也处在激烈变动中。越是在这样的时候，我们越是要沉下心来，凝神定力，抓源头、抓基础，建立科学家与哲学家的联盟，发挥科学与哲学的相互促进作用，矢志不渝、久久为功，形成一个新理论、新思想、新方法不断涌现的科研环境，服务于国家和人民，为人类文明做出贡献。思想政治工作是一项有血有肉的工作，必须采取灵活多样的形式来开展，充分运用现代科技手段，给思想政治工作增加新的元素，做到寓教于乐、寓学于乐、寓理于乐[9]。

参 考 文 献

[1] 习近平：把思想政治工作贯穿教育教学全过程 开创我国高等教育事业发展新局面[EB/OL].（2016－12－09）. http://jhsjk.people.cn/article/28936173.

[2] 王平. 构建全员全过程全方位育人体系[N]. 中国教育报，2020－06－10.

[3] 马天驰，安德煜，刘颂豪. 光热探测——一种新的无损检测技术[J]. 激光与红外，1995(03)：27－29.

[3] 樊丽萍. 一批“中国系列”课程彰显价值引领[N]. 中国网络教育电视台，2016－12－09.

[4] 顾晓英. 党建串起课程思政育人“项链”[J]. 上海党史与党建，2019(10)：59－62.

[5] 顾骏. 大国方略：中国怎样走向世界[N]. 解放日报，2015－11－05.

[6] 李赛强. 课程思政教学设计与实施[N]. 学术报告(哈尔滨工业大学)，2018－12－07.

[7] 高良，古良琴. 新课程理念下思想政治课教学 [J]. 中学政治教学参考，2002，(11/12).

[8] 方明. 陶行知教育名篇[M]. 北京：教育科学出版社，2005.

[9] 保罗・D・埃金，唐纳德・P・考切克，罗伯特・J・哈德. 课堂教学策略[M]. 王维诚，刘廷宇，徐仲林，等译. 北京：教育科学出版社，1990.

过程控制技术与系统课程思政实践探究

宋鹏　申立群　李辰　孙晓刚

（哈尔滨工业大学 仪器科学与工程学院，哈尔滨　150001）

摘　要：高等学校尤其是国防类院校“新工科”课程思政教育承担着中国特色社会主义合格建设者和可靠接班人的重要使命，不仅在传输专业知识发挥重要作用，同时也为学生思想培养提供重要途径。本文结合过程控制技术与系统课程特点以及新时代大学生成长特点，通过理论和实践相结合方式探讨了课程思政实现途径和可能存在的课程思政元素及其融入点，为落实当代工科教师立德树人，铸就教育之魂的理念创新和实践创新，实现航天类测控技术与仪器专业教育协同育人目标提供一种新思路。

关键词：课程思政；过程控制技术与系统；新工科；立德树人；协同育人

引　言

新时代大学生是国家建设的接班人和主力军，也肩负着民族的未来和希望。近年来，我国社会经济快速发展给新时代的大学生带来了正面影响，同时也在潜移默化地影响当代大学生的思想和行为。据了解，新时代大学生具有思维活跃、价值观多元化、自我中心突出等多维特点。大学时代是塑造学生价值观关键时期，因此，高等学校教育工作者应通过科学理论与方法引导新时代大学生树立积极正确的人生观、世界观和价值观，特别作为国防类工科院校的学生未来极有可能从事国防事业，正确的人生观、世界观和价值观对个人发展乃至整个国家建设尤为必要。

新工科背景下的课程思政是新时代大学教育发展的重要方向。它始终坚持以德立身、以德立学、以德施教，注重加强对新时代大学生的人生观、价值观和世界观的教育，积极引导当代学生树立正确的国家观、民族观、历史观、文化观，从而为社会培养更多德智体美劳全面发展的人才。习近平在2016年的全国高校思想政治工作中明确提出“其他各门课都要守好一段渠、种好责任田，使各类课程与思想政治理论课同向同行，形成协同效应”，从而要“把思想政治工作贯穿教育教学全过程，实现全程育人、全方位育人，努力开创我国高等教育事业发展新局面”[1]。2020年5月28日，教育部印发了《高等学校课程思政建设指导纲要》，强调了高校思政课程的战略意义，要求全面推进高校课程思政建设，充分发挥好专业课教师“主力军”、专业课教学“主战场”、专业课课堂“主渠道”的作用，推动课程思政建设不断取得新进展新成效，使专业课与思想政治理论课同向同行，构建立德树人长效机制，实现全员全程全方位协同育人[2]。

当前，课程思政工作已在工科专业开展起来[3-6]，本文为探索新工科专业背景下的课程思政建设方法，根据“过程控制技术与系统”课程特点，结合新时代大学生特点，从思政元素提取、融入、教学设计及考核标准等方面进行探索，以期实现专业教育与思政教育有机融合，达到协同育人根本目标，使学生成为国家栋梁之材。

1　过程控制技术与系统课程特点分析

过程控制技术与系统是仪器类测控技术与仪器专业限选课（主干必选课程）之一，在学习该课程之前，要求学生掌握大学物理、模拟电子技术及自动控制原理等相关知识。本课程主要讲授与生产过程相关的控制技术及系统方向的理论知识及工程设计计算中有关问题，是一门理论性与实践性都很强的课程。通过本门课程学习，使学生能够熟悉过程控制系统的发展、分支、特点、应用及其相关知识体系，而且掌握过程控制技术与系统的基本概念、过程控制组成、结构以及控制系统设计方法，为今后从事过程检测及控制系统设计方面的工作打下基础。

本课程内容主要涉及生产过程对象动态描述、单回路控制系统、复杂控制系统的理论分析及工程设计等方面知识。在“十四五”规划和2035年远景目标纲要的指导下，深入学习贯彻习近平在中国共产党建党100周年庆祝会上的“七一”重要讲话精神，如何引导学生将个人发展与国家重大需求、航天强国事业紧密结合，坚定服务国防事业理念，是本门课程思政建设的主要目的。

2　过程控制技术与系统课程思政教学探索

课程思政需紧密结合专业课程，既从专业中来，又到专业中去，结合本专业要求推进课程思政建设，让课程思政教学改革有深度；同时课程思政应坚持以学生为中心，根据课程目标，结合新时代大学生和课程特点，如何将思政元素有机融入专业教学中，达到提高学生政治站位高度是亟需思考的问题。本文将从课程设计、课程目标、教学模式以及考核标准等方面进行实践探索。

2.1　科学设计课程思政

新工科背景下，成功开展课程思政建设提出了新挑战，科学的课程思政教学设计是做好该项工作的关键。目前课程思政存在几个常见误区，如表1所列。

表1　工科课程思政设计常见误区

编　号	关键点	解　释
误区一	“课程思政”与“思政课程”统一转化	“思政课程”是以思想政治教育为主要内容和主要目标的课程，例如马克思主义基本原理概论、毛泽东思想和中国特色社会主义理论体系概论；“课程思政”是挖掘本专业课程中所蕴含的潜在思想政治教育资源，是课程本身具有一定的思想政治教育功能[7]

续表1

编　号	关键点	解　释
误区二	内容枯燥、生搬硬套	课程思政对工科教师是一大挑战，若选取思政元素过于陈旧，导致内容枯燥，同时对思政元素将专业背景知识生硬结合，不仅起不到应有的教育目的，反而让学生对本门课程产生反感情绪。因此，必须充分挖掘思政元素和知识教学的关系，做到二者有机结合，内容生动
误区三	“课程思政”对专业知识传授和能力培养功能的消解	“课程思政”的必要性是深入挖掘被“遗忘”和被忽略的育人向度，实现专业课程的价值进一步彰显。与此同时，要避免机械的道德输出和简单的价值传递

为避免以上误区，需要教师对历史、社会、文化等有深入的思考，有自己的见解和想法，有成熟正确的三观，并且所授内容成体系，思政元素成系统，这样才能正确引导学生。

2.2　明确细化课程目标

为贯彻课程思政实践教学精神，提高测控专业教育与思政教育协同育人效果，落实“立德树人”根本任务，让教育回归育人本质，本课程设置了如图1所示的三级课程目标，即“基本知识、能力与思想、家国情怀”。

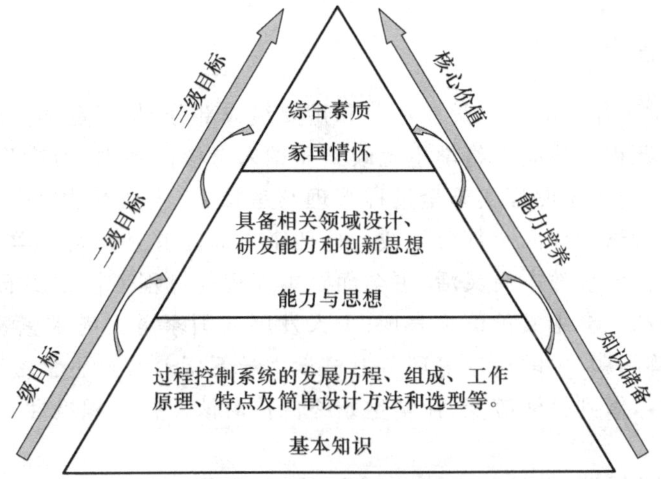

图1　过程控制技术与系统课程目标

一级目标是使学生通过课程学习掌握过程控制系统的发展历程、组成、工作原理、特点及简单设计方法和选型等基本知识，了解目前过程控制系统的用途。二级目标是使学生能够具备在过程检测与控制领域从事设计、生产、管理和新技术研发能力，并培养学生创新思想、解决问题能力。三级目标是培养学生综合素质，深刻了解我国与国外先进技术之间的差距，将个人发展时刻与国家需求紧密结合，在未来职场投身国防建设，攻克国家一系列“卡脖子”问题。其中，一级目标是知识储备，二级目标是能力培养，三级目标是核心价值，所以第三级目标是最终目的，是落实立德树人的根本，应始终贯穿于整个教学全周期。

2.3 混合教学模式助力课程思政

当前本科生已进入了“00”年代，互联网通信发达，同时加之疫情影响，使得线上教学越来越重要。本门课程采用传统线下与线上相结合的混合教学模式。该模式在提高学生在教学过程中的参与度、调动学习主观能动性、提高课堂效果等方面发挥重要作用，如图 2 所示，已被广大高校教师认可并采纳。

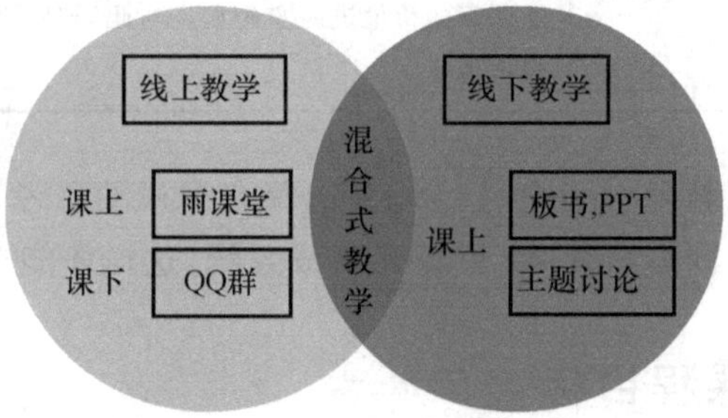

图 2　混合式教学模式

传统线下通过板书、“小班式”教学等手段通过空间优势加强师生之间现场交流，通过分配学生小组主题讨论，培养学生发现问题、解决问题、团队协作等能力；线上教学利用雨课堂等媒介抢答设置的课堂问题，实时掌握学生理解程度。

2.4 完善课程考核体系

课程考核是教学工作中的一个重要环节和重要组成部分，是评定学生成绩、反馈教学质量的有效手段[8]，因此课程考核应当将学生思政素质纳入考核体系中，为检验课程思政效果提供依托。过程控制技术与系统课程实施全过程管理与考核，学生成绩由大作业成绩、实验成绩、平时表现成绩、期末考试成绩四个部分组成。这四个方面能够充分调动学生课堂表现积极性、增强学生参与度，使得课程教学更灵活、更全面。本课程的过程考核主要通过大作业考核学生思政素养、职业规划和社会主义价值观表现、个人发展与国家重大需求紧密结合程度等内容；通过课堂表现如回答问题、主题讨论等环节考核学生学习素养及自主学习能力，并通过考核体系及时调整课程内容，做到灵活应变，让学生始终保持对该课程的积极性。

3 过程控制技术与系统潜在课程思政元素

深度挖掘可能存在的课程思政元素是本课程的重点和难点。新时代大学生存在价值观多元化，仅凭课堂上的几个故事是不足以引导学生建立正确的人生观、价值观和世界观。因此结合本门课程知识要系统规划，将思政元素和专业课知识有机融合并进行实施，引导学生用自己的眼睛看当代中国和世界，真正体会到国家改革开放以来取得的长足进步，增强“四个自信”，激发学习动力，投身国家重大需求事业中。

过程控制技术与系统课程重点讲述检测、变送、控制和执行等环节原理。本课程根据每一章的教学内容和目标，在不增加学时、不影响原有知识点讲授的情况下，充分讨论挖掘思政元素并有机融入教学方案中，达到课程思政应有的教育效果。基于此，通过系统梳理课程内容，把思政元素融入每章中，如表2所列。

表2 过程控制技术与系统课程思政元素

授课章节	授课知识点	思政元素设计与融入点
1. 绪论	过程控制发展历程、特点组成及分类	1. 认识过程控制在航空、航天、核电等国防重要领域的重要应用，激励学生把个人发展与国家重大需求紧密结合在一起； 2. 认识国内外过程控制领域装备、技术发展差距，激发学生奋斗精神； 3. 强调我国近年来在过程控制中发展速度，增强学生"四个自信"
2. 过程建模	机理分析法、试验法、最小二乘法建模、温度检测及温度变送器、压力、流量、液位检测与变送、过程控制仪表、执行器及安全措施	1. 以执行器为契机，通过讲述航天精神——探月工程背后的哈工大故事，彰显发生在我校身边的航天故事，增强学生的航天强校自豪感； 2. 以温度检测为契机，通过介绍新冠肺炎疫情中应用的各种测温方式，讲述温度检测在国民生活中的重要作用以及测温方法原理； 3. 以新型测温方式为契机，通过讲述红外热像仪的工作原理、用途，引出高分辨相机在国防事业的重要应用，同时国外对中国实施禁运，因此强调学生们要解决中国"卡脖子"问题，发展属于自己的高分辨率红外热像仪具有里程碑意义
3. 简单过程控制系统	单回路控制系统的工程设计、单回路控制系统投送及参数整定	1. 以单回路控制系统的设计为契机，培养学生创新意识、解决问题能力； 2. 通过哈工大等一系列国防院校被西方国家实行商品禁运、禁用的事件，激励学生研发属于我国自有知识产权的计算仿真软件是国家亟须解决的重要难题； 3. 华为事件引出芯片，其核心部分为光刻机制造，介绍我院超精密研究所谭久彬院士团队在光刻机研究中取得的成果，为学生未来深造方向提供借鉴
4. 复杂过程控制系统	串级控制系统、前馈控制系统、大滞后补偿控制系统、比值控制系统、分程与选择性控制系统	1. 深刻认识事物内在本质，理解理论来源于实践又指导实践的哲学思想； 2. 讲授我校"时代楷模"刘永坦院士及其团队在雷达探测领域取得优秀成果，激励学生投身国防事业，为国家国防建设贡献一份力量

4 结 论

本文以过程控制技术与系统课程为例，结合新时代大学生特点和"新工科"背景，通过课程思政教学设计、细化教学目标、混合式教学模式、完善考核体系等探讨了该课程思政的实践途径，通过积极挖掘本门课程的思政元素及设计融入点引导学生用自己的眼睛看世界，体验国家在国防事业的发展以及我校在国防事业特别是航天领域所取得的卓越工作、增强国防类工科院校学生的"四个自信"，激发学生学习动力，培养创新思维，未来积极投身国防事业，初步实现了寓德于课、立德树人的育人目标。

参考文献

[1] 习近平：把思想政治工作贯穿教育教学全过程　开创我国高等教育事业发展新局面[EB/OL].(2016－12－09). http://jhsjk.people.cn/article/28936173

[2] 教育部. 关于印发《高等学校课程思政建设指导纲要》的通知：教高[2020]3 号[EB/OL].(2020－6－1). http://www.moe.gov.cn/srcsite/A08/s7056/202006/t20200603_462437.html.

[3] 李忠峰，刘蕾. 课程思政在专业课程中的实践探索——以检测与过程控制课程为例[J]. 造纸装备及材料，2020，49(03)：176－177.

[4] 张芳，刘飞，张慧东，等. 化工过程控制课程思政的研究与实践[J]. 辽宁丝绸，2021(02)：86,29.

[5] 刘岩."新工科"背景下课程思政的实践研究——以制药过程检测与控制为例[J]. 教育教学论坛，2020(17)：52－53.

[6] 吕晓娟，李献忠，李玉娜. 过程控制系统课程"三教"改革探索与实践[J]. 时代汽车，2020(24)：51－52.

[7] 丁义浩."课程思政"建设须打破三个误区[N]. 光明日报，2020－01－13.

[8] 杨维，冯国涛，李晓秀，等. 生物工程设备及过程控制课程思政教学改革探索[J]. 西部皮革，2021，43(07)：36－37,39.

材料力学实验课程思政的几点思考

樊自建　孙海涛　申志彬　周仕明
（国防科技大学 空天科学学院应用力学系，湖南 长沙　410072）

摘　要：课程思政不仅赋予了理论和专业课程更丰富的内涵，而且对理论和专业课程教学在育人方面的作用提出了更高的要求。材料力学实验教学在授课内容、授课形式、课堂组织形式等方面均与理论课存在较大差别，因此该课程的课程思政无论是内容还是形式必然也有别于理论课程。结合材料力学实验课程教学时间紧、试验内容多，教学中对学生动手能力和分工协作能力要求高等特点，讨论了力学实验课程思政案例获取，课程思政切入点选择和以怎样的课程思政实施方式三个问题，提出了如何把课程思政内容贯穿实验课教学全过程，实现知识传授、能力培养和价值塑造三者的有机统一的方法。

关键词：实验课程教学，课程思政；材料力学实验；教学改革；人才培养

习近平对教育工作高度重视。2016 年 12 月，他在全国高校思想政治工作会议上强调，要用好课堂教学这个主渠道，提升思想政治教育亲和力和针对性，使各类课程都能与思想政治理论课同向同行，形成协同效应[1]。2018 年 8 月，教育部、财政部、发改委联合下发《关于高等学校加快“双一流”建设的指导意见》，明确要求推动“思政课＋课程思政”课堂教学改革，并将“课程思政”作为根本任务纳入“双一流”建设[2]。在新时期“大思政”教育工作战略格局下，高校学生的思想政治教育工作不再仅仅是思政理论课的职能，其他各类专业课教师也要充分利用好课堂教学这个主渠道，将思想政治元素全方位、多角度融入课堂，从而实现各类课程与思想政治理论课同向同行，在高校人才培养中形成协同效应的目的[3-6]。

材料力学实验是本科理工类专业实践教学的重要组成部分，对加深学生对理论课程内容理解及力学专业能力的培养发挥着基础作用，同时，在学生科学态度、科学精神及创新意识培养等方面具有不可替代的作用。材料力学实验教学在授课内容、授课形式、课堂组织形式等方面均与理论课存在较大差别[7,8]，因此该课程的课程思政无论是内容还是形式必然也有别于理论课程。习近平把课程思政在人才培养中的作用形象地比作炒菜时放盐的问题[9]，本文结合材料力学实验课程教学的特点，主要讨论了本实验课程适合放什么样的“盐”，怎样放“盐”和放多少“盐”这三个问题，并对于如何把思政内容贯穿试验课教学全过程，实现知识传授、能力培养和价值塑造三者的有机统一的问题，进行了一些思考和探索。

1　发掘力学实验课程蕴含的思政教育资源，解决“放什么样的盐”的问题

大颗粒盐适合腌咸菜，炒菜则适合用细盐，盐与菜相适应才能制作出美味的菜肴。同样，力学实验课的课程思政不能简单直接地把思政课或其他理论课的思政内容搬到实验课教学中，实验课的课程思政需要选择可以和力学实验课程教学自然融为一体的思政内容与形式，只

有这样才能让学生产生情感共鸣，自然而然地接受，真正起到润物无声、潜移默化的效果。因此在力学实验课程思政建设中应当对课程中蕴含的严谨求实的科学精神、认真细致的科学作风和百折不挠的科学态度等思政教育元素进行深入挖掘整理，并编写入力学实验教材，并将相关课程思政素材融入到网络视频教学资源、电子教案和多媒体教学课件中，为材料力学实验课程思政教学奠定基础。

2　改革教学实施方案及教学方法手段，解决怎样放盐的问题

烹炒不同的菜品，放盐的时机及方式也不相同。同样，力学实验课程的课程思政教学，也要依据不同的教学阶段，对课程思政内容及实施方式进行设计，为课程思政的实施找好切入点。为了实现力学实验课程教学与课程思政教育的无缝对接和有机融合，需要改革当前的教学实施方案和进一步丰富教学方法手段，将现有的仅注重课堂内教学向课前和课后拓展延伸，将原来的教师课堂讲解示范学生动手练习的教学模式，改变为课前要求学生通过线上教学资源与教材进行预习，掌握实验原理和实验方法，并完成读线上和教材中的思政材料的阅读学习。课堂实验讲解时，对于知识内容应做到少而精，避免重复累赘；对于思政内容应做到宽而新，避免陈旧乏味；课堂实验操作注重引导学生认真观察思考，鼓励质疑。课后除了要求完成实验数据分析和实验报告撰写外，增加实验课程启示与心得体会撰写要求。同时，改革成绩评价模式，将思政教学效果作为一项考察内容，将启示与心得体会撰写情况计入实验报告成绩。

3　优化课程内容及教学过程设计，解决放多少盐的问题

适量的盐可以使得菜品更加美味，但是放多了也会坏菜。同样，在实验课授课过程中过多、过频地融入思政点也会起到适得其反的效果。材料力学实验课程的课时，相对于教学内容本来就很有限，课堂上不可能额外挤出太多时间来增加思政教育内容。因此材料力学实验课程中的思政点不能太多，内容不能太长。因此，实验课中的思政点要在落细、落小、落实上下功夫，要对实验课教学内容及教学方案做进一步的优化设计，编写包含思政要素的力学实验教材，制作课程思政所需的网络教学素材，包括有力学实验思政特色的多媒体教学课件、电子教案、引发学员深入思考的思政案例等。通过课前预习学，课中教师引导学，课后思考总结学，从而实现实验课教学的知识传授、能力培养和价值塑造三者的有机统一。

4　结　语

在过去的教学中，认为材料力学实验课程的主要作用是加深学生对所学理论知识理解及试验动手能力培养两个方面，忽视了其在思政育人方面所独具的特点。本文针对新时期人才培养对课程思政的需求，结合力学实验课程的特点，对材料力学实验教学课程思政提出了几点思考。课程思政是当代人才培养的一个大课题，它不仅赋予了理论和专业课程教学更丰富的内涵，而且对理论和专业课程教学在育人方面的作用提出了更高要求。各理论和专业课程如何实施课程思政教学，目前还处于探索阶段，还有很多问题值得每一位教育工作者，特别是高校教师去深入思考和探索。

参 考 文 献

[1] 习近平：把思想政治工作贯穿教育教学全过程 开创我国高等教育事业发展新局面[EB/OL].(2016-12-09).http://jhsjk.people.cn/article/28936173.

[2] 陈宝生.在新时代全国高等学校本科教育工作会议上的讲话[J].中国高等教育，2018(Z3):4-10.

[3] 张英."大学物理实验"教学中"课程思政"的探索[J].广东化工.2019,46(16):189.

[4] 毛静，李瑞琴."三全育人"背景下课程思政教学理念与实践方式探索——以《国际贸易学》)课程为例[J].国家教育行政学院学报，2020.7:78-80.

[5] 沈光，洪一明.高校实验教学课程思政亲和力的价值和提升路径[J].实验室研究与探索，2019.12(38):232-240.

[6] 韦维，刘彩霞，陈冬颖，等.将"课程思政"融入大学物理实验教学的探索[J].物理通报，2020(8):23-25.

[7] 吴晓蓉，樊久铭，甄玉宝.材料力学课程思政建设探索与实践[J].西南交通大学学报(社会科学版)，2019(20):138-140.

[8] 郝志伟，刘一志，杨志强，等.理论力学课程思政教育的教学设计研究[J].西南交通大学学报(社会科学版)，2019(20):144-146.

[9] 李常应，韦艳春.将思政之"盐"融于课程之"汤"——谈课程思政的设计和运用[J].经济师，2020(8):153-154.

教师思政是专业课程思政的关键*

申志彬　冯志刚　孙海涛　樊自建

（国防科技大学 空天科学学院，长沙　410073）

摘　要：专业课程思政是落实立德树人的根本任务，思政素材是前提和基础，而教师思政则是专业课程思政的关键。教师是推行课程思政的主体，须把教书育人放在首位，做到自律、自燃，通过自己的一言一行去影响学生，点燃学生心中的理想，照亮其前行的道路；教师应充分发挥自身“思政资源库”的作用，通过自己与专业课程相关的科研案例去影响学生，做到教学科研相长；积极发动院士等名师去授课，充分发挥名师的示范效应；努力营造积极向上的课堂氛围，通过教师思政影响学生思政。

关键词：立德树人；课程思政；教师思政；学生思政；基础力学

立德树人是高校的根本任务，立德树人成效是检验学校一切工作的根本标准。高校课程中80%是专业课程，学生80%的学习时间用于专业课程学习，80%的学生认为对自己影响最大的是专业课程和专业教师。专业课程必须守好一段渠、种好责任田，与思政课程同向同行，将显性教育和隐性教育相统一，形成协同效应。因此，专业课程思政是落实立德树人根本任务，将价值塑造、知识传授和能力培养三者融为一体的重要途径。

思政素材是开展课程思政的前提和基础。专业课程思政第一步，就是挖掘足够多的思政元素[1]，才能做到游刃有余，达到润物细无声的效果。然而，部分老师在推进课程思政建设的时候，脱离课程本身的内涵进行空洞的思想政治说教，把重心放在思政素材和思政案例库建设，导致专业课课堂“思政素材”泛滥，降低了专业课程的深度，影响了专业课程的教学效果和培养目标。甚至有些老师开展课程思政，搞“贴标签、两张皮、硬融入”，把中央的文件、总书记的讲话和教育部的提法，直接扔到课堂上，直接去演绎。习近平指出，“好的思想政治工作应该像盐，但不能光吃盐，最好的方式是将盐溶解到各种食物中自然而然吸收。”“硬融入”好比直接给学生吃未融化的盐，长此以往，不仅达不到育人的效果，而且容易造成学生的逆反心理。

高校80%是专业课老师，教师才是实施课程思政的主体。课程思政看似在课程，本质在教师和学生。著名教育家、清华大学前校长梅贻琦先生说过，“所谓大学者，非谓有大楼之谓也，有大师之谓也”。同样一门课程，教师不同则课程教学效果也会大不相同[2]。学高为师，身正为范，教师言行将潜移默化影响学生；教师本身就是一部丰富的课程思政案例库；通过教师思政，影响学生思政。因此，教师思政是课程思政的关键。

* 基金项目：湖南省学位与研究生教育改革研究项目（2019JGZD006）；湖南省普通高等学校课程思政建设研究项目（HNKCSZ－2020－0023）；国防科技大学本科和任职教育教学研究课题（U2020104）。

1　学高为师，身正为范，教师须谨言慎行

原教育部部长陈宝生在 2018—2022 年教育部高等学校教学指导委员会成立会议上强调，高校教师不管荣誉多高，老师是第一身份，教书是第一工作，上课是第一责任。

没有不带个人情感和价值观的教学，只要教师在教，就是在传递教师的人生观、世界观和价值观这“三观”[3]。这就要求我们教师要始终把教书育人放在首位，在传授专业知识的同时，以自身的道德行为和魅力，言传身教，要做到自律、自燃，始终严格要求自己，引导学生寻找自己生命的意义，点燃自己，照亮学生前进的方向。

教师是教书育人的具体践行者，学生则是教书育人的直接体验者。教学的过程中处处、时时蕴含了育人的元素[2]。教师自然而然地就会在与学生的接触中，用自己的思想与观点、言论与行动、态度与作风，潜移默化地影响着学生。教师以身作则，身教重于言传。其中，教师对待教学、课程和课堂的态度，是最直接的思政。若干年后，学生可能不记得老师传授过什么知识，但有可能记住一位老师。他或她不经意间的一个微小举动，或是一句暖心话可能让学生铭记终生。不少学生，也正是因为某个老师的一句话、一个行为，影响其一生。因此，课堂每句话都要精心酝酿，牢记三尺讲台有纪律，不在课堂上讲出格的话，不讲负能量的话。此外，教师如果能够在一些非常基础但是至关重要的小地方体现出教师对课程的敬畏，就是很重要的育人环节[3]，如坚持提前 20 分钟到教室，不拖堂、不早退，严守时间规则；任何情况下都不调课，至少 2～3 倍上课时间的备课，及时回复学生提出的任何疑问；认真批改每次作业，给学生公平公正客观的评价。努力将学校相关科研成果在教学内容中有所体现，把自己对教学和专业的热爱传递给学生。这些细节都是教师一遍遍地用行动在向学生展示：给学生上课是教师事业中最重要的事[3]。

如疫情期间，国防科技大学在开展网络直播课程教学时，就要求每个老师不仅要准备“plan A 和 plan B”，还要准备“plan C”[4]甚至“plan D”。plan A 和 plan B 一般指不同的授课平台同时直播，如“雨课堂＋腾讯会议”，确保授课能够有效传播到学生端；plan C 一般为提前录制好的视频或 MOOC、微课等备用视频。这就确保了无论断网、断电、平台崩溃，都能确保授课正常进行。笔者所在的基础力学教学组也要求每位教师在授课前做到“两个务必”，务必对照清单检查教学工具和教学流程；务必同步准备笔记本电脑、备用光盘、纸质教案，并带到教室，确保即使投影连不上、电脑崩溃也能正常板书授课。学生听课时，其实也在观察教师是如何对待教学的，教师的态度和行动毫无疑问会影响学生对待学习的态度。学生可以真切感受到学校、教师为保障正常教学所做的努力，不仅直接影响到学生的学习态度，更会间接影响到学生将来做事的方式：永远有备份，永远给人“靠谱”的感觉。

2　教师自身就是一部的课程思政资源库

授课教师一般阅历丰富，本身就是一部丰富的思政资源库，随身携带各种含“盐”小食品，可以信手拈来，作为案例分享给学生。身边的故事更容易让学生接受，在授课的同时，教师如果能够做到科研反哺教学，把自己科研成果中与课程内容相关部分，融入课程讲授中，会极大地激发学生对学科的热爱，树立学生为科学而献身的精神。

固体力学原理是国防科技大学航天、力学专业研究生的学科基础课。“薄板弯曲”是其中重要的一章，有一定的难度。作者就利用博士期间发表过的一篇英文论文《基于 Kirchhoff 板理论的石墨烯质量传感器振动特性分析》，介绍如何利用经典薄板理论解决石墨烯传感器振动特性模型问题，该文章还被评为 ESI 高被引论文。该案例不仅使学生了解了前沿新材料和结构，而且使学生明白，创新其实不难，源于教材，高于教材，就可以完成非常出色的工作。扎扎实实把经典理论学深学透，是将来做科研的前提和基础。

在讲“粘弹性力学”的时候，会给学生介绍笔者所在团队基于粘弹性力学破解固体导弹结构完整性和贮存寿命评估难题的故事。固体发动机结构完整性关系着固体导弹的安全性和贮存寿命，新一代大射程、跨区域部署、立式贮存固体导弹对固体发动机结构完整性提出了严峻挑战。从国防科技大学周明瀛先生创建该方向，到培养出全军第一个工学博士沈怀荣，再到学院第一个自科科学基金“杰青”获得者周建平教授（中国工程院院士），团队近 40 年不忘初心，不断求索，培养了 20 余名博士，先后为国内 30 余固体导弹发动机进行过结构完整性分析和贮存寿命评估。

笔者还把团队 2020 年军队科技进步一等奖的成果“固体推进剂复杂粘弹性本构模型”引入课堂，让学生了解前沿，了解部队需求。

3 注重引领，动员名师讲课效果佳

教师的品行与学识决定了课程思政的高度与成效，故课程思政不是仅针对学生的德育培养，师德师风提升是基础。立德必须先立师德，然后再立生德。因此，要特别注重典型引领，可以把那些名师大家动员起来，去开展课程思政建设，因为他们示范的力量最强大。

如国防科技大学研究生的航空宇航科学与技术进展课，就汇集航空宇航学科著名专家给学生授课，授课教员包括于起峰院士、王振国院士、李东旭院士，老校长张育林教授也经常亲临课堂给学生授课，他们的阅历、经历以及对学科发展深邃的洞察力，都将对学生产生深远影响，意义非凡。武汉大学测绘学院也有“六院士同上一门测绘原理课”的报道[5]。经过六院士的讲解，让原本觉得测绘学专业冷弱的学生信心爆棚。

学科与专业里的院士与教授们为本科生上课本身就是最好的课程思政内涵之一[6]。名师讲课不仅仅传递的是专业的知识，还有他们为国奋斗、刻苦钻研的精神、取得的辉煌的科技成就，这都是对学生科学精神，创新精神的示范与榜样作用。这会给学生产生极大的震撼效果，也会对其他老师产生示范效应。德高望重的老院士，那么大岁数了，每一个学期还坚持来上课，那么认真，那年轻的老师还有什么好说的？把学校最优质资源配置给学生也是最好的课程思政内涵之一，这更是学校为三全育人所创造的良好环境之一。

4 通过教师思政影响学生思政

课程思政的目标是立德树人，教材思政和教师思政，都是输入，但最终目的是影响学生，唤醒学生，点燃学生心中爱国奉献、追求科学的火焰。仅把学生当作知识的接受者，就会忽视学生的内心世界，培养的学生的人格也会有偏差。应该认识到学生是有思想、有个性的主体，他们会重新建构自己的知识，并建构自己的意识形态和价值观[6]。笔者把它定义为学生思政，它是课程思政的效果和高级目标。

学生思政包括两个阶段：一是在教材思政和教师思政的影响下，唤醒学生，与他们产生情感共鸣，产生内在的驱动力；二是部分学生产生情感共鸣后，能主动影响其他学生，用生命影响生命。学生思政的效果其实比教材思政和教师思政要好很多，因此，本文将其视为课程思政的最高境界，也是教师思政的直接效果。

学生思政可以作为专业课程思政效果的重要评价方式，如果学生受到思政元素的洗礼后，能反过来输出思政元素，去影响其他学生，课程思政就达到目的了。这也是我们苦苦寻索的目标。

5　结　论

课程思政就是通过课程教与学的活动来实现全方位的育人。西汉的戴圣在《礼记》中说："师者也，教之以事而喻诸德也。"教师本身要德才兼备，才能教授学生谋事之才，传授学生立世之德。因此，教师不但要当好知识传授和能力培养的经师，更要做好价值引领的人师。教师思政是做好课程思政的关键：

(1) 学高为师，身正为范，教师言行将潜移默化影响学生；

(2) 充分发挥教师自身课程思政案例库功能，将自己和团队科研成果反哺教学，做到教学科研相长；

(3) 发挥名师示范效应，提高课程思政育人效果。

通过教师思政，影响学生思政，努力做到课程门门有思政，教师人人讲育人，使得所有教师自觉践行，所有学生都有感悟、有收获，真正做到全员、全程、全方位育人！

参考文献

[1] 沈火明，刘娟. 工程力学课程思政的探索与实践[J]. 高教学刊，2021(29)：189-192.

[2] 叶志明，王骞，陈伶俐. 论教书育人与课程思政之关系[J]. 力学与实践，2021，43(5)：744-747.

[3] 于歆杰. 合五为一　连通课程思政建设的最后一公里[J]. 中国大学教学，2021(8)：28-34.

[4] 盛丽萍，申志彬，张燕. 战"疫"背景下如何上好一堂网络直播课[J]. 中国现代教育装备，2021(361)：58-62.

[5] 夏静. 六院士同上一门课[N]. 光明日报，2017-08-10.

[6] 叶志明，汪德江，赵慧玲. 课程、教书、育人——理工类学科与专业课程思政之建设与实践[J]. 力学与实践，2020，42(2)：214-218.

依托重大事件，构建航空航天专业“思政”融入新模式*

程盼　周岩　罗振兵　彭文强　邓雄

（国防科技大学 空天科学学院，长沙　410073）

摘　要：在专业课程中融入“课程思政”已成为当前高校教育教学改革的重点及热点课题，如何系统、有效地将“思政”元素融入课堂教学成为是否能实现潜移默化影响学生人生观、价值观的关键。基于上述问题，以新冠肺炎抗疫为例，开展依托重大事件的航空航天类专业“课程思政”教学改革研究，以学员对重大事件的认知反馈当前“课程思政”教学效果，从“思政”元素的获取、“思政”元素归纳体系建立、“思政”教学实践等方面构建航空航天类专业“思政”融入新模式。通过上述探索与实践，为航空航天类专业“课程思政”教育教学改革提供参考。

关键词：课程思政；融入路径；教学改革；教学实践；“思政元素”案例库

2016年，依托上海高校的教育综合改革经验，“课程思政”首次被提出。同年12月，习近平在全国高校思想政治工作会议上指出“要把知识教育同价值观教育、能力教育结合起来，把思想引导和价值观塑造融入每一门课的教学之中”。2017年5月，在中央颁布的《关于深化教育体制机制改革的意见》中，“课程思政”首次正式纳入文件精神，使“课程思政”从地方实践探索转化为国家战略部署；2018年，教育部先后印发《高校思想政治工作质量提升工程实施纲要》《关于加强新时代高校“形势与政策”课建设的若干意见》，在全国推广“课程思政”。从此，“课程思政”开始在全国范围内广泛、深入开展。2020年6月，教育部出台《高等学校课程思政建设指导纲要》，对高校课程思政建设作出整体设计和全面部署。可见，“课程思政”已成为当前教学改革中的热点问题。所谓“课程思政”，与“思政课程”的区别是在专业课程中纳入能够引导学生树立正确价值观和世界观的内容，将之采用潜移默化、润物无声的方式融入德育教育。

1　课程思政融入专业课程必要性及现状

“课程思政”的主要对象为广大青年学子。青年学子是祖国的未来、民族的希望，也是社会主义现代化建设的生力军。目前在校的大学生和研究生，年龄在18～28岁之间，到21世纪中叶，也就是30年后，他们的年龄基本上在50～60岁之间，实现中华民族伟大复兴的中国梦，最终要靠这一代人去实现。所以，对广大青年学子加强思政教育尤为重要。为实现中华民族伟大复兴，加大教育经费投入的同时，我国在教学指导思想、观念及模式上也在不断转变。而“课程思政”是教学指导思想及教学方式的又一次重大创新。

目前，“课程思政”的观念日益深入人心，逐渐掀起了一股关于“课程思政”的热潮。众多

* 基金项目：湖南省普通高等学校课程思政建设研究项目（项目编号 HNKCSZ－2020－0006）；湖南省学位与研究生教育改革研究项目（项目编号 2020JGYB015）；国防科技大学本科和研究生教改课题（项目编号 U2019024、yjsy2020047）。

高校都参与其中[1-5]，由于“课程思政”教学探索与实践尚处于初期，仍存在一些问题，如“课程思政”教学效果如何评反馈，系统的“思政”元素如何获取，“思政”元素如何科学合理地融入课堂等。“思政课程”与“课程思政”的主要区别在于，后者强调潜移默化的影响，该影响如何去反馈，当前并没有形成反馈机制。针对上述问题，本文拟结合新冠肺炎疫情防控背景，探讨基于重大事件，构建航空航天类专业“思政”元素融入新模式。

综上所述，本文主要基于当前新冠肺炎疫情防控新形势下学生群体的心理、认知变化情况，对疫情的认识以及参与疫情防控及应对措施，了解学生对典型事件的认识与认知，反馈得出当前“课程思政”的建设成效以及尚需进一步深入研究的方向，从而进一步探索重大事件“课程思政”元素及思政融入课堂路径，为“课程思政”的深入开展提供理论及数据支持。研究成果可推广应用于理工科的其他课程思政改革中，能获得较好的学术价值及应用价值。

2　“课程思政”融入新模式基本思路

重大事件如汶川地震、贸易摩擦、新冠抗疫等，由于受外界关注度大，对人们心理往往产生较大影响，会引发人们的讨论与思考，往往这些重大事件中均会形成大量“思政”元素，依托重大事件开展思政教育容易引发学员的情感共鸣，容易让学员在探讨与思考中潜移默化形成争取的人生观、价值观。

2019 年 12 月发生于武汉并持续至今的新型冠状病毒肺炎给全国人民的生产生活造成较大不利影响，同时也对全国人民的心理、思想和行为产生了深刻影响[6-9]。本次新冠肺炎疫情席卷全国，在全球蔓延。从我国的防控情况来看，现在主要进入内防反弹、外防输入阶段。在整个抗击疫情的过程中，我们看到医务人员日夜奋战，科研人员全力攻关，众多劳动者坚守岗位、默默付出，无数企业和个人慷慨解囊、捐赠捐助等英勇事迹，而作为“课程思政”的亲身体验和实践者，广大学生群体在整个抗击疫情工作中扮演怎样的角色，以及对整个疫情的认识和认知是检验“课程思政”教育成果的重要指标。通过对学生采取问卷及访谈的方式，了解学生群体在整个疫情过程中生理及心理上的变化及体会，对重点人物、重点事件的认知，在疫情防控过程中所采取的措施，包括对亲友同学的影响等等，都为后续课程中如何更好地开展“课程思政”起到积极的改革和推动作用。正因为重大事件的重要影响，本文以新冠肺炎抗疫为例，开展“课程思政”融入专业课程新模式探索，基本思路如下：

基于当前新冠肺炎疫情防控背景，通过问卷调查、访谈等形式获取学生群体在整个事件中的表现，对整个事件的认识及认知，通过数据分析，从而反馈得出当前“课程思政”的建设成效以及尚需进一步深入的方向；基于网络及其他媒体，搜集新冠肺炎疫情防控过程中的典型人物及典型事件，梳理其反映出的“思政”元素，通过与学生及其他老师的交流讨论，结合社会主义核心价值观及高素质内涵，进一步提炼完善“思政”元素，形成“课程思政”案例库；基于对本次新冠疫情防控过程中“思政”元素的提炼过程及思路，建立重大事件中“思政”元素归纳体系，形成重大事件“思政”元素案例库；结合实际课程，从案例库中提取“思政”元素，通过在实际的课程讲授过程中探索“思政”元素的融入，研究“思政”元素的融入方式及方法，构建基于重大事件的“思政”元素融入路径，实现“课程思政”潜移默化提升学员思想素质的作用。

3 实施步骤

1）基于问卷调查及访谈方式获取学生对新冠疫情防控过程中生理及心理上的体会，对重点人物、重点事件的认知，在疫情防控过程中所采取的措施，包括对亲友同学的影响等问题；

2）基于数据结果，分析获得学生群体在本次疫情中所产生的“思政”元素；

3）基于反馈数据得出当前“课程思政”的建设成效以及尚需进一步深入研究的方向；

4）搜集此次新冠肺炎疫情防控过程中的热点人物事迹及热点事件，对照社会主义核心价值观及高素质内涵（家国情怀、国际视野、创新思维、工匠精神），梳理“思政”元素，形成案例库；

5）基于新冠肺炎疫情防控“思政”元素案例库，拓展形成重大事件中“思政”元素归纳体系；

6）基于重大事件“思政”元素归纳体系，建立重大自然灾害、战争、贸易摩擦等重大事件的“思政”案例库；

7）基于航空航天类专业课程教学实践，研究“思政”元素的融入方式及方法，构建基于重大事件的航空航天类专业课程“思政”融入新模式。

4 “课程思政”融入新模式

4.1 学生群体对重大事件的认识与认知研究

每一次重大事件及热点事件都会引发公众的关心及关注，同时由于现今信息传播渠道广泛，公众的认识及认知也会受到影响。针对本次新冠肺炎疫情防控，主要通过问卷调查、访谈方式对学生群体在整个疫情防控期间心理上的变化情况进行了解，包括对重点人物、重要事件的认知，在疫情防控过程中所采取的措施，对亲友同学的影响等。通过数据分析，了解学生群体在疫情防控期间所表现出的“思政”意识。

4.2 当前“课程思政”教学成效反馈分析

对于新冠肺炎疫情防控，不同的学生对同一事件、同一人物的认识及看法不尽相同，通过数据分析，掌握学生群体针对不同事件所表现出来的世界观、人生观、价值观。通过学生群体的认识及认知，了解学生群体认识事物的角度，从而反馈得出“课程思政”对学生在科学精神、人文素养、思想政治教育及社会主义核心价值观等方面产生的影响，获得当前“思政”教育过程中还需要加强及解决的一些问题。基于上述反馈分析过程，获得当前“课程思政”的建设成效以及尚需进一步深入研究的方向。

4.3 “课程思政”元素获取途径及归纳体系建立

随着“课程思政”研究及实践的不断深入，“思政”元素的概念及范围也在不断拓展，大到家国情怀、理想信念、时代精神，小到助人为乐、爱护公物、保护环境等都可以作为“思政”元素，对大量“思政元素”进行有效归纳，形成归纳体系及“思政”元素案例库，便能在授课过程中根据实际教学内容需要提取相应“思政”元素。以社会主义核心价值观、高素质内涵及公民基本道德规范为框架，构建“思政”元素归纳体系。社会主义核心价值观主要为富强、民主、文明、和谐、自由、平等、公正、法治、爱国、敬业、诚信、友善；高素质内涵包括家国情怀、国际视野、创新思维、工匠精神，公民基本道德规范涵盖爱国守法、明礼诚信、团结友善、勤俭自强、敬业奉献。重大事件中往往涌现出非常多的“思政”元素。以本次新冠肺炎病毒防疫为例，涌现出如医务人员日夜奋战，院士临危受命、身先士卒，科研人员全力攻关，众多劳动者坚守岗位、默默付出，无数企业和个人慷慨解囊、捐赠捐助，国际合作及国际援助等“思政”元素，梳理这些案例体现的“思政”要素，然后分别对应到具体的“思政”体系中，便于在实际教学过程中提取使用。同样，除了新冠肺炎防疫外，比如中美贸易摩擦等国际争端的解决，长江洪水、汶川地震等自然灾害的救助，SARS、H1N1流感等流行性疾病的诊治等都涌现出非常多的“思政”元素，将上述“思政”元素纳入相应的体系，从而建立重大事件“思政”元素案例库，形成重大事件“思政”元素归纳体系。

4.4　专业课程中“课程思政”融入模式探索及实践

在“思政”元素归纳体系及案例库建立的基础上，授课过程中可根据需要提取相应“思政”元素。如何有效将“思政”元素融入课堂教学过程中是实现“课程思政”立德树人目标的前提。在教学实践过程中，主要以案例牵引、以知识点牵引、以价值认同牵引及课堂讨论等方式，开展“思政元素”融入航空航天类专业课程教学实践，取得较好的效果。

5　结　论

重大事件在学员中易产生影响及情感共鸣，以新冠肺炎抗疫为例开展依托重大事件的航空航天类专业“思政”融入新模式研究，探讨学生群体对重大事件的认识与认知，通过反馈分析获得当前“课程思政”教学效果及需在“课程思政”教学中需进一步探索的问题，针对上述问题，研究了重大事件中“思政”元素获取途径及方法，构建以社会主义核心价值观、高素质内涵及公民基本道德规范为框架的“思政”元素归纳体系，建立“课程思政”案例库，最后通过教学实践将“思政”元素融入课堂，实现“思政”教学目标。最终形成以“思政”元素-归纳体系-“思政”元素案例库-教学实践为基础的专业课程“思政”融入新模式，为航空航天类“课程思政”教学改革提供参考。

参考文献

[1] 高燕. 课程思政建设的关键问题与解决路径[J]. 中国高等教育，2017，(Z3)：11－14.

[2] 韩宪洲. 深化“课程思政”建设需要着力把握的几个关键问题[J]. 北京联合大学学报(人文社会科学版)，2019，17(02)：1－6，15.

[3] 孙志伟. 理工类专业课程开展课程思政建设的关键问题与解决路径[J]. 思想政治课研究，2019(01)：93－97.

[4] 杨守金，夏家春. “课程思政”建设的几个关键问题[J]. 思想政治教育研究，2019，35(05)：98－101.

[5] 李祥祥，朱凤荣，徐叶. 高校课程思政教学改革的问题意识[J]. 安徽广播电视大学学报，2020，(01)：55－60.

[6] 李士雪，单莹. 新型冠状病毒肺炎研究进展述评[J]. 山东大学学报(医学版)，2020，58(03)：19－25.

[7] 张梦月，杨炯. 新型冠状病毒肺炎的治疗进展[J]. 武汉大学学报(医学版)，2020，41(04)：555－559.

[8] 秦红亚，刘瑞娟，苗健龙，等. 2019新型冠状病毒肺炎研究进展[J]. 临床肺科杂志，2020，25(03)：440－444.

[9] 李天志，徐国纲. 新型冠状病毒肺炎诊治研究进展[J]. 解放军医学杂志，2020，45(03)：260－264.

新工科背景下课程思政教学评估模式初探

刘民岷[1]　李波[1]　韩效[2]　洪涛[1]

(1. 电子科技大学 航空航天学院，成都　611731

2. 西南交通大学 建筑学院，成都　611756)

摘　要：新时代高等教育的根本任务是立德树人，新工科则是新技术和新产业发展对工程教育提出的必然要求。新工科背景下课程思政建设是实现工科立德树人的重要渠道，而其评估模式则是教学质量的关键保障。本文分析了当前课程思政评价模式的现状和存在的困难；指出了新工科课程思政评估体系建设中评价主体对象、评价内容和评价手段三个重点；归纳了新工科人才素养构成，并在此基础上提出了基于发展性评价理论的，涵盖了教学背景、教学目标、教学活动和教学成果四个环节的新工科＋课程思政教学评价层次模型，并对其运用模式进行了阐述。

关键词：新工科；课程思政；教学评估；CIPP；发展性评价

中华民族正在伟大复兴的道路上昂首阔步，面对百年未有之大变局的历史节点，机遇和挑战并存。所谓“十年树木，百年树人”，高等教育质量关乎祖国的未来，关乎祖国复兴大业。在这样一个重要的历史阶段，“课程思政”和“新工科”无疑是新时代赋予中国高等教育的两大历史使命。2017 年 6 月，教育部办公厅发布《新工科研究与实践项目指南》，指出要建立政校企等多主体协同育人模式，推进科教结合、产学融合、校企合作的协同育人体制机制改革。2017 年 12 月，国务院办公厅发布《关于深化产教融合的若干意见》，提出校企协同、合作育人的原则和目标。深化产教融合是当前推进人力资源供给侧结构性改革的迫切要求，也是新工科建设背景下高等工程教育改革的重点方向。2017 年 2 月，中共中央国务院印发《关于加强和改进新形势下高校思想政治工作的意见》，明确指出加强和改进高校思想政治工作，事关办什么样的大学、怎样办大学的根本问题，事关党对高校的领导，事关中国特色社会主义事业后继有人，是一项重大的政治任务和战略工程[1]。在新工科背景下的课程思政如何建设，摆在了高等教育工作者的面前。

1　新工科背景下课程思政建设及评估模式现状

教育是国之大计，立德树人是教育的本质，也是目标，而思政教育则是立德树人的核心和关键。传统模式下，思想政治教育的任务主要由思政课程担任。在大部分工科学生看来，思政课由于其内容略显枯燥，教学形式单一、缺乏吸引力，其教学效果一直不太理想。2004 年，中共中央先后出台了一系列关于进一步深化和改进大学生思想道德建设水平和大学生思想政治教育工作的文件，拉开了课程思政建设的序幕。党的十八大以来，党中央更是把高等院校思想政治工作提升到了突出的位置。2020年，教育部印发了《高等学校课程思政建设指导纲要》，明确指出全面推进高校课程思政建设是落实立德树人、贯彻全国教育大会精神的战略举措。号召各级各类高校要充分挖掘各类课程的思政资源，发挥每一门课的育人作用，全面提升人才培养质量，课程思政建设在全国范围蓬勃展开。

新工科的出现是工程教育伴随社会变革和产业革命高速发展的必然，直接诞生于新经济和新兴产业的沃土之上。早在2001年，美国工程院就提出了“2020工程师研究计划”，并在随后的几年相继发布了《2020工程师：新世纪工程的愿景》《培养2020工程师：为新世纪变革工程教育》等报告。美国工程与技术鉴定委员会对工程人才必须具备的能力进行了描述，提出了鉴别、阐述和解决工程问题，运用技术、技能和现代工具等能力目标。麻省理工学院会同相关研究机构提出了工程教育CDIO能力大纲；2017年，该校启动了新工程教育改革NEET计划。在我国，2017年教育部组织部分高校启动了推进新工科在我国的改革建设，先后形成了“复旦共识”“天大行动”“北京指南”和“成电方案”等探索性成果。2020年，教育部决定在高等学校建设一批未来技术学院，瞄准高校机制体制创新，以培养具有前瞻性和战略性的未来科技创新领军人才为目标，抢占科技发展的先机。

显而易见，“新工科”和“课程思政”已经并行进入了新时代高等教育发展的快车道，建设发展趋向同步，建设节点交汇。这不仅为新时代高等教育提供了新的发展契机，同时也启发了高校教师对于未来高等教育发展的思考和探索，提出了对新时代高等教育教学模式和评价机制进行改革的挑战。

新工科专业建设对服务和支撑我国新形势下经济转型、升级和引领具有重大意义，而全面推行课程思政则是习近平新时代中国特色社会主义思想铸魂育人和新时代高校思想政治工作的重要举措。切实将“新工科”和“课程思政”两大时代命题进行深层次融合，“显性”专业教学内容与“隐性”思政教学内容交叉融合，培养新时代“又红又专”的高质量人才，是办好新时代中国特色社会主义高等教育的必然要求。如何应对“新工科”和“课程思政”教育理念的碰撞交汇所引发的深层次融合，解决好“大学培养什么样的人，如何培养人以及为谁培养人”这一根本性问题，已然成为当前高等教育领域亟待解决的课题。

然而新工科背景下，课程思政建设效果如何评估，目前还没有成熟、科学的方案。现有的评价模式存在着缺乏指标，缺乏科学性，评价内容不完整，评价方法维度单一以及评价结果缺乏权威性等问题。评价指标是课程质量提升的保障和导向，健全而完善的评价指标体系是提升新工科背景下课程思政教学质量的重中之重，亟待研究、完善[2-5]。

2　新工科课程思政评估体系建设思路

新工科的内涵在于以立德树人为引领，以应对变化、塑造未来为建设理念，以继承与创新、交叉与融合、协调与共享为主要途径，培养未来多元化、创新型卓越工程人才。相较于传统的工程教育模式，其评价模式和视角发生了明显的变化。课程思政期望引导学生形成正确的情感态度与价值观，传统的以考试、考核为中心的教学评价体系难以准确衡量课程思政教学成效。二者的融合对高等教育的教学效果评价带来了极大的挑战。

2.1　评价体系设计的三个重点

新工科课程思政评价体系的设计，需要重点回答好三个问题：“评价对象是谁？”“评价内容是什么？”以及“如何评价？”[6,7]。

（1）明确评价的主体和对象

教学的活动的参与者从来都包含了教师和学生两个方面，缺一不可。教学活动的效果同时取决于教学活动双方，教学评价的对象自然也应该覆盖教师和学生两个方面。在设计评价体系时，评价环节应该考虑教师和学生的共同参与。传统模式下教师的主体地位比较突出，应当有意识地提升学生的主动性，真正契合教学活动的中心从“教”到“学”的转变。从评价的对象来看，应该覆盖学生的学习态度、学习活动、学习行为和学习的产出等几个方面。思政场景下育人成效的评价不仅仅关注学生的知识获得和能力成长，还需要关注价值塑造。可以通过对学习态度、学习活动和学习行为的关注，评估学生们的态度、情感和立场，从而实现真正客观的育人成效评估。

（2）评价内容的有机融合

课程思政的难点就在于如何将思政教育自然、有机地融合到专业课程的教学活动中，做到润物细无声。在评价体系设计时，对于评价内容设计，需要考虑如何将专业知识的评价和德育评价内容有机融合，不能相互脱节、各自孤立。在新工科背景下，需要将新工科的培养目标和育人目标有机融合起来，在评价内容环节考虑二者的综合表达，将思政内容融会贯通到新工科的教学内容设计、能力培养环节的评价当中。

（3）评价手段和标准的多元化和规范化

新工科和课程思政都是现代教育的两个新生事物，二者结合起来更是传统高等教育没有遇到的复杂问题。因此，必须探索适合新工科＋课程思政模式的新型评价手段和评价标准。教育学家泰勒说过，教育评价方法可以涵盖所有能获取教育目标的各种行为的有效证据的所有途径[8-10]。因此，在制定评价手段和评价标准时，一方面，评价手段和标准要做到多元化，围绕教学活动的各个环节、各种形式和不同的教学内容设计形式多样的评价手段和评价方法；另一方面，为了确保评价结论的科学性和可信度，需要梳理多元化的评价手段和评价标准，做到规范化、标准化和可操作。

2.2 CIPP 评价模式及其启示

CIPP 评价模式最早于 1967 年由美国著名教育评价专家斯塔弗尔比姆提出，是在目标模式基础之上的一种超越。该模式能提供整体而全面的信息，用于对教育方案、研究计划的修订、实施及结果进行评价。CIPP 评价模式包括四个维度的评价：背景评价（Context Evaluation）、输入评价（Input Evaluation）、过程评价（Process Evaluation）和成果评价（Product Evaluation），如表 1 所列[11]。

表 1　CIPP 评价模式内涵

评价维度	内　涵
背景评价	在特定环境下评价其需要、问题、资源和机会，属于诊断性评价
输入评价	对达到目标所需的条件、资源以及各备选方案的优缺点进行评价，属于可行性和效用评价
过程评价	对实施过程中的连续不断的监督、检查和反馈，属高效性评价
成果评价	对目标达到的程度进行评价，包括测量、判断、解释，确定需求满足的程度

CIPP 评价模式核心思想不在于证明，而在于改进。该模式突出了评价的发展性功能。其

内涵涵盖了诊断性评价、形成性评价和终结性评价。其中，背景评价强调根据需求对课程本身是否一致做出判断；输入评价负责帮助决策者选择达到目标的最佳手段进行评价；过程评价关注实施过程中存在的问题，以确保成果和目标的达成；成果评价则通过测量、解释和判断课程计划的成绩，将目标、背景、输入和过程的信息都关联起来，做出最终达成度的评估和解释。

“新工科＋课程思政”教学属于新生事物，其教学内容、教学模式和教学评价方式都需要持续的改进和探索，尤其是课程思政教育效果的评估，很难套用传统的评估模式。CIPP发展性评价的特征比较契合新工科＋课程思政的教学评价需求。受CIPP评价模式的启发，新工科背景下课程思政的评价也应当是一种动态的发展性评价模式[12]，关注教育教学效果的持续改进，其内涵应该包括教学背景、教学目标、教学活动和教学成果四个维度。同时，针对不同的维度，设计不同的评价手段达成评价目标。

3　新工科背景下课程思政评价体系设计

3.1　新工科人才素养构成分析

新工科人才核心素养包括认知、工程技能两个主要领域[13]，再结合思政，形成三个素养领域，如图1所示。

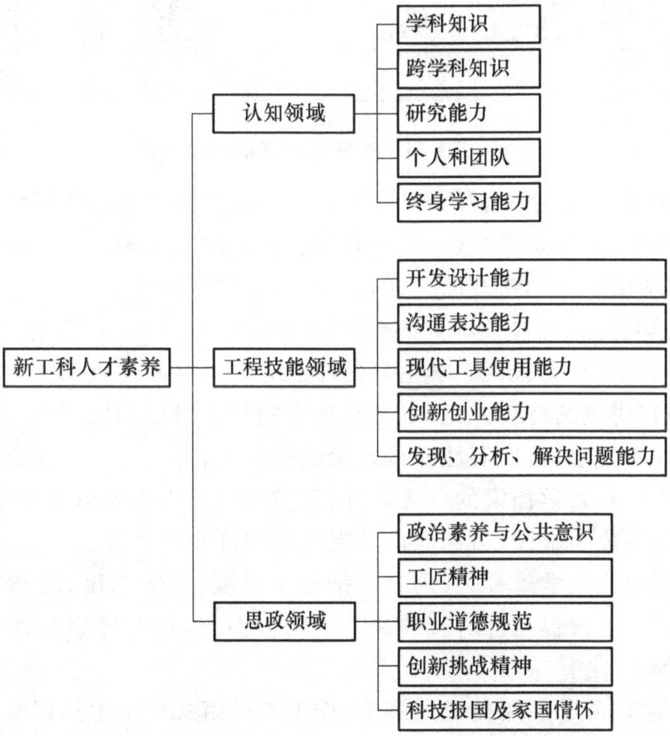

图1　新工科人才核心素养构成

在认知领域，新工科人才培养关注学科知识以及跨学科知识的掌握，继而关注研究能力、个人和团队合作精神以及终身学习能力。在工程技能领域，关注开发设计能力、沟通表达能力、现代工具使用能力、创新创业能力以及发现、分析、解决问题的能力[5]。在思政领域，结合新工科人才培养的情感态度目标，归纳为政治素养与公共意识、工匠精神、职业道德规范、创新挑战精神以及科技报国的精神和家国情怀。

新工科人才核心素养就是人才培养的终极目标，评价体系中教学评价目标、内容和评价手段的设计均要以新工科人才核心素养为核心内容和主要指标。

3.2 新工科背景下课程思政评价体系设计

在CIPP理论思路的基础上，新工科＋课程思政评价体系遵从动态的发展性评价理论，瞄准新工科人才核心素养的培养，覆盖教学背景评价、教学目标评价、教学活动评价和教学成果评价四个相互关联、逐层递进的环节，如图2所示。

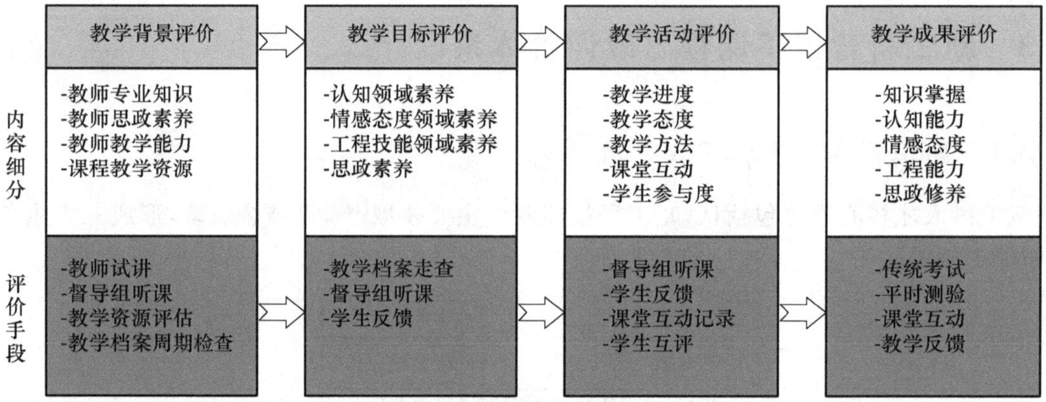

图2 新工科＋课程思政评价层次模型

在教学背景评价部分，关注课程的教学准备，重点关注教师和教学资源建设。其评价内容涉及到教师的专业知识、思政素养、教学能力和课程相关教学资源准备情况。该部分的评价手段包括：①在基层教学组织针对新开课和开新课的教师进行的教学试讲；②贯穿整个学期的教学督导组听课；③教学资源评估，教学资源包括新教材建设、MOOC资源建设、课程相关实验建设等；④针对课程大纲、教案、讲稿、学生日常作业等教学档案的周期性检查。尤其需要关注课程大纲的思政更新，讲稿的持续优化，以及教案中的教学后记和反思。

针对教学目标评价环节，在发展性评价理论的基础上，重点关注学生新工科人才素养目标设定。评价手段除了针对教学档案的走查之外，还包括督导组听课以及学生民意调查的反馈。重点防止教学目标设定成为虚设，目标应该具有可实现性和具体性。

教学活动评价则关注教学过程，其内容包括教学进度、教学态度、教学方法、课堂互动、学生参与度等指标。评价手段包括针对教师和学生两方面，包括督导组听课、课堂互动记录、学生反馈和学生互评等。

教学成果评价环节，除了利用传统的测验、期末考试模式对学生知识掌握和基础能力的评价之外，还需要评价认知能力、情感态度、工程能力和思政修养提升等培养成果。采用的评价手段包括考试、测验、课堂互动记录和教学反馈表统计等。

在发展性理论框架下，该评价体系本身也需要针对评价内容和评价手段不断进行改进和优化。内容上，需要契合伴随着科技发展而不断发展的新工科培养目标，同时也要契合课程思政内涵的发展。评价手段上，也需要不断的优化，改变传统评价模式下依靠期末一纸试卷的模式，关注过程、关注发展，充分利用信息化工具，进行多元化、全方位的教学评价，确保立德树人育人目标的达成。

4　结　论

立德树人是新时代高等教育的根本任务，"新工科"和"课程思政"则是在立德树人大命题下的两个重要的关键词。如何推进新工科教学和思政教育的同向同行，评价体系的建设至关重要。教学评价需要覆盖教学环节中的教师和学生两个对象，同时还需要重点关注教学活动整个过程，遵循发展性评价理论。新工科和课程思政是两个新生事物，新工科＋课程思政评价模型也还需要不断完善、发展，切实服务于立德树人根本任务，全面提高高等教育工科人才培养质量。

参考文献

[1] 关于加强和改进新形势下高校思想政治工作的意见[EB/OL].(2017-02-27) http://www.gov.cn/xinwen/2017-02/27/content_5182502.htm.

[2] 巨晓洁，夏有强，等. 新工科背景下基于OBE理念的化工复合型人才培养体系的构建与实践[J]. 化工高等教育，2021，8(38)：27-30.

[3] 汪孟夏. 新工科背景下理工科大学生工匠精神培育研究[J]. 山东工会论坛，2021，9(27)：26-35.

[4] 罗冬梅. 新工科视角下合成革方向课程思政研究[J]. 中国皮革，2021，10(50)：133-143.

[5] 王莉，段薇薇，张莉萍，等. 以工程教育为背景的课程思政建设研究与实践[J]. 教育研究，2021(41)：12-13.

[6] 齐砚奎. 全课程育人背景下高校课程思政建设的理论思考[J]. 黑龙江高教研究，2020(1)：124-127.

[7] 白双翎. 高校思政课教学评价指标体系构建研究[J]. 现代教育管理，2021，9：49-55.

[8] 雷盛燕，吴丽芝. 基于"产出导向法"的大学英语课程思政智慧教学评价探析[J]. 通化师范学院学报，2021，42(9)：115-119.

[9] 孙曙光. "产出导向法"中师生合作评价原则例析[J]. 外语教育研究前沿，2020(2)：20-27.

[10] 芮宝娟. "多元化"考核评价体系在课程思政教学改革中的应用实践：以"国际海运代理实务"为例[J]. 科教导刊，2019(24)：54-55.

[11] 雷晶晶. 基于CIPP的行业院校研究生课程思政评价指标体系研究[J]. 创新创业理论研究与实践，2020(12)：147-149.

[12] 苏小菱，洪昀. 基于层次分析评价模型的课程思政有效性评价探索[J]. 教育教学论坛，2020，5(22)：150-152.

[13] 周玲，樊丽霞，范惠明，等. 新工科背景下课程建设现状研究[J]. 中国人民大学教育学刊，2021，9(3)：52-76.

多体系统动力学的课程思政探索

张梦樱[1] 丰志伟[1] 徐秦[2] 张青斌[1] 葛健全[1] 吕欣[3]

(1. 国防科技大学 空天科学学院,长沙 410073

2. 军事科学院 战略评估咨询中心,北京 100091

3. 国防科技大学图书馆 流通部,长沙 410073)

摘　要:专业课课程思政是当前高校思想政治教育的新理念和新模式,其核心思想是将高校思想政治教育融入各类专业课教学中去。我们在“多体系统动力学”研究生专业课教学中,通过梳理课程总体设计理念,重构知识与思政双主线教学实践方针,进行了新时代专业课程思政建设的四个“融入”的教学举措探索。通过回顾课程历史、梳理工程实践和探索“融入式”教学,将显性的教育行为转化为潜移默化的隐性教育,拓宽了课程的广度和深度,有利于培养学生的空天报国情怀和强国信心,增强“四个服务”本领的使命担当。

关键词:课程思政;多体系统动力学;教学改革;思政教学;课程教学

引　言

2016年12月习近平总书记在全国高校思想政治会议上强调,“要坚持把立德树人作为中心环节,把思想政治工作贯穿教育教学全过程,实现全程育人、全方位育人”“思政教育并不仅仅是思政理论课的任务,其他各门课程都要守好一段渠、种好责任田,同向同行,形成协同效应,发挥隐性思政作用”*。2020年,教育部印发《高等学校课程思政建设指导纲要》,指出:理学、工学类专业课程,要在课程教学中把马克思主义立场观点方法的教育与科学精神的培养结合起来,提高学生正确认识问题、分析问题和解决问题的能力[1]。课程思政是思想政治教育形态的变革,也是思想政治教育形式的变化,其本质和要旨在于依托专业课课程,以各学科课程为载体,发挥课程的思想政治教育功能,培养德才兼备的社会主义合格建设者和可靠接班人[2]。

多体系统动力学属于力学和航空航天类专业课,在本校已连续开设二十余年,形成了一套完整成熟的课程设计和教学方法。面对课程思政的教学改革新要求,如何在经典的课程体系中,适应时代要求,切实贯彻落实“立德树人”的思想政治工作原则要求、核心内容,是本课程以及其他航空航天类专业课程改革和课堂改革的一大难题。

本文以国防科技大学空天科学学院研究生专业核心课“多体系统动力学”为例,探索航空航天工程专业课思政教学新模式。通过梳理课程总体设计理念,总结两个“挑战”,重构知识和

---

* 习近平谈高等教育:把立德树人作为中心,把思政工作贯穿全程[EB/OL](2016-12-09)[2021-10-20]. http://cpc.people.com.cn/xuexi/n1/2016/1209/c385474-28938271.html.

思政两条“主线”，提出四个“融入”的思政教学举措，深入挖掘我国航空航天领域中与课程应用场景相关思政资源，进行专业课思政探索。有利于课程实现专业知识和技能与思政教育同向同行的“全方位育人”功效，有利于培养学生的报国情怀和强国信心，具有重要的现实意义。

1　课程总体设计理念

1.1　空天基因深入课程历史

国防科技大学空天科学学院前身是中国人民解放军哈尔滨军事工程学院下设的导弹工程系，专门解决军事航天中的工程问题。早在1996年，由科研任务牵引和人才培养需要，学校开设了“多体系统动力学”课程，是国内开课较早的院校之一。唐乾刚教授等老一辈国防科大教师根据参考书和英文文献自编了《多体系统动力学讲义》（见图1），可以说从建立之初，这门课程就打牢了“自力更生、艰苦创业”的精神根基。

课程在经典力学的基础上，立足现代计算技术，系统讲授了多体系统运动学和动力学建模和求解方法。不仅限于机械领域的工程背景，课程建立之初就具备浓厚的空天特色。不但介绍机械工程、车辆工程中接触较多的多刚体系统动力学知识，同时也以载人航天工程中返回系统中的多柔体系统为对象，引入多柔体系统动力学，拓展学生知识面。开课以来，不仅面向本校研究生学员，也承担了航天系统定向研究生的培养任务，成为了众多国防科大校友的共同回忆，为党和国家培养德才兼备、技术水平突出的高层次航天科技人才起到了重要作用。

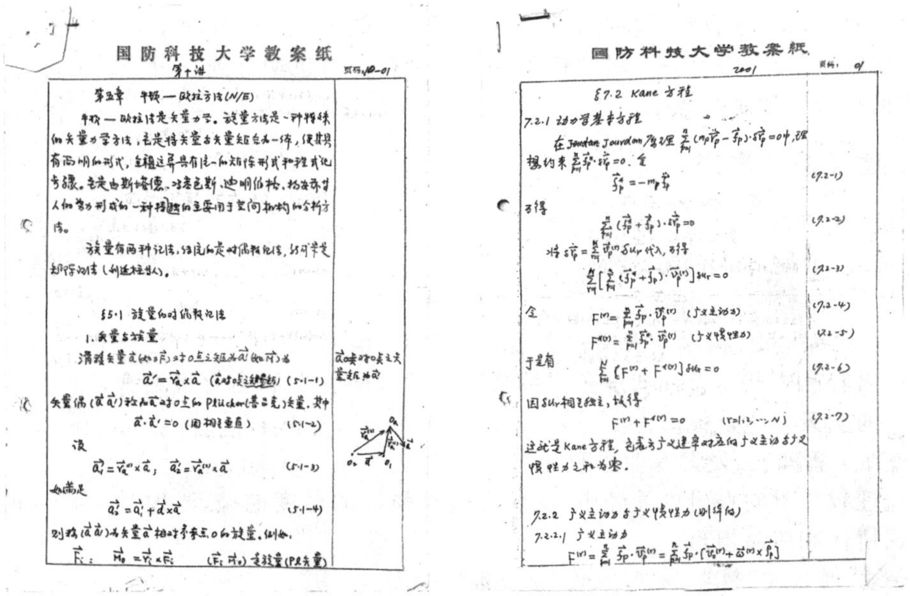

图1　唐乾刚教授2001年春季学期手写教案

1.2　定位目标贯彻思政要求

目前，“多体系统动力学”课程定位为面向学校工科研究生的专业选修课，系统介绍了多体系统的动力学建模原理和数值计算方法。在新时代开启“多体系统动力学”课程改革工作，把培养社会主义建设者和接班人作为根本任务，国防科大的“多体系统动力学”课程的教学目标包括三个层面：

1）知识层面目标：使学生了解航天领域中多体系统动力学的发展趋势，掌握基于图论的多体系统的运动学和动力学知识，熟悉罗伯森-维滕堡方法和凯恩方法，介绍多柔体系统浮动坐标法建模原理。

2）能力层面目标：通过开展工程中的多体系统动力学数学建模和仿真编程实践，使学生具备解决航天器、机器人、车辆、兵器等复杂机械系统的动力学与控制问题的理论分析与数值仿真的能力。

3）价值层面目标：使研究生学员通过课程学习进一步牢固唯物主义世界观和方法论，感受科技探索的不易；感受我国航空航天领域多体系统动力学发展的成就，增强民族自信心和自豪感；正视多体系统动力学技术发展机遇，正确认识时代责任和历史使命。

1.3 课程挑战

（1）与时俱进，老课新讲如何焕发生机

多体系统动力学作为国防科大已连续开设二十余年的研究生专业课，已形成一套完整成熟的课程设计和教学方法。作为一门“硬核”专业课，它具有高度的数学抽象性和严密的科学性等特点。同时，由于选课对象既有来自力学和航空宇航专业有一定基础的学生，也有其他工科专业基础较为薄弱的学生，更需要发展创新、通俗、生动且直观的教学手段。

（2）响应号召，专业课如何讲出思政情

多体系统动力学专业性较强，直观上不具备思政课程丰富的教学案例资源。如何有效挖掘课程中的思政元素，结合空天特色，传承老一辈航空航天工作者和科学家的光荣传统和优良作风，把传统航天精神、“两弹一星”精神和载人航天精神有机融合到一板一眼的课堂教学实践中去，是当前在教学理念和教学方法上亟须研究和实施的重要课题。

1.4 建设总体思路

专业课开展思政“融合式”教学，关键在于挖掘课程内容中的思政元素，把立德树人融入到教育全过程，把精神培养以润物细无声的形式，以水到渠成为目标开展专业课建设和课程设计。

（1）回顾课程历史，树牢空天文化自信

将课程内容和中国航天特别是多体系统动力学方向的发展史有机结合，注重发掘教学内容中所蕴含的空天文化自信。

（2）梳理工程实践，发掘专业思政元素

充分梳理教学组的科研攻关经历，从建设航天强国的角度挖掘，激发学生投身航天、献身国防的家国情怀和使命担当。

（3）探索“融入式”教学，发挥思政“正反馈”作用

针对学生认知特点，避免说教与灌输等生硬传统教育方式，改革教学举措，激发学生讨论和思考，使思政内容自然融入课程之中，如“盐溶于水”。

2 知识与思政双主线构建教学实践

在专业课教学实践中开展课程思政，重点在于通过深入挖掘课程中的德育元素，将思想政

治教育隐形地融入其中,以达到和思想政治理论课"同向同行",起到协同效应。首先,在形式上不能简单套用思政课程的形式,要依托专业课程的知识线对其进行拓展。其次,专业课程思政也不是专业课程教学与传统思想政治教育形式的简单相加,而应该是一种面对不同知识体系和学科语境的思想政治教育形式的新探索和开发,是对专业课程教学形式与传统思政教育的全面革新,以实现"知识传授、能力培养和价值塑造"与专业课程体系的有机统一。

2.1　知识线为载体

"课程思政"所强调的是"春风化雨,润物无声",其建设不能弱化学科与专业课程的难度和深度;不能脱离学科或专业课程的内容与性质特点[3]。为实现课程教学目标,教师根据教材和教学大纲编写教案,同时结合教学经验、学生反馈、督导专家意见建议,组织集成了一条围绕教材和大纲构成的课程知识点连网构成的知识线。开展教学实施,应当在知识线的基础下梳理和寻找课程思政的合适案例,好的案例必需和知识点匹配,否则不可采用。要依据知识传播的需求,梳理和凝练合适的思政案例,配合教师的教学实践。

2.2　思政线为索引

知识点并不是每个都有思政案例,思政案例必须依照知识线加以布置,串起各个知识点。配合知识线加入的思政案例应当切入知识点,做到润物细无声。情感上,达到引发学生兴奋和唤起听者认同的效果;知识上,起到帮助学生加深知识理解的效果。因此,教学组在多体系统动力学课程教学中,在不弱化专业知识和技能培养的前提下,充分挖掘了课程中的思政元素,部分思政教育内容总结见表 1。

表 1　多体系统动力学课程中的思政教育内容(节选)

课程内容	知识点与思政线的结合点	思政教育目标与价值引领
绪论	多体系统动力学概念、特点、发展历史	事物的联系与发展;不怕失败、勇于探索
	多体系统动力学发展现状和前景	增强使命意识和责任担当
	多体系统动力学的学习方法	自主学习能力
刚体运动学基础	四元数方法解决欧拉角表征的奇点问题	矛盾分析法:山重水复疑无路、柳暗花明又一村,不畏挫折,不放弃
刚体动力学基础	拉格朗日方程	公式中的数学美
多刚体运动学基础	结构的图论描述	多学科交叉,创新精神
罗伯森-维滕堡(R－W)方法	无根树系统案例:天和机械臂 增广体案例:神舟十三号太阳能帆板展开	文化自信,科技自信,爱国情怀和民族自豪感
凯恩(Kane)方法	凯恩方法动力学建模案例:卫星转台	敬业、专注和创新的工匠精神
柔体系统动力学建模方法	绝对节点坐标方法案例:空间绳网建模	严谨求实的工作作风和科学精神
递推方法	单链系统的递推算法	事物的联系与发展:协作意识
工程案例与数值计算方法	多体系统动力学的几何数值积分方法	自主知识产权:卡脖子还是造轮子

以下展示两个典型的教学思政案例。

教学案例1:长津湖与水门桥

知识点:多体系统动力学发展现状和前景

内容:热映电影《长津湖》唤起人们对志愿军"抗美援朝,保家卫国"这段历史的回忆。早在1950年,以美国为首的欧美国家就掌握了多柔体系统动力学的典型应用——降落伞空投技术。联合国军队撤离途中,志愿军以卓越的战斗力八天之内三次炸毁长津湖水门桥。但在最后,由于美国第314军事运输机连队启用8架C-119运输机,采用多个直径15米降落伞分别空投了8组长5.5米、重1.3吨的M-2钢梁组件,将桥梁抢修成功,进而撤退[4,5]。如今,经过一代代科研工作者的艰苦攻关,我国在空运平台、空降平台、机动平台、武器装备等多个层次都有了突飞猛进的发展,物-伞多体系统动力学方面的成果已广泛应用于我国载人航天工程、探月工程、火星探测工程以及空降空投军事训练中,见图2、图3。

思政点:

结合热门影片,由战争历史引出多体系统动力学在国内的研究历史和发展现状,介绍空天领域的典型应用,激发学生面向世界科技和军事前沿、面向国家重大战略需求的自信和勇气,激发了学生空天报国的家国情怀和使命担当。

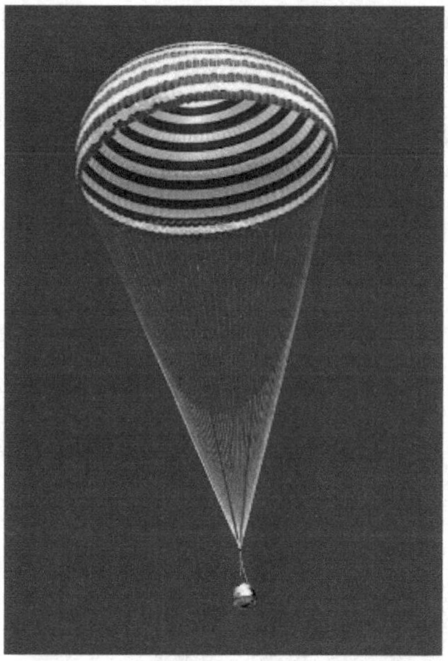

图2　神舟十二号返回舱着陆(记者 任军川)[6]

图3　高原特战部队跳伞训练[7]

教学案例2:伞-弹多体动力学红外目标识别算法

知识点:基于相对坐标的多体系统动力学建模

内容:在红外末敏器工作阶段,伞-弹多体系统近似铅垂稳速下落,由于受到子弹自旋和各种干扰因素的影响,弹体晃动。这种晃动会使红外探测器的光轴相对地面发生偏斜摆动,从而使捷联末敏器的目标信息探测与攻击点方位测量发生较大误差。由于时间紧、任务重,项目组昼夜奋战,无私奉献,在有限的时间里圆满完成任务。通过集智攻关,团结协作,巧妙建立了矢量形式的伞-弹九自由度多体动力学模型,完成了伞-弹两体系统小扰动分析的研究工作,详细分析了小扰动情况下子弹俯仰角，融入子弹姿态变化运动学规律的影响，用以消除子弹晃动对试验数据的影响(见图4)。多次空投试验结果证明了方法的有效性和正确性。

思政点：

在多体系统稳定性分析的知识点教学过程中，通过介绍教学组在军队重大工程项目中的科研攻关经历，引领学生向前辈学习“自力更生、大力协同、尊重科学、严谨务实、献身事业、勇于攀登”的航天传统精神。介绍动力学与图像识别的交叉应用，启发学生勇于破除学科壁垒、大胆融合开展学科交叉融合的科学创新精神。

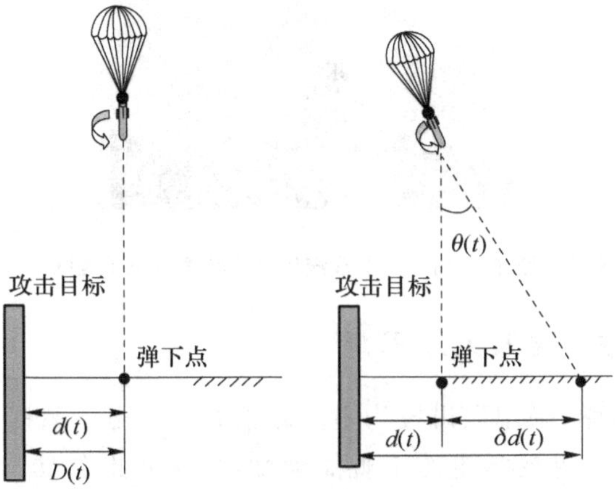

图4　末敏器目标识别算法示意图[8]

3　新时代专业课程思政建设的四个“融入”

3.1　优化教学课件，融入视频案例

当今时代，学生对短视频内容的喜爱日益增长。抓住学生的注意力，利用其对碎片化视频内容的需求，需要教育者对教学资源，特别是教学课件进行升级换代。课程通过对与知识点有关的时事新闻类、历史故事类、科普资料类、案例动画类等视频材料进行梳理和剪辑，穿插在课件中。通过对课件内容的优化，让枯燥难懂的“瞌睡点”变成引发学生兴趣的“抬头点”，扭转学生对专业课程的畏难情绪。

3.2　更新授课教材，融入时代特色

多体系统动力学经历了半个多世纪的发展，现在在机器人、机构、车辆、机械臂和空间结构等大范围相对运动非线性动力学系统的设计上有着广泛的应用。教学组紧跟前沿科技成果，引入多体动力学研究领域著名学者 Ahmed A. Shabana 教授的著作《多体系统动力学(第4版)》(见图5)，向学生介绍原汁原味的大变形柔性多体系统建模方法，呈现课程与时俱进、开拓创新的建设理念。

图 5　新编教材《多体系统动力学(第 4 版)》封面[9]

3.3　丰富课堂形式,融入人本思想

传统以教师为主的教学,采用以讲授为主的教学方式。由于忽视学生的真实需求,没能使学生真正参与到课程之中,忽视学生的主观能动性,教学效果欠佳。本课程设计采用问题导入、讲授、探究、“翻转课堂”和“对分课堂”等方式,让学生成为价值主体、动力主体和实践主体。在多刚体运动学基础章节,提前布置学生学习基于图论的系统结构描述方式,开展“翻转课堂”实践,当堂授课并进行课堂讲评。以学生为中心,以多样的课堂形式,提供师生共同讨论、共同感悟的机会,培养学生力学思维方法和多学科融合意识。

3.4　增加实践比重,融入工程伦理

研究生专业课学习与研究紧密结合,学习过程其实是解决工程实际问题的高度模拟。作为国家建设和发展的未来主力,锻炼研究生的实践能力,注重其科学思维方法的训练和科技伦理的教育至关重要。课程设计围绕基于问题的学习(Problem based learning, PLB)开展实践教学,强调学思结合、知行统一。布置两连杆动力学建模与仿真、空间漂浮机器人动力学建模、卫星抓捕动力学、绳网展开动力学和跳远运动等 10 个没有标准答案的大作业,保证差异性和互补性进行小组划分,按照“科研项目攻关和验收”模式完成大作业[10]。通过文献综述、小组讨论、分组工作和汇报答辩,锻炼学生的写作能力、自主学习能力,培养了学生的学术诚信意识和团队协作精神。“纸上得来中终觉浅,绝知此事要躬行”,从而在实践教学中强化工程伦理教育。

4　结　论

针对新时代航空航天类专业课思政的要求,本文以“多体系统动力学”的课程思政为例展开探索。笔者针对多体系统动力学的专业性强、思政元素难抓的困难,从课程总体设计理念、知识与思政双主线构建教学实践方针以及新时代专业课程思政建设的四个“融入”的教学举措

三个方面，系统阐述了对这一研究生专业课课程思政的探索与思考，回应了老课如何新讲和专业课如何讲出思政情的两个“挑战”。通过课程思政，使学生增强“四个服务”，也就是“为人民服务、为中国共产党治国理政服务、为巩固和发展中国特色社会主义制度服务、为改革开放和社会主义现代化建设服务”本领的使命担当。其中，“四融入”举措正在教学过程中开展和实施。本文对本课程挖掘思政资源、融入思政教学的方法，可为其他专业的课程思政建设提供一定的参考。

参考文献

[1] 中华人民共和国教育部．教育部关于印发《高等学校课程思政建设指导纲要》的通知[EB/OL](2020-06-01)[2021-10-20]．http://www.moe.gov.cn/srcsite/A08/s7056/202006/t20200603_462437.html.

[2] 杨威，汪萍．课程思政的“形”与“质”[J]．马克思主义与现实，2021(02)：195-202.

[3] 叶志明，汪德江，赵慧玲．课程、教书、育人——理工类学科与专业类课程思政之建设与实践[J]．力学与实践，2020，42(02)：214-218.

[4] 晓彬．水门桥的奠念[J]．刊授党校，2020(12)：58-59.

[5] 梅世昌，张海燕．长津湖战役研究[D]．湘潭大学，2016.

[6] 黎云，张汩汩．神舟十二号返回舱成功着陆[EB/OL](2021-09-17)[2021-10-20]．http://www.news.cn/tech/2021-09/17/c_1127872920.htm.

[7] 卢东方，王述东．高原特战部队开展整建制跳伞训练-新华网[EB/OL](2021-08-19)[2021-10-20]．http://www.xinhuanet.com/mil/2021-08/19/c_1211336973.htm.

[8] 唐乾刚．末修子弹若干关键动力学问题研究[D]．国防科学技术大学，2007.

[9] 张青斌，丰志伟，葛健全．多体系统动力学[M]．4版．北京：国防工业出版社，2019.

[10] 张青斌，葛健全，邹文，等．多体系统动力学的案例教学研究[J]．大学教育，2018(9)：74-76.

发挥党的时代精神在研究生培养中的引导价值

赵小见　祁瑞　王辉

（北京理工大学 宇航学院，北京　100081）

摘　要：中国共产党时代精神是解决中国当代发展主要矛盾的动力和源泉，是支撑中华民族不断前进的宝贵精神财富。作为培育国家未来建设中坚力量的高等研究生教育，必须充分发挥中国共产党时代精神的引导作用，不断提高研究生教育水平。本文主要讨论如何在研究生培养中贯彻党的时代精神的理论思想和实践方案，进而解决当前我国研究生教育面临的关键问题，提高新时代研究生培养水平，为我国政治、经济、军事、文化等不同领域的发展提供人才支撑。

关键词：研究生培养；思政教育；时代精神；改革创新

中国共产党是中国无产阶级政党，是中华人民共和国的执政党，代表着广大人民群众的最高利益。中国共产党的核心思想也代表着中华民族的主流思想，对我国的政治、经济、教育、国防和外交政策都有绝对的引领作用。而肩负为我国各项事业培养高层次人才的当代研究生教育必须充分发挥中国共产党的政治领导和思想引领的价值，不断提升研究生高等教育和培养水平，进一步提高新时代研究生思想、政治和文化素质。

1　中国共产党时代精神内涵

马克思和恩格斯曾说过："一切划时代体系的真正内容，都是由于产生这些体系的那个时期的需要而形成起来的。"中国共产党的核心精神也极其富有时代的烙印，在不同的历史阶段有不同的内容和表现形式。在中国共产党成立之前，虽然实现了中华民族从封建王权到民主共和的转变，但中国的未来依然很迷茫。直到俄国十月革命一声炮响给中国送来了社会主义，中国的前景才展露出一丝生机。在陈独秀、李大钊等早期思想家和革命家组织带领下，中国共产党终于在 1921 年诞生了。至此，中华民族的发展开启了历史新纪元。

笔者认为，中国共产党的时代精神可以概况为四个阶段（见表 1）[1]。

表 1　不同历史阶段中国共产党时代精神内涵

序号	历史阶段	精神内涵	表现形式
1	1921—1949 年	新思潮、新民主、新革命	思想启蒙
2	1949—1978 年	统一思想	思想大讨论
3	1978—2013 年	解放思想	改革开放
4	2013 年至现在	改革创新	深化改革，开拓创新

第一阶段，新民主主义革命时期。在这个阶段，中国共产党新成立，社会主义思潮发展处于萌芽状态，人民大众长期生活在水深火热之中，思想觉悟水平不高，缺乏革命意识。在当时的时代背景下，中国共产党肩负的历史重任不仅是组织民众开展武装革命，更重要的是启蒙民众思想。因此，中国共产党时代精神可以概括为新文化、新思潮、新民主、新革命，具体表现形式为思想启蒙，团结一切可团结的力量开展武装革命。

第二阶段，社会主义革命初级探索时期。国家的主要矛盾由敌我矛盾转变为人民内部矛盾，人民内部思想不统一成为制约国家发展的主要阻力。此时，中国共产党的时代精神核心在于统一民众思想，恢复国内经济，因此在人民内部开展了一场思想文化大讨论。

第三阶段，改革开放新时期。随着国内思想的统一，人民生计问题上升为国内主要矛盾。解放思想、发展经济，早日实现人民生活达到小康水平成为中国共产党时代精神的主要表现形式。至此，中国经济发展进入“快车道”，人民生活水平迅速提高。

第四阶段，即2013年以后的新时代。中国各项事业，包括政治、经济、军事和文化等，都进入一个全面发展的新阶段，国际地位空前提高。制约中国进一步发展的因素不再是贫穷，而是现有的经济体制与当前的国内经济发展水平不匹配，以及西方不友好的发达国家对我国科学技术发展的孤立和限制。“改革创新”成为当前时代精神的核心[2]。只有进一步深化经济体制改革，独立自主、开拓创新，才能实现经济增长模式由人口密集型向技术密集型转变，进而突破西方国家技术封锁，实现中华民族的伟大复兴。

2 建立时代精神为核心的研究生培养模式的必要性

党的时代精神集中反映了中国共产党勇于正视问题和解决问题的决心。而作为为国家发展输送高层次人才的研究生教育必须紧随党的时代精神，不断提高研究生培养水平，实现为中华民族伟大复兴提供生力军的目标。然而，如何把党的时代精神融入到新一代研究生培养工作中是问题的关键。为此，很多学者针对该课题开展了探索性的研究工作，其中思政教育是最常见的形式。

陈彩霞[3]讨论了思政教育在高等教育中的重要价值，提出从认识观念、考核方式、提高教师自身水平等多方面进行改革探索。刘巧莲[4]提出了通过在思政教育课程中融入中国社会主义现代化建设取得的成就和习近平新时代中国特色社会主义思想等内容，借此提升思政教育内容的时代性。尹楠和徐志远[5]提出了富有时代精神的思政教育判据，即是否遵循习近平新时代中国特色社会主义思想，是否明确新时代高校思想政治教育的目标方向，是否承载当代大学生成才与社会发展需要的双重使命等。为了提高思政教育效率，丁宏[6]提出打造思政教育的新模式，包括搭建新媒体思政工作平台，构建互联网＋大数据思政教育资源体系，利用大数据建立健全的思政教育数据链，组建思想超前、与时俱进、专业素质精湛的师资队伍。刘畅等人[7]提出立足自身学科优势，探索高等研究生思政课程的创新路径，具体包括教学思路创新、内容创新和形式创新等。

然而，新媒体、市场经济的发展[8]造成高校思政教育实效性弱化，人文关怀的缺失[9]也对思政教育产生了不利的影响。张洹浩、陈卉等人[8]提出将“中国梦”本质内涵融入高校思政教育之中，促进新媒体与传统媒体的有效融合，坚持“因材施教”和“有教无类”相结合，采用感情教育等方式增强思政教育实效性。李丽君[9]认为可以通过重点优化人文环境的方式提高思政教育的实效性。褚金海[10]认为可以通过强化正面教育和引导提高思政教育实效性。刘俊汲[11]则提出采用利益教学法提高思政教育的效率。

笔者认为,以上论述的思政教育方法[8-11]在一定程度上能够提高思政教育的水平及其实效性,但并不能从根本上解决当前思政教育面临的实效性问题,高等学校教育发展水平和办学目标有较大的差距。为此,笔者提出在解析中国共产党时代精神本质的基础上,构建全新的以时代精神为核心的研究生培养理论模式,提高当代研究生教育水平。

3 时代精神为核心的研究生培养理论模式

党的时代精神内涵是“改革创新”,具体表现形式为“深化体制改革,开拓科技创新”。在讨论如何建立时代精神为核心的研究生培养理论模式之前,必须理解时代精神的内涵及其表现形式的本质。国家之所以要深化体制改革,是因为各领域体制弊端成为经济、教育、国防发展的主要阻力,必须通过改革为我国各项事业发展疏通经络。而开拓创新的目的在于提高我国生产力发展水平和抵御外部环境变化的能力。通过“改革创新”同时解决了制约我们国家各项事业发展的内、外两方面不利因素,对国家全面发展有重要促进作用。笔者认为建立时代精神为核心的研究生培养理论模式,关键在于突出“改革创新”的价值,进而从根本上解决高校思政教育面临的低实效性问题。为此,笔者提出可以重点从研究生思政教育、研究生校园生活氛围、研究生评价机制等分别代表理论、实践和评价三个方面入手,构建中国共产党时代精神为核心的新型研究生培养模式,如图1所示。

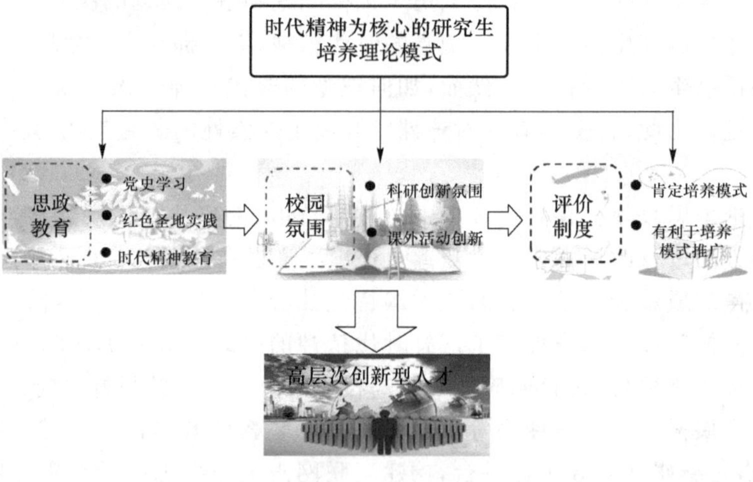

图1 研究生培养模式框图

3.1 开展系统的思政教育

思政教育是培养研究生思想文化素质,提高其思想政治理论水平的重要方式。然而,应试性考核及空洞教育等问题的存在[12],使当前研究生思想政治教育过于书面化,远不能达到思政教育的设计目标。笔者认为,必须开展系统的研究生思政教育才能解决当前高校思政教育面临的问题。笔者建议可以从以下几个方面开展系统的研究生教育工作，具体包括开设中国共产党党史课程，组织研究生到红色圣地开展实践活动，开展时代精神教育等。下面具体针对这几个方面进行详细论述。

首先，开设面向高校研究生的中国共产党党史课。中国共产党党史是中国革命先辈用鲜血和生命换来的宝贵财富，是中国共产党在不同历史时期时代精神的集中总结。研究生通过党史课程学习，可以更深刻地体会近代中国崛起的艰辛，理解中国共产党的伟大。1921年，中国共产党诞生之前，中华大地一片贫瘠、颓废，丝毫看不到一点生机和希望。就是在这样的一个大环境下，一批又一批的知识分子远渡重洋去美国、欧洲等发达地区学习当时最先进的理论知识和社会制度，然后把这些理论知识和制度引进中国，武装中国的革命思想。然而，欧美的资本主义并不能救中国。即使这样，以李大钊、陈独秀为代表的早期革命家始终坚持着，最终发现只有社会主义才能救中国，只有中国共产党才能领导中国革命取得胜利。然而，照搬苏联的社会主义在中国仍然行不通，毛主席提出了要把社会主义中国化，走农村包围城市的道路，最终使中国革命取得了胜利，建立了新中国。研究生学习党史，了解中国中产党和革命先辈们创业之艰难，总结中国革命取得胜利的宝贵经验，从而树立为中华民族崛起而努力奋斗的宏图大志。

其次，到红色革命圣地开展实践活动。通过组织红色圣地行或沿着革命先辈足迹重走革命之路等活动，让研究生切身体会中国早期革命处在的历史条件和国际环境，感受中国革命星火燎原的发展历程。通过党史学习可以帮助研究生了解中国近代革命发展足迹，进而更加坚定新时代研究生为中华之崛起而奋斗终生的决心。

最后，对在校研究生开展新时代精神思想教育活动。每个时代都有每个时代的时代精神（参见表1）。不同时代精神是不同历史阶段年轻人应有的精神写照和奋斗目标。而对于当前这个改革创新的新时代，研究生作为新时代建设的后继中坚力量，必须深刻领会当今时代精神的本质。然而，如何给研究生灌输时代精神呢？显而易见，时代精神教育是最有效而直接的方法。鼓励建立研究生生活小组，并定期在组内开展以“深化改革、开拓创新”为主题的讨论会。同时，组织小组间的跨组讨论，也可以以生活小组为单位在校园里开展宣讲活动，吸引更多学生参与关于时代精神的讨论。通过这种对在校研究生开展时代精神教育和宣传的方式，使时代精神深入学生内心。

3.2　构建“改革创新”的校园氛围

虽然通过系统的思政教育可以帮助研究生树立正确的价值观，但年轻人的世界观和价值观还不是很成熟，因此需要进一步加强。研究生的大部分时间都是在校园中度过，对研究生的价值观起加强作用的因素主要来自校园内部环境。思政教育是通过内因作用影响年轻人，而校园环境是通过外因影响年轻人。到底什么样的校园环境和氛围才是培养研究生时代精神的良性环境呢？笔者认为，可以从以下两个方面去评估：一方面是培养研究生的科研环境是否富有“改革创新”氛围；另一方面是研究生的校园生活是否富有“改革创新”氛围。

富有“改革创新”氛围的科研环境体现在研究生科研方向是否具有创新性。由于科研方向的创新性和前沿性多是由研究生的导师决定的，所以建立“改革创新”科研环境的努力更多应该放在新时代的研究生导师身上。很多研究生导师只让学生做一些毫无创新性、只有工作量的项目，甚至让学生处理自己的私人事情，过分透支学生的科研时间。长此以往，学生对“改革创新”的时代精神产生误解。一些偏激的学生甚至可能出现过激行为，对科研产生抵触心理，不利于“深化改革、开拓创新”的实施。因此，笔者建议导师招研究生可由现有的名额分配制改为课题牵引制。导师必须先确定研究方向和具体课题，然后对外发布课题，只有选择该课题的学生才可以到该导师的团队攻读研究生。此外，导师课题的确定必须经过学校或学院的学术专委会讨论通过才能实施，不能随意更改。

富有“改革创新”氛围的校园生活主要体现在学生课外活动的创新性。虽然研究生应该以科研学习为主，但科研之外的活动是年轻人生活不可分割的一部分，既有助于培养研究生的综合能力，也正符合当前高层人才培养的目标和宗旨。笔者建议进一步丰富校园创新活动，以建立富有“改革创新”氛围的校园生活。不同于思政教育，校园创新活动更多地从实践角度开展研究生“改革创新”时代精神的教育和培养。此外，创新活动不应局限于科技创新，思想创新或概念创新都隶属于创新范畴。思政教育和实践培养双管齐下，进一步把时代精神为核心的研究生思政教育落到实处，提高当代研究生培养水平。

3.3 建立科学的研究生评价制度

思政教育是理论，校园活动是实践，而研究生评价制度是检验，关系到理论与实践活动的最终收益。研究生评价制度不仅能客观反映研究生培养效果，而且会反作用影响研究生培养理论与实践活动的具体落实和推广。科学的研究生评价制度会促进时代精神为核心的研究生培养理论模式在更广的范围内得到应用，反之则会否定当前研究生培养模式，使之逐渐被淘汰。既然研究生评价制度对推广时代精神为核心的研究生培养理论模式有重要影响，那么什么样的研究生评价制度才是科学的？针对这个问题，笔者认为科学的研究生评价制度必须满足两个基本标准：第一，科学的评价制度必须是肯定时代精神为核心的研究生培养模式；第二，科学的评价制度必须是有利于进一步推广时代精神为核心的研究生培养模式。

怎样的研究生评价制度既肯定了时代精神为核心的研究生培养模式，又有利于推广时代精神的研究生培养模式呢？笔者认为，当代的研究生评价制度首先应与时代精神为核心的研究生培养模式的主旨相符合。既然中国共产党时代精神的核心是“改革创新”，研究生的评价制度理应把“改革创新”放在重要位置。虽然学术文章是评价研究生创新水平的最直观方式，但是过分看重学术文章会把“改革创新”的时代精神带入“歧途”。这也是国家明令禁止把学术文章作为评价科研水平唯一标准的原因。采用同行评议虽然可以避免把学术评价和发表文章划等号，但又会陷入“人情世故”的怪圈，因此，也有明显的不足和缺陷。

为此，笔者建议采用一种更完善的同行评议模式，即要求研究生论文的同行评议实名制，把同行评议作为论文的一部分对外发表。同行评议的客观性不仅会影响到研究生的毕业，同时还会影响评审专家自身的学术影响力和学术名誉。所以，采用这种同行评议模式可以避免评审专家因为人情原因对论文进行过高或过低的评价，在一定程度上可以保证研究生科研工作评价结果的客观性，符合以时代精神为核心的研究生培养模式的初衷。对于研究生的评优，同样可采用实名会评的方式。对于参评的研究生，每个参评专家必须做出评价，并明确注明该研究生能否评优的原因，研究生的评价和排名也必须同时对外公示，接受监督。只有对研究生工作或能力的评价真正做到公平、公正，才能确保时代精神为核心的研究生培养模式的建立，并得到后续持续的推广和应用。

4　以时代精神为核心的研究生培养方案实践

研究生时代精神的思政教育引起了更多高等院校的关注和重视，越来越多的学者开始从事以时代精神为核心的思政教育研究，探索更有效的思政教育模式[13，14]。自2014年起，上海市在教育部指导下率先开展“课程思政”试点工作。北京航空航天大学组织三代航空航天人分享家国情怀，激励北航学子继承北航红色基因，发扬“空天报国、敢为人先”的北航精神。北京理工大学人文社会科学学院党委与书院党委联合举办党史学习教育专题报告会，回顾革命前辈艰苦创校的峥嵘岁月，弘扬爱国奋斗精神和传承中国共产党时代精神。

组织校园科技创新竞赛，构建“改革创新”的校园氛围已经得到国内高校的广泛重视。机械设计大赛、力学大赛、数学建模大赛、飞行器设计大赛、互联网＋创新创业大赛等皆是高等院校比较常见的创新比赛形式。很多的高校学生甚至参加了一些国际创新比赛，并在竞赛中取得不错的成绩。科技创新竞赛在活跃校园环境，鼓励学生创新方面有显著成效，该模式培养下的研究生能力水平得到明显提升[15]。

建立科学的研究生评价机制是构建时代精神为核心的研究生培养理论模式阻力最大的一个方面。笔者建议实行同行评议实名制，通过公开评审专家个人信息和意见，提高研究生评价透明度，进而保证研究生评价的科学性和公正性。很多高校也已经在尝试推广这项制度。

5　总　结

当代研究生教育担负着为我国未来发展输送人才的历史重任。建立以中国共产党时代精神为核心的研究生教育模式，增强研究生为时代发展努力奋斗的使命感和责任感，是新时代研究教育的宗旨和目标。然而，建立一套更完善、更科学的研究生培养模式是一个系统的工程，需要所有的教育工作者孜孜不倦的努力。在本文中，笔者重点讨论了发挥党的时代精神在研究生培养中的引导价值的理论思想和实践方案，为庞大的教育改革工程尽绵薄之力。

参考文献

[1] 邹慧，黄河．中国共产党研判解决社会主要矛盾的百年历程与重要启示[J]．理论月刊，2021(03)：5－13．
[2] 刘建军．概括当今中国的“时代精神”[N]．光明日报，2014－08－18(011)．
[3] 陈彩霞．新课改下高校思政课教学改革的思考[J]．延边教育学院学报，2017，31(06)：13－14,18．
[4] 刘巧莲．新时代高校思想政治教育内容的改革与创新[J]．高校学生工作研究，2019(02)：125－131．
[5] 尹楠，徐志远．新时代高校思想政治教育内容的创新发展理路——从“有意义”到“有意思”[J]．学术探索，2021(01)：122－128．
[6] 丁宏．探索高校思政教育新模式[J]．智库时代，2019(19)：72－80．
[7] 刘畅，朱晓宏，闫丽，等．研究生课程思政路径创新初探[J]．北京教育(高教)，2021(05)：73－74．
[8] 张洹浩，陈卉，李玉林．高校思政教育实效性弱化原因及对策探析[J]．理论导刊，2021(04)：125－128．
[9] 李丽君．优化人文环境增强高校思政教育实效性[J]．才智，2013(21)：130．
[10] 褚金海．高校思政教育应强化正面教育和引导[J]．中国高等教育，2017(24)：26－27．

[11] 刘俊汲. 利益教育在高校思政教育中的路径研究[J]. 才智，2016(04)：153-154.
[12] 王可，宋首男. 与航天精神融合的研究生思想政治教育方法与实践[J]. 大庆社会科学，2018，209(04)：56-58.
[13] 任璐璐. 思政视野下高校思政教育实践育人模式探讨[J]. 新西部，2017(33)：142,92.
[14] 郭跃，董玉节. 论研究生思想政治理论课教学评价的规范化[J]. 黑龙江教育(高教研究与评估)，2021(05)：53-55.
[15] 祁瑞，张景瑞，龙腾. 以科技竞赛为载体的创新人才培养与实践:以轨道设计竞赛为例锦[J]. 上海研究生教育，2020(3)：11-16.

航天特色“课程思政”创新实践研究*

王秋香　蔡志为　李伟　徐景满　马秋生
（北华航天工业学院　航空宇航学院，廊坊　065000）

摘　要：“课程思政”是新时代高校落实立德树人根本任务的理念创新和实践创新。航空宇航学院开展航天特色“课程思政”创新实践研究，以党建为引领，优化顶层设计，构建“党支部＋教学团队”一体化理论学习模式，提高教师“课程思政”意识和建设能力，推进构建三全育人体系。在专业建设中强化航天精神铸魂，探索以兴趣培养、专业认知、实践动手和科技创新为主线的创新实践培养模式，提升学生学习内驱力，不断提高人才培养质量。依托航空航天类“课程思政”教学研究示范中心，强化教学研究与改革，发挥“航天概论”河北省“课程思政”示范课的引领辐射作用，优化学院课程设计，建设16门课程的思政案例库，注重在课程讲授过程中潜移默化地将价值塑造与知识传授和个人能力素质培养融为一体。

关键词：航天精神；课程思政；思政元素；思政案例库；顶层设计；创新实践

课程思政是新时代高校落实立德树人根本任务，铸就教育之魂的理念创新和实践创新[1]。习近平总书记说“航天梦是强国梦的重要组成部分”。** 探索浩瀚宇宙，发展航天事业，建设航天强国，是我们不懈追求的航天梦。2020年是“东方红一号”卫星成功发射50周年。习近平总书记指出“不管条件如何变化，自力更生、艰苦奋斗的志气不能丢。”2020年4月，习近平同志在给参与“东方红一号”任务的老科学家回信时，寄语新时代的航天工作者要以老一代航天人为榜样，大力弘扬“两弹一星”精神，敢于战胜一切艰难险阻，勇于攀登航天科技高峰。

面对当前经济的迅猛发展、国际环境的复杂态势，航空航天领域的院校在进行人才培养过程中，要把学生的职业素养、政治立场等精神层面的思想政治教育工作放在与以专业知识和技能为重点的专业能力教育同等重要的地位。

北华航天工业学院航空宇航学院是顺应国家航空航天事业发展需要、助力航空宇航科学技术学科发展、服务京津冀航空航天产业背景下，打造学校航天特色的重要载体，培养航天事业的合格人才，最重要的是思想过硬。

学院建设过程中受到众多航天专家、前辈的指导和大力支持，孙家栋院士、周志成院士、孙翔宇研究员等指导学院建设和人才培养。共和国勋章获得者、“两弹一星”元勋孙老为学院题词——“弘扬‘两弹一星’精神，建好航空宇航学院”，见图1。周志成院士为学院成立揭牌，见图2。学院开展了师生学习弘扬“两弹一星”精神的系列活动，组织全校学生开展弘扬“两弹一星”精神，争做时代有为青年的读书分享活动，在广大学生心中种下航天梦的种子。

结合学校航天底色和学院航空宇航类[2-4]专业建设，探索航天特色“课程思政”创新实践，

*　教育厅教研项目2020GJJG611和校课程思政示范中心项目SZZX-2020-09。

**　习近平同神舟十号航天员亲切通话[EB/OL]（2013-06-25）[2021-10-20]. http://cpc.people.com.cn/n/2013/0625/c64094-21959839.html.

对学院发展、专业建设、人才培养、教师队伍建设都有很多现实意义和实践意义。

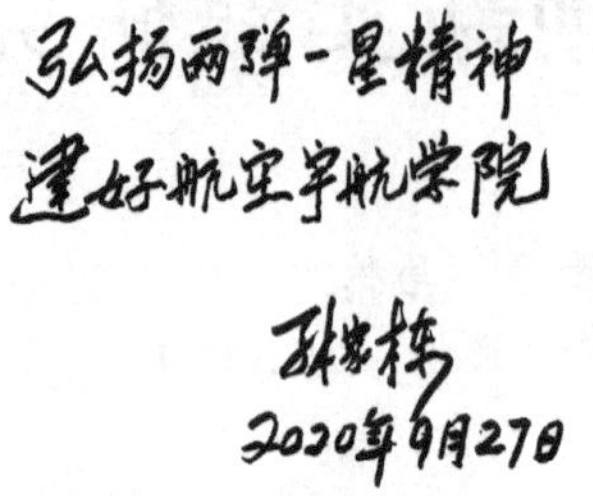

图1 “两弹一星”功勋孙老为学院题词

图2 周志成院士为学院成立揭牌

1 课程思政创新实践研究内容与方法

1.1 优化顶层设计,建立高效的课程思政建设管理体系

高校在实现立德树人的根本目标过程中,“课程思政”是重要的载体和着力点。课程思政建设是全校各单位、各部门的共同责任,是一项系统性工程。需要从学校、学院和专业三个层面的管理体制上,形成全局性的领导体制,建立相应的管理体系。北华航天工业学院发布了“课程思政”建设实施方案,航空宇航学院建立了“党支部+教学团队”的一体化理论学习模式,由党委主导推动学院思政教育的发展与质量提升,不断强化基层党建工作力度,将党建与课程思政建设有机联系起来,把唤醒教师课程思政意识、提高教师课程思政能力作为教师支部的功能与任务之一,推动课程思政教育良性发展。

1.2 以“学生发展为中心”理念,创新课程思政教学方法

以“学生发展为中心”理念,提升学生学以致用的能力。引导学生利用所学专业知识积极投身学校航天博物馆和航天科普基地的建设和宣传工作,成为航天知识与航天精神的传播者。组织飞行器设计与工程、无人驾驶航空器系统工程两个专业学生,依托河北省跨气水介质飞行器重点实验室、省级示范基地-航天航空科研基地、廊坊市无人飞行器科普基地等,通过宇航青协、宇航科协开展丰富多样的志愿活动普及航天文化,到市属中小学进行航天科普讲座。组织学生参加飞行器设计挑战赛、航模竞赛等科技创新竞赛,坚持地将理论教育和实践教育相结合,做到知行合一。

1.3 用OBE理念完善课程评价体系,引领课程持续改进

建立多元化的考核办法,将学生的认知、情感、价值观等内容纳入其中。综合采用结果评价、过程评价、动态评价等方式,全面反映学生成长成才情况。充分掌握学生对教学效果的反馈信息,对课程目标的整体达成情况进行多方位、多维度评价,以“评”促“改”,督促教师改善教学策略,提升教学能力;通过过程性考核激发学生学习积极性和参与度,有的放矢地提升学生学习的获得感[5]。

2 课程思政创新实践措施

2.1 建立“党支部+教学团队”一体化理论学习模式,增强教师育德能力

学院党委主导、党政齐抓共管,制定学院课程思政建设机制体制。成立了学院课程思政建设领导小组,研究课程改革,制定实施方案,指导课程分类建设,制定科学合理的团队建设目标和任务,选拔思想素质过硬、业务能力优秀的团队负责人,对全员进行课程思政建设的指导、任务分工和考核评价,构建全员全程全方位三全育人格局。结合学校的发展规划,牢固树立“立德树人”的理念,努力把“党支部+教学团队”打造成政治素质过硬,集教学、科研、社会服务于一体的优质团队[6]。

学院党委统一部署,组织全院教师集中观看我国重大航天发射直播的主题党日活动,如:中国首个火星探测器“天问一号”发射、嫦娥五号取样返回、空间站核心舱发射、神舟十三号载人飞船发射等,在这些活动中既有相关技术交流,也有心得体会分享,通过这些活动激发全体教师从事航天教育的荣誉感和自豪感,同时也潜移默化地增强教师育人的责任心。

建立课程思政集体教研制度,针对具体课程中课程思政建设中的重点、难点、前瞻性问题进行有目的、有计划地研究。建设了合理的教学梯队结构,充分发挥骨干教师、教学能手的辐射作用,重点围绕教学改革选拔在教学、科研方面能力比较强的骨干教师,发挥了他们的辐射作用,带动了周围年轻教师的发展。团队成员之间构建合理的分工、合作和共享,进一步优化了课程教学资源,使其真正有效地运用于教学之中,激发学生的学习兴趣,增强思政课教学信息传递的说服力和吸引力[7]。

充分发挥教师队伍“主力军”作用,着力提升团队教师的课程思政建设能力。学院教师多人次参加全国航空航天类课程思政教学研讨,积极更新教学理念,提升思政教学能力,改进教学方法,将课程育人理念内化于心、外化于行。组织全院教师参加教育部组织的“课程思政”建设在线培训,并进行分享交流学习成果。学院教师参加兄弟院校的课程思政建设研讨。

2.2 探索航天特色“课程思政”在航空航天类专业建设中的作用

探索航天特色“课程思政”在航空航天类专业建设中的作用,指导学院现有飞行器设计与工程专业、无人驾驶航空器系统工程专业建设。在专业建设中加强所学知识与航天应用背景的联系,探索以兴趣培养、专业认知、实践动手和科技创新为主线的一体化创新实践培养模式。

引导和完善“多学科交叉融合的无人驾驶航空器系统工程专业人才培养方法研究”新工科研究与实践项目的实施,确定了在无人机专业培养中渗透多学科交叉融合的人才培养教育理念,构建了多学科渗透的人才培养体制机制,着眼于无人及航空产业发展的需求,实现知识的整体化和综合化,提高学生适应社会需要的能力。构建了“实践-理论-再实践”的课程体系。

坚持理论教育和实践教育有机结合,激励学生知行合一。以我校航天博物馆和航天科普基地为载体,完善现场实物教学条件,建立专业实践育人基地,引导学生利用所学知识积极投身航天博物馆和航天科普基地的建设工作,促进显性教育和隐性教育有机融合。

学院获批河北省级示范基地——航天航空科研基地和廊坊市无人飞行器科普基地,并定期开展科普活动,引导学生利用所学知识积极投身航天博物馆和航天科普基地的建设工作。

飞行器设计与工程、无人驾驶航空器系统工程两个专业学生，依托跨气水介质飞行器重点实验室、微纳卫星实验室等开展实践活动。

指导学生科技创新团队在中国国际飞行器挑战赛中，参加限距载重空投、模拟搜救、多级模型火箭发射与载荷回收、对地侦查与打击等多个项目实践活动，连续四年获得国家级奖项，获奖数量和质量明显提升。培养学生更好地将理论教育和实践教育相结合，做到知行合一。

2.3 培育了一批专业特色鲜明、专业知识与思政元素深度融合的典型课程

航天概论课程2021年获批省级课程思政示范课，面向全校三千多名大一学生开设，从讲授航天知识发展到将航天技术与航天精神相结合，融入的思政点有国防安全教育、爱国主义情怀教育、民族自豪感与使命感教育、航空航天报国思想教育、刻苦钻研与创新精神教育以及精益求精一丝不苟的工匠精神教育，实现对航天精神、爱国精神的传承与弘扬，培养学生的民族自信心与历史使命感。

发挥航天概论课程的课程思政建设成果引领示范作用。推广应用到多门课程，知识体系涵盖全校公开课，工科基础课，航空宇航学科专业课等多种不同覆盖面的课程，从多角度实现航空航天知识与精神的传播，激发学生爱国主义热情，把个人发展与报效祖国相结合。

组织学院教师成立多个课程教学团队，在所有课程引入思政元素，集体研讨打磨建设16门课程思政案例库。通过“工程力学”“空气动力学”等工科基础课，挖掘学生对科学探索的兴趣，培养科技强国、科技报国的理念与思想，面向我校全体工科学生。通过“飞行器总体设计”“航空材料基础”等专业课程，鼓励学生关注世界局势与军事科技发展，提升专业学习的主动性，培养投身国防事业的热情和信念，通过“飞行器制造技术”“无人机通讯系统”等专业课程，让学生充分体会到尖端制造技术对国防建设的重要性，适用于航空宇航学院各专业学生。培养具有良好的道德修养、扎实的科学基础知识、精湛的工程实践能力的航空航天领域高级技术人才。

落实所有教师育人职责，形成我院思想政治工作的航天特色，加强教学研究与改革，持续推进学院教学研究示范中心建设，学院初步形成了三全育人格局。

3 创新实践成效

航天特色“课程思政”创新实践研究的成效主要体现在教师、课程、学生三个层面。

首先通过实践，增进教师育德意识和育德能力，凝聚课程思政建设育人合力。教师投入教学研究的热情、成果显著增加。学院组织召开了首届教学改革论坛，引领广大教师把握教育发展新任务，贯彻教学改革新理念，聚焦课程思政的设计与实施进行深入研讨。系统分析了教师和学生的现状，提出教师要更新教学理念，关注学生动态，实施生动活泼的教育方式，采用多样化的考核形式等措施让学生“亲其师而信其道”。针对专业课程概念难、数学难、物理难“三难”问题，提出了公式图形化、图形动态化、参数模块化“三化”的解决办法。专业课程中适当融入航天故事，激励学生以老一辈航天工作者为榜样，树立信心，敢于战胜一切艰难险阻，勇于攀登航天科技高峰。课程设计能力大幅提升，教学策略明显改善。

培育了一批专业特色鲜明、专业知识与思政元素深度融合的典型课程，完成16门课程的

课程思政案例库建设，见图3。培育了4门省级示范课，含2门省级课程思政示范课。获批省级研究生课程思政示范中心，校级本科航空航天类课程思政教学研究示范中心、省级课程思政教研项目。省级党建“航天特色课程思政创新实践研究”项目获得河北省一等奖。

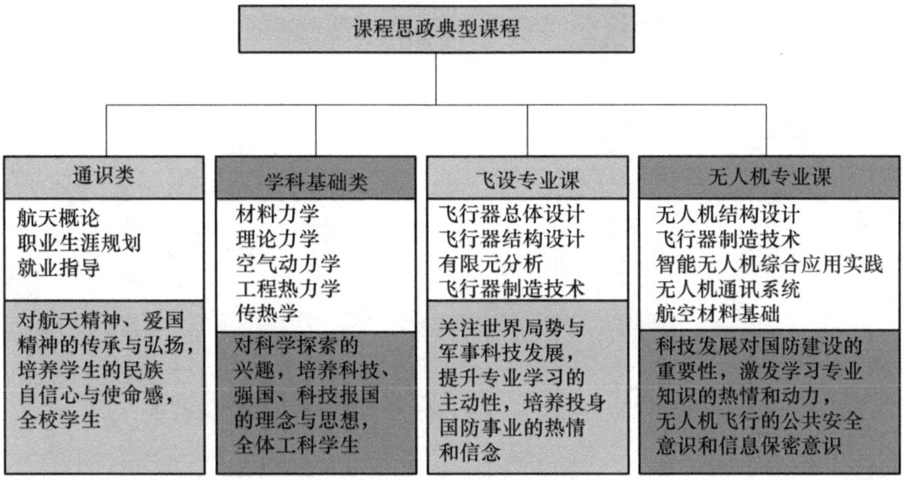

图3　课程思政案例库建设课程

学生学习的积极性和主动性明显提高，职业规划中更多关注航空航天行业，树立了打好基础，继续深造的志向。改善了学生对专业课学习积极性不高的问题，学生普遍反映课堂内容充实，气氛活跃。受课程教学效果影响，学生积极参与航空航天类科技活动，连续四年在中国国际飞行器设计挑战赛（CADC）中获得国家级奖项，2021年获得一等奖1项，三等奖5项。

4　结　论

学院以党建为引领，优化顶层设计，构建“党支部＋教学团队”一体化理论学习模式，增进教师育德意识和育德能力，凝聚课程思政建设育人合力，推进全员全程全方位育人。

航天特色“课程思政”实践研究在航空航天类专业建设中发挥指导作用，构建以兴趣培养、专业认知、实践动手和科技创新为主线的一体化创新实践培养模式。形成多学科交叉融合的专业人才培养方案，构建了“实践-理论-再实践”的课程体系。

培育了“航天概论”“空气动力学”“飞行器总体设计”“智能无人机综合实践应用”等融合思政元素的特色课程。以我校航天博物馆和省、市航天科普基地、重点实验室等平台为载体，有力地推动学院课程思政研究示范中心建设，提高了学生学思结合，学以致用的能力。

参考文献

[1] 韩宪洲．课程思政方法论探析——以北京联合大学为例[J]．北京联合大学学报：人文社会科学版，2020，(2)：6.

[2] 周佩君，涂朝志．专业课程中的思政资源挖掘与实践研究——以“航天技术概论”为例[J]．中华传奇，2020，(8)：94.

[3] 邓婵娟．课程思政：高校各类课程协同育人机制研究[J]．黑龙江教育（理论与实践），2020(05)：8－9.

[4] 谢强．航天精神融入新时代高校思想课教学探析[J]．教育界，2019(35)：84－86.

[5] 朱元捷,刘畅,刘媛,等. 基于 OBE 理念"金课"持续改进的研究与实践[J]. 北京教育(高教版),2020(5):3.
[6] 时美英. 高校思想政治理论课教学团队建设的困境及对策探讨[J]. 广西科技师范学院学报,2018(4):4.
[7] 杨娉. 高校思政课教学团队建设研究[J]. 才智,2016(22):2.

航天概论课程思政建设的思考与实践*

张海亮　蔡志为　王秋香　杨宏宇

（北华航天工业学院 航空宇航学院，河北廊坊　065000）

摘　要：航天概论是航空航天院校的特色公开课程，课程思政建设是课程内容改革的重要研究问题，如何将课程思政内容融入到课程知识体系中，实现技术内容与思政内容的有机结合与相互促进，是课程思政建设的核心问题，也是提升教学效果的有效途径。本文针对“航天概论”课程，研究和发掘课程思政内容切入点，分析和设计思政内容的引入方法，并在教学过程进行实践，达到了促进学生建立正确价值观，活跃课堂气氛，提升教学效果的目的，验证了课程思政在航天概论课程引入的重要性和必要性。

关键词：航天概论；课程思政；教学实践；两弹一星；立德树人

引　言

2016 年，习近平总书记在全国高校思想政治工作会议上强调“要坚持把立德树人作为中心环节，把思想政治工作贯穿教育教学全过程，实现全程育人、全方位育人，努力开创我国高等教育事业发展新局面”。** 育人为本、德育为先，课程思政作为德育的关键环节，有利于树立正确的价值观、高尚的人格和优良的学习习惯[1-3]。做好课程思政建设，将思政内容与原有知识体系实现融合，是贯彻立德树人根本任务的重要举措。

航天概论是航空航天院校的特色公开课程，通常是面向全校学生进行授课，系统讲授航空航天的飞行原理、基本结构、主要技术发展情况等，其主要目的是进行航空航天知识普及、航天精神的弘扬以及后续专业课程的引入。由于其面向全校开设，且涵盖知识面广，又是集学科、历史、时事于一体的概述型课程，因此更有利于课程思政内容的建设，具有更高的预期效果。

针对航天概论课程内容及特点，进行课程思政建设，将思政元素融入到航天概论课程体系中，实现知识与思政的有机融合，针对学生进行基础爱国情怀、强国理念、报国信念教育，同时传递勤勉、奋进，刻苦钻研，学以致用的理想教育和精神激励[4]。对思政元素进行挖掘，并研究思政体系的构建方法，从而实现思政建设的目的和预期效果。

---

* 基金项目：北华航天工业学院教学改革与研究项目（JY－2020－40），北华航天工业学院课程思政教学研究示范中心建设项目（SZZX－2020－09）。

** 习近平谈高等教育：把立德树人作为中心，把思政工作贯穿全程[EB/OL](2016－12－09)[2021－10－20]. http://cpc.people.com.cn/xuexi/n1/2016/1209/c385474－28938271.html.

1 深入挖掘课程思政元素

1.1 航空航天与国防技术

国家航空航天技术的发展水平,很大程度上与国防实力相关。特别是第二次世界大战结束以来,随着大量先进的战机、导弹等武器的发展和进步,发展航空航天技术已成为主要国家提升国防实力的主要途径。在现代战争中,空战已经占据着主导地位,先进的精确制导、隐形技术、太空武器等,无时无刻不在影响着战争中的力量对比。第二次世界大战中喷气式战机与V2导弹的诞生,提升了德国的作战能力。战后苏联和美国在瓜分了德国的航空航天技术后,获得军事实力的飞速提升,开始了军备竞赛,美国在航空领域投入大量资金,在战斗机上领先一代,获得了压倒性的军事优势。其他国家在航空航天领域的投入也在不断增大,形成一超多极发展的局面。

在航天概论课程中,通过讲解世界主要军事大国在航空航天领域的发展历程和水平,认清我国的优势和劣势,与世界最先进水平的差距,学习和理解我国如何在极端困难的情况下,大力发展航空航天技术与事业,认识到当前繁荣稳定局面产生的根本及来之不易,以促进学习意识、奋发意识和刻苦钻研学习的能力,激发学生的民族自豪感和使命感,增强学生自觉投入国防建设的主动性。

1.2 中国航空航天与国际环境

在国际上,有较强的航空航天实力,不仅仅是一种技术优势,更是一种作战能力、威慑能力。战斗机、战略轰炸机、导弹、卫星的水平决定着一个国家实施远程、精确打击的能力。

我国是世界上周边环境最复杂的国家,地处亚欧大陆与太平洋的焦点位置,大量邻国及周边不稳定因素需要复杂的应对。加之西方国家因历史原因与国家体制、意识形态等问题,对中国的发展实施封锁。新中国从完全落后的局面,成长到在世界占据重要地位的大国,与航空航天事业的发展是密不可分的。

二战之后,苏美凭借德国遗留的技术迅速研制出了弹道导弹,弹道导弹技术也随着冷战的发展不断进步,我国也一直面临着美国的核讹诈,直到东风洲际导弹的试射成功让中国有了与美国对话的资本。另外随着近年来我国先进战斗机陆续列装,国家安全得到了极大的保障,在国际的话语权不断提升,有力地捍卫了我国的领空安全。航空航天技术的发展和国际环境密切相关,将两者有机融合在一起,让学生体会到科学技术的力量足以改变一个国家的前途命运,树立科技报国的伟大理想。

1.3 "两弹一星"元勋人物事迹

和平崛起离不开大国重器,而两弹一星是其中的重中之重。在两弹一星的研制和应用过程中,老一辈科学家做出了卓越的贡献,最具代表性的即是23位元勋人物。在艰苦卓绝的环境下,面对重重困难和阻力,完成了两弹一星的历史使命。

我国建国以后一穷二白,尤其是科学技术极其落后,与发达国家相去甚远,此时钱三强、钱学森等人毅然放弃国外优厚待遇,冲破层层阻隔,回到祖国,撑起"两弹"事业。与此同时,邓稼先、于敏、程开甲等一批科学家隐姓埋名，在极端艰苦的条件下，牢记使命，不忘初心，为“两弹一星”事业奉献一生，筑起民族脊梁。以“两弹一星”元勋人物光辉事迹讲述航空航天的发展，激发学生爱国情怀，树立榜样，帮助学生树立积极的价值观。

1.4　航空航天与生活生产

航空航天技术不只是应用于飞机、火箭、卫星、深空探测等，还涉及很多新兴学科，包括新型材料、航天医学、量子通信、近代力学、航天育种、人工智能、新能源、光电信息等学科，太空特有空间环境也是很多科学实验的理想场地。另外航空航天技术与我们的日常生活息息相关，比如利用通信卫星实现了远程通信、实时数据传输，可以提供视频转播、网络传输、应急救援、远程医疗等数百种服务，人类的生活方式也因此而改变，加速了全球化进程，我们的蓝色星球也变成了地球村。我们再熟悉不过的数码相机也源于航天技术，早期侦察卫星需要返回地球取出胶卷才能获得图像，但这种方式成本高、周期长、效率低、风险高，为此研发了卫星用的数字化相机，可以实时向地面传输数据，该技术很快应到民用领域，极大地满足了人们的物质文化需求。在应急救援方面，航空航天技术也发挥着极大的作用，2021 年 7 月河南郑州因大雨造成城市内涝，断水断电断网，情况紧急，一架翼龙无人机紧急飞往郑州上空，恢复网络通信，为抗洪救灾提供支持。

自 20 世纪 90 年代以来，我国进行了数百种太空育种试验；近年来研发的 1000 多种新型功能材料，80％都跟航空航天技术有关。有 2000 多项航空航天技术成果已移植到各生产领域，在移动通信、导航定位、环保监察、气象预报、农业估产、防灾减灾、资源勘探等方面服务于生产和生活。通过深入挖掘航空航天技术在民用领域的应用，让学生发现航空航天就在他们身边，加强学生对航空航天的认识，激发学习兴趣。

2　思政课程知识体系的构建

2.1　坚持课程思政作为立德树人的主体

“立德树人”是教育的根本任务，也是课程教学的根本目的。“立德树人”要求坚持德育为先，对于人才的培养要求，首先应具有高尚的人格和正确的价值观[5]。航天概论作为通识课程，是对航天技术的概括，对行业基础知识的介绍，也是对专业课程的引入。在通识课中，充分发挥引入式、概括式教学的特点，将课程思政内容合理地融入到课程内容中，激发学生的爱国热情、航天情怀，增强理想信念，学习培养攻难克难的精神，并建立良好的学习习惯，是本门课程目标的核心内容。

作为“立德树人”的主体，课程思政对教师的站位高度、理论水平、教学能力具有较高要求。充分深入航天行业，利用实践资源，建立交流讨论机制，互相学习思政教学经验，不断更新和拓展教学内容，是实现课程思政效果有效提升的必要手段。

2.2　思政与技术内容融合的教学设计

课程思政的具体实施需要落实到具体的教学设计。合理的课程思政，应当是贯穿于课程的技术内容当中，而不是突兀地独立出现。在航天相关技术课程中，容易实现与国防事业、民族发展相融合的部分，可以在航天技术发展变革的课程内容中进行体现。从老一辈“两弹一星”功勋人物的典型事例，到近些年来中国航天事业取得的举世瞩目的成就，无不令每一个相关专业的教师、学生感到振奋和鼓舞。顺势而为，帮助学生建立学业目标和个人发展规划，鼓励其投身航天事业、国防事业的热情，增强爱国情怀和共产主义信仰，已达到课程思政的目的。

在具体的航天技术教学环节，如航天器结构、航天器系统等课程中，结合具体的型号与研制背景，讲解航天基础知识，拓展学生的视野，激发其对课程内容以及后续的专业课程的学习兴趣，帮助学生树立良好的学习习惯，这也是对课程思政目标的重要体现。课程思政，不应当生搬硬套地去加大思政内容，而是要与课程主体内容相契合，对学生产生潜移默化的积极影响，从而达到“立德树人”的根本目的。

2.3 课程内容的全面优化

基于航天事业与航天技术的不断发展，航天概论课程思政改革的重要方向，是对课程内容的不断优化与完善，实现知识体系和思政内容的“与时俱进”和共同提升。具体举措包括，不断增加当前航天技术的最新进展，分析亟待解决的技术难题和技术瓶颈，根据时事热点调整授课内容的时长比例等。让学生深切感受到，技术的变革和进步就发生在我们身边，感受到个人发展与航天事业的紧密联系，也让课程本身的趣味性更浓，提升课堂教学效果。

课程内容的全面优化，还应当包括对教学对象不同专业的区分。作为公共课，航天概论面对的不只是航空宇航专业，还包括其他工程学科以及文科学生。根据不同学生的专业特点，对授课内容进行调整，合理地与其专业内容、专业发展相结合，突出各自专业知识的技术内容，引入和理解各个学科与航天发展或国家实力提升的相关联系，以提升学生对课程内容的兴趣，对知识的渴求，以及对各自专业的认可。

3 课程思政效果预期

3.1 正确的价值观导向

在课程思政内容实施中，结合具体技术的中外对比，通过航天技术与国际局势，结合案例教学的方法，让“航天报国”的情怀深入人心，以提升学生的民族自豪感和使命感。

结合学校本身具有航天特色的背景及建设环境，让航天精神在学生心里植根和发展，为行业事业培养更多的优秀人才，是本门课程乃至整个学生培养过程的重要目标。通过航天概论课程的思政内容，让学生接受精神洗礼，建立正确的价值观，找准自身定位和奋斗目标，形成钻研精神和坚定意志。

3.2 对专业前景的认可

航天概论课程本身是对行业、对专业的启迪。通过课程思政内容，包括专业知识的引入，技术发展背景，国内外研究热点等问题，使学生充分认识到感受到学习的重要性以及专业的发展空间，从而提升对专业的理解和认可。

课程思政内容，不仅包括“情怀”与“精神”，更是培养学生对问题的判断以及解决困难的能力和主动性。在建立良好的思考与实践习惯的同时，引导学生思维向专业内容的更深层次拓展探寻，立足专业领域分析“希望如何”“应当如何”的问题，用实际行动提升自身的发展潜力和在专业上的发挥空间。

3.3 提升学习热情

航天技术的研究历程和成就，无不源于从业者的积极奉献与拼搏，而只有努力提升自己，才能更好地发挥价值。课程思政建设与改革，解决技术体系与思政内容的融合，是对课程内容的补充。引导学生主动学习，并从学习中获得乐趣，不断自我充实。

通过航天概论的课程思政内容，对学生在大学四年的整个学生生活建立一个良好开端，让其处在充实的学习氛围中，不断严格要求，在专业学习、实践环节、专业科技活动以及其他文体活动中，有更明确的目标和更多的收获，提升学习热情，提高自身素质。

4 教学实践效果

对航天概论的思政教学内容进行综合改革，在课程实践中验证教学效果。首先，课程的趣味性的提升，使课堂气氛得到了充分活跃，是课程效果最直接的体现。教学团队普遍的反应，目前，航天概论课程较大程度上改变了过去通识课沉闷的教学氛围，随着一些历史故事以及实施内容的讲解穿插，师生互动明显增加，学生的专注度得到提升。

从学生的表现来看，课堂上多数同学在跟随教学进度的同时，能够主动思考，并在课后主动与老师就技术问题进行交流。通过积极引导与鼓励，对学生建立主动学习、主动思考的习惯具有良好的促进。

从考核成绩来看，航天概论采用集中答题测试的方法，每年对3000余名学生进行考核，2018年、2019年和2020年的考核通过率分别为92.34%、95.23%和99.30%。自2019年开始进行课程思政重点建设与改革以来，不断优化授课内容，学生的整体测试成绩得到了有效提高。

经过课程思政改革和课程满意度的调查显示，有92.30%的学生认为课程思政对本课程的学习和后续的专业课学习有积极影响。而对加入课程思政后的航天概论教学，认为非常满意或比较满意的同学占比为99.81%，反映课程思政的建设与改革取得了预期的效果。

5 结　论

针对航天概论的课程改革和课程思政建设，研究课程思政元素的设置和切入点，根据思政元素与知识内容建立新的课程体系，以实现立德树人的根本目标，提升教学效果。对课程思政建设提出预期并在实践教学中达到预期的效果，证明本门课程的思政建设路线、内容的正确性。思政建设的成果可以推广应用到其他公共课以及航空航天类的专业课程，实现德育目标的同时，对教学效果的提升具有促进作用。同时，也验证了课程思政在航天概论课程引入的重要性和必要性。

参 考 文 献

[1] 高德毅，宗爱东．课程思政：有效发挥课堂育人主渠道作用的必然选择[J]．思想理论教育导刊，2017，000

(001):31-34.

[2] 易鹏,石定芳.课程思政教学改革的困境、特性与实践探索[J]. 重庆文理学院学报(社会科学版), 2020, 39(4):9.

[3] 周叶中.提升课程思政建设的意识和能力[N]. 人民日报,2021(007):1.

[4] 王海涛,梁彦刚.航空航天概论类课程分析与教学探索[J].高教学刊,2021(01):94-97.

[5] 陆道坤.论课程思政的教学设计与实施[J].思想理论教育 2020(10):7.

针栓喷注器雾化锥角测量实验课思政教学探索

袁军娅　俞南嘉　翁惠焱　覃粒子
（北京航空航天大学 宇航学院，北京　100191）

摘　要：课程思政是实现新时代高等教育立德树人目标的重要途径，本文以针栓喷注器雾化锥角测量实验课程为例，针对当前课程思政教学的改革需求，介绍了关于课程思政教学改革的过程，包括课程思政改革的背景、课程思政元素的思考、课程思政元素的准备和教学实践落实等全过程，为相关专业课程的思政教学提供参考。

关键词：课程思政；强情怀；实验课；动力工程；高等教育

当今世界正经历百年未有之大变局，新一轮科技革命和产业变革深入发展，国际力量对比深刻调整，国际环境日趋复杂，不稳定性不确定性明显增加。站在新的历史起点上，中国共产党带领全国人民踏上了中国特色社会主义新发展阶段。教育强则中国强，高等教育在实现中华民族伟大复兴之路的过程中起着至关重要的作用。我国的高等教育也需要发展一条中国特色的教育之路，全面贯彻党的教育方针，解决好“培养什么样的人、怎样培养人、为谁培养人”这个根本问题。2020 年 5 月，教育部印发《高等学校课程思政建设指导纲要》[1]，为新时代学校开展思政教育指明了方向。2021 年，习近平在清华大学考察时强调，我们要建设的世界一流大学是中国特色社会主义的一流大学，我国社会主义教育就是要培养德智体美劳全面发展的社会主义建设者和接班人[2]。

在思政教育大环境下，国内高校掀起了开展思政课及课程思政的改革和探索的热潮。宗怡[3]、唐玉兔[4]、王元琨[5]、张世锋[6]、钱小娇[7]、陈丁丁[8]等都对课程思政的开展进行了探讨，这些只是课程思政探索的很小一部分，但是大家都是摸着石头过河，做法也是百花齐放。

作为“为国而生，与国同行”的北京航空航天大学人才培养工作领导小组从 2020 年 9 月开始，调研高校近百所，召开研讨会 96 次，形成材料 86 份，全面启动人才培养方案论证与编制工作。历时一年多，在 2021 年 8 月 27 日，经学校党委常委会审议通过《新时代高质量人才培养方案》。方案中的四强模式第一条就是“强情怀”，厚植空天报国情怀与使命。

火箭发动机专业综合实验课是飞行器动力工程（航天）专业大四学生的必修课程。本门课程既是专业知识的形象表现，有助于学生深刻理解专业理论；又是专业知识运用的典型案例，有助于学生学以致用，解决专业问题；还是学生未来职业活动的预演，有助于培养学生的科研素质。2020 年 11 月该课程被评为国家级一流本科课程，在此基础上课程申请了北京航空航天大学课程思政示范课，并获得立项。

“针栓喷注器雾化锥角测量”是火箭发动机专业综合实验课的一项引导型自主实验，要求学生通过该实验课程了解发动机推进剂挤压式输送系统的主要设备构成、输送原理以及流量与压力的控制与调节方式，了解针栓喷注器的结构、雾化原理与相应的雾化条件，控制与调节液体工质的输送参数，拍摄针栓喷注器的喷雾场图像，测量不同雾化条件下的喷雾锥角，分析雾化条件与喷雾锥角之间的关联性。图 1 为液流实验系统图。本文介绍了该课程在思政教学过程中的思考和实践过程。

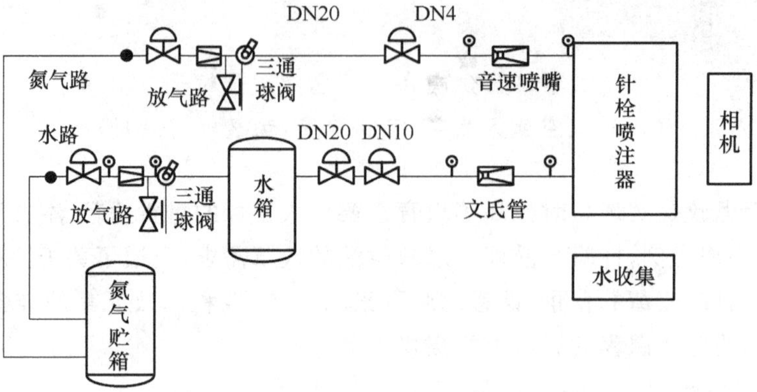

图 1　液流实验系统图

1　教学内容

1.1　教学的组织形式和教学环节

本实验采用分组实验的组织形式，每一实验小组都是一个独立完整的教学单元，每组学生人数最多 4 人，最少 1 人。

教学环节主要是三部分。

第一部分，指导教师主持实验小组的班前会。评价预习报告，介绍实验系统及操作流程，示范操作过程，强调安全事项。

第二部分，学生自主实施两组针栓喷注器雾化角测量实验。一组同学互相配合，进行实验操作，记录实验数据，完成一组针栓喷注器雾化角测量实验后，交换岗位，再进行一组针栓喷注器雾化角测量实验。在学生实施针栓式喷注器雾化锥角实验过程中，教师全程旁站，负责实验安全，及时处理设备故障。除此之外，指导教师对学生实验过程一般不予干涉。实验组内共享原始实验数据，实验后的数据分析与实验报告撰写要求每人独立完成。

第三部分，实验后的现场点评。教师对小组整体表现进行客观评价，重点针对团队协作，表扬亮点，指出失误；单独强调每个人在实验过程中所表现出优点与特点；分析实验过程中的缺陷、错误，指出今后改进的重点。

1.2　实验教学环境

该实验设在沙河校区宇航推进实验室 A 区东 9 房间。实验采用的液流实验系统可用于对火箭发动机组件进行头部液流标定、雾化效果观测及对音速喷嘴/文氏管进行流量系数标定实验。本实验利用其进行针栓式喷注器雾化锥角测量实验，实验介质采用水和氮气。

液流实验系统主要由储箱组件、配气系统及实验平台三部分组成。储箱组件位于大 5 水间，包括一个 2 m 水槽，一个 1 m/5 MPa 水储箱及相应控制和测量设备；配气系统位于东 9 实验间内，集成了三路调气管路与相应手阀、减压器与压力表；实验平台位于东 9 实验间中央，便于多种实验件安装及测量设备的架设。图 2 是实验平台。

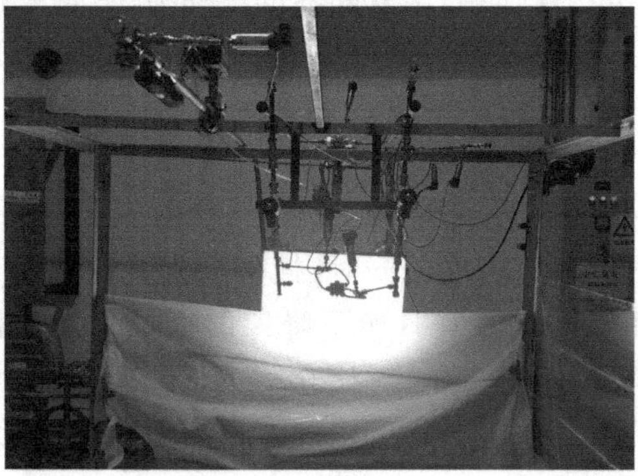

图 2　实验平台

2　思政素材准备

2.1　课程思政学习和研讨

要实现思政教学的融入，教师作为课程的主体之一，是实验课的引导者，首先要进行思政理论的学习，充分认识到课程思政的重要性。北航在每单周周三下午为全体师生预留了时间开展思想政治学习和研讨，不仅提升了教师的思想政治水平，为更好地成为先进思想文化的传播者、党执政的坚定支持者，更好地担起学生健康成长指导者和引路人的责任沉淀了深厚的理论根基。通过研讨，更促进了教师对思想政治教育理论课、通识课程和专业课程间的衔接和深度思考。“火箭发动机专业综合实验”成立了课程小组，对于如何挖掘思政元素、如何与课程结合开展了多次集中研讨和学习，互相启发促进，为实验课思政建设搭建了很好的交流平台。

2.2　思政素材内容思考与搜集

经过前期的学习和研讨，通过系统的思考和梳理，将针栓喷注器雾化锥角测量实验相关的思政素材内容归纳为以下几个方面：

1）引导学生树立为共产主义远大理想和中国特色社会主义共同理想而奋斗的信念和信心。

结合针栓喷注器的大航天背景，介绍航天强国与中国梦，铸牢学生爱中国、爱航天、爱北航的情怀。针栓式喷注器非常适合变推力发动机的需求，而且它的结构相对简单，成本低，雾化性能好，燃烧效率高且燃烧稳定，在低成本可重复使用发动机领域具有明显的优势。通过材料搜集，结合我国变推力火箭发动机和可重复使用火箭发动机的实际案例，这些都是我国今年来在航天发展中的不断突破，通过这些内容介绍带入思政元素。搜集到我国航天六院研制的 7 500 N 变推力发动机就使用了针栓喷注器，已经助力嫦娥三号、四号、五号成功登月，并成功应用于天问一号探测器火星着陆当中。以此为契机,引出我国近些年探月工程、火星探测中取得的重大进展,激发同学们爱航天的情怀和以国为傲的自信。通过搜集探月、火星探测中发动机的研制难点,特别是北航在这些研制难点中所作出的贡献,例如:7500 N 变推力发动机软着陆过程中,会与着陆地表发生相互作用,给着陆器的气动力/热带来很大影响,北航羽流实验室针对嫦娥探测器和天问一号探测器着陆过程中的发动机羽流效应开展了相关的仿真和试验,对 7500 N 发动机羽流效应的防护及关机高度的确定起到了重要的支撑作用。用这些实际的案例激发同学们爱北航的情怀。

2)引导学生正确认识中国特色,全面客观认识当代中国、看待外部世界方面。

在介绍针栓喷注器的国内研究进展的同时,搜集国外针栓喷注器应用的相关进展。针栓式喷注器很早已经成功使用在阿波罗登月舱下降段的变推力发动机上,后来 SpaceX 的梅林系列发动机也使用了针栓式喷注器。通过对比介绍,引导学生思考我国航天发展与国际航天发展起点和历史,利用唯物辩证法和发展论,正确认识当前我国航天技术与国外技术差距产生的根源。

3)引导学生正确认识时代责任和历史使命,激励学生自觉把个人的理想追求融入国家和民族的事业中,勇做走在时代前列的奋进者、开拓者。

在学生认识到我国针栓式喷注器与国际上的差距后,进一步引导他们思考我国目前发展中的大国体制和社会主义特点的优势,而美国等大牌资本主义国家在发展中遇到的瓶颈和在科技发展方面的弊病,探讨我国新发展阶段航天技术加速发展或者弯道超车的可能性。通过这些探讨,激发学生的航天责任感和使命感、为未来中国的航天梦不断奋斗的激情,做新时代的航天人。

4)引导学生正确认识远大抱负,珍惜韶华,脚踏实地,把远大抱负落实到实际行动中。

在学生有了为航天学习的动力和热情后,还要引导学生认识到科学规律和科研中必不可少的困难,要继承航天人"特别能吃苦、特别能战斗"的精神,脚踏实地,科学是一步一步做出来的,不是凭空想象出来的。落实到针栓式喷注器,我们需要通过不断的优化设计来提高它的雾化特性,而雾化锥角是评价的一个重要参数,通过此次实验,能够体会针栓喷注器研究中的一个环节。科学的实验,必须制定实验规范,严格按照实验规范进行操作,记录每一步实验过程及结果。通过具体的实验过程,培养学生遵守规范,培养严谨的实验习惯和团队合作的素养,强化实验安全意识,培养严谨的科研作风。

3 思政教学实践

3.1 教案和实验指导书修改

在准备好课程思政相关内容后,要将其融入实验课堂中,首先需要对教案和实验指导书进行修改。

教案是教师教学的指导和依据,必须将思考的思政元素和内容增加到教案中,对实验教学环节进行修正。在教学目的要求中,增加了思政教学目的,包括培养航天文化自信,爱祖国、爱航天、爱北航;培养辩证分析问题的方法;培养良好的科学素养等。在各个教学环境中,将搜集到的思政元素融入过程进行清晰描述,能够具体指导教学过程。

实验指导书是学生实验的依据，需要将搜集到的相关思政元素内容增加到实验背景介绍当中，以便在进行实验课程教学之前了解相关内容，提前进行相关思考。

3.2　教学实践

将思政元素落实到教学环节中，才能真正实现思政教学的目标。

在实验课的第一部分，指导教师主持实验小组的班前会的环节中，将2.2节中的前三部分思政内容带入。在介绍针栓喷注器原理、优点及适用的场合中，引入我国针栓喷注器的应用案例，即7500 N变推力发动机，进而引出登月、火星探测等我国近期的航天发展，以及北航在其中所做的贡献。此外，介绍国外针栓喷注器的应用，引导学生思考国内外差距和产生的原因、我国要实现赶超所需要采取的方法。

在实验课的第二部分和第三部分主要是对思政内容的第四部分进行培养。在学生自主实施两组针栓喷注器雾化角测量实验过程中，教师对于学生不规范的操作、遗漏的环节或者数据及时给出提醒，帮助组内成员通过良好的沟通和合作，完成整个实验过程。在第三部分实验后的现场点评中，及时总结该组学生在实验环节中表现好的实验习惯和科研作风，树立正确的实验理念，并指出实验中不严谨、不安全等不好的表现，提醒同学们在科研道路上来不得半点马虎。

通过在以上三个环节中，带入思政内容，不仅丰富了实验课堂的内容，使实验课程具有了人文温度，更加深了学生对专业技术的理解，增强了专业认同感和为国家航天事业奋斗的信心。

4　结束语

本文以飞行器动力工程(航天)专业本科生大四学生的必修课火箭发动机专业综合实验中的一项针栓喷注器雾化锥角测量实验为例，介绍了关于课程思政元素的思考和内容准备，以及落实到具体教案及教学实践中的过程，丰富了实验课的教学内容，为火箭发动机专业综合实验课程思政示范课以优秀成绩通过验收奠定了基础，可以为相关专业课程的课堂思政教学提供参考。

参考文献

[1] 教育部. 关于印发《高等学校课程思政建设指导纲要》的通知[EB/OL]. http://www.gov.cn/zhengce/zhengceku/2020-06/06/content_5517606.htm.

[2] 人民网. 习近平在清华大学考察时强调坚持中国特色世界一流大学建设目标方向为服务国家富强、民族复兴、人民幸福贡献力量[EB/OL]. http://pc.people.com.cn/nl/2021/0419/c64094-32082039.htm.

[3] 宗怡. "课程思政"语境下高校通识课程体系建设的思考[J].，北京教育·高教，2021(10)：64-66.

[4] 唐玉兔，丁杰. 高校课程思政的实施与发展[J]. 科研教育，2021(457)：31-22.

[5] 王元琨. 关于深入开展课程思政建设的思考[J]. 思政研究，2021：72-81.

[6] 张世锋，崔新颖. 新工科背景下课程思政建设的理论与实践探索[J]. 科技与创新，2021(19)：137-138.

[7] 钱小娇. 新时代高校"课程思政"的涵义辨析与优化路径探索[J]. 科技与创新，2021(05)：130-133.

[8] 陈丁丁，刘钧，邢素丽. 专业课程与思政互融互促教学模式的探索[J]. 高教论坛，2021(10)：57-59.

飞行动力学基础课程中的思政教学案例分析
——以“导弹飞行动力学”部分为例*

师鹏　刘小明　龚胜平　徐明

（北京航空航天大学 宇航学院，北京　100191）

摘　要：飞行动力学基础课程作为北京航空航天大学飞行器设计与工程专业本科生的一门核心专业课，在中国航空航天领域领军领导人才培养的过程中发挥着重要作用。同时，该课程也是北京航空航天大学课程思政示范课，该课程的思政教学案例为航空航天类专业课程思政建设起到了示范和带动作用。本文在分析“飞行动力学基础”课程思政建设目标的基础上，以该课程“导弹飞行动力学”部分的思政教学案例为对象，提出了思政案例设计的思路、思政案例对应的知识点以及思政案例教学设计的具体步骤。在对该思政教学案例进行阐述和分析的基础上，对思政教学案例的内容和意义进行了反思和探讨，从而为航空航天类专业课程更好地开展课程思政建设提供参考。

关键词：课程思政；教学设计；航空航天；导弹飞行动力学

引　言

2016 年 12 月，习近平总书记在全国高校思想政治工作会议上指出：“要用好课堂教学这个主渠道，思想政治理论课要坚持在改进中加强，提升思想政治教育亲和力和针对性，满足学生成长发展需求和期待，其他各门课都要守好一段渠、种好责任田，使各类课程与思想政治理论课同向同行，形成协同效应”**。

2020 年 5 月，教育部印发《高等学校课程思政建设指导纲要》，全面推进高校课程思政建设。《纲要》指出，全面推进高校课程思政建设是深入贯彻习近平总书记关于教育的重要论述和全国教育大会精神、落实立德树人根本任务的战略举措，高校要深化教育教学改革，充分挖掘各类课程思想政治资源，发挥好每门课程的育人作用，全面提高人才培养质量。《纲要》同时指出，工学类专业课程要在课程教学中把马克思主义立场观点方法的教育与科学精神的培养结合起来，提高学生正确认识问题、分析问题和解决问题的能力。工学类专业课程，要注重强化学生工程伦理教育，培养学生精益求精的大国工匠精神，激发学生科技报国的家国情怀和使命担当。

---

*　项目支持．北京航空航天大学教学改革项目（2021 年）；北京航空航天大学课程思政示范课建设立项（2020 年）；北京航空航天大学一流本科课程建设立项（2020 年）。

**　习近平谈高等教育：把立德树人作为中心，把思政工作贯穿全程[EB/OL]（2016－12－09）[2021－10－20]．http://cpc.people.com.cn/xuexi/n1/2016/1209/c385474－28938271.html.

飞行动力学基础课程中蕴含的思政元素有利于培养学生的奉献精神，进而帮助他们树立正确的世界观、人生观与价值观，同时激发学生空天报国的家国情怀和使命担当[1]。因此，深挖课程思政元素是“飞行动力学基础”课程思政建设的重点工作。作为飞行器设计与工程专业的一门核心专业课，飞行动力学基础课程的内容覆盖“弹、箭、星、船、器”等五大类航天飞行器，因此，该课程教学过程中可以对上述五大类航天飞行器所涉及的大国工匠精神以及研制过程中的重要事迹进行凝练形成思政教学案例。本文将以该课程“导弹飞行动力学”部分的思政元素为例，通过对这部分的思政元素进行分析，探讨如何在实际课程教学中实施课程思政。

1　课程简介

飞行动力学基础课程是北京航空航天大学面向飞行器设计与工程专业三年级本科生开设的一门核心专业课，课程内容将理论力学、材料力学、空气动力学等专业基础课程的关键知识点与“弹、箭、星、船、器”等五大类航天飞行器的飞行动力学理论相结合，对这五大类航天飞行器动力学建模理论与方法进行重点讲授。

飞行动力学基础课程是学生系统学习航空航天飞行器总体设计理论与方法的开端，是培养学生认识飞行动力学、理解飞行动力学和应用飞行动力学能力的关键教学过程，课程的指导思想是“强化基础、突出实践、重在素质、面向创新”。课程是培养学生利用已学力学基础理论，分析、认识、描述飞行器运动的能力，同时培养学生将工程问题转化为数学、力学模型的能力[2]，本质是培养学生灵活运用已学基础知识解决实际问题的能力，这种能力不仅仅是应用和实践能力，更重要的是培养学生针对各类航空航天飞行器的创造性思维能力[3]。

2　课程思政建设总体设计

2.1　课程思政建设总体目标

飞行动力学基础课程是北京航空航天大学立项建设的一门课程思政示范课程，其目标是把课程建设成为一门具有示范效应的航空航天类一流专业课，为学校构建“课程思政”+“思政课程”的全课程育人体系提供有力支撑，为形成课程育人和育人圈层效应发挥重要作用。

针对课程教师，课程思政建设的目标是培养具有思想性、政治性、专业性和影响力的课程思政教学名师和团队，为课程教学工作奠定更加坚实的思政基础；针对学生，课程思政建设的目标是培养具有社会责任感、创新精神、实践能力、宽厚基础、人文情怀和国际化视野的优秀航空航天领军和领导人才。

2.2　课程思政元素概述

飞行动力学基础课程本身所具有的航空航天属性和发展历程蕴含着大量的思政元素。

首先，课程涉及航空航天飞行器的发展和研制过程，我校乃至我国航空航天领域在这方面涌现了一大批著名的科学家、教育家，老一辈的科学家在民族危难之际首开航空航天高等教育先河，兴学储才，空天报国，这些航空航天飞行器研制发展历程和科学家事迹都是对学生思政教育最生动的案例。

其次，课程理论内容由浅入深、由简到繁，一步步引领学生探究飞行动力学的理论和应用方法，这个过程也是对辩证唯物主义基本原理和方法论的最佳诠释。

再次，课程所涉及的我国航空航天事业的新进展和重要成就可以作为思政元素培养学生正确的世界观，引导学生养成独立、自信的人格品质，增强学生对于国家航空航天事业的使命感和责任感。

3 课程思政案例分析

3.1 思政案例概述

结合课程内容讲述导弹装备发展对中国国际地位提高的重要意义，介绍我国在世界反法西斯战争胜利70周年大会阅兵和建国70周年大阅兵中展示的中国导弹，激发学生的民族自豪感。引导学生思考国家国际地位与国家国防装备的重要关联，使学生认识到强大的国防是中国国际话语权最大的底气，从而激发学生学习航天知识和导弹理论的浓厚兴趣。

3.2 思政案例对应的知识点

本思政案例贯穿课程"导弹飞行动力学"部分，该部分专业理论主要讲授有翼导弹、滚转导弹和弹道导弹等三类导弹的飞行动力学理论和方法。思政案例讲授的重点是各种类型导弹的分类和区别、各类导弹的运动特性、飞行过程以及主要功能。通过对导弹功能和性能的讲授，引申出导弹飞行过程中的受力分析和建模方法，特别结合课程讲授进度重点对有里程碑意义的导弹型号进行介绍，让学生在了解思政元素的同时建立科学分析导弹飞行动力学过程的知识体系。

3.3 思政案例的意义

本思政案例的课程思政融入点：导弹装备的先进程度不仅是一个国家高精尖技术实力的体现，更是一个国家国防实力和国际话语权的有力保障。从20世纪八九十年代到今天，中国导弹的发展有力地支撑着中国国防实力的不断提升，而国防实力的有效提升更促进了中国国际话语权的逐步提高。在针对各类导弹的运动进行讲授同时融入中国导弹的发展是一个高效的、高契合度的课程思政内容切入点。通过对比20世纪八九十年代和今天的世界格局，能让学生充分意识到导弹和国防对于一个独立主权国家的重要性，激发学生对所学的知识产生兴趣，从而在课程学习中投入更多的时间和精力。

本课程首要的责任是激发和加强学生对航空航天工程与技术的学习热情，培养学生投身祖国航空航天事业的高尚道德情操，课程通过思政元素的融入让学生对我国的航空航天事业感到骄傲和自豪，从而激发学生深入学习航空航天理论和技术的浓厚兴趣，引导学生把为祖国航空航天事业奉献作为主动自觉的人生选择。

3.4 思政案例教学设计

3.4.1 事件导入

在课程进行到第六讲(有翼导弹的运动方程)时，由五八事件美国用来轰炸中国驻南联盟大使馆的联合直接攻击弹药(JDAM)引出导弹武器装备,讲授联合直接攻击弹药作为一种精确制导武器的受力分析和运动特点,并对五八事件中国大使馆的受损情况进行概述,让学生对导弹武器的飞行和功能有基本的认识,同时,体会到“落后就要挨打”这句中国人最有感触的名言警示。

3.4.2　案例讲解

在课程进行到第八讲(运载火箭与弹道导弹的运动方程)时,在讲解弹道导弹的过程中穿插讲解各型中国东风弹道导弹的弹道特点和运动特性,在分析运动规律的基础上分析弹道导弹的主要功能和战略威慑作用,在讲解结束前总结建国70周年大阅兵上展示的各型号中国导弹,重点关注中国新研制的东风41弹道导弹,为中美作为大国的博弈和对抗进行必要的铺垫。

3.4.3　提炼升华

在课程讲解导弹运动方程即将告一段落时,总结“事件导入”和“案例讲解”中导弹所发挥的不同作用,讲解2021年3月中共中央政治局委员、中央外事工作委员会办公室主任杨洁篪在安克雷奇同美国国务卿布林肯举行中美高层战略对话时所说的:“美国没有资格居高临下同中国说话,中国人不吃这一套”,让学生深刻理解“强大的国防是中国国际话语权最大的底气”,从而激发学生深入学习航空航天理论和导弹技术的浓厚兴趣,引导学生把为祖国航空航天事业奉献作为主动自觉的人生选择。

3.5　思政案例反思

坚决捍卫国家主权、安全、发展利益,是新时代中国国防的根本目标。而导弹武器装备是国防建设的基石,只有把导弹武器装备搞上去,国防建设才能有更加坚强的牢固基石,同时加强导弹武器装备研发对我国国家话语权的提高也具有重要作用。

“两弹一星”、载人航天、探月工程、北斗导航等工程技术成果,为我国经济社会发展提供了坚强支撑,为国防安全作出了历史性贡献,也为我国作为一个有世界影响力的大国奠定了重要基础。

当今世界,安全是人类社会存在与发展的基础,构建人类命运共同体首先应构建安全共同体。中国坚持走和平发展道路,坚持独立自主的和平外交政策和防御性国防政策,中国军队为实现中华民族伟大复兴提供坚强战略支撑,始终做维护世界和平稳定的坚定力量。中国建设巩固国防和强大军队,必将给世界带来更多的和平与安全。

4　结　语

本文以飞行动力学基础课程中“导弹飞行动力学”部分的思政教学案例为例,从课程思政建设总体设计、思政案例概述、思政案例对应的知识点、思政案例的意义、思政案例教学设计五个方面阐述了该思政教学案例的基本思路和重点内容,并对该案例所涉及的内容和教学形式进行了反思和探讨,为航空航天类专业课课程思政建设提供了重要参考。

北京航空航天大学的飞行器设计与工程专业承载了培养中国航空航天两领人才的重要使命,飞行动力学基础课程是学生系统学习航空航天飞行器知识的先导课程。课程讲授过程中,将航空航天飞行器研制发展历程和重要航天装备作为思政案例,同时将课程所涉及的我国航空航天事业的新进展和重要成就可以作为思政元素，激发和加强学生对航空航天工程与技术的学习热情，培养学生投身祖国航空航天事业的高尚道德情操，以期为航空航天类专业课课程思政建设起到示范和带动作用。

参考文献

[1] 田鸿芬，付洪. 课程思政：高校专业课教学融入思想政治教育的实践路径[J]. 未来与发展，2018(4)：99－103.

[2] 蔡伟伟，黄涣，朱彦伟，等. 课程思政融入航空航天专业课程建设的思考——以“航天任务规划与评估”课程为例[J]. 科教导刊，2021(10)：55,57,60.

[3] 师鹏，刘小明，兰巍，等. 航空航天类专业课程思政建设的探索——以“飞行动力学基础”课程为例[J]. 南京航空航天大学学报(社会科学版)，2020，S1 (12)：73－76.

[4] 赵育善，师鹏. 航天器飞行动力学建模理论与方法[M]. 北京：北京航空航天大学出版社，2012：24－27.

[5] 师鹏，刘小明，赵育善，等. 航空航天类一流课程建设的实践与探索——以“飞行动力学基础”课程为例[C]//教育部高等学校航空航天类专业教育教学指导委员会. 第二届全国高等学校航空航天类专业教学研讨会论文集. 北京：北京航空航天大学出版社，2021.

航空航天类高校推进专业课程思政建设初探

张爱荣　杨露　汪洲　苏海霞　李新洪　李延艳

（航天工程大学 宇航科学与技术系，北京　101416）

摘　要：课程思政是当前高等院校教育结构改革的新趋势，也是航空航天专业课程落实"立德树人"根本任务的战略举措。本文在探讨课程思政与思政课程之间辩证关系的基础上，对课程思政建设过程中存在的矛盾问题进行分析，以航天工程大学的航天工程与项目管理课程为例，提出航空航天类高校推进专业课程思政建设的几点建议：以教师为主体，打造协同育人的教学团队；各方共同参与，构建科学的课程思政教学体系；以学生为中心，完善课程思政评价机制。研究内容对航空航天专业课程如何推进课程思政建设具有参考意义。

关键词：课程思政；专业课程；航空航天；教学团队；教学体系；评价机制

引　言

2016年12月，习近平在全国高校思想政治工作会议上强调，高校思想政治教育工作关系到高校"培养什么样的人、如何培养人、为谁培养人"这个根本问题，要坚持把立德树人作为中心环节，把思想政治工作贯穿教育教学全过程[1]。不断提高学生思想水平、政治觉悟、道德品质、文化素养，让学生成长为德才兼备、全面发展的人才是高校教师一切工作的根本。2020年5月，教育部在其印发的《高等学校课程思政建设指导纲要》（以下简称《纲要》）中指出，全面推进高校课程思政建设是落实"立德树人"根本任务的重要战略举措[2]。全面推进课程思政建设，就是要将思想政治教育的价值理念、理论知识和精神追求融入各门课程尤其是专业课程中去，在正常的授课中自然地对学生的思想意识产生影响，形成"价值塑造、知识传授以及能力培养"三位一体的教育教学理念。要紧紧抓住教师队伍"主力军"、课程建设"主战场"、课堂教学"主渠道"，使各类课程与思政课程同向同行，形成协同效应。统筹好专业课程与思政课程，必须要充分认清思政课程与课程思政之间的辩证关系，及时发现课程思政建设过程中存在的矛盾问题，才能有针对性地探究如何在实践中切实推动高校课程思政建设进程。

1　思政课程与课程思政之间的辩证关系

1.1　思政课程与课程思政的内涵不同

思政课程与课程思政的最终目的都是育人，是目前高校教育的内在要求。然而，二者的本质内涵不同，在课程思政建设过程中容易对两者产生混淆。

思政课程，顾名思义就是高校思想政治理论教育系列课程，承担着教育大学生爱党、爱国、爱社会主义、爱人民、爱集体的光荣使命。思政课程的基础在“思政”，重点在“课程”，突出理论导向[3]，需要思政教师在课堂上向学生完整准确地讲授理论体系的学理基础、概念内涵、文本系统、实践要求等核心要素。思政课程具有鲜明的政治属性，属于显性教育，是大学生接受和学习中国特色社会主义理论体系的主渠道，也是教师引导学生形成正确人生观、价值观、世界观的主要方式。

课程思政是指构建全员、全程、全课程育人格局的形式，将各类课程与思想政治理论课同向同行，形成协同效应，把“立德树人”作为教育根本任务的一种综合教育理念。课程思政的基础在“课程”，重点在“思政”，突出价值导向[4]，要求专业课教师在传授专业知识的同时，注重课程中思政元素的挖掘。因此，课程思政更偏向于隐性教育，通过思想政治教育与专业课程的融合，潜移默化地对学生的行为习惯产生影响，实现价值引领[5]。

1.2　思政课程与课程思政的内在联系

首先，两者的理论基础相同[6]。思政课程与课程思政都以课堂为载体，要求各门课程的教学都渗透马克思主义理论精髓，坚持以社会主义核心价值观为引领、以习近平新时代中国特色社会主义思想为核心，遵循社会主义发展基本规律。

其次，思政课程对课程思政具有引领作用[7]。习近平总书记明确指出，思想政治理论课是落实“立德树人”根本任务的关键课程，对正在“拔节孕穗期”的大学生起着引导和塑形作用，更对全校学生的行为习惯产生持久性的影响。因此，课程思政建设需要以思政课程为导向，依托思政教师的专业知识，才能产生良好的教学效果。

最后，课程思政是思政课程的实践体现和补充。思政课程注重理论传授，由于其实践形式受限，故高校对思政课程的建设大多停留在理论层面，不能充分发挥课堂教学的主渠道作用。而课程思政的专业针对性强、课程门类多、形式灵活[8]，可以丰富思政教育的实践形式，使学生接受专业教育和通识教育的同时塑造社会主义核心价值观，进一步巩固思政课程的教学效果。

2　课程思政建设中存在的矛盾问题

2014年，上海市在进行教育综合改革的过程中，首次提出了“课程思政”的概念[9]，选取部分高校进行试点，并取得了一定成果。但由于课程思政的改革与实践时间较短，在融入思政、体系建设、成效评价等方面还存在一些突出问题亟待解决。

2.1　思政元素不能有效融入专业课程

教师是课堂教学的主体，也是课程思政建设的关键。当前，课程思政建设的主要矛盾，是各门专业课教师的育人能力和育人意识不能满足课程思政的具体要求[10]，即思政元素不能有效地融入专业课程。具体表现在以下三个方面。

一是专业课教师长期从事专业教学，缺乏思想政治理论教育基础，对思政元素的理解不够深入、透彻；也较少关心时事政治，在思想上不能与时俱进，无法精准把握和挖掘专业课中蕴含的思政元素，自然也就无法将思政教育和专业教育有效地结合。

二是专业课教师对课程思政的抵触。部分专业课教师认为思政教育不是自己的本职工作,进行思政教育会占用、挤压专业课程的授课时间,影响客观知识的传授。这种抵触来源于专业课教师对课程思政内涵的误解,没有认识到思政课程和课程思政的目标都是教书育人。在这种错误思想的引导下,专业课教师长期只教书不育人,不愿意推进课程思政建设。

三是表现为思政元素的堆砌。部分专业课教师有育人意识,也愿意推进课程思政建设,但对思政元素的挖掘不够透彻,呈现出来的效果只是思政元素的展示和堆砌。部分教师为了不"占用"专业课授课时间,只是将思想政治理论强行嵌入课堂,更有甚者只是将思想政治教育放在课件上展现出来。这种方式不仅不能达到育人效果,还容易引起学生的反感,使课程思政建设变成教师和学生的负担。

2.2 缺乏科学的课程思政教学体系

教育部在《纲要》中明确指出,全面推进高校课程思政建设,必须科学设计课程思政教学体系,坚决防止"贴标签""两张皮"现象。由于课程思政的提出时间较短,因此还没有形成完整的课程思政教学体系。

一是专业课程与思政课程没有实现无缝衔接。课程思政本身就意味着教育结构的立体多元,即实现知识传授、价值塑造和能力培养的多元统一[11]。长期以来,高校教育结构存在的形态为:思想政治教师-价值塑造、理论课教师-知识传授、实践课教师-能力培养。这种看似"分工明确"的结构反而不利于课程思政建设。

二是课程设置不够合理。课程思政包括三方面课程:思政课、专业课和通识课[12]。理工科高校尤其是航空航天类高校的专业性强,导致这三种课程的比例失调,忽略了思政课是思政教育的核心课程,甚至把有些通识课也设置成专业课,满足不了新时代三全育人的人才培养新要求。

三是思政内容单一。专业课教师由于缺乏思政教育基础和经验,不能因势而新地挖掘专业课程中隐含的思政教育知识,缺乏课堂与思政的有机融合,在课堂中长期使用同一类思政元素,使学生在提升专业技能的过程中忽视了自身的思想道德修养。

四是制度保障落实不到位。部分高校认为课程思政建设是党委部门和教师的工作,在思想上没有落实责任意识,组织上没有形成各部门、各方面共同参与的工作格局,导致课程思政体系化建设的保障制度没有落实到位。

2.3 评价机制不够完善

一方面,课程思政建设的考核标准不够全面。部分航空航天类高校多采用教学竞赛、评教等量化方式去评价课程建设效果,使教师在备课时过分注重比赛或考评结果,而忽视了对课程本身的思考。课程思政的育人目标是培养德智体美劳全面发展的高素质社会主义建设者和接班人,这种对综合素质的评价很难用量化的统一标准去规定。

另一方面,在课程思政评价过程中,学生的参与度没有体现。长期以来,各级教学指导委员会、学科评议组、行业职业教育教学指导委员会等专家组织是评价主体。学生是受教育者,是课程思政建设的直接反馈,学生的主观感受直接影响和决定了教师的育人效果,而在以往的评价过程中往往忽视了这一点,对教师"培养了什么人"的关注度不够。

3 推进专业课程思政建设的路径

出于专业需求，航空航天类高校对学生的综合素质提出了更高的要求，更加重视学生德行品质的塑造与培养。本文以航天工程大学的"航天工程与项目管理"课程为例，研究如何将思政教育有效融入专业课堂中，有效发挥该课程的价值引领作用，推动专业课程的思政建设进程。

3.1 以教师为主体，打造思政课程与课程思政协同育人的教学团队

作为专业课教师，首先要明确本课程的教学目标，即培养学生良好的航天工程项目管理素养，使学生掌握航天工程与项目管理的基本分析思路。在此基础上，围绕教学目标提升教师的育人能力和育人意识，打造思政课程与课程思政协同育人的教学团队。

一要结合专业特点加强教师的育人能力。航天工程与项目管理课程不同于一般的航天技术专业课，该课程的授课对象为航天工程专业方向硕士研究生，学生来源以国防生为主，其对新鲜事物的接受能力较强但缺乏工作经验，加之硕士培养阶段的思政课和体能课的设置相对减少，需要授课教师结合专业特点补充管理学相关理论知识，如国家战略、法律法规、市场政策、航天工程项目的发展趋势等。思政课教师可通过多种渠道向专业课教师传授理论知识和教学经验，共同培育学生经世济民、诚信服务、德法兼修的职业素养。

二要加强专业课教师的育人意识，提高其课程思政建设的积极性和主动性。专业课教师对课程思政的抵触来源于其对课程思政内涵和方式的误解，认为思政只是单纯地进行思想政治教育，只能由专业的思政教师完成。授课教师要从根本上扭转这种错误思想，认识到课程不仅要培养学生的工程管理素养，还要注重强化学生工程伦理教育，激发学生科技报国的家国情怀和使命担当。认识到这一点，专业课教师可通过多媒体平台或面对面交流的方式向思政课和通识课教师学习课程思政的内涵、方式和要求，从思想上和行动上提高思政建设的积极性与主动性，与思政课程保持同向同行，共同推动专业课程思政建设的步伐。

三要充分挖掘课程中蕴含的思政元素。航天工程与项目管理课程包括航天工程设计、运行，质量管理，风险管理等主要内容。深入挖掘思政元素，全校各类课程教师要协同配合，做好思政资源的开发与运用，不因学科特色和不同的教学任务而忽略协同育人的共同目标和价值追求。航天工程设计内容的讲述可引用北斗卫星导航系统，它是我国自行研制的全球卫星导航系统。该系统的建设是一项极其复杂和庞大的航天工程，它的正式开通表明了设计对航天工程项目成功的重要性，在讲述设计理念和目标的同时，增强学生对国家的政治认同、思想认同和情感认同，坚定学生中国特色社会主义的道路自信、理论自信、制度自信和文化自信。在讲述质量管理时可引用反面案例，以实际问题为导引，激励学生增强职业责任感，培养其遵纪守法、爱岗敬业、开拓创新的职业品格和行为习惯。随着科技的进步和互联网技术的发展，当代学生接受的新生事物比较多，死搬硬套的教学方法已经不适应课程思政的建设要求，应扩大思政元素的挖掘范围。如在讲述风险管理时，可将电影《我和我的父辈》中骑兵团团长故意发送电报保护百姓的电影片段在课堂中播放，向学生讲述在项目中可能遇到各种各样的风险以及如何应对风险，潜移默化地影响学生的行为习惯，培养其舍小家为大家的无私奉献精神。

3.2 鼓励各方参与，构建科学的课程思政教学体系

构建科学合理的课程思政教学体系，要坚持以学生为中心、以产出为导向，不断提升学生的课程学习体验和学习效果[2]。

一要建立各类课程协同育人理事会，坚持知识传授、价值塑造和能力培养的多元统一。思政课要注重提高学生思想道德修养、人文素质、科学精神、认知能力，提升学生的综合素质，为其他课程思政建设奠定基础，并适时地提供思政素材。专业课要善于利用专业特色和优势，合理拓展思政教育的广度和深度，通过其他课程的资源共享增加课程的人文性、实践性和时代性，注重培养学生发现问题、解决问题的能力，激发学生的创造活力。通识课不同于专业课，在一定程度上能弥补专业课的不足，是防止学生偏科的重要方式。要鼓励学生结合自己实际跨学科、跨专业自主选课，注重培养学生崇尚科学、追求真理的赤子之心。

二是合理规划课程设置。思政课是落实"立德树人"育人目标的主干课程，要始终坚持其核心地位，将其贯穿于学生培养的全过程。"航天工程与项目管理"课程的授课对象是专业硕士研究生，该培养阶段的学生会承担部分科研任务，思政课与实践课的数量相对减少，可从以下几个方面进行考虑。首先，适当增加通识课的可选择性，加强对课程内容的审核，使其与专业课、思政课形成互补，既不重复授课内容也不偏离育人目标，以巩固学生的品德修养、提升其认知能力。其次，利用好现有课程内容和课程资源，合理设置专业课程结构，调整专业知识与思政元素的比例。授课教师在挖掘思政元素时要尽可能深入、透彻，赋予专业课程意识形态属性。最后，适当增加实践类课程。经过本科阶段的学习积累，不论是思政课还是专业课，学生都具有一定的理论基础。此时，实践课可以培养学生理论联系实际的能力，锤炼艰苦奋斗的意志，提高学生接受思政教育的主动性和积极性。

三是加强制度保障。课程思政建设是一项系统工程，需要大学全面规划，充分发挥各部门的主体作用，共同提高课程思政建设效果。制度保障建设需从领导层面、管理层面和经费支持层面下功夫。加强组织领导，校党委是课程思政建设的总舵手，对课程思政建设要形成统一领导和宏观把握，明确各部门应承担的职责和任务，使之形成思政建设共同体，始终贯彻落实思想政治教育的总要求，充分保障教学基本设施，在全校范围内营造良好的思政建设氛围。完善管理机制，构建课程思政建设的创新机制，对教学各环节进行严格把控，包括新课开设、教学设计、教材编写、教学运行等，促进各部门的协同配合和资源整合。加大经费支持力度和广度，鼓励教师申报课程思政建设项目并设立专项经费，设立专栏对优秀的课程思政和教学团队进行表彰，定期邀请思政建设专家来校举办讲座，学习校外的先进经验。

3.3 注重课程思政反馈，完善课程思政评价体制

不能以一个统一标准来规范不同种类的课程思政建设，要坚持个性化、系统化、全面化的原则，有针对性地建立多维度的、反映长期效应的课程思政建设成效评价标准。将学生反馈作为评价机制的重要内容，这里的反馈不仅包括课堂效应、问卷调查、作业反馈和考试成绩，更侧重学生综合素质的提升。教师在教学过程中有没有体现育人功能？学生综合素质有没有提升？提升了多少？能不能胜任航天工程项目/管理岗位？这些问题都应该纳入课程思政建设的考评机制。另外，还应健全奖励机制，对课程思政建设成效显著的优秀教学团队或做成突出贡献的优秀教师实行必要的物质和精神奖励。在奖项的设置上突出课程思政要求，将建设成

效作为评优评奖、职位晋升的重要指标，刺激授课教师建设课程思政的主观能动性，形成课程思政建设的良好循环。

参考文献

[1] 习近平．全国高校思想政治工作会议讲话[EB/OL]．(2016－12－08)[2021－11－03]．http://www.xinhuanet.com//politcs/2016－12/08/c－1120082577.htm.

[2] 教育部．关于印发《高等学校课程思政建设指导纲要》的通知[EB/OL]．(2020－06－08)[2021－11－03]．https://jwc.jit.edu.cn/info/1204/4229.html.

[3] 高宁，张梦．对“课程思政”建设若干理论问题的“课程论”分析[J]．中国大学教学，2018(10)：59－63.

[4] 马丽萍．高校推进“课程思政”全员全过程全方位育人的有效路径研究[J]．吉林省教育学院学报，2020，36(2)：

[5] 高德毅，宗爱东．从思政课程到课程思政：从战略高度构建高校思想政治教育课程体系[J]．中国高等教育，2017(1)：43－46.

[6] 行甜甜，张利荣．高校“思政课程”与“课程思政”合力育人的路径研究[J]．湖北经济学院学报，2020，17(3)：112－114.

[7] 赵子明．思政课程与课程思政的关系探究[J]．文化创新比较研究，2020，27：82－84.

[8] 赵继伟．关于“思政课程”与“课程思政”辩证关系的思考[J]．思想政治课研究，2018，5：51－55.

[9] 马改艳，庄梅兰．“课程思政”的内涵、问题及建设路径[J]．宁波教育学院学报，2020，22(1)：41－45.

[10] 高宁，张梦．高校“课程思政”建设中的主要矛盾及解决思路[J]．北京教育(高教)，2020，3：43－45.

[11] 王学俭，石岩．新时代课程思政的内涵、特点、难点及应对策略[J]．新疆师范大学学报(哲学社会科学版)，2020，41(2)：50－58.

[12] 习近平．青年要自觉践行社会主义核心价值观——在北京大学师生座谈会上的讲话[EB/OL](2014/05/05)[2021/11/03]．http://news.cntv.cn/2014/05/05/ARTI1399225633640358.shtml.

思政元素融入飞机制造技术课程的实践

郑晖　赵天章　秦政琪　岳玉梅　李晓东
（沈阳航空航天大学 航空宇航学院，沈阳　110136）

摘　要：国无德不兴，人无德不立，立德树人是高校思想政治工作的中心环节，在专业课的学习中融入思政元素是教书育人与立德树人的有效结合。飞机制造工程技术基础课程作为飞行器制造系的专业基础课，在满足专业教学的同时也应将课程思政元素融入其中。大到世情国情与家国情怀、身边有典型引路和时事新闻、科技有前沿领域与科学精神、敏感有保密教育与国家安全、小到个人的身体健康与压力释放，通过小我与大我让学生认识到要爱国爱家，珍爱生命，珍惜光阴。方方面面润物于无声，是课程思政的内容。让思政做到有准备地总结、不经意地渗透、育人于无形是课程思政的方法。在专业知识探究和能力培养中进行价值引领，做到"传道、授业、解惑的"的无缝对接，真正实现"价值塑造、知识传授和能力培养"三位一体的人才培养要求。

关键词：立德树人；飞机制造；课程思政元素；世情国情；典型引路；保密教育

课程思政指以构建全员、全程、全课程育人格局的形式将各类课程与思想政治理论课同向同行，形成协同效应，把"立德树人"作为教育的根本任务的一种综合教育理念[1]。2019 年 8 月，中共中央办公厅、国务院办公厅印发了《关于深化新时代学校思想政治理论课改革创新的若干意见》，明确提出要整体推进高校课程思政建设，发挥所有课程育人功能。2020 年 6 月教育部印发了《高等学校课程思政建设指导纲要》，全面推进高校课程思政建设，明确了课程思政建设的总体目标和重点内容，对推进高校课程思政建设进行了整体设计，把课程思政从工作要求转化为政策实施表和行进路线图[2]。《纲要》强调，"落实立德树人根本任务，必须将价值塑造、知识传授和能力培养三者融为一体、不可割裂。全面推进课程思政建设，就是要寓价值观引导于知识传授和能力培养之中，帮助学生塑造正确的世界观、人生观、价值观"[2]。

在当今的高校，教师的 80％是专业教师，课程的 80％是专业课程，学生学习时间的 80％是专业学习，80％左右的大学生认为影响自己世界观和人生观第一位的是专业课和专业课教师[3]。全面推进课程思政建设，教师是关键，其开展课程思政建设的意识和能力，决定着课程思政建设能否取得实效[4]。专业课程是课程思政建设的主要依托[5]。如何推进课程思政建设的落实，需要全体专业教师不懈地努力和不断地探索[6]。本文以"飞机制造工程技术基础"课程为例，探讨思政元素进入专业课程的实践过程。

1　课程的总体定位情况

飞行器制造工程专业隶属于航空宇航科学与技术，飞机制造工程技术基础课程立足于沈阳航空航天大学飞行器制造工程国家一流专业建设，是航空宇航学院飞行器制造系主要学科基础课。课程从飞机数字化制造技术入手，介绍飞机零件的各种加工方法；以零件精度构成及实现为主线，讲授各种加工方法的合理综合应用，阐明飞机零件制造工艺方法。学生通过学习，了解飞机零件的分类，分析每一类零件的制造方法，获得飞机制造技术的基础知识，掌握飞机数字化制造技术与传统加工技术。

本课程的目的在于培养学生获取和综合运用飞机制造技术基础知识、基本理论、基本技能和科学思维方法，培养飞机制造工程师应具备的基本素质和基本能力，达到能够独立分析和解决工程实践问题的水平，为后续的课程设计及毕业设计奠定基础，同时为适应现代飞机制造生产需要培养合格的人才。

2 课程思政的内容

飞机制造工程技术基础课程在满足专业教学的同时将课程思政内容融入其中。在专业课程的设计中渗入思政教育的因素，以每个章节的特点区分，按不同的方式渗入思政元素。以“弘扬航空报国精神，提高飞机制造能力”作为本门课程思政中心，采用课堂讲授教学法、课堂讨论法、典型案例教学法以及半翻转课堂等形式，有效地将团队精神、责任意识、职业道德、保密意识、工匠精神、人文精神等多种思政元素融入专业课程教学之中，极大地提高了学生的专业认知感、民族自豪感、社会责任感和国家使命感。同时，增加了学生对本专业的认识深度，增强了专业稳定性，调动了学生学习积极性，达到了预期的教学目的。

课程思政的内容如图 1 所示。

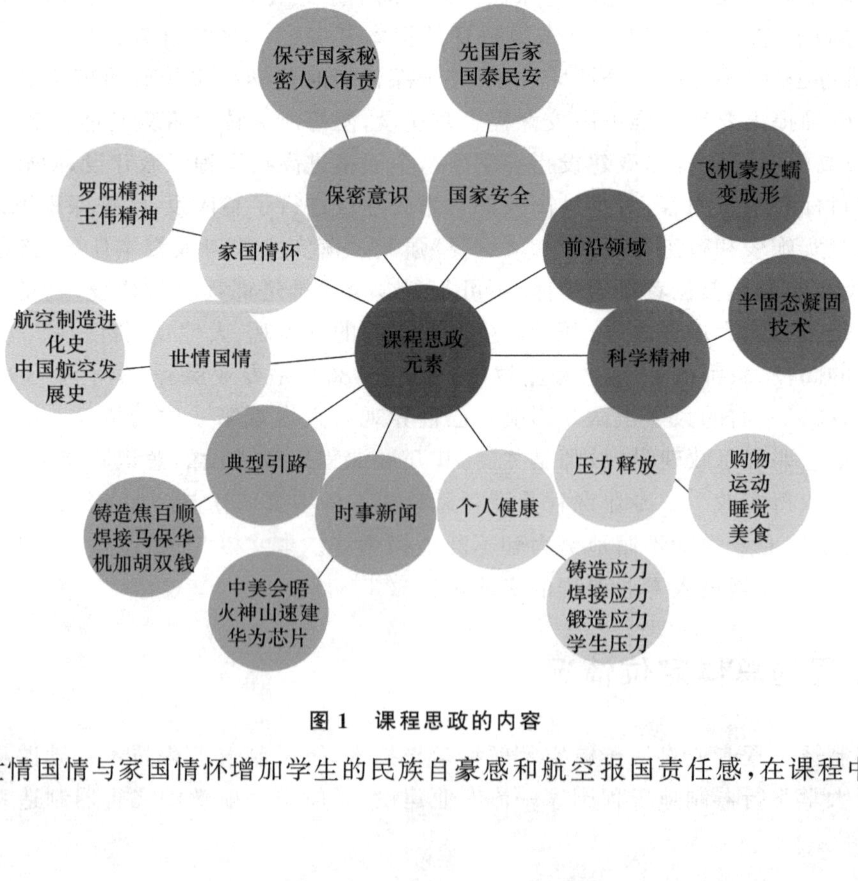

图 1 课程思政的内容

通过世情国情与家国情怀增加学生的民族自豪感和航空报国责任感，在课程中潜移默化地将家国情怀、世情国情融入课程之中，通过歼-10之父宋文骢院士，“航空工业英模”罗阳让同学们知道曾经苦难的民族，因为有了不屈的脊梁才可以傲然挺立。

通过典型引路和时事新闻了解当代航空人的甘于奉献与工匠精神，从胡双钱、马保华和焦百顺的事迹让同学们体会：一个国家因为有了不挠的精神才可以走向辉煌。通过对前沿领域和科学精神的介绍激发同学们读书报国、科技强国的信念。只有用科学的航空精神，严谨的科学知识解决实际的生产问题，才能逐渐进步、逐渐强大。从敏感的保密教育与国家安全，让同学们懂得国家利益高于一切，国家安全重于泰山。保守国家秘密，人人有责。

通过制造技术中心内应力的产生到释放，联系实际分析学生的内应力与释放方式，在轻松的氛围中让同学们了解压力无处不在，正视压力与动力，要以平和自然健康的方式释放压力，要敬畏自然珍爱生命。简言之，思政元素有世情国情与家国情怀，增加学生的民族自豪感和航空报国责任感；典型引路和时事新闻使学生了解当代航空人的甘于奉献与工匠精神；通过前沿领域与科学精神激发同学们读书报国、科技强国的信念；通过保密教育让同学们懂得国家安全重于泰山、国家利益高于一切；通过小我与大我认识到学生要爱国爱家，也要爱自己，珍爱生命，珍惜光阴。方方面面润物于无声，育人于无形，是课程思政环节的内容也是课程思政环节的创新。从知识的传授到价值的引领，达到润物细无声的效果。

3 课程思政的方法

思政进课堂的方法有整有零，如图2所示。整指抓住每次课课间五分钟，通过短视频形式，对航空史、飞机制造史、飞机制造企业以及热点新闻进行播放，让学生在每天上课前，都会有新收获和新发现。每节课课间5分钟的思政融入分析可以起到如下作用：扩展学生视野，提高学生学习课程的兴趣，增加课堂教学的知识性和应用性；提高学生对于时政新闻的敏感性，使得学生对某些时政事件形成连续关注，从而不断地进行思考，形成逐步的系统性的思维。让同学们在课间时分既休息了大脑，又开阔了视野，既了解了国情，又深刻体会课程。

零指的是思政是方法，是将思政元素撒入专业课程，达到润物细无声的效果。在线下专业知识的学习中，将一些艰难的历史、感人的事迹、点滴的成长和当下的雄起缓缓注入课堂，传递给学生。他们由衷尊重历史、热爱国家、感恩社会，珍爱生命。所有这些都是思政元素的渗透与融入，不是强加而是浸润。在线上的教学中上传一些与课程相关的思政素材，建立起课程思政库，在同学们每一部分的专业知识学习中配套中国的发展历程，古老的历史和现在的辉煌。同学们不能死读书、读死书，要理论联系实际，技术联系现实，找到差距缩短差距，让同学们懂得中国的进步靠的正是他们。让他们意识到肩上有责任，心中有国家。在教学相关的所有环节包括实验教学，辅导答疑环节都能将思政元素渗透于无形之中，扎根于学生心中。

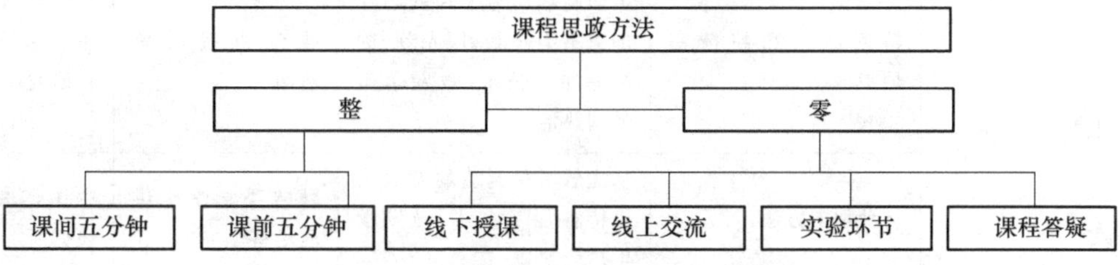

图2 课程思政的方法

4 课程思政元素具体设计方案

课程内容与思政元素设计方案见表1。

表1 课程内容与思政元素设计方案

每课时教学内容概述、课程目标、教学方法(可另附页)					
序号	教学内容概述	学生知识、能力、素养目标	课程思政育人目标	教学方法	课间视频(CCTV)
1	航空数字化制造技术	航空数字化制造技术	了解近代航空制造技术进化史,激发爱国热忱	课堂讲授世情国情	沈飞歼击机
2		航空数字化制造工艺 航空数字化制造工装		课堂讨论前沿科学	西飞轰炸机
3	航空钣金成形	了解飞机蒙皮、整体壁板成形方式,了解旋压以及橡皮成形	了解中国飞机从无到有、从单一到系统源于一代又一代航空人持之以恒,激发学生投身航空事业,航空报国	课堂讨论前沿科学	南昌飞机制造厂强击机
4		了解热成形、超塑性成形与扩散连接方式以及数控弯管		课堂讨论前沿科学	哈飞直升机
5	铸造	掌握液态成形基础与铸造类型	从新中国第一枚国徽沈阳铸造切入,了解铸造传统工艺	课堂讲授典型案例	昌河飞机制造厂直升机
6		砂型铸造与结构工艺			成飞歼7
7	锻造	自由锻与模锻工艺	了解科技前沿复杂结构件整体等温锻造/热模锻造技术	翻转课堂前沿科学	贵飞教练机
8		胎模锻与其他塑性成形方法			成飞运输机
9	焊接	航空企业焊接方法:点焊与胶焊	从火神山雷神山医院神速建成引出焊接知识,激发学生自豪感	翻转课堂+ 课堂讨论时事新闻	中国飞行试验研究院
10	复合材料加工	复合材料的分类及成形工艺	沈航通航锐翔引出复合材料加工,激发学生热爱沈航	课堂讲授时事新闻	中国特种飞行器研究所
11	现代制造技术	精密加工和超精密加工	美国制裁华为中兴的芯片加工离不开溅射、光刻、蚀刻等加工技术,激发学生爱国热情	课堂讲授时事新闻	中国直升机设计研究所
		特种加工方法	从沈航增材制造的发展引出特种加工方法,激发学生热爱沈航	翻转课堂学生讲前沿科学	中国燃气涡轮研究所

每课时教学内容概述、课程目标、教学方法(可另附页)					
12	切削加工工艺基础	金属切削加工概述与切削刀具	倪志福工人工程师对刀具角度研究，引出大国工匠精神	课堂讲授典型引路	中国雷华电子技术研究所
13 14		切削过程物理现象与加工方法	爱岗敬业模范胡双钱三十年制造飞机零件无差错的案例教学引出大国工匠精神	课堂讲授典型引路	中国空气动力研究所
15		加工精度和表面质量			中国第一、二代战斗机
16		基本概念与零件结构工艺分析			中国第三代战斗机
17	机械加工工艺规程设计	机床夹具及工件定位基准的选择	“镗工大王”戎鹏强带领团队，攻破深孔加工难题的教学案例引出职业素养与爱岗敬业	课堂讲授典型引路	中国第四代战斗机
18		工艺路线的制定加工余量与工序尺寸的确定	国务院印发“中国制造2025”战略激发新时代大环境下学生的责任感	课堂讨论时事新闻+前沿科学	教练机
19		工艺尺寸链			预警机
20	课内实验	飞机零件加工精度和表面质量测绘试验	培养学生敬业精神，勤勤恳恳为工，兢兢业业为匠	动手实操	

每一轮授课后都会对思政元素进行整改与完善，找到更适合的思政融入教学的方法方式。学生在学习过程中，心中有国，热爱航空，学生中 3/4 的人在今后的就业与深造中选择了航空企业与航空院校，为国家输送航空人才。

5　课程思政的实例

通过渗透课程思政元素，具体到航空史，制造史，以及时事新闻等多渠道让学生真正感受航空报国，科技强国，读书兴国。从知识的传授到价值的引领，深入开展青春励志教育、感恩爱国教育、社会责任担当等活动。促进学生成长成才，引导学生形成正确责任意识，坚定理想信念，担当社会责任。

5.1　在学习中融入家国情怀

课程在第 1 章航空数字化制造技术中融入家国情怀，具体情况如表 2 所列。

表 2　思政对应章节——第 1 章航空数字化制造技术

序号	教学内容概述	学生知识、能力、素养目标	课程思政育人目标	教学方法
1 章	绪论及航空数字化制造技术	航空数字化制造基本概念和内涵。了解航空数字化制造工艺	了解近代航空制造技术进化史，激发爱国热忱	课堂讲授+世情国情

思政知识：中国航空制造史十件大事

在世界航空业起步阶段，中国曾是唯一与西方相提并论的亚洲国家。1903年美国莱特兄弟开创了人类航空新纪元。而在1911年，中国就拥有自制的飞机，比俄、德等国都早，仅在美、英、法三国之后。1914年，北京南苑航空学校修理厂厂长潘世忠设计制造出了一架双翼飞机推进式双座军用飞机，从动力到机体全部自主研发，表明中国已经可以开始生产飞机了，此时世界上能独立设计并制造飞机的国家仍然屈指可数。下面，了解下近代中国航空发展史上的几件大事件。

回顾中国航空史上的大事，具有非常重要的意义。

- 冯如驾驶自行设计的飞机升空
- 中国第一架水上飞机在马尾升空
- 孙中山倡导“航空救国”
- 新中国的航空事业的创立
- 新中国第一架飞机上天
- 中国跨进喷气时代
- 轰炸机空投原子弹
- 我国自行设计制造的强击机装备部队
- 大型客机运-10首飞成功
- 建国50周年132架飞机空中大阅兵

一代又一代航空人呕心沥血和卧薪尝胆，中国航空工业取得了从零起步到与世界强者并驾齐驱的巨大成就。

5.2　在学习中融入保密教育

课程在第2章航空钣金成形技术中融入保密教育相关内容，具体情况如表3所列。

表3　思政对应章节——第2章航空钣金成形技术

序号	教学内容概述	学生知识、能力、素养目标	课程思政育人目标	教学方法
2章	航空钣金成形技术	掌握航空钣金件成形方法	从课堂举例均采用网络公开实例切入，了解保密意识重要性	课堂讲授+案例分析

思政知识：保密教育

在航空钣金成形技术的讲解中引进网络中公开的资源和国外的制造实例，一方面同学们可以了解国际先进制造技术，另一方面告诫学生时刻提高保密意识，绷紧保密这根弦，国内企业尤其是飞机企业的制造实例，不该进课件的不进，不该讲的不讲，不能问的不问。国家安全高于一切。

5.3　在学习中融入典型引路

课程在第3章铸造中融入典型引路相关内容，具体情况如表4所列。

表4　思政对应章节——第3章铸造

序号	教学内容概述	学生知识、能力、素养目标	课程思政育人目标	教学方法
3章	铸造	掌握液态成形基础与铸造类型	从新中国第一枚国徽沈阳铸造切入，了解铸造传统工艺	课堂讲授+案例分析

思政知识：新中国第一枚金属国徽在沈阳机床厂诞生

国徽是国家特有的象征，第一枚国徽意义更重大。雄伟庄严的北京天安门，凝聚着祖国各族儿女崇敬的目光。在天安门"重檐式"建筑的两重檐正中，端挂着一个中华人民共和国国徽。这个新中国的第一枚国徽，诞生在共和国长子、素有"东方鲁尔"美誉的沈阳。由沈阳机床人亲手制造，这是沈阳机床人永远的骄傲，也是新中国永不褪色的记忆。

德国的鲁尔工业区举世闻名。新中国成立后，人们将共和国长子沈阳，誉为"东方鲁尔"，可见沈阳工业在全国的地位。为此，新中国成立后的诸多"工业第一"，均出自沈阳能工巧匠之手。铸造国徽重任就这样落在了共和国长子沈阳的肩头。

图3　中国第一枚金属国徽

图4　中国第一枚金属国徽在沈阳铸成

1950 年国庆节前夕，沈阳第一机器制造厂(沈阳第一机床厂前身)十九号铸造车间铸造班班长焦百顺、裴庆江，郑重地接受了铸造国徽的光荣政治任务。他们揣摩铜、铝各自熔点，自行研制铸造设施，克服重重困难，解决一个个难题，终于提前 20 天完成了铸造国徽的政治任务。艰苦条件下老一辈的制造者们一颗红心，不畏困难，不懈攻关，忠诚向党。如今的年轻人有良好的教育资源，优越的学习环境，更应该努力学习，为祖国制造业添砖加瓦，将向上的精神传承下去。

6 结 论

国无德不兴，人无德不立，当代的大学生是青年一代，是祖国的未来，少年强则国强，立德树人是高校思想政治工作的中心环节，而课程要与思想政治理论课同向同行，协同完成全员育人、全程育人、全方位育人的中心目标[1]。因此在专业课的学习中融入思政元素是教书育人与立德树人的有效结合。本课程在现有思政体系下要进一步加强思政元素的归纳、总结与沉淀，包括各个制造领域的工匠大师、特定时期的时事新闻、身边的各种思政元素、学生自身的能力、压力与动力等。让思政做到有准备地总结、不经意地渗透，育人于无形之中。

参考文献

[1] 习近平. 把思想政治工作贯穿教育教学全过程，开创我国高等教育视野新局面[N]. 人民日报，2016-12-09.

[2] 闫绪. 基于传承航空精神的航空航天院校文化建设[J]. 滨州学院学报，2018，34(05)：38-40.

[3] 贾宝华，顾永强，李革. "工程力学"课程思政教育改革探讨[J]. 教育教学论坛，2020(39)：57-58.

[4] 王华毕，祖磊，张骞，等. 航空航天概论课程思政教学探索[C]. 全国航空航天类课程思政教学改革论坛会议论文集. 南京：南京航空航天大学，2020-10-16.

[5] 师鹏，刘小明，兰巍，等. 航空航天类专业课课程思政建设的探索——以"飞行动力学基础"课程为例[C]. 全国航空航天类课程思政教学改革论坛会议论文集. 南京：南京航空航天大学，2020-10-16.

[6] 沈齐英，居瑞军，王腾，等. "新工科"背景下专业课教学中课程融思政的改革与实践[J]. 当代化工研究，2019(17)：79-81.

OBE 理念下航空类课程思政教学设计研究——以海军航空装备保障运筹分析课程为例

刘杨　马海洋　王勇　刘阳

（海军航空大学青岛校区 航空装备保障指挥系，山东青岛　266041）

摘　要：德育是教育的核心，落实课程思政是每一位教育工作者的应尽之责。如何通过教学设计和教学实施实现课程思政，使价值引领融于运筹知识的学习与决策能力的培养中，是海军航空装备保障运筹分析课程思政建设亟待研究的重要课题。海军航空装备保障运筹分析课程是现职干部海军航空机务技术与指挥专业的任职岗位必修课，主要内容包括保障预测分析、计划安排优化、保障辅助决策等知识点。本文基于 OBE 理念，以“突出关键能力，满足岗位需求”为导向，提出思政教学的四个设计原则：一是完善顶层设计，明确思政目标；二是集思广益，准确凝练思政元素；三是以学员为中心，引导学员主动思考；四是围绕思政目标，构建科学的评价体系。在此基础上，探索践行课程思政的具体举措，即问题牵引，层层递进；突出实战，贴近岗位任职；以点带面，拓宽课堂边界。

关键词：课程思政；OBE；运筹分析；设计原则；落实举措

2020 年 5 月，教育部印发《高等学校课程思政建设指导纲要》，强调“让所有高校、所有教师、所有课程都承担好育人责任，守好一段渠、种好责任田，使各类课程与思政课程同向同行，将显性教育和隐性教育相统一，形成协同效应，构建全员全程全方位育人大格局”[1]。思政教育不仅仅是思政课程的责任，也是每一位专业课教师的责任。早在《礼记》中就有记载“师者也，教之以事而喻诸德也”，教育的过程不只是要教授学生谋事之才，更要传授学生立世之德。基于此，本文以海军航空装备保障运筹分析（以下简称运筹分析）课程为例，运用 OBE 教学理念，以学员为中心，以成果为导向，提出课程思政教学设计的四个原则，落实课程思政的三项举措，以此推动学员探究意识、优化意识等科学思维的全面提升、强化学员为强国兴军奋斗的使命担当意识。

1　OBE 理念下的专业课课程思政概述

OBE (Outcome Based Education)理念即成果导向教育理念，最早由教育学家 Spady 提出。OBE 理念改变了传统“以教师为中心”的灌输型教学模式，提出了“以学生为中心”的主动型教学模式，通过聚焦学生在学习过程中取得的成果确定教学目标，进行反向教学设计，并持续优化教学效果，从而达到教学目标与人才培养要求的一致性[0]。

OBE 理念下的课程思政即根据学生应取得的学习成果确定教学目标，围绕教学目标，深入挖掘内容体系中的思政元素，通过课堂实施引发学生的思想共鸣和深入思考，从而实现思政元素的入脑入心，通过构建科学的评价体系，检验课程的思政效果，达到持续改进教学设计、优化教学效果的目的。具体流程如图 1 所示。

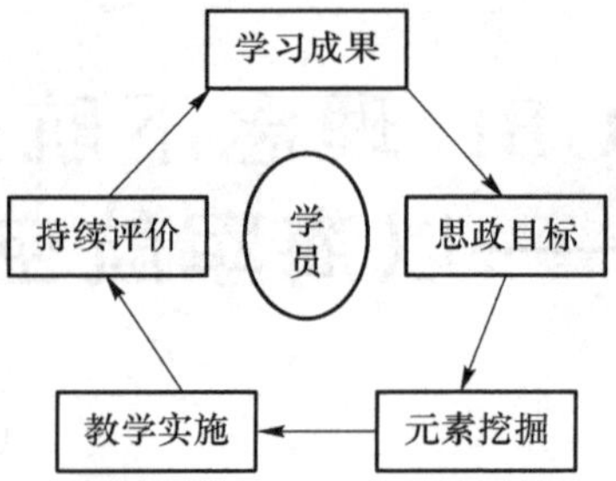

图 1　OBE 理念下的课程思政设计流程

2　OBE 理念下的课程思政教学设计原则

2.1　完善顶层设计，明确思政目标

教学目标是教学的依据，引领教员的“教”和学生的“学”，因此要明确课程的思政目标，才能实现目标与效果的统一。依据 OBE 理念，通过确定学员的学习成果确定思政目标。运筹分析课程是海军机务技术与指挥专业的一门主干必修课程，主要应用数学和计算机等技术研究军事活动，为决策优化提供理论和方法。课程在知识和能力层面上，旨在让学员了解运筹学的基本理论及其在航空装备保障中的应用；掌握运筹学的典型模型、求解方法，解决工作、学习和生活中实际问题，尤其是解决航空装备保障中的问题。在情感价值观层面上，旨在通过本课程的学习，能够培养学员的统筹优化意识，使学员能够用科学的、量化的方式去分析问题，树立“效能为本，决策科学”的思想观念，培养其为加强海军航空装备保障能力建设贡献力量的奉献精神和善于创新、勇于超越的价值追求。根据对学员学习成果的分析，确定“运筹分析”课程的思政目标是培养学员的优化意识、科学决策意识，锻炼学员在未来工作岗位中发现问题、分析问题、解决问题的能力，引导学员意识到提高保障力就是提升战斗力，以及为战而学的军人情怀。

2.2　集思广益，准确凝练思政元素

挖掘专业知识蕴含的思政元素，引导学员产生兴趣并深入思考，是专业课教员面临的重要挑战。思政元素的凝练对教员理解课程的高度、深度、广度有更高的要求，教员对知识点的理解不同也会得出不同的思政元素，因此挖掘思政元素需要所有任课教师的共同努力。通过集思广益，挖掘课程中蕴含的马克思主义哲学、逻辑学、伦理学、文化等多元化元素[4]，建立该课程的思政元素资源库，以便后续课程实施过程中的元素提取。运筹分析课程中涉及的基本理论：线性规划、网络优化技术、排序论、预测分析等内容都能以日常生活中的事情引入，遵循构建主义认知规律，让在学员原有认知的基础上教学。课前教员在思政资源库中选择与知识内容一致、与自己教学风格一致的思政元素，适时适量将其融入课堂，切忌生搬硬套。同时，由于学员是现职干部，毕业后要回原单位继续从事航空装备保障工作，因此思政元素的选择要密切关联工作岗位，选择机务保障工作相关内容，以便有效激发学员学习的积极主动性。

2.3　以学员为中心，引导学员主动思考

OBE 理念注重以学员为中心，因此在实际教学过程中，教员要把握思政内容讲解的力度，既不能蜻蜓点水地思政，也不宜使用过多篇幅长篇大论，要发挥教员在教学实施过程中的引领作用，引导学员主动思考、感悟。因此在教学实施过程中最重要的就是让学员产生兴趣，进而

引导学员认识到专业知识背后的情感、意义，引领学员在学习过程中探寻专业知识服务保障力、战斗力的内在价值，增强学员的参与感和积极性。运筹分析课程中，理论知识都是通过典型问题引出，使学员在思考问题的过程中探寻专业知识对于生活、学习的重要性，引导学员了解到科学分析方法能够有效提升部队的保障力、战斗力。在整个教学实施过程中，教员要多设置互动环节，重点做“抛砖”的工作，引导学员主动思考，并做最终的总结，为思政“点睛”。

2.4　围绕思政目标，构建科学评价体系

OBE 理念以学习成果为导向，因此在评价体系的构建上要着重考虑学员的学习效果。但对于思政目标来讲，仅仅凭借学员在校期间的表现和成绩很难评价学员在德育方面的进步，因此应在学员毕业后采用持续跟踪的评价方式进行综合的成效检验。对于运筹分析课程来说，学员毕业后工作单位明确，这方便了教员在毕业后与学员的持续沟通，以便发放考评调查问卷，了解学员在工作中的统筹规划意识和科学决策意识是否得到提高。因此，必须根据课程具体情况，确定的科学合理评价指标，构建评价体系，这是 OBE 理念下课程思政教学的关键一环。评价体系中既要有反映课程特点的总体指标，也要有反映不同教学内容、不同教学环节或阶段的具体指标，指标的选取应全面、关键[5]。通过评价体系对学员学习成果进行科学评估，反思教学设计中存在的不足，教学实施中的薄弱环节，为后续课程的持续优化提供支撑，从而使课程的思政效果不断提升。

3　OBE 理念下的课程思政实施举措

以“计划安排优化”知识点为例，课堂实施过程及思政融合如图 2 所示。

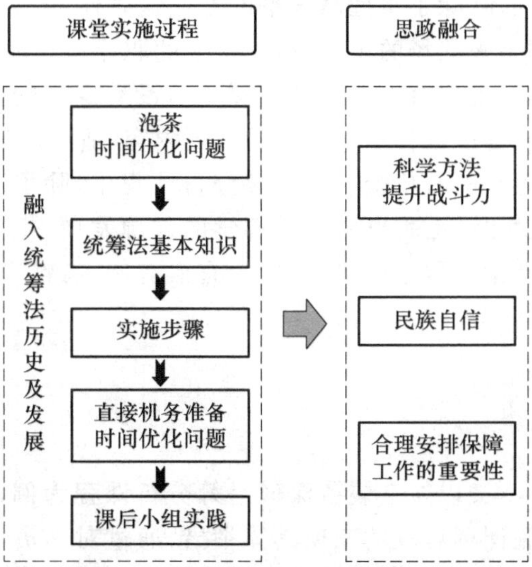

图 2　课堂实施过程及思政融合

3.1　问题牵引，层层递进

根据构建主义理论，课程在实施过程中通过选用常见的生活问题引入主题，通过问题牵引

的方式，层层递进，从问题到理论方法，再到应用步骤，最后解决航空装备保障工作中的问题。通过泡茶的时间优化问题，使学员在原有的认知基础上产生思考，由浅入深循序渐进，从生活中解决问题的过程，引出科学的方法如何运用，总结计划安排优化技术的实施步骤，最后通过“直接机务准备”的时间优化问题，让学员能够将所学理论知识应用到解决问题中。通过层层问题牵引，最终将方法与学员未来的任职岗位联系起来，引领学员意识到在装备保障活动日益复杂的当下，必须通过科学的分析方法，从定性、定量两个方面入手，才能得到科学合理的优化方案，科学的分析方法是提高部队保障力乃至战斗力的基础。

3.2 突出实战，贴近岗位任职

本课程是现职干部海军航空机务技术与指挥专业的任职岗位必修课，学员来自部队，对航空装备保障工作有一定的认识和经验，在课堂实施中，优先选择实战相关素材。以时间优化内容为例，在课堂中引入了中东战争中阿以空战的战例，战争中以色列由于机务人员保障迅速使飞机能够在极短的时间内再次起飞，也因此以色列在飞机总数只有阿拉伯国家飞机三分之一的情况下，扭转了劣势，最终赢得了胜利。可见保障力即是战斗力，对于航空装备保障来说“快出飞机、多出飞机、出好飞机”是海军航空机务工作追求的目标。为了达到这个目标在教学实施过程中，将“直接机务准备”这项具体工作引入课堂，通过对其进行时间优化这个任务，来引导学员掌握科学方法的应用，并以“飞机收放检查”的时间优化为课后任务，让学员在主动实践的过程中意识到合理安排保障工作，科学有效地计划和组织实施航空装备保障工作也是提高战斗力的重要因素。

3.3 以点带面，拓宽课堂边界

一名高素质新型军事人才，除了掌握高水平的专业素质外，还必须拥有深厚的人文情怀和宽广的知识视野，才能掌握未来战场的主动权，其个人的职业路线才能更加科学和长远[6]。专业课程的重点是专业知识，但是仅有专业知识的课堂是没有温度的，其背后的历史渊源、人文素养、民族自信、家国情怀更是应该传递给学员的重要内容，适时适量地将其融入专业知识中，才能实现专业知识和课程思政的有机统一。运筹分析课程中，除了通过专业知识引导学员形成统筹优化和科学决策的意识，还适当增加运筹学的起源发展、机务文化、舰员素养、军人情怀、强军梦等内容，让专业课堂不再干巴巴，而成为有血有肉、有情有义的课堂，从而让思政教育真正地入脑入心。

4 小 结

课程思政，任重道远。本文以航空装备保障运筹分析课程为例，提出了OBE理念下课程思政设计的四个原则和实施课程思政的三项具体举措，通过对学员学习预期成果的分析进行反向教学设计，并通过持续的评价检验学习成果，推动课程思政设计的持续优化及思政效果的不断提升。

参考文献

[1] 教育部．高校思想政治工作质量提升工程实施纲要：教党[2017]62号[A].

[2] SPADY WG. Outcome - based Education: Critical Issues and Answers[M]. Arlington: American Association of School Administrators,1994:212.

[3] 丁旭. 基于 OBE 教育理念的高校英语类专业教学模式构建[J]. 中国高等教育评估,2019(2):43 - 48.

[4] 许小军. 高校课程思政的内涵与元素探讨[J]. 江苏高教,2021(3):101 - 104.

[5] 朱平. 高校课程思政的动力激励与质量评价[J]. 思想理论教学,2020(10):23 - 27.

[6] 朱燕. 军队院校职业技术人才的培养方式研究[J]. 就业与保障,2020(23):116 - 117.

课程思政视域下任职教育金课建设问题研究

王灵芝　贾向军　孙鲁青
（海军航空大学青岛校区，山东青岛　266041）

摘　要：课程建设质量是贯彻落实强军思想对新时代新型军事人才培养的新要求，不断提高新型军事人才培养质量的关键。习近平总书记在全国高校思想政治工作会议上提出“要坚持把立德树人作为中心环节，把思想政治工作贯穿教育教学全过程，实现全程育人、全方位育人”，确立了课程思政的教育理念。课程思政改革建设已成为时代教育发展的必然趋势。本文以任职教育课程为范例，旨在探讨如何挖掘任职教育课程的思政内涵，进一步提高育人功能，打造任职教育金课。

关键词：课程思政；任职教育；金课

军队院校是军事职业教育的重要阵地，是国家军队发展对军事人才需求的重要支撑。课程是实现人才培养要求和教学活动的中介，是新体制下实现军队院校高质量发展关键支撑点，是体现以学员发展为中心理念的“最后一公里”，更是落实“立德树人”根本任务的具体化、操作化和目标化。习近平总书记在全国高校政治工作会议上曾强调，要用好课堂教学这个主渠道，各类课程都要与思想政治理论课同向同行，形成协同效应*。因而，构建好课堂教学与思想政治教育协同育人的体系已成为新时代发展的必然趋势。基于此，本文以航空机务类专业任职教育课程建设为例，对课程思政视域下任职教育课程建设存在的问题进行探赜与分析，研究如何将思政元素融入任职教育课程的“金课”建设之中。

1　课程思政的内涵和要求

何为课程思政？学术界目前尚未形成统一的意见，学者们各有代表性的观点：刘建军、巩茹梅、谭泽媛等人认为课程思政是相对于思政课程的新概念而言的，是利用所有非思政课程开展思政教育，与习近平总书记所说的隐性教育**一致，是隐性思想政治教育实践层面的新形态；于桂花、何玉海认为课程思政既是一种思维方法，也是一种教育理念，是对思政课程的重要补充，即包含科学的教育理念的思想政治教育方法；高德毅、宗爱东、徐立新等人认为课程思政不是增开一门课，也不是增设一项教育活动，而是通过充分挖掘蕴涵在各门课程中的德育元素，将思想政治教育融入课程教学的各环节、各方面，实现公共基础课、通识教育课、专业基础课、专业技能课与思想政治教育功能的有机融合，将思想政治教育渗透、贯穿于教育教学的全过程，实现立德树人润物无声。

---

*　习近平在全国高校思想政治工作会议上的讲话。http://dangjian. people. com. cn/n1/2016/1209/c117092－28936962. html

**　习近平在北京主持召开学校思想政治理论课教师座谈会并发表重要讲话，2019 年 3 月 18 日。https://www. ccps. gov. cn/xtt/201903/t20190319_130454. shtml

由此可知，课程思政不是一门具体而详尽的课程，它要求教员能够在课程中渗透思想政治教育元素，潜移默化地对学生的思想与行为产生影响，实现知识传授、价值塑造和能力培养的多元统一。

2 “金课”建设的要求

“金课”这一概念是在2018年6月由教育部部长首次提出的，并于同年8月，被正式写入教育部文件，要求各高校要全面梳理各门课程的教学内容，淘汰“水课”，打造“金课”，切实提高课程教学质量。教育部高等教育司司长吴岩，把“金课”归结为“两性一度”，即高阶性、创新性和挑战度。

高阶性要求课程教学要承载知识、能力、素质有机融合的人才培养需求，具备增加学员知识、训练学员思维、提升学员能力与素质的功能。

创新性要求集中体现在三个方面：一是课程内容要有前沿性和时代性；二是教学形式要体现先进性和互动性，不是满堂灌，不是我讲你听；三是学习结果要具有探究性和个性化，不仅是知识的掌握，而且还能运用知识开展思考和一定程度的探究性实践，能够把学员的个性特点发挥出来。

挑战度要求课程对学员有一定的难度，需要学员和老师一起，跳一跳才能够得着。

3 新体制下军队院校任职教育的特点

军队院校任职教育是军队院校以赋予军官本级任职岗位所需能力素质为目的而进行的教育，属于终身教育范畴。它是以具备一定基础的在职干部为对象，以军事岗位需求为导向，以逐级短训为主要方式进行的教育活动，新体制下的军队院校任职教育主要具有以下几个特点。

3.1 岗位指向更加鲜明，教学目标针对性更强

军队院校任职教育着眼于岗位任职的现实需求，侧重培养学员的岗位任职能力和实践能力，培养目标非常明确，对所需人才的综合素质要求也基本是确定的。因此，新体制下的军队院校任职教育课程建设，必须紧密贴合新体制下部队各级、各类人才的岗位实际需要，根据不同级别参训学员的知识基础和不同任职岗位的能力素质要求，着眼新型军事人才的岗位迁移和职业发展，分级确立培养目标，科学设置教学内容，扎实做好逐级培训、分层递进的有机衔接。

3.2 更加贴紧战训任务，教学内容时效性更强

军队院校任职教育的落脚点在于为部队输送高质量的新型军事人才，增强部队战斗力。新体制下，部队在建设与训练中更加强调和注重实战化标准，因此，任职教育课程建设也必须更加突出实战化导向，紧贴学员任职岗位在作战与训练活动中担负的职责和任务，依据培训时间的长短，针对培训对象的具体情况和特点，紧扣任职岗位工作的主责主业和履行岗位职责中的重点、难点及热点问题，精心设计和组织教学内容，使任职教育课程的教学内容始终跟紧学员任职岗位要求的发展和变化，保持实时动态更新，并综合利用现代教学技术和手段，实施针

对性的专题研讨教学、案例示范教学，不断提高培训实际效果。

3.3 更加重视实战演练，教学环节实践性更强

军队院校任职教育的直接目的在于提高学员的岗位任职能力，只有通过大量的教学实践环节，才能有效地帮助学员将所学的知识理论转变为自身的能力，并通过实践活动予以固化和提高。因此，任职教育课程建设必须突出实践教学环节，特别是在新型军事人才的培养上，要求我们必须更加注重海战化、野战化、模拟化、网络化训练环境的利用，加大虚拟实验室、模拟训练实验室、作战指挥网上训练等综合性训练场所的建设力度，通过参训参演、实地参观见学、网上推演等途径，最大限度地促使学员在实战化课目的演练中，将所学知识转化为自身的能力素质，进而符合岗位任职的需要。

4 课程思政视域下任职教育“金课”建设面临的问题

目前，我军院校任职教育课程的课程思政建设蓬勃开展，但是研究的核心内容仍然集中在课堂教学方面，以课程的思政元素开发为主要对象，对于其他环节的关注仍有不足，对于课程思政改革实践开展的具体行动策略则更为欠缺。

4.1 德育元素使用重复率高，缺乏整体组织与设计

课程思政不是系统化、体系化的德育活动，而是结合各门课程的具体内容，挖掘并嵌入适当的德育元素，进行非系统化、非体系化的德育。在实践层面，各类任职教育课程在内容上如何挖掘、如何设计、如何融入德育元素，是当下各课程团队研究和关注的主要方面。但由于在课程体系层面，缺少对各门课程德育元素的整体分析和设计，导致了教学中德育元素重复化程度较高，制约了课程教学效果，影响了人才培养质量。

4.2 德育元素挖掘程度不足，教学资源仍需拓展丰富

德育元素的挖掘是深化课程思政的关键环节，是凸显课程育人价值的内在要求、优化专业课程体系的价值支撑，也是促进学员全面发展的关键所在。课程中的德育元素蕴含在课程知识体系之中。挖掘课程中的德育元素是新时代课程思政建设内涵式发展的必由之路。对德育元素的挖掘力度、效度，很大程度上决定着课程思政推进的深度。由于军队院校开展课程思政建设相对地方高校较为滞后，目前仍处于初始探索阶段，对于课程中德育元素挖掘的深度还远远不足，相关教学资源的建设也许不断予以拓展和丰富。

4.3 专业课教员课程思政能力亟待提高

课程思政能否有效推进，根本上要以专业课教员的课程思政能力为依托。教员作为发挥课程思政作用的主体桥梁和纽带，其教学能力与政治素养是保证课程实施质量的重要因素。

课程思政所建构的育人模式，客观上要求专业课教员必须做到将育德的理念渗透到教学、

科研乃至日常的一言一行之中。这种渗透绝非专业课教员在授课过程中专门安排固定时间进行思想政治教育，而是需要教员在授课中全方位灵活、有机地加以融入。但是，由于部分教员自身的跨学科能力不足，思想政治教育理论方面的知识内容和教学能力较为欠缺，对如何实现课程思政的方法与技巧比较陌生，专业课教员与思政课教员日常沟通、交流、合作的机会也比较少，使得专业课教员常常无法把自身的教学内容与思政教育有机结合并进行交叉渗透教学。提高专业课教员的课程思政能力已经成为摆在我们面前的亟待解决的问题。

5　课程思政视域下任职教育“金课”建设的优化设计

5.1　系统构建课程思政教学体系

依据人才培养方案，系统梳理专业课程，围绕职业素养和能力培养建立课程群，深入挖掘课程群内课程思政的知识点，系统梳理相关德育元素，由点连线、由线及面地构建本专业课程群的课程思政教学体系，实现思想政治理论课教学目标与专业课程教学目标横向贯通、与专业人才培养目标纵向贯通的同时，构建并完善基于课程群特点的课程思政实施方案，在确保专业课程与思想政治理论课程同向同行的基础上，最大限度地利用和发挥每个德育元素的教学作用。

5.2　深度挖掘隐性思想政治教育资源

课程思政需要围绕知识与技能目标、过程与方法目标、情感与价值目标三位一体构建目标体系，梳理各章节的知识点，发掘课程中的隐性思想政治教育资源，建立课程思政资料库。

任课教员要将自己所承担的课程内容进行系统梳理，结合相关德育元素，根据本课程的特点，挖掘、提炼出本学科、本专业、本教材、本章节所蕴含的社会、人性、思维、文化、技术等多层面的独特的育人价值——这些育人价值信息可以源自未知领域、发展历史、探索方向、人类价值、社会贡献、前沿问题、知识要素、结构体系、符号系统、杰出人物、内在逻辑、学科精神、研究方法、多元观点等，并对提炼的育人价值信息进行形式上的设计，或以观察、体验，或以语言、影像。只有这样才能在实现课程知识传授、能力培养的同时，凸显专业课程的价值引领功能，将那些不经意间流露在字里行间的内容、课程背后的理念等育人价值思想隐性地传递给学员，实现课堂教学与思想政治教育的水乳相融、润物无声。

例如，海军航空装备维修保障课程飞行机务保障组织实施这一章节，在挖掘课程思政元素时，必须要围绕“加深学员对‘严格遵守机务法规、培树优良机务作风’的认识和理解，强化学员‘使命感、责任感、自豪感’”的目标，立足于课程教学内容体系，根据学员特点、紧贴海军航空兵部队飞行机务保障实际进行挖掘。在此基础上，还需结合当下时政(热点)事件，从社会、军事、思维、文化等层面进行进一步的深入挖掘，并从我军使命任务、习近平强军思想、海军航空兵部队优良传统、军事形势及战备思想等方面凝练课程思政教育内容。在教学过程中，要结合相关知识点和思政环节的设置，合理选用任务驱动式、问题牵引式、案例式等教学方法，在科学设计课程教学环节的同时，对于前期课程思政元素挖掘时所搜集到的各种影音资料和图文素材进行合理筛选并灵活运用，从而实现思政元素与课程教学内容之间的完美融合，提升课堂教学质效。

5.3 多措并举提高教员课程思政能力

课程思政建设要靠教员去落实，教员是解决课程思政建设最后一公里的关键因素。建设一支具有自觉育德意识和较强育德能力的教员队伍，是确保所有课程同向同行、协同育人的人才资源保障。

一是应加强教员的培训培养，利用新教员培训、课程思政教育教学专题培训、课程组集体备课、练讲试讲等多种措施，切实增强教员的育德意识，培养和提升教员的育德能力，并进而养成在课程教学中主动研究、加强思想政治教育功能的自觉意识。

二是要针对专业课教员开展富有针对性、示范性的课程思政教学指导，形成常态化的集体备课制度、教学激励制度，深度开发课程思政资源、积累思政素材，并结合课程教学内容的动态更新和网络教学资源的建设，不断提升课程教学的吸引力和感染力。

三是应通过搭建课程思政工作室等平台，整合思政教员、专业课程教员，组建多学科背景互相支撑、良性互动的课程教学团队，通过教员之间的同向同行、协同育人来保障课程之间的同向同行、协同效应。

参考文献

[1] 刘建军. 课程思政：内涵、特点与路径[J]. 教育研究，2020(9)：28 - 32.

[2] 于桂花. “课程思政”教学实践路径探析[J]. 教育理论与实践，2020(15)：27 - 29.

[3] 田鸿芬，付洪. 课程思政：高校专业课教学融入思想政治教育的实践路径[J]. 教育与人才，2018(4)：99 - 103.

[4] 谭泽媛. 课程思政的内涵探析与机制构建[J]. 教育与职业，2020(22)：89 - 94.

[5] 何玉海. 关于“课程思政”的本质内涵与实现路径的探索[J]. 思想理论教育导刊，2019(10)：131 - 132.

[6] 徐立新. “课程思政”的教师实践理念与策略[J]. 教育现代化，2018(15)：311 - 314.

[7] 宋原. “课程思政”视域下教师教育“金课”建设探索[J]. 中国成人教育，2020(11)：60 - 63.

[8] 王敏，王滨. 热观察与冷思考：新时期推进“课程思政”改革的必然选择[J]. 教育探索，2019(1)：102 - 107.

军队任职教育课程思政研究与实践
——以航空场务保障与指挥课程为例

蔡绪涛　李晓萌　郝希阳　宋瑾瑾
（海军航空大学 青岛校区，青岛　266000）

摘　要：在军队任职教育课程中开展课程思政建设是落实立德树人、为战育人新时代军事教育根本任务的关键环节。本文立足新时代部队人才培养需求，分析在军队任职教育课程中开展课程思政建设的优势，结合教育部关于课程思政建设要求、航空装备保障人员职业素质和场站部队“三个面向、三个服务”职业精神培塑需求，确定课程思政建设计划，通过深化思政元素融入设计、创新课程思政教学组织实施、构建课程思政评价体系，积极探索军队任职教育课程思政建设的有效路径，通过课程思政的教学实践，以期达到更好的教学效果，实现知识传授、能力培养和价值引领的有机统一，为军队任职教育课程开展课程思政建设提供参考。

关键词：课程思政；军队任职教育课程；建设路径；思政元素；想定教学

“立德树人，为战育人”是新时代军事教育方针明确的军事教育的根本任务，在当前海军舰载转型背景下，培养什么样的人、怎样培养人、为谁培养人是我们军校高等教育必须解决的问题。

本文以航空场务保障与指挥课程为例，围绕军队任职教育课程思政和教育教学改革任务，分析军队任职教育核心课程实施课程思政的优势，从本课程有机融入课程思政的教学实践出发，剖析本课程中蕴含的思政教育元素，探索实现课程思政目标的有效教学路径，提升课程育人能力，努力将航空场务保障与指挥课程打造成承载立德树人使命的优质课程。

1　军队任职教育课程思政建设的优势

军队任职教育课程最明显的特点就是直接的岗位指向性，在教学过程中注重学员岗位知识的建构，突出岗位需要的实践能力，突出以问题为中心组织教学，贴近部队、贴近岗位、贴近实战。应该说，军队任职教育课程极好地发挥了课程属性，为部队培养了大量合格有用的军事人才。

课程思政建设是回应社会变革对课堂教学提出的新要求[1]，在军队任职教育课程中开展课程思政教育已经不是要不要做的问题，而是该如何做好的问题。

军队院校教育开启了从思政课程向课程思政改革的教学实践和探索以来，我们发现军队任职教育课程具有天然的“价值理性”，学员的人文素质、爱国情怀、工匠精神与岗位任职能力的培养可以有机结合，相得益彰。任职教育教学方法突出实践性、注重研讨性、体现总结性，采用的想定式、案例式、研讨式等教学方法注重“学为中心”，教学过程中教员与学员的互动较多，有利于学员探究能力创新能力的培养和形成，有利于学员全方位综合素质的提升。因此，军队任职教育课程开展思政建设具有天然的优势，通过显性或隐性的方式将课程中的德育元素融入理想信念的教育中，激发学员的家国情怀和使命担当，为军队建设培育更多有用人才。

2 课程思政建设路径

为深入贯彻课程思政教育理念，课程组按照教育部《关于印发〈高等学校课程思政建设指导纲要〉的通知》精神，结合“三个面向、三个服务”场站职业精神的要求，确定了以知识传授、能力培养、价值塑造三位一体的教学目标，挖掘蕴含在课程中的直接思政元素，进行适当的教学方法设计，在知识传授中融入价值引领，通过直接思政元素和间接思政元素的影响，达到与思政课程同向同行，全方位做好思想政治工作的效果。

2.1 制定课程思政教学计划

课程组坚持目标导向，以培养海军航空装备保障人员职业素质为基本出发点，以航空兵场站部队“三个面向、三个服务”职业精神为指导，通过价值引领，培养学员乐于奉献、甘于幕后的场务精神。同时按照教育部《高等学校课程思政建设指导纲要》要求，工学类专业课程要求注重培养学员的马克思主义立场、观点、方法，工程伦理、大国工匠精神，家国情怀和使命担当[2]，梳理出本课程的直接思政元素图谱，如图 1 所示。

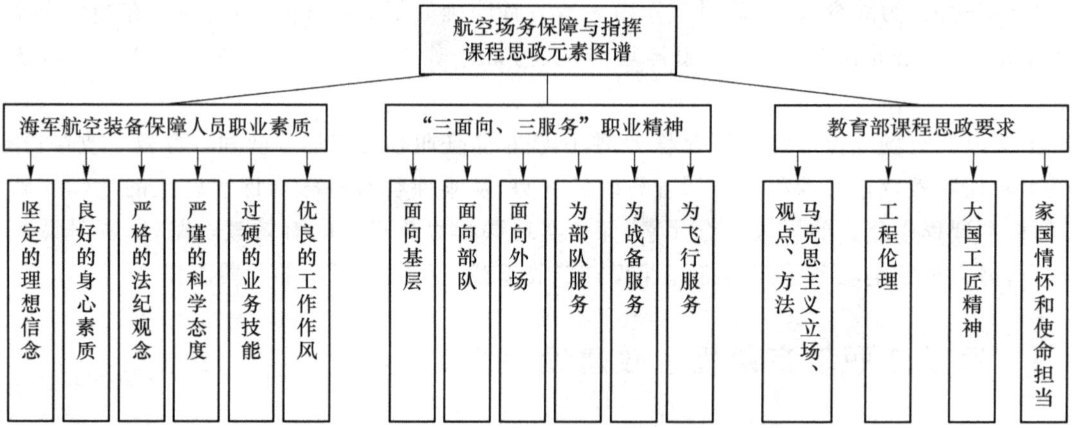

图 1 航空场务保障与指挥课程思政元素图谱

课程思政建设将立德树人的根本任务细化为课程的具体教学目标，结合思政图谱合理布局课程思政的融入路径和课程的重难点内容，通过整合、梳理教学资源，构建立体化课程教材体系、评价标准，创新教学方法，推动课程思政建设顺利开展。

2.2 深化思政元素融合设计

挖掘课程蕴含的思政元素是教员开展课程思政教学的重要基础。课程组将课程思政元素分为直接思政元素和间接思政元素。直接思政元素主要通过教员在课程教授的过程中，由教员通过设定的实现形式直接展现给学员，间接思政元素主要指通过学员对教员授课内容的理解，自己感悟到的思政元素。课程组结合课程教学目标和教学内容，通过个人挖掘、集体研讨、集体备课的方式凝练课程中的思政元素，深化思政元素的融合设计，制定课程思政元素融合设计表。部分课程思政元素设计表见表1。

表1 航空场务保障与指挥课程思政元素设计表

章节内容	知识点	思政元素	实现形式
概述	场务保障的作用	**机务行业"三负责"价值观核心精神** 突出场务保障在飞行安全工作中的重要作用，教育引导学员增强职业责任感，培养"三负责"的行业价值观	采用**案例列举**的方式，用部队保障案例突出场务保障的重要作用，强调学习本课程的重要意义，打牢"为战斗胜利负责、为战友安全负责、为国家财产负责"的行业价值观
	场务精神	**职业理想和道德** 教育引导学员深刻理解并自觉践行职业精神和职业规范，增强场务保障岗位的职业责任感，培养安全责任、吃苦耐劳的职业品质	采用**归纳提炼**的方式，使学员熟悉场务保障的工作环境，培养"一粒砂石系安全、一支猎枪净天路、一把镰刀斩荆棘、一只扫把除尘埃、一盏马灯照人生"的场务精神，树立正确的人生观、价值观

2.3 创新课程思政教学组织实施

连通课程思政的"最后一公里"，结合课程思政目标，通过创新课程思政教学组织实施，显性或隐性融入思政元素[3]。

航空场务保障与指挥课程涉及了机场道面保障、助航灯光保障、驱鸟保障、飞机救援保障、飞行场务保障组织指挥五个模块的保障内容，其内容和标准要求也不尽相同，针对每一个知识模块之后，课程组编写了一个基本想定，涵盖了各模块所要掌握的知识、达到的能力、具有的素质内容，通过对学员进行分组，结合想定中要求学员执行完成的任务，按照教员布置想定作业、学员个人作业、研讨交流、总结讲评的环节，实施想定教学，达到对各模块知识的融会贯通。

在想定教学组织实施过程中，通过小组分工协作、组织研讨、拟制保障方案等方式，调动学员的学习积极性，通过学员的自我展示和团队协作，激发其内在的学习动力，促进理论知识向指挥管理能力的转化。在这种能力转化的过程中，学员体验到部队实战实训的氛围，掌握了任职岗位需求，较好地激发了学员的探索精神和使命担当，实现了真正落地的课程思政教育[4]。

2.4 构建课程思政评价体系

科学合理的评价体系可以更好地激发和维持学员的学习积极性，促进课程建设持续深入进行。为了更好地落实"把思想政治工作贯穿教育教学全过程"的这一重要指示要求，全面把握学员对课程内容的掌握情况，课程组破除"一考定终身"的评价方法，采用过程性考核和终结性考核相结合的考评方式，评价视角向学员的政治素养、人文素养、职业精神、使命担当等思政考核拓展，形成立体的课程考核评价体系，见表2。

表2　航空场务保障与指挥课程考核评价体系表

类　型	权　重	评价指标	占　比
过程性考核:想定教学	50%	交流研讨	30%
		想定作业	70%
终结性考核	50%	客观题	60%
		主观题	40%

课程考核评价体系贯穿于整个课程教学过程,交流研讨采取教员评价、学员自评和互评的方式,主要考核学员在研讨交流中的发言情况,想定作业主要考核学员想定教学过程中完成各类作业文书的准确性、完整性和可操作性。思政在想定作业评分标准中的占比为20%。终结性考核采取闭卷考试的方式,思政在主观题评分标准中的占比为20%。

3　课程思政实施效果评价

在教学组织实施过程中,课程组力争做到思政元素与授课内容的自然融入,学员在掌握知识点的前提下,能够在课程直接思政元素的影响下,深刻理解场务保障工作的重要性,产生强烈的军人责任意识,在今后的军旅生涯书写军人的使命担当,同时,通过课程思政教学的影响,可以浓厚学员专业学习的兴趣,增加师生之间的交流,形成有效互动。

在课程间接思政元素的影响下,养成独立思考和深度思考的能力,能够以更加宽阔的视野思考和分析专业问题,有意识思考和规划职业未来。

为评价课程思政实施效果,课程组在开课初期和结课以后对学员进行了问卷调查,调查内容主要涉及课程思政本质含义、思政目标、教学模式和教学内容等方面[5]。通过调查结果显示,学员对课程思政教学改革的接受度和认同感较高,绝大多数学员认为课程思政不仅方便了知识的理解和掌握,还有利于更深地理解今后任职要求的使命担当、军人责任感。

4　结　语

航空场务保障与指挥作为场务专业一门任职岗位课、主干必修课,课程组始终紧跟高等教育改革步伐,开展课程思政教学改革也是应对军事高等教育教学发展的必然选择。通过课程思政改革实践表明,通过运用课程拥有的优势特色和蕴含的思政元素,探索实现课程目标的有效教学路径,开展想定教学,强化学员在学习过程中的自主探究、合作交流,有效提升了学员的个人能力和军人素养,较好地满足了任职岗位需求。

参考文献

[1] 齐砚奎.全课程育人背景下高校课程思政建设的理论思考[J].黑龙江高教研究,2020(1):124-127.
[2] 高等学校课程思政建设指导纲要[Z].北京:教育部,2020.
[3] 王道红,王永章."四维"并进:提升思想政治理论课亲和力[J].吉林师范大学学报(人文社科版),2020(1):118-124.
[4] 于歆杰.一流课程的两个边界[J].中国大学教学,2019(3):45-47.
[5] 曾学琴,等.应用型本科土建类专业课程思政建设的探索与实践[J].常州工学院学报,2021(6):90-95.

基于价值能力属性的任职课程思政教学模式*

于向阳　姚凌虹　赵育良　骆彬　齐银鹏
（海军航空大学青岛校区，青岛　266041）

摘　要：在系统研究“课程思政”的内涵和外延的基础上，通过积极探究岗位能力属性的主、客观要素，将这一具有能动性的教育教学“思维”应用于岗位任职课程单元，作为军事高等教育层次首次任职课专业能力培育模块，其具有清晰的岗位能力指向性；该课程单元的实施，思政元素直指岗位专业素质培养，并蕴含于教学过程的各环节，完成课程思政“重塑”，形成具备岗位价值能力属性的实践教训模式，促进院校教育教学发展与思政立德的有机融合，从而完成军事高等教育背景下岗位任职教育学生德育素质能力的升华。

关键词：价值能力属性；课程思政；教学模式；任职课程；军事教育

习近平总书记在全国高校思想政治工作会议[1]上强调：“要用好课堂教学这个主渠道，思想政治理论课要坚持在改进中加强，提升思想政治教育亲和力和针对性，满足学生成长发展需求和期待，其他各门课都要守好一段渠、种好责任田，使各类课程与思政课同向同行，形成协同效应。”作为积蓄党和国家人民军队储备力量的军事高等院校，坚持教育教学与军事训练活动同国家发展方向高度统一，积极将课程思政孕育于专业课程或通识课程中，形成能动性的教育教学思维，努力将其打造成“立德树人、为战育人”的坚固“后方阵地”。

为贯彻习近平新时代中国特色社会主义思想，教育部《高校思想政治工作质量提升工程实施纲要》[2]也提出要求：梳理各门专业课程所孕含的思想政治教育元素和所承载的思想政治教育功能，融入课堂教学各环节，实现思想政治教育与知识体系教育的有机统一。课程思政是在知识的传授中对学生进行价值观引领与人格塑造，其与思政课程同向同行，合力立德树人。江苏大学的陆道坤[3]认为课程思政的教学设计应以教育部颁布的《高等学校课程思政建设指导纲要》为引领，立足课程思政教学总目标，其内容的开发以“专业课程的思想政治教育内容体系”构建为目标，形成“课程思政教学方法体系”。哈尔滨理工大学马克思主义学院的杨守金等[4]认为高等教育的根本与核心问题是教书育人，专业课程要发挥隐性思想政治教育作用，针对当前部分课堂缺乏有效的立德树人意识等情况，提出必须系统探索和设计“课程思政”的生成路径，立足取得专业课与思政课分工协作的育人实效。湖南大学马克思主义学院的罗仲尤等[5]认为破解专业课教师在推进课程思政中存在的障碍应着眼于实践路径，注重推进机制、制度保障及育人规律的优化。潘青、张健等[6]认为牢牢把握课程思政的价值本源，结合各高校思想政治教育教学实际，才能有效推进“思政课程”到“课程思政”的创造性转化。翁芸等[7]探讨了在专业课程中实施课程思政的方法和途径，认为可以通过在实训实习中强化岗位职业素养教育来强化专业课程课堂教学过程中的思想教育和价值引领。国内相关高校思政课程体系探索实践过程中的诸多经验启示，着力引导我们由符合单纯的专业能力提升要求向融入课程思

* 基金项目：海军航空大学2020年“思政课程”与“课程思政”专项教学研究与实践活动课题“基于岗位价值属性的课程思政的双育教学模式探索实践”。

政背景下的实训模式的教学体系方向发展[7-9]，着眼探索符合教育教学过程特点的课程思政教学实践理论体系。

岗位任职课程单元，作为高等教育层次首次任职课专业能力培育模块，具有清晰的岗位能力指向性，该课程单元的实施，注重学员的岗位专业素质培养，具有一定的思政立德基础，通过课程思政“重塑”，可以增强该课程的思想性和亲和力；学员在专业能力训育过程，潜移默化地接受社会主义核心价值观等理想信念的培育。

1 课程思政基础

课程思政是孕育于专业课程或通识课程中的能动性教育教学思维，是现代教育教学中培育和弘扬社会主义核心价值观不可或缺的途径和载体。目前的高校教育教学体系构建，特别是专业课程实施与思政立德教育缺乏协调性，前者更注重理论引导，学理解析，而后者主要存在于思政课程的“主干道”，无法系统性地贯穿于教育教学全过程，缺乏鲜明的价值取向引领。但思政课程作为学员思想政治教育的主阵地，承担着系统学习、塑造中国特色社会主义核心价值观的重要使命，其他课程（尤其是专业课程）孕育着中国特色社会主义核心价值观的岗位价值属性需求，将两者紧密结合，促进思想政治教育系统性地贯穿于教育教学全过程。

1.1 课程思政遵从教育的可塑性规律

德国著名教育家赫尔巴特曾提出一个经典命题：“教育学的基本概念是学生的可塑性。”[10]教育的根源在于对受教育者的价值重塑，这种重塑孕育于教育教学的全过程中。党和国家一贯重视教育工作，特别是非常重视教育的价值取向。党的十八大明确提出“全面贯彻党的教育方针，坚持教育为社会主义现代化建设服务、为人民服务，把立德树人作为教育的根本任务，培养德智体美全面发展的社会主义建设者和接班人。”教育教学应赋予所有课程知识传授、能力培养与思政立德教育双重职责，促进求学者世界观、人生观及价值观的有益塑造。

1.2 专业课程的价值属性孕育普遍性思政元素

专业课程直指岗位价值属性需求，暗含有启迪人们智慧、激发爱国热情、拥有社会正义感、负有社会责任感、具有文化自信、充满人文精神等价值范式[5]的思政元素，课程思政的价值就在于充分发掘每一门课程潜在的思想政治元素，需要将专业课程中所蕴含的思想政治教育效能挖掘出来。相对于思政课，专业课程思政更能感染学生，更能激发起学生的共鸣。课程思政不需要改变专业课程的原始属性，也不需要把专业课程刻意打造成思政课程，而是专业教师在传道、授业、解惑过程中，针对不同主题和内容适当引入教学方法，积极融入课程的德育功能，运用思政立德思维模式，凝练专业课程教育教学过程中蕴含的德育属性。

2 课程思政剖析

近年来，随着空中作战力量在信息化作战条件下地位跃升，空中作战任务突发性强，战斗进程快，航空装备面临高强度运转的同时，不可避免地经受着“战损”的冲击。在现代战争中，有效的战伤抢修可以弥补装备的既定损耗，是部队生命力的“延续器”，其重要性已通过多次战争事实得以证明。驾驭高技术条件下的航空装备工作，需要培养基础坚实、技能扎实，尤其是应变力较强的综合型、应用型人才。

航空特设专业保障组织与指挥课程作为岗位任职课程单元的战时应急保障实训模块，旨在通过该课程教学，使学员灵活运用特设专业外部检查、通电检查、设备拆装、故障分析与排除、仪器设备地面检查等岗位工作技能，并形成组织与指挥能力，进而夯实专业业务基础、历练特情处置能力。课程单元教育教学实践中，直指“一线”航空装备维修岗位能力需求，岗位指向性精准，蕴育的思政元素与岗位专业素质培养的要求具有较好的融合性，可以凝练如表1所列的思政元素及课程内容解析。

表1　思政元素及课程内容解析

思政元素	课程内容解析
和谐	岗位价值目标属性，突出“团结协作”，旨在形成岗位内在秩序，将岗位专业素质与价值取向统一
法治	岗位社会关系属性，突出“工作规范”，旨在形成岗位职责标准，将岗位专业认知与客观规律统一
敬业	岗位职业道德属性，突出“尽职尽责”，旨在形成个人行为准则，将岗位职责认知与主观意志统一

思政元素的凝练，着眼岗位价值目标、岗位社会关系及岗位职业道德属性，通过各教学环节的导入，潜移默化中形成岗位内在秩序、岗位职责标准及个人行为准则，实现岗位专业素质与价值取向、岗位专业认知与客观规律及岗位职责认知与主观意志的统一。

3　课程实施要点

以飞机线路抢修课程单元为例，从“一线”岗位任职的特殊性、复杂性和安全性特点来看，装备保障队伍应具备一定系统性、专业性的业务知识；执行力度、评估与修复能力达到任务面要求，指向“平战一体”的目标；人员技能及生成途径井然有序。

与常规的维修保障体系相比，战伤是战场武器装备的主要损坏形式，与平时飞机线路的“消耗性”和“随机”故障有着明显的区别，其不是计划性任务，不是周期性工作，其故障维修模式，抢修时限、标准、环境及条件等都具有其独特性。课题组成员通过积极参与“一线”作战任务保障建设，为课程单元的有效开展积累了一些实施思路和实践经验，特别是通过对任务过程分析及案例研究，为课程单元的开展提供教学方案支撑。飞机线路抢修课程单元的实施目标，即通过构建系统性战伤评估与修复理论体系，形成较为扎实的战伤评估与修复能力；围绕知识目标、能力目标和素养目标组织教学实施，努力构建“知识结构生成——业务体系形成——业务素养孕育”三级教学目标主线，积极探究岗位能力属性的主、客观需求。图1所示为现有教学环节及实施要点(概述)所述。

针对应急保障任务的时机及特点、特情处置工作的基本流程及实施要点等知识结构，拓展形成“纵向”的业务能力结构，即与知识结构对应的岗位职责、组织实施方法等；在实施过程中，突出业务素养要求，即机务作风养成与工作秩序建立；相应教学重、难点内容展开、教学方法运用等教学环节及实施要点层次清晰，符合认知规律。现有教学评价机制中，客观评价的实施一般依据相关岗位职责要求、法规、规程等实施定性与定量评估，致使学员主观意志无法聚焦于岗位价值能力要求；主观评价还存在一定的“模糊性”，实施过程中往往因评估人员的认知、经验及监控的“盲区”，造成过程性考核标准无法统一，与教学目标中的业务素养孕育目标不能紧密相扣，教学内容、教学方法亦缺乏针对性，难以形成有效的反馈机制，教学效果“重客观，轻主观”。为弥补教学实施过程中关于主观意志生成的不足，力求思政元素的有效介入，形成脉络

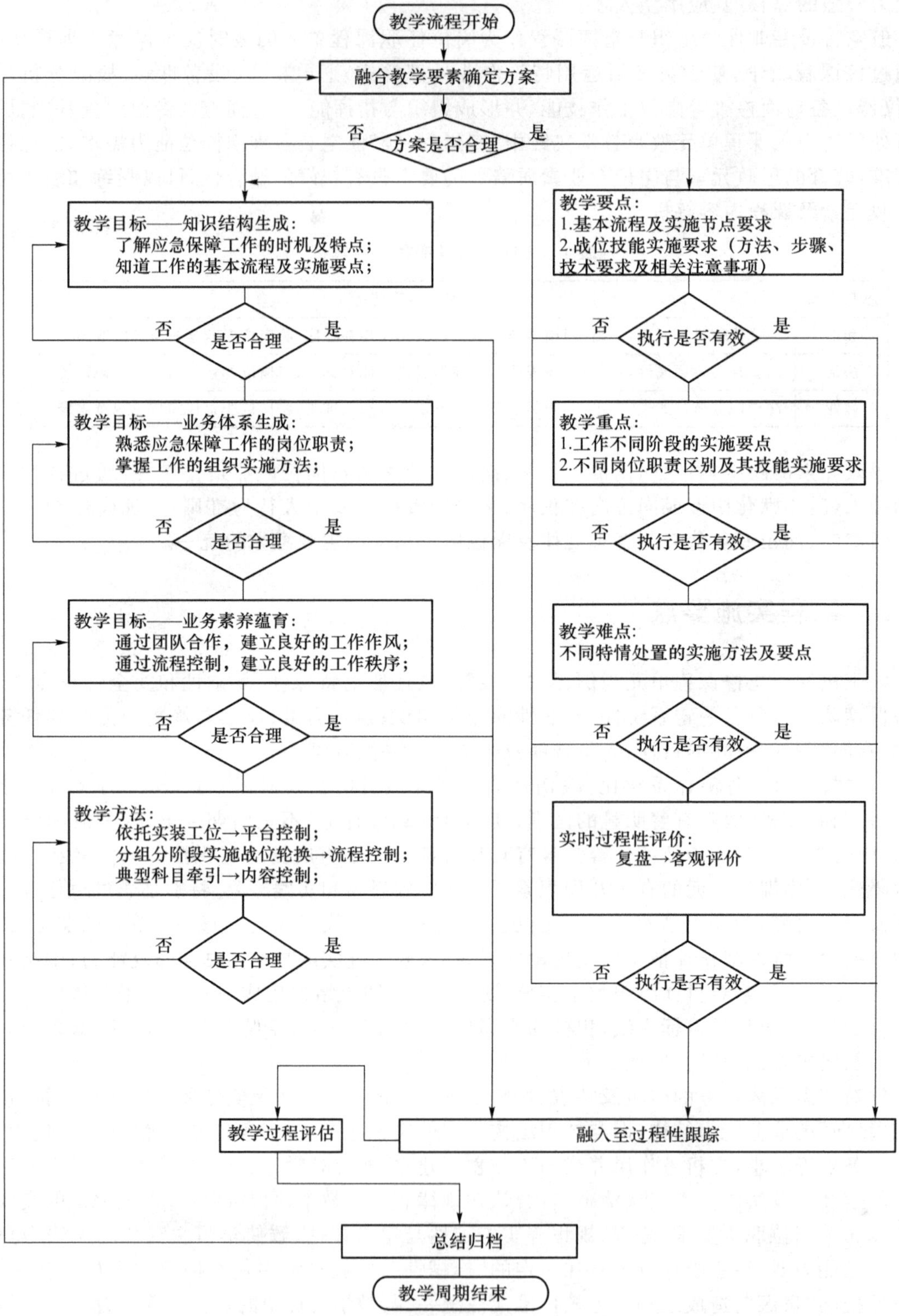

图 1　现有教学环节及实施要点(概述)

清晰的“德育”主线。

思政元素的有效介入，建立在对岗位价值能力属性的深度挖掘基础上，参考表1所列德育元素及课程内容解析，其思政元素与岗位专业素质培养的要求具有较好的融合性，可以通过案例分析、经典技艺及“工匠”事迹等教学载体具体化、形象化。将思政元素引入到教学内容、教学方法的推进过程中。图2为思政元素导入教学过程示意图。教学实施初始阶段，一般通过正向引导，在任务讲述中，明确课程背景，即基于作战背景的应急保障任务分析，将飞机线路抢修实施的岗位任务与价值能力属性相融合；分组、分阶段实施流程控制，其流程实施基本要素运行规律、岗位职责及技能要求开展教学内容过程中，将案例分析、技艺剖析积极渗透，突出岗位价值指向性，形成基于过程质量控制的实时过程评估，注重“工匠”事迹产生的情感共鸣；通过课堂讨论，开展效益分析，进一步凝练岗位价值共识，形成时效与实效反馈机制。

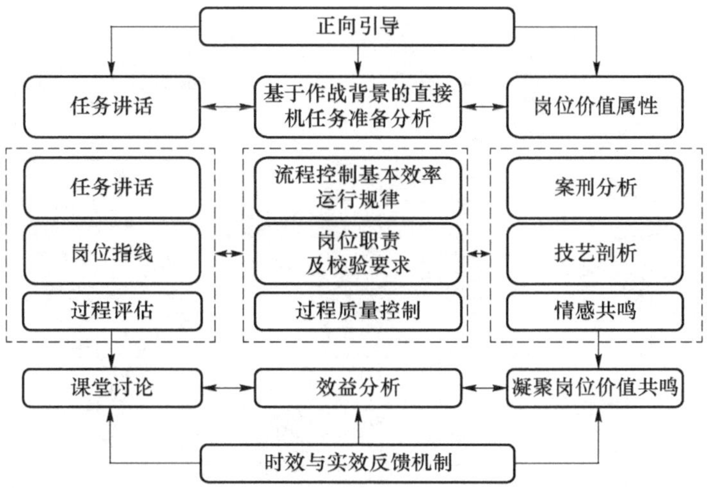

图2　思政元素导入教学过程示意图

4　结　论

“决战在空中，保障在地面”，岗位任职课程单元课程思政的引入，直指“一线”航空装备维修岗位价值能力需求，克服主观意志生成不足，指向性精准。其岗位价值目标、岗位社会关系及岗位职业道德属性，通过各教学环节的导入，潜移默化中形成岗位内在秩序、岗位职责标准及个人行为准则，实现岗位专业素质与价值取向、岗位专业认知与客观规律、岗位职责认知与主观意志的统一，建立思政元素的有效介入，形成脉络清晰的“德育”主线。

参考文献

[1] 习近平. 把思想政治工作贯穿教育教学全过程开创我国高等教育事业发展新局面[N]. 人民日报，2016-12-09 (1).

[2] 中共教育部党组印发《高校思想政治工作质量提升工程实施纲要》[EB/OL](2017-12-06)[2021-11-21]. http://wenku. badiu. com/veiw/8be9cc05ff4733687e21a4f5b307e871006f8f11. hmtl.

[3] 陆道坤. 论课程思政的教学设计与实施[J]. 思想理论教育，2020，10:16-22.

[4] 杨守金，夏家春. “课程思政”建设的几个关键问题[J]. 思想政治教育研究，2019,10:98-101.

[5] 罗仲尤，段丽，陈辉. 高校专业课教师推进课程思政的实践逻辑[J]. 思想政治工作研究，2019. 11: 138-143.

[6] 潘青，张健．“思政课程”到“课程思政”转化的关键问题和实现路径探析[J]．江苏科技大学学报(社会科学版)，2019，03:97－101.
[7] 翁芸．模拟电子技术与实践课程思政的探索[J]．教育现代化，2019，6(31)：198－200.
[8] 段浩伟．系统论视阈下提升高职思政教育实效性的“四化”模式[J]．职业技术教育，2018(29)：59.
[9] 教育部关于加快建设高水平本科教育全面提高人才培养能力的意见[EB/OL].(2018－10－17)[2021－11－21]. http://www.moe.gov.cn/rscsiet/A08/7s0562/01810/2t0181017_351887.hmtl.
[10] 赫尔巴特．普通教育学:教育学讲授纲要[M]．李其龙，译．杭州:浙江教育出版社，2002.
[11] 于向阳，于守森，于春风，等．飞机 EWIS 战伤抢修能力形成及保障体系研究[J]．飞机设计，2020，40(1)：32－35.

军校管理理论与方法课程思政研究与实践

张素琴　郭峰

（海军航空大学青岛校区 舰面航空保障与场站管理系，青岛　266041）

摘　要：军校课程思政是把立德树人、为战育人作为军校教育根本任务的一种综合教育理念。军校管理理论与方法课程是一门理论性和实践性较强的任职基础核心课程，作者根据管理理论与方法课程的特点，从管理的二重性及管理学的起源、课程的地位作用、学员的综合素养要求对课程思政的必要性进行了分析，从思政维度、思政目的和思政方法对课程思政的总体思路进行了阐述，最后从提升教员思政能力、明确课程思政目标、形成课程思政图谱、完善课程思政方式四个方面对课程思政的实践探索进行了阐述。

关键词：军校；管理理论与方法；课程思政；必要性；设计思路；实践探索

引　言

课程思政建设是落实习近平同志在全国高校思想政治工作会议上强调的“守好一段渠、种好责任田，使各类课程与思政课同向同行、形成协同效应”* 的重要举措。2019 年 11 月 27 日，习近平在全军院校长集训讲话时指出：“立德树人、为战育人，培养德才兼备的高素质、专业化新型军事人才是军队院校的职责和使命。”** 因此，军校课程的课程思政与地方高校不同，正如国防科技大学研究生院政委吴小松所说：“军校的课程思政还应围绕为战育人的根本任务，将知识传授、能力培养和忠诚培塑融为一体，在立德树人中教育学员擦亮“姓军为战”的使命底色。”这为军校课程思政指明了方向。当前，军校课程思政建设在建设理念、建设思路、建设方法等方面深入开展并取得显著成效。本文对军校“管理理论与方法”课程思政进行了研究与实践，旨在促进德育与智育相统一，实现全员全过程全方位育人，对军校管理学及专业基础课思政建设具有一定的借鉴意义。

1　军校管理理论与方法课程思政必要性分析

军校管理理论与方法是一门理论性和实践性较强的任职基础核心课程，以现代管理理论为基础，以任职岗位的实际需要为出发点，以后续专业课程的需要为牵引，对相关专业的后续课程学习、综合实践以及到部队岗前实习提供理论支撑，培养学员具备初步的管理能力。管理是通过“管”人来“理”事，所有管理职能的实现都是依靠人来完成的，而人的行为受三观的支

*　习近平：把思想政治工作贯穿教育教学全过程[EB/OL](2016 - 12 - 08)[2021 - 10 - 20]. http://jhsjk.people.cn/article128935836.

**　习近平在全军院校长集训开班式上讲话[EB/OL](2019 - 12 - 27)[2021 - 10 - 20]. https://china.huanqiu.com/article/9CaKrnKo/R9.

配,不同的三观就会有不同的管理行为[1]。军校培养的学员首先要"姓军为战",练就过硬本领。下面从管理的属性和管理学的起源、课程的地位与作用、部队岗位对学员综合素养的要求三个方面来分析"管理理论与方法"课程思政建设的必要性。

1.1 管理的二重性及管理学的起源决定了课程具有很强的政治性,必须给与学员正确方向的引导

首先,管理的二重性是马克思主义关于管理问题的基本观点。一方面,管理具有同生产力、社会化大生产相联系的自然属性;另一方面,管理具有同生产关系、社会制度相联系的社会属性。这就要求人们客观认识西方管理思想与理论,明辨中西方制度的差异;其次,管理学作为科学发端于西方资本主义社会,管理学理论有很深的资本主义烙印,因此,在教学过程中要让学员保持清醒的头脑,坚持实事求是,对西方管理理论能够取其精华,去其糟粕,认清中国特色社会主义制度的优越性,坚定"四个自信"。只有这样培养出的学员才能为中国特色社会主义建设服务。综合上述两点来看,本课程具有很强的政治性,必须要给予学员正确的引导,有必要进行课程思政。

1.2 本课程在课程体系中的地位与作用决定了课程思政的必要性

在相关专业中,本课程是一门任职基础课,在课程体系中起着承上启下的作用,"承上"是公共基础课,"启下"是专业课程,因此,本课程的思政设计对学员的三观形成,对认知、行为、情感的改变具有重要影响。根据本课程的内容框架和特点以及未来岗位要求,课程思政要注重培养学员学会运用思想政治课程中的唯物主义辩证法、矛盾分析法、事物的联系与发展等分析管理理论与方法,分析管理理论与方法的一般抽象与具体运用,明辨中西方管理差异,逐步养成正确的世界观、人生观、价值观,成为学员成长成才的基本支柱和精神底色,为后续专业课程奠定良好的知识和思想基础。

1.3 学员日后作为基层管理者所需的综合素养决定了课程思政的必要性

相关专业学员毕业后,会在1～2年内从事相关管理工作,虽处于最基层岗位,但责任却一点也不小,其综合素养对于基层单位管理水平至关重要。首先要"能管理""会管理",包括计划、组织、协调与沟通能力控制等职能的应用;其次,要有"使命重于泰山、使命高于生命"的忧患意识,居安思危,有时刻准备战斗的备战意识;第三,要有积极进取,吃苦耐劳、勇于担当的优良品质;第四,要有大局观、团队协作意识,立大志、行大道,自觉把自己的小我融入军队的大我、国家的大我、人民的大我之中。因此,本课程开展思政必要且迫切。

2 军校管理理论与方法课程思政的总体思路

2.1 思政维度——大处着眼,小处着手

本课程是相关专业的任职基础课,立足部队相关岗位,使学员具备初步的管理能力,形成积极的学习态度,树立正确的世界观、人生观、价值观。首先从当前我国所处的国际形势及严峻的周边局势,让学员具有家国情怀,时代紧迫感,激发学好知识、为国奉献的情怀,主动学好管理,贡献绵薄之力;其次,从所从事的相关专业看,虽"不起眼",但至关重要,树立军人责任担

当意识、团队精神和大局意识；最后，从日后相关岗位来看，对相关职业要有敬畏感、使命感，做到热爱本职，严谨细致，用正确的三观武装头脑，用管理知识指导实践。总体来看，本课程思政要从大处着眼，小处着手，最后一一落到实处。

2.2　思政目的——知行合一，促人改变

通过本课程学习，学员要正确处理管理的两个基本问题——“做正确的事”和“正确地做事”，因此，要明晰课程思政的目的——真正改变学员，根据每一部分内容的特点恰当融入思政元素，不仅强调思政元素的有效输入，更强调思政元素的实质转化，以实现教学的本质，促进学员在管理知识学习和管理能力培养过程中真正做到认知、行为、情感的“三脑合一”，形成三者相互增强的内在循环，在管理理论指导管理实践、管理实践验证管理理论的过程中，首先要“做正确的事”，坚决听党指挥，坚定“四个自信”、做到“两个维护”，有家国情怀，作为军人还要有危机意识，有时刻做好打仗的准备；其次要“正确地做事”，在工作岗位上“能管理”“会管理”“管得好”，提高效率，具有较强的团队意识和执行力。

2.3　思政方法——有效渗入，润物无声

首先，贴近岗位，紧接地气，确保课程思政不生硬。在本课程教学过程中，以学员日后岗位为牵引，选取教学内容，同时从部队当前面临的形势、本岗位的内容和特点、人员的素质要求出发设计思政元素，使思政元素紧接地气而不是“高高在上”，理论知识与思政元素有机融合而不是“两张皮”，学员在自学、讨论的过程有感而发，而不生硬，无违和感。其次，事例生动，自然融入，确保课程思政不生厌。教员从部队本专业岗位日常工作中的优秀典型及常见问题入手，在一个个生动的事例中自然融入思政元素，使学员在模拟的工作情境中沉浸式体验和感悟，不仅掌握了管理相关知识，也提高了思想认识，树立了责任意识、担当意识，真正做到水到渠成、润物无声而不生厌。

3　军校管理理论与方法课程思政的实践探索

3.1　精练内功，提升教员思政能力

首先，育人为本，德育为先。课程组结合“管理理论与方法”课程内容和特点，聚焦为战育人，围绕“培养什么人、怎样培养人、为谁培养人”这一根本性问题，进行深入研讨和交流，明确必须培养拥护中国共产党领导和我国社会主义制度、立志为中国特色社会主义事业奋斗终身的有用人才，因此，在课程实训全程，转变理念，精心设计思政元素，给予学员正面、积极向上、健康的“精神食粮”。其次，专业为本，信念为根。教员是课程思政建设的先锋和主体，是学员行为的示范者，教员不断提升自身的专业能力和理想信念，学高为师，身正为范，在授课过程中，将学员专业知识、能力的培养与理想信念和职业精神的培养并重。第三，实干为本，创新为源。提升教员的思政能力要真正落实到教学研究和实践中，全方位、多层次积极开展课程思政教研，通过思政理论研究、现场教学观摩、典型经验交流、教学技能竞赛等方式不断促进和提高教员的课程思政能力，让课程组成员都能“种好责任田”。

3.2　精研覃思，明确课程思政目标

“不深思则不能造于道，不深思而得者，其得易失。”只有掌握课程思政的精髓要义，才能做

到内化于心、外化于行。在管理理论与方法课程思政的实践探索中，基于课程知识目标，重新审视课程情感态度与价值观目标，改变以往课程目标重知识传授而轻思政教育，在管理知识传授、管理能力提升的同时，实现价值引领，实现行为改变，实现情感升华。课程组反复研究推敲，从军人职业道德、未来岗位要求和相关专业法规要求出发，将管理理论与方法课程思政目标确定为：培养居安思危的意识和时刻备战打仗的意识，端正工作态度，树立严谨细致的工作作风、培养遵规守纪的法规意识，增强“四个意识”、坚定“四个自信”、做到“两个维护”，真正帮助学员树立明确的目标和人生价值观，拥有健全的人格，形成良好的文化修养。管理理论与方法课程不同层面的要求及思政目标见表1。

表1　管理理论与方法课程不同层面的要求及思政目标

层　面	要　求	思政目标
军人职业	时刻准备着打仗练就备战打仗本领	培养居安思危，备战意识，积极主动的工作态度
岗位	具备初步管理能力履行岗位职责	培养责任感、使命感、大局意识、团队意识
法规	具有按规操作的意识掌握按规操作的方法	培养遵规守纪的法规意识、严谨细致的工作作风
个人发展	正确的三观健全的人格良好的文化修养	增强“四个意识”、坚定“四个自信”

3.3　精雕细琢，形成课程思政图谱

课程思政，提炼思政要素是重点。每一门课程都蕴含着丰富的思政元素，但这些思政资源不是直接显露在课程内容之中的，而是蕴含在各个知识点的背后，隐含在科学理论的深处，需要教师主动去发掘、加工和利用[2]。课程组详细分析管理理论与方法课程每一部分内容，以岗位需求为牵引，以学员知识传授、能力培养和忠诚培塑为目的，深入挖掘每一个内容相对应的、所隐含的思政元素，经过集体备课、课堂教学验证，学员反馈，以及教学督导专家听查课，逐步修改完善，形成课程思政图谱(见表2)，力求做到精练、贴切。

表2　管理理论与方法课程思政图谱

思政元素	概念、发展	决　策	计　划	组　织	沟　通	控　制
事物的联系与发展	☆			☆		☆
矛盾分析法			☆		☆	
历史唯物主义辩证唯物主义	☆	☆				
爱国情怀民族自豪感	☆	☆		☆		☆
坚定理想信念		☆	☆			
责任感使命感		☆	☆		☆	☆
严谨工作作风			☆		☆	☆

3.4　精心设计，完善课程思政方式

要实现管理理论与方法课程思政目标，将思政元素有效融入教学内容，还须选取恰当的课程思政方式。首先，采取情境式教学。例如，学习“沟通”内容时，设置部队某真实工作情景和任务，学员分别饰演2个角色进行现场沟通演示，亲身感悟分析问题时要用矛盾分析法，沟通

时要做到诚信友善，对待本职工作要有责任心和工作作风要严谨等，这使得思政元素隐形深入；其次，经验分享式教学。例如，学习“控制”内容时，教员先举例“神舟飞船成功发射”说明控制的重要性，激发爱国情怀和民族自豪感，再利用学员具有一定部队经验的特点，让学员就部队岗位相关工作的控制展开交流，论述控制的主动性、方法对于计划目标实现的重要性，学会运用矛盾的普遍性与特殊性分析问题，培养学员的使命感、责任感，并使学员领会严谨工作作风的重要性，使得思政元素潜移默化。第三，自主学习＋互助交流式，例如学习“中外管理思想”时，学员按照教员的导学案，先自主学习，深刻领会中华传统文化的精髓，互助交流时从历史唯物主义的角度理解中外管理思想，使得文化自信、民族自豪感油然而生，思政元素融入润物无声。

4　结　论

管理理论与方法课程思政经过不断的研究与实践，明确了建设思路，形成了建设路径，在“三全”育人方面取得了初步的效果。为了将“管理理论与方法”课程思政建设不断走深走实，切实实现军校的职责和使命，“管理理论与方法”课程将继续深入探索，真正做到“立德树人、为战育人”。

参 考 文 献

[1] 陈英梅，刘玉昌，张影．经管类专业管理学课程思政建设探讨[J]．锦州医科大学学报（社会科学版），2021，19(2)：86．
[2] 段献忠．抓好课程思政建设落实立德树人根本任务[J]．旗帜，2019(6)：40－41．

军队院校装备课课程思政特色内涵与实践探索

田沿平[1]　田华明[1]　余路[2]　卢翰[1]

（1. 海军航空大学 青岛校区，青岛　266000

2. 海军潜艇学院，青岛　266000）

摘　要：在军队院校深入贯彻习近平新时代教育方针“立德树人、为战育人”的大背景下，依托院校装备课教育平台，结合课程教学特点和学员实际，有效开展课程思政建设是摆在所有军队院校专业课教员面前的时代考验。为提升课程思政效果，军队院校专业课课程将课程思政贯穿在装备课教学全过程，同时结合实例讲解，有效提高了学员的责任感、使命感和爱国情怀，课程结束后采用问卷调研的方式，学员对课程教学效果满意度达到90%以上，对进一步开展装备课思政探索具有借鉴意义。

关键词：军队院校；教学特点；装备课；课程思政；全过程

1　装备课教学课程思政的必要性

2020年6月，中央军委主席习近平签署命令，发布新修订的《军队院校教育条例（试行）》（以下简称《条例》）。《条例》强调“军队院校必须把政治建军要求落实到办学治校各方面和全过程，学习研究宣传党的理论，推进政治理论课改革创新，注重各类课程中的思想政治教育。”*

《条例》的签署表明中央军委高度重视军队院校的“课程思政建设”，军队院校是培养各类军事人才的摇篮，是大多数军官军士迈入军旅的起点。如何在思想上帮助学员系好第一粒纽扣，打牢思想根基，是解决好“培养什么人、怎样培养人、为谁培养人”这个根本问题的关键。在此大背景下，装备课作为承载着直接面向部队、衔接学员未来任职岗位的专业课程，课程思政的有效实施尤为关键。对空通信装备与运用课程作为导航技术与指挥专业生长军官的专业课程，在教学过程中合理融入育人要素开展“课程思政”，在传授知识的同时进行适时价值引领，使学员能够在专业素养和职业素养上得到双重提升，对提高学员备战打仗意识、锻造过硬战斗意志、坚定政治信念、树立爱岗敬业作风具有重要作用[1]。

诚然，在大势所趋下，每一名军校教员对课程思政的重要性和必要性都有着清醒深刻的认识，在教学过程中也会自觉融入课程思政元素，努力达到课程思政的预期效果。但每一门课程都有各自的知识体系和内容结构，对应于不同的课程的思政理念应有所不同。以装备课程为例，装备课程一般开设在毕业前一到二个学期，经过了三年的军校培养，生长干部班次学员对讲政治、守规矩已经有了足够深刻的认识，如果在课程中再一味灌输政治理论则很容易在课堂中引起学员的反感，结果可能适得其反。

---

* 新修订的《军队院校教育条例（试行）》发布。http://military.people.com.cn/n1/2020/0617/c1011-31750048.html

教员在进行装备课“课程思政”时，应根据实际装备教学特点开展课程思政，在装备中“提思想”“炼作风”，将课程思政建立在认同感的基础上，使学员在课程学习中潜移默化地受到启迪，以润物细无声的形式达到铸魂育人的效果。为达到上述效果，本文以对空通信装备与运用课程(以下简称为装备课程)为例，结合课程教学内容和学员特点，对教学中有效开展课程思政的方法途径进行了探索实践。装备课程是新大纲生长军官高等教育导航技术与指挥专业的任职专业阶段中首次任职模块的必修课程，课程教学面向部队实际作战保障，聚焦学员未来岗位任职任务和特点，教学模式上采用理实一体，开展对空通信导航装备工作原理、装备操作维修方法及装备运用措施机理等理论教学，结合操作装备、运用装备、维修装备的实装训练，使学员达到掌握装备理论知识、具备装备运用和维修能力的目标。装备课程教学内容虽然专业性强，但却蕴含着非常丰富的思政内涵，在装备课程中开展课程思政可以归纳为以下几点：

(1) 把握时机。装备课程教学具有内容丰富、模式多样的特点，在授课内容上更加贴近于部队实际和实战，且授课内容中实作居多，这就要求教员在授课过程中结合内容营造实战化情境模式，设置多样化岗位角色，使学员能够身临其境学习装备特点。在特定的情境模式下，学员担负的岗位，可以进行岗位责任意识的熏陶，在模拟岗位中体验责任感、使命感等，这样可以实现思政元素的自然融入。

(2) 拉近距离。在装备课实作过程中，往往学员需要单独或以组为单位进行实作，相较于课堂中的集中授课，实作过程拉近了学员与教员之间的距离，教员可以一对一指导学员实作。这是开展课程思政的恰当时机，通过简短的聊天，贴近教员与学员之间的距离，特别是现在军队院校有较多的文职人员，年龄与学员差距不大，更具有亲和力。教员不是学员的直接管理者，这样学员愿意将心中所思所想与教员交流，这时教员可以适时进行价值引领，提升学员的思想认识。

(3) 师资丰厚。装备课程面向部队一线，承担教学任务的团队一般由多名教员组成。教员队伍中，有的具有基层部队任职经历，熟悉岗位日常工作任务，有的熟知部队实战演练，了解装备使用战法，他们的阅历和人生经验往往能够吸引学员的兴趣，教员们在分享人生阅历时可以适时开展课程思政，从亲身经历中给学员灌输思想，引发学员的感同身受和共鸣。

2　对空通信装备与运用课程思政的总体设计

装备课程中往往知识点多而杂，强调理论与实践的结合，知识本身并不含有思想政治元素，与电子通信类专业所要求的“思想政治过硬”的人才培养目标看似毫无关系。但装备课程中可以挖掘的思政元素却很多，思想政治内涵十分丰富，具有以下3个特点。

(1) 与时政相联系。军事政治话题历来容易成为舆论热点引发社会关注，而军事政治中又与军事装备联系紧密，通信导航设备作为当代战场中的重要通信手段，时常出现在军事板块新闻中。通过对时政的分析，可以加深学员对知识点的理解，可以进行爱国主义熏陶、习近平新时代强军思想宣传等内容的灌输，是较好思政元素。

(2) 与装备相联系。装备课程内容涉及我军各型电台及功能特点，在介绍相关内容时，可以从两个方面展开课程思政。一是从我军该型装备从无到有、由弱到强的发展历程回顾，激发学员的认同感和自豪感，二是从国内外相同装备的差距对比中认识到我们存在的不足，提升学员练就过硬本领、科技兴军的从军热情。

（3）与优良传统相联系。结合海军和空军通信导航设备的发展，介绍一代代导航工作者扎根基层，献身海防，这些优良传统的形成，可以建立与装备原理的联系。通过对这种联系的讲解，既有助于学员理解技术原理，又可借此机会，进行光荣传统教育[2-3]。

结合以上分析，在对空通信装备与运用课程思政的总体设计上遵循上述思政要点。着力培养学员的爱护装备的责任意识、树立家国情怀、弘扬中华民族传统美德及我军的优良传统作风、增强民族自信及军人的使命感荣誉感。

3 对空通信装备与运用课程思政的实施方案

对空通信装备与运用课程是一门理论与实践结合非常紧密的课程，在课程内容体系构建上，包括装备原理、技术保障和战术运用三个模块。因此在理论教学和实践教学中都应找到合适的思政元素，与相关教学内容相匹配。例如在战术运用中会有方案制作和推演过程，当在科目实施过程中，可以加强思政元素的引入，采用战前动员、过程督导和总结讲评形式，激发年轻军官血性和战斗意志，激励学员具有坚决的服从意识和创新的战斗思维，面对重大任务和突发情况，沉着冷静、果断决策、科学指挥，综合运用多种通信手段开展日常训练并灵活处置突发情况，具备面对复杂战场环境抗扰抗毁、快反保通的专业能力。表1针对部分教学内容列出相关思政元素与知识的内在联系和思政目标。

表1　装备课程部分教学内容思政元素与知识点的内在联系和思政目标

知识点	思政元素	知识点与思政元素的内在联系	思政教学目标
对空通信设备的发展	科技强国	科技的发展带动装备的更新换代，技术的不断创新	使学员深刻理解创新强国、科技强国的重要性，激发学员学习新技术的动力
调幅调制	透过现象认识本质	调制信号控制载波信号的幅度来传输信号，载波频率不变	培养学员遇事时善于抓住根本和关键，善于透过现象看本质的科学认识方法
反馈回路	辩证思维看待问题	在正、负反馈回路中存在众多影响因素，每个因素的改变都可能影响最终系统的平衡稳定	培养学员用辩证思维看待问题，不能单独地看待一个事件的结果，应该从多方面考虑问题
频率合成	党指挥枪	频率基准决定本振信号的产生	使学员深刻理解坚持党对军队的绝对领导是人民军队的建军之本、强军之魂的重要意义。
驻波比	个体与整体的关系	驻波比的大小反映馈线与天线的匹配程度	培养学员正确认识个体与整体、局部与全局的辩证关系。
对空通信车保障运用	大局意识	站在高角度上看问题，从方案的制定到任务的实施，全局统筹安排	培养学员从大局看问题，把工作放到大局中去思考、定位，做到正确认识大局，自觉服从大局、坚决维护大局。

知识点	思政元素	知识点与思政元素的内在联系	思政教学目标
输出功率检测	备战打仗思想：聚焦备战打赢，练就过硬本领	岗位技能训练科目	强化“随时上战场”意识，指导学员加强训练，锤炼过硬本领，提升实战水平。
调幅度检测方法	举一反三的思维习惯	根据同一原理采用三种方法完成调幅度检测	培养学员发散性思维，将所学知识串联，达到举一反三的目的。
日维护过程	墨菲定律： 防患于未然	装备日常维护工作的细致程度与故障发生的可能性联系紧密	培养学员养成认真细致的工作作风，懂得防微杜渐，未雨绸缪，做到防患于未然。
对数周期天线	集体主义精神	天线由长度不等、直径不等、间距不等的阵子组成，但却发挥着不同的作用。	培养学员的团队意识和集体主义精神，正确认识个人在集体中发挥的作用。

4 对空通信装备与运用课程思政的成效

通过近两期的装备课程授课，任课教员按照上述方式方法引入思政元素。课程结束后，以问卷调查形式，对学员在装备课程中“课程思政”认可程度和部分任课教员、听查课教员进行调查，收集有效问卷60份，其中，学员反映通过本门课程思政内容的学习，提高了学习兴趣，并且提升了军事职业素养。听课教员表示通过对该门课程相关思政元素的引入受到了启发，对自身和相关课程的思政建设具有一定的借鉴意义。

5 结束语

课程思政的建设离不开三项基本功，即挖掘思政元素、有机融入课堂教学和教育者先受教育。牢牢把握住这三项基本功，将思政课程建设贯穿在教师培养和课程教学始终，帮助学生树立正确的世界观、人生观和价值观，使他们能成为未来勇敢担当的新一代“四有”革命军人。

参考文献

[1] 何玉海. 关于“课程思政”的本质内涵与实践路径的探索[J]. 思想政治教育研究，2019，250(10)：129-134.

[2] 赵鸣歧. 高校专业类课程推进“课程思政”建设的基本原则、任务与标准[J]. 思想政治课研究，2018(5)：86-90.

[3] 何源. 高校专业课教师的课程思政能力表现及其培育路径[J]. 江苏高教，2019(11)：80-84.

探索“新工科”视角下航空电子类专业的课程思政

赵冬梅　张弟　高伟伟　刘晓阳
（海军航空大学青岛校区 航空电子工程与指挥系，青岛　266100）

摘　要： 本文将“新工科”与“课程思政”有机结合，结合航空电子类专业的学科特点，着眼打牢学生基础，体现理论与技术融合，突出学科基础性课程的地位，合理增加专业课程难度，拓展专业课程深度，实现专业课程教学内容的高阶性、创新性和挑战度；同时从树立作战理念、建立系统思维、培养科学精神、涵养航空情怀等四个方面确立专业课程的情感、态度、价值目标，并以此为出发点，从专业课程设置、课堂教学、实践教学等方面进行分析，提出了实践课程思政的措施，达到“润物无声”的效果。

关键词： 新工科；课程思政；航空电子

引　言

“立德树人”是高校教育的根本任务，长期以来，高校思想政治工作在立德树人方面发挥了重要作用，其中思想政治理论课成为高校进行思想政治工作的主渠道和主阵地[1]。2018 年，课程思政向全国推广，提出了通识课程和专业课程要与思政课程同向同行，发挥合力，着力培养德智体美劳全面发展的社会主义建设者和接班人，将高校思想政治教育融入教书 育人、科研育人、实践育人、管理育人、服务育人、文化育人、组织育人的全过程全方位中[2]，着力培养担负民族复兴大任的有理想、有本领、有担当的时代新人。课程思政以课程为载体，以通识类和专业类课堂实施为基本途径，将高校思想政治教育的“主渠道”从单一的思想政治理论课延伸扩展到各门各类全部课程[3]，是我们党在新时代关于培养什么样的人、如何培养人以及为谁培养人这个根本问题上对高校加强和改进思想政治教育和人才培养的新定位、新要求、新任务。

以航电综合为内涵的航空电子专业具有引领性、交融性、创新性、跨界性和发展性等特征，与当前我国高等教育领域开展的新工科建设具有高度契合性。课程的交融性、综合化、项目化、挑战性是新工科视角下课程建设的重点，这要求我们以新理念审视专业教育现状，以新模式调整专业发展架构，要着眼学生的发展，实现从单纯追求以教书为主的知识技能层面的提升向关注以育人为主的理念和思维层面的培塑转变，其重要着力点就是新工科视角下课程思政建设的深入推进。

1　新工科视角下的航空电子类专业课程体系设计

新工科视角下，航空电子专业建设的理念与以往传统的学科专业建设理念主要有以下区别：

一是从学科导向转向以作战需求为导向。作战需求是航空电子专业建设的重要起点，是落实新时代军事教育方针“为战育人”的关键。航空电子专业人才培养要从以往保障装备向保障打仗转变，并以此来牵引专业课课程教学内容改革、实践条件建设、教员队伍建设，着力培养学生的责任感使命感，促使学生在看待分析问题时由保障需求角度转换为作战需求角度。

二是从专业分割转向跨专业交叉融合。交叉融合是创新型人才培养的着力点，同时也是带动专业持续发展、催生创新型成果的突破点。航空电子专业建设要在继承以往传统专业积淀的基础上，摆脱专业分割的思想束缚，主动适应学科专业间交叉融合的大势，重构专业布局，通过重构，使学生建立系统思维。

基于上述两点，航空电子专业课程体系的价值取向：一要反映人才培养独有的特色价值，即面向海军航空兵，适应转型建设需要；二要体现航空电子专业领域整体的继承和发展价值，适应航空电子装备使用、保障的发展变化。专业课课程体系价值取向的实现要贯穿到课程体系的设计和构建的全过程。也就是说，最终形成的航空电子专业课程体系要满足专业人才培养目标的实现，要使学生系统全面地掌握航空电子专业领域的知识精髓，要反映出人才培养特色，要满足学生自身职业和终身发展需要，要适应未来战争对装备保障人才的需要。

2　新工科视角下的航空电子类专业课程建设重点

专业课程的交融性、综合化、项目化、挑战性是“新工科”视角下课程建设的重点。

2.1　课程的交融性

新兴工科专业 的课程体系建设要更加注重跨越多个学科门类的交叉融合[4]，新工科理念指导下的专业课程需要通过交叉融合多学科专业的知识、原理和方法等形成，体现出课程的交融性，这是由新工科交融性和跨界性的特征所决定的。课程的多学科交叉融合不是对相关学科专业现有课程的简单“拼盘”或叠加，而是需要按照实现专业课程目标的需要，或者对相关课程内容进行交叉或融合，或者开发全新的课程。相关课程的交叉主要指的是对这些课程教学内容进行相互渗透、整合、重组和优化；相关课程的融合则指的是对这些课程教学内容先进行交叉，而后相互渗透，最后实质性地融合成新的课程。

2.2　课程的综合化

新工科理念指导下的专业课程建设需要重视课程的综合化。课程的综合化是世界一流大学课程建设和改革的重点，目的在于将解决一类工程问题所需要的知识、方法和技术等内容整合成为一门综合性的课程，学生通过该门课程的学习不仅能够掌握解决该类工程问题必要的知识和方法，而且具备了解决该类问题的较为完整的能力，从而避免了以往课程学习只注重专业部分知识的学习，而忽视了相关方面必须的能力培养的现象，对于提高课程学习效果，尤其是培养学生解决一类工程问题的能力具有显著的作用。专业课程的综合化可以分别从航电专业原有课程的整合和新课程的建设两方面来实现：一是将原有专业课程内容相互关联的两门及以上课程通过相互渗透融合后整合重组成一门新的综合性课程；二是按照实现专业培养标准的需要建设覆盖面较广的全新的综合化课程，包括工程学科与人文科学和社会科学的融会贯通等。

综合化的专业课程有三个特点：一是课程内容不存在人为割裂的现象，有利于学生系统完整地学习解决复杂工程问题所需要的理论、方法和技术；二是能够更好地将课堂理论学习与课外实践运用相结合，有利于培养学生复杂实际问题解决能力；三是支持实施研究性学习等参与式教学方法，在教学过程中探究复杂实际问题、分析实际案例以及开展基于项目的学习，有利于培养学生多方面能力。

2.3 课程的项目化

项目是各种当前和未来复杂工程问题的集合体，因此，以解决项目问题为目标任务，在完成项目的过程中实现课程目标，即培养学生的工程能力和综合素质，是践行“做中学”教育理念，培养新工科人才的最有效的形式之一。

课程的项目化应该成为当前和今后航空电子专业课程建设的重点之一，尤其是对专业教育课程。课程的项目化指的是课程是以项目为基础或以项目为中心进行建设和组织实施的。其中“以项目为基础”是将“项目”作为专业课程设计的基础，学生通过参与项目，以解决实际问题为导向，获得多学科知识，培养工程能力，提升综合素质；“以项目为中心”则将“项目”作为专业课程设计和实施的中心，课程的设计是以解决项目问题为目标，课程的实施是在项目的真实情境下围绕完成项目任务而开展，学生在完成项目任务的同时实现了课程目标。

2.4 课程的挑战性

与高水平高校工科专业相比较，当前校区航空电子类专业课程普遍存在的问题有：一是课程难度不大，学得容易，忘得也快；二是学生普遍缺乏学习兴趣和动力，存在隐性逃课现象[5]；课程教学效果与课程目标要求存在差距。造成这些现象的原因是多方面的，但就课程本身而言，缺乏挑战性是主要原因。

提高专业课程的挑战性是新工科课程建设需要高度重视的一项工作。课程的挑战性指的是学生完成课程学习的难度、需要的投入和努力程度等。提高课程挑战性的主要目的有：一是激发学生的学习兴趣，提高学习效果；二是激发学生挑战问题和困难的勇气；三是培养学生自主学习和终身学习能力；四是培养学生综合运用多学科知识解决复杂工程问题的能力；五是培养学生的创新能力和合作能力。

提高专业课程的挑战性可以通过增加以下四方面课程内容着手：一是前沿性内容，包括学科专业前沿问题、行业领域前沿发展问题、部队未来发展需求等；二是综合性内容，包括跨学科问题、综合性问题、依靠单一学科知识不能解决的问题、当前航空电子装备发展中的热点和难点问题等；三是研究性内容，包括需要运用工程科学和技术的原理、理论和方法等予以分析、研究才能解决的问题；四是开放性问题，即问题和结果均是开放的，旨在最大限度地允许和鼓励学生不受限制地去探究和发现未知领域。

校区航空电子类专业课程在把握上述重点的基础上进行教学内容改革，紧扣专业课程属性，突出“立足三代、面向四代”，着眼打牢学员基础，体现专业理论与技术融合，突出专业课程的地位，合理增加课程难度，拓展课程深度，通过开设基础性、拓展性和综合性的实验，实现课程教学内容的高阶性、创新性和挑战度。在专业课程中围绕机载计算机技术、机载总线与网络技术、综合显示技术、座舱控制技术等关键技术组织教学内容，体现内容的基础性；同时面向未来航电系统发展，增加综合模块化技术和射频综合技术，体现内容的创新性和前沿性。

3　航空电子类专业课程思政探索

课程思政是一种新课程观，要在教育教学的实践中自然融入“育人”理念，育人是一个长期系统性工作，而专业类课程实施课程思政，与思想政治理论课进行的思想政治教育是隐形教育与显性教育的关系。思政课程中的思想政治教育是显性的正面灌输，建立系统的概念；专业类课程中的思想政治教育是隐性地从多个侧面进行的熏陶式、渗透式、滴灌式的教育过程。因此，必须将二者的使命任务、实施方法加以区分。

在航空电子类专业课程实施过程中，如何开展课程思政，怎样避免内容与思政教育的割裂感是决定课程思政实施效果的关键因素，专业课程将“新工科”与“课程思政”有机融合，紧扣课程的专业课属性，结合相关课程内容特点，确立了：树立作战理念、建立系统思维、培养科学精神、涵养航空情怀等四个方面的情感、态度和价值目标，并深层次挖掘课程内容、创新课堂教学模式、开发实践教学科目，实现专业课程内容与思政之间的融合点。

3.1　树立作战理念

军事领域从来就是理念引领技术先行先试的领域。本专业学生毕业后将从事各型作战飞机航空电子装备的维护保障工作，因此，理解作战飞机的航空电子系统必须从理解作战理念、样式开始，从一开始就树立“航空电子系统是为完成作战任务服务”的理念，深刻理解作战需求对航空电子装备的牵引作用。在专业课授课中，联系现代战机在现代化战争中的使用及其效力的分析，让学员在作战情境中理解航空电子系统的作用。引导学员抓住先进作战理念与航空电子技术“融合点”，同时关注航空电子技术与其他技术之间交叉渗透，突破原有技术的界限，更新思维、创新手段，适应未来作战任务和形式提出的要求。

3.2　建立系统思维

航空电子类专业课程体现着科学原理和科学思维，是电子信息、自动控制、武器系统、计算机技术等多个学科专业领域的综合，是原理与基本保障知识的综合，是理论和实践的综合，综合化的课程在实施过程中应该因势利导，培养学生的系统思维。

首先专业课程的内容不能存在人为割裂的现象，这将有利于学生系统完整地学习解决复杂工程问题所要的理论，方法和技术，构建完整的航空电子系统框架。其次，专业课程要能够更好地将课堂理论学习与课外实践运用相结合，这样有利于培养学生复杂问题解决能力，通过不同层次的理论和实践课程的开展，让学生体验用系统思维解决问题；另外，要支持实施研究性学习等参与式教学方法，在专业课程的学习过程中探究复杂实际问题，分析实例以及开展于项目的学习，一个项目完成，对于学生的系统思维提出更高要求。

3.3　培养科学精神

进入专业教育阶段，学习和研究对象更加具体和明确，学习环境会拓展到实验室、实训基地和部队，航空电子类专业课程所涉及的内容蕴含着丰富的科学原理和方法。除了基本的原理、技术、设备之外，注重在专业课程中增加以下四方面内容：一是前沿性内容，包括学科专业前沿题，行业前沿发展问题、部队未来发展需求等；二是研究性内容，包括需要运用工程科学和技术的原理、理论和方法等予以分析，研究才能解决的问题；三是开放性问题，旨在最大度地允许和鼓励学生不受限制地去探究和发现未知域。

在科学精神上，结合专业课程教学中涉及的实际问题，鼓励学生从不同角度，综合运用各自思维方式，分析工程问题内部诸多因素的相互关系，抓住主要矛盾，提出解决问题的新思路、途径和方法，将马克思主义立场、观点和方法的教育有机融入课程内容；其次，专业课程注重以解决工程问题为平台，一方面使学生学习和掌握解决工程问题必需的各种现代的、先进的技术和手段，另一方面要使学生能够运用这些技术和手段成功地解决工程问题，同时，在技术和手段的应用中适时加入科学伦理教育；第三，课程教学尽可能推行研究性学习，一方面锻炼和培养学生的信息获取、知识更新和终身学习能力，另一方面通过解决问题、分析案例和研究项目必需的团队合作，培养学生的组织管理能力、交流沟通能力、团队合作能力和关系协调能力等。

3.4 涵养航空情怀

《高等学校课程思政建设指导纲要》中指出，“工学类专业课程，要注重强化学生工程伦理教育，培养学生精益求精的大国工匠精神，激发学生科技报国的家国情怀和使命担当”。航空电子类专业课程相关内容能够引申到航空技术发展历史中的屈辱历史和奋斗征程、航空前沿技术发展中的大国自信和榜样力量、典型的海战空战战例中的战斗精神和忠诚使命，这都是涵养航空情怀的思政素材。

在航空情怀的培养中，通过叙事教育、情境教育等方式，突出学生的主体地位，让学生在自己讲述战斗英雄等的故事中体会、在经典的历史情境中感受、在国际局势、国内外技术现状对比的讨论中思索，以此为契合点，逐渐涵养其航空情怀。

4 结 语

航空电子专业“新工科”视角下课程思政建设，重点在树立作战理念、建立系统思维、培养科学精神、涵养航空情怀四个方面，通过纵向上专业课程体系设计、课程内容整合、课堂教学活动改进，横向上专业间的协同联动来实现。

“课程思政”与“新工科”在专业课程中的有机结合，是校区在课程思政建设过程中的积极探索。我们必须直面当前课程思政建设中的短板，以“新工科”理念为指导 ，着眼人才培养的使命任务，立足专业特点、抓住思政契合点、变换思政教育方式方法，以“航电综合”为内涵，以“新工科”理念为指引，推动“课程思政”与“思政课程”同向同行，合力育人、全员育人、全过程育人[6]。

参考文献

[1] 陈冲，汪海涵．我国高校推进“课程思政”的着力点研究[J]．当代教育科学，2019(9)：88－92.

[2] 冯刚，严帅．新中国成立70年来高校思想政治教育的成就、经验与展望[J]．教学与研究，2019(9)：12－24.

[3] 韩宪洲．以“课程思政”推进中国特色社会主义一流大学建设[J]．中国高等教育，2018(23)：4－6.

[4] 林健，郑丽娜．美国人工智能专业发展分析及对新兴工科专业建设的启示[J]．高等工程教育研究，2020(4)：20－33.

[5] 林健．新工科专业课程体系改革和课程建设[J]．高等工程教育研究，2020(1)：1－14.

[6] 邱仁富．“课程思政”与“思政课程”同向同行的理论阐释[J]．思想教育研究，2018(4)：109－113.

军事英语课程思政示范课程建设研究

于洁　张其香　周致迎

（海军航空大学 青岛校区，青岛　266041）

摘　要：军事英语作为基础课程，从其本质上而言既是一门语言文化课又是一门语言技能实践课。在“军事英语”中开展示范课程建设是非常有必要和迫切的。新时代、新形势下，军事英语课程思政示范课程建设，要以“立德树人”“为战育人”为根本出发点，认清课程肩负的使命任务，从更高的站位出发明确课程示范建设总体设计思路，从提升教师课程思政素养，优化课程思政教学内容设置，完善课程思政教学实践，加强课程思政资源建设，充分利用好建设成果等方面进行课程思政示范课程建设。

关键词：军事英语；课程思政；示范课程建设；建设基本思路；建设基本途径

引　言

2021年4月习近平总书记在清华大学考察时指出：“党和国家事业发展对高等教育的需要，对科学知识和优秀人才的需要，比以往任何时候都更为迫切。我国高等教育要立足中华民族伟大复兴战略全局和世界百年未有之大变局，为服务国家富强、民族复兴、人民幸福贡献力量。广大青年要肩负历史使命，努力成为堪当民族复兴重任的时代新人”[3]。教育部高等教育司司长强调“高等外语教育是高等教育的重要组成部分，覆盖全、规模大、责任重”[5]。在军校教育中军事英语也具有“覆盖全、规模大、责任重”的特点。

新时代、新形势下，大部分高素质、现代化、专业化军人将会是能够熟练使用英语维护国家主权、人民利益和世界和平的军人。军事英语在提高学生英语水平和跨文化交际同时，在潜移默化引导学生坚定理想信念，厚植爱国主义情怀，加强军人品德修养，增长见识、开阔视野，提高批判、逻辑思维能力和多元文化思维能力，培塑强军精武精神，从整体上提高学生军政素养方面发挥重要的作用。因此，进行军事英语课程思政示范课程建设的研究和实践是非常有必要和紧迫的。

1　课程思政示范课程建设过程中面临的问题

在课程示范课程建设过程中我们常常不知道如何规划课程示范课程建设，许多学科没有规范体系的课程思政设计；不知道如何将课程思政教育理念渗透到教学内容、教学组织、方法及教学评价中；缺乏配套的课程思政教学资源；课程思政实践教学开展得不够顺畅，大部分教师课程思政素养不高，课程思政过程中容易出现“两张皮”现象。

军事英语作为军校里的一门基础课程，其本质上既是一门语言文化课又是一门语言技能实践课。在军事英语课程教学中进行课程思政示范课程建设是非常有优势的。

本文基于军事英语课程特点，结合近两年课程思政建设实践，尝试梳理出“军事英语”课程思政示范课程建设的基本思路及建设的途径，为解决上述问题提供方法借鉴。

2 军事英语课程思政示范课程建设的基本思路

根据2020年5月28日教育部下发的《高等学校课程思政建设指导纲要》以及2020年6月颁布的《军队院校教育条例(试行)》，我们将军事英语示范课程建设放在服务国家富强、民族复兴、世界和平的大背景下，认真思考示范课程建设要肩负的使命任务，以更大的格局筹划军事英语课程思政示范课程建设。基于此，我们在示范课程建设过程中，以“立德树人”“为战育人”为根本出发点，以语言教学为本，以思政教育为点，依据学校人才培养目标，学生学习基础、学习需求、认知特点，课程特点，结合国际发展形势、国家发展需要以及个人发展及岗位需求，确定总体教学目标：在国家层面，引导学生坚定理想信念，厚植爱国主义情怀；在国际层面，开阔学生的国际视野，提高学生跨文化交际中的逻辑思维、批判思维、多元文化思维；在个人层面，引导学生提高军人品德修养，树立强军精武的奋斗精神，增强新时代军人责任感和使命感。根据总体目标，修订教学计划、完善教案、课件，在组织实施过程中注重采用先进的教学技术和手段，注重学科交叉融合，以导向法为指导，采用线上、线下混合式教学，综合运用多种教学方法，创新课程实践，丰富课程思政资源，着力提升教师思政能力素质，真正将军事英语课程思政教育落小、落细、落实，不断积累建设成果，发挥示范作用。

3 军事英语课程思政示范课程建设途径

军事英语课程具有鲜明的人文性和工具性特点。在课程建设过程中教师的思政素养是思政建设的关键，教学内容和实践教学是课程思政建设的基础，教学资源库是课程思政建设的保障，研究成果的反哺是提升课程思政示范课程建设的有效途径。

3.1 转变思想认识，提升课程思政能力

3.1.1 转变思想认识

军事英语课程思政示范课程建设不是个人的事，它需要课程组全员参与。课程组全体成员要转变思想认识，不能将课程思政建设作为一项短期的工作来看。课程思政建设是我们每一个教师在新时代新形势下必须肩负的使命任务，它需要对建设进行自上而下的系统性的规划。要对课程教学目标、教学计划、章节教学目标、教案、课件，教学组织实施逐层的分析、筹划。根据总体课程思政目标制定教学计划，完善教案、课件，并认真研究课程思政融入点融入方式。在研究过程中可以采用思政图谱的方式确定单元的总体思政目标，然后根据图谱撰写具体的课程思政设计表，列出相关的融入点融入方式，最后可以根据一个具体的融入点撰写相应的课程思政小讲稿，将课程思政落小、落细。在教学组织实施过程中，为了将课程思政落实要采用多种教学组织、方法和互洽性强的评价机制。

同时,军事英语课程思政示范课程建设不是一项常规的工作。它需要课程建设者胸怀大格局。历史一再证明封闭会使人故步自封。当今社会日新月异,一门好的课程思政示范课程必然要求其所在的教师都要做到“家事国事天下事事事关心”。为此课程组教师要加强集体备课,在更大格局下讨论课程建设。军事英语课程是我军对外交流的工具和“桥梁”。它在服务国家战略,促进学科交叉融合方面发挥重要作用。因此,在教学目标制定时我们主要从国际、国家、个人三个层面上进行。同时注重学科的交叉融合提高学生“承担新使命,展现新作为,彰显新担当”[1]的能力。这样我们就可以从整体上提高学生的军政素养。

3.1.2　提升课程思政能力

提升教师思政教育能力可以从加强教师课程思政科研和教学能力两个方面进行。鼓励教师参与相关的科研和服务项目。加强教师对学情调查的能力,同时加强与其他院校课程思政方面的研讨交流,增加跨军兵种英语课程思政的研究。

“以赛促教”积极鼓励教师参加全国级别的课程思政方面的教学比赛,加强教师课程思政教学设计和教学展示的能力,为课程思政建设提供可借鉴的示范教学视频,教学设计案例。

3.2　优化课程思政内容设置

在课程思政内容设置方面,以新文科建设要求为标准,突出学科交叉融合中的课程思政。如在设计“Military Aircraft (军用飞行器)”这一单元内容时,可以从“aircraft(飞行器)”的定义及演变过程拓展相关航空知识,使学生了解“aircraft(飞行器)”“airplane(飞机)”和“helicopter (直升机)”区别,引导学生真正掌握军用飞行器的种类,并了解中国军用飞机发展艰难历程,强化学生“不忘初心、牢记使命”的理想信念。在学习舰载机相关知识时,拓展国家舰载机发展趋势,让学生明白当前舰载转型重要性,激发学生强军精武奋斗精神。

同时根据课程语言文化课程的特点,从世界、国家、个人三个层面深挖教学内容的词、句、段、篇中含有的思政元素,将思政教育“如盐入水”般渗透到英语教学中。

(1) 国际层面:通过融入于我国参与全球治理的时政要闻、外媒评论进行相关的思政教育。例如在讲解海军走向深蓝的知识点时,引入美国“the National Interest”关于“How China is Close to Overtaking America ”的相关报道作为阅读材料组织学生开展主题讨论,从而拓展学员的国际视野、激发学员的制度自信和使命感,并顺势引导学员关注媒体报道时应坚定政治立场,建立批判思维。

(2) 国家层面:通过融入与国家大政方针政策相关的短语或篇章,渗透理想信念和爱国主义教育。例如在短语“the first-three-year plan (第一个三年计划)”中拓展第十三个五年规划和第十四个五年规划的表达法,及相关国防建设方面的内容,提高学生对重大政策的理解翻译能力,并引导学生坚定“四个自信”,做到“两个维护”。

(3) 个人层面:通过融入社会热点、名人名言、人物事迹达到相应的思政效果。例如在讲解“Naval Day (海军节)”章节时,拓展海军成立70周年多国海军节期间的英文报道,包括对优秀机务人员采访报道,激发学生强国兴军的责任感和使命感。

3.3　丰富课程思政教学资源

开展课程思政示范课程建设需要进行相关的教学资源库建设。根据总体教学目标,我们主要从五大方面进行资源库建设,并对相关内容进行实时的更新,确保课程思政教学资源的时效性。

(1) 充分利用当前官网上各种大政方针政策、各种法规的中英文版本，特别是近年来政府工作报告、十九大报告、习近平总书记的讲话中英文版本，在教学过程中引入相关政策的解读，引导学生关心国家政策，树立社会主义“主人翁”的意识。

(2) 利用“中国日报双语版”“可可英语”“抖音”“快手”等 App 小程序搜集热点新闻、名人名言等方面的思政素材包括视频和篇章，提高课程思政的亲和力。

(3) 适度搜集相关的外媒评论。在网络上搜集外媒对我国正面或负面的报道，通过讲解提高学生的批判思维和逻辑思维能力，引导学生坚定信念，增强新时代军人责任感和使命感。

(4) 收集周边先进人物事迹，增强学生的职业认同感和责任感，例如疫情期间放弃小家顾大家的班干部，默默无闻奉献的往届的师兄。

(5) 根据英语全球化的特点建立关于中西方文化差异的思政资源库，收集以往学生、教师对外交流或执行任务时的案例，展现中西方文化的差异培养学生多元文化思维。同时也要让学生看到中国文化在世界和平和发展中做出的贡献。例如中国传统中医文化以及习近平总书记提出“构建人类命运共同体”构想，提高学生的文化自信、制度自信。引导学生在对外交流中讲好中国故事，维护好中国形象。

在建设课程思政资源库时，既要有国家层面、个人层面，更要有国际层面的，使教学资源建设充分体现“大英语”[5]格局下新时代“军事英语”肩负的使命任务。

3.4 有效利用课程实践教学

3.4.1 课内实践

课程实践既包括课堂实践又包括课外实践。在课堂实践教学过程中，根据学员水平组建学习共同体，实施组长负责制，由各组长组织完成课前、课中、课后学习任务，然后在线上或线下呈现任务成果或学习中的疑难问题，从而满足学生个性化学习需求，同时还能培养学生团队合作精神和组织能力，实现相应的思政目标。例如在篇章阅读学习中我们采用了当前比较流行的“阅读圈”学习方法。组建学习共同体，五人一组，分为阅读组长—文化连接者—实际生活联结者—单词大师—篇章解读者。具体思政目标如下：阅读组长由学习基础好的学生担任，在整个任务协调组织过程中学生的组织领导协调能力会有显著的提高；文化连接者的任务有助于开阔学生的国际视野；实际生活联结者有助于引导学生发现生活中的美，树立正确的人生观、价值观，感受社会主义制度优越性；单词大师有助于拓展学生词汇策略的学习，引导学生利用思维导图方法识记单词，培养学生自主学习能力及逻辑思维能力；篇章解读者，负责探寻并阐释阅读材料中具有重要或特殊意义的段落。这有助于提高学生看问题抓重点的思维方式，引导学生欣赏美句的同时提高其鉴赏能力及生活品位。

在教学方法方面，主要以产出导向法为指导，立足学员学习基础，精心设计课前、课中、课后三个环节，依托 ISMART、军职在线等线上学习平台，采用混合式教学，综合运用多种教学方法，创新教学实践，使课程思政教育真正实现“入脑”“入心”“入行”。例如在关于“环保”对话学习中我们进行了如下的实践，参见表 1。

表1　产出导向法课程思政任务设计表

单元学习过程	学习任务	语言教学目标	思政教育目标
驱动导入环节（课前，线上）	“我国环保治理成就”主题海报制作	1）为在授课流程上导入学习环保主题的单元内容铺垫基础 2）培养学生的英语表达能力	1）培养学生讲好中国环保故事的宣传策划能力； 2）激发学生的国家自豪感，坚定制度自信
促成环节（课中，线下）	句段讲解任务	为教员在课上着重讲解重、难问题提供基础和时间，提高课堂教学效率	培养学生的自主学习能力和讲解阐述能力
	环保主题词汇记忆大比拼	督促学生扎实掌握本单元的环保主题词汇	激发学生积极向上的精神风貌
产出环节（课后，线上、线下）	“我的美丽中国梦”主题演讲	锻炼学生运用新词汇、新知识的英语表达能力	对标《二〇三五年远景目标》，激发学生的使命感和责任感
	个人环保行动清单	锻炼学生运用新词汇、新知识的英语表达能力	培养学生践行环保、节约的规则意识和责任意识

3.4.2　课外实践方面

采取“以赛促学”的方式，在校内举办“传承红色基因，担当强军重任”为主题的配音、演讲、朗读比赛。同时组织学生参加军内外的相关竞赛，例如参加2021“外研社国才杯”“Red Star over China（红星照耀中国）”演讲比赛。通过比赛学生会主动思考新时代中国共产党领导下社会主义制度的优越性，并思考国内外发展形势下自己的使命任务，增强学生“强国兴军有我”的责任感和使命感。

3.4.3　建立互洽性强的德业兼顾考评机制

通过改革过程性考核评价机制，提高过程性考核的比例，以评促学引导学员树立正确的学习态度和价值取向。课程的过程性考核评价体系可分为三部分：

一是旨在端正学习态度，提高规则意识的评价。从出勤情况、课堂纪律、课堂活动指数、作业及测试成绩（语言知识水平考核）等四个方面进行严格评价，以此督促学生按时进课堂，树立规则意识，培养勤奋努力、积极进取的学习态度。

二是旨在塑造学习态度和价值取向的评价。许多学生把大量时间用在了打游戏、发微信朋友圈、刷抖音上。充分利用网络学习平台督促学生加强线上学习如围绕课前慕课预习点击率和预习时长的评价指标，主题词汇群、阅读、听力、写作技巧网上测试指标。同时教师及时发布各种预习情况及测试情况，引导学员通过网络进行查漏补缺，利用好“片段化”学习时间，从而培塑学员积极向上的学习态度以及正确的价值取向。

三是旨在塑造能力和价值取向的评价。设计高阶性强的学习任务主要是小组合作任务，以此引导学生自主学习和自主评价，培养相应的语言应用能力和塑造正确的价值取向。如布置课前海报制作任务，旨在引导学生掌握海报制作的基本方法和传导正确的价值理念；课中小组讨论任务旨在培养学生的团结协作精神和组训能力；课后相关主题的演讲任务旨在引导学生掌握相关的演讲技巧,实现价值认同。具体评价指标和评价方式见表2。

表2　兼顾德业的过程性考核评价

<table>
<tr><th>考　评</th><th>思政元素</th><th>考评内容</th><th>评价指标</th><th>评价方式</th></tr>
<tr><td rowspan="10">过程性考核 70%</td><td rowspan="5">端正学习态度,提高规则意识</td><td>出勤情况(5分)</td><td>迟到早退1次扣1分,旷课3次取消考试资格</td><td>分数</td></tr>
<tr><td>课堂纪律(5分)</td><td>上课睡觉1次扣2分,不带课本扣2分,随意捣乱扣2分</td><td>分数</td></tr>
<tr><td>课堂活动及课后作业(个人形式)(5分)</td><td>主动回答问题1次0.5分,按时完成作业1次0.5分</td><td>分数</td></tr>
<tr><td>单元测成绩(20分)</td><td>每个单元结束后进行测试,时间控制在10～15分钟</td><td>分数</td></tr>
<tr><td>MOOC预习(5分)</td><td>点击次数和时长</td><td>等级+分数</td></tr>
<tr><td rowspan="3">塑造学习态度和价值取向</td><td>ISMART英语学习平台测试(5分)</td><td>词汇、语法、阅读、听力小测试</td><td>分数</td></tr>
<tr><td>期末线上口语考试(10分)</td><td>语音、语调、口语表达力、逻辑思维能力</td><td>分数</td></tr>
<tr><td>课前小组任务(以海报制作为例)(5分)</td><td>语言应用、内容立意、版面设计</td><td>等级+分数</td></tr>
<tr><td rowspan="2">塑造能力及价值取向</td><td>课中小组展示(5分)</td><td>任务是否覆盖全组,小组展示举止及表达能力</td><td>等级+分数</td></tr>
<tr><td>课后小组任务(以演讲竞赛为例)(5分)</td><td>语言表达力、内容立意、演讲表现</td><td>等级+分数</td></tr>
</table>

3.5　充分利用建设成果反哺教学

随着课程思政示范课程建设推进,我们将面临如何充分利用建设成果反哺教学的考验。一方面,可以将比赛中特色示范课堂教学录像、微视频、教学设计案例、教育科研课题、教改项目中的好方法和手段应用到课程思政教学中,不断修正研究的方法和模式;另一方面,通过学校官方网站、校园文化建设交流平台充分展示课程思政建设的成果,形成积极向上的课程思政教育氛围,发挥好带头示范作用。

4　结　论

本着边探索边实践的原则,我们在示范课程建设方面取得了较好的成绩。大学级课程思政教育科研课题一等奖1项,全国级课程思政教学比赛二等奖1项,省级课程思政教学案例设计交流一等奖1项,校区级课程思政教学比赛三等奖1项,这些都为"军事英语"课程思政示范课程建设积累了经验。

总之,在课程思政示范课程的建设过程中,我们需要认清新时代、新形势历史使命,从大的格局上确定课程建设的总体思路,在建设过程中需要从注重提升教师思政教育意识与能力,优化教学内容、完善教学实践,加强课程思政资源建设,充分利用好建设成果等方面入手着力落细、落小、落实课程思政建设,真正做到"立德树人""为战育人",发挥好课程的示范作用。

参考文献

[1] 樊丽明."新文科":时代需求与建设重点[J].中国大学教学,2020(5):4-8.

[2] 姜智彬,王会花.新文科背景下中国外语人才培养的战略创新[J].外语电化教学,2019(5):3-6.

[3] 新华社,2021年4月习近平总书记在清华大学考察时讲话[EB/OL].(2021-04-19)[2021.10.31].https://baijiahao.baidu.com/s?id=1697473380461511475&wfr=spider&for=pc.

[4] 韦福,王晓波,邱惠婷.课程思政示范课程建设的基本目标主要内容及实现路径探讨-以"社会政策"课程为例[J].河池学院学报,2020(6):118-122.

[5] 吴岩.新使命 大格局 新文科 大外语[J].外语教育研究前沿,2019(2):3-7.

超声检测技术课程思政的探索与实践

李小丽　陈新波　孙海霞

（海军航空大学 青岛校区，青岛　266041）

摘　要：探伤技师是保障飞机结构安全的“医生”，为战机培养优秀的探伤技师是院校教育的使命任务。“课程思政”是当前高等教育的新模式，课程组以“立德树人、为战育人”为教学目标，研究了无损检测技术课程的思政建设思路和方法，并以超声检测技术课程为例进行了思政教学实践，探索专业课的德育功能，为相关课程思政建设提供参考。

关键词：无损检测；超声检测技术；课程思政；教学方法

1　问题提出

著名机械工程专家杨叔子院士曾经说过：没有无损检测，就没有现代科学，就没有先进技术，就没有高端产业。大国重器的发明制造离不开科学巨匠，同样也离不开扎根一线、技术精湛的普通工匠。在航空机务部队有这样一个普通的岗位——探伤技师，它不仅技术含量高、工艺要求严谨，更关系着战机的安全和战友的生命安全，责任十分重大。海军航空装备无损检测技术课程正是伴随着海军航空装备无损检测事业的发展而一步步成长壮大，它从20世纪80年代机械维修技能课程的一个章节历经几十年的发展，目前已经发展成超声检测技术、磁粉检测技术、涡流检测技术、渗透检测技术、射线检测技术等系列无损检测技术任职岗位课程体系。

院校作为培养探伤人才的基地，承载着立德树人、为战育人的使命。吴岩教授说过：高校教师的80%是专业教师，课程的80%是专业课程，学生学习时间的80%是专业学习。80%的大学生认为，对自己成长影响最深的是专业课和专业课教师。因此，专业课教学不仅仅是知识和技能的传授，更是年轻人世界观、人生观、价值观的塑造过程。为了在专业课教学过程中发挥世界观、人生观、价值观引领作用，起到课程育人的作用，课程组展开了无损检测技术系列课程的思政建设与实践，从教学目标、教学内容、教学方式等方面进行课程思政一体化设计，并进行了积极的实践探索。

2　研究内容和方法

超声检测技术课程是为士官职业技术教育层次航空机务维修专业无损检测方向学员开设的第一门任职岗位课程，讲好岗位任职的第一课，对帮助学员迈好岗位工作的第一步具有重要的意义。本文以超声检测技术课程为例，阐述无损检测技术课程的思政建设情况。

2.1 基于课程特点构建课程思政一体化教学目标

“教书育人”是教员的天职，从广义上讲是教员在传授专业知识的同时，引导学员树立科学的世界观、价值观和人生观，形成良好的品格，塑造完美的人格，成为社会有用之才。教育的最根本问题是：为谁培养人，培养什么样的人，怎样培养人。战机在高强度飞行状态下，比发丝还要细小的裂纹，有可能导致机毁人亡的严重后果。海军航空装备无损检测工作就是为战机探伤，给战机“把脉问诊”。无损检测技术课程就是为海军航空兵部队培养从事战机探伤工作的无损检测人才。因此，在课程育人目标的确立过程时，课程组围绕部队探伤岗位的特点和需求，从知识、技能和情感、态度和价值观三个方面进行了调研和讨论，确立了“必需、够用”的知识目标，“管用、好用”的技能目标和富有“军味、战味”的情感、态度和价值观目标，为部队培养“理论知识扎实、专业技能过硬”的具有科学严谨的工作态度、勇于挑战的创新精神和吾将无我的奉献精神的战机探伤技师。

超声检测技术课程是一门涵盖了检测原理、检测设备、工艺流程以及岗位应用的综合性任职岗位课程，具有较强的理论性、实践性和岗位指向性。该课程旨在培养通原理、懂设备、精工艺、熟操作、勇质疑、爱岗位、甘奉献的岗位合格人才。

依据人才培养方案，课程组将知识、能力、素质互融，构建了以掌握超声检测理论、设备使用和方法实施为主体的知识目标；以检测方法分析、检测结果判读和检测手段创新为主体的能力目标；以及以培塑严谨求实的科学态度、甘于奉献的专业情怀和精益求精的机务作风为主体的情感、态度和价值观目标，见表1。

表1 超声检测技术课程思政一体化教学目标

知识目标	能力目标	情感、态度和价值观目标
掌握超声检测基本理论	具备检测方法的分析能力	严谨求实的科学态度
掌握超声检测设备的功用、组成及工作原理	具有检测结果的判读能力	甘于奉献的专业情怀
掌握超声检测方法	具备检测手段的创新能力	精益求精的机务作风

2.2 围绕教学目标重构课程思政一体化教学内容

课程是菜，思政是盐。课程思政内容体系构建首先要建立课程本身的知识体系。其次，围绕课程内容和知识点，开展对专业技术的发展历史、典型人物、经典案例、名人名言等信息的收集，结合思政目标进行提炼整合，使课程内容既保持其自身的专业性，又富含育人活力，从而活化、立体化课程内容。课程组围绕教学目标，课程组按照以知识体系为核心，以思政育人为抓手的思路重构教学内容，构建了课程思政图谱。

首先，在课程知识体系的构建中，课程组以“岗位工作任务”为牵引，将课程内容划分为5个模块，22个项目，69个任务，形成了超声检测技术课程知识体系，见图1。

其次，结合岗位需求和新时代军事教育方针，从“我是一个中国人，我是一名军人，我是一名航空机务战士，我要履行职责”四个方面，围绕“政治观教育、职业道德与理想信念教育、职业观教育、世界观教育、法制观教育”梳理思政元素。

最后，将思政元素与专业知识相融合，深入挖掘知识体系中隐含的思政元素，将思政目标

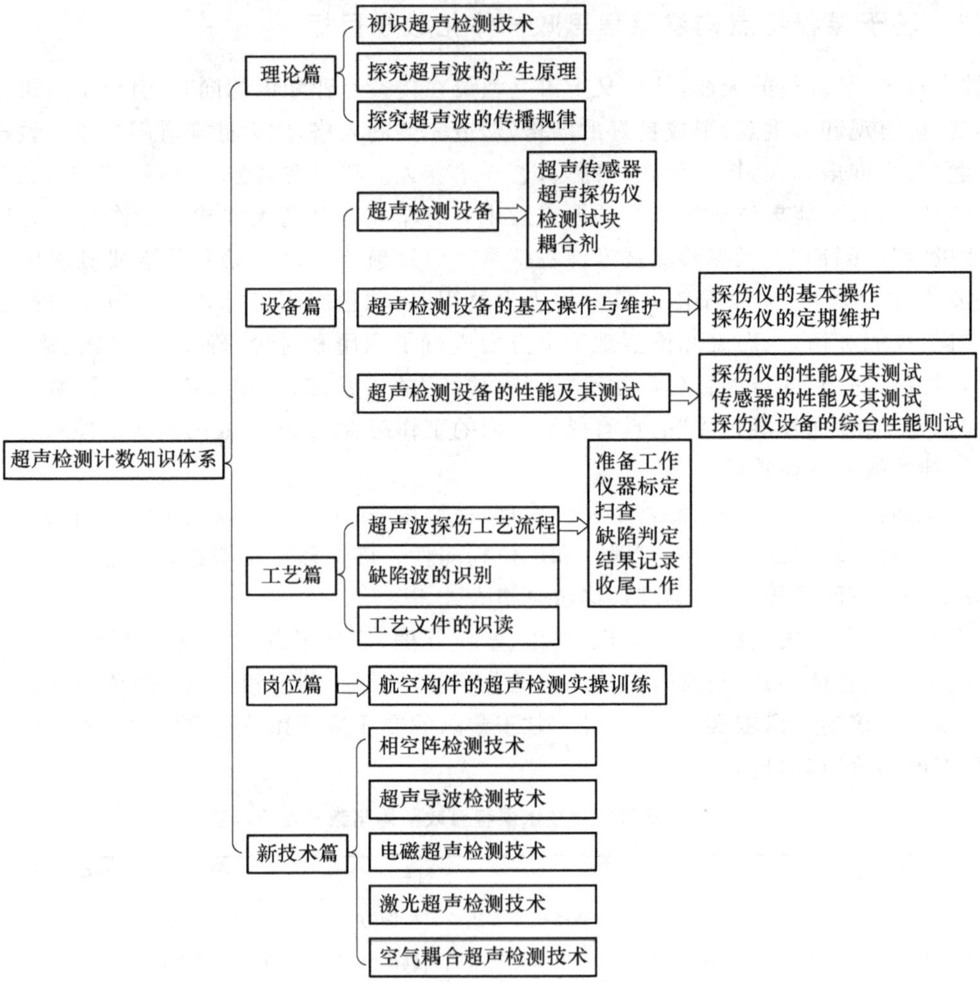

图 1 “超声检测技术”课程知识体系

“下沉”到教学模块中，梳理具有专业特点的思政元素。归纳起来主要有以下几个方面：从超声检测技术的历史起源中发掘中华优秀文化，坚定学员的文化自信，增强学员的民族自豪感；从超声检测的基本原理中发掘蕴含的发现规律、探究规律、运用规律的科学精神，培养学员的哲学思维；从超声检测设备的合理应用，培养学员的科学的方法论和认识论，增强学员的分析解决问题的能力；从超声检测方法和工艺的操作实施，培养学员严谨的治学态度和遵规守纪的法制观念，激发学员敢于质疑，勇于挑战的精神；从先进典型的事迹中汇聚强军正能量，激发学员矢志强军的理想信念，增强学员的责任感和使命感；从领先成果中感受科技强军力量，坚定学员敢打必胜的信心，增强学员军人荣誉感；从典型案例中汲取事故教训，强化学员的岗位意识，增强学员的责任感；等等。由此形成了超声检测技术课程思政图谱，见表 2。共挖掘思政点 19 个，思政设计案例 15 个。

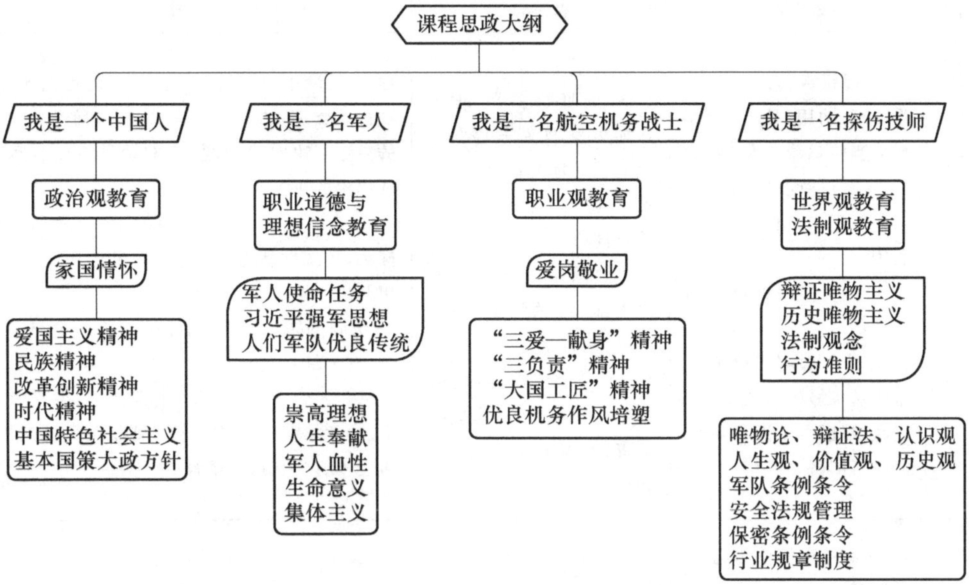

图 2　超声检测技术课程思政元素体系

表 2　超声检测技术课程思政图谱

章节内容	知识点	思政点	思政设计
绪论	1. 超声检测技术的发展； 2. 超声检测技术原理、特点及应用范围； 3. 超声检测人员的基本要求	1. 家国情怀：爱国主义精神、民族精神、创新精神； 2. 辩证唯物主义：唯物论、辩证法、认识观； 3. 爱岗敬业：“三负责”精神、“大国工匠”精神	1. 通过国内外超声探伤仪的发展历程的介绍，尤其是从新中国成立初期我国首台超声探伤仪的研制到当代我国自主研发的激光超声可视化检测技术，挖掘中国人民的创造精神、团结精神，坚定文化自信和民族自豪感； 2. 从超声波的被发现与被应用，挖掘人类发现规律、探究规律、运用规律的科学精神，培养学员敬畏自然、尊重科学的意识； 3. 介绍先进人物——空军 1 级探伤技师窦树军的事迹，通过榜样的力量，激发学员矢志强军的理想信念，增强学员责任感、使命感
超声检测基础理论	1. 理解超声波的概念、种类及传播特性； 2. 理解描述超声场的物理概念； 3. 理解超声场特性并会应用； 4. 掌握超声波在界面的传播规律； 5. 了解超声波在介质中的衰减因素	1. 辩证唯物主义：对立统一规律、量变到质变规律； 2. 唯物主义：尊重科学、尊重规律	1. 从人类发现压电效应，挖掘人类征服自然的精神，鼓励学员科学运用自然规律，提升技术水平，创造美好生活； 2. 解读超声场性能特性的两个要素，挖掘“事物是矛盾的统一体”，引导学员从事物相互联系、相互作用的关系出发，分析矛盾、抓住关键、找准重点、洞察事物发展规律； 3. 解读超声波倾斜入射异质界面的规律，挖掘“量变引起质变”的规律，引导学员科学运用规律，解决实际工作问题

章节内容	知识点	思政点	思政设计
超声检测设备	1. 掌握超声传感器的工作原理、功用、种类，会选择恰当传感器； 2. 掌握超声波探伤仪的工作原理，知道探伤仪的功用； 3. 会正确使用试块与耦合剂； 4. 熟练掌握超声检测设备的基本操作与维护； 5. 会对超声检测设备性能进行测试	1. 辩证唯物主义：理论指导实践，实践是检验真理的唯一标准； 2. 唯物主义：尊重科学、尊重规律； 3. “大国工匠”精神：严谨求实、细致认真、精益求精、刻苦练兵； 4. “三负责”精神：为战友生命安全负责、为战机负责、为战斗负责	1. 归纳设备的选用方法，挖掘“理论指导实践，实践检验真理”的实践第一观点，引导学员应用科学的方法解决实践问题，启发学员借助实践手段验证理论的可行性； 2. 由直探头的近场区问题，介绍水浸超声和延迟探头，挖掘创新思维，引导学员应用知识，大胆设想解决问题。 3. 设备的操作演练，引导学员要理论与实践相结合，刻苦练兵精神； 4. “失之毫厘差之千里”的典故，激发学员严谨求实、精益求精的工作态度，细致认真的工作作风，激发学员“三负责”精神
超声检测工艺	1. 知道超声探伤方法及适用范围； 2. 熟悉超声纵波探伤工艺流程； 3. 熟悉超声横波探伤工艺流程； 4. 熟悉超声表面波探伤工艺流程； 5. 掌握缺陷波的识别； 6. 能够识读工艺文件	1. 行为准则：安全法规管理、行业规章制度； 2. “大国工匠”精神：严谨求实、细致认真、精益求精、刻苦练兵； 3. 爱岗敬业：优良机务作风养成	1. 超声探伤工艺的实操训练，引导学员要遵守法规，按章操作，树立法规意识，培养学员“严守规范”的安全意识和优良的机务作风； 2. 缺陷的判读，引导学员不盲从，敢于质疑；培养学员“精益求精”的质量意识和“打破砂锅问到底”的探究精神
超声检测技术的应用	熟练开展航空构件的超声检测	1. 行为准则：安全法规管理、行业规章制度； 2. 军人使命任务：保卫祖国、保卫人民、保卫国家财产； 3. 爱岗敬业：“三负责”精神	1. 典型故障案例，挖掘无损检测岗位的重要性，严肃性和严谨性，激发学员的岗位责任感和使命感； 2. 探伤实训，培养学员“精益求精”的质量意识、“严守规范”的安全意识和甘于牺牲”的奉献精神； 3. 探伤时机和内容，严格按照《维护规程》等文件执行，不可随意更改，培养学员严格执行的纪律作风

2.3 采用多种教学方式实现多方位价值引领

为了达到“春风化雨、润心无声”的育人效果，课程组将思政教育渗透到教学全过程。采用图片、视频等资料，通过情景教学法，激发学员的专业情怀；通过任务驱动、小组讨论等方式，引领学员感悟科学思维方法，激发学习热情、培养创新精神；通过学习先进人物，坚定学员矢志强军、报效海疆的理想信念；通过典型故障案例，激发学员的战斗精神和为保障装备安全而学习的强烈责任意识。

通过采用多种教学方式实现从科学精神、创新精神到为战斗力服务的责任意识的全过程思政育人和多方位价值引领。

3　教学的组织与实施

下面以“超声检测技术”课程的第一课——绪论课：初始超声检测为例，探讨课程思政的组织与实施。

3.1　课堂引入

作为无损检测技术系列课程的第一门课程的第一次课，在课堂引入的环节中，课程组列举了历史上发生过的典型的由于疲劳引发的飞机飞行安全事故，由这些触目惊心的事故案例，引出无损检测工作的重要作用，使学员知道无损检测是预防飞机结构失效的重要手段之一，他们在未来所要从事的工作就是提前发现飞机结构缺陷，避免飞行事故的发生，起到防患于未然的作用，进而激发学员的职业认同感和责任感。

3.2　课堂教学

知识点1：超声检测技术

该知识点主要讲解“什么是超声检测技术”以及“超声检测技术的发展历程”。由“超声检测”的概念讲解，引出人类对自然界中“超声波”的认识以及“压电效应”的认识，使学员感知“每一项伟大的发现，从知晓到应用都需要经受时间的磨砺”，激发学员对真理的不懈追求。由“超声检测技术的发展历程”讲解，尤其是在新中国成立之初，中国人民集中力量搞科研攻关，成功研制了我国第一代超声波探伤仪，引导学员深刻体会中国人民的伟大创造精神、伟大奋斗精神、伟大团结精神和伟大的梦想精神，激发学员的民族自豪感和爱国主义精神。

知识点2：超声检测的原理、特点和应用范围

该知识点主要讲解“超声检测技术原理”“超声检测技术特点”以及“超声检测应用范围”。由“超声检测原理”的讲解，引导学员应善于发现规律、合理运用规律、积极发展规律，造福人类的生产生活，为学员树立正确的辩证唯物主义世界观和马列主义认识论。由“超声检测的优点和局限性”的讲解，引导学员对事物的认识要客观、全面，应善于发现优点，合理利用优点，正确对待不足。

知识点3：“超声检测技术”课程的学习要点

该知识点是本节课的重点内容，其是为学员建立一个本课程的学习内容体系。该知识点主要从“理论”“设备”“工艺”“岗位”四个方面概况讲解本门课程涉及到的知识要点和难点，以及学习的目标和方法，使学员初步掌握课程内容，在后续学习中可以做到有的放矢，同时也让学员体会到本课程是一门理论与实践紧密结合的课程，在课程的学习过程中要体会“理论对实践的指导作用”，同时还要体会到“实践应用是科学理论的升华”。

知识点4：如何胜任探伤工作

该知识点是针对士官学员特点，引导他们如何才能成为一名合格的探伤技师。多年的教学经验发现，探伤岗位士官学员普遍存在文化基础底子薄、探伤专业零起点的特点，在学习过程中容易产生畏难情绪，担心自己学不会、干不好。因此课程的第一课，课程组就通过“榜样的力量”来激励新学员的学习自信和岗位自豪。课堂上通过给学员介绍一位和他们经历类似的探伤技师——空军优秀探伤技师、一级军士长、全军优秀士官人才一等奖获得者窦树军的成长经历，让学员体会如何从一名普通的新兵，成长为一名合格的探伤员，继而成长为一名优秀的探伤技师的过程。激励学员学习时要刻苦钻研、工作时要细致较真、遇到困难时要永不服输、

要问题时要勇于质疑、敢于挑战。

3.3 课堂反思

课程思政作为当前高等教育的新模式，课程组建设过程中不断地探索和反思。建设初期，主要从以下几个方面进行了反思。

(1) 融入的方式

课程思政一直在强调“润物无声，春风化雨，如盐入水，毫无痕迹”；切忌生硬加入，扯大旗，喊口号。恰到好处的思政就像是我们在做事中学会做事，在做人中学会做人那样，把教员的思政转变为学员的思政。

(2) 融入的时机与载体

课程思政不仅仅是在课堂上45分钟内进行思政，应该建立多层次、多维度融入的理念，课前、课上、课后都是融入的时机；时事热点、案例故事、信息前沿、研究过程等等都是融入的载体。

(3) 对教员的要求

“学高为师、身正为范”，中国传统教育思想一直强调教育者的“言传身教”。教员走进教室，他本身的治学态度、学术水平、教学态度、教学境界、对学员的学习状态是否了解、对学员是否关心……这些都是一名教员敬业精神的身体力行，是学员能够感受到的最直接的思政教育。因此，每一位教员的思政还体现在课堂上的言行举止，体现在与学员的接触中表现出来的治学精神和人生态度。

4 结束语

课程思政不是教学改革，而是教学育人初心的一种回归。在一年多的教学实践中，我们探讨了不同教学内容与德育教育培养相结合的方法，在教学过程中挖掘适宜的思政内容，注重通过知识拓展来开展价值观的培养，将知识传授与价值引领相结合，通过课堂教学这个主渠道，发挥好专业课教学在“立德树人，为战育人”中的重要作用。

参考文献

[1] 高等学校课程思政建设指导纲要，http://www.moe.gov.cn/srcsite/A08/s7056/202006/t20200603_462437.html (2020.06.15).

[2] 李鹏. “素描与色彩”课程思政建设：思政资源的挖掘、凝练与植入[J]. 高等职业教育——天津职业大学学报，2020(2)：85-89.

[3] 周燕，郁雨杰，沙彦佑. 思政教育融入专业技能教学的改革与思考[J]. 教育现代化，2020(46)：62-64.

[4] 章文. 立德树人 为战育人[N]. 光明日报. 2020.06.14(第7版).

[5] 冯春梅. 战机“神医”——记空一师某团探伤技师、五级士官窦树军[N]. 人民日报，2009.05.15.

[6] 邓雪莲，胡祥，刘晶. “课程思政”视角下的“工程制图”教学改革与实践探索[J]. 教育现代化，2020(46)：76-80.

[7] 马小荣. 高职院校专业课课程思政实施路径研究——以无损检测技术专业为例[J]. 教育观察，2020(14)：3-4.

飞机结构修理课程思政建设实践分析

王兵　戴京涛　王紫潇

（海军航空大学青岛校区航空机械工程与指挥系，青岛　266041）

摘　要：针对军事院校飞机结构修理课程的思政建设实践情况进行了分析总结，是为其他类似课程的思政建设提供借鉴。该课程是专业主干课程，在前期建设中形成了“理实一体，聚焦实战”的课程特色，课程中包含理论教学、实操施工和聚焦实战等三部分内容。在分析课程特色的基础上，总结了领悟内涵、归纳素材、构建联系、教学实施、总结回顾五个思政建设的实践步骤。针对课程中理论、实践和聚焦实战三部分不同教学内容，分析了每部分所侧重的思政建设要点，并展示了思政融入的典型例子。

关键词：课程思政；课程建设；飞机结构；修理；军事院校

百年大计，教育为本。2020 年 5 月，教育部颁布的《高等学校课程思政建设指导纲要》对高校各类课程的思政建设进行统筹规划和具体指导，标志着课程思政已经成为高校教育的重要组成部分。军事院校的课程也具有传授知识、培养能力和思想政治教育的双重功能，承载着培养军校学员世界观、人生观、价值观的作用，这是课程思政的逻辑起点。习近平多次指出军事院校要“立德树人，为战育人”，针对课程进行思政建设已经成为贯彻习近平指示精神的重大举措，也是当前教学改革中的热点问题。本文将以飞机结构修理课程为例，对其思政建设的实践进行分析总结。

1　课程基本情况和特色

飞机结构修理是海军航空大学青岛校区航空机务维修专业结构与表面方向的一门主干必修课程，授课对象是士官职业技术教育层次学员。就教学目标而言，在知识层面要求掌握飞机结构损伤和修理的基础理论；能力层面是能针对典型损伤设计修理方案，初步掌握各类修理技能，为后续专项实操课程打下基础；态度层面是培养学员科学精神和法规意识，养成爱岗敬业、严谨求实、无私奉献的机务作风。

从教学目标来看，在课程教学实施中，既要传授理论知识，又要带领学员进行修理施工，近年来还对课程深度推进了“为战育人”实战化改革。经过多年建设，课程已经形成了“理实一体，聚焦实战”的特色。针对课程特色，在实施思政教育时需要重点考虑三个方面：

1）课程理论性强，思政教育须融入课堂教学。

在课程内容中，飞机结构受力、结构损伤基础知识以及各项修理技术的原理，是理论性较强的部分，在教学实施中由教员在普通教室进行课堂授课，施教方式类似于普通专业基础课程。该教学内容的课程思政建设，应与理论课程类似。

2）课程实践性强，思政教育需贯穿实操施工。

课程目标要求学员需要依托训练中心和实验室，进行各项修理技术具体操作，从而习得相关修理技能。这部分实践性较强的教学环节，在教学实施中由教员带领学员在飞机修理训练中心和四个实验室进行，其授课方式类似于岗位实践专业课程。该教学内容的课程思政的建设，应与实践专业课程类似。

3）课程战味较浓，思政教育需聚焦岗位实践。

习近平认为“院校同部队对接越精准，课堂同战场衔接越紧密，培养的人才越对路子。”为了更好地让院校对接部队，课堂衔接战场，近年来在课程建设中深度推进了“为战育人”的实战化教学改革，在教学实施中大量引入了部队实训真实修理任务，通过复盘修理流程来完成教学目标。把部队的真实任务引入教学，能够使课程聚焦实战，课堂紧密衔接战场。在课程思政的实施中，也要注重将思政要素聚焦到学员毕业后的岗位实践之中。

2 课程思政建设的实践步骤

在分析课程特色的基础上，课程组努力推进课程思政建设，迄今已经过两期完整的教学实践。对于课程思政建设的实践过程，梳理总结了以下五个环环相扣的步骤。

2.1 领悟内涵

想要做好课程的思政建设，必须首先领会内涵。课程思政最早由习近平在2016年12月高校思想政治工作会议讲话提出，习近平指出：“各门课都要守好一段渠、种好责任田，使各类课程与思想政治理论课程同向同行，形成协同效应。”[1]随后，2017年底教育部印发《高校思想政治工作质量提升工程实施纲要》，课程思政问题成为研究热点。课程组在对课程思政的内涵进行研究时，认为课程思政的内涵主要包括以下三方面：

一是课程思政具有理念高度，表明教学不仅要授业解惑，还要立德树人，这就要求各门课程在规划、建设和实施等环节必须考虑思政要素，在知识传播中强调价值引领。

二是课程思政范围广，注重德智统一。在课程实施过程中，要关注“立德”与“求知”相互融合，要让课程承载思政、思政寓于课程，要协调发展不能过于偏重一方。

三是课程思政强调实施方法。在思政实施过程中强调隐性教育，是一个“目的隐藏、方式隐蔽、效果隐现的施教工作过程”[2]，其关键在“隐”，在知识传授和能力培养中潜移默化实现价值塑造。

2.2 归纳素材

在深刻领悟课程思政内涵的基础上，为尽到“守渠种田”责任，实现全员全程全方位育人，就需要充分挖掘课程中可以培养军校学员理想信念、价值取向、政治信仰和社会责任的题材和内容。课程组结合课程内容，广泛学习、搜集、关注、加工、整理在教学中可以作为思政要素的相关素材，并将其归纳整理为“六观”：一是政治观，主要包括党的先进理论、党史国史、当今国情、爱国主义、民族精神、时代精神等；二是军事观，主要包括我军使命担当、我军发展历史、习近平强军思想、军队优良传统、革命英雄主义和战备思想等；三是世界观，主要包括辩证唯物主义、历史唯物主义、科学精神、马克思认识论等；四是人生观，主要包括人生理想信念、人生价值实现、生命意义等；五是道德观，主要包括核心价值、集体主义、社会公德、家庭美德、职业道德等；六是法制观，主要包括社会主义民主、社会主义法制、遵纪守法等。对于军校学员来说，这六观之中的政治观和军事观尤为重要，尤其要注意培塑学员听党指挥、爱国奉献、爱军习武、英勇善战的品格。

2.3 构建联系

将思政元素归纳整理后，建立思政素材库。后续工作就是构建思政元素与课程内容之间的有机联系，形成对应的思维导图或知识对应表格，建立课程思政图谱。该过程分为三步走：第一步是梳理课程内容，从课程的顶层设计开始到具体施教方式，要切实梳理明晰课程的目标定位、内容取舍、知识分割、重点凝练、难点聚焦、学时分配等环节，梳理出每个教学环节的内容特色；第二步是认真分析授课对象特点，分析学员的前期学习基础、后续学习内容，学员思想动态、近期可能的思想热点等；在此基础上，第三步是将思政元素融入教学，力求做到与教学内容贴合，不显突兀，与学员思想贴合，学员爱听。

2.4 融入教学

思政元素与教学内容构建联系后，即可在教学实施中初步融入。主要注意两个层面：第一层面是事先做好教学设计，从教学环节上看，教学内容的引出、知识点的关联、知识结构的铺垫与构建等环节，均易融入思政要素；从教学手段上看，教学教案、幻灯片和板书的构思设计、教具的准备和配置等也可融入思政要素；从教学法上看，整堂课的教学设计，也可融入思政要素。第二层面是具体施教过程，在教学设计只是提供了良好的剧本，思政元素能否进得去课堂，还要取决于教员的具体讲授。首先要求教员本身应该做到"四有"，即有理想信念、有道德情操、有扎实学识、有仁爱之心；其次要求教员在课堂要有"三情"，即讲解有激情、垂听有感情、互动有温情。只有这类课堂，思政元素才进得去、进得深，才能入耳入心，最终化为学员的自觉行动。[3]

2.5 总结回顾

在教学中实施课程思政后，还应注意回头看，回顾课程思政实施情况，并进行提炼总结。回顾过程主要注意三方面：一是回顾环节要完整，要看思政元素与课程内容是否深度契合、与教学设计是否合理匹配、是否能引发学员共鸣、融入过程是否生硬等；二是要明确回顾目的，回顾实施过程，主要目的是凝练课程本身的思政重点和特点，形成有效资源库，并最终落实和完善课程教学设计或教学计划；三是要注意回顾时间，一般在下课后要及时回顾本节课实施情况，结课后要及时回顾全课程思政实施情况，针对不妥之处尽力改善，努力提高死正水平，达到"让学科内容更具深度、让课堂氛围更有温度、让思政教育更有力度"的效果。[4]

3 课程思政建设的典型例子

该课程目前已经建立了较为完善的思政图谱。表1即为展示以本课程具体内容为例的思政建设典型例子。

表1 “飞机结构修理”课程各教学环节课程思政典型例子

教学内容	章节	思政融入点	思政要素	教育目标	分类
理论教学部分	飞机常见损伤	飞机的损伤	南海撞机事件。如今祖国蒸蒸日上，非昔日可比，人民军队每名学员都是时代浪潮中的一分子，要在国家和军队的发展中实现自己的人生价值	塑造家国情怀，了解大国博弈，树立使命担当	政治观 军事观 人生观
	铆接修理	铆钉的选择要素	各类铆钉牌号、材料都不相同，在修理时，必须按照国家标准和工作相关法规来进行选择	培塑严谨作风；树立法规意识	道德观 法制观
	修理方案设计	修理设计的强度计算	在用强度理论来计算铆钉排列时，着重强调理论指导实践，实践验证理论；强调机务工作中不能马虎，要有科学思维，每一步实践都有相应理论的支撑	理解理实辩证关系；培塑严谨作风；培养科学思维	世界观 道德观
实践教学部分	铆接修理	衬片补片铆接施工	铆接的制孔、锪窝、铆接等工序，都有严格的质量控制要求和标准，实操中要精益求精，依法操作，为战友负责，为战鹰负责，为战斗胜利负责	传承传统工艺；培塑工匠精神；养成法规观念	道德观 军事观
	钛合金修理	钛合金成型加工	钛合金难以加工。工程人员运用科学理论，创新加工工艺，使得钛合金得以应用。目前我国在钛合金冶炼成型领域中，多项技术已经领先世界。J20飞机和奋斗者号深潜器，都有我国自研的钛合金加工技术	培养科学精神；塑造家国情怀；突出创新精神	世界观 政治观
聚焦实战环节	战伤抢修	美军的飞机战伤抢修	美军奇奥瓦直升机侧面被弹片击伤，蒙皮破裂，内部桁条断裂。美军在不具备完善修理条件下，因地制宜展开抢修，直接在机身外侧铆接铝合金型材，将飞机临时起飞转移到后方基地进行后续维修	培养精武强兵战备思想，机智灵活完成战斗任务	军事观 道德观 政治观
	铆接修理	蒙皮裂纹修理	我军某无人机在对台侦查期间前机身右下侧撞鸟，蒙皮凹陷，内部隔框轻微变形，并有约80 mm裂纹损伤。为确保任务完成，修理人员主动作为，不等飞机返厂，采用局部整形，整体止裂加强进行修理	军队使命担当；主动作为英勇善战的革命英雄主义	政治观 军事观 人生观

1）理论教学部分

在课程内容中，飞机结构受力、结构损伤基础知识以及各项修理技术的原理，是理论性较强的部分。该部分的思政要素着重突出了辩证唯物观点、科学方法论和科学精神培育，突出分析、解决问题的科学思维方法训练，注重知识传授过程中把握时机对学科历史、行业传统、典型事迹、文化背景、家国情怀和理想信念的合理融入。其思政融入的三个典型例子见表1。

2）实践教学部分

在课程内容中，各项修理技术具体实操学习，是实践性较强的部分。该部分的思政要素着重可以讲各类修理技术的历史发展;讲理论实践的联系;突出创新精神和工匠精神培育,注重专业(技术)精神传承、法纪法规观念、严谨负责优良作风的有机贯穿。表1中列举了实践教学部分的两个思政融入的典型例子。

3）聚焦实战环节

为积极贯彻习近平主席“为战育人”“从实战出发”的军事院校教学思想,在课程引入了大量引入了部队实训真实修理任务,通过复盘修理流程来完成教学目标。在授课过程中,要注意构建实战情境,讲清战场或者岗位操作条件,引领学员设身处地,建构知识,并完成思想政治教育。主要凸显军队使命担当、优良传统、革命英雄主义和精武强兵英勇善战的战备思想等;通过中外案例对比,也注重塑造学员的爱国主义、民族精神、时代精神等。

4　经验结论

在“飞机结构修理”课程的思政建设实践中,其主要经验是首先注重分析了课程自身特点,然后针对课程“理实一体,聚焦实战”的特色,按照五个环环相扣的步骤,逐步推进思政建设:先是明确思政内涵,明确内涵后才能整理归纳思政元素,整理思政元素后才可构建思政元素和教学内容之间的联系,建立联系后才能尝试在教学中实施,教学实施后才谈得上总结回顾,在后期教学实践中进一步凝练提高。目前课程思政已经深刻融入到全国各级各类教育院校的日常教育教学工作之中,相比之下,军事院校的课程思政具备自身特殊性,尤显重要。如何在军事院校课程建设中推进思政教育,仍是一个值得继续深入研究的问题。

参考文献

[1] 习近平.习近平谈治国理政(第二卷)[M].北京:外文出版社,2017:378.

[2] 白显良.隐性思想政治教育过程探析[J].思想理论教育,2007(21):57-65.

[3] 龚一鸣.课程思政的知与行[J].中国大学教学,2021(5):77-84.

[4] 谭晓爽.课程思政的价值内涵与实践路径探析[J].思想政治工作研究,2018(4):44-45.

基于IPO模型的航空装备实战化保障课程思政建设实践

吕鑫燚[1] 李林[1] 杨明绪[1] 叶文[2]
(1. 海军航空大学 青岛校区,青岛 266041
2. 国防大学 联合勤务学院,北京 100858)

摘 要:课程思政建设是当前我国高等教育改革发展的重要战略,是军队院校人才培养的应有之义。为深入贯彻和落实"立德树人,为战育人"的根本任务,军队院校更应巩固和加强思想政治引领,成为培养高素质新型军事人才的沃土。针对此问题,本文首先探讨了课程思政的价值内核,引入了课程思政IPO模型;并以此为基础,深入分析航空装备保障课程实战化需求以及学员特点,明确基于IPO模型的课程思政建设策略;进而细化教学目标,深化设计思路,重组教学内容,改革教学方法,将课程思政贯穿课程教学全过程,完善课程思政体系化建设,实现情感态度价值观与知识技术能力的有机统一。

关键词:课程思政;IPO模型;教学改革;育人;军队院校

习近平在全国高校思想政治工作会议上明确指出:"要用好课堂教学这个主渠道,思想政治理论课要坚持在改进中加强,提升思想政治教育亲和力和针对性,满足学生成长发展需求和期待,其他各门课都要守好一段渠、种好责任田,使各类课程与思想政治理论课同向同行,形成协同效应。"[1]课程思政建设已成为当前我国高等教育改革发展的重要内容,是军队院校人才培养的应有之义,是贯彻落实新时代军事教育方针的内在要求。在此背景下,本文研究和探讨了课程思政的价值内核,并以此为理论思考点,针对航空装备保障课程实战化需求及特点,进行了基于IPO模型的课程思政改革建设研究。

1 高校课程思政的价值内核

课程思政已成为新时代高校课程改革、高校思想政治工作新的生长点。鉴于此,研究和分析课程思政的价值本源、内涵要义,将有助于推进高校课程思政教育教学改革,增强课程思政实施的理性自觉和文化自信,实现在价值观培养上"同频共振"。

1.1 育人:课程思政的价值本源

1.1.1 价值问题是推动课程思政绕不开的本源问题

对于高校而言,培养人才是它的第一要务,育人是高校的立校之本,高校实施各项教育教学活动说到底都是为了服务于育人工作,育人是其价值本位。课程思政改革指向一种新的思想政治工作理念,旨在形成全员、全过程、全方位以及全课程的"大思政"育人格局,改变高校思想政治教育长期存在的"孤岛"困境,实现高校各类课程与思想政治理论课同向同行、协同育人[2]。因此,高校实施课程思政改革,要紧紧围绕高校育人这个价值本源,落实立德树人这个根本任务,在实践层面上积极探索知识传授与价值引领、科学研究与教书育人、学科发展与学生发展等三者间的内在统一问题。通过挖掘各课程的育人价值,利用好课堂教学主渠道,在课堂教学中落实育人目标,从而使高校人才培养实现“本体价值和工具价值”相统一、“育人和育才”相统一,形成课程整体育人的联动效应,促进育人目的的顺利实现。

1.1.2 依托课程思政,聚焦育人价值

高校实施课程思政改革的根本目的在于实现“立德树人”的育人目标,落实到具体实际,各门课程就要聚焦育人价值的本源,找准价值目标、价值定位,真正反映出课程思政改革的初衷以及最终实现目标。恩格斯指出:“人的思维的最本质和最切近的基础,正是人所引起的自然界的变化,而不单纯是自然界本身。”[3-5]在贯彻和实施课程思政的具体过程中,要选择正确的价值维度,正确认识和处理好四种关系,即价值导向和价值引领的关系、专业技能培养与个体全面发展的关系、课程多样性与意识形态主导性的关系、个性化育人与整体性育人的关系,充分发挥各方面优势,实现各学科、课程间育人价值的聚焦,最大限度地体现出高校的育人本质。

1.1.3 立足课程思政价值同心圆,回归课程育人本源

课程思政中“课程”凸显的是“立德树人”的教育性,“思政”凸显的是“立德树人”的价值性。不论是“课程”“思政”,还是课程思政,归根结底在于育人,其最核心是解决“培养什么样的人、为谁培养人”的问题。一直以来,在高校课程实施中,重视学科知识传授,淡化课程育人功能,重智轻德现象,“只教书,不育人”现象依然存在,这就严重偏离、背离了课程育人本源。著名教育家陶行知说:“先生不应该专教书,他的责任教人做人;学生不应该专读书,他的责任是学习人生之道。”可见,在课程教学中,向学生传授知识固然重要,更为重要的是要让学生懂得做人做事的道理,这才是课程的初衷和真谛。课程思政改革将知识传授与价值引领统一,强化了课程自身的思想政治教育元素所承载的育人功能,体现了课程育人的价值本源。同时,通过课程思政建设,整合了价值观多元化问题,重构了社会主义核心价值观认同,这就从根本上解决了“为谁培养人”的问题[6]。习近平对我国高等教育发展提出“四个明确”,清晰地指明了新时代我国高校的育人导向和培养目标,进一步坚定了高校在实现中华民族伟大复兴的中国梦征程中所承担的新使命。高校课程思政改革,从一定意义上正在探索解决我国高校育人本源的回归问题。

1.2 课程思政的内涵要义

《中国大百科全书》给出了“课程”的定义:主要是指学生在由教师指导下各种活动的总和,即“课程”就是集“学科专业知识传授、人文科学精神塑造、品行操守培育”等为一体的教学过程。而课程思政与之相比,其含义更为丰富。具体如下:

1.2.1 课程思政属于一种全新的育人理念与价值的培育和输出

与思政课程不同,课程思政不属于高校的一门或一系列课程,而是一种全新的课程观、一种新的思想政治工作理念。从其涉猎的范围来看,不仅包括思政课,还涵盖了众多的专业课程。通过这些课程载体,将社会主义核心价值观根植于青年学生,并自觉地内化为指导实践的行动指南。因此说,课程思政的本质内涵实际上是一种全新的育人理念与价值的培育和输出。

1.2.2 课程思政推动了高校育人模式创新，实现同向同行

课程思政改革本身就是应对高校当前教育工作中育人与育德割裂问题的探索实践，可以说，现实中很多高校存在淡化、弱化思想政治工作现象，课程开设流于形式，思政课经费不足，思政课教师队伍参差不齐等，在一定程度上制约和影响高校育人效果。课程思政以问题为导向，聚焦高校育人价值本源，创造性地推出“集高校学科、课程群优势于一体，体现中国特色社会主义大学特色”的育人新模式。不仅如此，课程思政还从理论和实践层面实现了大学生对中国特色社会主义的政治认同、思想认同和文化认同，实现了专业课程与思政课程同向同行、协同育人[7,8]。

综上，课程思政是一个内涵丰富而又立意深远的课程改革创新，是顺应高校课程改革的新要求，提高军队院校“立德树人，为战育人”的实效性，巩固和加强思想政治引领的高校教育教学改革新尝试。

2 基于 IPO 模型的课程思政建设策略

2.1 IPO 思维模型

IPO 思维模型是 In Process Out 的缩写，它是一种常见的思维模型，示意图见图 1。

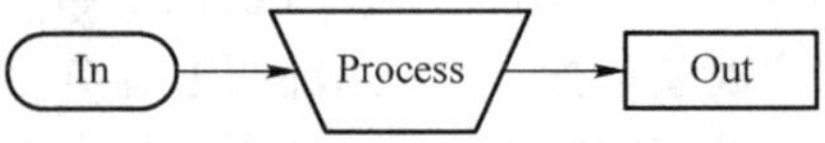

图 1 IPO 思维模型

I 指信息输入，P 指信息处理，O 指信息输出。这个模型的两个核心是 In 和 Process，总结起来就是输入要正确，处理规则要合理，输出才有价值。人类的认知就是一个典型的 IPO 过程，将平时的观察、欣赏、交流、阅读等作为输入，大脑进行类比、归纳、演绎等思考抽象后输出可以解释某一类现象的思维模型。

将这个模型套用到课程教学中，也就是课程本身所具备的知识内容是输入内容，而教师则需要根据自己的经验、阅历、感受对课本内容进行规律性处理，最终学生们学习到的才是智慧，而非课本知识。学生的学习过程也是同样道理，输入层面就是老师传授的知识内容，属于“入耳”层次；而将知识内容真正掌握还需要结合自己的思考，也即“入脑”；最终将知识内化于心，形成潜移默化的价值观、方法论，即“入心”层次。

本文引入 IPO 思维模型用于专业课程的思政建设，正是想要从教与学两方面促进专业知识与政治理论的有机结合，深入挖掘各类课程和教学方式中蕴含的思想政治教育资源，让学生通过学习，掌握事物发展规律，通晓天下道理，丰富学识，增长见识，塑造品格。在军队院校中，突出政治能力培养，加强军魂教育、弘扬光荣传统、培育优良校风，为培养有灵魂、有本事、有血性、有品德的新时代革命军人提供坚强保证。

2.2 航空装备实战化保障课程

2.2.1 课程概述

机载火控设备仓储课程是面向场站保障专业军械仓储方向士官职业技术教育层次的一门

专业任职岗位课程，教学团队通过从强军思想、军事文化、哲学思想、法规意识、使命担当和科学创新等方面广泛挖掘课程蕴含的思政元素，结合阐明陈述、案例警示、研讨提升、现身说法、谈心交流和参观见学等多种方式，力争将课程思政贯穿课程教学全过程，进一步推动和完善课程思政体系化建设，培养学员“坚定、务实、勤思、笃行”的仓储保障作风。

2.2.2　教学目标细化

课程以“树立远大理想，投身强军实践，展现科学魅力，激发学习热情”为课程思政改革总目标，并逐步细化四个方面。一是进一步坚定理想信念，仓储学员大多来自于后方仓库、军械股等“远、小、散”单位，对坚定理想信念提出了更高的要求。通过课程思政开展增强责任感和使命感。二是进一步培育战斗精神，军队是要准备打仗的，在专业课程内容要聚焦实战的同时，对战斗精神培育提出更高的要求。通过课程思政开展强化战斗意识，淬炼胜战思维。三是进一步提升教学效果，火控设备与等其他军械物相比资供应数量少、安全风险低，学员对课程内容学习积极性不高。通过课程思政开展深化思想认识，端正学习态度。四是进一步拉近师生关系，专业课程学时短，与学员接触的时间少，难以建立深层次的情感交流。通过课程思政开展构建新型师生关系“亲师信道，信道爱教”。

2.2.3　设计思路深化

结合课程特点在课程思政设计上把握三个“度”。一是思想引领上高度：领袖嘱托记心上、强军思想进课堂。将领袖的指示精神融入课程知识点讲授，加强思想引领，鼓舞学员士气，坚定理想信念。二是元素挖掘见深度：根植思政课程土壤、滋养课程思政成长。以学员系统学习的思政课程为挖掘思政元素的切入点，引起学员广泛共鸣，从而打破思政课程孤岛效应。三是润物无声有温度：捧得一颗心来，不带半根草去。通过耳濡目染、言传身教，用自身的一腔热情激发学员的强军报国热情。

2.3　基于IPO模型的课程思政建设

2.3.1　思政元素梳理

教师是教书育人的实施者，也是课堂教学的第一责任人。教师育人、育德能力是高校能否课程思政攻坚战中取胜的关键因素之一。而每门课程都有其独特内在的学科属性，但所有课程都蕴含丰富的育人资源。因此，教师要加强对思政教育内容的学习，挖掘每门课程中的思想政治教育资源，服从于学科建设，服务于学科育人，共同打造学科育人共同体。

《课程思政建设指导纲要》在明确课程思政建设目标要求和内容重点中指出：一是推进习近平新时代中国特色社会主义思想进教材进课堂进头脑；二是培育和践行社会主义核心价值观；三是加强中华优秀传统文化教育；三是深入开展宪法法治教育；四是深化职业理想和职业道德教育；五是理学、工学类专业课程，要在课程教学中把马克思主义立场观点方法的教育与科学精神的培养结合起来，提高学生正确认识问题、分析问题和解决问题的能力。因此课程组针对要求，重点梳理了《习近平新时代中国特色社会主义思想》《马克思主义基本原理概论》《军人思想道德修养和法律基础》《人民军队历史与优良传统》《海军航空装备保障人员职业素质概述》的思政元素。

2.3.2　思政图谱设计

课程组广泛深入地挖掘课程内容中蕴含的思政元素，将思政元素与课程章节内容之间的联系用图表的形式展示,形成课程思政图谱(见图 2)。

知识点 思政元素	入库作业 知识点1：接收航空军械物资规定 知识点2：物资登统计工作要求	物资保管 知识点1：航空军板物资储存兵求 知识点2：仓库温湿度的影响及控制	出库作业 知识点1：发放航空军物资规定 知识点2：设备出库委求新旧对比	瞄准具概述 知识点1：轰瞄结构特点	光学系统 知识点1：光学观测系统成像过程	传动机构 知识点1：仓储保障影响因素-锈蚀与磨损	电路结构 知识点1：静电的防护方法
严明的 法规意识	接收航空军械物资规定	航空军械物资储存要求	发放航空军械物资规定	对关键、重要部件的管理规定			静电防护的相关要求
严谨的 工作作风	严格落实登统计、做到帐卡物一致						
马克思主义 矛盾论	量变引起质变。登记不认真导致型号错误	要善于抓主要矛盾，在主要矛盾中要善于抓矛盾的主要方面。事物的性质主要是有主要矛盾的主要方面决定的		精密-功能强大-易损坏，保管要求高			要善于抓主要矛盾，在主要矛盾中要善于抓矛盾的主要方面。食物的性质主要是有主要矛盾的主要方面决定的
提高思想 政治站位			由保障装备向保障打仗、保障打赢转变				
科学精神					光的直线传播，光的成像原理		
哲学思想	事物规律的认识，统计规律	温度控制的过程就是量变与质变的过程				量变引起质变，仓储保障要防微杜渐。外因—内因	
系统论		温度控制是系统性工作，设计多方面工作内容		光学、机械与电子各司其职完成对目标的瞄准			

图 2 "机载火控设备仓储"课程思政图谱

2.3.3 IPO 模型构建

IPO 模型的建立关键在于要找准输入与输出之间的联系,要把联系当成是转化剂、融合剂,使得输入能够转化为输出。最终细化构建 IPO 模型,应用于课程思政课堂教学的模型如图 3 所示。

下面以第十次课"某型平显的发展"为例,介绍 IPO 模型在具体课程中的应用。

知识内容的输入 I 为平显的发展。早先国内战机尚未装备平显火控系统的时候,采用的是光学瞄准具完成瞄准攻击功能,但是随着作战任务的不断升级,早先的光学瞄准具已经越来越无法满足现代作战的需求。

知识内容的处理 P 为落后就要挨打,科技才能强国。在座舱显示领域国际上早已形成了技术壁垒,军内外科研人员正视与强敌之间的差距,决心自力更生,破解国外技术封锁。最终经过不懈努力,突破技术壁垒,使国产战机装备了平显,大大提升了作战能力。现如今更是加快脚步,通过国内科研攻关,使 J－15、J－20 装备了达到国际先进水平的衍射光栅平显。这种情况类似于美国全面掌握着芯片开发的核心科技,中美贸易战打响,全面禁止芯片出口,企图

课次	内容	思政元素	实现形式
1	课程概述	军事文化 军械仓储重要性	采用讲授的方式,介绍军事仓储在军事斗争中的重要性
2	火控设备 发展及现状	爱国情怀 火控设备发展	采用讲授的方式，介绍火控设备不断发展，通过 自主创新不断缩小与发达国家的差距
3	入库作业	法规意识 入库作业管理规定	采用授的方式，介绍火控设备入库作业管理规定， 树立依法保障的意识
4	物资保管	马克思主义矛盾论 温度影响因素	采用案例的方式，介绍温度影响因素在不同情况下采取 不同的措施进行调节，引导学员善于抓矛盾的主要方面
5	出库作业	战斗意识 出库流程	采用案例的方式，介绍实战化保障中火控设备保障的 变化，装备保障就是保打仗、保打赢
6	瞄准具概述	系统论 轰瞄的组成特点	采用讲授的方式，介绍轰瞄由光学、机械与电子 各司其职完成对目标的瞄准
7	光学系统	科学精神 轰瞄成像过程	采用讲授的方式，根据成像过程揭示成像原理及直线 传播特点培养学员科学创新意识
8	传动机构	哲学思想 传动机构保管	采用讲授的方式，量变引起质变，仓储保障 要防微杜渐
9	电路结构	法规意识 电路结构的保管	采用讲授的方式，介绍电路结构防静电要求， 树立依法保障的意识
10	某型平显	自豪感 平显的发展	采用讲授的方式，介绍平显发展史，带领学员领略 最先进的衍射平显，激发学员民族自豪感。引导学员 正视强敌差距,激发军人的使命感感和责任感
11	光电探测设备	创新精神 探测设备的工作原理	通过讲授的方式，介绍装备发展通过向科学技术要 战斗力：科技改变生活，改变对目标观测模式，也 对仓储保障提出更高要求
12	现代军械仓储 保障概述	战斗意识 现代仓储技术的应用	通过讲授的方式，介绍主席的殷切希望“努力建设 强大的现代化后勤”立起战斗标准，提升后勤保障 答应能力

图3　“机载火控设备仓储”课程思政元素 IPO 模型

卡住中国“脖颈”,让全国人民意识到发展“中国芯片”刻不容缓,落后就要挨打,只有掌握核心科技,才能在关键领域维护国家利益。

价值观的输出O为当代军人的职责与使命。习近平多次强调,落后就要挨打,发展才能自强。作为一名军人,更应该谨记在心头,落实到行动,夯实专业基础,完成好保障工作,履行好岗位职责,始终不忘身为军人时不我待的使命感和责任感,当国家需要时,能够有底气、有担当地贡献一份力量。

重组教学内容,改革教学方法,将课程思政IPO模型贯穿课程教学全过程,完善课程思政体系化建设,实现情感态度价值观与知识技术能力的有机统一。在教师层面,一是可以不断更新教学理念,充分认识到课程思政的必要性和紧迫性;二是可以创新教学实践,在教学中不断总结反思课程思政的好方法。在学生层面,旨在通过这种方式,调节课堂氛围,增进师生互动交流,建立“亲师信道,信道爱教”的新型师生关系。

3　结　语

课程思政建设是当前我国高等教育改革发展的重要战略,本文针对航空装备保障课程实战化需求及特点，进行了基于IPO模型的课程思政改革建设，对于高校坚持社会主义办学方向、落实立德树人根本任务、确保育人工作贯穿教育教学全过程具有十分重要意义。军队院校课程中引入课程思政改革是一种树立现代教学观的有益尝试，有利于聚焦高校育人的价值本源，从而满足新时代军事教育方针的内在要求。

参 考 文 献

[1] 习近平. 把思想政治工作贯穿教育教学全过程开创我国高等教育事业发展新局面[N]. 人民日报，2016-12-09.

[2] 杨守金，夏家春. “课程思政”建设的几个关键问题[J]. 思想政治教育研究，2019，35(5)：98-101.

[3] 敖祖辉，王瑶. 高校“课程思政”的价值内核及其实践路径选择研究[J]. 黑龙江高教研究，2019(3)：128-132.

[4] 胡洪彬. 课程思政：从理论基础到制度构建[J]. 重庆高教研究，2019，7(1)：112-120.

[5] 马亮，顾晓英，李伟. 协同育人视角下专业教师开展课程思政建设的实践与思考[J]. 黑龙江高教研究，2019(1)：125-128.

[6] 刘清生. 新时代高校教师“课程思政”能力的理性审视[J]. 江苏高教，2018(12)：91-93.

[7] 王学俭，石岩. 新时代课程思政的内涵、特点、难点及应对策略[J]. 新疆师范大学学报(哲学社会科学版)，2020，41(2)：50-58.

[8] 陈雪贞. 最优化理论视角下大学英语课程思政的教学实现[J]. 中国大学教学，2019 (10)：45-48.

高等学校航空航天类专业课教师课程思政能力培养研究

孙靖杰　韩强　高富东

（海军航空大学青岛校区，山东青岛　266000）

摘　要:课程思政作为高等学校专业课程教学的重要使命，是为高校培养德智体美劳合格人才的重要保证。在高校推进“课程思政”建设，正是为实现新时代育人要求所展开的教育教学改革。本文以强化高等学校航空航天类专业课课程思政收益为出发点，深刻分析专业课教师这一主力群体在课程思政建设中的影响作用，针对影响专业课教师思想政治教育能力制约因素，提出专业课教师课程思政能力培养的方法策略，旨在提升专业课教师的课程思政水平，促进高等学校航空航天类专业课程的课程思政建设。

关键词:课程思政；专业课程，教育教学改革；专业课教师；思想政治教育

“课程思政”的核心目标，是寓价值观引导于知识传授和能力培养之中，帮助学生树立正确的世界观、人生观和价值观。这就要求必须紧紧围绕坚定理想信念，以爱党、爱国、爱社会主义、爱人民、爱集体主义的主线，围绕政治认同、家国情怀、文化修养、宪法法治意识、道德修养等因素优化课程思政的教育教学资源供给，系统进行中国特色社会主义和中国梦教育、心理健康教育、中华优秀传统文化教育。

1　高等学校航空航天类专业课教师开展课程思政的必要性

根据习近平提出的“其他各门课都要守好一段渠、种好责任田，使各类课程与思想政治理论课同向同行，形成协同效应”[1]的指示，高校思想政治教育从思想政治理论课拓宽到各门专业课程中，实现思政建设的全覆盖和大融合，这为专业课的课程建设和改革创新提出了新挑战和新要求[2,3]。

航空航天类专业作为高等学校的一个重要专业体系，肩负着为国家航空航天事业、国防航空航天事业培养具有较好的航空航天理论基础、较强研发试验设计能力以及熟练的飞行器及相关装设备维护保障能力的任务。承担培养任务的专业课教师都具备扎实的理论知识和专业能力。如何在保证专业培养质量的同时，同步开展专业课程的课程思政工作，将思想政治教育“如盐入水”般渗透进教书育人活动中，潜移默化地提高对学生德育水平，是航空航天类专业课程面临的一个问题。其中，提升专业课教员课程思政能力是解决课程思政成效不显著的重要途径，也是最难把握的问题。

2　专业课教师开展课程思政存在的问题

2.1　专业课教师缺乏开展课程思政的内驱力

思想政治教育一直是高等学校教学任务中的主线之一。由于专业领域的区别和任务分工的不同，长久以来，思想政治教育一直是思想政治任课教师、高校辅导员及行政管理人员的主阵地[4]。专业课教师在思想认识上，就将自己的主责主业确定为专业知识的传授和专业技能的培养，这导致大部分专业课教师在思想意识上不重视思想政治教育，存在育人懈怠心理，认为“术业有专攻”，思想政治工作总会有人来做，自己做好本职工作即可。与思想政治课教师相比，专业课教师更倾向于引导学生用实验数据和科学技术来认识世界和改造世界，对于自己所教授的课程中是否存在思政元素，是否能够进行思想政治教育，往往没有思考的动力，也不愿深入探究。这种教育理念的群体性偏差导致专业课教师的育德育人意识不强，对自身的思想政治教育教育主体地位认识不足，对专业课开展思政教育的认同不够[5]。

2.2　专业课教师的思想政治底蕴不够

由于长期从事本专业领域的教学科研工作，专业课教师很少能够主动开展思想政治理论的学习，部分教师的思想政治素养还停留在自己上学时在思想政治类课程中学到的知识，思想政治修养因个人的成长环境、受教育经历以及人生观、世界观和价值观而有较大的差异。工作之后，受时间和精力的限制，在思想政治学习方面的投入比较少，平时主要参加集体教育和定期的政治学习，往往流于形式，没有实质性的产出。而思想政治底蕴的不足导致专业教员对思想政治理论的理解不到位、运用不恰当，表现为对思政要素挖掘不够、从客观世界向主观认知的转化不足、运用思想政治理论解决实际问题的能力不强等方面，这已成为专业教员开展课程思政的一大阻碍。

2.3　专业课教师的思想政治教育能力不足

在专业课程中开展思想政治教员，重点在于专业课教师能否具备相适应的思想政治教育能力。专业课程的思想政治教育与思想政治课程的思想政治教育有着本质的区别，专业课程要求思想政治教育要具备“如盐入水，润物无声”的特点[6]，这就决定了专业课程的课程思政在教学内容上不能脱离专业知识而存在，在教学形式上也没有特定的模式方法。一般，专业课教师都具备与岗位相符合的教学能力，但往往都缺乏在专业课程的教授中融入思想政治教育的能力。因此，专业课教师的课程思政经常会出现专业和思政两张皮、思政元素在课堂上生搬硬套、有思政点的输入但缺乏思政联系和思政输出的情况。

3　专业课教师课程思政能力培养对策

3.1　牢固树立育德育人认识

专业课教师要重新审视从事教育工作的初衷，要将教书和育人放在同等地位上来认识，抛弃"知识为王"的教育思路，着重于人的全方位培养[7,8]；其次，要加强思想引导，强化责任担当。学校各级应通过思想政治工作、学习宣传及师德专题教育等渠道，狠抓师德师风建设，帮助专业课教师深挖思想误区，重塑育德树人价值导向，强调专业课教师在学员成长成才过程中的榜样作用，通过定期交流、一对一谈心等方式，了解专业课教师的思想动态，加深专业课教师对课程思政实施重大意义的理解，形成高度政治自觉，帮助专业课教师查找开展课程思政的畏难点。另外，可以依托项目申报、评优评奖、成果培育等牵引，拓展平台，激发专业课教师开展课程思政的动力，挖掘专业课教师进行思想政治教育的潜力。

3.2　强化提升思想政治素养

首先，专业课教师要主动查找自身思想政治素养的不足，通过系统深入的思想政治理论学习，补足自身短板，扎实打牢思想政治理论基础，牢固树立正确的人生观、世界观和价值观，认真领悟社会主义核心价值观，并通过各种媒介途径，关注国际国内政治动态，深入思考时事政治背后的理论深意。将思想政治理论学习放在和专业学习同等重要的地位上来，做到持续学习、终身学习，并将理论的主动学习转化到时间的积极践行中来，做到全方位提升自身的思想政治素养。其次，高校各级组织应该充分对重视专业课教师的思想政治教育。利用系列讲座、集中授课、专题辅导等方式为专业课教师的思想政治学习提供平台和途径。

3.3　积极开展思想政治教育实践

形成立德树人的意识，具备思想政治素养是开展专业课程课程思政的前提，而课程思政的效果如何，关键要看思想政治实践的效果。所谓"千里之行，始于足下"，专业课教师要提升自身的课程思政能力，必须克服畏难情绪，迈出实践的第一步。从课程做起，增设情感目标，建立思政图谱；从教学单元做起，挖掘思政元素，分析思政联系；从教学设计做起，嵌入思政环节，探索思政教法；从教学实施做起，营造思政情境，开展思政互动。从课程反思做起，复盘思政落实，优化思政效果。

4　结　论

高等学校专业课程的课程思政建设是一项与学科专业教育并驾齐驱的长久性工作，是教书育人回归本质的时代体现[9]。专业课教师作为专业课程课程思政的主力军，必须充分认识课程思政任务的紧迫性，正视开展课程思政的问题所在，从树立育德育人意识、提升思想政治素养，投身思想政治实践等方面入手，着力培养自身的课程思政能力。

参考文献

[1] 习近平在全国高校思想政治工作会议上强调把思想政治工作贯穿教育教学全过程 开创我国高等教育事业发展新局面[N]. 人民日报，2016-12-09(1).
[2] 习近平在全国教育大会上强调坚持中国特色社会主义教育发展道路 培养德智体美劳全面发展的社会主义建设者和接班人[N]. 人民日报，2018-09-11(1).
[3] 习近平主持召开学校思想政治理论课教师座谈会强调用新时代中国特色社会主义思想铸魂育人 贯彻党的教育方针落实立德树人根本任务[N]. 人民日报，2019-03-19(1).

[4] 高德毅，宗爱东. 从思政课程到课程思政：从战略高度构建高校思想政治教育课程体系[J]. 中国高等教育，2017(1)：43-46.
[5] 罗仲尤，段丽，陈辉. 高校专业课教师推进课程思政的实践逻辑[J]. 思想理论教育导刊，2019(11)：138-143.
[6] 何衡. 高职院校从“思政课堂”走向“课程思政”的困境及突破[J]. 教育科学论坛，2017(30)：27.
[7] 高德毅，宗爱东. 课程思政：有效发挥课堂育人主渠道作用的必然选择[J]. 思想理论教育导刊，2017(1)：31-34.
[8] 邱开金. 从思政课程到课程思政，路该怎么走[N]. 中国教育报，2017-03-21(10).
[9] 邱伟光. 课程思政的价值意蕴与生成路径[J]. 思想理论教育，2017(7)：10-14.

飞机供电系统课程思政的研究与实践

骆彬　唐婷　司剑飞　王赛　袁龙

（海军航空大学青岛校区，青岛　266041）

摘　要：飞机供电系统是生长军官高等教育电气工程及其自动化专业的首次任职岗位课程，课程目标定位为夯实学员科学思维能力，提高工程意识，衔接未来岗位，加强工作作风的养成。论文首先从人才培养目标的三个层次入手，详细阐述了传授知识、培养能力和塑造精神的具体元素和内在联系；然后对主要知识模块和核心教学内容进行优化，设计了课程的思维导图和思政图谱；最后在实施策略中深入挖掘课程教学中的思政元素，采用多元评价体现课程思政效果，并在此基础上逐步完善课程教学内容及教案。经过两期的教学实践，取得了较好的教学效果。

关键词：飞机；供电；课程思政；教学设计；实施策略

引　言

“新时代军事教育方针，就是坚持党对军队的绝对领导，为强国兴军服务，立德树人、为战育人，培养德才兼备的高素质、专业化新型军事人才”[1]。这是习近平总书记在 2019 年 11 月 27 日全军院校长集训开班式上发表的重要讲话。为此，基于立德树人、为战育人的课程思政教学对专业课程的教学改革提出了新的方向与要求。飞机供电系统是生长军官高等教育电气工程及其自动化专业的首次任职岗位课程，如何完成立德树人、为战育人的根本任务，发挥课程的育人功能，促进“思政课程”与“课程思政”两者同向同行，形成协同效应，是实现培养德才兼备的高素质、专业化新型军事人才的核心问题。如何在专业课中有机地融入思政内容，实现育人润物无声的目的，是一个迫切需要思考和长期建设的问题。

工科专业的课程思政不能简单理解成一种教学方法或教学手段，究其实质来看，它更是教育理念的创新或者说是教育价值的理性回归[2]。其基本要求是专业教学应该具备传递知识的功能。传授专业知识、了解知识推理是所有专业课程设计的初衷，无论是思政课程抑或是课程思政，其设计理念都不能违背这一初衷。课程思政还要在教学方法上进行创新，建设包含思想观念、政治观点和道德规范等精神的教学方法，从多角度探讨课程思政在传递知识，培养能力的基础上如何塑造精神是十分必要的。本文以飞机供电系统课为例，基于专业课程设计中所具备的传授知识、培养能力和塑造精神三个层次，面向课程思政改革目标，结合课程思政实施的知识点优化、思政图谱、实施策略等三个方面展开，以全面分析专业课如何进行课程思政建设。

1 课程思政改革

1.1 课程背景

飞机供电系统课程是生长军官高等教育层次航空机务技术与指挥(电气工程及其自动化)专业方向的一门主干必修课程,是以理论分析为主要内容的首次任职课程,对学员掌握飞机供电系统的理论知识,提高飞机供电系统装设备的维护能力具有重要的支撑作用。

课程共计 60 学时,其中理论 50 学时,实践 10 学时。通过本课程学习,学员应能够理解飞机供电系统的工作机理,掌握供电系统电气设备的原理分析、使用操作和性能检测方法,具备运用所学原理知识排除故障的能力,培养装备保障和维护素养。

1.2 改革目标

韩愈曾说:“师者,所以传道授业解惑也”,传道、授业、解惑 3 个词语,从 3 个层面分别与飞机供电系统在专业课程设计中体现出的传授知识、培养能力和塑造精神的三大特性相对应,虽各自独立,却又相辅相成。图 1 给出了人才培养目标的关系及要素。习近平总书记在对全国高校党建工作的指示中指出,教师职责的第一位就是“传道”,优秀的教师要精于“授业、解惑”,更要以“传道”为责任和使命[3]。

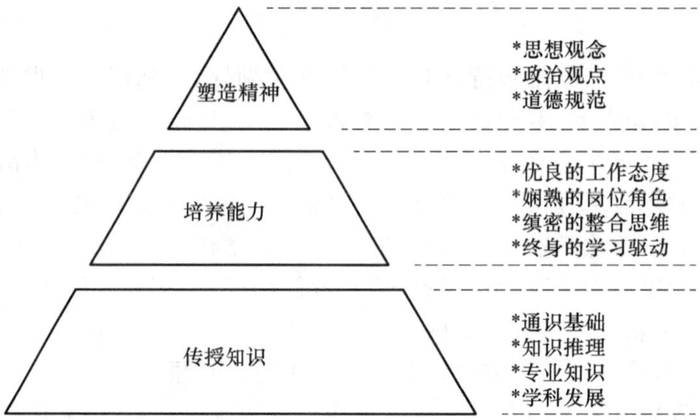

图 1 人才培养目标关系图

传道,即传授知识。学起于思,思源于疑,教师要引导学生带有目的地学习,发现问题、解决问题。如图 2 所示,要传授专业知识,了解知识推理,就要知其然、亦要知其所以然,发现问题本质,从根源上解决问题。同时,在传道的过程中,教师更要作为学生的合作者、开发者,带领学生知晓学科历史,探索学科未来,即带领学生了解飞机供电系统的发展特点,预测本学科发展趋势。

授业,即传授以学,学以致用。当能力软弱无力,不能为知识提供服务的时候,知识就变成了一种沉重的负担,因此教师在传递知识的同时,还应着眼于学生能力的全面提高。如图 3 所示,要培养优良的机务素质,具备优良的机务品德、机务作风和机务法规意识,具有爱岗敬业、遵纪守法、履职尽责的岗位观念,诚实守信、严禁求是、甘于奉献的专业情操,一丝不苟、吃苦耐劳、团结互助的工作作风；要培养熟悉履职岗位的特点、职责和所从事专业工作的规律、条例和法规，掌握其主要工作、典型任务、战时特情处置的方法和程序与其他关联岗位的工作关系、协作方式和沟通方法，具有初步岗位专业组训带教能力；要培养掌握本专业领域常用思维方式和工作方法，具有较强的分析、综合和筹划能力，了解对于复杂问题、零散事物、对立观点通过整合思维提出系统性、创新性解决问题的思路和方法；要培养学生终身学习的能力，始终对新知识保持好奇心和敏锐性。

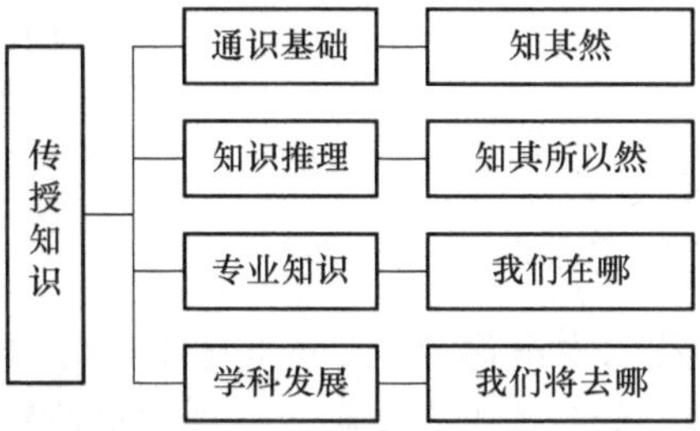

图2　传授知识

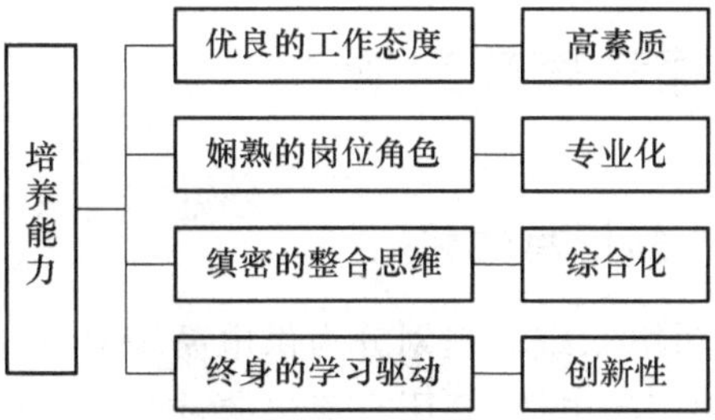

图3　培养能力

解惑，即解释疑惑。教师不仅要帮助学生解决学习中的疑惑，更要解决人生道路与方向选择的疑惑。大学生正处于三观形成的关键时期[4]，若教学中能融合精神塑造，将有助于教师用正确的价值观引导学生沿着正确的方向前进，如图4所示。

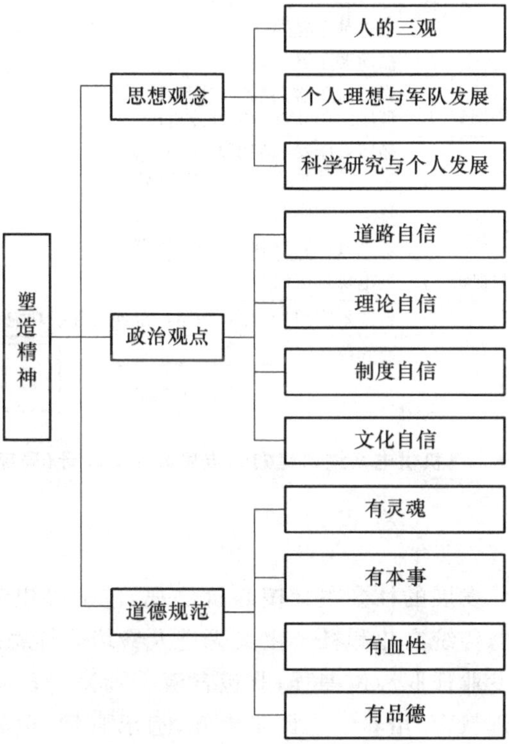

图4　塑造精神

从思想观念、政治观点与道德规范三方面来进一步诠释人才培养中需塑造的精神。首先，要正确传递思想观念，带领学生领悟世界壮举、领悟电气人的工匠精神，进而帮助学生树立正确三观，引导学生将个人理想与军队发展结合、将科学研究与个人发展结合。其次，要恰当发表政治观点，带领学生审视中国电力史由衰到盛的光辉历程，坚定社会主义道路自信、理论自信、制度自信和文化自信。牢记科技创新是国之利器，从而激发学生的民族自豪感与使命感。最后，要时刻树立道德模范，将忠于祖国、敬业奉献，保护环境、遵纪守法，热爱科学、勇于创新的精神实质落到实处。培养有灵魂、有本事、有血性、有品德的新时代四有优秀军官。

2 课程思政实施

2.1 知识点优化

飞机供电系统课程划分为供电系统概述、应急及二次电源系统、低压直流电源、恒频交流电源、变频交流电源、高压直流电源、配电系统和供电特性测试及故障诊断八大知识模块 22 个知识单元，如图 5 所示。

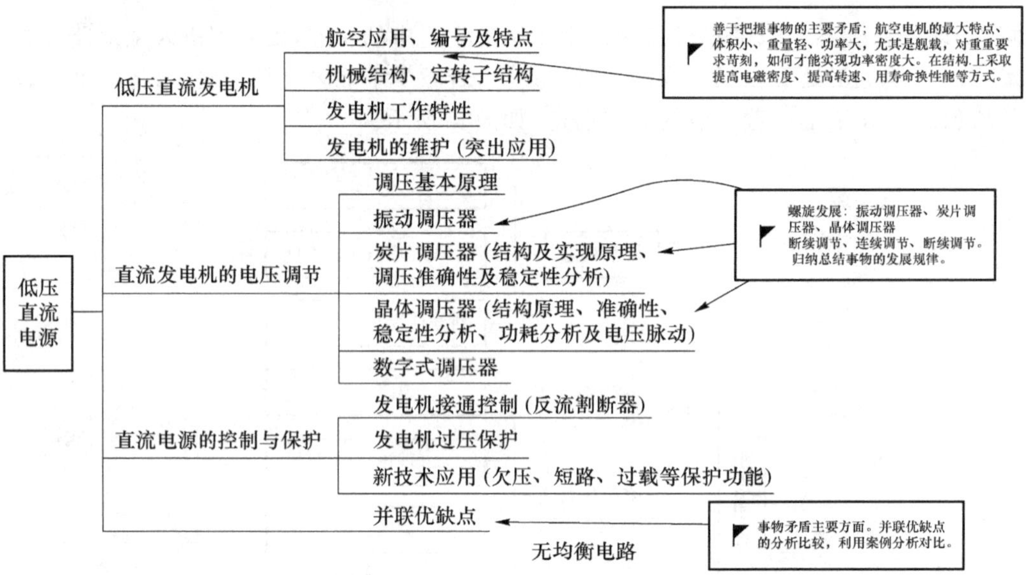

图 5 飞机供电系统课程知识点思政元素设计(局部)

2.2 思政图谱

课程思政蕴含体现时代发展的社会主义核心价值观，包括思想道德、爱国主义情怀、科学家精神、工匠职业精神、优秀传统文化和社会主义先进人格培养等思想政治教育元素及资源。

作为军校高等教育的专业任职岗位课程，既包含着普通高等教育工科类专业课程的科学思维方法的训练和科技伦理教育，培养学生探索未知、追求真理、勇攀科学高峰的责任感和使命，培养生精益求精的大国工匠精神；同时，为体现岗位任职特色，还需要注重军人职业价值观的培养，培养对机务工作的认同和热爱。因此，根据课程内容及课程思政要素特点，确定了课程的课程思政图谱，如表 1 所列。

表1 飞机供电系统课程思政图谱

知识单元	职业价值观	辩证法	科学精神	人生观
概论	√		√	√
应急及二次电源		√	√	
低压直流电源	√	√	√	√
恒频交流电源	√	√	√	√
变频交流电源		√	√	
高压直流电源		√	√	
配电系统		√		
供电特性测试			√	

2.3 实施策略

2.3.1 将思政元素融入课程内容

军校专业岗位任职课程蕴含着丰富的思政元素。一方面，专业岗位课程是学员专业知识的延伸，通过深入挖掘或内容重组，可以很好地反映科学技术的发展，体现时代特征；另一方面，军校专业课程必然联系军事装备、军事技术，课程内容具有较为显著的军事应用，体现家国情怀。军校专业课程教员在知识传授中应注重新时代军人社会主义核心价值观的引领。在课程内容的设计上，由于军校学员平实的思想政治教育时间较地方高校比例较高，因此，更要注重课程思政不是简单的“课程”加“思政”，不是在专业课程中剥出几节课时讲授思政内容。“思政”与“课程”的关系，应当是“如盐化水”，而非“眼中金屑、米中掺沙”。要避免将德育内容生硬楔入专业课程的倾向，两者不应该是机械组合而应该是有机融合、相互促进、协调发展。教员应根据军事装备的发展、应用军事岗位的职业特点，将家国情怀自然渗透到课程的各个方面，实现润物无声的效果。

2.3.2 增进教员的育德意识和育德能力

习近平总书记指出：“合格的老师首先应该是道德上的合格者，好老师首先应该是以德施教、以德立身的楷模。师者为师亦为范，学高为师，德高为范。老师是学生道德修养的镜子。”教员的育德意识和育德能力直接关系课程思政的质量和效果。作为军校教员，在立足本职岗位传授本专业课程知识的同时，应当正确引导学员养成健全的人格，树立正确的理想信念和坚定的政治信仰。

一是要注重课程的顶层设计，与国家和军队建设主流价值契合，找准课程的思政切入点；二是要善于挖掘与时代结合紧密、学员易于接受的“思政元素”，避免内容脱节，生搬硬套，但仅达不到良好的教育效果，反而可能使学生产生抵触的情绪。

2.3.3 用多元评价体现课程思政效果

长期以来，专业课程主要还是以数量化考核为导向，评价主要侧重于采用调查问卷、统计分析等方法，评价标准单一，存在一定的片面性。要真正体现课程思政的效果，就需要更多地从学员的情感态度和目标达成情况进行考核，从目前的现有基础看，想要完全实现课程思政效果的客观公正考核存在着一定的难度，但是课程改革建设应将学员的认知、情感、价值观等内容纳入其中，体现评价的人文性、多元性。应逐步将客观量化评价与主观效果检验结合起来，综合采用结果评价、过程评价、动态评价等方式，制定出更为精细和系统的评价指标，充分及时反映学员成长成才情况，反映课程中知识传授与价值引领的结合程度，以科学评价提升教学效果。结合课程特色，可以考虑利用实验实做、小论文、小课题等方式，对学员的综合能力实施考核评价，在此过程中对学员的情感态度和目标达成度进行评估。

3 结 语

项目从 2020 年 4 月完成申报，2020 年下半年、2021 年上半年，分别在 2017 级、2018 级两届电气工程及其自动化专业的飞机供电系统课程中进行了两期授课，在授课过程中，授课教员从教员自身育德能力、课程内容组织、课程实验训练等多个方面入手，全面提升学员的科学思维能力，提高航空机务工作的职业认同。

参考文献

[1] 习近平. 全军院校长集训工作会议[EB/OL]. 北京(2019-11-27)[2021-11-03]. http://www.mod.gov.cn/shouye/2019-11/27/content_4855720.htm.

[2] 朱广琴. 基于立德树人的“课程思政”教学要素及机制探析[J]. 南京理工大学学报：社会科学版，2019，32(6)：84-87.

[3] 唐平秋. 培育核心价值观是教师的责任担当[N]. 光明日报，2015-03-28(7).

[4] 孙建平，朱东岳，王建国. 浅析思政元素与专业课程融会贯通的途径[J]. 课程教育研究，2019(51)：8.

飞机机电控制课程思政教学设计研究与实践

张元峰　于春风　唐婷　赵志斌
（海军航空大学青岛校区，青岛　266041）

摘　要：飞机机电控制课程是本校本科电气工程及其自动化专业主干必修课程，也是一门首次任职岗位课程。课程通过阐述运动控制及典型设备的原理知识，为学员构建完整的专业知识结构，通过设备使用操作和外场功能检查方法，形成专业维护保障技能。课程以教育部颁发的《纲要》为指导，以新时代军事教育方针"立德树人，为战育人"的总要求为指引，深入提炼课程内容所蕴含的职业价值观、辩证法、科学精神和人生观四个价值模块，构建课程思政图谱，细化课程思政目标，梳理课程思政教学设计点，编写典型思政教学案例，打造典型课例，通过情境教学、任务驱动、案例教学、专题研讨等多种教学方法，借助视频、图片、案例、实验、仿真等多种教学手段，对学员开展多方位的价值引领和塑造。

关键词：机电控制；课程思政；价值模块；思政图谱；思政案例；方法手段

在现代飞机上，电气专业和机械专业深度融合，大部分电气设备都是机电一体化的设备，这种将电气、电子、计算机和自动控制等多种技术与机械技术交叉融合而形成的综合性技术被称为机电控制技术。飞机机电控制课程正是围绕着飞机机电控制设备而开设的一门课程。课程以教育部颁发的《纲要》为指导，以新时代军事教育方针"立德树人，为战育人"的总要求为指引，深入提炼课程内容所蕴含的各类价值模块，细化课程思政目标，构建课程思政图谱，梳理课程思政教学设计点，编写典型思政教学案例，打造典型课例，综合运用各种教学方法，依托各类教学手段，对学员开展多方位的价值引领和塑造。

1　课程简介

第二次世界大战后，伴随着系统工程、控制论和信息论三门科学的诞生，机电控制技术的思想悄然萌发，它是将电气、电子、计算机和自动控制等多种新兴技术与机械技术交叉融合而形成的一门综合性的技术，又称为机电一体化技术，其广泛应用在国民经济、国防建设和人民生活等各个领域。在现代武器装备发展上，电气专业和机械专业深度融合，大部分设备都是机电一体化的设备，机电控制技术在高精度、快响应、高效率、智能化、小型化、集成化等高端控制性能需求方面始终扮演着重要的角色。飞机机电控制课程正是围绕飞机机电控制设备高性能发展需求而开设的一门课程。

早在1980年，本课程的前身飞机电气控制设备课程正式开课，距今已有40年的历史，可以说，飞机机电控制课程始终伴随着航空装备"高、精、尖"的现代化发展而发展，是一门具有长期建设历程和深厚历史底蕴的课程。近年来，伴随着专业相互融合发展的新趋势，课程名称改为"飞机机电控制"，是本校本科电气工程及其自动化专业主干必修课程，也是一门理论与实践相结合的首次任职岗位课程。课程对构建完整的机电控制知识结构，形成典型机电控制设备的专业维护保障技能具有重要的支撑作用。

2 思政目标

思政目标以教育部颁发的《纲要》为指导，以新时代军事教育方针“立德树人，为战育人”的总要求为指引[1-4]，培树学员专业自豪感，激发热爱本职工作、献身装备战斗力保障事业的使命担当，形成正确的职业价值观；善于运用辩证法分析和解决问题；培养勇于探索的创新精神和精益求精的卓越工程师精神；树立正确的人生观。

3 思政教学设计思路

为实现课程思政目标，课程在思政教学设计思路上，整合课程内容所蕴含的职业价值观、辩证法、科学精神和人生观四个价值模块，通过情境教学、任务驱动、案例教学等多种教学方法，借助视频、案例、实验、仿真等多种教学手段，对学员开展多方位价值引领和塑造[5-7]。

4 思政元素融入以及效果

围绕这一教学设计思路，构建了课程思政图谱，如表 1 所列，并以此为基础[8-10]，细化课程思政教学设计点，编写典型思政教学案例。从总体看，整个课程思政教育可归纳为如图 1 所示的四个价值模块，每个模块都有自己特有的融入路径及细化的思政点，具体融入方法阐述如下。

表 1 课程思政图谱

课程内容 思政模块	绪论	直流调速技术	交流调速技术	伺服控制技术	发动机起动控制	发动机状态控制	飞机操纵控制	飞机环境控制	飞机燃油控制	飞机机电综合	典型设备排故
职业价值观	√				√	√	√	√	√		
辩证法	√	√		√	√		√			√	√
科学精神		√	√								
人生观		√			√						

4.1 职业价值观

在“先进技术的应用”知识点中，通过情境教学，讲述科技强军先锋马伟明院士的先进事迹，激发学员的专业自豪感、“建功海洋”的使命担当及“姓军为战”的职业价值。在“发动机起动不成功故障电路分析”知识点中，通过案例教学，激发学员为提高装备战斗力而学习的强烈责任意识；在“发动机超温损伤事故人为因素分析”知识点中，培养学员极端负责的工作态度，如表 2 所列。

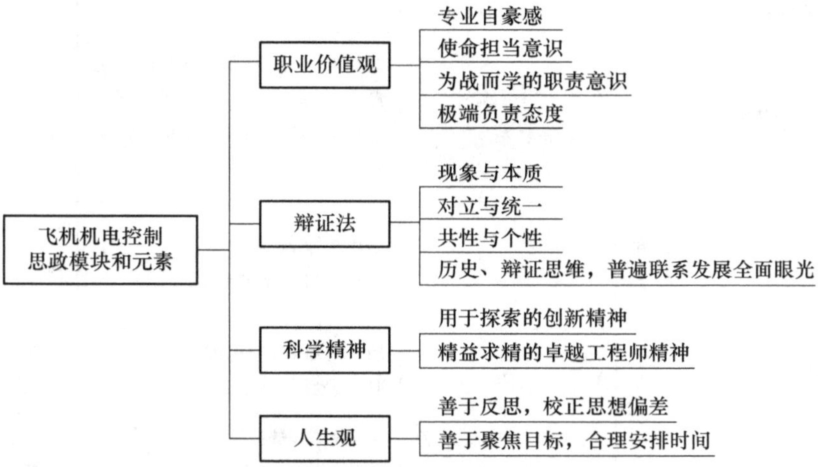

图 1　课程思政模块及元素

表 2　“职业价值观”思政模块融入方法

章节内容		融入的知识点	思政价值	教学方法
绪论	运动控制技术发展和历史	先进技术应用	通过科技强军先锋事迹，激发专业自豪感、使命担当意识、姓军为战职业价值	情境教学：激发情感
发动机起动控制	起动不成功故障分析	故障电路分析	为提高装备保障战斗力而学习（为战而学）的责任意识	分析故障案例
发动机状态控制	发动机超温损伤事故分析	事故人为因素分析	极端负责的工作态度	分析事故案例

4.2　辩证法

在“控制电压作用、调速范围和静差率矛盾关系”等知识点中，通过讨论、比较教学，引导学员领悟现象与本质、对立与统一、共性与个性等辩证哲学思想。在讲解“拖动电机的发展、进气道形式及控制方式发展”等知识点时，通过讨论、比较教学，引导学员领悟历史思维及辩证思维，启发学员善于运用普遍联系、发展与全面的眼光看待和分析问题，如表 3 所列。

表 3　“辩证法”思政模块融入方法

章节内容		融入的知识点	思政价值	教学方法
直流调速系统	V-M 系统和 PWM-M 系统工作原理	控制电压作用	现象与本质：调压调速的本质在于改变控制电压	讨论和比较：晶闸管和 PWM 调压方法异同
	调速系统性能指标和开环系统存在的问题	调速范围和静差率的矛盾关系	对立与统一：二者无法同时满足，需要寻求新的技术途径加以解决	讨论：二者矛盾关系

章节内容		融入的知识点	思政价值	教学方法
伺服系统	伺服系统特征	“伺服”与“调速”的区别和联系	共性与个性：伺服即随动，给定量变，要稳定、响应快；调速不在于位置，给定量不变，要稳定和抗扰	讨论和比较：伺服系统和调速系统的异同
概述	运动控制技术发展和历史	拖动电动机的发展	历史思维，辩证思维 联系、发展、全面眼光	讨论和比较：伺服系统和调速系统的异同点
进气道机电控制	进气道原理	进气道控制方式发展	历史思维，辩证思维 联系、发展、全面眼光	讨论：不同机型进气道的异同点
飞机操纵机电控制	概述	飞机操纵控制设备发展	历史思维，辩证思维 联系、发展、全面眼光	讨论：不同机型操纵设备异同点
机电综合管理	概述	机电管理系统历史和发展	历史思维，辩证思维 联系、发展、全面眼光	讨论：不同机型管理系统异同点

4.3 科学精神

在交直流系统调速实验中，通过任务驱动、自主实验教学，借助电路搭建、通电与排故、数据分析及过程反思等训练环节，培养不怕失败、勇于探索的创新精神；在“转速、电流双闭环”知识点中，通过总结调速系统结构不断演变与系统性能不断提升的内在联系，培养学员追求极致、精益求精的卓越工程师精神，如表 4 所列。

表 4 “科学精神”思政模块融入方法

章节内容		融入的知识点	思政价值	教学方法
交直流调速系统	交直流调速系统实验	实验电路搭建、通电与排故、数据分析及过程反思等训练环节	不怕失败、勇于探索	任务驱动：完成任务单内容，记录数据； 自主探索实验：实验指导书课外探索科目
	转速、电流双闭环调速系统组成	调速系统结构演变和调速性能不断提升的内在联系	追求极致、精益求精	讨论：调速系统结构经历了怎样的演变过程

4.4 人生观

在“反馈控制规律”知识点中，通过类比式教学，启发学员善于使用“反馈控制”方式，在反思中砥砺前行；在“发动机起动电路时间控制规律”知识点中，强化学员的时间观念与目标意识，如表 5 所列。

表5　“人生观”思政模块融入方法

章节内容		融入的知识点	思政价值	教学方法
直流调速系统	有静差的闭环直流调速系统	反馈控制规律	善于使用“反馈控制”方式，抵抗诱惑与干扰，及时校正思想偏差，在反思中砥砺前行	类比：反馈控制结构和人体大脑的反思结构
发动机起动控制	发动机起动工作电路分析	时间控制规律	时间观念与目标意识	类比：起动的时间控制与人在实现目标中的时间把握

5　结　论

① 以课程思政目标为牵引，准确提炼课程当中所蕴含的职业价值观、辩证法、科学精神、人生观等思政元素，将思政教育贯穿、渗透于教学全过程。

② 采用视频、图片等资料，通过情景教学法，激发学员的专业情怀。通过任务驱动、小组讨论等方式，引领学员领悟科学思维方法，激发学习热情，培养探究和创新精神。通过典型故障案例，激发学员的战斗精神和为提高装备战斗力而学习的强烈责任意识。

③ 从专业科学精神、创新精神到为战斗力服务的责任意识等多方位进行价值引领。培养学员为战而学、增强任职能力，以强烈的责任意识保障装备发挥能力、提升装备战斗力。

参 考 文 献

[1] 陈华栋. 课程思政：从理念到实践[M]. 上海：上海交通大学出版社，2020：1－10.
[2] 王英龙. 课程思政我们这样设计[M]. 北京：清华大学出版社，2020：1－8.
[3] 戚静. 高校课程思政协同创新研究[D]. 上海：上海师范大学，2020：9－23.
[4] 冯惠芳. 新时代高校课程思政建设研究综述[J]. 河南科技学院学报，2020，40(6)：79－84.
[5] 张华. 高校课程思政内涵构建及实践路径研究[D]. 南京：南京医科大学，2020：3－6.
[6] 刘珊珊. 新时代高校课程思政建设的新内涵与新路径[J]. 黄冈师范学院学报，2021，41(2)：52－56.
[7] 向延平. 高校课程思政体系研究[J]. 滨州学院学报，2021，37(1)：66－70.
[8] 孟祥凤. 构建高校“课程思政”目标体系的必要性/原则及措施[J]. 兰州教育学院学报，2020(3)：71－73.
[9] 朱秋. 高校“课程思政”体系化建设内容研究[J]. 长春师范大学学报，2020(5)：8－11.
[10] 李爱华. 高校“课程思政”标准化评价体系建设的问题与对策[J]. 科教导刊，2020(11)：81－82.

飞行综合控制系统课程思政建设研究

王子健　吴文海　高艳丽　曲志刚　周思羽　高丽

（海军航空大学青岛校区，青岛　266041）

摘　要：为贯彻课程思政理念，构建思政课程与课程思政协同发展、最大限度发挥育人功能的新教育体系，以飞行综合控制系统课程为例，阐述了本课程开展课程思政改革的重要意义，从完善思政教学体系、丰富思政教学资源、提升思政教学能力、构建思政教学素材库和优化思政教学评价体系等几个方面开展研究和实践。经过实际检验，思政教学达到预期目的，有效提升了学员的学习体验和学习效果，为航空航天专业课程思政体系构建及教学开展提供了有益的借鉴。

关键词：课程思政；航空航天；舰载转型；首次任职；示范课程

引　言

习近平在2016年全国高校思想政治工作会议上的讲话中明确指出："要提升思想政治教育亲和力和针对性，满足学生成长发展需求和期待，其他各门课都要守好一段渠、种好责任田，使各类课程与思想政治理论课同向同行，形成协同效应。"2020年6月，教育部颁布了《高等学校课程思政建设指导纲要》，明确提出要把思想政治教育贯穿人才培养体系，全面推进高校课程思政建设，发挥好每门课程的育人作用。那么，如何打破长期以来思想政治教育与专业教育，特别是岗位任职教育相互隔绝的"孤岛效应"，将立德树人贯彻到课堂教学全过程、全方位、全员之中，推动思政课程与课程思政协同前行、相得益彰，构筑育人大格局，这也是海军航空兵在完成舰载转型任务过程中需要思考的问题。

作为生长军官高等教育航空机务技术与指挥（电气工程及其自动化）专业的一门主干必修课程，飞行综合控制系统是理论与实践相结合的首次任职课程，对掌握舰载机飞行控制系统的理论知识，提高舰载机飞行控制系统设备的维护技能和保障管理水平具有重要的支撑作用。将思政教育引入本课程中，能够加深学员对海军舰载转型战略重要性的理解，提升学员对大国重器战略地位的认识，激发学员投身海军航空兵建设事业的使命感、责任感和荣誉感。飞行综合控制系统课程的教学内容和目标决定了该课程在专业课程思政建设中的重要地位，可从确立建设目标，明确建设内容，找准建设途径等方面入手，将其建设成为课程思政示范课程，以发挥引领作用，推动形成无课不思政、各门课程协同育人新格局。

1　飞行综合控制系统课程开展课程思政改革的重要意义

1.1　开展课程思政改革是实现立德树人的重要手段，是新时代课程发展的必然选择

价值塑造、知识传授和能力培养是专业课程承担的“三位一体”职能。课程思政，强调的就是院校所有课程都要承担育人功能，所有教员都要肩负育人责任，这是全员、全程、全方位育人理念的具体体现，也是实现“三全育人”的必然选择。实施“飞行综合控制系统”课程思政改革，就是要拓展专业课程立德树人的方法和途径，最大限度发挥育人功能，回归课程育人初心。同时，实施课程思政改革，有利于推动关注学员主体地位、优化课程过程管理、端正教学目标导向的有机结合，有助于党的创新理论、科学世界观价值观、军人职业道德等在专业课教学中的渗透融合，是推进专业课教学方法改进创新的重要助力。

1.2　开展课程思政改革是落实教育教学转型改革的基本要求

随着新时代教育革命的迅猛发展，教育教学转型改革步伐不断加快，专业课教学更加强调培养德才兼备的高素质专业化新型军事人才，更加注重学员“德”的塑造、“能”的提升、“技”的强化。飞行综合控制系统课程思政改革，就是立足于本课程的专业特点，激发学员主动学习的热情；把专业知识讲透彻，将知识传授与立德树人有机统一，这契合了新时代教育教学转型改革的大潮流。

1.3　开展课程思政改革是推进隐性思想政治教育，培养德才兼备航空机务人才的有效途径

飞行综合控制系统课程的授课对象是生长军官学员，毕业后将走上海军航空装备保障工作岗位，作为海军航空兵备战打仗的骨干力量，承担着航空信息化武器装备的使用、维修、管理和指挥等任务，其工作水平会直接关系到海军航空兵战略转型和海军部队的战斗力。实施课程思政改革，就是将思政元素、海军航空装备保障职业道德融入专业理论学习、专业技能训练之中，帮助学员树立正确的世界观、人生观、价值观，强化职业素养和职业道德，在和风细雨、润物无声中发挥立德树人作用。

2　思政改革研究与实践

经过一年多来的研究与实践，在飞行综合控制系统课程教学过程中，引入课程思政的教学理念，挖掘思政元素，建立思政资源，在模块化教学中充实思政教育内容，打造典型课例在大学范围内进行交流，将思政内容融入课程教学环节，使无形的思政教育与有形的专业知识深度融合，实现融合并进的教学效果。

2.1 完善思政教学体系

要发挥课程思政育人功能,必须科学设计课程思政教学体系[1]。飞行综合控制系统课程教学体系建设可从教学目标、教学大纲的制订修订、教学计划的落实以及教员角色定位等方面入手,深入探索和实践。课程思政的目的是将专业技能培养与思想教育相结合,培养德才兼备的学员[2]。因此,在教学目标的设计上,增加了哲学思维培养、职业素养培树、人生态度引导等德育目标,如把强化"三爱一献身"精神、培树"三负责"机务作风和爱岗敬业精神作为教学目标,推动教学目标由单纯的知识传授向既掌握科学知识、提高专业技能又培育优良作风、提升道德素养转变。在落实教学计划时,结合本课程的教学内容,合理确定思政元素的融入点以及融入的方法和时机,强化思政内容与专业内容的有机融合,保证了立德树人、为战育人要求落到实处,进入每个教学章节。教员是教学活动的主要引导者,在课程思政教学中,教员个人立身做人的鲜明立场、认识世界的科学世界观以及对待工作的积极态度与饱满热情等,都是有形或无形的思政元素。教员要正确认识到这一点并主动全面履行职责,保证课程思政的教学效果。

2.2 丰富思政教学资源

开展课程思政教学,需要积累和建设与思想政治教育相关的教学资源,并不断地丰富其数量、提高其质量,从而使得教学目标得以实现[3]。在飞行综合控制系统课程的教学过程中,课程团队基于思政建设要求,结合教学大纲和教学目标,优化改进课堂教学内容,科学地将一些思政素材和案例引入课堂教学和实践教学。在丰富教学内容的同时,将思想政治教育与专业知识相结合,在内容和形式上不断创新,让学生在学习相关专业知识的同时接受思想政治教育。例如在讲解"舰载机着舰操纵原理"时,首先由戴明盟首次着舰成功进行引入,帮助学员建立起着舰操纵极其复杂的印象。最后通过介绍中国航母事业的迅速发展和取得的卓越成绩来提升学员对中国航母事业建设者们的敬佩之心和民族自豪感,同时也让学员们通过对舰载机着舰操纵原理知识的学习来感同身受舰载机飞行员们所执行任务的危险性和艰巨性,以此来号召学员们向以戴明盟为代表的中国航母事业建设者们学习,刻苦学习专业知识,努力增强机务维护技能和管理保障水平,为海军舰载转型事业贡献出自己应有的一份力量。

在具体实施过程中,基于教学章节、思政案例与价值目标的关系,精心搜集图片、文字、视频等思政素材。表1所列是飞行综合控制系统课程部分教学素材示例,对于每一个思政单元,都包含了教学内容、思政案例、思政素材和价值目标。

表1 飞行综合控制系统课程部分思政教学素材示例

教学内容	思政案例	思政素材	价值目标
舰载机着舰操纵原理	中国航母事业的迅速发展	视频	开拓进取的拼搏精神
电液舵机	矛盾的对立统一	图片	加深学员对事物普遍联系的认识
控制增稳	习近平重要指示精神	网页	将人才培养的客观要求与领袖的指示精神相统一
专业保障演练	郭二旦先进事迹	视频	培树优良的机务作风

将课程思政元素全面融入教学设计，对飞行综合控制系统课程的教案和课件进行合理的扩展和完善。表2提供了一个融入课程思政元素的教案示例。

表2　教案示例

目的与要求	教学内容	教学形式和方法	时间分配
1. 明确舰载机下滑着舰飞行的特点； 2. 掌握舰载机下滑着舰飞行时的受力特性； 3. 掌握舰载机着舰操纵原理	戴明盟首次着舰： 2012年11月23日，戴明盟驾驶歼-15舰载战斗机在辽宁号航母上成功实施阻拦着舰和滑跃起飞，从而正式拉开了中国海军航母的历史。人们常把舰载机飞行员比作"刀尖上的舞者"，以此来说明舰载机着舰时的危险性和复杂性，舰载机从进入下滑道到触舰通常只有十几秒的时间，而在这十几秒里飞行员往往要完成上百次的操纵动作； 思政要点： 号召学员学习以戴明盟为代表的中国航母事业建设者们的努力奋斗和拼搏奉献精神	问题牵引式： 设置问题(操纵舰载机着舰与操纵陆基飞机着陆时的动作是否一样，如果不一样，这不一样的道理又是什么)，引发学员主动思考； 教学方法： 视频＋动画。视频展示戴明盟成功着舰，再通过动画对比呈现舰载机着舰与陆基飞机着陆的差异，有利于学员自主探究，激发学习欲望	4分钟

2.3　提升思政教学能力

打铁还需自身硬，教育者要先受教育，任课教员在思想政治、师德师风、育人能力方面要严格自我要求、狠抓素养提升，锻造"三个过硬"的课程思政教员队伍。一是思想政治过硬。教研室要通过日常教育、专题学习、理论集训等方式，确保所属教员坚持正确的政治方向，坚定理想信念，加强理论武装，切实成为先进思想文化的传播者、党执政的坚定支持者，更好担起学员健康成长指导者和引路人的责任。二是师德师风过硬。教学管理单位要持续加强师德师风建设，将师德师风作为考评教员的第一标准，引导广大教员以德立身、以德立学、以德施教，以高尚师德、人格魅力、学识风范感召和感染学员。三是育人能力过硬。教员一方面要精研本专业领域知识技能，并积极参加教育教学研修培训、论坛讲座、比武竞赛，努力提升专业教学能力；另一方面，更要对标习主席针对思想政治理论课程教员提出的"政治强、情怀深、思维新、视野广、自律严、人格正"六方面要求，全面夯实综合素养，有力支撑思政育人能力水平的不断提升。

2.4　构建思政教学素材库

通过已收集和整理的课程思政教学素材，以飞行综合控制系统课程为基础，构建航空类专业课程思政教学素材库。从教学大纲、教学内容、教学设计、课件、实操类课程教学大纲等多维度开展课程思政建设，构建起包含图片、文字、文件、视频、音频、三维动画和实物等形式较为多样、内容较为丰富、体系较为完整的飞行综合控制系统课程思政教学素材库[4]。

2.5　优化思政教学评价体系

2.5.1　评价方法

课程思政教学改革的重要手段之一是科学合理的考评机制。根据课程思政建设要求，对学生课程学习的考核与评价，不仅包括学生对课程专业知识和能力的掌握和运用的基本情况，还应包括学生通过课程学习获得的思想政治素质提升的程度，从而构建一个德才兼顾的课程学习考评机制[5]。为此，以《课程思政视域下飞行综合控制系统课程教学研究的调查问卷》为测评工具，在融入课程思政专题教学后，对学员的养成效果以及对学业成绩的影响展开调查，通过对调查问卷的数据和课后测试成绩结果进行分析，比较是否存在显著差异，进而得出结论。飞行综合控制系统课程分为上、下两个学期实施，将学员按照上、下两个学期安排，在上学期对学员进行课程思政实施，在下学期对学员仅进行专业课实施，最终通过数据对学员两个学期的学习情况进行分析。分析比较课程思政视域下飞行综合控制系统课程专题教学对学员专业品格、文化素养、价值理念三个方面的影响，从而改进未来的教学方向和方法。

2.5.2 编制调查问卷

第一，根据习近平有关重要讲话、马克思主义基本原理以及上级关于课程思政改革的部署要求，提取推进本课程思政改革的核心要素；第二，依据《人才培养方案》和《课程教学计划》要求，结合本课程设定的价值目标，建立《教学研究调查问卷》的维度结构，并结合专家指导意见确定课程思政最终维度划分；第三，依据最终维度进行调查问卷题目的编制，并征求专家意见进一步对题目进行类别划分、剔除与修订，形成正式施测前的预测试问卷；第四，对预测试问卷实施项目分析，再次经过删减题目等步骤，最终形成正式问卷，如图 1 所示。

调查问卷

1、你目前对今后工作岗位的了解程度是：
非常了解（ ） 了解（ ） 一般（ ） 不了解（ ）
2、你对所从事专业的态度是：
非常满意（ ） 满意（ ） 一般（ ） 不满意（ ）
3、有人说，学习好自己的专业会得到别人重视、获得更多发展机会，你是否认同这种说法：
完全赞同（ ） 比较赞同（ ） 不好说（ ） 不赞同（ ）
4、教员经常要求大家做到课前预习、课后复习，你完成的情况是：
完全做到（ ） 经常做到（ ） 有时做到（ ） 很少做到（ ）
5、学习时，你是否会排除干扰，专心致志，不受其他事情影响：
始终如此（ ） 有时这样（ ） 很少这样（ ） 从不这样（ ）
6、学习上遇到困难时，你是否会废寝忘食钻研，并积极向别人请教，不把问题弄懂决不罢休：
始终如此（ ） 有时这样（ ） 很少这样（ ） 从不这样（ ）
7、在没有人督促时，你是否会主动学习：
一直主动学习（ ） 有时会主动学习（ ） 从来不主动学习（ ）
8、当学习成绩不理想时，你是否会自责，并继续努力，争取提高成绩：
一直这样（ ） 经常这样（ ） 偶尔这样（ ） 不会这样（ ）
9、为了实现一个大目标，你是否会制定一些循序渐进的小目标：
一直这样（ ） 经常这样（ ） 偶尔这样（ ） 不会这样（ ）
10、你是否经常关注新的航空装备情况，尽量增加自己的专业知识：
非常关注（ ） 比较关注（ ） 偶尔关注（ ） 不太关注（ ）
11、下述情况是否与你自己符合：你对遇到的新知识会感到新奇，并积极去学习掌握：
完全符合（ ） 比较符合（ ） 不符合（ ） 不清楚（ ）
12、下述情况是否与你自己符合：认为学习不是追求分数，而是要掌握知识、提高技能：
完全符合（ ） 比较符合（ ） 不符合（ ） 不清楚（ ）
13、为了更好学习，你是否分析过自己学习方法的优点和缺点：
经常分析（ ） 偶尔分析（ ） 很少分析（ ）
14、当与战友因发生矛盾而感到不快时，你是否会冷静地找对方谈谈，承认自己的错误或者一起分析双方的责任：
经常这样（ ） 有时这样（ ） 一般不这样（ ） 从未有过（ ）
15、下述情况是否与你自己符合：认为学习培训不能“死读书不动脑”，而要通过学习培养和提升思维能力：
完全符合（ ） 比较符合（ ） 不符合（ ） 不清楚（ ）
16、你是否愿意尝试新的实物，新的精神：
完全符合（ ） 比较符合（ ） 不符合（ ） 不清楚（ ）
17、勇于接受新的事物，并且愿意接受新的挑战：
完全符合（ ） 比较符合（ ） 不符合（ ） 不清楚（ ）
18、你关注现在的创新产品吗？
非常关注（ ） 比较关注（ ） 偶尔关注（ ） 不太关注（ ）
19、下述情况是否与你自己符合：日常交往遇到与你兴趣爱好或观点不同的人，你会与他交流各自的爱好、分享自己的观点：
完全符合（ ） 比较符合（ ） 不符合（ ） 不清楚（ ）
20、你是否认为一个人人际关系处理不好，是因为经常不经意用语言或行为伤害别人：
确实如此（ ） 经常如此（ ） 偶尔如此（ ） 不是这样（ ） 不清楚（ ）
21、当周围朋友又做错的行为你会诚实的指出来吗？
完全符合（ ） 比较符合（ ） 不符合（ ） 不清楚（ ）
22、你当兵的目的是热爱军旅生活，保家卫国吗？
完全符合（ ） 比较符合（ ） 不符合（ ） 不清楚（ ）
23、当身边出现不法分子实施犯罪，你会视而不见吗？
完全符合（ ） 比较符合（ ） 不符合（ ） 不清楚（ ）
24、一个合格的军人应该有责任担当。
完全赞同（ ） 比较赞同（ ） 不好说（ ） 不赞同（ ）
25、给自己定一个目标，就会为之奋斗前进。
完全赞同（ ） 比较赞同（ ） 不好说（ ） 不赞同（ ）
26、在生活中，我会综合运用各种方式实施践行自己的理想。
完全赞同（ ） 比较赞同（ ） 不好说（ ） 不赞同（ ）
27、在生活中，我把理想信念当成自己的精神支柱和动力。
完全赞同（ ） 比较赞同（ ） 不赞同（ ） 没想过（ ）

图 1 调查问卷

2.5.3 结果分析

调查问卷中，专业学习兴趣对应题 1，2，3；专业学习自信对应题 4，5，6；专业自主学习对应题 7，8，9；科学精神对应题 10，11，12；理性思维对应题 13，14，15；创新意识对应题 16，17，18；诚信友善对应题 19，20，21；责任担当对应题 22，23，24；理想信念对应题 25，26，27。

对 2017 级电气工程及其自动化专业学员进行了问卷调查，通过反馈分析得出的结论如

图 2所示(满分为 5 分)。从图中可以看出,在专业品格、文化素养、价值理念三个维度中,实施课程思政教学模式后学员的德育情况好于未实施课程思政教学,基本达到了预定的思政教学目标。

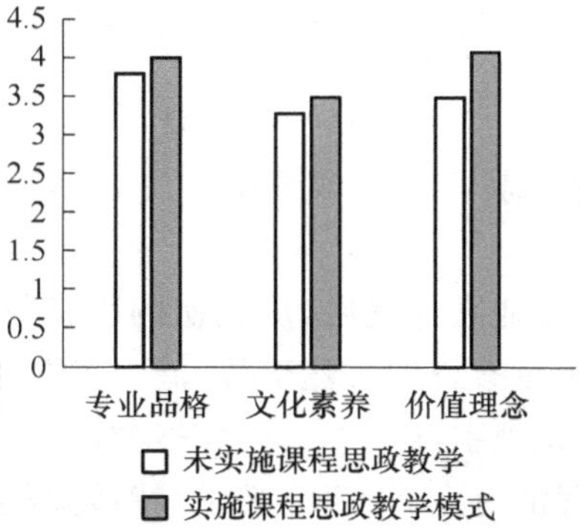

图 2　课程实施前后比较图

目前尽管采用了问卷调查的形式对思政教学效果进行评价,但手段过于单一,后期可以再融入平时评价以及考试评价等多种形式。例如,在考试试题中融入相关思政教育元素,以检验课程思政教学效果,更好地指引教学活动的课程思政导向。

3　结　论

实践证明,在专业课中开展课程思政教学改革,对激发学员学习兴趣和培养学员的爱国情怀、道德品质、职业素养、社会责任等方面大有裨益。飞行综合控制系统课程在航空类专业课程思政建设中具有重要意义。在建设过程中,应聚焦课程思政要求,瞄准课程的价值目标,充分调动教员和学员的主观能动性和参与热情,转变教学理念,挖掘思政元素,完善教学体系,优化评价体系,推进专业知识教育与思想政治教育有机融合,实现课程思政目标,为航空专业其他课程提供课程思政建设的有益借鉴。

参 考 文 献

[1] 曹丽新. 政治学与行政学专业课程思政建设的目标和路径[J]. 黑龙江教育(高教研究与评估),2020(12):25 - 26.

[2] 夏莉,雷存喜,王姣亮. 仪器分析课程思政教学研究与实践[J]. 广东化工,2021(11):271.

[3] 张萍. 课程思政的思考——以高职会计教学为例[J]. 青年与社会,2019(23):206 - 207.

[4] 韦福,王晓波,邱惠婷. 课程思政示范课程建设的基本目标、主要内容及实现路径探讨[J]. 河池学院学报,2020(40):118 - 121.

[5] 刘迪,王宇,齐昆. 立德树人理念下课程思政建设探索与实践[J]. 高教学刊,2021(4):167 - 170.

无人机构造与动力系统课程思政教学实践*

沈如松　矫永康

（海军航空大学 航空作战勤务学院，烟台　264001）

摘　要：近年来我国无人机事业高速发展，从最初的引进仿制到现如今的创新引领，可以说无人机类课程具有开展课程思政教育的天然优势，但由于专业体系相对独立，课程内容偏重理论和技术知识讲解，缺乏有意识地引导学生培树“三观”，对思政元素的凝练不成体系。通过分析无人机构造与动力系统课程的特点，从理论教学、特情案例分析、实践教学等环节深挖蕴含的课程思政元素，并在研究教学目标、设计教学内容、使用教学方法过程中全方位落实思政教育，培养无人机操控专业学生爱国奉献、爱岗敬业、团结协作、严谨细致、创新钻研的精神，坚定“四个自信”，培育新时代高素质专业化无人机操控人才。

关键词：无人机构造与动力；课程思政；无人机操控；教学方法；高素质

2019 年 3 月，习近平主持召开学校思政课教师座谈会并发表重要讲话，深刻阐明了学校课程思政的重要意义，明确提出推动思政改革创新的重大要求，用新时代中国特色社会主义思想铸魂育人，贯彻党的教育方针落实立德树人根本任务[1-3]。

无人机构造与动力系统作为无人机操控专业学生的平台认知课程，面向无人机操控人员，要求学生在掌握无人机总体和发动机结构组成、工作原理和工作特性的基础上，具备无人机飞行特情处置分析能力。

本课程与无人机运用结合紧密，可将无人机运用的实际工作情况引入课堂，激发学生的兴趣，引导学生热爱无人机事业；理论知识与实践教学结合紧密，通过实践环节，锻炼学生协作能力，培养团队奉献精神；与特情案例分析结合紧密，拥有丰富的典型案例素材，培养学生爱岗敬业精神，强化安全意识和责任意识。

1　结合育人树人设计课程教学目标

无人机构造与动力系统课程的教学目标包括“知识培养、能力培养、情感培养”三个层面，既一脉相承又相互交融。要求学生在掌握无人机机体结构、气动布局特性、动力装置工作原理和结构、发射回收系统等知识的同时，要学会无人机结构与动力系统故障分析方法，养成一定的自主学习习惯，能够创造性地进行逻辑推理、分析问题、解决问题、特征推断、工程实践、举一反三等，具备运用所学知识和方法进行典型飞行特情分析的能力，形成一定的创新思维和科学探究精神，并通过介绍无人机前沿技术的国内外对比、引入航空航天领域先进英雄事迹、分析典型飞行案例等形式，培树学生爱岗敬业、严谨细致、创新钻研、勇于担当、爱国奉献的道德品

*　全国教育科学国防军事教育学科“十三五”规划课题（JYKYD2019025）；海军院校教育理论研究课题（2018041）。

质，坚定中国特色社会主义道路自信、理论自信、制度自信、文化自信。

2　立足课程特点深挖思政元素

结合新时代教育方针，本课程的教学内容从以下几个方面与思想政治教育进行了结合。

2.1　爱国奉献，坚定信念

在绪论部分对近几年发生的局部战争进行分析，无人机在实战中的作用越来越凸显，是高科技局部战争中不可或缺的作战力量。介绍国内无人机发展情况，例如航天十一院研制生产的“彩虹”系列无人机在中东战争中大展身手，彰显了我国先进的无人机技术水平；大疆无人机占据了全球超过 80%的市场份额，在全球民用无人机企业中排名第一。用这些鲜活的事例和数据激发学生的民族自豪感和爱国情怀，热爱无人机专业，献身无人机事业发展，坚定理想信念，听党指挥，为实现“中国梦”“强军梦”而努力奋斗。

2.2　学以致用，锐意创新

从培养学生学习、创新能力出发设定思考题。课程内容设置了许多开放性、研究性、综合性问题，为学生创造广阔的思维空间，有利于培养学生自主学习和创新能力。例如，在第一章绪论中设置“畅想舰载无人机在结构布局、动力装置、起飞回收等方面的技术需求”；第二章在讲解无人机气动布局时，体现无人机不受人生理限制，鼓励学生开放性设计，并依托俱乐部活动及无人机竞赛，激发创新意识；第四章航空燃气涡轮发动机中设置“分析涡轮喷气发动机空中停车的可能原因”问题；第五章无人机起飞回收系统中设置“试分析在无人机降落过程中起落架无法放下的可能原因，如何处置”等问题。这些问题都没有现成答案，需要学生综合分析所学知识，查找大量资料，进行分析、归纳、总结，实现知识到能力的建构。

2.3　迎难而上，攻坚克难

航空发动机一直是制约我国航空事业发展的大难题，在这方面课程组深挖思政元素。例如在讲解活塞发动机时，受西方国家对我国的禁售禁运限制，近年来国家持续加大对活塞式发动机国产化的投入力度，国产活塞发动机进步很大，基本可以满足装备使用要求，充分体现了大国工匠精神，在激发学生民族自豪感的同时，也要引导学生看到差距，在油耗、功率等方面我们与国外相比还有进步空间，尚需努力，刻苦钻研；在讲解涡轮发动机技术时，飞机的“心脏病”还是制约着我们走向更高更快，每一个航空人必须从基础做起，扎实进取，突破卡脖子技术，发扬中华民族不畏艰难、敢于挑战的精神，同时坚信国家集中力量办大事的体制优势。

2.4　爱岗爱装，团结协作

课程教学内容引入了大量的无人机飞行案例，并安排了实操实践环节。在进行无人机发动机空中停车、桨叶电机故障、起落架无法放下、操控舵面卡滞等飞行特情案例研讨时，引入一线无人机运用的感人事迹、英雄人物、先进做法，培养学生一以贯之、严谨细致、负责担当的道德品格，热爱无人机飞行事业。通过机体操作使用、动力装置操作使用、发射回收装置操作使用等实操训练和考核，将学生分工分组，培养学生严谨踏实的工作作风和团结协作的团队精神，强化安全意识和责任观念。

3 着眼培育效果优选教学方法

学生是课堂教学的对象和主体[4]，选取案例教学、分组协作、翻转课堂等形式多样的教学方法调动学生的积极性和主观能动性，引导学生主动探索理论知识、案例分析和实践操作背后隐含的思政元素。

3.1 案例教学

例如给出由于滑油泄漏导致发动机空中停车坠机的飞行事故案例，引导学生运用所学知识和分析方法，讨论特情发生的机理、可能的原因、应采取的处置方式等，进一步将所学知识融会贯通，有效建构学习能力、创新能力。同时鼓励学生主动思考事故背后的思想政治原因，是否在飞行训练过程中存在思想麻痹，缺乏岗位认同感和责任感的情形，最终导致人为差错的发生。也引入"成功处置空中双飞停车"先进事迹，让学生从意志品质、能力素质、爱岗敬业、牺牲奉献等方面进行交流研讨，通过树立榜样、弘扬正能量，使学生在思想境界上升华，在首次任职岗位上尽职尽责。

3.2 分组协作

工程实践要积极大胆参与、注重协作，树立科学的批判精神，敢于质疑，善于发现实践新情景与已有知识的冲突所在，从而提出问题，并做出合理的假设与猜想。实践小组内要按照角色分工，协作完成任务，培养团结合作、礼让互助、沟通协调等科学精神，不弄虚作假、实事求是的科学素质。小组之间互相对各种想法、各种观点进行充分的交流和讨论，充分体验实践的过程。

3.3 翻转课堂

部分理论学习安排学生走上讲台进行讲解，鼓励学生通过阅读教材和其他补充材料（包括网络信息资源）、调查研究和讨论展示等方式加深课程内容学习，增强主人翁意识、责任担当意识。同时养成对于所做工作进行评估的好习惯，及时进行反思和评价，检查思路和具体措施，发现错误和疏漏，养成严谨细致、精益求精、一丝不苟的工作作风。

4 结束语

当前错综复杂的国际形势、艰巨繁重的国内改革发展稳定任务、意识形态领域冲击，对学生的价值取向、身份意识和政治思想意识提出了更高的要求和考验。为了实现"中国梦""强军梦"，建设世界一流军队，军队院校在落实课程思政上必须走在前列，从理论教学、案例分析、实践教学等环节深挖蕴含的课程思政元素，在教学目标、教学内容、教学方法中全方位落实思政教育，培养无人机操控专业学生爱岗敬业、锐意进取、严谨细致、爱国奉献、刻苦钻研的精神。

参考文献

[1] 陈宝生.用习近平新时代中国特色社会主义思想铸魂育人,贯彻党的教育方针落实立德树人根本任务[N]. 人民日报,2019-04-23.

[2] 刘战合,田秋丽,王菁,等. 高校航空专业课程思政元素融入式教学研究[J]. 长沙航空职业技术学院学报,2020,3(20):45-49.

[3] 王红乾. 新时代高校"课程思政"教育的改革创新[J].河南教育(高教),2019(12):73-76.

[4] 陈礼顺,付莹贞. "航空维修工程"课程思政建设与教学实践[J].南昌航空大学学报:自然科学,2020,2(34):123-128.

飞机空气动力学课程思政教学方案设计研究

胡家林　柳文林　丁祥　赵红君　张保雷
（海军航空大学，烟台　264001）

摘　要：飞机空气动力学是为本科阶段飞行学员开设的一门专业核心必修课程。作为第一门开课的飞行原理类课程，飞机空气动力学在学员从认识飞行、理解飞行到热爱飞行、从事飞行这一转变过程中起到了承上启下、关键一环的作用。本文在梳理飞机空气动力学教学内容中的知识点、明确课程知识和能力目标的基础上，设定课程的情感、态度和价值观目标，对课程组已有的课程思政探索与实践进行了总结和反思，提出优化课程思政教学方案的研究思路，最后给出具体的课程思政课例设计。

关键词：课程思政；飞机空气动力学；飞行学员；教学方案；课例设计

飞机空气动力学是为本科阶段飞行学员开设的一门专业核心必修课程。作为第一门开课的飞行原理类课程，飞机空气动力学是飞行原理课程体系中的基石，在学员从认识飞行、理解飞行到热爱飞行、从事飞行这一转变过程中起到了承上启下、关键一环的作用。飞行原理各课程之间的层级关系如图1所示。

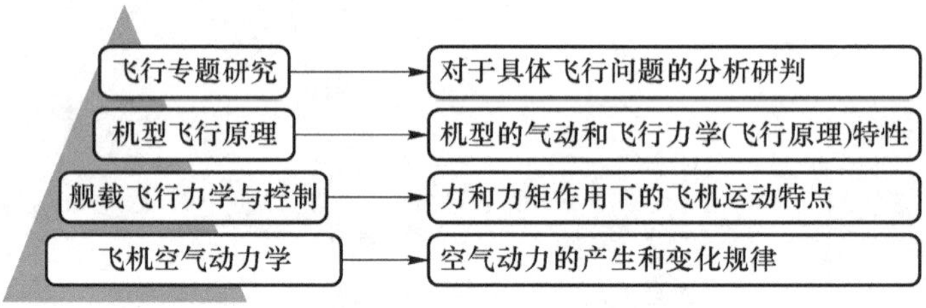

图1　飞行原理类课程的递进层级关系

对于这样一门重要的专业课程，如何将习近平在全国高校思想政治工作会议上的重要讲话精神和《高等学校课程思政建设指导纲要》中立德树人的具体要求落实到教学过程中，使课程真正“将价值塑造、知识传授、能力培养三者融为一体”，进而“与思想政治理论课同向同行，形成协同效应”，有着重要的研究意义[1]。

1　课程知识体系

对于专业课而言，课程思政要想如盐入味、融盐于食，首先要对“食物”本身深入剖析，即梳理出课程的核心教学内容和知识体系，否则思政就变成了空中楼阁。针对飞行学员的空气动力学教学，要避免航空理论单纯力学化的倾向，注重空气动力学基础理论与航空飞行实际相结合[2]。为此，课程组将气流特性和飞机气动力特性确定为本门课程的两大组成部分，教学内容体系由低速气流特性到高速气流特性，由飞机低速空气动力特性到飞机高速气动力特性，针对初级教练机采用螺旋桨的特点，对螺旋桨拉力产生和变化规律以及螺旋桨副作用进行了介绍，最后通过气动布局内容，以典型现役飞机为例，将气流特性与飞机空气动力特性内容融会贯通[3]。各内容板块包含的核心知识点主要有：

（1）绪论板块：空气动力学的研究对象及分类；空气动力学的发展概况和研究方法；空气动力学与航空飞行实践：飞机设计理念，附着流型、脱体流型、激波流型（乘波体飞行器）的出现。

（2）低速气流特性板块：气流的基本概念：空气微团，连续介质假设，定常流动和非定常流动；连续方程、伯努利方程及其应用；低速边界层：边界层的产生、性质、分离。

（3）高速气流特性板块：高速一维定常流动：空气压缩性，马赫数，空气动力加热；超声速气流的加减速特性：激波，膨胀波。

（4）飞机低速空气动力特性板块：机翼的形状及几何参数；升力的产生和变化；阻力的产生和变化；侧力的产生和变化；后掠翼低速空气动力特性；翼根效应和翼尖效应；三角翼的低速空气动力特性：脱体涡的形成；升阻比和飞机极线；飞机的增升装置：襟翼。

（5）飞机高速气动力特性板块：翼型的亚、跨声速气动特性：普兰特-葛老尔特公式，卡门-钱公式；翼型的超声速气动特性：翼型超声速升阻力的产生，高亚声速翼型（平顶翼型、尖峰翼型、超临界翼型）；后掠翼和三角翼的高速空气动力特性。

（6）螺旋桨空气动力特性板块：螺旋桨拉力的产生和变化；螺旋桨副作用：滑流、进动、气流斜吹、反作用力矩；螺旋桨的效率和功率；螺旋桨的负拉力：负拉力产生原因，顺桨。

（7）现役飞机气动布局板块：多型现役飞机气动布局类型及其优缺点。

2 课程教学目标

2.1 知识和能力目标

课程既有抽象的空气动力学理论，又有指导飞行实践的具体原理和方法。通过课程学习，学员在知识和能力上达成以下三个目标：

（1）理解作用于飞机上的空气动力的产生原因，即升力、阻力、侧力是如何产生的。

（2）掌握飞机空气动力的变化规律，即随着飞行速度增减、飞机姿态改变，作用于飞机上的升力、阻力、侧力是如何变化的。

（3）能够分析飞行中发生的空气动力现象，如激波、地面效应等空气动力现象的产生原因，及其对于飞行的影响。

2.2 情感、态度和价值观目标

飞行学员是未来军用飞机的驾驶员，更是航空兵部队的战斗员、指挥员。通过课程学习，在情感、态度和价值观方面重点达成以下三个目标：

（1）坚定不移的爱国情怀。从学科名人事迹、航空领域热点、我军装备发展等方面切入，培养学员对国家、对民族、对军队的认同感、归属感、自豪感，培养学员的使命担当精神，用爱国情怀为学员在求飞之路和未来的海空战场上注入动力。

(2) 求真务实的科学精神。从空气动力学学科发展史重要概念的提出、重要理论的诞生、学科名人事迹等方面切入,培养学员求真务实、勇于探索的科学精神,培养学员的辩证思维和创造性思维,为学员终身学习能力的形成奠定基础。

(3) 与岗位匹配的专业素养。从飞机空气动力特性、飞机设备原理、飞行事故案例等方面切入,培养学员作为一名飞行员所应必备的专业素养,包括飞行中的安全意识、责任意识、团队意识、“精准、守纪、零容忍”的舰载意识等,以更好地满足飞行学员未来职业生涯发展的需要。

2.3 飞机空气动力学课程思政开展现状

如前文所述,飞行学员是飞机空气动力学课程的授课对象,作为未来部队的战斗员、指挥员,在思想上绝对忠诚、绝对纯洁、绝对可靠尤为重要。对此,课程组有着非常清醒的认识,在飞机空气动力学课程思政工作中积极进行了一系列的探索和实践。一是统一思想,解决“本门课程学时紧张,没有时间开展课程思政”等认识偏差和畏难情绪;二是根据飞行学员未来职业特点,通过飞行案例分析,挖掘具有针对性的家国情怀、装备自信、飞行安全意识等思政元素;三是结合学科发展史,通过科学家探索真理的故事,激发学员们的科学精神,提高他们的辩证思维能力。

课程组在课程思政方面的探索和实践过程中取得了较好的课堂效果,收获了有益的教学经验,但是也暴露出问题和不足。一是思政元素挖掘不深,没有吃透知识点与思政元素之间的内在联系,尤其是对蕴含于课程知识点中的隐性思政元素,在教学时存在浅尝辄止、一闪而过的问题;二是思政内容收集整合不够,存在对航空领域的时事热点、涉及飞行安全的突出事迹跟踪不够及时的问题;三是思政目标不明确,介绍完学科发展、名人故事等思政元素后没有提炼出清晰的价值导向,存在虎头蛇尾、不明所以的问题;四是课堂教学设计欠缺,存在思政内容与课程知识点融合不够,思政过程生硬突兀的问题;五是思政时机没有固化,不同教员在讲解同一知识点时,是否涉及课程思政、课程思政的深度和拓展度较为随意,存在课程思政有无不统一、深浅不统一的问题;六是思政效果没有评价手段,存在课程思政有实施无评估的问题,导致难以有针对性地持续提升课程思政建设水平。

3 课程思政教学方案的设计

高质量的课程思政教学方案能够使课程思政目标明确、内容科学,使教员在思政过程中有依据、有计划,有助于思政内容与教学内容的有机融合,让思政元素如盐入味,确实起到对学员的价值引领作用。因此,以课程思政教学方案为抓手和切入点,通过对飞机空气动力学课程思政教学方案进行整体设计和优化,可以有效解决前述飞机空气动力学课程思政中存在的不足。

3.1 课程思政教学方案设计目标

飞机空气动力学课程思政建设的总体目标是,实现教员思政意识和思政能力的全面提升,形成将价值塑造、知识传授、能力培养融为一体的课程思政内容体系,在课程中融入思政元素,突出立德树人、为战育人导向。注重对学员进行“从军报国、建功海天”的价值引领,使学员既具备脚踏实地勤学善学的科学精神,又有今朝为国而学、明日为国而战的家国情怀和使命担当。

课程思政教学方案设计是课程思政建设的重要组成部分。因此，课程思政教学方案设计目标服从、服务于飞机空气动力学课程思政建设的总体目标。具体来说，包含以下各方面：

一是明确飞机空气动力学课程思政目标，思政目标应既符合飞行学员德育需求，又贴合课程自身所具备的思政素材。

二是形成思政元素挖掘提炼、思政内容整理扩展的机制方法，为建立、完善、更新思政素材提供支撑。

三是形成科学、有效、规范、可行的课堂教学设计，从思政元素引入时机、引入方法等方面为教员开展课堂思政的全流程提供指导。

四是形成多元化、导向性的思政效果评价办法，为课程思政建设的持续提升提供依据，为教员课程思政实践的持续改进提供动力。

3.2　课程思政教学方案设计思路

课程思政教学方案设计思路如图 2 所示。

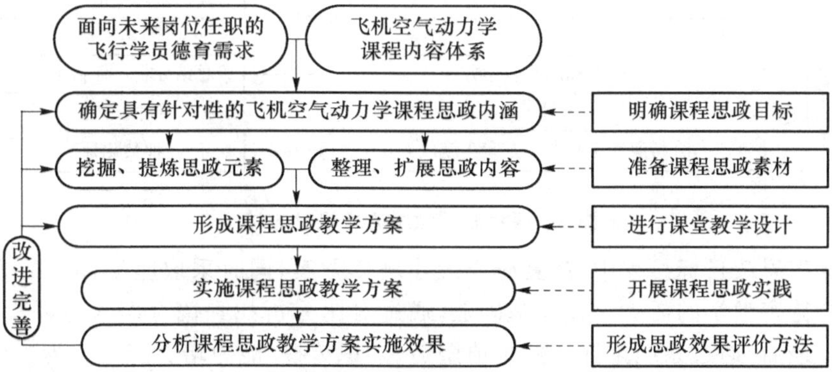

图 2　课程思政教学方案设计思路

首先，明确课程思政目标。以飞行学员人才培养方案为依据，根据未来岗位任职需求，分析飞行学员在德育方面的重点需求；以飞机空气动力学课程内容体系为依据，根据课程性质，分析课程本身所具备的思政素材类别。在此基础上将德育需求与课程特点结合起来，确定飞机空气动力学课程思政的内涵，即本课程在情感、态度、价值观方面对学员的主要引领目标。

其次，紧贴课程思政目标，准备课程思政素材。一是“挖潜”，从现有教材和课件等教学资源中挖掘、提炼出符合课程思政目标的思政元素；二是“扩容”，关注与课程知识点密切相关的社会热点、新闻报道等，实现思政内容的不断拓展、更新。

再次，根据课程思政目标和课程思政素材，进行课堂教学设计，形成课程思政教学方案。课堂教学设计要做到生动、可行、规范，实现思政内容与教学内容的有机融合。课程教学方案是教员实施课程思政的依据，要做到以课程思政素材为基础、以课程思政目标为主线。

最后，是教学方案的实施和评估，并在评估基础上对课程思政内涵、课程思政内容选取、课堂教学设计等方面进行改进完善，形成一个迭代提升的良性循环。

3.3 课程思政教学方案设计方法

在课程思政教学方案设计研究过程中，采取“研究、实践、检验、完善”的方式进行，其中研究与实践之间并不是简单的先后顺序，而是你中有我、我中有你的关系，用研究指导实践、在实践中进行研究，并与检验、完善共同构成一个迭代和完善的闭环。研究过程中综合运用对比分析、调研座谈、系统论证、评估优化等方法，对飞机空气动力学课程思政教学方案的整体设计开展探索和研究。各主要步骤及拟采取的研究方法如图 3 所示。

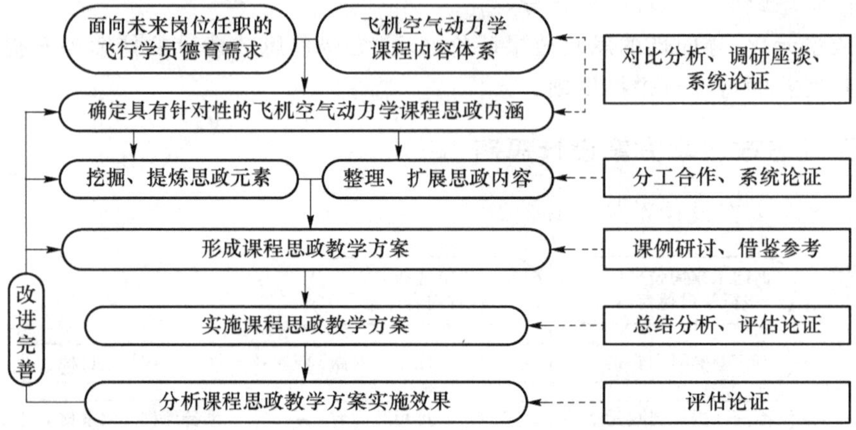

图 3 课程思政教学方案设计方法

在研究课程思政目标过程中，认真研究人才培养方案，同时采取座谈调研的方式，了解飞行部队对院校德育教学的需求。在此基础上，通过对比分析找到德育需求与课程内容体系之间的结合点。最后，通过系统论证，将“价值塑造、知识传授、能力培养三者融为一体”这一指导思想投射到飞机空气动力学课程思政中，形成具有飞机空气动力学课程特色的思政目标。

在研究思政素材的过程中，课程组成员采取分工合作的方式，围绕家国情怀、责任意识、科学精神等诸多方面，对课程的每个章节进行全方位的思政元素挖掘，同时不断扩充社会热点和新闻报道等素材进入思政内容。最后，项目组对得到的思政元素和思政内容进行集中论证，重点梳理思政素材与教学内容之间的内在联系是否紧密，防止挖掘思政元素过程中可能存在的“浅尝辄止”“无中生有”等问题。

在进行课堂教学设计、形成教学方案的过程中，利用教学活动日、支部议教等时机进行思政课例打造，对思政元素的引入方式等教学环节进行交流研讨。以各级教学竞赛为抓手，以北京航空航天大学等院校的课程思政示范课为参考，及时借鉴兄弟教研室、兄弟院校好的做法，不断优化课堂教学设计。

在实施课程思政教学方案的过程中，既要落实好现有的课堂教学设计，又要对学员们在课堂上的反馈及时进行总结和分析，对现有课堂教学设计进行评估论证。总结分析、评估论证的过程可以认为是对思政教学方案的“形成性考核”。

在分析课程思政教学方案实施效果的过程中，采取问卷调查、小论文撰写等方法对思政效果进行评价，同时结合评教评学等时机对思政效果进行评价，探索构建多元化、导向性的评价办法。这一过程，可以认为是对思政教学方案的“课终考核”。

3.4 思政课例设计

紧密结合课程知识体系，以课程思政教学方案设计目标为出发点，根据课程思政教学方案设计思路和方法，形成了如表 1 所列的思政课例设计。

表 1 思政课例设计(部分)

序号	知识点	思政资源	知识点与思政的融合
1	空气微团概念	空气微团指含有较多空气分子的很小一团空气，它能表现出空气的总体属性。这一概念的提出，使得空气动力学研究时不必再拘泥于局部的、单个的空气分子的无规则运动，只需从整体去把握空气微团对飞机的作用力，化繁为简	空气微团概念的提出，把握住了描述气流特性时整体和部分之间的辩证关系，是马克思主义方法论的体现
2	伯努利方程及其应用	由伯努利方程可知，空速管的工作原理是通过全压和静压之差计算飞机飞行速度。2018 年 2 月 11 日，由于飞行员未按章操作，导致一架安-148 客机的空速管结冰，飞行速度测算错误，正副驾驶配合又出现问题，最终造成严重飞行事故	从一起飞行事故展开，引出“精准、守纪、零容忍”的舰载意识，增强飞行学员的职业责任感
3	边界层的分离	若飞行员操纵不当，导致飞机迎角超过失速迎角，在逆压梯度和空气黏性的共同作用下，边界层会发生大面积的气流分离，导致飞机失速，升力急剧减小、阻力急剧增大，危及飞行安全	从不当操纵引起飞机失速、危及飞行安全展开，引出“精准、守纪、零容忍”的舰载意识，增强飞行学员的职业责任感
4	升力的产生	升力是作用于飞机上的三大空气动力之一，属于法向力。“中国航天四老”之一的屠守锷服从国家需要，将研究方向由飞机领域转为导弹和火箭领域，实际上也是将研究重心由法向力(飞机升力)转为轴向力(火箭推力)的一个过程	用屠守锷的先进事迹，激发学员的家国情怀和使命担当意识
5	侧力的产生	引导学员通过飞机升力产生的相关知识，分析侧力产生的原因，并得出结论：机身和垂尾左右两侧流管粗细不同、流速不同，导致机身和垂尾左右两侧出现了压力差，而压力差垂直于相对气流方向的总和就是飞机的侧力	提高学生分析问题、正确认识问题本质的能力
6	飞机的增升装置——襟翼	襟翼是飞机的增升装置，其设计原理与空气动力学中的边界层控制、升力公式、翼型弯度等理论相关。从单纯增加翼型弯度到增加弯度与增加机翼面积、控制边界层相结合，襟翼在设计上不断进步。其中，前缘缝翼这一设计由德国飞行员拉赫曼 1919 年在医院养伤期间提出。而设计师富勒曾说过“虽然鸟类可以随时控制翅膀的弯曲度，但人类的智慧，可以长出另一对翅膀”	从襟翼的发明和发展历程出发，增强学员勇于探索的创新精神
7	螺旋桨负拉力、顺桨	发动机空中停车后，会产生负拉力，危及飞行安全。因此飞机上设有顺桨机构，以防止发动机空中停车后产生负拉力。此时飞机的拉力仅由工作正常的发动机提供，一旦出现错误操作，极易造成严重的后果	从一起飞行事故展开，引出“精准、守纪、零容忍”的舰载意识，增强飞行学员的职业责任感

4 结 论

飞行学员是未来航空兵部队的驾驶员、战斗员、指挥员，在他们从认识飞行、理解飞行到热爱飞行、从事飞行这一成长过程中，除了理论知识、飞行技术的提升，思政教育同样不可或缺。从课程思政教学方案设计切入，对飞机空气动力学课程思政工作的开展进行深入研究，对于解决“培养什么人、怎么培养人、为谁培养人”这一根本问题，有着重要意义。

参考文献

[1] 习近平：把思想政治工作贯穿教育教学全过程 开创我国高等教育事业发展新局面[EB/OL].（2016-12-09）. http://jhsjk.people.cn/article/28936173.

[2] 胡家林，柳文林，丁祥. 论空气动力学发展史在空气动力学教学中的渗透[J]. 海军院校教育，2020，30(5)：79-81.

[3] 郭卫刚，柳文林，康小伟. 飞行原理基础课程形成性考核模式研究[J]. 教育教学论坛，2019，16：180-181.

[4] 朱琪. 高等院校中飞行员培养的思政教育[J]. 当代教育实践与教学研究，2017，5(8)：265.

[5] 史金鑫. 行业特色院校“课程思政”教学模式建构的实践研究——以创新民航特色“课程思政”改革为例[J]. 教育现代化，2019，6(58)：73-75.

[6] 何小微，刘莎，唐庆如. 民航院校课程思政建设经验研究——以中国民用航空飞行学院为例[J]. 民航学报，2020，4(4)：110-113.

[7] 朱莎. 课程思政在高职航空类课程中的应用研究[J]. 科教导刊，2020，19：119-120.

课程思政　协同育人
——航空航天工程专业课程思政教学设计与实践

陈方　周艳平　周翔　黄健哲　羌晓青　沈强　徐辉　朱丽明
（上海交通大学 航空航天学院，上海　200240）

摘　要：在了解我国航空航天类人才培养的特征和规律的基础上，结合上海交通大学航空航天类工程专业课程思政教学实践，充分挖掘专业课程思政教学内涵，构建了专业课程思政教学的整体架构，形成了专业课程思政教学的考核评价制度，编制完成了以本科为主的航空航天工程专业课程思政教学指南。

关键词：航空航天工程专业；课程思政；考核评价；教学设计；教学实践

1　课程思政教学理念

课程思政不应简单理解为“课程＋思政”，应该把“立德树人”目标和“三全育人”理念与专业课程教学有机结合起来，实现“知识传授”和“价值引领”有机统一，真正做到“如春在花，如盐在水”式的课程思政教学[1]。同时，充分发挥顶层设计和改革创新在课程思政教学改革中的示范和推动作用[2]，如图1所示。

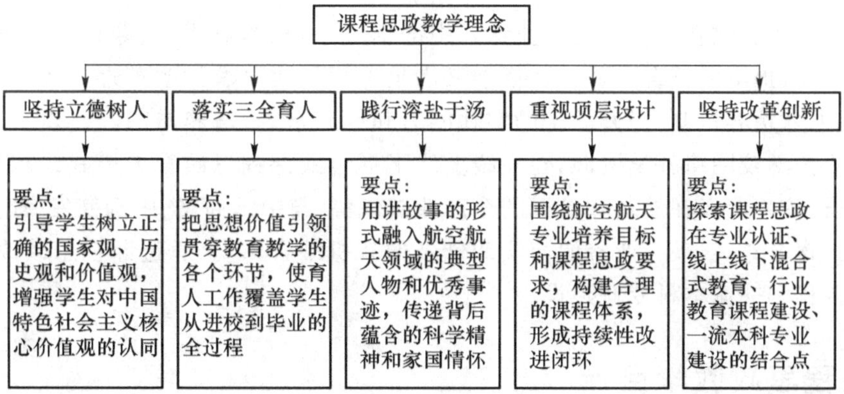

图1　课程思政教学理念框架

1.1　坚持“立德树人”

围绕“培养什么人、怎样培养人、为谁培养人”这一根本问题，明确育人目标，将理想信念教育放在首位，教育引导学生树立正确的国家观、历史观、文化观和价值观，增强学生的使命感和担当感以及对新时代中国特色社会主义核心价值观的认同，促进学生全面发展，培养能够担当民族复兴大任的社会主义建设者和接班人。

1.2 落实“三全育人”

构建“全员、全过程、全方位”的人才培养体系，培养德才兼备的航空航天专业人才。课程体系中的每一门课、每一名任课教师都应担负起立德树人的育人职责，把思想价值引领贯穿教育教学的各个环节。根据学生不同学习阶段的身心发展特点，有针对性地开展教育引导，使育人工作覆盖学生从进校到毕业的全过程。

1.3 践行“溶盐于汤”

我国航空航天领域科技工作者，长期以来紧密结合国家战略需求，甘于奉献，成果丰硕，涌现出了一大批典型人物和优秀事迹，形成了包括“两弹一星精神”“载人航天精神”“钱学森精神”等一批宝贵精神财富，这些不仅为专业教学提供了最可靠的案例，也为课程思政提供了最生动的素材。每一门专业课，应以专业教学为主线、思政教育为辅线，用讲故事的形式融入实际案例，在传授专业知识的同时，传递背后蕴含的科学精神和家国情怀，帮助学生树立“奋发图强、空天报国”的信念[3]。

1.4 重视顶层设计

围绕航空航天专业培养目标和课程思政要求，构建合理的课程体系，明确每一门课的教学大纲，形成持续性改进闭环。同时注重课程体系的基础性、专业性、前沿性、多样性、思想性、实践性并重，满足学生的全面发展要求。

1.5 坚持改革创新

积极探索课程思政在工程教育专业认证中的结合点，从毕业要求、课程体系、教学大纲和评价体系等方面，提出既符合专业认证标准又满足课程思政要求的改革理念和举措。探索创新型、国际化人才培养机制，提升学生的实践能力和创新素养，培养与国际接轨的高素质航空航天人才。依托学校网络教学资源，建立线上线下混合式课程思政育人模式。积极推进行业教育课程建设，依托上海在航空和航天的全产业链优势，与中国商飞、中国商发、航天八院等单位开展行业教育合作，实现行业资源与实践创新的有机结合[6,7]。通过课程思政改革，推动一流本科专业课程和一流本科专业建设。

2 课程思政教学目标

航空航天工程专业总目标可以分解为政治认同、家国情怀、价值引领、科学精神、学术伦理、职业操守、文化自信、全球视野8个分目标，如图2所示。根据学科特点与立德树人目标，将一级指标继续分解为用于评测的二级指标，如表1所列。

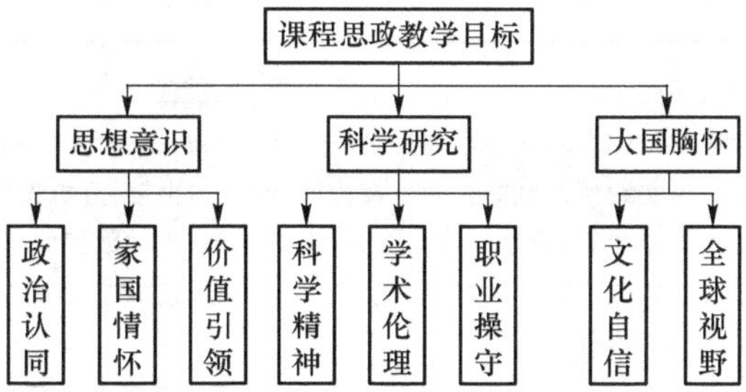

图2　课程思政教学目标框架

表1　航空航天类课程思政两级思政目标达成指标

一级指标		二级指标点及其内涵
1	政治认同	1-1.认同新时代中国特色社会主义的价值观，从航空航天专业角度积极投身于新时代中国特色社会主义的航空航天事业； 1-2.深入认识"航天强国""一带一路倡议"等党和国家的重大决策，树立服务中华民族伟大复兴中国梦的理想信念； 示例：以先进人物或集体在突破国家重大任务需求的科研经历，传递科研人员的价值取向和精神追求
2	家国情怀	2-1.从我国航空航天发展的演变过程和历史地位，涵养对民族和文化强烈的归属感，胸怀航空航天强国的远大理想； 2-2.清醒认识我国国际地缘政治与战略地位，增强奋进新时代的使命感，主动服务于民族、国家的共同利益； 示例：以北斗、嫦娥、火星等国家战略需求或相关时事热点新闻作为依托点，融入课程专业知识讲解
3	价值引领	3-1.激发探索航空航天的兴趣，树立远大的理想和抱负； 3-2.剖析航空航天类专业在国家建设、社会经济发展中的重要性，帮助树立"奋发图强、空天报国"职业理想； 3-3.激励学生胸怀天下、放眼未来、追求卓越，以舍我其谁的使命感、时不我待的紧迫感担负新时代航空航天发展重任； 示例：对比国内外专业知识、技术等的发展过程及现状，增强学生投身航空航天研究的使命感，鼓励引导将爱国精神转化为为国奉献的实践行动
4	科学精神	4-1.服务国家重大需求，勇于探索创新，打破惯性思维，激发攀登科学高峰的勇气与毅力； 4-2.形成严谨求实的精神品质，揭示物理世界的本来面目，正确反映客观现实获取真理性认识； 4-3.具有客观理性的思维特质，大胆假设、认真求证，拓展知识边界，将认识从经验层面上升到客观真理层面； 4-4.具备辩证唯物主义与历史唯物主义的科学观； 4-5.积极向上，持续求真、终身学习的科学素养； 示例：对某一专业问题的科研攻关全过程，包括技术原理、瓶颈、尝试、挫折、反思、创新等整个过程，让学生融入情景中，体会其中蕴含的科学研究逻辑思维

续表 1

一级指标		二级指标点及其内涵
5	学术伦理	5－1. 遵守科技工作者及其共同体应恪守的价值观念、社会责任和行为规范； 5－2. 传递工程实践所涉及的正确道德价值、问题和决策，分析失败案例的教训及警示； 示例：严格要求学生，引导学生诚实守信、追求真理，论文数据应当翔实准确，不弄虚作假
6	职业操守	6－1. 理解航空航天行业的意义和内涵，具有坚定的从业意愿、职业信念和正确的人生观、价值观； 6－2. 精益求精的大国工匠精神，体现敬业、专注、创新等方面的职业道德、职业能力和职业品质； 6－3. 具有团队意识和合作精神，掌握协作学习与研究的技能； 6－4. 富有爱心、责任心和事业心； 示例：介绍一些大国工匠的先进事例或纪录片，培养学生爱岗敬业、无私奉献的职业精神
7	文化自信	7－1. 对中华传统文化、文化发展前途的自信； 7－2. 增强对新时代中国特色社会主义文化的情感认同； 示例：用当代中国航空航天成就鼓舞学生自信，用伟大复兴需要激励学生担当
8	全球视野	8－1. 具备基于全球变化与国际差异的思维视角； 8－2. 了解各国科学技术以及政治文化差异； 8－3. 在纵横比较中看待与理解中国发展； 示例：直面现实、敢于承认专业领域内存在的国际差距，促进跨文化背景下的沟通和交流，与国际先进技术共同进步

3　课程思政教学体系

教学体系主要从设计依据、课程体系、专业课程三个方面进行阐述，充分体现专业课程是实现课程思政的抓手载体，设计依据是课程体系的目标导向，而课程体系为专业课程的设计提出了依据准则，如图 3 所示。

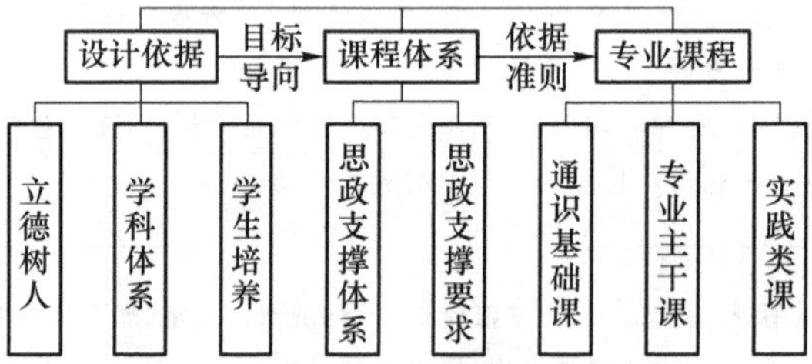

图 3　课程思政教学体系框架框架

3.1　设计依据

(1)“立德树人”根本任务

在航空航天学科内容方面，结合我国航空航天的特殊性，把国防教育、家国情怀等融入学科内容；在社会需求方面，把航空航天教育和国家繁荣富强联系起来，体现学科进步与国家发展的密切关系；在学生培养方面，把具有国际化视野的复合型人才培养和思政教育有机结合，让专业知识和课程思政相辅相成，提高学生政治素养和专业能力。

（2）航空航天学的学科体系

航空航天工程与时俱进，形成以工程热力学、空气动力学、材料与结构、自动控制原理、飞行器总体设计、航空宇航推进理论、航空电子系统等为核心的航空航天技术类课程群。设立课堂和课外专业实践、飞行器设计与创新实验、科创实践为主的实验和实践类课程群。

（3）学生培养的多元化

为了满足学生的多元化发展，各课程群（航空航天工程专业（082001）、飞行器设计与工程（082002）、飞行器动力工程（082003）、飞行器制造工程（082004）、飞行器环境与生命保障工程（082005））明确主干课程、掌握的知识以及达到的能力。实践性教学环节既要满足教学需求、也需提供学生理论联系实际的完备教学体系，提高学生动手实践能力和激发学生对本学科的兴趣。

3.2　课程体系

课程是实现教学思政的基础与抓手，是课程思政的载体。基于航空航天类专业课程思政的培养目标，对毕业要求中的思政环节进行细化与指标分解。在课程体系中，根据课程的教学目标、教学内容和教学评估，确定其在人才培养中对思政元素的支撑度。可分为一级到五级（L1～L5）五个支撑水平，每个水平的对应描述如表 2 所列。

表 2　专业课程对课程思政教学目标达成度评价表

专业课程对思政教学目标达成度评价表	
教学目标包含 X 个以上毕业要求中的课程思政一级指标，教学内容中 Y%以上的教学环节对应课程思政一级指标，教学评估（平时＋期末）对应课程思政一级指标的评价达到 Z%	
一级支撑度 L1	$X=1, Y=10, Z=5$
二级支撑度 L2	$X=2, Y=20, Z=10$
三级支撑度 L3	$X=4, Y=40, Z=15$
四级支撑度 L4	$X=6, Y=60, Z=20$
五级支撑度 L5	X=所有，$Y=80, Z=25$

3.3　专业课程

专业课程包含学科通识基础课、专业主干课程、实践类课程。基于航空航天学科的特色，在进行课程内容的梳理和准备过程中，要强化对中国特色航空航天思想的融入，依托我国实际案例，促进学生中国特色航空航天专业思想体系的建设。

4　课程思政教学实施

加深学生对“航天强国”“一带一路倡议”等党和国家重大决策的认识和使命感，结合“三全育人”要求，在试点课程中蕴含思政元素，制定课程有关的制度、详细的考核方式，组织、引导学生积极参与讨论，拓展教学时间与空间。图 4 所示为课程思政教学实施框架。

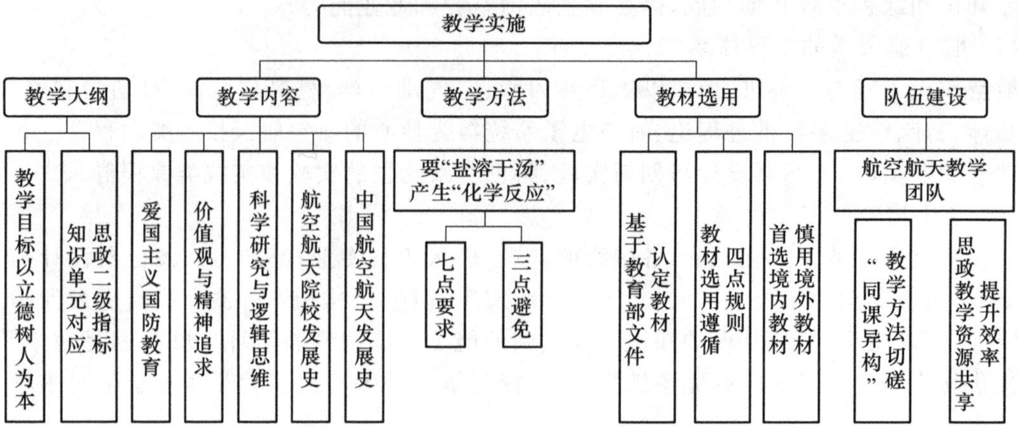

图 4　课程思政教学实施框架

4.1　基于课程思政的教学大纲设计

教学大纲的制定遵守航空航天专业培养方案所提出的规范与要求。明确学习目标，针对“价值引领”“知识探究”“能力建设”“人格养成”四个航空航天专业人才培养方面，确定课程教学在每个方面期望达到的贡献点。在教学内容中明确具体教学内容模块对应的教学方式、基本要求及考查方式。其中“价值引领”方面是课程思政的主要体现环节，对照航空航天专业培养方案给出的“价值引领”规范，从以下五点要求中选出课程想要达到的思政教学效果，并联系课程内容，对所选择出的要求进行具体解释，必要时可给出简要范例，这五点要求分别为：①坚定理想信念，践行社会主义核心价值观；②厚植家国情怀，担当民族伟大复兴重任；③立足行业领域，矢志成为国家栋梁；④追求真理，树立创造未来的远大目标；⑤胸怀天下，以增进全人类福祉为己任。同时，明确“知识探究”“能力建设”“人格养成”这三个方面的贡献点，对标每个贡献点选择适当的课程思政内容。

4.2　课程思政教学方法

课程思政教学应立足航空航天学科特色，从学科自身的发展历史、内容与思想方法入手，检索近、现代的实际案例，再通过前沿科学研究充分畅想未来，片段式地渲染航空航天学科在科技发展和国家国防中的地位、工程应用价值，实现对航空航天课程中所蕴含的思政元素的充分挖掘。课程思政教学的切入要自然，要像盐溶于汤中，要产生化学反应，不要像物理焊接，更不要堆砌。课程思政教学可通过新闻图片、网络视频、口头叙述等多种方式进行，思政切入点包括以下六类：①爱国主义与国防教育；②社会主义核心价值观与个人精神追求；③科学研究逻辑思维；④航空航天院校发展史；⑤航空航天学科发展史；⑥中国的航空航天发展史。

4.3　教材选用

遵照国家有关教材政策及管理文件，健全、完善教材选用和审查机制，明确各类教材选用标准和审查程序。教材选用须遵循原则：凡选必审，质量第一，适宜教学。

学院组织专家对教材进行提前审核，并将审核结果和同意选用的教材信息备案。教材及相关参考书籍的使用须严格遵守知识产权保护等国家法律法规的规定。

4.4　课程思政师资队伍建设

建立教学指导委员会和督导，对任课老师所教课程进行不定期旁听，对课堂是否进行思政教育、思政教育是否妥当，并对照相应的教学大纲进行评价，并将评价意见及时传达给任课老师，督促任课老师进行整改。

推荐教学理念先进、具备良好师德师风、具有丰富教学经验、较高学术造诣、积极投身教学改革、教学能力强、能够运用新技术提高教学效率、提升教学质量的教师组成航空航天教学团队，并逐步形成民主、互助、进取、分享的教学团队文化。

针对课程思政教学实践中存在的疑点、难点，可以不定期地组织教学团队中的教师进行集中学习、专题讨论，也可以用党支部活动和组织生活等方式，定期组织教师集中理论学习和研究，相互取长补短。在师德师风、工程伦理、心理学、政策法规、教学方法等方面全面提升教职工思想政治素养。

5　课程思政育人体系

以立德树人为主线，全方位地将专业课程所蕴含的思想政治教育融入与专业课程相关的校园文化建设中，实现课内课外互动及理论实践的结合；从师资队伍的联动上增强育人的实效，培养德智体美全面发展的社会主义事业建设者和接班人，推动航空航天高等教育事业新局面的发展。

如图 5 所示，强化课程体系顶层设计，形成“四位一体”的课程思政体系。总结出航空航天专业特色化课程思政实施途径：讲好航空航天故事，将价值引领和职业规划融入育人体系；以“家国情怀”为主线，重构课程教学案例；以优秀科研成果为导向，鼓励教师积极投身科研一线；以社会实践为载体，打造特色鲜明的主题教育线路。同时注重“高层次人才”在课程思政中的参与作用。

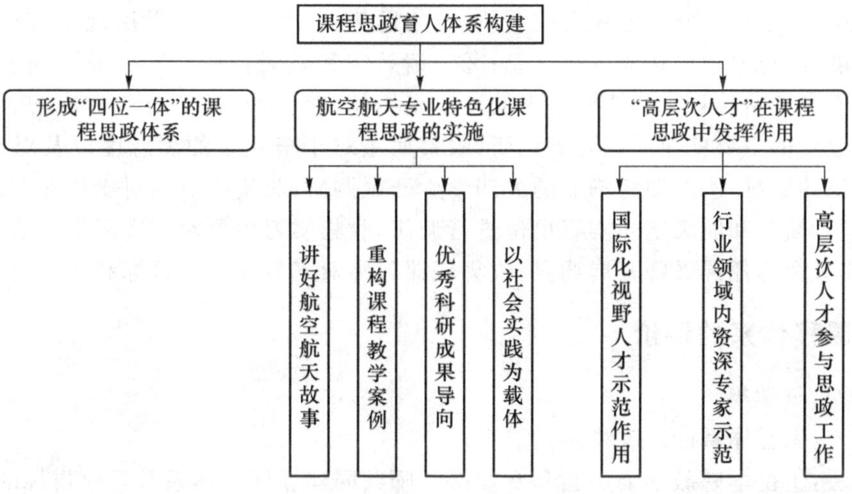

图 5　课程思政育人体系框架

6　课程思政教学评价

从培养目标/毕业要求、课程体系、具体课程三方面进行评价。评价内容、评价方法、评价周期如图 6 所示。

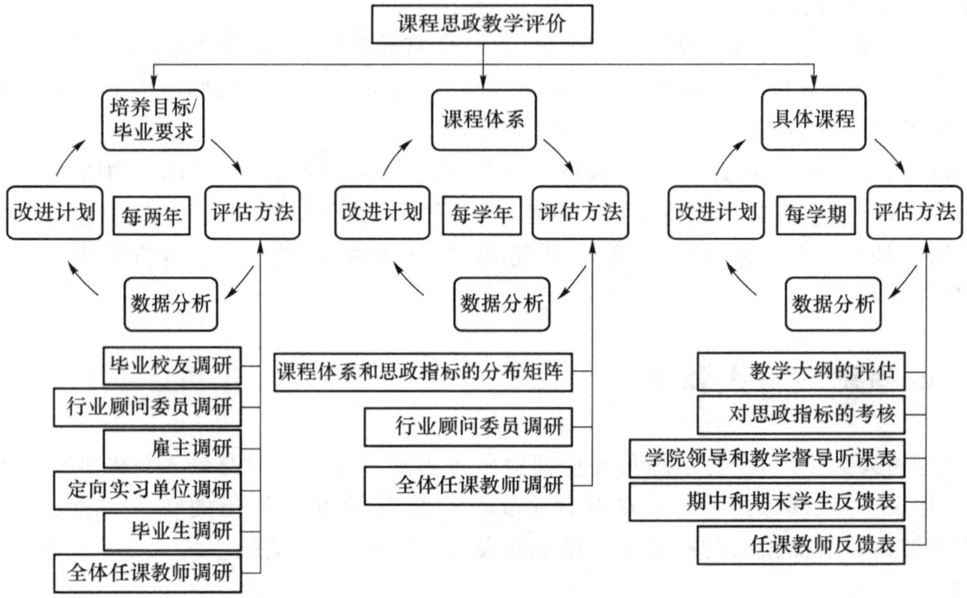

图 6　教学评价框架图

6.1　培养目标和毕业要求的评价

评价周期：每两年。

评价内容：对培养目标和毕业要求的合理性进行评价。

评价方法：①通过对已毕业校友的调研，收集已毕业学生的职业发展现状、对于专业培养目标的满意度、毕业要求的达成度等信息；②邀请航空和航天行业专家组成顾问委员会，收集顾问委员对于专业培养目标和毕业要求的设置是否符合航空和航天行业标准的意见；③定期对本专业毕业生的主要就业单位开展调研，收集雇主对于毕业生的满意度以及对专业培养目标和毕业要求的意见；④对即将毕业的大四学生开展调研，收集毕业生对于毕业要求的自我达成度评价；⑤对航空和航天定向实习单位进行调研，收集实习单位对于实习生的能力和政治表现的评价；⑥对全体任课教师开展调研，收集任课教师对于专业培养目标和毕业要求的意见。

6.2　课程体系的评价

评价周期：每学年。

评价内容：课程体系的思政指标达成度。

评价方法：①由学院教学委员会和专业课教师共同建立课程体系和思政指标的分布矩阵，根据每门课程的评估结果，评估课程体系对思政指标的支撑度；②对行业顾问委员会开展调研,收集顾问委员对于课程体系和思政指标设置的合理性评价;③对全体任课教师开展调研,收集任课教师对于课程体系和思政指标设置的意见。

6.3 具体课程的评价

评价周期:每学期。

评价内容:具体课程的思政指标达成度。

评价方法:①通过对教学大纲的评估,评估教学大纲是否明确了课程思政指标、教学目标和课程目标的对应关系以及评分标准(见表1);②在期中和期末考试以及课程项目中,加入对于思政指标的考核,根据学生表现,定量分析课程思政指标的达成度;③学院党政领导和教学督导委员对每门课进行听课,通过听课反馈表,收集学院党政领导和教学督导对于授课效果和课程思政的反馈意见;④通过期中和期末学生反馈表,收集学生对于授课效果以及课程思政指标达成度的意见;⑤通过任课教师反馈表,收集任课教师对于课程思政指标达成度的自我评估和反思。

学院教学委员会对各方面收集到的信息进行综合评估,最终形成专业培养目标和毕业要求/专业课程体系/专业每门课程的评价结果和改进方案。

7 课程思政教学指南

课程思政教学指南内容分为三章。第一章以概述为主,总结了整本指南的内容;第二章是基于航空航天类专业课程思政教学指南的理论分析,从专业背景、教学理念、教学目标、教学体系、教学实施、教学评价这些方面进行阐述;第三章主要是实例映射,以上海交通大学航空航天工程专业课程思政教学方法作为示例,从课程思政育人体系构建、教学思政环节设计、专业培养方案、队伍师资建设几方面进行阐述;最后进行实施汇总,形成了专业基础类、专业核心类、专业选修类、实验实践类课程的教学大纲。

8 结　语

本文结合上海交通大学航空航天工程专业课程思政教学实践,充分挖掘专业课程思政教学内涵,发挥专业课程在立德树人方面的重要作用,贯彻"四位一体"的教学理念,构建课程思政育人模式,编制完成了以本科为主的航空航天工程专业课程思政教学指南。

参考文献

[1] 贺娟."课程思政"发挥课堂育人主渠道作用的实践路径探索[J].科教导刊(上旬刊),2019(11):76-77.

[2] 史玉凤,郭彦,张保生.工程热力学课程思政教育的设计与实践[J].教育现代化,2018.5(40):290-291.

[3] 马丽萍.高校推进"课程思政"全员全过程全方位育人的有效路径研究[J].吉林省教育学院学报,2020.2(36):74-77.

[4] 杨元妍.航天文化融入大学生思想政治教育工作的实现路径[J].桂林航天工业学院学报,2018.23(02):267-270.

[5] 刘韵清，周焱. 开发利用载人航天领域思想政治教育资源的必要性和重要性[J]. 科教导刊(下旬)，2018(04)：86 - 88.

[6] 殷晓飞. 高职院校工科专业课“课程思政”教学设计与实践[J]. 创新创业理论研究与实践，2021，4(8)：44 - 46.

[7] 吕纯洁，王荣先. 高校课程思政建设的探讨与实践[J]. 洛阳理工学院学报(社会科学版)，2021，36(2)：93 - 96.

航天控制类课程思政建设与实践*

卢青　郭建国　刘睿
（西北工业大学 精确制导与控制研究所，西安　710072）

摘　要：围绕国家中长期对教育教学改革发展的要求，针对航天控制类专业课程的教学特点，依托工信部“航天器导航、制导与控制”研究型教学创新团队和“精确制导与控制”省级教学团队，以网络技术基础、现代控制理论基础和卫星系统工程三门课程思政建设为牵引，通过这些课程思政在教学中的具体实践，探寻“政治性、哲学性、科学性”有机融合的航天控制类课程思政教学模式与实践，以充分发挥所有教师和课程内在的育人功能，形成全员、全方位、全过程育人的教学体系，打造一支课程思政专业教师队伍，形成一定的示范效应，为后续推进课程思政建设提供有益经验。

关键词：航空航天；控制类；课程思政；教学改革；教学实践

2016 年 12 月，习近平在全国高校思想政治工作会议上发表重要讲话，强调将专业课程教学与思想政治理论课程相结合，形成协同效应，从而为“新工科”背景下的航空航天类课程思政建设指明了目标和方向[1]。在这之后颁布的《高校思想政治工作质量提升工程实施纲要》中要求全国高校大力推动以课程思政为目标的课堂教学改革，发挥专业教师课程育人的主体作用[2,3]。因此，需要专业教师立足专业，厚积薄发，深入挖掘航天控制类专业课中蕴含的思政元素，探寻凸显航天控制特色的课程思政教学模式。在思政课程模式建设中，激发教师创造力，在课程当中融入有价值的“思政”元素，避免生硬机械组合，避免简单的“课程”加“思政”，实现二者自然有机融合，做到“如春在花、如盐化水”，使学生耳濡目染，润物无声。

我国航天事业蓬勃发展，为航天类课程思政提供了丰富的教育资源；航天课程思政教育是国家培养航天人的迫切需要；航天专业是我校三航特色专业，以航天控制类课程开展课程思政教学符合我校特色化专业设置[4,5]。同时，网络技术基础、现代控制理论基础和卫星系统工程三门课程是航天控制类专业学生的必选专业课，具有覆盖面广、受众学生群体大的特点。课程可以结合航天典型人物、航天重要事件、典型历史案例等，深入浅出地将课程思政内容引入课程中，在课程思政建设方面具有极大的优势和特色。

1　课程建设顶层设计

航天工业，大国重器，航天事业的发展必须以人才为基本。航天专业的培养目标是为我国航天事业培养具备健全人格、社会责任、国际视野的建设者，航天特殊专业需求对培养任务提出了更高的要求，学生既要有爱国情怀与立志投身祖国航天事业的理想抱负，又要具有坚实的

* 陕西省新工科项目(20GZ110102)，陕西省教改重点攻关项目(21BG004)。

专业知识，同时还要求具备创新意识强、团队协作好、综合能力高等素质。除包含政治认同、国际意识、文化自信、公民人格教育之外，航天课程思政建设理念需要增加更加深入的层面，如艰苦奋斗、严谨求实、创新开拓、责任担当、团队协作等要求。

围绕国家中长期对教育教学改革发展的要求，针对航天控制类专业课程的教学特点，依托工信部"航天器导航、制导与控制"研究型教学创新团队和"精确制导与控制"省级教学团队，以网络技术基础、现代控制理论基础和卫星系统工程三门课程思政建设为牵引，通过这些课程思政在教学中的具体实践，探寻"政治性、哲学性、科学性"有机融合的航天控制类课程思政教学模式与实践，以充分发挥所有教师和课程内在的育人功能，为后续推进课程思政建设提供了有益经验，从而提高本科教育教学的质量，如图1所示。主要建设目标为：

(1) 完成航天控制类课程思政大纲建设；

(2) 完成课程思政资源建设；

(3) 探索创新教学模式；

(4) 搭建航天控制类课程思政实践平台。

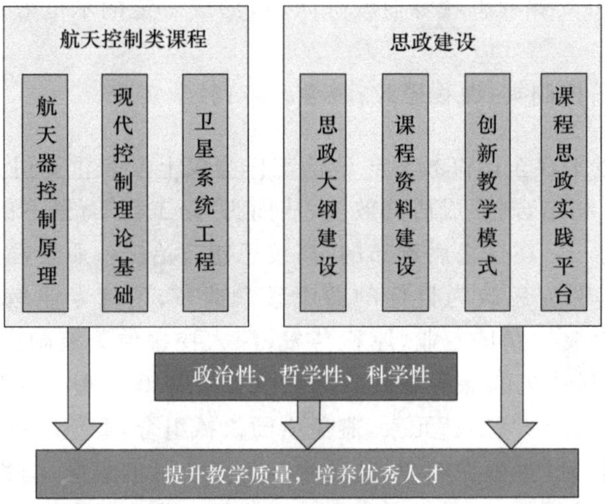

图1 航天控制类课程思政建设

2 建设思路和方案

加强航天控制类课程的课程思政，需要从战略高度出发建立价值塑造、能力培养、知识传授三位一体的教育模式。依托工信部"导航、制导与控制"研究型教学创新团队与陕西省"精确制导与控制"优秀教学团队的优质教学资源平台，从"课程思政""实践思政""科研思政"的思路出发，把握理论教学、实践教学、竞赛、科研四个切入点，探索将"航天控制类专业课程"与"思政"有机融合的方法。

2.1 提升教师素养

教师是"课程思政"建设的关键。教师作为教书育人的主体，个人素养的高低直接关系着课程思政的效果。提高教师思政素养，树立教师正确的人生观、价值观、世界观，坚定教师为国家培养高素质人才的信念,才可以完成教学思政的重任。

课程思政的内涵与教师的师德师风紧密相连,教师需要"以德立身、以德立学、以德施教"。专业教师修身立德、以身作则,自觉做为学为人的表率,在言传身教中培养学生的道德品质和人格素养。因此,教师首先要加强理论学习,提高自身修养,参加必要的技能培训,多进行跨学科交叉与探讨,寻找本学科与其他学科的新的契合点。

网络技术基础、现代控制理论基础和卫星系统工程三门课程的专业课教师要提升对课程思政的认识,明确自身的德育责任。充分意识到所授课程的协同育人价值,牢固树立育人观念,自觉建立育人意识,把思政教育主动融入到课程教学和改革的各个方面与环节。注重教师育人能力的锻炼和提升,在充分理解课程思政内涵的基础上,改革教学内容、灵活掌握和运用教学方法,充分发挥自身积极性、主动性和创造性。把握专业课和思政教育之间的联系,将教学目的和德育目的紧密融合,从育人维度思考课程价值。在实践过程中,结合课程标准实现顶层设计,根据"课程思政"的要求对课程大纲、课程设计大纲、课程实验大纲、专业实践大纲体系进行综合考量和制定,从而凝练课程思政教学新理念。

2.2　挖掘航天思政资源

近年来我国航天事业蓬勃发展,为航天类课程思政提供了丰富的教育资源,将航天资源与课程思政有机科学地结合在一起,凸显航天控制类课程专业特色[6,7]。从理论课程、综合实践、科研三个方面的切入点深入挖掘课程思政教学资源。具体实施可采取的方案有:

(1) 结合航天领域典型事件和先进人物事迹。

典型人物事迹对于塑造学生正确的三观具有非常好的效果,以我国航天发展为例,其先后涌现了钱学森、孙家栋、叶培建、杨利伟等典型人物,以及航天事业发展中无数优秀科研工作者,他们在实现我国航天从无到有、从弱到强的过程中有很多可歌可泣的事迹。通过对这些人物事迹的挖掘,可以更好地激发学生的学习动力和报国热情[8]。

(2) 结合学校科研成果和学生综合实践开展课程思政教育。

例如,我校 2016 年以来发射了三颗立方星,包括"翱翔之星""翱翔一号"和"行云一号"。在三颗卫星研制和发射过程中,我们团队的教师对"特别能吃苦、特别能战斗、特别能攻关、特别能奉献"的航天精神有着深刻的体会和理解。将这些元素加入到课程思政中,可以使同学们更加感同身受,激发同学们的爱国情怀和敬业意识。

(3) 结合新闻时事科技前沿开展。

当前,我国航天事业发展迅速,通过在课堂分析航天的发展前沿,例如,长征五号、北斗导航、嫦娥探月的最新消息等,可以与国际发展现状对比,让同学们唯物辩证地认识到我们的优势和不足,既增强同学们的信心和热情,又让大家理智严谨地投入专业的学习,增强学生的大局观和使命感。

(4) 结合理论课程经典案例引导哲学思考。

可以结合经典的案例讲授特定的哲学原理,在案例中加入思政的要素。例如通过托勒密"地心说"和哥白尼"日心说"之争,揭示唯物主义的价值观,通过"第一宇宙速度""第二宇宙速度""第三宇宙速度"的讲解,引出"量变到质变"的哲学思考。从长征五号遥二失败的事件,引出"成功与失败就是对立统一的矛盾"的哲学原理,以及马克思主义认识论中"人们对于真理的认识,总是不断深入的,总是逐渐接近真理"的道理,教育学生明白谬误往往是真理的先导,一个正确的认识往往是通过许多失误获得的,激励学生要不怕失败,勇于开拓。

通过以上方法,将社会主义的价值观融入教学的点滴中去,以正确的价值观引导学生,实现课程思政的教育理念。

2.3 创新教学方法

航天控制类专业课程在课程思政建设过程中要凸显航天控制类课程特色,将课程专业内容与“思政课程”一道,共同推动大学生对国家认同、政治认同,包含对中华民族的认同、对当代中国政治的认同以及对马克思主义基本立场、观点和方法的认同等。

通过航天发展的具体背景和事例,在直观感受下,学生更会对国家的大政格局、治国方略等产生深刻认识。与我国发展战略相结合,介绍我国航天的发展过程,以及我国航天工业制造的历史演变和未来战略目标;讲述航天工业强国战略目标实现的重要性和必要性。引导学生增强民族自信心和自豪感,提升人文素养,增加文化认同和行业认同,激发学生爱国热情和奉献精神。同时,结合航天科学家、大国工匠、航天事迹等相关人物的优秀事迹,让学生深入了解和体会执着专注、严谨作风、精益求精、敬业守信、推陈出新的精神,将思政素养、人文素养和职业素养渗透到具体的教学实践活动当中。勉励学生树立社会担当和社会责任感,在新时代坚持理想、脚踏实地,积极为国家从航天大国向航天强国的迈进贡献个人力量等。

航天控制类课程思政中的专业课程和综合素养课程涵盖了知识拓展维度、能力提升维度、价值引领维度的多重目标,蕴含了富有时代特征、先进的精神文化、能激发人的内在潜能等“隐性思想政治教育”元素,彰显了隐蔽性、渗透性、不易察觉性。基于以上特点,本项目所涉及的课程思政要创新教学方法,使课堂教学活起来。教师要不断探索课程与思想政治教育结合、融入、渗透的技巧与艺术。在备课环节精心巧妙地进行教学设计,既要考虑“思政”价值的正确引导,又要提升学生的专业素质,二者的结合要恰到好处。转变教育方法,丰富教学形式,在教学过程中要避免传统的“你讲我听”填鸭式教学,以“提问题”“讲案例”等形式来促进和学生的深度互动以及课堂趣味性的提升。充分利用团队优质硬性和软性的科研资源,将学科的学术科研资源优势转化为课程思政的支撑式育人资源优势,开展创新教育方法研究。

2.4 构建实践平台

通过搭建一个包括毕业设计、创新项目、高峰体验计划、本科生创新基地项目、立方星科研项目在内的课程思政实践平台,开放本团队的硬性和软性的科研资源,将学科的学术科研资源优势转化为课程思政的支撑式育人资源优势,实现理论教学、实践教学、竞赛、科研四位一体的课程思政教育。要求教师在理论学习、综合实践、科研训练的各个环节“春风化雨”“因地制宜”地开展课程思政教育,将人文、历史、哲学、政治、航天情怀融入学生的教育和训练中,引导学生将个人理想与家国情怀紧密结合,润物细无声,全方位实现航天控制类课程思政教学目标。

具体实践可以利用实验室的资源和优势,聘请航天英雄和专业领域突出贡献专家给同学们开展课程专题讲座,引导学生结合实习,去工业部门体验航天发展与航天精神。利用微小卫星基地的实践条件,使学生在微小卫星研制中培养吃苦耐劳,创新开拓的精神等。

同时,科研、竞赛等实践活动成果可以用来评价课程思政效果。不同的实践活动需要达到不同的效果,因此,需要针对不同情况进行分类考量,研究和探索全方位、多样化的效果评价。可以通过学生反馈、教师自评、同校同行互评等方式发现问题,改进教学效果。根据学生实践中的表现及对课程思政学习效果等方面的综合评价反馈，及时调整和优化教学设计。同时，也促进教师对教改情况进行自我总结完善，优化思政要点的设计和分布，结合时代现状和学生需求不断更新思政教育内容。

3 思政建设实践应用

在教学工作中，注重把爱国主义、集体主义、航天精神融入人才培养过程中，结合专业课程特点开展思政建设实践工作。

3.1 思政课程建设

结合航天控制类课程特色，开展思政课程建设工作，网络技术基础、现代控制理论基础和卫星系统工程三门课程均获批成为专业思政课程，其中现代控制理论基础课程被评为国家级精品，如图 2 所示。在完成专业课程知识讲授的同时，树立学生航天情怀，传递航天精神。教学团队成功获批“基层教学组织示范点”。

图 2 现代控制理论基础课程

3.2 教学科研团队建设

团队发射了“翱翔之星”“翱翔一号”和“行云一号”三颗立方星，如图 3 所示。在三颗卫星研制和发射过程中，团队的教师对“特别能吃苦、特别能战斗、特别能攻关、特别能奉献”的航天精神有着深刻的体会和理解。锻造了学生身边的航天科研队伍，团队教师在日常教学中已经开始开展爱国教育等工作，经过培养，学生爱国情怀得到提升。

3.3 党组织建设

教学团队所在支部通过与学生所在支部开展主题党日活动及党课教育进一步加强了学生的爱国爱党情怀。将思政教育融入红色教育基地的参观学习过程中，加深学生对于艰苦奋斗、航天报国精神的理解。学生党支部成功入选教育部“百个研究生样板党支部”，如图 4 所示。

图 3　团队发射前在海南测试“翱翔之星”

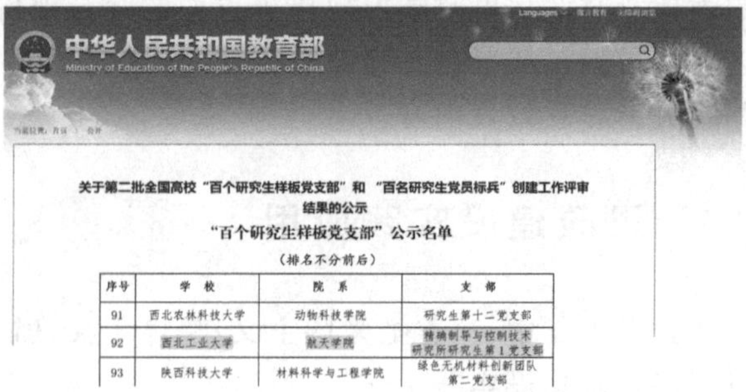

图 4　学生党支部获评“百个研究生样板党支部”

4　结　论

从“课程思政”“实践思政”“科研思政”的思路出发，把握理论教学、实践教学、竞赛、科研四个切入点，开展航天控制类课程思政建设与实践课程思政，不仅在理论课程中探索课程思政教育，还在实践环节全过程开展思政培养，帮助学生重视理论与实践相结合，实现全方位思政教育效果。在实践中利用我校发射小卫星的科研优势传承航天精神，开展实践中的航天课程思政建设，取得了显著成果。

致　谢

感谢教育部高等学校航空航天类专业教育教学指导委员会的大力支持。

参 考 文 献

[1] 习近平：把思想政治工作贯穿教育教学全过程 开创我国高等教育发展新局面[EB/OL].(2016-12-09). http://jhsjk.people.cn/article/28936173.

[2] 燕平. 新时代高职辅导员思想政治教育方法初探——基于《高校思想政治工作质量提升工程实施纲要》的思考[J]. 新一代：理论版，2018，000(022)：36-36.

[3] 孙明辉，丁小燕，陈恬. 当前高校对《高校思想政治工作质量提升工程实施纲要》的研究与实践——基于教育部及湖南省高校思想政治工作精品项目的分析[J]. 教育信息化论坛，2020，4(8)：3.

[4] 谢丹，代洪华. “课程思政”背景下航空航天专业课程的改革与实践[J]. 教育教学论坛，2021(9)：4.

[5] 谢强. 航天精神融入新时代高校思政课教学探析[J]. 教育界，2019，000(035)：84-86.

[6] 张春颖. 中国航天文化的特色及内涵研究[J]. 北华航天工业学院学报，2016，26(01)：56-59.

[7] 李巧茹. 中国航天文化如何提升大学生的文化自信[J]. 文教资料，2019，818(08)：37+69-70.

[8] 李巧茹. 论新时期中国航天文化的发展与创新[J]. 桂林航天工业学院学报，2019，24(04)：127-129.

专业课程中课程思政元素的挖掘和教学方法探索*
——以计算机辅助制造课程为例

单晨伟　姚倡锋　吴宝海　罗明　梁永收

（西北工业大学 航空发动机高性能制造工业和信息化部重点实验室 &
航空发动机先进制造技术教育部工程中心，西安　710072）

摘　要：课程思政是提高高校思想政治工作的重要环节，也是解决高校“为谁培养人”的重要一环。飞行器制造工程专业面向我国航空航天领域，激励更多的优秀大学毕业生投身相关行业，是该专业需要解决的重要问题。针对该问题，本文首先从工科专业教师的责任感和积极性两方面进行了分析，从奖励、监督和评价三个方面给出了推动教师积极参与课程思政建设的指导方法；然后以计算机辅助制造专业核心课程为例，从专业特色和课程内容两方面探讨了挖掘课程思政内容的方法。最后探讨了课程思政的教学方法，并给出了课程思政示范教学的教学效果分析，实践结果表明课程思政内容能够被大多数同学认可和接受。

关键词：课程思政；专业课教师；教学改革；教学方法

引　言

在2016年12月召开的全国高校思想政治工作会议上，习近平提出要坚持把立德树人作为中心环节，把思想政治工作贯穿教育教学全过程，实现全程育人、全方位育人，努力开创我国高等教育事业发展新局面。习近平强调要用好课堂教学这个主渠道，思想政治理论课要坚持在改进中加强，提升思想政治教育亲和力和针对性，满足学生成长发展需求和期待，其他各门课都要守好一段渠、种好责任田，使各类课程与思想政治理论课同向同行，形成协同效应[1]。

在2019年3月召开的学校思想政治理论课教师座谈会上，习近平再次强调“要完善课程体系，解决好各类课程和思政课相互配合的问题，鼓励教学名师到思政课堂上讲课”[2]。由此可见，“课程思政”是新时代高校教育改革的一个重要方向，是“解决好培养什么人、怎样培养人、为谁培养人这个根本问题”的重要一环，是培养大学生树立正确的人生观、价值观和世界观的重要方式，是培养合格的社会主义建设者和接班人的重要途径。

近年来，各高校都在积极建设推进课程思政建设工作。高锡文[3]指出，自2014以来，上海高校率先探索课程思政，例如同济大学、复旦大学、上海交通大学等，发掘专业课程思政教育资源，构建传统思想政治课与其他课程协同育人的工作机制，对于推进高校思想政治教育工作具有重大的启示意义。高德毅和宗爱东[4,5]从战略高度考虑，提出学校教育应具备360度德育“大熔炉”的合理作用，构建思政理论课、综合素养课和专业课的三位一体高校思政课理论体

* 资助项目：西北工业大学“课程思政”示范课程项目。

系，将学科资源、学术资源转化为育人资源，实现“知识传授”和“价值引领”有机统一，推动“思政课程”向“课程思政”的立体化育人转型，实现所有课程的“共舞与共振”效应的指导思想。余江涛等[6]探讨了理工科课程的课程思政建设的逻辑及其要领，指出专业伦理渗透是课程思政的价值依托，为民服务是课程思政的落脚归宿。许家烨[7]提出要坚持以教学规律为依循、以古今资源为依托、以教师队伍为主力、以制度建设为保障的课程思政建设中的德育元素挖掘思路。中国高等教育学会副会长张大良教授[8]指出课程思政是新时期立德树人的根本遵循，基础在课程，根本在思政，重点在课堂，关键在教师，成效在学生。

在综合素养课程思政建设中，很多高校的老师已经加入了思政元素，并取得了一系列的成果，例如马昕[9]在概率论与数理统计课程改革中从教学目标制定上、教学内容选取上以及教学效果评价上逐步渗透和强化基础课的育人功能，赵黎和颜秀霞在机械设计课程中采用“四阶段递进式”教学设计方法，将培养学生“工匠精神”和“职业素养”等思政元素融入课程教学全过程。孟桂芝等[10]通过在高等数学中引入中国文化元素，培养同学们的科技兴国思想。张忠浩等[11]在工程制图课程中加入了大国工匠思政元素。

在专业课程思政建设中，王子赟等[12]在电力电子技术课程中加入了工匠精神和科学家使命等思政元素。吴元徽和施渊吉[13]在机械制造基础课程中加入了成功的优秀工人案例，提升职业院校学生的工匠精神。沈志煌等[14]在机械制造工艺学课程中融入了社会主义核心价值观、工匠精神、团队协作意识和奉献精神等思政元素，调查问卷显示课程思政改革效果良好。胡雪等[15]在研究生课程机械工程专论中采用“课堂讲授＋案例分析＋政策解读＋参观体验”的教学方法和模式，并结合当地实际融入兵团精神，加深思政内容融入。肖森鑫[16]以“中国制造 2025”及热点新闻、大国壮举等为切入点，挖掘机械制造工艺学课程中的思政元素。

从上述文献可以看出，通过在各类课程中加入思政元素，可以强化学生的民族自信心、责任感和爱国主义情操等，目前很多高校都积极通过教改项目的形式推进课程思政的建设工作。为响应课程思政建设的需求，西北工业大学飞行器制造工程专业也在积极推进课程思政建设工作。飞行器制造工程专业是典型的工科类专业，西北工业大学飞行器制造工程专业在国内高校的同类专业排名中一直名列前茅。因为学校的三航特色，西北工业大学飞行器制造工程专业培养的学生很多都在航空航天领域工作。该专业先后有数十位毕业生成长为我国航空航天领域的著名总师级人物，为我国航空航天事业的发展做出了卓越的贡献。可以说本专业基本做到了为谁培养人的根本问题。在解决培养什么人，怎样培养人这一问题中，仍然需要所有老师做出更多的努力，课程思政建设将更好地完成这一目标。

1　课程思政建设中教师的责任感和积极性

1.1　工科专业教师的责任感

由于学校和专业的历史定位，西北工业大学飞行器制造工程专业的教师一般都在从事航空航天类的科研课题和教学任务。因为航空航天涉及国防安全问题，所以很多专业课教师都具有强烈的爱国主义情操和为国防服务的意识。在本科生教学和研究生培养过程中，本专业很多老师都会潜移默化地对学生开展一些国防安全和爱国主义教育宣传，可以说已经早早融入了课程思政元素。

尽管如此，调查发现仍有部分教师对课程思政的认识不够，对课程思政建设有一定的抵触心理，常见的表现主要有：①思政是政治课老师讲的，和专业课老师无关，应该各司其职；②课程思政会占用过多的上课时间，专业课的课时本来就少，正常该讲的内容还讲不完；③课程思政要讲什么？我不清楚；④我又不是党员，谁愿讲谁讲，我把我的课讲好就行。

从以上种种表现可以看出，有些老师不知道怎么做，有些不想做，认为与己无关。因此，一方面，应该加强课程思政建设的经验交流。面向任课教师开展一些课程思政建设方面的经验交流会。除了邀请有经验的老师做报告之外，也应该请所有尝试课程思政教学的老师讲一下经验，可以采用轮流发言的模式展开讨论，这样大家就能取长补短，快速进步。另一方面，加强对任课教师的政策宣传和教育，鼓励任课教师除了传授专业知识之外，更应该担负起对学生进行价值塑造的责任。但是上级领导主持的硬性政策宣讲和督促并不能引导所有人，原因是如果不能从思想上改变这些教师的态度，可能还会适得其反。因此应该以小组讨论取代上支下派的方式，晓之以情动之以理，从国家安全、民族大义和国家利益的角度出发，在聊天讨论中增强教师们的责任心。

1.2　工科专业教师的积极性

在专业课课程思政建设过程中，任课教师的积极性是成功与否的关键因素之一。在现有考评体系下，有些教师的上课积极性并不高。主要原因是部分老师渐渐进入了“佛系”和“躺平”状态，安心于当前的生活。随着近几年各高校评职难度的增加，早些年留校工作的部分教师自我感觉永远评不上高一级的职称，即使再努力也没有希望，从而造成一部分老师放弃了理想，也就没有了奋斗目标，只打算过“幸福”的小日子。因此，这部分教师自然缺乏积极性。

尽管目前教育部要求所有教授必须上讲台，同时迫于学校对教学工作量的要求，很多教授必须坚持上课。但是很多教师也就是为了完成工作量，在保证不出教学事故的前提下把课讲好即可，可谓是小富即安的心态，也可以说是当一天和尚撞一天钟的心态。

针对上述类型的教师，调动他们的上课积极性是最重要的事情。要调动积极性，最好的策略就是完善奖励、监督和优化评价体系。

在奖励方面，对开展课程思政教学的教师要给予一定的奖励，而不是只有优秀教师才有奖励。做了有好处，自然做的人就多了。

在监督方面，监督检查每门课程的教学大纲、讲义或讲稿，要求在教学大纲和讲义或讲稿中都要体现以学生价值塑造为目标的思政内容。对确有困难的教师，进行一定的帮扶而不是惩罚。就像我国的扶贫政策一样贯彻下去，相信每个高校的教师都能把课程思政讲好。

在评价方面，对优秀教师进行评选时，一定要把学生对教师的评价作为首要指标。要求学生在成绩查看系统中进行评价和打分后才能查看成绩，并给出打分理由。如果能在评价系统中增加对价值塑造等思政内容的提问，效果更好。如有老师发表一些不当言论，学生也可以在评价系统中进行说明。这样的话，教师讲课是否优秀完全由学生投票决定，而不是由教师提交材料进行申请，这样势必能够调动教师们的上课积极性。对连续评价得分低的教师进行约谈，督促整改，还有助于提高教学质量。

2 课程思政元素的挖掘与实施

2.1 结合专业特色挖掘思政元素

专业特色是挖掘课程思政元素的一个重要方向。结合各高校专业特色,可以考虑从国家重大需求、科技前沿制高点、经济主战场等方面进行挖掘。

本课程组结合飞行器制造工程专业特色,从知识传授、能力培养和价值塑造三个方面进行了教学大纲的修订,制定了计算机辅助制造课程的德育目标。该课程的德育目标是:结合飞行器制造工程专业面向的飞机、航空发动机和航天制造领域,鼓励同学们积极投身航空航天以及其他国防科技相关核心技术的研发,积极维护国家利益,培养同学们从事高端制造业的基本能力,塑造同学们正确的人生观、世界观和价值观,树立正确的爱党、爱国主义精神,为航空航天事业的发展培养合格的人才。

飞行器制造工程专业具有一定的航空航天特色,全国开设本专业的高校也只有十几所。在航空航天领域实际上有很多课程思政元素可以挖掘。

首先是本专业的一些模范人物。例如,西北工业大学飞行器制造工程专业的开创者杨彭基教授。在1939年抗日战争期间,杨彭基教授在比利时烈日大学毕业学成回国,加入了国产飞机的研制队伍当中,体现了其高尚的爱国主义情操。建国后,1954年创建新中国飞机工艺专业。1958年,提议设计制造“延安一号”飞机,并担任总工艺师。1984年培养出全国第一位航空宇航制造工程博士。这些素材都可以作为课程思政内容穿插在课程绪论中。

其次是本专业面向的航空航天与国防领域。航空方面,有军用和民用飞机;航天方面有火箭和导弹等。发展航空航天关系到国家战略和国家安全问题。因此,可以在课程绪论中找到课程面向的行业领域,说明高端制造业对国防安全的重要性。如果加以引申拓展,还可以联想到“两弹一星”元勋的故事。因为讲课时间有限,可以安排作业,请学生课下思考“美国为什么造那么多航母和核弹?”等问题。

2.2 结合课程内容特点挖掘思政元素

我国最初的专业课程内容都是当时根据国内各专业的定位和面向的领域设计的,而且专业课程的内容基本都来源于近现代科学技术,要从中挖掘与中国有关的思政元素,还可以从人文、伦理、蕴含的科学精神方面寻找相关素材。下面以计算机辅助制造课程为例,从四个方面说明课程思政元素的挖掘途径。

(1) 相关专业知识中的中国元素

例如中国名人和中国发明创新。在讲解“数控机床基本原理”中,通过“微小增量”的概念,引出中国历史人物刘徽“割圆术”和祖冲之计算圆周率的历史,以领先国外几百年的成就宣传中国人在数学方面的贡献,提高民族自信心。

在讲解“快速成型原理”时,以李克强总理关注西北工业大学的3D打印技术为例,既体现了3D打印技术领域的中国元素,也体现了创新的重要性,鼓励当代大学生积极创新。

(2) 相关技术领域中的中外差距

在讲解“数控机床基本概念”章节中,课程组老师结合自己的科研经历,引入航空发动机叶片和整体叶盘加工机床的中外对比，说明尽管存在一定的差距，国内经过国家科技重大专项的支持，已经开发出来一系列的叶片加工专用机床和五坐标数控加工中心，解决了有无的问题，说明我国进步很大。以课程组老师在国内首次突破了整体叶盘加工技术这一先进成果为例，鼓励同学们今后积极从事相关专业知识的研究，争取做到爱岗敬业，提高国产装备的制造水平。

(3) 本校或本专业教师在相关领域的贡献

在“计算机辅助数控编程”章节中，在数控编程算法方面，以本校实验室老师发表的第一篇关于叶轮直纹面侧铣方面的论文为例，说明中国人在数控编程理论方面当时居于世界前列，从而激励同学们进行创新的自信心。对比了中外CAD/CAM(Computer Aided Design and Computer Aided Manufacturing)软件的发展历程、国内软件的功能特点，以及为什么国内相关软件没有发展起来的原因。重点讲了20世纪80年代末西北工业大学开发的国产数控编程软件功能不输于同期国外软件的特点，说明国内不缺乏相关技术人才，增强大学生的民族自信心。

(4) 专业知识中蕴含的工程伦理

在讲解“数控加工工艺”时，增加了工程伦理的内容。以飞机安全性为突破点，说明飞机上任何一个零件都至关重要。通过实例说明有些工人因飞机坠毁而受到追责和处罚的教训，有的工人因为其创新性成果而获得国家科技进步二等奖的奖励，弘扬大国工匠精神，培养大学生工作踏实、一丝不苟的爱岗敬业精神。

3 课程思政教学方法探索

课程思政内容应当如盐入汤，然“知之非艰，行之惟艰”，就像饭菜，到底是咸了还是淡了，只有吃的人才知道。因此，从学生的视角考虑问题，更容易找到解决问题的方法。实际上每个老师都是从学生阶段走过来的，但是一旦成为教师之后，就忘记了学生不喜欢的教学模式，这是因为所处的角色不同。因此，课程思政教学方法对教学效果的影响至关重要。为提高课程思政教学的效果，可考虑在讲解深度、内容数量、授课方式方面进行改进。

3.1 点到为止，自己理解

在讲解深度方面，建议点到为止，让学生自己理解其中的道理。很多事情的道理，可以从不同角度进行理解。尽管别人讲得天花乱坠，但是有些人就是听了个热闹，可能没有起到想要的效果。要对一个事情有清楚的认识，最好的办法是自己能够彻底理解。因此，为避免枯燥的说教，尽量做到点到为止，留给学生自己思考的空间。自己悟出来的道理可形成长久的记忆。

3.2 适可而止，张弛有度

在课程思政的课程建设和课程内容数量方面，应该做到适可而止，时有时无。不能为了课程思政而强行推进所有课程进行课程思政改革，也不应该要求所有章节都加入思政内容，因为过犹不及。如果所有课程都增加课程思政，一旦遇到讲得太过于枯燥的老师，可能会适得其反，造成学生的抵触心理，反而达不到最初的教学目的。

3.3 精彩故事,理喻其中

在课程思政的授课方式方面,学习寓言故事的思路,让学生通过故事领悟道理。不同于思想政治课程的完整知识体系,课程思政应围绕爱党、爱国、文化自信等主题讲解。因此,课程思政的授课最好以故事举例为主,将各种事例首先整理成简短的小故事,并根据故事类型的不同,分别采用幽默风趣、严肃活泼等不同风格的讲解方法,力争引人入胜,让学生难以开小差,在听故事的过程中接受潜移默化的教育。

3.4 即兴发挥,穿插时政

在课程思政的授课方式方面,也应做到即兴发挥,将思政元素合理穿插到课堂中,可根据时事政治有感而发。授课过程也不应拘于形式,可根据当前的时事政治热点问题做到有感而发。根据时事政治热点问题进行讲课,是一种使人在不知不觉中接受爱国主义教育的方式,可以说是一种非常容易起到教学效果的教学模式。

4 课程思政教学效果

为验证教学内容是否达到了理想效果,对本专业的大学生开展了问卷调查。在收到的67份调查问卷中,对于"专业基础课或专业课老师结合课程进行思想政治教育的态度",回答"很有必要,完全接受"的占44.78%,回答"有必要,可以接受"的占40.3%。只有11.94%的学生认为"无所谓,可有可无",如图1所示。在回答"课程思政教学提高了我的学习动机和兴趣"的问题中,82.09%的同学认为"非常符合和较符合",另有10位同学回答"一般",说明有部分同学对课程思政的加入并不感兴趣,如图2所示。在喜欢的教学方式中(多选题),选择"案例分析"的占85.07%,选择理论讲授的只有"55.22%"。在希望融入的思政内容方面(多选题),选择"民族自豪感"的占65.67%,选择"爱国主义及其时代要求"的占74.63%,选择"专业自信及专业精英事迹"占73.13%,选择"工匠精神及职业素养"的占70.15%,选择"专业课教师只应专注于知识点教授"的有10人,占14.93%,说明仍然有部分学生不太接受课程思政的融入,如图3所示。在回答"你觉得老师在专业课程中采用哪种方式融入思政内容比较好"的问题中,73.13%的同学选择了"结合专业课程具体知识点或案例分析穿插性地讲授思政内容",说明课程思政的融入最好与专业知识进行深度融合。在回答"通过课程学习,你认为对自身帮助较大的方面"的问题中(多选题),选择"提高了专业素养,有获取知识的成就感"和"有助于精神成长,提高了我的社会责任感"都占76.12%,选择"拓展视野,提高了主动学习的兴趣"占71.64%,如图4所示。62.69%的同学认为开展课程思政对人生观、世界观和价值观的培养有很大的帮助,选择"有一点帮助"的占34.33%,只有1个人认为没什么帮助,如图5所示。说明课程思政能很好地影响学生的人生观、世界观和价值观。

由上可见,在课程中加入课程思政教育之后,提高了同学们的学习动机和兴趣,有助于精神成长,提高了社会责任感,提高了学生的人生观、世界观和价值观。课程思政授课得到了绝大多数同学的认可。由此可见,开展课程思政教育是非常有意义的一项教学工作。

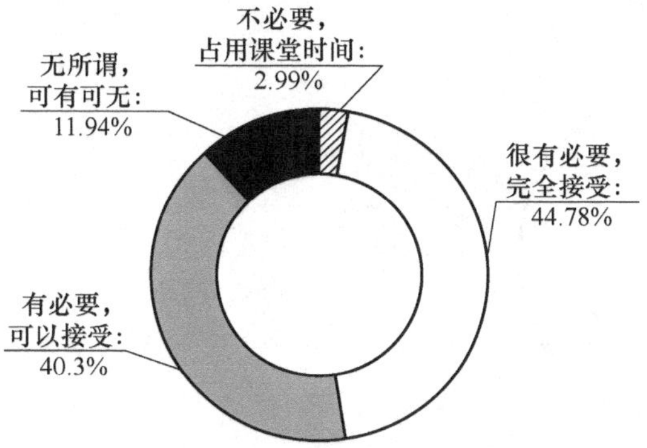

图1　学生对课程思政的态度

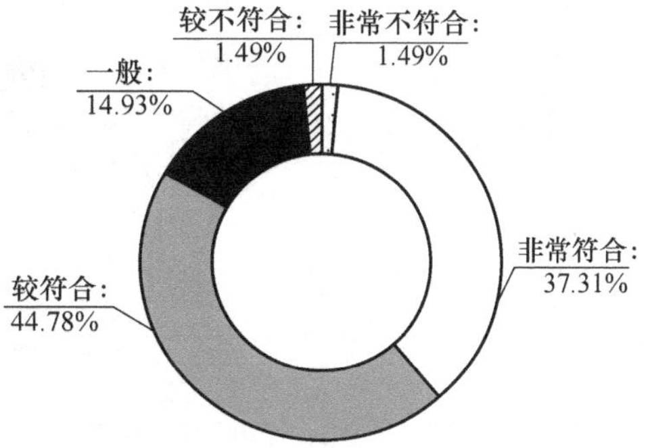

图2　课程思政对学习动机和兴趣的影响

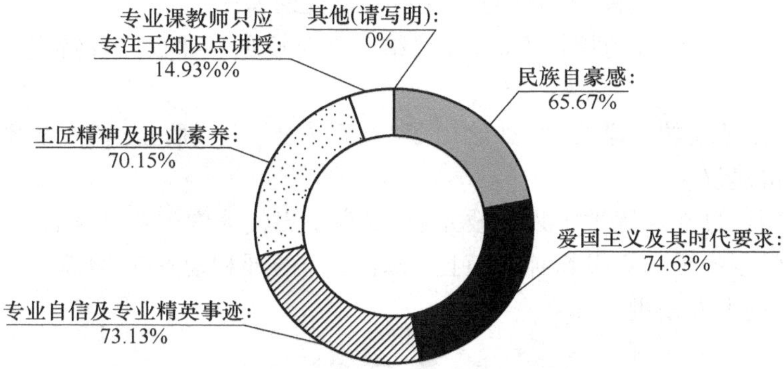

图3　课程思政中希望融入的教育内容

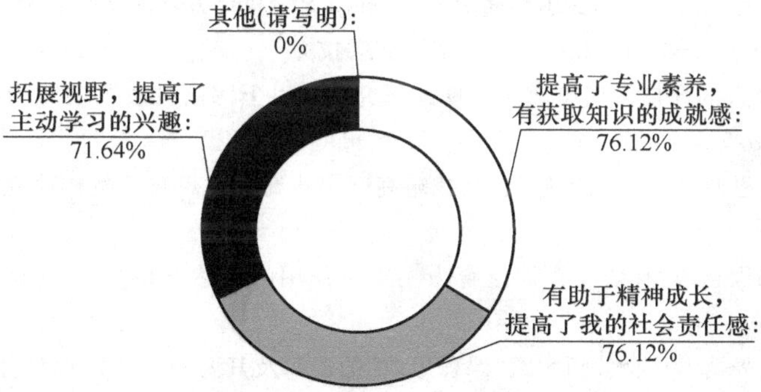

图4　课程思政对学生的帮助

5　结束语

课程思政是提高当代大学生思想政治觉悟的一个非常重要的举措。本文针对课程思政的教育教学问题从教师的作用和责任、专业课程思政元素的挖掘方法和教学方法等方面进行了探讨。具体包括：

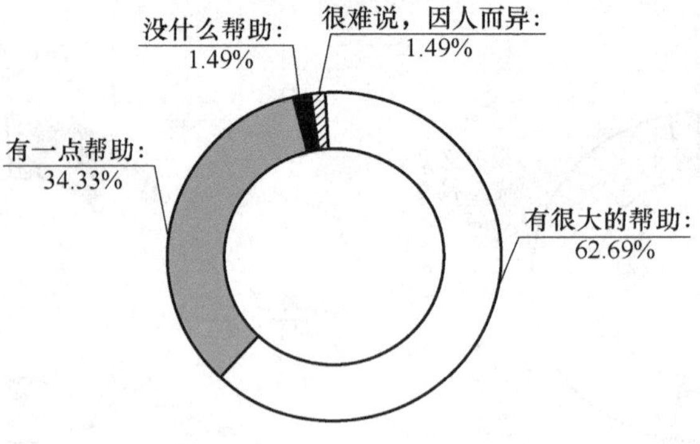

图 5　课程思政对学生三观的影响

① 讨论了工科专业教师在课程思政教育中的责任和态度问题，建议学校应从奖励、监督和评价三个方面进行改革，提高教师参与课程思政建设的积极性。

② 讨论了课程思政内容的挖掘方法，建议结合专业特色和课程内容特点进行思政元素的挖掘。

③ 探讨了课程思政的教学方法，并给出了“点到为止、适可而止、精彩故事、即兴发挥”的课程思政教学方法建议。

课程实践表明通过在课程中加入思政元素，提高了当代大学生的文化自信和制度自信，有利于培养当代大学生的爱国主义精神。而且，丰富多样的课程思政教学模式还可以活跃课堂气氛，增加同学们的上课乐趣。

参考文献

[1] 吴晶，胡浩. 全国高校思想政治工作会议 12 月 7 日至 8 日在北京召开[N]. 新华社，2016.

[2] 习近平：用新时代中国特色社会主义思想铸魂育人 贯彻党的教育方针落实立德树人根本任务[EB/OL]. (2019-12-09). http://jhsjk.people.cn/article/28936173.

[3] 高锡文. 基于协同育人的高校课程思政工作模式研究——以上海高校改革实践为例[J]. 学校党建与思想教育，2017，12：3.

[4] 高德毅，宗爱东. 从思政课程到课程思政：从战略高度构建高校思想政治教育课程体系[J]. 中国高等教育，2017，01：6.

[5] 高德毅，宗爱东. 课程思政：有效发挥课堂育人主渠道作用的必然选择[J]. 思想理论教育导刊，2017，01：4.

[6] 余江涛，王文起，徐晏清. 专业教师实践“课程思政”的逻辑及其要领——以理工科课程为例[J]. 学校党建与思想教育，2018，01：4-6.

[7] 许家烨. 论课程思政实施中德育元素的挖掘[J]. 思想理论教育，2021，01：4.

[8] 张大良. 课程思政：新时期立德树人的根本遵循[J]. 中国高教研究，2021，01：5-9.

[9] 马昕. 概率论与数理统计课程思政教学改革的实践与探索[J]. 高教学刊，2021，03：8.

[10] 孟桂芝，姚慧丽，钟坦谊. 基于课程思政的高等数学的教学探索与实践[J]. 黑龙江教育(理论与实践)，2021，03：3.

[11] 张忠洁，吴明元，刘久逸，等. 课程思政的教学案例设计与实践策略——以“工程制图与 AutoCAD”为例 [J]. 合肥学院学报(综合版)，2020，37(05)：9.

[12] 吴元徽，施渊吉. 机械制造基础课程思政实施的探索与思考[J]. 教育现代化，2020，7(22)：40.

[13] 沈志煌，许志龙，刘菊东，等. 机械制造工艺学课程中思政元素的探索[J]. 广东化工，2020，47(15)：3.
[14] 胡雪，张立新，夏博，等. 基于“中国制造 2025”战略的机械工程专论研究生课程思政教学实践探索[J]. 高教学刊，2020，27：3.
[15] 肖森鑫. 课程思政理念下机械制造工艺学教学思考与实践[J]. 装备制造技术，2020，09：3.

课程思政背景下的飞机流体传动与控制课程教学模式改革探索

李哲[1]　张腾[1]　王卓健[1]　刘津宏[2]　李嘉[2]
（1. 空军工程大学 航空工程学院，西安　710000
2. 94578 部队）

摘　要：习近平在全国高校思想政治工作会议和全国教育大会上指出，要坚持把立德树人作为中心环节，把思想政治教育工作贯穿教育教学全过程，实现全方位育人，课程思政建设是落实立德树人的新时代使命任务的战略举措，是全面提高人才培养质量的重要任务。为探索飞机流体传动与控制专业课程的教育模式，推进课程思政教学改革，以“飞机流体传动与控制”课程为代表，结合显性教育和隐形教育，提出“一个中心、三大抓手”的教学改革实践机制，助力提升军校学员专业课程培养质量。

关键词：课程思政；飞机流体传动与控制；专业课程教学；教学模式改革；人才培养

流体传动与控制技术的应用在国防和军队建设，以及社会经济发展中发挥着重要的作用，特别是飞机上，大部分的舵面操纵依靠液压或气压传动来实现，且日常机务工作中，飞机液压系统的维护耗时较长，需要地勤人员掌握扎实的理论知识，具有航空报国的情怀。为此，院校开设的飞机流体传动与控制专业课程在航空机械类人才培养中发挥了重要作用[1]，地方院校类似课程的创新专业教学模式不断提出[2]，完善并提高了流体传动课程的教学和人才培养质量[3]，成果显著[4]。

我军历来重视思想政治教育，近年来，国内军队院校已经形成了思政教员“课堂授课”与政治教导员“课后教育”的思政教育新模式。但长期以来的思政教育和专业教学“分工明确，各司其职”的现象，导致一方注重思想道德情感的培养，另一方注重专业技能的教授，这种教学观念忽视育人育德的统一结合，造成了课堂思政的困境，专业课程育人的作用未能得到完全发挥。

专业教育作为院校教育的重要内容，直接关系到学员未来能否快速掌握武器装备、练就打赢本领，在课程思政背景下，如何充分挖掘飞机流体传动与控制专业课程中的思政元素，有效发挥专业课程育人育德的作用，提高学员培养质量是课程改革面临的重要问题。本研究针对飞机流体传动与控制专业课程教学与改革中存在的不足，结合思政教育精神内涵，立足“立德树人、为战育人”，探索飞机流体传动与控制专业课程教学与思政育人深度融合的教学模式。

1　飞机流体传动与控制课程思政瓶颈分析

1.1　思政教育与专业结合存在难度

当前军队院校的思想政治课程与专业课程教授学习相互独立，思想政治理论课教员、教导员与专业课教员往往各自为政，三分而立，或只注重学员思想认知、道德情感培育，或只注重专业知识技能的教学，造成了教学过程中协同育人效应被弱化，思政教育合力不能有效形成[5]。

教员是发挥课堂教学主渠道育人功能的主体，是提升教学效果和育人成效的重要一环，而在传统的专业课程环节中，专业课教员往往更加注重传授专业知识和技能，育人育德意识薄弱，存在思想观念误区，认为对学员进行思想道德培养和价值观念的引领是思想政治理论课程的职责，难以真正掌握知识传授和价值引领之间的辩证关系。

同时，专业课程教员往往难以充分发现和挖掘专业知识教学中所蕴含的丰富思政元素，认为只有人文学科与社会学科等蕴含丰富的德育资源，而工程技术学科知识具有科学性和普遍性，并不具备鲜明的道德立场和价值判断，在育人育德方面存在很大的局限性[6]。此外，专业课程教员虽具有课程思政的主动性和自觉性，潜移默化地开展了相关课程思政教学，但由于自身对思想政治教育理论的认识专业性不够充分，在课程教学过程中难以充分挖掘和利用思政资源对学员进行思想政治教育，教学育人效果还不够[7]。

在飞机流体传动与控制教学过程，如果只关注流体与传动知识内容的教学，脱离当前形势政策，而又不能追本溯源，挖掘这些流体传动专业知识背后蕴含的丰富思政元素，就会制约课堂教学育人功能的发挥和教学效果的提升。

1.2 专业课思政教学资源挖掘不足

以某大学飞行器与动力工程专业为例，随着近年教改的进行，该专业培养方案中专业基础课和专业课学时压缩近30%，在专业课课时削减的大背景下，如何在专业课上开展课程思政教育成为影响课程思政教育效果的一大难题。

课程教学大纲是统一规范课程教育思想和教育计划实施的基本保证，同时也是进行教材建设和教学质量评估的重要依据，对教员开展教学活动起着重要的指导性作用[8]。传统飞机流体传动与控制课程教学大纲往往对专业课程教学内容、要求以及专业知识和能力培养目标等内容进行了明确规定，但基本不涉及思政教学方式和质量考核等有关内容，缺乏对相关思政育人目标的统一规定，致使开展思政教育得不到有效的方向性指导和保障。

在教材建设方面，与课程思政教育教学改革相配套的专业课程教材中思政元素不够全面充分，对教员拓宽思政教育内容和思路造成一定影响，同时也不利于学员自主学习时情感道德培养和价值观念的引导。“教材＋课件”是大多数飞机流体传动与控制课程教员所使用的教学形式，所使用的课件多是对教材专业知识的注解，对流体传动与控制技术发展前沿技术的关注及对时事热点及相关政治形势的融合还不够深入。严格按照教材编排内容进行教学的“顺序教学”及枯燥单调的课件内容难以激发学员学习流体传动知识的积极性和主动性。此外，各种德育资源丰富的网络数字资源在教学过程中整合和利用还不足，这也是造成课堂育人功能不能得到充分发挥的主要因素。

1.3 显性教育与隐性教育结合不足

不同于思想政治理论课程所发挥的显性育人作用，综合素养课程和专业教育课程在育人育德中起到的是润物无声的隐性教育作用，课程思政教学改革对教员授课形式和教学方法提出了更高的要求。首先要解决真信的问题，对课程思政的理论和作用，只有信了才能懂，只有懂了才能用，只有用了并尝到了甜头，才能更加信、更加懂。这里的关键是“真信”。有了“真信”，才能达到事半功倍的效果。同时显性教育和隐性教育相辅相成、不可分割。只重视显性教育，不关注隐性教育，无法达到显性教育应有的效果；只关注隐性教育，不重视显性教育，会使教育活动丧失其价值导向。只有把显性教育和隐性教育结合起来，提升教育艺术性，才能真正实现教育效果，实现教育的“全天候全方位全过程”。

单一的教学形式易使学员产生疲劳感，难以激发学员学习兴趣。立足于流体传动专业知识特点，融入思政元素，提升政治教育亲和力和针对性，才能有效提高课堂教学主渠道育人功能；反之，在教学过程中为了课堂育德效果而将流体传动专业知识与国内行业发展史生硬关联，进行附加式、标签式地生硬讲解，反而弱化了课堂教学效果。

1.4 考核方式和评价机制不够完善

飞机流体传动与控制专业课程的考核多采用“平时成绩＋期末考试”的形式，平时成绩包括课堂表现、课后作业等，而期末考试则侧重考察学员对专业知识掌握程度。这样的考核方式评价内容关注学员专业知识学习结果，弱化了对学员创新精神、学习态度、心理素质、道德情感等方面的考查。同时，对教员教学过程中思政育人成效的评价与考核相关制度还不够健全，造成了教员课程思政实践育人专业程度不深，存在随性而为的自在现象[9]。

完善的思政育人评价指标和保障机制是充分发挥课堂育人主渠道功效、落实课程思政育人育德目标的重要保证，除教学团队育人意识和育德能力因素外，相应的考核评价体系和激励政策也是制约飞机流体传动与控制专业课程教学育人成效提升的重要因素。

2 飞机流体传动与控制课程思政教学目标

飞机流体传动与控制课程包括知识、能力、素质三大目标。其中最重要、最根本的就是素质目标，在发挥专业课程自身特色的基础之上，结合当下流体传动技术时事热点，提炼爱国情怀、法制意识、社会责任、科技自信、人文精神等思政元素，融入专业课程知识教学中，拓展专业课程教学的深度和改革广度。

育人无痕，润物无声，增强课程教学的生动性和感染力，在知识传递的过程中实现价值引领，培育求真务实、实践创新、精益求精的工匠精神，踏实严谨、追求卓越等优秀品质。

延伸专业知识案例背景，培养学员国际视野，激发爱国主义情怀，引导学员树立建设祖国、为推动流体传动技术进步做贡献的理想抱负。

引导学员运用马克思主义基本观点和方法认识世界与改造世界，锤炼心智，成为一名德才兼备、全面发展的高素质工程应用型人才。

飞机流体传动与控制课程思政就是在专业课程中融入思想观点、政治教育、职业道德等元素，其突出的是提高军校学员的精神境界。把军魂、战斗精神、天梯精神、工匠精神的培塑融入专业课的教学当中，引导学员在坚定听党指挥的基础上，积极投身科技强军、人才强军的伟大事业。只有培养的学员素质过硬，才能为部队服务，为部队输送高素质人才，确保部队安全稳定，持续提升战斗力。

3 飞机流体传动与控制课程思政改革路径

立足于课程思政建设的根本要求，结合流体传动专业教学特色，以专业知识为载体，深度融合课程思政元素，是促进专业课程深入改革，实现知识传递和价值引领并驾齐驱、提高人才培养质量的重要途径。

为提升教育教学育人成效，以飞机流体传动与控制课程教学为例，聚焦液压与气动专业课程改革的多个重要环节，提出了“一个中心、三大抓手”专业课程改革实践机制，如图1所示，即以培养德才兼备的高水平流体传动技术人才为中心，以知识与思政教育高度融合、教学方法改革创新、教学制度建设与保障为三大重要抓手，探索行之有效的飞机流体传动与控制专业课程教学模式改革方法。

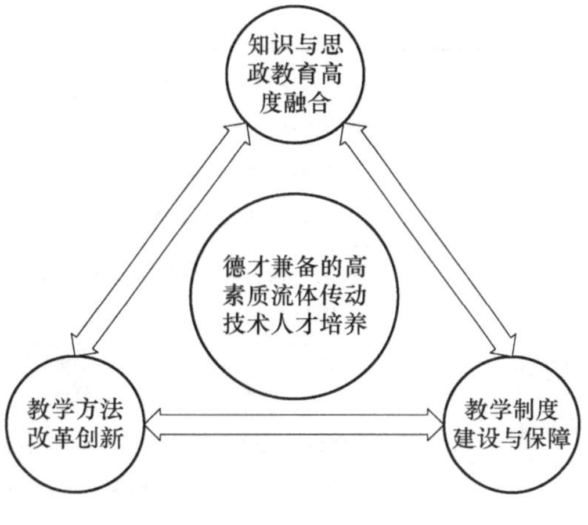

图1　专业课程改革实践机制

3.1　一个中心

培养有理想、有抱负、踏实严谨、追求卓越且强军思想坚定的高素质工程应用型人才是新时代对于专业课程教学提出的新的使命和要求，也是专业课程教学适应学员素质发展的关键。为此，在飞机流体传动与控制课程改革建设过程中，始终围绕高素质流体传动技术人才培养的中心目标，准确把握课程思政教育教学核心理念，贯彻落实课程思政改革纲要，实现专业课程教学中课堂教学、实践探索、素质提升的统一。

3.2　三大抓手

3.2.1　专业知识与思政教育高度融合

流体传动技术的应用渗透到社会生产和国防军队建设的各个领域，现实生活中，各种时事热点和现有装备建设为飞机流体传动与控制的教学提供了众多生动的素材，同时也为专业知识传授和思政教育提供了生动的结合案例。在讲解课程专业知识的同时，通过恰当地结合有关热点时事或技术发展历程，深度挖掘其中所蕴含的爱国情怀、法制意识、社会责任、文化自信、人文精神，有机融入教学过程，既丰富了课程教学内容，同时也加深了学科内容的深度和广度，在专业知识学习中，实现价值引领。

飞机上使用的液压泵都是高压泵，而国外长期把握先进高压泵技术，对我国实行封锁，光明日报公布的50项卡脖子技术中，高压泵技术成为“十四五”期间要攻克的重大工程之一。在航空维修领域中，机械师的爱国情怀、质量意识、底线思维被放在了极其重要的地位，接受良好的工程伦理教育是学员成为一名优秀机械师的必修课，培养学员精益求精的大国工匠精神，思想政治教育的融入必不可少。

我国工业发展艰难曲折，各工业门类如今能够达到国际前列的先进水平，必然伴随着无数人的艰苦付出。作为工业发展的提炼和浓缩，专业课众多事迹素材可供挖掘。如“金牌蓝天工匠”黄强，两个月内完全掌握某型发动机主燃油泵调节器全套装配，在零下十几度的高原环境中连续工作13小时，完美诠释了大国工匠爱岗敬业、一丝不苟的责任担当。为教学提供了丰富的思政育人素材，在讲解其相关流体传动技术知识的同时，突出典型人物的创新精神、工匠精神和我国在流体传动方面做出的斐然成绩，如此既可提高学员的创新精神，拓宽学员的视野，又可增强学员的民族自豪感。每个章节的教学内容都应找到适合的思政案例，如表1所列，通过融入丰富的思政素材，进一步推动课程改革建设。

表 1 课程教学内容与对应的思政案例

内容	思政案例	思政元素
绪论	世界与中国的流体传动发展史；中国 500 m 口径球面射电望远镜“天眼”	科技强国、科技自信；爱国主义、民族自豪感
流体	生活中的流体现象；“蛟龙”号海试	求知欲、探索精神、团结协作
液压泵	工业 4.0 与尖端制造；我国自主研制的最大直径水泥盾构机“春风”号；“金牌蓝天工匠”黄强	创新精神、科技自信、典型人物引领
液压控制阀	160 000 t 模锻液压机、6 400 t 液压复式起重机研发	科技强国意识、攻坚克难精神
液压系统基本回路；典型的液压传动系统	美国“挑战者”号航天飞机失事事故；航天器热控制技术的研究现状；中国核潜艇之父黄旭华事迹	严谨的科学态度；创新精神、科技自信
气源装置；气动辅助元件	中国 FL-62 风洞研发；C919 大型客机研发	奋斗精神、创新精神；爱国教育、精益求精的工匠精神

3.2.2 教学方法模式改革创新

引导本科学员根据飞机流体传动与控制课程内容撰写科技报告，通过具体案例事件分析，如油滤设备技术的创新和我国油滤设备的发展，对学员进行潜移默化地引导，激发学员自豪感，扩宽视野，了解有关先进技术，奋发图强。

课程思政教学并不能局限于传统的纸质教学资料，应在已有课程设计案例的基础上，充分整合、利用丰富的数字化教学资源，利用 CAD 等计算机辅助软件，更好地将生硬的文字讲解转变为生动的视觉体验，结合现有的互联网技术，充分利用雨课堂、慕课等教学平台，将与专业知识教学相关、蕴含爱国主义教育的视频（如“大国重器”等）上传至互联网，进行知识资源共享，学员随时随地进行观看学习，突破教学空间和教学设备的限制，满足学员多样化学习需求，实现全方位全过程课程思政教育。创造良好的课程思政教学氛围，激发学员学习积极性，提高授课效率和学员学习效率。

同时可进行翻转课堂教学探索，引导学员进行故障案例探讨，启发对新技术的渴望，介绍流体传动行业的领军人物，前往工业部门进行实践等。在教学过程中，通过创新教学方法和手段，如采用互动答疑、讨论交流、反馈指导等教学方法，综合运用案例分析式、情景体验式等教学模式，加强师生交流，鼓励教员深入教学，通过与学员面对面交流，针对学员的思想实际及所关心的问题展开教学，提升专业知识水平的同时引发学员感情和价值观方面的共鸣。

3.2.3 教学制度建设与保障

遵循“教育者必先受教育”的原则，通过开展教员岗位培训和多专题讲座，学习习近平新时代中国特色社会主义教育思想等，有效提升教员思政格局和大局意识。定期开展课程思政教育教学研讨活动，围绕课程思政内涵和意义、如何深入挖掘专业课程中的思政元素、整合思想政治教育资源，如何实现思政内容与专业学科知识有机统一进行深入探讨，帮助教员团队加深对课程思政内涵要义的理解，进一步明确专业知识教学和思政教育之间的关联，激发教员团队的教学主动性，提升教学效能，从而真正实现教育与教学的有机统一。

通过修订、细化课程教学大纲，将思政育人目标纳入课程教学质量考核中，贯彻教学始终，及时进行专业课程教学环节调整与改进，促进专业课程教学和思政育人融合。

同时，围绕专业课程内容教学和课程思政教学改革相关标准，采用学员、专业教员、政治教导员多评价主体的评价机制，根据评价结果进一步改进课程教学方式和手段。通过开展自评互评、交流研讨、精品项目等方式，形成教员组内良性竞争，建立完善的教员激励考核机制，激励教员不断加强课程思政理论研究和育人育德实践操作，进一步提升教员育人育德能力，为完善课程思政改革提供不竭动力。

4　结　论

在军队院校专业课程教育教学中，如果教员育德意识不强，只注重于知识传递而弱化了教学过程中对学员进行价值引导，造成了专业课程教学与思政课教学的隔离现象。

本研究剖析了传统专业课程教学模式存在的不足，立足课程思政改革要求，结合飞机流体传动与控制专业课程教学特点，提出了“一个中心、三大抓手”课程思政改革实践机制。目前，通过课程思政与思政课程的教育结合，学员的思想道德修养和专业能力素质得到了有效的提升，比如参与军民共建的扶贫项目、毕业时主动选择前往最艰苦的地方和国防建设最需要的地方以及根据课程教学内容主动进行复杂专业问题的分析探索，形成了思政育人的良好局面。

课程思政背景下的飞机流体传动与控制教学模式改革将有助于专业课程进一步落实课程思政根本任务，提供可借鉴的经验和方案；同时，所获得的课程思政建设经验具有普遍性和可借鉴性，能为机械专业相关学科及其他相近的学科课程思政改革建设提供经验参考。

参考文献

[1] 沈伟，麦云飞，钱炜，等. 基于工程教育认证的液压传动课程教学改革研究[J]. 液压与气动，2017(08)：73－78.

[2] 王勇刚，职山杰，尤凤翔，等. 现代职业教育体系建设下液压与气动控制课程综合改革研究[J]. 液压与气动，2020(02)：86－91.

[3] 朱玉川，李宇阳. 新型集成式压电作动器中的液压传动原理[J]. 液压与气动，2018(08)：23－26.

[4] 张建新，王慧，王青云，等. 基于气动技术的飞机起落架演示仪开发[J]. 液压与气动，2019(09)：45－49.

[5] 罗晓琴，李娜. 高校“课程思政”建设的现状及对策研究[J]. 法制与社会，2019(13)：192－193.

[6] 田鸿芬，付洪. 课程思政：高校专业课教学融入思想政治教育的实践路径[J]. 未来与发展，2018，42(04)：99－103.

[7] 严交笋. 高职院校专业课程思政的实现策略[J]. 职业技术教育，2018，39(35)：69－71.

[8] 高耀明，叶颖. 课程实施大纲与高校教学规范化建设[J]. 高等教育研究，2014，35(04)：103－109.

[9] 王培文. 高校思政课实践教学评价体系研究综述[J]. 高教学刊，2016(07)：145－147＋149.

导弹结构原理课程思政的探索与实践

胡博　李俊　李从利　魏沛杰
（陆军炮兵防空兵学院，合肥　230031）

摘　要：专业知识和思政教育的融合是课程思政实践中的核心机理，针对“融合式培养”的三大难点，对导弹结构原理课程思政进行探索与实践，目的是帮助学员打牢专业任职岗位课程学习的基础，树立好献身国防的坚定信念。从分析融合差异的规律入手，建立对课堂思政效果评判的认知，围绕挖掘融合元素、加强融合设计、科学融合方法三个方面具体阐述导弹结构原理课程思政的实践做法，指出要在深入研究专业蕴含的情感态度和价值观的基础上，做好协同育人中的桥梁。

关键词：导弹结构原理；课程思政；融合规律；融合元素；融合设计；融合方法

百年大计，教育为本，而课程思政就是教育大计中的“大计”。今年 5 月份，教育部公布了 700 门课程思政示范课程，包括了 300 门普通本科教育课程、100 门研究生教育课程、200 门职业教育课程和 100 门继续教育课程，此外还有教学名师和团队、课程思政教学研究示范中心，能够为各学科的课程思政建设提供新鲜经验和有益做法的参考。由于每门课程自身课程内容特点的不同，面向教学对象的差异，在课程思政实践中还需因地制宜地开展课程建设。

课程思政的目标在于实现显性教育和隐性教育的统一，最核心的机理就是“融合式培养”。融合指不同群体（或物体）熔成或如融化那样融为一体。融合不是简单的物理叠加，而是要形成化学反应。要实现课程思政的“融合式培养”，其难点主要有三个方面：一是专业知识与思政教育融合存在难度。专业知识的教学侧重于知识的求真，而思政教育则要求“真善美”的统一，课程思政的难点首先在于如何将专业知识和思想政治教育相融合。二是发挥教师融合的纽带作用存在难度。课程思政最终要通过教师发挥桥梁纽带作用，这对每一位课程教师提出了更高的要求，不仅专业知识要熟练掌握，更要掌握每门课程知识背后蕴含的社会价值。换句话，就是要处理好“知”与“德”的辩证关系。三是协同育人机制完善存在难度。课程思政要实现的目标是各类课程与思想政治理论课同向而行，形成协同效应。现实中，这样的协同育人机制还难以完善，专业课与思想政治理论课基本是各自为战。可以说，课程思政是一项系统复杂的工程。

导弹结构原理是面向我院导弹工程专业学员的专业背景课程，主要讲述导弹武器系统基本概念，各分系统的基本工作原理，包括导弹外形与结构形式、弹上制导装置、导弹战斗部与引信、动力装置、弹上能源系统及弹上电缆网、弹外制导装置、发射系统等。课程教学组针对课程思政“融合式培养”三个方面的难点堵点，对“导弹结构原理”课程思政进行了探索与实践，主要目的是帮助学员打牢专业任职岗位课程的基础，树立好献身国防的坚定信念。

1 把握“融”的规律，建立思政目标

任何事物的发展基本都遵循量变引起质变、循序渐进的规律。一门课的课堂思政效果好坏的评判也遵循这样的规律。首先是沙中掺金、米中掺豆，体现在知识和技能这个层面，大多用说理和举例来体现课程思政，能明显看到思政的痕迹，这是在思政融入课程建设初期的表现；其次是如糖入水、如盐入味，重在分析问题和思考问题这个层面上，大多通过引导和点拨的方式体现课程思政，看不到明显的课程思政的痕迹，但有课程思政的味道，也称炼盐式调味[1]，一般课程都要达到这个要求；最后是大音希声、大象无形，不需要刻意体现课程思政，但能春风拂面地教书育人，以文化人、立德树人，这是极少数的“大先生”才能达到的境界。明白课堂思政建设的基本规律，才会去主动避免生搬硬套优质课堂思政模式。质量不高的课堂思政，会导致虽然门门课都在大力提倡融入思政元素，却反而使学生产生逆反的心理，起到相反的效果。

2 挖掘“融”的元素，促进“润物无声”

思政元素种类很多，可以突出国情、法治、劳动、心理健康、优秀传统文化教育等，也可以强调政治认同、强军思想、家国情怀、文化素养、法治意识、道德修养等，对思政元素的选择与提取需要充分考虑课程性质。结合“导弹结构原理”课程内容，建立课程思政元素库如表1所列。

表1 导弹结构原理课程思政元素库

教学内容	知识点	思政元素	思政元素融入点
第1章 绪论	导弹的发展历程	坚定不移的爱国情怀	在介绍导弹发展历程时，离不开中国的导弹之父钱学森。通过讲述其放弃国外优渥待遇，历经千辛万苦，甚至是生命危险，毅然回到祖国，投身于我国的国防事业建设中，引导学员思考个人与国家的关系，培养爱国精神
第2章 导弹弹体结构	弹身舱段结构	爱岗敬业、无私奉献、作风严谨、精益求精的大国工匠精神	导弹弹身舱段制造要求高，一般国家不具备生产制造能力，但是通过军工人精益求精，追求极致的努力，解决了生产制造中的一个又一个难题，为我国的国防事业提供了坚强的后盾。大国工匠导弹舱体铸造师毛腊生的事迹
第3章 弹上制导装置	激光陀螺	培养学员从现象出发，发现问题，寻求方法，解决问题的能力，激发学员的求知热情和探索精神	从光学陀螺的理论基础Sagnac效应出发，以激光陀螺发展历程为主线，阶梯式层层递进，同时，结合我国如何成为第四个拥有激光陀螺的国家，引入中国激光陀螺奠基人——高伯龙院士的事迹，从而将理想信念和陀螺精神有机地融入课堂
第4章 导弹引信战斗部系统	聚能破解战斗部	引导学员树立“集中力量办大事”的世界观	同等条件下，聚能装药结构的战斗部虽然装药量减少，但是其将炸药爆炸产生的能量大部分都集中到细长的金属射流上，类比我国的“集中力量办大事”航天工程，达到了非常好的穿甲效果

续表 1

教学内容	知识点	思政元素	思政元素融入点
第 5 章 导弹动力装置	点火器；固体推进剂	不怕危险，胆大心细的品质，大国工匠精神	点火器虽小，但是要保证其腔体内壁光滑度非常高，加工误差很小，需要高超的技艺，用大国工匠导弹点火把关人——洪海涛的事迹感染学员；推进剂药柱需要保持一定形状，就需要给其微整形，但是其受摩擦又容易引发爆炸，如何在保证安全的前提下对其进行整形，用火药雕刻师徐立平的事迹启发学员
第 6 章 弹上能源系统及弹上电缆网	热电池	量变引起质变的方法论	热电池在常温下是不导电的固体，当有外界能量激发时，点燃内部的烟火热源，使电池温度升高到 500 ℃左右，电池激活，对外输出能量。反观，没有自身储能的前提(类比学员自身本领)，就算外界再怎么激活(类比机会)，也无法对外输出(把握机会)
第 7 章 弹外制导装置	测角仪	甘于奉献、敢于拼搏的军工精神	利用媒体资源央视 9 套播放的记录片《军工记忆 3》，讲述老一辈军工人在测角仪的研制过程中如何克服一个又一个困难，在一穷二白的条件下，将测角仪研制出来，并且达到国际领先水平。发扬军工人甘于奉献、敢于拼搏的精神
第 8 章 导弹发射装置	垂直发射装置	逆向思维的科学观	打击不同空域目标所需要的导弹体积不一样，如果要使作战单元具备全方位多空域的作战能力，一般的思路是携带不同的发射装置发射不同导弹，这会影响武器的机动性。换个思路，对发射单元进行改进，如珠海航展上公布的海军舰载垂发系统实现"一坑四弹"，使发射装置可以发射不同类型的导弹，大大提高了武器系统的火力打击能力

元素库的建立有助于教师对课程整体思政内容的把握，要达到润物无声的效果，还需要丰富素材库(多媒体资料)、案例库(战例、武器技术资料)，使思政元素更加生动[2]。这样合作挖掘"三库"元素必不可少，一方面借鉴相近的课程思政示范课程资源，如南京航空航天大学的航天工程概论课程和南京理工大学的武器装备概论课程，另一方面和我院的思政课程教研室合作，利用他们多年的思政课程专业优势，指导专业课的课堂思政，形成"思政课程指导课程思政、课程思政反哺思政课程"的良好局面[3]。

3 加强"融"的设计，完成"画龙点睛"

元素准备好了，还需加强"融"的设计，好比厨师需要对备好的食材进行合理的烹饪，才能做出色香味俱全的佳肴。教学有法，课程教学设计可以遵循一定的基本流程：深耕教材——形成教学目标——精简拔高教学内容——确定课程思政切入点——组织线上线下资源——确定教学方法——设计教学互动——安排巩固练习——进行教学反思。其中，围绕课程思政切入点如何合理地设计教学互动，从而做到润物无声甚至是画龙点睛是教学设计中的难点。

在教学实施过程中，目前主要采用两种方法。一是通过辩证分析将知识点与思政要素结合，分析方法主要用到类比法，将知识点中蕴含的原理与科学方法论相比较，找到共同点，引导学员树立科学观，互动中常采用层次递进式的反问；二是发挥名人效应，挖掘知识点背后蕴含的人文故事,互动中多让学员自己谈感受,去找到思政元素中让人感动的地方。

教学设计虽有基本规律可循,但是教无定法,针对不同的对象、场景、时间,教学设计多种多样。授课实施过程中,教学组感到缺少线上互动环节,不能及时得到学生预习反馈,从而有针对性的二次备课效果大大降低。

4 科学"融"的方法,完善教学手段

"融"的方法多种多样,需要从一开始就确立巧妙、自然、富于感染力的授课形式,灵活运用撒盐法、沉浸法、警示法、关联法、实践法、身教法等,将搜集整理的思政元素,在授课过程中与专业知识融合在一起传授给学生。结合导弹结构原理课程内容,在授课实践中主要采用撒盐法、实践法和身教法进行专业知识与思政元素的融合教学。

撒盐法,即在课程中插入思政知识点,思政知识点与专业知识点有明显的界限,但相得益彰[1]。这是融的前提条件,只有盐选得好,撒得分量也恰到好处,学员能够感受到好的味道。具体实施中即是在课堂设计中将思政元素合理安排。表1中所列内容为课程教学组提炼的思政盐分。

实践法,即以学生为中心,课程实施中主要采用案例讨论的形式,组织和引导学生对案例情境及问题展开讨论,分析案例所蕴含的知识和思政元素,发表观点和见解,通过"自身说法"的形式感受到优良的价值观和科学观。例如,在第7章讲述目标搜索雷达和跟踪制导雷达时,通过分析南联盟第250防空旅如何利用劣势的雷达装备击落北约先进隐身战机F117A的战例[3],讨论两种雷达的特点与作用。同时,引导学员思考面对强敌,指挥员如何配置武器装备,战斗员如何使用装备,才能保证不错失千载难逢的战机。在讨论中,学员们也明白了只有熟悉手中武器装备,才能有灵活运用的底气和毫不畏惧的亮剑精神。当然,这部分的战例案例需要在今后的授课准备中进一步挖掘和丰富。

身教法,即教师在与学生的沟通交流中,通过自身修养的提升与展示,对学生起到榜样的作用,也会潜移默化地影响学生的思想认识。本教学小组教员都有较长时间的部队任职经历,在课堂实施过程中,灵活结合自身工作经历,向学员传承部队好的优良传统。例如,在第8章发射装置授课时,讲述基层连队在接收新装备时,面对基础薄弱的情况,如何发扬顽强战斗的作风,使装备快速形成战斗力,从而勉励学员刻苦学习。言传身教是对教师的最基本要求也是最高要求,需要教师不断提升自己的思政素养、师德修养、人格魅力、语言文字、教学艺术以及创新思维等。根本上,需要教师对教育事业有奉献精神,将积极的人生态度、乐观的处事风格等正能量传递给学生。

5 结 论

课程思政的本质是立德树人,归根到底是一种价值观的引领和教育。建设导弹结构原理课程思政,要在深入研究本学科、本专业蕴含的情感态度和价值观的基础上,与前导和后续课程不断磨合,挖掘出有温度、有厚度、有热度的隐性知识,构建立体多元、显隐结合、科学创新的课程思政内容,最终达到协同育人。

致　谢

本文研究受安徽省教改项目(2019jyxm918)、陆军炮兵防空兵学院教学改革项目资助。

参 考 文 献

[1] 李海阳，梁彦刚，周剑勇，等. 课程思政调味建设法及理论力学课程实践[C]//第二届全国高等学校航空航天类专业教育教学研讨会论文集. 北京：北京航空航天大学出版社，2021：23-29.

[2] 陈丁丁,刘钧,邢素丽. 专业课程与思政互融互促教学模式的探索[J]. 高教论坛，2021，10(10)：57-59.

[3] 陈庆贵，谢静，谢镇波，等. 军队院校航空发动机构造课程思政浅析[C]//第二届全国高等学校航空航天类专业教育教学研讨会论文集. 北京：北京航空航天大学出版社，2021：55-59.

[4] 胡晓磊,殷大虎,金建伟. 南联盟击落 F-117A 隐身飞机战例破解研究[J]. 现代防御技术，2020，8(4)：1-7.

飞行力学课程思政的教学方法实践与讨论

刘赟[1]　朱德龙[2]　张进[1]　彭云[1]　吕靖[1]

（1. 南昌航空大学 飞行器工程(航空发动机)学院，南昌　330063

2. 中国人民解放军陆军步兵学院，南昌　330063）

摘　要：针对飞行力学专业课程实际教学思政教育开展有限，学生学习主观能动性不强等问题，南昌航空大学飞设教学组对课程思政进行了教学改革，通过与教学内容有机融合，采用思政小课堂、研讨大课堂、课程任务牵引等方式全面展开课程思政，取得了积极效果。结果显示：课程思政的开展一方面激发了学生的学习兴趣，提升了学习效果，量化考核显示平均成绩提高了约10%；另一方面强化了学生的航空报国的家国情怀及严谨求实的科学素养。

关键词：飞行力学；思政教育；教学方法；教学改革；教学实践

引　言

党的十九届六中全会指出，全面贯彻党的教育方针，优先发展教育事业，明确教育的根本任务是立德树人，培养德智体美劳全面发展的社会主义建设者和接班人。全国高校持续掀起思政课程教学发展与改革的高潮，南昌航空大学也紧跟步伐，从新工科建设和发展背景出发，对工科学生的培养提出了更高要求[3]，实现思政专项课、学科基础课、学科专业课、实践课等四位一体的思政教学高度发展。

航空航天是国家高度重视、全力推动发展的重要领域，为国家培养德才兼备的航空航天人才是我们航空院校的重要任务。飞行力学作为这类重要领域的专业基础课程，是飞行器设计与工程专业本科生的专业必修课，也是飞行器与动力工程、飞行器制造工程等航空类专业的核心课程[3]。南昌航空大学飞行器设计与工程系教学组在飞行力学教学中紧密结合课程思政，采用多种教学方法，将课程思政融入教学活动中。注重思政教育常态化，将思政内容结合课程生动形象地代入课堂，根据具体内容，结合历史、时事政治将思政元素带入课堂；注重科学素养深入化，一方面使学生熟悉飞行力学的研究思路和方法，另一方面促进学生对自然科学的科学认识，深化学生的科学发展素养；注重思政与理论融合促进，通过思政教育的引导带动，理论知识的掌握应用，在学习中互为促进，互为支持和补充，在相对枯燥的理论知识中加入思政色彩和温度，加强思政教育的效果，提升学生航空报国，航空强国热情。

飞行力学课程在思政教育的融入和深入过程中，降低讲授法[4]比例，积极选取并革新适合的教学方法，教学组有针对性地根据教学内容、教学方法及思政素材的各自特点对不同方法进行分析，相互协调整理，让思政和理论协调共生，互为促进和发展，有效提升学生的学习主动性和积极性，加强学生对知识的吸收和转化，强化思政教育效果。

1 思政教学方法

根据具体学情:①学生已经对相关的专业基础知识有一定掌握,具有一定的航空情怀和专业热情;②教学组教师覆盖飞行力学课程的主要专业方向,并且教师党员占多数,具有较高政治素养;③能够从专业角度对课程进行梳理和导向;④学生与教师联系紧密,交流沟通通畅。思政课程融合参与式、研讨式、任务驱动式等教学方式,充分利用现代化信息技术,结合飞行力学课程特点开展教学工作,在解决学生"为什么学""怎么学"关键问题的同时,用新时代中国特色社会主义思想铸魂育人,加强学生的"四个自信",把爱国情、强国志、报国行和学习工作相结合,并且进一步提升系统知识,拓展学生学习思路,促进学生参与完成课程相关的研究性课题,培养学生的创造性思维和创新能力。

1.1 思政小课堂

鼓励学生参与到思政教学中,让学生作为教育和受教育的主体。台上"讲",台下"听"的学生,包括教师,都参与到了思政学习中。思政小课堂要求学生利用每堂课的前5分钟对飞行力学相关的人事物进行介绍,在参与过程中培养学生的资料收集、课件制作、演讲汇报等综合能力。学生从被动的接受任务到主动、积极了解专业相关内容,并且在收集整理素材中感受每位学者、每个航空人在专业发展中经历的困难,做出的贡献;感受每个专业理论在发现、发展、解释中所遵循的基本规律,潜移默化中感染学生、激励学生,并在教师引导下进一步加深从"航空救国""航空报国"到"航空强国"的认识。

实践中,学生会积极挖掘课程的人文元素,在短短几分钟内"讲故事"。主讲学生在素材收集整理、制作讲述中会主动认识吸收先进人物事迹和精神,并在课堂上分享。这种以学生为"教""学"主体的思政教学,学生的接受和完成度较高,部分学生不仅能够在规定时间内讲清楚,并且讲得非常精彩。例如在对中国第一个飞机制造者冯如和海空卫士王伟的介绍中,主讲学生发表了自己的感想,同学们与人物的爱国情怀产生了共鸣,大家在聆听和观看中,受到影响和启发,感受到报国爱国需要他们更好地掌握专业技能,从而进一步提升专业认可度。再通过教师的总结和提炼,课程思政效果得到进一步提升。思政小课堂有效解决了传统教学在理论教育和思政教育上的弊端,极大增强学生认知和认同习近平新时代中国特色社会主义思想的积极性和主动性[5]。

1.2 研讨大课堂

每章教学结束,设置一小节研讨课,引入典型和最新的和本章内容紧密联系的飞行案例,必要时邀请气动、控制和结构方向的教师一起参与,和学生共同探讨。结合课堂内容大胆分析,解释现象,提出问题和改进方法,在提升专业理论的同时,研讨过程中教师还将积极引导学生探讨时代精神,航空使命。相对于传统专业课程的思政教育相对独立展开的特点,研讨课堂将集合不同学科观点、不同思维方式汇聚讨论,将小课堂变成大课堂,把各方向的理念、观点融入课程,锻炼学生的辩证思维,拔高学生对专业的理解,完善大局观,升华爱国报国情感。

通常针对某类与课程相关时事新闻、案例,教学组会先内部展开充分讨论,形成主要议题和思政教育重点。课前一周将研讨素材发给学生,学生可以做前期功课,通过线上或线下的方式展开交流，如图1所示。讨论过程中学生们发散思维，如对某次航空事故的讨论中，大家从原因分析、推测，到飞行员动作规避、操作流程，再到飞机气动设计、飞行性能，以及飞行安全保障等内容延伸，总结出作为未来飞机的设计人员，我们的每一次小小疏忽都是重大安全隐患，大家要立足专业，一方面把专业技能掌握扎实，另一方面要磨炼自己的人格品质，做忠诚严谨、勤奋务实，勇于创新的新一代航空专业人才。

图1 思政教学课堂展示

1.3 任务中的思政教育

飞行力学的实践课程会布置设计作业或推荐学生参加校内外相关竞赛，鼓励学生发挥想象力，创新设计，认真分析。在这类实践设计任务中要求学生展示制作过程、计算分析及分享心得体会。任务设计主题紧扣专业思政元素，贯彻“航空人，航空情，航空行”，围绕航空航天发展的热点趋势，让学生参与整个设计分析过程，熟悉掌握课题开展的思路和方法，初步了解飞行器设计的流程和方法，深切感受成长为优秀的航空人才需要在思想上武装自己、在学习工作中提升自己。指导教师在每个关键点对学生进行引导和鼓励，在学生克服难点、解决问题时，同感于前辈们的攻坚克难、砥砺前行的奋斗精神，致敬前人。

同时飞机力学教学组还在积极筹备专业课思政教育走出校园，利用当地红色资源和航空产业优势，把思政课堂放入特定场景，直观感受历史中的老一辈革命家、建设者的丰功伟绩与崇高精神，切身体会时代变迁、科技发展、航空航天领域日新月异的变化，推动学生加深专业认识，引导学生增强自身综合素质，为民族复兴而奋斗。

2 效果与评价

课程思政教学方法实施后，通过学生评价、专家点评等形式，获得了很多有关课程实施的宝贵意见和肯定。首先学生学习的主观能动性产生了积极变化，课堂活跃度、课后作业质量都有明显提高，部分学生反馈学习目标更明确，未来职业规划也更清晰；其次，思政教育与教学活动的结合，相互促进，具有积极意义，思政教育带给学生正面积极的情感引导，大大提高了学生的学习效果，学生逐渐地从被动学，到主动想要发表观点、分享体会，综合学习能力普遍提高；最后在课程思政与教学改革共同实施作用下，学生综合考评的班级平均成绩提高近10%，实现了关于专业学识、学习能力和思政科学素养等教学目标。

通过飞行力学课程思政教学方法的实践，思政教学还有以下问题：①思政教育内容系统性还需加强，对航空发展史的时间节点、重大事件的凝练总结缺乏统一规划整理；②学生的思政小课堂水平参差不齐，个别学生在规定时间内不能完成讲解，侧面反映了学生在材料的整理筛选上还缺乏条理和锻炼，同时缺乏相应的训练；③主讲教师还需要对话题引导和讨论秩序的管理加强培训。

3 结 语

专业课程的思政教育价值在于契合学生的专业方向，专注专业精神的启迪和培养，依托航空航天发展史，讲好航空航天发展的奋斗故事，塑造中国航空航天的自强不息形象，培育学生爱国爱专业的坚定情感，自觉肩负时代的责任与使命。2021年9月6日，国家主席习近平向第32届国际航空科学大会致贺信，指出航空科技是20世纪以来发展最为迅速、对人类生产生活影响最大的科技领域之一。当今世界正经历深刻的科技革命和产业变革，航空科技面临前所未有的发展机遇，开展全球航空科技合作十分必要、大有前途。面对这一机遇和挑战，未来的专业人才是否能够交出完美答卷，需要我们的教育工作者当下的重视和努力，在未来的工作中，课程思政需要进一步做实做深，实现课程思政与思政课程、基础课程与专业课程、理论课程与实践课程协同育人的目标。

参考文献

[1] 韩宪洲. 全面贯彻党的教育方针 推进落实立德树人根本任务[EB/OL]. (2021-03-25)[2021-10-20]. http://www.npc.gov.cn/npc/c30834/202103/2fceb8efc1c2414abc2139122a9511a6.shtml.

[2] 钟登华. 新工科建设的内涵与行动[J]. 高等工程教育研究，2017(3):1-6.

[3] 韩丰波，魏秀玲，周脉鱼. 新时代本科学历教育中飞行力学课程内容的优化与实践[J]. 黑龙江教育(理论与实践)，2020(3)：61-62.

[4] 王学德，陈少松，胡常莉，等. 大类招生背景下能源动力类本科生流体力学跨专业教学的探索与实践[J]. 力学与实践，2021，43(2):278-284.

[5] 李博，倪松涛. 习近平新时代中国特色社会主义思想传播的教学新模式探究[J]. 思想理论教育导刊，2019(2):101-104.

有限元基础与应用课程思政的探索与实践

余春锦　张进　彭云

（南昌航空大学 飞行器工程学院，南昌　330063）

摘　要：新时期党的教育方针要求以发展为主题，以人才培养为中心，教师不仅要承担起向学生传授知识的责任，更要肩负起帮助学生树立正确人生观、价值观和培养高尚情操的重任。本文结合15年来从事有限元基础与应用课程教学的经历和体会，对课程专业教学中的思政意识培育进行了探讨分析和实践。不同课程有不同的思政特点，本文以飞行器设计与工程专业的有限元基础与应用为例，对教学过程中的思政元素进行了挖掘与加工。为实现知识传授与价值观引领相结合，培养专业技术知识过硬、思想政治水平高的复合型人才，提出了专业与思政教育的交叉融合、专业授课教师的师德师风是提升学生航空报国情怀的关键，期望能为相关课程的思政教学组织与实施提供有益的帮助。

关键词：有限元；课程思政；教学；改革；专业教育

引　言

教育部于2020年5月28日印发的《高等学校课程思政建设指导纲要》[1]中指出："培养什么人、怎样培养人、为谁培养人是教育的根本问题，立德树人成效是检验高校一切工作的根本标准。落实立德树人根本任务，必须将价值塑造、知识传授和能力培养三者融为一体、不可割裂。全面推进课程思政建设，就是要寓价值观引导于知识传授和能力培养之中，帮助学生塑造正确的世界观、人生观、价值观，这是人才培养的应有之义，更是必备内容。"同时指导纲要明确要求："要深入梳理专业课教学内容，结合不同课程特点、思维方法和价值理念，深入挖掘课程思政元素，有机融入课程教学，达到润物无声的育人效果。"

对于目前已习惯于"传道授业解惑"的高校专业教师来说，需要教师从已成型的教学体系中凝练挖掘、梳理筛选出相关思政元素[2,3]，将对"德育"的培养融入其中，构建相互支撑的"德""智"双向发展课程思政体系。

高等学校的思政教育教学工作，强调要把课程思政建设摆在突出的位置，发挥好每一门专业课程的育人作用，确保立德树人任务的落实。立德树人就是要"把思想价值引领贯穿教育教学全过程，实现全程育人、全方位育人"[4]。在传统的教学过程中，有限元基础与应用课程通常分为两个模块[5,6]：理论基础模块和工程应用模块，在学时分配上通常也是分为理论学习学时和上机实践学时。在有限元基础与应用课程中，需要在思政教育中紧密结合教学内容，深入挖掘思政元素围绕立德树人的教育任务，实现"德育"和"智育"两手抓、两手都要硬，在培养学生扎实的有限元理论及分析功底的基础上，对其世界观、人生观和价值观予以正确引导，发展全过程和全方位的育人模式。

1　着眼思想政治建设不可替代的重要作用，牢牢把握建设方向

2016 年 12 月召开的全国高校思想政治会议上，习近平指出我国高等教育发展方向要同我国发展的现实目标和未来方向紧密联系在一起，要坚持把立德树人作为中心环节，要用好课堂教学这个主渠道，各类课程都要与思想政治理论课同向同行，把思想政治工作贯穿于教育教学的全过程，实现全程育人、全方位育人，努力开创我国高等教育事业发展新局面[7]。

航空领域是世界大国竞争激烈的领域，发展航空事业是国家战略。特殊的领域决定了航空类专业的教育目标必须是要培养具有国家意识、人文情怀、科学精神、专业素养和国际视野的，能担当民族复兴大任、傲立于科技发展前沿的航空人才。育人是百年大计，要培养又红又专的人才离不开教育工作者长期润物无声式的引导，需要有一支队伍并找到一些方法，能切实将思想政治教育元素自然融入专业课程教学中，助力航空强国和中国梦的实现。高尚的道德素养是航空专业学生成长为栋梁之才的立身之本，心中有信仰脚下就有力量，高尚的道德素养是一个国家、一个民族行稳致远的有力支撑。大学生的道德素养不仅关乎自身未来发展，也关系到国家和民族的兴衰成败。

2　突出专业思政的重要作用，从背景出发进行爱国主义教育

不同课程有不同的特点，这就需要教师合理探究各类课程的思政元素，并实际应用到课程的教学与实践中，实现知识传授和价值传递的统一[8]。有限元法是在分析飞机结构时诞生的，目前已是一种具有坚实理论基础和应用广泛的数值计算方法。通过该课程的学习，学生可以掌握有限元方法的基本原理、核心思想及解题步骤，熟悉目前国际上通用的大型有限元软件 ANSYS，为未来从事飞行器的研究打下一个良好的基础。在有限元的教学中如何加强思政教育、培养和提升学生的爱国主义主导下的历史使命感和社会责任心是教师的一项重要责任。

在讲授有限元基础与应用各章节时适当引入思政内容，可以提升学生航空报国的情怀。表 1 所列是我的一些做法。

表 1　有限元基础与应用课程思政教学

课程内容	思政切入点	思政效果
有限元法诞生于飞行器结构分析中，而飞行器的性能好坏直接影响国防安全	庆祝新中国成立 70 周年阅兵首次展示的东风 17 高超声速导弹拥有十分复杂、不可预测的飞行轨迹，使得空中拦截变得极为困难，大大增加了打击成功率，对美国的航母具有极大的威胁	国防工业必须自立自强
介绍三大有限元软件（ANSYS 美国、Nastran 美国、Abacus 法国）	2020 年美国对中国的软件制裁。作为一家有军工背景的 MathWorks 公司，必须遵守美国政府的制裁法令，所以暂时中止了哈工大和哈工程两个学校的 MATLAB 软件使用权限	引导学生我国必须发展自己的有限元软件，否则一旦遭遇制裁就会遭受重大损失

续表1

课程内容	思政切入点	思政效果
有限元发展史	胡海昌于1954年提出了广义变分原理;钱伟长最先研究了拉格朗日乘子法与广义变分原理之间的关系。1965年,冯康发表了《基于变分原理的差分格式》,研究了有限元分析的精度和收敛性问题,几乎和西方科学家同时建立了有限单元法的理论基础。1971年,徐芝纶科研组系统地开展了有限单元法的研究和应用,并于1972年完成了风滩空腹重力拱坝的温度场与温度应力的有限元计算分析工作,是我国最早的有限元应用成果	中华民族的聪明才智不输外国人
ANSYS建模:模型的建立是应用好有限元的基础	伟大画家达芬奇听从老师的教诲天天画鸡蛋,是因为他知道这是基础,所以不停地练习	即使像达芬奇这样的天才,也需要不停地努力才能成功
弹性力学理论	钱伟长(1912—2010),世界著名科学家、教育家,杰出的社会活动家。1942年获多伦多大学应用数学系博士学位,主攻弹性力学。钱伟长是冯·卡门的弟子,1942年至1946年,任美国加州理工学院喷射推进研究所研究总工程师,研究火箭弹道、火箭的空气动力学设计、气象火箭、人造卫星轨道、火箭飞行的稳定性	引导学生向钱伟长学习,在航空航天领域精忠报国
非线性问题有限元	根据对塑性圆盘的数值仿真结果提问:圆盘为什么不发生线性变形而发生非线性变形?	有些东西变形了就不能再回去,引导学生珍惜当下,好好学习,青春不会回头

3 加强教师的师德师风教育

推进航空类专业学生的课程思政建设,教师起到关键作用。教师当如山一样胸怀宽大,追求包容,厚德载物。教师个人具备的家国情怀、思想品质、文化素养对学生的成才起到极为重要的引领作用。教师除了要有扎实的航空专业知识外,还要具有较强的文化传播力和实践力,在课堂教学过程中,改变传统的"填鸭式""满堂灌"的教学模式,引入多种教学方法,如翻转课堂、互动式教学、参与式教学、讨论式教学等,鼓励学生自我表达,激发学生学习热情,最终将学生由被动接受状态转化为主动探索,从而改善课程思政教学效果。比如可以采用启发式教学方式,让学生列举一些航空领域碰到的相关例子,并鼓励学生尝试用所学知识自己进行分析,可以培养学生发现问题、提出问题,并能科学地解决问题的能力。

4 结 论

专业课程是课程思政建设的基本载体。要深入梳理专业课教学内容,结合不同课程特点、思维方法和价值理念,深入挖掘课程思政元素,有机融入课程教学,达到润物无声的育人效果。本文以飞行器设计与工程专业的有限元基础与应用为例,探讨了专业课教学中思政元素的融入问题,提出了专业与思政教育的交叉融合、专业授课教师的师德师风是提升学生航空报国情怀的关键。

参考文献

[1] 教育部关于印发《高等学校课程思政建设指导纲要》的通知[EB/OL]. [2015-10-24]. http://www.moe.gov.cn/srcsite/A08/s7056/202006/t20200603_462437.html.

[2] 李鸿娟，谭峰亮，汪力. 工科材料类专业课的课程思政与金课建设探索[J]. 机电教育创新，2020，10：142-143.

[3] 陈鹤松，陈典. 高校思政课程"一课三融"教学模式构建的探索[J]. 高教论坛，2020，2020(10)，34-36.

[4] 马亮，顾晓英，李伟. 协同育人视角下专业教师开展课程思政建设的实践与思考[J]. 黑龙江高教研究，2019，297：125-128.

[5] 王磊，王晓军. 航空航天结构中有限元方法教学与实践研究[J]. 课程教学，2018，33(11) 109-110.

[6] 邱志平，王晓军，祁武超. 航空航天结构有限单元法教学探析[J]. 力学与实践，2009，31(2) 87-89.

[7] 习近平：把思想政治工作贯穿教育教学全过程 开创我国高等教育视野新局面[N]. (2016-12-09). http://jhsjk.people.cn/article/28936173.

[8] 陆道坤. 论课程思政的教学设计与实施[J]. 思想理论教育，2020(10)：16-22.

航天精神融入航空航天工程专业课程的价值探索与实践

方美华　余萌　王寅　朱桂平　贾山　董洋洋　郭义盼
（南京航空航天大学 航天学院，南京　210016）

摘　要：航天精神是中华民族的精神财富，有丰富的思政元素，将航天精神作为课程思政核心，融入学校航空航天工程专业的专业课程，契合其专业的特色和人才培养目标。本文结合三大航天精神的内容，挖掘其思政元素，分析阐述了航天精神在专业人才培养中的课程思政价值，并结合专业特色，通过思政理论学习、思政模式改革和思政资源建设三种方式对航天精神融入专业课程进行探索与实践。

关键词：航天精神；课程思政；专业课程；航空航天工程专业；思政价值

2016 年 12 月习近平在全国高校思想政治工作会议中指出要坚持把立德树人作为中心环节，把思想政治工作贯穿教育教学全过程，使各类课程与思想政治理论课同向同行，形成系统效应，实现全程育人、全方位育人[1]。2020 年教育部教高〔2020〕3 号文《高等学校课程思政建设指导纲要》指出立德树人是检验高校一切工作的根本标准，全面推进高校课程思政建设，发挥好每门课程的育人作用，提高高校人才培养质量[2]。

高校是人才培养的主阵地，需严格落实立德树人根本任务，将价值塑造、知识传授和能力培养三者融为一体，面向国家需求培养高素质人才。思政是高校塑造学生社会主义核心价值观的主要载体，课程思政对高校各个专业落实立德树人根本任务，确保将立德树人贯穿与人才培养全过程具有重要意义. 目前各个高校及专业都积极围绕课程思政元素及模式改革进行探索与实践，每个专业在凝练思政核心元素时，都有所区别，比如“工匠精神”[3]“劳模精神”[4]“抗疫精神”[5]等。对于我校航空航天工程专业来说，从专业人才培养目标出发，明确了以航天精神作为专业课程的思政核心进行了课程思政的探索和实践。

1　航天精神的内涵及其课程思政价值

1.1　航天精神的内涵[6,7]

航天精神起源于航天事业的伟大实践，1956 年中国航天事业从零起步到如今的迈入航天强国之列，航天事业从无到有，从弱到强，凝聚了几代航天人的智慧和心血。航天精神是激励一代代航天人不断创造新的辉煌的强大精神力量，不仅是中国航天事业之魂和中国航天企业文化之魂，更是中华民族宝贵的璀璨瑰宝和精神财富。伴随着航天人的奋斗历程和不同航天发展时期，航天精神的内涵在不断地丰富、提升和升华，形成了“航天三大精神”——航天传统精神、“两弹一星”精神和载人航天精神，如表1所列。

表1 航天精神

名称	内容	备注
航天传统精神	自力更生、大力协同、尊重科学、严谨务实、献身事业、勇于攀登	1986年底，原航天工业部党组提炼、归纳
“两弹一星”精神	热爱祖国、无私奉献、自力更生、艰苦奋斗、大力协同、勇于登攀	1999年9月18日，在“表彰为研制‘两弹一星’做出突出贡献的科技专家大会”上提出
载人航天精神	特别能吃苦、特别能战斗、特别能攻关、特别能奉献	2003年11月7日，在“庆祝我国首次载人航天飞行圆满成功大会”上提出
	热爱祖国、为国争光的坚定信念，勇于登攀、敢于超越的进取意识，科学求实、严肃认真的工作作风，同舟共济、团结协作的大局观念和淡泊名利、默默奉献的崇高品质	2005年11月26日，在“庆祝神舟六号载人航天飞行圆满成功大会”上提出

1.2 航天精神融入专业课程的思政价值[8]

立德树人是人才培养的根本要求，立德树人涵盖了高素养和高素质两重含义。学校航空航天专业培育航天英才，通过以航天精神为核心，开展课程思政，铸就学生航天人的品格，契合国家航天事业和航天企业的社会主义核心价值观，满足国家航天事业对人才培养的需求。

航天精神激励学生为国担当。以“两弹一星”的研制为例，大批优秀的科学工作者响应国家召唤，义无反顾投身到国家战略事业中，正是这些科技工作者“热爱祖国、无私奉献、自力更生、艰苦奋斗、大力协同、勇于登攀”最终成就了中国的“两弹一星”事业。此类故事在中国的航天事业中比比皆是，体现了航天人为国担当，为国奉献，通过将航天精神融入专业课程中，可激励同学们爱国的热情、报国的情怀、艰苦奋斗的决心。

航天精神培育学生自主创新的决心和能力。航天精神是一代代航天人持续创新的体现，半个世纪以来中国航天事业坚持走中国特色的自主创新道路，从无到有，从小到大，从弱到强，从研制探空火箭到具备研制发射各种卫星和载人飞船的能力，从一片空白到成为航天大国、强国[9]，攻克了无数难关，突破了无数难题，体现了航天人勇于创新的精神和能力。通过将航天精神运用于专业课程，可激励同学们创新创业的热情。

航天精神培育学生协同合作的能力，培育学生勇攀高峰的追求。任何一个航天工程型号都不是个人的工程，而是团队的工程，需要一大批涵盖各行各业的科技工作者协同努力完成。从探月三部曲到深空探测、小行星探测，从时间轴的延长，到空间上的拓展，都是从未知到已知的探寻过程，体现了航天人勇于突破，永攀高峰。

因此，航天精神体现了社会主义核心价值观[10]，彰显了坚定的中国特色社会主义道路自信、理论自信、制度自信、文化自信，有利于加强大学生社会主义价值观教育，增强学生的四个自信，并内化为精神追求，外化为自觉行动，这是航天精神的课程思政价值。

2　航天精神思政元素融入专业课程的探索与实践

航天精神融入航空航天工程专业课程教学中存在以下几个难点[11,12]：专业教师剥离了专业知识传授和课程思政概念，认为思政与专业知识传授两码事；对航天精神的内涵缺乏深入的了解，教师自身从事的学科专业与航天无关；对课程思政的认识单一，方法运用不恰当；缺少明晰明确的课程思政评价体系等。从航空航天工程专业培养航天领域工程人才的角度出发，本文对航天精神思政元素融入专业课程开展了以下几点的探索与实践。

2.1　提高专业教师课程思政的理论素养和水平

"课程思政"重在建设，教师是关键。首先要明确课程思政与思政课程不同[13]，思政课程一般指思想政治理论课课程。而从航空航天专业的专业教师出发，所讲述课程多为专业基础课程，在课程中融入思政元素，并对学生进行传授，与思想政治理论课同向同行，协同作用，实现立德树人的根本目的，该过程为课程思政。简单地讲，课程思政要求教师在传授专业知识的同时，实现对学生的价值引领。

第一，通过理论学习、研讨，提高专业课程思政的理论素养和水平[14]。在课程思政概念提出之前，部分优秀教师本身已经具备传授专业知识和引领学生社会主义核心价值观的能力。此外，经过几年的建设，目前也具备了相当多的优秀课程思政的教学视频和模式可供学习和培训。要求专业教师通过多种渠道实现理论学习、经验交流研讨，课程中进行思政模式改革。第二，鼓励积极参加思政比赛，提高自身的思政能力和水平[14]。参加学校每年举办的多层次的思政比赛，通过参加各类思政比赛，挖掘自身课程的思政元素，通过实践可有效提高课程思政的能力和水平，此外还可以通过对比弥补自身课程思政的不足。第三，与航天领军企业建立紧密的校企协同合作，联合航天领军企业的导师团队，通过挂职、研讨交流等方式，更深入地理解航天工程，切入专业课程。目前学校与北京空间机电研究所、上海工程研究所等航天领军企业建立了协同育人平台，因此通过与航天企业导师团队的交流、合作，一方面可以深入理解航天精神的内涵，另一方面也可增加航天工程实践，将专业知识与航天工程实践结合，有助于在课程中融入课程思政的元素。

2.2　探索在专业课堂中融入航天精神思政的方式

根据航空航天工程专业特点，紧扣专业育人目标，在专业课程中融合思政元素可通过以下的途径和方法：第一种有效方式为引入航天案例实施思政教学。以空间科学概论课程为例，课程中融入了嫦娥系列型号案例，激发了学生对航天型号及前沿科学技术的热情与兴趣。第二种有效方式为在课程中融合切身航天型号工程经历。以我院在火星任务中承担的单机载荷"火星信标"为例，我院火星信标的研制历程艰辛，充分发挥航天"敢于战胜一切艰难险阻，勇于攀登航天科技高峰"的精神。在航天机械电子课程中，课程教师也是研制团队核心成员，在课程中讲述了信标攻克关键技术实现超长远距离通信指标过程中，需要克服的各种苛刻的要求，团队从技术层面和精神层面攻克难关，最终保证了各项功能指标符合要求。课程教师通过自身的航天重大工程型号经历，既向学生传授了专业知识，同时也向学生们表达了航天工程不仅仅是个人的兴趣、知识的实践，也可以成为实现个人价值、让人骄傲的事业。第三种方式为结合航天工程实际，将唯物辩证思维贯穿于整个教学过程。中国的航天事业首先遵循的是唯物辩证法，体现了尊重客观规律和发挥主观能动性的统一。以多轴系统动力学为例，主讲教师将唯物辩证法、同构方法论贯穿于整个教学过程，课程体现了哲学与数学、物理的跨学科领域的结合与应用、数理知识系统的同构化梳理、软件到硬件的等价系统和映射、同构方法论的来源和方法等方面。

在课程设计中，依托校企协同育人平台，邀请航天总师和工程师参与课程设计实践研讨；邀请航天工程人员参与课程教学，开设思政报告，向学生讲授航天最新的成果、航天型号技术难点及解决方式；制作航天短视频等，让学生近距离触摸航天，感受航天，从而让航天的知识和精神入脑入心，达到航天精神思政的目的。

2.3 建设多种类型的航天精神思政教学资源

课程思政的改革不仅体现在课堂上，也体现在课程相关资源中。在江苏省品牌专业的支持下，航空航天工程专业通过梳理初步建立了航天精神思政案例库、建立了航天工程系列教材、支持学生在航天领域的创新创业、支持信息化教学方法的运用等。在我们新编、修订教材和讲义时，要求与时俱进，对标学科前沿和航天领域前沿，注重交叉成果的应用，同时在教材中融入思政元素，力求有效引领学生价值观。

3 结 语

将课程思政贯穿于人才培养的全过程需要一个长期探索的过程，在教师队伍、教学设计、教学内容等方面深入探索，此外还需要建立完善的评价机制，激励教师自主开展课程思政建设和改革。我国航天飞速发展，需要具备高尚品格的航天专业人才。

致 谢

感谢南京航空航天大学航空学院课程思政研究中心课题资助（编号 HKXYKCSZ－ZD－002）。

参 考 文 献

[1] 习近平：把思想政治工作贯穿教育教学全过程 开创我国高等教育事业发展新局面[EB/OL].（2016－12－09）. http://jhsjk.people.cn/article/28936173.

[2] 教育部关于印发《高等学校课程思政建设指导纲要》的通知（教高〔2020〕3 号）[EB/OL].（2020－06－01）. http://www.moe.gov.cn/srcsite/A08/s7056/202006/t20200603_462437.html.

[3] 李铁磊，大学生创新教育与工匠精神培养的融合模式研究[J]，黑龙江科学，2021，12(19)：24－25.

[4] 李毅，曾薇. 劳模精神对高校思想政治教育的价值及其路径探究[J]. 教育科学，2016，000(003)：254－255.

[5] 王冰洁，赵宁. “抗疫精神”融入大学生网络思政教育的有效性研究[J]. 安徽理工大学学报：社会科学版，2020，22(5)：5.

[6] 李巧茹，曾杰丽. 如何将航天精神融入“中国近现代史纲要”课程中[J]. 文教资料，2019，836(26)：210－211.

[7] 雷凡培，航天精神助推航天梦[J]. 求是，2015(3)：42－43.

[8] 陈雄，以新时代的航天精神建设航天强国[J]. 求是，2018，(10)：39－39.

[9] 朱宇，王芷，齐志红. 中国航天——从航天大国走向航天强国[J]. 科技导报，2007，25(23):17-22.

[10] 冯宝晶. 航天精神与社会主义核心价值观探析[J]. 桂林航天工业学院学报，2016，21(3):4.

[11] 张宏、李黎，专业教师"课程思政"教学能力的培养[J]. 浙江工业大学学报(社会科学版)，2020，19(2)：222-227.

[12] 吴晨映. 专业课教师"课程思政"能力问题探讨[J]. 河南教育学院学报：哲学社会科学版，2020，39(1):4.

[13] 鲁熙. 高校"思政课程"与"课程思政"的协同育人机制研究[J]. 湖北开放职业学院学报，2019，032(012):73-74.

[14] 丁海霞，高职计算机专业课程思政与工匠精神融合研究[J]. 湖北开放职业学院学报，2021，34(20)：26-29.

课程思政视角下飞行专业教学改革途径研究

杜丽娟

（上海工程技术大学 飞行学院，上海 201620）

摘　要：在民航强国的战略部署下，我国民航产业发生巨大变化，航校及航空公司对飞行学员职业素养选拔的标准逐年升高。以机组资源股管理课程为例，结合飞行技术专业人才培养目标及现状，从课程的教师队伍建设、教学内容和资源、教学组织实施、成绩考核和评价等四个维度进行思政改革，讨论了正确的工程伦理观在教学过程中的体现，探索了增强学生的职业使命感和责任感的有效途径，以期达到强化课程价值引领的思政建设目标。

关键词：飞行技术专业；机组资源管理；课程思政；工程伦理观；教学改革；价值引领

引　言

2018 年 12 月，民航局发布《新时代民航强国建设行动纲要》（以下简称《纲要》），从 2021 年到 2035 年，我国会实现从单一的航空运输强国向多领域的民航强国的跨越[1]。建设民航强国，需要一支全方位、多层次、专业化、国际化的高素质人才队伍[2]，这就为飞行专业学生的培养指明了方向。根据调研，目前飞行学员被退训的主要原因有以下三种：①英语基础薄弱，不能满足飞行训练中英语沟通交流的要求；②操作技能偏低，不能满足飞行训练中通过科目考核的要求；③思想觉悟不高，不能满足飞行训练中确保安全高效飞行的要求。

结合人才培养目标及现状，本文以机组资源管理课程为例，从教学队伍、教学内容、教学组织、教学考核等四个层面探究课程思政的有效途径，旨在解决如何树立正确的工程伦理观、强化价值引领、增强学生的职业使命感和责任感。

1　机组资源管理课程的育人目标

针对高水平应用型人才的培养要求，结合学生特点及航空公司对飞行员的实际需求，课程制定如下育人目标：注重工程伦理教育，培育精益求精的民航工匠精神；涵养家国情怀和“航空报国”志向，激发学生的民航职业归属感、使命感和认同感。

2　机组资源管理课程的思政内涵

深入学习贯彻习近平重要指示精神，提高政治站位，强化政治担当，着力培养堪当民航强国重任的建设者和接班人，认真做到以树人为核心，以立德为根本，坚定青年大学生的理想信念，涵养“准民航人”的家国情怀，教育引导他们将个人命运同祖国和民族的命运紧密连接，在奋斗与奉献中培育社会主义核心价值观，弘扬和践行当代民航精神，诠释对党和国家的深厚情感，笃定对国家富强、民族复兴、人民幸福的不懈追求。鉴于此，本课程思政内涵主要体现在以下三个方面：

(1) 民航强国，飞行学员责无旁贷

党的十九大明确提出要建设交通强国，民航业作为国家重要战略产业，民航强国是交通强国的重要组成部分，是交通强国的重要支撑。

(2) 立德树人，树立航空报国志向

深入学习贯彻习近平重要指示精神，提高政治站位，强化政治担当，着力培养堪当民航强国重任的建设者和接班人，认真做到以树人为核心，以立德为根本，坚定青年大学生的理想信念，涵养"准民航人"的家国情怀。

(3) 家国情怀，确立核心价值取向

教育引导学生将个人命运同祖国和民族的命运紧密连接，在学习和工作中培育社会主义核心价值观，弘扬和践行当代民航精神，诠释对党和国家的深厚情感，笃定对国家富强、民族复兴、人民幸福的不懈追求。

3　课程思政改革的主要问题与教学实践

结合人才培养目标及现状，在成果导向的视域下，课程与教学改革中要解决以下三个重点问题：

① 如何激发学生的学习热情，增加学习投入，切实提高学习效率和英语能力？

② 如何提高学生学习动力，提升学生的飞行决策能力，确保产出高阶性？

③ 如何树立正确的工程伦理观，强化价值引领，增强学生的职业使命感和责任感？

针对这三个重点问题，本课程从教学队伍、教学内容、教学组织、教学考核四个维度进行了改革，具体内容如下：

(1) 双师型教师团队执教，飞行员参与教学，涵养"航空报国"理想

教师资源中包括有航司工作经验、培训经验的双师型教师及航线机长。其中，教师起主导作用，主要负责组织教学、成绩评估、线上更新材料、线下授课，飞行员通过飞行员助教、机长任务、模拟飞行三个模块参与教学，为学生介绍行业动态，讲解飞行操作，并提出问题启发学生思考。

每一次作业后，教师会与飞行员助教讨论，结合飞行职业素养给出评价，提高学生的学习热情，端正学生的学习态度，培养学生正确的工程伦理价值观和民航工匠精神。邀请飞行员助教参与教学过程性评价，激发学生学习的自觉性和积极性，培养学生的职业融入感。飞行员的加入实现了"课堂和驾驶舱"的接轨，激发学生的行业使命感和责任感。

教师团队在育人过程中培养学生"航空报国"宏大志向，在纷繁多变的世界民航发展中保有初心，确保学生的国际眼光与政治素养兼备，将"立德树人"落在实处，体现学科内涵，助推专业发展。

(2) 建立思政案例库，用"红色基因"涵养"蓝色使命"

深挖课程思政元素，建立思政案例库，向学生介绍安全飞行标兵人物的先进事迹，提高学生的政治站位，坚定学生的政治信仰，敬畏职责、敬畏规章、敬畏生命。

通过观看《中国机长》《紧急迫降》等影视资料，了解特情处置的基本原则，洞悉优秀机长安全决策的高级思维建构，鼓舞学生“航空报国”的斗志和情怀。

在翻转课堂中加入思政元素，如表1所列，从老师讲到学生找，学生结合课程章节内容寻找优秀机长的案例，并在课上做分享，极大地调动学生的积极性，用探究式教学来提高学生对思政的关注和重视，切实落实课程思政的作用。

表1　思政元素与知识点的对应关系

序号	思政元素	知识点	基本能力
1	虹桥机场10.11跑道入侵事件	情景意识	“民航报国”的信念，忠诚担当的政治品质
2	中国国际航空129号班机空难	机组交流	沟通能力：清晰表达，回应指令。胜任国际航线飞行需要具备英语思维能力和跨文化交流能力
3	东方航空401号航班空难	团队协作	团结协作的工作作风
4	邵荣机长：安全飞行无差错模范	安全决策	敬业奉献的职业操守，精益求精的民航工匠精神，解决民航飞行问题的综合能力
5	德国之翼撞山事件	危险态度	正确的科学伦理观，不忘初心，敬畏职责，敬畏规章，敬畏生命
6	5·14川航航班备降成都事件	应激能力	严谨科学的专业精神，职业责任感和使命感

(3) 关注个体差异，采用晋级制度，锻造职业品格

坚持以学生为中心，为不同语言能力和不同决策水平的飞行学生提供个性化、多样化、高质量的教育服务，促进学生主动学习、释放潜能、全面发展。

通过布置不同难度梯度的任务，实现因材施教，鼓励学生发挥创造性思维，对复杂飞行问题进行充分分析，制定有效决策，让每一个学生都可以对所学知识进行运用，生成产出，从而感受到学习的成就感。

效仿飞行员职业晋升通道，通过前测考核学生的英语能力和决策水平，将学生分成C类学员和B类学员，C类学员完成基础性任务，B类学员完成拓展性任务。

课程学习进度过半，给出学生晋级通道，小组报名参加“机长任务”挑战作业，由教师和飞行员共同打分，生成A类学员，参加“小飞训练营”，完成高阶性任务。

晋级制度实现了个性化学习，可以让学生对自己的学习状态做清晰定位，根据学员类别完成不同难度梯度的任务，提高学生的学习动力和参与性，在学习中得到收获。学习能力比较强的同学有了知识扩展、任务升级、能力提升的空间和平台，学习能力比较差的同学有了夯实基础，把握要点，培养思维能力和决策水平的平台。

采用晋级制度管理模式，给予学优生和学困生不同的任务内容和表现平台，激起人人参与决策演练的勇气和积极向上的信心，激发学生的内驱力，使得学生的精神面貌积极向上，政治觉悟有了显著提高。

(4) 强化教学管理，规范学习行为，多维度全过程考核

多维度评价学生，从语言能力、知识认知、操作技能、情感态度四个维度全方位立体化关注学生学习和成长，从中树立正确的工程伦理观，体现课程价值引领，如图1所示。改革后的课

程考核能够真实反映学生的学习情况，提升学生的学习收获感和满足感。通过引导学生积极参与有梯度的任务模块学习，提高团队的协作能力，提升学生的领导艺术。

① 语言能力考核。

考查学生的记忆理解能力，考查学生将所学知识融会贯通，为案例分析储备充分知识的能力和水平，体现了课程的高阶性。

② 知识认知考核。

课堂测试的内容是对本章节中专有名词的考核，分为口试和笔试两个部分，可以同时兼顾学生的英文听、说、读、写四方面基本能力的动态变化情况。课程论文的题目设置是给出一个英文表述的空难案例，要求学生用英语完成，过程中考查了学生的语言表达能力及英语思维能力，体现了课程的高阶性。

③ 操作技能考核。

考查动手能力、操作实践能力、团队协作能力、思辨能力、评价的能力等。案例分析部分是翻转课堂的主要内容，学生分组完成案例推演，并接受生生互评和教师评价两个方面的打分，平均分计入成绩。机长任务是结合课程的内容发布思考题，题目内容多与民航行业规范、机组资源管理优化方案为主，体现了课程的挑战度。

④ 情感态度考核。

在学习过程中，结合课程思政，培养学生的职业道德、政治素养，提升人才培养的质量。飞行员应具备规章意识强、时间意识强的素质，作为飞行学员，无故迟到、旷课都是学生职责意识淡薄的表现。课前预习环节中有很多需要完成的任务点，通过学生完成任务点的数据可以从某种程度上评测学生学习的积极性和主动性。

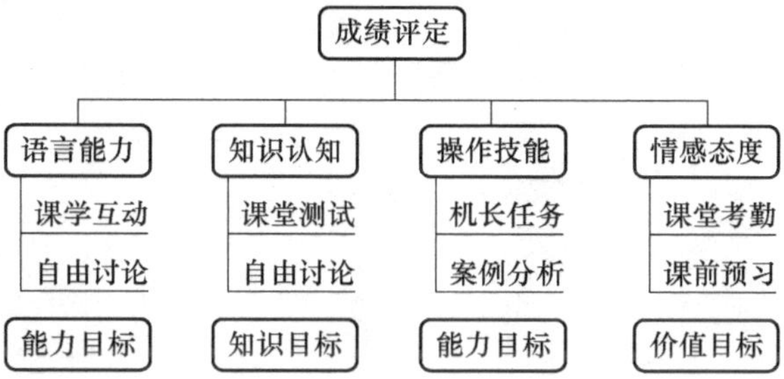

图1　多维度评价指标

4　结　论

航空安全是航空业发展的永恒主题，作为飞行技术专业特色课程，教师将当代民航精神，即“忠诚担当的政治品格、严谨科学的专业精神、团结协作的工作作风、敬业奉献的职业操守”作为课程思政的指导精神，在潜移默化中培养学生的航空报国情怀，提高职业责任感和荣誉感，养成良好的职业道德意识。课程教学着力激发学生的学习内驱力，让不同能力水平的学生都能获得满足感和充实感。

参考文献

[1] 新时代民航强国建设行动纲要[EB/OL].(2018－12－12). http://www.caacnews.com.cn/1/1/201812/t20181212_1262745.html.

[2] 民航业人才队伍建设中长期规划[EB/OL].(2011－04－20). http://www.caacnews.com.cn/1/1/201104/t20110420_1085449.html.

[3] 杨晓慧.高等教育"三全育人":理论意蕴、现实难题与实践路径[J].中国高等教育,2018(18):5.

飞机总体设计课程思政建设与教学改革探索*

高翔　曾庆凯　徐春龙

（山东交通学院 航空学院，济南　250357）

摘　要：在我校应用型本科人才培养的指导下，教学团队将课程思政内容有机融入飞机总体设计课程实践过程中。多措并举挖掘教学资源、丰富教学内容、改善教学方法，充分融合线上和线下的混合式教学优势，以国内权威的飞行器设计大赛作为牵引，对课程进行课程思政融入和教学改革实践。通过教学评价反馈、学生大赛活动、科普教育影响等方面的提升，反映出该课程良好的思政建设和教学改革效果。

关键词：飞机总体设计；课程思政；教学改革；教学方法；混合式教改

飞行器设计与工程专业是适应国民经济建设和航空领域人才需求设置的本科专业，按照山东交通学院确定的“培养交通事业一线有成长力的工程师和管理者”的办学定位，培养适应通用航空需求的生产与管理一线应用型人才。

飞机总体设计课程是为飞行器提供设计需求与评估指标的学科，在飞行器设计专业中处于顶层、指导地位[1]。该课程作为航空学院飞行器设计与工程专业的核心课，对学生知识结构和素质技能的培养具有举足轻重的作用，课程所蕴含的科学思辨及爱国情怀是课程思政的良好载体[2]。在民机、军机、通航和无人机设计的专业授课过程中，着重开展对科学发展规律、爱国主义情怀、以人为本宗旨的思政元素引入[3]。

1　课程思政教学实践开展

1.1　挖掘思政资源

根据学校“培养交通事业一线有成长力的工程师和管理者”的办学定位和航空专业特色，以及飞机总体设计课程的特点，在授课过程中避免简单生硬地进行思想教育，而是结合具体的案例和课程背景。如图1所示，例如讲到某一设计方法，在进行基本问题阐述的基础上可进一步引申到航空人职业素养、爱岗敬业等品质形成上，在对相关设计案例进行分析时，根据案例的背景开展思政教育，加强责任意识、安全意识、团队精神等教育，使其成为爱国守纪、忠于职守、懂理论的飞机维修和设计人才[4]。

* 基金项目：山东省优秀教学成果培育项目（P2020019）和山东交通学院校级教学改革重大项目（2019ZD11）资助。

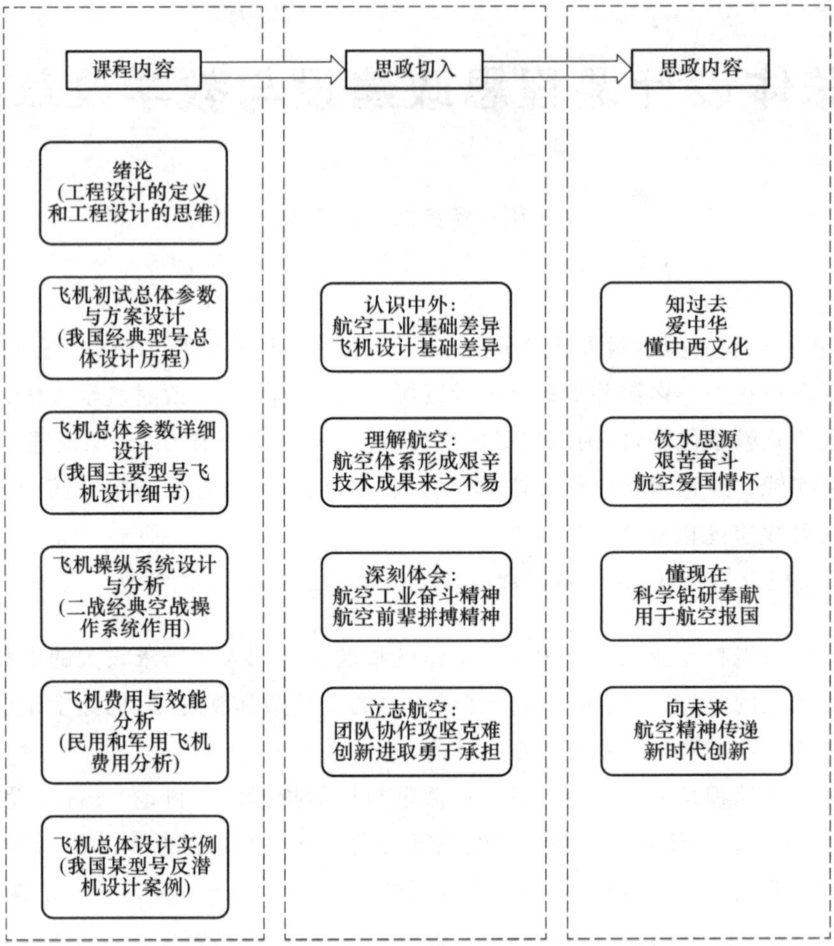

图 1　创新课程思政建设

1.2　丰富教学内容

(1) 丰富学习资源,拓展学生思路。为学生提供国内外著名飞机总体设计参考书和在线教学平台,包括北航国家虚拟仿真实验平台“隐身飞机探究与设计虚拟仿真实验”,本团队的“模拟飞行及飞行系统虚拟现实”平台等。

(2) 将理论教学与实践教学相结合。安排飞机设计实践活动,采用 NASA 的 OpenVPS 等软件开展设计,使用 Fluent 软件进行性能验证。

(3) 以大赛设计要求为项目牵引。紧跟航空工业集团和南航、北航、西工大等专业院校的飞机设计比赛活动,其比赛项目提出的反映我国目前军机和民机的设计需求,有很强的航空强国、航空报国思政背景。以此类大赛项目为牵引,发展第二课堂活动,带动学生积极性,也为学生就业和考研拓宽路子。

1.3　改善教学方法

(1) 首先夯实线下教学。根据我国老一代飞机设计大师、型号总师和杰出党员代表的设计思想开展经典设计线下教学，弥补学生对于所学前序课程知识综合应用能力不足的问题。

（2）其次丰富线上教学。线上教学平台使得学生充分利用课余时间和线上共享资源开展自主学习，充分接触行业内的专业资料，提高设计水平和能力的同时，在“学习强国”“灯塔在线”等平台的资源中学习我国重点型号飞机的设计历史，如图 2 所示。

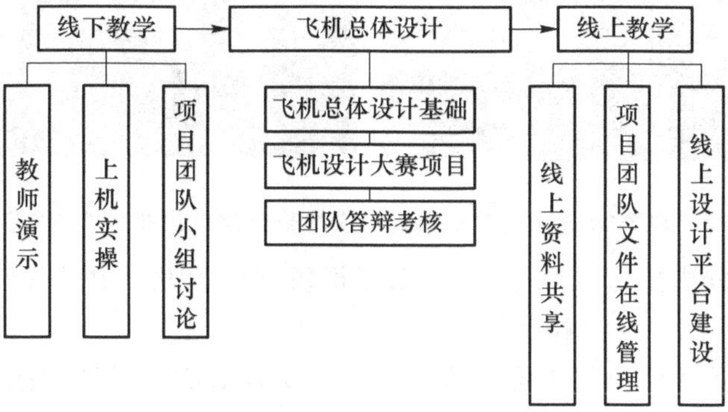

图 2　教学方法的多样化组织

（3）最终以飞机设计大赛为牵引。根据飞机设计大赛要求设定项目，让学生采用分组建立团队的方式开展设计实践。弥补了学生团队协作能力不足问题，为学生参加比赛奠定基础，为开展第二课堂活动提供支持，如图 3 和图 4 所示。

图 3　大学生先进飞行器总体设计竞赛

图 4　山东省大学生创意飞行器设计大赛

2　课程评价与成效

2.1　课程考核方式创新

采用 40%平时考核+60%期末考试方式。平时考核包括出勤、课堂表现、在线学习、设计图纸、设计报告和小组答辩。期末考试内容涵盖基本理论和简单设计绘制。在期末小组答辩中，联系学院专业教师作为专家对设计报告进行评审，组织答辩，如图 5 所示。

2.2　教研教改成果显著

本课程在设计实践环节中所使用的虚拟仿真教学平台“模拟飞行及飞行系统虚拟现实”获

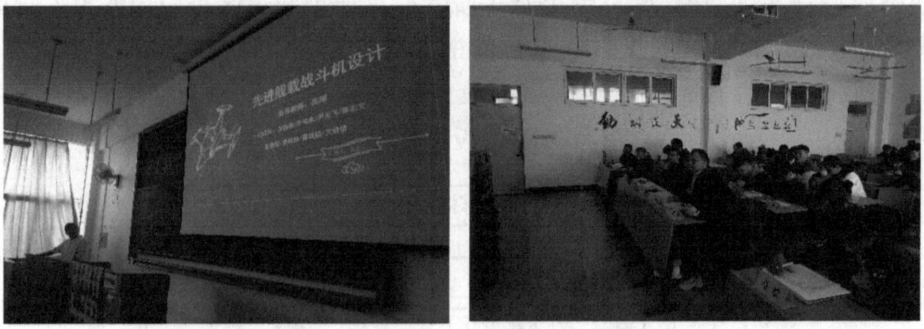

图5　以院级督导和学生组长构成的答辩委员会开展课程答辩

批山东省一流本科课程虚拟仿真课程，在国家虚拟仿真实验教学共享平台实验空间的航空航天类中。

课程已进行两轮校级线上线下混合式教学。该课程对应的后续实践课程飞机总体结构设计作为第二批混合教改项目立项。

2.3　学生活动硕果累累

在本课程的支撑下，学生参加多项国内省内飞行器设计大赛，获教指委主办的第一届“联合杯”大学生先进飞行器总体设计竞赛优胜奖；获第七届全国大学生工程训练能力综合竞赛飞行器设计仿真赛项优秀奖；获中国航空学会主办的“创新杯”第九届全国未来飞行器设计大赛业余组三等奖；在历届“天际杯”山东省大学生创意飞行器设计大赛中，合计获一等奖1次、二等奖3次、三等奖4次。

2.4　爱国主义教育基地

充分利用学院现有资源，面向全社会开展科普教育基地活动，介绍包括初教-6、歼-6、歼教-6和运-7等飞机的设计、研发历程，起到了良好的爱国主义教育作用，如图6所示。

图6　山东省青少年素质教育重点研究基地建设

3　课程特色与创新

将课程思政融入每节课的教学内容之中。譬如绪论中加入中国民航艰难发展史，第一章飞机气动布局加入中国的歼十战斗机，第二章机身设计加入国产大客机C919等。每次课程均配有相关视频，让学生体会到中国航空历史的艰苦发展和日益壮大，增强学生的爱国情怀。

深入挖掘学校发展史与本课程相关的课程思政元素。比如把我校早年研制生产“701型”直升机的过程展示给学生，提炼山东交通学院的“吃苦耐劳、工匠精神”，突出家国情怀的人才培养模式。在学习飞机总体布局时，带领学生参观学校的“歼六”“歼教六”等战斗机，讲解这些战斗机背后保卫国家的事迹，将课程思政有机融入教学过程中。

丰富的师生互动，把“坚定学生理想信念，教育学生爱党、爱国、爱社会主义、爱人民、爱集体”主线和学生的就业技能结合。基于学习产出的教育模式，鼓励学生自由选择跟国际大赛相同主题学习小组，每次课程内容和大赛进展中的重点难点相结合，提高学生的未来就业需要的知识应用能力和创新创造能力，要求学生自主寻找每次课程内容的中国元素。将专业课程在学科属性、知识范畴上与作为育人主渠道的思政课程相融合。

4　结　论

(1) 通过开展飞机总体设计课程思政教育，将价值取向、能力提升和知识传授作为课程思政的主要目标。

(2) 在课程中创新教学方法和评价方法，将大赛作为目标牵引来激发学生的兴趣，通过典型内容和典型案例等的设计运用，以“润物无声”的方式将正确的理想信念、家国情怀和航空报国精神等有效传递给学生。

(3) 同步推进学生科技大赛活动组织和爱国主义教育基地建设，将课程的专业内容与实践有机结合。

参考文献

[1] 罗明强，刘虎，孙康文，等. 基于团队协同多管齐下的网络教学模式探索与实践——以经典飞机设计实例解析课程为例[J]. 教育教学论坛，2020(35)：227－229.

[2] 吕晓静，徐恩华，符双学. 民航精神培养融入飞机维护技术基础课程思政研究[J]. 探索科学，2021(8)：49－50.

[3] 刘战合，田秋丽，杨波. 无人机工程设计课程思政建设探索与实践[J]. 河南教育(高校版)，2021(7)：62－63.

[4] 黄婷婷. 飞机电气系统课程思政教学设计与实践[J]. 魅力中国，2020(44)：366－367.

课程思政引领空中领航课程建设

王馨悦[1]　吴奇[2]

(1. 上海工程技术大学 航空运输学院，上海　201620

2. 常州工学院 航空与机械工程学院，常州　213032)

摘　要：为切实落实习近平关于教育的重要论述和全国教育大会精神，将马克思主义立场观点方法的教育与科学精神的培养结合起来，提高学生正确认识问题、分析问题和解决问题的能力。根据领航课程的特点，将中国特色社会主义和中国梦宣传教育、理想信念教育、中华优秀传统文化教育、中华优秀传统美德、职业文化、工匠精神、革命传统教育、国防教育、劳动教育等融入教学中。以培养飞行学员的职业道德和航空报国为切入点，立足民航领航技术的发展，在空中领航课程中融入课程思政的教育理念，将学生及格率提高了 6 个百分点，取得了较好的教学效果。

关键词：空中领航；课程思政；卫星导航；职业道德；社会主义核心价值观

党的十九大报告指出，要全面贯彻党的教育方针，落实立德树人根本任务，发展素质教育，推进教育公平，培养德智体美全面发展的社会主义建设者和接班人。《高等学校课程思政建设指导纲要》指出"落实立德树人根本任务，必须将价值塑造、知识传授和能力培养三者融为一体、不可割裂。"在传授专业知识的过程中，自然而然地将德育教育融入课程教学中引导学生树立正确的价值观、人生观和世界观[1]。

1　时代背景

我国经济的腾飞带动了民航业的高速发展，为行业培养高素质人才成为飞行技术专业支持行业发展的重要渠道。民航行业不仅承担了促进区域经济交流与发展的任务，还肩负着保障人民群众生命安全的重责。该特点要求民航从业人员有较高的职业道德和操守，严格遵守飞行中的相关规章制度。飞行技术专业将课堂教学作为主战场、主渠道，让本专业所有教师、所有课程都承担好育人责任，守好一段渠、种好责任田，使各类课程与思政课程同向同行，将显性教育和隐性教育相统一，形成协同效应，构建全员全程全方位育人大格局[2]。

2　课程思政融入空中领航

空中领航课程作为飞行技术专业中的专业必修课程，在专业人才培养中占据了重要位置。扎实的领航知识将为飞行学员在训练阶段及从业阶段提供坚实的技能基础和牢固的理论基础。同时，空中领航课程作为工科类专业课程，在课程设计中，有意识地注入思政育人的元素，应该结合工科类专业特点，引导学生正确树立飞行员的价值观。时刻强调飞行员的职业精神，逐步形成含有社会主义核心价值观的具体化、生动化的教学体系。在专业课程教学中融入飞行职业素养、职业道德规范等飞行员品质培养。

2.1 将新时代中国特色社会主义引入课程

坚持不懈用习近平新时代中国特色社会主义思想铸魂育人，引导学生了解世情国情。教材建设过程中将当代新兴导航技术作为教材的重要组成部分，为学生介绍导航技术发展的成果和发展方向。并在课堂上介绍当代导航方法在我国的应用发展情况，开拓学生的眼界。

目前，我国已建成世界领先的拥有全部知识产权自行研发的北斗卫星导航系统，该导航系统为全球在轨数量最多、导航性能最好的卫星定位系统。北斗导航系统作为新兴的全球导航定位系统已经通过联合国卫星导航委员会认定，可以为全球用户提供精准的空中导航引导。通过教材和课堂讲解，引导学生了解我国民航如何在起步晚、基础差、先天条件不足的情况下，经过几代人不懈努力、艰苦奋斗，实现了弯道超车，追赶上发达国家的脚步，完成由民航大国向民航强国蜕变的进程。增强学生们对中国特色社会主义道路自信、理论自信、制度自信、文化自信。让学生们立志航空报国、科技强国，实现伟大中国梦。

教学中安排该部分的教学内容延伸到课余时间，提前为学生布置对比不同导航系统性能的相关作业，允许学生在课下查找相关资料。在查找资料的过程中，随着学生的认真阅读，将内容入心入脑。

课堂时间组织学生对查找的内容进行汇报和分享，为学生搭建相互交流的平台。让学生将查找到的资料总结成文，将自身对知识的理解化作语言分享给老师同学。通过这种台上台下的位置互换，让学生以主动的学习姿态自然而然地吸收思政元素。让学生深刻体会到在社会主义制度下，集中力量办大事的优越性，从而激发学生爱国、爱党、爱岗、敬业奉献的精神，并从中汲取力量，树立航空报国的志向。

现场教学效果良好，反响热烈。学生能够积极开展课下研讨，通过不同的渠道获取相关信息。查找到了大量关于卫星导航的发展进程和导航卫星的导航性能对比数据。并将这些数据汇总成书面报告相互分享，课堂效果也得到了提升。

2.2 课程中融入职业道德教育

在课堂上深化职业理想和职业道德教育，教育引导学生深刻理解并自觉实践航空行业的职业精神和职业规范，增强航空责任感。

课堂教学中穿插国内外航空航天人感人事迹。介绍英雄机长刘传健的感人事迹，讲述在高空挡风玻璃碎裂、机舱失压失温、仪表损坏的极端条件下，机长如何带领乘客安全落地的惊险过程。让学生们体会到严格的飞行训练、扎实的理论知识学习、崇高的航空责任感在航空飞行操作中的重要作用。

更要将反面案例穿插于课堂内容中，这些反面案例更能吸引学生的注意力，激发学生的学习兴趣。介绍目视领航时，让学生了解到地标的重要作用，同时通过小故事强调国防安全意识的重要性；介绍仪表领航时，利用航空仪表故障引发的空难事件引出仪表工作原理，强调基础理论的重要作用等。通过精心准备的小案例、小故事随时调动学生的学习热情，更能够将思政教育隐藏其中，在不知不觉间提高学生的道德素养。促使学生养成遵纪守法、爱岗敬业、无私奉献、诚实守信、开拓创新的职业品格和行为习惯。

2.3 与马克思主义立场观点方法相结合

在课堂教学中，注重采用适当的教学手段，启迪学生智慧，发散学生思维。加强与学生之间的互动，让学生自己找出领航飞行中的自然规律，能够动手绘出航行期间各领航元素的相互关系和变化趋势。

领航课程中的两大模块：目视领航和仪表领航，在方法应用上就有许多相通之处。如目视领航课程中航迹修正的方法，同样适用于仪表领航中的航迹修正。利用图解和相关公式为学生讲解各个领航元素相互之间的转换关系，让学生自己推演出仪表测量得到的领航元素与目视的领航元素之间的转换。在领航课程学习中，需要学生们能够透过现象看本质，摸索出其中的规律，从被动接受知识过渡到主动发掘知识，增加学习兴趣。在教学中注重强化学生工程伦理教育，培养学生精益求精的大国工匠精神，激发学生科技报国的家国情怀和使命担当。

3 课程思政的教学方法及教学效果

3.1 课程思政融入空中领航课程的教学方法

在专家教授的带领下，探索出了多种可以将思政元素融入日常的专业课程教学当中的教学方法，并总结出了相关课程思政的教学经验。

教学实践中，要将启迪学生思维、开阔学生眼界、激发学生爱国情怀作为课程中重要环节。为学生营造出积极健康的课堂环境，将课程思政元素如空气般散布于教室中，让学生在呼吸之间受到课程思政的熏陶。切忌生硬地嵌入思政内容，引起学生的反感。

3.2 课程思政教学效果

将思政元素融入课堂，让学生们用马克思主义方法论武装头脑，能够提升学生学习能力。增强学生的中国特色社会主义道路自信、理论自信、制度自信、文化自信，可以提高学生内在的学习主观能动性。加深职业道德教育，能够促进学生独立思考，提高解决问题的能力。

经过课程改革，融入课程思政元素后，学生在课堂教学中积极性有所提高，学习态度明显改善，经过表1对比可以发现，教学效果有了显著提升。

表1 教学效果对比

学年	及格率	平均分	是否融入课程思政
2020—2021	96.8%	76.63	是
2019—2020	90.7%	70.09	否
2018—2019	90.9%	68.18	否

由此可见，根据课程特色，将思政元素融入课堂教学能够显著促进教学效果的提升，让学

生以更加积极的态度和更强劲的内在动力进行专业课程的学习。

4 结束语

德是做人之本，德育是教育之魂[3]。司马光在《资治通鉴》中说："才者，德之资也。德者，才之帅也。""君子挟才以为善，小人挟才以为恶。""德"之重要，就在于它决定了"才"的使用。

专业课程的教育不能脱离德育，在课程的安排和设置上可以添加更多的思政元素。思政元素不仅是政治素养的体现，更能提高学生学习的积极性、活跃课堂氛围。后期课程设置中将更加注重思政元素的积累，在课堂教育中无时无刻不重视思政教育。只有从根本上将专业教育与思政教育相融合，才能培养出真正的社会主义接班人。

为祖国培养新时代人才是所有高校教师应尽的职责，开拓教学思路，转变教学理念，紧跟时代步伐才能更好地为国家、为航空和为学生服务。

参考文献

[1] 沈赤. 人民日报新评弹：找到从"思政课程"到"课程思政"的密钥[N]. 人民日报，2018-03-29.
[2] 李如占，张冬冬. 课程思政：各类课程与思想政治理论课协同育人的有效路径[J]. 高教论坛，2018(6)：4.

基于飞行器工程基础的航空思政课程教学新模式研究

刘占军　邱福生　贺军

（沈阳航空航天大学 航空宇航学院，沈阳　110136）

摘　要：为了推进航空思政教学，提高航空类大学教学质量，真正提高学生的能力，我们对飞行器工程基础课程进行了一系列教学改革。沈航制造系从深化教学改革、落实学校办学指导思想、着眼专业长远发展的角度出发，积极组织航空思政课程教学新模式研究。通过搭建可操作的实现路径，确保课程思政的"思政"育人目标得以实现。在飞行器工程基础教学中基于雨课堂引入情景模拟、角色体验、团队竞争等新式教学方法，提升课堂话语和知识传播的有效性。论文阐述了飞行器工程基础课程思政教学实践、课程评价、特色与创新内容，给出了航空航天报国的典型事例教学设计样例。

关键词：航空思政；飞行器工程基础；情景模拟；角色体验；设计样例

引　言

全面落实立德树人根本任务，做好"课程思政"这项非常重要的工作，是沈阳航空航天大学一直都在思考的重要命题。作为"航空航天"特色鲜明的高校，"为党育英才、为国铸重器"既是时代赋予我们的历史重任，更是全体沈航人肩负的共同使命。为了实现学校发展目标，进一步提升我校飞机制造及相关专业的品牌专业地位，沈航制造系从深化教学改革、落实学校办学指导思想、着眼专业长远发展的角度出发，积极组织航空思政课程教学新模式研究。为了推进航空思政办学，提高航空类大学教学质量，真正提高学生的能力，我们对飞行器工程基础课程进行了一系列教学改革[1]。

1　飞行器工程基础课程思政建设总体设计情况

飞行器工程基础课程教学目标是使学生认识飞行器及研制过程，掌握飞行器构造，了解飞行器原理，熟悉飞行器动力与控制，了解飞行器制造技术及适航法规；能够运用机械结构分析等知识正确分析飞行器动力与控制的关系；研究分析飞行器制造领域的复杂工程问题并获得有效结论；能够基于工程相关背景知识进行合理分析，评价专业工程实践和复杂工程问题解决方案对社会、健康、安全、法律、伦理以及文化的影响；能够根据毕业设计的特定需求，熟悉飞行器制造技术及适航法规，并学以致用，具备将来成为飞行器专业人才的坚实基础。

本课程的思政育人目标体现在贯彻落实课程思政教学改革的过程中，牢牢抓住课程的“思政”属性，即课程思政育人的目标：在航宇学院大学生群体中，树立正确的政治理想和政治道德，培养对党和国家、社会主义事业忠诚可靠的建设者和接班人。着重培育大学生对党的认同、对我国政治道路的认同。对此，我们统一认识，完善协同育人体系，通过搭建可操作的实现路径，确保课程思政的“思政”育人目标得以实现。

课堂是教学的主阵地。课堂内容设置从大学生的求知需求出发，遵循学生成长规律，注重“术道结合”，深度拓展飞行器工程基础教学内容。在课程设计中丰富教学形式，在飞行器工程基础教学中基于雨课堂引入情景模拟、角色体验、团队竞争等新式教学方法，提升课堂话语和知识传播的有效性，促进大学生在活动中体会和学习，参与和思考，实现认知、情感、理性和行为认同[2]，以“课程思政”教育方式，在潜移默化中实现“德”的提升，实现航空航天报国志的养成。

组织学生“思政”知识竞赛，吸引学生积极普及飞行器工程基础文化知识，让更多的学生真正了解航空航天报国的内涵和魅力，培养终身学习的意识。开展大学生“走向课外实践基地”活动，把促进青年学生航空航天报国同坚定理想信念贯通起来，把开展航空航天报国活动同服务学生素质拓展统一起来。具体工作如表1所列。

表1　飞行器工程基础思政培养计划表

序号	内容	学生人数	地点	校内带队教师数量
1	分组角色体验	419	课堂	4
2	团队竞争	419	课堂	4
3	通航参观	419	通航研究院	4
4	沈飞博览园参观	419	沈飞博览园	4
5	黎明发动机参观	419	黎明公司	4

2　飞行器工程基础课程思政教学实践情况

“课程思政”理念融入飞行器工程基础教学，关键要弄明白教什么。

2.1　围绕航空强国梦教信念

航空强国梦与中国梦紧密相连。中国梦在航空领域的具体反映，就是航空强国梦。航空发展史表明，中国航空承载的不仅是个人荣辱，更多的是国家形象的好坏、民族精神的聚散。所以要将航空强国梦的论述融入教学内容，向学生传授“中国梦”“航空强国梦”“航空强则中国强”等重要观点及思想，让航空强国梦在实现中国梦中发挥积极作用。

2.2　围绕航空历史教文化

航空历史有着和人类一样悠久的历史，航空历史、航空文化是世界文明的重要组成部分。航空历史中蕴含着丰富的人文知识、文化现象，中国的航空航天史就是一部自强不息史，是一部航空航天报国史，这是教学不可或缺的重要部分。在航空航天专业教学中，用中国航天之父钱学森以及为中国航空事业献身的罗阳事迹培养学生航空航天的家国情怀。

2.3 立足教师提升“思政”能力

教师是引导学生树立正确价值观取向的关键，只有教师在政治上有高站位、在思想上有高水平、在道德上有高水准，才能在教学过程中自然而高效地将思政内容传递给学生。要切实提升教师德育意识和价值教育能力，把德育意识培养纳入到教师日常培训体系，为教师量身设计培训课程。要结合教学的特点，鼓励教师学习航空航天人文知识和科学知识，提升教师的价值教育能力。要增强教师的人格影响力，促使学生能够真正“亲其师，信其道”，实现教育与教学的有机统一。

2.4 立足课堂增强教育效果

课堂是教学的主阵地，要充分发挥其主渠道作用。课堂内容设置要从大学生的求知需求出发，遵循学生成长规律，注重“术道结合”，深度拓展飞行器工程基础教学内容。在课程设计中要丰富教学形式，在飞行器工程基础教学中基于雨课堂引入情景模拟、角色体验、团队竞争等新式教学方法，提升课堂话语和知识传播的有效性，促进大学生在活动中体会和学习，参与和思考，实现认知、情感、理性和行为认同，以“课程思政”教育方式，在潜移默化中实现“德”的提升，实现航空航天报国志的养成。

2.5 立足课外丰富“思政”形式

利用飞行器工程基础课程上课学生多，提升“思政”的覆盖面效果非常明显这一优势，我们组织学生进行“思政”知识竞赛，吸引学生积极普及飞行器工程基础文化知识，让更多的学生真正了解航空航天报国的内涵和魅力，培养终身学习的意识。开展大学生“走下网络、走出宿舍、走向课外实践基地”活动，把促进青年学生航空航天报国同坚定理想信念贯通起来，把开展航空航天报国活动同服务学生素质拓展统一起来。

3 飞行器工程基础课程评价情况

3.1 在指导思想上评价

突出评价的发展性功能和激励性功能，重视对学生学习潜能的评价，立足于促进学生的学习和充分发展，为“适合学生的飞行器工程基础教育”创造有利的支撑环境。

3.2 在评价的主体上评价

调动学生主动参与评价的积极性，改变评价主体的单一性，实现评价主体的多元化；建立由学生和教师等共同参与的评价机制。

3.3 在评价的方法上评价

由终结性评价发展为形成性评价，实行多次评价和随时性评价、“档案袋”式评价等方式，突出过程性;由定量评价发展到定量和定性相结合的评价,不仅关注学生的分数,更看重学生学习的动机、行为习惯、意志品质等;由相对评价发展到个人差异评价。相对评价是通过个体的成绩与同一团体的平均成绩相比较,从而确定其成绩的适当等级的表示方法,也被称作“常模参照评价”。由绝对性评价发展到差异性评价[3]。绝对评价是对学生是否达到了目标的要求或达标的程度所做出的评价,也被称为“标准参照评价”。这种评价过于重视统一性,忽视了评价的差异性和层次性。我们提倡对不同的学生采用不同的评价标准。

4 飞行器工程基础课程特色

在航宇学院大学生群体中,树立正确的政治理想和政治道德,培养对党和国家、社会主义事业忠诚可靠的航空航天建设者和接班人。课程思政不同于以往的课程德育、伦理教育等,应着重培养大学生对党的认同、对我国政治道路的认同。围绕航空强国梦教信念、围绕航空航天历史教文化、立足课堂增强教育效果。

5 教学设计样例

航空航天报国的典型事例教学设计样例如图1～图5所示。

图1 罗阳事例一

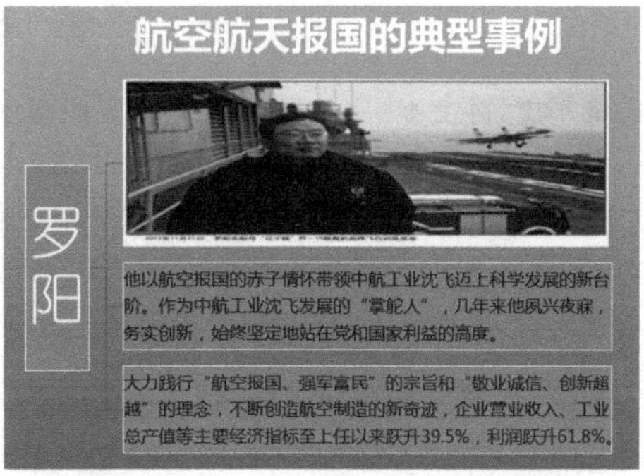

图2 罗阳事例二

图3 罗阳事例三

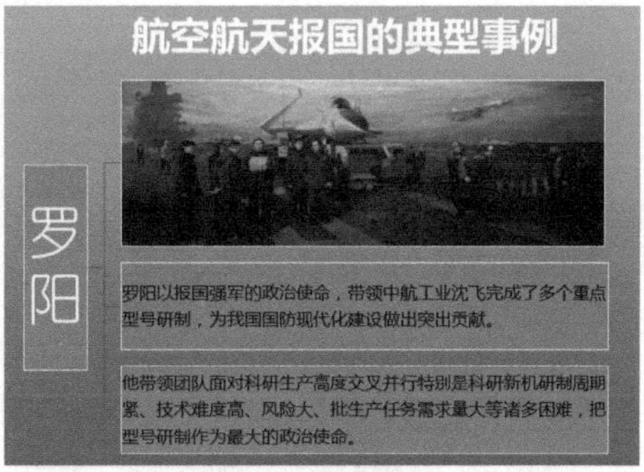

图4 罗阳事例四

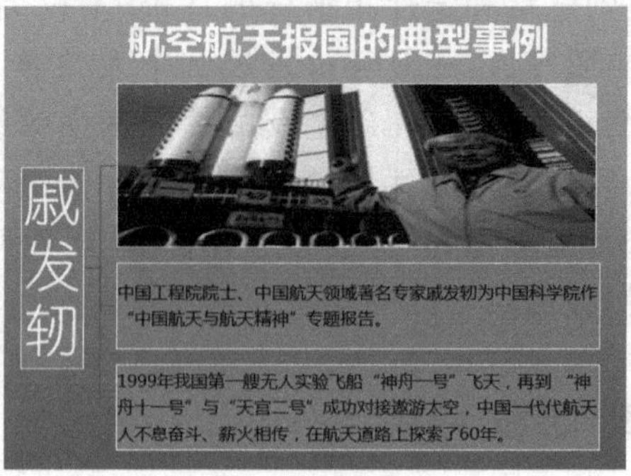

图5　戚发轫事例

6　结　论

通过搭建可操作的实现路径，确保课程思政的“思政”育人目标得以实现。在飞行器工程基础教学中基于雨课堂引入情景模拟、角色体验、团队竞争等新式教学方法，提升课堂话语和知识传播的有效性。论文阐述了飞行器工程基础课程思政教学实践、课程评价、特色与创新内容，给出了航空航天报国的典型事例教学设计样例。

参考文献

[1] 王珉，郝小忠，陈文亮．飞行器制造工程专业教学和实验体系研究与实践[J]．实验技术与管理，2009，26(10)：129－132．

[2] 鲍益东，陈文亮．钣金冲压成形实验课程教学方法的研究[J]．南京航空航天大学学报社会科学版，2008，10(1)：134－135．

[3] 王珉，郝小忠，陈文亮．飞行器制造工程专业数字化协调教学体系研究[J]．南京航空航天大学学报社会科学版，2008，10(1)：5－7．

飞制专业复合材料工艺课程思政实践探析

贾彩霞[1]　李志歆[2]　王乾[1]　邱运朋[2]

（1. 沈阳航空航天大学 航空宇航学院，沈阳　110136

2. 中国南方航空股份有限公司 沈阳维修基地附件部，沈阳　110169）

摘　要：在建设中国特色社会主义新时代的历史进程中，作为以培养社会主义建设者和接班人为根本任务的高等院校，应坚持把立德树人作为中心环节，使思想政治教育贯穿于整个教学过程，着力培养专业能力突出、核心素养过硬、德智体美劳全面发展的高质量人才。对于飞行器制造工程等工科专业而言，如何在课堂教学中无痕迹融入思政元素，实现专业知识传授与思想政治教育的过程统一，是航空人才培养体系的重点改革方向之一。本文以飞制专业课复合材料工艺为例，对课程思政过程中角色定位、大纲完善、目标确立、内容更新、方法优化以及评价体系建立等方面展开系统性研究工作，旨在构建综合立体化的课程思政布局，为促进航空宇航科学与技术学科的课程思政建设提供支撑。

关键词：飞行器制造工程；复合材料工艺；课程思政；人才培养；教学改革

引　言

培养什么人、怎样培养人、为谁培养人是教育工作应该不断审视的根本问题，不管处于怎样的历史阶段，均不能忘记为党育人的初心以及不能改变为国育才的立场[1]。习近平在全国教育大会上提出："我国是中国共产党领导的社会主义国家，这就决定了我们的教育必须把培养社会主义建设者和接班人作为根本任务，培养一代又一代拥护中国共产党领导和我国社会主义制度、立志为中国特色社会主义奋斗终身的有用人才[2]。"这是习近平对教育工作根本任务和教育现代化方向目标的高度概括和凝练，也从宏观层面上给出了教育工作根本问题的答案[3]。教育部《高等学校课程思政建设指导纲要》明确了全面推进高校课程思政建设的总体目标和重点内容[4]，点明高校的立身之本在于立德树人，要将立德放在人才培养的首位，通过知识传递引导学生乐于学习、勤于学习、善于学习，实现学生德智体美劳的全面发展[5]。

随着高校课程思政教学改革的实施，大量课程思政探索工作已促使理论性较强的公共基础课取得初步成效，也为工科专业的课程思政建设指明了一些方向。然而，对于专业性和实践性较强的工科专业课程而言，例如飞行器制造工程等特色专业所涉及的专业课，如何将课程思政融入课堂教学或实践教学过程仍是难点[6]，而如何把思想政治教育贯穿于教学全过程，实现"全程育人、全方位育人"的同时[7]，培养出兼具国际视野、创新能力及核心素养的航空英才，是迫切需要解决的重点问题。基于此，本文以复合材料工艺专业课为例展开思政教学实践，探究中华民族全面复兴背景下工科专业课程教学植入思政教育的方式与成效，旨在为航空航天类专业的课程思政教学改革提供新的思路。

1 复合材料工艺课程思政的意义

1.1 课程思政的必要性

在飞行器制造工程专业中，复合材料工艺是基于航空复合材料在飞行器结构中的重要应用而设置的特色专业课程，旨在培养从事航空复合材料设计、制造及维修等方面工作的综合性技术及管理人才。鉴于授课对象正处于系统性建立专业知识体系，确定未来发展方向的关键时期。因此，需要教师从知识体系架构方面考量，通过合适的教学方法将理论教学内容有效传递给学生，而且有针对性地按照学科发展方向并着眼于企业需求开展实践教学[8]，提升学生在航空复合材料方面的理论水平及实践能力。同时，基于航空工业在国家层面上所占据的战略地位，该课程必须将立德树人教育理念融入教学过程，将思想政治教育内涵渗入教学内容[9]，努力在坚定学生理想信念方面、厚植学生爱国主义情怀方面、加强学生品德修养方面、增长学生知识见识方面、培养学生奋斗精神方面，增强学生的综合素质，实现专业知识体系完善与爱国报国强国志向构筑间的有效集成，凸显航空特色专业课程的人才培养成效。

1.2 课程思政的可行性

中华民族的飞天梦持续了数千年，仰望星空、畅想未来曾是每一名孩子童年都会有过的经历，可以说，实现中华民族飞天梦的过程，承载了每一名心存航空梦的孩子的理想，也承载了每一名怀揣航空抱负工作者的努力。孙中山先生说过："做人最大的事情就是要知道怎么样爱国"，爱国是年轻人朴素的情感，报国是年轻人必定的选择，强国是年轻人远大的抱负。从古代鲁班造木鸢的飞行梦想到当代鲲鹏、歼-20以及国产大飞机等航空领域的每一步突破，均凸显国家实力的增强，鼓舞每一名心怀爱国信念、怀揣航空报国强国理想的孩子为之努力。

航空科技的进步，是在中国共产党的领导下经过几十年艰苦卓绝的奋斗而实现的，是在众多怀揣报国理想并将毕生精力投入国家建设中的国之英才们努力下实现的。作为培养社会主义接班人和建设者的主战场，高校应顺应时代发展浪潮，以立德树人为核心，以学生为本，着力加强思政教育质量，构筑德智体美劳五位一体的学生综合素质培养体系，培养兼具社会责任感、创新精神及实践能力等特征的高质量人才；而作为国家用心培养的高校学生，更应坚持中国共产党的领导，为实现中华民族伟大复兴，在建设中国特色社会主义新时代的历史征程中，肩负航空事业发展重任，履行时代赋予自己的使命，以坚韧、执着、激情及奋斗的饱满姿态，接续奋斗将中华民族伟大复兴的中国梦、中华民族新时代飞天梦变为现实，在国家、民族及航空事业发展过程中锤炼品格和担当，实现儿时梦想。

2 复合材料工艺课程思政的切入点

一代材料，一代工艺以及一代人才可有效集成至一代产业并有效推动其发展进程。就这一角度而言，航空材料基础、航空工艺水平及航空人才素养可直接反映出一个国家航空工业的综合实力。基于飞行器制造工程专业的课程思政建设探析，下文将以复合材料工艺专业课程为研究对象，从人才、材料、工艺三个方面作为切入点展开思政实践。

2.1 家国情怀和航空梦

课程思政可以从精神因素方面展开，以航空人物的事迹为素材，着力宣传航空英才的奉献精神以及大国工匠精神[10]。自从二十世纪伊始冯如以“壮国体，挽利权”为宗旨，勇创“六个第一”的雄伟姿态，不仅开拓了中华民族航空事业的先行之路；其“吾死后，尔等勿因是失其进取之心”的家国情怀和航空梦想，更是始终鼓舞着每一名航空人前赴后继地将毕生精力投入其中。

祖国的航空事业能够突破层层阻挠迅猛发展，正是源于多年来一代代航空工作者的竭力奉献，王伟和81192永远激励着每一名航空人守卫祖国的蓝天，罗阳和航母精神也铭记于每一名航空人的心间，这正诠释了孙中山先生的那句话“吾国大有人矣！”江山代有才人出，各领风骚数百年，同时也适用于正在航空工业中崛起的航空复材产业，飞行器制造专业学生应时刻以“祖国终将选择那些忠于祖国的人，祖国终将记住那些奉献于祖国的人”为信条，伴随着行业发展夯实自己的能力，并将所学的复合材料工艺知识应用于祖国的航空事业推动其更大的进步，让自己努力成为新时代的冯如、新时代的罗阳、新时代的杨伟、唐长红们。

2.2 突破核心基础材料封锁

课程思政可以从物质因素方面展开，以制约航空工业发展的材料国产化进程为素材，对课程思政的物质因素进行升华[11]。作为航空关键材料，碳纤维复合材料被列入《中华人民共和国国民经济和社会发展第十四个五年规划和2035年远景目标纲要》，其应用量已成为衡量国家航空产业水平的关键指标。将碳纤维材料列入国家战略，凸显了其对于国家安全及航空工业发展的重要性。

伴随着碳纤维复合材料在航空领域应用量的不断增大，针对作为战略储备资源的碳纤维材料，国外从价格上和供销产量方面对我国实施遏制，意图将碳纤维作为遏制中国发展的咽喉，妄想通过材料封锁限制我国航空事业的进一步发展。但是，在中华民族自强不息精神与中国共产党独立自主思想的指引下，国产碳纤维性能、价格、产能等方面综合优势大幅提升，已基本上实现自给自足，并且基于外交策略积极帮扶渴望通过自强实现和平的友好邦交，打破国外材料封锁的同时限制国外碳纤维的销售，导致国外材料“遏制”政策上的失败，使其惨遭“反噬”。作为飞行器制造专业的学生，应该时刻具备强化自己的意识和决心，学好专业知识打下坚实基础，在航空复合材料行业将来可能面对其他的“封锁”时，才有能力和自信随时破茧而出。

2.3 打破工艺屏障，走独立自主技术之路

工艺自主化是制约航空工业发展的又一个核心要点，课程思政也可以从先进技术方面展开。由于工业及制造业基础的薄弱，我国也曾经历过工艺主要靠由“外”向“内”的有偿输入模式，通过“交钥匙”方式来实现工艺技术的转移或转化，技术创新停留于工艺的内化阶段。特别是航空复合材料领域，技术基础薄弱，材料受限，专业技术人员匮乏等因素严重制约航空复合材料工艺乃至航空工业的技术发展及创新。

随着对航空复合材料重要性认知的增强，国内主机厂纷纷搭建理论知识扎实、实践能力过硬、创新能力突出的技术团队，旨在实现航空复合材料成型工艺由单一化向多元化的转变。正

逢其时，沈飞公司蒲永伟团队以工艺自主化创新为理念，以“敢教日月换新天”的奋斗姿态，在ARJ21和C919的研制周期内开展大尺寸复合材料构件制造工艺研究工作，并将部分研究成果如C919后压力隔框及防火墙等工艺验证件首次展示于2014年北京SAMPE年会，获得业内的广泛好评以及社会上的高度认可。可见，只要肯树立航空强国、踏实肯干、开拓创新的信念，并努力为之奋斗，必将可以走出一条适合于自身发展、独立自主的航空复合材料工艺创新之路。当下肯于踏实学习、勤于动脑思考的飞制学子们，未来的航空复材技术创新之路上，必将有你们奋力前行的身影。

3 复合材料工艺课程思政的建设路线

实现专业课与思政教育的同向同行，需要构建综合立体的课程思政布局，建设包括但不局限于课程思政角色的定位、大纲的完善、目标的确立、内容的更新、方法的优化以及评价体系的建立等方面的课程思政路线[12]。

3.1 理清思政主体次序，先“教”而后“学”

教师作为教学过程的主体之一，无论是传统教学模式还是创新性教学模式，均应该发挥其所肩负的责任和义务。长期以来，高校教师对于自身的定位仅在于讲授好专业知识，以夯实学生的理论知识基础和培养学生实践能力为主，虽然缺乏在教学过程中植入课程思政环节的主观意图，但不会对教学质量和人才培养造成实质影响。然而，在当今世界政治及经济局势变幻莫测的背景下，教师应强烈意识到思政教育的重要性和必要性，转变教育理念和角色定位，以立德树人为根本任务，以思政的先“教”而后“学”为主线，将课程思政贯穿于整个教学过程。

首先，需要教师持续性地提升自身的思想品德与政治素养[3]，从专业角度出发，结合复合材料工艺技术发展及产业动态，通过提炼教学内容中的思政元素设计课程思政案例或素材以丰富教学内容，并通过上述多层次的思政角度融入课堂教学过程。其次，教师通过线上线下融合、翻转课堂等教学方式的多元化融合将具备思政元素的教学内容讲授给学生的同时，同步实现学生对于专业知识以及思政内容的获取，进而将思政潜移默化于学生的学习过程，真正实现先从“教”的角度思政，再通过“教”与“学”间的有效衔接实现从“学”的角度思政。

3.2 完善教学大纲，确立教学目标

理清思政主体次序并确定思政指向后，需要以“与时俱进”和“保持先进性”为指引，从宏观角度对课程的教学大纲进行针对性的完善，将课程思政内涵有效契合于教学目标。传统意义上复合材料工艺课程教学大纲中所涵盖的总体目标或细化目标，侧重于航空复合材料专业基础知识的认知与理解，仅是从学生对于专业知识方面的掌握程度来考量教学目标是否达成，从未将思政目标明确至教学目标之中。

而“复合材料工艺”课程思政改革首先要把德育相关培养目标完善至教学大纲，以课程教学大纲保障课程的思政功能并确保课程思政成效；其次，需结合课程特征、培养方案中的课程定位及其对于专业发展的重要性，或者从整体上明确课程的思政教学目标，例如，培养“兼具家国情怀、敬业诚信、团结友善、能够为社会主义事业甘愿奉献特征”的新时代人才，或者从局部上按照知识模块对思政教学目标进行细化，将复合材料的技术革新与国家航空发展联系起来，

进一步提升课程思政的目标指向性、方式多样性和组织系统性。

3.3　更新教学内容，优化教学设计

完善教学大纲并明确教学目标后，需要以“实践是检验真理的唯一标准”为指引，从微观角度对课程的教学内容进行持续性更新，将课程思政内涵有效契合于教学内容。“复合材料工艺”涵盖的课程内容可赋予其课程思政丰富的思政素材，可从课程思政的切入点着手，将课程思政案例实时更新并无痕融入课程教学内容，避免生硬化或差别式融入思政案例至教学过程而对学生学习造成消极的影响[13]。

此外，复合材料工艺课程思政改革需要针对性地优化教学设计方案，规避传统教学设计思路对课程思政过程的制约以及对课程思政成效的影响。将课程思政案例上升至科学问题并通过提问及互动等方式引出教学内容，将航空工业发展过程中的实际情况与理论教学内容相结合，通过生动、直观且饱含教育效果的思政案例促进学生对理论知识的理解；而且，增设实践环节，通过工程案例的课堂化设计及实践体会、团队协作及实践创新过程等多元化教学设计，有助于培养学生解决复杂工程问题以及面对挑战的能力，进一步提升学生的综合能力和德育水平。

3.4　创新考核模式，提升毕业要求

更新教学内容并优化教学设计后，需要以“实事求是”和“为人民服务”为指引，以培养社会主义建设者和接班人为核心目标，从发展角度对课程的考核模式进行实质性创新，并将课程思政内涵有效集成至毕业要求。如何形成创新的考核模式，通过多元化的考核方式同步实现对学生专业知识的掌握，应用能力及核心素养考评，以及如何以单一课程的思政考核为单元，将若干课程思政考核结果有效集成至毕业要求，将是能否助力培养中国特色社会主义新时代合格建设者的关键点[14]。

借助于思政教学目标的确立及教学内容中知识模块的设置，复合材料工艺课程思政改革将原有以听课表现和期末测试为主的单一化考核模式进行创新。一方面，通过增大测试环节的主观题目比重，并融入思政考核内容，可最大程度上发挥学生主观能动性和创新能力，综合考量学生专业知识的综合运用能力以及对于相关人物、成果及历史事件的思政认知；另一方面，以小组课堂讨论、团队汇报演示、课后资源检索及整合等多元化方式作为课堂思政举措，将思政教育分散于教学过程，构建全周期、多层次的课程思政教育考核模式；再者，努力将思政教育上升至学科培养方案层级，联合其他课程思政构建整体思政框架，将学生思政学习水平与毕业挂钩，形成思政水平-修读学分制协同考量的毕业要求。

4　结　论

1）课程思政实践需从教师思政起始，引领学生思政，通过“教”与“学”间的有效衔接将思政贯穿于整个教学过程，实现教学内容及思政元素的同步传授。

2）完善教学大纲的同时提升教学目标的课程思政指向性、多样性及系统性，课程思政将赋予教学大纲及教学目标以“先进性”特征。

3）以思政案例为牵引，将实践与理论教学内容相结合，通过多元化教学设计提升学生专

业能力和德育水平，课程思政将赋予教学内容及教学设计以“实践性”特征。

4）将思政元素无痕融入考核环节，形成全周期、多层次的思政教育考核方式，课程思政将赋予考核模式以“创新性”特征。

5）在毕业要求中明确学生课程思政水平衡量标准，将德育作为学生毕业要求的关键点，课程思政赋予毕业要求以“实用性”特征。

致　谢

感谢沈阳航空航天大学教改项目（E－HTJT20201715 和 JG2020002）、中国学位与研究生教育学会研究课题重点项目（2020ZDB80）、2021 年中国南方航空股份有限公司产学研用项目和河北菲奥姆复合材料有限公司对飞行器制造学生培养过程的支持，感谢航宇学院航空复材制造及维修技术团队的成员们在教学改革中所付出的努力。

参 考 文 献

[1] 冯建军．“培养什么人、怎样培养人、为谁培养人”的中国答案[J]．教育研究与实验，2021，(4)：1－10.

[2] 人民日报评论员．全力培养社会主义建设者和接班人—论学习贯彻习近平总书记全国教育大会重要讲话[N]．人民日报，2018－9－15.

[3] 翟文豹．课程思政建设：逻辑起点、基本前提与实践路径—以行业特色型高校为例[J]．现代教育管理，2021(9)：35－41.

[4] 中华人民共和国教育部．高等学校课程思政建设指导纲要(教高＜2020＞3 号)[R]．(2020－5－28)[2021－11－23].

[5] 冯刚．立德树人与时代新人培育的内在逻辑[J]．四川师范大学学报(社会科学版)，2021，48 (5)：13－19.

[6] 富海鹰，杨成，李丹妮，等．“三全育人”视角下工科课程思政实践探究[J/OL]．高等工程教育研究，2021(5)：94－99＋165.

[7] 习近平．把思想政治工作贯穿教育教学全过程，开创我国高等教育事业发展新局面[N]．人民日报，2016－12－9 (01).

[8] 徐奉臻．视野要广：思政课教师的基本功[J]．思想政治教育研究，2019，35 (3)：60－63.

[9] 徐蓉．深刻认识全面推进高校课程思政建设的价值目标[J]．马克思主义与现实，2020，(5)：176－182.

[10] 杨守金，夏家春．“课程思政”建设的几个关键问题[J]．思想政治教育研究，2019，35 (5)：98－101.

[11] 李发国，岳慧君．工程教育专业认证背景下材料类课程群实施课程思政的教学改革研究[J]．广东化工，2021，48 (16)：329－331.

[12] 李博，陈栋．课程思政一体化建设的挑战与改进[J]．中国大学教学，2021(9)：75－79.

[13] 靳玉乐，张良．要认真对待高校课程思政的“泛意识形态化”倾向[J]．现代教育管理，2021(4)：31－37.

[14] 柯政．课程理论视角下课程思政及其实施框架[J]．中国高等教育，2021(8)：37－40.

议题 2

航空航天类一流专业
核心课程体系、课程内容和教材的建设与研究

新工科背景下本科专业课程体系设计

王可东

（北京航空航天大学 宇航学院，北京 100191）

摘 要：随着新材料、移动通信和智能算法等的快速发展，传统工科与这些新技术的交叉融合迸发出了新的活力，已成为推动国民经济发展的新动力，因此，加强新工科教育是培养符合相关产业要求人才的迫切需求。本文以北京航空航天大学宇航学院探测制导与控制技术专业为例，在分析现有的本科专业课程体系基础上，探讨以新工科教育为背景的专业课程体系设计思路，对基础课程、专业基础课程和专业课程等进行梳理和设计，对实施新课程体系可能会面临的困难进行了分析，并提出了初步的解决方案，为新工科背景下的人才培养创造条件。

关键词：新工科；课程体系；教学改革；高等教育

石墨烯、量子计算、人工智能算法和移动互联网等新材料、新技术的快速发展和走向应用，为传统的产业注入了新的活力，例如智能交通、现代物流、远程医疗、新能源汽车等，是现代工业发展的助推器。正如习近平总书记在2021年6月的《求是》中指出的："信息、生命、制造、能源、空间、海洋等的原创突破为前沿技术、颠覆性技术提供了更多创新源泉，学科之间、科学和技术之间、技术之间、自然科学和人文社会科学之间日益呈现交叉融合趋势，科学技术从来没有像今天这样深刻影响着国家前途命运，从来没有像今天这样深刻影响着人民生活福祉。"[1]因此，相关技术发展先后写入了"中国制造2025"和"德国工业4.0"等国家发展战略中。

新技术的发展离不开高层次人才。为此，从2017年开始，教育部积极推进新工科建设，先后形成了"复旦共识""天大行动"和"北京指南"，并发布了《关于开展新工科研究与实践的通知》《关于推荐新工科研究与实践项目的通知》，全力探索形成领跑全球工程教育的中国模式、中国经验，为创新驱动发展和"中国制造2025"等国家发展战略输送具有新工科教育背景的建设人才[2]。

针对新工科教育，李培根分别从新素养、新结构和新方法层面剖析了新工科的内涵[3]；郑庆华在回顾近代工程教育发展历程的基础上分析了当前工程教育面临的主要问题，进而提出新工科教育的改革创新思路[4]；西安交通大学和华中科技大学等分别从学校和学院层面进行了新工科教育设计和实践[4,5]；任丽丽等、吴秦等分别针对某个专业和某门课程进行了新工科背景下的教育教学方法探索[6,7]。因此，各个高校都在不同层面进行新工科教育的改革和探索实践，加强与新兴学科和技术的交叉融合，以适应新经济对复合型人才的需求。

本文以北京航空航天大学宇航学院探测制导与控制技术专业为对象，在梳理目前的专业课程体系基础上，提出课程体系修改方案，其中包括基础课程、专业基础课程、专业课程和实践课程等，培养新工科背景下的复合型人才，以适应用人单位对跨学科和学科交叉融合等创新型人才的需求。

1　现有课程体系

与自动化、机械等按学科设的学院不同，北京航空航天大学宇航学院是按照航天应用设立的，开设有飞行器设计与工程(航天)、探测制导与控制技术(航天)、飞行器动力工程(航天)和飞行器控制与信息工程等四个本科专业。其中前三个专业是分别对应于航天器总体、航天制导导航与控制和宇航推进等航天器三大分系统，第四个专业对应的是航天器载荷信息处理。目前，北京航空航天大学一年级本科生不分学院，而是按照大类书院式培养，其中宇航学院属于航空航天大类；二年级本科生进入学院学习，不分具体专业，进行航天大类培养；三年级和四年级进入专业学习阶段。这种培养模式的好处是宽口径的，学生要学习机(机械)、力(力学)、电(电子)、信(信息)和控(控制)等多学科课程，由于基础性课程较多，实际上航天大类共性平台课程延续到了三年级上学期，如图 1 所示为目前学院的课程体系架构。

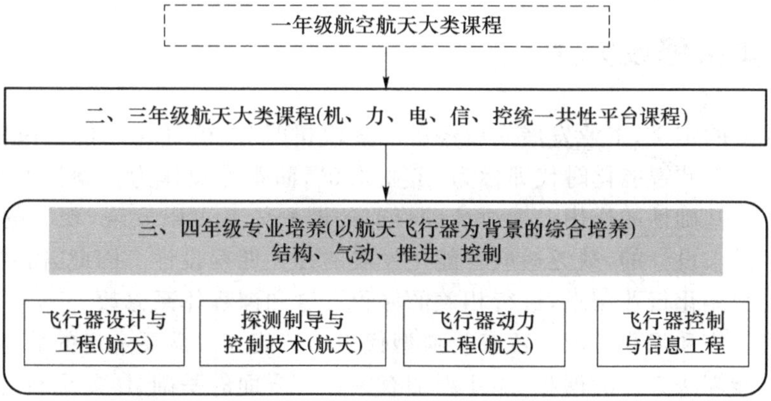

图 1　学院课程体系架构

在学院的课程体系架构下，目前探测制导与控制技术(航天)专业的课程体系设计如下：

(1) 航空航天大类课程

1) 数学类：工科数学分析、线性代数、概率与数理统计、复变函数；

2) 物理化学：大学物理、大学化学；

3) 通识课；

4)其他：大学英语、思政、体育。

(2) 航天大类课程

1) 机械类：工程图学、机械原理、机械设计、机械工程训练、工程材料；

2) 力学类：理论力学、材料力学；

3) 电子类：电工技术、模拟电路、数字电路、电气技术实践；

4) 信息类：数字信号处理、模式识别；

5) 控制类：自动控制原理、现代控制理论、传感器技术与测试系统、智能探测与控制系统。

(3) 专业类课程

1) 制导类：制导与控制原理；

2) 导航类：惯性导航基础、天文导航技术基础、GPS 定位导航原理与应用、卡尔曼滤波基础；

3）控制类：飞行控制技术、航天器控制原理、航天器姿态控制系统设计、飞行动力学、航天飞行器控制系统设计。

如图 2 所示为探测制导与控制技术（航天）专业的课程体系架构。

探测制导与控制技术(航天)

航空航天大类课程
数学、物理、化学、英语、体育、思政、通识等

航天大类课程
机械、力学、电子、信息、控制

专业课程
制导、导航、控制

图 2　探测制导与控制技术(航天)专业课程体系架构

2　课程体系修改方案

按照工业 4.0 的定义，工业发展先后经历了蒸汽机时代、电气化时代、自动化时代和智能化时代[4]。其中当下的智能化时代即称为“工业 4.0”，而本专业作为控制类的学科，在工业智能化中显然发挥着基础性的作用。通过梳理目前的课程体系可以发现，现有的课程体系是针对工业自动化的需求设计的，缺乏适应智能化发展的相关课程设计。因此，需要本专业的人才培养要快速跟上智能化行业需求，进行相关的课程设置和课程体系修改。

以深度学习算法和强化学习算法等为典型代表的智能算法需要一定的数学基础，因此，不仅要补充有关智能算法方面的课程，还要添加有关数学方面的基础，还要更新有关专业课程内容和实践教学环节。基于这种考虑，提出如下课程体系修改方案：

（1）航空航天大类课程

由于智能算法都是基于计算机实施的，因此，有必要掌握数值计算的有关知识。另外，智能算法本质上都是最优化方法，因而，也有必要掌握最优化方法的知识。因此，在这部分课程中建议添加数值计算和最优化方法这两门课程。

（2）航天大类课程

在目前的机、力、电、信和控中，包括智能算法的是信息类课程，因此，可以在信息类课程中添加诸如深度学习和机器学习这类课程。

（3）专业类课程

在专业课程中，设有智能探测与控制系统课程，但是其中的“智能探测”部分涉及信息处理和智能处理思路，而将智能算法融入处理的知识还未涉及。另外，控制方法的智能化是目前的大趋势，而我们现在的控制方法教学内容仍然不涉及智能化部分。制导率设计最关键的部分就是最优化方法，显然是可以利用一些智能优化算法的。导航部分可能利用的智能算法包括传感器随机误差建模。因此，在专业课程中，不一定需要专门开设一门新课程来传授智能化方法，但是，一定要对现有的相关课程进行改造，例如，在“智能探测与控制系统”中添加探测信息智能化处理方法内容，在“制导与控制原理”中添加制导率智能优化设计算法部分，在卡尔曼滤波基础或其他导航课程中添加基于神经网络学习算法的传感器随机误差建模方法。

同时，在课程配套试验、专业综合试验、课程设计和毕业设计等实践环节中，也要设计相应的智能算法内容。

3　实施新课程体系可能存在的问题

针对本专业，在实施修改的新课程体系过程中可能存在如下几个方面的问题。

3.1　课时过多

如表1所列为目前本专业的学分分布情况，最低的学分已经达到了167学分。之所以有这么多的学分要求，是因为在航天大类教育中包括了机、力、电、信和控等5个方面的基础要求。例如本专业的学生系统地学习了工程图学、机械原理、机械设计和金工实习等机械类课程。虽然，本专业对机械类课程并不需要掌握这么深入，但作为大类培养，飞行器设计与工程和飞行器动力工程两个专业是需要全面掌握机械类课程的。

因此，如果要进行课程体系的智能化修改，就需要添加第2节中的部分课程，这必将导致总的最低学分进一步提高。在总学分不变的情况下，可以采取如下方法：

1）有必要对现有的部分课程进行取舍。比如，考虑本专业更侧重于电子、信息和控制方向，可以适当减少机械类的课程，例如机械设计。

2）对现有的一些课程进行改造。能去掉的课程毕竟还是少数，因此，可以在现有的课程中添加智能方法内容，比如，在现代控制理论和卡尔曼滤波基础等课程中分别添加智能控制算法和神经网络学习方法等内容。

3）对新添加的课程内容进行凝练。凝练过的新课程学分尽可能地压缩，比如，最优化方法可以与深度学习或机器学习等课程相融合，可以作为智能优化算法的基础内容，达到相关课程的内容系统性与学时的统一。

表1　现有课程学分要求

课程模块	课程类别	最低学分要求
基础课程	数学与自然科学类	34
	工程基础类	37
	外语类	8
通识课程	思政类	10
	军理类	2
	体育类	4
	核心通识类	8
	一般通识类	4
	博雅类	4
专业课程	核心专业类	42
	一般专业类	14
最低总学分		167

3.2 教学资源的选择

尽管机械学习和神经网络等智能算法已经提出和研究了很多年，并于近些年得到了蓬勃发展和推广应用，但是，在教学中，在教学资源方面可能会遇到如下问题：

1）合适的教材选择。虽然目前有很多关于机器学习和深度学习方面的书，但这些书更偏向于专著，例如，周志华编写的《机器学习》一书中虽然在每章配备了习题[8]，但是，缺少教材中必备的例题，而且作为算法类书籍，没有配备参考程序，这些都不利于学生理解和掌握有关知识点。因此，针对本科生选择合适的教材是关键，必要时可以考虑编写适合的教材。

2）配套试验条件建设。算法类课程如果不实际编程、调试和运行是很难达到牢固掌握知识点的教学目的，而机器学习类算法程序往往涉及大计算量运算，普通的计算机很难完成，基于 GPU 的大规模运算模块是进行这类算法程序运行的必要条件。但是，基于 GPU 的运算模块不仅能耗高、噪声大，还需要占用大量的实验空间，不宜多建。因此，可以建议以学院或学校为建设单位，统筹建设计算中心，既可以满足有关大计算量的教学和科研任务，又可以节省经费和资源，避免了重复建设和浪费。

3）师资的配备。机器学习和深度学习等智能算法更多用于科研，因此，在科研中涉猎过的教师更适合讲授相关课程，而对于科研中很少或未关注智能算法的单位来说，开设相关课程在师资上难度偏大。因此，建议先设立课程，再匹配教师，即当课程设立之后，可以按照“系→学院→学校”的顺序匹配教师，避免因人设课，以保证教学质量。

3.3 其他问题

除了上面的问题之外，还可能需要关注如下方面：

1）本科、研究生课程体系的衔接。在本科生阶段，重点加强相关课程的基础内容学习和掌握，而在研究生阶段需要掌握更深入的知识点，要避免在研究生阶段将本科内容再学一遍的情况。因此，有条件的单位，有必要将本科和研究生阶段的相关课程和课程内容进行一体化设计。

2）知识内容的持续更新。智能算法日新月异，实施智能算法的计算能力也在快速提升。但是，作为教学内容主体不宜经常变化，即主体内容要保持相对稳定，进行计算实验的计算模块也不可能时刻更新。因此，在课程内容设计上，要保证主体基本内容相对固定，同时需要时刻更新部分最新的研究成果进入教学内容。课程内容设计上有一定的开放性，比如将相关内容作为课后大作业的形式布置下去，等有关内容成熟之后，再正式扩充到教学内容中。在计算模块方面，如果基于的是学院或学校的计算中心资源，可以由这些单位统一维护和更新，否则，硬件的更新周期应该在几年之内。

4 总　结

随着大数据、数据挖掘、GPU 和 5G 移动通信等技术的快速发展与应用，机器学习和深度学习等智能算法也在日新月异地更新，部分已经走向了应用，为传统工科注入了新的动力，也为传统工科教育提出了新的要求，这也是教育部于 2017 年提出新工科教育概念的直接原因，以主动应对新一轮科技革命与产业变革，支撑创新驱动发展，服务国家战略。本文以北京航空航天大学宇航学院探测制导与控制技术(航天)专业的课程体系为对象,以新工科教育为背景,在梳理现有课程体系和培养要求的基础上,提出了智能化课程体系修改方案,其中包括基础课程、专业课程和实践教学等,并进一步分析了课程体系修改可能遇到的总学时、教学资源和本研一体化设计等方面的问题,初步提出了可能的解决思路。本文提出的课程体系修改方案对其他工科专业也具有借鉴参考价值。

参考文献

[1] 习近平. 努力成为世界主要科学中心和创新高地[J]. 求是, 2021(6).

[2] 教育部. 新工科建设指南[EB/OL](2017-06-9)[2021-10-05]. http://education.news.cn/2017-06/13/c_129631611.htm.

[3] 李培根. 工科何以而新高等工程教育研究[J]. 2017(4): 1-4, 15.

[4] 郑庆华. 高等工程教育发展: 守正与创新高等工程教育研究[J]. 2021(5): 44-49, 81.

[5] 李周密, 付玲, 骆清铭, 等. 新工科工程科学创新人才培养特色及其启示—基于华中科技大学工程科学学院的实践高等工程教育研究[J]. 2021(5): 16-22.

[6] 任丽丽, 张志辉, 邹猛, 等. 交叉复合型仿生科学与工程专业人才培养模式探索教育教学论坛[J]. 2021(34): 164-167.

[7] 吴秦, 宋晓宁, 杨金龙. 新工科时代"人工智能"课程教学模式探讨教育教学论坛[J]. 2021(34): 131-134.

[8] 周志华. 机器学习[M]. 北京: 清华大学出版社, 2020.

基于岗位工作任务的课程教材开发与研究实践

姚海燕　杨秀芹　谈秋宏

（海军航空大学青岛校区，青岛　266041）

摘　要：为培养合格的电源车操作员和航空充电员，本文以“航空供电装备使用与维护”课程教材为例，根据场站保障（供电方向）专业人才培养方案和教学计划进行教学设计与开发，按照学员毕业后所从事的实际岗位任务来选取教学内容，形成一系列便于教学实施的“实战任务”，使学员在校所学即为岗位所用，实现学员毕业即上岗的目的。在教材内容组织方面，以具体任务为中心，包含任务描述、知识准备和任务实施等环节，让学员围绕着具体任务进行学习和训练，激发学习兴趣，满足以学员为主体和以能力为本的教学需要。

关键词：任职岗位；实战化；任务化；职业教育；教材

航空供电装备主要指对飞机进行供电保障的航空地面电源以及对航空蓄电池进行补充充电的航空充电设备。航空供电装备使用与维护课程是场站保障（供电方向）专业士官职业技术教育层次的一门实践性较强的任职岗位课程，也是该专业的主干课程，培养的学员对应的任职岗位是电源车操作员和航空充电员[1]。电源车操作员的主要任务是内场电源车的维护保养和外场飞行供电保障任务，航空充电员的主要任务是保证机载以及地面航空蓄电池时刻保持良好的性能状态。不管是外场保障还是内场生产，所提供电源的一个重要指标是飞机通电启动成功率必须达到100%，该课程就是为解决学员到部队后的这一岗位任职需求而设置的。

基于岗位工作任务驱动的课程是指通过对职业岗位实际工作任务中所需要的知识、能力、素质要求等的整体化职业分析，开发出一系列典型的工作任务，遵循学员职业能力培养的基本规律，以真实工作任务及其工作过程为依据整合、序化教学内容，科学设计出学习性的工作任务，构建教学内容体系，在教学实施过程中形成以岗位能力为导向、工作任务为驱动、学习与实践交替进行的课程模式[2-4]。因此，《航空供电装备使用与维护》教材将岗位任务融入课堂，按照“实战任务驱动”的思路构建教学内容体系，编写岗位工作任务驱动式的教材，以期有效解决教学的针对性、实践性和岗位指向性，使训需接轨。

1　教材编写思路

1.1　内容选取实战化

基于岗位工作任务的要求选取教学内容，对接院校教学与部队训练。以航空供电保障法规为基础，以电源车操作员、航空充电员岗位任务为牵引，对照军事训练与考核大纲，按照岗位任务需求构建实战化的教学内容体系，确保教材内容均为形成电源车操作员和航空充电员履行职责所需的知识、能力服务。

1.2　内容组织任务化

按照岗位工作任务的形式对教学内容进行拆解与梳理，形成一系列“任务情境”。教材结构遵循士官职业技术教育规律，以培养电源车操作员、航空充电员供电保障能力为根本，按照岗位工作任务驱动的要求合理组织教材内容，对原有内容章节按照工作任务的形式进行拆解梳理，形成一系列“任务情境”，构建贴近岗位贴近实战的学习环境，激发学员学习的自觉性。

2　教材内容选取

为培养合格的电源车操作员和航空充电员，在教学内容的组织与选取方面，紧紧围绕学员任职岗位和部队装备的发展，遵循“岗位需求、能力为本”的任职教育思想，根据新的课程教学计划，从关注知识体系转变为关注工作岗位的任职需求，以完成飞机供电保障任务为主线，紧紧围绕保障飞机机载设备通电检查及启动飞机发动机这一典型工作任务完成的过程来进行课程内容的重组整合，体现岗位工作任务与知识的联系，注重能力素质协调发展，实现“课程、课堂、实践”多维课程教学内容体系的整体优化。

2.1　以岗位为基础，设计典型工作任务

依托岗位实际，通过分析电源车操作员以及航空充电员完成岗位工作任务需要什么知识，满足学员岗位任职需要达到什么能力为落脚点，以装备操作、使用维护调试为主线，在不偏离内容主线的情况下，灵活地取舍内容，避开理论性强、应用较少、难度较大的知识点，选取岗位典型工作任务、部队实际训练科目作为教学内容，解决好课程“讲什么”的问题。通过对电源车操作员以及航空充电员岗位任务的具体分析，得出岗位典型工作任务六个，各典型工作任务又划分为十八个子任务，如图 1 所示。

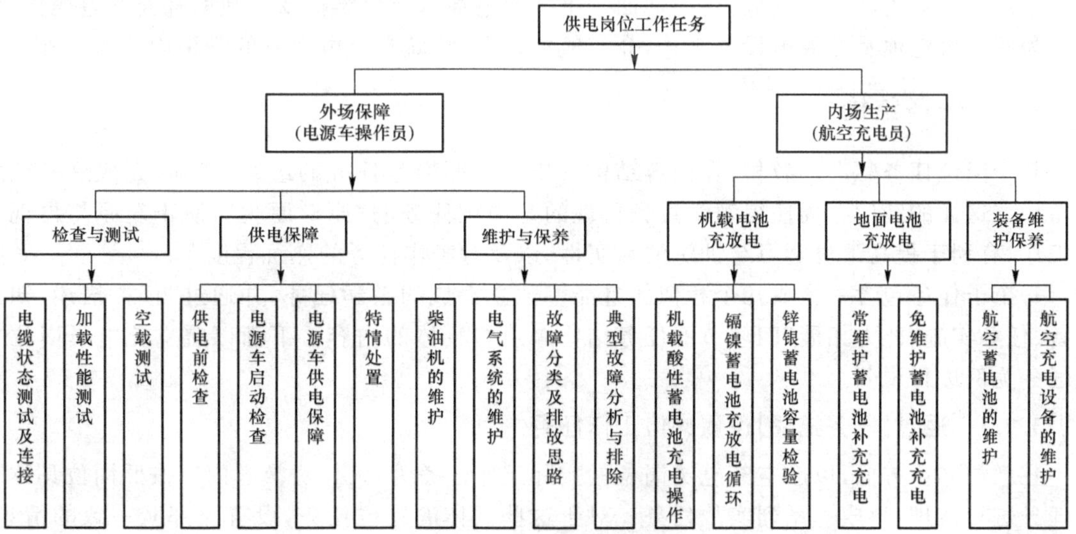

图 1　供电岗位典型工作任务及子任务

2.2 转化工作任务,确定教学单元及内容

确定岗位工作任务后,还需将具体任务转化为适合教学的学习型工作任务,通过对工作任务的解构和重构,使之成为在课堂中可以实施的教学单元。

通过对供电岗位工作任务的分析,按照两员(电源车操作员、航空充电员)工作中的具体职责,得出十八个教学子任务,参见图1。围绕这些子任务的完成对其内容进行分解和编排,组织必要的理论内容,并按照"必需、够用"的原则进行裁剪合并,既涵盖专业理论知识,又强调对学员实践能力的培养,力求将岗位工作任务、理论知识、实践技能结合在一起,形成一个个更具体的学习任务。每一个子任务都是任职岗位工作内容的具体体现,由任务描述、知识准备、任务实施等几部分组成,共同组成了航空供电装备使用与维护新的教学内容体系。

3 教材编写实践

3.1 总体结构

老版教材的内容组织主要按学历教育要求的知识模块进行构建,以课堂讲授加实操练习为主,条块切分更多的是以知识模块来进行划分的[5],与职业教育认知规律不符,不利于学员对岗位工作内容的学习和掌握。

因此在新编教材前,课程组在学习岗位任务驱动的教学理念和课程开发方法的基础上,对军事院校职业教育进行了充分研究,决定采取"任务-子任务"式目录结构,将岗位任务分解成一系列便于教学实施的"子任务",一共包括六大任务,十八个子任务。任务一为外场供电保障,介绍电源车外场供电保障具体操作方法以及特情处置等内容;任务二为内场地面电源装备维护,介绍电源车为更好地完成外场供电保障任务在内场需要做哪些测试调整与维护工作;任务三地面电源装备故障排除,介绍电源车故障的分类以及排故的思路和方法;任务四为机载航空蓄电池充放电,介绍各型机载航空蓄电池的充电、充放电循环以及大电流容量检验操作;任务五为地面航空蓄电池充放电,介绍地面常维护蓄电池以及免维护蓄电池的补充充电操作;任务六为航空蓄电池及充放电设备维护,介绍航空蓄电池、航空充电设备的维护内容。

3.2 任务结构

基于岗位任务驱动的教材,在内容结构安排上按照岗位任务的组织、实施、完成这一顺序来布局。这样的结构布局使得教学过程再现的是岗位任务的"原形原貌",便于复原与再现实际工作,有利于提高学员学习与训练的真实性,以及对工作任务的熟练程度[6]。

每个子任务包含一个或几个相似的且能够独立完成的教学任务,并通过"任务描述、知识准备、任务实施、能力拓展"四环节的任务结构来组织具体的内容。下面以航空充电员岗位工作任务为例进行说明。

3.2.1 通过【任务描述】设置岗位工作任务

在教材体系方面,以航空充电员岗位的实际工作任务为牵引,对教学内容按照岗位具体工作任务进行梳理,形成一系列实战任务。对于这些具体的岗位任务,设置与部队一致的情景,进行任务描述,便于以任务驱动开展教学,学员的情境带入感较强,且岗位指向性明确。

3.2.2　通过【知识准备】梳理必需的核心知识

(1) 通过“状态检查”透过现象看本质

针对岗位工位任务，航空蓄电池交付充电站。这时，学员的第一反应是送回充电站就意味着航空蓄电池没电了，要安排进行充电。但是，电池送回充电站就一定是没电了吗？就一定要充电吗？带着这样的问题，首先引导学员透过现象看本质，即对送来的这些航空蓄电池进行区分：可能有的航空蓄电池交付后没有使用，又送回来了，还是满电状态；有些航空蓄电池只是进行一般性的通电检查或者随航却没有使用，经过一段时间被送回，处于半放电状态；有一些可能是进行了启动或其他大电流工作，处于深度放电或严重亏电状态。所以，对于送回充电站的航空蓄电池，要首先进行状态检查，透过现象看本质。

(2) 通过“制定充电方案”提出解决问题的思路

进行完状态检查后，面对这些状态不同的航空蓄电池，再引导学员思考：状态不同，对充电操作有没有影响？有什么影响？我们需要哪几种不同的解决方案？对于不同的解决方案，哪一种又是最优的？这就需要继续引导学员深入思考，去关注蓄电池的状态和充电参数、充电设备之间的关系，而这恰恰是隐藏在岗位工作任务背后的核心知识，这些核心知识也正是指导学员操作的理论知识，来帮助学员做出判断和选择，这也是基于岗位工作任务的学习和以往的机械训练之间的区别，学员通过训练，不但知其然，还知其所以然，这样也达到了知行合一的目的。

3.2.3　通过【任务实施】掌握核心操作技能

方案制定好以后，我们又该如何操作呢？在操作的时候又该注意哪些问题呢？再引导学员根据《航空充电设备使用维护规程》的要求，进行规范操作，同时关注为什么要这么做，都有哪些现象，通过学中做、做中学来固化课堂所学的理论知识。

3.2.4　通过【能力拓展】进行思维迁移

充电操作完成后，航空蓄电池充满，到这里是不是就结束了呢？

显然不是，我们所说的基于岗位工作任务的学习，还有一步是进行迁移，也就是这种思维方式，是不是可以再迁移到其他的情境中去。学员不可能通过一次实践操作就能形成岗位工作能力，需要在类似的情境中再思考、再制定方案、再进行操作、验证等。比如，我们学习了一种型号航空蓄电池的操作，那么，其他型号航空蓄电池也是这样吗？一块航空蓄电池这样操作，多块又是怎样的呢？通过一系列类似的问题，去引导学员思考、实践，最终形成岗位任职能力。

4　实践效果

《航空供电装备使用与维护》教材已在士官职业技术教育层次 2019 级场站保障(供电方向)专业学员中试用一期，收到了良好的效果。学员普遍反映教材内容简练，应用性、实践性、针对性强，教员也反映采用该教材进行的课程教学比传统教材的教学效果好。

4.1　提高了学员的学习自主性

《航空供电装备使用与维护》教材将教学内容与电源车操作员、航空充电员的岗位工作任务优化重组后形成以岗位工作任务为教学单元的教材体系，将教学内容与任职岗位的具体工作紧密结合，以完成岗位工作任务作为教学活动中心，采取基于理、虚、实一体的教学模式，引导学员完成具体工作任务，学员学习的针对性得到了保证，效果必然显著。

4.2 提高了学员的岗位任职能力

教材在具体内容的组织上，对于每个工作任务，通过“任务描述、知识准备、任务实施、能力拓展”等环节展开，使学员每堂课都能围绕着具体岗位工作任务展开，帮助学员经历一个个完整的工作过程并完成岗位任务，能够有效掌握工作中需要的知识和技能，真正将学习过程和工作过程结合起来，使学员在校所学即为岗位所用。

4.3 促进了教员教学研究能力的跃升

为适应组训模式改革的需要，课程组不断学习先进的教育理念，先后赴厦门大学、浙江大学进行教育理论培训，研究适应本课程的教学组织实施方法，以提高课堂教学效果，并在督导组以及教研室的共同努力下，打造实践教学课例，获得了较好的效果，同时也促进了教员学术研究水平的提高。

参考文献

[1] 王德心. 士官职业技术教育人才培养方案[Z]. 青岛：海军航空大学青岛校区，2018：304－316.

[2] 朱海庆，刘桃生，邓志明. 基于士官岗位工作任务驱动下的“模拟场景训练法”的探索与实践[J]. 安徽电子信息职业技术学院学报，2013,12(1)：40－44.

[3] 徐丽新. 基于“工作过程＋任务驱动”的课程改革与实践[J]. 电脑知识与技术，2019,15(16)：97－98.

[4] 傅平. 高职实训课项目化教材设计研究[J]. 浙江工商职业技术学院学报，2016,15(4)：5－7.

[5] 杨秀芹，郑卫东，姚海燕. 航空供电装备使用与维护[M]. 青岛：海军航空工程学院青岛分院，2009.

[6] 李卫灵，刘臣宇，郭星香，等. 海军航材供应保障[M]. 北京：航空工业出版社，2019：29－40.

军队院校飞机飞行动力学精品课程建设与实践*

苏新兵　周章文　严盛文　张登成

（空军工程大学 航空工程学院，陕西西安　710038）

摘　要：飞机飞行动力学课程建设紧跟新时代国家高等教育和军事教育发展趋势，立足"价值塑造、知识传授和能力培养"三位一体人才培养要求，紧贴学员任职岗位需求，按照"两性一度"的"金课"评价标准，通过重塑与时俱进紧贴实践的教学内容、实践突出能力培养的教学组织、建设系统多元的信息化课程资源和优化过程结果并重的课程评价机制等，建成了省级"双料"一流本科课程和军队院校精品课程，为其他专业课程建设起到良好的示范作用和提供有益参考。

关键词：军队院校；课程建设；精品课程；飞行动力学

课程是人才培养的核心要素，是学生在学校里受益最直接、最核心、最显效的资源。长期以来，从国家、军队到各院校，都非常重视课程建设。2003 年教育部启动国家精品课程建设，旨在打造具有一流教师队伍、教学内容、教学方法、教材和教学管理等特点的示范性课程。2004 年原总参军训部启动军队院校百门优质课程建设计划。2011 年，教育部针对精品课程建设在优质教育资源共享等方面存在的不足，决定将原国家精品课程择优升级改造为精品资源共享课。随着信息技术与教育教学融合加深，为促进优质教育资源应用与共享，2015 年教育部明确提出建设一批优质大规模在线开放课程[1]。2018 年，国家高等学校本科教育工作会议上提出了"淘汰水课，打造金课"的口号。在同年举办的第十一届"中国大学教学论坛"上，教育部明确要打造五类"金课"，并给出"两性一度"的"金课"评价标准，标志着我国高等教育迈入从外延式到内涵式发展转折的新阶段，对人才培养的质量提出了新要求[2][3]。2019 年教育部下发了《关于一流本科课程建设的实施意见》，明确了利用 2019—2021 三年时间，建成 2 万门左右国家级和省级一流本科课程，让课程优起来、教师强起来、学生忙起来、管理严起来、效果实起来，形成一流的课程体系[4]。

飞机飞行动力学是我校飞行器动力工程专业的一门首次任职专业平台必修的专业基础课程，也是航空宇航科学与技术学科的装备通用原理类核心的基础课程，自 1961 年建课以来，一直被作为重要的核心课程开设。其主要研究固定翼飞机在低层大气内受力后，空间姿态与轨迹的运动规律及改变其运动特性的力学与控制等理论，贯穿飞机设计、试飞与使用的全过程，在人才培养中占有十分重要的地位。为适应新时代建设一流空军对高素质、专业化新型军事人才培养的新要求，近年来我们始终紧跟新时代国家高等教育和军事教育发展趋势，非常重视

---

* 本文是陕西省高等教育学会 2021 年高等教育科学研究项目（XGH21249）、陕西省第二批新工科研究与实践项目"飞行原理类专业基础课程群及教材体系建设与实践"项目的阶段性成果。

课程内涵建设和教学改革实践，有效提高了课程教学效益和人才培养质量[5]。基于2011年军队院校优质课程基础，2018年初开始建设在线开放课程，2019年被评为陕西省线上线下混合式一流本科课程，2021年被评为陕西省线上一流本科课程，目前已通过军队院校精品课程评审，并报教育部进行国家一流本科课程认定。

1　紧贴岗位需求确立课程教学目标

紧贴学员岗位需求，以新时代军事教育方针为指引，遵循“立德树人、为战育人”使命任务，勠力培养新时代德才兼备的“保障飞行和服务作战”的“航空机务军官”。具体教学目标是：使学员全面系统掌握飞行原理、数学建模、性能分析和作战运用等专业知识，为理论知识应用打下坚实基础；提升学员岗位任职能力，使其具备自主学习、严密的逻辑思维、深入的探究辨析和娴熟地发现、分析及解决实际工程实践问题的能力，为保障飞行和服务作战奠定基础；着力培育学员运用现代信息技术开展科学研究的信息素养、良好的专业素养和强军爱国情怀，激发勇于探索的创新意识和敢打必胜的战斗精神，使其具备“精心维修、极端负责”的航空机务职业道德。

课程立足“价值塑造、知识传授、能力培养”三位一体要求，通过建设系统多元的信息化课程资源、重塑与时俱进紧贴实战的教学内容、实践突出能力培养的教学组织和优化素质与能力并重的综合考核等，探索在专业课程中实践“滴水浸润”的思政育人模式并与思政课程形成协同育人效应，为实现课程教学目标、提高教学效益和人才质量提供强有力保证[6]。

2　突出与时俱进设计课程教学内容

为解决课程教学与教学对象特点的贴合度、与教学环境变化的适应度、与岗位需求和装备发展密切度等问题，有效支撑课程教学目标的达成，教学内容设计秉承“为战教战”教学理念，按照“突出专业基础、体现航空特色、加强思政教育和强化实践能力”思路，对课程内容进行重塑和优化，构建了层层递进、环环相扣的体现铸魂性、高阶性、创新性和挑战度的“实战化”教学内容体系，进一步增强了教学的适应性。

2.1　遵循认知规律加强逻辑递进

内容设置由浅入深、由简单到复杂、由质点到刚体、由静态品质到动态品质、由开环控制到闭环控制等，使其更加符合教育规律和认知规律。将课程内容划分为飞行性能、飞行品质和飞行控制3大知识模块，并拆分、细化为碎片化的知识点，建成在线慕课实现“学为主体教为主导、线上线下有机互动”的自主学习，通过加强性能服务作战、品质保证安全和飞控提升效能等的内在联系来提高学员知识理论水平和知识应用转化能力，由此打牢学员的知识基础。

2.2　突出空战特色加强技战融合

新增空战动力学等内容，强调基本飞行性能和续航性能指导作战任务规划，机动性能和敏捷性能指导战术动作选择等，同时用科研成果和战训案例反哺课堂，教学中融入具体与空战密切相关的战训飞行案例达到“课堂连通部队，理论直达战训”，让学员对理论知识有更深刻、形象的理解，使理论密切联系实际，以此实现“理论与实战并重”，在提高知识应用能力的同时也激发了学员理实结合、理性思辨和拓展探究的热情，培育敢打必胜的战斗精神。

2.3 紧盯装备发展加强内容更新

拓展先进飞行器气动布局、过失速机动、主动控制、矢量推力、空中加油等新技术和新装备发展内容使课程教学内容与装备发展同步，让基本理论与装备发展和作战训练充分融合对接，使教学内容更加紧贴实战与战训实际，解决原课程内容与装备作战联系不够紧密的问题。同时以课程内容知识点作为载体，引入“大国重器”研制过程和先进战机总设计师的典型事迹，开展爱军强武和科技强国教育，培养学员独立自主的探究能力和勇攀高峰的创新意识。

3 注重能力培养组织线上线下教学

突出学员综合能力和素质培养，利用自建的MOOC采取“线上学习、精讲理论、案例分析和航模设计”等教学组织形式，综合运用在多年教学实践中探索的“任务驱动、问题递进和逻辑推演”等复合式教学方法，通过问题引入、协同研讨、逻辑分析和拓展延伸等步骤组织教学，采取线上自学、精讲理论、案例分析、模拟训练和航模设计飞行等方式破解教学难点，构建了适应于本课程教学的一套完整的复合式课程教学方法体系，实现了信息化条件下的混合式教学，提高了学员的综合素质[7]。

问题探究教学。沿着内容知识问题递进和学员思维能力培养两条路线同时推进，引入飞行案例→提出问题＋开拓思维；剖析运动机理→分析问题＋逻辑思维；探究影响因素→辨析问题＋辩证思维；确定应对策略→解决问题＋创新思维；最后引申拓展，举一反三。通过“导、析、探、思、拓”突出飞行原理与装备使用的对接，有效将装备知识融入理论教学，通过问题递进探究和思维能力培养双路线相结合提高学员探究辨析和工程实践能力。

逻辑推演教学。根据课程内容体系和各知识点联系紧密且逻辑推理严密的特征，在正向思维时根据飞机的运动特征→建立动力学模型→进行性能品质分析和作战效能评估；在逆向思维时根据具体飞行案例特征→探究运动机理→进行故障定位或安全风险评估；以此加强故障与原理的融合，通过正向和逆向思维融合等方式提高学员的逻辑思维和飞行故障分析能力。

任务驱动教学。以“航模设计、制作和飞行”任务牵引全程，让学员在不同的教学阶段体验总师、设计师、飞行员、机械师或工程师等角色，完成航模的总体规划、优化设计、制作飞行和维修保障等任务，通过“航模任务驱动”的第二课堂活动加强理论与实践的结合，实现课堂教学和工程实践的无缝对接，以此提高学员的创新思维和工程实践能力[8]。

4 突出信息应用建设系统多元资源

在建强优秀教学团队、构建多元资源系统等方面拓宽了培根铸魂和为战教战途径，形成了系统的教学资源生长链，为信息化教学和混合式教学提供了丰富的资源。

4.1 教学力量雄厚结构合理稳定

现有主讲教员6人，均获博士学位，其中教授2人、副教授4人，是一支以中青年教员为主体，职称、学历、年龄和学缘、梯次结构合理的教员队伍。团队教学水平、研究能力、示范作用和指导学员水平等教研能力高，授课质量综合评定结果优良率100%，在教学竞赛中名列前茅。

4.2 教材资源体系突出层次分明

紧盯装备发展、岗位需求和价值塑造，突出空战特色、注重技战融合同步更新教材内容，并增加先进飞机设计师故事，形成了“主讲教材＋辅助教材＋拓展教材”层次分明的教材资源体系，打造了紧贴学员岗位需求特色鲜明的专业基础精品课程群和资源库，满足系统化教学需求。

4.3 信息资源丰富满足多元应用

突出信息化技术与课堂教学的深度融合与多元应用，制作微课视频、动画等丰富慕课资源使建成的省级线上一流本科课程在学堂在线和军职在线平台持续得到优化；打造飞机与发动机数字化资源平台等拓展线上资源，构建与时俱进的线上教学资源生长链，满足信息化教学需求。

4.4 虚拟实验系统突出虚实互补

实践教学资源方面，新建“虚实结合，以虚补实”的飞行动力学虚拟实验系统，结合航模俱乐部和实际装备满足了理论与实践并重的全时空、多维度“线上线下”混合式自主学习需求，解决传统实物实验“做不到、做不上”的难题，并使军校专业课程与信息技术结合更加紧密。

4.5 第二课堂平台促进能力生成

成立航模俱乐部，为学员首次岗位任职能力生成提供平台。创设“知识综合运用、航模竞技提升”的能力生成新模式，开展教学实践活动和理论知识转化应用，并鼓励学员积极参加学科竞赛促进能力生成，解决学员理论联系实际不够、工程实践能力不足和创新意识较弱等问题。

5 突出形式多样确定课程评价机制

课程考核方式突出形式多样，采取形成性与终结性相结合的多元化考核方式，按一定比例计算成绩，形成了过程结果并重的课程评价机制。形成性考核聚焦学员知识掌握和能力达成，注重知识理论与知识运用相结合，既考基本概念、基本原理和基本方法，又考知识综合应用。终结性考核坚持紧贴作战运用的原则，突出逻辑思维、探究辨析和实践能力，在考查学员对飞行原理、数学建模、性能分析和作战运用等基本知识掌握的基础上，着重考查学员利用飞行动力学基本理论解决实际战训问题的能力。

学员成绩认定方式为线上学习(40%)＋线下学习(60%)。在课程的总成绩评定时弱化终结性考核(期末考试)比重，提高形成性评估成绩比重，引导学员将学习重心放在平时，使其重视平时点滴积累的重要性。考核题型有填空、单选、多选、判断、主观题和投票题等，按难易程度有一定的挑战度区分。

6 课程特色与创新

6.1 课程特色

1）飞行原理指导作战运用，教学内容更加突出飞行原理紧贴实战与战训实际。提炼了“性能服务作战、品质保证安全和飞控提升效能”课程内涵，加强了基本理论与作战训练的融合对接，解决了原课程内容与装备作战联系不够紧密的问题，满足新时代高素质新型军事人才培养需求。

2）虚拟仿真结合实装训练，教学手段更加突出信息技术与课堂教学深度融合。在国内率先建成了飞机飞行动力学慕课，被评为陕西省“双料”一流本科课程，建设了虚拟仿真实验系统平台，有效支撑专业基础课实践教学需求，解决了军校专业课程与现代信息技术结合不紧的问题。

3）基础理论对接工程实践，教学组织更加突出综合能力提升的学员创新实践。打造了第二课堂平台，创设了“知识综合运用、航模竞技提升”的能力生成模式，解决了学员理论联系实践不够、工程能力不足和创新意识较弱等问题，为他们知识应用、装备认知和能力提升奠定坚实基础[9]。

6.2 教学改革创新

1）课程设计突出学为中心，探索了装备原理课程教学的新模式。以学员为中心，遵循认知规律，按碎片化知识点建成在线慕课向社会免费开放，融通配套的突出基础性、创新性和综合性的虚拟实验系统和其他线上资源，拓宽了从教员、学员、时空和资源四个维度的自主教学空间，提高了学员知识理论水平和自主学习能力，为“军队院校教学模式改革”进行了有益尝试。

2）课程思政注重润物无声，实践了培根铸魂启智润心协同育人。探索了专业课程“滴水浸润”的思政育人模式，开辟思政教育专栏、发布思政讨论话题，从知识点和作训案例中挖掘先进战机总设计师和试飞英雄典型事迹等思政元素，在潜移默化中引导学员树远大理想，立爱国之志，培育他们爱国情怀、创新意识和战斗精神，同“大水漫灌”的思政课程形成协同效应[10]。

3）课程组织突出能力培养，设计了装备原理课程教学的新方法。创设了“打牢基础、注重应用和激发创新”知识综合运用的工程实践能力生成新模式，优化教学资源配置，实现了内外一体、虚实结合的“线上慕课＋虚拟实验”自主学习。课堂讲授中综合运用任务驱动、逻辑推演和问题探究等教学方法加强学员的理性思维，提高探究辨析和解决实际工程问题的能力。

4）课程资源突出系统多元，提出了原理课程资源建设的新思路。突出信息技术与课堂教学的深度融合，开启了全员共建课程资源建设机制，建成慕课和虚拟仿真实验系统与实际装备形成了“虚实结合，以虚补实”的资源体系，打造了飞机与发动机数字化资源平台，构建了完整的与时俱进的教学资源生长链，为装备理论教学奠定基础，实现了装备理论教学紧跟装备发展[11]。

7 结束语

本课程经过多年在优化教学内容、完善教学资源、创新模式方法和建强优秀团队等方面进行系统的实践与改革，有效建立了理论知识和作战运用的联系，探索了一套完整的课程教学体系，丰富了课程教学手段和方法，拓宽了教学时空，为学员岗位任职能力的提升夯实了基础，有效提高了教学效益和人才培养质量。但课程建设永远在路上，仍然需要持续开展融入思政元素的实战化课程内容凝练与建设、探索混合式教学模式改革的实践，需要每一位教学参与者献言献策、勠力前行，为培养德才兼备的高素质、专业化新型军事人才贡献力量。

参考文献

[1] 中国教育部.《高等学校课程思政建设指导纲要》[Z].2020-05-28.

[2] 吴岩.建设中国“金课”[J].中国大学教学，2018(12)：4-9.

[3] 周鑫燚，唐瓷，冯鸿.金课“两性一度”特征的学理分析与实现策略[J].成都师范学院学报，2020，36(6)：136，20.

[4] 教育部关于一流本科课程建设的实施意见[EB/OL].http://www.moe.gov.cn/srcsite/A08/s7056/201910/t20191031_406269.html.

[5] 郑冬梅，李奕松，刘京国.新时代背景下打造金课的思考[J].教育教学论坛，2020，(8)：337～338.

[6] 苏新兵，周章文，张晓露.飞行器动力工程专业课程思政建设探索与实践[J].南京航空航天大学学报，2020(12)：66-69.

[7] 苏新兵，周章文，张登成.飞机飞行动力学课程混合式教学探索与实践[C]//第二届全国高等学校航空航天类专业教育教学研讨会论文集.北京：北京航空航天大学出版社，2021(04)：277-281.

[8] 苏新兵，胡良谋，姚东野.形象化教学在飞机飞行动力学课程中的实践[J].第一届全国高等学校航空航天类专业教育教学研讨会论文集.北京：北京航空航天大学出版社，2019(10)：256-260.

[9] 苏新兵，张登成，等.“飞机飞行动力学”军队院校精品课程申报书[Z].2021(07).

[10] 苏新兵，周章文，张晓露，等.军队院校“飞机飞行动力学”思政育人的探索与实践[C]//第二届全国航空航天类课程思政教学改革会论文集.北京：北京航空航天大学出版社，2021(6)：249-354.

[11] 苏新兵，张登成，等.“飞机飞行动力学”第二批国家级一流本科课程(线上课程)申报书[Z].2021(08).

抓建金课,为战抓教

董受全　王少平　刘亿
(海军大连舰艇学院 导弹与舰炮系,大连　116018)

摘　要:如何建设军队院校作战指挥专业金课,实现为战抓教、为战育人,是军事教育教革中的重要问题。本文以新时代军事教育方针作为指导,以教育部关于一流本科课程建设相关文件精神为依据,以舰艇导弹指挥专业课程建设为案例,提出了教学改革实践的总体思路。从提升高阶性、突出创新性、增加挑战度三个方面,具体细化了作战指挥专业课程金课建设"两性一度"标准;从教学内容、教材建设、教学方法、教学条件建设、师资队伍建设、课程考核评价等方面,给出了相关做法和经验。

关键词:课程建设;为战抓教;教学改革;联教联训

2019年11月27日,习近平在全军院校长集训的开班式上提出了新时代军事教育方针,发出全面实施人才强军战略的号令,把院校优先发展提到了前所未有的高度,为新时代军事教育立起了总纲领、总指导、总遵循。习近平强调,要加强学科专业建设,聚焦强军目标要求,坚持战斗力标准,健全动态调整机制,加强以课程和教材为重点的教学体系建设,加强院校科研同教学的结合。

2019年10月,教育部颁发了《教育部关于一流本科课程建设的实施意见》(教高(2019)8号)。文件中提到:课程是人才培养的核心要素,课程质量直接决定人才培养质量,要让课程优起来、教师强起来、学生忙起来[1]。

推动一流本科课程建设(即金课建设)是全面深入贯彻习近平关于教育的重要论述,落实全国教育大会精神和新时代军事教育方针重要抓手,是全面提升本科人才培养质量的核心。金课建设的核心标准是"两性一度",即提升高阶性、突出创新性、增加挑战度[2,3]。军队院校如何按照"两性一度"的标准狠抓"金课"建设,推动课程体系、课程内容和教学模式改革,引领师资队伍和教学条件建设,全面落实立德树人、为战育人的目标,各军队院校都在不断探索研究和实践[4,5]。下面主要以我院舰艇导弹指挥专业为例,介绍金课建设和全面落实为战抓教的教学改革实践的一些做法和经验。

1　教学改革实践的总体思路

一是强化基础理论研究,突出为战育人鲜明导向。以习近平强军思想,特别是习近平关于军事教育和人才培养重要论述、习近平关于建设教育强国等重要论述为指导,以新时代军事人才需求为牵引,结合院校和部队改革具体情况,突出为战育人、教战育人要求,探索军队院校作战指挥专业课程设计、课堂实施的特点和规律,着力从人才培养方案设计、课程体系设计、教学实施方法、课程教学设计、课堂组织实施、部队实践教学、联教联训联考等多方面入手,研究相关的教育教学理论。

二是精准设计课程方案，突出培养目标系统达成。舰艇导弹指挥专业是以培养舰艇导弹初级指挥人才为目标，培养岗位指向明确，即舰艇导弹作战岗位的初级指挥员。因此，设计课程方案时，要按照“课程围绕打仗设置、教学紧贴实战实施”的要求，从体系的角度对舰艇导弹指挥专业课程进行设计规划，形成可指导课程设计和实施的方案。

三是丰富完善教学保障，突出贴近实战课程实践。课堂连着战场，保障决定成效，因此要以突出培养学生创新精神和实战能力为目标，打造融合院校实验教学设备、部队实际装备为一体的实践性“教学训练平台”，打造晓于实战的名师大家，建强师资队伍。通过组织院校实作训练、部队装备实操、实际使用武器训练等教学环节，以贴近实战的场景、贴近实战的对手、贴近实战的攻防演练科目来对课程实践教学效果进行全面检验，培养学生了解未来战争形态、掌握武器装备实际操作和作战指挥方法的能力和素质。

四是强化实践总结提高，突出为战抓教闭环设计。当前，世界科技不断发展、世界军事革命加速推进、战争形态不断发展变化，教育教学本身也在变化，因此，军队院校为战抓教的教育教学改革永远在路上，我们通过总结已取得的改革成果，查找不足，然后以问题为导向，研究新装备、新作战理论，对接战场需求、对接岗位需求，调整课程教学基准点，使为战教战水平不断提升，使培养的人才能够不断适应对手之变、战争之变、科技之变、改革之变，推动“战”“教”深度融合，闭环螺旋提升。

2 具体化金课建设标准

2019年10月，教育部发布了《关于一流本科课程建设的实施意见》(以下简称《意见》)，《意见》强调一流本科课程的课程目标、教学内容、实践与评价等课程建设环节，需按照“两性一度”，即提升高阶性、突出创新性、增加挑战度的标准来进行建设。因此，“两性一度”是“金课”建设的重要标准。

2.1 课程目标的高阶性

军队人才培养目标的确定必须充分考虑指向性和职业性[6]。在专业课程体系设计上，我们根据舰艇导弹指挥专业自身特点，聚焦舰艇导弹装备、聚焦作战指挥，将人才培养供给侧对接未来战场需求侧，围绕实战搞教学、着眼打赢育人才，按照“‘教’是起点，‘战’是终点”，面向部队瞄准岗位、面向战场谋求打赢、面向未来定位一流的要求，科学系统设计专业课程体系，达成为战抓教总体目标高阶的标准；在具体课程设计上，强调学生在知识、能力和素质上的全方面提升和有机融合，培养学生解决复杂问题的综合能力和高级思维，特别强调作战指挥类课程设计目标要紧盯作战样式新变化、武器装备新发展、战斗准备新要求，把准教战着力点。在知识层次上，引导学生以导弹装备和作战指挥为载体，实现跨学科、跨专业的知识拓展与融合，融会贯通、学以致用；在能力层次上，引导学生掌握导弹装备结构、原理和工作流程，提高学生解决导弹作战运用实际问题的能力；在思维层次上，引导学生创新战法训法，培养学生全局思维、极限思维和质疑精神、创新精神等。

2.2 课程内容的创新性

一是优化教战练战的教学内容。舰艇导弹作战指挥专业教学一直坚持需求牵引，紧扣武器装备和任职岗位需求，按照“打仗需要什么就教什么，部队需要什么就练什么”的要求进行内容创新设计，坚持面向部队、面向战场、面向未来，摒弃陈旧的教学内容，将部队战法训法成果及时引入课程教学。二是确保课程知识的前沿性和时代性。当前，世界军事革命加速推进，新的作战概念不断涌现，作战样式深刻改变，具有智能化特征的信息化局部战争成为今后一个时期的基本战争形态，因此教学内容设计时把准“战”的能力要求，及时将新理论、新技术、新装备、新战法、新训法纳入课程教学。三是创新以战领教的组训模式。教学模式创新就是要解决“怎么教”的问题，教学形式要呈现先进性和互动性，要理论联系实践。由于舰艇导弹指挥专业所培养的人才将直面一线指挥岗位，我们在教学组训中，直接打通院校与部队间的链路，坚持聚焦实战、以战领教，突出实战实训，组织学员到舰艇部队导弹指挥部门进行装备实操、岗位实习和实战化演习训练，拓展多元化教学手段，深入开展联教联训联研联考，缩短从理论到实践、从课堂到战场的距离。

2.3 教学实践与评价的挑战度

战场是检验军事人才培养的试金石，课程教学考核评价中，必须立起“战”的标准，牢固树立战斗力标准，牵引教学考核。课程设计时，立起一定的难度标准，要学生和老师一起跳一跳才能够得着，对老师备课和学生课下学习提出较高的要求，要求老师要认真花时间、花精力、花情感备课讲课，学生课上课下要有较多的学习时间进行思考和研究，同时要建立起具有一定挑战度的考核标准，激发学生内在学习潜能，挑战自我、超越自我。

3 教学改革实践的具体做法

在教学改革实践中，我们以国家级一流课程建设标准为依据，在教学内容、教材建设、教学方法、教学条件建设、师资队伍建设、课程考核评价等方向全向发力，建设舰艇导弹指挥专业金课，为战抓教成果显著，其中，2017年舰空导弹战斗使用课程组获得了全国信息教学大赛一等奖，2020年舰舰导弹战斗使用课程组获得了全国教学能力大赛二等奖。具体做法如下：

3.1 课程教学内容

舰艇导弹指挥专业课程包括通识文化课程、专业背景课程和首次任职课程，总的要求是通识文化课程奠定基础，专业背景课程支撑首次任职课程。课程体系设计时，既要厚植基础、拓宽口径，又要立足装备、指向岗位，使课程内容契合课程目标，充分考虑学生成长规律，将课程专业教学目标与课程思政教育目标相融合，润物细无声，体现出课程内容思想性、科学性与时代性，反映学科前沿动态与部队发展需求，既有广度又有深度，服务于培养学生深度分析、大胆质疑、勇于开拓的挑战精神和创新能力[7]。课程教学内容优化时，建立起对标部队训练大纲制度、部队审查制度、部队反馈和动态更新机制，将最新作战条令法规、部队备战打仗实践成果及时纳入到课程内容之中，实现教学内容与部队作战训练接轨。

3.2 教材建设

2021年10月12日，国务院副总理、国家教材委员会主任孙春兰出席了全国教材工作会议暨首届全国教材建设奖表彰会时指出：教材是教育教学的关键要素、立德树人的基本载体，要以促进学生全面发展、增强综合素质为目标，以全面提高教材质量为重点，创新教材建设理念，增强教材育人功能，不断提升管理水平，打造更多培根铸魂、启智增慧、适应时代要求的精品教材。舰艇导弹指挥专业直面部队装备和作战指挥，随着装备更新、战法创新，专业类教材不断紧跟部队实际进行更新。目前，舰艇导弹指挥专业课程教材以5年为周期对内容及时进行更新，同时建立起教辅资料每年动态更新机制，及时弥补教材内容迟滞于武器装备及作战训练的问题。

3.3 教学方法

在教学中，教学内容是核心，教学方法是载体。只有选择最恰当的教学方法，才能更好地实现教学目标。在教学实施过程中，我们牢固树立"以学生为中心"的理念，努力实现现代信息技术与教学深度融合，创新课程组织形式，采取研讨式、探究式、案例式、战例式、想定作业、仿真推演、实验验证、操作技能训练、作战指挥操演等多种教学实施方法，让课堂活动起来，通过师生积极互动，让学生产生兴趣，主动参与挑战，强化学生创新能力、批判性思维能力的培养。为了加强实战化训练，提升学生组织训练和作战指挥的岗位任职能力，我们设计了院校实验室模拟训练、部队实操实习训练和实际使用武器训练的实践能力逐次进阶训练培养的三步法，部队装备实操、岗位实习训练和实际使用武器训练相结合，学生在部队实习阶段完成，这样实现了院校教育与部队训练有机衔接，理论与实际有机结合，通过院校和部队联教联训联研联考，将课堂延伸到舰艇岗位、延伸到海上演习场，在近似实战化演训环境中，锤炼了作风品质，提升了舰艇导弹指挥专业岗位任职能力。

3.4 教学条件建设

习近平在全军院校长集训的开班式上强调了要把院校优先发展提到前所未有的高度。我们充分利用加强院校建设的契机，围绕教战研战学战练战，积极申请教学用的新型导弹武器装备和设备，利用年度实验条件建设项目，申报研制导弹武器系统作战指挥模拟训练系统，利用军队院校"双重"（重点院校和重点学科专业）建设，积极申报并批准了"防空反导作战"重点建设学科专业。通过总体筹划、多渠道建设，体系化推进了教学设施、训练场地、信息网络平台等实战化教学条件建设，有力支撑了专业课程高水平建设。

3.5 师资队伍建设

课程教学改革创新、为战抓教的关键在于知战晓战、谋战研战的高水平师资队伍。习近平在全军院校长集训的开班式上强调，要教育引导广大教员坚定理想信念、加强理论武装、立德修身、潜心治学，加大领军拔尖人才、中青年骨干人才培养力度，培养一批知晓现代战争的名师。我们高度重视师资队伍建设，以学科核心凝聚教学团队力量，多措并举，不断提升实战化教学能力，近两年分别取得了学院群众性教学比武竞赛集体第一名和第二名，1名教师被选拔为全军科技拔尖人才培养对象，5名教师被选拔为学院名师工程培养对象。我们采取主要措施有：一是注重青年教师教学基本功的培养和训练，实行任课教师准入机制、培训上岗、定期集体备课、研讨课程设计、进行交叉听课、多级教学督导，发挥好“传帮带”作用，培养年青教师快速成长。二是通过教师到部队代职锻炼、参加部队演训、装备跟研跟试等，紧跟装备建设和作战训练，贴近部队、贴近装备，提高了主讲教师实战化教学能力，培养了知晓现代战争的名师大家；三是通过送学攻读学位、短期进修、参加教指委组织的课程交流等活动，提升教师学历和课程建设水平。

3.6　课程考核评价

课程考核是检验学生和老师的指挥棒，必须合理设计、科学评价，以激发学习动力和专业志趣，让学生忙起来。我们在课程考核中，采取形成性考核与终结性考核相结合的形式。其中，形成性考核包括线上线下作业及评价、课堂问题回答、实作测试、研讨汇报、案例分析等多种方式，形成性考核占比为20%～50%；终结性考核采取综合笔试、综合口试、论文、研究报告等，终结性考核占比50%～80%。将形成性考核和终结性考核成绩百分制加权后计算得到的分数为学生课程学习分数。多样化的考核形式对学生进行多维度评价，能够更加科学客观地反映学生水平和素质，同时增强了学生经过刻苦学习后收获能力和素质提高的成就感，从而进一步调动学生课内外学习的积极性。

4　结　论

抓建金课，实现为战抓教的总体思路为：强化基础理论研究，突出为战育人鲜明导向；精准设计课程方案，突出培养目标系统达成；丰富完善教学保障，突出贴近实战课程实践；强化实践总结提高，突出为战抓教闭环设计。抓建金课，实现为战抓教的具体着力点主要包括教学内容、教材建设、教学方法、教学条件建设、师资队伍建设、课程考核评价等。

参 考 文 献

[1] 中华人民共和国教育部. 教育部关于一流本科课程建设的实施意见[EB/OL].(2019-10-30). http://www.moe.gov.cn/jyb_xwfb/xw_fbh/moe_2606/2019/tqh20191031/sfcl/201910/t20191031_406261.html.

[2] 宋专茂，刘荣华. 课程教学“两性一度”的操作性分析[J]. 教育理论与实践，2021，41(12)：48-51.

[3] 刘晋. 基于“两性一度”的“金课”建设[J]. 山东教育(高教)，2019(05)：24-25.

[4] 李映红，韩勐. 军校教学中如何正确选择教学模式[J]. 现代职业教育，2021(50)：138-139.

[5] 司维超，孙涛，洪贝，等. 针对军校学员的教学分析及混合式教学改革[J]. 教育教学论坛，2021(34)：83-86.

[6] 何广军，赵岩，叶继坤. 军队院校人才培养目标与课程体系关联性研究[J]. 中国电子教育，2019(5)：16-20.

[7] 常思江，卫东华.“新工科”背景下专业课程“金课”建设探索[J]. 高教学刊，2020(33)：6-10.

航空航天专业研究生机构学教学内容改革探讨

陶建国　岳洪浩　郭宏伟　刘荣强

（哈尔滨工业大学 机电工程学院，哈尔滨　150001）

摘　要：面向航空航天专业研究生，针对机械学科机构学课程存在的一系列问题，提出了对课程教学内容进行改革的思考和探索，阐述了教学内容改革的要点，旨在紧密结合航空航天领域技术发展的需求和机构学最新的研究成果，重点突出新的数学分析工具和新的机构分析理论的应用，注重典型机构和特色机构案例分析的引领作用，并探讨了适应课程内容改革的教学模式。新的教学内容对促进学生热爱航空航天专业、夯实理论基础、增强解决问题能力等方面具有积极的意义，在实践中获得了研究生们的支持。

关键词：航空航天专业；研究生教育；机构学；课程体系；教学内容改革

引　言

机构学一般是指研究机构的结构、运动学和动力学的理论科学，最早形成于18世纪下半叶的第一次工业革命时期，在原有机械运动学、机械力学的基础上形成了早期独立的理论体系和独特的研究内容，发展成为一门独立的科学，其基础理论成为世界各国高等学校机械学科的一门重要专业基础课程，对促进制造业的发展起到了重要作用。20世纪中后期，随着计算机、自动化，尤其是机器人等新理论、新领域、新技术、新产业的出现与发展，传统机构学发生了深刻的变化，新的研究对象、研究内容、研究方法不断丰富和完善，以适应现代机械产品发展的需要，现代机构学理论体系逐步建立和发展起来[1-3]。

机构学可以说是制造业的基础，是机械产品发明创造的源泉，对发展高等教育、提高国家制造业水平和国际竞争力有重要影响。因此有必要加强高校对机构学的教学研究和改革。机构学知识在本科生的机械原理课程中已有一定的介绍，研究生的机构学课程主要是在机械原理的基础上进一步采用专门分析理论、现代数学分析工具，对机构进行更广泛、更深入的分析，或者对某类型机构进行专门的分析与综合。国内外机构学研究虽然取得了很多成就，相关的专著也不少[4-8]，但是能够涵盖机构学各阶段研究成果、适合国内研究生课程教学的教材还是比较少，更缺乏能全面系统介绍现代机构学新理论、新方法、新发展的教材[9-13]。而随着我国航空航天领域不断取得新的巨大成就，航空航天技术也进入快速发展阶段，相关产品的研发对机构的创新设计、机构分析的新理论和新方法，以及从事现代机构学研究的人才提出了更迫切的需求[5]。而目前现有的研究生机构学教材以及课程内容中，不仅存在有些内容与本科课程重复，有些知识点则比较陈旧等问题[14,15]，还缺乏具有航空航天机构特点的内容，已不能适应现代机构学的研究进程和培养航空航天机构学应用人才的目标。

本文针对目前机构学教学内容中存在的问题，面向航空航天专业研究生的培养，结合哈尔滨工业大学研究生培养方案修订的契机，对研究生机构学课程的教学内容改革做出了一些探索和尝试。教学内容改革旨在传统机构学研究理论的基础上，结合航空航天领域技术发展的实际需求和现代机构学的最新发展成果，突出数学基础的重要性，通过应用实例引入新理论、新方法、新技术，注重培养研究生实际应用的能力和创新意识，使其对现代机构的研究和发展有较好的了解，为他们将来从事机构学研究或航空航天领域机械产品的相关工作打下坚实的基础。

1　教学内容改革的思路

国内外研究生机构学传统的课程体系已存在、建设很多年，有其一定的合理性和完整性。新的教学内容应该以传统课程体系为基础，并根据现代机构学发展的情况和航空航天专业研究生的需求、培养目标来确定。改革的总体思路是：在机构学理论基础的体系框架下，结合现代机构学研究的发展和航空航天领域的实际需求，引入新的研究内容、新的数学工具、新的分析理论和新的研究成果，保持课程体系的连续性和完整性，指明新的研究热点和技术瓶颈，加强学生对机构进行创新设计、建模分析、数值/仿真计算和创新应用等方面能力的培养。

在总体思路的指导下，新的研究生机构学的教学内容主要安排为机构学的体系形成、数学基础与数学工具介绍、机构的结构综合方法、机构的运动学分析与综合的理论方法、机构的动力学分析与综合的理论方法、机构的创新设计与应用方法、机构学的新发展等内容。新内容以传统机构学课程体系的结构组成、运动学和动力学分析与综合为主线，加强了新的数学分析与计算工具的介绍与应用，比如图论、拓扑学、微分几何、最优化计算等数学工具；引入了新的机构分析理论，比如旋量理论、奇异性分析理论、多体动力学理论、非刚体动力学理论等；介绍机构学的最新研究热点和成果，如组合机构、并联机构、柔顺机构、变胞机构、折纸机构、广义机构等；结合航空航天领域的多种典型机构，如飞行器舵面、矢量喷管、变形翼等的执行机构、可折展天线机构、多点连接与分离机构等，介绍机构学分析与设计的理论、方法的应用与创新，培养研究生的创新意识。在实践方面，重视研究生理论知识应用能力的培养，激发、调动学生的兴趣和主动性，通过大作业和研究报告等方式，训练学生在课下自主学习、运用所学理论知识对实际机构进行分析，并要求学生学习相应的机构分析计算软件，如 ADAMS、ANSYS 等，能够借助计算机辅助软件对机构进行分析、设计和仿真计算，适应现代机械设计发展的需求。

2　教学内容改革的要点

2.1　拓展机构学中数学方法与工具的应用

机构学的问题总可以化为数学问题，机构的设计与分析也离不开数学工具的支持。机构设计与分析的过程其实就是进行数学建模、求解的过程。因此，在机构学课程中，应该重视数学方法和数学工具的应用介绍。传统的机构分析一般采用代数、运动几何的设计与分析方法。但是随着机构系统结构越来越复杂、要求越来越高、组成越来越广义化，传统方法越来越显得力不从心。因此，随着机构学研究的深入，各种新的数学方法与工具不断被引入，如图论、拓扑学、现代微分几何、最优化计算等，这些数学方法与工具可以在某一方面极大地增强对机构的分析能力,加深对机构的了解与认识。因此,在新的课程内容中,要拓展对这些新方法、新工具的应用介绍,使学生初步了解如何应用现代数学方法与工具对机构进行系统、深入的分析,为将来从事相关的科研工作打下基础。

图论和拓扑学是近代数学的研究内容,目前已成为现代机构学研究的重要数学工具。传统机构学常借助于机构简图和几何、代数对机构进行设计和分析,难以进行深度数学运算,不适应复杂机构的研究。后来机构学者们开始引入图论和拓扑学的知识,借助拓扑图与机构的结构简图的一一对应关系,并用矩阵来表示图,进而采用数学的手段对机构的拓扑结构进行分析和计算,可以便捷地对复杂机构进行结构分析[10]。因此,新课程内容中简要介绍图论和拓扑学的基本知识,展现其在机构的结构综合与分析中的应用,使学生了解如何采用这些数学方法与工具来研究机构的结构,增强对机构的结构综合与分析能力。

微分几何学是运用数学分析的理论研究曲线或曲面在它一点邻域的性质,进而认识完整曲线和曲面的数学分支。目前,微分几何学已发展成为成熟的黎曼几何,并形成了以李群李代数为代表的现代微分几何理论。近年来,国内外学者将现代微分几何理论用于机器人机构的结构及运动等相关问题的分析与研究,取得了一系列的研究成果[16],并在其他复杂机构分析中得到推广应用。因此,有必要将微分几何基本理论引入到机构学课程中进行简要介绍,并在机构分析中进行简单的应用,使学生了解在机构分析中如何应用微分几何理论,增强机构分析的能力。

最优化计算是随着计算机技术发展而产生、发展起来的一种计算方法,20 世纪 70 年代机构学者们将最优化计算用于复杂机构的设计中,形成了新的机构综合方法,即机构最优化综合。该方法的实质是将机构综合这一相当复杂的问题作为一阶非线性的数学规划问题加以处理,使得机构在满足预定的约束条件下,获得最佳机构参数或最佳性能的一种近似综合法[7,8]。随着计算机技术的飞速发展和广泛应用,以及优化理论与方法的不断发展与完善,最优化综合方法在多约束、多目标机构设计中已越来越显示出其优越性。因此,新课程内容中要对最优化计算方法进行简要介绍,并将其应用到机构综合中,使学生了解如何采用机构最优化综合来设计机构,增强机构设计的能力。

2.2 引入新的机构分析理论和方法

机构学是一门理论性比较强的科学,机构的建模与分析离不开各种理论指导。现代机构学研究中很多新的理论分析方法不断出现,如旋量理论、机构奇异性理论、多体动力学和弹性动力学分析方法等,这些理论方法使我们对机构的分析更加深入和全面,丰富了机构学的理论体系。但这些分析理论新方法主要出现在一些学术论文或专著中,在研究生教材中很少介绍,因而学生们对这些新的机构学理论与方法缺乏了解。本文在课程教学内容改革中,要对这些内容进行详细介绍。

旋量理论最早形成于 19 世纪,但直到 1948 年才有学者在分析空间机构时应用了旋量理论,此后该理论才逐渐为机构学研究所重视,得到迅速发展。与已普遍应用的矢量法、D-H 矩阵法相比,旋量法可以通过螺旋约束描述机构运动形式,在保证机构自由度性质的基础上,通过力螺旋三维空间来描述复杂机构系统,体现出对机构运动和力学特性参数的影响,其分析能力更强大,易于掌握,展现出独特优势[13]。因此,课程内容改革中,要系统地介绍旋量分析理论，并且结合具体机构介绍该理论在机构分析中的应用。

机构的奇异位形，也称机构的特殊位形，一般是指机构的瞬时运动性能发生突变的位置和形态。处于奇异位形时，机构会发生自由度改变、无法运动、运动无法确定或失控等现象。在机构奇异位形对应的奇异位置（有时简称奇异点）甚至其附近，机构的运动学和动力学性能都变得很差，甚至机构会遭到破坏，因而在机构实际应用中，需要对其奇异位置进行分析和确定。避免出现或远离机构的奇异位置，也是机构设计和控制中一个十分重要的问题。对串联机构和并联机构而言，其奇异位形的类型、复杂性和分析方法均不同[13,16]，因此需要结合典型机构加强对机构奇异位形的类型、分析方法的介绍。

机构的动力学问题是机构设计和动态性能分析的基础。目前，机构分析中比较经典的动力学方法主要有牛顿-欧拉方程、拉格朗日方程、凯恩方程、虚功原理等，但这些方法在分析多自由度机构或具有弹性变形的空间机构时往往比较复杂和困难。多体系统理论能够实现对多自由度机械系统的完整抽象、高度概括和有效描述，基于多体系统的多体动力学是先进制造、航空航天、仿生机械等领域科学技术和应用需求推动下发展起来的一门新学科，在分析复杂机构的动力学特性方面具有较好的应用前景。此外，在考虑构件变形所产生的影响中，以弹性动力分析 KED 为基础的弹性机构动力学近年来已经发展到了一个较高的水平，在弹性机构动力学模型建立及分析方法方面已经建立了良好的理论基础，弹性机构动力学设计也发展较快，并且在此基础上开始进一步探讨具有大变形的柔性机构动力学问题[2,3]。

因此，新的教学内容在介绍经典动力学分析方法的基础上，引入多体动力学和弹性动力学分析理论，使学生对现代机构的动力学分析方法有比较全面的了解和掌握。

2.3　加强对机构学新动向和新成果的介绍

机构学是一门相对比较传统和古老的科学，但是近年来随着新理论、新制造工艺、新材料等技术的发展和现代机械新产品需求的增加，机构学理论和应用也获得了极大的促进和发展，各种新型机构不断涌现，并且在各个行业、领域开始得到应用，其中在航空航天工业领域的表现尤为突出，因而使得传统的机构学焕发出新的活力和产生新的研究热点[17]。新的教学内容要选取一些最近国内外有较多研究，并且有较好应用前景的典型新型机构进行介绍，如组合机构、并联机构、柔顺机构、仿生机构、变胞机构以及广义机构等。通过介绍其结构特点、分析方法和主要应用，使学生对现代机构学的研究方向和发展趋势有初步了解。

组合机构通常是由若干个同类型或不同类型的基本机构组合在一起，通过机构之间的运动约束或耦合；或者通过机构之间的运动协调和配合而形成的一种新机构。组合机构可以将凸轮机构、齿轮机构或连杆机构等几种基本机构组合起来使用，能够综合各种基本机构的优点，从而得到基本机构实现不了的新的运动，以满足生产和生活中的多种需要以及提高自动化程度[18]。

并联机构可以定义为动平台和定平台之间通过两个以上独立的运动链相连接，具有两个或两个以上自由度，且以并联方式驱动的一种闭环机构。并联机构在 1965 年由德国学者 Stewart 首次提出，其发明的六自由度并联机构作为飞行模拟器用于训练飞行员。1978 年澳大利亚机构学教授 Hunt 将六自由度并联机构作为机器人操作器，由此拉开并联机器人研究的序幕。但在随后的近 10 年里，并联机器人研究似乎停滞不前，直到 20 世纪 80 年代末，并联机器人才引起了学者们的广泛注意,并联机构也开始成为国际研究的热点[19]。目前并联机构已在需要高刚度、高精度、大载荷而无须很大工作空间的领域内得到广泛应用。

柔顺机构是用柔性结构替代传统刚性机构中的运动副,利用自身柔性构件的弹性变形而非刚性元件的运动来转换力、运动或能量的一种新型免装配机构。柔顺机构的优越性主要表现在结构上减少甚至消除了运动副,缩减了机构的构件数目,极大减轻了机构的重量,节省加工、安装的时间和费用。由于去除运动副,可消除传统机构中的间隙、摩擦、磨损及润滑等复杂问题,从而能够提高机构精度、增加可靠性、减少维护等[20]。柔顺机构在很多特殊应用场合下有广泛的应用,具有不同于传统机构的运动学和力学特性,越来越引起机构学者们的研究兴趣;随着研究的广泛和深入,柔顺机构也在逐渐形成特有的、较为系统的设计、分析理论和方法。

仿生机构是由刚性构件、柔性构件以及动力元件等人为实物组合而成、具有所模仿生物特性的机械系统。仿生机构可以充分借鉴大自然中各种生物体自身巧夺天工的构造机理,以提高机构的功能或性能。仿生机构近年来已成为机构学领域的研究热点,不断涌现出新成果,丰富和发展了现代机构学的理论和技术,在军用和民用领域均得到了广泛的应用。

变胞机构代表了一类能从一种结构形式变换到另一种结构形式的机构,其结构形式变换过程中,有效构件发生了改变,自由度也可能发生变化[21]。变胞机构在 1998 年首次被提出,经过国内外机构学者多年的研究,已取得了丰硕的成果,开辟了机构学研究的一个新方向——机构的可重构性。变胞机构学已初步形成了完整的理论体系,成为机构学的一个独立分支,同时变胞机构的实际应用也取得了初步成果。

广义机构是指引入液、气、声、光、电、磁等工作原理的一类机构,统称为广义机构。广义机构利用了新的工作介质、某些特殊功能材料或新工作原理,可比传统机构更简便地实现运动或动力转换,还可实现传统机构较难实现的运动和性能,在军用和民用领域都已得到了应用。广义机构在结构组成、材料特性、制造技术、测量方法、控制手段等方面较传统机构都有很大变化,其结构类型、工作机理、驱动方式、运动特性以及相应的设计理论与分析方法等均有待深入研究,已逐渐成为现代机构学重要的研究内容[22, 23],研究前景十分广阔。

由于这些新型机构在现代机构学中的重要地位和作用,新的教学内容中要结合实例对这些机构的发展历史、发展现状、主要研究内容、基本分析方法等做简要的介绍,使学生对现代机构的发展方向有一个初步的了解。

2.4 重视典型机构与特色机构的案例分析

机构学是一门理论性和实践性都比较强的应用科学,它既要采用各种传统和现代的机构通用分析理论进行研究,也要结合具体的机构自身特征进行分析。机构学教学的目的在于培养学生用所学理论来认识、分析具体实际机构的能力。机构类型多种多样,机构结构也是千变万化;在众多的机构中,一些机构具有一些显著的代表性,能够体现某类型机构的一般特点,这些机构称为典型机构,如四杆闭链机构、三自由度平面并联机构、空间三自由度 Delta 并联机构、空间六自由度 Stewart 平台等。这些机构,或者稍加改变的变形机构,在机械设计和制造行业中会经常出现和应用。新课程内容中,通过对这些典型机构在构型综合、运动学和动力学等方面的建模与求解分析,将研究理论、方法和过程具体形象化,加深学生对理论内容的理解与掌握。同时，学生也可以举一反三，把这些理论方法应用到其他机构的设计与分析中，培养学生的创新意识，增强学生的解决实际问题的能力。

此外，结合高端航空航天飞行器舵面、矢量喷管、变形翼等的执行机构、可折展天线机构、多点连接与分离装置等，介绍典型四杆机构、双六自由度并联组合机构、六棱台桁架模块机构、形状记忆合金作动器的连接与分离机构等的结构特点和创新应用，以及苛刻的环境条件产生的力、热交变载荷的影响，指出目前这些机构尚未解决的机构学问题，加深学生对课程内容的理解和掌握，激发学生的学习兴趣和挑战未解难题的勇气。

2.5 探索适应课程内容改革的教学模式

任何一门课程的教学规划效果都需要经受实践的检验，并在实践中进行总结和改进。新的课程内容改革对授课教师和听课的研究生也是新的尝试，必然会带来一些新的问题，如新理论、新方法以怎样的方式引入？新内容与保留的传统内容怎样兼顾？学时怎样分配？都需要授课教师去探讨和摸索。首先，教师应秉持一种积极乐观的心态和认真负责的态度去备课，努力做到课前对授课内容，尤其新内容心中有数。其次，教师应根据现有条件调动、发挥学生的学习主动性，要求学生课前预习授课内容，课中进行检查。第三，重视对学生实际应用能力的培养，课程教学中可以将需要加深理解或重点掌握的内容布置为大作业，培养学生应用机构学的理论知识解决实际问题的能力，要求学生能够应用计算机仿真分析软件，如 ADAMS，ANSYS 等进行机构的设计、建模、运动学和动力学仿真分析。因此课程考核也考虑采用大作业的方式进行，不要求学生死记硬背理论和公式，如要求他们选择某一个机构进行全面的分析和计算机仿真，包括自由度的计算、运动学分析、动力学分析及其奇异性分析等，并进行分组验收讲解，切实考核学生自我学习能力和理论知识实际应用能力。

3 结 论

机构学课程是机械工程专业非常基础且非常重要的课程，但是该课程在国内一些高校机械学科“双一流”建设研究生培养体系中还没有得到很好的重视，在教材、教学内容、教学方式等方面存在诸多问题。

本文面向航空航天专业研究生的培养，针对机构学教学内容存在的问题，对该课程教学内容的改革进行了思考和探索。提出了机构学研究生课程内容安排的总体思路，并在此基础上提出了教学内容改革的几个关键点，包括数学基础方面、新机构理论方面、机构学新动向和新成果方面、典型机构和航空航天特色机构分析方面，以及适应课程内容改革的教学模式方面。通过这些改革措施，使新的教学内容更加合理，并力求与时俱进，旨在紧密结合航空航天领域技术发展的需求和机构学最新的研究成果，加强理论教学与实践教学相结合、知识传授与能力培养相结合，对促进机械学科航空航天专业研究生机构学的教学和加强研究生基础和能力的培养，实现双一流建设目标具有积极的作用。

新的课程内容已在本校硕士研究生的现代机构综合与分析课程和博士研究生的高等机构学课程中进行尝试，相应的教学实践得到学校研究生课程建设项目的支持，并受到选课研究生的认可和支持，获得了较好的教学效果。

参考文献

[1] 邹慧君,田永利,郭伟忠.现代机构学的形成、基本内容和应用前景[J].机械设计与研究,2002,18 (2):10-13.

[2] 高峰.机构学研究现状与发展趋势的思考[J].机械工程学报,2005,41(8):3-17.

[3] 邹慧君,高峰.现代机构学进展[M].北京:高等教育出版社,2007.

[4] 杨廷力.机械系统基本理论——结构学、运动学、动力学[M].北京:机械工业出版社,1996.

[5] 陈烈民.航天器结构与机构[M].北京:中国科学技术出版社,2005.

[6] 张启先.空间机构的分析与综合(上册)[M].北京:机械工业出版社,1984.

[7] [美]C. H. 苏,C. W. 拉德克利夫.运动学和机构设计[M].上海交通大学机械原理及零件教研室,译.北京:机械工业出版社,1983.

[8] 谢存禧,郑时雄,林怡青.空间机构设计[M].上海:上海科学技术出版社,1996.

[9] 楼鸿棣,邹慧君.高等机械原理[M],北京:高等教育出版社,1990.

[10] 白师贤.高等机构学[M].上海:上海科学技术出版社,1998.

[11] 韩建友.高等机构学[M].北京:机械工业出版社,2004.

[12] 张春林.高等机构学[M].北京:北京理工大学出版社,2005.

[13] 黄真,赵永生,赵铁石.高等空间机构学 [M].2版.北京:高等教育出版社,2014.

[14] 吴宇列,吴学忠,席翔.机构学研究生课程中美大学比较分析[J].高等教育研究学报,2016,39(3):63-70.

[15] 吴宇列,吴学忠,王秀.机构学研究生课程教学内容改革思考[J].高教论坛,2016,(4):104-106.

[16] 李永刚,宋铁民,张策.基于现代微分几何的机器人研究现状[J].中国机械工程,2007,18(2):238-243.

[17] 刘志全,黄传平.月球探测器软着陆机构发展综述[J],中国空间科学技术,2006,1:33-39.

[18] 吕庸厚,沈爱红.组合机构设计与应用创新[M].北京:机械工业出版社,2008.

[19] 黄真,孔令富,方跃法.并联机器人机构学理论及控制[M].北京:机械工业出版社,1997.

[20] 张连杰,刘善增,朱真才.柔顺机构的研究进展[J].组合机床与自动化加工技术,2011(7):108-112.

[21] 李端玲,张忠海,戴建生,等.变胞机构的研究综述和展望[J].机械工程学报,2010,46(13):14-21.

[22] 潘洋宇,李迎,王拴虎.微型机械技术和应用前景[J].兵工自动化报,2003,22(5):12-14.

[23] 邹慧君,张青.广义机构设计与应用创新[M].北京:机械工业出版社,2009.

对流体力学数值仿真类课程中理论教学的思考*

田正雨　谢文佳　王圣业　李桦
（国防科技大学 空天科学学院，长沙　410073）

摘　要：计算流体力学是力学、计算数学交叉领域，以其为基础的流体力学数值仿真类课程在航空航天相关专业课程体系中具有重要的地位。本文分析了国内外典型教材内容，发现国内计算数学理论内容相对较多，而国外对于分析/应用与方法评估则明显更为重视。结合近年来我校流体力学数值仿真类课程的实际情况，本文还从内容设置、教学方法、实践应用等方面对课程中的计算理论基础教学环节进行了分析，并从加深学生对计算流体力学原理理解、提高应用能力的角度，对课程中计算理论相关内容的教学和实践提出了建议。

关键词：流体力学；数值仿真；CFD；理论教学；课程实践；仿真软件

1　流体力学数值仿真类课程特点、内容体系与现状

流体力学数值仿真，是在计算机上采用数值方法求解流体力学问题的新兴研究手段，即计算流体力学（Computational Fluid Dynamics，简称 CFD）。它反映了以计算数学理论为基础，以流体力学为应用对象，以计算机为实现手段的综合型研究领域。当前，在航空、航天、机械、水利、化工、土木、生物等多个学科中出现了大量与流体力学相关的研究和应用问题，流动数值仿真方法的发展应用日益广阔，这使得它成为了与流动试验方法同等重要的流动研究手段。

国内高校航空航天和力学相关专业大都开设了与流体力学数值仿真直接相关的课程，如计算流体力学、飞行器气动数值仿真，辐射到相关专业课程中，也多少涉及了流体力学数值仿真相关内容，如部件空气动力学、飞行器气动设计、湍流基础理论、湍流数值模拟等。这些课程涉及流动数值仿真的各个方面，或是主要讲授流动数值仿真的 CFD 基本理论，或是讲授流动数值仿真的基本软件工具或 CFD 高级方法，或是以 CFD 作为工具对飞行器流动进行气动分析，是航空航天相关专业课程体系建设中的重要组成部分。

总的来看，流体力学数值仿真类课程系统讲授计算流体力学的基本知识，使学生理解计算流体力学的地位、内涵与外延，同时注重培养学生的实践能力，并且通过灵活的作业实践，加深他们对计算流体力学的科学理解，提高实际应用能力。

传统上流体力学数值仿真类课程主要面向流体力学方向的学生，但由于当前 ANSYS、FLUENT 等 CFD 软件的通用化程度越来越高，CFD 软件在航空航天工程应用中逐渐普及，课程涉及专业方向也逐渐增多。同时伴随着计算机集群、超级计算机及其应用的迅速发展，流体力学数值仿真类课程正在由 CFD 理论课程变成集理论、应用与实践于一体的综合性课程，

---

* 资助项目：国防科技大学教学改革项目 yjsy2015006。

计算理论在课程中的地位和作用受到了挑战,具体表现在:如何适应计算机软硬件的快速发展?采用何种教学方式计算理论部分更容易为一般工科专业学生所接受?如何将计算理论教学和流动模拟实践教学相结合?最终反映到计算理论部分教学的“量”和“度”如何拿捏,实践考核环节如何设置等问题上。国内多位学者进行了相关研究[1-7]。本文对流体力学数值仿真类课程中的计算理论教学从以下几个方面进行了思考与分析。

2 流体力学数值仿真类课程中计算理论内容体系分析

目前流体力学数值仿真类课程的主要内容可分为七个主要的部分,分别是:概论/流体基础、控制方程、离散/差分/格式/算法、网格生成、湍流模拟、程序计算、分析/应用与方法评估。其中的第二和第三个部分是数学理论相关内容,具体来说,主要是如何运用有限差分方法或有限体积法求解流体力学偏微分方程组的理论与方法。此外其中很多环节也涉及计算数学内容,例如前处理环节网格生成本质是空间区域的离散问题,后处理环节本身就是大量科学数据的可视化问题。计算数学相关内容是流体力学数值仿真理论体系的核心。

目前国内的相关类课程讲授内容仍然以控制方程和离散/差分/格式/算法为主。本文作者曾统计分析了国内的 10 本 CFD 数值仿真教材[8](见表 1),可见理论相关内容约占全部内容的 76%;此外还统计了国外的 6 本经典 CFD 数值仿真教材[8](见表 2),计算理论相关内容约占全部内容的 56%。可见国内的 CFD 课程中计算数学理论内容相对较多,而国外对于分析/应用与方法评估则明显重视很多。

我国高校航空航天类专业属于工科,学生的学习目的多是为了更好地使用 CFD 软件解决工程实际问题,以传统的力学专业学生的定位来要求这些学生是不现实的,他们没有太多时间和意愿去证明计算理论中的很多定理和结论,他们更愿意在实践中理解和运用这些原理,这给课程内容的设计提出了新的要求,需要适当减少原有体系中计算理论部分的内容,增加实践应用内容。这样计算理论部分内容的取舍和难度要求设定就需要仔细斟酌考虑。

表 1 国内 CFD 教材中数值仿真各部分内容所占比重统计[8]

内容 序号	概论/流体基础	控制方程	离散/差分/格式/算法	网格生成	湍流模拟	程序计算	分析/应用与方法评估
1	5.24%	5.24%	56.85%	7.86%	4.44%	2.02%	18.35%
2	0.62%	11.38%	81.23%	6.77%			
3	0.93%	9.72%	69.91%	1.85%		17.59%	
4	5.13%	23.93%	54.70%	16.24%			
5	3.74%	1.70%	71.77%	10.88%	4.08%		7.82%
6	11.22%	12.20%	40.00%	11.22%	14.15%	1.46%	9.76%
7	3.57%	9.18%	78.57%	8.67%			
8	4.69%	7.81%	53.52%	14.06%	8.98%	5.86%	5.08%
9	5.60%	29.10%	53.73%	1.49%		4.48%	5.60%
10	3.48%	12.30%	78.69%	4.51%	1.02%		
平均值	4.42%	12.26%	63.90%	8.36%	3.27%	3.14%	4.66%

表 2　国外 CFD 教材中数值仿真各部分内容所占比重统计[8]

内容 / 序号	概论/基础与流体物理基础	控制方程	离散/差分/格式/算法	网格生成	湍流模拟	程序计算	分析/评估与应用
11	6.48%	16.76%	24.19%	9.14%			43.43%
12	9.95%	3.48%	73.63%				12.94%
13	0.41%	1.66%	52.64%	11.30%	4.56%	2.07%	27.36%
14	0.85%	10.02%	65.03%	8.32%	10.02%	2.56%	3.20%
15	1.69%	6.55%	39.96%	8.25%	15.86%		27.70%
16	12.30%	9.79%	35.31%	2.96%	5.01%	0.68%	33.94%
平均值	5.28%	8.04%	48.46%	6.66%	5.91%	0.89%	24.76%

课程相关计算理论部分主要讲授偏微分方程组求解方法，包括方程的性质、离散、格式及其三大性质、求解方法、多维格式等多个部分，其特点是内容丰富、理论未到最成熟、公式复杂、证明不多、方法选择较宽泛、无最优方法，这些特点往往使得初学者大感不适。对于这些计算理论内容的选择，应当适当巩固数学基础，保证核心内容体系，结合实践应用拓展学习求解方法理论。首先，核心内容为方程的性质、离散、格式及其三大性质，地位不可动摇，但这些内容中涉及算子推导和定律证明的部分应当简化，例如格式的稳定性和收敛性问题，一直是历年来课程中的一个难点，完全靠证明过程来使学生理解稳定性和收敛性效果不佳，应当有足够的实例和效果展示促进理解。其次，对于求解方法，方法分类众多，应当按体系介绍主要方法，特别强调计算效果和方法思路，而不只是展示公式。最后，对于多维格式等稍深入的内容，由于实践阶段进行多维问题编程求解的难度较大，应重点介绍方法建立的思路、效果和研究进展，其理论推导部分应作较大简化，对于可压缩流问题、不可压缩流问题的求解，理论上也应当如此考虑。

另外，流体力学数值仿真类课程要求学生具有一定的数学基础，包括计算方法、数理方程等，鉴于各专业方向学生的数学和流体基础不同，特别是数理方程和计算方法等课程，应耗费少量时间巩固相关基础数学知识，特别是如偏微分方程基础理论和算子相关理论。

3　流体力学数值仿真类课程中计算理论部分教学方式分析

为适应流体力学数值仿真本身和学生对象的变化趋势，流体力学数值仿真课程计算理论的教学方式应当考虑适当的改进，下面从以下几个方面分别进行分析：

3.1　采用易理解的教学方式，促进学生消化理解

对计算理论相关结论进行重点阐述和分析，应当多结合实例进行分析。课程中的“格式精度”“稳定性”“波动”“耗散/弥散”等概念是较难理解的，往往需要对应的计算结果图像，特别是动态图像予以辅助说明，效果会好很多。例如对于模型方程之一的波动方程，在讲授计算稳定性条件时，对于“稳定”和“不稳定”这样的词汇，光靠课堂上的讲述，学生是很难理解真正内涵的，如果在课堂上采用动画的形式，动态显示简单的间断失稳现象，可以促进学生直观深入地

理解，如果再有实际流场计算失稳的具体图形显示就更好了，这些教学方式上的改进在现有案例教学基础上最易实现。

3.2 结合实际情况，适当弱化推导证明环节

CFD的计算理论比较复杂，到目前为止，理论体系并未发展完善，严格的证明并不多，很多方法的性质并未完全得到证明，实际上计算流体力学的很多方法都是用“后验”的方法逐步验证的，这给CFD课堂教学方式带来了困难。在课堂讲授和实践指导中，应适当弱化证明环节，同时使学生理解并建立“后验”的思路。例如：对于可压缩流数值格式，格式种类繁多，证明格式好坏的方法就是通过对激波间断处模拟结果的比较来判断。

3.3 介绍计算领域前沿，突出计算理论核心地位

除了硬件发展的影响外，近年来流体力学数值仿真技术的发展主要来源于计算方法的不断进步。例如高精度格式的进展就对高速复杂流动模拟的意义很大，而高精度格式的发展主要集中于偏微分方程组求解的高精度、低耗散、强稳定性等方面。教学中应当通过对最新进展的介绍，凸显计算理论的发展对CFD相关技术实质进步的推动，使学生不过度依赖于软件应用，而不明白其基本数学原理。

4 流体力学数值仿真类课程实践与计算理论的关联性分析

CFD课程实践立足于重视培养学生解决流动问题的能力，给予他们足够的训练，并且留给他们主动探索深入的空间。可以使用的方式包括编程、文献调研与翻译、软件与实例应用等等，既锻炼学生在程序编制、软件使用、流场分析、后处理显示等多个方面的能力，同时也意在激发学生学习理解计算理论的兴趣。

4.1 对计算理论的理解和应用应当贯穿于整个课程实践中

计算理论的效果离不开实践应用，而实践应用的结果也是检验计算理论的主要途径。因此应当在实践中穿插讲授计算理论的结论，使学生从本质上理解相关应用的原理。例如：黏性流动求解的壁面网格限制问题，本质上是由抛物-双曲型方程组的稳定性条件决定的。课堂中可以采用二者在条件、计算结果等方面的对比，说明它们的具体联系，这样也使得学生更容易理解计算理论的结论在实际应用中的具体影响。

4.2 对计算流体力学仿真软件的使用应当重视关联计算理论的基本原理

数值仿真理论并未发展到完善，很多方法也是有利有弊的，很多参数选择也具有局部适用性。在应用CFD通用仿真软件时，加强对参数输入和方法选取的说明和引导，结合物理背景，使学生理解并谨慎对待各种可选方法。最典型的例子是计算中CFL数的取值，根据计算理论中的稳定性条件，可知显式中CFL数须小于1，隐式中CFL数可大于1，但实际中又不可过大。此外，对格式精度的选取，对于湍流度等参数的选取，格式不可随意，因此，在使用CFD通用软件时应小心谨慎，参数取值依据充分。

4.3 对结果的分析处理应当具有基本数学规律的评判眼光

在课程实践中训练学生分析计算结果时，应当让他们学会分析流场结果，学会查出与基本数学物理规律相悖的错误之处。例如在使用 CFD 求解软件时，应加强分析讨论，使他们充分理解残值变化的数学物理意义，如何通过残值初步判定流场的收敛状态，判断计算是否发散。

5 结　论

本文对流体力学数值仿真类课程中的计算理论教学在内容体系、教学方式、理论/实践关联等方面的定位与发展进行了思考与分析，认为：

(1) 教学方式上可以采用易理解的教学方式，突出计算理论核心，适当拓展前沿，弱化推导证明，促进学生消化理解。

(2) 实践设计上应将计算理论的理解和应用贯穿于整个课程实践，将计算流体力学仿真软件的使用与计算理论的基本原理相关联。

参 考 文 献

[1] 李强，章大海，许伟伟，等. 基于工程实践能力培养的计算流体力学课程教学改革实践与探索[J]. 2017(1)36 - 40.

[2] 徐舒，金如聪. Fluent 软件在计算流体力学课程教学中的应用[J]. 课程教育研究，2013(036)61 - 61.

[3] 王文娥，胡笑涛，马孝义. 计算流体力学课程教学改革方法探索[J]. 教育教学论坛，2014(049)191 - 192.

[4] 王学德，陈少松，张向洪，等. 现代计算流体力学课程研究型教学模式探索与实践[J]. 中国校外教育，2016(11)3.

[5] 王莹，孙晓晶. CFD 数值模拟在计算流体力学项目驱动实践教学中的应用[J]. 教育教学论坛，2016(006)141 - 142.

[6] 张德良. 计算流体力学教程[M]. 北京：高等教育出版社，2010.

[7] 田正雨，潘沙，李桦. 计算流体力学课程实践多样化研究与实施[C]//湖南省力学学会学术年会，2015.

[8] 田正雨，潘沙，李桦. 研究生计算流体力学课程教材与创新分析[M]. 刘少军. 研究生教育论坛(2012). 长沙：中南大学出版社，2013.

面向智能的无人驾驶系统基础课程内容建设

陈彦　张天良　孙彬　方黎勇

（电子科技大学 航空航天学院，成都　611731）

摘　要：随着无人机在军民两用领域的日益广泛深入应用，近年来无人驾驶系统工程专业成为国家和社会急需发展的热门本科专业。该专业作为新兴专业，涵盖多学科的交叉综合和前沿技术，专业和课程建设难度大。本文针对这个问题，参照对比目前国内相关专业的经验，结合电子科技大学本身在电子信息领域的特长，分析了“无人驾驶系统基础”这门专业核心必修课的课程内容建设全过程。经过两年实践，得到了精准定位、结合优势、突出特色的课程内容建设经验。

关键词：专业课程；内容建设；无人驾驶系统工程

引　言

无人机具有体积小、造价低、使用方便、对作战环境要求低、战场生存能力较强等优点，世界各主要军事国家都在加紧进行无人驾驶飞机的研制工作。近年来，无人驾驶飞行器被广泛运用在航拍、农业、植保、微型自拍、快递运输、灾难救援、观察野生动物、监控传染病、测绘、新闻报道、电力巡检、救灾等领域，大大地拓展了无人机的民事用途[1-5]。无人航空驾驶领域也成为了世界各国竞逐空天的全新阵地和各类产业资本、相关行业、科研院所竞相投入的热门领域。积极培养这方面的人才成为了我国高校发挥自身科研教学优势、顺应时代发展的必然之举。

2018年电子科技大学“无人驾驶航空器系统工程”本科专业申报成功，2019年秋季迎来了该专业第一批专业分流新生。在此之前全国仅有以北京航空航天大学为代表的四所大学开办了这个本科专业。作为一个时代发展所急需、全新又具有特色的专业，可借鉴的专业建设经验很少。

北京航空航天大学在该专业领域的特长是平台和结构设计，珠海科技学院该专业的主要目标是培养无人机的飞手而不是设计师或工程师。中国民航飞行学院该专业的目标是培养无人机的设计组装、维护和运营的技术人员。而电子科技大学主要的特长在电子信息技术和应用，培养目标和课程建设应该突出前沿信息技术在无人驾驶系统中的应用。

如何结合我校学科特长做好培养方案、建设和实施课程体系及课程内容，成为办好专业、培养合格人才的核心工作内容，其中专业课程的建设是专业建设的重中之重。下面将以无人驾驶系统基础课程为例，分析电子科技大学在无人驾驶系统工程专业的课程内容建设方面的思路和实践探索经验。

1 专业及课程定位

无人驾驶航空器系统工程专业建立在电子科大悠久的工科基础上，根植于电子科技大学雄厚的电子信息学科群，依托飞行器集群智能感知与协同控制四川省重点实验室，属于电子信息＋航空航天的智能航宇学科专业。该专业是为了满足“电子信息＋航空航天”交叉融合的新航空航天类人才需求而设立的，主要培养智能飞行器、数字化设计、智能制造、测控通信、导航制导、探测控制、多飞行器集群智能感知、多飞行器协同控制等关键技术领域的精英人才。

围绕上述专业培养目标、专业定位和专业特色，我们建立健全了无人驾驶航空器系统工程的专业培养方案，着力打造了以无人驾驶系统基础为代表的体现专业特色、涵盖专业关键理论基础和技术以及应用前沿的核心必修课模块，共包含8门专业必修课，共记20.5学分，如表1所列。该专业核心课程充分体现了电子科技大学在电子仪器、自动控制、通信和计算机网络等领域的学科优势，并将其有机融入到了培养方案中。

表1 专业必修课构成

序号	课程名称	学分	学时	开课学期
1	无人驾驶系统基础	3	48	3
2	电磁场与微波技术	3	48	4
3	无人系统通信原理与通信网络	3	48	5
4	飞行控制原理	3	48	5
5	飞行器控制系统实验	2	32	5
6	无人机系统设计实验	2	40	5
7	无人机群智能技术基础	3	48	6
8	多智能飞行器协同综合创新实验	1.5	30	6

无人驾驶系统基础课程面向本科二年级学生开设，作为第一个登场的专业必修课，该课程的定位可概括为：核心性、基础性和特色性。

(1) 首先，课程必修起到“核心”的作用。即课程必须系统地、有机地整合和凝练所有与无人驾驶系统有关的关键基础理论、技术和应用工具的知识，做到以一门课初步统摄整个专业。

(2) 其次，课程必须发挥“基础”的作用。即课程的教学大纲内容要为后面必修课模块中的飞行器控制、无人机群智能、多智能飞行器协同等课程，以及选修课模块中的飞行器智能感知技术、信息融合理论与应用等高阶专业课程打下必要的理论基础。课程内容必须与上述后续必修课和高阶选修课有机地联合起来，构成专业知识树的完整体系。使学生在后续学习中随时能够找到所需理论、方法和工具的源头，让后续学习成为“有源之水”“连绵不断”。

(3) 最后，课程还要体现新专业的特色性。无论是无人机还是无人车，整个无人驾驶行业都是一门新兴、开放的领域。因此课程内容中需要突出体现新兴的、前沿性的信息科技在无人驾驶系统中的应用，如人工智能、神经网络等，让我们培养的学生能够随时跟随技术的发展和行业的需求。

2 课程内容建设

2.1 课程教学范围和目标

针对以上课程定位的三点考虑，我们将无人驾驶系统基础的主要教学范畴限定为：介绍广义智能无人驾驶系统的环境感知、精确定位、智能规划与决策、反馈控制等核心关键技术的基本原理与相关算法，涵盖自动控制、计算机、传感器、人工智能、数字电路和机械工程等多个学科的内容。课程对广义无人驾驶系统(无人车、无人机等)的共性关键技术和基础理论知识进行了总结、提炼，通过该课程的学习，学生能够获得对智能无人驾驶系统的整体认识，掌握必要的基础知识。

教学目标从理论、工具的学习和人格培养三方面出发，努力为国家和社会培养德才兼备的优秀人才。课程教学目标是：通过对广义无人驾驶系统(包括无人车和无人机)所牵涉的共性核心关键技术(感知-定位-规划-控制)的介绍，使学生了解无人驾驶系统的基本组成和系统工作原理，理解和掌握解决这些共性关键技术的理论基础知识和算法工具。通过课程的学习，学生具备设计一个无人驾驶系统所需的基础理论知识，并初步掌握相应的算法工具。同时在课程的学习过程中培育学生的科学精神，塑造学以报国的理想，树立坚定的民族自信心、强烈的民族自豪感和自强不息的奋斗精神。

2.2 课程内容设计

针对已确立的教学范围和教学目标，参考南京航空航天大学等高校在航空航天类专业方面的课程建设经验[6-10]，我们将课程内容划分为 9 个章节，总共 48 课时。其中概述与未来趋势占 6 课时，关键技术占 42 课时。

课程将广义无人驾驶系统的关键技术凝练为定位、感知、规划和控制，共四大模块。其中，定位技术占 10 课时，感知技术占 16 课时，规划技术占 12 课时，运动控制占 4 课时。具体教学内容和学时分配如表 2 所列。

表 2 无人驾驶系统课程知识点与学时分配

章节	知识点	学时	关键技术
第 1 章 无人驾驶系统概述	无人驾驶的定义；关键技术；自动驾驶等级、现状；系统组成	2	-
第 2 章 无人驾驶系统软硬件平台	硬件平台及组成；软件平台及组成；各部分间的关系	2	-
第 3 章 精确定位技术	定位技术分类及特点；卫星定位原理；北斗系统；惯导 IMU 和航迹推算的原理及特点；其他定位方法；多传感器融合定位	4	定位
第 4 章 状态估计和卡尔曼滤波	贝叶斯法则；卡尔曼滤波融合算法在定位中的应用；扩展卡尔曼滤波器；无迹卡尔曼滤波	6	定位和感知
第 5 章 环境感知与目标检测	环境感知的任务、对象和目标；传统目标检测的关键步骤和方法；图像预处理关键技术；传感器融合在图像检测中的应用	4	感知

续表 2

章节	知识点	学时	关键技术
第 6 章 机器学习与神经网络基础	机器学习和监督学习；机器学习四要素；感知机工作原理；神经网络结构和工作原理；深度学习的概念；卷积神经网络的结构和基本原理；卷积神经网络在目标检测中的应用	12	感知*
第 7 章 规划技术	无人驾驶的三层规划结构；环境地图表示法；基于 A* 算法的路由规划；基于 MDP、FSM 的行为规划；样条插值在路径平滑中的应用；基于 Frenet 坐标系的横向和纵向轨迹规划算法；轨迹追踪的方法	12	规划*
第 8 章 运动控制	运动学模型和动力学模型的概念、区别；自行车模型；反馈控制；PID 反馈控制；模型预测控制 MPC 的思想和方法；MPC 在轨迹追踪中的应用	4	运动控制*
第 9 章 无人驾驶系统的未来	无人驾驶系统面临的障碍与对策；端到端无人驾驶的概念；迁移学习；端到端无人驾驶系统的设计过程	2	—

注：表中带 * 号的内容包含了前沿和人工智能知识。

首先，第 1、2 章介绍了无人驾驶的基本概念和系统软硬件组成。从直观上让学生认识广义的无人驾驶系统。

其次，第 3～8 章依次介绍无人驾驶系统的四大关键技术，即定位、感知、规划、控制。第 3、4 章介绍了精确定位关键技术中常用的卫星定位、惯导定位以及多传感器融合中常用的卡尔曼滤波技术。第 5、6 章介绍了环境感知技术中基于图像的传统目标检测技术和新兴的基于卷积神经网络 CNN 的目标检测技术。第 7 章单独介绍了无人驾驶系统的三层规划技术，难点是基于状态机 FSM 的传统规划方法和新兴的基于深度学习和马尔科夫决策过程 MDP 的决策规划技术。第 8 章单独介绍了运动模型和反馈控制技术，主要包括常用的 PID 控制和较为复杂的模型预测控制 MPC 技术。

最后，第 9 章分析了无人驾驶系统面临的问题和未来的发展趋势。

表 2 中带有 * 号的内容集中体现了课程中特有的对开放性、前沿性的问题的讨论和突出智能信息技术的内容。

例如第 6 章教学内容安排服务于无人驾驶系统的感知技术。传统方法（课程第 5 章）受硬件算力不足的限制，对基于视觉的目标检测往往首先使用人工特征表示，然后进行穷举式窗口滑动和特征提取，最后采用基于机器学习训练的目标分类器完成特征识别和目标分类。随着 GPU、TPU、FPGA 以及专门为神经网络定制的 ASIC 芯片的出现，硬件的算力已经有了巨大的提升，目标检测的方法也随之发生了巨大变化。以神经网络为载体的机器学习，尤其是卷积神经网络 CNN 为载体的深度学习逐渐表现出了其优势，被广泛地应用于基于视觉的环境感知和目标检测中，如支付宝的刷脸付款等。为此，课程专门整合了机器学习、神经网络、深度学习和卷积神经网络的知识，将它们融入到课程的教学内容中。

再比如，第 7 章教学内容服务于规划技术，课程在基于状态机 FSM 的传统行为规划方法基础上，引入了基于马尔科夫决策理论的行为决策方法；第 8 章教学内容服务于运动控制，我们在传统的 PID 控制基础上，引入了基于模型预测控制 MPC 的运动控制方法。这些知识点虽然较难，但代表着将来的趋势，能解决更复杂的问题。

课程教学内容在无人驾驶系统的多个关键技术的解决环节中，都安排了对同一个问题的传统解决方法和新兴解决方法。这突出了前沿、智能技术在无人驾驶系统中的应用，是课程的重要特色，同时也让课程的内容紧跟技术发展的前沿和潮流，使我们培养的学生能够跟上时代发展的步伐。

2.3 考核方式

成绩构成及比例：平时成绩 40%＋期末考试 60%。

平时成绩包括：作业 20% ＋ 小论文 10% ＋课堂讨论 10%。

为了提高学生参与度，同时紧跟技术发展趋势，平时成绩的每个环节都包含大量没有标准答案，需要学生自己动手去查找和消化资料的题目。

小论文环节，由学生 4～5 人组队完成，需要通过自行查找资料、消化后归纳总结写一篇名为“无人驾驶系统的现状和趋势”的综述论文。要求内容有评有述，并制作相应的 PPT 文件，以团队汇报的方式进行全班汇报。随着技术的发展，今年的学生论文内容与去年的就会有所不同。

课后作业环节，每个学生独立完成。在这个环节中会布置一些与当时教学内容相关的对实际应用问题的观察和思考。例如在第 3 章定位技术中，作业会要求学生去思考共享单车的定位和开锁方法；第 5 章环境感知的课后作业，会要求学生去思考支付宝刷脸支付的原理，让他们去尝试做出各种鬼脸或表情看还能不能刷脸成功，并思考为什么；第 2 章系统软硬件平台的课后作业中，要求学生思考智能手机、儿童手表等智能设备分别有哪些传感器，各自发挥什么功能等。总之作业环节，除了考查课上讲过的基础知识之外，还充分安排了考查学生主动学习、拓展思维、应用于实际的内容。随着实际情况的变化，学生提交的答案也会发生变化，有利于他们开动脑筋独立思考，也避免了抄袭往届学生答案现象的发生。比如支付宝今年戴口罩也可以刷脸，去年就不行，这必然对应着技术的进步。

课堂讨论环节中，为了提高学生的参与度和积极性，我们将一些知识点作为问题提出，在课堂上提出来，让学生回答。当回答出现矛盾观点时，老师先不急着发表看法，而是让持有不同观点的学生充分表达，并向对方证明自己的观点。很多时候，在学生们相互辩论的过程中，答案自然而然地就浮出了水面。

2.4 课程特色

(1) 共性凝练、广泛适用。课程内容凝练和提取了海、陆、空等多种移动平台的无人驾驶系统所面临的共性关键技术，即定位、感知、规划和控制。使得教学内容不仅全面涵盖了无人驾驶系统的关键技术，还具有广泛的适用性。即使将来毕业后学生不从事无人机的设计行业，也可以较为容易地转向其他无人驾驶系统行业。

(2) 突出了智能技术的应用。课程内容将新兴的神经网络、机器学习、深度学习等内容有机融入相应章节中，使学生可以很好地跟上时代前沿的步伐。

(3) 灵活的考核方式。平时作业中安排了一些随着生活实际情况发生变化的题目，答案是开放的，需要每个学生亲自去实践和思考。既提高了学生的参与度，又使学习紧贴时代步伐。

(4) 将思政教育融入其中。课程内容在卫星定位、原子时钟以及北斗系统介绍等教学内容中，有机地融合了思政教育。让爱国主义教育、时代和社会担当的思想自然而然地深入到了学生的心中。

3　结　论

无人驾驶航空器系统工程是时代和社会发展急需的专业，无人驾驶系统基础是该专业的专业核心基础课。由于无人驾驶系统技术是一门多学科交叉融合的综合性、开放性领域，课程建设涉及面广，可参考经验少，建设难度很大。目前该课程已经对 2 届学生开设，通过笔者 2 年的实践，对该课程的建设有一些初步的经验总结：

（1）精准定位、精确限定范围。任何一门课程都要服务于培养目标，针对培养目标精确定位，从而进一步精确划定课程的教学内容。

（2）做好精炼、完善系统。在教学内容的基础上做好关键内容精炼，注重多个知识点间的联系，有机构建教学内容的系统性。同时关注课程与其他课程之间的联系，做到课程之间相互衔接和知识延伸。

（3）突出专业特色。课程应结合专业的培养定位、时代和社会的发展需求以及高校师资自身的特长，才能在教学内容中提体现出与众不同之处。

致　谢

感谢电子科技大学 2021 年规划教材建设项目——无人驾驶系统基础（项目号 Y030212062003001042）对本文的支持！

参 考 文 献

[1] FAN B, LI Y, ZHANG R, FU Q Q. Review on the technological development and application of UAV systems[J]. Chinese Journal of Electronics, 2020, 29(2): 199 - 207.

[2] HAN W T, ZHANG L Y, NIU Y X, SHI X. Review on UAV remote sensing application in precision irrigation[J]. Transactions of the Chinese Society for Agricultural Machinery, 2020, 51(2): 1 - 14.

[3] ZIMROZ P, TRYBALA P, ADAM W, et al. Application of UAV in search and rescue actions in underground mine—A specific sound detection in noisy acoustic signal[J]. Energies, 2021, 14(13): 3725.

[4] JANG G J, KIM J Y, YU J K, et al. Review: cost - effective unmanned aerial vehicle (UAV) platform for field plant breeding application[J]. Remote Sensing, 2020, 12(6):998.

[5] HAN Y Y, TARAKEY B A, HONG S J, et al. Calibration and image processing of aerial thermal image for UAV application in crop water stress estimation[J]. Journal of Sensors, 2021,12: 1 - 14.

[6] 葛亚明，胡一博，雷乔治，等. ROS 无人驾驶创新实验课程研究与教学实践[J]. 实验技术与管理，2020，37(6)：221 - 224.

[7] 张绍杰，姜斌，刘建业. 航空航天特色卓越计划企业课程环节建设研究与实践[J]. 大学教育，2018，11：4 - 7.

[8] 杨荣菲，李传鹏，吉洪湖. 面向工业界需求的“航空发动机总体设计”课程建设实践研究[J]. 工业和信息化教育，2021，6：15 - 19.

[9] 蔡伟伟，黄涣，朱彦伟. 课程思政融入航空航天专业课程建设的思考——以航天任务规划与评估课程为例[J]. 科教导刊，2021，10：55 - 57.

[10] 丁萌，陆中，芦吉云. 航空器适航技术专业机载设备适航审定课程体系建设初探——以南京航空航天大学为例[J]. 工业和信息化教育，2020，5：25 - 28.

在网络空间起飞
——飞行原理课程远程教学方案设计

吴亚聪　宋磊　纪伯谦　李凡星　吴成岳
（北京航空航天大学 航空科学与工程学院，北京　100083）

摘　要：在疫情期间无法延续传统教学方式的背景下，考虑到飞行原理作为核心专业课程的知识跨度及教学难度，针对学生情况和网络教学特点，设计实践理论混合的远程教学方案。开展教材改革，授课内容与国际先进教学水平接轨；引入模拟飞行，使抽象的理论知识更加直观生动；培养专业兴趣，让激情成为驱使学习的动力；加强师生互动，根据反馈实时调整教学进度及内容；课程无偿上网，方便同学复习的同时服务公众。多方位提升课程质量，致力于培养具有国际化视野的高素质民航飞行技术专业人才。

关键词：飞行原理；远程教学；模拟飞行；实践理论混合；课程传播

飞行原理课程是飞行学院飞行技术专业本科期间学时最长、学分最高的核心专业类课程。该课程涵盖空气动力学、飞行力学、飞机驾驶学等多学科内容，对学生而言存在知识跨度大、学科范围宽、理解难度高等一系列困难。新冠疫情的突然爆发迫使2020年春季学期的课程全部线上展开，这更是给飞行原理的教学进一步增加了难度系数——无法像课堂教学一样方便及时获得学生反馈，给原本已充满挑战的课程带来了更多不确定性。为了应对这一挑战，疫情期间飞行原理课程采用了一系列措施提升授课质量，帮助同学即使在家也能不打折扣地获取课堂知识，为后续飞行奠定坚实基础。课程在实践理论混合教学、互动教学和知识传播等方面的探索创新在解决疫情授课的问题之余，还可应用于后续课程改革，同时对开展远程教学也有一定的借鉴意义。

1　教材课件双管齐下，充分准备迎接课堂

飞行原理课程的最大难度在于繁杂而抽象的理论知识。为了帮助学生更加形象地了解众多概念内涵，参考西方航空发达国家的教材并根据学生的知识储备及行业要求规划课程教学内容，基于低年级本科生的平均知识水平及对新知识的理解能力，优化授课方式。

飞行原理课程选择了英国Oxford出版的ATPL Ground Training Series[1]第13册Principles of Flight作为主要参考教材，并部分融合美国FAA出版的Airplane Flying Handbook[2]和Pilot Handbook Aeronautical Knowledge[3]相关教材内容。通过采用英文教材中文授课的课程组织方式，使课程内容与国际先进教学水平接轨，以帮助同学为日后出国飞行培训提前做好准备工作。

课程采用“以飞领学，虚实结合”授课方式，从飞行现象扩展到理论认识，基础理论与工程实例结合讲解。在前期准备过程中，搜集大量实验和讲解视频用以在授课过程中播放，直观形

象地将很多空气动力学现象和飞行操纵概念向同学进行展示。为进一步提升解释效果，针对一些复杂问题制作动画或说明示意图，如温度对高度表读数的影响、重心/起落架等因素对失速速度影响、陀螺力矩方向确定方法等。以相关的图及视频来辅助理解的方式效果显著，在学生中广受好评，如图 1 和图 2 所示。

图 1　飞行原理主要参考教材

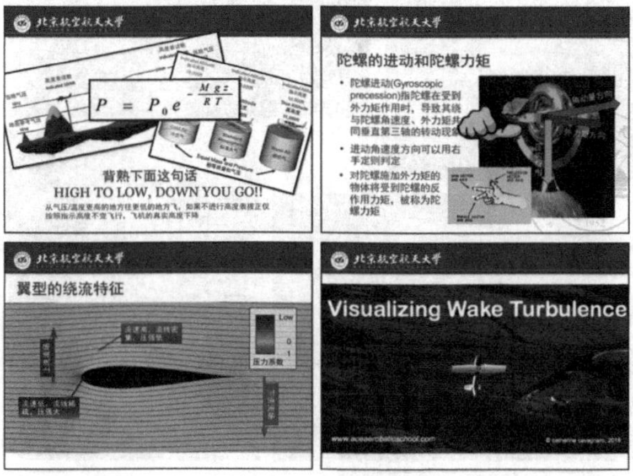

图 2　丰富详尽的示意图与视频最大程度帮助同学理解内容

2　模拟飞行进入课堂，提前领略飞行感受

在发达的通航产业支持下，西方很多飞行学员在开始其飞行执照学习之前便已积累数小时飞行经验，其中一部分人甚至已拥有俱乐部的滑翔机单飞资质。这类实践经验对飞行原理的理解和接受具有巨大的帮助作用。受到相关经验启发，飞行原理提出将模拟飞行引入课堂，通过安排模拟飞行个人实践和演示实验等环节，实现了课程的“起飞”，使很多枯燥晦涩的“死”知识在模拟飞行中“活”了起来。

飞机与地面车辆不同，其飞行过程是空间的三维运动。飞机操纵中很多要领与感受很难通过文字和图片进行充分表达，很多时候大段的语言讲学效果还不如上机几分钟的操作实践更能说明问题。与此同时，飞机由于其自身空气动力学和飞行力学特点，具备许多抽象而难以通过语言形容的运动和操纵特点，如飞机不同重心位置的稳定与操纵特性体现，飞机纵向长短周期模态、飞机操纵稳定性等，其中有些内容会在后期飞行训练中有所涉及，而有些则由于实现成本和风险等因素，在现实中只会作为飞机试飞科目，绝大多数飞行员无法亲身体验。对于以上两个问题，模拟飞行的引入可以起到事半功倍的效果。在讲述某一概念之前，先以模拟飞行软件为平台进行实际飞行演示，在学生有一定感性认识后，再启发性地分析其中所蕴含的理论知识。

飞行原理课程中将很多飞行技术要领的讲解穿插在了理论教学过程中，并鼓励学生课下通过模拟飞行对理论知识进行检验。对于一些复杂飞行试验科目，授课教师会在课上向同学进行演示，通过飞机在虚拟空间的实际飞行表现与书本上的文字和曲线实现了立体联动，在有效提升授课内容感染力的同时，进一步提升同学的学习热情。

在授课教师的鼓励和示范下，很多同学都加入了模拟飞行大军，课程微信群很多时候也会因为模拟飞行中的技术问题掀起讨论热潮，如图 3 所示。

图 3　模拟飞行演示、同学课下进行飞行模拟练习*

3　培养专业兴趣，激发潜在学习热情

兴趣是最好的老师，通过在课程教学中融入兴趣培养要素，在传授航空技术知识的同时附带讲授航空历史，航空文化以及航空趣闻，一旦在学生心中点燃激情的种子，无疑能够最大程度激发求知欲，使课堂从一个单向枯燥的知识灌输过程转化为一个师生之间灵感火花碰撞的良性互动舞台。

飞行原理课程在不影响整体课程教学进度的同时，在一部分知识点的教学过程中，围绕知识点增加了一些相关知识拓展。如在讲到三维机翼椭圆分布时介绍英国喷火战斗机，并介绍国际上开展的二战老飞机修复活动，向同学展示航空文化的魅力，培养学生的专业兴趣。在讲到陀螺力矩时顺带介绍一战时的旋转活塞发动机，讲解其巨大陀螺效应带来的不利操纵影响，将课程知识点与航空技术发展联系起来。飞行自古以来作为人类的一大梦想，其本身就是一

* 感谢迟宇惠、王钰灏、余无畏同学供图。

件极具魅力的活动。通过在课堂中引入模拟飞行，利用飞行本身来对理论知识进行讲解，起到了提升授课内容感染力的良好效果，进一步提升了同学的学习热情。此外，通过在教学中设置一些年轻人喜闻乐见的“彩蛋”元素，可以帮助同学在听课过程中适当精神放松，在愉快与喜悦中保持良好的听课精神状态，如图4所示。

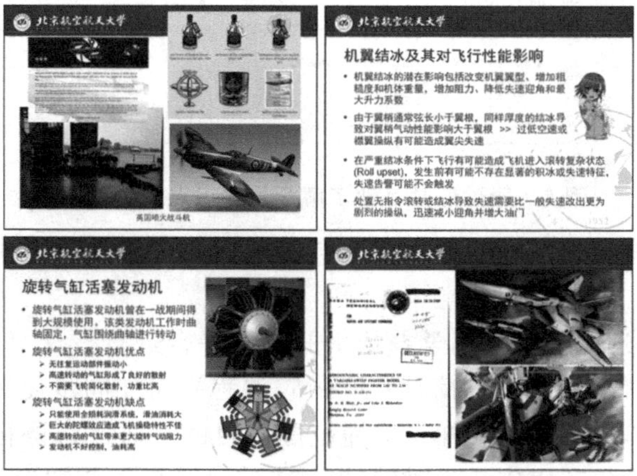

图4 课程中相关知识的拓展和一些内容“彩蛋”

4 课上课下综合互动，及时获得教学反馈

在飞行原理这样理论性强、覆盖面广的“硬核”课程中，授课过程的互动对教学进度的安排和教学内容的及时调整具有十分重要的指导作用。在新冠疫情影响下，课程教学必须将传统的课堂式互动变更为网络远程互动，为此“飞行原理”课程在互动方式上进行了相应的大量工作。

疫情期间飞行原理采用了网络直播的授课方式。参考国内外教学名师的授课经验和相关教育理论，基于一般人的学习注意力集中程度曲线[4]，将90分钟时间的直播内容拆分为3～4个小节。通过使用雨课堂平台，在每一小节结尾以一道问答题推送而进行时间分割。问答题内容主要取自飞行执照考试题库里难度中下的选择题目，通过这种方式向同学提示前段授课小节中的知识重点，并以思考题为媒介帮助同学实现从理论学习到理论应用的知识掌握水平提升。

为弥补授课中交互时间有限带来的沟通不及时与理解不到位。飞行原理课程每堂课结束后均额外设置15～30分钟自由讨论与答疑时间，在课程直播平台上为同学进一步解答课程中的难点和疑点。此外，课程还采用了微信群和点对点直接联系的答疑方式，尽最大努力帮助同学掌握课堂授课知识的同时，也能及时了解同学对课程中知识点的掌握情况，如图5所示。

5 课程播放上网，服务社会大众

免费向大众网上开放已成为了当今很多高校课程发展的一大潮流。将授课视频、课件等学习资料上传至网络，一方面能够方便本课程学生在不同时间和平台上随时获取资料进行复

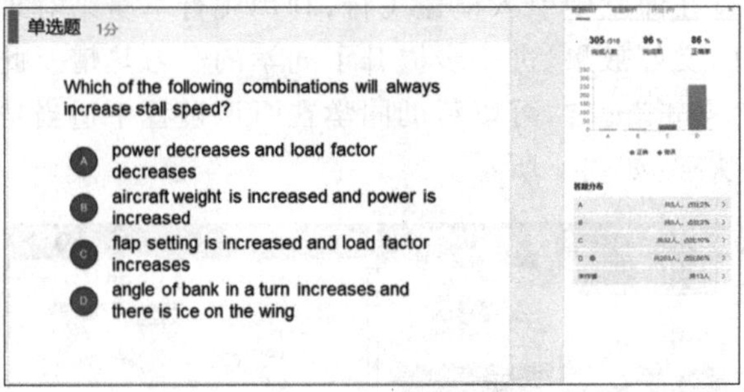

图 5　通过课堂互动了解学生知识点掌握情况

习，另一方面也有利于将知识向社会大众传播科普，从而尽到高校作为知识传播者的社会工作责任。

疫情期间的飞行原理课程除采用学校统一的腾讯平台进行授课直播外，考虑到当今很多年轻人都有刷 B 站（哔哩哔哩网站的简称）的习惯，课程视频亦同步使用哔哩哔哩平台进行直播备份和课程录像发布，以实现扩大知识传播范围的目的。通过将课程以年轻人喜欢的方式发布上网，有利于方便学生利用碎片化时间进行学习，也有助于使知识传播获得更为广泛的社会效益。自课程视频上传哔哩哔哩平台以来，截至目前累积播放量已超十万，每日浏览量均超过 150，且近期仍有上涨趋势（见图 6），表明课程不仅受到本校学生欢迎，也得到了广大网友的认可。及时吸收网友的观后意见和建议亦有益于提升后续授课水平和教学效果[5]。

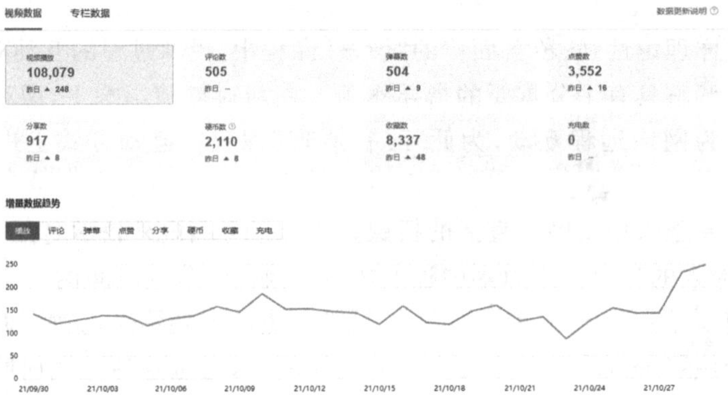

图 6　目前课程视频日均播放量维持在 150 以上

6　总　结

对于飞行原理这种授课难度较大的核心专业类课程，疫情期间的线上教学是一个不小的挑战。在线教学对于很多老师来说是一个还在摸索中的新型授课方式，课程进行过程中，教学方案也在根据同学们的反馈随时进行相应的调整与优化。经过疫情期间的实践与改进，飞行原理的授课内容与方式获得了大多数同学的认可。面向网络远程教学条件下的课程设计方案已初步得到了验证，并在进一步优化中持续稳定向前推进。千里之行始于足下，建设一门课程需要长期的投入和不懈的耕耘。飞行原理课程将会继续本着服务学生，服务社会的初心潜心自我磨砺，致力于将其打造为一门适合学生发展，适应社会需求的一流课程。

参考文献

[1] European Aviation Safety Agency. ATPL ground training series[M]. Oxford, England : CAE Oxford Aviation Academy, 2014.

[2] Federal Aviation Administration. Airplane Flying Handbook[EB/OL]. https://www.faa.gov/regulations_policies/handbooks_manuals/aviation/airplane_handbook.

[3] Federal Aviation Administration. Pilot's Handbook of Aeronautical Knowledge[EB/OL]. https://www.faa.gov/regulations_policies/handbooks_manuals/aviation/phak.

[4] 王要沛，邱雅，肖新科. 利用学生注意力曲线设置教学模式的研究与实践[J]. 福建电脑，2017，33(02)：180+52.

[5] 宋磊. 北京航空航天大学飞行学院 2020 春飞行原理[EB/OL].（2020-02-26）. https://www.bilibili.com/video/BV1n7411K71j? spm_id_from=333.999.0.0.

传热与热防护研究生核心课程建设探究

朱浩　袁军娅　翁慧焱　朱定强　孙冰
（北京航空航天大学 宇航学院，北京　100191）

摘　要：传热与热防护是宇航推进专业硕士研究生的一门学科理论核心课，对未来宇航推进专业工程技术人员知识储备具有极其重要的价值。本文针对传热与热防护教学课程中面临的问题，从课程教学内容建设、教学环节及考核方式建设、教材建设、线上课程建设以及教学团队建设等方面探讨了传热与热防护课程教学改革的具体措施，目标是建立教学内容多元化、考核方式多样化、教材建设前沿化、线上课程灵活化、教学团队一流化的课程建设体系，该课程建设方案可为提高硕士研究生类似核心课程建设提供参考。

关键词：传热与热防护；研究生教育；教学改革；核心课程建设；探索实践

航空航天是一个国家科技水平、国际地位和综合国力的重要标志。传热是自然界最普遍的现象之一，在工农业生产、国防建设和社会生活领域有着广泛的应用。在宇航推进领域中，火箭发动机燃烧室内导热、对流换热、辐射换热等传热过程普遍存在，对发动机的性能及可靠性产生极大影响，并且，发动机热防护必不可少[1]。因此，传热与热防护是火箭发动机的核心关键问题，在专业实践和科学研究中发挥着重大作用。

为提高教学质量和水平，国内开展了多项传热学相关的教学改革的探索与实践，提出了多种有益思路[2-3]。传热与热防护是面向宇航推进专业硕士研究生开设的一门系统性、逻辑性较强的课程，是在本科生传热学课程基础上的进一步拓展和加深。作为一门学科理论核心课，该课程在理论上加深学生对传热与热防护的认识和理解的同时，还努力让学生掌握传热与热防护的相关研究方法在火箭发动机中的重要作用，提高学生的理论修养和处理实际工程实际问题的能力，为将来从事本学科课题研究工作时解决涉及传热与热防护的问题提供必要的理论基础。

传热与热防护课程一直以立德树人为根本标准，秉持“以学生为中心、培养创新意识、突出研究性学习”的教育理念，以期打造成国内一流的研究生核心课程。虽然近些年在教学内容、教学模式、考核方式等方面已经进行了改革探索，也取得了一些教改成效，但目前课程仍存在一些问题，具体表现在：课程教材内容略显陈旧，且与其他课程略有重复；课程案例教学较少，理论与实践结合不太紧密；课程的国际化和前沿化程度仍有不足；课程考核评价仍然是采用期末考试的传统方式，不利于高水平人才培养等，因此势必需要继续开展研究生高水平核心课程改革工作。

1　课程描述

传热与热防护课程为宇航推进专业硕士研究生的一门学科理论核心课，是火箭发动机研究和设计的重要基础性学科，也是未来宇航推进专业工程技术人员必不可少的知识准备。

通过传热与热防护课程的学习，研究生在本科传热学的基础上系统学习与掌握高等传热学中导热、对流换热、辐射换热的理论和方法，掌握传热与热防护的基本知识和规律，掌握从事火箭发动机以及其他传热工程技术的基本理论和一般方法，深入理解传热与热防护问题、现象、规律和研究方法在火箭发动机中的重要作用，了解当前的相关领域国内国际研究热点与难点，掌握基本的研究方法和基本理论，培养理论素养和研究能力，为进一步的理论学习和课题研究打下基础，并能应用所学课程知识解决工程实际问题。

2　建设方案

2.1　建设思路

课程团队通过调研和借鉴国内外大学在创新型人才培养方面的成功经验，在原有课程建设的基础上，系统深入地对传热与热防护课程在课程教学内容建设、教学环节及考核方式建设、教材建设、线上课程建设以及教学团队建设等方面进行了探索实践。

具体建设目标为：面向建设航天强国的国家战略需求[4]，坚持立德树人为根本，按照研究生培养方案和改革目标，将多年基础科研、学术和工程问题的实践、教学积累的内容和经验进一步引进课堂，瞄准课程相关国内外研究前沿，丰富和完善相应的课程体系；将理论学习与案例实践紧密结合起来，着重培养学生解决工程实际问题的能力；改革课程考核方式并尝试应用，鼓励学生提炼个人研究方向所涉及的课程问题并解决；加强和完善线上课程建设，为学生提供更加丰富的课程网络资源；形成一支结构合理、综合素质高的课程教学团队；积极参加有关教学改革活动，持续改进教学方法，在完成研究生核心课程精品化、优质化的同时深化创新型人才的培养，为我国航天推进事业输送有用人才。

2.2　建设内容

2.2.1　教学内容

研究生核心课程的教学内容要及时反映本学科领域最新研究动态和最新科技成果，突出课程教学内容的先进性、前沿性，开阔学生学术视野。为此，课程团队重新修订了教学内容，删除了一些老旧的、理论较多且与工程应用关系不大的、与其他课程重复的内容，并研究增添了一些反映当代最新研究水平的内容，特别是火箭发动机传热与热防护方面，通过案例分析与现场讨论等环节，让学生将学习到的理论应用到工程实际问题中，使教学内容更加多元化。传热与热防护课程设置体系如表 1 所列。

表 1　课程设置体系

章节	内容安排	学时
第 1 章 导热	1.1 导热理论和导热微分方程	8 学时
	1.2 稳态导热	
	1.3 非稳态导热	
	1.4 导热问题的数值求解方法	

续表 1

章节	内容安排	学时
第 2 章 对流换热	2.1 对流换热基本方程	10 学时
	2.2 层流边界层的流动与换热	
	2.3 槽道内层流流动与换热	
	2.4 湍流流动与换热	
	2.5 对流换热的数值求解方法	
第 3 章 辐射换热	3.1 辐射换热的物理基础及定律	6 学时
	3.2 固体表面间辐射换热计算	
	3.3 气体辐射理论及计算	
第 4 章 火箭发动机 传热与热防护	4.1 引言	8 学时
	4.2 再生冷却	
	4.3 膜冷却	
	4.4 发汗冷却	
	4.5 烧蚀	

2.2.2 教学环节

传热与热防护课程基本概念和基础理论部分较多，涉及的公式推导也比较多，传统的黑板板书或结合多媒体的教学模式对教学信息的处理和呈现都比较单一。考核方式也应将考查学生运用所学传热与热防护基本知识分析和解决实际工程问题的能力作为重心。

为此，课程团队突破传统课程教学模式，在以课堂讲授为主的基础上，调动学生自学、自研的主动性。授课模式突出“研究性”，以启发、探究为主，强化研讨式、案例式教学分量，结合典型案例，形成问题导向型教学过程。安排学生结合导师研究课题或自身的研究兴趣点，提炼和传热与热防护相关的关键科学问题，在每段理论教学结束后设置讨论课，给予学生时间应用所学理论尝试分析求解问题，实现教研融合，使学生不仅深刻掌握了理论知识，也极大地提升了科研能力。

此外，一流的课程必须有一流的考核方式。课程团队创新考核模式，课堂课后结合，考试与研究型大作业结合。其中，课堂成绩占比 20%，高等传热学大作业和火箭热防护论文成绩各占 20%，期末闭卷考试成绩占 40%。通过综合性的考核形式，着重培养学生掌握高等传热学以及分析解决火箭发动机传热及热防护等工程实际问题的能力，探索建立了以考核学生能力为中心、以学生发展为根本的课程多元化、开放性评价体系，全面公正评价学生的学习效果。

2.2.3 教材建设

基于课程教学内容的改革，目前已有的单一教材无法满足培养拔尖创新人才的教学需要，现有的很多教材以介绍基本概念、推导基本方程及探讨基本方程的实际应用等为主要内容，多年来未有更新。为此，课程团队深入挖掘国内外相关教材，优中选优，在现阶段形成研究生教学用书、国防系列教材、精品教材和专著相结合的多元化教材体系，同时辅以传热与热防护领域前沿文献及参考文献以及热防护技术案例，让学生获取更多课本以外的知识。其中由贾力、方肇洪主编，高等教育出版社出版的《高等传热学(第二版)》着重描述过程特性，强调数学模型的建立，尽量减少复杂的数学推导，而且对微尺度传热、微尺度流动等最新前沿内容都做了阐述[4]，对学生的理论内容研究具有很强的指导意义。在这些教材基础上，教学团队计划针对性地编写出版了一套教材，以满足本课程教学的综合需求，方便学生及相关科研人员使用。

2.2.4　线上课程

"互联网＋"教学是未来教育教学改革的重要发展方向之一[5]。由于授课课时限制，仅仅依靠课堂时间很难实现综合性课程内容的教学效果最优化。为此，课程团队将"互联网＋"理念引入教学中，基于知识共享、信息共享理念开展实践性教学。采用线上-线下结合的混合式教学，利用网络教学辅助，提供课件和教学视频，方便学生复习，促进学生深入掌握课程重点、难点，大幅提升课堂教学水平。

2.3　团队建设

综合能力优秀的教学团队是核心课程建设的关键[6]。传热与热防护课程现已拥有了一支知识与年龄结构合理、专业能力强、教学方法好、教学效果优秀的教学团队。教学团队中的各位老师都具有航空航天推进领域的专业背景，老中青搭配，既有从事教学工作 20 余年的老教师，又有奋战在科学领域前沿的青年力量，将传承与开拓融于团队建设。各位老师一直从事火箭发动机各方面的前沿研究工作，既具有高的理论水平，又具有丰富的授课经验与课程建设经验。

2.4　预期成果

通过此次研究生核心课程建设，传热与热防护课程将形成具有先进性、创新性和多样性的课程建设体系。如图 1 所示，在保证知识的深度和系统性的基础上，突出重点，通过案例教学，结合实际过程分析，体现知识的深度和应用方法，培养学生应用所学知识解决实际问题的能力，并能学以致用，为日后的科研学习打下坚实基础。课程团队也将开展网络视频公开课的建设，将有限的课堂教学与无限的课外学习合理衔接，为培养创新性航天人才贡献中坚力量。

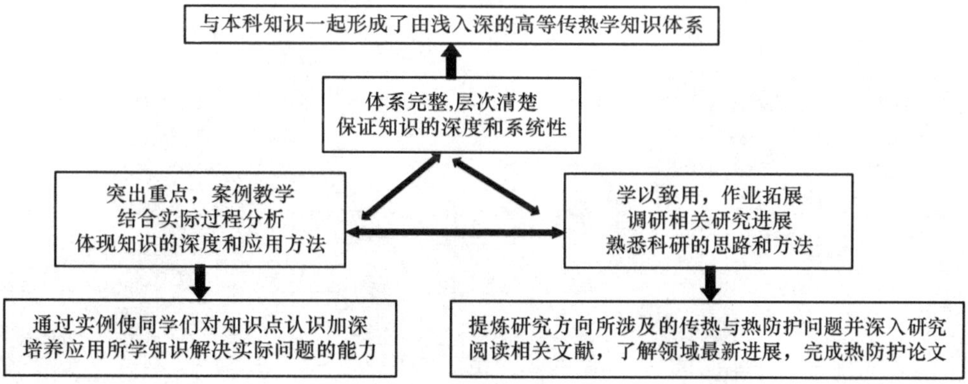

图 1　传热与热防护课程建设体系

3　结束语

课程学习是保障研究生培养质量的重要环节，通过对本学科课程体系具有重要支撑作用的课程进行重点建设，以点带面，从而全面带动整个学科课程的建设，是新时代进一步提高研究生课程教学质量的新举措。

传热与热防护作为一门应用领域非常广泛的研究生专业基础课程，势必需要高水平核心课程建设，通过课程教学内容建设、教学环节及考核方式建设、教材建设、线上课程建设以及教学团队建设等方面的改革探索，从而提高课程教学质量。传热与热防护研究生核心课程正在建设当中，成效初显。然而核心课程的建设是一个系统的、长期的动态过程[8]，是研究生培养的重要环节，在后续的教学过程中，需要不断地探索研究，努力使课程更加精品化、优质化，为全面提升研究生的专业素养，培养研究生的各方面的能力提供保障。

参考文献

[1] Heller R A，梁保俊．传导、对流和辐射传热对火箭发动机使用寿命的影响[J]．国外固体火箭技术，1984(04)：40-53.

[2] 周继军，张敏，施伟，等．我校传热学重点课程建设思路及教学设计探讨[J]．制冷与空调(四川)，2008(05)：127-129.

[3] 胡万玲，管勇，雷鹏帅，等．硕士研究生数值传热学课程教学探索与实践[J]．大学教育，2021(06)：29-31.

[4] 张克俭．勇攀高峰 追求卓越 全面开启航天强国建设新征程[J]．旗帜，2021(06)：23-25.

[5] 任洪波，姜未汀，翁建华，等．新形势下研究生高等传热学教学改革探索[J]．教育教学论坛，2020(30)：269-270.

[6] 赵峰，陈向勇，郭明，等．线性系统理论研究生教育优质课程建设探究[J]．山西青年，2021(19)：47-48.

火箭发动机专业综合实验国家一流本科课程——磁悬浮单元静态特性测量实验之教学探索

杨文将　覃粒子　汤海滨　刘宇　梁国柱

（北京航空航天大学 宇航学院，北京　100191）

摘　要：专业综合实验课程是提高本科生的实践综合性、设计性和工程应用性培养方面的课程重要组成部分，北京航空航天大学宇航学院推进系依托专业资源与优势，成功建设面向飞行器动力工程（航天）专业的大四主干核心课程火箭发动机专业综合实验。从课程建设之初就对课程进行了重要的顶层设计、逐层落实与迭代优化，先后将该课程建设成为国家级精品课程和首批国家一流本科课程（线下），是北航航空航天类专业的一门代表性课程。本文以该课程中的一个实验项目为例，阐述该课程在课程设计、执行与反馈优化等方面所体现出的高阶性、创新性和挑战度。

关键词：专业综合实验；国家一流本科课程；火箭发动机；磁悬浮

课程是人才培养的核心要素，课程质量直接决定人才培养质量。为加快高水平本科教育建设，教育部相继出台了《关于一流本科课程建设的实施意见》（教高〔2019〕8 号）等系列文件[1-3]，把建设一流本科课程作为推进一流专业建设、建设更高水平人才培养体系的重要举措，并且提出了国家级和省级一流课程建设的“双万计划”蓝图。

针对理论脱离实践且对专业、行业缺乏整体认识的问题，专业综合实验课程要求通过灵活多样的形式[4-7]，提高课程实践的综合性、设计性和工程应用性。课程一般在大四年级设置，往往覆盖前修的专业主干课程，并加强深度与难度，提高学生对多门课程的综合应用能力，同时着重培养学生的实际操作和实验动手能力。

北京航空航天大学于 1956 年在国内率先设立火箭发动机专业，历经 60 余载，在火箭推进科研领域收获了累累硕果。为加强本科实验实践教学的重要性，2005 年宇航学院推进系将分散的专业教学实验进行了汇聚、筛选和新建，突出专业性、综合性和研究性，开设了火箭发动机专业综合实验课程，设置在大四上学期，共 120 学时，包含 30 学时理论讲授与 90 学时实验内容，是北航宇航学院“飞行器动力工程”专业的三大主干专业课程之一。

火箭发动机专业综合实验作为教育部认定的首批 5118 门国家级一流本科课程的其中一员，作为北京航空航天大学首批 15 门国家级一流课程之一，既有幸运又有其必然性。该课程于 2005 年着手建立，2009 年获批为国家级精品课程，2020 年获评国家一流本科课程（线下）。课程围绕“火箭发动机”这一特色领域，在学校及学院持续十多年的高度支持下，不仅建设了先进的教学硬件设施，并展现出面向“独立实验研究能力”核心教学目标的递进式教学内容与融合式教学过程。目前课程与宇航推进系大部分教师已经深度融合，不断散发出勃勃生机。

本文首先简述了火箭发动机专业综合实验的课程定位与教学目标，分析了课程实验项目布局及特点，并以“磁悬浮单元静态特性测量实验”项目为例，细致介绍了该实验项目的教学设计、实施以及对“两性一度”的切实考虑。

1 课程定位与教学目标

火箭发动机专业综合实验是北航飞行器动力工程（航天）专业继火箭发动机原理、火箭发动机设计后的主干专业课程，是专业培养过程中的重要实践教育环节。本课程是一门要求学生运用专业理论知识来分析、解决具体实践问题的课程。课程以实验为载体，定位于专业基础理论理解与综合运用，以及专业人才培养与学生能力素养发展。

本课程既是专业知识的形象表现，有助于学生深刻理解专业理论；又是专业知识运用的典型案例，有助于学生学以致用，解决专业问题；还是学生未来职业活动的预演，有助于培养学生的科研素质。

从知识与技能的角度来讲，本课程的教学目标包括：①巩固和加深对专业理论知识的理解，掌握主要部件的工作特性；②学习火箭发动机的实验理论和实验方法，了解实验系统构成和实验设备；③通过具体实验过程，提高动手操作能力，掌握基本的实验技能，包括实验方案设计、系统调试、实验操作规程、实验现象观察以及数据处理等；④了解火箭发动机实验研究的发展动态，经过动手实践，熟悉先进的实验方法，具备初步的科研实验能力。

实验项目是课程内容的核心载体。课程涵盖了航天动力的完整热力过程，目前设置了泵、减压器、声发射燃速测量、直列式点火、喷注雾化、烧蚀与隔热、拉瓦尔喷管效率等16项巩固专业基础的实验项目，并开设了超声速燃烧和空间电推进等学科前沿实验项目以及超导磁悬浮、结构振动等4项学科交叉型实验项目。随着课程建设的不断深入、硬件条件的不断完善、科研资源的不断转化，教学实验项目的具体内容与实施方式也在不断的发展更新之中。

为了让学生夯实基础知识、掌握完整的实验理论、树立牢固的安全意识，先集中讲授，再进入实验环节，每名学生需在20项教学实验中至少选做13项，如图1所示，包括3项基础操作实验、2项系统级演示实验、5项引导型自主实验以及3项研究型自主实验。上述四类实验依次进行，让学生从“看着做”到“跟着做”，最终实现“自己做”。

“三线设计、一线主导”是课程的指导方针，围绕知识、能力、情感这三条主线来组织设计课程内容，并以能力线为参照坐标，来划分项目类型、安排授课顺序、设计教学方法，主导教学进程。在知识线上，不仅涵盖了火箭发动机推进剂输送、点火、燃烧、热防护以及推力产生等完整热力过程，而且面向专业前沿领域，并注重学科融合交叉。围绕能力线，设定了掌握操作技能、认知复杂实验、学习实验方法、独立策划实验四项能力递进步骤，并把实验项目分为基础操作、综合演示、引导型自主与研究型自主四种相应实验类型。配合“能力要素”的不断递进，铺设了“我爱、我能、我有责任从事航空航天”的情感线，逐步实现专业情感的诱发、陶冶、激励与升华。

实验类型	实验项目归类
基础操作实验（3项，必做）	配气操作实验 测控与标定操作实验 推力架标定与推力测量实验
综合演示实验（3项，选2）	超声速燃烧实验 先进空间推进演示实验 双组元推进剂点火及推力性能实验
引导型自主实验（11，选6）	小推力测量系统静动态性能标定实验 磁悬浮单元静态特性测量实验 汽蚀文氏管流量特性实验、离心泵特性实验 爆震波点火实验 顺逆流换热特性实验 喷注器雾化特性实验 针栓喷注器雾化锥角测量 固体推进剂燃速测定实验 拉瓦尔喷管推力效率测量实验 热防护材料烧蚀与隔热性能实验
研究型自主实验（3项，选2）	固体火箭发动机直列式安全点火实验 减压器特性实验 结构动力学特性实验

图 1　教学实验项目布局图

2　磁悬浮单元静态特性测量实验项目

2.1　实验项目目标

磁悬浮单元静态特性测量实验以航天运载器磁悬浮助推发射技术方向为背景，该方向服务于未来先进空天水平起降重复使用运载器与组合动力一体化设计，基于高速磁悬浮技术、先进直线电机推进技术和地面高速助推空气动力技术，实现空天重复使用运载器性能的大幅提升，未来将广泛应用于航天动力与发射领域中。此外，磁悬浮助推发射技术已论证应用于火箭橇试验装置，替代原有的机械摩擦滑动机构，将可以大幅度提高火箭橇试验运行速度（达 10*Ma*），大大增强了火箭橇试验的可靠性和试验能力，是未来替代大型风洞和飞行试验的一种重要试验措施。

磁悬浮助推发射技术方向紧密关联电气工程、航空宇航科学与技术两个一级学科，具有典型的学科交叉特色。本实验项目主要是针对磁悬浮助推发射系统中关键的超导磁悬浮技术，展开基础的原理介绍和实验特性测试研究，主要内容包括高温超导磁悬浮原理、系统结构设计、永磁导轨表面磁场测量和磁悬浮单元静态悬浮性能测试等部分。

通过该实验项目，不但希望学生了解磁悬浮助推发射技术这种新类型动力技术，拓宽专业视野，也希望锻炼本专业本科生的学科交叉能力与素质，加强宽基础的专业技能培养。

2.2　实验项目设计

该实验项目执行包括 2 学时理论课讲解和分组实验实践两个环节。理论课讲解介绍航天运载器磁悬浮助推发射技术概念，了解磁悬浮发射技术的应用方向及现实开展情况，理解磁悬浮列车技术及各种磁悬浮系统技术发展，理解高温超导磁悬浮技术关键基础理论，了解永磁导轨表面磁场强度测试方法和磁悬浮单元静态悬浮特性测试方法的基本原理。

主要知识点包括：航天运载器磁悬浮助推发射技术概念，电磁悬浮技术原理及特点，电动悬浮技术原理及特点，高温超导磁悬浮技术原理及特点，超导体的三个临界条件，超导体的完全抗磁性和磁通钉扎效应，超导体零场冷与场冷，悬浮力与导向力，霍尔效应及高斯计等。知识点丰富，信息量大，相当于一个小专题。

分组实验采用实验小组形式，每组 3～5 人，形成一个独立完整的教学单元。每组实验教学时间不少于 2 小时，主要为基础实验时间，挑战性实验内容时间另计。实验组内共享原始实验数据，实验后的数据分析与实验报告撰写要求每人独立完成。

分组实验目标包括，实验获取永磁导轨的表面磁场强度三维空间分布数据及磁场分布特点，了解高温超导磁悬浮单元准静态测试系统构成及工作原理，实验获取超导体不同场冷条件下的悬浮力特性规律。

分组实验包括三个阶段：理论回顾与现场展示；独立完成实验内容；实验扩展与挑战。理论回顾与现场展示阶段，首先利用实验室现场教具充分解释理论课中关联的关键原理，使同学们产生直观感受，达到一对一问答及思考，促进理解深刻，为马上进行的实验内容做好铺垫。独立完成实验阶段，考验学生对实验指导书的预习程度，以及锻炼学生的实验操作和理解能力，老师全程旁站，不参与实验操作，但参与学生们对实验数据的分析与讨论。实验扩展与挑战阶段，目的是激发学生的深度学习意识和创造力，并不要求每名学生都参加，以组为单位制定挑战目标和实验计划。

2.3 实验项目特点

磁悬浮单元静态特性测量实验具有物理现象直观且生动性的特点，容易被学生理解，也容易吸引学生们的兴趣。

实验内容的可操作内容多，动手锻炼能力强，具有显著的学科交叉性，包含大量机电、控制类内容，可以发挥本科生宽基础培养的优势，体现出多课程实践的综合性。

实验室具备良好的实验测试设备和技术应用推广条件。例如，实验室不但有获得国防科技进步三等奖的“磁悬浮推进技术研究试验系统”，还具备 2020 年刚获得军队科技进步二等奖的“超导磁悬浮微小推力测量技术实验平台”。学生在现场就能够体会到理论科学到技术再到应用的跃迁过程，为深化实验内容提供了充分条件。

3 教学方法上的创新性与收获

3.1 实验教学与科研互哺

实验项目教学内容来源于前期的科研成果转化。“十一五”期间，该实验项目所依托的科研方向连续获得三个年度的国防 863 计划基金支持，2006 年建成国内先进的“磁悬浮推进技术研究试验系统”，2007 年度该系统荣获国防科技进步三等奖，之后相关科研成果及设备直接用于火箭发动机专业综合实验课程建设中，用于显著提升实验项目教学的先进性。

实验教学过程不断带来新的科研灵感。超导体零场冷、场冷悬浮实验教学过程中,意外发现了完全抗磁性向钉扎自稳定悬浮的过渡悬浮状态,还发现了超导磁悬浮的平动现象。这些科研灵感诞生于平凡的教学实验课程中,带给指导教师意想不到的收获,促进了教师对科研内容的深刻理解,带来了新的科研增长点,相关过程也激发了学生研究物理现象和参与科研活动的兴趣。

实验项目间的沟通交流促进了新的研究成果形成。本课程的最大优势之一是提供了一个20多个实验项目的交流共享平台,不但共享给学生,也共享给老师,促进老师间的交流互促。例如,在观看"先进空间推进演示试验"教学过程中,了解到空间电推进微推力全弹性测量装置的原理和目前面临的技术挑战,其中全弹性枢轴完全依赖进口,而且其承载能力与弹性分辨率存在显著矛盾,承载能力有限。在与该实验项目指导教师汤海滨教授交流过程中发现,如果我们的超导磁悬浮技术能够替代全弹性枢轴,形成超导磁悬浮枢轴的微小推力测量技术,那将可能是一个显著的创新。在这一交流成果激发下,2012年度与课程总负责人刘宇教授共同申请了国家自然科学基金面上项目"高温超导磁悬浮微小推力测量的悬浮摩擦损耗特性研究",2013年获得资助。

科研反哺又不断滋养教学内容。随着科研方向的不断持续与稳固,科研与教学达到良好融合,建成的"超导磁悬浮微小推力测量技术实验平台"先后支撑了北京控制工程研究所、上海微小卫星工程中心等单位的空间微推进与激光推进消旋实验的测试任务,取得了良好的应用效果。这些取得的新成果又伴随着新的教学设备产生与升级换代,例如新购了多维表面磁场扫描测试仪,可以全自动扫描磁结构的空间三维磁场,大大提高了永磁导轨表面磁场测试条件;增加了超导磁悬浮微小推力测试设备,丰富了磁悬浮性能应用测试内容。

总之,教学实验带来科研灵感,支撑科研方向成长,取得的科研成果又能够反哺教学,在这种互相促进与支持下,提升了教学内容的高阶性和创新性。

3.2 课程思政更易融入贯彻

通过现场的教学实验,同学们感受深刻,此时更容易开展思政教育,融入杰出人物的事迹讲解。在该实验课中,不但介绍了使氦气液化发现超导现象并获得诺贝尔奖的荷兰昂内丝教授,更介绍了我国高温超导电性研究领军人物赵忠贤院士。赵院士不但治学严谨,精神可贵之处在于其学术紧迫感与责任担当,尽管当时的科研条件落后,其始终保持对新技术的洞察力与敏锐性。

1986年国际上刚刚发现高温超导体,仅几个月,赵忠贤团队就独立发现了液氮温区高温超导体,将临界温度提高几十K,并在国际上首次公布其元素组成为Ba-Y-Cu-O,推动了国际高温超导研究热潮。2013年赵忠贤因"40 K以上铁基高温超导体的发现及若干基本物理性质研究"荣获国家自然科学奖一等奖,2015年获得国际超导领域重要奖项Matthias奖,2016年荣获国家最高科学技术奖。赵院士的杰出贡献使中国的高温超导研究跻身于世界前列。

通过这一人物事迹,我想告诉同学们,伟大来自于平凡的工作,来自于日日夜夜的坚持与执着。

3.3 有力支撑"两性一度"的落实

科研与教学有效融合是本实验项目实现"两性一度"的关键途径。

在高阶性方面，本实验项目提供了非常丰富的知识内容，从磁悬浮发射新技术概念、关键技术进展，到高温超导磁悬浮基本原理及实验验证途径，立足于梳理清楚技术发展脉络。实验课现场提供三种典型磁悬浮类型的教具，主要为悬挂地球仪、运动磁悬浮铝板、超导体磁悬浮。学生在对比演示实验中，思考和理解电磁悬浮、电动悬浮、超导磁通钉扎自稳定悬浮三种磁悬浮现象，并采用自己学过的物理学知识，解释这些悬浮现象，达到物理知识与实际现象融合的目标，从而提高学生的科研理论素质。

在创新性方面，首先通过讲解，引出永磁导轨表面磁场及超导自稳定悬浮的特殊性，牵引出本实验项目的两个具体实验测试内容，为学生独立开展实验做好充足准备。其次，无论是永磁导轨还是超导体悬浮结构，都提供了充分的方案种类，使学生们在测试过程中主动思考影响永磁导轨磁场和超导体悬浮力的主要因素，思考影响实验测量的误差因素，通过实验使学生更深刻理解研究对象的设计要点。

在挑战度方面，课程设置了有挑战度的实验内容，供有精力和有意愿的学生挑战。基于超导磁悬浮，建立了永磁/超导复合轴承悬浮特性测试平台，该轴承用于搭建高载荷比的微小推力测量装置。该复合轴承存在永磁悬浮气隙和超导悬浮气隙两个悬浮气隙，结构更为复杂，但探索性更强。指导教师首先给出悬浮载荷与双悬浮气隙的指导性关系曲线，学生通过自身实验与实践，比赛谁能够使测量装置又快又稳地实现更大的悬浮载荷。通过该实验内容设置，学生们更加深刻且定量地了解超导磁悬浮轴承的作用力特性，从而更加深化对本实验项目的内容理解。

4 结　论

一流本科课程在国家建设“一流大学”和“一流学科建设”背景下提出，火箭发动机专业综合实验是教育部认定的首批国家级一流本科课程，经过十余年的不断积累，其建设效果获得了认可，其建设目标及思路与教育部关于建设“金课”的“高阶性、创新性和挑战度”标准体现了良好一致性。本文以课程中的一个实验项目“磁悬浮单元静态特性测量实验”为例，阐述了课程在每一个实验项目上都制定了高标准，从而推动整个课程一流本科教学水平的落实。

参考文献

[1] 中华人民共和国教育部. 关于加快建设高水平本科教育、全面提高人才培养能力的意见[R]. 教高〔2018〕2 号.

[2] 中华人民共和国教育部. 关于深化本科教育教学改革 全面提高人才培养质量的意见[R]. 教高〔2019〕6 号.

[3] 中华人民共和国教育部. 关于一流本科课程建设的实施意见[R]. 教高〔2019〕8 号.

[4] 吴学舜，韩志强. 专业综合设计实验课程教学探讨——以西华大学汽车发动机专业为例[J]. 高教高职研究，2016 (72)：168 - 169.

[5] 霍绪尧，符宝鼎. 机械设计专业综合实验课程改革的探索与实践[J]. 辽宁工业大学学报(社会科学版)，2016，18 (1)：128 - 130.

[6] 莫莉，喻洪平，赵悦，等. 基于科研项目搭建机械专业电类课程综合实验平台[J]. 实验室研究与探索，2018，37 (9)：189 - 192.

[7] 周昌荣，袁昌来，陈国华，等. 专业综合实验课程学生工程能力培养的教学案例探索[J]. 科技视界，2019：76 - 77.

“航空航天目标探测识别原理及应用”平台改革

宋佳[1]　童心迪[1]　蔡喆[2]　赵凯[1]　李君勇[1]

（1. 北京航空航天大学 宇航学院，北京　100191

2. 北京航空航天大学 出版社，北京　100191）

摘　要：针对目前的探测与识别技术相关教材及课程内容缺乏面向航空航天应用案例的问题，我们以本科生为教学对象，结合实际工程经验，将科研成果和实际工程问题转化用于本科教学实验，通过改进实验平台，结合航空航天需求凝练总结适用于本专业培养方向的自编核心课教材《航空航天目标探测识别原理及应用实践》，研发了一套可推广的航空航天探测识别实践平台系统，为建设航空航天特色一流本科课程奠定了基础。

关键词：航空航天探测识别；Robot Operating System（ROS）；Webots；创新平台；虚拟仿真

引　言

目标探测与识别技术是当前航空航天工程领域的重要前沿技术之一，不仅在科学研究中备受青睐，而且在工程实际应用中也有广阔的需求和前景。为了进一步提高航空航天目标探测识别原理及应用课程的互动性和先进性，着力于培养兼具更强创造性思维和解决工程实际问题能力的新型航天科技人才，启发学生的创新性和创造性思维，加深学生对课程理论知识的认识、理解以及灵活运用[1-3]，我们研发了一套基于 ROS-Webots 的虚仿真教学实践平台，可以实现 MATLAB-ROS-Webots 间的信息交互、单机控制、集群控制、模拟可视化仿真等功能。

本教学实践平台在 MATLAB/Simulink 上进行开发，其基本架构包括 ROS 和 Webots，这种组织架构忽略了底层 ROS 的相关操作，让学生可以专注于算法的设计与实现；其中 ROS 是应用于机器人软件开发的开源框架和工具集[4]，作为通信的媒介，支撑了 MATLAB/Simulink 和 Webots 之间的数据传输，这种通信方式可以实现多台主机下的局域网仿真实验教学，突破了单机仿真实验的限制；Webots 是一款开源多平台机器人仿真软件[5]，支持多种不同类型的机器人仿真，如无人机、航天器、水下机器人、轮式机器人等，同时它可完成多种复杂环境的模拟，如室内外、崎岖的路面、空中环境、水下环境等，最后此软件支持 Python、C＋＋等多种编程语言，在教学实践环节中可以满足不同学生的需求。

1　基于 ROS-Webots 的可视化教学实践平台

1.1　实验平台的功能设计

基于 ROS-Webots 的航空航天探测识别实践平台系统结构如图 1 所示。

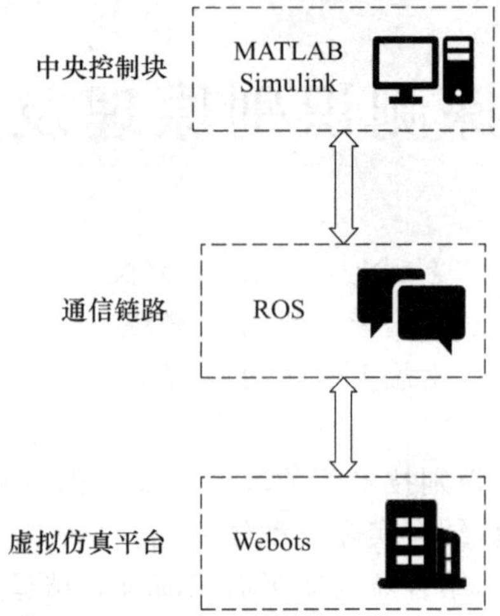

图 1　教学平台结构

由 MATLAB/Simulink 生成无人机的控制指令，通过机器人操作系统将指令传递到 Webots 仿真软件完成对无人机的控制，同时将无人机的飞行数据实时回传到 MATLAB，可以实现对无人机飞行状况的监测。

如图 2 所示，平台选取的仿真模型为大疆在 2016 年推出的 Mavic Pro 四旋翼无人机，无人机上配备了一个可以旋转的摄像头，用于拍摄无人机前方不同角度的图像，另外，无人机还兼备 GPS、陀螺仪和惯导系统，分别用于获取无人机的位置、姿态角以及姿态角速度信息。飞行控制系统是无人机的核心系统[6]，而根据这些信息以及设定好的控制律即可实现对无人机的控制。

图 2　Webots 中的 Mavic Pro 无人机模型

Webots 支持多种不同类型的机器人仿真，可以根据实际教学的需要选用合适的仿真模型，这极大地增强了本教学平台的灵活性和适用性。

1.2　系统实验样例

本平台面向航空航天探测识别的相关课程，是一种可推广、适用性强的虚拟仿真教学实践平台，现依托 Mavic Pro 无人机模型设计实验样例，对平台的主要功能展开说明：

(1) MATLAB-ROS-Webots 间的信息交互

如图 3 所示，使用 MATLAB 中的 ROS 工具包实现了 MATLAB/Simulink 与 ROS 网络间的数据通信。

MATLAB 拥有强大而丰富的算法功能包(视觉处理、控制系统、信号处理等)；通过 MATLAB 和 ROS 的数据通信可以获取机器人的数据、向机器人发送控制指令，同时这样的通信使得机器人可以将 MATLAB 作为自己强大的计算后台，更好地满足各种算法设计的需求。

如图 4 所示，使用 Webots 中的标准 ROS 控制器完成 ROS 网络与 Webots 间的通信设计。

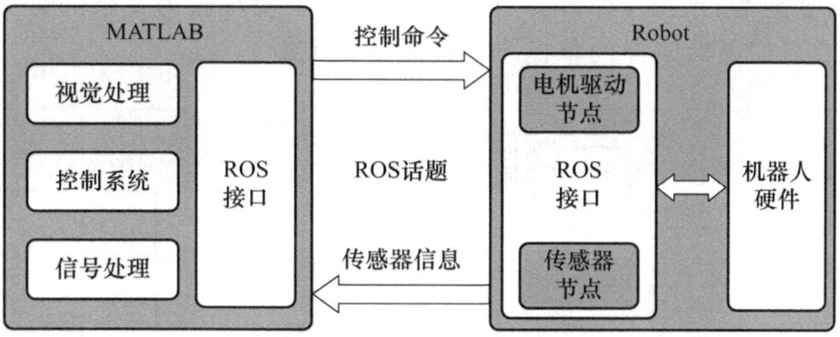

图 3　MATLAB 和 ROS 的数据通信结构

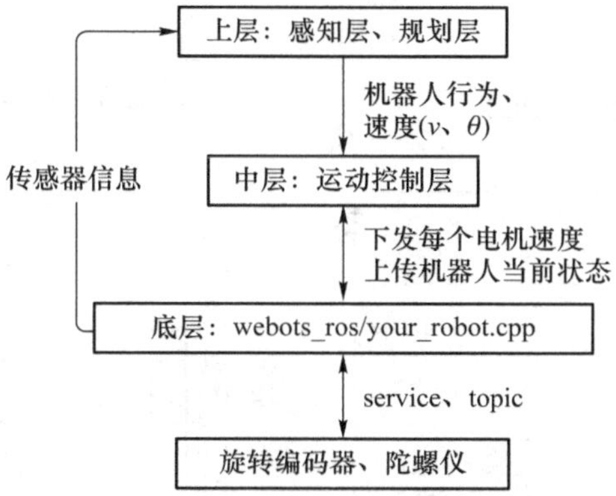

图 4　ROS 和 Webots 的数据通信结构

标准 ROS 控制器是 Webots 默认控制器的一部分，可用于 Webots 中的任何机器人，并充当 ROS 节点，将所有 Webots 功能作为 service 或 topic 提供给其他 ROS 节点，一般可满足大多数需求。

本平台以 ROS 作为 MATLAB 与 Webots 沟通的桥梁，将两者间的信息通过话题的方式传给对方，实现了多主机间的实时数据互通，学生可以基于此将设计的控制算法在 Webots 的仿真环境中进行可视化模拟，直观地感知算法的效果。

图 5　单架无人机模拟飞行

图 5 所示为单个无人机模型在 Webots 虚拟场景下模拟飞行的可视化仿真结果。单机飞行控制的实验中，采用了 PID 的控制算法，其算法简单，易于软硬件实现，不需要维护[7]，对无人机的传感器数据进行实时处理并回传控制指令即可完成无人机的飞行控制。

图 6 所示为无人机起飞后坐标值的变化，图 7 所示为无人机预设高度多次变化的仿真结果，图 8 为无人机预设 x 坐标多次变化的仿真结果，图 9 为无人机预设 z 坐标多次变化的仿真结果，图 10 为无人机在偏航角增加的情况下三维坐标的变化图，图 11 为无人机在偏航角减小的情况下三维坐标的变化图。

本平台的单机飞行控制样例实验通过 PID 控制方法生成一系列基本的控制指令并完成

了仿真，学生可以对基本的运动，如升降、偏航等进行组合实现较为复杂的运动，也可以设计复杂的控制算法完成更加灵活多样的单机飞行控制仿真实验。

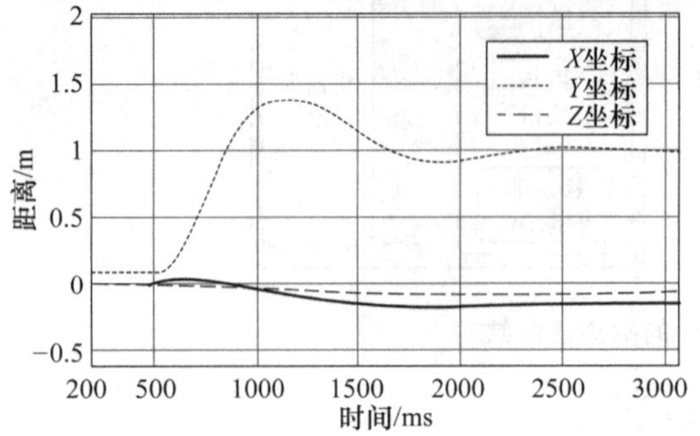

图 6　无人机起飞后坐标的变化

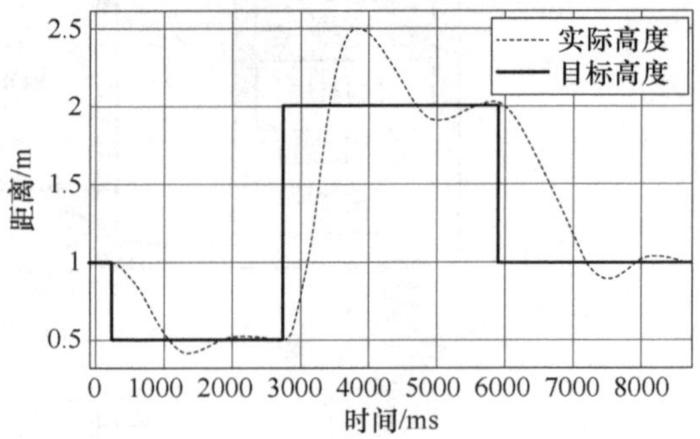

图 7　高度多次变化的仿真结果

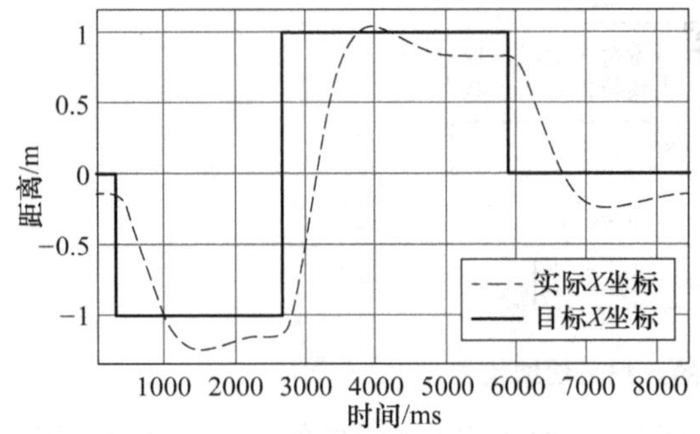

图 8　预设 x 坐标多次变化的仿真结果

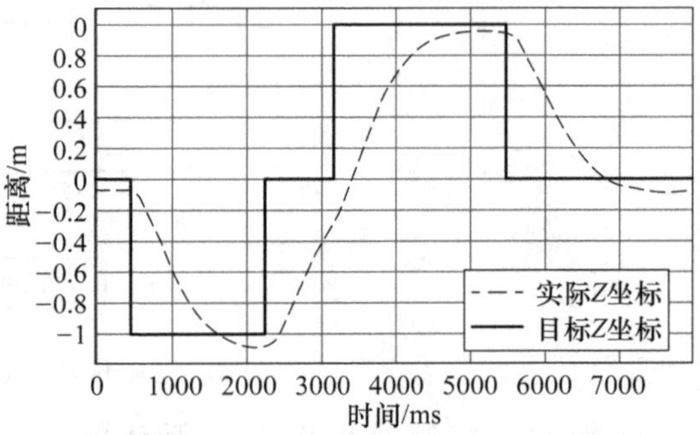

图 9　预设 z 坐标多次变化的仿真结果

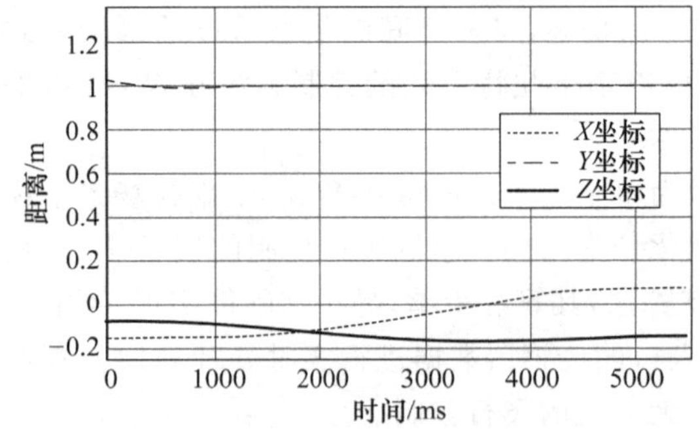

图 10　增大偏航角后无人机坐标变化仿真结果

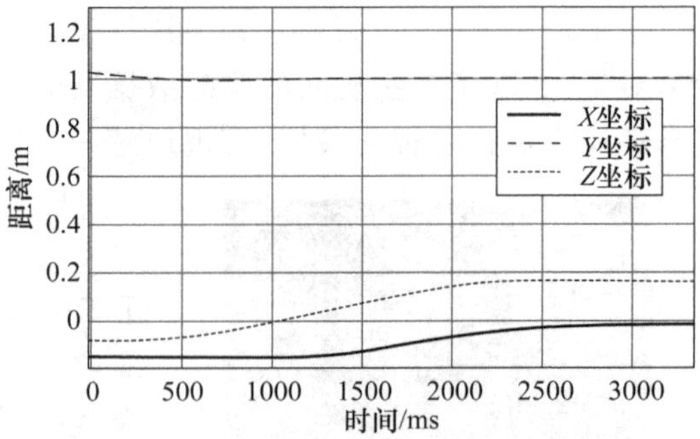

图 11　减小偏航角后无人机坐标变化仿真结果

(2) 集群控制实验样例

图 12 所示为 Webots 中的三架无人机模型，包含一架主机和两架从机。图 13 所示为多个无人机模型在 Webots 虚拟场景下的模拟飞行的可视化仿真结果。

集群控制实验样例采用基于 Leader-Follower 的集群控制方法[8]生成控制指令。机群中主机与两架从机之间的通信也通过 ROS 网络实现。主机在通过 ROS 与 MATLAB 进行通信的同时，也将自己的坐标以及偏航角信息封装成话题发送到 ROS 网络中，从机订阅了主机发出的话题，再根据所设定的与主机的距离和角度，计算出自身的目标坐标，实现与主机成一定距离和角度的跟随。

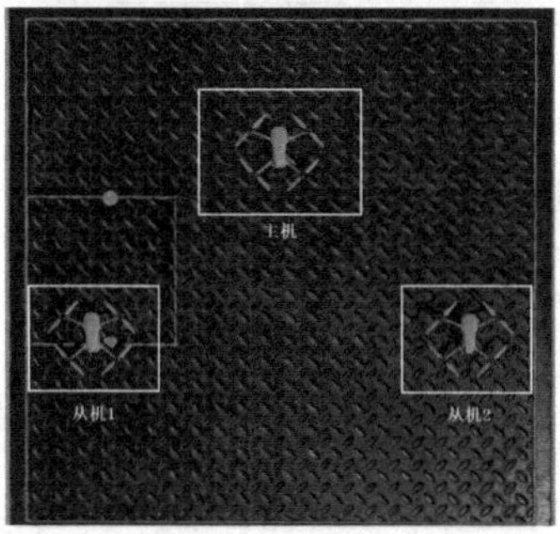

图 12　Webots 中的三架无人机模型

图 13　三架无人机模拟飞行

图 14 所示为主机起飞后的坐标变化，图 15 所示为从机 1 起飞后的坐标变化，图 16 为从机 2 起飞后的坐标变化，图 17 为主机从机起飞后三架无人机的高度对比，图 18 为预设高度多次变化后主机和从机的高度变化对比，图 19 为预设 x 坐标多次变化后主机和从机的 x 坐标变化，图 20 为预设 z 坐标多次变化后主机和从机的 z 坐标变化，图 21 为改变主机偏航角后主机的坐标变化，图 22 为改变主机偏航角后从机 1 的坐标变化，图 23 为改变主机偏航角后从机 2 的坐标变化。

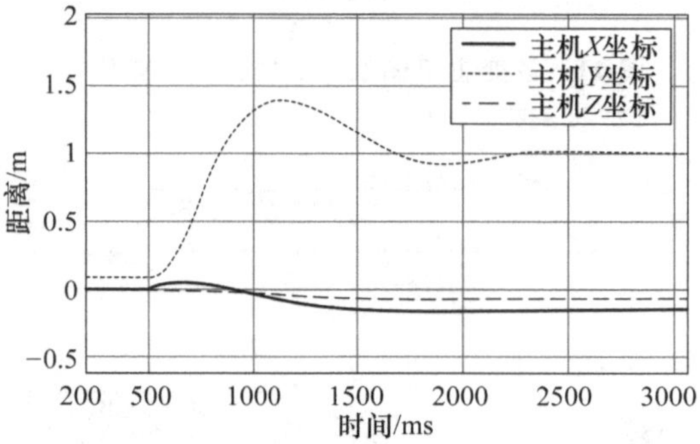

图 14　主机起飞后的坐标变化

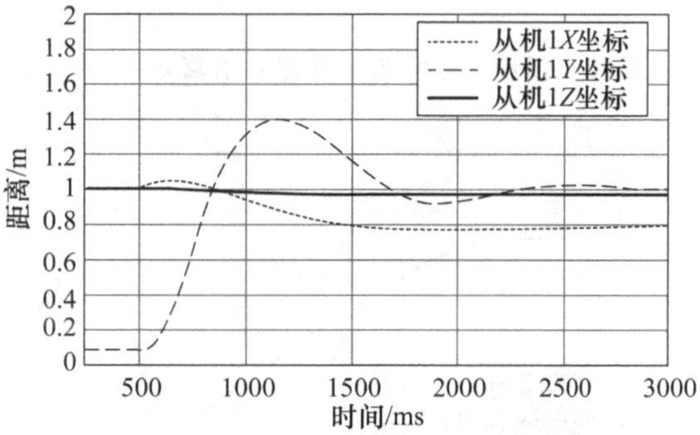

图 15　从机 1 起飞后的坐标变化

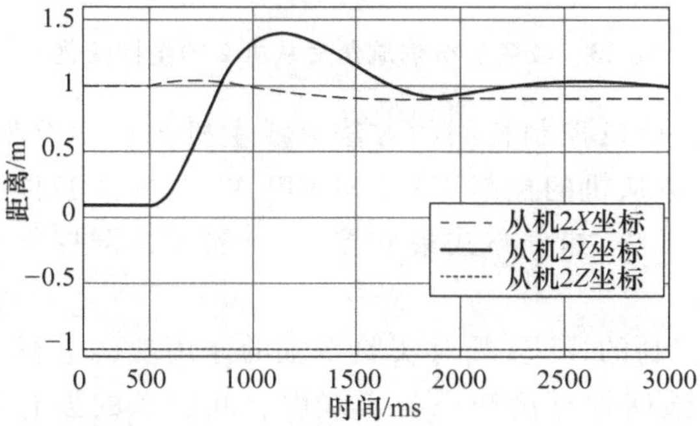

图 16　从机 2 起飞后的坐标变化

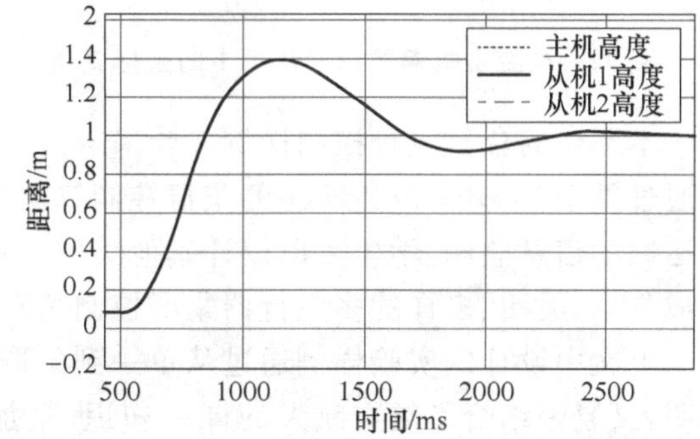

图 17　主机起飞后三架无人机的高度对比

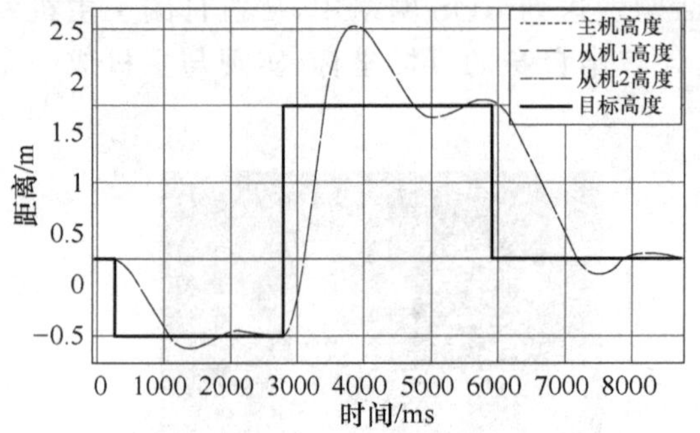

图 18　预设高度多次变化的仿真对比结果

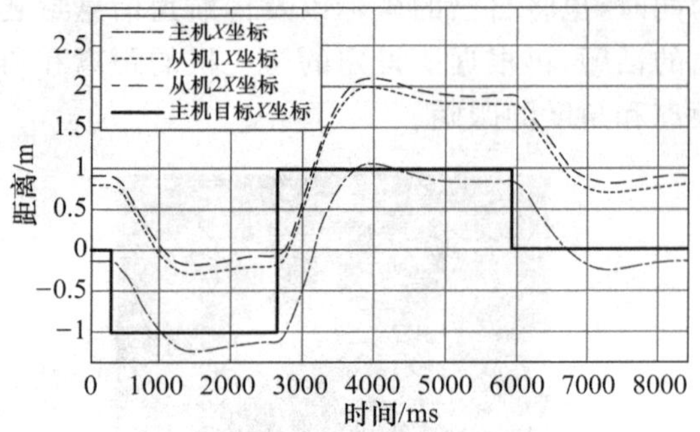

图 19　预设 *x* 坐标多次变化的仿真对比结果

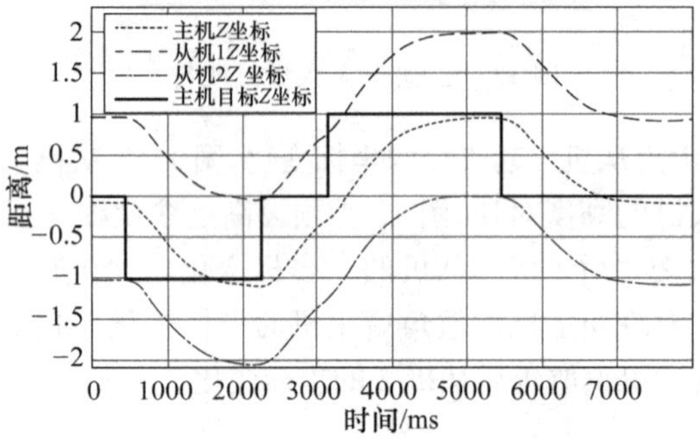

图 20　预设 *z* 坐标多次变化的仿真对比结果

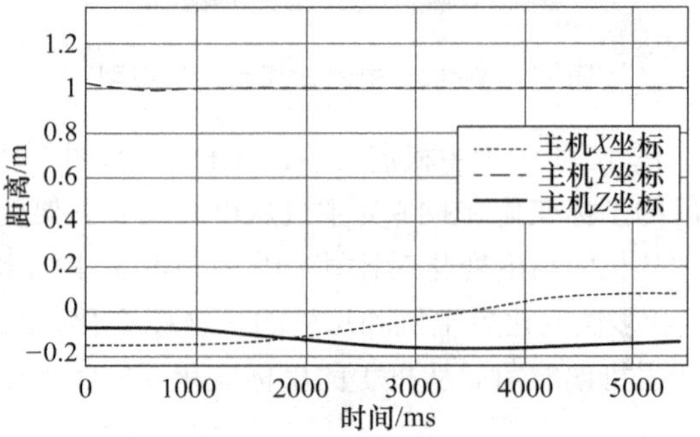

图 21　改变主机偏航角后主机坐标变化

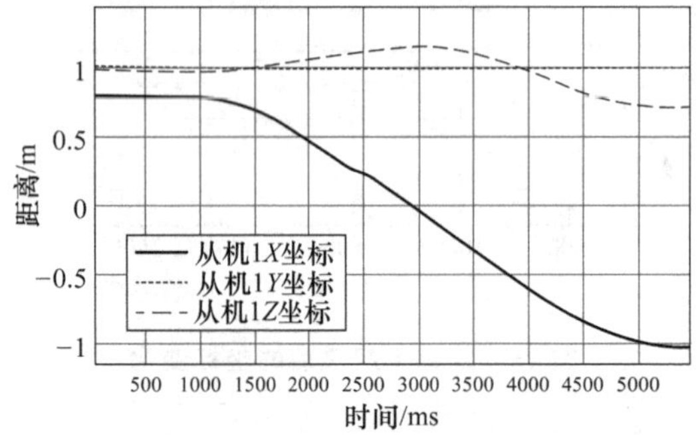

图 22　改变主机偏航角后从机 1 的坐标变化

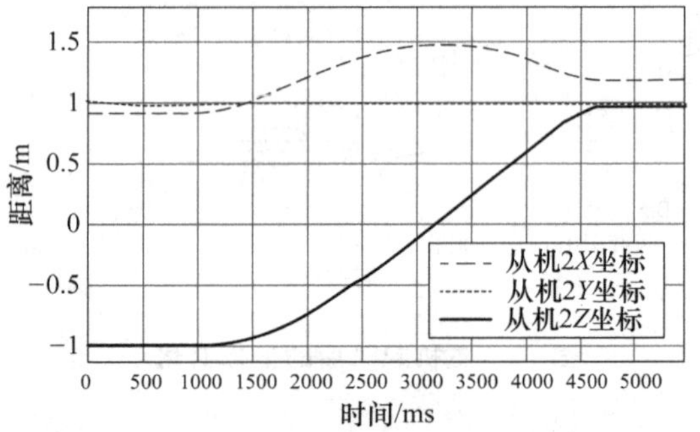

图 23　改变主机偏航角后从机 2 的坐标变化

本平台的集群飞行控制样例实验采取与上文单机控制相同的方法完成主机的运动控制，再通过基于 Leader-Follower 的集群控制算法完成从机的控制，并在 MATLAB 中完成各种基本运动的信息监测，学生可以设计其他集群控制算法，如分布式集群控制、分层式集群控制等完成复杂、灵活、多样的多飞行器集群控制仿真。

上文中设计的实验样例通过从单一到集群控制的递进，既对实验系统的通用功能进行了说明，又紧密结合了航空航天的课程知识，是加强课程理论知识与实践内容间联系的强有力纽带。

本教学平台是一种可拓展推广的航空航天目标探测与识别实践平台，学生可以从仿真对象、控制算法两方面入手，在上述实验样例的基础上，创造性地设计更多的仿真实验，多样性地开发平台的更多功能。

2 结 论

目前的探测与识别技术的教学环节存在针对航空航天应用环境案例的缺口，本文以本科生为教学对象，通过改进实验平台，设计了一种课程贴合强、适用性广的教学实践平台，优化了学生的探究式与个性化学习环境；通过结合实际工程经验，将科研成果和实际工程问题转化用于本科教学实验，进一步完善了航空航天目标探测识别原理及应用的教学体系，奠定了其迈向航空航天特色一流本科课程的基石。

参考文献

[1] 教育部高等教育司关于开展新工科研究与实践的通知[EB/OL].(2018-07-20). http://www.more.gov.cn/s78/ A08/A08_gggs/A08_sjhj/201702/t20170223_297158.html.

[2] 常龙娇，张富胜，徐淑颖，等.新工科人才培养模式研究[J]. 教育现代化. 2018(50):19-20.

[3] 周红标，柏小颖.自动化专业"MATLAB+"课程群建设及创新人才培养[J].大学教育，2020(11):43-46.

[4] KERR J, NICKELS K. Robot operating systems: Bridging the gap between human and robot[C]. Jacksonville FL: 2012 44th Southeastern Symposium on System Theory, 2012: 99-104.

[5] Yue H S, Miao J Y, Zhang J Q, et al. Simulation for senior undergraduate education of robot engineering based on Webots[J]. Computer Applications in Engineering Education, 2020, 29(5).

[6] Yang S Y, Li K Q, Shi J. Design and simulation of the longitudinal autopilot ofuav based on self-adaptive fuzzy pid control[C]//IEEE International Conference on Computational Intelligence and Security. IEEE Computer Society, 2009.

[7] Tennakoon W, Munasinghe S R. Design and simulation of a UAV controller system with high maneuverability[C]//International Conference on Information and Automation for Sustainability ICIAFS. IEEE, 2008.

[8] Kasugai K, Miyagawa I, Murakami K. Leader-follower formation control of multiple unmanned aerial vehicles for omnidirectional patrolling[C]//International Workshop on Advanced Image Technology (IWAIT)2019. SPIE, 2019.

飞行器环境控制一流课程实践及思考

张兴娟[1]　杨春信[1]　杨涵[1]　朱磊[1]　王超[1]　柯鹏[2]

(1. 北京航空航天大学 航空科学与工程学院，北京　100191

2. 北京航空航天大学 交通科学与工程学院，北京　100191)

摘　要：飞行器环境控制一直是北京航空航天大学航空科学与工程学院飞行器环境与生命保障工程专业的特色核心专业课程。本文以教学团队承担的特色核心专业课程(院级和校级一流课程)飞行器环境控制为例，分别从教学团队、教学内容、教学方法、教学手段等方面叙述了课程的建设情况。对课程后续建设的“两性一度”进行了梳理，本文内容为后续申报国家一流课程的建设打下了基础。

关键词：飞行器环境控制；两性一度；一流课程；课程思政；教学改革

引　言

为贯彻落实习近平关于教育的重要论述和全国教育大会精神，围绕北航“中国特色、世界一流大学”的办学定位，把立德树人的成效作为课程建设的根本标准，围绕“两性一度”建设原则，培养飞行器环境控制与生命保障系统领域德才兼备的专业人才，发挥本课程在航空航天学科群中的特色作用，将教学改革成果落实到课程建设中。

本文为文献[1]的续篇。飞行器环境控制课程自 1984 年开设以来，一直是飞行器环境与生命保障工程专业的核心专业课程，亦是特色课程之一[2]。课程讲述的是飞行器(重点针对飞机)微环境舱内的环境控制，主要包括温度、湿度和压力的控制原理及方法。由于环境控制系统(简称环控系统)与飞机其他子系统如发动机、燃/滑油、APU 等系统存在着耦合关系，因此，本课程存在三个特点：①涉及学科知识面多。包括工程热力学、传热学、换热器、流体机械、自动控制原理等；②系统复杂。以旅客机为例，涡轮冷却器中涡轮输出功的利用方式以及除水方法使得环控系统复杂多变，可以从波音 727 中的发动机引气的两轮升压低压除水系统演变到波音 787 的电动四轮式高压除水系统；③技术应用面广。环控技术除了应用于航空领域外，可推广应用到航天器、水上(下)航行器(游轮、潜艇)，车辆(汽车、坦克、高铁等)，民用等领域。教学团队自 1999 年开始“飞行器环境控制”课程的授课工作，获批的项目及奖励如表 1 所列。

表 1　教学团队获批项目列表

序号	项目名称	项目来源	起止时间
1	先进飞机高压除水升压式环境控制试验台	国防“十五”重点专业建设项目	2003.01—2009.12
2	飞机环境控制与安全救生多媒体课件设计	北京航空航天大学教改项目	2004.01—2004.12
3	飞行器环境控制研究学教学认证	北京航空航天大学	2018

续表 1

序号	项目名称	项目来源	起止时间
4	飞行器环境控制教学团队建设	北京航空航天大学“凡舟”教育奖励基金	2018—2020
5	飞行器环境控制虚拟仿真实验课程建设与网络化教学方式探索	北京航空航天大学重点教改项目	2019.06—2021.06
6	飞行器环境控制一流课程建设	北京航空航天大学航空科学与工程学院	2020.09—2022.09
7	课程思政示范课建设	北京航空航天大学	2020.09—2021.09
8	飞行器环境控制教材建设	北京航空航天大学	2020.12—2023.12

根据北航“中国特色、世界一流大学”的办学定位，按照一流课程“两性一度”建设原则，本课程近三年进行了院级一流课程的建设。本文从教学团队、教学内容、教学方法、教学手段谈谈一流课程建设的情况，并对课程的后续建设提出了展望。

1　课程建设情况

1.1　教学团队

组建了科研与教学高度融合的教学团队，团队老师们长期从事飞行器环境控制科研工作，其中 45 岁以下中青年教师占比 75%。形成了制度化的教学研讨活动，定期邀请专家学者讲学、组织到相关厂所参观（在凡舟基金建设项目支持下，团队走访的院所单位如表 2 所列）、团队成员专题调研等系列活动，提高了团队在学科交叉知识点的认识水平和教研能力，同时教学团队凝练了“不忘初心，与时俱进”的课程教学理念。

规范了课程管理模式，包括课前、课内、课后、结课各环节的可监督，形成了制度化的课程研讨交流制度，例如开课前的课程规划管理，确定课程教学方法；课程进行中的监控管理，例如随堂听课，听取学生评价（问卷主要内容如表 3 所列）等；以及课程结束后的课程评价管理，教学文档归位以及后续课程改进措施。形成每一次教学环节的规范化档案，具备可检查性和可持续性。

表 2　教学团队参观的院所单位列表

序号	单位	调研内容
1	中航工业航宇救生装备公司	救生及防护设备
2	中航工业新航集团 134 厂	环控系统核心部件
3	中国航天员科研训练中心	载人生保技术
4	北京卫星环境模拟研究所	航天环境模拟技术
5	航空医学研究所	压力防护技术
6	西安交通大学	热工基础教学方法
7	西安庆安压缩机公司（114 厂）	制冷压缩机
8	空军军医大学	个体防护技术

表 3 调查问卷

序号	问题
1	本学期课程内容安排是否合理?
2	你对教学内容中的专题汇报环节的满意度如何?
3	你觉得本次课程的课堂教学效果如何?
4	听完本次课程后,你觉得什么给你印象最深刻?
5	学习完本课程后,对自己的收获打个分

1.2 教学内容

本课程在学生已经学习热工基础、自动控制原理和制冷部件等课程的基础上,建立系统层面的知识体系,培养学生系统思维方法和工程设计理念。总学时为 40 学时,整个课程共分 4 个教学单元(32 学时)和 1 个实验单元(8 个学时)。其中 4 个教学单元分别为环控系统概述、座舱温度/湿度调节系统、座舱压力调节系统和专题讨论。实验单元包括高压除水制冷系统性能试验和座舱压力调节系统试验。通过系统讲解飞行器环境控制技术,学生可以了解飞机空气循环系统的设计方法和发展规律;理解基于全机热管理思想的组合式环控系统;初步具备系统创新集成能力,并能够将飞行器环控系统的专业知识应用于其他工程领域。

同时,在课程教学内容中有机融入思政元素(见表 4),穿插生动的“环控故事”,使得思政元素与工程型号有效融合,传递给学生“以人为本,追求卓越“的环控设计理念。教学团队经过长期思考,本课程的主线索是歼十环控系统(两轮升压式高压除水技术),它既体现了国内环控技术的里程碑,同时本教学团队主要成员参加了歼十环控系统地面试验科研工作[6-8],在知识传授中,有血有肉,内容丰富。其他机型环控系统可以视为歼十环控技术的演变。教学内容注重进阶性知识结构的建立,突显“两性一度”中的高阶性,如图 1 所示。

表 4 课程凝练的思政元素

序号	单位	情怀理念	知识内容
1	罗阳精神	航空报国	舰载机环控
2	鲲龙精神	勇于创新	水陆两栖飞机环控
3	歼十精神	知行合一	高压除水技术
4	抗疫精神	责任担当	环控技术的跨域应用
5	英雄精神	临危不惧	座舱压力控制技术

1.3 教学方法

结合面对面学习与在线学习相结合的混合式学习方法,以学生为中心,为学生提供了一系列高度互动的学习体验。教案强化课堂设计,谋课与授课并重,注重飞行器环境控制知识,融合飞行器环控知识体系与本专业相关课程内容,如工程热力学和传热学、流体机械、换热器、泵与风机、压力调节、制冷技术和空气调节等。

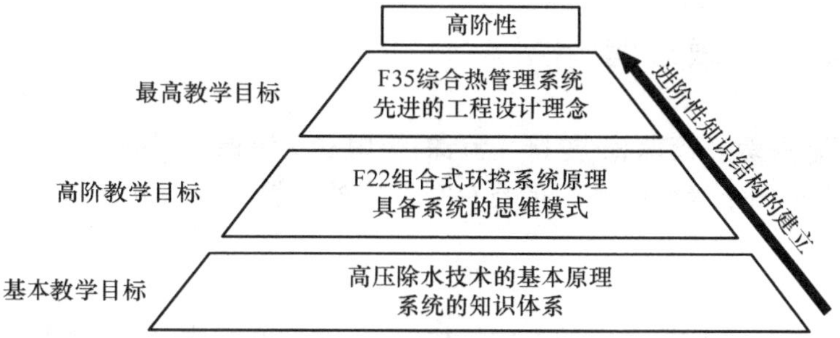

图1 高阶性概略图

教学方法对标“两性一度”中的创新性。采用多种教学手段，通过虚拟仿真试验、现场试验、课程录课、课程公众号和思政故事等，加深学生对环控知识点的理解，培养学生应用系统思维解决工程实际问题的能力。

1.4 教学手段

本课程的课堂讲解和专题研讨使学生掌握课程基本内容，强化飞行器环境控制系统虚拟仿真平台、微信群、微信公众号(见表5)等现代信息技术与课程教学的深度融合，以信息技术推进教学方法的改革，形成互联网时代下的课程教学新模式，建立“参与型实验”和“研究型学习”两种教学方式，培养学生的探索学习能力和创新能力。

结合新时代学生的学习能力强的特点，教学手段体现了挑战度。例如，针对当前新冠疫情，列举两个典型案例激发学生的学习兴趣，使学生掌握环控技术的跨界应用：①在2020年度武汉发生新冠疫情期间，转运病人用的负压转运车是环控技术在医用领域的典型案例。为何采用负压？如何实现负压？车内流场情况等；②2020年2月，“钻石公主”号游轮多人感染新冠，为什么？现有环控系统是怎样的？为了应对新冠病毒，环控系统该做哪些改进？这些例子的引入，学生有代入感，加深学生对“安全、高效、舒适”的环控系统演变为“安全、健康、高效、舒适”的环控系统的认识。

表5 课程公众号发帖清单列表

序号	时间	标题	阅读量
1	2021.03.23	歼十首飞纪念日，袁修干教授的十号故事(一)	514
2	2021.04.01	首飞体验之环控系统	195
3	2021.04.22	袁修干教授的歼十故事(二)	263
4	2021.04.30	袁修干教授的歼十故事(三)	234
5	2021.05.14	袁修干教授的歼十故事(四)	167
6	2021.06.01	袁修干教授歼十故事之学生体会与感想	294
7	2021.07.18	教学相长，砥砺前行	176

注：统计时间截至2021年10月6日。

2 课程建设后续思考

为了实现课程“院级一流课程-校级一流课程-国家一流课程”的阶层建设思路，针对“两性一度”建设，除了邀请国家级名师和教指委专家指导外。教学团队初步进行了梳理，具体体现如下：

（1）高阶性

课程内容中除了体现环控系统的不同风格（简单式到升压式、低压除水到高压除水、两轮-三轮-四轮等）外，需要增加环控系统的流派，例如军机和民机环控系统设计侧重点、欧美飞机环控系统与苏俄飞机环控系统方案的区别之处、固定翼飞机和直升机旋翼飞机环控系统特点等。

（2）创新性

目前环控课程的授课对象主要是航空学院的学生，基于教学团队老师国外知名大学访学过程中体验的教学学习经验，引入国外大学的教学体系，开展双语教学模式的尝试，将积累的教学经验推广应用于国际学院的教学环节中。

（3）挑战度

学生层面融会贯通，掌握环控知识的跨域应用。老师层面完善现有教学试验台，使试验能力由三代机环控向四代机环控提升。

3 结　论

飞行器环境控制课程的改革和实践取得的成效如下：①教学团队形成了“不忘初心、与时俱进”的课程教学理念，学生层面学习“以人为本，追求卓越”的环控设计理念。②校内外同行评价。在第一届和第二届全国航空航天课程思政教学论坛会议的分组交流报告中，两篇论文均获得优秀论文二等奖；③学生评价。在2021年春季飞行器环境控制课程教学中，约75%的学生给课程打了满分。

教改路上，永无止境。今后，教学团队继续围绕“两性一度”要求，在飞行器环境控制院级一流课程建设基础上，不断丰富完善课程高阶性，使本课程成为校级一流课程，最终使本课程具备申报国家一流优质课程的基本要求，有力提升课程质量[9]。

致　谢

课程建设得到了2018年度北京航空航天大学“飞行器环境控制”教学团队凡舟基金建设项目、2020年度校级课程思政示范课程建设项目、2020年度院级一流课程建设项目、2020年度校级教改项目、2021年度校级一流课程建设项目的资助。

参考文献

[1] 杨春信，张兴娟，杨涵，等．专业核心课建设现状分析[M]//教育部高等学校航空航天类专业教学指导委员会，第二届全国高等学校航空航天类专业教育教学研讨会论文集．北京：北京航空航天大学出版社，2021.

[2] 北京航空航天大学. 2020春季飞行器环境控制:课程大纲[EB/OL]. (2019-11-11)[2020-08-31]. http://course.buaa.edu.cn/x/ybHbbs.

[3] 中华人民共和国教育部. 教育部关于一六本科课程建设的实施意见[EB/OL]. (2019-10-30)[2020-08-31]. http://www.moe.gov.cn/srcsite/A08/s7056/201910/t20191031_406269.html.

[4] 杨春信,张兴娟,杨涵,等.飞行器环境控制课程思政建设初探[J].南京航空航天大学学报,2020.S1.

[5] 寿荣中,何慧姗.飞行器环境控制[M]. 北京:北京航空航天大学出版社,2005.

[6] 杨春信. 有限空间内空气流动和换热的数学模拟[D]. 北京:北京航空航天大学,1991.

[7] 张兴娟. 高压除水升压式环控系统地面模拟实验及其分析[D]. 北京:北京航空航天大学,1995.

[8] 赵竞全. 高压除水环控系统的仿真和控制研究[D]. 北京:北京航空航天大学,1999.

[9] 李柳元. 曹晋滨. 新时代一流航天类课程建设实践与思考——以空间数据分析基础课程改革为例[J]. 北京航空航天大学学报(社会科学版),2022,35(1):8.

弹射救生装置课程课目化教材建设研究

王冬冬　侯明　张兵　王殿宇
（海军航空大学 青岛校区，青岛　266041）

摘　要：课目化教材作为职业教育新兴的教材类型，由于其相对于传统教材优势明显，因此在院校职业教育中应用比较广泛，教学效果也比较好。弹射救生装置课程教材着重强调知识的系统性和完整性，而对于弹射座椅定期检修工作等实践维护类课目涉及内容不多，相关职业技能的培养难以落实。对弹射救生装置课程课目化教材进行了初步研究，结合航空装备类课程的特点，明确了建设思路，以某型飞机弹射座椅定期检修工作为抓手，对相关教学内容进行了重构，积累相关建设经验，待条件成熟后，探索运用到教学实践中。

关键词：弹射救生装置；课目化；教材；弹射座椅；定期检修

2021年10月12日，中共中央办公厅、国务院办公厅《关于推动现代职业教育高质量发展的意见》（以下简称《意见》）正式颁布，引发教育行业同仁们的关注和热议。《意见》的中心思想是“通过工学结合，提高学生的实践能力”这一职业教育最基本的常识。《意见》第十五条“改进教学内容与教材”中明确“完善岗课赛证综合育人机制，按照生产实际和岗位需求设计开发课程，开发模块化、系统化的实训课程体系，提升学生实践能力。”而教材作为教育的基本要素，要提高职业教育的教学质量，高质量的职业教育教材是不可或缺的。

1　教材建设的意义

弹射救生装置课程是本校依据士官学员的人才培养方案设置的一门主干必修课程，是理论和实践相结合的任职岗位课程，对学员掌握弹射救生装置的基本知识，初步形成弹射救生装置技术保障能力，具备一线机务保障人员所必备的基本素质，具有重要的支撑作用。课程既有理论学时，又有实践学时，总体具有以下特点：一是涵盖的知识点比较多，目前主要讲述两个型号，每型弹射座椅都包括多个分系统；二是部分教学内容比较抽象，如弹射操纵系统的构造、工作原理等，且难以利用教学装备在课堂呈现；三是理论与实践联系紧密，掌握弹射救生装置的构造原理是使用维护的前提和基础。

目前，弹射救生装置课程教材与其他航空装备类课程教材一样，以学科知识为基础，以传统学科知识的逻辑体系为架构，着重强调知识的系统性和完整性，而对于弹射座椅定期检修工作等实践维护类课目涉及内容不多，相关职业技能的培养难以落实。此外，由于实践课的课时有限，不可能针对部队所有的维修工作开展教学，而目前维护教材的内容大多是维修手册、使用维护说明书或维护规程等内容的简单罗列和重组，没有选取那些最能够有效提升学员知识、能力和素质的典型维护工作作为教材的内容，也没有将部队经常开展的训练课目作为教材的重点内容，导致教材内容虽然很充实，但对于士官层次学员的针对性不强，没有体现理论对实践的指导。上述问题一定程度上影响了课程的教学改革和教学质量的提高。因此，需要在深入分析航空装备类课程教材现状的基础上，借鉴地方教材建设的经验，提出课目化教材建设的合理构想[1-4]。

课题组对课目化教材进行了初步研究，根据目前国内已出版的课目化教材现状，结合航空装备类课程的特点，初步明确了课目化教材的建设思路，计划以某型飞机弹射座椅定期检修工作为抓手，建设一部课目化教材，并在教学实践中探索课目化教材的运用。

2　教材建设的思路

教材建设的总体思路是依据岗位任务需求，以培养弹射救生装置的保障能力为目标，以弹射过程为主线，深度融合法规、故障案例和相关教学内容改革成果，构建课程内容体系。

第一，教材内容以完成从部队岗位实际工作任务所需要的知识、能力、素质要求为依据，兼顾学员可持续发展的需要。第二，总结归纳真实工作任务，整合教学内容，科学设计学习性工作任务。第三，摒弃传统的学科体系章节安排方式，以工作过程为依据优化教学内容，将故障案例、维护规程、操作工卡、航空军械安全规则等内容融入其中，使学员加深对装置构造原理的理解。第四，教材内容具备理论与实践一体化，将职业意识和素质培养的内容融入其中，合理设计实践环节，通过实装训练穿插进行，提高学员实际操作能力，激发学员学习热情。考虑到教材实施的可操作性，课目的选取不过多依赖苛刻的实践条件，可以结合专业教室现有的某型弹射座椅 VR 虚拟拆装训练软件，实现虚实结合，提升学习效果。第五，在教材编写过程中，组织部队、院校相关岗位的专家、技术人员共同对课程所涵盖岗位的工作任务、工作过程和职业能力进行分析与研究，梳理知识与工作任务之间的对应关系，以使教材内容的选取、设计等真正体现以职业能力培养为出发点，以工作过程为导向的课目化特色。

3　教材建设的目标

教材建设的目标依据教学目标而制定，本课程的教学目标是使学员能够理解弹射救生装置的基本组成和工作原理，掌握设备原理分析、使用操作和性能检测方法，具备运用所学原理知识排除故障的能力，培养学员装备保障和维护素养。在知识目标方面，要求学员能够描述弹射救生装置的功能和实现机理，阐述各系统及结构间的传动关系，归纳典型设备的工作任务、交联关系和工作过程，总结设备工作原理和维护要点。在技能目标方面，要求学员学会系统的功能检查和技术性能指标检测，制定故障的分析思路和排除方法，解决典型故障问题。在态度目标方面，要求学员尊重航空装备保障法规的权威性，热爱军械员岗位，养成安全责任和战时保障意识，培养团结协作意识。通过分析教学目标，本教材建设目标制定如下。

3.1　多种要素的整合

课目化教材的根本任务是促进学习的发生，实现学习的改变。要实现士官学员学习的改变，需要引导并帮助士官学员借助课目化的工作过程，了解、练习和感知部队相应的岗位职责和工作流程，触及其思想和心智，形成强大内心动力，实现学习和行为的改变[1-9]。因此，课目化教材下的课目首先需要具备知识、技能和情感等相关内容的承载功能，能够支撑课目活动所需的相关刺激和促进要素。借助课目这一承载平台，可以将士官职业素养相关的知识、技能和情感等要素整合、嵌入其中，以便为士官学员提供充分刺激，激发其学习热情和心智活动，引导其参与提升部队岗位任职能力的课目活动，获取有助于知识和能力建构的相应实践经验，实现知识由认知到实践行动的有效迁移。

3.2 团队协作的建构

全面的职业能力不仅是指职业操作技能，还包括其他胜任职业岗位工作的相关素质，如价值取向、爱岗敬业精神、理想信念、团队协作、交流沟通等方面的素养[1-9]。课目化教材的建设，需要在建构主义理念的指引下，设计小组协作的课目类型，以增强士官学员在课目活动中各项能力的建构与习得。借助课目这一平台，士官学员可以更好地分享同学、教员及其他相关人员的观点和情感，基于多个视角形成对课目活动更全面、更系统的认知，并通过团队协作的方式，将课目相关的知识、能力和情感加以应用和提升。

3.3 知识的有效迁移

职业性与实践应用性是士官职业技术教育的本质属性。基于部队岗位精心设计的课目，因其与部队既有经验的紧密联系，极易获得士官学员的关注和认同，能激发士官学员的兴趣与热情，引导士官学员进行有意义的建构，从而引导并促进士官学员在课目活动中实现知识的理解与拓展[1-9]。在课目学习过程中，士官学员可以依据自己的步骤与方法，更自主地寻求问题的应对与解决，从而实现知识由头脑认知向实践应用的有效迁移。

此外，通过开展基于某型飞机弹射座椅定期检修工作的课目化教材建设，积累课目化教材建设经验，探索在信息化教学改革背景下，如何将课目化教材合理运用于教学实践之中，通过为学员提供更便于自主学习的课目化教材，更加充分体现出“以学员为中心”的教学理念。

4 教材的主要内容及特色

4.1 主要内容

在教材建设前期收集整理部队某型飞机弹射座椅定期检修工作相关资料和近年来发生的座椅故障案例，结合工作原理、操作工卡、维护规程、安全规则等，对教学内容进行重新编排与整理，教材紧贴部队弹射座椅定期检修工作实际情况，按照课目化教学重构教学体系，将全书内容分为绪论和十四个模块进行阐述，形成以课目的完成为主线，以座椅结构、定期检修工作中的操作站位、所需设备及工具为载体的教学体系。在绪论中简要介绍某型弹射座椅的基本情况，然后梳理该型座椅的维护规程，使学员对座椅形成整体认知。其余所有模块均按照统一的模板，首先给出学习目标，然后将本模块内容以思维导图的形式做成知识树呈现到学员面前，使学员对本模块内容形成整体认知，每个模块包括 2～3 个课目(课目是依据部队弹射座椅定期检修工作设置的)，每个课目包含相关理论知识、操作站位、所需设备及工具和操作具体步骤，所有课目结束后，给出了与本模块相关的故障案例以及解决办法，在每个模块的最后都留下五道思考题，题型包括选择、填空和解答，通过做题巩固本模块所学知识。本文仅以课程中“某型座椅人椅分离系统定检工作”模块为例，按照部队中人椅分离系统定期检修工作，设计本模块内容，如表 1 所列。

表 1 “某型座椅人椅分离系统定检工作”模块设计

序号	二级标题	三级标题
1	学习目标	无
2	知识树	无
3	课目 1 检查半自动开锁器的膜盒限动器状态	相关知识
		课目操作
4	课目 2 某型自动开锁器的拆装	相关知识
		课目操作
5	课目 3 射伞机构的装退弹	相关知识
6	故障案例	课目操作
7	思考题	无

4.2 主要特色

① 课目化教材设计时，引入岗位工作任务分析，从而全面准确地获得岗位所需要的职业能力，进而使课程内容更加科学实用[8-9]。

② 课目化教材由于引入了课目这一工作任务载体，并将故障案例、维护规程、操作工卡、航空军械安全规则等内容融入其中，使得大量具有很高实践价值的细节知识，如实践知识、经验知识，在教材中得到体现[8-9]。

③ 将知识点有机融合到一起，学员通过完成设定的课目，能够掌握完整的工作过程，形成职业工作能力；在设计课目时，融入了故障案例、工作原理、维护规程、安全规则等内容，使得学员既知其然又知其所以然，培养学员的系统思维方式。

5 结 论

课目化教材作为职业教育新兴的教材类型，由于其相对于传统教材优势比较明显，在地方院校职业教育中应用比较广泛，教学效果也比较好，而军事院校与之相比推广节奏偏慢。2021 年 10 月 12 日下发的《意见》表明，职业教育的改革力度将会加大，因此，加快职业教育课目化教材建设，提高教材质量水平已日益紧迫。本文对弹射救生装置课程相关教学内容进行了重构，对课目化教材进行了初步研究，结合航空装备类课程的特点，明确了建设思路，以某型飞机弹射座椅定期检修工作为抓手，进行教材改革，积累相关建设经验，待条件成熟后，探索运用到教学实践中。

参考文献

[1] 汪丹. 中等职业教育项目化教材开发研究[D]. 上海：上海师范大学，2014：35 - 64.
[2] 杨葛莉. 项目化学习：统编初中语文教材实施困境的突破[J]. 课程与教学，2019，12：79 - 80,93.

[3] 熊玲鸿，颜颖，曹瑞香. 机械设计基础项目化教程[M]. 南京：东南大学出版社，2015：1－15.
[4] 王迪. 项目化高职教材开发的研究与实践[J]. 教育教学论坛，2019，1：249－250.
[5] 申巧锋. 基于项目化教学模式下的高职英语校本教材编写建议[J]. 职业教育研究，2020，1：235－236.
[6] 周雷，邱勋. 基于任务驱动的高职互联网金融项目化教材建设研究[J]. 中国职业技术教育，2018，11：63－70.
[7] 詹新生，张江伟，尹慧，等. 模拟电子技术项目化教程[M]. 北京：清华大学出版社，2014.
[8] 邢道奇，任爱娣.《海上补给装备维修》项目化教材设计[J]. 海军后勤学报，2017，2：15－18.
[9] 张琳. 项目课程视域下专业教材改革实践与思考[J]. 空军空降兵学院学报，2016，33(4)：29－31.

流体与传动实验一流课程建设创新与实践

侯志勇　王辉　包恒　聂万胜　苏凌宇

（航天工程大学 宇航科学与技术系，北京　101416）

摘　要：课程是人才培养的核心要素，课程质量直接决定人才培养质量。建设一流课程是全面深入贯彻习近平关于教育的重要论述、落实全国教育大会精神和新时代全国高等学校本科教育工作会议要求、积极响应“立德树人、为战育人”的新时代军校要求的重要抓手和突破口。流体与传动实验课程对标一流课程，明确了课程的地位作用，优化整合了实验流体力学和流体传动的内容，深挖建设中存在的问题，并针对问题提出了解决方案，课程须紧密结合工程实际、课程内容融入思政元素、以能力为导向采用线上线下混合式教学方式、完善考核评估体系，为建设一流课程的建设提供实践思路。

关键词：教学改革；课程思政；教学方法；考核；流体与传动实验

习近平在全军院校长集训开班式上首次提出新时代军事教育方针，强调强军之道要在得人。2017 年以来，教育部提出新工科建设，全力探索复合型拔尖创新工科人才的培养模式和机制[1]。2018 年，教育部召开的新时代中国高等学校本科教育工作会议强调，加快建设高水平本科教育、全面提高人才培养能力。课程是人才培养的核心要素，课程质量直接决定人才培养质量。2019 年教育部又印发了《关于一流本科课程建设的实施意见》，对一流本科课程建设给出了具体是实施意见[2]。建设一流课程是全面深入贯彻习近平总书记关于教育的重要论述、落实全国教育大会精神和新时代全国高等学校本科教育工作会议要求、积极响应“立德树人、为战育人”的新时代军校要求的重要抓手和突破口[3]。

本文针对流体与传动实验课程，在新工科背景下，对标一流本科课程，明确课程地位作用，课程内容按照“必需、够用”原则优化整合传统的实验流体力学和流体传动两门课程，深挖并着力解决课程建设中存在的问题，在课程内容体系、教学模式、考核等方面形成了一系列课程建设和教学改革的新举措。

1　课程概述

1.1　课程地位作用

流体与传动实验课程是飞行器动力工程专业本科生系统学习流体力学实验和流体传动理论与方法的开端，是理解空气动力学和流体传动的关键内容。课程的指导思想是“强基础、重实践、高创新”，为培养飞行器动力工程中管道流动、推进剂加注、伺服机构、阀门控制等岗位的专业人才，提供实验流体力学、流体传动的专业理论知识，训练流体力学实验和流体传动系统的操作技能。本课程可以培养学员将所学基本理论与具体工程实践相结合的能力，对将来从事飞行器动力工程岗位，以及解决流体与传动的相关技术问题具有重要的意义。

1.2 课程内容

流体与传动实验课程讲授哪些内容？需要结合飞行器动力工程专业学员的培养目标进行分析。课程要达到的培养目标是使飞行器动力工程专业学员进一步深刻认识流体与传动理论在工程技术领域，特别是在飞行器动力工程领域中的广泛应用，能够熟练地掌握流体力学实验的原理与方法和基本操作技能，学会流动参量的测量方法；掌握流体传动的理论知识；提高理论分析的能力，掌握应用相关理论和方法，分析解决简单的工程实际问题，培养严谨踏实的科学精神和创新意识。本课程须综合运用“材料力学”“飞行器总体”“热能工程学”“空气动力学”“机械原理与设计”等基础专业课，是与专业课程和工程实践结合最为紧密的一门专业基础课。课程内容设置见图 1。

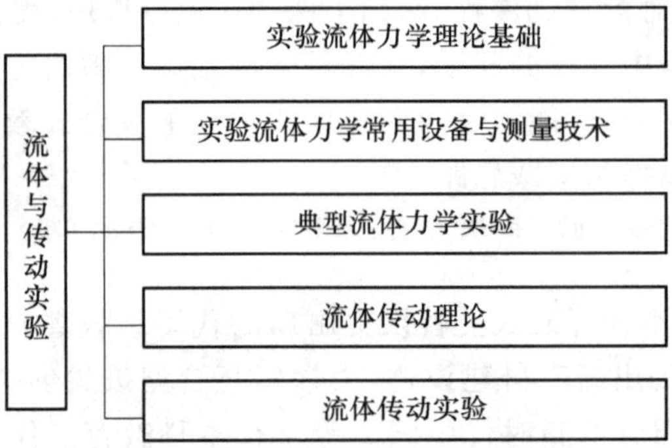

图 1 课程内容

(1) 实验流体力学理论基础

实验课授课之前学员需要掌握实验流体力学的理论知识，包括两部分：流体力学基础知识，这里只讲授空气动力学未讲授的内容（沿程压力损失、局部压力损失等相关理论）；实验模拟的基础知识，这里只讲授量纲分析、相似理论、误差分析等内容。

(2) 实验流体力学常用设备与测量技术

明确实验流体力学的理论后，课程将对常用设备与关键参量测量技术进行讲授。实验流体力学的常用设备主要包括各种类型的风洞，这里要求掌握风洞的原理和主要部件及作用。关键参量的测量技术主要介绍压力、速度、流量、温度及气动力的力电测量技术和光学测量技术。

(3) 典型流体力学实验

典型流体力学实验是对(1)、(2)两部分的应用。安排了“伯努利方程、皮托管测速、文丘里流量计、沿程阻力损失、局部阻力损失、开放性实验等内容。

(4) 流体传动理论

流体传动理论主要介绍液压传动简介、动力元件、执行元件、辅助元件、方向控制元件、压力控制元件、流量控制元件等内容的工作原理。

(5) 流体传动实验

这部分是实践内容，包括常用液压元件的性能测试、常见液压回路搭建。

2 课程建设中存在的问题

2.1 课程思政内容不足

课程建设团队对课程思政建设的重要意义认识不够，流体与传动实验课程是一门专业基础课，教学内容偏重专业基础知识，思政元素匮乏，而仅有的思政内容也较生硬，存在灌输式弊端。

2.2 课程内容与工程应用脱节

流体与传动实验课程与工程问题紧密相连，需要有工程问题作为背景，目前课程内容针对性不强，实验项目单一，演示性和验证性实验偏多。

2.3 教学方法单一

课程内容近一半是实验操作内容，设置的实验操作内容过于传统，教学方法缺乏灵活性。从实验原理、实验步骤、数据处理，过于古板，缺乏综合性和创新性实验；专业性设备少且贵重，实验操作复杂，学员个人无法使用，影响学员的实验研究机会，这都抑制学员的主动思考和创新的能力，只是被动地接受知识，容易疲劳，学习兴趣降低[4]。

2.4 课程考核方式单一

流体与传动实验课程考核主要采用闭卷笔试的形式，“一纸定乾坤”，考核重结果、轻过程，以期末考试为主，学员只能死记硬背理论知识，突击考试，这种成绩不能显示学员的自主性、创新性，没有完全显示学员的实力和水平，忽视了学员的平时成绩，不利于学员综合素质的提升。

3 教学实践

为解决课程建设中存在的问题，树立“以德树人、为战育人”为根本要求，对标一流课程的要求，以“知识、能力及素质三位一体”的教学理念构建本课程教学新体系，遵循理论课和实验课学习的规律，建成既红又专的专业基础课程。

3.1 深挖思政元素，巧妙融入课程

如何发展课程思政，引导学员正确价值观，是课程建设中需要考虑的重要问题。流体与传动实验课程与航天是紧密结合的，课程理论部分从建设航天强国角度，深入挖掘思政元素，激发学员投身航天、献身国防的家国情怀和使命担当。课程思政应巧妙融入课堂教学，尽量避免直接说教、灌输，力求将思政内容自然融入课堂，达到润物细无声的育人效果。思政内容融入时机可选择特定的事件，比如结合“神舟十三”载人航天发射事件穿插融入载人航天精神和航天英雄等内容；可选择特定的内容，比如结合“伯努利方程”内容讲解流体力学科学家的科研精神。

具体措施：可以从航天精神、“两弹一星”精神、载人航天精神等精神文化，或者航天科学

家、航天英雄等航天人物事迹，结合习近平的重要讲话，做到“院校同部队对接越精准，课堂同战场衔接越紧密，培养的人才越对路子。要围绕实战、着眼打赢搞教学、育人才，做到教为战、练为战。”例如：

① 绪论。结合实验流体力学的发展，融入政治认同感和家国情怀的培养。

② 沿程阻力尼古拉兹公式。沿程阻力系数与管壁的表面粗糙度、流动状态有关，要拟合出尼古拉兹公式需要做大量的实验，教育学员要脚踏实地，爱岗敬业，打牢知识基础。

③ 实验流体常用设备。风洞的发展，特别是我国风洞的建设历程，科学家对飞天的向往，探索宇宙的历程；教育学员要树立正确的人生观、价值观，探索浩瀚宇宙和征服星辰大海的兴趣。

3.2 能力为导向紧密结合工程问题

课程教学要以提高能力为导向，培养学员解决工程问题的能力。每个实验内容可结合工程实践问题来开展。举例如图 2 所示。

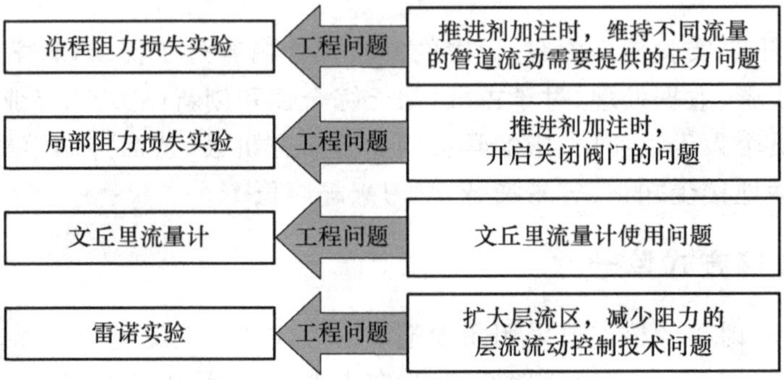

图 2 部分课程内容围绕解决的工程问题

3.3 教学组织方式灵活

3.3.1 线上线下混合式教学实践

为增强学员积极性和主动性，可利用慕课和课堂教学开展线上/线下混合式教学的教学实践。搭建线上教学资源很必要，但是课程建设初期可以借助国家级在线开放课程、中国大学 MOOC 等教育部推荐的慕课平台，兄弟院校建设的在线课程资源。同济大学赵晓红等开设的基础力学实验，西安交通大学唐上朝等开设的热流体课程实验等课程内容可供学员选择。

3.3.2 探索“理论教学-虚拟实验-实体实验”三个层次的实验教学新模式

本课程的实验分为三类：演示型实验、验证型实验和综合创新型实验，根据教学目标要求，探索“理论教学-虚拟实验-实体实验”三个层次的实验教学新模式。开发或引进虚拟实验平台，构建网上虚拟实验、实验室实验等环节组成的实验教学资源。学员可以在虚拟实验平台开展演示性实验和验证性实验的操作，降低对实体实验室的依赖，解决设备贵重、设备少和实验耗损等问题，提高了实验效率，满足实验教学的灵活性要求；综合创新实验可以在虚拟实验平台对实验原理、设备、步骤开展预操作进行预习，然后在实验室开展创新开放性实验，这样可以培养学员创新能力和动手能力。流体与传动实验课程引进的有虚拟实验平台，见图 3。

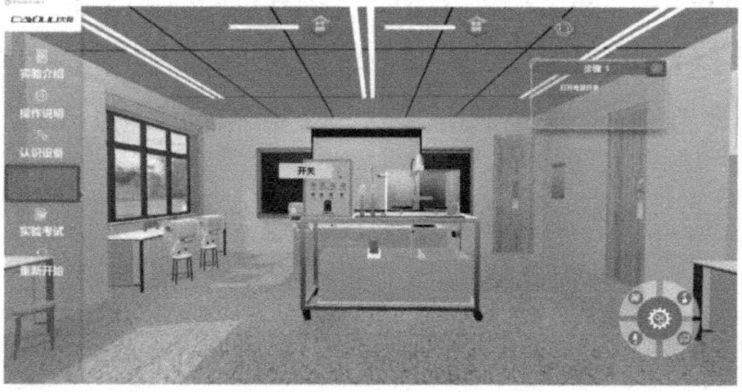

图 3　虚拟实验平台

3.3.3　开设开放性实验

一流课程的建设要求也要有“两性一度”，即提升高阶性、突出创新性、增加挑战度。流体与传动实验课程是专业基础课，为了更好地学习专业课，有必要结合火箭推进原理、动力系统构造等课程和工程问题开展教学。学员应用流体力学设备与流体力学仿真软件进行创新实验，提高主动思考和创新的能力。例如：雷诺实验的实验目的与任务：观察两种流态，测定临界雷诺数；能力训练点：理解层流、紊流的流态及流体由层流变紊流、紊流变层流时的特征。掌握测定临界雷诺数方法，掌握圆管流态判别准则。学员应用流体力学设备完成雷诺实验，在雷诺实验的基础上可以考虑添加层流和紊流在工程中的物理意义，层流摩阻远小于紊流摩阻，进而扩展到层流流动控制技术，如何扩大层流区是减阻的一个重要途径；层流控制技术可以通过流体力学仿真软件 FLUENT 来实现。将数值仿真软件与实验相结合，可以使学员的认知度有很大的提升。某翼型不同攻角下绕流的速度等值线分布图见图 4，安装在风洞中的翼型见图 5。

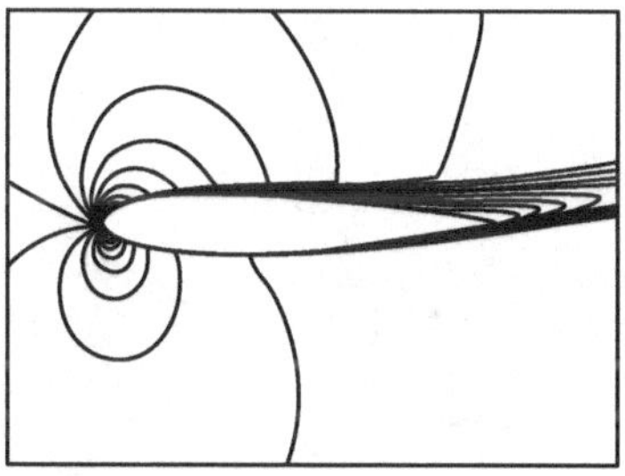

α=10°

图 4　某翼型不同攻角下绕流的速度等值线分布图

图 5　某翼型在风洞中

3.4　优化考核评价体系

一流课程的建设要以提升学员的知识、能力和素质提升为目的，按照考核形式多样化，考核内容综合化，考核时间全程化的原则，应注重课程在教学过程中的综合性评价[5]。流体与传动实验课程考核分为形成性考核和终结性考核两部分。形成性考核占总成绩比重为 50%，采用课前预习、实验操作答辩、实验报告等形式进行。课前预习主要考核学员对理论知识的预习情况；实验操作答辩考核评价学员对实验设备、操作过程的掌握情况；实验报告主要是考核学员实验后对实验目的、设备、实验原理、实验步骤、数据处理等内容的掌握情况。形成性考核成绩采取百分制，加权平均后为形成性考核成绩。终结性考核占总成绩比重为50%，采用闭卷笔试考试形式进行，主要考核理论知识的掌握，成绩采取百分制，卷面成绩为终结性考核成绩。课程成绩为形成性考核成绩与终结性考核成绩按权重综合后的成绩。

4 结 论

在新工科背景下，加快建设适应新时代军事教育方针的一流课程，提高教学水平和质量，培养出德才兼备的高素质、专业化的新型军事人才迫在眉睫。流体与传动实验课程作为飞行器动力工程的专业基础课程，根据一流课程标准和教学原则，教学团队在课程建设中开展了授课中融入思政元素、内容上结合工程实践，组织教学线上线下相结合、考核评价全面综合等创新和实践。后续还将不断深化教学改革，提高教学质量，努力建设成国家级一流本科课程。

参考文献

[1] 陈彦，徐利梅."新工科"背景下"数字电路"课程的跨学科教学模式改革探索[J].工业和信息化教育，2018(12):34-38.

[2] 武锦武，徐义华.新时代航空航天类专业"传热学"课程建设探索[J].第二届全国高等学校航空航天类专业教育教学研讨会论文集，2021:254-255.

[3] 师鹏，等.航空航天类一流课程建设的实践与探索——以"飞行动力学基础"课程为例[J].第二届全国高等学校航空航天类专业教育教学研讨会论文集，2021:211-212.

[4] 吴琼，等.流体力学实验教学改革与探索[J].教育教学论坛，2016,42:124-125.

[5] 陈晓倩，戴光麟.论高校大学生综合素质评价体系的构建——从OBE工程教育模式的视角[J].浙江工业大学学报，2015,14(4):464-467.

时间/能量最优控制的教学实践与思考

苏茂宇　胡剑波　王应洋

(空军工程大学 装备管理与无人机工程学院,西安　710051)

摘　要:针对双积分系统时间/能量最优控制授课过程中出现的概念抽象性强、公式描述不完整、场景分析不全面等问题,从实际物理场景入手,通过求解基于 Pontryagin 极小值原理的最优控制规律,对比了最短时间、第一次切换时间来确定控制规律的切换方式和控制规律形式,并通过仿真计算给出了全面、完整的控制规律及计算流程,提出了一种更为可行的教学实施方案,对于提高这一教学内容的实际教学效果有所帮助,同时能够更好地引导学生掌握和理解"最优控制"这门航空航天控制领域专业课程的内涵本质。

关键词: 极小值原理;双积分系统;时间最优控制;能量最优控制;教学实践与思考

最优控制是自动化专业研究生的一门学位课,该课程理论性、抽象性较强,对学生的数学知识储备及运用能力有较高要求,由于不同学生的能力水平有所差异,这门课程往往无法达到预期的教学效果[1,2]。而这门课程中数学推导相对容易,与现实联系较为密切的一部分内容——时间/能量最优控制问题,在利用极小值原理进行分析求解的过程中,学生可以直观感受最优控制的魅力,进而激发学生对于最优控制课程的学习兴趣,对提高整门课程的教学效果具有重要意义。例如文献[3]在对最优控制理论进行介绍前,首先以双积分系统的时间最优控制问题作为引例,自然地引出最优控制中变分法、Hamilton 函数等其他内容,使整个课程体系中的各部分内容衔接性更强,因此有必要将时间/能量最优控制问题讲全、讲透。

但在对该部分内容的教学过程中,时常遇到利用教材中公式难以解释或者求解的情形。究其原因,主要是教材所给公式具有较大局限性,未给出完整的求解公式,难以满足教学需要。例如,文献[4]在讲解能量最优控制时,在给定终端时刻 t_f 的前提下,仅针对起始点位于相平面第一象限这一情况,给出了控制输入的改变情况及控制输入切换时刻的公式,但起始点位于相平面其他位置时,该公式不再适用;文献[5]虽讨论了起始点位于相平面各个区域的情况,但均是在未考虑给定终端时刻 t_f 的情况下给出的能量最优控制方案,且未详细阐明控制输入切换时刻;文献[6]在讲解能量最优控制部分时,仅通过推导给出了控制输入与协态变量之间的关系式,未绘制相平面曲线,无法更加直观地展示最优控制情况下的状态转移情况;英文文献[7]与文献[4]存在类似不足,仅给出了起始点位于相平面第一象限时的能量最优控制输入形式及切换时刻公式,未对起始点位于相平面其他位置时的情况进行讨论。

针对以上教材中分析讨论不充分、结果展现不直观的问题,教师有必要进行详细解释和补充,全面分析这一问题可能面临的各种情形,结合实际物理背景将问题形象化、具体化,以流程图、表格等形式给出统一、完备的解决方案,促进学生对该问题的全面掌握与深入了解,增强学生学习最优控制课程的信心与兴趣。

本文首先结合实际物理场景对双积分系统的时间/能量最优控制问题进行形象描述，而后对时间最优控制进行分析、求解，重点对能量最优控制中不同初始状态下相关参数进行求解，通过 Matlab 软件对相平面曲线等进行绘制，使推导结果更为直观、易于理解，然后应用推导结果对一典型算例进行求解，最后提出一种该部分内容的教学实施方法供教师参考。

1　问题描述

现有一双积分系统，状态空间表达式如下：

$$\begin{cases} \dot{x}_1 = x_2 \\ \dot{x}_2 = u \end{cases} \tag{1}$$

其中，系统的初始状态为 $x_1(0)=x_{1A}$，$x_2(0)=x_{2A}$，$x_1(t_f)=0$，$x_2(t_f)=0$，且系统输入 u 满足 $|u|\leqslant 1$。

下面分别从时间最短和能量最小两个方面求解最优控制方案 $u*$，使得相关性能指标 J 最小。

为便于学生理解，可将该问题放在实际物理背景下进行阐述：

在数轴上有一质点 A，其位置、速度、加速度分别为 x_1、x_2、u，其中，A 的初始位置为 x_{1A}、初始速度为 x_{2A}，须通过改变介于[−1,1]之间的加速度，使 A 经过 t_f 到达坐标原点时速度也恰好为 0，应用最优控制理论分别讨论用时最短、耗能最少（设耗能大小与加速度大小的积分成正比）两种目标下的加速方案。

2　时间最优控制

在此问题情景下，终端时刻 t_f 自由，性能指标 J 为

$$J = t_A = \int_0^{t_f} \mathrm{d}z \tag{2}$$

根据文献[4]的分析，利用极小值原理可知当系统初始状态 $A=(x_{1A}, x_{2A})$ 在相平面中位于开关曲线的右侧区域时，即

$$x_1 + \frac{1}{2}x_2|x_2| > 0 \tag{3}$$

最优控制方案 u^* 为 $-1 \to +1$，且转换时刻即为系统状态转移到开关曲线上时的时刻。可求得在此控制方案下，终端时刻 t_f^* 表达式为

$$t_f^* = x_{2A} + \sqrt{4x_{1A} + 2x_{2A}^2} \tag{4}$$

同时，根据对称原理可求得当系统初始状态 $A=(x_{1A}, x_{2A})$ 在相平面中位于开关曲线的左侧区域时，最优控制方案为 $+1 \to -1$，终端时刻 t_f^* 表达式为

$$t_f^* = -x_{2A} + \sqrt{-4x_{1A} + 2x_{2A}^2} \tag{5}$$

此外，当系统初始状态 $A=(x_{1A}, x_{2A})$ 在开关曲线上时，终端时刻 t_f^* 表达式为

$$t_f^* = |x_{2A}| \tag{6}$$

综上，通过给定的系统初始状态 A，即可求得其时间最短控制方案及对应的终端时刻 t_f^*。图 1～图 3 分别为 x_{1A} 固定（设 $x_{1A}=2$）情况下 $t_f^* - x_{2A}$ 关系图、x_{2A} 固定（设 $x_{2A}=2$）情况下 $t_f^* - x_{1A}$ 关系图以及 t_f^*、x_{1A}、x_{2A} 之间的三维关系图。

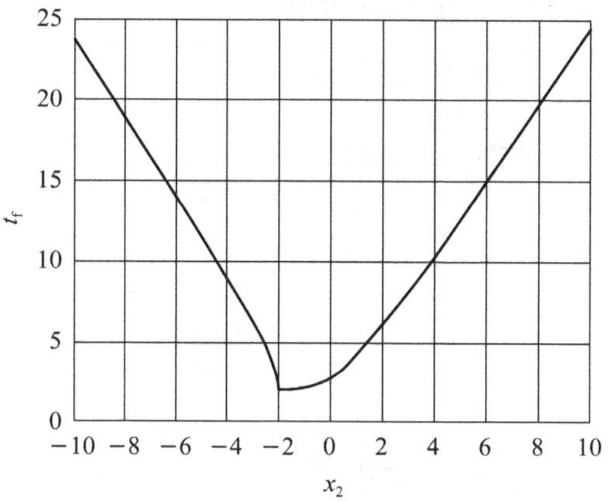

图 1　$t_f^*-x_{2A}$ 关系图

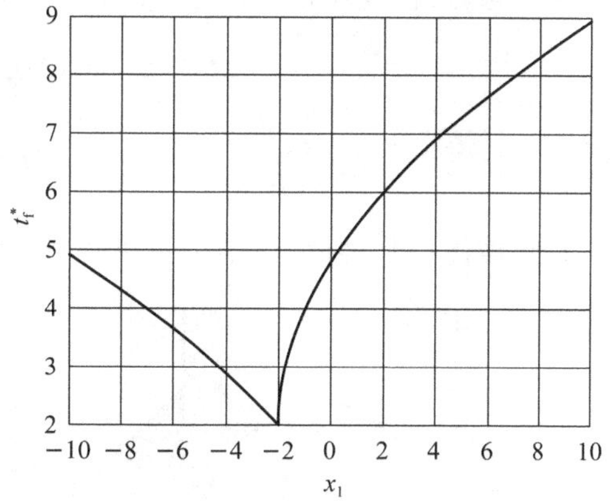

图 2　$t_f^*-x_{1A}$ 关系图

同时，可利用物理场景对这一结论进行验证，加深学生对于极小值原理的理解。当采取上文所提的时间最优控制方案时，对应物理描述中的质点运动规律如下：

根据物理及几何关系可得

$$S_2-S_1=\frac{1}{4}\left(t_f^*-\frac{x_{2A}}{1}\right)^2-\frac{1}{2}{x_{2A}}^2=x_{1A} \tag{7}$$

解方程同样可以得到式(4)所示结论，并同时得到控制变量 u 的切换时间 t_1 为

$$t_1=\frac{1}{2}(t_f^*+x_{2A}) \tag{8}$$

此外，图 4 还可以直观展示这种最优控制方案的原理。

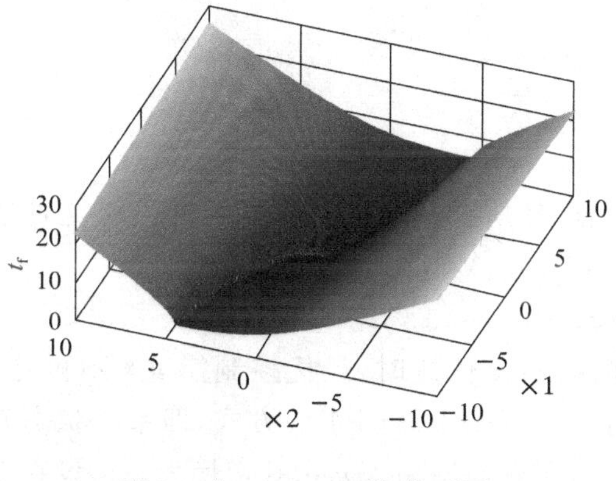

图 3　t_f^*、x_{1A}、x_{2A} 三维关系图

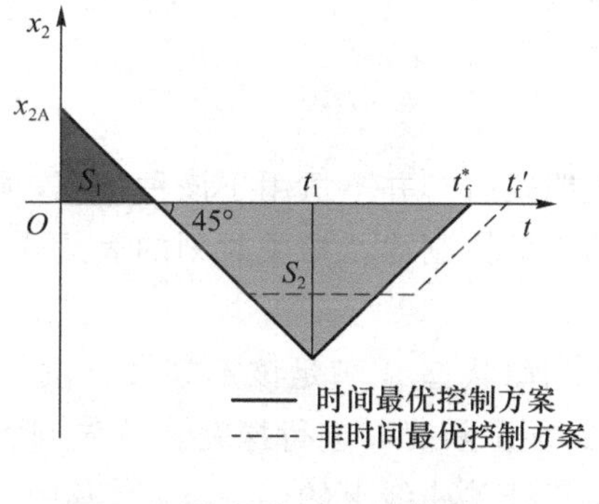

图 4　时间最优控制的物理证明

3　能量最优控制

在此问题情景下，终端时刻 t_f 给定，性能指标 J 为

$$J=\int_{t_0}^{t_f}|u|\,\mathrm{d}t \tag{9}$$

根据文献[4]的分析，利用极小值原理可知当系统初始状态 $A=(x_{1A},x_{2A})$ 在相平面中位

于第一象限时，最优控制律 $u*$ 为 $-1\to0\to+1$，且切换时刻 t_1、t_2 分别为

$$t_1=\frac{x_{2\mathrm{A}}+t_\mathrm{f}-\sqrt{(t_\mathrm{f}-x_{2\mathrm{A}})^2-4x_{1\mathrm{A}}-2x_{2\mathrm{A}}^2}}{2} \tag{10}$$

$$t_2=\frac{x_{2\mathrm{A}}+t_f+\sqrt{(t_\mathrm{f}-x_{2\mathrm{A}})^2-4x_{1\mathrm{A}}-2x_{2\mathrm{A}}^2}}{2} \tag{11}$$

与时间最优控制类似，该结论也可在物理情景下验证或推导出，如图 5 所示。

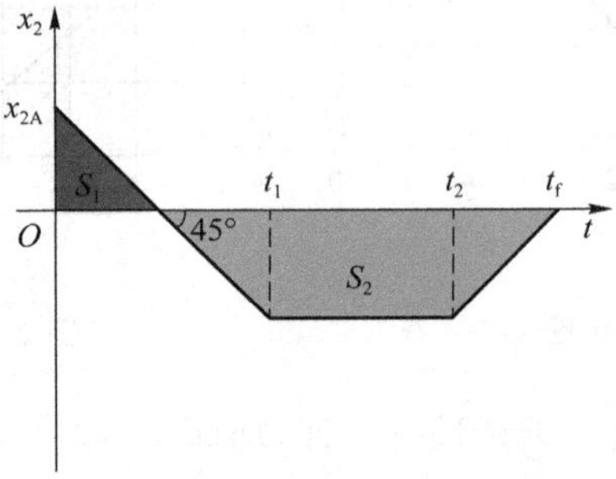

图 5　能量最优控制的物理证明

根据变量间的关系可得

$$\begin{cases}S_2-S_1=\dfrac{1}{2}(t_\mathrm{f}-x_{2\mathrm{A}}+t_2-t_1)(t_\mathrm{f}-t_2)-\dfrac{1}{2}{x_{2\mathrm{A}}}^2=x_{1\mathrm{A}}\\ t_\mathrm{f}-t_2=t_1-x_{2\mathrm{A}}\end{cases} \tag{12}$$

通过求解方程组即可对式(10)、式(11)进行验证。

此外，文献[4]未对初始状态 A 位于其他相平面其他区域时的情况进行分析，下面对 A 在第四象限且位于开关曲线右侧的情况予以讨论。

当 $A=(1,-1)$，$t_\mathrm{f}=5$ 时，将其代入式(12)，得

$$t_1=2-\frac{\sqrt{30}}{2}<0 \tag{13}$$

表明式(12)并不适用于该种情况，须对产生这种情况的原因进行探究并给出这种情况出现时的最优控制律及相关时刻的表达式。令 $t_1<0$，可得不等式：

$$x_{2\mathrm{A}}^2+2x_{2\mathrm{A}}\cdot t_\mathrm{f}+2x_{1\mathrm{A}}<0 \tag{14}$$

当初始状态 A 满足该不等式且位于开关曲线右侧位置时，最优控制律 $u*$ 不再是 $-1\to0\to+1$，须重新对其进行探究。首先，假设控制律 $u*$ 采用 $0\to+1$ 的方式，即系统状态先由 A 转移位于开关曲线上的 $(x_{1\mathrm{B}},x_{2\mathrm{B}})$，其中 $x_{2\mathrm{B}}=x_{2\mathrm{A}}$，而后控制输入 u 由 0 切换为 $+1$，设在该种控制方式下系统状态转移至(0,0)的时刻 t_f^0，不难求得其表达式为

$$t_\mathrm{f}^0=\frac{x_{1\mathrm{B}}-x_{1\mathrm{A}}}{x_{2\mathrm{A}}}-x_{2\mathrm{A}}=-\frac{x_{2\mathrm{A}}^2+2x_{1\mathrm{A}}}{2x_{2\mathrm{A}}} \tag{15}$$

而对式(15)进行变换，有

$$t_\mathrm{f}>-\frac{x_{2\mathrm{A}}^2+2x_{1\mathrm{A}}}{2x_{2\mathrm{A}}}=t_f^0 \tag{16}$$

这表明当给定的 t_f 满足式(15)时，必有 $t_\mathrm{f}>t_\mathrm{f}^0$，故不会同时出现 $t_1<0$ 且 $t_\mathrm{f}^*<t_\mathrm{f}\leqslant t_\mathrm{f}^0$ 的情况。下面对 $t_\mathrm{f}>t_\mathrm{f}^0$ 的情况进行讨论，首先可考虑最优控制律 u 为 $+1\to0\to+1$，控制量大小的

切换时刻分别为 t_1'、t_2'，则根据以下方程组：

$$\begin{cases} t_f = t_{AB} + t_{BC} + t_{CO} = -x_{2A} + \dfrac{x_{1C} - x_{1B}}{x_{2B}} \\ x_{1A} - \dfrac{1}{2}x_{2A}^2 = x_{1B} - \dfrac{1}{2}x_{2B}^2 \\ x_{1C} - \dfrac{1}{2}x_{2C}^2 = 0 \end{cases} \tag{17}$$

进而求解方程组，可得

$$t_1' = -\frac{x_{2A}^2 + 2x_{2A} \cdot t_f + 2x_{1A}}{2t_f + 2x_{2A}} \tag{18}$$

$$t_2' = \frac{x_{2A}^2 + 2x_{2A} \cdot t_f - 2x_{1A} + 2t_f^2}{2t_f + 2x_{2A}} \tag{19}$$

下面验证该控制律是否为能量最优控制，以及该控制律是否为能量最优控制的唯一方案。在 u 为 $+1 \to 0 \to +1$ 的情况下，性能指标 J 为

$$J = \int_0^{t_f} |u| \, dt = t_{AB} + t_{CO} = -x_{2A} \tag{20}$$

可以看出，在此种控制方式下能量达到最小。再验证最优控制方案的唯一性，可以考虑 u 为 $0 \to +1 \to 0 \to +1$ 的情况，在含有 $B(x_{1B}, x_{2B})$、$C(x_{1C}, x_{2C})$、$D(x_{1D}, x_{2D})$ 共 6 个未知量的情况下，可列的方程有

$$\begin{cases} t_f = \dfrac{x_{1B} - x_{1A}}{x_{2A}} + \dfrac{x_{1D} - x_{1C}}{x_{2C}} - x_{2A} \\ x_{2A} = x_{2B} \\ x_{2C} = x_{2D} \\ x_{1D} - \dfrac{1}{2}x_{2D}^2 = 0 \\ x_{1B} - \dfrac{1}{2}x_{2B}^2 = x_{1C} - \dfrac{1}{2}x_{2C}^2 \end{cases} \tag{21}$$

方程共 5 个，求解 6 个未知量，表明解不唯一，为更加直观地对此现象进行阐述，可利用图 6 进行解释。

图 6 中，可将 x_2 视为物理学中的速度，曲线与坐标轴围成的面积即为位移，也就是 x_1，能量最优控制问题转化为在给定初始速度、总位移及到达时刻的前提下，如何改变速度曲线以满足约束。可以看出，在开始时无加速度的情况下，有多种选择，如图 6 中折线（还有其他选择，并未绘出），均可满足约束。由此还可以看出，u 为 $+1 \to 0 \to +1$ 是 u 为 $0 \to +1 \to 0 \to +1$ 中 5 个方程的一种特解，即再补充 1 个方程 $x_{1A} = x_{1B}$ 后的解。而在每种情况下，都有性能指标 $J = -x_{2A}$，均为能量最优控制方案。利用该思路，可进一步证明其他控制方式 u：$+1 \to 0 \to +1 \to \cdots\cdots \to +1$ 或 $0 \to +1 \to 0 \to +1 \to \cdots\cdots \to +1$ 皆可为能量最优控制方案。由此即证明了在 $t_1 < 0$ 的情况下 u^* 的求解方式。

综上所述，在 t_f 给定的情况下，相平面可分为 4 个区域，初始状态 A 位于不同区域时，能量最优控制方案 u^* 不同。区域划分如图 7（取 $t_f = 5$ 的情况）所示。

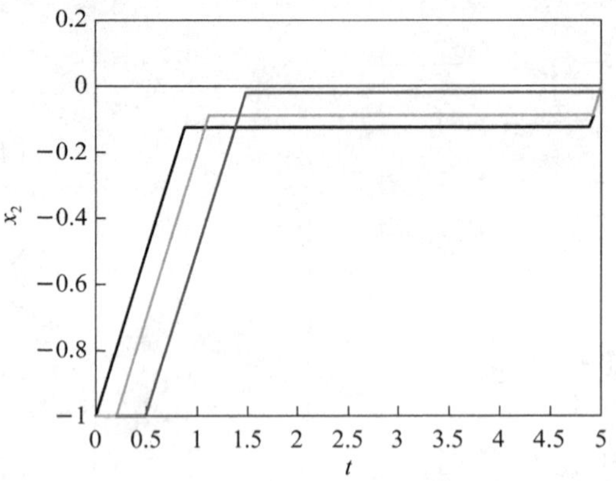

图 6　能量最优控制输入方式不唯一的图示证明

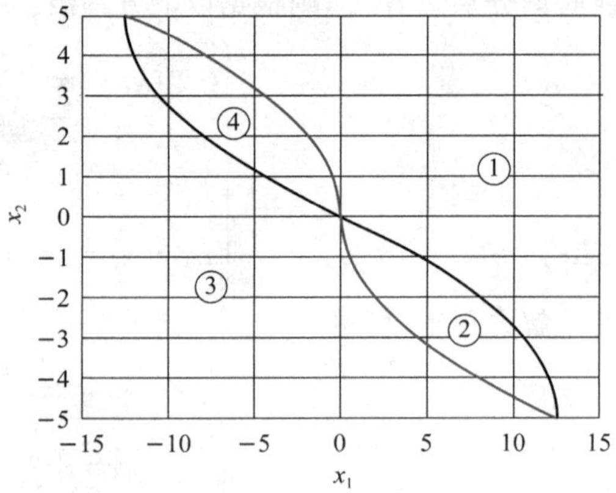

图 7　能量最优控制起始点区域划分图

综上所述，对于给定终端时刻 t_f 的能量最优控制，其最优控制律及相关物理量的求解方法可用流程图（见图 8）予以表示。

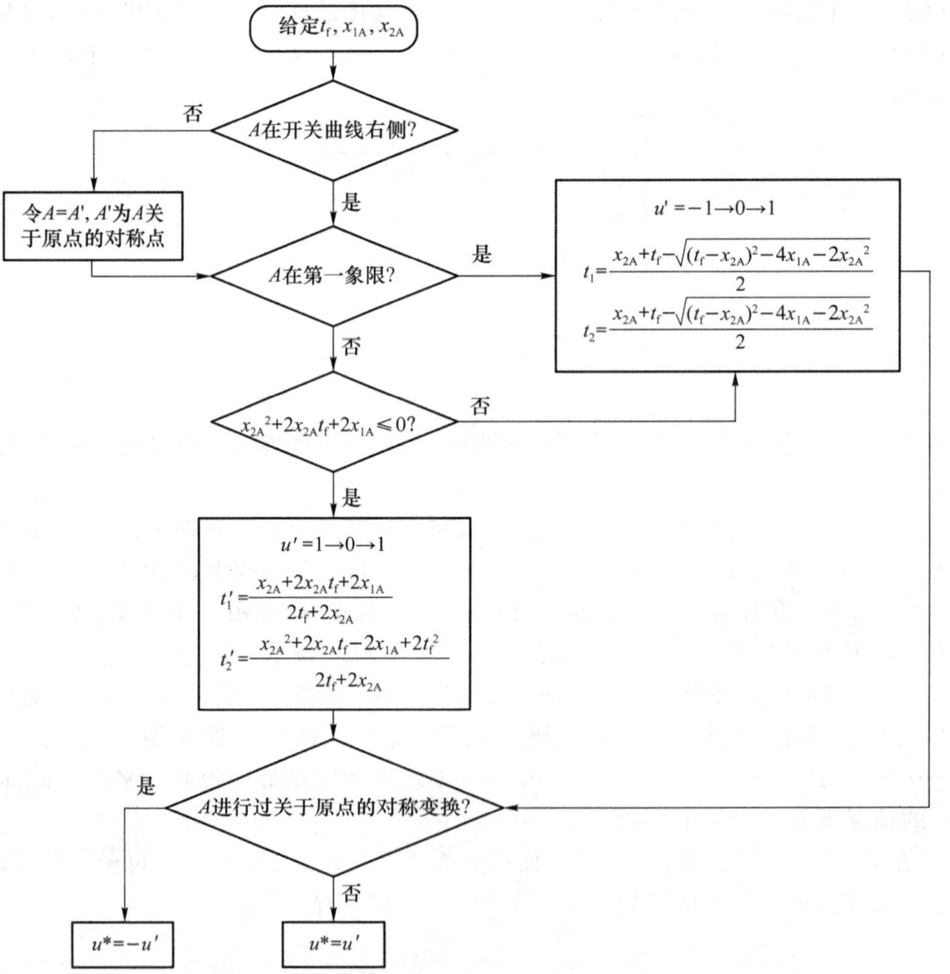

图 8　能量最优控制问题求解流程图

4 典型算例

鉴于时间最优控制求解过程较为简单，仅须判断初始状态 A 与开关曲线 γ 的位置关系，即可判断最优控制律，代入相关表达式后可进一步求得最短时间 t_f^*。而对于能量最优控制问题，可通过以下算例辅助说明最优控制律的确定方法及相关物理量的求解方法。

已知有一双积分系统，要求终端时刻 $t_f=5$，求解其最优控制律及控制量改变的时刻 t，其中：

① 起始状态 $A(x_{1A},x_{2A})=(1,1)$；

② 起始状态 $A(x_{1A},x_{2A})=(1,-1)$；

③ 起始状态 $A(x_{1A},x_{2A})=(-1,-1)$；

④ 起始状态 $A(x_{1A},x_{2A})=(-1,1)$。

对于①，代入判别式 $x_{2A}^2+2x_{2A}\cdot t_f+2x_{1A}$，有 $1^2+2\times1\times5+2\times1>0$，故最优控制律 $u^*=[-1\rightarrow0\rightarrow1]$，控制量由 -1 变为 0 的时刻 $t_1=\dfrac{6-\sqrt{10}}{2}$，控制量由 0 变为 1 的时刻 $t_2=\dfrac{6+\sqrt{10}}{2}$；

对于②，代入判别式 $x_{2A}^2+2x_{2A}\cdot t_f+2x_{1A}$，有 $(-1)^2+2\times(-1)\times5+2\times(-1)>0$，最优控制律 $u*$ 不唯一，但出于简便，可以选取为 $u=[1\rightarrow0\rightarrow1]$，控制量由 1 变为 0 的时刻：

$$t_1=-\frac{(-1)^2+2\times(-1)\times5+2\times1}{2\times5+2\times(-1)}=0.875 \tag{22}$$

而控制量由 0 变为 1 的时刻：

$$t_2=\frac{(-1)^2+2\times(-1)\times5-2\times1+2\times5^2}{2\times5+2\times(-1)}=4.875 \tag{23}$$

对于③，根据对称性原理可知，其初始状态 A 关于原点的对称点 A'(1,1) 作为起始状态时最优控制律 $u^*=[-1\rightarrow0\rightarrow1]$，则初始状态为 A 时最优控制律 $u^*=[1\rightarrow0\rightarrow-1]$，控制量由 1 变为 0 的时刻 $t_1=\dfrac{6-\sqrt{10}}{2}$，控制量由 0 变为 -1 的时刻 $t_2=\dfrac{6+\sqrt{10}}{2}$；

对于④，根据对称性原理可知，其初始状态 A 关于原点的对称点 A'(1,−1) 作为起始状态时最优控制律之一 $u=[1\rightarrow0\rightarrow1]$，则初始状态为 A 时最优控制律之一 $u=[-1\rightarrow0\rightarrow-1]$，控制量由 -1 变为 0 的时刻 $t_1=0.875$，控制量由 0 变为 -1 的时刻 $t_2=4.875$。

为进一步直观展现在最优控制律下系统状态的转移情况，深化关于不同起始状态下控制律的差异，可分别绘制该算例中不同情况下的相平面曲线（见图 9）。

5 教学实施方法

基于上文的归纳总结，在进行相关课程内容的讲授时，为使学生掌握更加全面、理解更加深刻，可按照以下步骤展开教学活动：

① 问题引出与建模：从实际问题（如航空器飞行问题）出发，引出时间/能量最优控制问题，并建立与之对应的数学模型；

② 开关曲线推导：结合实际物理含义，应用极小值原理推导开关曲线概念；

③ 特例情况下时间最优控制推导：以初始状态 (x_{1A},x_{2A}) 在相平面第一象限为例，推导时

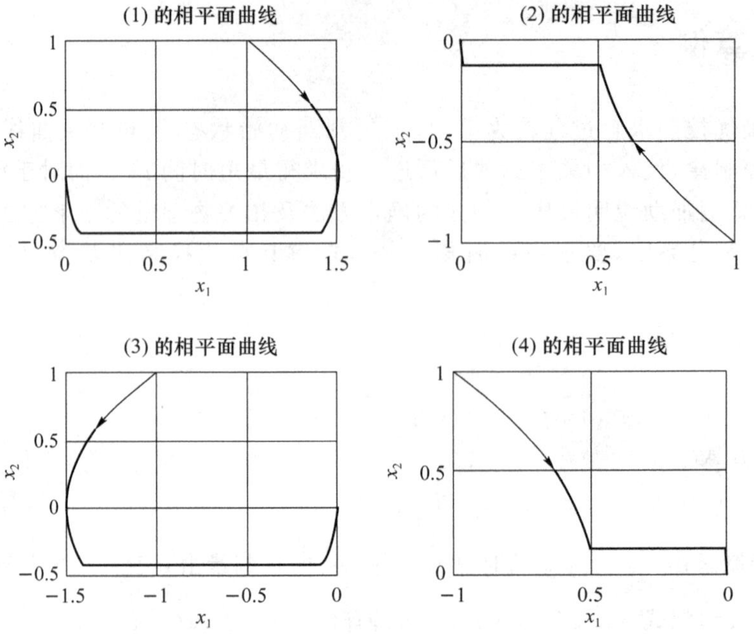

图 9　算例相平面曲线示意图

间最优控制方式；

④ 一般情况下时间最优控制推导：将初始状态(x_{1A}，x_{2A})推广至整个相平面，推导各种情况下的时间最优控制，并从物理角度进行验证，加深学生理解；

⑤ 时间最优控制归纳：以图表形式直观展现不同起始点时的控制方式及状态转移曲线；

⑥ 特例情况下能量最优控制推导：以初始状态在相平面第一象限为例，推导能量最优控制方式及控制输入大小转换时刻 t_1、t_2，并展示状态转移曲线形式，并同样从物理角度进行验证；

⑦ 问题发掘：以初始状态 $A(1,-1)$，$t_f=5$ 的情况为例，引出步骤⑥中公式不适用的情况，引发学生思考；

⑧ 问题解析：推导不适用⑥中公式的数学及物理原因，并给出适用于该种情况的能量最优控制方式及控制输入大小转换时刻 t_1、t_2；

⑨ 一般情况下能量最优控制推导：将初始状态推广至整个相平面，推导各种情况下的时间最优控制；

⑩ 问题全面总结：对时间/能量最优控制问题进行全面梳理总结。

以上步骤亦可由流程图形式展示(见图 10)。

6　结　论

本文针对部分最优控制教材关于"时间/能量最优控制"问题分析不全面，影响实际教学效果的问题，所做工作如下：

① 将时间最优控制问题中不同起始状态与期望指标间的关系进行了可视化处理；

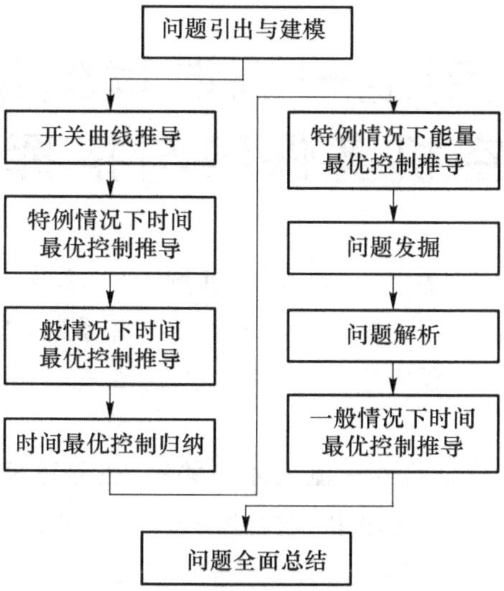

图 10　教学实施流程图

② 给出了任意初始状态下能量最优控制方式的求解方案；

③ 联系实际物理背景对求解方案进行了证明、以流程图的形式进行了归纳，通过引入算例便于学生理解掌握；

④ 提出一种讲授该部分内容时的教学参考方案，对提高教师授课效果、加深学生理解有较大帮助，本文中所使用的“公式推导＋物理验证＋仿真分析”的教学方法对提高最优控制其他内容的教学效果、加强研究生的课程学习与科学研究间的联系也具有一定的参考价值。

参考文献

[1] 王青，张颖昕.“最优控制”课程的教学研究与实践[C]. 2011 Academic and Teaching Seminar on Electronic Information Sciences of Higher Vocational Education. 2011：155－158.

[2] 胡晓娅.“最优控制”课程教学探索[J]. 电气电子教学学报，2015，37(3)：15－17.

[3] Sari T . Contrôle non linéaire et applications[M]. [S. l. ：s. n.]，2006：19－66.

[4] 王青，陈宇，张颖昕等. 最优控制——理论、方法与应用[M]. 北京：高等教育出版社，2016.

[5] 胡寿松，王执铨，胡维礼. 最优控制理论与系统[M]. 北京：科学出版社，2020.

[6] 张杰，王飞跃. 最优控制——数学理论与智能方法[M]. 北京：清华大学出版社，2017.

[7] Frank L. Lewis，Draguna Vrabie. Optimal Control[M]. [S. l. ：s. n.]，2011.

航空装备工程专业一流课程建设探索与实践——以航空机务保障与指挥课程为例

王坚浩[1]　郑东良[1]　张亮[1]　崔利杰[1]　车飞[1]　王龙[2]

（1. 空军工程大学 装备管理与无人机工程学院，西安　710051

2. 空军工程大学 航空工程学院，西安　710038）

摘　要：一流本科课程建设是培养一流人才的关键，也是落实立德树人任务的重要抓手。本文针对“航空机务保障与指挥”课程现状，对标“高阶性、创新性、挑战度”一流课程要求，以适应新体制运行、新大纲施行、新装备列装等形势下，航空装备工程专业本科生知识能力素质培养需求为目标，从课程团队建设发展、课程内容体系设计、教学模式方法创新、教学资源条件建设、课程考核改革创新等五个方面开展“航空机务保障与指挥”课程建设与教学改革创新探索与实践，为扎实推进航空装备工程专业一流本科课程建设提供理论支撑和实践经验。

关键词：一流课程；立德树人；高阶性；创新性；挑战度；航空装备工程；航空机务保障与指挥

课程是人才培养的核心要素，课程质量直接决定人才培养质量[1]。一流本科课程建设是培养一流人才的关键，也是落实立德树人任务的重要抓手[2]。为建设新时代的一流本科课程，教育部 2019 年 10 月 30 日发布《关于一流本科课程建设的实施意见》(以下简称《实施意见》)，为高等学校的一流本科课程建设提供了基本遵循。《实施意见》提出“建成万门左右国家级和万门左右省级一流本科课程(简称一流本科课程“双万计划”)”总体目标，将“提升高阶性”“突出创新性”“增加挑战度”等内容作为一流本科课程建设的基本原则，将“理念转型、目标导向、能力提升、方法改革、评价变革”等方面作为一流本科课程建设的具体内容。

为落实关于教育工作的重要论述和全国教育大会精神，落实《军队院校教育条例(试行)》文件要求，在深化教育教学改革和课程建设方面，空军工程大学航空机务保障与指挥课程教学团队对标国家级“金课”——一流课程要求，以适应新体制运行、新大纲施行、新装备列装等形势下，航空装备工程专业本科生知识能力素质培养需求为目标，在课程团队建设发展、课程内容体系设计、教学模式方法创新、教学资源条件建设、课程考核改革创新等方面开展课程建设与教学改革创新探索与实践，为航空机务保障与指挥课程建设成为航空装备工程专业具有重要影响力的示范性“金课”奠定基础。

1　课程概述

航空机务保障与指挥课程是航空装备工程专业任职专业平台岗位任职模块必修课，是从事航空机务工作的指挥类课程。课程将航空机务保障与指挥的基本理论、工作内容、流程步骤、实践训练、参观见学融为一体，为学生指技融合能力素质培养奠定基础，在全期人才培养体系中起着承上启下的作用。课程是培养学生利用已有技术保障与指挥管理理论与方法，筹划、组织、实施、指挥、决策航空机务保障行动的能力，牢固树立科学运筹、科学决策的思想理念。课程对于学生毕业标准的科学素养、工程素养和专业素质培养起关键支撑作用。

航空机务保障与指挥课程是任职专业平台专业方向课程向岗位任职课程过渡的一门核心专业课。承接“可靠性维修性保障性工程”“航空维修管理”“航空装备安全管理”等相关专业基础和专业方向课，为“航空装备质量控制”“航空装备维修操作技能训练”“综合演练”等岗位任职课程学习与实践提供理论与方法保障。

航空机务保障与指挥课程在航空装备工程专业学生知识、能力、素质等培养目标达成中发挥着重要作用。主要包括：

① 知识目标：使学生了解航空机务保障与指挥的概念内涵，理解平时航空机务保障与指挥和作战各阶段航空机务保障与指挥的特点和要求，掌握平时航空机务保障与指挥和作战各阶段航空机务保障主要内容和组织指挥等知识。

② 能力目标：使学生掌握并灵活运用航空机务保障与指挥的特点和规律，善于发现航空机务保障与指挥实践过程中存在的问题，并能提出相应的对策建议，掌握航空机务保障与指挥的组织实施程序、方法，培养较强的组织指挥能力。

③ 素质目标：使学生具备全系统全要素全流程航空机务保障筹划、组织、实施、指挥、决策的思维方法和科学素养，培养航空机务保障与指挥科学运筹、科学决策的意识和理念，具备应用技术保障与指挥管理理论方法，解决航空机务保障与指挥实际问题的综合素质。

2　课程建设目标

以立德树人为根本要求，以培养指技合一的航空机务保障与指挥人才为目标，牢固树立服务军事斗争准备、服务部队建设发展的育人理念，以学生为中心，并将思政元素有机融入课程建设方案设计。“航空机务保障与指挥”课程建设的根本目标是把课程建设成为一门符合“高阶性”“创新性”“挑战度”要求的一流本科课程[3]。

通过一流课程建设，以“作战牵引、能力导向、智能融合”教学理念为引领，以科教融合型课程团队发展建设为基础，以课程内容体系设计为核心，以教学模式方法创新为手段，以教学资源条件建设为支撑，推进专业课程德育和智育有机融合，把“航空机务保障与指挥”课程建设成具有航空工程特色、充分体现先进教学理念、具有一流教学团队、一流教学内容、一流教学方法、一流教学资源的示范性课程，使其成为航空装备工程专业具有重要影响力的核心专业课程，达到国家级一流本科课程标准。

3　课程建设举措

3.1　课程团队发展建设

着眼航空装备作战使用需求和部队作战战备训练实际，选调具有博士学位且具有丰富航空机务保障实践经历的教员，并积极组织课程团队成员参加部队演习演练和实习代职等活动，提高课程团队实战化教学能力；依托各类一流本科课程建设研讨会、师资研修班和教育理论培训班，着力提升课程团队教育教学理论水平和信息化教学能力；常态化组织集体备课、试教练讲、教法研讨等活动，积极组织参加各类教法创新比武竞赛，促进课程团队教学能力提升；紧盯作战战备问题，组织课程团队成员赴部队调研，结合部队作战战备和实战化训练需求，开展科研项目攻关，积极打造科教融合型优秀课程团队，有效推动科研反哺教学。

3.2 课程内容体系设计

为支撑课程知识、能力和素质“三位一体”教学目标达成，基于系统工程霍尔三维结构的体系分析方法[4]，定量、准确、科学设计教学内容。“三维”是指作战流程、岗位能力和教学内容三个维度，从作战流程维度刻画岗位能力，将作战流程划分为日常战备、临战准备、机动展开和作战实施四个阶段，根据各阶段的作战目标，分析各阶段的岗位核心能力；在此基础上，分析各核心能力对应的知识点和技能点，继而转化为“理实”一体化的学习模块；最后以能力为导向，以系统性、逻辑性和融合性为准则，对所有的学习模块进行重构优化，建立课程教学内容与岗位核心能力的映射关系，得到模块化的课程内容体系。课程内容体系分析方法流程如图1所示。

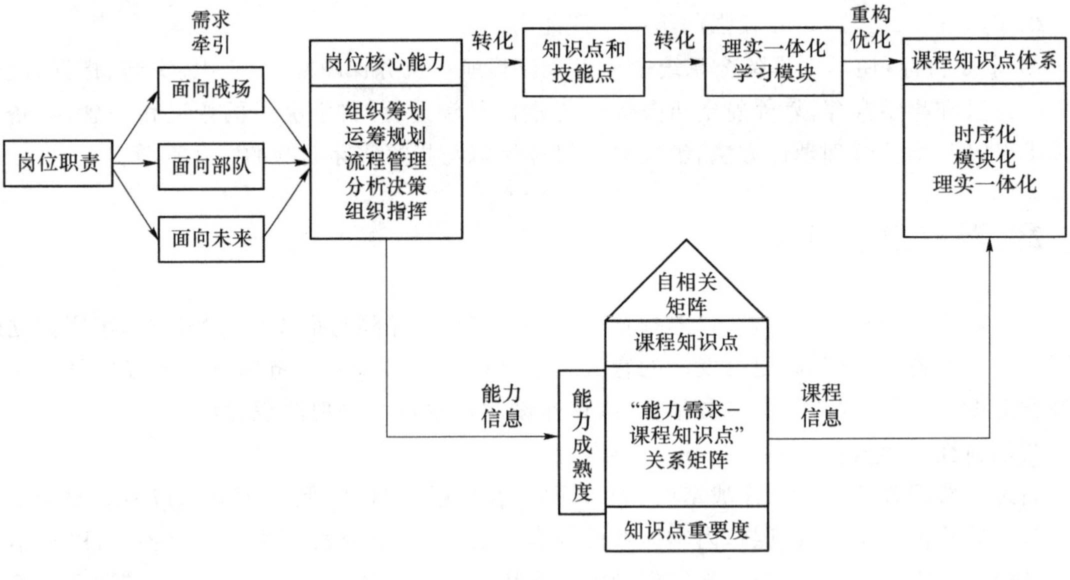

图1 课程内容体系分析方法流程

3.3 教学模式方法创新

围绕“作战牵引、能力导向、智能融合”的教学理念，针对课程授课对象特点，结合教学目标要求，为了增强学生岗位任职的实力和信心，在教学方法策略选择上，不仅要解决知识传授问题，更要注重能力运用问题，为此课程团队在综合岗位需求、教学内容和学情特点的基础上，提出了以案例剖析为引入(Bridge-in)、以问题链分析为抓手(Analysis)，在问题解决过程中注重学生互动参与(Participation)，在知识回顾过程中注重总结提炼的逻辑闭环(Summary)，这种方法称之为BAPS的教学方法。BAPS教学方法如图2所示。

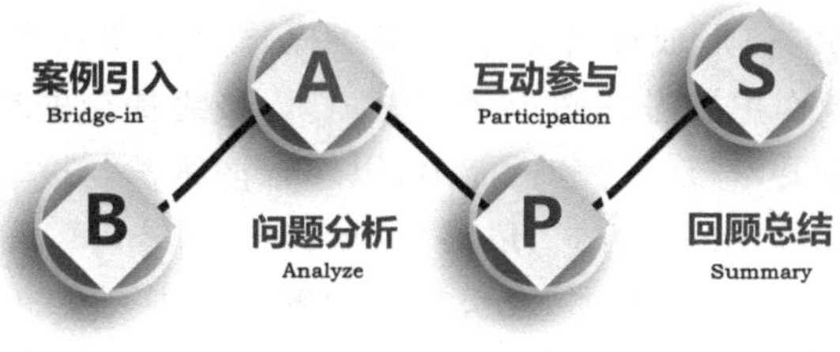

图 2　BAPS 教学方法

3.4　教学资源条件建设

依托装备作战保障与管理研究中心建设，搭建数字化机场展示系统和航空机务保障流程虚拟演示系统。数字化机场展示系统通过可交互的电子呈现方式，配合文字、音频、视频等多媒体方式，全方位展示典型机场的整体布局、关键保障要素、功能以及典型要素的内部构造和组成，实现机场保障要素抽象概念形象化、要素展示立体化，有效帮助学生建构航空机务保障系统要素组成，为开展航空机务保障指挥综合演练实践提供逼真的场景展示。航空机务保障流程虚拟演示系统以直接机务准备、再次出动机务准备和等级转进等典型流程为例，具备展示和推演各流程工作内容、岗位职责、时序逻辑等功能，可有效支撑航空机务保障组织筹划、流程优化、组织指挥等岗位核心能力生成。数字化机场展示系统和航空机务保障流程虚拟演示系统如图 3 和图 4 所示。

图 3　数字化机场展示系统

图 4　航空机务保障流程虚拟演示系统

为有效支撑人才培养目标，本着继承性、前瞻性和实用性的原则，注重建、用同步，编写出版《航空机务保障与指挥》教材及其配套的《航空机务保障与指挥演练指导书》，充实深化课程理论教学内容，构建“工程计算、预案拟制、法规竞赛、综合演练、参观见学”五位一体实践样式；持续加强微课信息资源建设，录制预先机务准备、再次出动机务准备、航空机务保障临战准备、飞机战伤抢修和转场航空机务保障预案等微课；依据课程特点建设试卷库、机务法规题库、案例库、素材库，满足课程终结性考核和航空机务法规知识竞赛需要。

3.5　课程考核改革创新

课程建设与教学改革创新的同时要求课程考核方式由原来的知识点考核转变为综合素质能力的考核。因此，课程考核采用形成性考核和终结性考核相结合的考核方式。其中，形成性考核包括平时作业(10%)、课堂表现(10%)、实践操作(30%),占总成绩的50%;终结性考核为闭卷笔试,占总成绩的50%;形成性考核中的实践操作分为单项演练实践操作和综合演练实践操作,单项演练实践操作主要考核知识运用能力,以最终提交的单项演练实践报告质量为依据,综合演练实践操作主要考核综合分析能力,以综合演练参与度、总结汇报质量为依据,采用学生自评、小组互评和教员点评的方式,最终形成反映学生知识、能力和素质表现的综合评价结果。终结性考核采用闭卷考试形式组织,考核内容包括基础知识、知识运用、分析论述三部分。在课程考核过程中实行过程评价与总结评价、教员讲评与学生互评、课程评价与任务评价的全方位有机结合,实现教学实施与评价反馈的人才培养闭环。

4 课程建设特色与创新

4.1 树立三实标准、推动四项搬移,探索岗位能力培养新模式

结合课程特质和教学对象特点,力图改变传统课堂,树立三实标准,讲实案,依托装备作战保障与管理研究中心,充分结合部队服务和技术支援,实现保障实案进课堂,体验分析解决部队作战战备问题,架起课堂通向战场的桥梁;重实战,用部队需要、战斗力保障力需要的标准定义课堂、规划课堂、充实课堂,设置实战任务想定,还原战备等级转换、临战准备、机动转场、战斗值班转进、飞机抢救抢修等任务场景,对标岗位需求打造实战化教学条件,服务实战化教学需求;求实效,确立“用什么学什么”理念,强调解决实战化保障问题的流程、步骤、方法的学习掌握和应用,解决组织筹划、运筹规划、流程管理、分析决策、组织指挥等岗位核心能力培训虚化空化、落地难、评价难等问题。通过将实战保障任务搬入课堂,推动教学设计任务驱动、需求牵引;通过将保障流程步骤搬入课堂,推动课堂形态对接战场、对接岗位;通过将保障难点问题搬入课堂,推动聚焦问题导向、能力高效生成;通过将指挥能力训练搬入课堂,推动教学过程理实一体、知行一体。最终,通过树立三实标准、推动四项搬移,探索岗位任职能力培养新模式,实现培育新型航空机务保障与指挥人才的育人目标。

4.2 确保能力提升、推进价值引领,探索课程思政融入新模式

以传承弘扬新时代航空机务人员职业精神为主线,以培育塑造新时代航空机务人员优良作风为落脚点,聚焦政治信念、战斗品质、奉献情怀、责任意识、科学精神培养等课程思政目标,充分挖掘践行对战斗胜利负责、对战友安全负责、对国家财产负责的“三负责”精神,极端负责、精心维修的职业道德规范,认真负责、准确迅速、团结协作、刻苦耐劳的优良维护作风等典型课程思政元素,融入课程教学内容模块。通过建构“知识-能力-实践”三位一体课程思政融入体系,引导成长目标、内化责任担当、校准价值追求。

4.3 聚焦备战打仗、推动联合育人,探索联教联训开展新模式

坚持为战育人、为战教战,聚焦培养目标筹划设计联教联训活动,贯通服务备战打仗和教学内容设计,依托部队调研素材、战例案例资料和组织参观见学,将实战融入课堂、将课堂搬进部队;强化研为战、研为教导向,依托作战战备重难点问题研究和科研项目成果,有效促进部队需求与教学科研相融合,形成部队需求、科研攻关、成果转化、反哺教学的良性循环。

5　结　论

航空机务保障与指挥课程是航空装备工程专业的一门专业核心课程，本文结合航空机务保障与指挥课程特点及现状，根据一流课程标准，在课程团队建设发展、课程内容体系设计、教学模式方法创新、教学资源条件建设、课程考核改革创新等五个维度，开展航空机务保障与指挥课程建设与教学改革创新探索与实践，本文的研究为推进航空机务保障与指挥课程达到一流课程建设目标而进行总结提炼，也可为航空装备工程类似专业课程建设提供借鉴参考。

参 考 文 献

[1] 钟登华. 新工科建设的内涵与行动[J]. 高等工程教育研究，2017(3)：1-6.
[2] 王乔，徐建斌，王雯. 一流本科课程建设的探索——以“中国税制”课程为例[J]. 中国大学教学，2020(12)：31-35.
[3] 吴岩. 建设中国金课[J]. 中国大学教学，2018(12)：4-9.
[4] 王舒琪，倪燕翎，黄歌. 新工科视角下建筑概预算课程教学优化研究[J]. 大学教育，2020(12)：68-70.

航空装备保障类兵种核心课程改革与实践
——以海军航空装备维修保障课程为例

贾向军　刘杨　马海洋　孙鲁青

（海军航空大学青岛校区 航空装备保障指挥系，山东青岛　266041）

摘　要：贯彻落实在军队院校开展兵种核心课程建设的指示精神，进一步全面深化生长军官高等教育教学改革，是当前军队任职教育院校急需研究和解决的问题。结合我校生长军官高等教育层次兵种核心课程建设的经验，深入研究兵种核心课程建设的相关问题，提出了兵种核心课程建设三大原则，并从教学理念、教学内容、教学设计、考核体系四方面入手探索实践路径，对规范军队任职院校生长军官高等教育（任职阶段）兵种核心课程建设，提高人才培养质量具有重要的指导和借鉴意义。

关键词：航空装备；保障类；兵种；核心课程；任职教育

课程建设是院校人才培养体系中的关键和落脚点，关系到院校教育教学目标能否顺利达成，院校教育教学改革精神能否深入落实，教学改革成果能否固化和转化，人才培养质量能否得到保证。生长军官高等教育（任职阶段）兵种核心课程建设相比专业课程建设，存在起步晚、可参考借鉴的经验少、教学内容动态更新需求大、教学内容体系难以统一等问题，一度成为影响和制约人才培养质量提升的瓶颈问题。早在第十六次全军院校会议上就明确了在军队院校开展全军、各军兵种核心课程建设的任务，作为承训生长军官高等教育教学任务的军队院校应深入研究兵种核心课程建设的相关问题，正确理解兵种核心课程的内涵与特点，准确把握兵种核心课程建设规律，遵循课程建设的基本原则，科学构建核心课程体系。

海军航空装备维修保障课程是面向生长军官高等教育航空机务技术与指挥各专业方向开设的一门兵种核心课程，是培养学员航空装备保障指挥管理能力的综合课程，是“指、技、管”复合型人才培养的重要支撑。本课程以岗位任职培养为核心，以人才培养需求为目标，以持续优化教学设计为手段，探索了课程教学新模式，取得了丰硕的成果，有效提升了课程教学质量和人才培养效益。

1　任职教育兵种核心课程内涵

核心课程起源于19世纪末20世纪初的美国，通过对核心课程研究与实践的不断深入，人们对核心课程的内涵有了较为深入的了解，普遍认为核心课程应该是学生必修的共同学问或普通教育。在中国教育大辞典中把核心课程定义为所有学生都要学习的共同学科，是学校（或学科）所开设课程中最重要、最基础的部分，是核心学科、共同基础课的同义语。对于航空装备保障类兵种核心课程来说，它是在海军航空装备保障任职教育培训体系中，对培养目标实现、学员任职岗位所需基本知识掌握、岗位通用技能培养以及能力素质形成均具有重要支撑作用的课程。

2　兵种核心课程建设原则

2.1　坚持理论研究先导

任职教育兵种核心课程建设是一项全新的教学建设活动，必须坚持教育理论研究先行，超前研究、决策酝酿与设计论证，研究越深入，论证越充分，实践就越科学可行。

2.2　紧扣兵种共性需求

围绕海军航空装备技术保障特有岗位任职共性需求，构建有利于学员形成共同认知的兵种核心课程体系，基于军用飞机平台，横向研究航空装备管理、飞行保障和作战训练等共性需求，解决航空装备技术保障各专业共同知识不足、共同认知不够和专业视野狭窄等横向贯通性问题。

2.3　把握好内容深广度

合理确定兵种核心课程数量和不同类别核心课程比重，科学选取符合海军航空装备技术保障特有共性需求的核心课程内容，确保课程规模适当、内容综合、深度适宜、支撑性强。

3　兵种核心课程建设的实践路径

3.1　紧贴岗位任职能力培养，确立教学理念

以海军航空装备维修保障课程为例，该课程为兵种核心课程，是某一层次所有学生都要学习和掌握的共同学科。针对该课程涉及范围广，存在交叉，概念多，理论性强，教学时间短的问题，在前期教学试点实践和总结的基础上，确定了教学内容侧重共同性、先导性、实用性和适用性的课程教学基本理念。共同性：突出航空装备维修保障各个岗位任职所需要了解的基本概念、基本理论知识和法规要求；先导性：突出航空装备维修保障的组织指挥，为后续专业课程和外场实践教学奠定基础、提供指导；实用性：突出岗位任职所需的航空装备维修管理、运筹能力的培养；适用性：突出满足生长军官高等教育学员了解部队、了解装备、了解保障的要求。围绕课程教学目标设置教学内容，强调与海军航空兵部队建设和发展贴近，与学员岗位任职需求贴近，与学员任职岗位知识能力素质结构接轨。

3.2　着眼人才培养需求，构建教学内容

依据航空装备维修保障各专业人才培养目标，结合学员第一任职岗位需求，以航空装备维修保障基本知识为基础，以航空装备维修保障组织实施为主线，以航空装备维修管理为重点，兼顾保障运筹基本思想和方法，构建了凸显海军航空装备维修保障特色的理论与实践相结合

的模块化课程内容体系。

针对生长军官高等教育学员不熟悉航空装备维修保障体制编制、工作性质、类型及组织程序和法规要求等问题，构建了由航空装备维修保障体制、飞行机务保障、部队修理保障和航空装备维修保障法规组成的装备维修组织指挥教学内容模块。

按照航空维修管理基本职能划分和管理基本思路，突出计划管理在航空装备维修保障中的首要地位，强化学员航空装备维修保障的质量、安全意识，培养学员航空维修信息素养，构建了由航空维修计划管理、质量管理、安全管理和信息管理组成的航空维修管理教学内容模块。

针对生长军官高等教育层次，按照“强化理论基础、兼顾实践应用、突出保障运筹能力培养”的指导思想。以运筹学的基本理论为框架，以航空装备保障实际为依托，着重突出在海军航空装备维修保障中所用到的运筹学理论，构建了由系统预测技术、最优化技术、决策分析技术、先进维修保障理论组成的技术理论发展教学内容模块。

教学内容组成如图 1 所示。

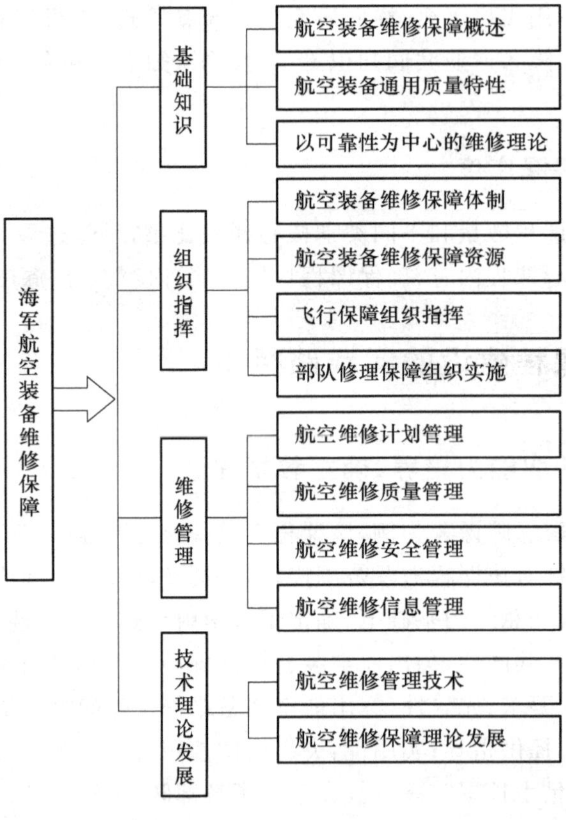

图 1　教学内容组成图

3.3　遵循任职教学基本规律，持续优化教学设计

为更好地实现学为主体，遵循任职教育教学规律，突出岗位任职需要，借助现代教育技术手段，积极开展教学研究和慕课建设工作，在教学施训过程中不断探索和实践适合本课程的方法手段，持续优化了课程教学设计。通过对生长军官高等教育培训学员教学需求的问卷调查，掌握了学员在接受专业课程教学前最需要解决的问题是熟悉部队、熟悉航空装备及其保障特

性、熟悉任职岗位性质、特点、内容与要求。因此，确立了课程“建立窗口、转变观念和奠定基础”的教学定位。通过启发式教学，针对学员的特点和教学内容安排，提前设置若干思考题、讨论题，引导学员进行深层次思考和互动；通过讲座式教学，邀请经验丰富的现职军官为学员生动讲解部队保障工作内容，弥补课堂教学的不足；通过以任务驱动为牵引的研讨式教学法，强化学员的自学能力及团队协作能力；通过现地教学等方式使学员身临其境，增加感官体验，加深记忆理解；通过案例式教学，培养学员的法规运用能力，形成法规意识。

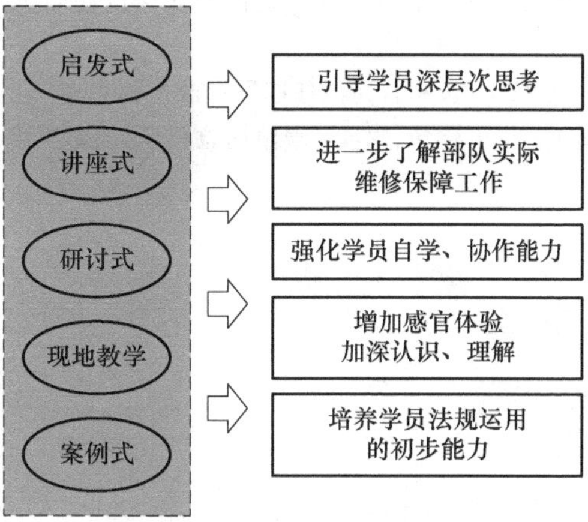

图2 教学设计方法

3.4 以掌握知识、培养能力为本，构建课程考核体系

传统卷面考试为主的考核方式不利于激发学员学习热情和参与教学活动的积极性，学员平时不学，临近考核突击的现象非常普遍，整体教学的效果也不好。因此，以突出学员“学”为主体，增加了学员参与教学的环节，丰富了学员日常自学的内容，为实施过程评价奠定了基础。同时，依托军事职业教育平台建设的配套慕课，为学员开展单元测试提供了方便快捷的途径，在教学内容模块结束后，组织学员进行章节测试，通过者方可进行下一个阶段的学习。在课程教学实施中，启发式教学、案例分析、研讨交流、作业及单元测试等几乎贯彻于教学过程始终。学员学得好坏不再取决于卷面分数的高低，对于上述教学环节教员建立平时成绩档案，对每个人的情况及时记录和打分，占总成绩的50%，考核体系更加科学。课程考核组成见表1。

表1 课程考核组成表

类型	序号	项目	方式
过程性考核(50%)	1	课堂表现	积极主动
	2	案例分析	小组汇报交流
	3	研讨交流	
	4	平时作业	网络提交
	5	单元测试	慕课自考
终结性考核(50%)	6	结课考试	闭卷考试

近年来，“海军航空装备维修保障”兵种核心课程在教学设计、课堂施训、评价体系等方面建设取得了显著成效，应用实践效果明显，成果对其他兵种核心类课程改革与实践具有重要的示范和引领作用。

参考文献

[1] 李彦彬，胡国平，张成涛．“地空导弹兵技术勤务”兵种核心课程改革与探索[J]．科教文汇，2018，4(420)：69－71.

[2] 郭文普，杨百龙，刘国东．通信专业岗位任职类课程形成性考核探索与实践[J]．教学现代化，2019,10(79):159-160.
[3] 罗从文．生长军官岗位任职课程改造的思考[J]．军事交通学院学报，2020.1(1)：61-64.
[4] 魏俊淦，田建学，赵波．着眼岗位任职，改革实践教学[J]．科技信息，2011.3:164.

任职教育新型活页式课目化教材建设

张锐丽　齐银鹏　张琦
（海军航空大学青岛校区，青岛　266021）

摘　要：教材建设是课程建设的重要组成部分，是教学内容和教学方式的载体，随着院校任职教育的深入展开，需要围绕任职教育人才培养目标，从使用者的角度出发开发符合当前需求的新形态教材，使教材内容与岗位任职高度契合。本文以职业技术教育层次专业课教材建设为例，阐述活页式课目化教材的内涵特征，并结合编写实际提出活页式课目化教材建设的思路和方法，符合“学为中心”的教育教学模式，为任职教育教材建设提供了新的编写思路。

关键词：任职教育；活页式；课目化；行动导向教学；教材建设

教育部在《国家职业教育改革实施方案》中倡导高等院校要使用新型活页式、工作手册式教材并配套开发信息化资源，教材作为“三教”改革内容之一，在课程建设和人才培养中发挥着基础性作用，院校作为国家教育事业的重要组成部分，为培养、选拔和推荐建设需要的人才服务，目前大多数任职教育院校所使用的教材也面临一系列问题，比如学员对教材的依赖程度较低、教材内容难以吸引学员自学，很多实践类课程仍然借用本科层次教材，或只提供给学员装设备维修手册或工卡，使得学员理解起来较难。此外一些专业课程授课过程中经常需要下载或打印补充资料，新增加的内容不能及时添加到教材中，形式不灵活，难以满足学员个性化、多样化需求[1]，军事职业教育兼具军事教育的特性和职业教育的共性，这一现状迫使人们思考任职教育院校教材建设的思路和方法。

根据OBE理论，教材建设要满足学员当前的学习需求和毕业后的工作需要，既要满足任职教育教学内容新、更新快的要求，更要满足教材内容选取合理、建设质量过硬的要求，因此有必要从教材的内容到形式进行创新，开发适合任职教育教学需求的新形态教材，海军航空大学青岛校区在《教学内容改革舰载转型实施方案》中强调，鼓励在生长军官进行“智慧”教材和士官“课目化”教材建设探索，这为作者探索院校教育新形态教材建设提供了依据。

1　活页式课目化教材的基本概念

院校数字式一体化新形态教材包括公开课程智慧教材、涉密课程智慧教材、新型活页式课目化教材、基于典型任务的航空装备维护课教材、基于岗位任务驱动教材等类型。活页式课目化教材中“活页”的释义是“未装订成册而可以随意分合的书籍、簿本、纸张”。“活页式教材”是教材（学材）的装订形式以活页式展现，可灵活用于学员进行学习记录、补充与拓展等，教员也可以视情增加、减少、修改教学知识与教学内容，以灵活的模块组合与装订形式呈现教材内容。课目也称为项目、任务、工作过程、学习情境等；课目化教材是指将教材内容按照课目加以有效组织、呈现与改造，通过项目驱动、任务引领、“做中学”等方式来实施的教材模式[2]。综上，“活页式课目化教材”解读为：内含教学上所需要使用的内容与材料，可以随意分合、未装订成册的书籍、簿本、纸张，是以任务和课目的有机结合为教材的设计框架，是基于理论与实践一体化的教材模式，以做中学为基本学习方式。该类型教材突出实践在课程中的主体地位，用工作任务来引领理论，使理论从属于实践。

1.1 理论基础

专业课程的学习是最能让学员体验未来职业生活的有效途径，因此专业教材的建设可以更直接有效地促进学员岗位任职体验，活页式课目化教材作为一类新形态教材，建设过程中包括了行动导向教学、“做中学”等理论基础。

1.1.1 行动导向教学

该理论起源于德国，强调“为了行动而学习”“通过行动来学习”，为现代职业教育教学提供了“行动即学习”的理论依据和实践案例，这里的行动具体指工作过程，核心在于把行动过程和学习过程相统一。通过构建特定的学习情境，以真实和模拟的职业活动为载体，遵循“接受任务→分析任务→制定计划→任务实施→评估反馈”行动过程，通过教师的组织协调和学生的动手实践，掌握职业技能，构建专业知识体系。

1.1.2 “做中学”

“做中学”的载体就是“任务”，以工作任务为载体设计教学、组织教学，将职业世界的场景融合于学习内容之中，精心设计各种学习活动，使学生通过“做中学”的工作过程，反复体验、感受工作环境，增强职业认同感[3]。

1.2 内涵特征

活页式课目化教材的结构、呈现方式、内容组织与传统教材是有所区别的，最核心的特征体现在“新”“活”两个方面。

1.2.1 教材编写体现新的导向

《国家职业教育改革实施方案》中明确提出要坚持以习近平新时代中国特色社会主义思想为指导，落实立德树人根本任务，培养高素质复合型、高端技术技能型人才，而高素质、复合型、高端型中均有创新意识与创新精神的内涵，因此创新意识与精神的培养是教材编写的新的导向。

1.2.2 教材呈现新的内容结构

活页式课目化教材兼具“工作活页”和“教材”的双重属性，突破了传统教材先知识后技能的结构，把“典型工作任务及工作过程知识”作为教材的主要内容，“任务”设计是真正基于工作过程的典型工作任务，紧紧围绕工作岗位分析、典型工作任务分析、工作过程分析、学习任务（情境）设计、学习任务开发的完整结构，循序渐进地组织教材内容。教材具备引导性、过程性、功能性、专业性。突出学员岗位能力的培养和职业核心能力的形成，体现了“做中教，做中学，做中求进步”的任职教育特色。

1.2.3 教材具有活页装订形式

活页装订可以及时纳入新技术、新工艺、新规范，教材可以随信息技术发展及时动态更新，解决了传统教材修订周期长的问题，提高了教材反映新岗位的时效性，形式的新颖也能有效激发学习兴趣，吸引学员参与到学习过程，使教学更有意义。

1.2.4　教材体现灵活的逻辑结构

该类教材的内容逻辑不是以知识结构组织，而是以工作环节或者典型工作任务来组织，通过“课目-任务”式实现，整个教材内容既紧密关联又相对独立。教材使用中教员可以对教材内容进行灵活组合、增减和替换，或根据具体情况对教材内容进行二次开发，满足教学中不同难易程度的需要。学员也可以将自己的笔记、实训作业，体会反思等添加到活页教材中，形成完整的过程性学习资料，既可以满足个性化的“教”和“学”，也便于教员对每个学员学习情况的把握，该类教材已经突破了传统的狭义的教材内涵，可以理解为广泛意义上的“学材”[4]。教材秉承“训育结合、加强内涵建设”的精神，辅以人文素养、德育素养等小栏目，培养德技并修的高素质高技能人才。

1.3　适合课程类型

课程按照内容可以划分为理论课、理实一体课、实训课等类型，在活页式课目化教材设计过程中，主要突出操作过程的规范和完整，成果的可检测、可验证，因此理实一体课、实操实训课，比较适合使用活页式课目化教材。

2　活页式课目化教材编写方法

2.1　编写思路

活页式课目化教材注重以真实生产项目、典型工作任务、案例等为载体组织教学单元，适应项目学习、案例学习、模块化学习等不同学习方式。具体来说要按照“课目主线、学员主体、教员主导、理实结合、合作学习”的思路进行教材开发设计，弱化“教学材料”的特征，强化“学习资料”的功能，以岗位(群)任职要求、职业标准、工作过程为教材主体内容，将立德树人、课程思政有机融合到教材中，提供多类型、立体化、信息化课程资源，通过教材引领构建深度学习管理体系[5]。

2.2　编写步骤

活页式课目化教材编写一定要充分考虑教材内容构建，活页形式只是为教材内容服务。活页式课目化教材通过系统设计、层层深入，按照以下几个步骤进行开发。

2.2.1　围绕人才培养方案和课程教学计划，确定教材内容框架

教材编写必须依据本专业人才培养方案和课程标准确定教材内容，而教材内容框架需要从专业人才培养需要的职业能力出发构建，通过联合部队专家进行职业能力分析，梳理出本专业学员任职的工作领域和工作任务，典型工作任务使得教材内容与部队实际工作紧密贴合，使得“学习的任务是工作，通过工作实现学习”，最后达到“学会工作”的目的，构建符合任职教育学员职业能力成长规律的内容框架。

2.2.2　工作领域映射学习领域，创建“课目-任务”式编写体例

工作领域和工作任务怎么呈现给学员，是需要考虑的重要问题，如果直接把职业能力内容

照搬写进教材按照章节排列，本质还是属于传统教材的编写方式，必须将工作领域和工作任务转化为学员能够学习的领域和学习任务，将梳理出的本专业知识进行解构，通过具体的工作任务再将专业知识进行组合，达到知识重构的目的。

2.2.3 依托行动导向教学理论，设计“六阶段”任务编写路径

借鉴行动导向教学过程，教材中具体任务案例设置了六个阶段的开发路径，如图1所示。通过情景引入提出具体的工作任务，工作任务分析明确专业人员必备的岗位技能，通过工作实施形成职业核心能力，此外设计了为完成工作任务需要掌握的理论知识，为巩固学习效果设计了巩固提高模块，为衡量任务达成度设计了评价考核，通过六个阶段完成任务的教与学，使得“教有评价，学有标准”，达到“教、学、做、评”一体化的教学目标

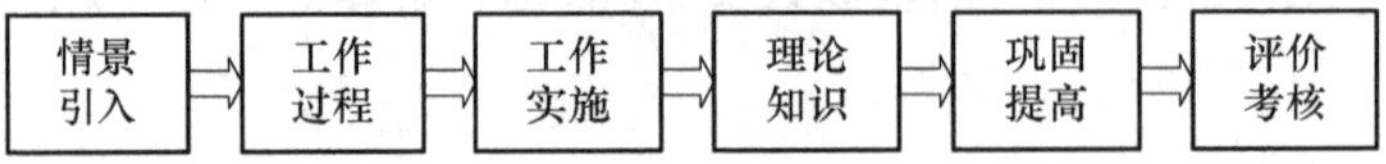

图1 教材任务设计路径

3 活页式课目化教材编写注意事项

在教材编写的过程中还要注意以下几个问题。

3.1 创设多样化学习情境

活页式课目教材是融实践操作与工作思维培养于一体的教材。教材设计时，要注意安排多样化的学习情境或问题情境，通过创设情景将工作情景和实践操作融为一体。

3.2 设计“引导性问题”

通过引导性问题引导学员完成具体工作实践，培养他们的工作思维能力和处理复杂多变工作情境的能力。

3.3 体现教材与学员交互

教材中应引入工作中使用的工单、表格、报告等，使学员边学、边做、边填写。还可设置一些引导语、启示语，提示语，引导学生思考和提醒学员注意，充分体现教材与学员之间互动性。

3.4 组建多元化编写团队

教材的编写团队中要多元，一线教员+部队一线骨干，一线教员熟悉专业所面向的工作岗位及专业课程，有丰富的专业知识，部队一线骨干有丰富的实践工作经验，通力合作处理好知识、能力和素质三者之间的关系。

新型活页式课目化教材是在国家大力发展职业教育、院校教育教学改革的背景下诞生的，活页式课目化教材不仅仅是一种传播形式和媒介形式的变化，更代表国家对职业教育教材改革的方向。对任职教育来说，需要我们转变教学观念，转变角色定位，由“讲授者”转变为“指导者”“评价者”和管理者，同时要认识到该类型教材能够促进学员对知识的理解，从而缩短教学

时间，不仅不会增加教员负担，而且将把教员从无意义的重复讲解中解脱出来，把更多时间用于教学设计，因此有利于推进教学模式的整体变革。

参考文献

[1] 吴振东. 试论“活页教材＋活页笔记＋功能插页”三位一体自主思维模式的构建[J]. 新课程研究，2018，09:62-66.

[2] 郑海燕. 张锐丽. 军队院校新形态一体化教材建设研究[J]. 科技信息，2020，05:154-155.

[3] 毛艳丽. 吴洪艳. “任务书式”活页实训课程及教材的开发与应用研究[J]. 课程教学，2019，10:52-56.

[4] 罗儒国. 刘佳. 我国教材评价研究的回顾与展望[J]. 教师教育学报，2017，08:76-83.

[5] 赵蕾. 李东斌. 新时代新方向：高等教育改革召唤下的教材建设发展与创新[J]. 教育教学论坛，2019，01:1-2.

基于多岗融合、能力复合的课程群建设探索实践

王传刚　田华明　黄子革　王鼎　臧传蕾

（海军航空大学青岛校区，青岛　266041）

摘　要：本文梳理分析了专业建设及新形势下专业建设过程中急须解决的问题等现状，提出了解决问题的思路与指导思想，对“多岗融合、能力复合”课程群建设及理实一体化课程建设进行了深入的研究，构建一套体系完整、功能齐全、场景实战化、实践科目丰富的教学内容体系，对教学内容改革、情景教法创新、综合实践教学科目以及课程思政等教学模式方法改革进行了研究与实践，总结了课程建设的一些经验做法，具有一定的借鉴价值。

关键词：多岗融合；能力复合；工作流程；实践；课程思政

依据新的军队院校训练任务规划调整和青岛校区办学转型建设定位要求，导航技术与指挥专业承担着新时期海军航空兵对空通信导航人才培养转型重塑的任务，即由以往单一岗位为主的人才培养模式向多岗一体化对空通信导航人才培养模式转变。人才培养目标的变化必将伴随着教学内容的重组、优化，课程教学内容尤其是首次任职岗位课程教学内容是人才能力素质培养的核心，是支撑人才培养的关键。因此，通过深入研究论证，重构了旨在培养初级指挥军官技术保障、装备运用以及组织指挥能力的首次任职岗位课程架构，创设了以“厚基础、专技能、强实战”为特色的“多岗融合、能力复合”教学内容体系，搭建了“虚实结合、实装为主”的个人训练实战化场景和“强化初级指挥能力培养”的分队指挥训练野战综合训练场。

1　现状分析

随着本次教学训练任务调整，本专业教学目标和人才培养模式都不同程度发生了变化，主要体现在以下几个方面：一是培养模式由原来的“4＋1”模式转换成“3＋1”模式，即由本科学历教育加任职培训结合模式转换为单一的具有任职特色的生长军官高等教育，人才出口目标基本不变的情况下缩短在校培训时间；二是培养对象对应岗位发生变化，即由单岗位模式人才培养向多岗一体人才培养模式转变，拓展了岗位延展性；三是更加凸现岗位的指挥能力培养。鉴于以上几点变化，专业教学内容体系即专业课程体系需要开展相应的调整、优化。经过分析论证，归结需要解决的教学问题：一是首次任职课程体系架构不适应技术指挥军官能力素质培养转型要求的问题，该专业在新的训练任务规划中已明确为技术指挥类专业，新的人才培养定位必然推动首次任职岗位课程体系架构的重塑，以解决初级指挥军官训练管理能力弱，到部队“水土不服”和“五个不会”的问题；二是教材内容核心要素不适应舰载化和实战化转型的问题，随着校区转型的规划部署，转型工程已进入实施建设阶段，专业建设已进入贯彻新大纲、推动实战化和舰载化施训等多重艰巨的改革阶段，这一系列的任务必然推动教学内容核心要素的变革重构；三是实践教学条件建设不适应岸舰一体化实践能力培养的问题，长期以来，该专业

已形成了一套完善的以“陆基”为主的实践教学保障体系，随着培养“多岗融合、能力复合”人才建设的推进，建设一套体系完善、功能齐全、场景实战化、实践科目丰富的实践教学保障条件已显得越来越迫切。

2 构建“多岗融合、能力复合”的任职岗位课程群

人才培养目标的达成离不开相应课程体系的支撑，尤其是核心能力的培养需要构建相应的核心课程体系，也就是支撑岗位核心能力的课程群建设。该专业新的人才培养需求决定了必须构建基于“多岗融合、能力复合”特色的核心课程体系。对标《军事训练大纲》相应专业训练内容，贯彻本专业《教学大纲》要求，要构建技术指挥特色鲜明、多岗并存的首次任职岗位课程群，必须凸显两个转变：一是指挥特点得到强化，增加指挥类课程教学学时和实践教学科目；二是实现“多岗融合”人才培养，按照岗位主次设置课程内容，强化转型，创设“多岗融合”教学内容体系。具体采取的方法是：根据任职岗位名称梳理了岗位职责并进行描述，汇总成表后区分不同岗位的主次，根据岗位实际需求对任职岗位进行排序，并依据岗位需求梳理核心工作任务，针对工作任务分析所需工作技能和理论知识，最终按照知识、技能的逻辑关系和类别构建相应的课程，最终构建一套满足人才培养目标要求，对岗位核心能力培养具有重要支撑作用的核心课程体系，覆盖了对学员知识、技能、管理以及指挥等能力生成的培养。

3 开展“基于岗位能力培养为核心”的理实一体课程建设

课程建设是专业建设的关键，也是人才培养目标实现的基本保障。在开展岗位任职课程建设前，首先按照构建好的课题体系开展教学内容建设，围绕课程在整个课程群中的地位和作用确定本课程的教学内容体系。在理论内容建设中强化学科专业性和创新性，强调教学内容的动态更新，建立教学内容更新机制，满足学员对专业知识的理论性和层次性要求。目前的高等教育已由传统的传授知识为主向培养能力为主，这就必然要强化实践教学环节，提高实战化训练水平必然需要开展实战化科目训练。课程组在梳理已有教学内容基础上，形成初步调研方案，利用科研、为部队服务等机会到多个机场学员毕业岗位进行调研。采用的主要方法是脱离原有教学内容的束缚，采取基于岗位一线保障实战流程的教学内容选取，即梳理基于岗位实战任务过程的能力需求，针对能力需求提取知识点，进而确定实践教学科目。以岗位工作任务完成为切入点，梳理、提炼及归纳岗位实战保障流程所需所有能力素质要求，分别设置了操作训练、战术训练、组训能力训练以及计划方案拟制训练四种类型实践教学科目，最终形成了一套基于工作流程的实践教学科目体系，为课程教学内容中实践教学内容提供了保障。在课程理论教学内容和实践教学科目建设过程中充分贯彻了“多岗融合、能力复合”的要求，强化岗位能力生成，培养“多岗通科”的岗位合格人才。在构建本专业实战化实践条件建设过程中，充分发挥现役实装优势，构建与部队岗位值班情景相同的虚拟场景，提高学员实战化训练水平，同时训练学员心理素质，实验室就是战斗室，实验场就是战场。

4 因势利导，广泛开展实战化教学理论研究与改革实践

一是“聚焦实战、着眼打赢”，破解学员实战能力培养难题，开展“空地联合、直通战场、联合保障”综合实践科目训练，取得了较好的效果。一方面推动了专业教员教战研战理念的转变，另一方面规范了专业实演实训流程，实现了专业综合演练从关注技术到突出组织指挥能力的蜕变，最后构建了实战场景逼真、干扰模式多样的复杂战场电磁环境。

二是开展课程教学内容舰载化改革研究实践。课题组从课程舰载转型及其教学实际需求出发，结合应用型军事院校人才培养特点，根据课程舰载知识体系扩展重组了舰载教学内容，研究和调整了课程教学计划，增加了舰载教学课时安排。以“着陆引导装备与运用”课程为例，课题组运用思维导图工具进行思维发散，共梳理出 8 个主要舰载内容模块：舰载装备专业基础、舰载装备组成结构、舰载装备工作原理、舰载装备操作使用、舰载装备预检维护、舰载装备排故技能、舰载装备管理制度、舰载装备保障案例等，各内容模块又包含数量不一的舰载知识点，共计 25 个。较好地解决了主要岗位核心能力培养的问题。

三是开展“情景教学法”教法创新研究实践。在组织指挥类课程中，针对分队训练科目施训实际，开展“基于实战情景”的教学创新研究，课中实战历练，利用现役实装营造实战化学习情境，教员进一步明确工作任务背景、客观条件与时限要求等；学员根据实际情境对实施方案进行反思调整，然后以分队为单位轮流实施任务；教员对整个训练过程进行监督，及时制止危险操作，并进行打分。同时在训练过程中融入分队竞赛、交流讨论与特情处置等环节，提高了学员分队组织指挥能力。

四是开展课程思政建设。针对本专业装备运用类课程的课程思政建设制定了建设总思路是理念引领、实践探索、总结提高；对思政目标设计与实施遵循体系设计、分布实施及目标集中的原则；对课程体系建设采取试点先行、成果推广及全面铺开的原则，最终建成一套系统完备、相互融合的思政育人和专业育人共生共荣的装备运用类课程综合教学体系。

5 结 论

专业建设归根结底是课程建设的集合，课程建设的核心在教学内容，教学内容是支撑人才培养目标达成的关键，承担核心能力培养的课程群建设是开展专业建设研究的重点。只有建设好符合教育对象特点的课程体系，尤其是核心课程群才能培养出更多更好的岗位合格人才。

参 考 文 献

[1] 王淑荣，王一依. 公安高等院校专业建设之思考[J]. 北京警察学院学报，2017(3)：115－119.

[2] 赵小敏，蔡海生. 基于有特色、高水平的地方农业高校一流学科专业建设的实践与思考[J]. 中国农业教育，2018.04.

[3] 林良泉. “双一流”战略视野下的地方高水平大学学科建设[J]. 高校后勤研究，2016(6).

[4] 王传刚，等. 体系设计 分布实施，对空通信导航专业课程思政建设实践[C]. 第二届航空航天类课程思政教学改革论坛，2021.06.

[5] 杨邦荣，牛随前，“姓军为战”：军队院校学科专业建设的价值诉求[D]. 西安政治学院学报，2017，04.

航空数据链课程智慧化教材思考与实践

卞金来　蔡慧敏　王思臣
（海军航空大学 青岛校区，青岛　266041）

摘　要：在信息 2.0 背景下，传统纸质教材已不满足课堂教学需要，智慧化教材建设势在必行。本文探讨了智慧化教材的特点，认为智慧化教材是以纸质教材为基础，融合多媒体教学资源并结合教学平台使用的新型教材；智慧化教材由于其丰富的教学资源和功能，在线上线下混合教学模式中应用有助于以学生为中心的教学改革和教学效果提升。根据航空数据链装备技术体系结构层次化、平台互联性特点，给出了航空数据链课程智慧化教材实践中相关做法、经验。

关键词：教材；智慧化；航空；数据链；教学模式

引　言

传统的教育采用统一模式，对不同背景的学生采取相同的教学目标和评价标准，不利于个性化学习。当下的新兴教育模式，对传统教育形成了新的挑战[1]。高校信息化建设逐渐成为高校教改、提升教学质量的重要参考标准。传统黑板加幻灯片的方式已经不能满足现在的需要，新的教学手段不断涌现[2]。

教师、教法与教材间既相互依存又互相融合，“三教改革”是新时代职业教育改革发展的风向标，实现高质量发展的重要基础，是培养学生能力以及职业道德的重要载体，回答了“谁来教”“怎么教”“教什么”的问题[3]。

优秀的教材是保证高水平教学的重要因素，教材整体上形成知识链，具有系统性。在当前信息化时代下，传统纸质教材设计必须做出改变，要与多媒体和网络交互结合[4]。2018 年教育部发布的《教育信息化 2.0 行动计划》要求“推动从教育专用资源向教育大资源转变、从提升师生信息技术应用能力向全面提升其信息素养转变、从融合应用向创新发展转变”，在此背景下，教材不仅要加强与自身资源的联系，还要融入整个教学体系，如教学管理系统、学生行为分析系统等[5]。

教材的改革与创新，要从智慧化方面入手，避免局限在纸质教材上，通过智慧化融入新的教学资源，发挥信息化资源的优势，将数字化的资源和专业课程教学紧密联系起来，提升课堂教学水平，才能真正有助于促进信息化教学发展[6]。

1　智慧化教材特点与思考

最早将教材与信息技术的结合是将教材数字化，将原有的纸质教材转换为电子形式，便于携带和传播，与纸质教材没有本质上的区别。而现在一般所说的智慧化教材是以纸质教材为核心和基础，加入音视频、动画、文献资料、课件等多媒体资料，并与软件学习平台相融合，给学习者提供多种学习和交流方式[7]。智慧化教材是以建构主义学习理论为依据，通过云技术，实现教学内容实时同步更新、课前任务下发、课后评价收集；通过大数据技术分析教材使用数据和学生学习情况，为学员提供定制化学习方案。智慧化教材目标是以学生为主体，以培养思维为导向[8]。

智慧化专业课程教材应遵循教育教学规律，协调好纸质教材与多媒体资源的角色。任何改革都是对既有事物的扬弃，在现有阶段同样要重视纸质教材的基础作用，多媒体资源应专注用于纸质化教材不能承载的表现形式。并且多媒体资源应该精心设计，不能只是各种低质量资源的集合，例如微课应该按照国家规定的标准进行制作，讲解有逻辑，推理要充分，画面有质感，对纸质教材补充效果好。

教材内容要能通过外部链接如二维码等方式链接到信息资源，学生通过扫描二维码或登录平台等方式连接到与教材内容直接对应的信息化资源，并能就相应内容通过学习平台进行小组互动、师生交流等。

信息资源链接到纸质教材，就要求纸质教材相应知识点应尽量碎片化，以便与微课、动画等契合，但各知识点在内容编排上应有连续性和内在逻辑性。

智慧化教材面向学员，各人的背景知识不相同，不能采用传统的统一模式，其链接的信息资源应该具有区分度，具备一定的阶梯难度，有利用学员根据自身特点自主选择，具备大数据分析功能的学习平台，还应具备按照学员学习情况推荐学习资源的功能。

智慧教材的结构应适合信息时代迭代更新的特点，各知识模块既要有机相连，更要相对独立、自成体系，以便内容的快速更新迭代。

信息化已深入教学的不同层面、细节，从初级阶段的辅助教学，到以适应信息化而进行教学改革是信息化发展的重大突破。现阶段在国家的推动下，各类数字资源层出不穷，教育工作者的信息化应用能力不断提升，教材的数字化和智慧化趋势越来越明显[5]。

2 智慧化教材教学模式

教育界对传统教学模式和网络自助学习模式进行反思后，提出了混合式学习，其是认知主义学习理论和建构主义学习理论的混合，是学习资源、环境、方式的混合[9]。

智慧化教材是以学员为中心的新型教材形式，其相应的教学模式应采用以学员为中心的模式。线上线下混合式教学模式是学员通过课前学习浅显的教学内容，教员课上帮助学员实现知识内化，提高其高阶思维能力的一种教学模式。线上线下混合式教学模式中学员可根据自身情况安排学习，在课前自主通过纸质教材、多媒体资料来进行学习。根据个体情况不同，学员在不同的时间段内都能完成相应任务。课堂阶段增强互动，解决疑难问题。课后阶段进行进阶学习。

可以说，智慧化教材的特点与混合式教学模式能很好的契合。现代信息技术和教学系统的教学内容、教学策略等有机的结合，才能有较好的教学效果。将现代信息技术与传统教学手段优势互补，才能做到统筹兼顾，相得益彰。

线上线下互补，纸质教材与多媒体资源互补。将智慧化教材资源与传统课堂教学有机整合起来,学员能自主学习、主动学习,根据个体差异创新型学习。教员同时也可通过平台、课堂对学员的学习状态监控,在课堂上引导深入学习。

信息化资源的碎片化,个别化有利于学员利用碎片时间学习,提高其主动学习的兴趣。

拓展纸质文本到电子形式超文本,超文本阅读学习方式,实现课前、课中、课后学习阶段的深度融合,有利于培养学生的探究能力,提升了学生学习内容的广度和深度[10]。

3　航空数据链课程智慧化教材实践

航空数据链是一种按照规定的消息格式和通信协议实时传输格式化消息的战术信息系统。航空数据链课程教学内容是数据链装备的消息标准、通信协议、传输波形、装备组成原理、使用维护等知识和技能。目标是使学员从掌握技术原理到装备的技术应用进而能够对数据链系统开展使用、维护。

数据链装备特点是其技术模型按照网络通信模型分层构建,不同平台装备间互联互通传输战术信息。下面介绍对该课程的智慧化教材建设和使用的一些做法。

3.1　院校、部队、厂所合作,组建编写团队

教材编写团队是决定教材建设质量的关键。数据链课程教学内容,既涉及网络通信、消息标准、组网运用等内容,又涉及装备本身还涉及部队使用、维护等知识。因此在组建编写团队时,吸收厂所、一线部队专家。充分利用厂所专家装备领域和一线部队专家对作战使用维护知识,保证教材在装备内容上的准确和贴近部队实际,杜绝院校教学人员仅凭收集的资料编写教材。

3.2　教材结构模块化,面向数据链装备发展现状

我军数据链装备、体系处于快速发展过程中,装备更新换代、升级频繁。在智慧化教材建设中,改变原先以装备为中心的编排结构;将教材划分为基础理论知识、装备技术应用和数据链运用等部分,各部分内容既相互联系,又能自成一体,可快速应对装备发展快速的现状,改善以往更新了装备整个教材就要重新编写的问题。

3.3　丰富内容形式,突破传统纸质教材局限

充分利用现代信息技术,整合纸质教材、微课、动画、图片、课件、文献等资源。以往的纸质教材力求大而全,希望学员通过纸质教材能学到全部需要掌握的知识。在现有的技术条件下,纸质教材凸显其诸多固有缺点:其不能展现实际作战训练场景;对动态过程也无法形象展现;限于教材篇幅对背景知识也无法深入介绍。将纸质教材与现代信息技术结合,可通过在教材相关知识介绍处链接多媒体资料,通过多种形式展现并深入介绍相关知识内容,甚至可以通过VR等技术生动展现现实场景。如此可减轻纸质教材本身负担,可将纸质教材作为核心,外附加多样化资源,从而突破其局限性。

3.4　知识内容碎片化、便于学员重构知识体系

在遵循网络通信系统层次化结构的逻辑基础上,将内容碎片化、化整为零,教员在课上系

统讲授，学员在课下根据教材对重难点进行碎片化学习，再自行将碎片知识复原。在此基础上学员可以根据个人特点将碎片化的知识进行重构，建立知识点间新的联系，从而形成自己的知识体系结构。例如在数据链传输波形章节中，将内容碎片化为原始消息帧结构、编码体制、封装格式、调制体制等内容；在每个碎片知识内容后通过智慧化教材提供相应知识的讲义、视频、文献等多种资料供学员进行个性化学习，学员以问题为中心选择自己需要深入学习的知识点，构建自己的知识体系，从而帮助学员高效学习。

3.5 加大案例资源建设，提升高学员学习兴趣

飞机平台的航空数据链装备用于飞机与指挥平台、传感器平台铰链，必须结合作战、训练过程才能完整呈现装备的操作使用特点。因此，在信息资源建设中必须结合部队实际案例，来说明其参数设置、画面显示等知识内容。课程组多次到部队调研，搜集整理历次演训文字、视频资料，结合作战链路通信需求，详细分析说明数据链的网络架构，各平台参数设置，使学员将装备学习与真实作战联系起来，提升其对装备的感性认识，加深其对数据链使用的深入理解，进而提升其学习兴趣，增强学习动力。

3.6 线上线下混合式教学模式，提升教学效果

在航空数据链课程智慧化教材使用过程中，采用线上线下混合式教学模式，将教学区分为课前、课中、课后三个阶段。课前阶段，通过平台布置任务，学员通过阅读教材，学习信息化资源完成课前任务，教员根据学员学习情况，准备课中教学；课中教学采用问题探讨式，帮助学员构建知识体系，达到从基础理解到深入掌握的目标；课后阶段布置信息资源中进阶内容，如阅读前沿文献等任务，帮助学员深化、固化已有知识，扩展前沿知识。

4 总 结

按照“互联网＋”时代对教育的创新要求，“三教”改革背景下，智慧化教材建设是教学改革中重要一环。传统的纸质教材的局限性，注定其不能适应当前时代的要求。智慧化教材的理念和形式相比传统纸质教材更符合现代教育理论的需求。相信智慧化教材将会逐步取代传统纸质教材，特别是与大数据等技术的结合将会使其成为主流。

参考文献

[1] 吴旻瑜，刘欢，任友群．“互联网＋”校园：高校智慧校园建设的新阶段[J]，2015，33(4)：8－13.

[2] 张嘉楠，郭龙成．高校云教学变革的现状与分析[J]．科技风，2020(5)：83.

[3] 邵泽强．“三教改革”视域下职业院校专业教材设计与开发的路径研究[J]．科技创新与生产力，2021(4)：97－100，103.

[4] 曾天山．我国教材建设的实践历程和发展经验[J]．课程．教材．教法，2017，37(12)：17－23.

[5] 关雅莉，肖博爱．教育信息化2.0时期的职教教材建设探索[J]．信息与电脑(理论版)，2019(14)：253－256.

[6] 陶卫东．基于“三教”改革理念的高职院校教学形态信息化创新应用模式实践探讨[J]．科学咨询(科技·管理)，2021(7)：173－174.

[7] 岳绚．全媒体模式下智慧化教材的探索与实践——以3D打印课程为例[J]．湖北开放职业学院学报，

2019，32(9)：146 - 147.
[8] 崔茂应，杨福华. 基于大数据理念和技术背景下的智慧教材开发体系研究[C]//第五届中国中医药信息大会——大数据标准化与智慧中医药论文集，2018：626 - 629.
[9] 朱姝. 基于大数据环境下的智慧教材教学平台的构建与应用研究[J]. 电子测试，2020(17)：44，80 - 81.
[10] 崔茂应，杨莉，李丽娇，等. 基于大数据理念和技术背景下的智慧教材开发体系研究[J]，2018(9)：26 - 27.

航空摄影原理课程建设探索与实践

王淑娟　赵育良　王颖颖
（海军航空大学青岛校区 航空仪电控制工程与指挥系，青岛　266100）

摘　要：为提高航空侦察专业岗位任职专业人才培养的质量，依据军队优质课程建设的要求，分析了专业任职基础课程航空摄影原理课程建设中存在的问题，提出了课程建设的具体措施，围绕着课程教学内容、教学模式方法手段、教学保障条件、教员队伍等方面展开研究和建设，优化了教学内容，规范了教学组织实施，探索了"教、学、做一体化"教学模式，构建了五位一体的信息化教学平台，形成了"双师型"教员队伍。航空摄影原理课程的建设改革实践为本专业其他课程的建设提供了重要的参考依据。

关键词：航空摄影原理；课程建设；航空侦察专业；岗位任职；课程教学

航空摄影原理课程是海军航空侦察方向航空侦察设备维修和图像判读专业的任职基础课程，是主干课程之一，共计 58 学时。航空摄影原理课程在整个航空侦察专业教学体系中起着至关重要的作用，该课程为后续任职岗位课程提供着重要的理论支撑。随着新型海军航空侦察装备的列装，航空摄影新技术、新原理得到不断的发展与应用，前期的教学内容、教材等在很大程度上已无法满足教学的需要。为了达到军队优质课程要求，课程组围绕着教学内容、教学模式方法手段、教学保障条件、教员队伍等方面展开展研究和建设。优化了教学内容，使之更加贴近侦察装备原理；规范了教学组织实施，使之更贴合教学内容及学员认知特点；全面推进专业教室、配套信息资源建设，使之形成配套全面的课程及条件体系；重视教员教学能力提升，使之成为一支教学效果好、科研水平高，服务能力强的教员队伍。本文结合长期课程建设、教学实践经验，探讨并实践了课程建设改革措施，总结了课程建设经验。

1　课程建设存在的问题

为了适应任职化教学改革及航空侦察装备发展的需求，课程组围绕着教员队伍、教学内容、教学模式与方法、教学手段及教学保障条件等方面开展了一系列的改革与建设工作，梳理了课程建设中存在的主要，针对问题有的放矢地进行探讨研究，存在的问题主要表现在以下几个方面[1]：

1.1　课程教学内容亟需更新

近些年来，随着航空侦察新装备的不断列装，航空侦察装备得到了跨越式发展，为了满足侦察情报实时性的要求，数字侦察设备所占比重越来越大，新的数字航空侦察体系已基本形成。随着数字航空侦察体系的发展，新的航空摄影技术、航空摄影理论、装备原理得到不断的发展应用,前期的教学内容在很大程度上已无法满足教学的需要,并且与之相适应的实践支撑条件还尚须加强。

1.2 教学施训模式亟需改革

航空摄影原理内容跨度大,针对不同教学内容,在教学实践中如何组织教学,有效提升课堂教学质量对教学施训模式改革提出了极大的考验。

1.3 教学保障条件亟需改进

教学内容更新重组后,须结合新一轮的人才培养方案修订,完成课程标准的制修订工作,配套信息资源(多媒体、网络课程等)须进一步完善,配套的试题库也须完成更新工作。另外专业教室的自主实验条件也有待在实践应用中得到进一步扩展和更新,如何结合专业教室高效开展课程教学是我们面临的新课题。

1.4 教员队伍亟需建设

课程组青年员的教学及教学研究的能力和水平,还需围绕任职教育教学实践进一步加强。

2 课程建设改革措施

针对课程中存在的问题,课程组主要围绕课程顶层设计、教学内容优化、教员队伍建设、教学模式改革及教学条件建设等方面开展了如下工作:

2.1 修订人才培养方案、课程标准、课程教学计划,更新教学内容

课程遵循“以任职岗位需求为依据,合理整合内容;以提高系统性能为牵引,研究实际问题;以形成整体概念为目的,优化体系结构”的思路构建内容体系。一是优化教学内容 ,突出针对性。教学内容以情报生成为主线,以任职岗位需求为牵引,突出部队现有航空摄影侦察体系理论核心,直接为学员学习后续任职岗位课程提供专业理论支持,任职教育指向明确。二是紧贴装备发展,突出先进性。教学内容充分融入新型航空摄影理论成果,突出航空摄影理论前沿发展趋势,为学员提供相应的拓展性知识,充分使学员体验到新技术与时俱进的步伐。三是落脚岗位需求,突出实用性。教学内容均能从岗位需求出发,力求对后续的任职岗位具有足够的支撑作用。

2.2 开展差异化教学施训模式改革,打造互补式信息化教学平台

课程组针对不同教学内容,开展差异化教学施训模式改革,有针对性地采用理实一体化(设备原理类)、案例式(判读类)、任务驱动式(航空摄影技术类)等多样的教学施训模式,有效地提升了课堂教学质量[2]。以航空侦察专业教室为依托,围绕模拟训练体系构建涵盖“模拟仿真示教系统、多媒体教学系统、MOOC、网络课程、学科专业网站”在内的五位一体的信息化教学资源,打造互补式信息化教学平台,以满足不同岗位任职课程、不同任课教员、不同层次学员“课内、课外”“教学、自学”“离线、在线”的“教、学”需求,能够为每名学员提供“各取所需、量体

裁衣”式的学习资源和学习机会，有利于引导学员开展个性化学习、开放性、合作性学习。

2.3 全面推进专业教室建设，推进配套信息资源建设

按照课程实践教学需要，课程组全面负责或参与了航空侦察设备维修专业教室及航空数字图像处理与情报生成专业教室的设计与建设工作，开发完成了航空摄影原理配套多媒体软件、网络课程和两型机模拟训练系统，成功申报立项军委重点 MOOC《航空摄影技术》的建设任务，已完成并上线。

目前两个专业教室已经具备各项信息化教学平台，包括了学员终端（课程配套的网络课程、教学视频等）、教学平台、仿真示教系统、模拟器及大量线上资源。另外，制作的传统挂图以及实际装备能弥补信息化教学的不足，构建虚实结合的多元化、全立体，满足实战需求的实践教学环境。

2.4 改善教员队伍结构，鼓励年轻教员进修、深造，适应任职教育教学要求

教员队伍是课程的灵魂。课程建设的首要任务是促进教员队伍素质的提高。课程组在教员队伍建设方面的思路是：以“双师型”教员队伍培养为目标，以典型课例培育为推手，以厂所跟产跟研、部队跟训跟试为途径，以教学建设促进教学实践，鼓励教员开展科研、学术研究，提高技术研究与应用能力。

3 课程建设成效

自 2007 年开始首次任职教育课程实施起，课程组紧紧围绕人才培养需求和装备发展实际，持续开展课程建设工作。经过十几年建设，航空摄影原理课程已发展成为一门任职教育特色鲜明、建设成效显著的院校级精品课程。

3.1 框架稳定、实时更新的课程内容体系已经建立

航空摄影原理课程内容体系立足课程职能地位，体现航空摄影基础理论与装备原理有机衔接，突出侦察专业特色，以侦察情报生成流程为主线组织教学内容，同时融入先进摄影理论，为学员后续岗位能力拓展打下坚实基础。课程内容涵盖了航空摄影基础、航空摄影物理基础、航空相机结构及原理、航空图像处理基础及航空图像判读基础等内容，紧贴学员岗位需求，充分突出任职教育特色。课程组还建立了教学内容动态更新机制，目前已经充实进教学内容的实训经验、装备更新、科研成果等达十余项。

3.2 虚实结合、互补式信息化教学平台已现实效

课程组充分研究课程特点，构建了涵盖多媒体、模拟训练系统、MOOC、网络课程及学科专业网站在内的五位一体的信息化教学平台，系统规划智慧教材内容，充分满足“课内、课外”“教学、自学”“离线、在线”的“教、学”需求，有利于学员的个性化学习，促进教学方法和教学手段的改革。信息化教学平台教学资源内容与教学内容同步动态更新，紧随部队发展方向，适应人才培养需要。

3.3　理实一体、任务驱动的“教、学、做一体化”教学模式已经形成

航空摄影原理课程是任职基础课程，对后续侦察装备课程具有重要的理论支撑作用，其内容跨度大，从光学原理到相机各系统原理，从大气物理特性到航空摄影技术应用，从航空摄影计算到航空图像判读，教学和课程内容相对多样、复杂。在教学过程中针对不同类型的教学内容，采用多样化的教学施训模式有效开展课程的教学实施[3]。例如针对设备原理类内容，采用理实一体化教学；针对判读类内容，主要采用案例式教学模式；针对航空摄影技术类内容，着力采用任务驱动式教学。课程教学着眼能力素质的形成，建立了一套“认知-理论-实践”相融合的“教、学、做一体化”教学模式。

3.4　结构合理、功底扎实的“双师型”教员队伍已经成形

课程组共有5名成员，其中教授1人，副教授2人，讲师2人，教员队伍人才梯次合理、结构稳定。在课程建设计划的基础上，每年均有团队成员培养计划，通过编写教材、承担教学任务、打造课例等形式以及新装备跟产、跟学、跟研学习，来提高教员业务能力和水平。课程组在教学、跟训、跟研等过程中积攒了丰富的实装、实训经验，均能达到“双师型”人才标准。

3.5　能力为导向、多类型、多方式相结合的综合考核评价机制已初步成型

充分发挥课程考核的导向、诊断和激励作用，突出能力考核，增大过程性评价比重，使考核结果能够更真实地反应学员的岗位任职能力。课程组建立了以考核题库为主、过程性评价为辅、网络课程考核评价为补充的各类考核评价资源，并在3个批次学员中使用，但由于专业学员人数少，可用于评价考核效果的样本数量较少，给该机制的评价和改进带来一定的困难。

4　结束语

课程的创新与改革是一项系统工程，需要持续进行。航空摄影原理作为航空侦察专业的专业基础课程，在航空侦察专业中有着重要的低位，为后续任职岗位课程提供着重要的理论支撑，只有紧随装备发展及任职岗位的需求，持续更新课程资源、教学方法手段、教学条件保障，课程建设才能取得成效，才能适应新军事变革的需要。

参考文献

[1] 赵育良，王淑娟，苏媛媛. 基于“实战化”的“航空摄影原理课程改革与建设分析”[J]. 海军航空工程技术，2015.06(160)：22-24.

[2] 王颖颖，赵育良，苏媛媛. 信息化课堂教学在军队任职教育中的应用研究——以《航空摄影原理》课程为例[J]. 继续教育，2017.10(263)：64-68.

[3] 王颖颖，赵育良，许兆林. 基于能力养成的任职教育模块化教学研究——以《航空摄影原理》课程教学为例[J]. 继续教育，2016.04(245)：41-43.

基于学员能力生成的
机载武器瞄准技术及应用课程探索

程春华　霍明明　吕鑫燚　郝东升

（海军航空大学青岛校区，青岛　266041）

摘　要：为突出学员中心，关注其能力生成，在课程内容优化、教学改革、教员培养、课程考核形式等方面进行探索。通过课程内容优化，提高教学内容的针对性实效性，体现先进性；通过教学目标设计、教学手段创新，体现高阶性、创新性和挑战度；最后通过教员教学能力的提升和严格规范的课程考核保障学员能力的生成。

关键词：学员能力生成；教学改革；教员培养；考核形式；思政元素

2018年6月，教育部部长陈宝生在新时代全国高等学校本科教育工作会议上首次指出金课的概念，对大学生要合理“增负”，提升大学生的学业挑战度，合理增加课程难度、拓展课程深度、扩大课程的可选择性，激发学生的学习动力和专业志趣，真正把“水课”变成有深度、有难度、有挑战度的“金课”。2018年11月，教育部司长吴岩在中国大学教学论坛的报告中进一步从高阶性、创新性、挑战度3个层面给出了“金课”的政策性定义，并提出要大力打造5种类型的“金课”，自此之后很多高校都开始研究和建设“金课”。“机载武器瞄准技术及应用”作为航空机务技术与指挥-武器系统专业的主干必修课程，它涉及多个学科，课程具有内容多、知识面广、更新快，实践性强等特点，对于该专业的本科学员来说是一门较难学透的课程。对照金课建设标准，课程如何培养学员的科学思维、创新意识，促进其能力生成，进而体现课程两性一度，急需在课程内容、教学改革、教员培养、能力考核等方面进行探索。

1　优化课程内容，聚焦为战育人

1.1　聚焦教学内容，突出装备特色

坚持为战教战研战谋，突出打仗核心能力培养，对接岗位能力标准、岗位规范，紧贴战备训练工作实际过程优化课程内容体系，推进课程内容的综合化、模块化。突出舰载机机务特色，紧贴部队火控系统及其发展组织教学内容，构建应用型知识体系。推进设备故障案例库、部队最新战训成果库的建设，使教学内容更加贴近部队科技练兵实际、贴近学员岗位任职需求，凸显教学内容的“实战化”，体现先进性。推进科研成果转化到课堂，有效地把最新的科研成果和其他学术研究成果充实到教学内容中来，丰富完善教学内容。加快内容更新，提高教学内容的针对性实效性，以更好地满足舰载航空装备保障人才培养的需求。教员须深度加工学习内容使之聚焦学习目标；须精心设计如何向学习者解释学习任务，告诉教员期待他们从完成学习任务的过程中学习到什么，以及完成学习任务之后学员的学习达到什么程度。

1.2　加强教材研究，筑牢课程根基

“教材是课程建设的基础，也是课堂教学的蓝本”[1]。创新教材呈现方式和话语体系，实现理论体系向教材体系转化、教材体系向教学体系转化、教学体系向学生的知识体系和价值体系转化，使教材更加体现科学性、前沿性，进一步增强教材针对性和实效性。

1.3　挖掘思政元素，深化立德树人

课程教材不仅传递理论知识和方法技能、传授方法论，还必须传授正确价值观、传播政治思想价值和科学技术价值。教材作为教书育人的重要载体，不仅要具有科学性、知识性，更要注重思想性和政治性。教材作为教学活动的依据，要从立德树人和实现课程育人目标的视角去审视教材，挖掘教材中的思想政治教育元素。

2　突出学员中心，关注能力生成

以学员发展为中心，通过教学改革促进学习革命，积极推广小班化教学、混合式教学、翻转课堂，大力推进智慧教室建设，构建线上线下相结合的教学模式[2]。因课制宜选择课堂教学方式方法，科学设计课程考核内容和方式，不断提高课堂教学质量。积极引导学生自我管理、主动学习，激发求知欲望，提高学习效率，提升自主学习能力。

2.1　教学目标设计，体现“两性一度”

教学设计是对课程教学全过程的布局谋篇，是在课程教学目标的指导下，对整个课程教学的构思与谋划。根据布卢姆(Bloom)认知规律，教学目标分为记忆、理解、应用、分析、评价和创造6个层次[3]。教员在课程目标上，应理清课程目标，设置低阶目标和高阶目标。对于低阶目标，应该合理整合资源，为学员构建自主学习的环境，引导学员自主完成学习；对于高阶目标，应该重点设计，以训练学生的高级思维、培养他们具备解决复杂问题的综合能力，将知识传授、能力培养与素质塑造融为一体。

2.2　创新教学手段，激发学习兴趣

不同层面的目标，需要不同的教学方法手段来实现。因此，课程组将充分利用互联网＋思维，在教学方法和手段上，积极探索问题式、启发式、研究式、指导式、情景式以及“分课目＋个性化＋导师制”等的教学方法，激发学员自主学习的积极性。在教学实施上，课前召开教员和学员之间的交流会，了解学员情况，讲解课程的主要内容，提前布置各知识模块研讨题目，学员根据自己的兴趣自己选择研讨题目，并分组；在此基础上，教员制定教学设计方案、进行期前备课、课堂教学、讨论交流、课程总结和评价等。教学理念上，突出学员主体地位，强调师生互动，学员互动，让学员进入学习角色，积极参与教学活动，主动挖掘知识点，提高学员独立思考和分析、判断问题的能力，让学员广开言路，相互启发，开拓研讨问题的深度和广度，全面培养学员的综合素质和综合能力。

2.3　推进差异教育，激发学员潜质

差异教育的核心是允许学生有个性、有差异、有不同，真正使每个学员都能在学校找到适

合自己的教育，让每个学员的天赋、特长、潜质都能得到充分发挥。教员应该为每个学须员潜质和特长的充分发展创造条件、搭建平台。一是大力推进线上课程开发和智慧教室建设，构建线上线下相结合的教学模式。二是结合课程特点创建俱乐部，方便学员进行创新实践。三是构建学术沙龙环境，鼓励本科生参加学术报告、学术会议等，以此培育学生的创新意识和能力，启迪学生的科学思想、引导学生追求真理。同时，在教学过程中需要付出更多的研究与思考，利用俱乐部、学术沙龙专题等激发学生潜能，培养其融会贯通和创新拓展能力，体现挑战度。

2.4 注重线上线下，关注学习过程

充分利用互联网的优势，建立互联网＋新型教学方式。课下通过 2 种方式与学员互动：面对面解答各种问题；与学生建立开放式的沟通途径，如通过微信、雨课堂、QQ 等多种形式与学员进行交流，随时随地解答学员提出的问题。课程学习由断点式转变为多维度、立体化、连续性的学习过程，将学习时间由线段式转变为直线式，将课下学习与课堂学习无缝链接，使学习过程贯穿整个本科教学。重视学员对课程的反馈，阶段性向学员搜集反馈信息，并及时查漏补缺、取长补短[4]。

3 持续教员培养，提高教学能力

习近平同志在清华大学考察时就特别指出，“教师是教育工作的中坚力量，没有高水平的师资队伍，就很难培养出高水平的创新人才，也很难产生高水平的创新成果”。* 师资队伍建设是金课建设的基础环节，没有可持续发展的师资队伍，就不可能有课程建设的可持续推进[5]。

因此，在课程建设过程中，瞄准舰载航空火控装备领域，着力储备人才培养势能、激发教学改革动能，鼓励课程组成员参加各种教学理论集训和教学竞赛活动，鼓励课程组成员多去军内外同类专业院校去参观交流、多去一线部队交流，提升教员专业能力水平，优化知识结构，丰富学习实践经历，提升教学能力，加强科研创新。

开展团队、名师和中青年骨干人才专项培育，打造教学科研团队，实施名师培育工程，加速中青年教员成长，改善教员队伍结构。同时构建专任制、聘任制和客座制相结合的多元师资队伍结构。

提升教员的信息素养，使其能够根据不同的教学要求选择出合适的信息获取方法，筛选恰当的信息资源，从而满足学生需要。

力争打造一支高学历、教学经验丰富、政治素养高、科研水平高、善于教战研战，具有丰富的海军舰载航空军械保障实际经验，年龄、职务、学缘结构合理、数量满足教学任务需要的，可持续发展的师资队伍。

4 严格教学管理，创新考核形式

规范教学过程管理制度，从授课前的备课、教学文档准备、教案文档检查，到上课过程中五

* 习近平：坚持中国特色世界一流大学建设目标方向，为服务国家富强民族复兴、人民幸福贡献力量[EB/OL](2021-4-19)[2021-10-20]. http:/jhsjk.people.cn/article32082334.

大件的携带、课后的复习，以及考试时的考教分离、流水阅卷、教学质量分析等制度的落实，保证课程建设和施训的有序进行。引入线上平台辅助教学的过程管理，建立历届学员学习档案、课程教学总结档案以及学员评教档案，为课程后续的改进提供依据。

研究多样化评价机制，综合应用笔试、故障分析论文撰写、DIY 创新设计、非标准答案考试等多种形式，全面考核学生对知识的掌握和运用，以考辅教、以考促学，激励学生主动学习、刻苦学习。

5　结　语

新型军事人才培养面临新的挑战，课程建设须以学员能力生成为导向，应优化课程内容、深化课程教学改革，提高教员教学能力、严格教学管理，才能实现课程教学改革对课程目标和能力生成的有效支撑。

参 考 文 献

[1] 戴天娇，陆涓，戴跃依．立德树人语境下之“金课”建设[J]．中国高等教育，2020(17)：59－61．

[2] 吴岩．建设中国“金课”[J]．中国大学教学，2018，(12)：4－9．

[3] 李志义．“水课”与“金课”之我见．[J]．中国大学教学，2018(12)：24－29．

[4] 郭玉花，计宏伟，郭建军，等．基于金课标准的《包装材料学》课程改革与实践[J]．包装工程，2019，40(S1)：43－46．

[5] 胡万山，周海涛．提升高校教师“金课”建设效能[J]．现代大学教育，2019(6)：31－35．

面向生长军官融合培养转型的机载武器瞄准技术及应用课程改革实践

王超勇　程春华　李林　霍明明
（海军航空大学青岛校区，青岛　266041）

摘　要：军队院校改革后，本科教育培养模式转变为融合培养，原任职培训模式下的专业课程面临新的改革。为实现生长军官融合培养的教育目标，《机载武器瞄准技术及应用》课程通过重组教学内容、强化教员队伍、健全实践保障体系和完善信息资源四个方面的改革实践，初步形成了一种适应生长军官高等教育与首次任职培训相融合的课程改革模式，取得了较好的人才培养效果。

关键词：生长军官；培养模式；融合培养；舰载转型；课程改革

新时期军队院校调整改革是继民国时期军事教育万国牌模式、改革开发前的苏联军事教育模式之后的第三次大转型，标志着我国军队院校正逐步建立一个科学的规划设计体系和稳定发展的框架模式[1]。当前，我国军队院校教育培训体制正由“两段培养模式”（合训阶段的本科基础教育加分流阶段的任职培训教育），转变为融大学本科教育与军事任职教育于一体的“融合培养模式”。

融合培养模式针对军事人才培养的特殊性要求，通过将本科教育的专业教学指向首次任职培训，而首次任职培训则立足于本科教育的专业基础教学，再加上军政基础训练、军事基本技能训练等，构成完善、宽厚的首次任职培训。这种融合培养模式不是原本科教育和任职教育的简单相加，而是一次教育实现两个培养目标，既要有“宽口径、厚基础”的大学本科教育特性，又要兼顾军事教育鲜明的岗位指向性，才能更好地促进军事高等人才的培养和发展，培养出德才兼备、指技融合的军事创新型人才。

为深入贯彻落实习近平同志2019年出席全军院校长集训开班式上的重要讲话精神[2]和新修订的《军队院校教育条例（试行）》，在生长军官融合培养需求的牵引下，依据新修订的生长军官航空机务技术与指挥专业（武器系统与工程）人才培养方案和教学大纲，并在大学、校区全面推进舰载转型的有关精神指导下，在航空火控教研室在原任职岗位课程“机载火控设备”的基础上，整合“航空火力控制原理”和“军用飞机座舱显示与控制技术”两门任职基础课程，优化重组为一门新的首次任职课程“机载武器瞄准技术及应用”，并从教学内容、教员队伍、教学条件和教学模式四个维度在该课程中开展了以生长军官高等教育与首次任职培训融合培养为重点的改革实践。

1　优化重组教学内容，突出技术到装备的融合培养特色

教学内容优化重组的总体思路是以现代计算技术与自动控制原理为基础，以瞄准信号产

生、控制和显示为重点，按照"原理→技术→设备"的顺序、"层层递进"的原则构建课程内容体系。通过动态更新教学内容、科学设计典型任务、深度聚焦舰载转型和创新设置实验科目后，课程内容可以涵盖空空、空面(地/海)、攻击引导三类攻击瞄准技术与设备，解决目标信息测量与解算、显示与控制、武器控制三方面问题，其内容体系结构如图1所示。

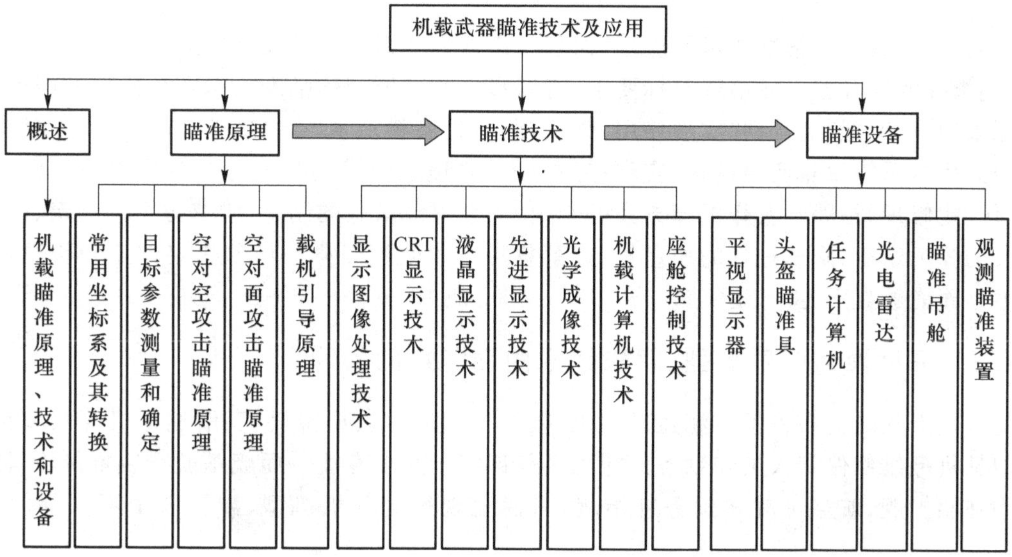

图1　课程内容体系结构框架图

1.1　动态更新教学内容，解决装备内容"旧"的问题

随着海军战略转型步伐的加快，海军航空兵也加速由"陆基"向"舰基"转型。新型武器装备、新的作战样式、新的舰基航空装备保障人才需求决定了课程内容体系的动态性。而原合训分流模式或"直通车"培养模式下，本科基础课程、专业背景课程与任职岗位课程往往不在同一个院校施训，且负责原理技术部分的基础课程、专业背景课程施训的院校均为学历教育院校，缺少任职岗位需求的牵引，较少关注装备发展，课程内容与装备发展容易脱节，难以支撑后续的装备原理学习。在任职教育院校，尽管跟踪装备发展比较及时，但航空装备技术保障舰载化、信息化、联合保障、体系保障的教学施训仍然落后于装备发展。

因为教材是教学内容的最直接载体，课程组就以海军重点建设教材"机载武器瞄准技术及应用"为切入点，通过与部队建立的联教联训联考机制、与地方工业部门建立的产学研战略合作机制畅通教学内容更新的渠道，将机关、部队和工业部门有关人员纳入课程基本教材的编写组中，充分发挥各渠道成员的优势作用。在机关层面，将最新的装备保障法规政策融入，使之具有新思想；在部队层面，将最新的远海长航时航空装备保障战训成果融入，使之具有新手段；在工业部门层面，将在研和预研的新装备技术融入，使之具有新体系。这样就可以较好地解决装备内容僵化陈旧的问题，真正实现"机关的决策精神随时融入教学，部队建设成果不断充实教学，科研成果能及时转化教学"[3]。

1.2　科学设计典型任务，解决指挥内容"虚"的问题

根据新修订的武器系统与工程专业人才培养方案和教学大纲，其培养目标不仅是要具备

扎实的专业理论基础、过硬的专业技能和优良的机务素质，还要掌握领导、教育、管理的基本方法和专业保障组织与指挥能力。以往组织与指挥能力的培养过度依赖于思政课程、法规课程和实践课程来生成，在专业背景课程和专业理论课程中有关装备保障组织指挥能力培养的要求含糊不清、虚浮不实，导致专业设备课程教学内容体系中的组织指挥能力培养不能落实、落地。

在新的“机载武器瞄准技术及应用”课程教学计划和课程教学设计方案中，按照懂技术、会管理、能指挥的复合型人才培养目标要求，将课程中瞄准原理和瞄准技术两个模块的内容及要求从原来的“懂原理”上升到“实战使用”高度，瞄准设备模块从“会操作”上升到“实战保障”高度。按照武器系统战斗使用过程、实弹保障流程，课程三个模块共设置 9 个典型项目任务，由“会操作、能修理”拓展到实弹保障方案的制定、安全保障措施的制定、维修方案的制定、机组专业人员的分工组织、修理过程的质量管控、紧急特情的处置等典型任务想定作业和研讨，使指挥能力培养能够真正走深、走实。

1.3 深度聚焦舰载转型，解决技术内容“散”的问题

海军航空兵陆基装备保障涵盖歼击机、轰炸机、直升机、预警机、反潜巡逻机等众多型号，主要包括机务维修保障人员和勤务保障人员等部门十几个专业。而舰基航空装备保障目前主要集中在驱护舰、航空母舰和勤务补给舰，只涵盖现役舰载机机型，涉及 3 个不同部门几个专业。

根据新时期海军战略转型的总体要求，未来海军航空兵主体必然实现舰载化。这就要求“机载武器瞄准技术及应用”课程也必须由“陆基”向“舰基”转型，由原来兼顾陆基、舰基飞机应用的十几种光电瞄准技术，全面转向舰基飞机的主流光电瞄准技术。课程组在深入分析光电瞄准设备舰基维修保障核心能力的基础上，深度挖掘研究现役舰载机光电瞄准设备所涉及的光电技术，在教学内容上聚焦以红外、激光和微电子技术为主体的 3 大类技术知识框架，并向分布式合成孔径系统、视觉增强技术、光电对抗技术和红外隐身技术拓展，有效解决了以往机型多，型号设备技术理论类内容散乱的问题。

1.4 创新设置实验科目，解决保障内容“浅”的问题

以往教学内容体系中的装备保障实验科目均为任职教育模式下的技能训练类科目，关注的是形成肌肉记忆后的熟练程度，对装备的故障机理分析及维护保障方法研究较为浅显。而在融合培养模式下，装备的基本理论、关键技术、装备原理和使用维护需要在一门课中系统掌握、前后贯通。这必然需要加大实验科目的覆盖面，将课程涉及的基本理论、装备技术和维修保障知识在深度和广度两个层面融合。因而在设置演示验证、操作体验类科目的基础上，还需增加综合性、设计性、自主性实验教学科目。

通过分析部队工作实际和对照课程内容体系，课程组梳理出使用操作、充填加挂、拆装更换、维护保养、性能检测、故障排查 6 大类典型作业科目，再对这 6 大类作业科目所涉及的知识点进行分解，在原理、技术和设备 3 个层级设置 5 个类型、16 个实验科目。通过这些实验科目的开设，在强化学员装备理论知识直观认知的同时，也充分调动起学员的主观能动性，将所学与所用有效结合，较好地解决了装备保障内容偏浅的问题。

2　引训结合强化队伍，打通技术到指挥的指技融合壁垒

“指技融合”是指挥与技术有机融合的简称，就是以培养适应信息化发展、满足部队需要的复合型人才为目标，根据不同培养对象需求，将指挥、技术的各个知识点（技能或素质）有机融合在一起，形成科学合理的知识能力体系的过程[3]。在这个形成过程中，课程教员队伍由学科型向复合型转变是关键。只有建立一支经历复合、知识复合和能力复合的教员队伍，才能将课程指技合一的人才培养目标实现。

2.1　精准发力，引进人才通“盲点”

原课程组成员均为从事装备保障技术研究的机载计算机和电子技术类专业技术人员，缺乏部队任职经历，存在指挥实践能力不强的问题。而且在课程整合原理、技术和设备后，涉及新型光电瞄准设备的原理和技术几乎都是多学科交叉的知识点，特别是在光学和精密机械领域存在“盲点”。

课程组在全面分析现有人员队伍年龄、知识、专业、素质情况的基础上，准确定位亟待补齐的短板不足。通过现行机制下的三种人员补充途径（社会招聘、现役转改、交流任职），在上报需求信息中明确标准、细化专业、年龄、经历等条件的同时，也发挥院校与部队、地方工业部门、研究院所联系紧密的优势，精准寻找理想目标。通过上述措施，引进地方研究院所光学专业人才 1 名，部队现役军官转改文职 2 名，装备指挥管理军官交流任职 1 名。课程组队伍结构实现知识和能力的优势互补，形成了较为全面的集体合力。

2.2　自主提高，代职锻炼补“弱点”

在通过引进人才调整人员队伍结构的同时，教研室和课程组立足编制运行实际，还探索实施在岗学习、自主提高等建设措施，并针对教员在型号装备研发、部队训练、实战运用等领域有薄弱环节的现象，开展精准培养。课程组成员在近 3 年中，赴部队任（代）职 6 个月至 1 年有 2 人次，参加跟研、跟试、跟飞、跟训、跟演等活动多达 11 人次。这不仅使课程组教员在知识结构和任职经历上具有了一定的复合性，也在一定程度上促使教员自身向一专多能转变。

2.3　靶向培养，团队共育出“亮点”

为保证课程团队建设水平稳步提升，课程组还采取“抓两头、促中间”的建设思路，以团队核心成员和年轻教员为抓手，集中课程组团队的优势资源按照确定的培养目标开展教员培养工作。

在年轻教员培养方面，课程组充分发挥学科带头人和骨干教员的作用，以结对带教和团队共育的模式，分教学基本功、实践组训、理论研究、工程创新四个方向，根据课程团队成员的个人兴趣、潜在能力、研究方向和中远期职业规划开展靶向培养。经过一到两年的培育，团队年轻教员在大学新教员基本功教学竞赛、大学“金鹰杯”教学竞赛、海军教学质量奖竞赛和全军士官联席会“双师型”教学竞赛、全军创客大赛等活动中亮点频出，均取得了较好成绩。

在核心成员培养方面，课程组一方面将培养对象经系室推荐，纳入校区和大学的名师培养计划中，由大学投入专项经费聘请业内名师作为导师，借鉴“名师出高徒，高徒成名师”名师成

才培养路径[5]，通过另一方面也聚合现有优质资源，从重点课题申报、重大工程项目参与、重点型号装备预研等方面搭设核心成员能力提升平台。

3 集优集约条件建设，健全实训到创新的实践保障体系

按照“集优集约”的原则，通过调整现有学科专业实践条件的布局，建设集“研究型”和“操作训练型”于一体的“综合型”课程实践保障体系，使学员能摆脱学科知识系统化与操作训练碎片化的二元论困境，将学习过程、工作过程与个人能力与个性发展联系起来，以利于实战化飞行保障能力的迅速生成。

3.1 补充完善训练装备，建立渐进式实践训练体系

针对与部队同步列装新机型新装备困难、教学训练器材场地资源短缺等问题，课程组一方面通过虚拟仿真训练系统和训练模拟器的开发建设，解决新型装备实验、实践科目无法开出的问题，另一方面通过联系地方工业部门及驻厂军代室，先摸清试验、试飞用新装备的底数，待型号装备交付列装部队后，再经上级装备机关批复，将完成试验试飞任务的例试件调拨给院校，用于教学训练。在摸索走通这种例试件调拨模式后，课程组先后完成 2 型光电雷达、1 型头盔瞄准具、2 型平视显示器等新型装/设备的教学配套开发建设。

在 MOOC、微课、网络课程等信息资源配合下，学员首先通过虚拟仿真训练系统对实践性科目的方法、步骤、程序进行学习，然后再通过训练模拟器对训练科目所涉及的操作内容进一步在感官上形成直接刺激，最后通过实装操作获得与真实工作场景完全一致的体验。这种渐进式实践训练体系的建成和使用，有效提升了训练质量和训练效果，也降低了训练成本和训练风险。

3.2 改造升级场景场所，健全实战化实践训练布局

实战化的训练场景能够促进新型军事人才的培养质量，在充满战味军味的环境中，可以潜移默化地将战斗精神和军人血性融入每一名官兵心中。在“实训就是实战，实验室就是战场”的指导思想下，课程组先后将 2 套虚拟仿真训练系统升级为 VR 操作训练系统，并在训练场所的有关科目训练环节中加入声、光、电控制技术，是参训学员不仅在技能训练上有实战体验，在心理上也有强烈的临场感。

除了自身建设的实践训练场所，课程还依托校区机务训练中心、勤务训练中心、青岛片区机务部队、军工厂所开展实训、演练和见习。这种健全的实战化训练布局模式既是巩固课堂所学、打牢技能基础、强化军人职业素养的重要环节，也是聚焦实战，舰载转型的有效途径。

4 丰富完善信息资源，夯实教法与学法的模式创新基础

课程组在近 3 年中，先后立项申报建设微课 16 部，慕课 2 部，智慧教材 1 部，网络课程 1 门，虚拟仿真训练系统 3 套。通过慕课、微课群、智慧教材、网络课程和虚拟仿真系统等信息资源的建设，在解决由于装/设备少而带来的实践教学效率低等问题的基础上，也为教法创新和学法创新奠定扎实基础。

4.1　“互联网+”助力理论到实践的教法创新

从新冠疫情开始之年，到目前的后疫情时期，诸多不确定因素对课程的教学施训带来较大的影响。课程组在教学组训模式上也顺势而变，由单一运用传统组训方式向综合运用现代组训方式、由课堂面授组训向“互联网+”多模式综合组训模式转变，显著提升了学员的学习效果和学习效率。课程组所采用的“互联网+”教学模式在大学微信公众号进行了经验推广，并在大学首届“线上线下”教法创新评比中获实操组二等奖，理论组三等奖各1项。

4.2　“线上线下”激发课上到课下的学法创新

在学法上，课程组充分利用线上资源丰富的特点，采取“讨论式”“想定作业式”“任务驱动式”等适合在线学习且能激发学员能动性的教学方式，设计开放性问题分组讨论、方案计划制定、虚拟仿真实验、指挥操作练习等参与性较强的课目，引导学员“动脑”“动嘴”“动手”。课程组在智慧树问答讨论专区、班级微信群等发布了思考题30余个，学员的回帖、跟帖达到200余条。

5　结　语

为落实新时期军队院校改革精神和2019年习近平总书记出席全军院校长集训开班式上的重要讲话精神，真正“培养德才兼备的高素质专业化新型军事人才”的要求，课程组在教学内容重组、教员队伍培养、实践保障体系建设和信息资源完善上做了一些探索实践，同时也必须清醒地认识到：课程建设永远在路上，必须紧盯融合培养的核心要求，对其内涵和外延进一步系统地研究和论证，增强课程的时代性和先进性，达到任职、发展和创新的统一。

参考文献

[1] 刘宏煊，陈勇. 超越，总在历史性转变中——简论中国共产党创新军事教育的理论与实践[J]. 高等教育研究学报. 2011(02).

[2] 中国政府网. 习近平出席全军院校长集训开班式并发表重要讲话[A/OL]. (2019-11-27)[2019-11-27]. http://www.gov.cn/xinwen/2019-11/27/content_5456389.htm.

[3] 蒋凯辉. 任职教育深入发展与教学内容不断更新[J]. 继续教育研究，2014(8).

[4] 刘树贤，侯兴明. 装备任职教育“指技融合”课程研究[J]. 继续教育，2011(10).

[5] 蔡靖淑. 名师成才的影响因素及培养制度设计探析[J]. 宁德师范学院学报(哲学社会科学版)，2015(4).

舰载机航空装备保障教材体系化建设研究

杨明绪　李林　欧阳寰　郝东升

（海军航空大学青岛校区，青岛　266041）

摘　要：军队院校专业教材建设应以新时代强军目标为统领，为实现“立德树人，为战育人”的目标，进一步加强对舰载航空装备保障教材体系化建设相关问题研究。本文通过深入分析“陆基”航空装备保障教材特色及现状的基础上，围绕当前海军舰载航空保障能力实战化需求，以培养一流舰载航空装备保障人才为契机，通过建设既能清晰阐述航空装备保障基础理论与保障实践间的联系，又能准确定位未来岗位需求和实战保障任务的结构完整、理实交融、术道结合、形式多样的舰载航空装备保障体系化教材，从而实现对舰载航空装备保障课程实战化建设和高素质人才培养的核心支撑。

关键词：舰载机；航空装备；教材建设；体系化；航空装备保障

舰载机航空装备保障教材是舰载机航空装备保障各专业教学内容的载体，是教员和学员使用频繁的媒介，在舰载机航空装备保障人才培养过程中发挥着不可替代的重要作用。因此，舰载机航空装备保障实战化教学改革要扎实推进，教材作为关键的一个环节不容忽视。

1　舰载机航空装备保障教材体系化建设的现实需求

军队院校要实现自己的人才培养目标，主要体现在教学内容上，而教学内容起决定作用的是教材。所以说教材建设是军队院校的一项重要基础性教学建设，高质量的专业教材是培养合格军事人才的基本保证。大力推进舰载机航空装备保障教材体系化建设，有利于培养和造就适应现代化战争的高技术应用性复合型技术人才，因此必须高度重视航空装备保障教材改革与建设，构建具有舰载机航空装备保障显著特色的教材教材。通过推出一大批具有“舰载化”“实战化”特色的高水平教材，逐步优化舰载机航空装备保障教材体系。

1.1　体现了舰载转型的迫切需求

新型军事人才培养一直是习近平总书记非常关注的问题，寄托着总书记强军兴军的殷切希望。习近平总书记强调，要全面实施人才强军战略，全面深化我军院校改革创新，推动院校建设加快转型升级。要在全军院校教育和人才培养体系中审视办学定位，加强院校建设顶层设计和长远谋划，形成职能清晰、有机衔接的办学育人格局。要加强学科专业建设，聚焦强军目标要求，坚持战斗力标准，健全动态调整机制，加强以课程和教材为重点的教学体系建设。

人民海军作为我国海上武装力量，作为战略性军种，其现代化进程必须同国家现代化进程相适应，军事能力必须同实现中华民族伟大复兴的战略需求相适应。舰载转型是海军战略转型的重要组成部分，作为海军航空兵部队的重要历史任务，需要一大批高水平专业化舰载航空装备保障技术人才作为有力的支撑。面对舰载转型中建在航空装备保障人才的迫切需求，海军航空大学青岛校区责无旁贷，应积极开展相关教学研究，确保舰载转型高质高效完成。

1.2　凸显出原有教材的存在问题

近年来在持续推进特色任职教育改革的过程中，通过动态跟踪部队武器装备发展变化编写了大批适合任职教育培训层次使用的装备教材。任职教育层次承训任务的呈现“舰载化”“实战化”的新趋势、武器装备的“融合化”程度也在不断提升，原有的装备教材凸显出部分专业班次贴合度不好、前瞻性不够、原理脉络不清等新问题。

从指向性来看，部分教材缺乏“舰载化”特色。目前使用的部分教材依然是以陆基飞机为主。由于航空装备教材具有型号指向性强，编写周期要求短，参考资料匮乏等。加之部分编者对装备专业知识装备的发展情况缺乏清晰的脉络认知，这样就造成了装备教材内容编排局限于厂家交付的技术说明书或者使用说明书。教材存在教材结构不完整、语言过于简单、对工作原理、维护方法手段等缺乏深入的分析与说明等突出问题。负责教材的编写教员缺少对部队实战化保障的充分调查研究和深入了解，缺乏对强军目标下职业岗位所需的专业知识和综合能力的清醒认识，编写的舰载机航空装备保障教材难免出现体系不明、脱离实战、“舰味”“海味”不够浓厚的情况。因此，没有“舰载化”特色的教材，舰载航空保障人才培养就缺乏优势，也就没有了生命力。

从系统性来看，部分教材欠缺“体系化”建设。舰载机航空装备保障教材体系建设的主体是专业课程使用主教材体系的建设，通常按课程组织的教材比较多，模块化、复合型型、进阶式教材少。单一的基本技能训练教材比较多，综合化、应用型、创新性教材少。各类舰载航空装备保障教材没有形成体系化。从部队人才需求来看，仅有主教材体系是否能够支撑起学员的培养目标，打造出能够尽快适应实战化舰载机保障岗位的人才呢？答案是否定的。教材配套的教辅便成为知识向能力拓展、课堂向战场延伸的最有效途径。常用的教辅有补充讲义、实验指导书等。而这些教辅的开发和使用随意性较强，编写水平参差不齐。另外由于保密等因素导致多数教辅资料因为种种原因不能够合理有效地使用，极大地制约和影响了教材配套工程高质量整体推进。

从需求性来看，部分教材缺少“实战化”考量。舰载机机务保障人才培养不仅仅是对一般专业技术人员操作技能的培训，更加强调在掌握专业理论知识的前提下，如何完成处理战场机务保障复杂问题能力的锻炼。舰载机航空装备保障人才培养侧重于实践能力，着眼于未来战场。但现在部分航空装备保障课程使用教材内容、教学思想、保障理念上过于理想和落后，存在着不同程度地脱离实战的现象，距离实战化舰载航空装备保障标准的要求还有一定差距。有些专业教材，依然存在一些课目内容简单，能力训练技术含量低、综合性解决问题不足，缺乏对学员实战化综合保障能力的有效培养。

2　舰载机航空装备保障教材体系化建设的总体构想

随着国际形势的不断变化与我国国家利益的保护而不断向前发展，时代赋予了海军航空兵新的历史定位。也对舰载机航空装备保障人员提出了新的更高的要求。面对新的教学对象，结合军队新装备发展的特点对教材体系的构建也有新变化，通过开展教学实践和部队调研，在新装备教材体系构建研究过程中又有如下几点构想。

2.1 紧贴“实战化”任职岗位特点

舰载航空装备保障人才的培养目标是培养为提升战斗力生成的舰载机技术保障应用型人才，是直接在第一线作战部队参与机务保障的工作的专业技术人员，具有很明显的“实战化”任职岗位特色。基于此编写的教材，必须具备很强的“实战化”属性。通常舰载航空装备保障教学的特点是以理论知识够用为度的前提下，加强学员从事装备保障的综合能力培养。所谓理论够用为度，就是不强调理论知识的系统性、完整性。而要集中突出舰载航空装备保障岗位所体现的职业技能特点，必须以能力培养与提高作为教材的主要特色。

随着大批新型装备列装部队，越来越多的高新技术应用于武器装备。不同的专业需要不同的理论知识结构，不同的装备具有不同的使用特点，专业交叉与知识融合成为“实战化”航空装备保障新的特点。这就要求在进一步固化已有的教材建设成功的经验的基础上，不仅要动态跟踪本专业装备发展的前沿，还应该深刻地把握其技术方面的革新。通过构建基于“实战化”的舰载航空装备保障教材结构体系，进一步解决课堂与战场相脱节的问题。通过构建理论知识和实战技能培养双框架，做到理中有实、实中有理。突出学员动手能力和专业技能的指导，充分调动和激发学员的学习兴趣，从而促进教学质量的稳步提升。

2.2 摸清“网生代”学员学习习惯

随着“网生代”学员成为军队院校受训主体，面对网龄比军龄长的这一批学员，教员必须顺应时代发展，摸清学员的生活学习习惯。力求突破传统教材框架，探索易于学员接受和喜爱的编写模式

“网生代”学员优势在于浓厚的好奇心和强烈的求知欲，应该引导学员通过参与教学实践获取必要的理论知识，从而满足其好奇心和求知欲。《舰载航空装备保障》教材应该立足保障任务“课目化”实现工作过程导向式的编写模式，以具体保障任务为中心组织教材内容，以保障任务、工作科目、故障案例为驱动，从而实现能够提升学员学习热情深入浅出，分散难点，通过理论学习够用为度，助力学员从“懂”到“会”的转化。

2.3 借助“信息化”手段领域拓展

中华文明五千多年，记载文字的器物有甲骨、青铜器、竹简、帛书、纸张等多种媒介。从蔡伦发明纸张以来，纸作为轻便、廉价的文字记录媒介。随着科学技术进一步发展，传统纸质教材正面临前所未有的挑战。目前在校学员以“00”后为主体，习惯于熟练运用网络资源、对音频、视频、微课、交互学习等方式兴趣更为浓厚。通过“信息技术”的运用，将平面的知识立体化，知识获取更为生动直接。从而更能够激发学员学习兴趣，满足不同层次学员的个性化需求。基于“信息技术”的装备教材媒介体系改革，也是聚焦“教为主导，学为主体”教学理念在教材建设中的重要实践。通过有机融入当代先进的信息技术弥补原有纸质媒介的不足，创新教材信息化建设奠定装备保障教材可持续发展的基础。

3　舰载机航空装备保障教材体系化建设的方法策略

舰载航空装备保障教材体系化建设应从:立足培养目标、构建价值体系、助力模式改革、加强信息融入、优化内容体系五个方面进行设计。

3.1　立足舰载航空保障人才培养目标定位

教材是实现培养目标的重要工具，是培养人才的依据。因此舰载机航空装备保障教材建设首先必须符合任职教育教学的人才培养目标，同时必须遵循任职教育教学的普遍规律。航空装备保障任职教育就是为部队战斗力生成提供高质量技术应用型人才，具有明显的职业特点。因此航空装备保障任职教育教材的定位应该是紧紧围绕高等技能型人才这一培养目标来构建学员的知识、能力、素质结构。首先应立足实用性,教材内容应该贴近航空装备保障所需的知识和技术能,适当阐述工作原理和排故手段,注重加强介绍新技术、新设备以及科技发展的新趋势,使学员能够适应未来武器装备技术革新的需要。其次应突出实战化,任职教育应着重培养学员具有从事本专业实战化舰载航空装备保障具体工作综合职能力,学员的实战化能力是通过实践教学、演习比武等环节来完成的。教材中要融入大量的实训内容、保障案例,保证对学员实战化保障素养的培育。最后应培育创新性,通过具有一线作战部队经历的同志和科研院从事所研发的同志参与教材编写与审查,使舰载航空装备保障教材同时有"实战化"和"创新性"特色。

培养德才兼备的高素质、专业化新型军事人才。这里所谓的"高素质"集中体现在良好的价值体系。良好的价值体系与职业道德、文化修养、核心能力、职业意识、工作作风等既相互联系又有所区别。

2018年9月,习近平同志在全国高校思想政治工作会议上指出"要坚持把立德树人作为中心环节,把思想政治工作贯穿教育教学全过程,实现全程育人、全方位育人,要用好课堂教学这个主渠道,思想政治理论课要坚持在改进中加强,其他各门课要守好一段渠,种好责任田,使各类课程与思想政治理论课同向同行,形成协同效应。"专业教材中融入思政元素,构建一种新形态的教材价值体系,贯彻落实"立德树人"的根本任务,强化课程思政的育人效果。教材中蕴含的价值取向直接影响学生的"三观"的形成。通过教材价值体系融入"思政元素",以"展现课装备程魅力、激发学员学习热情、树立远大理想"为切入点,根据每节课的具体情况渗透爱岗、敬业、责任、奉献、创新等隐性思想政治教育,点滴间进一步树牢"四个意识",坚定"四个自信",坚决做到"两个维护"。价值体系的融入在学习专业知识的基础上,进一步塑造敬业精神、奉献精神和战斗精神等饱含责任心和荣誉感的任职情感。通过健全教材体系育人要素,培育学员好学、能学和善学的学习精神,确保达到全方位育人的教育目的。

3.2　助力舰载航空保障人才培养模式改革

为提升课堂教学效果,各种教学方法、教学模式层出不穷。新型的教学方法模式必然需要新的教材有力支撑。传统的功用-组成-原理为一般模式的教材,已经无法适应目前各类新型教学模式。如何将知识的合理化阐述与技能的针对性培养有机地结合起来实现教与学相融合,知识与能力双提升?这就需要构建新型教材体系。

教材是教学内容的载体，是为教学目标服务的，因此教材建设应与教学内容、教学方法的改革相辅相成、互相促进。新兴教材的出现，必须植根于教学改革的成果之上，反过来又会促进教改目标的实现。现代高职教育必须进一步把以教师为主体的传统观念转变到以学生为主体的现代教 育观念上来；把重理论、轻实践转变为突出实践；把以知识 传授为主线转变为以能力培养为主线。在教材建设方面，也应相应地强调学生创造能力、创新精神和解决实际问题能力的培养上来，并不断把教学改革的有效成果、先进方法、新颖内容在教材中反映出来，从而进一步促进教学改革的深化。

军队院校在任职教育教材编写的过程中探索出了许多行之有效的建设方法和理念。随着大批新型装备列装部队，越来越多的高新技术应用于武器装备。不同的专业需要不同的理论知识结构，不同的装备具有不同的使用特点，专业交叉与知识融合成为新的特点。这就要求教员在进一步固化已有的教材建设成功经验的基础上，不仅要动态跟踪本专业装备发展的前沿，还应该深刻地把握其技术方面的革新。通过构建基于“理实一体”的新装备教材结构体系，进一步解决理论与实践相脱节的问题。通过构建理论知识和实践技能培养双框架，做到理中有实、实中有理。型号装备理论知识模块，包含装备的功用、组成、原理等内容，主要用于夯实学员的装备理论知识。装备实践技能模块，包含该型装备涉及的部队工作开展情况、多发故障分析、后勤保障内容及维护工作卡片等内容。全场景、全环节展现部队岗位工作过程和特点，真正做到贴近岗位，有效地解决部分学员对岗位工作不了解，不能够尽快适应本职工作的突出矛盾。通过专业基础知识、型号装备特点、工作保障要求等内容有机结合互为补充，实现装备教材结构体系上的“理实一体化”。加大教材中的实践(操)部分内容，突出学员动手能力和专业技能的指导，充分调动和激发学员的学习兴趣，促进教学质量的稳步提升。

3.3 优化舰载航空保障人才培养内容体系

从舰载航空装备保障岗位特点来考虑，教学内容突出应用性。通过教材内容结构优化激励学员主动学习。教材在内容组织上不应单纯提供给学员一些具体的知识，应关注教学内容的各要素形成的结构是否得到融合优化。

教材内容构建的过程中，将涉及的基础知识、基本理论有机地选取、补充、融合进来，从知识框架结构上丰富教材的内容体系。实现有目的性的夯实学员的理论基础，培育对装备实践认知的深厚土壤。同时为激发学习兴趣应将同类型装备发展沿革、国内外装备发展情况、该型设备技术发展的前沿等内容补充到教材中来。通过内容体系的拓展，可以构建更加完整的任职教育教材专业知识体系结构，拓宽学员眼界的同时，力求在任职岗位分析、解决问题的时候能够触类旁通地激发学员创造性思维。内容体系在教学过程中可以通过任课教员根据培训对象的特点、人才培养方案的不同、训考大纲要求的差异，完成对授课内容有机再加工，使其更加具备针对性。

加强舰载航空保障人才培养信息融入。信息技术的发展和应用，正在冲击和改变着课堂教学模式，现代教育技术变革和数字化教学资源的运用成为普遍的需求。舰载航空装备保障教材也必须与时俱进，借助信息资源的优势，加强信息资源的融入，实现数字化教材配套开发。通过数字化教材建设实现对教学内容多形式的表现，迎合了“网生代”学员认知特点。

首先，高职教育强调技能培养，学做一体，单纯的纸质教材难以支撑整个教学过程。在技能培养的关键节点上，需要虚拟仿真型教学资源作为辅助，以满足低成本实训的需要，破解学生顶岗实操机会较为稀缺的现实难题。

其次，高职教育要求与产业对接紧密，而产业界新技术、新工艺、新方法层出不穷，传统纸质教材更新缓慢，很难跟上这样的发展步伐，而数字化教学资源可以不受传统出版体制的束缚，及时吸收新的知识和技能，使教学内容跟上产业发展。

4　结　语

事实上，高等职业教育与社会经济发展的联系最紧密、最直接。当前，高等职业教育正面临着前所未有的发展机遇，同时也担负着深化改革、提高质量的巨大压力。高等职业教育可持续发展背景下的教材建设必须坚持与时俱进。编写教材时要果断删减过时、落后的内容，及时引进最先进的生产技术、科学的生产方法、超前的工艺手段等内容，为培养最先进的人才提供新的理论和实践平台。教材建设必须具有一定的前瞻性，为学生今后的发展提供可能和空间。

参考文献

[1] 习近平. 在全国高校思想政治工作会议上强调把思想政治工作贯穿教育教学全过程，开创我国高等教育事业发展新局面[N]. 人民日报，2016-12-09(1).

[2] 习近平. 坚持中国特色社会主义教育发展道路，培养德智体美劳全面发展的社会主义建设者和接班人[N]. 人民日报，2018-09-11(1).

[3] 周平，寇红平. 中职与本科“3+4”分段培养会计专业衔接教材建设[J]. 教育与职业，2018(15)：107-111.

[4] 徐涵. 德国中等职业教育教材建设与管理及启示[J]. 比较教育研究，2018(04)：101-107.

[5] 王守志，韩金玉. 职业教育教材建设关键问题探讨及实践[J]. 中国职业技术教育，2017(26)：63-66.

[6] 赵洁. 高职高专优质教材建设的思考[J]. 中国职业技术教育，2013(17)：72-75.

[7] 龚雯，周志刚，许远. 基于传播学的职业教育教材设计范式[J]. 中国编辑，2016(02)：45-48.

[8] 赵志群，杨琳，辜东莲. 浅论职业教育理论实践一体化课程的发展[J]. 教育与职业，2008(35)：15-18.

[9] 徐国庆. 职业教育教材设计的三维理论[J]. 华东师范大学学报(教育科学版)，2015(02)：41-48.

[10] 沈海娟，申毅，孙霖，宣乐飞. 关于高职教材建设的思考[J]. 教育与职业，2006(36)：117-118.

[11] 张扬群，邓泽民. 职业教育理实一体化教材设计与编写探析[J]. 中国职业技术教育，2011(24)：68-72.

士官高等院校基础课“理实一体”教材建设思考

崔爱永　戴京涛　刘浩东　魏华凯　孙海霞

（海军航空大学 青岛校区，山东青岛　266041）

摘　要：针对目前大多采用的“教师讲授—学生照搬—练习”三段式教学模式现场感性认识不足、教材内容采用传统学科知识体系模式、无法突出职业技术素质培养的靶向、教材的教学载体作用不能很好地发挥等问题，围绕“舰载转型”“实战化”、职业技术技能、技巧训练，深挖“理实一体、实景育人”特色内涵，通过“需求侧”改革，遵循“舰载技术应用型”士官人才培养特点规律，运用建构主义理论，构建“模块→任务”两个层级、“学习目标→案例解析→理论知识→知识拓展→实践提高”五个环节的“项目任务式”教材内容体例结构，形成了具有“立德树人、为战育人”鲜明导向，直击部队岗位，把课堂向部队延伸，实现无缝对接特色的教材内容体系。

关键词：理实一体；教材建设；士官高等职业教育；任职基础；实战化；舰载转型

士官高等院校职业教育是以岗位任职需求为牵引，以能力培养为本位，以解决任职所需的知识、能力、素质为目的的教育，具有军事职业性、岗位指向性、实践依赖性、整体融合性等特点，这就决定了其教学模式、教学内容与学历教育有着显著的差别[1-2]。“机械工程基础”课程是依据士官职业技术教育人才培养方案设置的一门必修课程，对学员获得认识、使用和维护机械设备的基本理论知识，提高机器设备更科学、合理的使用和维护技能，培养学员敏锐的观察力、丰富的想象力、科学的思维能力和创新能力、对今后解决工程实际问题的能力和水平具有重要的支撑作用，具有直观性、实践性、综合性、创新性等特性，因此作为教学体系中具有承上启下作用的、理论与实践相结合的任职基础课程，更应显著地体现出任职岗位需求与基础理论教学的高度吻合及一致性。

一直以来，机械工程基础课程采用“教师讲授—学生照搬—练习”三段式教学模式，传统的理论教学在教室进行，实践教学在外场或实验室进行，理论教学和实践教学分别在两个不同的空间和时间完成。虽然引入了视频动画、实物模型、多媒体课件、中国大学 MOOC 资源以及线上线下混合等方式辅助教学，但由于专业的课程知识大多来源于生产实践中，需要有现场的感性认识，而目前的教材内容大多采用传统学科知识体系模式，无法突出职业技术素质培养的靶向，教材的教学载体作用不能很好地发挥，理论联系实际不足，制约着学员岗位任职能力的培养。

1　“理实一体”的内涵理解

近年来，国内外职业教育课程模式种类繁多，“双元制”（Duales System）、模块技能培训式 MES（Moudles of Employable Skill）、“岗位工作任务式”等，世界合作教育协会 2000 年将工学结合的教育模式，定义为“与工作相结合的学习”(WIL ,work integrated learning)，也就是“工学一体、理实一体”[3-6]。所谓“理实一体化”教学是指在同一空间和时间同步进行的教学，理论和实践交替进行，直观和抽象交错出现，没有固定的先实后理或先理后实顺序，而是理中有实，实中有理[7-8]。理实一体化教学具有三个特性：一是空间和时间的同一性；二是认识过程的同步性；三是认识形式的交错性。

士官职业技术教育更注重岗位任职能力的培养，不再强调学科专业知识的理论性和系统性。但是，这样并代表不需要专业知识，而是将专业知识融入以任职能力培养为核心的职业技术教育过程中，将理论知识和实装、科目、实战有机地融合在一起，实现理论知识介绍和实践技能指导的统一。这种融合既不是先理论后实践，也并非理论实践交叉进行，而是将理论教知识渗透到实战课目之中，在实战课目中深化理论知识的魅力。强调知识的运用，注重能力的培养，即工学结合的“理实一体化”教学。“理实一体化”教学高度重视理论与实践两教学环节的有效结合，采用“在做中学、在做中教”的教学方法，是融“教、学、做”为一体的教学模式，让学员充分体会理论来源于实践，并用理论指导实践的教学思路。

“理实一体化”教学将知识传授、技能训练和能力培养有机地融于一体，克服了传统教学模式下理论与实践相脱节的弊端，注重学员动手能力的培养，符合任职教育高素质、高技能人才培养目标，已逐渐成为目前职业技术教育界公认的专业课教学的最佳模式之一。

2 理实一体化教材建设定位

2.1 贴近部队实装，模块化结构体系，解决教材内容满足学员任职岗位需要的问题

以培养舰载技术应用型人才为目标，贯彻基本理论以“必须、够用”为度的原则。采用项目任务式体系结构，每一个项目任务包括“学习目标、案例解析、相关知识、知识拓展、实践提高”等几个基本模块内容；注意贴近部队，“案例解析”以舰载机和辽宁舰等现役舰载实装相关结构为例，分析其组成、运用特性的同时，引出“相关知识”，理论联系实际，直击部队岗位，确保部队用什么，学员缺什么，教材就教什么，把课堂向部队延伸，实现无缝对接。教学目标更为清晰，体系脉络更富逻辑。教材内容不再只是强调知识的获取，而是更贴近学员的学情需求以及岗位任职需要，突出能力培养和知识的应用。

2.2 理实一体，任务驱动，解决彰显学员主体地位的问题

着眼理实一体，将专业知识融入以任职能力培养为核心的职业技术教育过程中，确保教学实施的目标性、针对性，以学员任职能力的形成为核心，实现教学训练向部队靠拢、与部队训练有机衔接。教材内容以项目任务为牵引，在项目分析和项目实施过程中充分发挥学员主体作用，强调做中学，在项目实施过程中学会知识及应用、掌握方法和技能，既体现学员的独立思考，也包含师生的交流研讨，既体现学员的自我反思和总结，也体现教员的评价。

2.3 融合教改成果，引入实装案例，解决人才培养与舰载转型需求精准对接的问题

为深入贯彻新时代习近平总书记的强军思想，主动适应新时期海军战略转型总体要求，落

实校区全面推进航空装备保障人才培养由“陆基”向“舰载”转型的指示精神，聚焦学科、专业建设的基本内涵和要素，深入研究海军战略调整和航空兵转型对作战、装备、保障带来的新变化新要求，教材内容注重融合校区教学改革成果。引入大量机构在舰载机和辽宁舰等现役舰载实装上的应用实例为案例，突出舰载航空工程技术及其实战应用，提高学员的学习兴趣的同时，营造实战氛围，较好地贴近部队作战训练实际工作，构建贴近部队、贴近装备、贴近保障、贴近实战的教学内容体系，体现实战化的改革思想。

3 理实一体化教材建设策略

3.1 坚持为战育人，聚焦舰载转型，筑牢课程建设理念基础

在课程建设中，坚持以习近平强军思想和新时代军事教育方针为指导，注重军事院校“为战育人”的教学理念，贯彻落实校区关于全面推进航空装备保障人才培养由“陆基”向“舰载”转型的指示要求和施工路线图，依托校区教学改革成果，着眼“舰载技术应用型”士官人才培养，研究探索教材建设的指导思想、内在要求、基本原则、建设途径和呈现形式，以理论研究牵引教材建设创新。

3.2 探索理实结合，营造教学实境，深挖“理实一体”内涵特色

士官职业技术教育更注重岗位任职能力的培养，不再强调学科专业知识的理论性和系统性。但是，这样并代表不需要专业知识，而是将专业知识融入以任职能力培养为核心的职业技术教育过程中，于是就产生了工学结合的“理实一体化”教学。“理实一体化”教学高度重视理论与实践两教学环节的有效结合，采用“在做中学、在做中教”的教学方法，是融“教、学、做”为一体的教学模式，让学员充分体会理论来源于实践，并用理论指导实践的教学思路。

新教材着眼于“理实一体、实境育人”理念。“理实一体”是“课程”和“工作”一体，“课堂”和“车间”一体，基础是“基于任职需要”的课程改革。“实境育人”是在接近部队实战的环境中培养职业人才。实境强调通过真实行动来学习和为了真实行动而学习。实境育人的关键在于构建职业的真实环境，是“理实一体”的最终落脚点。

3.3 广泛调研部队，梳理岗位需求，力求教学改革聚焦实战

新教材编写前，采取“走出去”“引进来”的策略，赴舰载机部队和地方职业技术院校调研，广泛收集部队对航空各专业人才培养实际需求的意见和建议，学习地方职业技术院校理实一体化教学的先进经验，直击部队岗位，确保部队用什么，学员缺什么，教材就教什么，把课堂向部队延伸，实现无缝对接，实现了教材内容突出“实战化”，围绕遂行作战任务需要精选教材内容，运用建构主义理论对教材内容体例结构进行创新，发挥教材的指引和规范作用，构建适合士官学员认知特点规律、具有鲜明实战化特色的内容结构体系，较好地贴近部队作战训练实际工作。

4　结　论

理实一体化教材要重视理论与实践的有效结合，克服传统教学模式下理论与实践相脱节的弊端，突破高等职业教育教学内容的学科框架，使教材与部队服役岗位密切联系，既弘扬传统教材优势，又突破学科特征，既注重够用的理论知识，又具有实用性和可操作性，让学员充分体会理论源于实践、用于实践，突出"实战化"特色，突出职业技能和职业素质的培养。

参考文献

[1] 刘永记，杨守国，李惠民. 高职院校学生职业核心能力培养的实践研究[J]. 陕西教育(高教)，2020. 12：46－47.

[2] 鲁丹，吕东谦. 定向培养直招士官理实一体教学模式研究与实践——以数字电路与实训为例[J]. 科学咨询(科技·管理)，2020，(1)：253－254.

[3] 罗天兰. 浅析理实一体化教学在高职实训课程中的现状研究——以包装视觉设计课程为例[J]. 计算机产品与流通，2020，(4)：182－183.

[4] 王艳艳，魏小赟. 高职院校"化工生产技术"课程模块化改革[J]. 安徽化工，2020，5(46)：155－157.

[5] 李志慧. 理实一体、校企合作协同培养服装专业人才的探索与实践[J]. 辽宁丝绸，2020，(4)：64－66.

[6] 时雷. 汽车电工基本技术课程"理实一体化"教学探索[J]. 汽车实用技术，2020，(22)：185－186.

[7] 谢宝智. "理实一体、虚实结合"项目化教学探索与实践[J]. 职业教育(中旬刊)，2018，17(32)：38－40.

[8] 张珊，钱琨，欧阳艳蓉. 浅谈理实一体模式实训课程教学设计[J]. 现代经济信息，2019，(19)：429.

飞越未来：空气动力与人类飞行课程建设与教学思考

陈方　徐辉　田伟　张辰

（上海交通大学 航空航天学院，上海　200240）

摘　要：力学与飞行课程作为力学的一个分支，兼具基础性与应用性，同时作为工科专业通识核心课程之一，在培养学生工程实践和创新意识等方面具有重要作用。本文针对“飞越未来：空气动力与人类飞行”探讨了课程建设基本思路，提出了相关课程建设内容和授课方法，介绍了课程考核及创意设计方案。课程建设注重基础原理和实践结合，着重培养学生学习兴趣和创新思维，并对课程建设方案和授课模式进行了探索，为航空航天相关力学课程建设提供思路与参考。

关键词：力学与飞行；课程建设；课程考核；创意设计

1　课程背景

20 世纪初，飞机的发明极大改变了人类的交通、经济、生产和日常生活，同时也改变了军事史。航空航天技术广泛应用于军事领域和民用领域，是国家安全与发展的重要保障，同时与多个领域多种学科广泛交织。空气动力学在经典理论的基础之上重点揭示飞行器的飞行原理，是航空航天技术最重要的理论基础之一，对学生的知识结构、素质和能力的培养具有重要的作用[1]。在人们对更高、更快、更远的飞行需求驱使下，相关学科日益发展壮大。飞越未来：空气动力与人类飞行（以下简称力学与飞行）作为空气动力学的分支，属于力学基础通识课程，主要面向本科生，是培养学生分析能力、设计能力和创新能力的主要课程之一，在力学通识课程体系建设中具有重要作用。作为航空发展历程与飞行力学原理的结合，力学与飞行课程同时承担专业理论教学和创新设计实践两大教学任务，对力学专业学习和学生创新意识的培养都具有重要意义。

随着航空工业和喷气推进技术的发展，该学科兼具基础性与应用性，学科涉及知识面广、难度深，需要一定的数学和力学基础。课程内容涵盖流体力学、理论力学、热力学、材料学、空气动力学等多种学科，知识范围涵盖复杂偏微分方程求解、飞行器设计理论、喷气推进技术、电子信息技术、探测制导与控制等，无论对学生还是老师都提出了一定的挑战性。

2　课程目标

课程设置价值引领、知识探究、能力建设、人格养成四个课程目标，构建“以学生为中心”的教学模式[2]，注重提升学生对飞行本质规律的认识，激发学生创新思维和创造力。从通识角度出发，将知识传承与认知规律相结合、空气动力学知识点和飞行发展史相结合，对飞行现象和空气动力学原理进行清晰、直观地描述。通过阐述基础的空气动力学知识，解释航空航天常见的现象、问题和案例，提升学生对飞行本质规律的认识；探索飞机、航天器、火箭、航空发动机等奥秘，唤起学生对飞行世界的向往并从中获得乐趣。通过飞行器设计实践活动，激发学生的思维模式和创新活力，解决工程实际问题，完成飞行创意和设计作品。通过该门课程的学习，培养良好的科学思维和动手能力，提升发现问题、分析问题、解决问题的综合素质，为后续专业课程学习奠定直观认知基础。

在指导思想上，将立德树人融入课程教学全过程，把思想政治相关工作融入教学体系，是探索知识传授、能力培养与价值塑造融合的有效途径[3]。传递价值取向和精神追求，充分发挥课程的育人功能。以航空航天力学发展和知识原理为脉络，结合航空航天人物传记与典故，采用知识线与思政线紧密结合的方式，鼓励和弘扬学生爱国精神与创新意识，激发创新活力与创造力，勇于担当使命，践行航空报国的志向。通过教师引领作用，引导学生参与，围绕学科热点问题积极研讨，促进文化自信和国际视野。同时使学生坚定理想信念，根植空天情怀，并立足行业领域，树立正确的世界观、人生观、价值观，实现具有全球视野、社会责任、家国情怀、创新意识的人才培养目标。

3　课程建设内容

空气动力学基本原理涉及复杂的偏微分方程的建立与求解，学科深度和广度大，对相关专业同学而言系统学习难度较高。如何将空气动力学原理提炼简化，结合常见的案例，生动浅显地将空气动力学中的专业知识对没有太多专业背景的非航空航天专业同学进行普及，是需要攻克的授课难点。

基于课程特色和学生专业背景，力学与飞行课程体系建设充分考虑到知识层次难度设置和授课对象专业情况，对知识内容进行合理调整和设置。依托于飞行器设计系总体气动科研团队及相关实验室在空气动力学方面的理论沉淀以及软硬件建设条件，提供数十个不同领域飞行器的分析案例，结合其背景、功能、原理、设计特点等信息，深入浅出地呈现空气动力学在航空与航天领域的多角度应用，让具备不同专业背景的同学们对空气动力学基本原理和航空航天技术发展有更清晰的认识。课程设置包括 9 个知识单元和 1 个创意设计，如表 1 所列。

在内容设置上，根据知识点的关联性，合理划分知识模块[4]。通过阐述基础的空气动力学知识，解释航空航天常见的现象、问题和案例，提升学生对飞行本质规律的认识。结合历史人物传记，将人类对飞行的认识过程深入浅出地进行讲解，如图 1 所示。通过探索飞机、航天器、火箭、航空发动机等奥秘，唤起学生对飞行世界的向往并从中获得乐趣。通过剖析中外著名案例，讲述它们的奥妙之处以及其中蕴含的空气动力学原理，形象生动地呈现其中的空气动力学以及物理、化学等知识。结合纪录片和科幻影视作品，教学内容情景交互，使同学们获得沉浸式的体验，如图 2 所示。

表1　课程知识单元

知识单元	作业及要求	学时
1、空气动力及飞行幻想	分析讨论飘扬的风筝	3
2、揭秘人类飞行的魔法	分析讨论 20 系列飞机	3
3、通过燃烧得到的空气动力	分析讨论 MIT 首架离子推进飞机	3
4、空气力学试验与风洞	分析讨论卡门涡街原理及流动控制技术	3
5、空气动力学人物志	分析讨论人民科学家钱学森精神启动小组设计或研制报告及作品	3
6、认识高超声速飞行器—全球打击	分析讨论 DF17 性能及背景	3
7、星际探索,认识美丽的太空	分析讨论探月工程及对太空的畅想	3
8、智能飞行时代的到来,认识无人机	分析讨论伊朗名将苏莱曼尼的陨落真凶—死神无人机	3
9、创意的融入	分析讨论垂直起降的乔治·凯利旋臂机	3
创意设计	作业及要求	学时
10、飞行器创意设计与绘制,展示方案	分组交流	5

钱学森，世界著名科学家，空气动力学家 中国载人航天奠基人，“中国科制之父”和“火箭之王”。冯·卡门最重视的学生

钱伟长，世界著名科学家、教育家，杰出的社会活动家。1942年—1946年，任美国加州理工学院喷射推进研究所研究总工程师，师从世界导弹之父冯·卡门，从事博士后科学研究

郭永怀，著名力学家、应用数学家、空气动力学家，中国科学院学部委员(即中国科学院院士)，近代力学事业的奠基人之一，中国科学技术大学化学物理系首任系主任

范绪箕，师从冯卡门攻读博士，并最终于1940年取得航空工程博士学位，20世纪80年代范老出任上海交通大学校长

图1　结合人物传记讲解空气动力学史

《天空之城》中的昆虫飞行器

《遗落战境》中的“泡泡船”

钢铁侠身着钢铁战衣

飞行战舰

图2　纪录片和科幻影视作品中的飞行器

在知识理论上，知识设置难易结合，内容讲解虚实相生，既有与航空航天专业同学同等难度和广度知识范围，又能结合实际案例进行数学理论推导，讲解过程深入浅出。比如在讲解机翼下洗速度这部分内容时，涉及空气动力学相关原理，通过力学分析示意图形式对相关概念进行描述，如图 3 所示。对风动理论的介绍则运用了中学相似理论内容，使学生在学习过程中理论推导由浅入深，知识深度层层递进，如图 4 所示。针对视频内容进行深入分析，让学生航空航天类专业有更形象生动的理解。通过飞行器设计实践活动，激发学生的思维模式和创新活力，解决工程实际问题，完成飞行创意和设计作品。通过该门课程的学习，培养学生良好的科学思维和动手能力，提升发现问题、分析问题、解决问题的综合素质，为后续专业课程学习奠定直观认知基础。

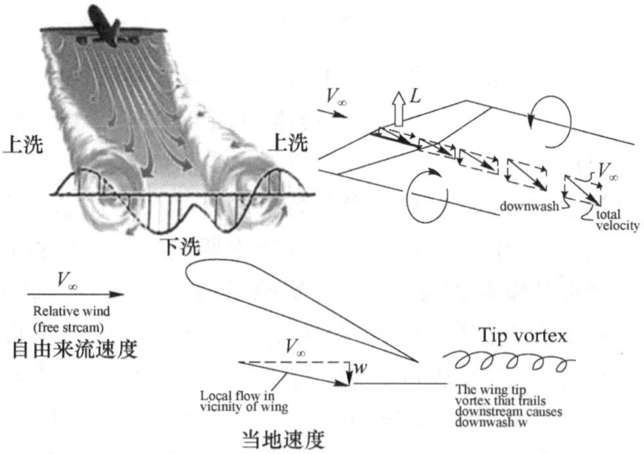

图 3　下洗速度的讲解

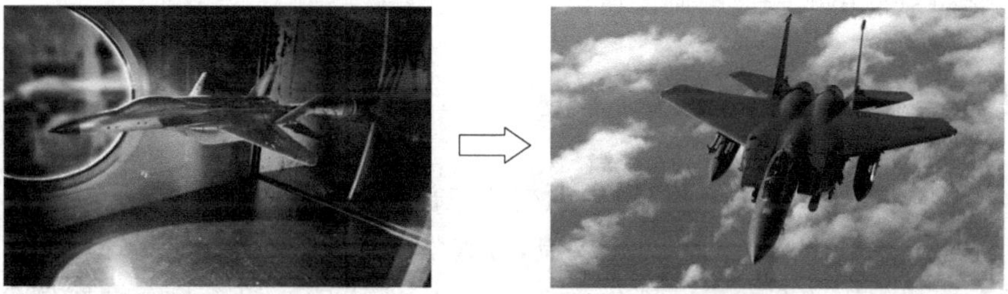

$$\frac{v_1}{v_1'}=\frac{v_2}{v_2'}=\frac{v_3}{v_3'}=\cdots=\frac{v_i}{v_i'}=C_v$$

$\beta_1=\beta_1', \beta_2=\beta_2', \ldots, \beta_i=\beta_i'$

速度相似常数

$$\frac{F_1}{F_1'}=\frac{F_2}{F_2'}=\frac{F_3}{F_3'}=\cdots=\frac{F_i}{F_i'}=C_F$$

$\gamma_1=\gamma_1', \gamma_2=\gamma_2', \ldots, \gamma_i=\gamma_i'$

力相似常数

图 4　风洞相似理论内容

在授课方法上，课程教学环节注重创设问题情境，避免填鸭式教学[5]，实施启发式探索，维持学生好奇心，激发学生兴趣。课堂采用案例式探究方式，结合影视作品和最新科技，激发学生兴致，促进课堂氛围。教学方法采用问题式导引，理论模型与实践操作结合，加深理论认知，锻炼动手能力。授课过程注重学生创造力和批判思维的培养[6]，推广研究性学习方法[7]，结合科技前沿，探索人类对更高、更快、更远的飞行器需求；探讨未来战场，最新飞行技术及武器发展,探讨战争攻防分析,如图 5 所示。

在面对美国标准-3、爱国者-3、萨德三种反导系统时,DF-17性能表现如何,能否被拦截?

标准-3:180~1 500公里高度的反导拦截

爱国者-3:主要拦截30公里以下的高度

萨德:拦截高度40~180公里

图 5　东风 17 攻防分析

在课后作业与讨论方面,合理设置作业难度,恰当控制学习动机水平。课程教学路线包括航空航天案例探讨→飞行规律本质认知→发散思维与创新意识培养→创意设计作品展示,课后服务体系包括思考与交流→课后作业与练习→助教辅导与交流→创新设计与竞赛辅导,通过课堂内外系统合理的教学实施,构建具有专业特色的科学教学体系。

此外,教师队伍建设也是力学与飞行课程建设的重要内容之一。教师作为课程授课主体,合理的教师梯队是课程建设的重要保障,也直接影响着教学质量[8]。教师团队在人数、年龄、背景和教学经验上的结构都会直接影响到课程建设水平和教学效果。目前,本课程相关人才储备已达到组建教学团队要求,主要成员均来自于总体气动领域,都毕业于国内重点院校,具有博士学位和海外学习经历的比例均达到 100%。除了力学与飞行课程,教学团队还共同承担流体力学中的数学物理方程、空气动力学实验设计与流动测试、空气动力学、走近国之重器等本科和研究生课程,具有丰富的课堂教学和实践教学经验,形成了一支梯度搭配合理、团队配合默契、教学特点突出的一流教师团队。

4　课程考核及创意设计

课程考核包括平时成绩、创意设计、专题交流三部分,考核方式主要包括:

① 以问答题为主的随堂小测和讨论交流,考查学生课堂理论知识的掌握程度;

② 分别对应课程中的 9 大主题进行交流讨论,3~4 人的小组资料查询案例分析 PPT 演讲,考察搜集资料与思考解决问题、团队合作、演讲报告的能力;

③ 设置 1 次创意设计大作业,包括 3 000 字论文撰写,要求学生学会文献搜寻,基于不同学科背景能融入设计创意,对案例进行一定深度的分析与讨论。

课程考核成绩分布:平时成绩(包含考勤 10%+随堂小测 10%)占 20%,专题交流占 45%,创意设计占 35%。分值占比如图 6 所示。

创意设计作为本课程主要考核内容,着重培养学生团队协作、知识运用和创新思维能力。根据课程内容和教学目标,遴选出十大设计主题供学生选择,如表 2 所列。通过调查问卷形式提前调研学生兴趣方向,对于学生感兴趣的主题,进行详细介绍与讲解,引导学生发散创新思维,培养对选题设计方案的兴趣和探索。

针对学生选题兴趣,采用调查问卷形式将学生最感兴趣的几个主题进行详细分析和讲解,

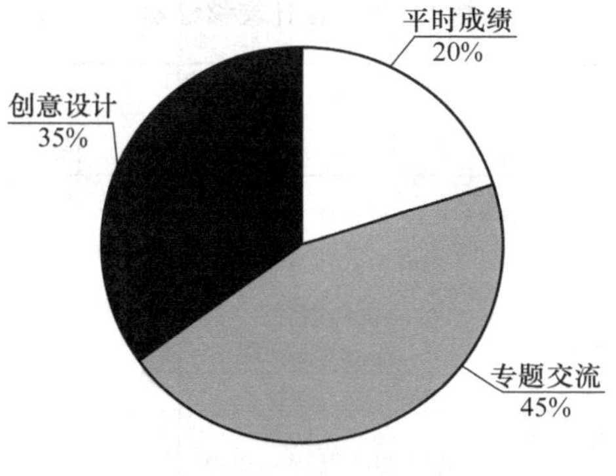

图 6　成绩分布占比

对相关创意设计案例和设计要求给出了示例,使学生能够从不同角度发散自己的思维,同时又保证设计内容合理实用,避免盲目设计和违反科学原理。创意设计选题内容讲解如图 7 所示。

图 7　创意设计案例分析

针对学生创意设计作品和展示形式,设置了相应考核维度和标准,从作品形式、专业知识、创新思维和风采展示四个维度,设置了 A、B、C、D 四个考核标准,具体评判指标见表 3。

表 2　创意设计主题

编号	创意设计主题范围
1	高超声速飞行:空气飞行器
2	高超声速飞行:高超声波导弹
3	下一代超音速民航客机
4	新能源飞机:城市空中交通飞行器
5	新能源飞机:中大型民航客机
6	微型飞行器
7	新概念高速自升机
8	地效飞行:高速水上飞行器
9	仿生飞行器
10	特殊升力构型飞行器

表3 创意设计考核标准

评分等级	A (16～20分)	B (11～15分)	C (6～10分)	D (5分及以下)
作品形式	方案报告 PPT/动画展示 设计图 实物样机/3D模型 理论分析	方案报告 PPT/动画展示 设计图 理论分析	方案报告 PPT展示	方案报告和 PPT不完善
专业知识	体现空气动力学相关知识，综合航空航天与自己学科等学科融合，设计方案具有一定的科学价值	具备扎实的课程知识基础，创新性较好，提出完整的设计方案和功能分析	掌握一定空气动力学理论知识，创新性一般，或存在少许	存在明显违背学科知识问题，抄袭或剽窃嫌疑，设计内容不符合选题要求等
创新思维	了解科技前沿 具有开拓思维 创意新颖，设计严谨	具有较好的创新性和一定的科学应用价值	创意新一般，应用价值不足	缺少创意，或者存在严重抄袭
风采展示	表达清楚，表述流畅，语言生动；逻辑严谨，自信大方；演讲富有感染力	表达清楚，表述流畅，逻辑严谨；自信大方	表达清楚，表述流畅	演讲的逻辑性、严谨性、完整性有所欠缺

5 思考与展望

力学与飞行课程是指导飞行器气动设计的入门基础，具有挑战性、知识面较广，需要理论与实践相结合，加深对空气动力学知识及应用的理解，所以一学期的课程学习还远远不够。对于有志于继续从事飞行器空气动力学领域学习或工作的同学，课程的结束只是艰巨而漫长旅程的开始，还需要更多的努力、创新和协作。本文针对飞越未来：空气动力与人类飞行通识基础课程建设方案和思路进行了详细介绍和探讨，分别从课程背景、教学目标、内容设置、考核体系等几方面对课程建设进行了分析，希望通过课程建设与研究，能够帮助更多老师不断体会力学课程中所蕴含的科学思想，不断培养学生创新意识、团队协作精神、发现和解决问题的能力、总结与表达工作成果的能力。

参考文献

[1] 张晶. 精品课程建设的实践与思考[J]. 黑龙江高教研究，2006(1)：143－144.

[2] 叶红玲，刘赵淼，杨庆生. 新工科背景下理论力学课程建设的思考与实践[C]. 2018年全国固体力学学术会议，2018.

[3] 林海萍，周湘，张心齐，等. 德融课程，盐溶于汤：微生物学课程思政的思考与实践[J]. 微生物学通报：1－15 [2021－11－05].

[4] 邹丽敏，王伟波，谭久彬. 新工科背景下仪器类专业内涵建设的思考与实践[J]. 高等工程教育研究，2021(05)：23－28.

[5] 许磊，黄菊．新工科与工程教育专业认证背景下材料力学课程教学改革思考[J]．中国现代教育装备，2019(17)：99－101.
[6] 高士武，杨晓林，杨亚平，赵伟东，郭晓菊，万朔．工程力学课程建设的认识与实践[J]．教育教学论坛，2019(30)：140－142.
[7] 宋岩升，刘永军．结构力学精品课建设实践与思考——以沈阳建筑大学为例[J]．沈阳建筑大学学报(社会科学版)，2011，13(04)：500－502.
[8] 刘绍璋．结构力学课程培养能力的几点思考[J]．力学与实践，1996(06)：54－55.

基于“情景-任务-能力”的民航特色课程建设*

彭伟功[1,2]　李镇[1,2]　付帅[1,2]　孟斌[1]
（1. 郑州航空工业管理学院 民航学院，河南郑州　450046
2. 河南省民航安全与可靠性国际联合实验室，河南郑州　450046）

摘　要：文章简述了当前民航运输业的发展趋势和民航运输业对人才需求特点，并分析讨论了民航业人才供需的结构性矛盾现状。本文以毕业生能够胜任限定的民航业情景岗位为导向，编制胜任岗位的任务清单，以执业能力及资格为前端，逆向解析、重构和优化课程内容，构建基于“情景-任务-能力”的民航特色课程。文章详细介绍了课程构建思路、构建方法与步骤、人才发展路径分析以及课程内容的适应性调整和课程评估，为培养具有“新时代民航精神”的称职民航运输人才，做好特色课程建设和发展提供了有价值的参考。

关键词：民航特色；航空运输；“情景-任务-能力”；课程建设；人才培养

引　言

民航运输业是战略性产业，一定程度上反映了一个国家的综合国力，行业关联度高、辐射带动性强，生产运营涉及空间跨度大、服务范围广、产业价值链长。图1所示的数据表明：近10年来，我国民航业积极顺应时代发展，牢记使命、坚持创新，不断更新经营理念，服务社会经济发展；民航运输量需求旺盛，已迈入民航大国之列，正向民航强国奋进，以实现交通强国目标。

伴随着行业发展，人才需求也较为旺盛。但与之不相适应的是，当前民航业人才供需市场结构性矛盾[1]较为突出，俨然已成为制约中国民航向民航强国迈进的瓶颈问题。图2所示数据表明，虽然招生规模在不断扩大，招生层次也在不断提升，但从全行业整体情况来看，整体数量还不足以保证行业需求，特别是对专业性要求强的技术人员缺口很大。此外，民航业人才培养与用人单位脱节，大多意向应聘者的知识结构与能力素养无法胜任岗位需求。

为适应当前民航业发展的新形势，确保人才培养与行业需求无缝对接，郑州航空工业管理学院及时调整人才培养结构，新开设了民航运输类相关专业，并组建了新的民航学院。新开设的民航运输类专业在课程建设方面，迫切需要在理论与实践教学环节认真挖掘行业元素，仔细深耕，充分体现自己的民航特色。

本文旨在结合经济新常态下民航运输行业新特点，深度融合与凝练课程内容，进行“情景-任务-能力”规划分析，以适应行业对岗位需求的变化情况，及时总结经验，并提出未来课程建设和优化的思路。

---

* 教育部产学合作协同育人项目 202002135006，河南省高等教育教学改革研究和实践项目 2019SJGLX370。

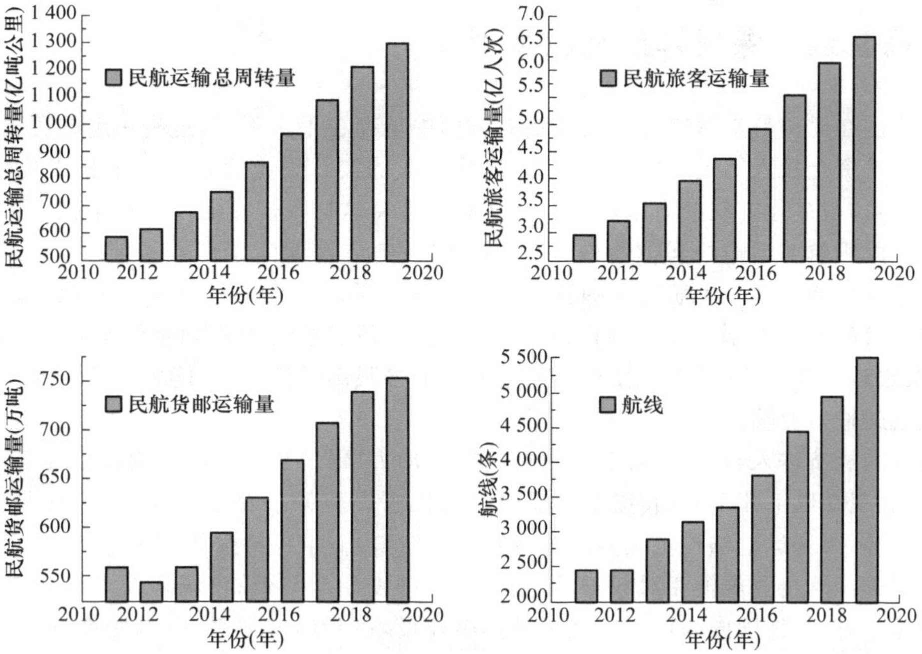

图 1　2011—2019 年中国民航运输业发展统计(数据来源:中国民航发展公报)

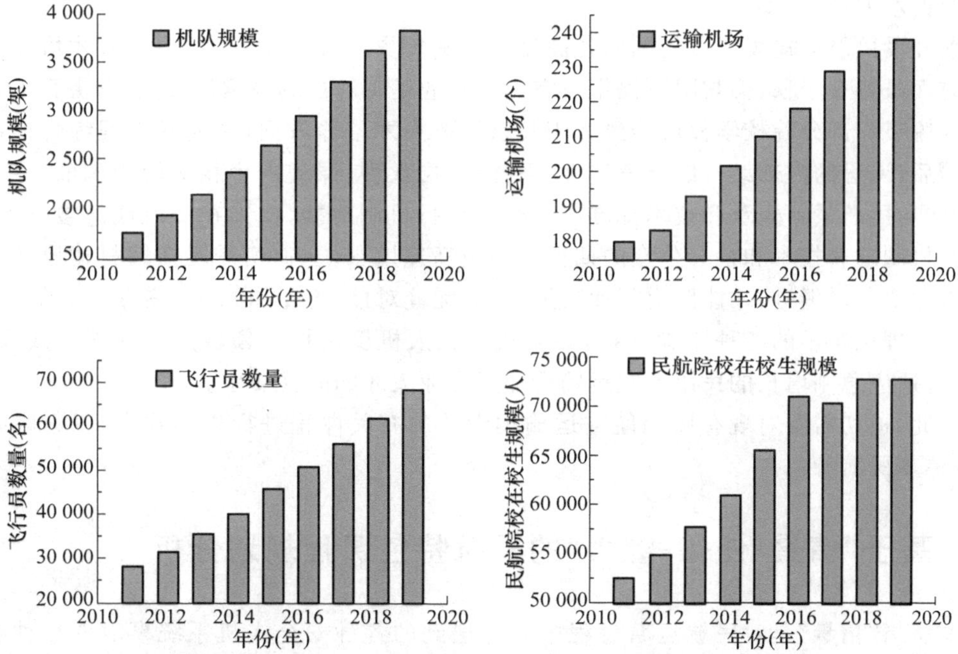

图 2　2011—2019 年民航业运营规模及人才培养状况(数据来源:中国民航发展公报)

2 民航运输课程体系及教育现况

眼下我国在民用航空运输专业人才培养方面中还存在很多不足，这有一定的历史原因，但很大程度上是资金投入不足所致；民用航空运输专业的实践设施建设是一个投资规模相对较为巨大的项目，很多地方院校有限的资金资源想要维持这样大规模的设备设施投入计划，总是捉襟见肘。民用航空运输的岗位特殊性要求授课教师应该偏向于专业技能型，尤其是“双师型”师资，然而相当一部分民航院校师资都是一毕业就到高校工作，很少有过基层实践经历，再加上很多学校的分配机制和政策导向原因，实践教学环节总是得不到足够重视，经常被边缘化，久而久之越来越弱化，进而致使培养的毕业生大多眼高手低、动手能力有待于加强，大大降低了向民航运输行业输送人才的基本质量。

当前我国经济进入新常态(降速度、调结构、变动力、保增长)，民航运输也呈现出了新的特点[2]，具体表现在以下几个方面：航空运输市场的供求失衡关系发生了翻转，已由供方主导转变到需方主导；市场运输结构也发生巨大变化，货邮运输需求保持强劲增长态势；除三大航外，其余航空运输经营企业规模相对较小，运输市场集中度相对较低；市场运营理念相对落后，服务水平参差不齐；另外国内高铁和高速路网不断建设，逐步形成体系，路网密度已具备相当优势；伴随着我国开放力度不断加大，国外航空公司也不断涌入，竞争进一步加剧。我国民航运营企业今后相当长时期将主要采取价格竞争、航线竞争和规模竞争等方式。这种变化导致了行业人才需求发生变化，很少再倾向于单一的方向或专业，而是大量需求全方位、综合型、多技能的专业技术人员。

当前开设民航运输类专业的国内各高校由于其历史渊源和发展变革，在人才培养的模式和内容方面虽各有千秋，但与眼下民用航空运输行业亟待解决的高素质、综合服务型人才需求存在较大脱节。部分院校学校可能致力于民航服务人才培养方向，然而其课程综合体系建设仍相对滞后，课程的内部结构缺乏整体性、系统性、层次性；课程内容相对较为陈旧，没能及时更新，无法与民航最新规章和技术标准以及行业运行机制对接，比如在民航应急救援方面，规章及运行机制随着技术和社会公众的期待发展更新速度很快，迫切需要在教材建设和教学内容创新方面要与时俱进，才能跟上行业发展步伐，无缝对接；再比如无人机领域，目前很多教材偏重于传统理论教学的各种原理介绍，而实践中无人机反制技术领域急需加强实践操作；否则，就难以适应急剧增长的民用航空运输行业对专业人才的时代要求。

鉴于此，迫切需要对现有民用航空运输类专业的有关课程进行规划建设，以紧跟时代步伐，充分体现民航特色。

3 基于“情景-任务-能力”的民航特色课程规划分析

本文所指“情景”是对民航运营过程中可能遇到的各种安全人机系统事故的一种合理构思、模拟和设想。首先，基于对过去已经发生民航事故的凝练总结和科学假设，描述民航飞行事故、机场场面交通冲突、水上迫降、客舱紧急撤离、航空器火灾、机场防恐袭击、空中劫炸机、航班延误诱发舆论危机、无人机非法飞行等民航事故情景；其次，通过分析总结结合行业规章陈列出应对该事故情景下需要执行民航规章规定的操作(任务)清单；最终，根据期望达成的作业目标，依照操作清单，经过归纳总结，提炼出应具备的民航从业能力。比如，虽然飞行事故发生的原因可能不尽相同，可能涉及鸟击、低空风切变、跑道入侵等，但造成的后果具有一定的相似性；因此，其应对过程和需要的能力也具有一定的通用性。那么，基于飞行事故情景，就可以确定普适性操作（任务）清单，深入分析执行这些操作需要具备的专业素养和能力，在此基础上归类合并，按民航运营规章进行程序化处理。

结合行业实际，本文将民航作业情景（或场景）的执业能力概括为：为了能够对民航安全事故或事故征候进行隐患排查治理、风险分级管控、减小事故（灾害）损失、降低危险程度、监测预警、应急响应、紧急救助、灾后恢复等依规操作或者提供必要支持，从而避免在发生民航安全事故时造成更大的损失，行业内相关从业人员所必须具备的职业资格和能力。民用航空运输与其他行业的最大不同之处就在于，所有从业人员必须持证上岗，并进行年度审核和培训，确保从业者能够可靠执行操作规程；除了拿到职业资格证书外，从业者还必须具备职业资格证书所蕴含的能力。

本文在分析民航情景与任务的基础上，结合民航业自身特点，对影响执业能力的关键因素进行实地调研和统计分析后，认为民航执业能力涉及从业者的组织计划与策划水平、信息提取与分析水平、事态监控、领导与控制水平、培训与交流、应急处置与善后处理、演练与评估等。

3.1　基于“情景-任务-能力”的民航特色课程构建思路

依照校企协同育人机制，成立了由高校、业界权威和民航营运方资深专家共同担纲的专业教指委。在通过对参与民航运输的行业单位进行充分调研的基础上，针对民航运营岗位，综合系统地分析相关民航岗位对从业人员的知识、能力及素养要求，确定民航从业岗位典型工作场景，按照成果导向教育（Outcome Based Education，简称 OBE）理念，以成果（胜任限定情景岗位，勇于担责）为导向，编制情景任务清单，以执业能力及资格为前端，逆向解析、重构和优化课程内容，形成基于“情景-任务-能力”的民航特色课程（见图 3）。

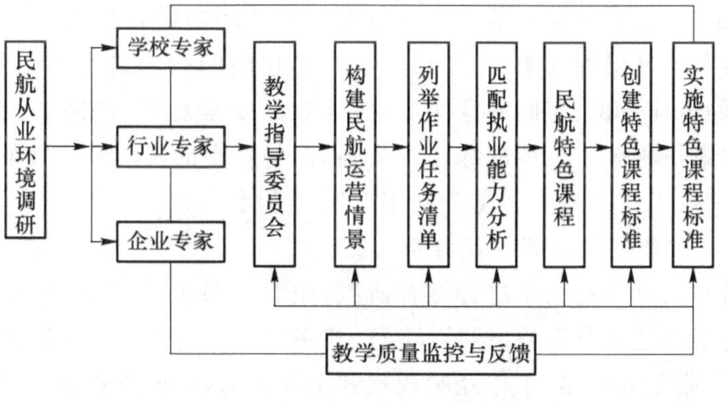

图 3　民航特色课程构建思路

3.2　基于“情景-任务-能力”的民航特色课程构建步骤

基于“情景-任务-能力”的民航特色课程构建过程，并非依据传统学科逻辑进行安排，而是依照行业典型作业场景基本流程以及其相互关联性来进行重新架构和组织，依照行业典型作业场景来编制执业任务清单，再根据任务清单和民航运营规章来组织课程内容及范围。其内涵精神是“坚持以学生为主体，遵循职业发展和人才成长规律，弘扬和践行当代民航精神，为民航运输业培养和输送敬畏生命、敬畏职责、敬畏规章、具有高度安全意识和大局意识及责任意识、严谨求实科学精神和崇高职业道德的合格人才”。在对航运企业人才现状调研以及关键岗位分析的基础上，结合我校“航空为本、管工结合”的办学特色和坚持“立足航空产业、服务区域经济”的人才服务面向，以民航运输行业典型的作业场景分析为起点，设置若干知识点，采取以完成任务为驱动的课程授课模式，把散列于传统课程中的知识内容和行业技能要求进行深度融合，进行课程重构设计，构建能充分彰显民航特色的专业课程内容及结构。基于“情景-任务-能力”的民航特色课程构建开发流程如图 4 所示。

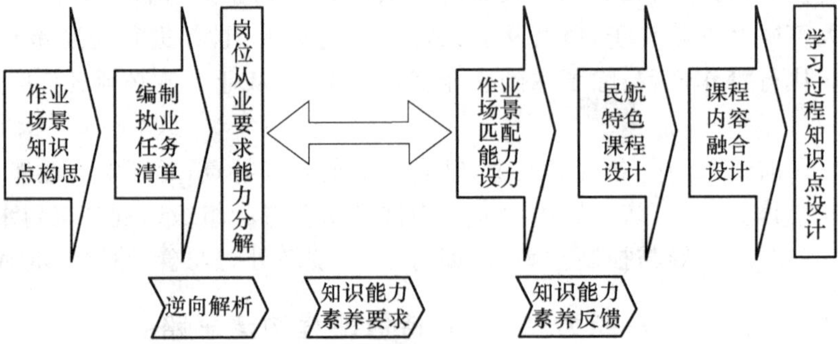

图 4　民航特色课程构建开发流程

(1) 人才培养目标确立

根据国家“十四五”规划纲要精神和构建“干支通、全网联”的航空运输服务网络要求，以及着力构筑一流的航空服务体系，坚持以服务国家战略和满足人民需要为目标，把真情服务理念始终贯穿于民航服务的全过程，不断延伸服务链条，拓展服务领域，提升服务质量，构建运输航空和通用航空一体两翼、覆盖广泛、多元高效的航空服务体系和智慧民航建设的民航发展目标，立足我校办学定位，确定民航运输类专业及方向人才培养的目标为：主要面向运输航空和通用航空的运营服务与基层管理第一线，培养具有集过硬的政治素质、崇高的职业道德、精湛的操作技能、高度的责任意识、牢固的章法观念、强烈的安全意识、严谨的纪律作风、团结的协作精神和良好的健康身心等于一体的综合素质强，具备扎实的民航专业技能，德、智、体、美、劳全面发展，能从事一线工作的高素质复合应用型民航人才。

(2) 作业岗位及职业生涯发展路径分析

依据实地调研和文献研究结果进行综合研判，结合学校办学定位、专业培养目标，民航运输类专业毕业生初次就业涉及安检、运控、飞行、机务、签派、空管、安全管理、适航管理等工作领域，后期会随着职业年限增加、工作经验积累和工作能力提升，逐步获得升职空间、提升职级层次，典型的工作岗位有安检员、飞行员、机务维修人员、签派员、管制员、运控中心工作人员、安全管理人员等。民航运输专业工作岗位以及职业发展路径见表 1。

表1 民航运输专业职业发展路径

服务面向	工作岗位	职业生涯发展路径
运输及通用航空	安检	一线安检员→主管→经理→站长
	运控	助理工程师→工程师→中级工程师→高级工程师→资深工程师
	飞行	见习驾驶→副驾驶→机长→资深站长→机长教员→特级飞行员
	机务	助理工程师→工程师→中级工程师→高级工程师→资深工程师
	签派	助理工程师→工程师→中级工程师→高级工程师→资深工程师
	空管	见习管制员→助理管制员→管制员→主任管制员
	安全管理	助理工程师→工程师→中级工程师→高级工程师

(3) 根据民航运输企业设置岗位,分析确定典型工作任务

通过到民航运营企业进行实地观摩调研,并向一线民航运营人员请教咨询,多轮次与专业教学指导委员会主要成员汇报、讨论,并多次反馈,就民用航空运输类专业可能涉及的典型职业岗位,解析其典型职业工作情景,指明其操作任务,对列举职业工作情景和操作任务进行梳理、归整,构思行业工作情景和执业必须操作任务,规划设计职业能力需求分析表(见表2)。

表2 民航运输专业操作任务与职业能力需求

服务面向	典型职业工作情景	关键操作任务	职业能力及素养需求
运输及通用航空	航站楼候机服务	值机、安检、安防、行李托运	安检技能、安防技能、行李服务技能、值机服务
	机坪服务	机坪管制、运行指挥、飞行、后勤保障、机务、航空器监护	场面交通控制能力、协调处理机坪复杂状况能力、机务维修、机坪管控能力
	空中飞行	飞行、空管、签派、乘务	驾驶技能、分析解决复杂飞行环境能力、签派放行能力、空中服务能力
	空中交通管理	区域管制、进近管制、塔台管制、气象与情报信息	空中交通管制、航空情报服务
	生产调度	签派、进离港控制、中转调控、飞行计划、运控	生产计划编制及协调控制、市场开发和运营管理能力
	应急管理与事故救援	应急救援、消防、场面交通控制、事故调查、医疗卫生、舆情控制、后勤保障、培训演练	突发事件协调处理能力
	流量管理	空中交通流量管控、流量平衡	空域流量系统整体优化能力
	跑道道面巡检维护	保持道面整洁、减少外来物FOD入侵	机场场务管理
	机场净空管理	控制机场终端区空域范围障碍物和外来飞行物对飞行安全影响	机场塔台管制及机场风险管理
	无人机运行	无人机融合空域管理、无人机临场监管	监管与服务协同能力,无人机识别、监视与反制能力

表2中规划设计的也仅仅限于民用航空运输类专业学生的专业必备能力。实际上，还应该积极谋划和着手培养民航学子的思维意识能力、情景意识能力、社会交际能力和责任意识。民用航空运输类专业学生应兼备的思维意识能力主要有：观察作业环境能力、处突能力、编制计划与总结评估能力等。民用航空运输类专业学生应具备的其他能力主要包括：正常的交流沟通能力、果断的反应能力、持续改进与自我提高（Plan 计划、Do 执行、Check 检查和 Act 处理，即 PDCA 循环）能力、安全风险意识等。

（4）分析能力要求，构建学习内容和范围并落实实现手段

根据已经确定的典型职业工作情景和关键操作任务，推引出民航运输所涉及的作业内容；然后将各个作业内容所应具备的职业资格或能力，进行科学合并归整，形成专业作业内容概括表。然后参照民航运输职业资格标准，将作业内容转化成专业学习领域。

根据基于工作任务分析的职业能力需求分析结果，把民航运输领域内的作业内容提取为相应对口课程教学内容，并对教学内容进行深度融合，为水平参差不齐的不同受众（即教育对象）创设基于作业环节的情境式培训内容，明晰课程的教学内容与范围。尤其需要增设相关职业拓展和人文素养内容，不断拓宽民航运输类专业学生的专业视野，提升人文素养，增强就业竞争力。

对于组织计划与策划水平的培养，平时学习可通过在超星学习通 PBL（分组任务）环节以任务教学法[3]的形式具体实现，通过给定每个小组设定具体的民航作业情景，各小组接到任务后，小组成员在组长带领下，通力合作、集思广益，提出群策群力后的行动方案，这个过程一定程度上可以培养学生的组织与策划水平与协作意识。信息提取与分析水平和应急善后处置可以通过虚拟仿真环节以及应急管理课程设计来体现，针对某航空器处于紧急状态的大量文字资料呈现，需要学生从中提取关键信息，指出事故或情形处置对策，处理该情景需要的各种应急资源，如何获取这些应急资源，同时编制一份针对该情形的处置方案，与应急预案保持一致并实时更新。事态监控能力可以结合民航典型事故案例（比如川航 3U8633 机组事件）中局方和各航司对事态的跟踪及处理处置流程观摩学习中去深刻领会和感悟，然后在虚拟仿真实验中去切身体验。至于培训交流以及应急演练与评估更需要在具体实操中慢慢锻炼。为此郑州航院民航学院近年来不断完善实践教学环节，开发建成了多项虚拟仿真教学项目，比如机场应急撤离、水上迫降和客舱服务项目，目前民航安检员实操和机场地服仿真实训项目开发建设中，未来会逐步丰富民航特色课程内容和实现手段。

3.3 基于"情景-任务-能力"的民航特色课程评估

基于"情景-任务-能力"的民航特色课程初步构建完成后，并非一劳永逸，还须经过不断市场检验，以确保课程能够满足行业需求和学生成长发展需要。课程的评估主要依靠社会、用人单位、毕业生和学校共同实施，主要涉及知识、能力、素养三个维度来评估课程对人才培养目标的达成度。三个维度在实践操作中主要映射为以下几个方面：综合知识、基本技能、身心健康、职业素养和职业规范、分析解决问题能力、沟通表达能力、团队协作能力、管理能力、国际视野、综合素养和终身学习能力等。

为做好基于"情景-任务-能力"的民航特色课程的评估工作，高校应当逐步完善眼下人才培养评价机制，"风物长宜放眼量"，适当拉长评估周期，使之更加符合人才职业发展规律，同时将企业运营管理思想、绩效管理运用于教育对象的评价过程[4]，既要考察理论知识掌握程度的

达成效果，更要注重职业素养的培养和民航特色课程思政的无缝嵌入与润物无声，全面综合评价课程对人才培养目标的达成效果。只有当社会、用人单位、毕业生和学校共同协力作用时，才能够建立良性人才培养评价机制，不断完善课程，确保为民航运输行业不断输送合格人才。

4　结束语

特色课程建设是一项持续改进与提高的连续性工程。既牵扯到课程建设本身，还需要时刻关注技术进步、民航运输规章更新、消费者行为分析、市场预测等。随着国家和行业"十四五"规划的逐步出台以及国家"双循环"格局的实施以及"碳达峰""碳中和"的启动，民航运输业也将迎来新的发展机遇，同时也对民航从业者提出了更高的要求，这就要求民航运输人才培养目标和模式以及实施路径必须与时俱进，不断更新完善，结合民航专业特色，以向民航系统输送高素质复合应用型人才为培养目标，把航空运输理论和工程应用实践相结合，坚持与行业协同育人，加强情景意识和培养，着力提高学生在民航作业情境下的应急能力，提高民航学子的学习主动性和行业适应能力。新形势下，唯有不断完善民航特色课程，提高行业适应性，对标市场准入机制，航空院校才能面向民用航空运输领域输送德才兼备的努力践行"新时代民航精神"的合格人才，满足区域经济和行业发展的需要。

参考文献

[1] 张婧."一带一路"背景下高职民航运输专业人才培养模式的实践研究[J].当代教育实践与教学研究，2018(09)：190-191.

[2] 龙继林，白义霞.经济新常态下我国民航业发展的趋势和对策[J].综合运输，2015，37(10)：7-10.

[3] 李成福."任务型教学法"在机舱资源管理教学中的应用[J].青岛远洋船员职业学院学报，2014，35(02)：43-46.

[4] 解为.供给侧结构性改革视角下的高职民航运输专业人才培养模式创新研究[J].中阿科技论坛(中英文)，2021(01)：144-147.

围绕卫星研制全流程的总体课程教学方法探索

廖鹤　翁程琳　余萌　乔兵
（南京航空航天大学 航天学院，南京　210016）

摘　要：针对航空航天工程新工科专业中的航天器总体设计课程教学所面临的主要问题，探索了围绕卫星研制全流程的总体课程教学方法，针对理论教学环节及实践教学环节分别给出了教学改革思路及具体举措。课程融合系统工程思维，结合卫星研制全流程，将传统以演示为主的示教思路转变为理论与工程实践相结合的教学思路，活化学生对航天器总体与分系统的物理直观认知，培养学生工程实践能力，发挥总体设计课程在课程体系中的归纳总结作用，为提升航空航天工程专业培养质量提供有力支撑。

关键词：航空航天工程；航天器总体设计；卫星研制全流程；理论教学；实践教学

党的十八大以来，习近平同志多次就我国航天事业发展作出指示，并强调“探索浩瀚宇宙，发展航天事业，建设航天强国是我们不懈追求的航天梦”。我国已经发展成为航天大国，系统地构建了“通导遥”应用卫星体系、“月火”深空探测卫星体系，正在向航天强国稳步迈进[1]，迫切需要大量的航天总体性人才。航天器总体设计作为航空航天工程新工科专业教育中的专业核心课程，扮演着对航天器姿态动力学、轨道动力学、结构与机构技术、结构动力学等专业基础课程穿针引线的角色，是一门涉及多学科交叉系统工程技术的课程[2]。

钱学森在《论系统工程》一书中定义“总体设计”为“System Engineering”，认为“系统工程”是一种科学方法，学术界也称“航天器总体设计”为“航天器系统工程”[3]。航天器总体设计课程改革参照钱学森对“航天器系统”的理解，聚焦系统工程，不仅涵盖航天器系统级方面的认知，也包含了航天器总体与各个分系统的内在逻辑与对应关系[2]。在航空航天工程新工科专业建设思路下，航天器总体设计作为专业核心课程，如何提高课程教学质量，发挥该课程深化与归纳作用，培养学生工程实践能力和系统工程思维，是探索航天器总体设计课程改革的出发点和归宿[4-5]。

航天器总体设计课程改革思路大体上遵循经典工科的建设要旨，包含以理论为主的基础知识传授和以实践为主的应用技术传授，切实提高课程品质，强化教学效果[6]。目前，国内高校开设航天器总体设计课程普遍以近地卫星、导弹、火箭为案例[7]，然而其研发环境与应用场景的特殊性限制了高校教师在“航天器总体设计”课堂教学、尤其是在实践环节的发挥空间[6]，这也给课程改革带来了一定的挑战。

综上所述，南京航空航天大学航天学院航天器系统教学团队以卫星作为课程主题，围绕卫星研制全流程探索课程改革思路，理清理论教学环节的脉络，分析实践教学环节的实施思路，设计并搭建契合理论环节的实践教学平台，旨在增强教师教授、学生学习的课堂代入感，培育学生对典型航天任务的物理直观思维，提高学生工程实践动手能力，领悟航天器总体设计中的系统工程思想[6]。

1　理论教学改革思路

在理论教学环节中,航天器总体设计课程不再重复讲授航天器轨道设计、姿态描述、控制原理等基础知识,而是聚焦对已学专业基础课程的延伸,重点突出这些知识点与工程应用相结合,覆盖卫星设计与研制全流程。相关专业基础课程为"航天器总体设计"课程伏笔,"航天器总体设计"课程将传统以演示为主的示教思路转变为理论与工程实践相结合的教学思路,活化学生对航天器总体与分系统的物理直观认知,培养学生工程实践能力,发挥总体设计课程在课程体系中的归纳总结作用,课程逻辑具体如图 1 所示。

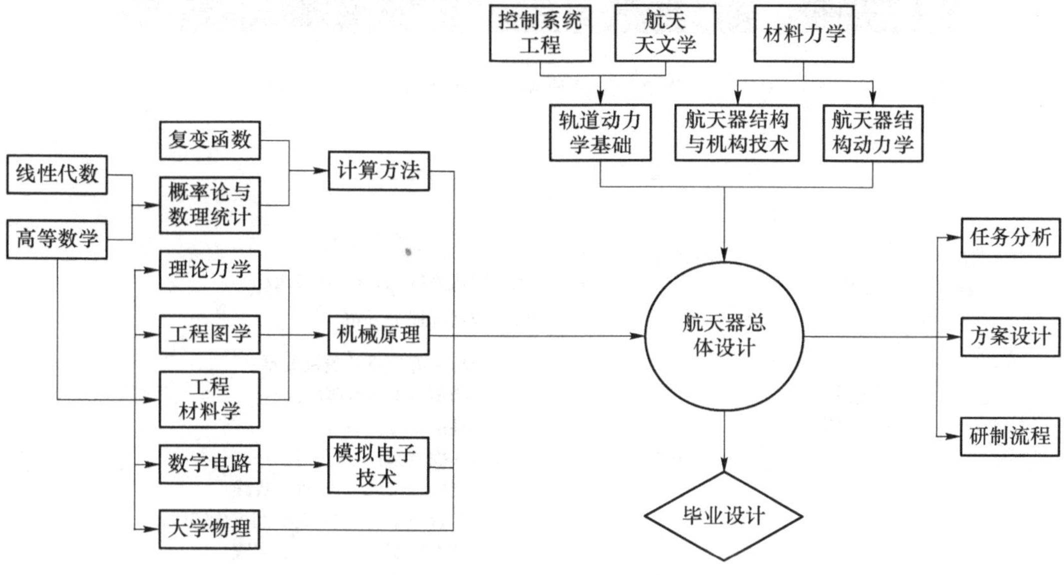

图 1　专业课程衔接思路

从卫星的研制流程看,主要分为任务分析、方案设计、单机测试、整星测试、整星运输与发射前测试、飞控任务、故障预案分析、发射与在轨维护等八个方面,如图 2 所示。因此,"航天器总体设计"课程教学大纲设置参照工业部门卫星设计与研制流程,以光学卫星为例,整体上分为卫星任务分析、总体方案设计以及研制流程三部分,帮助学生构建对卫星总体的工程认知。

由于任务分析与方案设计是卫星研制工作的源头,也是总体设计人才需要具备的关键能力。因此,整个课程课时着重安排在卫星任务分析环节和方案设计环节,卫星研制环节主要邀请具有工业部门工作经验的总师与设计师讲授关键技术攻关流程、研制全链路流程。在任务分析环节,教师从总体角度讲授航天器系统指标分解、轨道特性分析、关键任务分析及飞行任务流程;在卫星总体方案设计环节,教师将从分系统角度讲授七大分系统的设计方案及关键技术,如图 3 所示。综上,教学过程充分发挥校企合作平台的优势,不仅发挥高校教师在理论方面的优势,还邀请相关总师与设计师进入课堂,力求突出该课程的使命感与工程契合度[7]。

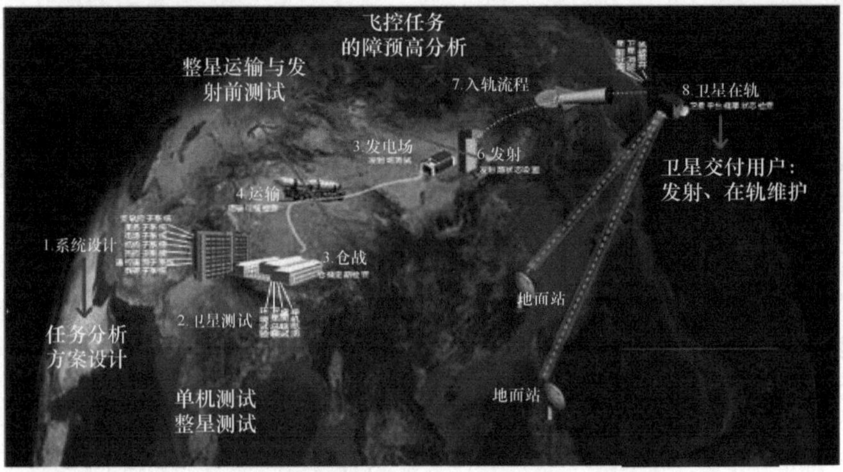

图 2　卫星研制流程示意图

航天器总体设计课程

- 1、绪论：建设航天强国对航天器总体人才的需求
- 2、任务分析
  - ① 绪论
  - ② 航天器系统任务分析要素
  - ③ 航天器轨道特性分析(含实践)
  - ④ 航天器系统任务发布
- 3、总体方案设计
  - ① 航天器总体方案设计关键要素
  - ② 航天器构型方案设计(含实践)
  - ③ 航天器供配电方案设计
  - ④ 航天器热控方案设计(含实践)
  - ⑤ 航天器测控数传方案设计(含实践)
  - ⑥ 航天器综合电子与星务方案设计(含实践)
  - ⑦ 航天器姿态控制方案设计(含实践)
- 4、研制全流程
  - ① 航天器关键技术攻关要素
  - ② 航天器研制全链路流程

图 3　航天器总体设计课程安排

2　实践教学改革思路

“航天器总体设计”实践教学环节的难点在于如何从任务层面将总体设计分解至若干分系统，并提炼设计简洁、合理的实验来诠释总-分系统联系与内涵。在教学环节中，仍沿用近地光学卫星案例，密切呼应理论教学环节。

在航天器任务分析环节设置轨道特性分析数学仿真实验，学生基于 STK 仿真软件完成轨道设计，该实验契合根据卫星任务进行轨道设计的工程应用，也加强学生“轨道动力学基础”理论课程的理解与实践应用[8]。

在总体方案设计环节设置航天器构型布局与力学特性仿真分析、AIT 总装实验、热控外热流与方案仿真实验，同时应用教学团队研发的桌面模拟立方星完成测控数传实验、能源管理实验和星务管理实验，并结合转台、气浮台和桌面模拟立方星开展姿态测量与闭环控制实验。

在卫星研制流程，结合工业部门总装总测经验，开展部分单机（磁力矩器、飞轮等）通信接口与电测试，并依托教学团队研发的数字卫星和桌面模拟立方星开展模飞实验实践教学。

3　实践平台设计与搭建

与传统工科专业相比，航天专业的实践教学受限于地面条件、实验设备以及实验安全性，从而导致难以实施开展，一些购买的教学模型也因其昂贵的成本束之高阁[9]。为此，教学团队设计了与课程协同配套的实践平台，具体分为数字仿真实验平台、半物理仿真实验平台以及全物理仿真平台，覆盖卫星任务分析、总体方案设计和研制全流程，实现教学内容从理论过渡到实践，从书本教学过渡到工程实践。

在数字仿真平台中，教师将规划好轨道设计实验、结构布局力学仿真实验、热控仿真实验和外热流分析仿真实验等四个仿真实验的内容，帮助学生熟练掌握航天专业的仿真软件。

在半物理仿真平台中，教师采用自制的桌面模拟卫星开展测控数传、星务管理和能源管理实验，桌面模拟立方星能源管理界面如图 4 所示。

图 4　桌面模拟立方星能源管理界面

其中，立方星教具提供一种成本可负担、架构开放与使用友善方便的教学装置，数字软件采用可视化界面设计，实现相关参数的直观显示和实时动态调试，从而使学生能够在实验室触摸到真实的卫星系统，动手能力得到锻炼，更深入地领会航天器原理并获得一些实际工程经验[10,11]，图 5 所示为学生正在基于桌面模拟立方星进行测试。

在全物理仿真平台中，通过自制的一维自制转台、结合桌面模拟卫星开设姿态测量与控制实验，可以帮助学生深刻理解姿态单机的工作原理和测试流程。桌面微型转台如图 6 所示。

最后，教学团队基于 Simulink 软件搭建了数字卫星，如图 7 所示，并将其与桌面模拟卫星的转台、气浮台实验联调，将其数据发送给 STK 开展速率阻尼、对日定向、对地定向和对地光学成像等综合模飞实验，帮助学生深刻理解卫星整星任务测试和飞控流程。

图 5　学生基于桌面模拟立方星进行测试

图 6　桌面微型转台

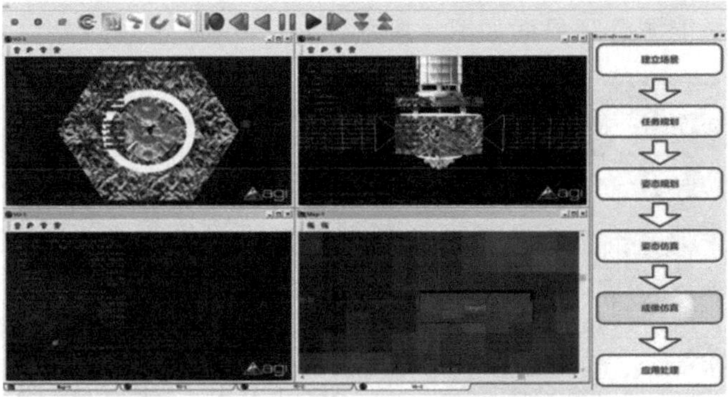

图 7　综合模飞实验显示界面

4 总　结

面向航空航天工程新工科专业课程体系中的关键环节——航天器总体设计课程，探讨了基于近地卫星案例的课程改革方案。其思路是将以演示为主的示教思路转变为理论与工程实践相结合的教学思路，在理论教学环节中突出航天器任务分析的重要性以及总体与分系统之间的逻辑对应关系，在实践教学环节设计了任务分析和分系统设计数学仿真、典型单机测试、整星通信与数据管理测试以及综合模飞实验。值得说明的是，后期将搭建视景系统，力求模拟飞行实验逼真，更好地凝练学生对航天器系统任务、卫星总体和关键分系统的物理直观认知，使航天器总体设计课程教学更贴近工程实践。课程将通过每一轮上课收集学生反馈完善教学内容，不断迭代课程内容，充分挖掘学生主动学习，培养学生未来解决航天工程问题的潜力。

致　谢

感谢南京航空航天大学“空间智能探测”创新特区、航空航天新工科专业“航天器总体设计”教学改革以及校 2021 年自制教学仪器实验改革的支持与资助。

参 考 文 献

[1] 相里斌. 发展空间科学，建设航天强国[N]. 中国科学报，2018 - 07 - 06(01).

[2] 闻新，熊武，王亚洲，等. 航天器总体设计课程教学的若干问题探索[J]. 中国现代教育装备，2012，000(011)：44 - 45.

[3] 钱学森等. 论系统工程[M]. 湖南科学技术出版社，1982.

[4] 杨华保，王和平. “飞行器总体设计”精品课程教学改革探索[J]. 高等工程教育研究，2007(01)：137 - 138.

[5] 沈羡云. 航天教育在美国[J]. 太空探索，2013(5)：48 - 53.

[6] 李阳. 新工科背景下《飞行器飞行技术》课程教学改革研究[J]. 才智，2019(30).

[7] 刘金琨. 具有航空航天特色的工程伦理案例探讨[J]. 大学教育，2018，000(007)：39 - 41.

[8] 许庆，侯兴明. STK 软件在航天装备任务仿真中的应用[J]. 电子技术与软件工程，2019，000(002)：P. 60 - 60.

[9] 翁程琳，方美华，全荣辉，等. 卫星辐射效应及防护虚拟仿真实验教学平台设计[J]. 实验技术与管理，38(7)：5.

[10] 赵良玉，唐胜景，王伟. 航空航天类专业本科教学实验室建设与思考[J]. 实验科学与技术，2014，12(6)：187 - 190.

[11] 乔兵，朱啸宇，康国华. 基于问题的学习在航天工程教育中的应用[J]. 教育教学论坛，2015(42)：140 - 143.

智能飞行器人才培养课程体系建设与实践

杨靖宇[1,2]　闻新[1]　赵真[1]　李欣[1]

（1. 沈阳航空航天大学，航空宇航学院，智能飞行器系统理论与技术实验室，沈阳　110136

2. 沈阳戈达德智能装备科技有限公司，沈阳　110000）

摘　要：本文首先从飞行器未来发展趋势中讨论了智能飞行器人才培养课程体系的重要性；阐述了智能飞行器人才培养课程体系“理论＋兴趣＋科研”创新教学理念与思路；说明了智能飞行器人才培养课程体系特色与创新点；介绍了人工智能卫星、空间站、空间太阳能电站三个课程体系的硬件教学平台；提出从“产-学-研-教-训”体系、完善的智能飞行器网络教学平台、智能飞行器系列教材编写三个方面构建智能飞行器人才培养课程体系的软件平台；列出课程体系教学实践统计数据，反映教学实际效果。

关键词：智能飞行器；课程体系；教学实践；软件平台；硬件平台；理念与思路

基于未来战争深度信息化、智能化的特点，智能作战相关概念和技术迅速发展。特别是近年来，民机和军机的产业规模和市场价值显著增长，智能飞行器功效的优势不断突出，如何更好地把智能飞行器应用于军事领域与民用领域成为备受关注的热点。结合人工智能、云计算与大数据等新兴前沿热点，智能飞行器未来将向智能集群化方向发展。智能飞行器具有感知、学习、决策等智能特征，是可自主完成预期使命任务的飞行装备，人工智能作为智能飞行器的关键技术之一，可显著提升其自主性能力和智能化水平。

以航空为例，现在飞行器技术的研发不仅需要对数学、力学、信息学、计算机科学等理论基础了如指掌，更要融入人工智能、大数据、飞行器自互联、人机互联等前沿技术，在这种社会需求下，智能飞行器人才培养课程体系体现得尤为重要。智能飞行器人才培养课程体系内容的制定不仅涉及当下大热的人工智能和大数据领域，还涉及飞行器自互联、人机互联，熟悉新一代通信、芯片、微电子架构体系。

2016 年 6 月，美国辛辛那提大学通过一场模拟空战测试了该校开发的名为“ALPHA AI”的人工智能飞行程序。模拟空战中，“AIPHA”驾驶 F－15 战机凌厉地碾压了驾驶 F－22 战机的基恩·李(Gene Lee)上校。基恩·李上校是美国空军退役上校，具有丰富的专业知识和大量空战经验。模拟空战后，上校表示：“这是我见过的最具侵略性、敏捷性、变化性和可靠性的AI”。

多方面情报信息充分显示，人工智能技术与飞行器技术的深度结合已不再停留在规划上，西方国家已开始在智能飞行器领域掀起了新一轮军事革命，试图通过科技创新继续保持军事领域的优势地位，防止被其他国家技术突袭。人工智能技术与飞行器技术的结合类似于工业领域的“互联网＋”模式，是一种跨域融合，通过技术融合催生出新型力量增长极，实现传统力量的倍增。类似于人类进化的过程，具备不断进化能力的智能飞行器对未来战争有着不可低估的颠覆性影响。

智能飞行器人才培养课程体系是培养社会急需的航空航天类人才的重要基础，由于该课程体系具有明显的学科交叉特点，不仅学科涉及面广、前沿性强而且对于智能飞行器各分系统集成的掌握具有很高的要求，相信该课程体系将对新工科智能飞行器复合型人才培养产生深远影响。

1 课程体系体现的教育教学理念与思路

1.1 课程体系面向“新工科”建设，革新教育思想理念，应用“理论＋兴趣＋科研”创新教学理念

智能飞行器设计人才培养课程体系采用“理论＋兴趣＋科研”创新本科工程实践教学模式，充分挖掘个性化人才培养模式改革成果。课程体系内容覆盖典型飞行器基础理论，培养和挖掘学生个性化兴趣点，在基于兴趣点的基础上，设置相应科学与工程研究探索项目，在项目培养中实现“科学研究型”“工程技术型”等各类型人才的培养，真正实现个性化人才培养。

课程体系内容注重引导学生学会综合，善于把学到的多门课程以至多个门类的知识综合在一起，去解决一个实际问题；注重指导学生注重转化，就是由知识转化为能力与素质；鼓励学生勇于突破，有意识地突破前人，突破书本，突破自己的老师；注重培养兴趣，创新性教学和创新性学习不主张“学海无涯苦作舟”，而主张培养和打造学习中的兴趣和乐趣，因为感觉上的苦或乐，对神经系统的刺激不同，学习的效果差异相当大。学习中有了兴趣。可以有效地提高学习的内动力，就能做到忙而不累、乐而忘忧，就能够产生灵感、提高效率。

1.2 课程体系面向“新工科”建设，革新教育思想理念，建立与教材配套的线上“教学平台”

智能飞行器设计课程体系相关内容充分利用已有教学改革成果及推广经验，坚持“以学生为中心”的教学理念，构建“线上线下”“虚实”结合的教学体系，将课程体系内容体系融入教育教学“持续改进”体系中。课程体系凸显“航空航天”及“应用型”特色，积极将学生纳入到航空航天工程项目实践中，弥补和缓解航空航天工程类专业与工业界衔接不够紧密、工程设计与实践教育教学资源不足、课程体系相对滞后、工程师职业资格认证制度缺失，工程师培养体系不健全等问题。

本教学团队利用网络教学平台，建设了与智能飞行器设计课程内容体系包含 12 门“智能飞行器系统与理论”系列理论课程、17 门“智能飞行器系统与理论”系列实践课程、10 项(其中 5 项在研；3 项已完成；2 项已筹备完成)“智能飞行器系统与理论”系列专项研究课题。

2 课程体系的特色及创新点

① 航空航天特色智能飞行器人才培养课程体系，以飞行器设计、开发与实践为核心，以“智能”为特点，凸显航空航天产业发展需求。

② 多学科交叉智能飞行器人才培养课程体系，内容涉及“力学、机械、控制、通信、电子、计算机、人工智能”等多个学科专业，具有明显的“多学科交叉”特点。

③ 线上线下混合智能飞行器人才培养课程体系，充分利用网络配套教学平台，教材内容与网络教学同步，实现“线上线下”有机融合。

④ 虚实结合智能飞行器人才培养课程体系，实验内容充分利用网络虚拟实验实践平台，与线下实验室实验设备有效整合，体现了“虚实结合”的特点，具有开放性、效益好的优势。

⑤ 产教融合智能飞行器人才培养课程体系，充分体现航空航天产业需求、充分利用团队最新教研成果(教学成果奖：““新工科”背景下航空航天类专业产-学-研-教-训体系重构与实践)、充分挖掘学校教学平台优势，具有明显的“产教融合”特征。

3 课程体系硬件平台建设

(1) “戈达德”人工智能卫星平台

该平台为校企融合体制下的教学与科研成果。从产业发展需求角度出发该产品弥补了市场空白，挖掘了市场潜力，社会效益前景好。从教育教学角度出发，该产品不仅是很好的教学实践平台，同时为学生实践提供很好的实验途径。未来该产品的样机研发工作已顺利结束，全面进入测试和市场推广阶段。人工智能卫星平台不仅能够满足未来人工智能航天器科研与试验平台建设的特殊要求，而且将依托该平台构建“戈达德人工智能卫星”教育平台体系，将对教育装备产业产生深远影响。已准备申报专利，同时已完成样机研制。

与传统卫星相比，“戈达德”人工智能卫星平台不仅具备传统卫星全部功能与基本属性，更是一个人工智能教育平台与科研平台。“戈达德”人工智能卫星平台将人工智能理论与技术充分与卫星各分系统深度融合，探索和实践人工智能航天器关键核心技术与关键科学问题，为未来人工智能空天装备的发展提供强大技术支撑。“戈达德”人工智能卫星平台如图1和图2所示。

图1 “戈达德”人工智能卫星平台(硬件)

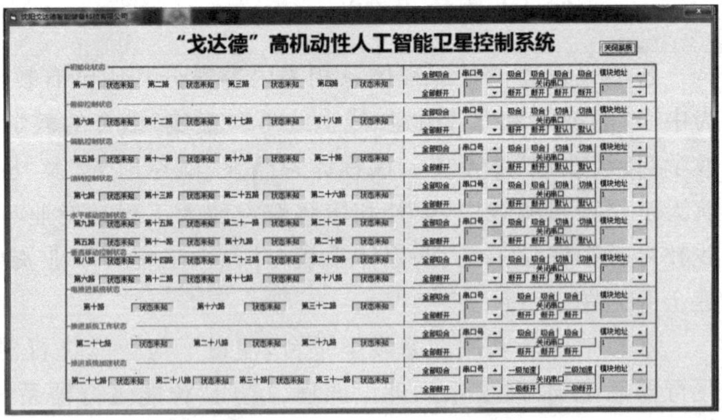

图2 “戈达德”人工智能卫星平台(软件)

“戈达德”人工智能卫星平台以“戈达德人工智能卫星”为核心，充分将人工智能、计算机科学与技术、电子信息工程、通信工程、航空宇航科学与技术、控制理论与工程、材料科学与技术等多个学科充分交叉融合，构建了“智能飞行器系统理论与技术”教育教学平台，实现了“线上线下”混合教育平台建设，大幅提高社会效益。

（2）航天器动力学与控制地面试验平台

该平台同样为校企融合体制下的教学与科研成果。从科研角度出发该产品很好地验证了大型航天器在轨运行期间，可能存在的潜在问题，经过几年的教学科研实践，该产品具有良好的应用前景。从教育教学角度出发，该产品不仅是很好的教学实践平台，同时为学生实践提供很好的实验途径，经过多年实践效果反映良好。卧式空间战地面试验平台如图3和图4所示。

图3　卧式空间站地面试验平台(硬件)

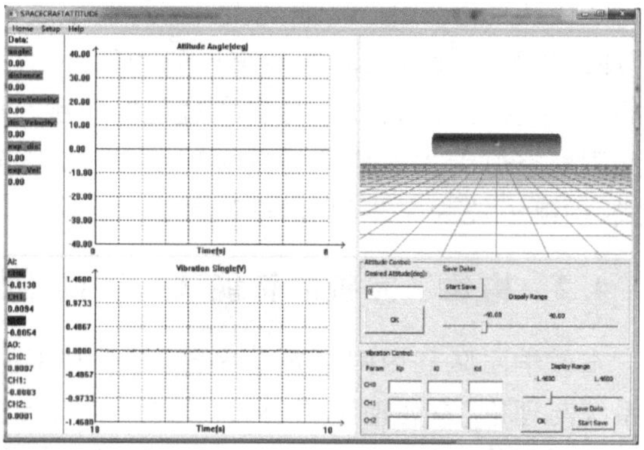

图4　卧式空间站地面试验平台(软件)

（3）空间太阳能电站智能系统控制地面试验平台

该平台同样为校企融合体制下的教学与科研成果。从科学探索角度出发，为探索和研究未来空间高效利用太阳能的提供重要的实验途径和平台。从空天高端装备发展需求角度出发，该产品的研发是一次很好的探索，一定程度上弥补了市场空白，挖掘了市场潜力，社会效益前景好。从教育教学角度出发，该产品不仅是很好的教学实践平台，同时为学生实践提供很好的实验途径。本教学团队所研发的空间太阳能电站地面试验平台将能够满足未来空间太阳能电站科研与试验平台建设的特殊要求。

在科研实践中，为了深入研究和验证大型航天器的协同控制技术，需要地面实验平台进行验证协同控制策略与机制的有效性，揭示航天器结构振动-姿态耦合动力学模型构建与演化机理。验证挠性附件"小变形、小扰动"条件下航天器姿态"刚-柔耦合"动力学建模方法，分析结构-姿态耦合动力学中混沌与分叉行为演化机理，探寻非线性动力学系统演化规律，该平台提供了良好的实验条件和应用平台。在研究生培养过程中，该平台发挥了积极作用，验证了部分控制算法的有效性。对称构型空间太阳能电站地面试验平台如图5和图6所示。

图5　对称构型空间太阳能电站地面试验平台(硬件)

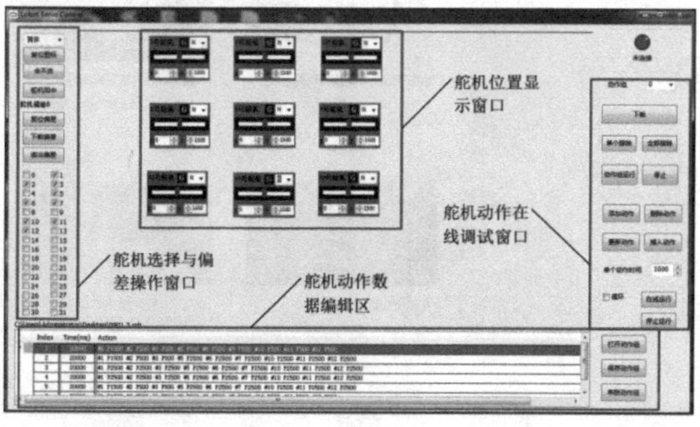

图6　对称构型空间太阳能电站地面试验平台(软件)

4 课程体系软件平台建设

4.1 构建了完善的“产学研教训”体系

本团队历经8年“调研、总结、实践”，形成了较为完善的满足新工科建设要求的“产学研教训”理论体系。通过国内的系统调研和国外访学交流，系统性梳理国内外一流工科类院校与专业的“教学管理理念、方法与实践过程”(出版《新工科建设改革理论与实践》著作2部)，积极结合沈阳航空航天大学特殊的教学环境，提出教育教学新理念新方法并付诸实践革新人才培养模式，构建了较为完善的“产学研教训”体系。

4.2 构建了完善的智能飞行器网络教学平台

本教学团队利用网络教学平台，建设与智能飞行器课程体系教材配套的12门“智能飞行器系统与理论”系列理论课程、17门“智能飞行器系统与理论”系列实践课程、10项“智能飞行器系统与理论”系列专项研究课题。超星大数据平台显示本团队网络教学平台建设良好，项目负责人排列优秀教师第一位。

以“智能飞行器”为核心构建了“智能飞行器”人工智能卫星教育平台，满足了未来空天智能装备人才培养要求，相应的网络教学平台如图7所示。

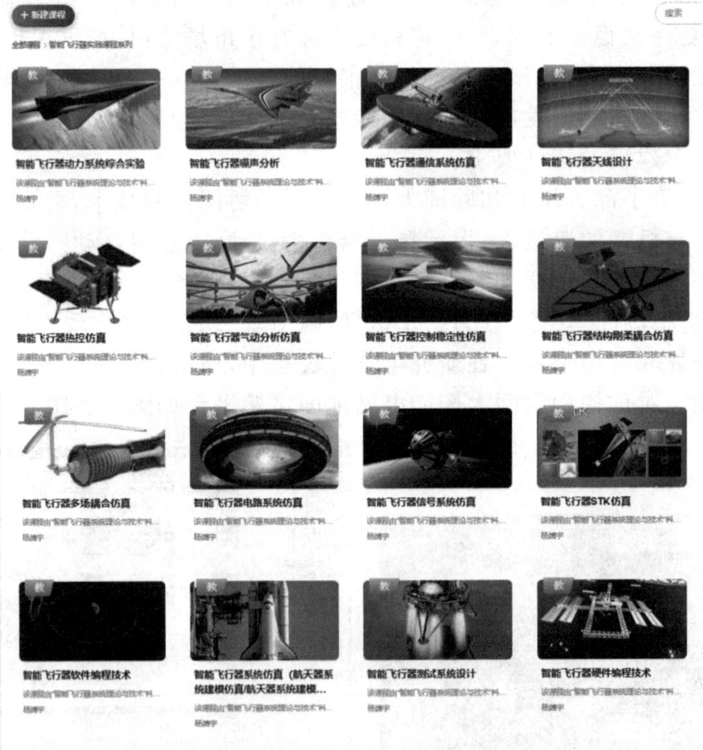

图7 智能飞行器实践课程体系(超星平台)

图 7　智能飞行器理论课程体系(超星平台)(续)

4.3　构建了完善的智能飞行器系列教材编写架构

本教学团队利用网络教学平台,经过多年建设,建立了以“力学-飞行-感知-识别-决策-控制”为核心的,“智能飞行器设计、开发与实践”系列教材编写架构,该系列教材配套的 12 门“智能飞行器系统与理论”系列理论课程、17 门“智能飞行器系统与理论”系列实践课程、10 项“智能飞行器系统与理论”系列专项研究课题。当前已完成约 60％的“智能飞行器设计、开发与实践”系列教材内容编写工作。

5　课程体系教学实践与评价

智能飞行器课程体系见表 1。

表 1　智能飞行器课程体系

序　号	理论课程名称	使用情况(人次)	不良反馈
1	理论力学	274 500	暂无
2	飞行器总体设计	222 070	暂无
3	智能飞行器共性基础理论	58 469	暂无
4	智能飞行器智能感知理论	16 152	暂无
5	智能飞行器自主控制理论	78 645	暂无
6	智能飞行器力学基础	60 694	暂无
7	智能飞行器系统工程	26 749	暂无
8	智能飞行器智能决策理论	15 919	暂无
9	智能飞行器智能识别理论	26 934	暂无

续表1

序号	理论课程名称	使用情况(人次)	不良反馈
10	智能飞行器自主飞行理论	29 133	暂无
11	智能飞行器智能控制理论	13 850	暂无
12	智能飞行器专业基础理论	7 149	暂无
序号	实践课程名称	使用情况(人次)	不良反馈
1	智能飞行器热控仿真	4 349	暂无
2	智能飞行器气动分析仿真	4 111	暂无
3	智能飞行器系统仿真	456 773	暂无
4	智能飞行器噪声分析	3 162	暂无
5	智能飞行器天线设计	3 577	暂无
6	智能飞行器多场耦合仿真	3 270	暂无
7	智能飞行器 STK 仿真	2 453	暂无
8	智能飞行器动力系统综合实验	9 378	暂无
9	智能飞行器控制稳定性仿真	6 147	暂无
10	智能飞行器通信系统仿真	2 501	暂无
11	智能飞行器测试系统设计	5 680	暂无
12	智能飞行器硬件编程技术	14 331	暂无
13	智能飞行器结构刚柔耦合仿真	3 141	暂无
14	智能飞行器电路系统仿真	3 638	暂无
15	智能飞行器软件编程技术	48 047	暂无
16	智能飞行器系统试验	8 727	暂无
17	智能飞行器信号系统仿真	1 871	暂无
序号	在研课题名称		不良反馈
1	空间太阳能电站能量传输系统编队构型设计与协同控制		暂无
2	智能垂直起降无人运输机飞控关键技术研究		暂无
3	空间太阳能电站能量传输系统群目标跟踪与多智能体协同控制		暂无
4	智能抓取卫星系统设计与协同控制		暂无
5	空间太阳能电站二维展开机构优化设计与分析		暂无

6 结 论

① 面向“新工科”建设,基于“理论+兴趣+科研”创新教学理念,建立“智能飞行器”线上线下混合课程体系,教学效果良好。

② 采用产教融合模式,充分发掘企业优势,紧密结合社会需求,构建“智能飞行器”课程体系硬件平台,对于高校向应用型转型具有重要的现实意义。

③ 建立以“力学-飞行-感知-识别-决策-控制”为核心的课程内容体系、教材体系架构、结合线上网络教学平台及线下硬件平台,形成较为完善的“智能飞行器”课程体系,为未来高端空

天智能装备人才培养具有重要意义。

④ 本课题的研究工作为未来智能飞行器交叉学科设立与建设是一次有益的探索与实践，初步确立了智能飞行器学科体系的基本架构与课程体系内容，为今后智能飞行器交叉学科发展的影响因素、建设机制、管理体制等问题的研究，提供重要的科学参考依据。

致 谢

本课题得到了以下教研项目的支持：中国学位与研究生教育学会面上项目（“新工科”背景下航空航天类专业研究生“产学研教训”体系重构与实践，2020MSA227）；辽宁省社会科学基金项目（辽宁商业航天产业创新发展策略与人才支撑研究，L21BGL045）；沈阳航空航天大学教学改革项目（《智能飞行器系统理论与技术》线上线下混合课程群建设与实践，JG2020058）；沈阳航空航天大学教学改革项目（沈阳航空航天大学“十三五”首批校级重点建设专业遴选计划——新工科试点建设专业建设项目）；沈阳航空航天大学精品主干课程建设项目（飞行器总体设计（线上线下））；沈阳航空航天大学校级资源共享课建设项目（飞行器总体设计）；沈阳航空航天大学教学改革项目（“理论＋兴趣＋科研”创新教学方式改革与实践，JG2017011）。

参考文献

[1] 杨靖宇. 空间太阳能电站动力学与控制(I)[M]. [S. l. : s. n], 2015.

[2] YANG J Y. Dynamics and Control of Space Solar Power Station (II)[J]. Golden Light Academic Publishing, 2016.

[3] YANG J Y. Dynamics and Control of Space Solar Power Station (III)[J]. Golden Light Academic Publishing, 2017.

[4] YANG J Y. The Theory and Practice of the Reform of “Creative Engineering” (I)[J]. Golden Light Academic Publishing, 2017.

[5] YANG J Y. The Theory and Practice of the Reform of “Creative Engineering” (II)[J]. Golden Light Academic Publishing, 2017.

[6] 杨述明，吴建军，程玉强. 基于问卷调查的空天智能飞行器交叉学科建设模式研究[J]. 教育教学论坛，2021(11):141-144.

可压缩空气动力学一流本科课程建设与改革

韩忠华　宋文萍　宋科　卓丛山　邓磊　钟诚文　杨旭东　史爱明　刘沙　王跃　许建华

（西北工业大学 航空学院，西安　710072

翼型、叶栅空气动力学国家级重点实验室，西安　710072）

摘　要：打造一流本科课程是"建设有中国特色的世界高等教育强国"新时代教育战略的重要基础任务，是当前中国高校关注的热点问题。针对航空类专业核心课程"可压缩空气动力学"，瞄准一流本科课程建设目标，开展了近5年的建设与改革实践。重点研究了具有鲜明航空特色的思政教育方法、航空领域前沿科研成果进课堂的科研育人方法，以及"四堂结合"的线上线下混合式教学模式改革，重点解决了思政教育同航空航天专业教育如何相互促进、经典空气动力学知识体系与前沿科研成果如何相互融合、经典空气动力学课程如何实现教学模式创新等三个方面问题。课程建设与改革取得阶段性重要成效，2020年和2021年分别获批西北工业大学和陕西省一流本科课程（线上线下混合式），为进一步打造国家一流课程建立了坚实基础。

关键词：一流本科课程；空气动力学；线上线下混合式教学；思政教育；慕课

空气动力学被誉为飞行器设计的"先行官"，是研究物体与空气发生相对运动时，空气的运动及其作用力规律的一门学科。可压缩空气动力学是空气动力学的一个重要组成部分，主要研究马赫数大于0.3的高速流动。20世纪30年代以来，可压缩空气动力学的发展，直接推动现代喷气式战斗机从第一代发展到今天的第四代。可压缩空气动力学也极大地推动了民用飞机的更新换代。我们今天之所以能够乘坐舒适高效的民航客机，可压缩空气动力学功不可没。超声速化巡航是未来民航客机的发展趋势，而高超声速则是军用飞行器的重要发展方向。这当中不仅要求可压缩空气动力学来扮演理论基础的角色，更要求其从基本原理、分析方法和设计技术方面不断取得新突破，从而有力支撑未来飞行器的研制。因此，通过高等教育培养一批掌握可压缩空气动力学的优秀人才，是助力我国自主发展下一代和未来飞行器，建设现代化航空强国的重要保障和必由之路。

可压缩空气动力学（双语）课程是西北工业大学航空航天大类培养方案中飞行器设计与工程、航空航天工程等专业方向的核心课程，直接服务于"面向国家需求和国际学术前沿，培养具有家国情怀和国际化视野，各方面协调发展的未来航空航天领军人才"的大类培养目标。课程适应当前和未来高速飞行器研究和发展的热潮，可使学生掌握可压缩空气动力学的基础理论，理解亚/跨/超/高超声速流动的基本特征，掌握高速飞行器主要设计思想和气动分析方法，为进一步学习其他专业课程和今后从事超声速客机、新型战斗机、高超声速飞行器等设计工作打下坚实基础。

课程自1977年沿革至今，曾用名高速空气动力学、空气动力学，2016年更名为可压缩空气动力学。2005 年作为流体力学的主要组成部分入选陕西省精品课程，2010 年入选国家双语示范课程，2017 年入选西北工业大学专业核心课程，2019 年建成同名慕课，2020 年入选西北工业大学线上线下混合式一流本科课程，2021 年入选陕西省线上线下混合式一流本科课程。课程团队现有教授 4 人、副教授/副研究员 6 人、讲师 1 人，7 人具有海外留学经历，均具有博士学位，专业背景包括设计空气动力学、理论与计算流体力学、实验流体力学、飞行器设计等领域。

1　背景和意义

党的十八大以来，以习近平同志为核心的党中央高度重视新时期的高等教育工作，我国相继出台了一系列教育改革措施和建设意见。2015 年发布的《统筹推进世界一流大学和一流学科建设总体方案》[1]揭开了新时期高等教育"双一流"建设的序幕，2019 教育部又发布《关于一流本科课程建设的实施意见》[2]，提出一流本科课程"双万计划"，明确指出"双一流"建设高校应重点打造一批一流本科课程，为卓越拔尖人才培养提供有力支撑。可见，建设一流本科课程已经成为我国新时期教育工作的重要任务，是建设一流专业、一流学科并进而建设一流大学的基石。在这种大背景下，剖析可压缩空气动力学课程及其教学中所面临的问题，开展有针对性的建设与革新，将其打造成为具有"高阶性、创新性和挑战度"的"金课"，对于落实"立德树人"的教育根本任务，实现"建设国家级一流本科课程"的目标具有重要意义。

2　课程剖析与建设思路

依据新时期国家教育工作的主要方针和精神，对可压缩空气动力学课程存在的短板和软肋进行了剖析，经过教学团队研讨，总结出需要重点解决的三个问题。

1）思政教育同航空航天专业课程教学如何相互促进。近年来，课程思政愈发受到重视，将"立德树人"思想政治工作贯穿包括高校专业课程教育在内的教育教学全过程，成为所有高校的共识，也是目前大家正在努力方向。可压缩空气动力学课程作为西北工业大学航空航天大类培养的核心课程，属典型的理工科课程，思政元素的融入相比通识课、社科类课程更具挑战性[3]。尽管教学团队有意识地设置了一些思政教育环节，但其展现方式较保守，内容相对分散，专业知识同思政元素之间的关联性没有得到系统地梳理（如图 1 所示）。学生难免困惑于"专业课为什么讲思想人文和爱国主义?"，这制约了思政教育整体效果的提高。因此课程建设的首要问题是探索课程思政的实施方法，不仅实现立德树人的教育任务，还要用思政来鼓舞和激发学生的学习热情，实现思政对专业教学的反哺和促进。

2）经典空气动力学知识体系与前沿科研成果如何相互融合，从而激发创新思维。创新性是高校教育和人才培养的重要特征。可压缩空气动力学是 20 世纪 30－40 年代发展起来的，属于经典知识体系。课程中的基本原理、基础方法、公式定理普遍历史悠久，有的甚至有上百年历史。而现代科技发展日新月异，人工智能、大数据、新能源、量子通信等新兴热门学科不断涌现。得益于互联网的发展，当代大学生的眼界和知识面显著拓展，在关注这些新兴学科的同时，不免片面地将可压缩空气动力学视为老旧知识体系，从而产生"陈旧、没有新意"的错误认识。然而事实上，经典并不等于陈旧，随着航空航天飞行器的不断推陈出新，牵引并促进了可压缩空气动力学的理论、方法和技术的创新和突破。特别是近年来，高超声速飞行器的发展，极大推动了高超声速空气动力学的研究与创新。同时，空气动力学与其他新兴学科结合，诞生了许多新型交叉学科方向。如何从中挖掘创新元素引入课堂，在继承经典与开拓创新之间取得最佳平衡，是一个亟待解决的问题（如图 2）。

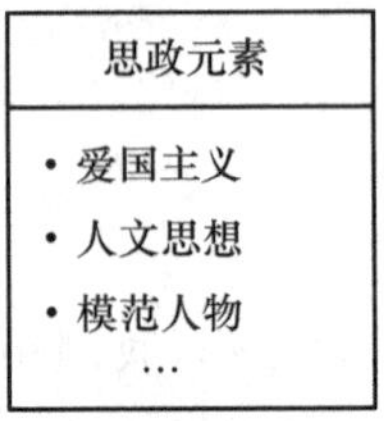

图 1　思政元素同专业知识的关联性需要梳理

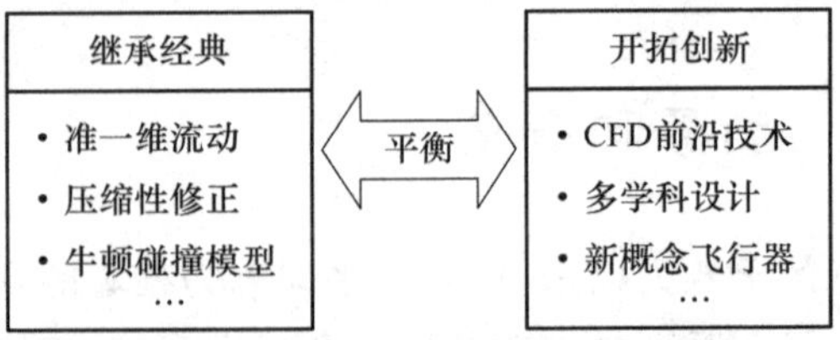

图 2　继承经典知识与开拓创新之间需要取得平衡

3）传统教学模式同新型教学手段如何有效结合，从而实现经典课程教学模式的创新。西北工业大学可压缩空气动力学课程自 1977 年沿革至今，数十年来一直是最能体现西北工业大学“三航”特色的专业课程之一，形成了一支有丰富教学经验的专业化教学队伍。该课程曾培养了歼-20 总师杨伟院士、运-20 总师唐长红院士、歼-15 常务副总师赵霞等一大批飞行器总设计师为代表的优秀人才，是“西工大现象”[4]的重要贡献者之一。近年来，各种新型教学手段和理念不断涌现，特别是在线开放课程（慕课）、雨课堂、翻转课堂等新的教学模式和手段的出现，给传统教学模式和理念带来极大的冲击，也曾给秉承传统教学模式的可压缩空气动力学教学团队的教师们带来困惑，引发了长时间的研究和思考（如图 3）。在新时期“双一流”建设和“双万课程计划”的大背景下，如何根据课程特色和专业特点来改革教学模式，在传统与革新之间取得平衡，既继承多年传统教学的成功经验，又与时俱进，有效利用新型教学手段和模式，从而切实提升教学水平和人才培养质量，成为课程建设的一个关键问题。

为了解决上述关于课程建设的三个关键问题，可压缩空气动力学教学团队从“价值塑造、能力培养和知识传授”三位一体的人才培养理念出发，经过反复研讨和实践，提出了针对性的解决思路（如图 4 所示）：立足航空专业特色，以“航空报国、强国有我”主题思政来培养学生热爱航空、献身国防的爱国情怀，通过航空科技前沿成果进课堂来引导学生探索创新，结合慕课、雨课堂、实践课堂等新型手段和模式开展线上线下混合式教学，使学生掌握扎实基础和实践能力。

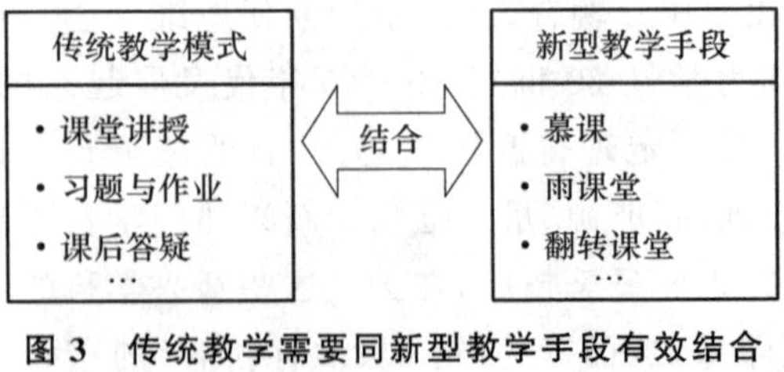

图 3　传统教学需要同新型教学手段有效结合

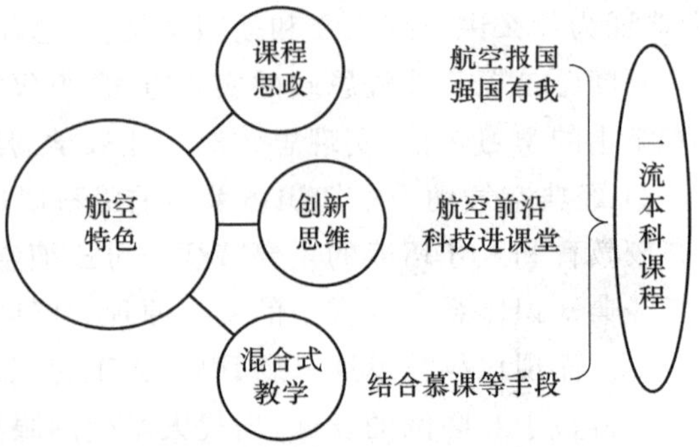

图 4　课程建设的基本思路

3　课程建设内容及实施

3.1　具有鲜明航空特色的课程思政

立足专业特点，深入挖掘课程蕴含的思政教育元素，建立了具有鲜明航空特色的课程思政模式。可压缩空气动力学是现代高速飞行器设计所必备的知识，老一辈科学家在该学科的卓越贡献，促成了现代飞行器蓬勃发展的局面。在我国，西工大的可压缩空气动力学课程（及其前身）为国家培养了一大批空气动力学和飞行器设计领域的优秀人才，见证了我国航空事业艰难起步、发展壮大的历程。这当中，蕴含了丰富的思政教育元素，不仅有老一辈著名学者的奋斗史，也有当代卓越人物的励志故事，还有不少存在于我们身边，学生触手可及的模范事迹。因此，这门课从来不乏思政元素，长期以来授课教师也一直在自觉或不自觉地开展课堂思政。但是，如何有计划、有目的、成体系地开展课堂思政，将思政元素自然而然地引入到空气动力学知识点，使学生觉得“老师不是在为了思政而思政”，避免“思政与教学两张皮”，是其中的关键。

例如，课程开篇的一个重要教学内容是可压缩空气动力学对现代飞行器发展的重要作用。此时，西北工业大学空气动力学专业培养的军机三总师（歼20总师杨伟、运20总师唐长红、歼15常务副总师赵霞）和史上最牛航空班5381班的事迹，就被自然而然地带入课堂（如图5所示）。一班三总师的求学史、奋斗史给了学生很大鼓舞，让学生们热爱航空、热爱专业、热爱学校，更使学生深刻理解学好可压缩空气动力学课程的重要性，极大提升学生主动学习的热情。

图5　空气动力学专业5381班培养了歼20总师杨伟、运20总师唐长红、歼15常务副总师赵霞

又如，在讲授“压缩性修正理论”时，用一张70年前三位著名科学家的合影照片（如图6所示）进行情景引入，将可压缩空气动力学中十分重要的压缩性修正理论同普朗特、冯·卡门、钱学森三位学者联系起来。其中有“普朗特准则”以及“卡门-钱公式”，都是以其提出者的姓名来命名的。特别是钱学森，是我国家喻户晓、功勋卓著的著名空气动力学家，在学习钱老提出的理论的同时，很自然地引入钱老的事迹，更容易使学生信服，从内心喜欢这门课程。课程进一步介绍三位科学家师承一脉，而老照片反映的人生境遇大不相同。20世纪40年代中后期，二战刚刚结束，德国的航空等行业几乎毁坏殆尽，大批科学家一时失去用武之地。美国作为战胜国委托当时在加州理工学院工作的冯·卡门、钱学森等知名学者前往德国考察航空航天技术

并收罗人才，其中就包括游说冯·卡门的导师“空气动力学之父”普朗特为美国效力。这张合影就是此时拍摄的，一个细节是照片中年轻的钱学森身着美军制服。对此，学生无不感到惊讶和好奇。几年后钱学森突破阻挠回到祖国，人生境遇发生巨大转折，不仅为我国航空航天事业做出巨大贡献，也成就了伟大的人生。此案例有助于学生深刻体会只有同国家事业相结合，才能最大程度实现个人的理想和抱负。

图 6　一张照片引出师徒三代杰出空气动力学家思政案例

而在之后非线性超声速流动数值计算方法的教学中，进一步介绍了钱学森的学生罗时钧的事迹。罗先生早年求学美国师从钱老学习空气动力学，是钱老指导的第一位博士，之后像很多爱国学者那样，克服险阻回归祖国(当中一度被美国无理扣押)。罗先生编写了我国第一部空气动力学讲义，并首次将有限差分法用于非线性超声速流动的数值计算，为我国航空科技和教育事业做出突出贡献。自 1970 年代罗先生开始在西北工业大学工作，直到 80 多岁高龄仍然坚持科学研究和指导学生。我们身边的科学家的故事更加让学生感到亲切和印象深刻。

总之，课程以“航空报国、强国有我”为主题，将包含以上资料在内的课程思政内容整理为课程思政教学汇编，2021 年底又加入了学校的课程思政案例库，课程思政的实施进一步向规范化发展。“可压缩空气动力学(双语)”的课程思政，体现了课程和专业的鲜明航空特色，同专业知识契合度高，同身边的人与事也有关联，有效避免了“课程思政突兀生硬，课程思政与专业教学两张皮”的问题，极大地激发了学生的爱国主义情怀，也激发了学好专业课程，建设航空强国的责任感。

3.2　航空科技前沿研究成果进课堂

将航空领域特别是飞行器空气动力学前沿研究成果有机融入课程教学，从而在经典知识的教学中较好地体现科技创新，引导学生勤思考、多探索。教学团队依托翼型、叶栅空气动力学国家级重点实验室，长期从事空气动力学前沿理论方法、数值模拟技术、气动与多学科优化设计、气动弹性、气动噪声、流动控制及实验空气动力学的研究，近年来取得一批前沿科研成果，发表 AIAA Journal 等一系列航空航天顶级期刊论文，获得国防科技进步奖、陕西省科学技术奖以及中国航空学会和空气动力学科学技术奖等科研奖励。这些高水平的科研成果为更新课堂教学提供了丰富的内容。根据这些成果和课程的特点，教学团队补充了“翼身融合(BWB)飞机”“超声速客机及声爆问题研究进展”“高超声速飞行器”“气动与多学科优化设计”等教学内容。这些都是当前航空领域的最热点问题，且同课程内容联系紧密，其中不乏可压缩空气动力学知识的最新应用或拓展(如图 7 所示)。这些内容，不仅使学生了解本学科领域的最新研究成果，而且掌握了经典知识在航空飞行器设计中的实际应用情况与发展新趋势，极大程度激发了学生的探索创新精神。其中的典型案例是西北工业大学飞行器设计与工程专业本科生温浩同学，在课程斜激波关系式的学习中受到启发，综合运用课程中激波、熵增、总压损失等相关基础知识进行分析，大胆提出了斜激波极值规律的新见解，发表于国内航空领域顶级期刊航空学报[5]。

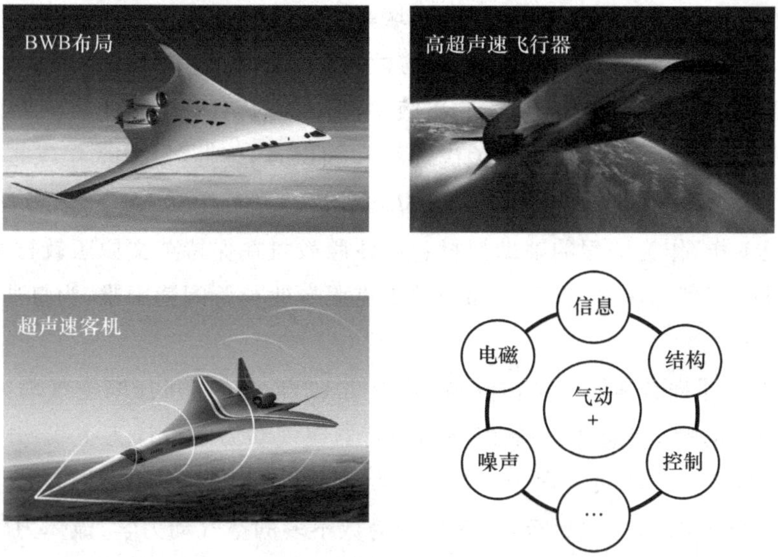

图 7　课程引入可压缩空气动力学的前沿研究成果

3.3　立足航空特色的线上线下混合式教学新模式

结合可压缩空气动力学课程自身特点以及西北工业大学深厚的航空底蕴，探索出了一条传统课堂、在线课堂、雨课堂和实践课堂相结合的一条混合教学之路(如图 8 所示)。经过反复论证和研讨，教学团队确定了以高速飞行器空气动力设计为主线的线上线下混合式教学模式。

在传统课堂中，采用英文教材和双语教学模式，向学生系统介绍高速飞行器设计相关的空气动力学基本概念、理论与方法；在线课堂(慕课)中，则以学生自学为主，辅以在线单元测试与答疑，深化学生对基础知识的理解和掌握，并适时讲解代表性高速飞行器的设计原理；在雨课堂教学中，通过雨课堂 APP 在课堂教学中实时发布高速飞行器空气动力学知识的抢答和测验，允许学生用弹幕形式随时提问，大幅提升课堂的互动性，将学生的手机由“低头的工具”，变成“抬头的利器”；在实践课堂中，主要让学生运用所学理论知识分组完成高亚声速大型民机气动估算和初步设计，通过分组汇报展示设计结果，从而考察对理论知识的理解和综合应用能力。

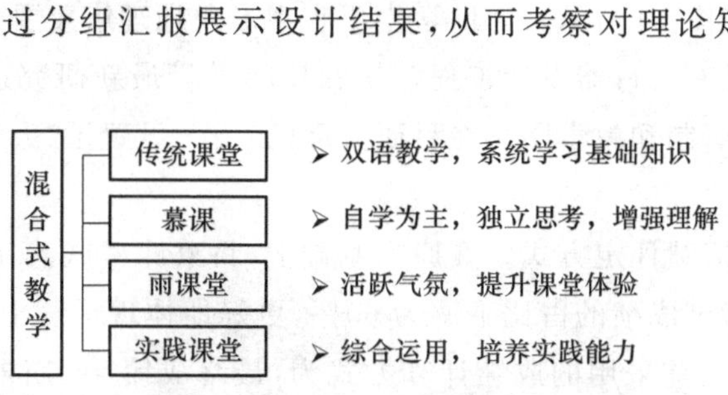

图 8　“四堂结合”的线上线下混合式教学新模式

为了混合式教学模式的顺利开展，教学团队还加强了对配套教学资源的建设，包括：

1）教材建设。课程自 1999 年开始以著名空气动力学家小约翰. 安德森编著的 *Fundamentals of Aerodynamics* 作为教材。据统计，该教材一直被美国麻省理工学院、斯坦福大学等十多所著名大学采用，在航空教育领域享有盛名。近几年来，随着航空航天技术迅猛发展，空气动力学领域出现了许多新理论、新方法，这本教材也适时推出新版，增加了相关新知识。课程团队参与了最新第六版的译注和出版工作，并由原书版权方授权在 2020 年由航空工业出版社正式发布译注版教材（仅翻译关键词汇和知识点）。此外 2017 年课程教学团队还参与完成了另一本著名教材 *Modern Compressible Flow, with Historical Perspective* 第 3 版教材的译注和出版工作，作为课程的辅助教材。译注版教材在保持英文原版教材特色的同时，对个别关键要点进行了翻译注释，有助于部分学生克服专业英语阅读困难，为打造一流课程提供了切实有效的保障。

2）慕课建设。课程教学团队全员参与，并于 2019 年建成了可压缩空气动力学幕课（如图 9 所示），同课程整体规划相配合，仍然以高速飞行器空气动力学设计为主线，开展相关基本理论和方法的线上教学。慕课共包含 39 节视频课（视频时长共 7.5 小时），17 套测试/考试题。慕课在中国大学 MOOC 网上线运行，是该平台为数不多的空气动力学/流体力学类课程之一，也是唯一的可压缩空气动力学课程，目前即将第三期开课。

图 9 可压缩空气动力学(双语)

3）其他资源建设。为了适应雨课堂教学，团队专门参加了雨课堂培训，改版了 PPT 课件，新增课堂抢答、小测验等全新教学环节。制作了高速飞机模型、超声速风洞原理演示、激波原理演示等实物教具（如图 10 所示），帮助学生更直观形象地理解重要知识点。对现有题库进行扩充和改进，增加了具有飞行器设计工程背景和反映学科最新研究进展的题目。特别是紧密结合我国当前大飞机研制和教学团队在科研方面的工作，设置了“大型宽体客机气动分析与设计”实践环节。

课程采用了多元化成绩评定方式。在原有基础上，将慕课考试、实践作业和雨课堂测试计入总成绩，而传统纸面考试成绩的占比下调为 60%，更好地体现了线上与线下学习并重、理论学习与实践锻炼并重。目前采用的成绩计算方式为：最终成绩 = 期末考试成绩 * 0.6 + 课后作业成绩 * 0.1 + 慕课考试成绩 * 0.15 + 雨课堂测验成绩 * 0.05 + 实践报告成绩 * 0.1。

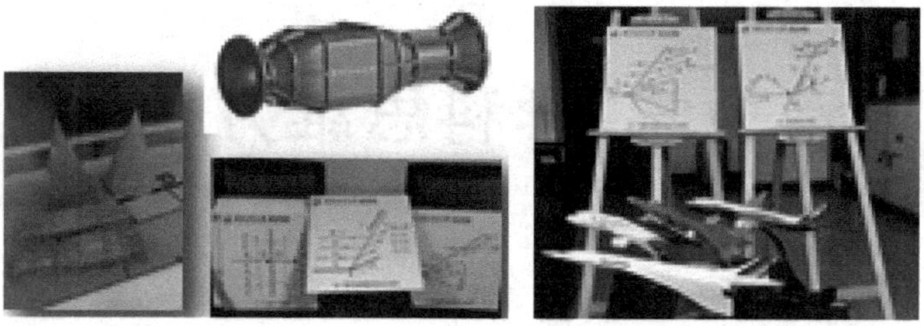

图 10　课程建成的部分空气动力学实物教具

4　建设成效与展望

为适应新时期“双一流”建设的需要，可压缩空气动力学（双语）课程在 40 多年发展历程的基础上，于 2017 年开展的新一轮建设与改革实践，取得了阶段性成效。主要包括：

1）课程质量得到稳步提升。课程从校级核心课程逐步发展为校级一流课程、省级一流课程，目前正在进一步申报国家级一流课程。

2）教学效果得到稳步改进。学生评教系统和教学督导系统给出好评且逐年上升，特别是混合式教学和课程思政得到广大师生的认可。

3）教学团队得到持续发展。团队中 1 人获批陕西省杰青、5 人晋升职称。4 名新增青年教师通过培训/助教/试讲的系列化训练和考核，走上讲台成为主讲教师。

团队传承西北工业大学可压缩空气动力学课程的传统，初步探索了一条具有鲜明航空特色的课程建设与改革道路。下一步规划主要有三个方面。一是顺应国际航空科技发展趋势和国家需求，完善修订大纲和更新教学内容；二是持续建设教学资源，特别是更新慕课视频，强化慕课运行效果；三是在国家教育方针指引下，针对可压缩空气动力学课程的具体实践开展“教学法”研究，为推进一流课程建设提供理论指导。

致　谢

感谢西北工业大学“本科专业核心课程建设”“在线开放课程建设”“网络示范课程建设”“线上线下混合式一流课程建设”等教学项目资助。

参 考 文 献

[1] 国务院. 国务院关于印发统筹推进世界一流大学和一流学科建设总体方案的通知（国发(2015)64 号）[EB/OL]. (2015-10-24)[2015-11-05]. http://www.gov.cn/zhengce/content/2015-11/05/content_10269.htm.

[2] 教育部. 关于一流本科课程建设的实施意见（教高(2019)8 号）[EB/OL]. (2019-10-30)[2019-10-31]. http://www.moe.gov.cn/srcsite/A08/s7056/201910/t20191031_406269.html.

[3] 李骏扬. 理工科课程中的思政与情感[J]. 中国大学教学，2019(12)：20-23.

[4] 张哲浩. 续写人才培养“西工大现象”新篇章[EB/OL]. (2019-12-03)[2021-11-07]. https://m.gmw.cn/baijia/2019-12/03/33368600.html.

[5] 温浩，史爱明，鄢荣. 斜激波极值规律的边界层影响[J]. 航空学报，2019，40(12)：77-87.

关于“空气动力学”学科思维方式的几点思考

董义道　全鹏程　彭悟宇
（国防科技大学 空天科学学院，长沙　410073）

摘　要： 长期以来，空气动力学课程教学工作的重点集中于数理公式推导和流动机理分析，对于学科思维方式的介绍涉及较少，且不成体系。本文从空气动力学学科发展历史着手，梳理总结出有关空气动力学的三大主要思维方式：从观察和实验出发的实证主义思维方式，通过合理引入假设化繁为简的思维方式，以解决问题为目标、综合运用各类工具的思维方式。通过对学科思维方式的凝练和剖析，从方法论层面拓展并提升学员的全局思维能力。

关键词： 空气动力学；思维方式；实验思维；假设思维；问题思维；工具思维

关于思维方式，百度百科给出的定义是思考问题的根本方法，包括线性思维方式与非线性思维方式两大类型。这一定义一定程度上模糊了思维方式和方法论之间的分野。思维方式，从字面上来看，就是一种在特定环境下形成的较为固定的思维模式、思考方式，英文翻译为 the mode of thinking，这种思维模式，或者思考方式，并不涉及所谓“根本方法”。以人的思维方式为例，受限于个人的成长环境、教育经历等因素，对于同一问题，不同人思考的角度和方式显然是不同的，但我们不能说谁的思维方式更加“根本”。谈及“根本”，我们实际上是在探究本质和真理，其本身隐含了思维方式的合理性。“合理”或者“根本”的思维方式，应当归结为方法论，对应英文的 Methodology，即关于方法的学问。这种学问应当综合考虑了多种因素的影响，且其合理性和有效性经由实践检验和证明过，相同或者类似情况下可以作为参考和借鉴。对于空气动力学这门学科，本文所凝练或者总结的思维方式，还未上升到方法论的层面，这是首先需要澄清的一点。

为什么要研究空气动力学的思维方式？长期以来，空气动力学教学的重点集中在数理公式的推导和基本流动机理的分析，似乎很少涉及关于思维方式的教学。实际上，这种教学模式并非空气动力学学科所独有，大部分传统工科课程均未脱离类似的藩篱。这种模式一方面有利于强化学生的数理基础和基本流动机理分析能力，但同时也加大了理论和实践之间的鸿沟。对于实际工程问题，课本或者课堂上的知识体系很难应对，因为这类知识体系的一个显著特征是模型化和抽象化。如何对复杂、多学科耦合的工程问题进行解耦和抽象，进而建立合理的数理模型，正是空气动力学学科思维方式应当解决的问题。

空气动力学的思维方式有哪些？具有什么样的特征？和学科发展历史有什么样的关联？在当前产业升级和新工科建设的大背景下应当具备什么样的崭新内涵？在回答上述问题之前，首先需要明确的一点是空气动力学这门学科在整个科学体系中的位置。钱学森先生早在20世纪五六十年代就曾讨论过这个问题，在《论技术科学》[1]这篇文章中，钱老将科学研究的内容划分成三个类型：自然科学、技术科学、工程技术，力学被划分在技术科学这一类别。空气动力学作为力学的一个分支，显然也属于技术科学的范畴。技术科学是自然科学和工程技术之间的桥梁，其科学依据、数理基础扎根于自然科学，目标定位于解决复杂工程问题。这一属性决定了技术科学的门槛是很高的。当然，如果处理不好自然科学和工程技术之间的关系，技术科学研究人员很有可能“退化”成理论家或者工程师。

明确了空气动力学属于技术科学这一分类，对于我们总结和凝练与之相关的思维方式至关重要。在《论技术科学》[1]及《技术科学中的方法论问题》[2]等文章中，钱老提出了一系列开展技术科学研究的方法和方法论，其中的思想同样适用于空气动力学。本文尝试从空气动力学发展历史出发，发掘隐藏在学科背后的、具有一定普适性和启发意义的思维方式。

严格来说，空气动力学的发展开始于19世纪末20世纪初。当然，如果把空气作为一种流体看待，则流体力学的发展历史最早可以追溯到古希腊时期。阿基米德的《论浮体》开启了流体力学发展的序幕，这一时期，流体力学研究主要以定性观察为主，阿基米德浮力定理的发现一定程度上佐证了这一观点。直到文艺复兴时期，随着实证主义精神的兴起，流体力学研究在定性观察的基础上引入了实验手段。达·芬奇倡导一切从实验数据出发，研究自然并向自然学习。基于这一思想，达·芬奇研究了鸟类的飞行、鸟类翅膀的结构及其在飞行中的运动机理，第一个设计了顶端带螺旋桨的飞行机器，这一飞行机器正是现代直升机的雏形[3]。18、19世纪，自然科学迎来了蓬勃发展，其中微积分等数学工具的诞生极大促进了流体力学从童年期迈向成熟期，这一时期也催生出一大批流体力学研究新理念、新方法和新成果。利用微积分这一强大的工具，大数学家欧拉第一次将流体运动规律以微分方程的形式表达出来，伯努利给出了速度和压强满足的显式关系，即我们所熟知的速度越大、压强越小。当然欧拉和伯努利的工作主要针对无粘流动。然而，无粘假设无法解释在流体中运动的物体所受的阻力，即达朗贝尔佯谬，因此必须考虑流体的粘性。法国工程师纳维和英国数学家斯托克斯分别提出了针对粘性流动的控制方程，纳维-斯托克斯方程进一步完善了流动运动规律的数学表达。遗憾的是，这一二阶非线性偏微分方程的求解异常困难，直到今天，关于NS方程的完全求解仍然是一个巨大的难题。20世纪初，德国流体力学大师普朗特提出的边界层理论打破了这一窘境，开启了航空工业发展的崭新篇章；与此同时，莱特兄弟的飞行者一号试飞成功，实现了人类亘古以来的飞天梦想……

历史，是记录，也是启示。普朗特是在什么样的契机下提出的边界层理论？边界层理论是一套完全基于数学推导的严密体系吗？飞行者一号的成功是否完全归功于理论的完备？这些问题的答案，正是空气动力学或者流体力学研究和教学应当借鉴和传播的思维方式。

(1) 边界层理论是在什么样的契机下提出的？

一面是难以解析求解的NS方程，一面是亟待发展且潜力巨大的航空工业，按照传统自然科学的研究思路，应当集中精力攻克NS方程的求解，进而以完善的理论指导实践。庆幸的是，尽管可能并没有完全认识到NS方程求解的复杂度和难度，普朗特仍然选择了自文艺复兴时期就倡导的从实验出发的思路。普朗特设计了一个铝粉示踪实验，即将铝粉撒入流过平板的水流中，并观察铝粉在流场中的运动和分布情况。观察发现，粘性的作用集中在靠近平板壁面的一个薄层内，而在薄层外部，铝粉随水流的运动规律和无粘流动理论预测的基本一致。这一实验观察为NS方程的求解提供了一个全新的视角：粘性流动可以分区域求解，对于粘性影响较小的外层区域，完全可以采用无粘流动理论；而在近壁面区域的薄层内，也就是所谓的边界层，才需要考虑粘性的影响。

事实证明，普朗特的边界层理论是流体力学发展史上里程碑式的成果，在完备的数学表达和实际工程问题的需求之间架起了一座桥梁，而边界层理论提出的关键在于铝粉示踪实验。这种从观察和实验出发的思维方式，正是技术科学有别于自然科学的本质特征。自然科学追求的是建立完备的理论体系，而技术科学尽管以自然科学为基础，但目标始终瞄准解决实际工程问题。

(2) 边界层理论是一套严密的数学体系吗？

边界层理论的提出，一方面提供了分析粘性流动的全新视角，但同时也带来了新的问题：所谓的边界层，或者壁面附近的薄层，其厚度究竟是多少？对于薄层内的粘性流动，如何利用相关的信息对NS方程进行简化使其可解？

对于所有技术科学研究来说，观察和实验可以深化对物理现象和流动本质的认识，但并不会直接导出解决实际问题的可行方案，为了更进一步，必须引入假设。以边界层理论为例，首先需要明确的一点是，边界层的厚度或者外层无粘区域和内层粘性区域并没有严格界定，这一理论所能提供的唯一信息是厚度很薄，从数学角度来看，边界层厚度相对于特征长度是一个小量δ，即$\delta<<L$。从这一假设出发，通过对比NS方程中每一项的量级差异，普朗特对NS方程进行了简化，得到了边界层流动控制方程。相比于原始NS方程，边界层方程的数量减少了，方程中的项也得到了简化，从而为后续布拉休斯求解层流平板边界层流动奠定了基础。从理论体系的严密性来看，边界层理论并不能完全称之为理论，其中的边界层厚度并不能完全确定，因此将其称之为假设较为合理；此外，在利用$\delta<<L$这一假设简化NS方程的过程中，进一步引入了假设，即假设量级较小的项对于流动的影响不大，可以略去。从中可以看出，基于观察和实验积累的认识进行合理假设的思维方式，是技术科学从理论走向实践的又一利器。

(3) 飞行者一号的成功完全得益于流体力学理论的完备吗？

普朗特的边界层理论提出于1904年。三年后，普朗特的学生布拉休斯得到了层流平板边界层的解。而在1903年，飞行者一号就已经实现了人类历史上第一次载人动力飞行。因此，从时间线的角度来看，飞行者一号的成功并没有完全依赖完备的流体力学理论。正如冯卡门在纪念动力飞行50周年时所说，“我认为在我们所谈论的那个时代，真正对飞行发生兴趣的人们绝大多数都是不相信任何理论的”。冯卡门的这一评述，反映了当时流体力学基础研究和工程应用之间的严重脱节，同时也证明了流体力学作为技术科学的一大重要属性：在理论尚未完备的情况下，综合应用各种手段和工具解决实际工程问题的属性。

莱特兄弟并非传统意义上的科学家，以今天的标准来看，他们的定位更倾向于发明家或者工程师。在设计飞行者一号的过程中，一方面他们借鉴了当时的理论研究成果，包括向史密斯索尼安学院写信请求得到航空方面的信息和书籍；同时，基于不断的风洞实验和前期的滑翔机设计以及试飞数据，他们大胆采用了更大面积的机翼，在提升升力的同时降低了早期飞行器对驾驶员位置的敏感度。此外，莱特兄弟还创造性地设计出包括升降舵和方向舵、且升降舵在前、方向舵在后的鸭式布局，大大提高了飞行器的操纵性，彻底改变了李林达尔依靠移动身体位置实现操控的方式。

回顾飞行者一号的诞生过程，作为工程师或者发明家的莱特兄弟并没有局限于当时的理论研究成果，而是通过多种手段和工具开展了设计，包括对鸟类飞行的长期观察和模仿，一定程度的理论分析，大量的风洞实验和滑翔机试飞等。所有这些工具或者手段的采用，目标都是为了解决动力飞行这一实际问题。尽管流体力学、空气动力学的相关理论和应用在过去一个世纪取得了突飞猛进的进展，但作为数学基础的NS方程的解析求解仍然是一个巨大的谜团。

今天，面对日益复杂的需求和问题，流体力学研究者应当强化综合应用各种工具解决工程问题的思维方式。简单来说，先解决问题，再对解决问题的方式和工具进行优化。

总结起来，所谓空气动力学的思维方式，就是从观察和实验出发，通过合理引入假设建立模型，并综合运用多种工具和手段解决实际工程问题。其中解决问题是目的，观察和实验是前提，假设和模型是基础，工具和手段是方式。对于航空航天专业的学生，在传统空气动力学基础理论学习的基础上，强化思维方式的学习和培养，对于把握学科历史、提升全局视野具有重要意义；而对于从事相关学科教学的教师来说，厘清理论背后的思维哲学开始变得和理论讲授本身同等重要。

参考文献

[1] 钱学森. 论技术科学[J]. 科学通报，1957，3.
[2] 钱学森. 技术科学中的方法论问题[J]. 自然辩证法研究通讯，1957，1.
[3] 曾明，刘伟，邹建军. 空气动力学基础[M]. 北京：科学出版社，2018.

议题 3

航空航天类专业
创新教学模式、教学手段和教学资源的建设与研究

创新教学引领，培养拔尖空天人才*

龚愉　邹罗欢　姚建尧　赵友选　刘浩
（重庆大学 航空航天学院，重庆　400044）

摘　要：在现代航空航天专业实践教学匮乏的大背景下，航空宇航科学与技术专业传统教学模式存在过于偏向理论教学、教学目标单一，学生实验实践需求无法满足的特点。本文针对教学模式上理论和实践的相互关系，在参考传统教学培养模式的基础上，以科研项目为切入点，提出了一种改良的创新实验实践教学模式："教学团队多元化、教学平台国际化、教学实践创新化"。从三个方面实现航空航天专业教学模式的创新、教学质量的提高，有利于培养新时代航空航天创新型人才的培养。

关键词：航空航天；教学模式；实验创新；实践；多元化

航空航天类专业是一个研究与航空航天有关的专业，其培养目标是培养具有较好的数学、力学基础知识和飞行器工程基本理论及飞行器总体结构设计与强度分析、试验能力，能从事飞行器设计、结构设计与研究、结构强度分析与试验以及能从事通用机械设计及制造的高级工程技术人员和研究人员。中国航空航天事业发端于 20 世纪五六十年代，在历代前人的努力下，我国航空航天历史机遇随之而来，并不断发展迅速壮大。在这个过程中，我国先后创立了以航空航天为特色学科的高等学府；近些年来，为了促进航空航天教育事业的不断进步，其他综合性大学也逐渐设立了航空航天类专业的硕士及博士学位。朱宪伟等[1]对国外一流大学航空航天专业的教学模式进行对比后，提出我国航空航天类的人才培养在多方面都需要改进。在航空航天类专业的教学过程中，由于专业的特殊性，主要着重于课堂理论学习，实践和实验教学相对薄弱[2]。实际上，大多高校的航空航天专业缺乏实践和实验相应的设备，难以满足学生学业上的工程训练和实验训练需求。

创新型人才培养模式的建设，依托于理论、实验、实践三位一体的教学模式，决定了专业拔尖人才的素质提升，表现出各高校办学的理念。航空航天专业的发展体现出了现代科学、技术与方法的密切联系，应服务区域经济和社会发展，形成特色专业教学体系。因此，航空航天类的地方高校应认真分析现有教学模式，针对学生的实际情况，研究出能体现创新型实验实践教学的拔尖人才培养模式。

1　现状分析

重庆大学航空航天学院地处西南，紧跟我国航空产业发展趋势，结合国家中长期科技规划并瞄准国际科技发展前沿，强化力学与航空航天工程及其他工程学科的交叉融合，积极从事航

* 基金项目：重庆大学研究生教育教学改革研究项目（项目号 cquyjg21328）。

空航天领域的工程技术和相关的力学基础研究，致力于培养高质量的力学、航空航天专门人才，为推动航空航天领域科技进步以及国家与区域经济发展作出贡献。开设了以航空宇航科学与技术为代表的具有鲜明空天特色的硕士学位。经过多年发展，学院在本专业的培养模式逐渐趋于成熟。课程体系上，以力学为主，开设材料、机械制造方面的特色教学课程，还开设有数值仿真虚拟实验室；学术交流上，邀请国内外业内知名教授来校报告，学生得以了解科技前沿方向。然而，与国外名校教学模式相比[3]，我国地方高校的航空航天专业还是以理论灌输的模式为主。以航空宇航科学与技术专业为例，课程教学上还是偏重于任课老师的知识传授，目的主要是传播知识。学生自主研究、自主讨论的能力比较淡薄。然而，这种模式淡化了人才创新思维，不利于创新型人才的培养，且导致学生的实践动手能力十分薄弱，不利于实践型人才培养。

实际上，航空宇航科学与技术专业的课堂理论教学占学生培养计划的较大比重，一年级的学生大多数时间都从书本和课件上学到知识，缺乏理论联系实际的实践操作。航空宇航专业的实验和实践受到实验仪器和实践范围的限制[4]，而实验仪器的缺乏又与本专业的特殊性相关，尤其是军工企业一些涉密项目，一般不对外开放实践。尽管互联网的发展给航空宇航类专业带来了新的创新发展点[2]，有一些实验课程是基于计算机实现的，可在虚拟仿真实验室中建立飞机设计模型、运动学模型和数值模拟等，但学生在计算机上学到的和实际工程应用又有较大差异，这类差异是学生所不能理解的。因此，多数的理论学习和少量的实验教学，使得学生在学校里学到的东西成为脱离工程实践的抽象事物，无法在实践当中灵活地运用。

此外，航空宇航专业的学生在教学过程当中在一定程度上失去了主体地位，由主动学习讨论变成了单纯上课听讲。教学当中，教师的主体地位不言而喻，而学生主体往往被忽视。教育的本身是在于受教育者的自主教育，自主教育的基础是学生主体性。教师要激发学生主体意识，学生自主进行感兴趣的专业知识的选择学习和创新性培养[5]。

2 创新教学建设的意义

在教学中培养学生的创新性思维对航空宇航科学与技术的专业探究至关重要。世界航空航天事业的每一次发展，都是新技术、新方法的创新探索。生产改革靠科学技术，技术发展靠创新性人才，这足以表明培养拔尖人才创新思维的关键性作用，航空航天类专业的实验实践创新培养对社会航空工业发展都起着较为积极的意义。

实验实践的创新教学，突出了实验和实践对培养人才的必要性和重要性。创新教学在提高教学质量的同时，提高了学生们学习的积极性和主动性，加强了学生对航空航天知识体系的理解，由此逐渐培养具有创新思维的航空航天拔尖人才。

3 实验实践教学的创新模式

对航空航天专业的创新实验实践，不仅仅是教学者自身的创新改革，还应该将工程和课堂紧密联系，加强企业与高校的相互合作[6]，结合科研项目，实现教学模式的多元化、国际化和创新化。图1所示为实验实践教学关系图。

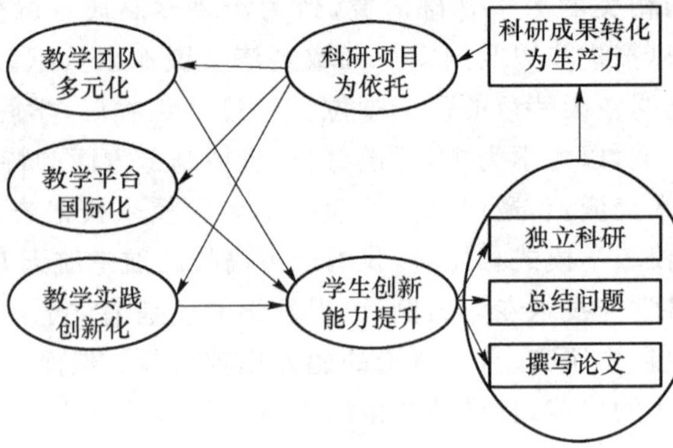

图 1　实验实践教学关系图

促进高层次人才的培养要以科研项目为依托。学院教师作为教学的载体之一，也需要在进行教学时提供项目上的实践机会。可以和企业联合合作，加强与西南片区航空航天企业的联系，联合组建项目团队，学生作为项目参与者和实施者。硕士研究生和博士研究生作为更高水平的人才，应在项目中独立承担重要的工作，研究生应该能独立负责重大科研项目的前期论证，在项目跟进阶段促进新的重大项目的培养；让研究生全程参与项目的申报、立项、可行性研究、运行管理、结题等环节，让优秀研究生负责项目的子课题的任务，让他们在重大工程项目中发挥重要的作用，并产生强烈的使命感和负责感。

学生可以通过参与负责重大科研项目，对科研领域产生浓厚的兴趣，逐渐培养并具备独立进行科研项目的能力；从现实出发总结发现新问题的能力；凝练科学问题和技术方向并撰写高质量的学术论文的能力。在此基础上，逐渐培养把研究的成果转化为实际工程项目解决方案的能力，使学生的科研成果能有效地转化生产力。学生创新性能力的提升，又会对新的项目的申报发挥积极的作用，促进新的研究项目和研究方向，形成一种良性循环，促进了高水平研究项目与高层次人才培养的融合，而这种融合将在研究生培养中发挥重要的作用。

3.1　教学团队多元化

教学团队的多元化是顺应中国当前航空航天高层次人才需求，根据团队具备的素质及所需的资源，充分发挥航空航天行业和业内专家的作用。以专业教学学者为主导，邀请在业内有较大影响力的技术专家，为学生传递国内最新的重大需求、最看重的创新元素。结合专家的亲身经历，包括重大创新过程或事件等，让学生深刻认识到航空航天最前沿的科学技术和创新思路。作为团队中的一员，校内老师和校外专家还可以合作申报重大工程项目提供重要的外部支持，体现产教的深度融合。

3.2　教学平台国际化

邀请国际知名教授加入团队；对于在国际上有较多合作资源的教授，还可以以学校名义聘为学校长期客座教授。引进国外教授团队的优秀学生赴中国游学，与中国学生共同开展研究，在研究中吸收国外先进的研究方法和理念；派优秀学子到国外大学合作教授开展研究，通过多种途径采用沉浸式体验，使培养的学生具备国际化视野和能力。

3.3　教学实践创新化

教学团队通过多年实践学习积累一定的创新素材和创新方法，形成创新案例，用于实践。团队深度挖掘创新的一般方法和规律，引导学生进行相似的创新活动，进而掌握创新的基本规律和方法。教学团队还可以以航空航天领域最新的前沿重大科研创新为素材，使学生沉浸式体验创新过程。

4　结　论

1）从航空宇航科学与技术专业出发，研究了航空航天类专业教学模式的现状，与国内外一流大学相关专业进行对比，提出了传统教学模式存在的不足，指出现有的教学模式存在偏向理论、实践经历不足的特点。

2）指出了科研项目对培养学生创新思维的重要性，和对实验实践创新教学模式的必要性。就教学模式上理论和实践的相互关系，提出了一种改良的创新实验实践教学模式，即教学团队多元化、教学平台国际化、教学实践创新化三个方面，构建了培养航空航天高层次人才能力的新思路，具有实用性和现实性。

参 考 文 献

[1] 朱宪伟，杨夏. 国际一流航空航天类专业人才培养体系特点分析[J]. 高等教育研究学报，2011，34(01)：43-45，50.

[2] 徐静宇. 基于互联网＋的飞行器专业创新教学改革与实践[J]. 教育现代化，2018(45)：94-95.

[3] 武志文，孙国瑞，李航. 国际一流大学航空航天类专业人才培养体系分析启示[J]. 教育教学论坛，2020(15)：1-3.

[4] 廖俊. 航空航天类专业生产实习教学改革与探索[J]. 科教导刊，2021(01)：33-34.

[5] 吴庆宪. 面向世纪民航载运工具运用工程专业人才培养模式研究[J]. 南京航空航天大学学报(社会科学版)，1999(1)：50-55.

[6] 李迎光，等. 航空航天制造学科拔尖人才培养的固溶模式[J]. 高教学刊，2019(10)：6-9.

基于“科教融合”的新工程教育教学改革初探*

邹焕　李辉　徐利梅　谢晓梅　任玉琢
（电子科技大学 航空航天学院，成都　611731）

摘　要：电子科技大学航空航天学院深入探索基于“科教融合”的新工程教育教学改革，结合学院科研特点，打造“项目超市”“兴趣小组”“以赛促研”“学习社区”等多种科教融合模式，进一步通过构建逐级挑战的项目式育人体系；强基础，重实践教育；以赛促教、以赛促学方式；打造学习社区、学生科研能力补给等方法解决高校科教融合的现有问题，助力培养学生的大国工匠精神，勇于探索的创新精神，全面提升学生的发现问题、解决问题能力，培养学生严谨的科学研究素养；提升学生在后续就业及升学中的竞争力。

关键词：科教融合；学习社区；科研育人；新工科；教学改革

自2016年提出新工科建设后，全国高等教育掀起了惊天浪潮，积极推进全国高等学校本科教育新工科建设工作。电子科技大学在新工科教育建设中也紧跟国际步伐，在深入总结前期“课堂革命”建设经验的基础上，学校先后发布“开发基于项目的新生课程教改专项”“新工程教育体系设计与实践教改专项”“基于项目的新工科课程体系建设计划”“‘科研育人’新工程教育改革专项建设”“一年级新生课外创新实践项目计划”等新工科主题教育改革一系列计划，造就新工科建设的“成电方案”[1]。

1　项目简介

航空航天学院在新工科的教学改革工作中一直走在全校前列，积极探索以“新工科”为牵引的新工程教育系统性改革，全面贯彻新工科育人范式从“基于工程科学的范式”到“基于工程实践的范式”的进化[2,3]。从“本科拔尖才培养特区”计划，“鲲鹏计划——万户班”到“面向未来航空航天拔尖人才的科研育人”，形成了教学与科研、学工的深度融合机制，通过机制创新来保证拔尖人才培养的可持续性和长效性。2012年电子科技大学航空航天学院在空天科学技术研究院基础上成立以来，科学研究一直是航空航天学院的工作重点和特色，负责承担了多项国家重大重点，各类纵向横向课题，多学科交叉融合的跨界是我院的科研特色，为本科生参与进阶式科研提供了有力的支撑。结合航空航天的科研特点，进而提炼出“项目超市”“兴趣小组”“以赛促研”“学习社区”等亮点项目，如图1所示。

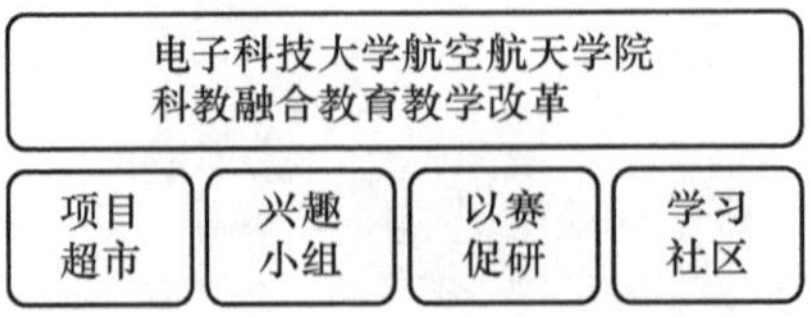

图1　航空航天学院科教融合改革项目

* 项目来源：四川省教育厅，2021—2023年四川省高等教育人才培养质量和教学改革项目。项目名称：面向智能时代航空航天高层次人才科教融合 创新培养模式及精品课程建设与实践。项目编号：JG2021－186。

项目超市：航空航天学院建立的“学生主动学习中心”，每学年都将收集大量的科研团队老师们发布的科研实践项目，定期在每学年初期发布新一学年的科研实践项目，针对学生的年级设置不同难易程度的项目，有面对新生的课外零基础创新实践项目，也有面向大二、大三的本科生，根据学生水平以及科研经历的长短分为初级、高级项目，以期达到进阶式培养的目标。另一方面针对学生自己产生的新点子，研究兴趣点，也可以通过与主动学习中心负责老师联系，匹配指导教师，进一步明确可行性以及研究内容和目标。

兴趣小组：学生主动学习中心与学院的研究中心深度合作，提炼出以团队或研究中心为单位的具有交叉学科、多学科融合的科研项目，招募多个本科生形成科研小组、兴趣小组、分工协作、分组讨论、学长带学弟等科研模式，使得本科生的科研活动不孤单，也让学生在科研的过程中有全局观，形成项目的系统工程规划。

以赛促研：学院依托多个国内外的比赛，如“MBZIRC 国际机器人竞赛”“Free Flight 航空模型挑战赛”“中国高校智能机器人”“挑战杯”等，提炼相关技术重难点，挑战通关，提高学生综合能力，全面提高学生的创新能力和专业研究水平。

学习社区：学院的学习社区定期不定期为学生开展科学研究的讲座，如文献的查阅、论文撰写技巧、时间管理等，支撑学生更好地适应研讨、挑战、探究等学习方法，助力学生科研过程中各种相关技能的提升。

2 存在的问题以及解决方法

一直以来，航空航天学院致力于探索各项措施来促进教学与科研的深度融合，也取得了显著的成果。但是从整体来看，仍然存在以下几个问题：

1）教师开展科研育人的意识有待进一步提升；

2）理论课程教学方式的转变难，需提升教师素养；

3）科研项目难度高，综合性强，本科生上手难；

4）学生科研时间不足，缺乏主动思考能力；

5）学生创新活动参与度不高、动手能力不足的问题。

针对以上问题，航空航天学院积极探索解决方案。

2.1 有组织地谋划科教融合以及科研育人

航空航天学院多年来形成了教学与科研、学工的深度融合机制，通过机制创新来保证拔尖人才培养的可持续性和长效性；在此基础上积累了指导本科生参与科研和写作科研成果的一些经验。学院成立的“学生主动学习中心”，也积极承担“面向未来航空航天拔尖人才的科研育人”项目的实施，从面向教师的科研项目征集到学生的遴选，学生的文献综述提交到学术诚信测试到项目验收答辩等都将让学生有一个沉浸式的培养。通过系统的组织体系，规范的管理机制和经费支持机制，让参与的老师团队和学生都得到规范性的指引。

2.2 改变教学方式，科教融合育人

成立科教融合育人小组，采用课程组研讨等方式，将科研育人的重要性及各种实施方法传递给所有的授课教师，切实推进、积极探索教学方式的改革，将案例式、小班式、翻转式、讨论式等教学方式带入课堂内外，让学生忙起来。科教融合核心来自课程体系：学生在一年级学习基

础数理知识和工具使用进行知识的积累和综合,结合简单真实的工程问题,梳理知识点。通过新生项目课程初步了解科研的内涵,唤起好奇心。在学生二、三年级结合课程体系中的理论课和配套实践类课程,深化教学内容,强化学生的自主学习体验和学习感受,以课程教授内容为基础进行知识的拓展和创新。而研究中心科研团队针对某知识应用的实际场景,结合相关领域的前沿技术,采用课题发布形式给学生,让学生依据选择难度不同的科研实践,开展基于系列专业课程下的探究性实验,培养学生科研思维和解决复杂问题的能力。进展顺利的学生还可以继续选择相关课题作为大四毕业设计题目,进一步深入挖掘科学问题研究,同时形成小论文或专利等成果。

2.3 以兴趣为导向,精心编制科研题目,模块化,梯度式的培养模式

爱因斯坦曾说,兴趣才是最好的老师。科研育人题目的师生配对一定是双向选择,要真正对该项目有兴趣,并且学有余力的同学进行精准培养。在指导老师承研的科研项目中,通过精心的编制,提炼其中的某些技术点,通过模块化、梯度式的培养模式,让学生们能够逐步开展不同梯度、不同难度的科学研究。有科研的经历和锻炼后,学生也能够将其中的专业知识支撑参与“MBZIRC 国际机器人竞赛”“Free Flight 航空模型挑战赛”“中国高校智能机器人”“挑战杯”“国际机器人大赛”等高水平创新创业等赛事。

2.4 “一生一导师”,助教辅助指导,提供全方位服务

一个学生一名导师,这种一对一的指导,可以针对学生进行个性化教学,同时还可以实时掌握学生的科研进展。这种因材施教的教学方式可以让学生获得学习乐趣的同时实现教学相长。同时倡导为本科生配一个相关方向的研究生学长,减少师生代沟带来的沟通不畅问题。另外,本科生可以在学长助教的协助下安全使用仪器,获得实践经验,也可以实现全方位的指导。

2.5 项目组为中心,开展研讨,引导创新

鼓励本科生进入指导教师的项目组,并积极参与项目组的学术例会,参与讨论科学问题,碰撞不同的学术观点,提升科研激情, 培养学生的多维度思想、逆向思维及系统思维。科研学术活动唤起学术的好奇心,增强求知欲, 发挥学生的主观能动性。一方面可以切实地提高学生的动手能力:学生自愿主动参加,深入到课题中,利用自身的课余时间精力,提高了自己在学术科研中的文献查阅调研,方案设计对比,实验操作,测试结果总结,误差分析等能力。另一方面提高了学生的开拓能力:在他们的具体科研工作中,通过文献调查研究,明确研究方向, 提高了分析问题、提出问题、解决问题的能力,并对观察的现象分析,对比决策能力得到了显著提高。对实验结果的判断,处理分析也能有效提高了学生分析、判断、预测及综合能力。创新并不是一蹴而就的,而科研就是在与时间的慢跑中发现问题和解决问题的过程。所以在科研中引导本科生发现问题,并协助他们解决问题,也就是在不断引领他们走向创新的过程。

3 创新点

航空航天学院“科教融合”育人体系改革经过多年的实践,在成果的创新点上也卓有成效:

3.1 逐级挑战的项目式育人体系

基于学院主动学习中心的项目超市,从新生课程开始引导学生从 CDIO(构思、设计、实

现、运作)的角度出发,激发兴趣方向,设置专业团队以及难度逐级提升的项目,通过遴选优秀学生协作方式,体验团队合作、以学生为主的能力翻转、创造性解决现实问题等,全贯通打造挑战性项目育人体系。

3.2 强基础,重实践

以基于项目的学习为核心,增大基于项目的学习与创新实践比重,将趣味性强和展示度高的科研课题融入任务环节,通过团队及研究中心的老师指导,按兴趣分小组等方式从科研基础、实践能力、表达能力、合作能力等角度,全方位培养学生的学术和实践能力,构筑持续创新发展的育人优势。

3.3 以赛促教、以赛促学

以"MBZIRC 国际机器人竞赛""Free Flight 航空模型挑战赛""中国高校智能机器人""挑战杯""国际机器人大赛"等高水平创新创业赛事为抓手,以提高学生综合能力为核心,促进学生专业化水平和创新能力全面提升。

3.4 学习社区、学生科研能力补给

学院的学习社区定期不定期为学生开展科学研究的讲座,如文献的查阅,论文撰写技巧,时间管理等,支撑学生更好地适应研讨,挑战,探究等学习方法,助力学生科研过程中各种相关技能的提升。

4 结 论

经过多年发展,航空航天学院基于"科教融合"的新工程教育教学改革取得了良好的应用效果。

1)培养了学生爱国主义理想,培养其精益求精的大国工匠精神,激发学生们科技报国的家国情怀和使命担当。引导学生将人生理想和追求融入到中国特色社会主义建设中,投入到实现中华民族伟大复兴实践中,成就"大我"的同时实现"小我"价值。

2)激发了学生的科研兴趣,提高了学生正确认识问题、分析问题和解决问题的能力,培养了学生严谨的科学研究素养,强化学生的工程伦理教育。

3)引导学生创新,并将创新转化成成果。

4)完善学院对于本科生科研能力培养体系的构建。

5)不断提升毕业生升学率和就业率。

参考文献

[1] 曾勇,黄艳,向桂君,等.从新生项目课开始:新工程建设"成电方案"的设计与实践[J].高等工程教育研究,2020(01),14-19.

[2] 邹焕,专业写作与口头表达课程教学改革实践——模拟国际会议[J].启迪,2021(10):69-70.

[3] 任玉琢,徐利梅,谢晓梅,等.面向新工科的本科专业培养方案及创新课程设计与实践[J].高等工程教育研究,2019(03):29-32+46.

火箭发动机原理课程教学模式改革初探*

杨海威　关奔　王革　杨泽南
（哈尔滨工程大学 航天与建筑工程学院，哈尔滨　150001）

摘　要：金课建设是全面贯彻党的教育方针、落实高校立德树人根本任务的重要渠道。依据新时代教育部对高校人才培养的要求，在火箭发动机原理课程建设过程中分别融入课程思政和虚拟仿真实验平台建设两方面改革实践内容。依托超星学习通平台和火箭发动机工作过程虚拟仿真实验平台，将传统的线下课堂授课和实验延伸到线上，充分利用现代信息技术扩展火箭发动机原理课程内容的深度和广度，对我校国家一流本科专业建设点“飞行器动力工程专业”的建设形成了有力支撑。

关键词：课程思政；虚拟仿真；协同共建；实践研究；教学应用

2018年教育部在高等学校本科教育工作会议上提出各高校要淘汰“水课”，打造“金课”的要求，次年又进一步启动了一流本科专业建设“双万计划”。显然，打造具有高阶性、创新性、挑战度的高质量课程，是高校教师必须解决的新课题[1]。依托互联网和即时通信工具的在线教育平台的出现很大程度上改变了当代高等教育模式，转变了人们长期形成的基于课堂教学的知识传授观念。面对新兴教育技术的影响和挑战，有必要抓住机遇，在专业课程教学理念、方法和内容、考核评价方式等各方面进行有针对性的重构和完善[2]。

2021年我校飞行器动力工程专业被评为“一流本科专业”建设点，火箭发动机原理课程是该专业的一门重要核心课程。为此，在一流课程建设背景下，打造火箭发动机原理金课具有非常重要的意义。课程建设总体设计思路：以“哈军工”精神为传承，以课程思政建设目标为指引，依托超星学习通和虚拟仿真实验等信息化教学平台，以优质课程建设为载体，基于理论和实践双线融合，实现飞行器动力工程专业人才培养目标。

以火箭发动机原理课程为切入点，分析航空航天类课程教学模式改革实践问题。结合课程教学目标与内容，火箭发动机原理课程的改革实践主要是借助于现代化信息技术在课程思政建设和虚拟仿真实验建设两方面重点开展起来的。

1　火箭发动机原理课程思政建设

1.1　课程思政建设的立足点

教育部最新发布的《高等学校课程思政建设指导纲要》中明确指出：理学类专业课程，要注

* 2020年度黑龙江省高等教育教学改革研究项目（SJGY20200133）。

重科学思维方法训练和科学伦理教育，培养学生探索未知、追求真理、永攀科学高峰的责任感和使命感；工学类专业课程，要注重强化学生工程伦理教育，培养学生精益求精的大国工匠精神，激发学生科技报国的家国情怀和使命担当。这一纲要内容给出了航空航天类专业课程思政工作的明确内容和指导方向，全面推进课程思政建设，就是要寓价值观引导于知识传授和能力培养之中，在课程教学中把马克思主义立场观点方法的教育与科学精神的培养结合起来，提高学生正确认识问题、分析问题和解决问题的能力。

1.2　课程思政建设的原则

课程思政建设秉承四项原则：全过程原则、知识优先原则、学生中心原则、润物无声原则。全过程原则是指把思想政治工作贯穿课程的全过程，包括教学背景的分析、教学目标的确定、方法的选择、过程的组织、课后的作业及考核评估等每个环节；知识优先原则是指遵循既有课程知识体系，在体系范围内找准思政元素的有机嵌入，切忌将课程思政做成“贴标签”或“两张皮”；学生中心原则是指重视学生的情感体验，重视课堂的参与性，让学生能够自我感悟，能够有效地激发学生学习的内动力，促进学生对课程知识的理解、掌握、拓展和强化；润物无声原则是指力求思政内容与专业学科知识有机统一，把抽象性、理论化的思政教材内容转化为依托于专业案例的鲜活的教学内容，从而提升课程思政的亲和力[3]。

1.3　课程思政建设的内容

火箭发动机原理课程思政的核心任务是充分挖掘课程的思政育人资源，寓价值观塑造于知识传授和能力培养之中。针对火箭发动机原理课程开展的课程思政建设涵盖以下内容：把社会主义核心价值观的教育与科学精神的培养结合起来；通过科学思维方法的训练，提高学生充分利用所学理论知识分析问题和解决问题的能力；培养学生精益求精的大国工匠精神；激发学生航天报国的家国情怀和使命担当。

从哈军工精神、航天精神入手，落实到职业精神，让学生感受到自己肩负的强国重任；在培养学生正确的科学观方面，从课程专业知识点入手，培养学生求真务实、探求事物本质的批判性思维与创新意识；在学生道德情操方面，从社会道德、个人道德、职业道德、人文素养和正确的三观培养入手，提升学生个人品格。

1.4　课程思政建设的实施

1.4.1　课程思政教学元素设计

依据课程思政教育内涵，将课程思政内容与专业学科知识有机统一起来，思政元素设计力求做到自然、贴切、润物无声。课程思政教学素材具体包括：从聚焦家国情怀、社会发展、专业精神、三观塑造四方面内容优化教学素材；坚持以学生发展为中心的教育理念，激发学生学习的内驱力和学习兴趣，突出培养学生的创新思维和创新能力；通过对专业知识问题的解决，培养辩证思维、系统思维和创新思维；通过航空航天科学家事迹、航空航天事业发展历程，激发航天报国的家国情怀；通过航天技术难点与技术创新趋势，学习训练科学观、团队协作精神；通过航天重大工程事故案例，建立社会责任意识。

1.4.2　课程思政教学手段

课程思政不等于课堂思政，因此在课程思政的实施过程中，不仅仅依靠课堂内有限的教学时间，而是通过课堂内外相结合、学校内外相结合、线上线下相结合的形式将课程思政教学时间和空间拓展开来。一方面，充分利用学科竞赛、大学生科创、科研项目实践等活动拓宽思政教育渠道；另一方面依托线上教育平台，充分利用互联网优势，丰富课程思政教学内容。由此构建由课程知识点集成平台、课程思政元素集成平台和课程教学方法集成平台组成的三平台课程体系，实现课程理论和知识与育人目标的无缝衔接，互为助力。

依托超星学习通网络教学平台，建立了火箭发动机原理课程的线上教学内容，结合火箭发动机原理课程的自身特点和专业能力素质要求，充分挖掘和梳理本课程中蕴涵的思想政治教育元素，确立思想政治教育的融入点，建设了包含视频、照片、文字等多种形式的课程思想政治教育教学案例库，针对课程教学中的课程思政元素融入点，线上平台建立了相应的案例文件夹，学生根据教师要求进行针对性学习。例如，讲授火箭性能参数时，引入我国长征系列火箭，学生首先从火箭性能参数上明确系列火箭性能参数的差异性及其相应用途，其次引导学生思考及探究长征系列火箭研发技术的自主性在哪里，这些内容可以课后在超星学习通课程线上平台上的火箭发动机原理资料库学习，利用该类思政元素点使学生了解我国科技成果的领先地位，激发学生坚守初心的坚定信念和学习航天知识的热情。

2　火箭发动机工作过程虚拟仿真平台建设

2.1　虚拟仿真平台建设的必要性

教育部在《教育信息化十年发展规划》中提出将信息技术与高等教育融合，提升教学质量。虚拟仿真实践教学是信息技术与学科专业深度融合的产物，是高等教育信息化建设的重要内容。教育部高教司吴岩司长也对金课课程建设提出要充分利用虚拟仿真实验实训项目，开辟智能教育新途的要求，国内各高校对此开展了多方面的工作[4,5]。

固体火箭发动机是广泛应用于运载火箭、导弹等航天器的动力部件，其工程应用背景决定了发动机实验应成为课程教学中理论与实践相结合的重要环节。火箭发动机原理课程相应实验对于学生理解掌握火箭发动机原理课程的主要知识点极为重要，但是由于发动机热实验高温高压、易燃易爆的高危环境特点，在学校内无法开展，只能进行冷流实验，而冷流无法代替真实点火燃烧热流实验的教学效果。因此建立火箭发动机工作过程虚拟仿真实验平台极为必要。

2.2　虚拟仿真平台建设的原则

2019 年我专业开发建设了“火箭发动机工作过程虚拟仿真实验平台”，该平台的建设坚持“能实不虚，虚实结合”的原则。建设过程中一方面注重体验性实验的仿真度，力求再现发动机热实验场景；另一方面发挥虚拟实验的优势，力求将发动机内部流动的抽象不可见变为现实可见。平台打造互联网加教学模式，基于互联网的开放、实时、互动特点，构建了具有真实性、可视性、可操作性、可反复性、可交互性的虚拟仿真教学平台。平台的模式拓展了教育本来的物理空间，强调交互式学习，增强了师生间、学生间、学生与互联网的互动。

2.3　虚拟仿真平台建设的内容

利用火箭发动机工作过程虚拟仿真实验平台，开展飞行器动力工程专业实验教学工作，并通过网络共享推广给其他航空航天院校学生使用。火箭发动机工作过程虚拟仿真实验平台综合运用了气体动力学、火箭发动机原理、火箭发动机设计等课程知识，采用三维虚拟仿真技术构建了高逼真度的发动机主要部件模型及其工作原理展示、发动机点火实验、不同装药及不同喷管结构发动机工作过程虚拟仿真等多项教学内容。

通过学生在仿真平台的实际操作，能够借助于演示实验和自我设计实验充分体会发动机结构、推进剂、装药药型等因素对发动机工作过程中各个性能参数的影响，使学生深刻理解火箭发动机原理及火箭发动机设计等课程的教学内容；通过实验设计过程和动手操作过程使学生对课程内容有更深入理解，使学生实践能力和创新精神得到锻炼；通过网站开放共享，使线上线下教学有机结合，使实验教学时间和空间得到延伸，提升了人才培养成效。

2.4　虚拟仿真平台的构建

火箭发动机虚拟仿真平台由五个实验模块组成，即固体火箭发动机工作部件及工作原理演示实验、发动机点火工作段演示实验、典型装药发动机工作过程演示实验、装药设计对发动机性能影响实验、喷管设计对发动机性能影响实验。五个模块中前三个为演示实验模块，其余两个为学生自主设计实验模块。

固体火箭发动机工作部件及工作原理演示实验模块对发动机总体、发动机各主要部件(燃烧室、装药、喷管、点火装置等)结构进行展示说明，并动态演示发动机工作原理；发动机点火工作段演示实验模块动态演示发动机点火期间从连线到启动的实验操作过程，并通过三维虚拟仿真对发动机工作起始段的点火建压过程中流场及内弹道参数变化进行可视化显示；典型装药发动机工作过程演示实验模块演示多种药型(端燃装药、管型装药、星型装药等)的固体火箭发动机工作过程内部流场特性及性能参数变化；发动机推进剂及装药设计对发动机性能影响实验模块为学生提供装药结构设计与内弹道性能计算平台；发动机喷管设计对发动机性能影响实验模块为学生提供喷管扩张比和喉部设计与发动机性能参数计算平台。

2.5　虚拟仿真平台的应用

火箭发动机工作过程虚拟仿真平台目前已经应用到火箭发动机原理课程教学当中。在完成课堂知识点的学习后，学生课后在线上进行火箭发动机工作过程虚拟仿真实验操作。

在虚拟仿真实验过程中，实行基于案例的互动式教学[6]，课堂知识点与虚拟仿真实验案例紧密结合、环环相扣，学生可从不同的发动机工作案例中由浅入深地理解发动机结构与原理，同时分布于各案例的知识点考核也进一步强化了学生对重点知识内容的掌握。发动机推进剂及装药设计对发动机性能影响实验、发动机喷管设计对发动机性能影响实验两个模块的使用，使得学生能够将所学概念与原理转化为目标设计，再通过虚拟仿真平台计算进行验证，激发了学生的学习潜能。通过实验教学平台提供的丰富教学内容，学生实践创新能力得到了极大提升。

3　结束语

将现代信息技术引入教学模式改革实践是落实教育部打造“金课”、加强互联网加教育要求的重要举措。依托超星学习通平台和火箭发动机工作过程虚拟仿真实验平台，在火箭发动机原理课程建设过程中分别在课程思政建设和虚拟仿真实验平台建设上对课程进行改革。通过创新教学方法，多方位多渠道探索“课程思政”途径，在专业课程中自然融入了课程思政资源。通过虚拟仿真实践教学，解决了课程中实践环节难开展的难题，使学生对理论和实践有了更深的了解，形成了多层次、立体化、虚实结合、教研互补的教学特色。

参考文献

[1] 顾锦彤.一流课程背景下打造“热工学”金课的教学改革与探索[J].黑龙江教育(高教研究与评估)，2021(10):2.

[2] 李有桂，吴详.“课程思政”视域下高校教师人文素养的培养[J].高教学刊，2020，31(2):169-171.

[3] 陈丁丁，刘钧.专业课程与思政互融互促教学模式的探索[J].高教论坛，2021，10(10):57-59.

[4] 翁程琳，方美华，全荣辉，等.卫星辐射效应及防护虚拟仿真实验教学平台设计[J].实验技术与管理，2021，38(7):156-160.

[5] 肖能齐，方子帆，陈保家，等.虚拟仿真教学在机械工程控制基础课程中的应用研究[J].黑龙江科学，2021，12(9):66-67.

[6] 郭婷，杨树国，江永亨，等.虚拟仿真实验教学项目建设与应用研究[J].实验技术与管理，2019，36(10):215-218.

制造类课程个性化培养的准现场教学实践

杨立军　丁烨　王扬　迟关心　岳洪浩

(哈尔滨工业大学 机电工程学院 航空宇航制造工程系，哈尔滨　150001)

摘　要：高等教育的目标是培养高素质专门人才和拔尖创新人才，结合哈尔滨工业大学飞行器制造专业课程体系，本文介绍了个性化培养模式；根据哈工大飞行器制造专业制造类课程的特点，创建了制造类课程个性化培养的"基于项目的学习"准现场教学模式；以典型航天实际零部件的加工为例，引导学生对于零部件的加工工艺、专用夹具、工艺过程进行设计和理解，激发学生对于制造过程的联想，诱导学生主动分析、主动设计的兴趣，同时基于合理的联想鼓励学生自己动手实现零部件的制造。

关键词：个性化培养；制造类课程；基于项目的学习；准现场；教学实践

《国家中长期教育改革和发展规划纲要(2010—2020年)》和《国家创新驱动发展战略纲要》都指出：高等教育要提高人才培养质量，着力培养信念执著、品德优良、知识丰富、本领过硬的高素质专门人才和拔尖创新人才，加快汇聚一支规模宏大、结构合理、素质优良的创新型人才队伍[1]，培养适应时代要求的创新型人才已经成为高等院校的重大使命。而个性化的培养是在强调共性教育的同时，更强调个性思维自主发散和创新能力的培养，这也是培育创新型人才的重要有效途径之一[2]。

进入21世纪，美国许多研究型大学在综合各自办学理念及本校情况的基础上，纷纷对本科生培养模式进行了改革创新，形成了个性化和多元化的人才培养模式。在人才培养理念上更强调通才教育和创新精神的培养，注重建立以研究为基础的教学制度体系，调整课程体系强调知识的广度和基础性并开设大量跨学科课程等。英国高校本科人才培养模式变革的目标在于立足"能力教育"，实施"基于行动的学习"。变革的指导思想和教育理念就是要对英国高校传统的以传授知识和培养智力为主的教育思想进行修正。为此，在本科人才培养模式上，提出要开展自主性、探究性学习，进一步提高交叉学科课程的比例，在教学中更加凸显学生的主体地位，并加大导师的指导力度，训练和提高批判性思辨能力。培养学生自主思考、自主选择和自我负责的能力，提高社会适应能力和团队工作等综合能力。在日本，为了促进创新型人才的培养，日本的东京大学、京都大学等顶尖大学纷纷开始本科教育个性化改革，如自由选择专业、开设大量选修课和实行小班研讨教学，积极构建个性化人才培养模式。

在当下大数据融合和知识爆炸的情况下，高素质专门人才和拔尖创新人才的培养需要和个性化培养紧密地结合起来，充分发挥学生的主观能动性和创造性，在各高校的教学培养计划修订中小班授课模式已经逐步实行，如何在小班授课模式中体现个性化的培养，准现场教学可作为一种"重基础、宽口径、结合实践"的个性化培养模式，其是构建实物现场开展教学的一种教学组织形式，对于飞行器制造工程专业的学生尤为重要，在学校内构建有关飞行器制造的现实场所，使学生身临其境地去了解飞行器零部件的制造过程，更有效地将教学内容直接呈现给学生，并推动学生更加积极自主地接受专业知识和技能，实现宽厚理论和专业知识、自主创新思维和分析解决问题能力的专业领军人才的培养。

1 制造类课程"准现场"教学模式

飞行器制造工程专业的制造类课程基本是具飞行器制造专门特点的机械类专业，机械类专业知识主要来源于机械基础、加工工艺系统与加工过程，机械基础主要是各类机械原理、部件和装备，机械加工工艺系统包括工件、刀具、机床、量具、夹具、控制系统，机械加工过程来源于专业知识，而机械加工工艺系统又以机械加工工艺过程为基础。"准现场"是指以实际生产现场的典型零件的机械加工生产线为背景，最大限度地采用工件、夹具、刀具、量具、机床、控制系统等现场实物，利用加工现场的视频、图片、工序卡、实际操作演练等，按照实际生产流程创建而成的制造类机械加工现场[3]。

准现场教学模式可以进行制造类课程的现场教学，针对特定零部件可以进行现场的夹具设计、刀具知识、机床知识等的教学，同时对于加工过程可以由学生自己设置参数现场体会，将教师的讲解与学生的观察、分析及操作相结合，这样学生学习知识与实际工程直接结合，进一步实现理论与实践的紧密结合，打通学生工作之前的"最后一公里"，便于学生对机械加工系统、加工过程等进行更细致的观察、解剖和实践，提高了教与学的效率和质量。"准现场"教学模式可以促进大作业的实际操作效果，结合教师的科研工作，以典型航天实际零部件的加工为例，引导学生对于零部件的加工工艺、专用夹具、工艺过程进行设计和理解，激发学生对于制造过程的联想，诱导学生主动分析、主动设计的兴趣，同时基于合理的联想鼓励学生自己动手实现零部件的制造，有利于让学生发现真实的成功与失败案例，培养学生的兴趣，使学生主动认真地去完成大作业教学实践环节，形成"引导—激发—鼓励"的课程大作业实践环节指导思想。坚持理论和实践结合的方式，将学生的知识技能从书面转移到实际中来，在准现场实际锻炼中提高能力。

2 哈工大飞行器制造专业制造类课程的"准现场"教学

2.1 哈工大飞行器制造工程专业课程

哈尔滨工业大学飞行器制造工程专业所属的航空宇航制造工程学科是宇航科学与技术国家一级学科的重要组成部分。哈尔滨工业大学航空宇航制造工程学科在1993年被批准为硕士学位授权点，2001年被批准为博士学位授权点，目前拥有"宇航空间机构及控制技术"国防重点学科实验室和"装备设计制造科学与技术"国家级创新引智基地，2007年被批准为黑龙江省重点学科，2021年获批国家一流专业建设，具有良好的教学、科研条件和国际交流平台。哈尔滨工业大学飞行器制造工程专业定位"立足航天、服务国防"，是集飞行器制造技术、计算机应用技术和机电一体化技术为一体的多学科融合专业，目标是培养面向航空航天及相关领域内机电产品设计与制造、生产组织管理、基础理论和应用技术研究和开发等工作的复合型高级专业人才。

专业面向航空航天器制造，国防特色十分鲜明，在专业课程设置方面充分贯彻厚基础、宽口径办学思想，着重培养学生的宽厚自然科学、技术科学和机械设计制造基础知识，强化数学、力学、机械设计与制造基本理论及飞行器制造工艺等宽厚基础理论与先进合理知识运用能力的培养。飞行器制造工程专业注重优良思想素质、科学素质、人文素质及良好的分析、表述和解决工程问题能力的培养；注重自学能力、创新意识、实践能力、组织协调能力和爱国敬业、诚信务实、身心健康品质的培养。飞行器制造工程专业是集飞行器制造技术、计算机应用技术和机电一体化技术为一体的多学科融合专业，在专业课程设置方面充分贯彻厚基础、宽口径办学思想及强化核心能力培养。强化数学、力学、机械设计与制造基本理论及飞行器制造工艺等宽厚基础理论与先进合理知识的运用能力的培养；注重优良思想素质、科学素质、人文素质及良好的分析、表述和解决工程问题能力的培养；注重自学能力、创新意识、实践能力、组织协调能力和爱国敬业、诚信务实、身心健康品质的培养。飞行器制造工程专业定位十分明确，主要培养面向航空航天及相关领域内从事机电产品设计与制造、生产组织管理、应用技术研究和科技开发等工作的复合型高级专业人才。飞行器制造工程专业的国防特色十分鲜明，面向航空航天器制造的特殊性，在宽厚的自然科学、技术科学和机械设计制造基础知识的基础上，主要设置了航空航天产品结构设计与制造方法、宇航空间机构设计与控制、空间机器人技术、航空航天特殊材料与结构先进制造技术、飞行器数字化制造、航空航天产品系统集成理论与方法、制造信息化技术及飞行器模拟与仿真技术等专业方向。

在教学上建设个性化研讨课程体系，旨在推动以知识传授为主的教学模式向以探索和研究为基础的研究型教学模式转变，加强对本科生创新意识、科学精神、批判性思维和学术表达能力的培养，改革教学模式和教学方法，为学生提供探究式学习的机会，启发学生掌握研究型学习方法和氛围，建立基于教师指导下的探索研究的学习模式奠定基础，引领学生迈上突出个性化发展的学术轨道。

2.2 飞行器制造工艺与装备课程的“准现场”教学

哈尔滨工业大学飞行器制造工程专业强调学生动手能力和创新能力的培养，注重课堂教学和实验、实习、设计等实践性教学环节的有机结合，提倡学生尽早下实验室进行科学研究训练，专业师资力量雄厚，科研基础浓郁，一批以长江学者、国防卓青、万人计划、国家优青、新世纪人才为代表的中青年骨干教师承担了专业授课的任务，他们将科学研究与工程实践代入课堂教学，结合创新教法，为个性化专业教学提供了有利条件。依据学科主要的精密超精密与纳米加工工艺与设备、激光加工技术与装备、电火花加工技术与装备等科研方向，在制造类方面设置了机械制造技术基础、机电系统设计与控制技术、飞行器制造工艺与装备、航天用特殊材料加工技术、超精密加工及特种加工技术、3D打印技术等专业必修课程，还提供由学生广泛选择的专业任选课。在这些课程中飞行器制造工艺与装备课程属于一门集成应用课程，在这门课程的课堂教学中采用了小班授课的准现场教学。

飞行器制造工艺与装备是飞行器制造工程专业学生最为主要的专业核心课程，是一门培养学生掌握飞行器制造技术和飞行器制造装备的工作原理、特点和组成的专业课，为学生进一步学习飞行器制造工程专业的其他专业课和今后从事飞行器制造工程工作打下基础。着重培养学生们对飞行器制造的工艺分析及专用装备设计能力，以及典型弹星箭结构及部件的工艺特点，以及特殊结构特殊材料的制造工艺特点，增加创新意识，支撑专业学习成果中相应指标点的达成。飞行器制造工艺与装备的教学目的就是通过本课程学习，使学生掌握几种航天用特种材料加工工艺的基本方法及特点。通过讲授及实例分析，使学生了解掌握几种主要航天用特种材料加工的工艺过程和特殊设备，如钛合金、高温合金、复合材料加工及相应的装备等，并基本能进行独立分析及设计航天特种材料构件的加工工艺。

2.2.1 “基于研究的学习”教学设计

专业课程教学重在培养学生在领悟知识基础上的应用和创新，教学设计必须突出学生的中心地位[4]。在十二五专业教学方法研究基础上，在飞行器制造工程专业课程教学环节大力推广“基于研究的学习”方法，即以知识相对独立又不乏学科交叉点的专业课程为基础，建立课程内涵下的多个研究方向，以贯穿教学过程始终的分组研究课题为考核对象，寓教于研，教研互促，让学生带着疑问走进课堂，以实现项目研究目标为动力，全面、主动地获取课程及其相关知识；课后积极组织团队合作，利用专业知识开展创新设计与实践，最大程度发挥个人在项目组中的作用，共同完成项目研究内容。这种真正将教学与科研相结合的课程模式将极大地推动学生的学习主动性[5]，促进其对知识的消化吸收和创造性应用，对于培养学生的综合素质、提高科研能力起到了关键作用。

“基于研究的学习”的个性化专业教学模式要求以课内分组实践为主线，优化课程目标、课程结构和授课内容，形成“教学准备→教学项目设计→具体实施→成效反馈”这一全周期教学设计。

① 教学准备：运用建构主义和元认知理论，开展选课学生的认知状况调查及分析调研工作。获得学生自主学习主体的基本状态，以及对课程体系中规划科研项目的主观认识，为有效开展教学活动提供基本依据，同时为教学效果评价提供数据。

根据学生意愿选课是提升学生学习兴趣的有效教学改革措施，根据教学大纲安排将飞行器制造工艺与装备分成少学时和多学时课程教学，在多学时课程中实施准现场教学模式。

② 教学设计：设定“基于研究的学习”体系中的课程目标，规划课程结构并结合教材组织教学素材，如授课讲义、拓展知识、设计案例、典型应用和学生需要分组完成的科研项目等，最终形成系统的教学文件和课程体系。

③ 课堂教学：结合专业特点和学术方向，开展与课堂教学内容相结合的分组科研论证与实施。课堂教学首先分解航天飞行器的结构关键零部件，对于关键零部件的工艺、制造装备、加工过程进行讲授，在准现场内对于某个关键零部件的加工工艺进行实施，由学生实际操作完成。通过自行选题或分组命题的方式确立教学周期内的科研团队，建立内部讨论、状态反馈与教师指导等过程管理机制，在此过程中由学生自选关键零部件和关键装备工艺，进行大作业设计，独立完成自己感兴趣的大作业，课程考核方式由命题考试变为项目结题答辩，流程如图1所示。

④ 延伸发展：建立分组项目成果的长期跟踪与鼓励计划，从完成教学环节的学生中选拔进入任课教师的研究团队，对其在课程中确认的研究方向深入挖掘，使学生更加深入地掌握科学知识及科学研究的步骤和方法，发展科学论证的能力，培养研究技能。

⑤ 评价完善：构建出“基于研究的学习”教学成效评估体系，对学生的课堂学习满意程度、科研项目的投入程度、科研成果的学术水平、团队合作的凝聚力和课程结束后的自我评价等各个方面综合评估该教学模式与课程结合的紧密性及其对学生产生的影响力。

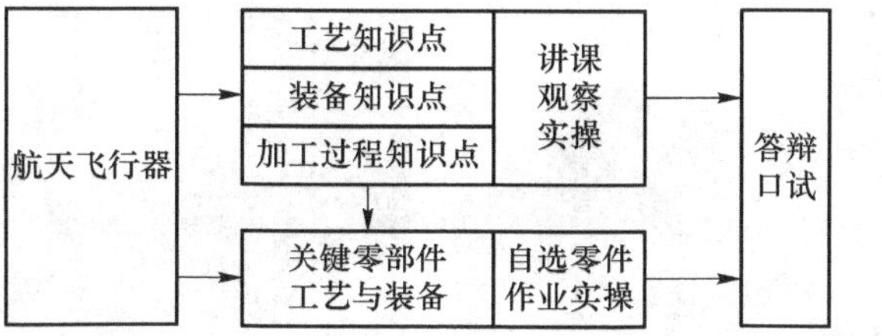

图 1　个性化的准现场教学课程设计

2.2.2　教学过程及效果

课堂教学完全在专业实验室内进行，实验室内不光有传统的加工装备，还有先进的电火花、激光加工装备，可以完成大部分的加工工艺。在实验室原有设备基础上，将科研成果引入课堂教学，促进学生对理论知识的应用理解。科研成果转化一直是专业坚持的特色，教师们心系本科生人才培养工作，在授课前都会将最新的研究成果与所受授课程内容关联，经常把实际科研过程所遇到的问题及分析与解决问题的方法以实例的方式传授给学生。同时依托科研优势，利用科研成果研制实验教学设备或虚拟仿真实验教学平台，开辟了科研设备和科研成果转化为虚拟仿真教学资源的新途径，并为资源的全面开放共享提供了新手段。

教学环境的改善和使用，有效地提升了学生的主动学习和主动实践，有利于学生的工程综合能力的培养。课程讲授和观察实操同时进行，教师讲授关键原理后，马上进行实操训练，学生不理解的地方直接通过实际操作获得直观印象，所有的知识点都在课堂内解决，如图 2 和图 3 所示。同时由于科研成果转化为实验教学资源，学生通过对这些科研成果的理解和学习，开阔了视野、拓展了知识结构、提升了综合能力，为进一步增强自身的科研能力，适应高端装备制造业的需要打下了坚实的基础。

图 2　“准现场”教学

准现场教学模式提供了学生专业基本能力的理解和训练，提升了学生分析和解决工程问题的能力，同时大作业及项目是基于学生的兴趣自行提炼，充分对于学生进行个性化设计，大作业及项目的分析解答充分发挥了学生的能动性，体现了个性化培养的个性的发展、思维自主发散和创新能力的特点。对基础知识理解得越深刻，掌握得越牢固，越有利于能力的形成和发展。

科研成果在教学中的应用，直接丰富了教学内容，拓展了学生的视野，加深了学生对专业技术前景的了解，增强了专业认同感。科教融合的鲜活的实例为学生们展示了丰富多彩的技术世界，让学生有机会切实接触到来源于工程实际的案例，看似遥不可及的前沿技术被教师们

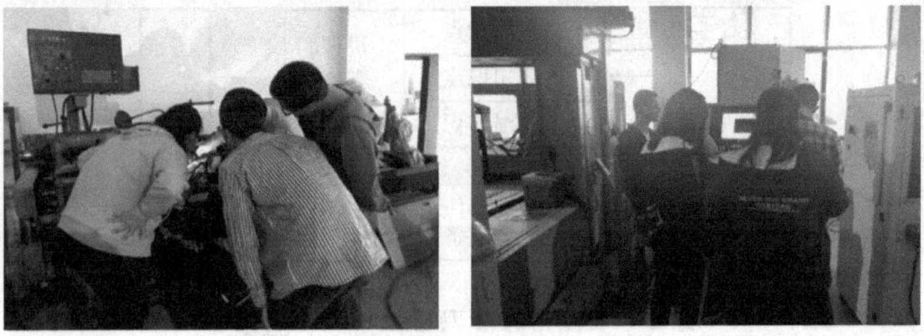

图3 准现场学生实际操作

用现身说法的方式来解读。而且要顺利完成某种活动，不能单凭一种能力，要对各种能力进行综合运用。这种以研促教、科教融合的内容受到了学生广泛的好评，考核结果表明学生真正掌握了飞行器关键零部件的制造工艺和装备原理，同时学生对课堂的满意度达到100%。

3 结 论

① 对于个性化培养模式创建了课堂教学的准现场模式，完整地显现机械加工全过程且涵盖机械加工工艺规程与工装设计知识的“机械加工准现场”，学生在实验中发现问题、总结规律和探究原因，充分发挥了探究式学习的功效，更重要的是这样的探索性实验有利于学生科学研究能力和创新能力。

② “基于项目的学习”教学模式可以充分发挥准现场教学模式的优势，调动学生学习的主动性和能动性，切实培养掌握基础理论和发展创造思维的能力。

③ 科研成果转化的教学资源可以有效地构建专业课教学的“准现场”，科教融合是培养学生个性化发展的有效手段。

参 考 文 献

[1] 崔益虎，郭万牛，陈同扬. 高校创新创业人才个性化培养的模式及其拓展[J]. 教育探索，2016，12：61－64.
[2] 卢洁. 对高校教育个性化培养模式的思考[J]. 教育与职业，2012，32：169－170.
[3] 王娜君，王杰，李旦，等. 基于工程能力培养的实验教学改革探索[J]. 教育探索，2011，10：49－50.
[4] 迟关心，崔丽娟，岳洪浩. 面向个性化与能力培养的智能控制技术课程建设与实践[C]//黑龙江省高等教育学会2019年学术交流论文集. 哈尔滨：黑龙江省高等教育学会，2019：15－20.
[5] 张广兵，董发勤，谢鸿全. 成果导向教育模式之溯源、澄清与反思[J]. 黑龙江高教研究，2021，5：12－15.

以仿真实践为驱动的数值计算能力培养探索*

刘丛林　陈宏　吴国辉　杨海威　高明　李树声
（哈尔滨工程大学，航天与建筑工程学院，黑龙江，哈尔滨　150001）

摘　要：计算流体动力学（CFD）是一门综合性较高的课程，理论性强，操作要求高，学生入门较慢，有一定的学习门槛。为提高教学效果，在课程建设中，以仿真实践为突破口，将科研热点的工程实例分解为难度适宜的课题，引导学生积极思考，逐步开展模型建立与数值分析工作，以激发学生们的学习热情，提高课程的趣味性与时效性。提倡学生以小组配合方式完成，延伸课堂时空性的同时，锻炼了学生们的分工协作能力。最后改进老师指导考核方式，富教于学，富教于考。

关键词：科研热点；虚拟仿真；实践；时效性；考核方式

计算流体动力学（CFD）是工学专业本科生广泛涉及的一门基础课，涵盖航空航天、热能与动力工程、机械等专业，是其重要的专业基础课程[1]，也是连接基础课与专业课之间的重要桥梁和纽带[2,3]。同时，CFD 也是一门历史悠久而不断发展的学科，是近代流体力学、数值数学和计算机科学结合的产物，综合了张量、数值方法以及流体流动与传热等学科知识。随着新理论与新技术的不断涌现，其应用范围越来越广，目前这种技术的应用已经渗入包括研发、设计，测试与技术创新改进的工业制造各个环节，成为各行业的关键技术支撑，在工业和工程方面有强大的生命力[4]。因此各高校纷纷开设相应课程，如何提高课程的教学质量，提高本科生的数值计算能力是高校老师面临的重要课题。

作者近六年一直为动力工程专业与机械设专业的学生开设计算流体力学与传热学及相关课程，不断更新教学内容，探索新的教学模式，逐步将科研工作中的虚拟仿真实例引入课堂，将前沿科学问题工程应用实践与理论知识结合，旨在构建数值计算工程实例实践与专业理论知识相结合的本科生计算能力培养教学基本框架，建立以虚拟仿真实践为驱动的流体力学与传热学数值计算能力培养模式实施方案，构架一种既能激发学生参与热情，又能客观评价学生专业综合应用能力的专业实践考核体系。一方面，让学生们更早地接触当前科学研究的前沿问题，拓展视野，开阔思路，提高其流体力学与传热学数值计算的应用能力，并使其有更具象和更感性的认知，提高本科毕业生专业知识数值计算工程应用能力，从而提高其综合专业素质，为将来工作或者从事深入的科学研究奠定扎实的基础；另一方面，提高师资队伍实践指导水平，建立本科生流体力学与传热学数值计算能力培养新模式。本文是作者在教学改进过程中的一些索和思考，供同行和专家一同探讨。

---

*　资助项目：哈尔滨工程大学一流本科课程建设项目——《热工基础课程建设》（项目编号：BKSJK20210001）；哈尔滨工程大学课程思政示范课程培育项目——《航空发动机原理》（项目编号：KCSZ20210015）。

1 合理分配课程中理论与实践部分的课时比例

CFD课程是针对有一定专业基础的大三或大四本科生，或者低年级的硕士研究生开设的，这些年级的学生对于专业有一定的认识，具备一定的工程理论基础，但在数值计算与相应的数据分析能力方面还很欠缺，虽然有一定的高等数学理论背景，但大部分学生还没有建立基本的数值分析概念，对于CFD的基本框架还很陌生，对于工作所需的高等流体力学与传热学理论更是知之甚少。课程除了需要向学生补充数值计算理论和高等专业理论之外，更需要向其普及数值计算中所涉及的基础工具，包括一些商用CFD计算软件和开源应用软件。以上内容若全部详细讲解，一则课时占用较多，对于高年级学生而言，课内负担加重，授课效果不佳；二则难度过大，学生难以在短时间内消化理解，可能失去学习的兴趣。

课程一直以来都存在以上问题，总结起来就是，一方面是急需大量补充数值计算基础以及应用技能练习，一方面受课时限制，无法全部拓展讲解。因此根据本科生的理论水平和学习特点，适当调整了课堂理论学习与上机实践所占的比例，逐渐缩短课堂理论讲解部分所占课时，课程课时分配的调整过程如表1所列。根据本科生的理论水平和学习特点，适当调整了课堂理论学习与上机实践所占的比例，逐渐缩短课堂理论讲解部分所占课时，由原来的28学时，调整为20学时，增加上机实践所占课时，由原来的8学时，调整为16学时。适当删减弱化难度较大的公式推导过程，注重向学生讲解各种数值计算模型的应用与特点，在建立起基本的数值计算概念后，给学生留出充足的时间进行工程应用学习与讨论，增强学生对于CFD计算工具，尤其是通用性较强、应用较普遍的商业软件的使用技能，让其在工程实践应用进一步体会数值分析理论，将CFD前处理中的网格划分技巧与数值计算方法中的差分理论、误差理论等相结合；将CFD求解器中数值计算模型选择与模型方程、湍流理论等相结合；并适当补充CFD后处理方法，将抽象的数据以形象方式展示给学生。

表1 2017—2019年课时分配

课时分类	2017年	2018年	2019年
理论课时	28	24	20
实践课时	8	12	16
总课时	36	36	36

通过理论课时与实践课时的调整，在保证基本内容不变的条件下，降低了本门课程的理论入门难度，增加了学生们对于CFD计算基本工具的应用技能，使他们对数值计算方法这门课程有了更感观、更丰富的认识。在学生们的操作实践中，一些较为枯燥的公式内容变得更加具体，在实例的应用中更易理解其中所涉及的内涵，把僵化的死记硬背转为更深刻的理解，并能够进行简单初步的分析。

2 追踪科研热点设计难度适宜的数值计算实例

对于数值计算这门课而言，除了具备强大的数学理论与高等专业理论之外，能够对工程实例进行计算与分析是这门课更主要的学习目标。因此若能带着问题学习，并在课堂进行中学习解决问题，更有利于培养学生建立基本的科研素质。

我们追踪当前的科研热点，提炼相应实例，以小课题的形式将具有一定工程意义与科研价值的数值计算问题布置给学生，使CFD这门课程知识可视化[5]，创造适当、丰富的刺激来促进学生学习，也在一定程度上弥补课本理论知识滞后过时的局限性，增强课堂教学的时效性、趣味性和启发性。课题精心设计，具有适宜的难度，使学生完成时有一定的压力，有利于引导其独立思考，提高兴趣，激发学生学习热情。

水冲压发动机是一种新型概念性水下推进系统，是当前的研究热点，作者以此为契机，设计相应的计算题目，引导学生进行具体的计算研究。老师系统介绍冲压发动机工作的基本原理，并提供发动机续航段的基本模型，引导学生在CATIA软件中建立几何模型。学生在老师的指导下，应用相应商业软件进行计算的前处理，完成网格模型的建立。并在与同学的交流中完成数学模型的建立工作，并开展相应的数值求解与后处理工作。由学生独立对计算得到的结果进行对比分析，总结规律，并得出结论，形成水冲压发动机进水系统设计的最佳方案。

此例有一定难度，涉及数值计算的前处理，计算求解与后处理全部流程，但所用工具为目前普遍应用的商业计算软件，学生可参考的资料较多，除了与老师和同学交流，专业内的研究生也是很好的请教对象，互联网上也有很多论坛和微信公众号[6]可以咨询，因此适合大部分专业内的学生参与。在课题进行过程中，老师更多充当引导的角色，不必具体修改程序或者指导具体的操作步骤，但也要提供足够的项目背景与基本的计算资源，并在关键技术上给予支持，否则，课题难度过大会降低学生的参与度。以具体应用为契机，激发学生钻研的兴趣，再从数值计算角度进行深入分析，最终引导其完成全部内容。

另外，针对教学效果，对参与授课的教师与学生进行访谈，从“教”与“学”两种立场来探索新模式下本科生计算应用能力的有效培养方法。对老师主要进行随访，不仅限于本门课程的老师，向有多年教学经验的前辈老师请教课和教学艺术，同时也向同辈交流追踪科研热点，以便在教学过程中引入更具时效性的研究实例。也对学生进行课堂随访和课后回访，课堂上主要分析其接受能力与消化理解水平，便于及时调整教学进度与教学方法。课后主要是对往届的毕业生追踪，了解其在日后的科研与工作中的应用程度，以改进教学案例的设计，使其更利于学生理解消化。

3　督促学生以小组分工协作的方式完成课题研究内容

学生在课堂内的时间非常有限，而在这有限的时间内，必要的理论与实践操作占据主要讲解部分，为了更有效地激发学生的兴趣，作者对国内外一些高校在自主型学习机制建设的课程教学方式与考核方法进行比较分析，主要借鉴法国的教学方式，发现他们在教学方式上更加灵活，学习环境宽松，学习途径多样，多以小组分工配合为主，但课程考核过程十分严格。借鉴于此，作者将学习内容拓展到课外，将课堂延伸到更广的空间和时间上。

小组根据学生基础与学习特点而成立，鼓励他们自由组合，选择当前科研中难度适当的研究内容，开展相应的初步研究工作。通过此方法，增加学生讨论交流的机会，扩展其学习途径。这与项目式学习[7]有异曲同工之处，以学生为中心，通过学生主动学习，建构系统的概念，引导学生深入思考，自主探究，最终培养其综合实践能力。

课程实践把相应内容由课堂内延伸到课堂外，扩大实施范围内，让更多的学生受益。作者以大学生创新项目为契机，项目设计了三个不同的课题，请学生自由组合成科研小组，分别按指定内容开展相应的研究，取得了良好效果。其中一项通过了学院审查，基于项目的探索与研究工作极大激发了学生们的科研兴趣，在后续的调查中，他们也表示愿意做更进一步的深入研究。

兴趣是第一老师，这种以项目需要和具体实例为引导的学习方式，让学生们的参与性更高，感观性也更强。以小组为单位的工作方式不但锻炼了他们的学习能力，也增强了他们之间任务分配与相互交流的能力，学习效率与学习效果都得到了有效提升。

4 建立教师指导评审考核方式

本科课程考核多以闭卷或者开卷考试为主，难以体现学生真实的计算能力。根据本门课程特点，教师更改了考核方式，不采用公式推导等基础理论的笔答考核方式，而是在课程结束前一至两周内，向学生布置开放性的课题，其中包括必做题目与可选题目。必做题目中包含数值计算所需具备的基本知识，涵盖了学生所必须掌握的理论与计算技能，是本门课程的基本要求，主要考查学生对于课程的基本理解与应用能力，达到督促其完成基本课业的目的。可选题目是外延性要求，选取有一定难度的科研热点项目，以拓展学生视野为目的，达到提高其计算能力的目的。

课程考试以大作业和学生答辩的形式开展，以作业为辅，以答辩为主。考试一般在作业布置的两周后进行，主要是为了给学生留有充足的时间完成作业，并有机会与老师和同学交流，不急于提交，不为了完成考试而考试。教师在学生工作过程中提供一定的指导，并在答辩邀请其他老师参与提问和评审，富教于学，富教于考试。这种开放性的考试题目和考试形式，一方面锻炼了学生的综合实践能力，一方面也促进了教师对于彼此科研问题的交流，有利于积累丰富的实践指导经验。

5 结束语

作者以哈尔滨工程大学航天与建筑工程学院飞行器动力工程专业的基础教学平台为试点，从 2018 年开始，逐渐探索该专业的流体力学与传热学数值计算课程教学方法的改革模式，在 2019—2021 年的教学过程中逐渐推广实践。探索过程中分别采用了实践法、比较法与访谈法建立基本框架和实施方案，取得了初步效果。将前沿科学问题工程应用实践与理论知识结合，旨在构建数值计算工程实例实践与专业理论知识相结合的本科生计算能力培养教学基本框架；建立以虚拟仿真实践为驱动的流体力学与传热学数值计算能力培养模式实施方案；构架一种既能激发学生参与热情，又能客观评价学生专业综合应用能力的专业实践考核体系。

一方面，提高本科毕业生专业知识数值计算工程应用能力，从而提高其综合专业素质；另一方面，提高师资队伍实践指导水平，建立本科生流体力学与传热学数值计算能力培养新模式。与以往的课程相比，主要有以下两点创新性。

(1) 构建了引入前沿科技的本科生综合专业数值计算能力培养模式

流体力学与传热学的数值计算是一门不断发展，日益更新的学科，仅着眼于固有理论和计算方法必将使学生的受教落后于当前技术与应用，难以追赶快速发展的科研水平，造成教学成果与实际应用的脱节。在教学时将当前的科研热点及时补充到课堂内容中，使学生第一时间接触到前沿研究内容，扩展了科研视野，使其更好地将所学专业理论知识与工程应用和科学研究相结合，为其专业实践提供了良好的切入点。

(2) 构架以激发学生交流愿望，促进充分讨论为目的的专业课程考核模式

以虚拟仿真实践驱动的本科生流体力学与传热学数值计算能力培养实践指导教学，集中群体的智慧，整合教学资源，优化指导教师队伍。在以工程应用实例为基础的专业理论数值计算能力培养实践指导中，学生自发组成数值计算课题，形成若干小课题组，学生根据自身基础与兴趣选择参与，分工协作完成。在对科学问题的认识过程中产生的分歧进行相互补充与探讨将会是最宝贵的学习资源，并可进一步激发其学习热情。指导教师在设计题目与指导实践过程中扮演评审专家的角色，也为教师提供了相互学习和交流的平台，有益于师资专业水平和综合实践指导水平的提高。

参考文献

[1] 王贞涛，徐荣进，王晓贡. 流体力学精品课程教学改革与实践[J]. 高等建筑教育，2014，23(2)：74-77.

[2] 王野，李亚宁. 流体力学课程多视角教学方法的探索与实践[J]. 高等建筑教育，2013，22(4)：41-43.

[3] 杨小林，杨开明，严敬等. 流体力学课程教学改革探析[J]. 高等教育研究，2006，22(2)：47-48.

[4] 邹高万，霍岩，孙丽颖，李树声. 传热与流体流动的数值计算课程教学的几点思考[J]. 教育教学论坛，2014，6：141-143.

[5] 李志厚，侯栎欣. 知识可视化的理论与实践探索[J]. 教育理论与实践，2020，40(10)：13-17.

[6] 徐慧，何岩峰，顾军锋等. 基于"互联网+"的混合式教学模式实践[J]. 大学教育，2021，(04)：74-76.

[7] 卢小花. 项目式学习的特性与实施路径[J]. 教育理论与实践，2020，40(8)：59-61.

面向空天专业的数学物理方法教学改革实践

熊敏　陈亚铭　李大力　杨小亮　曾明
（国防科技大学 空天科学学院，长沙　410073）

摘　要：对于航空航天相关专业的学生而言，数学物理方法是一门本科学科基础必修课程。该课程包含复变函数和偏微分方程求解两大部分内容，学生在学习过程中，面临课程内容较多、理论概念抽象、公式推导复杂等问题，对教师的教学方法和教学手段提出了挑战。同时，针对航空航天专业学生开设的数学物理方法课程，不是纯粹的数学课，需要将其中的基本概念、基本原理和基本方法与物理背景相结合，对教学模式提出了更高的要求。针对上述问题，在课程实践过程中进行了三个方面的教学改革探索。应用层次化知识结构梳理的教学方法，将章节和知识点结构进行层次化梳理，便于学生理解和记忆；推进多样化演示交互的教学手段，灵活运用板书、多媒体、软件、道具、随堂测试等手段，调动学生学习积极性，提升教学效果；完善理论联系工程应用的教学模式，加深学生对理论知识的理解，引导学生将知识点结合到物理背景和工程应用中去，培养学生"发现问题—分析问题—解决问题"的数学建模能力。

关键词：数学物理方法；航空航天专业；本科生课程；课程实践；教学改革

数学物理方法课程是飞行器设计与工程、航空航天工程、飞行器动力工程、导弹工程等航空航天相关专业的基础课程。该课程是联系高等数学和专业课程的重要桥梁，为流体力学、计算流体力学、空气动力学、气体动力学等专业课程奠定数学基础。同时，数学物理方法是用数学的方法解决物理问题，因此它也是解决航空航天领域工程问题的重要数学工具，为今后学生从事相关工程技术工作打下坚实的理论基础和思维基础。

数学物理方法课程内容可分为复变函数和偏微分方程求解两部分内容，具有内容多、知识多、涉及面广和信息量大的特点[1,2]。复变函数部分主要讲授复数及复函数相关内容，如复变函数的微积分及积分变换等；偏微分方程求解部分主要讲授二阶线性偏微分方程的导出及几种常用的求解偏微分方程的方法。数学物理方法课程的教学目的是，通过课程的学习，使学生掌握复变函数、数学物理方程和特殊函数的基本概念、基本原理和基本方法，旨在培养学生应用数学物理方程表达物理问题的抽象能力和建模能力，以及综合应用数学物理知识分析和解决物理问题的定性和定量分析能力。

学生在学习数学物理方法课程的过程中可能遇到下面三方面的困难：

① 课程内容难以理解掌握。课程内容较多，涉及复变函数和偏微分方程求解两个知识领域。知识点繁杂，耦合性强，包含较多的定义定理和公式推导，一个知识点的证明可能要运用到之前学习过的多个知识点。学生在学习过程中，如果有一个知识点没有掌握，可能会影响后面多个知识点的学习和理解。即使前面的知识点掌握得较好，如果无法灵活应用、融会贯通，同样会影响后面知识点的学习。

② 课堂时间容易疲乏走神。采用传统的老师讲授为主的方式，面对较多的公式定理，学生容易感觉疲乏而走神。而一旦走神，可能就很难继续跟上老师的节奏进行推导和证明。一堂课下来，需要高度集中的注意力，才能把课堂讲授的内容理解吸收。

③ 理论知识无法灵活应用。数学物理方法需要用数学的方法解决实际的物理问题。而学生很难将课程中学习到的方法和原理，与物理背景和应用实际联系到一起。在解决工程问题的过程中，也难以联想到学习过的课程内容和解题技巧。

针对上述三个困难，在教学实践过程中进行了有针对性的三个方面的教学改革探索。

1 应用层次化知识结构梳理的教学方法

数学物理方法课程内容较多且耦合性强，将课程内容进行合理地梳理，有助于学生把握重点难点以及各知识点之间的内在联系，从而加深学生对课程内容的理解和记忆。

常用教材的章节结构本身具备了一定的层次逻辑[7,8]，如偏微分方程求解部分，常将求解方法总结为四个核心的内容框架[3]，即微积分方法、分离变量法、积分变换法、格林函数法。章节结构在一定程度上可以为学生梳理整体的知识框架。但是整体知识框架比较粗糙，例如复变函数和偏微分方程求解这两大部分之间的关联没有得到系统的说明。

还可以基于教学内容的基础性、应用性和拓展性进行划分，将教学内容按照基本内容、深化内容和拓展内容进行层次化梳理[2]。这种层次化结构梳理有助于针对不同层次的学生进行不同程度的讲授，尤其是学有余力的学生，可以拓宽所学视野，从中收获更多。

作者采用的知识结构梳理方法基于耦合关系进行层次划分。参考上文提到的章节框架和课程内容两个方面，层次化知识结构梳理也分为章节框架结构和知识点结构两个部分。

1.1 章节框架结构的层次化梳理

在教材章节结构的基础上，更进一步考虑复变函数与偏微分方程求解之间、各章节之间的耦合关系，将数学物理方法课程的主要内容细分为14章，并梳理出对应的层次化章节结构。

图1是在教材[9]的章节分布基础上，梳理出来的章节结构层次图。课程主要包括偏微分方程求解和复变函数这两部分，每一部分各章节之间具备一定的层次关系，位于上层的章节是位于下层章节的基础，用箭头表示层次关系。同时，复变函数整体上是偏微分方程求解的基础，偏微分方程求解部分的章节采用不同颜色填充，示意了其所需用到复变函数不同章节知识的信息，如第8章分离变量法就需要运用第5章傅里叶变换和第3章幂级数展开的知识，因此第8章用两种颜色（黄色加蓝色）填充。下面具体分析图1所示的章节结构。

数学物理方法是运用数学的方法解决物理问题，具体而言是解决物理现象所抽象出来的偏微分方程的问题，因此课程重点是围绕分离变量法、积分变换法、格林函数法、保角变换法这四类求解二阶线性偏微分方程的方法进行展开，对应教材的第8、12、13、14章。在具体的求解方法之前，需要先将物理现象抽象为可求解的数学物理方程，因此第7章数学模型是后面章节的基础。求解偏微分方程经常需要将偏微分方程转化为常微分方程进行求解，如分离变量法等，因此在这之前还需要学习第9章二阶常微分方程级数解法。实际应用中，有时需要使用柱坐标和球坐标进行求解，如航空航天中的飞行器、导弹等本身就具有类似圆柱形的外形，为了

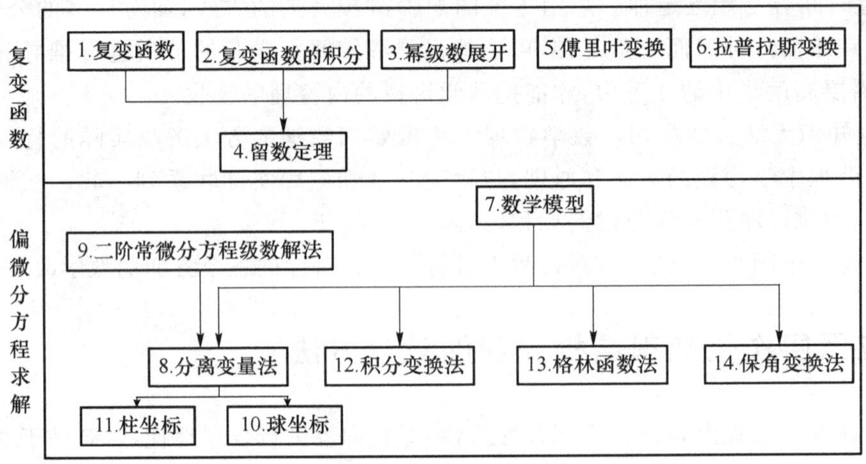

图 1　数学物理方法课程章节结构层次图

解决这种情况下的分离变量法的使用问题，还需要学习柱坐标和球坐标，作为分离变量法在特殊情况下的拓展。以上这 8 章的内容构成数学物理方法在求解偏微分方程方面的主要内容。

在学习具体的求解偏微分方程的方法之前，还需要具备一定的数学知识和概念。比如学习保角变换法之前，需要具备复变函数解析的相关概念以及柯西黎曼定理，因此首先需要学习复变函数的内容。分离变量法以及二阶常微分方程级数解是在复变函数的幂级数展开以及傅里叶级数正交性的基础上展开的，因此先要学习幂级数和傅里叶级数的相关知识。积分变换法基于傅里叶变换和拉普拉斯变换等变换，需要首先学习和具备傅里叶变换和拉普拉斯变换的相关知识。格林函数法中重要的 δ 函数也需要事先了解。上述提到的这些基础概念和知识在图 1 所示的前 6 章中，构成数学物理方法课程的复变函数部分的主要内容，这一部分内容整体上是求解偏微分方程部分的基础。

通过这样一个章节结构层次图，将所有章节之间的耦合关系表示出来，学生可以有针对性地及时预习复习，有利于学生对主线内容的把握。

1.2　知识点结构的层次化梳理

由于数学物理方法课程涉及的知识点较多且耦合性强，一个知识点的学习常须应用前面多个知识点的内容。在具体课程讲授过程中，运用层次化梳理也可以使得知识点之间的逻辑关系更加通透，更有助于各知识点之间的融会贯通。

以讲授书中 3.3 节泰勒级数为例。证明复数域中的泰勒级数定理时，证明过程需要大量公式推导，涉及的公式是之前学习过的知识点，如果没有及时复习和掌握，很难应用这些公式进行推导证明。另一方面，这些公式都较为复杂，是复变函数积分或者幂级数形式，学生理解起来较为困难。同时，完整的推导证明步骤较多，学生一旦走神，后面的证明步骤就更难听懂。

采用图 2 所示的泰勒级数定理知识结构层次，就可以有效解决上述问题。

经过层次划分，泰勒级数定理的证明被分解成两个小目标，即①解析函数可以表示成幂级数形式，以及②幂级数的参数是函数 k 阶导的形式。第一部分证明需要用到 2.2 节中的柯西积分公式、高数中的几何级数求以及 3.2 节的一致收敛性质；第二部分的证明需要用到 2.2 节广义柯西公式。对应知识点的层次结构如图 2 所示，证明顺序由箭头进行指示。

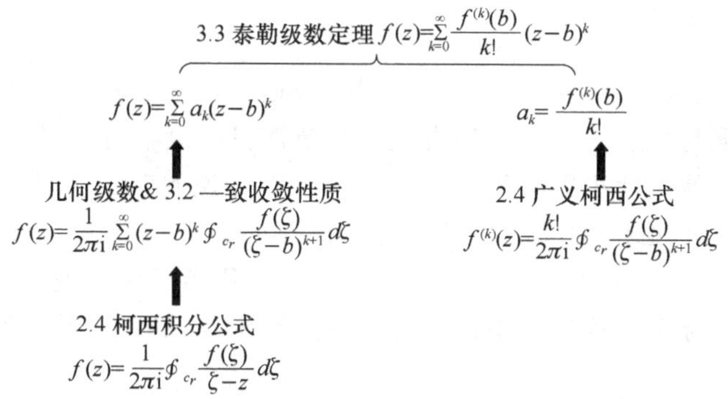

图2 泰勒级数定理知识结构层次图

虽然泰勒级数定理的证明步骤较多，但是通过图2所示的层次化结构梳理，证明步骤的条理和思路一目了然。为了证明第一部分，“解析函数可以表示成幂级数的形式”，可以先从柯西积分公式出发，将解析函数表示成围道积分的形式，然后利用几何级数求和公式将分式表示成几何级数的形式，再利用一致收敛性质将求和与积分交换顺序，从而将解析函数表示成幂级数的形式。第二部分，幂级数的系数则可以通过广义柯西公式得证。

由此可见，将知识点融会贯通，进行层次化梳理，对于学生理解一个复杂问题非常重要。一方面可以帮助学生及时而有针对性地进行知识点的预习和复习；另一方面，即使课堂上某一步骤没有跟上，也能减少对后面推导和学习的影响。知识点结构层次化梳理的方法还可用于复变函数、分离变量法、柱坐标、球坐标等相关章节的讲授。

2 推进多样化演示交互的教学手段

数学物理方法课程是一门偏重数学的课程，概念、公式、定理较多，运算复杂，结果不直观。学生在课堂上容易疲乏走神，难以集中注意力。运用多样化的教学手段，简化或形象化复杂的概念、定理、原理、公式，是有效降低学习难度的重要方法。

作者采取多样化演示交互的教学手段，主要包括以下几个方面：

2.1 板书演示交互

多媒体教学的应用越来越广泛，甚至有人提出多媒体要取代传统板书教学，但是传统的板书式教学与多媒体教学各有长处，就数学物理方法课程而言，传统的板书式教学只能加强，而不能削弱[4]。

首先数学物理方法课程涉及大量基本原理、公式推导、习题演算，相比于多媒体教学中文字、公式只能短暂停留的问题，板书的保留时间长，学生可以跟随老师的思路进行推导演算，理解公式的来龙去脉，并且有足够的时间进行思考和记笔记，有助于学生对新学知识的巩固与应用。其次，老师利用板书可以让授课内容更加有条理，重点难点更加突出，更有利于学生在整体上对课程内容的理解和掌握。在书写板书的过程中，还可以适当设问，与学生进行互动交互，进一步提高教学效果。因此板书是数学物理方法课程教学的有效手段之一。

2.2 多媒体演示交互

对于复杂而抽象的内容，仅使用板书教学则略微枯燥且效率较低，而应用多媒体教学可以提高教学趣味性，增强与学生的互动。如讲授5.1节傅里叶级数时，可以通过动画或者视频的方式，展示方波信号的傅里叶级数近似表示，如图3所示，说明时域中的方波与频域中的谐波的对应关系，让语言描述过于抽象、板书展示过于低效的知识点更生动的展示在学生面前，使学生对傅里叶级数和傅里叶变换在实际工程应用中的作用感受更深刻。在讲解第7章达朗贝尔公式和第11章柱坐标引入等过程中也可类似使用动画或视频进行演示。

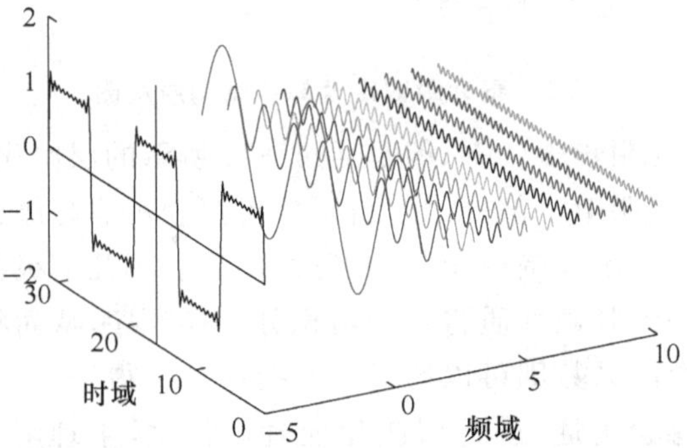

图3 方波信号的傅里叶级数近似

2.3 仿真软件演示交互

数学物理方法课程中涉及很多复杂的公式和计算，计算的结果不直观。可运用MATLAB、MATHEMATICA等计算软件进行模拟仿真、辅助运算[4,5]，同时培养学生分析问题和编写代码的能力，加深对公式和计算结果的理解。

比如学习教材中7.1节数学物理方程的热传导方程时，傅里叶定律公式中热导率前面带有一个负号，那是因为传热方向与温度梯度方向相反[6]。教学过程中，通过MATLAB代码将热传导过程进行模拟，使得热量从高温向低温传导的过程更加生动形象，如图4所示，可以加深学生对傅里叶定律公式中负号的理解。同时可以利用反向思维，在课堂上即时调节程序代码中的参数，将负号变成正号，让学生直接观察不加负号时，模拟热传导过程会出现的反常现象。更进一步加深学生对公式的理解和记忆。

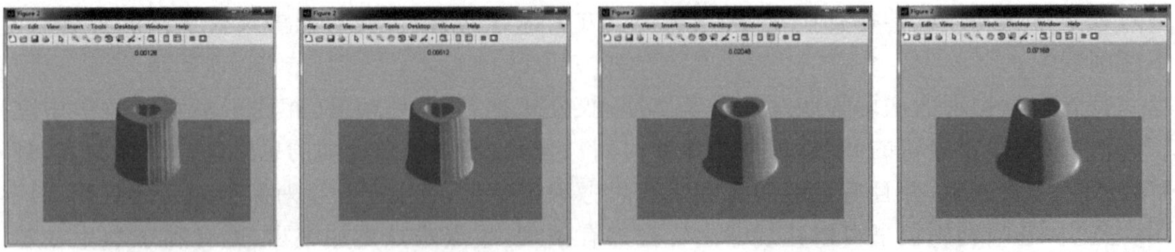

(a) 0.001 s　(b) 0.005 s　(b) 0.002 s　(d) 0.007 s

图4 MATLAB模拟傅里叶定律公式热量从高温向低温传导的过程

运用仿真软件进行演示交互可以将复杂的公式可视化，有效解决运算结果看不懂的问题。在讲授第11章贝塞尔函数递推公式以及第10章勒让德多项式等章节内容时，都可以利用仿真软件加深学生对抽象公式的感性认识和理解。

2.4　道具演示交互

对于具有一定物理背景，与生活中常见现象相关联的授课内容，可以借助道具与学生进行交互和演示，调动学生兴趣，活跃课堂气氛。如讲授第7章波动方程的导出时，首先需要建立坐标系，然后利用合理假设列出方程。为了方便学生理解，可以利用吉他道具，通过近距离观察琴弦震动过程，配合讲解，说明坐标系建立的依据，以及"琴弦仅沿纵坐标振动"等假设的合理性。在讲解波动方程参数的时候，还可以通过让学生拨动琴弦，体会粗细材质不同的琴弦振动发出的不同声音。继而从数学的角度说明物理现象，即粗细材质等因素引起的波动方程中参数具有一定差异，使得不同琴弦可以发出不同的声音。通过吉他道具的交互和演示，有效将物理现象和数学方程联系在一起，可以帮助学生对物理问题进行抽象化，加深学生对波动方程内在含义的理解。

2.5　随堂测试题交互

为了在课堂上更及时地了解学生对知识点的掌握情况，灵活调整上课的进度，还设置了随堂小测验对学生进行前测和后测。这些随堂测试题下发给学生后，主要有两个作用，一是课堂上辅助学生学习新的知识点，二是课后方便学生复习和总结。

3　完善理论联系工程应用的教学模式

数学物理方法是用数学的方法解决实际物理问题。授课如果不与物理实际联系在一起，会使学生对知识点理解得不透彻，学完不会应用，则有悖于本门课程的教学目的。

作者在课程讲授中应用理论联系工程应用的教学模式，考虑如何"从物理中来，到物理中去"。充分挖掘物理现象中的数学问题，应用数学方法解决物理问题，将知识点融入物理背景中讲解，培养学生发现问题、分析问题和解决问题的能力。

比如讲授第11章柱坐标时，教材[9]中直接将拉普拉斯方程在柱坐标系下进行坐标变换，然后进行变量分离得到贝塞尔方程。在实际教学中，学生可能更关注柱坐标系下分离变量法的求解过程，而对柱坐标引入的原因和使用的条件较为忽视，使得在日后工作中遇到需要使用柱坐标的情形时，却很难联想到应用这些基本理论和基本方法。

为了让学生"知其然更知其所以然"，作者应用理论联系工程应用的教学模式，将柱坐标知识点与航空航天应用背景结合，按照"发现问题—分析问题—解决问题"的思路，逐步深入讲授柱坐标的引入：

① 发现问题：联系具体的工程应用背景说明航空航天领域某些应用必须采用圆柱外形，但笛卡尔坐标系下的分离变量法不能直接适用于圆柱外形。通过播放天宫二号总设计师朱枞鹏在央视《开讲啦》节目的视频，向学生说明，航天器圆柱外形的结构代价小、实用性高，因此在航天应用背景下的飞行器设计离不开圆柱形外形。但是直接按照笛卡尔坐标系下的分离变量法对圆柱外形进行求解却不能将变量进行完全分离。

② 分析问题:圆柱外形不能直接使用分离变量法,其原因是笛卡尔坐标系下坐标变量的边界区间非矩形(见图5(a)),在分离变量法进行边界条件分离时无法完全将圆形边界进行变量分离。

③ 解决问题:引入柱坐标,进行坐标变换,在柱坐标系下,坐标变量的边界区间是矩形边界(见图5(b)),可以使用分离变量法进行边界条件的变量分离。

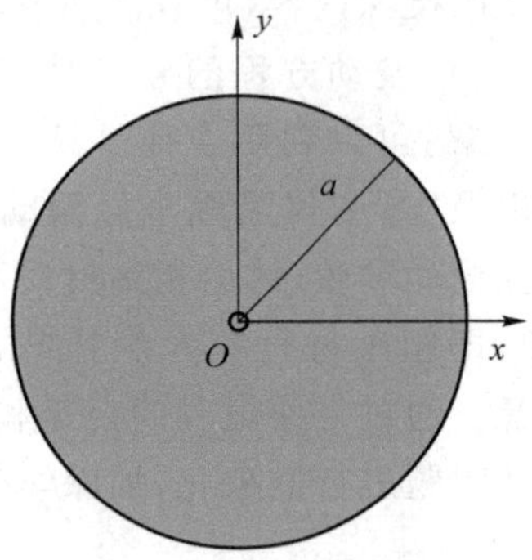

(a)笛卡尔坐标系
坐标变量x, y的边界为圆形，无法变量分离

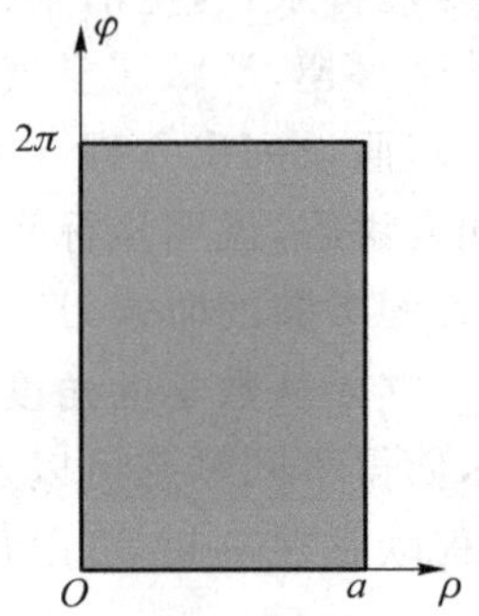

(b)柱坐标系
坐标变量ρ, φ的边界为矩形，可以变量分离

图5 圆柱外形在笛卡尔坐标系与柱坐标系下的示意

在这一例子中,理论讲解联系航空航天应用的背景知识,使学生更深入地了解使用柱坐标引入的根本原因以及必要性,进而对柱坐标系下分离变量法的求解过程以及应用情形有更深刻的理解,有助于新知识点的学习、记忆和应用。

应用理论联系工程应用的教学模式,更有利于培养学生“发现问题—分析问题—解决问题”的数学建模能力,使得学生在日后学习和相关工作中,可以主动发觉物理现象背后的数学问题,并运用数学知识解决物理问题,真正实现学以致用。

4 结 论

针对数学物理方法本科生课程教学实践中存在的三个方面问题,在教学方法、教学手段和教学模式三个方面进行了改革探索和实践,获得以下效果:

① 应用层次化知识结构梳理的教学方法。在章节框架结构和知识点结构两个方面进行层次化梳理,使学生对各章节之间、各知识点之间的耦合关系的理解更加通透,有利于学生对整体内容的把握以及各知识点的融会贯通,并能更好地进行有针对性的复习。同时使讲授过程更加有条理,提高了教学效率。

② 推进多样化演示交互的教学手段。采用板书、多媒体、仿真软件、道具、随堂测试等多种手段进行演示和交互,活跃课堂气氛,调动学生积极性,将抽象的概念公式具体化,从多个角度加深学生对知识点的理解,进一步提高课堂教学效果。

③ 完善理论联系工程应用的教学模式。将知识点与航空航天相关物理背景结合,加深学生对理论知识的理解,培养学生“发现问题—分析问题—解决问题”的数学建模能力,激发学生应用所学知识解决问题的热情,真正学以致用。

致　谢

感谢国防科技大学空天科学学院李洁教授和全鹏程老师对作者及本课程的指导与帮助。感谢国防科技大学信息通信学院刘雍老师对作者及本论文的指导与帮助。

参 考 文 献

[1] 牟海宁.浅谈数学物理方法教学改革[J].科技创新导报,2016,13(36):181,183.

[2] 白龙,陈雷鸣.如何在快速发展的社会环境下教授"数学物理方法"[J].教育教学论坛,2017(33):92-93.

[3] 杨明,王小六.数学物理方法课程教改的探索与实践[J].大学数学,2021,37(01):18-21.

[4] 覃觅觅,谭光兴.数学物理方法教学改革实践[J].教育现代化,2017,4(01):40-41.

[5] 杨华军,刘长久,赖燔,冯国柱,杨林颖.加强计算机仿真在数学物理方法教学中的应用[J].电子科技大学学报(社科版),2005(S1):80-84.

[6] 葛新石,叶宏.传热和传质基本原理[M].北京:化学工业出版社,2009.

[7] 吴崇试.数学物理方法[M].3版.北京:北京大学出版社,2019.

[8] 姚端正.数学物理方法[M].4版.北京:科学出版社.2020.

[9] 梁昆淼.数学物理方法[M].5版.北京:高等教育出版社.2020.

计算流体力学高阶精度方法课程的建设与实践

陈亚铭　熊敏　杨小亮

（国防科技大学 空天科学学院，长沙　410073）

摘　要：高阶精度方法是当前计算流体力学领域研究的热点和难点问题，无论是在学术界或工业界都得到了广泛关注。传统的计算流体力学课程由于学时的限制，所涉及的高阶精度方法内容相对较少，特别是难以对方法构造的细节进行深入的探讨。因此，开设一门延伸课程来有针对性地讲授高阶精度方法对拓展学生知识面和帮助其更加快速地接触前沿知识具有非常重要的意义。本文介绍国防科技大学所开设的计算流体力学高阶精度方法课程的情况，主要围绕课程内容、讲授方法和考核评价三个方面与同行进行交流探讨。

关键词：计算流体力学；高阶精度方法；课程建设；课程实践；结构网格方法

作为研究流体力学的三大手段之一，计算流体力学与理论流体力学、实验流体力学互为补充，在流动机理研究及工程设计应用中发挥着重要的作用。特别是随着超级计算机的不断发展，大型工程问题的并行计算能力得到不断提升，为计算流体力学提供了广阔的应用天地。

传统的计算流体力学课程主要讲授经典的数值方法，对培养学生在计算流体力学领域的基本素养和基本能力起到了非常重要的作用。但是由于学时的限制，该课程所能涉及的高阶精度方法内容较少，特别是难以深入地去探讨某一类高阶精度方法的构造细节。然而，经过近三十年的发展，计算流体力学高阶精度方法的地位越来越凸显。凭借在分辨率及效率等方面的优势，其在模拟复杂流动中发挥着重要的作用，是当前计算流体力学方法研究的主要方向之一。因此，高阶精度算法也成为许多研究生选择的研究方向。

多年的研究生带教情况表明，面向研究生开设一门专门讲授高阶精度算法的计算流体力学课程非常有必要。特别是有针对性地根据院校的实际情况，系统地讲授某一类高阶精度方法对提高研究生的基础算法水平及加速其接触学科前沿知识均能起到非常好的效果。以国防科技大学为例，其所开设的高阶精度方法课程名称为“高等计算流体力学”，定位为“计算流体力学”课程的延伸，主要讲授结构网格高阶精度方法的前沿知识，培养学生开展高阶精度数值方法研究和设计的能力，为学生从事该领域的研究工作或从事相关工程技术工作奠定良好的基础。

该课程共设置 36 学时，按照每周 1 次课，1 次课 3 个学时的安排进行讲授。其中教师主讲 11 次课，共计 33 学时；学生汇报指定方向的论文 1 次课，共 3 学时。只设置 3 个学时的实践环节是由于我校从事高阶精度算法研究的学生相对较少，近两年每次选课学生不超过 10 人。在选课学生多的情况下，还可以进一步增加实践学时，保证每个学生均有足够的时间进行实践性汇报，以便更好地掌握学生的学习情况。

下面，将围绕课程内容、讲授方法和考核评价三个方面对一些具体的情况进行介绍。

1 课程内容

该课程紧扣我校邓小刚院士团队在高阶精度结构网格算法方向的优势，主讲结构网格相关的高阶精度方法。该课程没有选用固定的教材，每次课按照专题的形式进行设计，所讲授的内容相对独立，有对应的参考文献。为了课程所需知识的完整性，在前3次课专门设置了一些必要的基础预备知识，主要讲授双曲守恒律方程的基本性质、时间离散格式和线性方程离散的问题，为后面的学习打下必要的基础。所讲授的内容更偏重于细节上的分析，使得前期有没有修过“计算流体力学”课程的学生都能有所收获。后面8次课讲授具体的高阶精度方法相关内容，强调对具体算法细节的推导，使学生能够对算法的具体构造及实施过程有系统深入的了解。下面对每次课具体的讲授内容进行介绍。

第1次课的内容分为绪论、双曲守恒律[1]及离散方法。除了课程概况的介绍外，主要以线性对流方程、Burgers 方程和 Euler 方程为例，讲解双曲守恒律方程所涉及的对流性质、弱解、Rankine-Hugoniot 跳跃条件等知识，给出一些经典的解析间断解的例子，同时介绍 Euler 方程的 Jacobi 矩阵性质，为第5次课介绍黎曼问题数值通量做好铺垫。最后对有限差分方法、有限体积方法、间断 Galerkin 方法、谱差分方法及通量重构方法进行简要介绍。

第2次课主讲时间离散格式。首先以向前 Euler 格式为例，介绍离散的截断误差、收敛性及稳定性的概念；然后介绍向后 Euler 格式和其不动点求解方法，并介绍其在定常解求解中的应用问题和非定常问题求解的双时间步方法；接着是介绍使用非常广泛的常微分方程 Runge-Kutta 格式[2]，采用循序渐进的方法介绍两步到四步格式的详细推导过程；最后通过该常见 Runge-Kutta 格式的变形，推导 Runge-Kutta 格式的强稳定保持形式，也就是求解双曲守恒律方程常用的 SSP Runge-Kutta 或 TVD Runge-Kutta 格式[3]。

第3次课首先通过引入线性对流方程的左/右偏心格式和中心格式来探讨方程的对流方向对格式偏心模板选择的要求，进而引入 Courant-Friedrichs-Lewy(CFL)条件这一概念[4]，并对相关的历史背景进行介绍。然后对 Lax-Friedrichs 格式及 Lax-Wendroff 格式的构造思想进行讲述，并且根据后者所采用的用空间导数来替换时间导数的思想，引入最近提出的逆 Lax-Wendroff 格式[5]，介绍其在笛卡尔网格的情况下如何使用时间导数替换空间导数的思想来处理曲面(线)边界。同时，还介绍修正偏微分方程的内容来解释不同格式的色散和耗散性质。最后，讲解线性双曲系统的离散问题。

第4次课讲授谱差分格式(spectral differ-ence scheme)，主要围绕1996年 Kopriva 的两篇原始参考文献进行介绍[6,7]。首先从均匀离散点的高阶多项式插值可能引起的 Runge 现象开始讨论，解释为什么谱差分方法中单元内部需要采用往边界压缩分布的 Chebyshev 点。然后介绍所采用的通量点与求解点交错分布的单元网格，并针对一维线性对流方程详细介绍谱差分格式的空间离散步骤及其性质。同时，介绍运用 Lagrange 插值的方法来推导插值格式与差分格式的通用方法，方便后面对其他格式推导的介绍。结合具体的编程算例，介绍谱差分方法在一维标量以及向量双曲形方程求解中的应用。对于二维问题，介绍如何将一般曲边四边形变换到标准正方形计算区域的“双线性”映射方法。进而引申出三维情形的“三线性”映射方法和更一般的布尔和的思想。最后，对于二维的单元顶点拼接网格，讲解水泥层的处理方法

(mortar method)。

第5次课讲授黎曼问题及数值通量。以经典的Roe通量为例[8],针对一维Euler方程详细介绍其构造过程,引导学生深刻体会Roe通量的巧妙思想,打牢学生对数值通量构造的基础。另外,通过引入Euler方程通量的旋转不变性性质[9],介绍二维与三维情况下一般坐标系下的数值通量形式,以便学生理解一般曲线坐标系下的应用问题。讲解过程中可插入Roe本人的学习计算流体力学经历,以及其提出该数值通量后所遭遇的因单位保密限制原因而不能及时发表的背景,勉励学生踏实学习,安心研究,不急于求成。

第6次课介绍通量与求解点交错分布网格下的高阶精度有限差分方法。首先回忆第4次课谱差分格式的空间格式构造过程,引入交错网格高阶有限差分方法的构造步骤。然后以五阶精度显式有限差分格式为例,给出具体的内点格式,并且引入边界格式及其稳定性以及一致精度条件问题[10],解释格式的整体精度要达到与内点精度一致所需的必要条件,进而给出相应的边界格式,并通过例子来验证格式的稳定性及全局精度。接着将格式构造的思想应用到全局七阶格式,并设计算例来说明全局七阶显式格式对于线性对流方程不满足时间稳定性,引申出前沿的稳定边界格式构造相关问题,为第9次课介绍该领域的前沿成果做好铺垫。最后,介绍相应的紧致格式[11],并从求解误差和分辨率的角度对格式的具体表现原因进行介绍。

第7次课介绍两类非线性激波捕捉有限差分格式,即加权本质无振荡格式(WENO scheme)和加权紧致非线性格式(WCNS scheme)。首先通过应用线性差分格式求解Burgers方程的例子来说明线性格式遇到间断会引起Gibbs现象的不足,引出构造激波捕捉格式的重要性。随后从Harten,Engquist,Osher等[12]所提出的本质无振荡格式(ENO)出发,介绍Liu等[13]首次提出的WENO思想,然后着重介绍Jiang和Shu于1996年提出的经典工作[14],对其格式的构造、精度分析和数值表现进行详细讲解。同时,对后续关于WENO格式的一些前沿工作进行介绍,如WENO-M[15]、WENO-Z[16]和多分辨WENO格式[17]。最后,介绍WCNS格式[18],讲解其提出的背景以及如何借助WENO非线性重构的思想来构造非线性插值,并且对基于通量重构型WENO格式与插值型WCNS格式进行比较,为第8次课讲解几何守恒律的相关问题做铺垫。

第8次课介绍有限差分方法应用于曲线网格情况下如何处理网格导数的对称守恒度量方法。首先通过O型网格的二维圆柱绕流问题来引出曲线网格的必要性。然后通过循序渐进的方法,介绍从二维到三维曲线坐标变换所遇到的几何守恒律问题[19,20]及其在连续情形的等价守恒形式。接着介绍离散情形下的对称守恒度量方法(symmetrical conservative metric method, SCMM)[21,22],说明WCNS格式可以严格保持离散的几何守恒律,进而具有自由流保持性质。最后,通过例子的展示,验证WCNS格式保持自由流的性质,并说明其保持该性质的优越性。

第9次课属于前沿的拓展内容,主讲高阶稳定边界格式的构造,主要是介绍课题组最近在该方向的最新研究成果[23,24]。首先回忆第7次课所遇到的全局七阶显式格式的时间稳定性问题,然后通过对双曲守恒律方程全局守恒性质的讨论,引入满足全局守恒性质的边界差分算子的概念。进而对边界差分算子进行分析,指出在均匀网格上构造守恒型一致高阶边界格式的不可能性。接着提出通过调整全局守恒的靠边界权重及求解点位置的方式来满足一致高阶精度的要求。最后,运用特征值分析的方法来说明所构造格式的稳定性,并通过一些数值算例来进一步验证格式的稳定性及收敛精度。

第10次课介绍有限差分格式的另一种流行方向，即分部求和算法(summation-by-parts method，SBP)[25,26]。首先通过线性对流方程能量守恒关系式的推导，引出半离散情形下保持该关系式的形式，并介绍Kreiss和Gustafsson等研究SBP算子的相关历史情况。然后通过对能量关系式的讨论，引出SBP算子的概念，并且以二阶及四阶精度的一阶导数算子为例说明SBP差分算子的构造过程。接着简要介绍其他情况下的相关工作，给出相关参考文献供学生阅读。最后，介绍一种弱使用边界条件的同时逼近项方法(simultaneous approximation term，SAT)，并且讨论如何能够运用该技术解决第6次课所遇到的七阶有限差分格式的时间不稳定问题[27]。

第11次课介绍近10年来流行的通量重构算法(flux reconstruction method)，所讲述的内容主要围绕Huynh于2007年提出的开创新工作[28]展开，讲解该方法的构造思想及其细节，并介绍该方法的最新研究情况。该方法的精髓在于通过引入修正函数来解决通量在界面处的不连续性，在更高层次的框架下构造单元型高阶精度格式。通过选取不同的修正函数，该方法可以还原第4次课所讲的谱差分格式(但只需要使用求解点)，也可以还原节点型的间断Galerkin方法。

2 讲授方法

为了培养学生阅读英文文献的能力，减少课程与实际文献阅读的隔阂，课程采用英文课件和中文口述的方法进行讲授。讲授过程注重对相关知识脉络及人物学派的历史知识讲解及分析，使得学生能够对某一类专题的知识有比较系统的了解，能够快速地熟悉某一领域的相关知识，缩短学生掌握前沿动态的时间。

讲解过程中注重实效性，采用现场应用Mathematica软件推导数值格式和使用Matlab软件进行数值格式计算结果的实时可视化输出方式，生动地展示如何从格式推导到格式实现以及对格式结果进行分析的全过程，提高学生的学习兴趣。

3 考核评价

课程的考核评价由报告研讨与大作业组成，其中报告研讨的成绩占30%，大作业占70%。具体的情况如下。

3.1 报告研讨

根据选课人数的情况安排大约每人20分钟的时间做汇报，所选取的报告内容限制在前11次课所讲的内容范围。报告研讨过程中教师与学生均可以进行参与研讨，最后根据学生的汇报及回答问题情况，由任课教师进行评分。评分的方式采用表格分项进行评价。评价指标根据准备情况(30%)、讲解内容(30%)、表达能力(20%)和回答问题情况(20%)等四个方面按比例打分，所得总分为各项成绩之和。

3.2 大作业

通过布置大作业要求学生进行编程实践，能够有效地检测学生的学习情况，同时能够锻炼学生快速掌握新方法的能力，加深对某一类算法的理解。

为了更合理地对学生进行评价，作业不采用读书报告的方式，而是布置统一的编程作业。题量为二到三道大题，涉及线性算法与激波捕捉格式的推导及编程实现。根据往年的经验，通过该方法，能够有效地检验出学生学习的情况，给出合理的评价。

4 总 结

计算流体力学高阶精度方法课程的设置，对于相关领域的研究生来说是一门十分贴近科研一线的课程，具有针对性强、效果显著的特点，容易受到学生们的喜爱。同时，该课程对教师本人的促进作用也非常大。通过课程的教学，能够促进教师对相关知识的系统性和深入性理解。同时，对于没有固定教材的课程的建设，对教师本身来说也是一次难得的提升机会，能够快速地提高教师掌握前沿知识的能力。

由于该课程与科研一线结合紧密，能够方便地适时更新教学内容，容易做到常学常新，不断地掌握国际研究的新动态，是一门非常有利于教学相长的课程。

参 考 文 献

[1] LEVEQUE R J. Numerical methods for conservation laws[M]. Basel：Springer，1992.

[2] 胡健伟，汤怀民. 微分方程数值方法[M]. 北京：科学出版社，2007.

[3] SHU C W，OSHER S. Efficient implementation of essen - tially non - oscillatory shock - capturing schemes[J]. J. Comput. Phys.，1988，77：439 - 471.

[4] COURANT R，FRIEDRICHS K，LEWY H. On partial difference equations of mathematical physics[J]. IBM J. Res. Dev.，1967，11：215 - 234.

[5] TAN S R，SHU C W. Inverse Lax-Wendroff procedure for numerical boundary conditions of conservation laws[J]. J. Comput. Phys.，2010，229：8144 - 8166.

[6] KOPRIVA D A，KOLIAS J H. A conservative staggered-grid Chebyshev multidomain method for compressible flows[J]. J. Comput. Phys.，1996，125：244 - 261.

[7] KOPRIVA D A. A conservative staggered-grid Chebyshev multidomain method for compressible flows II：A semi-structured method[J]. J. Comput. Phys.，1996，128：475 - 488.

[8] ROE P L. Approximate Riemann solvers，parameter vectors，and difference schemes[J]. J. Comput. Phys.，1981，43：357 - 372.

[9] TORO E F，Riemann solvers and numerical methods for fluid dynamics[M]. Heidelberg：Springer，2009.

[10] GUSTAFSSON B. The convergence rate for difference approximations to mixed initial boundary value problems[J]. Math. Comput，1975，29：396 - 406.

[11] LELE S K. Compact finite difference schemes with spectral-like resolution[J]. J. Comput. Phys.，1992，103：16 - 42.

[12] HARTEN A，ENGQUIST B，OSHER S，et al. Uniformly high order accurate essentially non-oscillatory schemes，Ⅲ[J]. J. Comput. Phys.，1987，71：231 - 303.

[13] LIU X D，OSHER S，CHAN T. Weighted essentially non-oscillatory schemes[J]. J. Comput. Phys.，1994，115：200 - 212.

[14] JIANG G S，SHU C W. Efficient implementation of weighted ENO schemes[J]. J. Comput. Phys.，1996，126：202 - 228.

[15] HENRICK A K, ASLAM T D, POWERS J M. Mapped weighted essentially non-oscillatory schemes: Achieving optimal order near critical points[J]. J. Comput. Phys., 2005, 207: 542-567.

[16] BORGES R, CARMONA M, COSTA B, et al. An improved weighted essentially non-oscillatory scheme for hyperbolic conservation laws[J]. J. Comput. Phys., 2008, 227: 3191-3211.

[17] ZHU J, SHU C W. A new type of multi-resolution WENO schemes with increasingly higher order of accuracy[J]. J. Comput. Phys., 2018, 375: 659-683.

[18] DENG X G, ZHANG H X. Developing high-order weighted compact nonlinear schemes[J]. J. Comput. Phys., 2000, 165: 22-44.

[19] THOMAS P D, LOMBARD C K. Geometric conservation law and its application to flow computations on moving grids. AIAA J., 1979, 17: 1030-1037.

[20] ZHANG H, REGGIO M, TRéPANIER J Y, et al. Discrete form of the GCL for moving meshes and its implementation in CFD schemes[J]. Comput. Fluids, 1993, 22: 9-23.

[21] DENG X G, MAO M L, TU G H, et al. Geometric conservation law and applications to high-order finite difference schemes with stationary grids[J]. J. Comput. Phys., 2011, 230: 1100-1115.

[22] DENG X G, MIN Y B, MAO M L, et al. Further studies on geometric conservation law and applications to high-order finite difference schemes with stationary grids[J]. J. Comput. Phys., 2013, 239: 90-111.

[23] DENG X G. CHEN Y M. A novel strategy for deriving high-order stable boundary closures based on global conservation, I: Basic formulas[J]. J. Comput. Phys., 2018, 372: 80-106.

[24] QIN J X, CHEN Y M, DENG X G. On the role of global conservation property for finite difference schemes[J]. J. Comput. Phys., 2021, 440: 110437.

[25] SVäRD M, NORDSTRöM J. Review of summation-by-parts schemes for initial-boundary-value problems [J]. J. Comput. Phys., 2014, 268: 17-38.

[26] FERNáNDEZ D C D R, HICKEN J E, ZINGG D W. Review of summation-by-parts operators with simultaneous approximation terms for the numerical solution of partial differential equations [J]. Comput. Fluids, 2014, 95: 171-196.

[27] QIN J X, CHEN Y M, DENG X G. Stabilized seventh-order dissipative compact scheme using simultaneous approximation terms[J]. Appl. Math. Mech., 2019, 40: 823-836.

[28] HUYNH H T. A flux reconstruction approach to high-order schemes including discontinuous Galerkin methods[C]. AIAA Paper 4079, 2007.

CDIO 理念对挑战性学习教学改革的启示研究

贺涛

（电子科技大学　航空航天学院，四川成都　611731）

摘　要：挑战性课程(CBL)是我国近年发展的一种有效的工科教学模式，其应用也广泛地扩展到了非工科教学领域。文章通过揭示 CBL 与经典的 CDIO 工程教育理念的内涵一致性，研究了 CDIO 对发展挑战性课程建设的教学目标、课程设置、实施方案、效果评估等关键教学要素的启示作用，并以挑战性课程体系设置和课程教学案例说明了在挑战性学习教学改革实践中吸收和发展 CDIO 理念的方法。本文为进一步提升 CBL 及类似的教学模式的有效性和系统性提供了一些思路。

关键词：挑战性学习；CDIO；教学模式；课程体系建设；教学改革

2008 年清华大学提出的“挑战性学习(Challenge Based Leariningn，CBL)”是一种优秀的教学创新模式代表。CBL 旨在通过有兴趣有难度的项目(问题)吸引学生，激发学生想象力和学术志趣，促进学生挑战自我、主动学习，提高学生自主获取知识并运用相关知识解决实际问题的能力[1]。这种教育模式自提出以来地在国内高校得到了广泛的应用和推广，并随着教育改革的深化而不断发展[2,3]。高校的实践表明了 CBL 教学方法的有效性。但作为一种新兴的教学模式，CBL 在理论基础、课程体系、实施方案、师生角色、效果评估等方面尚须进行更深入的探究和实践，以提高作为人才培养模式的系统化和科学化水平。

CDIO 是以麻省理工学院为首的几所工程大学于 2000 年提出的新型工程教育理念[4]，其教育思想体现了系统性、科学性和先进性的统一，在国际工程教育界得到了广泛认可。作为一种发展相对成熟和完备的经典教育理念，CDIO 可以为高等工程教育教学改革提供全方位支撑。其在中国的发展经验，更是对我国发展新的教育模式具有重大借鉴和参考意义[5]。

本文揭示了 CBL 与 CDIO 的内涵一致性，研究了 CDIO 在诸多教学要素方面对挑战性课程建设和发展的启示意义，并结合挑战课教学改革实践，为发展 CBL 教学模式做了一些探索工作。

1　CBL 与 CDIO 内涵一致性分析

CDIO 的核心理念是知识与能力的一体化培养，体现在其培养大纲和标准上。C、D、I、O 依次是英文单词“conceive”“design”“implement”和“operate”的首写字母，分别表示构思、设计、实现和运行，它们是一个产品从研发到运行的四个环节。具体到教学层面，以工程产品/系统的生命周期为载体，学生以主动的、实用的和有机联系的方式来学习工程，从而培养大纲所要求的能力。

挑战性学习强调综合能力的培养。在挑战课程教学模式中，挑战性问题的提出和解决为学生提供创造性运用知识、活化知识和关联知识的平台，把知识与能力整合在一起。通过提出问题—分析问题—设计方案—实施方案—解决问题等环节，将学习、研究和实践结合起来，培养学生自主学习、发现问题、解决问题以及创新能力。

表1列出了部分CDIO大纲三级目标体系中与挑战性学习模式相互对应的目标，表明二者在核心理念上的一致性。

表1 CDIO课程大纲目标体系与挑战性学习模式相关(部分)

CDIO大纲	CBL目标、实现步骤
2.1.1 问题鉴别与形成 2.1.5 问题解决方案建议	挑战性项目或问题的提出，及其预定解决方案
2.2.3 实验调查 2.3.4 解决方案的权衡、决断与平衡	收集资料，应用工具获取信息，修正解决方案
3.1.2 创建高效率的团队 3.2.6 口述与人际沟通	合作研究能力、沟通能力
2.4.3 创造性思维 2.4.4 批判思维	批判性思维与创新能力的培养

2 基于CDIO的CBL教学模式

在教学实践中，挑战性课程根据CDIO核心文件的内容，在从教学目标、课程体系建设、到教学方法改革、再到教学评价的完整教学过程中，系统地吸收并细化了CDIO思想的精华。

在教学目标上，CDIO大纲突出能力本位，包括技术知识与推理、个人与职业技能和人际交往技能。挑战性课程以工程项目设计为导向，着眼学生综合素质培养，引导学生对工科课程产生浓厚的学习兴趣。突出课程的挑战性，即是突出CDIO综合能力的培养。

在课程体系建设上，挑战性课程体现CDIO工程教育的基本内涵。CDIO大纲中对教学内容的要求是直接参照工业界的需求，将工程技术人才的培养纳入到社会、经济、环境的整体框架下系统考量。在挑战性课程中，将能力培养的目标反演到教学大纲、教学计划以及课程设置上，并具体到课程的体系建设、每个教学环节和每个教学模块来落实。

在教学方法上，CDIO是基于项目的学习。挑战性课程充分吸收CDIO工程思想，通过师生共同解决具有较强难度的问题完成教学。具体地，在任务构思(conceive)阶段，教师根据教学要求和教学内容，设计挑战性项目或提出挑战性问题；在方案设计(design)阶段，主要是学生根据挑战性问题自主设计解决方案，教师予以指导；在任务实现(implement)阶段，由学生根据上一阶段的方案设计，查阅资料，借助各种学习资源，独立或分工协作完成方案的实施；在运作展示(operate)阶段，学生呈现挑战性问题解决成果，教师予以评价，引导学生对整个流程进行分析和完善，进入下一轮CDIO循环或者提出更深入的问题。

在教学评价方面，CDIO标准11的核心内容是对工程教学效果的评估环节，侧重对学生工程实践能力和产业经验的评价。在挑战性课程中，积极重视学生评价的重要性。打破传统的单一以试卷考试成绩评定的方法，制定综合化评价方案，采用测试、问卷、项目、作业、报告等多种形式考核学生在个人和人际交往能力、过程和系统建造能力，以及学科知识等方面的学习能力。

综上，CDIO 核心文件对 CBL 教学模式关键要素的启发示意图见图 1。

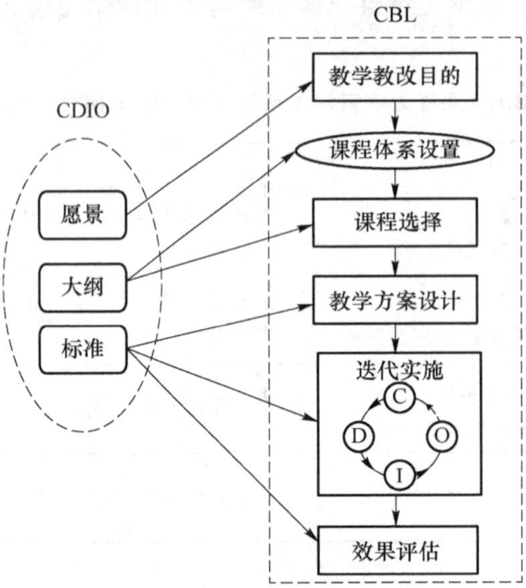

图 1　CDIO 对 CBL 建设的启发示意图

3　基于 CDIO 的挑战性课建设实例

电子科技大学于 2017 年启动了挑战性学习课程的建设，开展了对挑战性课程建设的全面探索。以下以笔者所在的电子科技大学航空航天学院为例，介绍基于 CDIO 的挑战性课程体系和课程建设情况。

3.1　挑战性课程体系建设

根据 CDIO 标准 3 的启示，挑战性课程体系建设要求在独立的挑战性课程基础上进行合理设计，提供既跨学科又拥有相对独立完整的知识体系。所有课程必须满足挑战性课程要求，即面向特定问题、有机融合多门学科知识、建立面向复杂工程问题的教学模式。同时，各个课程的问题(项目)挑选和拟定需要进行整体考虑，使得单个课程中的设计任务需要学生交叉运用多学科知识才能解决，同时整个课程群的所有课程的设计任务合起来可以构成一个更加复杂的系统性工程问题。

基于以上原则，结合学院现有师资力量和教学条件，提出将智能小型无人机的设计与制作作为挑战性课程体系的总体任务，考虑工程问题解决过程中的技术、经济和管理等对方面的因素，设置了以 8 门课程为主体的挑战课程体系[6]。课程的具体名称及其 CDIO 能力培养如表 2 所列。

表2　航空航天学院挑战性课程体系及其培养能力

课程名称	课程性质	培养能力			
		工程基础知识	个人能力	人际与团队协作能力	工程系统能力
飞行器设计	专业核心课	√			√
飞行器控制	专业核心课	√			√
飞行器数字电路设计	专业限选课	√		√	
项目管理	管理科学与工程	√	√	√	√
飞行器虚拟仿真	专业限选课	√		√	√
计算机视觉与模式识别	核心通识课	√	√		
跨学科前沿讲座	科技前沿	√	√		√
智能飞行器的设计与制作	实践实习培训	√	√	√	√

教学实践表明，挑战课程体系将多门跨学科课程纳入了一个与航空航天背景相关的复杂的、具有系统性的工程任务的解决框架下，将工程推理、解决问题、团队协作、交流能力和专业知识进行了有机融合，培养了学生创造性地运用多学科的知识解决工程问题的能力。

3.2　“通信原理”挑战课实践

2018年，航空航天学院开展了“通信原理”课程的挑战课教学实践。根据人才培养目标和专业特点，课题小组提出了基于CDIO教育理念的挑战性课程建设方案。在操作层面上，以一个综合性的工程主项目贯穿课程教学始终，系统化地组织各个知识单元的教学。主项目分成若干个子项目，分别对应一定的课程知识单元。每个子项目按照CDIO的4个阶段实施。

3.2.1　挑战性项目设计

综合考虑课程内容、航空航天专业特色、课题的挑战性和趣味性，课题组将挑战性主项目设置为“‘神舟飞船’天地语音通信系统分析与设计”。子项目包括：“天地语音通信信道设计”“语音信号的数字化”“语音信号的基带传输”和“语音信号的频带传输”。主项目是一个较大型的开放性题目，挑战性体现在学生需要理解飞船天地语音通信系统区别于传统语音系统的信号传输环境，以及由此带来的特殊的信号处理方式和技术。四个子项目对应通信原理课程的核心内容，通过设计分析和软件仿真实现。

3.2.2　挑战性教学方案

在教学方式上，将课程总课时的三分之一用于在软、硬件平台上的仿真实验验证。因为挑战性项目难度较大，学生需要相互协作才能完成。因此将学生进行分组，每组推选小组长，负责分解和分配学习任务，以及与教师联系的工作。这也是CDIO模式中培养团队合作沟通能力要求的体现。

以子项目“语音信号的数字化”为例说明CDIO模式4个阶段的实施过程，如表3所列。

3.2.3　挑战性教学效果

从学生提交的项目分析报告、实验报告、成果PPT展示、课堂精神状态等方面可以看出，通过完成挑战项目，学生学习积极主动，勤于思考，敢于面对挑战，而且提升了团队协作能力。

在学科建设方面，本次教学有力地促进了本门课程的教学改革，为学院建立“四级设计(4D)”跨学科课程群的教学体系提供了支撑。

表3 “语音信号数字化”项目的CDIO模式4阶段实施

阶段	学生工作	教师工作
任务构思(C)	学习并掌握模拟信号数字化的抽样量化和编码的基本过程及计算机仿真方法。得到任务后进行学习与调研，提出意见和解决思路	提出任务：设计一个模数转换通信系统，将一段语音信号低通抽样，按A律量化，并按8位折叠二进制编码。用MATLAB和NI USRT平台完成软、硬件仿真。提交实验报告
方案设计(D)	依据前一阶段的分析和研讨，小组成员将任务分解为信号采集、对数量化及还原、结合13折线的PCM编解码，并分配到不同的个人	在制定实施方案中，提出如何设置抽样频率、如何分析和减少量化误差等关键问题，并提醒学生注意实施方案的可行性
任务实现(I)	按照任务分工，独立或与其他同学协作开展工作，编写程序，在硬件平台上进行仿真，撰写实验报告	根据学生在编程、调试中遇到的问题给以辅导和帮助
运作展示(O)	展示取得的成果，包括项目方案陈述、实验报告、软/硬件仿真结果演示、遇到的问题及解决方法的体会交流等	检查学生的实验结果，进行性能分析评估，并指导学生思考项目实施方案中需要改进和完善的内容。提出引导性问题：对飞船语音通信系统，是否应采用其他压缩率更高的编码方式？如果将语音信号换成图像信号，项目需要在哪些方面进行改动

4 结论与思考

挑战课教育模式在我国工科院校人才培养和教学改革中已经取得了明显的效果，但在实施和发展过程中，存在着模式理论基础不够明确、操作层面系统性不够、应用范围有限等问题。CDIO是一种与挑战课教育模式内涵一致的人才培养模式，其理念、方法和经验对进一步发展挑战性课程建设具有重要的启示意义。积极吸收CDIO理念精华将有助于解决挑战课教育模式存在的问题。

参考文献

[1] 孙宏斌，冯婉玲，马璟．挑战性学习课程的提出与实践[J]．中国大学教学，2016(07)：27－31.

[2] 赵必华．生师互动何以影响大学生学习结果——学业挑战性与学校归属感的中介效[J]．中国高教研究，2018 (03)：61－67.

[3] 周政华，刘振中，范晖，等．挑战性学习融合课程思政教育在医学科研基本方法中的实践[J]．高教学刊，2021(9)：62－65.

[4] EDWARE F CRWLEY，et al. Rethinking Engineering Education：The CDIO Aproach[M]. 2nd. Berlin：Springer，2014.

[5] 顾佩华，胡文龙. 从 CDIO 在中国到中国的 CDIO：发展路径、产生的影响及其原因研究[J]. 高等工程教育研究，2017，1：24－43.
[6] 徐利梅，谢晓梅，陈彦，等. 新工科专业课程体系重构：从新生项目课程到高峰体验项目课程[J]. 高等工程教育研究，2019，4：33－39.

“互联网+”时代混合式教学模式探索*

孙彬　张天良[1]　高云峰[2]

（1. 电子科技大学 航空航天学院，成都　611731

2. 高等教育出版社，北京　100029）

摘　要：随着互联网技术在航空航天行业的应用普及，混合式教学逐渐成为高等院校航空航天类专业教学模式的新常态。在分析航空航天类专业及课程建设现状基础上，总结线上和线下教学的互补优势，结合无人驾驶航空器系统工程混合式课程教学实践，提出“线上教学—线下教学—混合式研讨交流”的混合式课程设计。将信息化工具的运用贯穿混合式教学实施的各环节，采用线上线下混合式考核方式实现形成性和结果性的多元化课程评估，最后总结混合式课程实践经验以及未来规划。

关键词：互联网+；混合式；教学模式；信息技术；考核方式

进入“十四五”建设以来，国家进一步深化教育改革，推进教育教学与信息技术的深度融合创新。2019 年国务院印发《中国教育现代化 2035》明确提出利用现代技术加快推动人才培养模式改革。近期教育部发文指出进一步加快推进教育信息化高质量发展，积极发展“互联网+教育”，提升高等教育质量，培养适应信息时代的专业人才。

随着人工智能、移动互联、大数据等技术在航空航天行业应用中的普及，为适应人才培养的需求，教育部设立了多个新兴的航空航天类特设专业，这些专业普遍需要交叉领域的基础知识作为支撑，并且具备行业应用的专业技能。传统教学模式在有限的学时与专业要求方面很难达到平衡，改革传统课堂教学模式势在必行。而互联网时代，信息技术赋能教育教学，提供了更加丰富的教育环境与学习方式。“互联网+教育”的背景下，信息技术与传统课堂教学相结合的混合式教学模式，逐渐成为航空航天专业及学科教学的“新态势”[1]。

本文从航空航天类专业课程的现状分析出发，以信息技术在教学环节中的运用为主线，面向专业特点设计混合式课程，提出适用于航空航天类专业课程的混合式课程实施路径及评价方式。

1　航空航天专业及课程教学现状分析

现阶段航空航天专业分为基础专业和特设专业。其中特设专业包括无人驾驶航空器系统工程、飞行器控制与信息工程、飞行器质量与可靠性、飞行器适航技术以及智能飞行器技术等。以无人驾驶航空器系统工程专业为例，2016 年由北京航空航天大学首次申请，截至 2020 年已

* 电子科技大学线上线下混合式课程改革项目(2021HHKC0079)、电子科技大学基于项目的研究生创新培养计划建设项目(XMZ20203-9)、2021-2023 年四川省高等教育人才培养质量和教学改革项目(JG2021-186)。

有20余所高校备案开设该专业，如图1所示。2019年电子科技大学航空航天学院首次招收无人驾驶航空器系统工程专业本科生，并实行精英化小班培养模式，开设包括无人驾驶系统基础，无人机系统设计实验，多智能飞行器协同综合创新实验I/II，机器视觉与SLAM，信息融合理论与应用，无人机群智能技术基础，无人机航行管制技术等专业课程。

无人驾驶航空器系统工程专业目前以小规模教学为主[2]，小班制便于开展探究研讨，而混合式教学可以通过将MOOC、SPOC等在线课程与传统课堂教学相结合实现优势互补[3]，如表1所列。

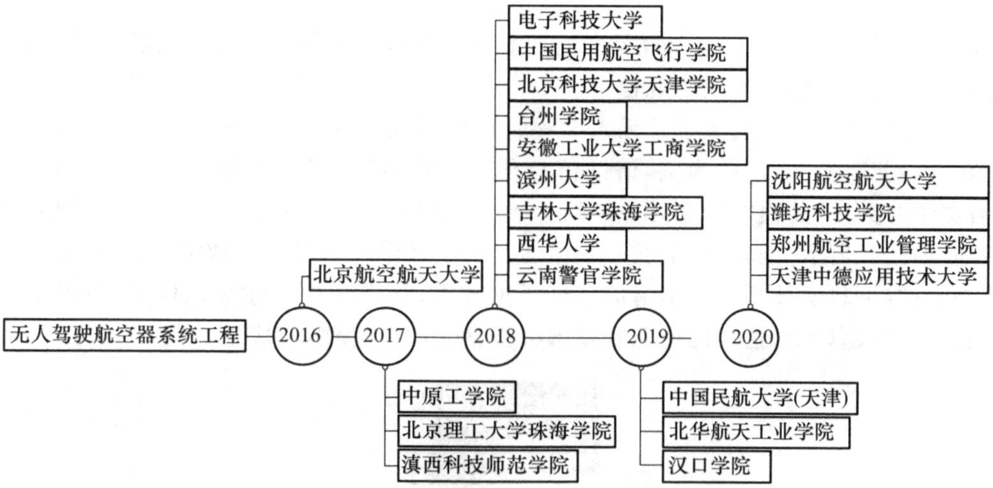

图1 无人驾驶航空器系统工程专业发展历程图

表1 小班研讨及在线课程教学现状

比较	小班研讨	在线课程
教学形式 学习形式 教学规模	固定场所 同步集中 有容量有限	无约束 异步自主 无容量限制
学情信息	作业、课堂表现	客观统计数据
学习督导	监督辅导	不宜实现
教学互动	即时、有效	方式有限
分组协同	体验感较强	体验感较弱
情感交流	强	弱
因材施教 课堂效率 临场感	适应个性化需求 较低 较高	较难实现 高 低

传统意义上的混合式教学是指“在线学习与面授教学的混合”。随着互联网技术的高速发展和应用普及，混合式教学也逐渐演进为“基于移动通信设备、网络学习环境与课堂讨论相结合的教学情境”[4]。

得益于数字校园的大力推广和发展，目前各大高校都配备了智慧教室对教学设备进行升级改造，提供教学管理平台及技术支持，有效支撑线上线下混合式教学需求。而互联网时代海量信息的涌入，也对专业课程的建设带来了新的挑战。以无人驾驶航空器系统工程专业课程的建设为例，各类专栏社区等自媒体资源形式生动，但质量良莠不齐；MOOC、SPOC 等公开课具有系统性，但较难聚焦学习需求；互联网学院等直播资源内容聚焦，但学习门槛普遍较高[5]。如何以学生为中心，设计线上线下相辅相成的课程是混合式教学的关键[6]。

2 混合式教学设计

Goodyear 强调所谓混合不仅仅是面对面教学与在线教学的混合，更是在“以学生为中心”的学习环境下教学与辅导方式的混合[7,8]。

以电子科技大学航空航天学院无人驾驶航空器系统工程专业开设的“多智能飞行器协同综合创新实验Ⅱ”专业必修课为例，借助信息化工具从传统的以“教师讲授为主”的模式向以“学生自主学习为主”的模式转变，形成“线上教学—线下教学—混合式研讨交流”闭环迭代的教学活动，如图 2 所示。其中线上教学学生通过线上教学平台发布的数字化资源，自学自测完成课前导学；线下教学教师依据学情信息剖析重难点，辅助学生构建知识体系；研讨交流基于课程内容设计专题讨论，迭代反馈问题及解决方案，分享交流学习成果。

图 2 混合式教学设计

3 混合式教学实施路径

3.1 线上教学

利用线上教学平台，如数字课程出版云平台、爱课堂、雨课堂等，教学环节包括数字资源发布、线上自学以及学情统计等。

① 数字资源。教师课前甄选、设计并发布数字化资源，包括思维导图、学习视频、知识点动画、参考资料等，如图 3 所示。

② 线上自学。学生通过异步方式登录线上教学平台，借助线上交流工具反馈和引导学生进行自主学习，并完成以客观题为主的自测及练习。

③ 学情统计[5]。线上平台获取和统计学习痕迹，包括学习时长、浏览次数、答题次数、答

题统计等学情信息，如图 4 所示。

图 3　爱课堂线上发布教学资源

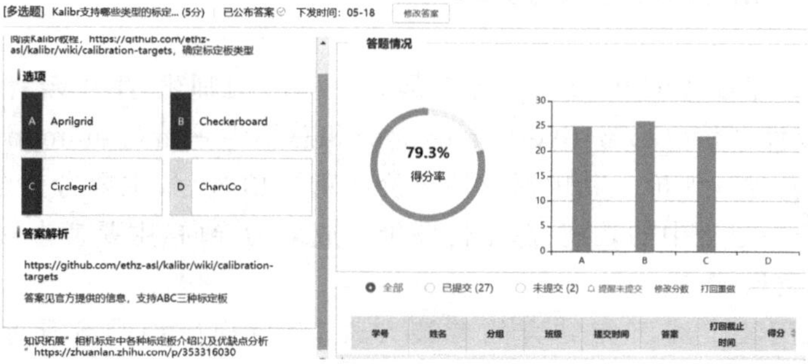

图 4　爱课堂学情统计

3.2　线下教学

线上教学以学生个体自学相对简单的知识为主，而线下教学则有较复杂的任务，通常需要学生间分组协作以及教师参与互动。利用智慧课堂互动交互工具，搭建情景式、趣味式的学习情境，有序实现从线上任务到线下任务的过渡。

① 精准施教[9]。教师依据线上统计的学情信息，分析知识点的掌握程度，针对个性化的学习需求因材施教精准帮辅。

② 知识构建。引导学生将自学内容进行归纳和总结，并通过互动工具发布序列化任务，提供结构化的引导，构建知识体系，帮助学生适应有难度的复杂任务。

③ 分工协作。构建基于即时通讯的学习小组共同体，通过组内分工形成良性竞争，协作完成复杂任务。

3.3　混合式研讨交流

混合式研讨交流采用线上线下结合的方式，如图 5 所示，该环节中教师以搭建研讨交流平台，促进学生协作知识的建构过程为主。其中线上研讨充分发挥移动通信实时便捷的优势[10]，利用信息化协同工具以分组为单位面向课程内容，构建问题及解决方案库，线下采用分组方式集中研讨和交流成果。

① 线上研讨。通过“飞书”等协同工具，教师和助教参与线上研讨，根据完成情况指出具体的修改意见，以文档方式下发至小组，汇总问题及解决方案。

② 线下研讨。以小组为单位组织专题讨论，通过组内合作和组间竞争，激发学生的探究欲，并通过分享成果挖掘提升空间。

③ 总结交流。充分利用协作平台与信息化工具，对研讨成果以及课程任务进行组织和加工，通过分组任务的反思、解决方案、作品展示等教学活动，评价阶段性学习成果。

图 5　线上线下混合式研讨

4　线上线下混合式考核方式

线上线下混合式课程考核[11]由单一的教师为主体转向师生/生生自评/互评等多元化的评价方式，采用形成性评价(Formative Evaluation)和总结性评价(Summative Evaluation)、线上和线下相结合的全过程评价。其中形成性评价侧重评估过程，主要考查学生知识自学和运用的能力，以及在任务过程中的表现；总结性评价以成果为导向，主要考查知识的掌握程度，以及面向任务目标的质量评价。

混合式课程采用线上线下相结合的考核方式，成绩构成如图 6 所示。线上考核占比 40%，从自主学习、线上研讨以及线上自测等方面评估个人表现；线下考核占比 60%，从参与度、完成度以及综合表现评价分组表现。

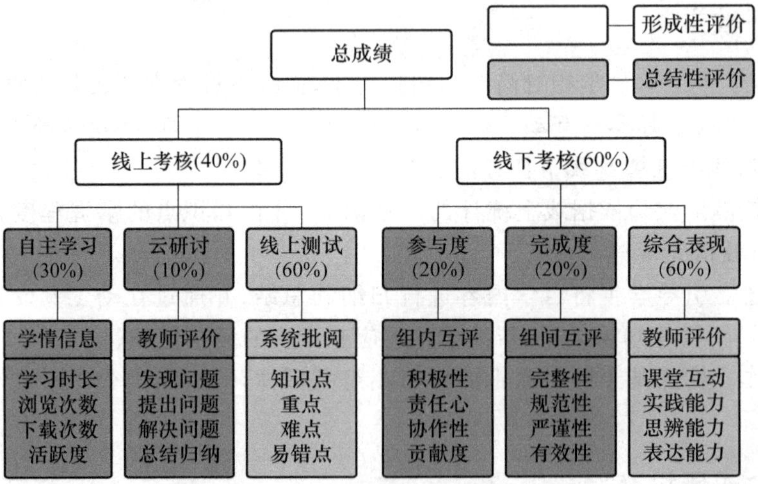

图 6　混合式考核方式成绩构成图

5 结 论

互联网的飞速发展给传统教学模式带来了前所未有的挑战，与信息技术深度融合的混合式教学模式是时代发展的必然。现阶段航空航天类专业课程混合式教学主要集中在小班制，混合式教学方式能够更好地实践翻转课堂，更充分地调动学生的创新能力，与此同时也带来了一些新的挑战：

第一，混合式教学对教师主动性和教学能力带来新的挑战[12]。较于传统式教学方法，混合式教学需要教师掌握各种现代化教学工具，提供丰富多样的教学资源，并具备基于数据分析精确设计教学目标和教学内容，构建学习情境，提供个性化教辅的能力。

第二，混合式教学对学生主动性和自学能力带来新的挑战[13]。混合式教学方式中在线教学平台的引入，为学生自学进行提供了良好的基础条件，但同时也面临自主学习目标不清晰、动力不足、过程约束力较弱等问题。需要进一步探索优化教学活动设计，激发学生的学习兴趣，有效促进学生有目的、有约束地自主学习。

下一步将根据航空航天相关专业的培养目标和学生需求，开展更具针对性的优质线上教学资源开发，配套出版新形态的教材，探索激发个性化知识自主建构[14]的混合式教学模式。

参 考 文 献

[1] 冯晓英，王瑞雪，吴怡君. 国内外混合式教学研究现状述评——基于混合式教学的分析框架[J]. 远程教育杂志，2018，36(3)：13-24.

[2] 李炜. MOOC背景下三种常见混合式教学模式的比较研究[J]. 现代教育技术，2018，28(S1)：5-10.

[3] 冯晓英，曹洁婷，黄洛颖. "互联网＋"时代混合式学习设计的方法策略[J]. 中国远程教育，2020，547(8)：25-32，54，77.

[4] 邹燕，冯婷莉，赵一凡. 混合式教学模式的设计与实践研究[J]. 中国高等教育，2020，641(1)：58-60.

[5] 谭力宁，金国栋，芦利斌，等. 基于学情分析的"无人机技术与应用"课程混合式教学设计研究[J]. 科教导刊，2021，434(2)：133-134.

[6] 刘徽，滕梅芳，张朋. 什么是混合式教学设计的难点？——基于Rasch模型的线上线下混合式教学设计方案分析[J]. 中国高教研究，2020，326(10)：82-87，108.

[7] GOODYEAR V，DUDLEY D. "I'm a Facilitator of Learning！" Under-standing What Teachers and Students Do Within Student-Centered Physical Education Models [J]. Quest，2015(3)：274-289.

[8] 冯晓英，王瑞雪. "互联网＋"时代核心目标导向的混合式学习设计模式[J]. 中国远程教育，2019，534(7)：19-26，92-93.

[9] 邢丽丽. 基于精准教学的混合式教学模式构建与实证研究[J]. 中国电化教育，2020，404(9)：135-141.

[10] 俞跃，赵玉阁. 移动互联网环境下"混合式学习"方式研究——以智能手机和QQ群为例[J]. 高等工程教育研究，2017，165(4)：187-191.

[11] 李逢庆，韩晓玲. 混合式教学质量评价体系的构建与实践[J]. 中国电化教育，2017，370(11)：108-113.

[12] 冯晓英，吴怡君，庞晓阳，等. 混合式教学改革：教师准备好了吗——教师混合式教学改革发展框架及准备度研究[J]. 中国电化教育，2021，408(1)：110-117.

[13] 王晶心，原帅，赵国栋. 混合式教学对大学生学习成效的影响——基于国内一流大学MOOC应用效果的实证研究[J]. 现代远距离教育，2018，179(5)：39-47.

[14] 谢欣，陈燕飞，刘先凤. 基于学生自建微课平台的混合式教学探究——以"设计思维与创新"课程为例[J]. 现代教育技术，2019，29(1)：59-65.

依托自主流体软件的计算流体力学课程改革

王圣业　杨小亮　曾明　熊敏　刘宏鹏

（国防科技大学 空天科学学院，长沙　410073）

摘　要：流体工业软件是航空航天、能源动力等领域中产品设计不可缺少的工具，然而我国长期缺乏自主平台以及相关人才。高校作为人才培养的主阵地，应当瞄准工业领域“卡脖子”问题，促进产学研用协调一致育人。流体工业软件人才的培养主要依托计算流体力学及相关课程，本文针对该课程特点，开展了项目驱动式课程改革实践。以学生为中心，以项目（案例）为牵引，克服传统教学方法造成的枯燥、实践性不足等缺点，使学生切实掌握编程解决实际流体问题的能力。同时，依托某自主流体工业软件，为项目式教学提供软件基础，并引入更开放的考核方式，真正培养学生的工程实践能力和创新精神。此外，本文还探索了通过引入反馈机制，促进软件和人才共同进步的模式。

关键词：项目驱动教学法；多元化考核模式；计算流体力学；自主工业软件；航空航天

流体工业软件一般指在工业领域里应用的流体仿真软件，被广泛用于航空航天、能源动力等领域工业产品的设计和制造。在全球化竞争的大背景下，我国卡脖子技术的窘境日益凸显，流体工业软件领域尤甚。党的“十七大”“十八大”提出并完善了“大力推进信息化与工业化融合”（“两化融合”）的科学发展理念。党的“十九大”进一步提出“加强两化深度融合”要求。在两化融合的变革中，自主工业软件无疑是核心竞争力，而人才又是自主工业软件开发的核心。

在高校，流体工业软件人才的培养主要依托“计算流体力学”及相关课程。然而，传统以“教”为中心的教学模式，过分注重概念讲解和公式推导，难以适应流体工业软件“应用型”人才的培养需求。同时，学生只注重力学知识而轻视软件工程背景，容易产生“软件开发就是编写代码”的错误认识，难以成为软件开发所需要的“复合型”人才。

另一方面，由于我国高校长期缺乏国产流体软件平台的支撑，导致培养的学生反而成为国外软件的用户。同时，国外流体工业软件通过“高校版”“破解版”等方式，加剧了高校培养工业软件人才的惰性。导致国内流体工业软件长期缺乏良好的生态。软件和人才的发展陷入恶性循环，使我国在航空航天、能源动力等领域的产品设计中严重受制于他国。基于此，本文开展了面向自主流体工业软件的计算流体力学课程改革探索。目的就是跳出软件和人才发展的恶性循环，积累培养自主流体软件开发或使用人才的经验。

1　项目驱动教学方法

项目驱动教学或项目式教学（Project-based teaching）是一种致力于培养学生综合素质及能力的教学法[1]。它主要是以项目为主体，引导学生真正参加项目的设计、执行和管理，属于一种“行为引导式的教学形式”，在项目过程中便能完成教学的任务。这种让学生适应现代工业的教学方法，能够培养学生的综合能力，帮助高校学生更好地实现就业理想[2]。

在国外，项目驱动教学早已普遍被用于高等教育中，尤其是工科教育。该方法最早可源于Dewey的实用主义哲学教育思想[3]。随后，Dewey的学生Kilpatrick以学生兴趣和需要为基础提出了设计教学法，被普遍认为是基于项目式教学的前身[4]。到现在为止，尽管“项目式”教学思想已有近百年的历史，但其定义尚未得到精确界定。在国内，项目驱动式教学已逐渐成为热门手段。李志河和张丽梅[5]曾对近十年关于项目式学习/教学的研究进行过系统的综述。但发现有将近一半研究项目式学习/教学的高校学者所属机构为外国语学院，说明“项目式”模式在学科教育领域还未完全铺展开。而在这些研究里面，多数更注重理论模式的建构，很少在现实教学环境中开展具体应用。

计算流体力学(CFD)作为流体力学的一个分支，是航空航天、能源动力等工科专业的重要基础课。由于课程涉及内容的复杂性，传统的教学方法与手段使得教师和学生在此课程的讲授和学习中都遇到一定的困难和问题。而通过项目驱动教学，借助数值模拟形象地演示与分析，既便于教师对计算流体力学应用于工程问题的知识讲述，又使学生对计算流体力学理论知识有更加深刻的理解。如王莹和孙晓晶[6]采用流体工业软件Fluent为工具，将CFD数值模拟技术成功引入到项目驱动实践教学中。刘聪[7]等基于Fluent、CFX等流体工业软件开展项目驱动的“空气动力学”课程教学改革探究，提高了学生工程实践能力和创新精神。

然而，以往的实践中存在一个关键性问题：缺乏国产流体软件平台为支撑。这导致培养的学生反而成为国外流体工业软件的用户。同时，国外流体工业软件通过“免费”提供的方式，更加剧了高校培养自主工业软件人才的惰性。当前，我国正加速推进自主工业软件的发展，而高校教育也应迅速匹配。其中，项目驱动教学无疑是一种能培养自主流体软件开发或使用人才的有效手段。

2　多元化、项目式考核模式

计算流体力学已成为航空航天专业研究生开展科学研究和参与工程项目的重要工具。在此背景下，如果仍然采取传统的闭卷考试作为课程考评方式的话，难以达到“以学为主、能力导向”的新工科教育目标。本文作者在“第一届航空航天教育教学会议(2019)”中曾介绍了开展计算流体力学课程多元化考核方式的措施和成效[8]。几年的教学实践表明，这种模式能够充分调动学生主动学习的热情和动力，提高他们的学术论文写作能力和实际解决流动问题的能力。

针对“面向自主流体软件生态建设”的新目标，作者从今年开始对考核方式进行了部分调整。调整后形成“课后作业20%＋大作业50%＋理论测试30%”。课后作业基于课前分享的源代码和课上的项目演示开展，通过对课上演示项目的延伸设置课后作业，要求学生自己动手编写程序并提交。课后作业共计2～4次，每次5～10分。理论测试以主观题为主，目的是巩固学生对基本概念的理解和掌握。如果忽视对基础理论的要求，学生在解决问题过程中易留于表面，使结果缺乏可信度。

最大的变化在于大作业可选项目的设置，如图1所示，重点强化了对自主编程或使用自主软件的培养。其中：

项目1，一维问题编程计算分析。包括Jiang - Shu波、激波管、Shu - Osher激波干扰、

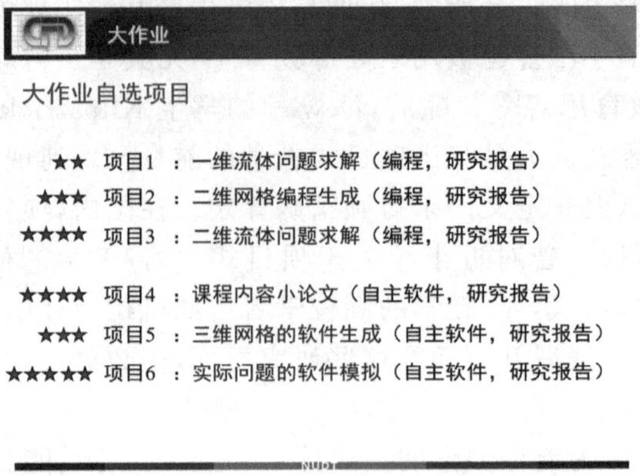

图 1　大作业备选项目及难度

Woodward - Colella 干扰等经典流动问题。要求学生采用课上所讲的 Lax - Wendroff 格式、Beam - Warming 格式进行编程求解，并分析色散、耗散行为。另外，采用一种空间 2 阶精度 TVD 格式求解，并进行对比分析等。

项目 2，二维网格编程生成。项目主要是经典的翼型，例如 NACA0012、NACA0021、NACA4412 等。可采用椭圆或双曲任意一种网格生成算法。

项目 3，二维问题数值求解。项目包括双马赫反射、前台阶激波碰撞、顶盖驱动流等经典问题，包括可压缩问题和不压缩问题可选。此任务难度较大，能够综合考核学生对于 CFD 理论的掌握和实际编程能力。

项目 4，实际问题的软件数值模拟。推荐使用有限开放的自主流体软件校园版开展。允许同学结合自己硕士阶段的项目开展，也可以结合自己兴趣开展。案例选取较为灵活，但整个项目规划需要与教员提前沟通。最终要求提交计算结果和详细的研究报告。

项目 5，三维网格软件生成。推荐使用自主流体软件校园版开展，但不需要实际进行计算，只需要生成高质量网格即可。项目来源于具体项目，例如宽体客机构型、高超声速构型等。

项目 6，课程内容小论文。推荐使用自主流体软件校园版开展，选取课上涉及的一方面内容开展深入研究，如不同格式在某外形中的对比分析等。项目选取较为灵活，但整个项目规划需要与教员提前沟通。最终要求以论文形式进行纂写。

大作业环节，学员根据自身学习情况以及硕士/博士阶段的研究方向，可选择单一或多个项目组合。要求总“星值”不低于 4（星值表示难度）。多个任务的情况按照得分进行排序，然后加权计算总分。

3　针对自主流体软件平台的“使用—反馈”迭代机制

传统的工科课堂教育，学生一般是“选—学—考”模式。当学生完成考试拿到成绩后，这门课的教学活动一般也就终止了。稍好的情况，学生仍然与教师保持联系并沟通交流，但这属于个体行为。要想自主软件和人才形成良性循环模式，仅课堂有限的学时是远远不够的。如何抓住课后的时间，建立长期的学生“使用—反馈”机制至关重要。

作者所属单位，国防科技大学空天科学学院，长期承担航空航天院所、兵器工业院所等硕士研究生的联合培养工作。建立“使用—反馈”机制，不仅能帮助学生在科研工作中及时解决问题，更能使自主软件在型号设计中得到锻炼。如图2所示，通过用户小组的形式开展，将课程完成后仍长期使用的学生按专业领域分为不同的用户小组。每个小组均分配专门人员进行对接。学生用户可通过对接人员将使用过程中的建议进行反馈，对接人员则负责使用指导，更新通知等。

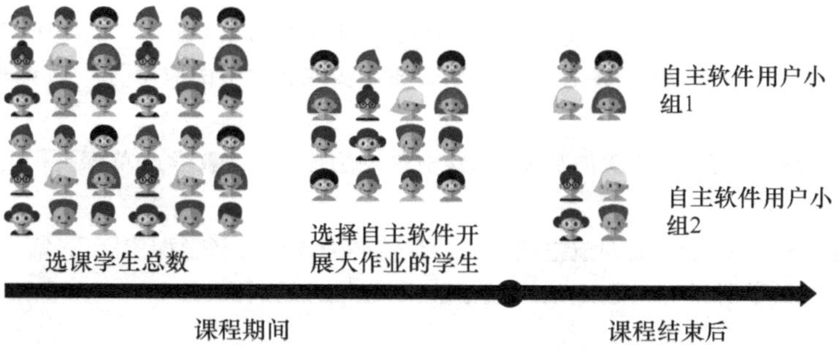

图2 课程结束后建立长期“使用—反馈”机制

4 结 论

依托自主流体工业软件开展计算流体力学课程改革，经过一个学期的实践，初步取得以下效果：

① 通过课后作业（一维问题）和大作业（多维问题）的结合，使每一位学生均能循序渐进地锻炼CFD程序的编写技巧，切实提高了学生编程解决流体问题的能力，同时也对相关数值方法有了更加深刻的理解。

② 使用自主流体软件开展课堂演示，能够增加学生的兴趣并且加深对方法的理解；同时，由于可针对性地进行案例开发，使得演示内容更贴近教学实际。课堂教学不再是“软件有什么就演示什么”的以教为主，而变为“学生需要什么，就开发什么演示什么”的以学为主。

③ 针对自主流体软件平台，初步建立了“使用—反馈”机制。学生通过长期使用和专人对接辅导，学到了远超书本的知识和能力。同时，通过学生反馈，及时修复了软件存在的部分bug，促进了软件的更新迭代。

然而，在推动学生使用自主流体软件开展大作业的过程中，仍然遇到了不小的阻力。一方面，很多学生所在团队仍然对国外商业软件存在较大的黏性，导致学生使用自主平台缺乏动力；另一方面，自主软件平台成熟度还不够，学生上手难度更大。因此，在今年的课程大作业中，并未强制使用自主平台。而这种情况的改善，根本上需要平台自身的不断强大。正所谓“万事开头难”，随着迭代的不断深入，生态的逐步建立，未来可期！

致 谢

感谢国防科技大学空天科学学院刘伟教授、田正雨教授对作者在课程实施过程中的指导和帮助。

参考文献

[1] 刘凤芹. 项目驱动教学法在"新闻传播伦理与法规"课程中的应用[J]. 新闻传播，2013.03：48-51.

[2] 蔡渊. 基于项目驱动和软件工程的管理信息系统课程教学改革[J]. 软件与应用，2018.08：29-30.

[3] DEWE J. Experience and Education[M]. New York: Macmillan, 1938.

[4] WILLIAM H K. Foundations of method: informal talks On teaching[M]. New York: Barber Press, 2007.

[5] 李志河，张丽梅. 近十年我国项目式学习研究综述[J]. 中国教育信息化，2017，16：52-55.

[6] 王莹，孙晓晶. CFD数值模拟在计算流体力学项目驱动实践教学中的应用[J]. 教育教学论坛，2016，2：141-142.

[7] 刘聪，任强，温瑞英等. 基于CFD项目驱动的《空气动力学》课程教学改革探究[J]. 科技视界，2020.34：27-28.

[8] 王圣业，李大力，杨小亮，等. 面向航空航天的计算流体力学课程教学探索[C]. 第一届全国高等学校航空航天类专业教育教学研讨会，北京：北京航空航天大学出版社，2019.

实例和实践环节在火箭发动机基础课程教学中的应用研究

朱浩　孙俊杰　孙冰
（北京航空航天大学 宇航学院，北京　100191）

摘　要：为适应航空航天领域优秀人才的培养需求，本文针对本科生"火箭发动机基础"课程中出现的问题，以构筑更为立体和完善的课程体系为目标，重点对传统教学方法进行改革，加入实例与实践教学环节，提高思政教育和专业知识的课堂教学质量，增强教学效果，培养学生能力，构建了以知识传授和能力塑造为主体的教学模式，形成了课堂理论教学引导、实例与实践相结合的"一引两实"的教学体系。该研究取得了一定成效，可为院校航空航天类相关课程的教育改革提供借鉴。

关键词：实例与实践；火箭发动机基础；应用研究；教学改革；思政教育

近年来，航空航天领域的飞速发展对从事该行业的工程技术人员的能力素质提出了更高的要求[1]，对与之相关的航空航天领域课程建设的需求更加迫切。北京航空航天大学以培养航空航天领域的领军领导人才为本科生发展目标，开设了一系列以火箭发动机专业的基本知识的课程，深受广大师生好评。

北京航空航天大学宇航学院"火箭发动机基础"课程是面向全校非火箭发动机专业本科生，尤其是飞行器总体和控制专业学生开设的一门专业选修课，其目的在于使非火箭发动机专业学生对于各类火箭发动机的基本原理和设计方法具有比较全面和系统的认识，初步掌握不同火箭发动机特点、用途和设计过程，为后续学习实践奠定基础。

与此同时，宇航学院贯彻"知识传授、能力培养、价值塑造"三位一体的教育理念[2]，致力于为航天系统输送更多优秀人才，先后开展了"北航 1 号""北航 2 号""北航 3 号"探空火箭和"北航 4 号"火箭动力临近空间飞行器的研制和飞行试验，积累了大量飞行器动力系统设计和研制的工程经验。这些知识和经验正是非火箭发动机专业学生，尤其是飞行器设计和飞行器控制专业学生需掌握的核心知识之一。

因此，将型号设计中与动力系统相关的知识作为实例教学内容引入到火箭发动机基础课堂教学中，将会产生"1＋1＞2"的教学效果。一方面学生可以接触到实际型号动力系统的设计、研制和验证过程，对火箭发动机有更为直观和深刻的理解，增加学习兴趣；另一方面采用实例环节的课程教学方式，针对不同专业背景的学生，提供不同层次和内容的实例讲解内容，做到因材施教，使不同专业的学生都能学有所获。

1 火箭发动机基础课程简介

1.1 课程描述

“火箭发动机基础”课程主要介绍航天飞行器中所用的推进装置的基本原理[3]、主要分类、重要特性、设计方法及典型应用。课程以采用化学燃料的固体火箭发动机、液体火箭发动机和固液火箭发动机为主要对象，同时介绍电推力器、冲压及组合发动机等其他航空航天动力装置。

通过本课程的学习，可为飞行器设计与工程等非飞行器动力工程专业的学生深入地了解火箭发动机打下必备的理论基础，使学生认识到火箭发动机在总体上的作用，熟知火箭发动机的几个最基本的性能参数，掌握发动机最基本性能参数的计算方法，并熟悉选用推进装置的原则等必备的基础知识。

1.2 当前教学中存在的问题

“火箭发动机基础”自2019年起由宇航学院飞行器设计专业必修课改为专业选修课，主要授课对象缺乏火箭发动机原理等基础课程的相关知识，并且学习侧重点不同于火箭发动机专业学生。尽管已对课程教学内容等做出调整，但由于课程形式与授课对象改变等因素，本门课程目前还存在着许多问题：

① 火箭发动机基础课程专业性较高，基础理论知识较多，需要较多学科的背景知识。非专业学生理解课程内容较为困难，迫切需要采取更为具体和形象的授课方式；

② 原课程主要针对宇航学院飞行器设计专业本科生，授课对象具有一定的理论基础和专业背景知识；现面向更多学生，需要课程同时具有面向不同专业背景学生的能力和内容；

③ 课程对象主要为本科三年级学生，其中参加“冯如杯”等科技制作项目的学生较多，可能存在选修课内容不用心、混学分的情况。

上述部分问题在本科三年级选修课中普遍存在，部分问题与本课程特殊情况相关，但均在一定程度上阻碍了学生对于课程的学习兴趣和参与程度，不利于学生对于火箭动力系统背景知识的掌握和理解，这对实现培养航空航天优秀人才的育人目标是极为不利的。

2 实例和实践教学环节设计

为解决教学中存在的问题，课程团队突破传统教育模式，充分利用“北航”系列火箭项目形成的工程型号研制方法、丰富的实物资料和工作视频等材料，针对“火箭发动机基础”中核心对象固体火箭发动机、液体火箭发动机和固液火箭发动机的授课需求，参考国内相关教学方案[4]，设计了相关的实例和实践教学环节，在理论内容传授的基础上丰富课堂教学内容，提升课堂教学质量。课程教学体系如图1所示，其中，通过穿插讲解研制“北航”系列火箭的过程中，表现优异的师生的事迹和项目受到的社会关注与认可等内容，潜移默化培养学生空天报国精神；通过“水火箭”实践环节，提高学生学习兴趣，辅助讲解火箭发动机基本原理；通过“北航”

系列火箭的实物现场教学，更加直观、深入地讲解专业知识，使学生印象更深刻、理解更透彻。

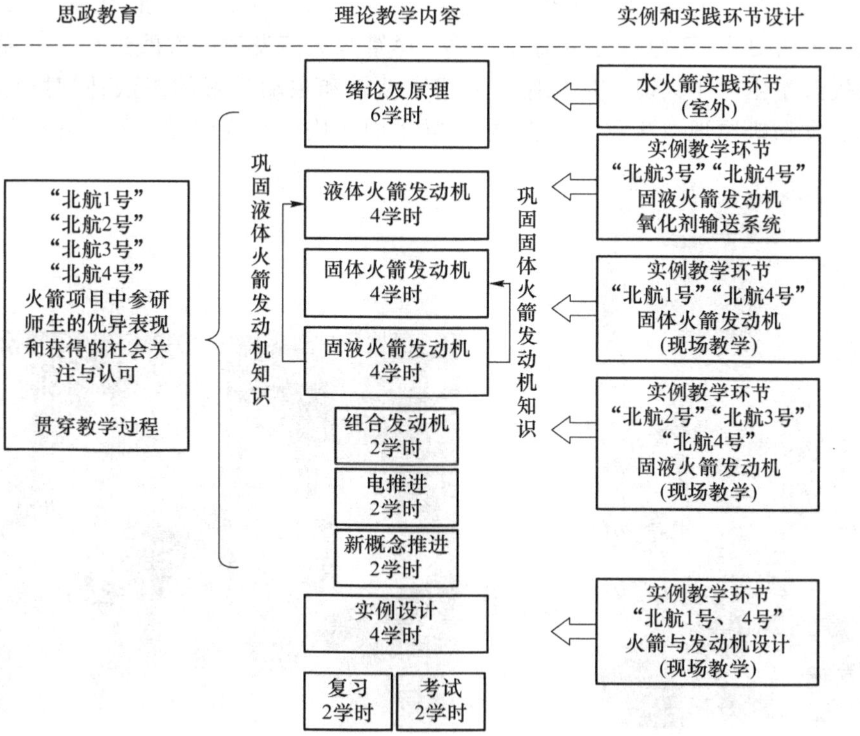

图1 课程教学体系

2.1 实例教学环节在思政教育上的应用设计

"北航1号"探空火箭学生团队通过奋斗拼搏和团结协作，历时1年完成了中国首枚主要由大学本科学生设计、研制并成功发射的探空火箭，得到了全社会的关注。中央电视台新闻联播、焦点访谈等主流媒体均进行了报道。项目团队获得了第三届航空航天月桂奖的闪耀新星奖；"北航4号"团队在世界上121个国家和地区的4 347所院校的200多万个项目中脱颖而出，获得第七届中国国际互联网+大学生创新创业大赛总决赛金奖，团队学生李心瞳作为代表向孙春兰副总理汇报了北航4号的研制情况。"北航4号"团队成员李晓刚和李承恩两位同学的博士论文答辩就是在2020年上半年疫情期间在发射场完成的，真正把论文写到了祖国的蓝天上(见图2)。这些优秀学生的事迹，是激励学生躬身实践、奋斗拼搏、空天报国的良好素材。在以"北航"系列火箭作为实例开展专业知识教学的同时，可以非常自然地将优秀榜样的事迹讲述给学生，从而"润物细无声"地开展思政教育。

2.2 实践教学环节在专业知识教学上的应用设计

"水火箭"是利用质量比和气压作用而设计的模型火箭，也是物理教学中经常用到的典型案例之一[5]，又称气压式喷水火箭、水推进火箭。水火箭由动力舱、箭体、箭头、尾翼、降落伞等部分组成。"水火箭"科技含量高，寓教于乐，深受广大青少年喜爱。在讲解火箭发动机具体结构和原理之前，带领学生走出教室，到室外完成水火箭的发射，如图3所示。具体的发射过程由助教完成演示后，每一名有兴趣的同学都可以独立参与或者合作完成水火箭的加注、增压和发射的操作。水火箭发射后，大部分同学都会提出水火箭为什么产生推力，推力多大，怎么能够让水火箭的推力更大、飞地更远更高等问题。尽管水火箭发射的实践过程十分简单，但能够非常明显地提升学生对于火箭发动机原理的探索欲望和主动学习的想法；同时通过水火箭的结构和对火箭发动机原理由浅及深的讲解，让学生们在快乐实践中完成专业知识的学习。

图2　李晓刚同学在“北航4号”发射阵地与指导教师合照

图3　“水火箭”课程实践

2.3　实践教学环节在专业知识教学上的应用设计

“北航”系列火箭（见图4）就是“火箭发动机基础”课程的良好教学实例[6]。“北航1号”固体火箭发动机采用复合推进剂、星形内孔装药，平均推力14 kN，工作时间4.2 s，可作为固体火箭发动机的教学实例；“北航2号”固液火箭发动机采用 N_2O/HTPB基推进剂组合，平均推力7 kN，工作时间10 s，可作为固液火箭发动机的教学实例；“北航3号”固液火箭发动机采用高浓度 H_2O_2/HTPB基推进剂组合、挤压式输送系统，第一阶段平均推力15 kN，工作时间3 s；第二阶段平均推力4.5 kN，工作时间42 s，可以作为液体火箭发动机推进剂供应系统和固液火箭发动机的教学实例。“北航4号”固体助推火箭发动机平均推力140 kN，工作时间8.2 s，采用丁羟三组元复合推进剂，装药量460 kg，可作为固体火箭发动机教学实例；“北航4号”固液巡航火箭发动机采用高浓度 H_2O_2/HTPB基推进剂组合、挤压式输送系统，最大推力3 kN，工作时间200 s，具备3∶1的推力调节能力，可作为液体火箭发动机推进剂供应系统和固液火箭发动机的教学实例。

为了更好地提升教学效果，参考相关实例教学经验[7]，将固体火箭发动机和固液火箭发动机相关的教学环节在北航系列探空火箭实物前完成。通过对现场对实物的讲解（见图5），让学生们近距离接触、观察、学习，并辅之以视频、照片、部分零部件等展示，可以极大地提升学生们对于火箭发动机知识的兴趣，加深对于专业知识的认知和理解，同时在轻松的氛围中完成专业知识的教学；利用探空火箭发动机设计过程中形成的文档、图纸、零部件加工试验的照片等，可以更为生动形象地讲解火箭发动机设计方法和研制流程，让学生有更为直观和沉浸式的感受。在讲解的过程中，学生们对探空火箭及其动力系统表现出明显的兴趣，提出了很多关于火箭发动机结构和研制的问题。这样的互动效果，也明显强于单纯的课堂教学。

图 4　“北航”系列火箭发射瞬间

图 5　利用“北航 4 号”实物开展现场教学

3　课程效果和未来方向

通过增设实例和实践教学环节，配合主体的课堂理论教学内容，形成了“一引两实”的教学体系，“火箭发动机基础”课程学生整体表现有一定提升。除一名大四学生出差参加毕业设计试验请假外，其余学生基本无迟到、早退和缺席现象；学生课堂参与度较好，尤其是实例和实践教学环节兴趣浓厚、表现活跃；期末考试中主要知识点掌握程度较好，对课程目标的实现起到了良好的促进效果。课程结束后的学生评教中，任课教师的平均分为 92.2，高于全校平均分 89.87 和学院平均分 89.62，也从侧面说明学生对于这种教学方式的认可。

当然，课程建设需要按照实际的效果不断调整和完善。由于本届学生无人参加冯如杯科技制作，因此没有将科技制作的部分环节作为实践教学引入课堂。未来将尝试扩大学生规模、引入并优化设计科技实践环节，进一步提升“火箭发动机基础”课程对于非飞行器动力工程专业学生的帮助，为培养航空航天领域优秀人才做出贡献。

参考文献

[1] 汪涛，周克印. 航空类专业“工程材料学”课程教学改革浅议[J]. 教育教学论坛，2017(4)：124 - 126.

[2] 谢丹，代洪华. “课程思政”背景下航空航天专业课程的改革与实践[J]. 教育教学论坛，2021(9)：59 - 62.

[3] 程谋森，刘冰. “火箭推进技术基础”课程教学体会[C]. //中国航空学会火箭发动机委员会，中国机械工程学会复合材料委员会，中国复合材料学会教育与科普委员会 2001 年学术研讨会论文集. 北京：中国航空学会，2001：205 - 207.

[4] 王永磊，栗静静，张克峰，等. 基于应用型人才培养的课程教学方法改革探讨与实践[J]. 科教文汇，2021(27)：121 - 123.

[5] 刘鲁华，邹东升，陈克俊. 导弹工程专业“水火箭”案例设计与思考[J]. 高等教育研究学报，2014(3)：84 - 87.

[6] 何静. 案例教学在大学物理教学中的探索与实践[J]. 魅力中国，2016(5)：207 - 208.

[7] 王华荣. 以案例教学推动大学课堂教学模式改革的实践与探索[J]. 中国大学教学，2011(4)：62 - 64 .

面向胜任力培养的虚拟现实本科教学改革实践

赵永嘉[1]　邱琳子[2]　雷小永[1]

(1. 北京航空航天大学 自动化科学与电气工程学院,北京　100191

2. 北京航空航天大学 教务处,北京　100083)

摘　要:为应对新工业革命给工程教育带来的新需求和新挑战,以虚拟现实为代表的计算类本科课程已经从“面向知识的教育”转向“面向胜任力的教育”。针对航空航天专业中虚拟现实本科课程传统教学的主要问题,提出了面向胜任力培养的虚拟现实本科课程教学方法框架,并建立了面向胜任力达成的课程培养目标,该培养目标重点关注所培养的学生在知识、技能以及素养等方面是否满足社会和产业对虚拟现实人才的胜任力要求。把考核目标分解成过程绩效,充分调动学生积极性、主观能动性和全程参与性,采用项目机制引导学生学习实践,引入思政元素,辅以沉浸式项目导学方法,实现了以教师为主导,以学生为主体的全方位、全过程的教学过程。

关键词: 胜任力;教学改革;虚拟现实;过程绩效;项目机制

在全面培养卓越工程人才的大背景下,2020 年下半年,ACM 和 IEEE-CS 联合了全世界 20 个国家近 50 位资深专家(其中有 5 位中国专家),针对计算类课程人才培养的新需求,共同制定了计算类专业课程体系规范 CC2020。CC2020 采用胜任力模型,融合知识、技能、素养等三个方面的核心要素,明确提出计算类课程应从“面向知识的教育”转向“面向胜任力的教育”[1,2]。近年来,清华大学、复旦大学、天津大学、北京航空航天大学等围绕新工科和胜任力人才培养的新需求开展了一系列的教学研究和改革实践[3][4][5]。

北京航空航天大学虚拟现实技术本科课程面向航空航天等工业领域对“X＋VR”复合型专业人才的需求而开设,已有 20 多年的开课时间,具有很强的航空航天特色。该课程在新大纲中明确了以胜任力培养为教学目标,初步构建了同时满足教学大纲要求和学生个性化需求的胜任力模型,探索并实践了基于项目的教学和导学机制,取得了良好的教学效果。

本文以北航虚拟现实技术本科课程为背景。首先对虚拟现实本科课程传统教学方法的主要问题进行了分析;然后在此基础上建立了面向胜任力达成的课程培养目标;之后提出了面向胜任力培养的虚拟现实本科课程教学方法框架,通过把考核目标分解成过程绩效,采用项目机制引导学生学习实践,结合沉浸式项目导学方法,并融入思政要素,极大地激发了学生的学习兴趣、主动性和全程参与性,实现了以教师为主导,以学生为主体的全方位、全过程育人过程,具有重要的现实意义。

1　传统教学方法的主要问题

随着虚拟现实技术的进步和产业的发展,在航空航天专业中开设虚拟现实技术课程面临着虚拟现实内涵和外延不断拓展导致的教学内容日益增多和课程学时有限的矛盾,导致传统的教学方法无法适应新工科背景下面向胜任力培养的要求。传统教学方法的主要问题如下：

(1) 过于重视知识传授，轻视综合素质培养

传统课程教学多以知识的讲授和技能的传授为主。在有限的课堂教学时间内，进行概念、基础理论、知识点和发展概述的讲述，具体的编程方法占用了大部分时间；由于缺乏目标引领，学生所学的知识和技能与虚拟现实的应用场景脱钩，无法仅仅通过课程学习获得解决具体问题的能力，进而无法直接胜任虚拟现实相关的具体工作，在实际工作中不得不再“回炉学习”。

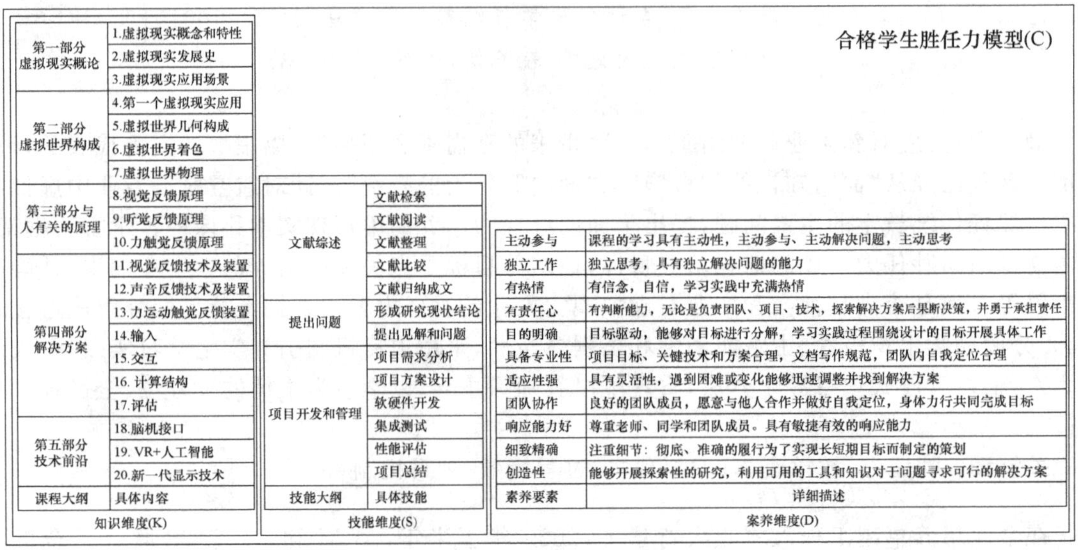

图 1 合格学生的胜任力模型

(2) 过于依赖课堂讲授，缺乏全方位导学

传统教学手段单一，以课堂讲授为主。课堂之外仅通过布置作业的方式来考核学生掌握知识和获得技能的程度，仅通过答疑与学生进行互动，缺乏思政要素，老师无法站在学生的角度与学生“共情”，学生对虚拟现实产业的发展缺乏认识，学习和实践缺乏主动，无法对所学课程产生黏性，因此也无法掌握因主动学习获得胜任能力。

(3) 多采用作业式考核，忽视全过程育人

虚拟现实相关的计算类课程多采用知识考核和技能考核相结合的方式。通过布置日常作业和实践类开发作业督促学生记住知识、掌握技能，类似的传统方法实施起来具有间歇性，缺乏连贯性，学生多以突击的方式完成考核，无法建立长期有效的学习目标；即使教师上课时可以做到授课技法纯熟，引经据典，也很难激发学生持续学习的兴趣，因此也无法让学生产生所学课程的持久记忆。

2 面向胜任力达成的课程培养目标

从知识、技能和素养三个维度，构建本科虚拟现实课程合格学生的胜任力要求(见图 1)，以胜任力达成为课程培养目标[6]。

(1) 知识目标

了解虚拟现实的概念和特性，熟悉虚拟现实技术和产业的发展，理解虚拟现实在各个领域的应用场景；掌握虚拟现实项目需求分析、方案设计、软硬件开发、调试集成的相关流程和项目

管理知识；掌握虚拟世界的几何构成、着色以及物理仿真；了解视觉、听觉、力触觉和运动感知的解剖学原理；了解虚拟现实系统中视景、声音、力触觉、运动感反馈技术及相关装置；熟悉虚拟现实系统的运动跟踪和指令输入方法；熟悉虚拟现实交互技术、计算结构以及性能评估方法；了解包括脑机接口、人工智能及新一代显示技术在内的前沿技术。

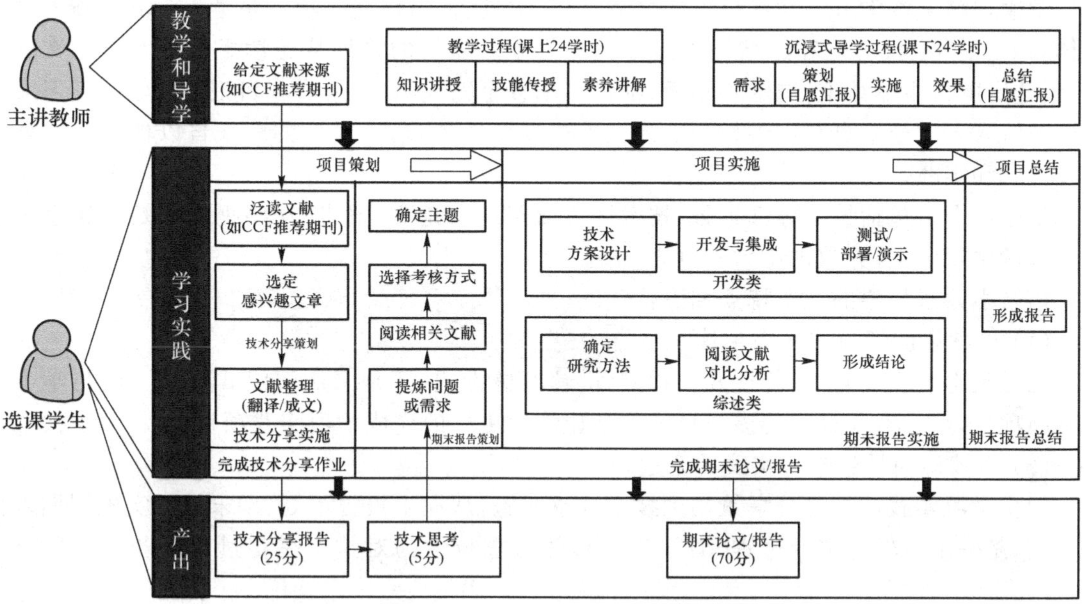

图 2 面向胜任力培养的教学方法框架

（2）技能目标

在同步达成上述虚拟现实领域知识目标的基础上，学生应掌握围绕虚拟现实领域感兴趣的研究方向进行最新相关文献检索、阅读、整理、比较和归纳成文的能力；在广泛阅读相关文献的基础上，学生经独立思考之后，应具有形成文献结论和提出新问题的能力；基于所提出的问题，或在该问题的基础上所形成的具体项目需求，学生应具有项目的立项、需求分析、方案设计、软(硬)件开发、集成测试、评估、总结成文的能力。

（3）素养目标

通过课程的学习和主讲教师课内外的全方位引导，学生应对所学课程充满热情，能够主动参与教学的各个环节，学习目标明确，对于所承担的项目和任务有责任心，能够适应新的问题、问题的变化以及教学环节中的各项要求，在项目团队中能够找到自身的定位，具有良好的响应能力和创造性，培养特定约束下开展工程项目所需要的工程思维，能够以专业的水准、细致精确地独立完成所承担的任务。

3 面向胜任力培养的教学改革探索

3.1 面向胜任力培养的教学方法框架

针对胜任力达成的培养目标，提出面向胜任力培养的教学方法框架，如图 2 所示。框架中主要涉及主讲教师和选课学生两种角色的三个过程，即教学和导学过程、学习实践过程、产出过程。

主讲教师主要通过课堂教学过程对知识进行讲授、对技能进行传授、对素养进行讲解，通过沉浸式导学方法对学生如何开展项目进行有效指导。主讲教师通过课堂和课下等不同渠道，向学生宣贯讲解教学方法和考核方式，直到学生完全理解并进入角色。

学生理解了教学方法和考核方式之后，就正式进入项目过程，项目是学生学习实践的主要载体，项目的策划、实施和总结均以课下时间为主。项目的策划从泛读虚拟现实最新文献开始，到选定项目主体结束；选定主题后，项目实施直至完成项目，形成项目报告。学生学习实践过程的输入一方面来自与主讲教师的课堂讲授以及任务布置，另一方面来自以项目为主导的自我探索和实践。

学生的产出包括技术分享报告、技术思考以及期末论文/报告，这些报告也是考核学生学习成果的主要依据，分数占比为 25∶5∶70。

该教学方法框架的主要特点如下：

(1) 以学生的学习实践为主体

无论是讲授理论知识，传授开发技能，讲解考核方式，还是采用沉浸式导学方法与学生一起实施项目，整个教学过程的核心目的就是让学生更好的完成学习实践项目。

(2) 考核面向学生学习实践的全过程

学生学习实践从技术分享策划到技术分享实施，从期末报告策划、期末报告实施到期末报告总结，是一个逻辑完整的过程，对学生的整体考核分解为对这个完整过程中若干子环节的考核。

(3) 注重学生的综合能力培养

不局限于让学生学会虚拟现实基础理论、学会编写一段代码，更重要的是通过教学过程，让学生完成文献调研和总结、建立项目目标、设计项目方案、完成项目开发和评估，进而得到综合能力的全面培养。

3.2 教学实践

3.2.1 基于项目机制的学生学习实践过程

根据提出的教学方法框架，学生完成学习实践任务的过程是一个完整的项目过程；该项目过程从首节课开始，到课程结束后完成项目总结报告截止，分为项目策划、项目实施和项目总结三个阶段，对学生的考核主要依据学生在三个项目阶段的产出。所以，对学生的考核体系是面向过程绩效的，只有学生全程认真完成项目过程，才能取得很好的成绩，避免学生靠突击来完成考核作业；同时所有的考核过程都统一在项目的逻辑下，从文献泛读到项目选题，从项目设计到项目实施、总结，是一个有机的整体，也是个完整的学术过程，学生在这个过程中可以得到系统深入的学术能力训练。

项目的策划阶段，根据课程要求，学生首先要在中国计算机学会推荐的 A 类国际会议或者杂志中选择最近两年的虚拟现实相关文献进行泛读，直到选定感兴趣的学术文章。为了避免重复，学生选定文章后需要跟主讲教师报备，如果同一篇文章已经被选择超过 2 次，则要求该学生重新选题。确认文章后，学生将对该文章的技术背景、相关技术、研究方法、结果和结论进行整理梳理，完成一个小篇幅、图文并茂的技术分享报告。

项目策划的第二阶段，就是基于已经完成的技术分享报告进行思考，形成一个 300 字左右的技术思考报告。主要是在对所分享的内容进行概括的基础上，形成自己的独立见解，初步确定项目实践的主题，也就是要在项目实施阶段做什么。项目主要有 2 种类型：开发类和综述类。

在项目实施阶段，开发类项目需要学生独立或者组队开发一个虚拟现实或增强现实的小系统，并完成技术方案设计、开发与集成、测试部署和演示的全过程；在此基础上撰写期末论文，期末论文应该包括摘要/背景需求/方案/效果/测试/开发过程总结等内容，要求有项目实现后的结果。

综述类需要对感兴趣的某一技术领域进行调研和综述，首先要确定研究方法，之后在大量阅读相关文献的基础上进行对比分析，并形成文献综述的相关结论。期末论文应包括摘要/背景需求/技术分类框图/技术叙述/对比/结论，文献阅读量不少于 30 篇，需要独立完成。

在考核内容和标准的大框架下，多数学生会自主选择实践类项目。学生为了完成项目，必须主动规划、主动学习，必要时建立团队，进行方案设计，对任务进行分解，完成开发和集成，最终形成项目报告。

3.2.2 以学生为主体的沉浸式导学方法

主讲教师的主要职责是激活学生的主体角色，激发学生的主观能动性；首先要让学生尽快准确了解本课程面向胜任力培养的教学目标以及为此设计的面向过程绩效的学习实践任务；其次，要完成从教学者到导学者的角色转变，面对尚未经历过完整学术过程的选课本科生，通过课上、课下和课程网络平台引导他们尽快了解完整的项目过程，高效开展项目，最后高质量完成项目。

在课堂教学中，主讲教师将每次上课的 2 个学时划分为三个阶段：考核体系宣贯及项目阶段督促阶段、沉浸式项目进展交流阶段和一般性的教学阶段。

考核体系宣贯主要是在首次课中进行的，但每次上课都要根据之前的师生互动对如何开展文献分享、如何确定项目主题、如何实施项目等内容进行进一步解读。

项目阶段督促是根据当前的教学阶段，对学生的项目进展进行提醒和督促，例如，在教学日历第五周前应该完成文献阅读并确定项目主题，在前五周的课上，主讲教师就应该把这个信息明确地传递给学生，提高学生的紧迫感。

所谓沉浸式导学方法，就是主讲教师与学生一样，主动开展一个开发类项目，并且与学生同步进行项目策划、开发和集成、测试部署和演示，这些内容通过课程中心、共享文档、公众号等各种形式实施分享给学生，这种与学生共情的沉浸式导学方法胜过千言万语，为学生提供直观的项目实施指导。

课堂教学中，沉浸式项目进展交流阶段就是主讲教师化身为学生角色，将自己承担的开发类项目的进展、实施方法、具体细节以及编写报告的具体内容向全体学生汇报。

课堂教学的第三个阶段才是一般性的教学过程，讲授知识、传授技能、讲解素养，但也会根据之前的师生互动有所侧重，核心目的是促进学生胜任力的达成。

3.2.3 以胜任力素养维度为导向的考核体系

教学方法框架得以顺利实施的关键，是把对学生掌握知识和技能的考查融进素养目标，并将素养目标作为评价学生胜任力的准则。如图 3 所示，对技术分享报告、技术思考报告和期末论文/报告的考核分别被分解为 5、3、7 个评价要点，这些评价要点都直接反映了胜任力模型中对素养的要求。

素养维度	技术分享报告					技术思考			期末论文/报告						
	规范性	完整性	准确性	可读性	原创性	准确性	逻辑性	独立见解	规范性	一致性	参考文献	团队协作	独立工作	结果呈现	工程文件
主动参与				V	V			V				V	V		
独立工作				V	V		V	V			V		V	V	V
有热情				V	V		V	V				V	V		
有责任心	V	V	V	V		V			V		V	V	V	V	
目的明确				V	V		V	V		V			V	V	
具备专业性	V		V			V			V		V			V	
适应性强	V				V			V	V				V	V	
团队协作				V								V	V		
响应能力好	V							V	V			V			
细致精确	V	V	V			V	V		V	V				V	
创造性					V			V					V	V	V
单项分值	6	2	3	7	7	1	1	3	12	5	7	11	19	16	5
分类评价分值	25					5			70						5

图 3　面向过程绩效的考核分解

上述要点中，规范性是指所提交的报告是否按照考核要求中提供的文档模版编写；完整性是指对于文献的解读是否完整，引用的观点是否片面；准确性强调对参考文献观点和结论的总结是否准确；可读性评价所提交的报告是否有拼凑痕迹，可读性也是评价学生主动性、专业性、责任心的重要指标；原创性表示所提交的报告为作者原创，除非标注了参考文献的地方；逻辑性表示从案例到结论的合理性；独立见解用来评价关键作者所提观点的独创性和新颖性；一致性表明项目报告的摘要、标题和正文逻辑上是否一致；参考文献要点评价参考文献标注的正确性；团队协作评价分工的科学性以及作者的工作量；独立工作用来评价作者完整项目的独立工作量；结果呈现用来评价项目的结果是否与目标一致，是否进行了详细的测试和评估；工程文件如果随作业提交，则加上对应分值作为奖励[6]。

3.2.4　将思政要素融入教学过程

习近平总书记在全国高校思想政治工作会议上强调，“要坚持把立德树人作为中心环节，把思想政治工作贯穿教育教学全过程，实现全程育人、全方位育人”。将思政要素融合在教学过程中，是虚拟现实课程思政改革与思政课程协同发展、同向同行的必要措施。通过思政教学改革，实现专业课程教学与思政育才的统一，有利于激发学生的爱国情怀，完善其个人职业素养，增强团队协作意识，促进掌握解决具体问题的能力。

第一，在课堂教学中浸润思政要素[7]。为了达到润物无声的效果，提出思政锚点的概念。所谓思政锚点，就是课堂教学中适合讲解思政内容的具体环节，可以是虚拟现实基础理论中的某个原理，或者虚拟现实使用场景中的某个具体应用，也有可能是师生互动的具体时机；好的思政锚点设计，可以实现思政内容的自然引出，避免过生硬的灌输，更容易引起学生的兴趣，达到思政要素内化于心的效果。例如在讲解虚拟现实应用场景时，可以自然地介绍北航虚拟现实技术与系统国家重点实验室在载人登月、空间站交会对接任务中的具体工作，可以进一步激发学生对虚拟现实的兴趣，增强了学生的强国信心。

第二，在学生学习实践过程中宣贯思政要素。在以学生为主体的学习实践过程中，会产生大量的师生互动，在师生互动过程中，主讲教师应该及时进行思政教育。例如：课程考核标准中有对参考文献标注的要求，大部分选课本科生没有经过严谨的学术过程就会产生不解；主讲教师趁机从学术道德、专业性、知识产权等角度强调报告规范性的必要。在项目策划阶段，主讲教师引导学生要广泛阅读相关研究进展和产业动态，特别要了解我国在重大型号任务中，虚拟现实技术的具体应用场景和使用价值；在项目实施和总结阶段，主讲教师会结合虚拟现实基础理论、项目管理的基本原理，对学生进行职业素养和学术道德教育。

4　结　论

本文针对航空航天专业中虚拟现实本科课程传统教学的主要问题，建立了面向胜任力达成的课程培养目标，重点关注所培养的学生在知识、技能以及素养等方面是否满足社会和产业对计算类人才的实际需求；在此基础上，提出了面向胜任力培养的虚拟现实本科课程教学方法框架，阐述了基于该方法框架实施教学改革的具体细节。无论是教学过程设计、还是考核机制优化，均围绕如何让学生通过选修本课程并经过系统的学习实践达成胜任力目标这个问题；其中，过程绩效的项目实践是教学改革目标达成的手段，而思政要素的融入以及三段式课堂教学与沉浸式导学相融合是教学改革目标达成的重要机制。

致　谢

本课题得到了北京航空航天大学教改项目“面向胜任力达成的(虚拟现实技术及应用)教学改革实践”(4003218)的支持。

参考文献

[1] CC2020 Paradigms for Future Computing Curricula. Technical Report[R/OL]. ACM/IEEE. In Press. Draft Version. http://www.cc2020.net/.

[2] 贺平，王小平. 新工科工程科技人才胜任力模型研究——基于洋葱模型视角[J]. 中国高校科技，2020(04):63-66.

[3] 徐晓飞，沈毅，钟诗胜. 我国高校新工科建设与教育模式创新实践的探索与思考[J]. 计算机教育，2021(02):99-103.

[4] 王东君，刘钢，王小松，等. ‘新工科’背景下如何使‘老工科’专业焕发新生机[J]. 中国多媒体与网络教学学报，2021(02):110-112.

[5] 钟登华. 新工科建设的内涵与行动[J]. 高等工程教育研究，2017(03):1-6.

[6] 赵永嘉，邸琳子. 面向胜任力达成的虚拟现实课程思政教学改革(C)//第二届全国航空航天类课程思政教学改革论坛. 北京：北京航空航天大学出版社，2021:1-7.

[7] 任博文，董人熹，王玮. 工匠精神视域下的工程训练中心课程思政教学探索——以南京航空航天大学钳工和车工课程为例[J]. 教育现代化，2019，6(61)：125-128.

航天专业混合式智慧教学模式探讨

张冉　张蕊　李惠峰

（北京航空航天大学 宇航学院，北京　100183）

摘　要：混合式智慧教学模式是将传统教学和依托信息化技术的在线教学进行整合，融合了在线教学与传统面对面授课的双重优势，体现了教师主导、学生主体的核心教育理念。本研究将现代信息技术与课程教学相融合，以双一流和大学金课的培养理念为导向，以智慧教育为根本，以构建面向航天专业人才培养的在线智慧教学平台为依托，探索航天专业线上线下混合式智慧教学模式，并将专业课程教学分为课程导入、课程深入和课程拓展三个阶段，以期打破传统的航天专业人才培养模式，努力培养理想高远、学识一流、胸怀寰宇、致真唯实的领军领导人才。

关键词：航天专业；智慧教学平台；智慧教学模式；混合式教学；线上线下

随着计算机网络技术的迅猛发展和智能手机设备的广泛应用，信息传播手段变得多姿多彩，教育信息的传递和获取变得前所未有得便捷。近年来，国家教育信息化 2.0 行动计划的实施和“互联网＋教育”的发展给教育教学改革带来了机遇，在线开放课程迅速发展。2019 年 2 月《中国教育现代化 2035》的推出，明确了教育信息化是教育系统性变革的内源性动力，是教育现代化的核心驱动力，提出了信息技术与教育教学深度融合创新发展的新理念，并为基础教育教学方式的变革指明了方向[1]。2020 年突如其来的新冠疫情，加快了我国教育尤其是高等学校的在线教育教学探索的步伐。各高校迅速实现了线上、线下的转换与对接，每一所高校都实实在在地感受到了互联网和教育技术的力量，显示出了我国高校强大的教育应急能力。

2018 年底，入选国家“一流大学建设高校”的 42 所高校在其建设方案中不约而同地提出在人才培养方面利用网络创新手段推动教学改革。建设智慧教室，采用智慧教学工具，已成为各高校推进教育教学改革的普遍做法[2]。混合式智慧教学的优势在于能将传统教育模式和在线教育有效融合，充分发挥各自优势来激发学习者的学习兴趣，还能为教师提供改进教学质量的决策依据。从近年 MOOC 的发展趋势来看，高校不再追求大规模的开课范围和学习者群体，而倾向于大学内部常规教学质量的提升[3]。由此可见，在线教育与传统教学相结合的混合式智慧教学，会成为高校教学发展的新趋势。

在北京航空航天大学始终传承听党话、跟党走的红色基因，坚持为党育人、为国育才的初心使命，培养一流人才、做出一流贡献，努力建设中国特色世界一流大学的背景下，北航老师正迎头而上，努力探索新的大学教育教学模式，力争为北航建设世界一流的本科教育做出应有的贡献。航天飞行器控制系统设计课程是我校航天专业人才培养过程中的专业基础课程，培养目标是使学生通过学习飞行器控制理论的基础知识，掌握航天飞行器控制系统的设计与分析方法，是航天专业人才培养的核心课程之一。如何利用互联网及信息化发展带来的优势，更大化激发学生专业学习兴趣，深入挖掘学生学习潜力，是课程教学改革以及教学模式探索的最终目标。

1 航天专业教学现状分析

依据笔者对所在学院教学情况的了解，航天领域的专业课程大部分采用课堂讲授与课后答疑的方式，部分老师会在此基础上增加课前推送资料及答疑环节，采用在线教学或混合式教学的专业课程比例甚微。传统的课堂教学方式在教学中具有不可替代的优势，教师可以在课堂上系统地传授知识，可以根据课堂氛围、学生上课状态、回答问题等方面来及时掌握学生对知识点的理解情况，并及时调整教学方式，调动气氛，加强语言和情感的交流。但在信息化快速发展的今天，其也存在一定的局限：1)时空局限性：在课堂有限的时间内，很难对知识点进行深入探讨和拓展，出现学生“只知其然，不知其所以然”的情况。课上学生也是被动地接受知识，并没有独立思考的时间，使得他们对知识的掌握不够灵活，很难运用所学的理论知识去解决实际问题。2)缺乏针对性：航天领域的专业课程涉及的知识面广且抽象，学生基础参差不齐，在有限的课堂上只能进行普及型知识点的讲解，对部分学生感兴趣的领域很难深入探讨。另一方面，以航天飞行控制为例，所设计的航天器，有卫星、飞船、高速飞行器、火箭等不同的对象，其对象不同、飞行环境不同，控制系统设计方法就有很大差异，若仅靠课堂上的知识，学生很难从中选出自己感兴趣的具体领域。3)缺乏主动性：课堂教学的教学模式导致学生学习相对被动，在课堂上虽然有一定的互动，但互动不全面、不充分，以“教”为主的教学模式弱化了以学生全面发展为中心的地位，导致学生的学习兴趣和潜能不能被充分激发出来，很难使学生形成创新性的思维能力。

航天专业是理论性和工程性很强的理工类学科，其人才培养的质量很大程度上取决于学生的实践和创新能力，而这些能力的培养依赖于专业课程的配套实验教学环节和实践环节。这就需要搭建物理仿真实验环境。但对航天专业来说，其对应的物理仿真实验系统或成本很高，或危险系数很大，导致本领域的配套实验环境建设严重不足，极大地制约了学生实践创新能力的培养。

近年来，混合式教学日益成为一种重要的教学形式，在高等教育中，混合式教学的目标是将课堂教学的优势与在线活动的优势相结合，以增强学习者更为积极和自我的学习体验[4]。但目前的混合式教学大部分是通过网络平台提供相关视频、文献等资源的方式，让学生提前自主学习。学生预习具有很大的自由性和不可控性。课前只有极少数同学会主动与老师交流，师生之间的交流互动难以得到保障。朱永梅[5]等人针对课程智慧教学应用情况进行的调研发现，课前预习效果不理想的主要原因是自控力差，学习无人监督，占比达到63.2%。对课程不感兴趣，不想学习的占比仅为15.8%。这表明大部分学生对所学课程都比较感兴趣，都想学好，但由于自控力差，因此学习效果不明显。梁秋群[6]等人针对线上教学平台进行了调研，结果发现，学生很少或从未使用线上学习资料的主要原因有三个：视频资源不足、教学设计创新力低和网络卡顿导致PPT卡顿等现象，其中占比最大的是视频资源不足，为62.93%。调研结果表明，在线资源除了专业性和知识性的要求外，还要多增加可吸收性和趣味性的资源，这样才能提高学生自主学习的兴趣。胡小平[7]等人通过大量的调查问卷分析在线教学存在的问题，指出教师缺乏教学设计、学生难以自我管理等一系列问题，提出了要注重学生学习主体能力，提高学生在线学习效果的一系列措施。

综上所述，航天专业的人才培养亟需要搭上信息化的列车，探索适应新形势的智慧教学模式和智慧教学平台，突破传统以教师为主的课堂教学，立足"教师主导、学生主体"的智慧教学理念，以"以学引思、得智促慧"为导向，发挥教师的主导和学生的主体作用。

2 面向航天专业的智慧教学平台构建

2018 年教育部发布关于《教育信息化 2.0 行动计划》中的"智慧教育创新发展行动"，拉开了全国发展智慧教育 2.0 的序幕。各类高校是创新突破和完成"智慧教育创新发展行动"任务的主力。依据移动互联网、云计算、大数据、人工智能、虚拟现实等新技术打造的智慧教学平台是实现智慧教育的核心环节。

智慧教育的真谛就是通过构建技术融合的生态化学习环境，通过培植人机协同的数据智慧、教学智慧与文化智慧，本着"精准、个性、优化、协同、思维、创造"的原则，让教师能够施展高成效的教学方法，让学习者能够获得适宜的个性化学习服务和美好的发展体验，由不能变为可能，由小能变为大能，从而培养具有良好人格品性、较强行动能力、较好思维品质、较深创造潜能的人才。简言之，智慧教育的根本要义是，通过人机协同作用优化教学过程与促进学习者美好发展的未来教育范式[8]。另外，文献[8]还指出智慧教育框架的三大要素：基于技术创新应用的智慧环境、基于方法创新的智慧教学法和基于人才观变革的智慧评估。由此才能培养出善于学习、善于协作、善于沟通、善于研判、善于创造、善于解决复杂问题的智慧型人才。

智慧环境作为智慧教育的三大要素之一，在人才培养和教育效果方面起着至关重要的作用。就目前国内外智慧教学工具的使用现状来看，国外高校大多比较关注构建在线教育系统，而国内更倾向于建设 MOOC 课程以及接受和采用具体的在线智慧教学工具来改进教学质量，如采用学习通、超星尔雅(40.2%)，中国 MOOC 平台、爱课程(28.8%)，QQ 直播(27.6%)，微信或企业微信(26.4%)，腾讯会议(22.2%)，腾讯课堂(21.3%)，钉钉(18.1%)，雨课堂、学堂在线(13.2%)等等[9]。这类在线教学工具在疫情期间的线上教学中起到了重要作用，但随着国内高校线下教学的开展，其使用频率大大减少，原因在于，在能够进行线下教学的情况下，大多数教师都更加习惯于传统的课堂教学方式，仅有小部分教师利用线上教学平台发布资源，师生线上互动较少，学生缺乏主动学习意愿。文献[2]指出以"雨课堂"为代表的智慧教学工具虽满足了师生在增强课程互动性的一致要求，但对于学生的其他需求难以满足，也极大限制了学习效果、学生自主学习和深度学习的有效提升。应主动了解学生真正的需求和动态变化，开发更适合的智慧教学工具和系统，尤其要考虑不同专业学生的需求。

笔者从航天专业特点和人才培养需求出发，规划设计了适应于航天专业人才培养的智慧教学平台建设框架，如图 1 所示。该平台的两大核心功能是精准教学和师生互动。精准教学主要是指精准感知和精准供给。精准感知是通过大数据和人工智能等手段，分析学生的兴趣点和薄弱点。精准供给是在精准感知的基础上，针对单个学生的兴趣点和薄弱点，从海量的在线资源中筛选出学生的兴趣资源和问题资源，促使学生巩固和加强个人兴趣和知识储备。师生互动功能主要从督促和加强学生的主动性目标出发，增强智慧教学平台的使用效率和教学效果。

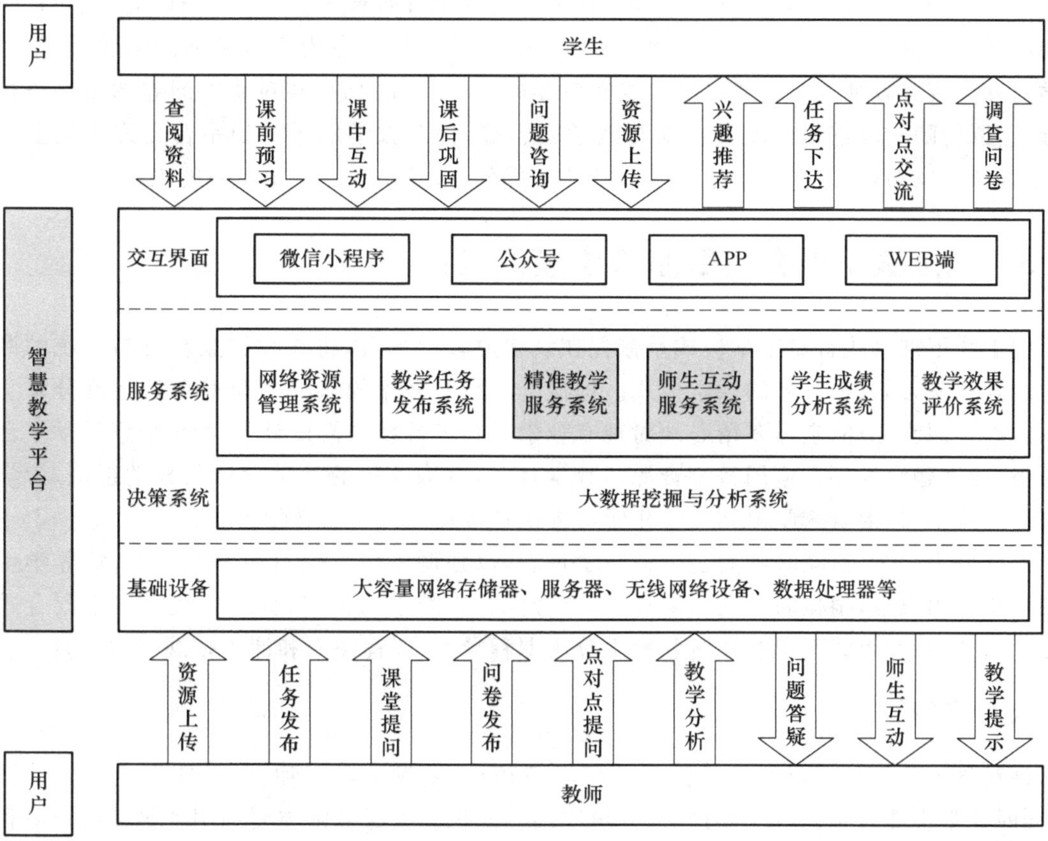

图1 智慧教学平台设计架构

精准教学功能的主要作用：1）广泛搜集航天专业领域的各类在线资源，包括国内外著名高校航天领域的专业课程课件、视频资源、网站资源，国内外专业领域的高水平期刊、文献等，将所有线上资源进行专业筛选后下载，下载后的资源进行二次分类整理、拆解、提炼，最终形成短小精悍、具有独立知识点的小视频、文章等资源。2）在课程学习开始前，为学生推荐课程相关理论知识的前修知识和基础知识储备，解决某些跨专业学生或基础薄弱学生前期基础知识储备不足的问题。3）将课程中所涉及的知识点进行拆分，创建知识地图，为地图的每个坐标配置相应的视频、微课等资料。4）通过分析学生在线资源浏览的后台数据，依据人工智能及大数据技术，挖掘学生直接感兴趣的研究方向和未来的潜在兴趣方向，由此为每个学生进行单独的、有针对性的资源推荐，解决学生在独立面对海量资源时缺乏对学习活动和自我的正确定位，无法按需构建自己知识网络的问题，实现智慧教学平台的精准感知和精准供给。

师生互动功能具体包含：1）智慧教学平台能够通过微信、短信或APP通知等方式，定时、及时、自主给学生发送推荐资源通知，督促学生自主学习，解决学生不爱看、不关注、偶尔想起才看的问题。2）教师可以通过智慧教学平台发布课前预习要求、预习测试题等，系统能按要求及时推送给学生，通过教师布置任务的方式驱动学生自主学习。3）平台可以及时将学生提出的问题通过微信、短信等形式定时定点发送给任课教师，以便教师能够及时解答学生问题。若超过一定时间，教师仍未对学生提出的问题进行解答，平台会进行二次通知的发送，提醒教师尽快与学生沟通交流。学生提出的问题，在平台系统里对所有学生可见，其他学生也可以对某个问题进行交流互动。4)教师可以通过平台发布本周的重难点内容解析和测试题，供学生巩固学习和交流。教师也可以通过平台发布各类问题的调查问卷，并对调查问卷的结果进行数据分析，以便随时改进课堂教学模式和教学内容等，提升教学质量。5)平台允许学生上传资源，经审核后发布，作为评价学生最终成绩的一部分，来激发学生自主学习的兴趣。

3 线上线下混合式智慧教学模式设计

线上线下混合式智慧教学模式是依托在线智慧教学平台，将在线智慧教育与传统的课堂教育结合起来，形成一种新的教学模式。但混合式智慧教学模式并不是简单地将部分课堂授课内容移到课堂之外，它需要精心地对现有教学内容进行重构性设计[10]。在智慧教学平台的支撑下，深度融合和创新应用教学资源和教学技术，重构课程的教学设计和教学组织，为学生开展体验式学习、混合式学习和个性化学习提供精准指导的智慧教学模式。

本文以学生为主体、教师为主导的教学理念，以强调激发学生自主学习兴趣、培养学生的发现意识为出发点，根据教学的一般过程，结合混合式教学的特点，提出了线上线下混合式智慧教学模式，将线上线下混合式智慧教学分为课程导入、课程深入和课程拓展三大阶段。

3.1 课程导入

课程导入阶段的主要教学目标是挖掘学习动机、激发学习兴趣，并促使学生建立学习目标，同时让学生能自主完成课前预习，并巩固前导知识。授课教师需要利用各类在线资源和多种手段，实现该阶段的教学目标。教师侧重从线上预习课程、主题讨论、小测试和课前内容问卷调查等多个方面归纳总结学生存在的共性问题，以支撑课堂授课时的具体教学设计。

课程导入阶段具体可以分两步实现。第一步，在课程开始前，教师可先利用在线智慧教学平台建立起学生彼此熟悉、信任的环境，使得学生能主动投入到学习中。教师可通过在线智慧教学平台为学生提供各类微视频、PPT 课件、网络资料、文献资料、名校直播课程等学习资源，并发布课前的学习目标、学习任务、课前测试、调查问卷等线上活动，帮助学生建立新旧知识联系、重难点知识预习等课前准备工作。第二步，在课前的线下活动中，教师需要依据学生的在线学习情况进行问题分析，总结出学生自学过程中存在的共性问题及难点问题。在课堂的面对面教学中，依据梳理出的共性问题和难点问题，组织学生共同讨论，并由此顺理成章地引出课堂要讲授的知识点。课程导入阶段的教学设计框架如图 2 所示。

3.2 课程深入

课程深入阶段的主要教学目标是解决课前学生学习的共性问题，使学生真正理解和掌握课程重难点问题。通过引入工程实际问题和典型案例，提高学生的理论应用能力，同时恰当引出后续课程的内容，提升学生课后预习兴趣。在此阶段，教师主要运用面对面环境，较多采用合作、探究学习的方式进行重难点问题的深入探讨，并通过当堂测试和练习来巩固知识，诊断和纠正学生的错误认知和概念。课后要针对学生对知识点的掌握情况设置后续的讨论主题及小测试来强化对知识点的掌握，学生也可以对课堂、课后作业和练习中尚未解决的问题与教师

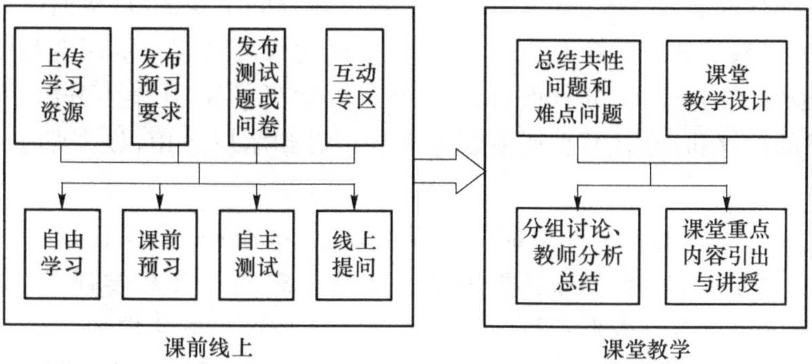

图2 课程导入阶段教学设计框架

继续讨论。

课程深入阶段可以通过课堂面对面的教学和课后的在线智慧教学平台实现。在面对面的课堂教学中,教师重点讲解学生在预习时遇到的共性问题和难点问题,同时可将工程实际问题或典型案例引入课堂,通过分工协作、组间互评、成果汇报展示等方式激发学生课堂兴趣,提高学生的参与热情。同样地,教师也可以从国内外的一流期刊文献中,筛选出具有代表性的领域前沿文献及资料,在课堂教学中组织学生分组讨论学习,并鼓励学生积极提出自己的想法和学习心得。在面对面教学中,教师同样可以通过课堂提问、课间讨论等方式诊断并纠正学生的错误认知,确定学生已经正确理解知识点。课后,依靠在线智慧教学平台,教师可以布置一些课后小测试、主题讨论以及课后作业等方式检验学生的学习效果。学生可以依据在线平台与教师和其他同学一起继续讨论疑难问题。课后,教师需要通过学生的课堂参与情况和问题深入情况,对每堂课的情况进行分析总结,作为后续课程教学的改进指导。同时,教师要针对学生对知识点的掌握情况设置后续的讨论主题和测试来强化对知识点的掌握。课程深入阶段的教学设计框架如图3所示。

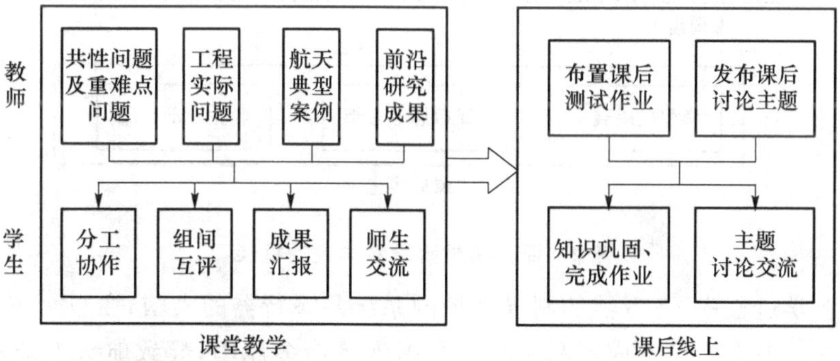

图3 课程深入阶段教学设计框架

3.3 课程拓展

课堂拓展阶段的主要教学目标是提高课程的"两性一度",以大学金课建设为目标,培养创新型、复合型和应用型的航天领域专业人才。通过以学生为主体的教学设计,让学生通过主动学习、同伴学习、项目式学习、探究式学习等方式进行课程的拓展学习，从而激发学生的学习兴趣和潜能，提高课堂教学效果。在此阶段，教师主要通过设置具有一定深度和广度的开放性探究项目、复杂工程实际问题案例分析项目、虚拟仿真实验项目等，让学生分组完成，不仅加深了学生对所学知识的理解和运用情况，还使学生能真正做到学以致用，提高学生综合素质，增强课程的挑战度。

课程拓展阶段主要通过课堂面对面的教学和课前课后的在线智慧教学平台实现。在课前，教师通过在线智慧教学平台发布各类拓展项目的列表，并发布教学任务，要求学生自选项目，并自由分组。学生也可以根据项目内容提前搜集整理资源或与教师讨论。在课堂的面对面教学中，教师将针对每一个项目详细介绍其涉及的重难点问题，同时与学生讨论可能的解决方案，并针对学生对各项目提出的问题进行探讨交流。在各组学生完成所选项目之后，组织学生进行成果汇报，组间互评，以及教师指导点评等，使每个学生不仅实际参与完成了所选项目的全流程，从项目初始的问题分析、提出解决思路、到实际解决问题及项目总结，也能在各组的成果汇报交流过程中拓宽视野。在课后的在线智慧教学平台，学生可将小组及个人成果发布到在线教学平台上进行展示，并可以继续与师生进行在线交流讨论，教师也要及时总结出每个项目组成员的优势，并指出需要改进的地方，以便学生进一步深入思考。课程拓展阶段的教学设计框架如图 4 所示。

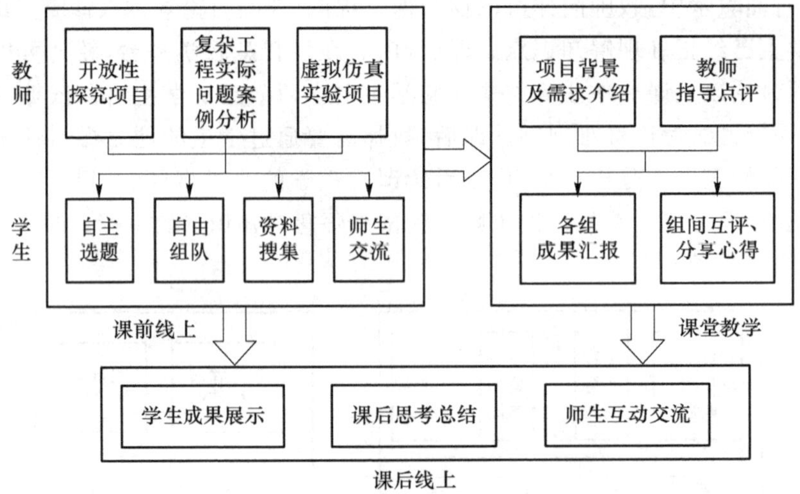

图 4　课程拓展阶段教学设计框架

在实际的教学过程中，飞行器的制导和控制系统是飞行器的大脑，在整个飞行过程中起着至关重要的作用。但由于设备成本和实验安全因素等诸多原因，导致航天专业的很多工程理论课程很难有配套的实物实验项目，学生的理论学习缺乏直观认识，理解难度增大。为了弥补专业课程缺乏实物实验的不足，作者依据航天飞行器控制系统设计课程的教学需求，建成了两个虚拟仿真实验项目平台：火箭上升段制导控制虚拟仿真实验和飞船再入制导控制虚拟仿真实验，分别如图 5 和图 6 所示，学生基于这两个虚拟实验的实践体验，可以深刻理解课程中的两大重点理论知识点，并对理论的工程应用有了更深的体会。

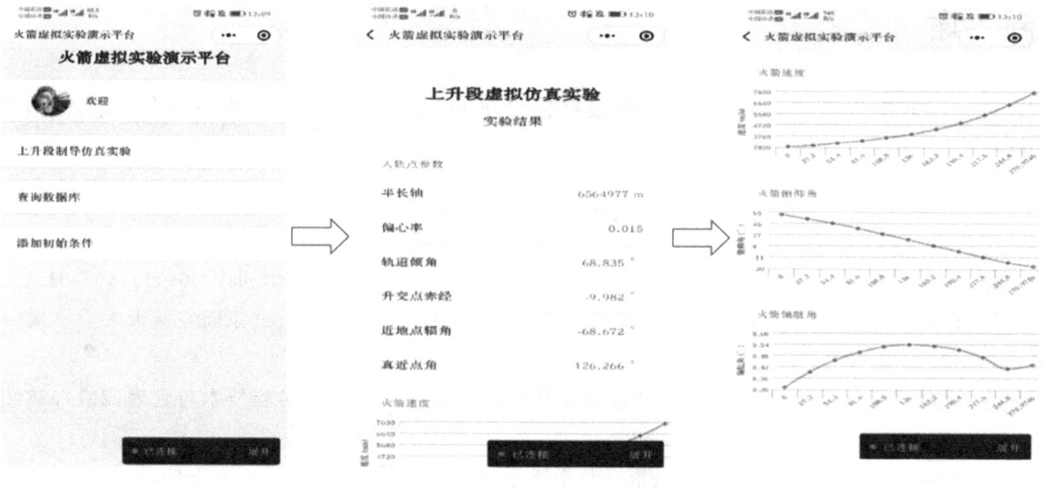

图5　火箭上升段虚拟仿真实验

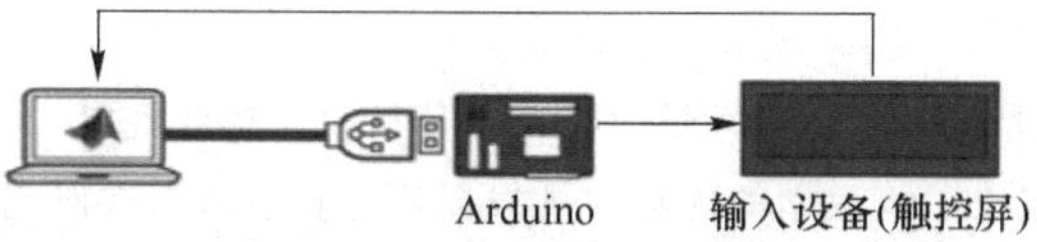

(a) 飞船再入段虚拟实验系统构成

(b) 飞船再入段虚拟实验实物

图6　飞船再入段虚拟仿真实验

4　结　论

混合式智慧教学结合了传统课堂教学和在线教学的两大优势，将互联网等信息技术有机地加入专业教学过程中实现了个性化的教学，极大地提高了教学质量和教学效果，已经成为未来各高校重点发展的教学改革举措。

致　谢

感谢北京航空航天大学校一流本科课程建设项目和北京航空航天大学宇航学院教改重点项目的大力支持。

参考文献

[1] 蔡宝来.教育信息化2.0时代的智慧教学:理念、特质及模式[J].中国教育学刊,2019(11):56-61.

[2] 王秀丽,沈述宜.高校智慧教学工具使用效果研究——以"雨课堂"为例[J].北京航空航天大学学报(社会科学版),2020,33(03):126-132.

[3] 俞福丽,张清.基于THEOL平台混合课程建设的实践探索与思考[J].实验技术与管理,2019,36(09):203-205+210.

[4] 马婧,韩锡斌,程建钢.促进学习投入的混合教学活动设计研究[J].清华大学教育研究,2018,39(03):67-75+92.

[5] 朱永梅,唐文献,管小燕.基于线上线下智慧教学的机械类课程教学改革与实践[J].大学教育,2020(03):16-19.

[6] 梁秋群,李明,夏雄平.线上线下混合式教学改革调研分析[J].教育观察,2021,10(33):107-109.

[7] 胡小平,谢作栩.疫情下高校在线教学的优势与挑战探析[J].中国高教研究,2020(04):18-22+58.

[8] 顾小清,杜华,彭红超,等.智慧教育的理论框架、实践路径、发展脉络及未来图景[J].华东师范大学学报(教育科学版),2021,39(08):20-32.

[9] 邬大光,李文.我国高校大规模线上教学的阶段性特征——基于对学生、教师、教务人员问卷调查的实证研究[J].华东师范大学学报(教育科学版),2020,38(07):1-30.

[10] 吴宁,房琛琛,任燕飞.大班教学环境下基于SPOC的混合教学设计与效果分析[J].中国大学教学,2016(05):32-37.

锥形光纹影在实验空气动力学教学中的应用

刘小林

（国防科技大学 空天科学学院，长沙 410073）

摘 要：纹影在实验空气动力学研究中有着十分广泛地应用，纹影实验也是实验空气动力学教学中的重点内容。针对传统纹影教学中存在的实验设备成本高，数量少，学生实践操作机会少等问题，基于锥形光纹影在实验教学中开展了一系列的应用探索。锥形光纹影原理与平行光纹影原理基本一致，且其具有结构简单、成像效果良好等特点。通过锥形光纹影实验，一方面有助于相关专业学生深入对纹影原理的理解，同时增强了课堂趣味性；另外一方面降低空气动力学实验门槛，让大量学生动手参与实验，进一步锻炼了学生实践操作与创新研究的能力，增强了大学生的综合素质。

关键词：实验空气动力学；锥形光纹影；平行光纹影；实践操作；创新能力

纹影技术是一种经典流动显示技术，它基于光线在变密度场中发生偏折的原理，将流场中密度变化转换为成像图片中对应区域上的光强变化，从而显示出相应的流场结构。纹影技术发展至今已有一百多年的历史，目前仍然有着广泛的应用，例如边界层分离再附、可压缩流场中的激波边界层相互干扰等流动现象的实验研究，都需要用到纹影技术。除此之外，基于传统的纹影技术，也衍生出了非常多的新兴测试技术，例如聚焦纹影，彩色纹影和背景纹影技术等，这些技术都具有重要的应用价值，是空气动力学实验研究中必不可少的测试技术[1]。空气动力学实验课程是国内众多高校中航空航天、力学等专业学生的必修课程，该课程对于学生完整空气动力学知识体系的构建以及实践创新能力的培养至关重要。在空气动力学实验课程中，纹影实验一直都是重点内容之一，纹影实验技能也是空气动力学相关专业学生需要重点掌握的专业技能[4,5]。

1 纹影及其在实验空气动力学教学中的应用

1.1 纹影原理及系统组成

光线在流体中传播时，流体折射率与密度之间满足格拉德斯通—戴尔关系，折射率与密度一一对应。流体密度的改变导致折射率发生变化，从而使光线传播方向发生偏转，且光线偏转程度又与密度相关。纹影技术借助刀口装置切割光源像，偏转程度不同的光线被不同程度遮挡，造成记录平面上光强的变化。

空气动力学研究中通常用到的纹影系统，其穿过实验区域的光束为平行光，因此可以称之为平行光纹影。按照具体光路的不同，平行光纹影又可以进一步分为透射式和折射式两种类型,分别如图1(a)、(b)所示。其中透射式纹影仪的组成包括光源、透镜、刀口等。光源位于透镜焦点位置处,光源发出的光经透镜汇聚成平行光,平行光束穿过实验区域,再经过第二块透镜汇聚到焦点位置,此时在焦点位置设置刀口,对焦点位置的光源像进行部分切割,最后在成像屏幕上形成明暗不均的图像。该图像中光强分布情况和实验区中的密度分布情况以及刀口切割情况相关,通过图像反应出实验区域相应的流场结构。透射式纹影具有光路结构简单,调节方便,且误差源少的优点。但是由于制造大口径的透镜成本很高,因此透射式纹影存在价格高昂,难以大型化等缺陷,并且采用透射式纹影开展研究时,由于所有设备都在同一条直线上,通常需要占用较大的空间。第二种平行光纹影系统是如图1(b)所示的反射式纹影系统,由于整个光路成Z字形,因此反射式纹影系统通常又称之为Z字形纹影系统。凹面镜同样具有汇聚光束的效果,且同口径的凹面镜成本比透镜成本低很多,因此反射式纹影系统采用了两面凹面镜代替透镜。它相对于透射式纹影而言,具有成本较低,且节约空间的优点。但是相对而言,反射式纹影光路更加复杂一些,且由于物像不在同一条线,因此误差源更多。

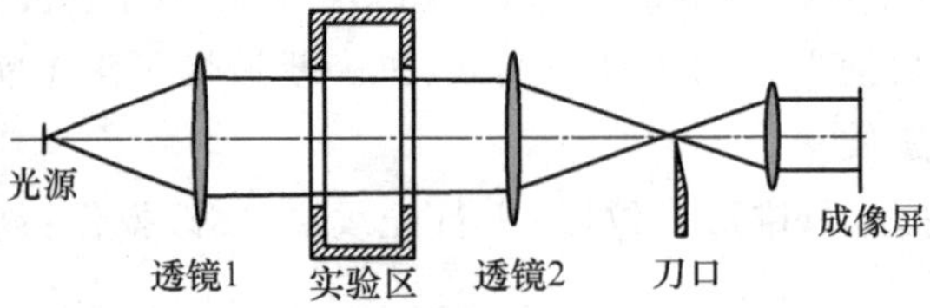

(a) 透射式

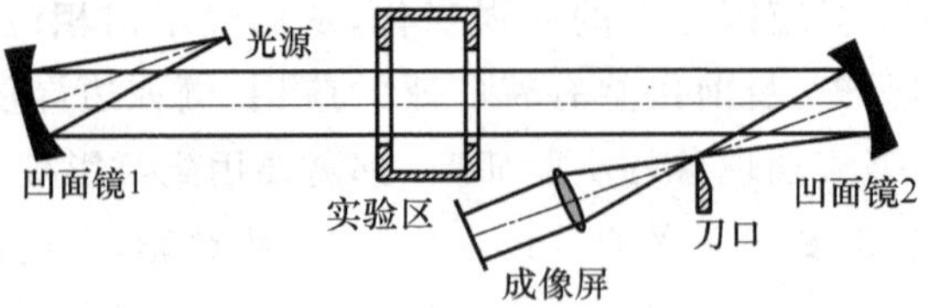

(b) 反射式

图1　平行光纹影光路图

1.2　空气动力学中的纹影实验教学

上述两种基于平行光的纹影系统各有优缺点,其中透射式纹影由于其具有误差小的优点,并且如果将整个光路封装在直圆管内做成筒式纹影,可以进一步降低外界环境对纹影测量的干扰,提高纹影结果的精度,因此透射式纹影多用于大型工程型号研究。而反射式纹影则由于其成本相对较低、节约空间等特点,空气动力学教学中一般都采用反射式纹影。在气动实验课程中,纹影实验教学主要包括两个方面内容:一方面是结合纹影设备实物,讲解纹影系统组成与功能,加深学生对纹影测量原理的理解;另一方面主要是纹影实验实践,通过动手操作,了解纹影系统的调节步骤,基于实践分析总结光源形状、刀口切割方向等因素对纹影系统的灵敏度等参数的影响规律。纹影实验前期在空气动力学实验教学中已经有了较为广泛地应用,但是与此同时也存在一些问题:首先是纹影设备数量有限,学生实际操作机会较少。即使对于成本相对较低的反射式纹影仪而言,一套设备的成本通常在数十万量级,一般高校的空气动力学实验室配备的纹影设备数量都不够,从而导致了学生操作和练习的机会较少。目前大部分的纹影实验课教学，还是以老师示范讲解为主，只有少部分同学能够进行足够的练习，大部分同学都无法熟练掌握纹影调试技巧。另外一个问题就是在目前的纹影教学中缺乏对学生创新能力的训练。目前的实验课重点都在讲解如何进行调试，强调了学员实验技能的培养，忽视了进一步基于实验技能进行创新能力训练[6]。例如在目前纹影教学中，学生通常采用调试完毕后的纹影系统观察蜡烛火焰、电吹风气流等现象，实验目的仅仅停留在检验纹影测量的效果，缺乏进一步基于纹影开展创新研究的过程，这样使教学效果大打折扣。

2　锥形光纹影及其在空气动力学实验教学中的应用

2.1　锥形光纹影原理

图 2 所示纹影系统包括光源、凹面镜、刀口和成像装置等。其中光源和刀口放置于与凹面镜距离为凹面镜焦距的位置，从光源发出的光束，经过凹面镜反射后又汇聚到刀口位置，采用刀口装置对焦点位置处的像进行切割，从而可以将光路空间上的密度变化表现为成像屏幕上的光强变化。图 2 所示纹影与上述平行光纹影不同，由于穿过实验区域的光束为锥形，因此通常将图 2 所示的纹影称之为锥形光纹影。锥形光纹影系统中，由于光束两次穿过实验区，因此实验区即使只有相对微弱的密度变化，都会在成像屏上造成明显的明暗变化，从这个角度上可以认为锥形光系统的灵敏度更高，对实验区域的密度变化更加敏感。但是另外一方面，由于入射和反射光束中心轴线间存在夹角，产生的像差导致锥形光纹影结果中可能出现重影。可以通过减小光源与刀口之间的间距，即减小光束轴线与镜面法向夹角的方式减弱重影的影响，但是无法完全消除其影响。

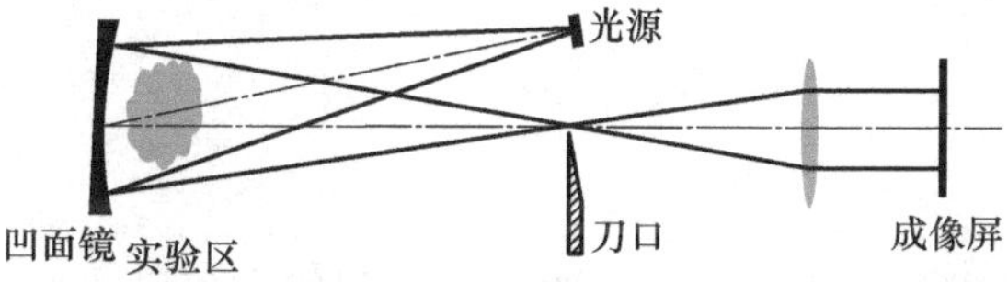

图 2　锥形光纹影光路图

2.2　基于锥形光纹影的实验教学

锥形光纹影相比平行光纹影，只需要一块凹面镜即可实现纹影测量，因此结构更加简单。基于锥形光纹影这样的特点，采用一块凹面镜和一部手机就能够开展纹影实验，如图 3 所示。其中用手机自带相机作为纹影成像装置，闪光灯用作光源。为了得到较好的实验效果，采用黑胶带对光源进行改造，从而实现狭缝光源，并且在摄像头前方添加刀口切割装置。这样一套纹影设备成本在千元量级，大大降低了实验教学的成本。且该装置不占空间，学生可以在宿舍、教室等多种场合开展实验，大大降低了气动实验门槛。锥形光纹影实验解决了传统纹影设备成本高、需要大空间的缺点，可以保证学生有足够的训练操作机会。虽然锥形光纹影装置简单，但是原理同平行光纹影相似，且能够取得较好的效果，如图 4 所示为打火机火焰的锥形光纹影结果，通过图片上明暗的变化能够明显反映出气流的流动结构。

基于锥形光纹影开展实验教学，主要从三个层面开展学生的能力训练，首先第一个层面是对纹影原理的认知能力。结合实验操作,进一步理解纹影反应气流密度变化的原理,通过分析刀口切割对纹影成像的作用,加深学生对纹影的认识。第二个层面就是锻炼学生实际操作能力。在保证了每名学生足够操作时间的前提条件下,可以进一步借助锥形光纹影实验,锻炼学生的实操能力,比如实验中的光路调试、光源改造以及刀口装置制作等环节都考验了学生的动手能力。以不断改善纹影成像效果为目标,其能让学生在实践中磨练追求卓越的优良品质。最后一个层面就是学生创新能力的训练。掌握纹影基本技能后,如何基于纹影开展创新研究,这是空气动力学实验教学的延伸课题,也是当代大学生综合创新能力培养的重要途径。例如前期有的学生创新采用生活中常见的彩色塑料袋,对纹影刀口进行改进,制造出效果优良的彩色纹影设备;有的学生采用锥形纹影,对生活中常见的科恩达流体现象进行科学研究。通过这样一系列的自主式研究,大大提高了学生的综合素质。

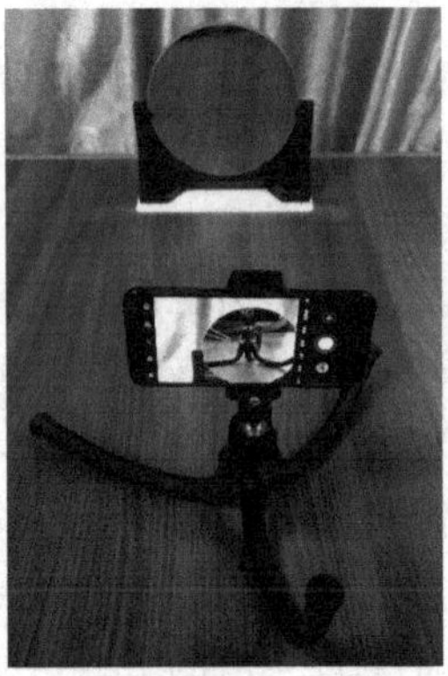

图 3 锥形纹影实物图

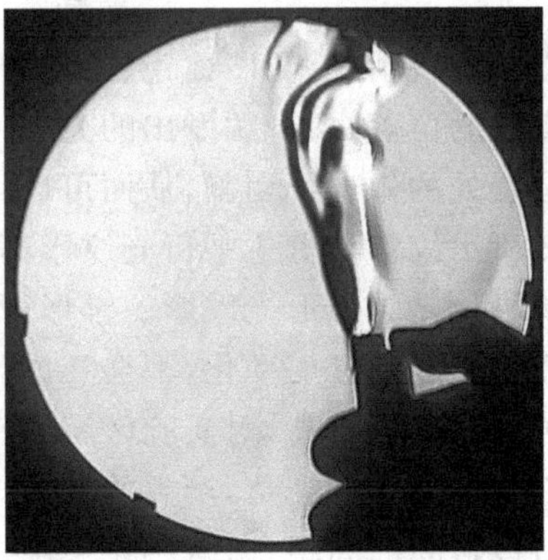

图 4 锥形纹影典型结果

3 结束语

笔者所在单位基于锥形光纹影实验,开展了一系列的空气动力学实验教学改革探索,培养学生实验操作能力与创新研究能力。课程以学生实践操作为主,老师讲解点评为辅,让学生在实践操作中发现问题,分析问题和解决问题。相关措施取得了一定的教学效果:一方面极大调动了学生学习积极性,增强了课程趣味性;另一方面,学生通过实践操作和分析研究科学问题,提高了实验素养,增强了创新研究能力。

参 考 文 献

[1] SETTLES G S. 纹影与阴影技术:透明介质中的可视化现象[M]. 国防工业出版社, 2018.
[2] 白亚磊, 顾蕴松. 空气动力学实验课程的研究型教学探索[J]. 科教导刊, 2013.
[3] 王晓璐, 韩非非, 刘战合, 赵辉. 空气动力学课程中引导型实验项目的设置与实践[J]. 高教学刊, 2016.
[4] 谭献忠, 陈少松, 徐琴. 利用纹影技术开展研究创新性实践教学活动[J]. 力学与实践, 2013.
[5] 李宝华. 一种便携式锥形光彩色纹影仪的设计[J]. 中国设备工程, 2016; 9.
[6] 樊艳红, 李兴莉, 贾有, 谢秀峰, 张俊婷. 新工科背景下的流体力学实验教学改革创新[J]. 人才培育, 2019.

案例教学在航空弹药保障课堂中的应用探讨

王汉昌　王瑾　王晓彤　沈建森

（海军航空大学青岛校区，青岛　266041）

摘　要：在军队院校航空弹药保障教学中，弹药保障内容的流程性和法规性知识特点，使得单凭教员在课堂上通过语言去讲述和分析，很难完全让学员真正理解清楚，有的管理层面的问题，教员也难以作出形象而具体的答案。教学的价值，更多的是实现对弹药保障规定、规则的深度理解与灵活运用。以航空弹药保障教学为例，通过对案例教学的教学设计与应用实施等分析，对深化运用案例教学的方法进行了探讨。

关键词：案例教学；航空弹药；保障；课堂；教学

习近平总书记指出，"新时代军事教育方针，就是坚持党对军队的绝对领导，为强国兴军服务，立德树人，为战育人，培养德才兼备的高素质、专业化新型军事人才。"* 承担装备保障教学的初级任职院校，教学内容具有鲜明的岗位指向性。航空弹药保障专业的教学就要覆盖筹措、储备、供应、销毁等工作内容，偏重流程、法规性、程式化的特点比较明显。在教学实践中，部分学员对课程感到枯燥，对传统课堂的教学参与兴趣不高，导致课堂讲授的业务知识与学员实际岗位能力提升的契合度不如预期。

1　案例教学在航空弹药保障教学中应用的可行性

1.1　案例教学的特点

案例教学首先发端于1870年的哈佛大学法学院。该院在法律教学中，面对各种法律文献急剧增加、传统的理论讲授面临困境的情况下，整理了大量判例作为法律教育的案例集，教学的目的是通过案例理解法律原理，并取得了明显成效，之后，案例教学开始扩展到医学和工商管理教育领域，并逐步影响到全世界。

传统课堂教学注重知识的逻辑性和系统性，其缺点是学与用之间存在距离。案例教学则不同，通过具体的案例讨论与分析，进行理解、吸收和内化，使理论知识转化为实践操作能力。在案例教学中，教员不是直接传授知识或理论，而是让学员对教学案例进行多角度深入地分析，独立思考，与同学开展讨论，运用已有知识，借鉴同学智慧，找到解决问题的最后方法，真正将知识转化为能力。

在法学教学中，案例的意义不仅仅在于揭示原理，更重要的是对学生进行司法逻辑推理能力的训练，其价值取向开始从对法律原理的阐释和说明，逐渐转向对司法推理能力的培养。与

---

* 习近平出席全军院校长集训开班式并发表重要讲话，2019年11月28日。http://jhsjk.people.cn/article/31478192

之相类似，在军队院校教学中，涉及装备保障的许多现实问题，也是对规则、要求的灵活运用，这与法学案例教学有共通之处。

1.2 案例教学是有效提升课堂教学效率的途径

根据美国教育学家艾德格·戴尔的记忆金字塔理论，不同的课堂组织方法使得学生所达到的学习效果也不相同。传统课堂的被动式学习过程学习效果最差，学生记忆程度均在30%以下，而团队学习、主动学习和参与式学习的学习效果较好，学生的学习记忆程度在50%以上。正如奥尔特加·加塞特所言，传统的以“教”为中心的范式逐渐暴露其弊端，需要反过来从学生学习的角度思考如何学习，然后再设计教学。打破角色限制，实现传统课堂中以教师为主体到以学生为主体的角色转换，案例教学是可行之道。

在航空弹药保障教学过程中，教员有目的地引入或创设以形象为主体的生动具体的案例场景，引起学员一定的态度体验，强化代入感，帮助学员在体验中参与课堂教学，从而有助于学员理解内容，并使学员的实践技能得到发展。学员通过案例情景模拟，身临其境地“遇到”各种工作实际问题，缩小知识、技能与具体岗位、要求之间的距离。运用的核心，在于激发学员的情感，引起学习兴趣，提高教学效果。

1.3 教学内容契合案例教学方法的运用

航空弹药专业由于其管理性内容和法规性特点，理论深度不高，但是法规条文的文字精练性与部队实际工作的复杂性之间跨度较大。实战化教学改革对课堂教学模式的创新提出了更高的要求，应对深化法规要求解读的深度，案例教学是可行之策。比如，弹药保障专业课程中有相当多的管理规定和繁杂的条文需要学员掌握并牢记，如果照本宣科会非常枯燥，很难给学员留下印象。针对弹药在勤务处理特别是运输、装载和搬运中的安全性进行分析，便于学员更多地了解和掌握弹药安全知识，并引起足够重视，一直以来也是弹药储运保障教学的重点。使用案例教学法，让学员置身于案例情境中，主动思考来获取知识，可促使其主动探求解决问题的方法，总结出一些管理策略，并与相关技术标准和管理规定条文进行比对，从而深刻理解并牢记这些条文，加深对装备管理法规的有效理解，减少了对法规条文的机械记忆。

2 贴合航空弹药保障内容的案例教学应用设计

2.1 岗位业务流程类的案例教学

部队日常工作，流程性很强。流程简单而言就是工作的先后次序，伴随着流程的，是信息、装备的流转。该部分内容表面简单，附加的深层工作却不少，仅仅是一般性的知识讲授，无益于对流程的理解。岗位业务流程案例教学就是紧紧围绕学员本职工作中的基本方法，提炼案例材料，运用各种方法和途径，以熟悉流程、发现问题、解决问题为目的的教学活动，意在训练学员分析问题、解决问题的能力。例如，在“年度筹措申请”“转场保障”等案例的教学中，教员介绍案例背景，进行理论“精”讲，并提出见解，然后引导、启迪学员阅读案例材料，动脑思考，分组发现和解决问题。而学员则在讨论中了解别人分析问题、研究问题、解决问题的观点和看法，借鉴部队工作经历的同志对同类问题的处理方法。同时，发散性地探讨，自己面临类似情况的处置手段，通过广泛参与，工作思路得以开阔，切实有助于能力的提高。

2.2　管理安全事故类案例教学

航空弹药是特殊装备，航空弹药保障是有一定危险性的工作。以往，弹药在勤务处理如运输装卸、搬运堆垛过程中，曾发生过重特大爆炸事故，造成人员伤亡和严重的社会影响，教训十分深刻。这些事故案例，是开展教学的有效载体。在课堂教学中试行事故案例研究教学法。例如，针对学员要学习的安全管理内容，遴选典型性案例事故材料，通过深入挖掘背后的前因后果，整合案例材料。教员根据所讲课程的主题内容，组织学员们积极参与，围绕相关问题，展开探讨式教学的方法。此时的探讨，兼备技术与管理内容。技术层面，围绕弹药结构所导致的爆炸起因，管理层面，围绕事故当事人所作出的错误处置方法的原因，都可以开展层次丰富的讨论。

2.3　事件想定类案例教学

根据教学内容特点，在部分内容的讲授中试行了事件想定案例教学法。即紧扣教学主题，通过事件想定，模拟突发事件“情景”，让学员置身其中并以小组为单位，结合自身的实践和经验，分别研究制定出处置突发事件的应急预案，并进行预案交流评判的教学形式。该方法要求学员结合部队工作实际，在掌握大量资料的基础上，集思广益，认真讨论，反复斟酌，形成各种预案。例如，在弹药运输安全管理的教学中，展示某弹药转运的想定任务，提供待运输弹药情况、物资运输路线、物资种类与批次、车辆保障情况等资料，要求学员分组编制《安全风险因素预想》《安全风险评估报告》，形成最终运输方案等，然后集体对各组预案进行讨论优化。然后，进一步深化预案，根据展示的仓库地形和周围环境，讨论编制《特情处置预案》，对收发过程中防空袭、消防、安全保卫等各种情况加以考虑，全方位充实预案。这种教学方法锻炼和培养了学员实际任职中处置突发事件的能力，编制的预案稍加完善便可以供部队在今后的训练工作中借鉴。

3　案例教学在航空弹药保障教学中应用的教学准备

3.1　适合课程特点的教学案例库建设

实施案例教学的基础是对案例的开发，建设案例库是推广案例教学的前提条件。案例的数量和质量决定实施案例教学法的教学效果，案例应具有真实性、典型性和启发性。

案例必须来源于现实的航空弹药保障工作，在编撰时要注意收集各方面的真实数据，描述细致逼真，才会使学员产生身临其境的感觉。例如，“年度筹措申请”案例，客观真实地描述了某单位通过年度汇总统计的全过程，即使其中因为条件的限制存在不足，也细致地将现有的条件一一呈现，力求语气中立地展现一个基层单位的真实客观背景。编写过程中，无论采取哪种方式，文本编撰的最终目的都在于突出案例主题、方便学员理解和分析案例的原因，从中抽象出某些一般性的结论或者原理。也即，在编撰过程中，为方便学员从技术失误、管理漏洞和人、物、环境等各方面不理想情况寻找可分析点，从而较快进入案例的分析阶段，应当在描述中突出重点。事故案例文本在编撰时，要预设线索以便于分析，尤其是涉及关键点时要琢磨文字以备分析，要把主人翁的思维和行为习惯等个性化的细节和事故重现诸多社会方面的细节描述出来，如事故当天天气状况、事发地环境条件等，帮助读者通过文本提供的信息更好地理解与分析案例。

3.2 熟练掌握案例教学方法的教员培养

在案例教学中，教员是主导者，掌握教学进程，引导学员思考，组织讨论，并以丰富的工程实践阅历和渊博的学识为学生解惑。与传统的理论讲授法相比，采用案例教学法实施教学，对教员提出了更高的要求。教员除了要有广博的理论知识，更要有丰富的工程经验；不但要具有演员的能力，更要具有导演的素质。因此，应积极创造条件，通过多种途径来提高教员队伍实施案例教学法的能力，如作为专家赴部队参加士兵职业技能鉴定、作为裁判参与部队群众性练兵比武活动、赴部队代职锻炼、参加弹药保障部队工作、邀请部队专家授课等。

3.3 贴近部队的教学场景设置

教学场景的设计是案例教学的重要环节，应当围绕案例的中心内容，创设贴近部队的真实工作环境，让学员在接近真实的部队氛围下体验教学活动。传统的课堂理论教学可以通过文字介绍和图片、视频展示部分的工作环境，但是学员缺乏身临其境的感觉。在院校中可以选择在训练室或专业教室通过环境改造，实现对部队工作场景的模拟。例如，发出弹药是弹药保障的重要工作，关键的点位在教学场景的设置中，可以通过模拟库房，设置与部队一致的账簿，分配学员充当不同角色人员，明晰每个角色在弹药发出工作中的职责和分工，按照案例中的要求，体验式完成具体的弹药发出任务。学员各司其职，就可以充分地将四个关键点位的职责明晰、流程解析清楚。学员在接近部队的保障情境中，通过近似真实的体验，掌握保障任务流程的重要知识点，对注意事项的体会更加深刻。

3.4 个体学习与小组学习相结合的教学过程

按照学习的组织形式，案例教学可以分为几个阶段：一是独立个体的阅读案例、个人分析阶段。在学员熟悉案例，进入“角色”独立思考问题的阶段，学员是以独立个体的方式来参与案例教学的，需要熟悉案例、了解案例，是一个独立参与的过程。二是小组合作，小组讨论、达成共识。学员在个人充分准备的基础上，参与小组讨论。讨论中，组内成员各抒己见，充分表达各自的想法和意见，陈述自己的理由和依据，说明自己的理解，并就不同的方案进行分析比较，集思广益，达成共识。这个阶段是集中小组成员智慧的阶段。三是群体分享，课堂发言、全班交流。学员在这个阶段的参与是以群体分享的形式来体现的，而且可以充分表现出学员参与的主动性。课堂交流是案例教学的高潮，是学员参与度的最好表现，是形成教学结果的重要环节，也是全体学员经验与知识共享的过程。四是教员引领，总结归纳、内化提升。这个阶段的学员参与在行为上比较被动，因为要在教员的引领下参与案例教学。四个环节完整地有机地结合起来，大大提高了学员的课堂参与程度，有效避免了教员讲、学员听的单调。

4 案例教学在航空弹药保障教学中应用解决的基本教学问题

4.1 有效地提高了学员对知识的理解

实际中的航空弹药保障教学班次，由于层次限制，教学内容的技术性和法规性知识各占相当大比重。对于技术性工作内容而言，工作中的决策多是基于技术背景的判断，只有管理性工作内容，需要个人运用管理性知识进行个体化的处置。在案例教学的准备中，需要根据学习内容特点，甄选内容，根据部队现实工作的需要与可能，调研真实的事例，加工组成案例。尤其是调研其中的管理性工作知识。例如，在教学中，针对年度筹措申请上报的管理性知识，设计了"弹药年度筹措"的教学案例，通过年度筹措申请工作的开展过程，参与其中的人物的所感所想，客观地记录整个过程，并将单位采取这样的做法之后，带来的后续影响一一展现。其中，隐含着对法规的理解和灵活运用的成分，在教学过程中，学员可以结合实际的工作体验，加深对法规的理解，客观上实现了对法规的深度解读。

4.2 锻炼了学员的自主学习能力

在确定教学内容后，教学实施的全过程体现了学员的主体地位，采用综合化案例的设置，将知识点内化于任务完成之中。学员的自主学习能力得到了锻炼。例如在弹药发运方案编制的案例教学环节，先播放视频，将学员带入到弹药调拨的情境中，结合视频向学员介绍弹药装车方案对于弹药快速装车与安全押运的重要性，以及车辆装载参数与弹药安全管理涉及的相关内容，这就将课程的知识内容板块融入了任务布置过程。然后，进入学员体验环节，学员通过岗位模拟角色体验、动手操作来主动构建专业知识与技能的环节，分组完成任务。对学员进行合理编组，小组内可以交换不同的岗位，扮演不同的角色。教员重在引导与观察，评价小组任务完成情况。任务完成后，学员知识与技能掌握情况怎样，需要结合现场情境进行有效评价。评价过程以自评互评相结合，学员之间相互评价，最后教员进行点评，让学员体悟操作中的情感要素，更好地树立岗位责任意识。也可以各小组之间组织竞赛，进一步激发学员做好的积极性，提高效果，形成教学的良性循环。

5 结　论

通过案例教学的方法在航空弹药保障教学内容的深度运用，可以实现以下效果：

1）提高学员的课堂参与度，强化学习的主动参与。以部队实际教学案例为媒介，破解了航空弹药专业教学内容的制度法规性强、与实际工作衔接之间缺乏过度的问题；不论是对案例材料的预先研读，还是课堂前测的知识背景分析，乃至课堂分组讨论与小组结果的研讨，都实现了学员的深度参与。

2）解决了学员对主动学习知识的掌握提升问题。各类案例以贴近部队的方式优化重构，让学员切实感受到具体生动的部队案例场景，体现出高度的岗位指向性和鲜明的军事特点。以案例模拟重现的方式，向学员展示真实案例发生的过程，存在什么问题、如何解决、结果怎样是由学员通过思考得出的，增强学员对知识的理解，破解了法规性内容的高度概括简练与部队运用法规的灵活性之间的矛盾。

参考文献

[1] 张守波.案例教学法在法学实践教学中的应用[J].教育探索.2014(2):51-52.

[2] 刘永亮,魏芳,黄殿磉.推进任职教育案例教学规范化的考量及对策[J].中国军事教育,2012(2):19-22.

[3] 傅永刚,王淑娟.管理教育中的案例教学法[M].大连理工大学出版社,2010.

[4] 刘红升,解茹玉.基于职业能力培养的案例教学实践与探索——以西安交通大学城市学院为例[J].当代教育理论与实践,2014(10):54-56.

基于信息化手段的“项目任务式”教学改革探索

陈新波　李小丽　王莉
（海军航空大学 青岛校区，青岛　266041）

摘　要：为了提升任职教育教学效果，借助信息化手段，以“智慧教材”建设为根基，采用“项目任务式”教学模式改革，推动“以学为中心”的交互式教学模式的探索，旨在从“教-学-思-评”多角度创新课程教学模式，为新时期无损检测专业人才培养模式建设提供了新的建设思路。

关键词：任职教育；信息化；智慧教育；教学改革；项目任务

《教育信息化十年发展规划(2011－2020年)》指出未来任职教育发展中最显著的趋势就是信息技术的教学融入。随着信息化社会的发展和教育体制改革的深化，信息技术广泛应用于教育教学过程中，并推动了教学模式的信息化转型。为此，课程组开展了基于信息化手段的“项目任务式”教学模式改革与实践。

1　问题提出

当前，信息化教学改革已经全面铺开，并取得了一定成效，但也存在不少问题。1)课程教学过程中信息技术浸入深度不够的问题。但从目前的教学实际看，信息化教学层次较低，信息技术仅是辅助教与学的手段和工具，难以满足信息化时代对人才的培养多元化、灵活性、多变性的要求。2)课程内容的岗位指向难以实现的问题。基于岗位工作的课程教学理念已经逐步深入院校教学改革实施中，但不够扎实。3)开展多元化教学模式的条件不配套的问题。在教育信息化背景下，翻转式、交互式、混合式等教学模式成为院校教学改革热点，但仍面临教学条件准备不充分、教学资源选取困难、教学评价相对困难、教学效果有待提升等诸多问题。

2　改革目标

针对教学实践中存在的问题，课程组在前期调研的基础上，围绕聚焦任职岗位的教学内容重构、基于信息技术的教材开发模式创新和“以学为中心”的信息化教学模式改革三个方面，开展以任务式智慧教材为课程载体的航空无损检测课程群教学模式改革研究与实践。将信息技术与课程教学深度融合，通过教学过程，全面提升信息化课程教学效益，强化信息化教学成果的实际应用，力争在提高人才培养质量和岗位任职能力等方面，取得突出效果。

3　教学改革的探索与实践

3.1　初探智慧教育内涵

当前，关于“智慧教育”的定义有很多。祝智庭教授认为智慧教育是借助新一代信息技术

(如物联网技术、移动通讯技术、大数据分析等)的强力支持,通过构建技术融合的学习环境,让教师施展高效的教学方法,让学习者能够获得适宜的个性化学习服务和美好的发展体验,使其由不能变为可能,由小能变为大能,从而培养具有良好价值取向、较强的行动能力、较好的思维品质、较深的创造潜能的人才。黄荣怀教授认为智慧教育是教育信息化的高端形态。陈琳教授认为:智慧教育是以高水平的教育信息化为前提,是教育信息化在深度方向的延伸,以教育信息化为前提条件进行建构当代的教育教学新秩序和新形态。智慧教育主要包括智慧教师、智慧管理、智慧学习者及智慧学习、智慧教育资源、智慧课程、智慧教育模式、智慧教学、智慧评价、智慧环境、智慧服务、智慧平台等等,是对教育信息化的重构,不是简单的“物理变化”,而是将信息化元素充分地融入教育后,在“时代催化剂”的作用下发生的“化学反应”。

从以上关于智慧教育的定义中,笔者认为:智慧教育的技术基础是信息技术,在信息技术的支撑下,打破传统的教室、黑板、教材等教学环境束缚,使教师能够采用更加灵活的授课方式将知识更加生动形象地呈现给学习者,而学习者能够根据自己的需要,选择适合自己的学习方法、学习环境,进行主动学习。可见,智慧教育是一种有利于推进“以学习者为中心”的深度交互式教学模式的探索。

3.2 构建基于“项目任务式”的任职教育教学内容体系

依据军队院校任职教育培养目标,培养对象应具备岗位任职所需的知识和技能,并能胜任一线岗位。这要求课堂教学与岗位需求相一致,部队需要什么样的人才,院校就要培养什么样的人才,部队怎么开展工作,院校就要怎么开展教学。使课堂与岗位、院校与部队无缝对接。

为此,课程组开展了基于岗位的“项目任务式”教学内容改革,以全面分析岗位工作为根本出发点,坚持以培养学员履行其岗位职责所必备能力为中心,辅助信息技术开展课程教学、训练、评价等活动的教学模式,主要弥补院校实战化教学训练的资源缺乏,学员的主体地位发挥不够充分的问题。

具体方法是以岗位能力要求和人才培养目标为指导,以岗位能力生成为路线主线,以“贴岗、顶用”为原则,按照认知规律和能力生成规律构建课程体系。将岗位需求内化到具体的课程中,进行课程设置。把岗位能力要求转化为教学任务,以任务为牵引,采取“工学一体,理实结合”的方式开展教学。

3.3 基于“智慧教育”的项目任务式教育教学探索

(1) 研究现代教育理论

将智慧教育理论融入传统教育中,挖掘智慧教育的理论内涵,为以学科为中心的接受型教学模式向以学员为中心的探究型、交互式教学模式的转变提供理论依据。

(2) 重构课程内容体系

紧贴岗位需求和《训练与考核大纲》训练要求,遵循“加强岗位基础、突出任职能力、兼顾任职发展”的基本思路,以典型任务为牵引,按照“原理、设备、工艺、岗位”四个模块,重构课程内容体系。

(3) 构建智慧型教材体系

运用先进信息手段,搭建“文字教材+网络学习平台+技能实训平台”三位一体的智慧型教材框架,建成集“超声、磁粉、涡流、渗透、射线、岗位实训”等为一系列的教材体系,为课程的教与学提供了灵活、开放的教学资源和方法途径。

(4) 拓展信息化教学条件

积极采用“实物＋实装＋虚拟仿真”结合方式，建设无损检测教学训练软件和定检训练系统，补齐院校实战教学训练设备数量少、装备滞后的短板弱项，提高教学效益，强化学员的实战化岗位任职能力。

(5) 提升教员信息化教学能力

教员是信息技术教学改革的实施者，通过培训、交流、参加竞赛等方式，帮助教员尽快掌握信息技术手段，具备完成信息教学任务的能力，带动教学模式的优化创新。

4 结束语

课程组在研究智慧教材内涵的基础上，形成了“任务式智慧教材”建设目标，即以“岗位需求-学习项目-学习任务”为思路编写纸质教材，同时在移动教学模式(例如手机、电脑等)的辅助下，采用大数据、互联网、云计算等技术，通过集中教学或碎片化学习的方式供学员学习的教材。并形成以项目任务为牵引构建文字教材，以交互学习为目的搭建网络平台，以典型工作任务和训练科目为主要内容构建高度交互的技能实训虚拟平台的集“文字教材＋网络学习＋技能实训平台”的三位一体教材建设模式。

依托智慧教材的开发和应用，探索基于智慧教学环境的讲演式、探究式、交互式、混合式教学模式，将课堂转变为“情境浸入、师生交互”的开放式教学共同体。引导学员学中思、思中学，学中做、做中学，形成“学思交融”的课堂氛围。运用网络平台加强学员的过程性评价，形成“教员点评＋学员互评＋岗位测评”的多元评价模式，从“教-学-思-评”多角度创新课程教学模式。

参考文献

[1] 宋育武，李娟，刘玉浩. 信息化技术条件下教学模式的创新与实践[J]. 高教学刊，2018(16)：32-34.

[2] 张国生. 多维立体教材建设研究与实践[J]. 黑龙江教育(高教研究与评估)，2016(2)：26-28.

[3] 徐生忠. 军队任职教育信息化教学模式创新的几点思考[J]. 社科纵横，2018(06)：126-128.

[4] 汪进芳. 基于情景项目化的智慧旅游创新课堂开展机制研究[J]. 教育现代化，2018(16)：16-19.

[5] 崔茂应，等. 基于大数据理念和技术背景下的智慧教材开发体系研究[J]. 探索与观察，2018(09)：26-27.

[6] 杨勇，林旭. “人工智能＋教育”视域下职业教育“金课”建设[J]. 中国职业技术教育，2019(23)：69-74.

[7] 冯莉，许水清，罗翼. 基于智慧课堂的启发式教学方法应用研究[J]. 教育现代化，2019(45)：259-260.

[8] 金楠，阮志鹏，林琦. 依托线上线下混合式“金课”的课堂教学模式研究与实践[J]. 中国现代教育装备，2019(9)：13-15.

航空机务维修专业复合材料修理技术课程教学改革探索与实践

汪余博　王紫潇　苏洪波　戴京涛　李英睿
（海军航空大学青岛校区 航空机械工程与指挥系，青岛　266041）

摘　要：复合材料修理技术课程是航空机务维修专业结构与表面方向的重要专业课，课程建设直接关系岗位能力的生成，对航空修理人才培养目标的实现具有重要的支撑作用。课程团队在梳理课程特点与现状的基础上，对课程的教学内容、教学方法、条件建设和考核模式等进行了改革探索和实践，取得了一定的效果。

关键词：复合材料修理技术；课程建设；教学改革；理实一体；立体化教学

复合材料是由两种或多种性质不同的材料通过物理和化学的复合工艺，制造出的具有两个或两个以上相态结构的新性能材料，具有轻质、高强、高模、结构可设计性等优点。当前，海军航空装备不断发展，特别是舰载航空装备的快速发展，使得复合材料在航空装备上的应用越来越多。复合材料结构的日常维护及损伤修理工作日益增多，部队对复合材料修理人才需求越来越紧迫。青岛校区作为培养海军航空装备保障人才的基地，紧跟装备发展前沿，解决部队急需，2013 年起开设复合材料修理相关课程。该课程是为我校士官职业技术教育层次航空机务维修专业学员开设的一门必修主干课程。通过本课程学习，学员在专业理论方面，掌握复合材料性能特点、损伤类型及修理设计关键技术，能够综合所学内容选择合适的修理方法，制定相关的修理工艺；在修理能力方面，掌握复合材料修理操作技能，能够按照工艺完成损伤的修理并能够灵活运用所学的知识和技能，结合工作环境实际，完成突发损伤的应急修理或技术革新；在综合素质方面，培养学员爱战鹰、爱机场、爱专业的良好意识，献身海军航空兵装备保障事业的理想追求，逐步形成认真、守则、诚实、勤勉的良好职业道德和团结协作、刻苦耐劳、认真细致的优良机务作风。

本文依据我校航空机务维修专业人才培养的实际情况，对复合材料修理技术课程的教学内容、教学方法、教学条件和考核评价四个方面的改革探索进行阐述，以加深学员对复合材料修理的认识，进一步提高学员学习的积极性、主动性、创新性和岗位任职能力。

1　我校复合材料修理技术课程的特点与建设现状

1.1　课程特点

课程为航空机务维修专业而设置，具有鲜明的部队、航空特色，有别于地方复合材料课程特点。一是要求紧密结合装备发展和部队修理实际，适应部队飞机复合材料修理的迫切需求，贴近部队修理工作实际，按照修理工作的基本流程，充分利用实装，开展教学；二是要求理实一体化和现代信息技术相融合，具有适合任职教育的理实一体化智慧教材、教学条件，适合理实一体化、工学结合的教学理念；三是要求注重任职能力的形成，需要贯穿课程教学全过程，采取多种教学、检验、考核模式，把提升学员任职能力的培养和锻炼作为课程的主要教学方向；四是要求具有鲜明的思政特色，作为培养军事人才的课程更要加强课程思政建设，发挥传授军事知识、培养军事能力和思想政治教育的双重功能，培养学员坚定的理想信念、正确的价值取向、合格的政治信仰和强烈的使命责任感，切实实现全员全程全方位育人。

1.2　课程建设现状

复合材料修理技术课程为40个学时。实践课的课程主要内容包括：复合材料基础、层压板制备与测试、复合材料胶接修理、蜂窝夹芯结构的制备与修理四大模块8个项目任务。课程教材《复合材料胶接修理》为自主编写，教材中引入二维码扫码功能，由电子工业出版社出版。2019年，本教材被推荐参加全军军事训练教材建设成果展。课程教学依托非金属结构修复实验室和机械修理训练室进行，可以提供场地、设备、材料等优越的教学条件。

2　完善教学内容改革与创新

2.1　聚焦任职能力培养，突出课程的综合性

由于总学时、任职要求等限制，课程还存在课程内容知识涉及范围广，学科交叉应用多，结合部队修理实际不紧，课时安排不够等问题，所以在课程内容的选择与设计方面应结合部队装备发展新需求，系统全面、富有逻辑，同时精简结合，深入浅出，突出重点。通过梳理装备保障中的能力需求确定基本内容，教材内容不再强调知识的获取，而是结合岗位需求，突出能力的培养和知识的应用。结合课程内容的重要性和难易程度，将教学内容分为三个部分[1]：1）必备知识，即复合材料的基本知识，认识复合材料；2）基本技能，即学员应具备的基础技能，包括环氧树脂固化、湿铺法制备层压板等；3）综合能力，即针对飞机常见结构进行复合材料修理技能培养，主要包括金属、复合材料、蜂窝结构等的复合材料胶接修理技能以及性能实验。在教学内容的组织上要有利于教员组织教学。我们采取项目化结构，使得教学环节逻辑清晰，便于教员组织教学内容，能够使得教员在教学活动中，轻松选用任务驱动教学模式，可以更好地贴近实战，直接塑造学员的岗位任职能力。

2.2　抓住理实一体特点，突出课程的实践性

如何做到理论和实践的有机融合是实现一体化的关键，要避免将过去的理论教材和实验指导书等进行简单的拼凑叠加。教学内容应紧密结合岗位需求，采用项目任务式的体系结构，按照理实一体化的思想设计。在复合材料修理技术课程中增加了复合材料贴补修理工艺的实验内容，并重新编写了实验指导书，对实验的内容进行了优化和整合。利用校区现有的实验教学资源设计了环氧树脂固化、湿铺层压板工艺、金属损伤结构复合材料修理、复合材料损伤结构修理等实验内容。在整个实验过程中，采取学员分组的形式，由学员自主选择实验类型、实验材料，设计实验方案，分析测试实验成品，最终形成书面的实验报告。通过贴近工作实际的实验教学，一方面让学员在学习了课本的理论知识后，对复合材料的基本知识、修理工艺、修理

技能等方面有了进一步感性的认识；另一方面培养了学员之间的团队协作、交流能力，引导学员去发现问题、分析问题、并最终解决问题，提高学员的知识综合运用与实践动手能力[2]。

2.3 吸取先进科研成果，突出课程的前沿性

现代复合材料市场快速增长，军用航空器复合材料的使用比例越来越高，对复合材料的研究越来越深、工程应用越来越广、生产发展的速度与规模水平越来越高。课程内容在传授学员复合材料的组成、制备工艺、修理工艺等基础知识之上，更应该体现复合材料发展的行业新趋势、新热点，将当前的最新应用领域，技术研究前沿等引入到教学内容中。具体做法是，在教学时不拘泥于传统知识教学，适当引入最新的复合材料胶接修理技术的科研成果，比如将“外场条件下复合材料粘接修理技术研究与应用”研究成果编入教学内容中。通过融入前沿科研成果，一方面学员了解了复合材料修理技术在战场环境下的飞机维护保障应用，对课程知识进行有效的补充，丰富了教学内容，体现了课程的前沿性；另一方面，学员能够吸收科研成果中的研究思路和实验设计方案，开阔思路，激发科研兴趣和积极性。

3 改革教学方法形式

3.1 坚持学为中心，增强学习的主动性

依据建构主义教学理论，秉承理实一体教学理念，坚持以学为本，让学员深度参与教学活动，成为学习的主角，实现做中学。对于非实作类教学内容，如项目一“认识复合材料”，充分利用教学装备飞机，采取先实地观摩，到飞机上发现复合材料结构，然后教员启发引导，组织学员分组研讨等一系列的活动让学员认识复合材料，并逐步加深理解，整个过程以学习为中心，突出学员主体地位。对于实作类教学内容，则主要是通过教员示范讲解、演示指导，学员实操训练的方式锻炼技能，相关的知识则是融入实操的过程中，并通过实操前的工艺制定以及实操后的性能测试和分析研讨获取，整个过程和部队的实际修理工作流程一致，很好地体现了理实一体化，工学结合[3]。

3.2 发展立体教学，增强学习的体验性

传统课程教学模式，以课本为主，教学手段较为单一，授课模式相对枯燥，课堂效率不高，教学效果不理想，学员学习体验性差。针对这样的问题，我们充分利用现代技术，深入挖掘资源，最大程度地实现教学的立体化，同时增加课堂的生动性。一是充分利用计算机辅助教学，图、文、声、视频并茂，极大地拓展课程的内容和教学的可涵盖领域，教员在减轻了板书量的同时能将更多的时间和精力用于讲解课程难点和重点。二是利用智慧教室教学平台、现代信息技术和校园网资源，开展翻转课堂，提升教学效果。如针对实操后的分析研讨部分尝试利用智慧教室教学平台进行讨论授课，让学员沉浸在教学内容和资源中，增强学习的体验性。利用手机 app 等学习软件让有能力的学员涉猎更多的课程相关知识，收发作业等都有效地弥补了传统授课的不足。三是通过完成《学员项目实施报告》促使学员手脑结合，提升教学效果。《学员项目实施报告》每一项内容都对应项目任务实施的各个环节。学员必须要发挥主动性，完成任务分析、制定实施步骤等，并填写到《学员项目实施报告》上。任务完成之后，结果的分析、对实

施过程的总结分析、对未来岗位中可能会遇到的一些问题的思考等内容，也要写到《学员项目实施报告》上。在这个过程中，学员动脑思考、动手操作、动笔记录，完成了知识学习、技能锻炼、过程的总结反思，成为学习的主角。

3.3　开设第二课堂，增强学习的延伸性

作为军队院校要认清院校教育的本质、育人的方式方法。院校育人不仅是教授其科学文化知识，更重要是立德树人，培养学员的自学能力和开拓创新精神。所以开设第二课堂主要是在立德树人和拓展学员视野、培养学员科研创新能力、增加教学延伸性上下功夫。一方面，加强课程思政建设，在课程全过程加强理想信念教育，引导学员树立正确的人生观、价值观、世界观，结合课程项目任务特点，积极探索课程思政的思路方法，如在“认识复合材料”项目实施过程中，通过视频等方式介绍我国复合材料技术的迅猛发展和取得的成就，激发学员自豪感和爱国热情。在“金属损伤结构的复合材料胶接修理”中，通过海军某团护航机务人员采用复合材料胶接修理技术应急修理直升机保障护航的任务，激发学员学习技能欲望，建功海疆的豪情。另一方面，借助学员俱乐部，充分发挥学员的创新性，增强课堂教学的延伸性。我们将校区机械创客空间俱乐部融入课程建设中去，进一步提高学员创新意识和实践操作能力，积极组织学员利用复合材料修理技术课程知识开展创新设计和制作，学员将所学到的复合材料修理知识进行灵活运用，达到了学以致用的效果。在创新实践中解决了在学习、实验过程中遇到的困难，如学员自行设计制作的《复合材料无源加压装置》在第十八届山东省大学生机电产品创新设计竞赛中获得一等奖。通过第二课堂的开展，切实提高了学员应用课堂知识解决实际问题的能力和科研创新能力，不但为学员提供了一个实践的平台，而且对复合材料修理技术的教学起到了很好的辅助作用[4,5]。

4　加强资源条件建设

4.1　紧贴备战打仗，建设实践条件

校区拥有非金属结构修复实验室、机械修理训练室，可以为实践教学提供场地、设备等。此外，还有飞机1架、飞机雷达罩、飞机垂尾（碳纤维复合材料）、直升机桨叶等，可以用于实装教学，提高实战化教学水平。2016年以来，实验室逐步采购了复合材料热补仪、树脂固化监测仪、万能材料试验机、疲劳试验机、落锤冲击试验机、盐雾试验箱、高低温环境试验箱等实验设备，支撑教员开展修理新技术研究和学员的复合材料胶接修理技能培训。2016年以来复合材料实验室年均承训100学时以上，学员40人以上，除了满足航空机务维修结构与表面方向士官职业技术教育层次学员的教学之外，还有效支撑了机械工程及其自动化直通车学员的毕业设计，培养了2名博士。事实证明，实践条件对科研和为部队服务的支撑可以反哺教学。

4.2　适应时代要求，建设立体化教材

在教材建设方面，融合现代信息技术和理实一体化教学理念，编写了《复合材料胶接修理》教材，并配套编写了《学员项目实施报告》。一是采取项目任务的形式编写，体现理实一体化教学理念。根据航空兵部队开展复合材料修理的典型工作任务过程，总结分析了岗位任职所必

备的基本的理论知识和操作技能。在此基础上，编写了相应的项目任务。项目任务按照从简单到复杂，从单一能力到综合能力的顺序编排。二是充分利用现代信息技术，增加二维码扫码功能。教材在每一个项目任务的后面都增加了二维码扫码功能，通过扫码可以获得技能实训的视频，实现抽象和直观即时链接；及时更新教材中需要补充完善的内容，解决纸质教材更新比较慢的问题；可以为军事职业教育提供支撑[6]。三是编写案例教材，通过部队调研、参与飞机结构损伤修理方案评审等时机，收集部队复合材料修理相关案例，并分析、归纳总结成实战化案例素材，逐步构建主教材＋案例教材＋信息资源的立体化教学内容体系。

5 注重任职能力的考核评价模式

课程考核包括过程性考核和课终考核。一是过程评价，融合考核与教学。改变以往单一的课终笔试考核，增加了过程考核内容，重点考查学员学习任务完成情况，以及综合分析和应用实践能力培养情况，全方位、多角度对学员进行综合评价。这一考核融合在教学过程当中，主要包括课堂上参与交流研讨情况、项目实验完成情况等内容。过程性考核具有实现学员学习过程的全程控制、找出其中教学环节中的问题、有助于调动学员积极性的优点。二是课终考核，采用实操考核和答辩考核相结合的模式。答辩考核根据实操考核的情况，学员将实操考核的完成情况进行总结汇报，并请相关的专家组织答辩。答辩内容不仅仅是针对实操考核项目，而且包括课程的其他相关内容和知识，是一项综合的考核，不仅仅是对课程学习效果的考核而且也是提升学员任职能力的培养和锻炼[7]。

6 结　论

1）教学内容上聚焦专业能力生成，吸取先进的科研创新成果，体现了理实一体化教学理念，课程教学内容实践性、前沿性、综合性突出。

2）坚持以学习为中心，突出学员的主体地位，积极拓展第二课堂，采取任务驱动、多方位立体化教学等方式进行教学，有效增强了学习的主动性、延伸性、体验性。

3）课程考核采用形成性考核和课终考核相结合的方式，课终考核中除实操考核外还增加了答辩考核环节。

参 考 文 献

[1] 吕丽华，王晓，李红，等．纺织材料学课程教学模式改革[J]．纺织科技进展，2018(02)：57－59.

[2] 俞科静，等．纺织复合材料课程教学创新的探索与实践[J]．教育现代化，2019，6(65)：87－89.

[3] 鲍永杰，王永青，钱希兴，等．新工科“以学为中心”实践探索性教学改革[J]．实验室科学，2020，23(4)：139－143.

[4] 吴珲．第42届世界技能大赛与模具制造专业教学改革探索[J]．热点，2013，12：29.

[5] 陆红霞，周慧．学生技能竞赛对复合材料专业教学改革的几点思考[J]．科技视界，2014(33)：22.

[6] 赵培仲，苏洪波，戴京涛．任职教育理实一体化教材编写研究[J]．中国教育技术装备，2018(14)：37－38，41.

[7] 赵培仲，戴京涛，戚佳睿．答辩考核在任职教育中的应用研究[J]．职教通讯，2016(08)：45－46，49.

航空发动机专业创新教学资源的建设与研究

蔡娜　李明　李边疆　于晓琳　谢静
（海军航空大学青岛校区 航空机械工程与指挥系，青岛　266041）

摘　要：论文以航空发动机专业教学资源的建设与研究为例，探讨了教学资源建设的思路及方法，并按照海军人才培养方案，全面推进航空装备保障人才培养由“陆基”向“舰载”转型的决定要求，突出舰载化。从教材资源、数字化资源和实践资源三个维度进行了挖掘、整合和创新，促进了主动式、协作式、研究型和自主型功能的开发，形成了先进、高效、开放、共享的创新教学资源，提升了学员的关注和兴趣，培养了学员实事求是的科学态度、一定的探索精神和创新意识。

关键词：航空发动机；信息技术；思政；专业教学资源；舰载转型

航空发动机是一种高度复杂和精密的热力机械，作为飞机的心脏，不仅是飞机飞行的动力，也是促进航空事业发展的重要推动力。航空发动机专业教学资源是根据航空发动机专业教学内容和教学目标，用于航空发动机专业教育和教学的素材与信息的来源。作为航空发动机专业的教员，就是要充分注意到，一切与课堂教学相关联的事物都有可能成为教学活动的相关资源，并且把这些资源挖掘出来、整合起来，转化成为优质的教学资源。

1　教材资源的研发创新

海军航空兵主体实现舰载化，是人民海军“走向深蓝”，完成由近海防御型向远海防卫型转变的重要标志。按照海军人才培养需求作出全面推进航空装备保障人才培养由“陆基”向“舰载”转型的决定要求，全面推进舰载转型，目标概括为“一个体系、三种能力、六种建设任务”，遵循“需求牵引、体系建设、改革创新、质量第一”的原则，构建适应舰载转型的教材体系。

教育强调科学、规范，而不是艺术、自由。教材是学生在学校获得系统知识、进行学习的主要材料。校区突出问题导向、发展导向，紧贴舰载转型实际，吸纳军事理论研究和实践探索成果，积极创新教材建设理念、机制、方法，持续完善训练教材体系、内容、形式，立足现有装备，瞄准将来，实现教材动态更新、持续发展。

航空发动机专业教学突出舰载转型设计教材内容，科学组织教材体系框架，以海航部队现有舰载装备的动力装置为主，兼顾陆基装备的动力装置，同时，紧跟舰载装备建设发展，不断完善教材体系。着重推进教材立体化发展，在传统文字类、图册类教材的基础上，注重运用现代信息技术，加大数字化、可视化、网络化训练教材建设力度。对于纸质教材，配套开发电子读本，方便学员学习使用；对于理论性强的训练内容，配套制作多媒体课件、多媒体教学软件等，做到理论教学的形象化、生动化；对于应用性强的训练内容，配套摄制教学录像片、研发交互式数字教材等，实现实践教学的直观演示、互动体验；对于系统性强的训练内容，利用网络服务平台，开发重点精品科目的在线课程，建立动态更新、开放共享的教材资源库。

航空发动机专业主要承担航空机务保障专业生长军官高等教育、士官职业技术教育、初级预选士官等层次教学任务。针对学历教育和岗位任职教育等不同层次特点，有针对地进行教材编写，改变传统装备教材编写基本按照功用→结构→原理→工作过程→维护的逻辑顺序。如生长军官高等教育层次的《航空发动机构造与控制》教材，贯彻学历与任职、技术与指挥融合思路，突出“舰载机发动机”为典型应用，有“主件构造＋系统控制”两条双主线，配以“通用＋典型”机种进行整个教材内容设计。又如初级预选士官层次的《航空发动机构造》教材，紧密结合航空机械类预选士官特点，采用任务牵引的问答方式，吸引学习者的兴趣，用通俗易懂的语言，介绍航空发动机的相关知识，避开复杂的原理性推导，重点落实在应用需要上。

发动机专业的教员们深刻认识到教材是一课之本，是落实立德树人根本任务的重要载体，是教员实现课程思政、教材思政进教材、进课堂、进头脑一体化设计的重要载体，还是军校课程与教材内容一体化设计、融合创新的重要载体。

2　数字化资源的“物尽其用”

数字化教学资源包括各机型动力装置的多媒体教学课件、电子教案、视频、动画、微课、模拟实训软件及网络课程等，特色鲜明，可以实现动态更新。

2.1　三维虚拟训练系统

三维虚拟训练系统，它是基于三维虚拟发动机的装备训练系统。可以进行发动机部附件的学习和虚拟维修，包括整机、半剖、全剖及部件模式，可以进行分解拆装，也可以进行系统的内部工作演示。系统中模型的外形尺寸及装配方法与真实发动机一致，并可以提供实时交互模式。

如舰载直升机外场维修虚拟训练系统可用于舰载直升机的维修训练培训。舰载直升机系统不同于其他舰载武器系统，它所涉及的保障、支援设备多，不同型号舰面设备的功能和分系统的设置基本相同，但设备型号、操作维修方法、舱室设置、人员编制和战位则不尽相同。系统开发了与军事训练考核大纲配套的108项训练科目和9大类1030项教学素材数据库。图1为虚拟维修训练。

2.2　在线课程

网络是重要的资源。现在的学生生活在三个世界，而不是以往的两个世界。一个世界是书本世界，以语言符号为载体；一个世界是生活世界，以真实存在为特征；还有一个是网络世界，以虚拟现实为表现形态。三个世界都蕴含着无尽的教育资源，尤其是网络[1]。

伴随着信息技术与思政教育的日渐深入，以多媒体课件、微课、在线课程等为代表的现代信息技术与思政教学深度融合，把传统教学方式的优势与网络化学习的优势结合起来，通过混合式教学方法有效解决了由教材体系向教学体系转化、知识体系向信仰体系的转化。在线课程的应运而生，通过教学技术的“逆序创新”，把以学生为中心的教育理念落到了实处，为课程思政教学改革与发展提供了一种崭新的思考方式和洞察视角。如航空发动机监控技术在线课程，从中医的“望、闻、问、切”到发动机的“看、听、感、测”(见图2)，再从讲故事到实际监测技术，将思政元素巧妙借助信息技术融入课程教学中，让课程成为学员储备知识、毕生难忘、终身受益的课程。

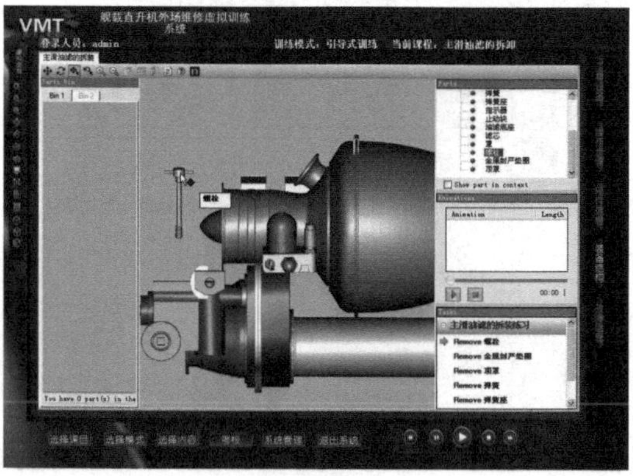

图1　虚拟维修训练

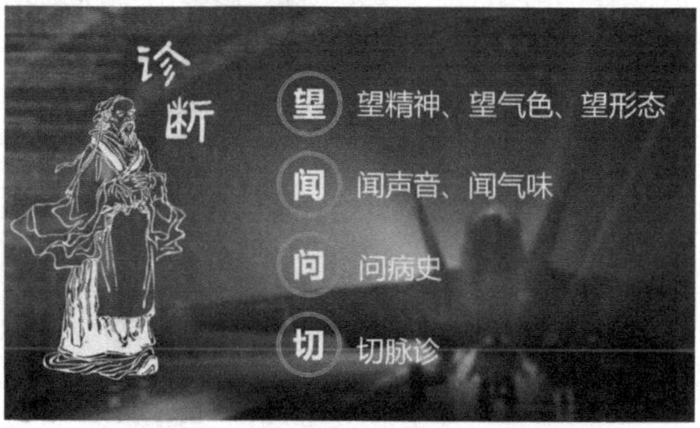

图2　航空发动机监控技术在线课程

多样化的数字资源可以任意关联、便于检索，借助网络平台呈现资源，使学员方便地通过计算机网络、移动终端获取，支持教员课内课外教学、学员线上线下学习。同时还可以为学员创造个性化学习平台，这是教学资源库区别于传统教学平台的重要特征。这有利于在学习方式转变中提升自主扩展知识的能力，也有利于在自主学习过程中培养良好的学习习惯。

3　实践资源的舰载转型

目前已有各型发动机实装、模拟器、专业教室、综合实验室等实践资源，并向舰载转型，配套完善、功能先进，实战氛围浓，并规范管理，能充分满足教学需要，使用效益高，教学效果良好。

3.1　发动机实装

航空发动机专业教学要求学生既有比较扎实的理论基础，又要具备一定的实践能力，即理论与实践相结合的能力。以前理论课实践课分开进行，这种安排的弊端容易造成理论与实践在“内容、时间、人员、环节”上的脱节，产生不必要的重复、浪费或遗漏，影响知识学习和技能掌握的效率与效果。装备实装后，大大激发了学员对学习的兴趣与积极性。

就拿发动机构造学习来讲，能看到实实在在的装备对学员来讲就是最好的素材。对于一些管路和调整点，有些位置方便观察和调整，而有些位置不便学习；有些结构暴露在外面一目了然，而有些需要分解开才能看到内部结构。针对这些情况，放置发动机的台架并不是固定的，有翻转台架，有升降台架，还有可进行360度旋转和升降操作的移动展示台架；有发动机整体分解实装(见图3)，也有部附件分解实装(见图4)。

图3　发动机整机分解

图4　发动机附件分解

3.2　模拟器

模拟器目前已比较成熟，特别是地面训练模拟器。模拟器可提供与真实座舱一致的操作界面，实现学习、评判、考核等模块。模拟训练器材的使用，不仅可以减少装备磨损，延长装备使用时间，还可提高训练水平，缩短训练周期，有助于新装备早日形成战斗力。

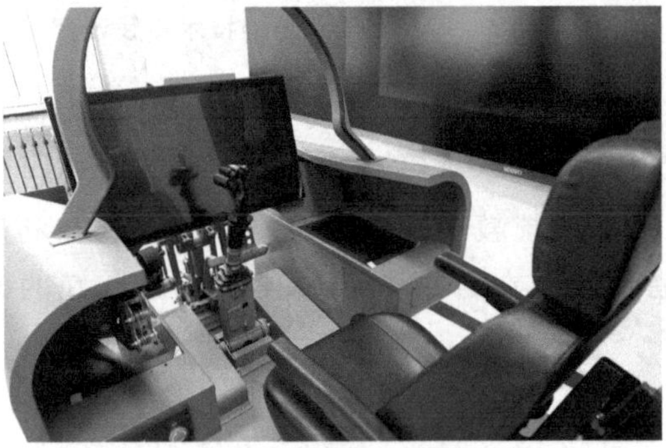

图5　舰载机战斗机模拟座舱

模拟座舱（见图5）内主要包括和实装相同的用于发动机试车的各类操作设备，包括左右操纵台、油门、手柄、电门、按钮等。对该部分的实现采用虚拟仪表技术显示各仪器仪表，采用触摸屏方式实现电门、按钮的操作，采用游戏杆方式实现驾驶杆等操作，并能够达到和实际操作一致的目的，充分实现“学”与“教”之间的合作与互动。

3.3　专业教室

教室是传授知识的重要场所，我们将教学场所由原来的普通教室改为专业教室。

在专业教室内，教学资源高度集中，可以根据教学需要随时访问任意资源，实现按需教学。专业教室充分利用现代教育技术，将理论、实验、实训、考核等教学内容按一体化设置；讲授、听课与实验、操作、考核等教学形式按一体化实施；教室、实验室与实训、考核场地等教学条件按一体化配置；知识、技能与素质等任职岗位要求按一体化训练。由此形成融知识传授、能力培养、素质教育、技能考核于一体的教学模式。理论实践一体化教学方法，是由教员、学员双方共同在专业教室，围绕任职岗位的要求进行的。通过边教、边学、边做、边考来实施教学任务，是实现任职教育、面向任职岗位需求的重要方式，达到“来源部队，高于部队，指导部队”的目的。

专业教室利用网络、远程通信技术将各教学资源有机融合。在讲台处可以控制所需挂图的升降、训练模拟器画面的切换；大屏幕即可当作黑板，也可以多点触摸，如在操作虚拟拆装系统时可以用手直接进行“旋转”“剖分”发动机，形象直接。

如舰载机发动机专业教室，能满足生长干部、士官大专、预选士官等任职教育层次的发动机构造、飞机电气设备和航空电气系统课程理实一体化教学需求，具有发动机的构造、工作、故障再现及排除等教学功能。可以实现发动机“总体”与“部分”的高效融合，以及内外透彻的学习，同时也突出机电一体化特色。

3.4　舰载机航空发动机综合监控实验室

综合监控实验室，除了具备前面提到的资源外，还有油液分析区、信息管理区等。

油液分析区的主要功能是在充分调研国内外先进油液分析技术的基础上，参考海航部队现有油液室装备，开设滑油的光谱分析、铁谱分析、磁屑信号分析等实验，并对实验数据进行初步处理，向航空发动机监控信息管理区提供油液相关信息。

发动机监控信息管理区，主要功能包括：收集、处理舰载机发动机相关的发参数据、油液分析数据、振动采集数据、无损检测数据等发动机使用维修信息、故障信息；监控分析数据和故障信息，评估航空发动机技术状况；开展航空发动机故障研究、维修手段改革、业务训练和空、地勤人员发动机使用知识教育。建立舰载机发动机综合监控、典型故障、技术资料（包括技术通报、标准、规范和规程）等数据库，并保存相应机型的各类教材以及技术说明书、使用说明书和维护规程等资料，供学员自学和查询。

4　结束语

郑金洲先生曾在《课堂教学变革的十个要点》一文中指出，“课堂教学的改革要点之八，是课堂教学资源的优化，表现在教师逐步树立起资源的意识和观念，不再将自己当成唯一的教学资源，而是将课堂教学的方方面面的潜在资源提升到显在的层面上，围绕教学要求加以挖掘、利用、整合，从而使教学更好地体现素质教育与新课程的要求。”[1]而这也正是我们发动机专业的教员们一直要努力做到的。教学资源的价值之于教师，有助于涵养教师的教学实践智慧，有助于增强教师的教学效能，有助于彰显教师的教学个性，有助于觉醒教师的教学资源意识；对于学生，有利于学生选择适合的学习方式，有助于培育学生深度学习的学习品质，有助于丰富学生的思维方式。

参考文献

[1] 郑金洲. 课堂变革的十个要点[J]. 教育理论与实践，2007(6)：28－33.

机械原理与设计基础线上线下混合式课程建设

包恒　李杨　侯志勇　王辉　聂万胜

（航天工程大学 宇航科学与技术系，北京　100063）

摘　要：机械原理与设计基础线上线下混合式教学破解了传统课堂教学过程中填鸭式教学、课堂效率低、课时分配限制、考核方式单一等问题，适应后疫情时代防疫新要求和00后学员网络化学习新特点。采用互联网新技术，整合互联网丰富的教学资源和已有的VR虚拟教学系统，深入开发利用三维虚拟模型资源库，充分发挥各种教学模式的优势，借助大学数字化校园平台，扩展学员的学习空间，结合产业优势，拓展实践教学，让学员在体验新模式的同时，积极主动地参与学习，将理论与实践紧密结合，提升学员的学习效果。

关键词：混合式教学；教学设计；自主学习；翻转课堂；机械原理

机械原理与设计基础是航空航天类学员必修的一门基础课，涵盖了机械原理和机械设计两门课程的核心内容，知识点多、内容跨度大，对先修课程要求高，需要熟练掌握制图、力学等相关知识，部分章节理论性较强，要求学员用丰富的空间想象能力来理解比较抽象的理论，比如带的弹性滑动、齿轮啮合原理、齿轮的根切等。课程相对枯燥，对学员来说有一定的难度[1]。因此，很有必要结合课程特点，不断探索新的教学模式，来提高学员的学习效果和创新思维能力。

课程的授课对象为航天测发技术与航天装备工程专业的大三本科学员。学员具有较好的理论知识基础和较强的自学能力，可以进行一些理论性不太强的课程内容的自学。学员均为00后，从小接触信息技术，能够熟练应用网络获取感兴趣的内容，具备很强的自学潜力，只是没到有效的引导。如果还是沿用传统的教学模式，很难将学员的心思留在课堂上。要想抓住学员的心，就必须结合学员和课程的特点，创新教育教学方式方法，通过多种多样的教学形式将学员吸引到课程教学上，混合式教学模式的应用势在必行[2]。

1　混合式教学实施的可行性

机械原理与设计基础课程自2020年首次开课以来，注重吸取互联网已有的优秀教学资源，并自行开发了丰富的虚拟三维教学模型库。同时，在机械原理与设计基础实验室中包含了航天机械装配虚拟教学系统，既注重与先进的VR虚拟现实技术相结合，又将机械课程教学根植于航天发射和航天器运用的背景中。在火箭发动机设计的科研实践中，充分积累了机械设计和机械加工的经验，与多个加工厂保持良好的合作关系，建成机械加工见习基地。

1.1　丰富的虚拟三维教学模型库

教学资源是完成混合式教学的基础，丰富多样的教学资源不光可以激发学员的学习兴趣，更是展现知识点必不可少的工具。教学资源包括课件、教学视频、动画等，而这部分是实施方案的重要内容。

在教学实践中，课程组积累了大量的 Solidworks 三维虚拟模型，应用于教学演示。这些虚拟三维模型包含了课程教学中的许多传动教学内容，可以更加直观地演示机械的复杂运动，在大学教学竞赛中广受好评。

1.2　航天机械装配虚拟 VR 教学系统

航天机械装配虚拟 VR 教学系统属于机械原理与设计基础实验室的一部分。VR 教学系统包含了火箭发动机教学系统和航天器机械教学系统两部分，兼顾了航天发射和航天器运用两部分的内容。

火箭发动机教学系统，包含了常用的燃气发生器循环(F1)、补燃循环(SSME)和膨胀循环(RL-10)，推进剂覆盖液氧/煤油、液氧/液氢，从循环方式和推进剂种类上，覆盖中国航天现役主力型号类型。

可开展的交互教学内容包括：1)结构组成，能够对三维数字样机进行漫游，观察其外部结构和内部构造，在手柄指向状态下，能够显示零部组件的名称和参数说明，可以对三维数字样机进行剖切和透明显示。可以进入核心组件(如推力室、涡轮泵、燃气发生器、阀门)的子级 VR 环境，对核心组件的内部结构组成进行交互学习。2)虚拟装配功能：通过手柄选择零件和工具，将火箭的各个组件装配为整个火箭发动机。3)传动工作原理：针对火箭发动机的工作原理，进行动态渲染 VR 显示，可以通过手柄控制发动机工作过程的前进、后退和暂停，可以从不同角度观察发动机的工作过程，加入发动机工作声音，达到身临其境的教学效果。

航天器机械教学系统，基于虚拟现实技术，将理论知识和实训结合为一个有机系统，通过软、硬件实现人机交互教学。主要包括三个功能：卫星制造基础知识查询、卫星分系统教学、卫星机械结构运动演示教学。

卫星制造基础知识查询功能主要提供在卫星制造中所需基础知识的查询。查询内容主要包括平台操作方法、卫星基础理论知识、卫星设计技术、卫星制造技术等等。卫星制造基础知识数据库内容可根据教学需要进行补充和调整。

卫星分系统功能为教学平台的主体功能，实现卫星各分系统从单机设备到整星全流程的演示和教学。对单机设备，从设备库中选出单机设备后，对每个单机设备和工具的结构和功能进行展示，并对该单机设备的功能、构成、特点进行语音讲解和互动教学。选出的设备自动归入对应的分系统，同时讲解该单机设备在该分系统中的作用，分系统配置完成后，系统讲解分系统的功能和构成。选择完成后，系统进入组装场景，操作手柄将设备安装到星上对应位置。

对有运动机构的卫星，装配完后，进行包含机构运动的整星工作状态展示，如太阳翼展开，天线展开、空间机械臂工作、交会对接等。结合展示过程，进行整星空间工作阶段的教学。

1.3　航天发射地面设备的 MOOC 课程

机械原理与设计基础课程面向的本科学员为航天测发技术专业与航天装备工程专业。该专业的本科学员很大部分毕业后需要从事与航天地面设备操作维护有关的工作。课程组已经建成了低温加注系统操作、新一代火箭发动机箭上操作等多门 MOOC 课程。课程中包含了各类阀门、各类泵等航天地面机械设备的结构组成介绍。可以在混合式教学实施过程中，结合航天机械设备实物和设备拆装视频，丰富学员的机械工程知识，突出机械课程的航天应用背景，提升学员的首次任职能力。

1.4 较为方便的机械见习基地

混合式课程实施中，培养学员理论联系实际的能力，最有效的方式是到加工厂见习。课程组选取北京智创联合科技股份有限公司作为机械实训基地。该工厂距离学校较近，具备多种型号的车床、铣床、加工中心、真空焊系统等设备，其中真空焊水平处于国内领先水平，为29基地、31所等多个军工设计所进行过特种钢材的加工和真空焊。

2 混合式教学的具体实施方法

大学的课堂不仅传授知识，还要培养学员的自主学习能力和创造性思维，紧靠课堂时间很难做到，必须改变教学方式，根据课程内容情况，合理采用多种教学模式，将课堂由课内扩展到课外，把理论和实际紧密联系起来，充分利用现代技术，将知识传授由线下扩展到线上，给学员提供更多学习内容，并结合火箭发动机加工，将实践环节由校内扩展到校外，加强实践环节的创造性，为学员营造一个立体的学习空间[3]。

混合式教学的实施可以分为课前、课中和课后三个阶段。

2.1 课前阶段

教员准备阶段：教员首先对学情进行分析，发现学员有机械制图、理论力学、材料力学等相关基础知识，已形成专业思维，具备学习该课程的认知能力；机械原理与设计基础这门课程是在机械专业课基础上，学习与机械设计相关的第一门课程，使学员熟悉和掌握常用机构和通用机械零件的基本知识、基本理论和基本技能，会进行相应的实践操作，初步具有分析和设计常用机械零件和简单传动装置的能力。

课前确定教学目标，根据学员特点和教学内容制定教学素材和任务书，是把知识点制作成多媒体课件、三维虚拟模型、三维模型动画等内容，并结合慕课形成完整的教学素材。教员根据课程标准和实际情况编写教学任务书。

教员将教学素材和任务书通过超星学习通上传到班级群里，以技术讨论组为辅助手段，对学员的整个学习过程进行指导、管理和答疑解惑，收到学员提交的任务书后进行分析，并参与在线讨论，掌握学员知识点学习情况，及时调整课堂上教学内容。在铰链四杆机构课堂设计中，教员根据知识点难易程度和学员接受知识的特点，将教学分为测量、安装铰链四杆机构组成杆，以及经验得出铰链四杆机构类型判定和数学推导与验证铰链四杆机构类型判定两个任务，使学员能够达到从感性认识到理性认识的升华。

学员学习阶段：学员下载教学素材和任务书，明确课堂任务后，利用教员所给教学素材和自己使用网络资源根据课程内容要求查阅资料；利用学校机械原理与设计基础实验室的教学设备进行实训，并结合课本进行学习，同时做好笔记与视频记录；以小组为单位进行学习讨论，在学习过程中遇到问题后可以在技术讨论组和老师与同学进行讨论互动；最后，学员将任务书提交给教员进行考核。这样学员明确课堂内容，做到提前预习，将自己不懂的问题提炼出，利用课堂解决，培养了大家互帮互助互学的能力。

教员提前发布课堂学习任务和资源，学员自主地进行预习，布置相应的测试题，配合在线答疑、调查问卷与在线讨论，可以检测学习效果，监控学习进程，制定课上的教学活动难点与重点调整教学策略。

2.2 课中阶段

课上教学活动的设计主要目的是在自主学习的前提下，对知识点进行总结提升，着重于重点与难点的分析巩固，应用评价发展高阶认知到创新型思维培养。根据教学内容的不同，教学活动采用了项目教学法、翻转式课堂、理论实践相结合等教学策略。

(1) 项目教学法

以学员团队的形式共同完成一个测试系统的设计项目，由学员自主决定设计方案，收集资料，课堂上进行项目讨论和交流，最终以项目报告的形式展示一个可行的系统设计方案。教员起到引导作用，对项目的选择进行方向把控，给学员建议，对项目情况进行评估。这部分内容可以用于连杆设计、凸轮设计、齿轮传动设计等设计方法类教学内容。

(2) 翻转式课堂

充分发挥网络课堂的作用，可采用翻转课堂的教学模式，录制微视频或者在网上搜集名校的微视频，将其发布到网络课堂，通过合理的引导，让学员在课前自主学习，课堂上做汇报、讨论，教员则有针对性地进行解惑答疑，并进行测评巩固。让学员成为课堂的主角，充分调动学员学习的主动性。

此外，对于概念性、认知性等要求不高的章节，可让学员自学，并在线完成相关习题。现在很多平台都有客观题自动批改和结果统计功能，既节省了改作业的时间，又能很清楚地统计出学员对该知识的掌握情况。在课堂学时不充裕的情况下，采用多种教学模式相结合，充分利用各种教学资源，合理优化课堂教学内容，才能挤出时间将重点知识讲透彻，提高学员学习效果。

这部分内容可以用于教学内容与先修课程联系紧密的部分，比如机构运动和动力学分析，是理论力学在机械中的特殊应用，可以让学员在讲解过程中，把对理论力学的解题思路回顾和应用起来。

(3) 理论实践相结合

就机械设计基础课程而言，现有的实验学时远不能满足学员动手实践的需求，要求教员寻找其他途径让学员参与各种实践活动。可开展的实践类大作业包括：①机构或者传动装置模型制作；可通过展示上届学员的优秀作品开阔学员思路，锻炼学员动手能力。②健身器材测绘；理论联系实际，加强学员对于各种常用机构的理解。③减速器拆装测绘及三维建模；减速器作为机械设计中的典型机器，基本涵盖了课程中所学的各种常用零件，其测绘建模可以有效提高学员对于轴类零件设计这一难点知识的掌握，也为后续的机械设计基础课程设计打好基础。④了解某一类零件的工作原理，并搜集实物图片和加工视频；可加深学员对于课堂理论知识的理解，同时也可以扩充教员的资源库。⑤了解机械某一相关行业发展状况及其先进技术；培养学员搜集信息的能力，加深学员对于行业的了解。⑥搜集机械相关小典故，小常识；可以培养学员的学习兴趣，并让其在课堂上进行分享，改善课堂氛围。当然这些大作业并不需要每个都做，可以让学员根据兴趣，选择其中的三到四个即可。

2.3 课后阶段

教员课后阶段:课后教员在超星学习通发布课堂评价表、学员自我评价表和小组评价表,用于学员对课堂教学的评价、学员自我的评价和小组完成任务和协作评价,并回收这些评价表进行过程性总结分析,及时评价学习效果;发布课外拓展练习,要求同学们根据铰链四杆机构形成原理制作一个教室门自动关闭机械机构的作品,巩固学员对知识的理解和应用,培养学员创新意识;发布下一次学习任务。

学员课后阶段:学员完成自评和互评评价表并提交;按照课外拓展练习要求,以小组为单位完成任务;根据教员发布的学习任务,完成下一节课学习。

3 混合式教学的评价

相对于传统课堂教学而言,基于过程性考核的混合式教学可以更精确地对学生给出一个基于整体课程学习的评价,可以有效地融合多种不同的教学模式,且实时追踪传统教学中无法统计的考核内容。评价方式可以有以下几种:

1) 过程评价。应用超星学习通教学,学员可以专注听课节省时间做笔记。教员可以在课堂中间随时给学员发送题目检查学习效果,同时让学员拿起手机,放松一下头脑,转移到手机争抢答题环节,活跃课堂气氛,同时教员给所有测试题答题表现最好的学员进行“红包”奖励,可以激发学员的答题积极性,这样学员就不再专注于低头玩手机了,而把手机当成学习工具。

2) 结果反馈。教员使用学习通结束上课后,可以在手机上即刻收集到课堂上所有相关性数据并会永久存在,教员可以根据学习通查看每个学员的所有情况(课前预习、考勤、课堂测试、课后作业、学员的互评分等)。学员 ID 不同,避免了学员作弊。教员据此给出每个学员的平时成绩,不再根据平时成绩表进行统计,节省了大量时间,提高了教员的办公效率。而且可以精确到每个学员,教员可以更准确方便了解学员的平时学习情况。经过课堂上各种题目测试后,可在学习通里生成答题表现好与不好的学员,这样教员可以掌握每个学员对重难点的理解情况,这样才能使得课堂测试真正发挥其效果。

混合式教学模式体现了学员作为学习主体的主动性、积极性。学习评价是检验教学实效性的重要指标。结合机械类专业课程难度大、知识范围广的特点,混合式课堂采用考核方式多样化来降低期末考试卷面成绩的比重,成绩构成多样化,包括实验、互动、自主学习、项目考核、测验等方面[5],能极大地促进学员平时学习的积极性。

4 结 论

混合式教学方案,在传统教学的基础上加入翻转课堂,学员自主讲课,拓展实践类教学,进一步丰富混合式教学模式的内涵,根据教学内容情况,将部分内容采用翻转课堂和学员自主讲课的模式,锻炼学员的自主学习能力、团队合作能力和语言表达能力。

将课堂教学与信息技术进行融合,使教学过程“线下”(面授教学)与“线上”(网络教学)有机结合,并根据学员特点达到一个合理的学时分配。

通过互联网环境,使学员多了课前预习及课后补习的渠道,知识可以在网络上得到,课堂上更多的是师生互动、答疑解惑，提升了学习效果。运用大数据和互联网手段可以对学习效果进行有效分析和评价，为教学改进提供依据和参考。

结合课程特点，提出了多种提高学习主动性的实践类大作业，让学员在有选择的基础上，提高自主学习和合作学习能力。将学员的学习由课内扩展到课外，将理论与实践相结合，充分发挥地域和产业优势，通过一系列的实践活动，不仅巩固了学员的理论知识，而且提高了学员的实践能力。

致　谢

感谢航天工程大学教学成果立项培育项目“复杂工程能力导向的热力机械专业课程协同融合教学模式改革与实践”的资助。

参考文献

[1] 郜峰，岳玉环．“互联网＋”机械制造与工艺编制课程混合式教学设计探索[J]．职业，2020(7)：3.

[2] 秦楠．“互联网＋”背景下混合式教学模式建构研究[D]．济南：山东师范大学，2017.

[3] 宋俊．机械设计基础混合式教学模式探究——注重能力培养[J]．现代商贸工，2017(5)：77.

[4] 项重辰，丁汉林．“新工科”背景下线上线下混合式教学模式及评价机制的探索[J]．现代职业教育，2021(3)：158-159.

[5] 张磊，于涛，马国清．“周转轮系传动比计算”的混合式教学实践探索[J]．科教文汇，2020(2)：63-64.

MR 技术在运载火箭动力系统教学的应用构想

王鹏　王辉

（航天工程大学 宇航科学与技术系，北京　101416）

摘　要：运载火箭低温动力系统虚拟仿真教学训练平台使用 CFD 快速算法及 MR 技术，为开展运载火箭低温动力系统结构与工作原理认知训练、低温动力系统工作特性探究训练提供支持。其中结构与工作原理认知模块包括结构组成、工作原理以及虚拟拆装，工作特性模块中包括系统循环虚拟仿真实验、增压输送虚拟仿真实验以及推力室虚拟仿真实验。

关键词： 低温动力系统；运载火箭；快速 CFD 算法；混合现实技术；MR

随着科技的进步，人类探索太空步伐越来越快，对卫星的依赖程度也与日俱增。一切航天活动都离不开运载火箭。运载火箭的关键技术之一，火箭发动机技术，就是一个绕不开的话题。运载火箭发动机分为液体火箭发动机和固体火箭发动机。由于液体火箭发动机推力大，推力可调，可以多次启动等优点，在运载火箭动力中始终占有一席之地。

随着航天任务要求不断提高，中国的航天科技工作者，相继推出了新一代的运载火箭。比如长征五号运载火箭、长征六号运载火箭以及长征七号运载火箭。长征五号运载火箭的助推级采用的是液氧煤油发动机，芯一级和芯二级都采用液氢液氧发动；长征六号运载火箭一子级和二子级都采用液氧煤油发动机；长征七号运载火箭也采用的是液氧煤油发动机。从这里可以看出新一代的运载火箭都涉及到了低温动力系统。新一代运载火箭低温动力系统具有高比冲，推力大，无毒的优点，是未来发展的重要方向之一。

对于航空航天专业，火箭推进技术是一门必不可少的专业基础课。对于我国现役主力火箭的介绍也是航空宇航科学与技术专业应有之内容。新一代的运载火箭已经逐步成为我国航天任务发射的主力，因此对相关发动机的学习必不可少。因而运载火箭低温动力系统就是一项重要的教学内容。

新一代运载火箭的低温动力系统原理抽象、结构复杂，工作过程不容易理解。试验条件不容易具备，单台发动机造价不菲，一般院校难以承受，更不可能同时购置多台，开展教学时受到数量限制，教学效果大打折扣；发动机实验所需的相关配套实验系统较为复杂，对院校技术积累要求较高；发动机演示实验具有一定的危险性，不适宜在教学场所进行相关的教学演示。

采用虚拟仿真教学系统，可以直观地展示发动机内部结构、工作原理以及工作过程，可以使相关学习人员能够更好地学习有关新一代运载火箭低温动力系统的知识。此外，演示过程为虚拟过程，无危险且可重复进行。

1　虚拟仿真技术介绍

1.1　VR 技术介绍

虚拟仿真技术又称为虚拟现实技术（Virtual Reality），将要研究的对象制作成数字模型，采用先进的成像技术以及人机交互技术，获得与现实接近的感受。通过与虚拟仿真系统的互动，以实现学员认知学习的目的。虚拟现实技术具有沉浸、互动并能激发体验者想象的特点，可以提升使用者学习的主动性，加深对所学知识的印象，同时借助全方面展示辅助使用者对所要学习内容的理解。

1.2　MR 技术介绍

混合现实技术(Mixed Reality)是在 VR 技术上更进一步，可以将现实物体与虚拟结合一同呈现给使用者。MR 技术是 VR 技术的发展，是架起虚拟与现实的桥梁。MR 技术的使用，使得虚拟呈现的空中楼阁有了地基。MR 技术的应用能够使教学场地进一步拓展和延伸。

2　运载火箭低温动力系统虚拟仿真教学训练平台建设构想

根据实际教学需要，运载火箭低温动力系统将包含结构与工作原理模块和工作特性模块。其中结构与工作原理演示模块又包含三个子模块，分别为发动机结构组成模块、发动机原理演示模块以及发动机拆装模块。在发动机工作特性模块中又分为三个子模块，分别为系统循环虚拟仿真模块、增压输送系统虚拟仿真模块以及推力室虚拟仿真模块。教学训练平台内容及功能组成示意图见图 1。教学训练平台软件及硬件组成示意图见图 2。

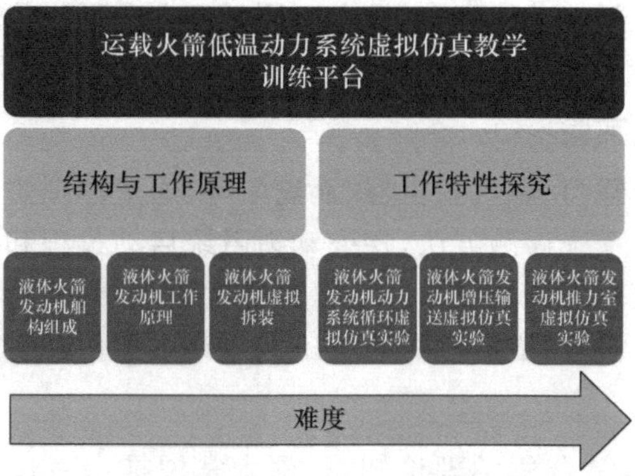

图 1　教学训练平台内容及功能组成示意图

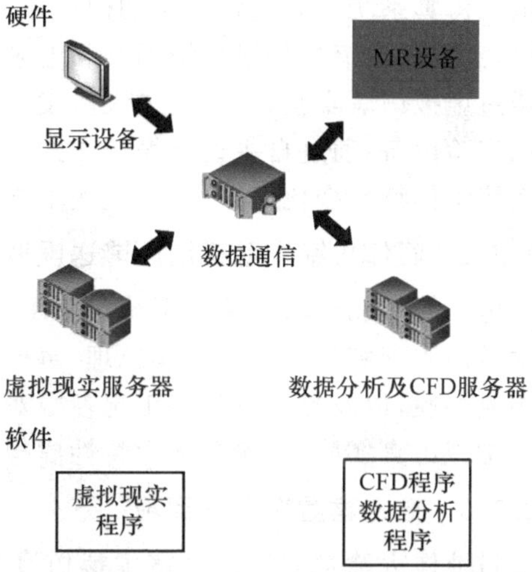

图 2　教学训练平台软件及硬件组成示意图

2.1　结构与工作原理

2.1.1　发动机结构组成模块

液体火箭发动机结构组成模块包括液体火箭发动机的推力室、涡轮泵、燃气发生器、主要阀门、常平座、换热器等组件。结合图片、三维模型、FLASH 动画、视频等素材形式对各个组件的组成及系统中关键部件的结构、特点、功用及工作原理进行说明。

结构组成模块采用人机交互方式，将相关组件展示给学员。展示内容分为两类，一类是有实物的内容，另一类是无实物内容。有实物内容，MR 设备可以提供识别功能，为学习者提供详细介绍,并且可以在实物上进行虚拟剖切。当学员对此类组件感兴趣时候,系统将会提供内容拓展,这就是另一类内容,此部分组件没有实物,MR 设备进行虚拟展示。通过 MR 技术,将有实物的发动机组件详尽介绍,并且逼真展示无实物的发动机组件。虚实结合,辅助学员自主开展液体火箭发动机结构组成的学习。

2.1.2 发动机工作原理模块

液体火箭发动机工作原理模块包括介绍液体火箭发动机的技术特点、性能参数和主要工作过程原理。逼真展示增压过程、冷却过程、燃烧过程、做功过程以及流动过程。通过 MR 设备将这些过程嵌入到实体装备上,使得原理展示更加容易让学员接受。

2.1.3 液体火箭发动机虚拟拆装模块

液体火箭发动机虚拟拆装模块主要利用虚拟仿真技术,通过逼真的三维立体图像,使用户作为主角沉浸于模拟环境中,对虚拟环境中的设备进行拆卸安装,从而了解液体火箭发动机基本结构。其功能包括设备结构爆炸图展示、查看组件、设备结构剖切、设备虚拟拆卸与装配、孤立显示、高亮显示、热点交互等。

2.2 工作特性探究

2.2.1 液体火箭动力系统循环虚拟仿真实验

虚拟仿真系统计划包含常见的循环方式,包括了:挤压循环、膨胀循环、燃气发生器循环、分级燃烧循环、全流量分级燃烧循环和电泵循环。

通过虚拟仿真实验,学习先进火箭发动机动力循环的实验理论和实验方法,了解实验系统构成和实验设备;通过自主设计循环方式和典型部件工作参数,探究不同循环方式下液体火箭动力系统工作特性变化规律,深入理解不同循环方式的根本区别及关键因素。

2.2.2 液体火箭发动机增压输送虚拟仿真实验

液体火箭发动机增压输送系统包括了贮箱、阀门、燃气发生器、涡轮泵等,通过虚拟仿真实验使学员深入理解供应系统工作原理,掌握供应系统评测方法,探究动力系统启动过程和供应系统响应特性,以及燃气发生器工况参数对泵效率的影响规律。实验内容主要包括:涡轮泵启动过程虚拟仿真实验、涡轮泵水力特性虚拟仿真实验、增压输送系统工作效率虚拟仿真实验。

2.2.3 推力室虚拟仿真实验

通过液体火箭发动机推力室虚拟仿真实验,结合所学理论知识,深入掌握推力室设计方法,探究推进剂组合、推力室工况参数、推力室结构参数对推力室工作特性的影响规律以及推力室热防护规律。

虚拟实验系统基于降阶模型的火箭发动机跨平台流-固-热高精度 CFD 快速虚拟仿真算法,在保证虚拟仿真实验正确性同时可快速进行发动机虚拟热试车。

3 运载火箭低温动力系统虚拟仿真教学训练平台特点

开展探究性学习时,采用 CFD 快速算法,在保证使用者有较好体验的同时,提供符合真实情况的虚拟仿真结果,让学习者对液体火箭发动机工作原理、过程及特性有一个正确的认识。

采用 MR 技术,在虚拟和现实之间架起了连接的桥梁。摆脱以往使用 VR 技术纯虚拟的情况，让“空中楼阁”有了地基。从而使学习者能够更容易接受所学内容。

4 总　结

在运载火箭低温动力系统虚拟仿真教学实验系统的建设中，内容素材的建设难度和工作量远高于硬件的建设。

运载火箭低温动力系统虚拟仿真教学实验系统使用MR技术时，对设备响应速度和识别精度提出较高要求，是建设中难点。

运载火箭低温动力系统虚拟仿真教学实验提出采用CFD快速算法，确保了展示内容准确性和真实性，同时兼顾了系统的响应速度。

参考文献

[1] 陈建华，曹晨，徐浩海，等．长征五号运载火箭助推动力系统［J］．推进技术，2021，42(07)：1449-1457.

[2] 马玉璘，陈文浩，刘伟，等．长征六号运载火箭动力测发控系统仿真测试平台的设计［J］．计算机测量与控制，2017，25(05)：1-3.

[3] 李东，王珏，陈士强．长征五号运载火箭动力系统总体技术分析［J］．推进技术，2021，42(07)：1441-1448.

[4] 谭永华，杜飞平，陈建华，等．液氧煤油高压补燃循环发动机深度变推力系统方案研究［J］．推进技术，2018，39(06)：1201-1209.

[5] 顾名坤，何巍，唐科，等．中国液体运载火箭结构系统发展规划研究［J］．宇航总体技术，2021，5(02)：55-67.

[6] 秦旭东，龙乐豪，容易．我国航天运输系统成就与展望［J］．深空探测学报，2016，3(04)：315-322.

[7] 王小军．中国航天运输系统未来发展展望［J］．导弹与航天运载技术，2021(01)：1-6.

[8] 李元启，刘红军，徐浩海，等．液体火箭发动机动态特性仿真技术研究进展［J］．火箭推进，2017，43(05)：1-6.

[9] 张青松，范瑞祥，张兵，等．低温液体火箭注气式蓄压器总体方案研究［J］．导弹与航天运载技术，2021(03)：61-65.

[10] 杨思锋，段娜，张登攀，等．液体火箭发动机虚拟试验与仿真技术应用［J］．火箭推进，2021，47(04)：87-95.

[11] 张智，容易，秦曈，等．重型运载火箭总体技术研究［J］．载人航天，2017，23(01)：1-7.

[12] 李远栋，刘爱峰，张君涛，等．Vr、ar、mr技术在骨科临床教学中的应用［J］．重庆医学，2021，50(08)：1432-1435.

[13] 杨亚玲，马驰．虚拟仿真技术在大学物理课程教学中的应用研究与展望［J］．物理通报，2021(03)：36-38.

[14] 贾子熙，王帅，郝一达，等．Mr技术在机器人工程专业实践教学中的应用［J］．实验技术与管理，2020，37(09)：139-142.

[15] 王崴，李恒威，刘海平，等．混合现实技术在军事中的应用综述［J］．兵器装备工程学报，2021，42(09)：15-25.

[16] 拓巧艳，戴宏．初探5g＋混合现实技术在中学化学危险实验教学中应用［J］．中学化学，2021(09)：1-3.

基于立方体星组装测试的毕业实习模式改革

苏海霞　杨露　汪洲　李新洪　张爱荣　李延艳
（航天工程大学 宇航科学与技术系，北京　101416）

摘　要：基于立方体星组装测试的毕业实习模式改革与实践研究是在继承大四本科毕业实习“专题授课＋现地教学＋岗位操作”传统模式有益做法和经验的基础上进行的教学模式改革，依托航天装备工程实验室的教学训练环境，引入立方体星教学组件，增设学生卫星组装、测试和数据分析处理的实践操作，是对本科毕业实习教学模式的创新探索，对加深学生对航天器的认识和理解，提高学生在航天器组装、测试和数据处理等方面的实践动手能力具有重要意义，为培养未来航天器总体、测试、试验鉴定、使用管理等人才提供重要教学途径。

关键词：立方体星；组装；测试；毕业实习；模式改革

目前，我校现有的航天装备工程专业是与航天器系统紧密相关的特色专业，将成为培养未来急需的航天器总体、测试、试验鉴定、使用管理等人才的重要摇篮。传统的以理论讲授为主的教学方式已难以适应新的人才培养需要，必须以“实装＋实训”教学思想为指导，依托实物/半实物的教学训练环境，增强学生的实践动手操作能力。综合考虑人才培养计划，在大四毕业实习阶段开展此项实践操作训练更为合适。

文献[1-3]都对本科毕业实习进行了不同程度和不同形式的改革探索。文献1认为，毕业实习是人才培养方案的重要组成部分，为实现其培养目标，应用虚拟仿真、慕课、翻转课堂等多种教学方式组建“互联网＋”教学模式，旨在进一步提高师生互动、校企合作交流、毕业实习教学质量[1]；文献2基于“互联网＋”“微”时代背景，研究采用“微”课探索面向实战的空天专业本科生毕业实习教学新模式[2]；文献3认为毕业实习是联系课堂理论教学与生产实践环节最有效的途径，进行了实践教学改革研究[3]。

长期以来，本校航天装备工程专业大四本科毕业实习主要采用“专题授课＋现地教学＋岗位操作”的教学模式，其中，专题授课和现地教学时间约四周，岗位操作时间仅为一周，且主要依托运载火箭实验室，开展针对某型号运载器的控制、遥测、外安、利用、动力等五大系统的测试及相关操作。根据多年来学生完成毕业实习后的总结评价，普遍反映缺少针对航天器相关的教学训练。综合考虑以上因素，尝试将立方体星这种小卫星引入到本科毕业实习中，开展基于立方体星组装测试的实践探索，根据立方体星进行岗位的设定，增加岗位操作的学时，同步缩减专题授课学时。最直接的改革与实践就是增加立方体星的组装测试环节。

1　立方体星组装测试毕业实习方案设计

在进一步提高毕业实习课程的功能作用要求下，本文提出了基于立方体星组装测试的毕业实习模式改革和实践。

根据卫星质量，通常将小于1 000 kg的卫星称为广义的小卫星：500～1 000 kg的称为小型卫星，100～500 kg的称为微小卫星，10～100 kg的称为微卫星，1～10 kg的称为纳卫星，0.1～1 kg的称为皮卫星，0.1 kg以下的称为飞卫星[4]。与大卫星相比，小卫星具有先进、快速、低廉、可靠等特点。小卫星不只是简单意义上的质量轻，而是高度集成化技术和自动化技术的应用，伴随着计算机的迅速发展，逐步实现了星上控制与处理计算机小型化[5]。

立方体星的出现有效促进了50 kg以下微小卫星产业的快速发展。立方体星从概念深化、方案设计以及研究和空间演示实验和后期的应用阶段均是参照标准化的思路开展，其标准化、模块化、低成本的优势将会助力小卫星的发展进程，将是未来的技术发展趋势，而强大的数据平台和数据处理方式是其行业的价值所在。

立方体星最早由美国斯坦福大学教授汤姆·肯尼于1999年提出，是一种体积为10 cm×10 cm×10 cm(也叫1U)，质量在1 kg以内的新概念皮卫星[6-10]。该种卫星采用标准化、模块化设计，研制成本低、周期短，多采用商用器件，深受业界欢迎。

通过分析前期毕业实习过程中教师和学生反馈的具体问题，制定出毕业实习改革和实践的方案如下：

(1) 毕业实习改革目的

基于立方体星组装测试的本科毕业实习模式改革与实践的目的是增加针对立方体星组装、测试和数据分析处理的动手操作训练。这一岗位操作环节是一种全新的尝试，需要重点研究其组织实施方法。

(2) 方案设计

1) 立方体星教学组件的准备

首批引进10套立方体星教学组件，以组为单位开展岗位操作，一颗星设置一个组，每组组员不超过5人，依据当年毕业的本科生人数具体实施。

2) 岗位操作实施步骤

首先，岗位操作实施过程中，由教师对立方体小卫星的相关理论开展专题授课，使学生了解立方体小卫星的结构、组成、设计原理、测试和数据分析处理技术；

其次，由教师进行立方体星组装操作示范，这个过程可以选择学生代表辅助老师拆卫星和装卫星；

再次，分步指导学生，依据分组情况进行立方体星的组装操作；

最后，在完成立方体星的组装后，进行立体星测试。开展立方体星测试前，由教师进行测试内容的讲解和岗位分工。学生们在组的原则下按照岗位分工进行立方体星的测试工作，比如进行遥控指令的遍历，卫星分系统测试(配有演示性光照试验和热控试验等)，卫星载荷测试，遥测状态监测和数据分析等测试科目。

3) 岗位操作所需实验室条件

基于立方体星的毕业实习过程要求实验室配置示波器、电烙铁、焊锡、万用表、高低温箱、三轴转台等。

2 毕业实习改革核心内容

基于立方体星组装测试的毕业实习改革和实践的主要内容包括以下四个部分。

2.1 对毕业实习改革的目标和预期成效的确定

分析航天装备工程专业的特点和岗位任职需求，确定本科毕业实习改革的目标和预期成效，明确通过此次改革后，受训学生能够获得的知识、技术或能力，以及其对卫星测试岗位工作的作用和意义。

2.2 对毕业实习教学内容的改革

分析传统大四本科毕业实习采用的"专题授课＋现地教学＋岗位操作"教学模式的优缺点，对专题授课、现地教学、岗位操作等教学环节进行重新设计，优化专题配置的灵活性，提高实地教学的目的性，增加岗位操作的实践性。

2.3 对毕业实习教学环节时间的分配调整

分析传统大四本科毕业实习采用的"专题授课＋现地教学＋岗位操作"教学模式在时间分配上的合理或不合理之处，对专题授课、现地教学、岗位操作等教学环节的时间分配方案重新进行优化调整。

2.4 制定了立方体星实践环节的组织实施方法

分析立方体星教学组件的功能、特点，设计利用该立方体星教学组件能够开展的训练科目，确定各训练科目的内容、实施方法、前后衔接顺序及考核评价方式，明确组织实施各训练科目的教师能力水平要求。

遵照制定的基于立方体星组装测试的毕业实习模式改革与实践的方案，学生组装设计的1U立方体星实物效果图见图1。

立方体星结构采用铝合金材质，主要由载荷单元、连接架、平台单元组成，在立方体星4个侧面均有一块体装太阳电池阵，其中有一面为可展开面。立方体星平台单元内部分布由上到下分别为相机载荷、测控及GPS天线、测控通信模块、能源管理模块、导航和姿控模块、星务管理模块、蓄电池模块和星箭分离开关，侧边为母板模块和太阳能电池模块。

采用地面站设备(见图2)与立方体星进行遥测遥控和通信，实现载荷数据和图像的地面回传，检验和验证立方体星的设计研制效果。

图1 立方体星实物图

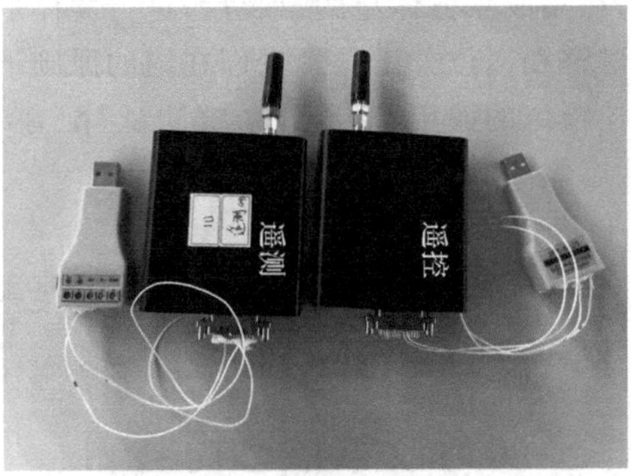

图2 地面站设备

3　毕业实习活动组织实施

在前期调研后制定的基于立方体星组装测试的毕业实习的方案的指导下，设置具体组织和实施细则。

(1) 制定毕业实习计划

结合立方体星的实践教学方案，制定本科毕业实习计划，对专题授课、实地教学和岗位操作等环节的时间和内容进行合理分配，特别是增加岗位操作的占比。引入立方体星教学组件10套，按照方案中的分组实施，一颗星设置一个组。本次教学组织实施采用3人一组进行划分，满足本专业毕业学生的岗位操作需求。

(2) 建立立方体星的教学训练环境

采购完教学组件之后，还需要设置和配套相应的教学训练环境，主要包括立方体星组装拆卸操作台，工具箱和配套的地面测试系统和设备等。

(3) 立方体星操作实践教师培训

在立方体星教学训练环境建设实施的同时，需要针对教师开展关于立方体星操作的实践教学培训，俗话说，育人先育己，要想站在三尺讲台，台下就要做好充分的准备。教师要学精学透全部培训内容，不断提问，不断练习，不断实践，结合培训内容制定出立方体星用于毕业实习的实践教学方案，形成毕业实习指导书。

(4) 组织实施毕业实习

组织实施航天装备工程专业本科毕业实习，重点组织实施立方体卫星的组装测试为主的实践岗位操作环节。

在教师进行组装操作示范后，学生以组为单位进行拆卫星和装卫星操作，设置岗位分别是操作手、记录员、监督员(总指挥)。图3中学生正在按照各自的岗位分工进行立方体星的组装操作。

立方体星测试科目主要包括：卫星状态监测、遍历遥控指令、能源分系统测试、姿态控制系统敏感器和执行器测试、导航分系统测试、热控分系统测试及数管分系统测试。

图3　学生分组拆装

以遍历遥控指令为例进行说明，在操作电脑和立方体星配套地面站连接后，首先打开遥控设备的端口，依据表1的遥控指令表进行遍历指令的测试。先发送遥控指令表中指令，在星务软件模块进行对应指令的状态监测。

表 1 遥控指令表

序号	指令名称	指令描述
1	入境 800 s	遥测界面时间更新为当前时间
2	星上校时	星上时间更新为当前时间
3	飞轮开	立方体星飞轮打开,卫星旋转
4	飞轮关	卫星停止旋转
5	相机开	相机载荷打开,可以进行拍照测试
6	相机关	相机载荷关闭
7	磁棒开	磁力矩器打开
8	磁棒关	磁力矩器关闭
9	加热器 1	设置加热时间,加热器 1 开始加热
10	加热器 2	设置加热时间,加热器 2 开始加热

3.5 分析总结

分析总结本科毕业实习实施过程中存在的问题和需要改进的地方,包括对立方体星教学组件提出改进意见,不断优化毕业实习方案。

4 毕业实习改革实施效果分析

基于立方体星组装测试的毕业实习补充了航天器的训练科目,丰富了毕业实习过程中的岗位操作学时,学生普遍反映加深了对航天器的实装认识和理解,在人才培养方面提高了学生在航天器组装、测试和数据处理等方面的实训动手能力:

1) 从航天器设计,组装入手,以实物实训的模式认识和理解卫星的结构组成。

2) 通过对立方体星各分系统的测试,使学生深刻理解了立方体星的功能和特点,加深了对航天器总体和分系统的认识和理解。

3) 提高了学生在航天器组装、测试和数据处理等方面的实践动手能力。

通过基于立方星的毕业实习模式改革与实践力争发挥出设置毕业实习课程的重要地位和作用,做到毕业实习阶段是对学生专业技能的进一步延伸和巩固。这种形式下的毕业实习为培养未来航天器总体、测试、试验鉴定、使用管理等人才提供重要的教学途径。

参考文献

[1] 张海军. 毕业实习"互联网+"教学模式改革探索与应用[J]. 轻工科技,2020,36(11):168-169.

[2] 刘龙斌,等. 面向实战的空天专业本科毕业实习"微"课教学模式研究[J]. 教育现代化,2019,6(78):30-32.

[3] 王海娟,姜海波,李淼. 工科专业本科毕业实习实践教学改革研究——以石河子大学水利水电工程专业为例[J]. 教育教学论坛,2018(7):153-154.

[4] KOPACZJ R, HERSCHITZ R, RONEY J. Small satellites an overview and assessment[J]. Acta Astronautica,2020,170:93-105.

[5] 唐亮，刘鸿鹏，何慧东. 全球小卫星现状及发展[J]. 国际太空，2019(06)：36-41.
[6] 林莉，左鹏. 立方体卫星概述[J]. 数字通信世界，2018(10)：24-25+65.
[7] 何慧东. 立方体卫星发展及应用分析[J]. 卫星应用，2019(06)：45-50.
[8] 李晓宁，窦骄，任广伟. 立方体卫星的发展与应用[J]. 国际太空，2015(08)：41-45.
[9] 贾平. 国外立方体卫星的发展及应用模式分析[J]. 中国航天，2016(02)：19-22.
[10] 贾平. 国外典型立方体卫星的军事应用及启示[J]. 国际太空，2016(08)：66-70.

理论力学教学中遇到的问题*

贾悦

（西北工业大学 力学与土木建筑学院，西安　710129）

摘　要：理论力学是经典牛顿力学的代表，以牛顿力学公理作为基础，研究物体运动的变化和受力之间的相互关系。虽然理论力学是一门发展相对成熟的课程，在课程内容中基本达到相似的教学体系，但是，理论力学教师始终在不断探索该课程的教学方法及教学内容，本文在最新的课堂实践教学中做了一些探索、思考及总结，首先，对不同类班级对比研究；其次，根据课堂学生的反馈对理论力学中常规讲解提出一些问题，有待进一步的讨论；最后，对课程改进提出一些新的思考，其中包括课堂互动、作业设计、成绩管理。本研究成果可以为理论力学课程改革提供一些新思路。

关键词：理论力学；速度合成定理；加速度合成定理；密切面；任意力系的简化

引　言

理论力学是工科生的一门技术基础课，也是第一门力学基础课，它主要开设在大学二年级，是系统地研究物体运动的变化和受力之间相互关系的课程。理论力学的主要研究内容分为三部分，分别是静力学、运动学及动力学[1]。理论力学是经典牛顿力学的代表，它以牛顿力学公理为研究基础，建立运动量和力学量之间的相互关系。在理论力学中，静力学可以看成是力系平衡时的一种特殊动力学问题。运动学是通过几何的观点研究物体在空间中的运动，主要的研究对象是点或者刚体。动力学是全面地研究物体运动的变化和受力之间的相互关系。继动力学之后，将开展一部分动力学专题内容，其中包括达朗贝尔原理、虚位移原理、碰撞及振动专题的学习，为后续力学课程打下坚实的基础，因此，理论力学起到基础课与专业基础课重要桥梁的作用。

虽然理论力学是一门发展相对完善的课程，但是理论力学教师始终没有停下探索教学方法及知识的脚步，本文主要结合实践教学的研究，对新课程中的一些研究进行讨论，首先，对不同课程班对比研究；然后，重点对教学中发现的一些问题进行讨论；最后，对课程改进提出一些新思路。

1　课程班对比

在2021年秋季学期，进行了一次理论力学课堂对比试验，本学期共开设了两个课程班，分

* 基金项目：陕西省自然科学基金（2019JQ－623）；西北工业大学理论力学课程研究教改项目。

别有 121 位同学和 108 位同学选课，其中课程班（A 班）的 121 位同学是同年级、同专业的，并且大部分同学来自同一个行政班，课程班（B 班）的 108 位同学来自不同年级和不同专业，并且大部分来自不同行政班。通过研究发现这两个课程班的同学具有一些相同点和不同点，其中，相同点是两个班同学课堂表现都比较含蓄和谦虚，需要教师增加课堂互动，激发学生的学习积极性。因为是大班授课，所以教师主要通过问答的方式增加学生的参与度。另外，在授课过程中适当地融入思政教育，这样不仅可以活跃课堂气氛，而且可以迅速吸引学生的注意力。思政内容可以是力学史上的名人趣事，也可以是现代工程力学在生活和生产中的广泛应用。两个课程班的不同点也很明显，A 班因为都是同年级、相同专业，并且大部分都是熟悉的行政班的同学，因此学生在课前、课中及课后的表现都比较活跃，同学们之间的交流比较多，由于相互之间的影响，A 班的到课率和作业完成率都很高。由于 B 班学生的专业背景，年级和班级相对比较分散，因此学生在课前、课中及课后的交流相对较少，主要是自己管理自己的学习，相互之间的影响比较弱。

2　课程内容问题讨论举例

在理论力学实践教学中，根据学生的反馈，对某些内容介绍提出了一些疑问，以下通过举例来总结观点。

2.1　速度合成定理

刚体上有一动点 M，沿着红色曲线在刚体上从 A 点运动到 B 点（见图 1），如果刚体相对地面静止，那么红色曲线即为动点 M 的绝对运动轨迹，但是，刚体本身相对于地面有运动，因此动点 M 相对于地面最终落在 M'_1 这个位置上，因此动点 M 的绝对运动轨迹是从 M 到 M'_1 这条蓝色虚线，又因为动坐标系固结在刚体上，因此动点相对于动系的相对运动轨迹是刚体上这条红色的曲线。目前很多教材将 M_1 这条绿色曲线定义为牵连轨迹，当时间间隔趋近于 0 时，根据微积分知识可以以直代曲，将$\overrightarrow{MM'_1}$定义为绝对位矢，$\overrightarrow{M_1M'_1}$定义为相对位矢，$\overrightarrow{MM_1}$定义为牵连位矢，并且由矢量三角形的几何关系得到$\overrightarrow{MM'_1}=\overrightarrow{MM_1}+\overrightarrow{M_1M'_1}$，然后两边同时对时间求导即可得到速度合成定理$v_a=v_e+v_r$。但是以上证明过程并不让所有人满意，包括很多听课的学生也产生疑问，其中存在争议的是牵连轨迹和牵连位矢的定义，因为牵连轨迹和牵连位矢对应的是牵连点的运动轨迹和牵连点的位置矢径，而牵连点本身的定义指的是动坐标系上和动点位置瞬时重合的点，因此理论上M_1和M'_1是同一个点。这与以上应用矢量三角形证明速度合成定理的假设存在一定的矛盾，但是，目前在教学中还没有找到更适合的证明方法让学生容易理解。

2.2　密切面的定义

用弧坐标自然轴系描述空间一点的运动时，首先需要定义自然轴系，和其他常用坐标系一样（例如：直角坐标系、球面坐标系以及柱面坐标系），都需要定义三根坐标轴，对于自然轴系，由于动点的运动轨迹已知，因此在运动轨迹每一点上都可以定义切线，沿着该点运动轨迹的切线方向定义切向轴，指向与运动的正方向一致。另外，为了定义线性无关的三根自然轴，要求每根轴在其他两根轴上的投影值为零，即三根轴需要满足相互正交的条件。已知切向轴，其他

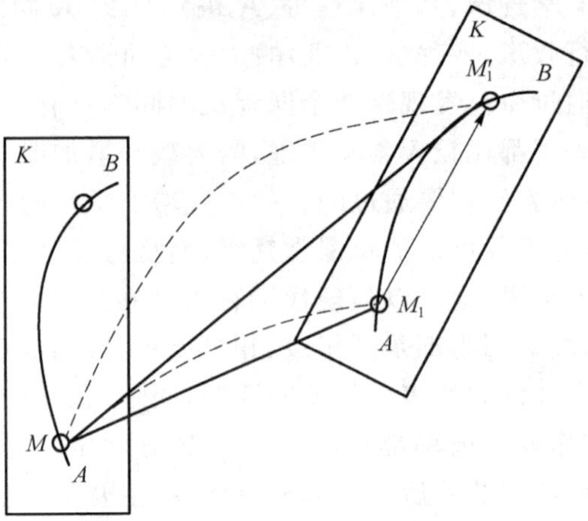

图 1　速度合成定理

两根轴必然垂直于该轴，但是过该动点的当前位置可以做出无数条垂线与切向轴垂直，这些垂线实际上构成了一个平面，我们称该平面为法平面，但是具体平面上哪一根直线是我们要找的第二根自然轴，则需要进一步研究。根据空间几何的知识，空间两个平面相交可以定义一条直线，如果我们可以找到第二个平面，该平面与法平面之间有一个交线，该交线即为我们要找的第二根自然轴，该平面即为密切面，密切面的定义如图 2 所示，假设一动点沿着这一条蓝色的曲线在空间中从 A 运动到 B，当动点运动到 M 点时，可以定义一根切向轴，单位矢量用 $\boldsymbol{\tau}$ 表示，下一时刻，动点运动到M'点，在该点的切向轴上的单位矢量用$\boldsymbol{\tau}'$表示，根据微积分知识，当M'点无限靠近 M 点时，M'点和 M 点可以看成是一点，这时候 $\boldsymbol{\tau}$ 和$\boldsymbol{\tau}'$可以定义一个平面，该平面即为密切面。但是以上密切面定义存在一些疑问，因为当M'点无限靠近 M 点时，不仅M'和 M 点会重合为一点，而且 $\boldsymbol{\tau}$ 和$\boldsymbol{\tau}'$也会重合在同一条直线上，这样就无法定义出一个唯一的平面。以上在定义密切面的过程中用到了极限的思想，但是密切面的唯一性基于 $\boldsymbol{\tau}$ 和$\boldsymbol{\tau}'$不共线，而当M'无限靠近 M 时，两根切向轴单位矢量也无限重合。

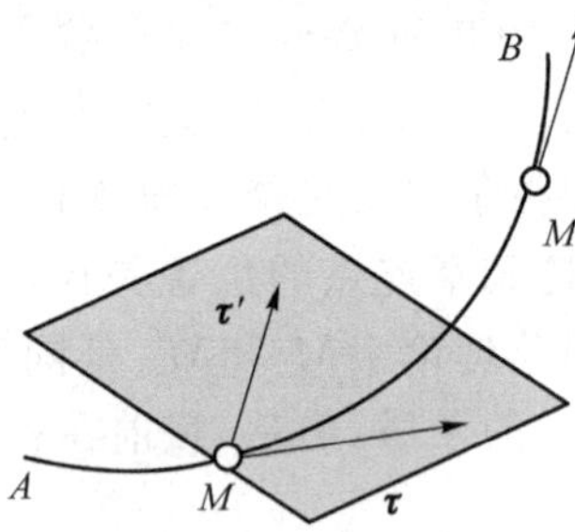

图 2　密切面

2.3　任意力系简化

理论力学静力学中力系简化这一部分理论性较强，在讲力系简化前，首先我们介绍主矢和主矩的概念，主矢等于原力系中各个分力的矢量和，它与简化中心的位置没有关系，主矩等于原力系中各个分力对于简化中心矩的矢量和，它与简化中心的位置有关系。我们把与简化中心位置无关的量又称为不变量。在力系简化中，包括两个不变量，第一不变量是主矢，当原力系给定，主矢就确定了。第二不变量不是主矩，因为根据主矩的定义，主矩与简化中心的位置有关系，第二不变量是主矢点乘主矩。为了全面地讨论力系简化，我们分类讨论了各种情况，首先按照主矢点乘主矩是否等于零分为两大类，其中，当主矢点乘主矩等于零时又分为了 4 种情况，具体结果如表 1 所列。当主矢点乘主矩不等于零时，力系最终简化结果是一个力螺旋，其中当主矢和主矩之间成任意夹角时，简化结果是偏离简化中心的一个力螺旋，具体过程如图 3 所示，首先将主矩正交分解为与主矢平行的一个分量M_O'和一个与主矢垂直的一个分量M_O''，因为M_O''与F_R'正交，所以通过力线平移定理的逆定理化简为一个偏离简化中心的合力F_R，最后将分量M_O'平移到F_R的作用线上，从而M_O'与F_R构成了一个偏离原简化中心的力螺旋。这里比较有疑惑的是分量M_O'是否可以平移。如果将M_O'视为力偶矩矢量，则其可以平移，因为力偶矩矢量是一个自由矢量，它可以在刚体上来回平移而不改变对刚体的作用效果。但是M_O'的下标说明其与原简化中心有关系，M_O'本质上是主矩的一个分量，主矩与简化中心的位置有关系，理论上不能随便移动。在课程教学中，学生对M_O'是否可以平移提出疑问，主距不是第二不变量，它与简化中心有关，其分量也应与简化中心相关，只有纯力偶系最终会简化为与简化中心无关的一个合力偶，因此，这一部分需要进一步地讨论和明确。

表 1　力系的简化

F_R(主矢)	M_O(主矩)	$F_R \cdot M_O$(第二不变量)	力系的最简形式
=0	=0	=0	平衡
=0	≠0	=0	合力偶
≠0	=0	=0	合力
≠0	≠0	=0	合力
		≠0	力螺旋

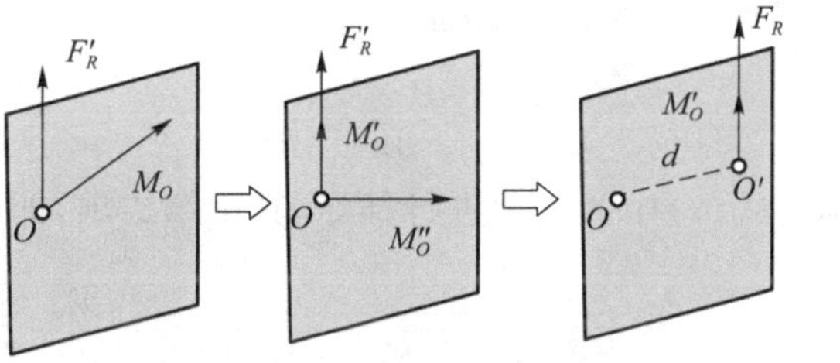

图 3　任意力系简化

2.4　当牵连运动是转动时点的加速度合成定理

在介绍点的复合运动这一章时，难点问题是点的加速度合成定理，点的加速度合成定理主要分为两类：一类是当牵连运动是平行移动时的加速度合成定理；另一类是当牵连运动有转动时的加速度合成定理。在证明第一类加速度合成定理时，如图 4 所示，假设有一动点 M 沿着蓝色的曲线从 A 运动到 B，因为没有相对于动点运动的物体，因此我们将动坐标系固结在空间中任意一点 O'，以 O'为动坐标系的坐标原点，定义动坐标系的三根坐标轴分别是 x'，y'，z'，三根轴上对应的单位矢量分别为 $\boldsymbol{i}'$，$\boldsymbol{j}'$，$\boldsymbol{k}'$，根据矢径表示法，动点 M 在动坐标系上的运动可以通过相对位置矢径 $\boldsymbol{r}'$表示，因为相对位置矢径 $\boldsymbol{r}'$在动坐标系上的投影等于动点 M 的相对位置坐标，得到以下表达式：

$$\boldsymbol{r}'=x'\boldsymbol{i}'+y'\boldsymbol{j}'+z'\boldsymbol{k}' \tag{1}$$

如果将式(1)两侧对时间求导，左侧等于相对速度 v'，右侧对时间求导得到 6 项，其中包括点的相对位置坐标对时间的一阶导数与动坐标系单位矢量乘积的代数和，再加上点的相对位置坐标与动坐标系单位矢量对时间的一阶导数乘积的代数和。但是，因为动坐标系随着 O'点做平行移动，因此单位矢量 $\boldsymbol{i}'$，$\boldsymbol{j}'$，$\boldsymbol{k}'$大小和方向都不发生变化，属于常矢量，所以，3 个单位矢量对时间的导数等于零，因此我们得到相对速度的表达式：

$$\boldsymbol{v}'=\dot{x}'\boldsymbol{i}'+\dot{y}'\boldsymbol{j}'+\dot{z}'\boldsymbol{k}' \tag{2}$$

同理，相对加速度表达式为

$$\boldsymbol{a}'=\ddot{x}'\boldsymbol{i}'+\ddot{y}'\boldsymbol{j}'+\ddot{z}'\boldsymbol{k}' \tag{3}$$

因为接下来的加速度合成定理的推导不是我们重点讨论的问题，因此不做详细推导，详细过程请参考参考文献[2]。

点的加速度合成定理的第二类是当牵连运动有转动时的加速度合成定理，在证明过程中，动点 M 的相对运动速度和加速度都是直接写出来的，但是如果按照以上第一类加速度合成定理详细推导，动坐标系上的单位矢量 $\boldsymbol{i}'$，$\boldsymbol{j}'$，$\boldsymbol{k}'$的方向是时刻发生变化的，即动坐标系上的单位矢量不是常矢量，因此其对时间的导数不等于零。由于部分同学会产生疑惑，因此，这里在证明的时候需要特别强调一点，相对位置矢径对时间求导实际上是站在动坐标系上观察的，3 个相对单位矢量 $\boldsymbol{i}'$，$\boldsymbol{j}'$，$\boldsymbol{k}'$是常矢量，所以其对时间的导数等于零。

另外，牵连速度和牵连加速度也是直接根据定义给出来的，即

$$v_e=w\times r \tag{4}$$

$$a_e=\alpha\times r+w\times v_e \tag{5}$$

由速度合成定理：

$$v_a=v_e+v_r \tag{6}$$

$$\frac{\mathrm{d}\,v_a}{\mathrm{d}t}=\frac{\mathrm{d}\,v_e}{\mathrm{d}t}+\frac{\mathrm{d}\,v_r}{\mathrm{d}t} \tag{7}$$

在接下来的证明中，分别对式(7)中的三项进行推导，其中第二项，即牵连速度对时间的一阶导数，有如下推导

$$\begin{aligned}\frac{\mathrm{d}\,v_e}{\mathrm{d}t}&=\frac{\mathrm{d}w}{\mathrm{d}t}\times r+w\times\frac{\mathrm{d}r}{\mathrm{d}t}\\&=\alpha\times r+w\times v_a\\&=\alpha\times r+w\times(v_e+v_r)\\&=\alpha\times r+w\times v_e+w\times v_r\end{aligned} \tag{8}$$

比较式(8)和式(5)可能会存在疑问，式(5)是根据定义直接写出来，而式(8)则是求导计算获得的。因此这里也需要进一步讨论，以免学生产生困惑。

3 加强课程过程学习

过程学习是指注重学习的各个环节，不以学习成绩为最终目标导向，这样学生在学习完后对知识的理解更加深刻，对知识的掌握更加的全面，符合素质学习和能力培养的导向。首先，

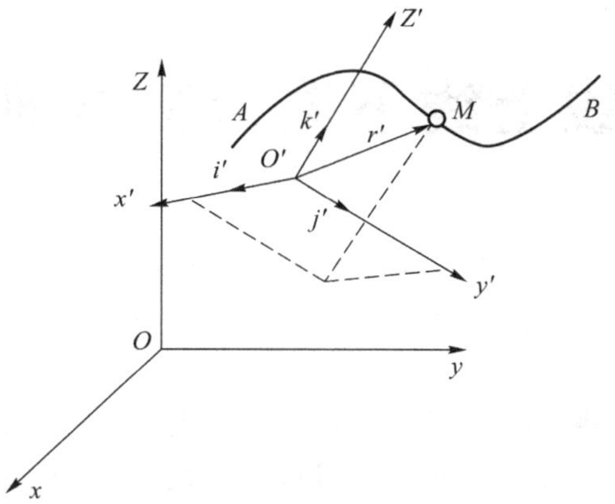

图4　牵连运动为平行移动时加速度合成

在平时的课堂中增加师生互动环节，对于理论力学大课教学，最常用的教学方法就是提问和作答，鼓励学生实时发问。有部分同学在听课中，遇到一时不解的问题，会在该问题上停留过多的时间思考，从而影响后面的听课内容，因此要鼓励同学课堂提问，采取发现问题、解决问题、再发现问题、直到没有问题这样的闭环学习。其次，我们可以增加多元化的成绩管理，注重过程学习，最后总评成绩除了包括平时成绩及期末考试，还增加作业、考勤及随堂测验。总评成绩中期末成绩占比50%，期中成绩占比30%，作业占比10%，随堂测试占比10%，其中随堂测试可以根据教学内容组织3～4次，每次课前15分钟至20分钟即可完成，最终取其中两次最高成绩作为总评成绩的10%，这样一方面不单独占用课堂教学，另一方面也起到随堂点名的目的。在作业设计方面除了包括传统的习题册，还可以增加计算机编程及学术论文阅读报告等方式，提高学生的综合素质培养及科研基本训练。在编写习题报告册时，可以将习题册分为A册和B册，A册包括单数章节的作业，B册包括偶数章节的作业，这样不存在收发作业时间上的不及时而影响作业进度。

4　结　论

本文总结了理论力学实践教学中的研究结果，首先，通过两个课程班的对比，发现单一化班级比多元化班级更有利理论力学的课堂教学；其次，通过课堂教学及学生反馈，列举了一些问题，希望可以得到更优解释；最后，为了加强课堂过程学习并且提高学生学习的积极性和课堂参与度，提出了一些课程改进的方法。

参考文献

[1] 西北工业大学理论力学教研室. 理论力学[M]. 2版. 北京：高等教育出版社，2017.
[2] 哈尔滨工业大学理论力学教研室. 理论力学[M]. 8版. 北京：高等教育出版社，2016.

理论力学线上线下混合教学研究与实践

辛朝军　李晓阳　张天天　柴振霞　宋俊玲
（航天工程大学 宇航科学与技术系，北京　101416）

摘　要：在教学实践基础上，以理论力学课程为例提出了一种基于MOOC、SPOC、翻转课堂和雨课堂，并从知识、能力、思维、价值四个维度进行人才培养的一体化线上线下混合式教学模式，分别从教学目标、教学内容、教学模式和教学评价四方面进行了普适性改革创新，并提出了“思政引领，三阶共享”的课程内容设计方法和“PMVT＋RLAS”线上线下混合课教学活动融合的通用设计模型。学生笔试成绩反馈表明，该模式对提升学生自主学习能力、科学思维能力等方面有显著效果。

关键词：线上线下混合式教学；教学改革；课程思政；课程设计；实践

数字化时代，以新一代互联网技术为代表的信息技术大幅提升了信息传播的广度、深度和速度，基于网络的在线学习和课堂学习共同构成了当前高校的学习方式。同时，面对后疫情时代新挑战，线上线下混合式教学可能成为未来大学课堂教学的主流模式[1]，广大教育工作者也更加关注线上线下混合式教学模式的合理应用及混合课堂优势的发挥[2-4]。

理论力学是研究物体机械运动一般规律的科学，在航空航天工程领域应用广泛，是航空宇航专业本科生的专业基础必修课，是该专业力学知识体系结构的基础[5]。在新工科背景下，本研究提出并实践了基于慕课（MOOC）、私播课（SPOC）、雨课堂与翻转课堂四个“课堂”，实现对学生从知识、能力、思维、价值四个维度培养的一体化线上线下混合式教学模式。

1　教学理念

“四课”＋“四维”的一体化线上线下混合式教学模式的教学理念，是借鉴戴尔的经验之塔，以学生为中心，以岗位需求为导向，充分发挥小组合作学习的作用，让学生在做中学、学中做、互评互教中体验参与学习的获得感，解决教学过程中存在的学生自主学习能力不强、知识固化时间不足、教学效果不理想、课程思政进课堂不润的问题。基于此，理论力学课程在教学实践过程中，对课程的教学目标、教学内容、教学模式及考核方式均进行了革新和重构。

2　教学目标重构

面向未来信息化社会对人才需求的不确定性，大幅提升以知识迁移能力为主的思维能力在课程教学目标中的地位，重新设定课程教学目标：理论力学课程以培养扎实掌握力学基础知识、具备高效自主学习能力和知识迁移能力，能以创造性的思维面对未来高技术战争挑战的一流军事技术人才为目标，构建“知识-能力-思维-价值”一体的线上线下混合式课程[6]，使学生能够：①掌握力学基本原理、基本规律和基本理论，了解前沿技术；②掌握解决工程实际力学问题的基本方法，具备良好的逻辑思维能力和语言组织能力，掌握有效的自主学习与合作学习方法；③能够在课程内容基础上，提炼掌握通用的力学思维模式，具备一定的知识迁移能力和创新能力；④具备爱军精武、矢志航天、科学思辨的价值取向。

在此基础上，提出了与课程内容相结合的课程思政教学目标：

在了解力学学科国内外发展史、熟悉力学知识古今应用基础上，建立全球视野，善于从全球角度思考和看待科学问题，增加对中华民族的崇敬和热爱，对当今中国发展道路、中国共产党领导的认同，树立报效国家、造福社会的志向。

通过对物体受力分析方法和力系简化与平衡计算方法的学习，培养客观理性的思维特质、严谨求实的工作作风和探索创新的价值取向。

在掌握刚体系运动分析与计算基本方法的基础上，通过对航天装备运动的分析计算，建立对航天事业的热爱之情以及愿意为之奋斗终身的志向。

在掌握力和运动之间关系、深入系统构建力学基本理论体系的基础上，建立终身学习的意识，并接受马克思主义唯物史观，使用辩证唯物主义思维和科学严谨的态度分析和解决问题。

3　教学内容改革

课程以布鲁姆的教育目标为核心，结合线上线下混合式教学模式特点，在综合国家精品MOOC和自建SPOC等教学资源的基础上，拓展课程内容的高阶性、广泛性、前沿性，设计了“思政引领、三阶共享”的混合式课堂教学内容。

课程坚持从课程中来到课程中去的原则，按照思政元素发掘、思政元素梳理、思政元素进教学设计、思政元素进课堂的步骤，构建了以“爱军精武、矢志航天、科学思辨”三个思政维度为核心的课程思政案例库，每个维度又进一步细分为5～7个思政要素，每个思政要素均与教学内容所联系的实际案例相关，充分渗入战斗精神、航天精神和科学精神，如图1所示。

在课程专业内容设计了初阶、中阶、高阶三层次。

初阶性内容包括当次课的基本概念、原理，学生主要通过在线学习理论知识、线上互动讨论等在线形式完成，实现学习成果的共享。教师利用后台数据或现场答疑的形式进行督学导学。

中阶性内容具有一定的难度，需要进行深度思考和面授课堂的师生互动参与式学习，学生通过计算、辨析，共享学习过程，实现思维辨析能力的提升。

高阶性内容需要课程前后知识点综合，甚至需要方案设计、数据分析、知识综合应用和自主查阅资料。这类知识，一般提前给出，使学生在独立思考的基础上，在面授课堂的研讨、师生作业或大作业等学习活动中质疑、辨析，通过团队合作，共开脑洞同创新，培养学生思维的系统性、全面性和创新性，提升知识迁移能力。

课程模块	思政维度	思政元素	专业内容	思政案例
静力学	爱军精武	爱国精神 文化自信 家国情怀	绪论	钱学森等力学家的贡献 赵州桥以及世界最大跨度、最大高度的桥梁 桔槔的历史传承
	矢志航天	敢于超越 严肃认真	静力学公理 空间力系	运载火箭转场吊装 运载火箭支撑座的平衡
	科学思辨	力学之美 严谨求实 理论联系实际	平面力系 空间力系 摩擦	火箭塔架的桁架设计 火柴棍吊水平的力学分析 临界滑动梯子的攀爬
运动学	爱军精武	爱国精神 爱岗敬业	点的运动学	太空行走的运动分析 飞船回收降落伞对速度的影响分析
	矢志航天	创新超越 勇于攀登	点和合成运动 刚体的简单运动	嫦娥5号登月的速度、加速度测量计算 天和号机械臂运动计算
	科学思辨	严谨求实 探索创新	刚体的平面运动 基点法求加速度	行进中车轮的照片分析 科氏加速度的发现
动力学	爱军精武	家国情怀	质点动力学	飞行员的红视与黑视
	矢志航天	科学求实	动量定理 动量矩定理	航天员太空转身 卫星消旋的设计
	科学思辨	对立统一	动能定理	动力学静力学的统一

图1　理论力学课程思政案例库部分

4　教学模式创新

线上线下混合式教学的内涵核心，是线上学习优势与传统课堂优势的有效结合，实现线上活动与线下教学活动的有效融合[7]。理论力学课程探索了以课前任务书为牵引的 PMVT＋RLAS 线上线下教学组织模式。

课前任务书，是在学生每次线上自主学习伊始，老师给出的学习重点提示和自学后需要完成的课程任务，可为后续的线上线下的各类教学活动提供知识准备。

4.1　线上课程组织

以课程任务书为主导，课程的线上环节，可以按照 PMVT 这一通用模式来设计：

P 是准备(Prepare)，就是老师在学情分析的基础上进行教学材料的准备。

M 是任务书(Mission)，即准备一些收敛性的要求，让学生知道学什么，对于一些发散性的题目，让学生深入思考知识的应用，其中，固定内容为完成本次课内容思维导图。

V 是视频(Video)，就是根据课程准备的视频和网络资源，按照任务书的提示，完成基础理论知识的学习。

T 是测试(Test)，即完成每个微视频后的基础知识测试和任务书中规定的独立性任务，同时进行团队任务的讨论，实现知识的深化理解和同一层次的知识基础构建。

4.2　面授课堂设计

线下面授课堂的组织与开展实施，可采用 RLAS 模式进行。

R 是内容回顾(Review),就是基于思维导图的本节理论知识梳理,实现理论知识的系统化和知识树构建,是对课前任务书中固定内容的答复。

L 是讲解(Lecture),就是教师以引导的方式,一方面根据思维导图对课程内容进行答疑解惑,另一方面,是与学生一起,对课前任务书中的核心题目进行示例讲解,并提取通用的解题逻辑方法。讲解环节,也是对课前任务书的响应。

A 是课堂活动(Activity),即针对任务书中的高阶性学习内容,开展各种形式的课堂活动,进行讨论、汇报、质疑与体验,促进学生的深度学习。

S 是总结(Summary),就是对本节课的反思与价值提升,基于案例或思维导图激励学生对课程内容进行拓展性思考。

5　考核方式与教学反馈

5.1　考核方法革新

课程考核方式突出产出性导向,突破考试为主的单一评价模式,将在线测试、线上表现以及研讨展示、翻转课堂、大作业等柔性考核与笔试结合,构建了刚柔并济的考核模式。

总成绩中,笔试占 50%,大作业、课题研究等占 20%,在线测验占 10%,平时作业、课堂表现占 20%,体现对综合能力的评价、对个性化学习的支持,以及对高阶性、创新性和挑战度的支持。

(1) 强化并严格过程性考核。弱化死记硬背型的知识型考核,突出场景化、探究化的能力性考核,以增强学员经过刻苦学习收获能力和素质提高的成就感,激发学习动力。

(2) 注重多元化柔性评价。通过引入线上表现、课题研究、登台展示等柔性、非笔试考核,与刚性的笔试考核结合,学员主体作用得以强化,学习效果获得提升。

(3) 信息化手段实现实时考核。借助雨课堂在线测试成绩实时反馈,可以制作展示班内测试成绩实时游动图,让学员实时获知自己的学习与进步情况,激发学员学习积极性,鼓励培养“平时努力”的学习习惯。

(4) 综合性大作业提升课程挑战度。通过学员对综合性、开放性大作业的研究,一方面可提升学员自主学习的能力,另一方面,挑战度还可以把考核变成对学员学习成果的奖励,比如专利的申请、论文的发表、竞赛的获奖等。

5.2　教学反馈

2021 年,课程组将本文提出的教学模式用于教学实践,表 1 为采取统一试卷、统一线下笔试的两个班级成绩对比。其中参与混合式教学的班级未经任何选拔,为完全自然班。数据显示,相比于传统课堂,参与混合式教学的学生成绩平均提高了 20%,由此说明,混合式教学模式对学生知识理解和能力提升等方面都具有显著效果。

表 1　混合教学效果对比

对比项目	混合模式	传统模式
样本人数	25 人	42 人
期中笔试平均成绩	62.6	67.8
期末笔试平均成绩	75.3	75.1
成绩提升	20.29%	10.77%

6　结　论

1）本研究立足线上线下混合式教学实践，对课程的教学目标、教学内容、教学模式和考核方式进行了改革创新，大学同类课程的线上线下混合式教学实践提供借鉴和参考。

2）提出了一种“四课”+“四维”的一体化线上线下混合式教学模式，并在教学实践中取得了理想的教学效果。

参 考 文 献

[1] 李海东，吴昊．基于全过程的混合式教学质量评价体系研究——以国家级线上线下混合式一流课程为例[J]．中国大学教学，2021(5)：65－71.

[2] 田媛，席玉婷．高校混合课堂教学模式的应用研究[J]．中国大学教学，2020(8)：78－86.

[3] 康正阳，苏小平，陈国荣，等．工科专业课程线上线下融合式教学方法设计与实践[J]．教育教学论坛，2020(50)：3.

[4] 杨甜．关于高校线上线下混合式教学的应用研究[J]．国际教育论坛，2020，2(7)：1－2.

[5] 云海，许英姿，董焕俊．基于 ADDIE 模式的理论力学课程教学设计[J]．教育教学论坛，2021(7)：173－176.

[6] 辛朝军，张天天，柴振霞．“四课＋四维”一体化教学模式探索与实践研究[J]．时代教育，2021(17)：53－54.

[7] 崔红光，朱公志，张本华，等．理论力学课程线上线下混合式教学模式实践研究[J]．高教学刊，2019(23)：8－11.

航空发动机原理课程教学联合体建设构想*

尉洋　赵兵兵　于锦禄　程邦勤　张小博

（空军工程大学 航空工程学院，西安　710038）

摘　要：针对新形势下传统教学联合体的不足，本文以航空发动机原理为例，立足本课程组课程建设成果，结合陕西地区本科航空专业教研优势，提出课程教学联合体建设初步构想，拟通过创新教研形态、加强课程教学研究、共建优质教学资源、交叉教师培训、增进互动交流等手段提高教学联合体内教师教学能力，提升课程建设质量，增强课程教学质量。课程教学联合体建设对于提升航空动力人才培养质量具有重要意义，也可为其他同类课程开展课程教学联合体建设提供思路与参考。

关键词：航空发动机；课程教学联合体；课程建设；教学质量；建设构想

课程是人才培养的核心要素，学生从大学里受益最直接、最核心、最显效的是课程。课程是教学活动的基本依据，是实现人才培养目标的基本保障。如何有效提高课程教学质量是教育工作者的永恒课题，从各级教育主管部门到各大高校均投入了大量人力物力以求提高教学质量；但一方面随着高等教育大众化程度的不断提高，教学资源增加和改善的速度难以满足日益扩大的需求，另一方面随着信息技术的不断发展，新的教学理念、方法乃至于资源都在不断涌现，对教学管理者和教师本身都提出了巨大的挑战。

具体到航空发动机原理课程，其难度大、概念抽象，必要的教学实验开设难度大、成本高、教学用具搜集困难，对学生学习、教师教学、资源配备都提出了很高的要求，教学效果往往不够理想。而开展课程联合体建设可能是一个有效的解决途径。通过开展教学联合体，充分依托现代信息技术，创新教研形态，加强兄弟院校同类课程组交流，加强课程教学研究合作，通过教学资源共享、开展课程交流和教师培训等活动，提高教学联合体内教师教学能力，提升课程建设质量，增强课程教学效果。

1　教学联合体的发展

教学联合体的概念并不新鲜，早在20世纪就有学者开始研究[1]。教学联合体是指多所院校通过教学合作，共同使用教育资源以提高教学质量的联合体。教学联合体的一个重要表现形式就是教学联盟，二战以后，为了更好地推进社会的发展，西方各国都进行了不同程度的教育改革，成立战略联盟便是其中一项重要的举措。据调查，当前世界上排名靠前的多所顶尖高校都加入了战略联盟[2]，以求通过降低成本、整合资源等方法来提高联盟整体对外的竞争力和

* 本文系陕西省第二批新工科研究与实践项目“飞行原理类专业基础课程群及教材体系建设与实践”项目的阶段性成果。

影响力。进入新世纪,还兴起了"无边界高等教育""办学联合体""校际联合体"等实际上基本同质的新名词;而随着互联网技术的不断进步,实际上当前火热的慕课,也可以看作某种意义上的教学联合。我国开展教学联合体的探索与研究相对较晚,从 20 世纪 90 年代开始,国家相继出台了一些政策鼓励支持联合办学,1993 年颁布的《中国教育改革和发展纲要》就强调:促进国家教委所属院校、中央业务部门所属院校、地方所属院校以及地方院校之间的联合,鼓励普通高校与成人高校之间的联合与协作,合理调整高等教育布局。进入 21 世纪,我国各地区相继成立了区域高校教学联合体[3]、大学联盟等不同形式的教学联合体,在人才培养、科学研究、资源共享、国际合作、校园文化建设等方面开展全方位的合作交流。但是由于学校层次的合作相对较为宏观,在执行层面上往往遇到项目协作管理部门不明确影响项目协作的广度和深度、文本制度不完善造成项目推进无章可循、缺乏针对项目合作而设立的交流渠道等问题[2],其实际效果往往大打折扣,难以沉淀到具体课程。

随着信息技术的不断进步,聚焦于课程的教学联合体——"课程联盟"逐步发展起来。"课程联盟"一词可以追溯到 2001 年麻省理工学院(MIT)开展的开放课件计划[4],本着"知识公益,免费共享"的理念得到很多大学的认同,并积极响应。2002 年 7 月,在法国巴黎召开的联合国教科文组织的专题研讨会上,与会专家一致同意将开放课件扩展到开放教育资源,并提出开放教育资源是"通过信息通信技术向教育者学生、自学者提供的,基于非商业用途,可被自由免费查阅、参考或应用的各种教育类资源。"随后,有西班牙语高校开放课程联、非洲网络大学、日本开放课件联盟、韩国开放课程联盟等机构相继成立,每个联盟都吸引了许多院校数百门课程[5]。随着慕课的兴起,以各类慕课资源平台为代表的课程联合蓬勃发展,如英国的 Future Learn 平台、德国的 Iversity 开放资源共享平台,法国的 France Universite Numberique 在线教育平台等,基于此欧洲还推出了学分转换系统以实现学分互认。这期间国内课程联盟也逐步发展起来,主要有以下几种形式:

一是基于幕课平台的在线课程,如智慧树、爱课程、学堂在线等,教育部也在大力推进慕课建设,并认为这为实现中国高等教育"变轨超车"提供了重大机遇[6];

二是区域内的课程联盟,2012 年 4 月,上海市教委发起了以课程教学资源共享为目标的"上海高校课程中心"成立,以上海高校联盟的在校大学生为主要服务对象,各高校间资源共享,有效促进上海市内提高课程资源利用率,降低教育成本[7],通常被视为我国的首个课程联盟,此后重庆、湖北、江西、吉林等相继成立类似课程联盟;三是领域内高校课程联盟,如中国 5 所交通大学推出的线上免费合作学习平台,2015 年上海中医药大学发起成立了中医药高校课程联盟;最后一种是跨区域的课程联盟,以重庆大学发起的东西部高校课程联盟为代表,涵盖上百所高校、开设几百门课程,覆盖了理工农医多个门类。这些课程联盟的成立取得了优异的成果,不但让学生共享最优秀的师资、最优质的学习资源以及更加良好的交流环境,还有效促进教育公平、改进学生学习体验,进而提高人才培养质量。还可以使学生以一种更灵活的方式进行学习,扩大了学生的视野,提高学生学习兴趣,增强了学生的自主学习能力[4]。

2 开展课程教学联合体建设的必要性

无论是课程联盟还是教学联合体实际上是院校层面的联合,通过共享优质的课程资源以促进教学质量的提高。但以具体课程为抓手,开展教学合作的具体实例鲜见报道,本文提出课程教学联合体概念，即针对具体课程，加强兄弟院校同类课程组交流，通过教学资源共享开展课程交流和教师培训等活动，提高教学联合体内教师教学能力，提升课程建设质量，增强课程教学质量。

2.1 “课程联盟”的不足

众多“课程联盟”蓬勃发展，取得了优异的成果，促进了不同院校之间优质课程资源的共享，一定程度上实现了优势互补、以强带弱、共同发展。不但有效促进了不同高校之间的教育公平、更有效提高学生自主学习能力和知识与能力建构水平。但是就目前来看，众多课程联盟联盟还存在一些不足[8]。首先就是各个课程联盟发展得不均衡，各高校课程共享联盟课程数量、教师规模、学生选修课程数量以及联盟公告通知更新等皆参差不齐，学生体验感较差。其次是课程学习中信息反馈和解决相对滞后，对于共享课程开课老师而言，其主要教学精力以及教学活动安排也主要围绕本校学生开展，对于其他学校的学生或者社会学习者的问题困惑不能及时回答，学习者的反馈相对滞后，对学习者的学习积极性有一定的打击。再次就是运营商的鼓励政策，大多数课程联盟是基于教学平台开展的，这的确会大大降低平台维护运行所带来的时间负担和人力成本，给高校带来便利。但以营利为目的的企业公司往往着眼点与学校不一致，例如部分运营平台对于免费学习者不发放结课证书。再次，就是当前慕课平台运营方式对教师教学能力的提高有限。更多学习资源的选择，实际上一方面降低了学生走进现实课堂的紧迫性，对于授课教师的讲课水平也就不甚敏感了，另一方面部分教师选择搭建好的资源进行混合式教学，自身没有参与教学资源建设，对于使用信息技术终究缺乏锻炼。最后，当前的课程联盟中学生选课以通识类课程居多，与自身职业发展更加相关的专业课程还是现实课堂为主，或者基于校内SPOC平台的学习，甚少有以其他院校的类似专业课程线上资源为主进行学习的。

2.2 航空发动机原理教学的现实问题

航空发动机原理课程内容抽象、公式繁杂，学生理解起来十分困难，常常反映学习吃力，致使教学效果往往不够理想。为提升教学质量，众多原理课程教师投入了大量的精力来优化课程内容、改进授课方式、丰富教学资源[9]。以本课程组负责的“航空发动机原理”为例，该课程是我校飞行器动力工程专业的专业基础必修课，课程组顺应信息时代的发展趋势，十余年来持续推进国家级精品课程建设，实现了信息技术与教育教学理念的深度融合，积极开展以学生为中心的教学，在教学实践中，不断加强软硬件条件建设，结合实际教学效果反馈，持续推动课程建设优化，课程先后被评为国家精品课程、国家精品资源共享课、国家线上一流课程、国家虚拟仿真一流课程。虽然在课程建设上取得了一些成果，但是在教学实践中，本课程组还是感觉有很大的不足，一方面我校相对比较封闭，学生接触先进发动机相关实验室的机会较少，对于科技前沿动态掌握不足，专业眼界有待提高；另一方面，本校“航空发动机原理”课程的教学内容与地方院校有较大差异，该课程教学内容在地方院校需要3～4门课完成，内容上相对繁杂而深度有所降低，如何取长补短，在有限的课时内提高授课效果仍是本课程组面临的重要课题。

将视角置于一个区域内的“航空发动机原理”教学，以陕西地区为例。陕西是我国的航空工业强省，航空工业总产值居全国前列，为我国航空工业发展做出了重大贡献；同时陕西也是航空类高等教育大省，长期以来以空军工程大学、火箭军工程大学为代表的军队院校，以及以西北工业大学、西安交通大学为代表的地方院校为军地用人单位输送了大量的航空人才，为我国航空工业的发展做出了巨大的贡献。但具体到“航空发动机原理”课程教学，当前还存在着以下问题：一是军地优质教学资源共享度不高的问题。陕西地区航空类军地院校众多，各家都有自己特色的教学资源，但是没有很好的共享交流机制，联合层次较低、形式也相对单薄；实际上造成了教学资源的闲置。二是不同军地院校间教师教学研讨缺乏的问题。陕西各航空类院校对于教学研讨活动都有着独到的经验做法，但是院校间的交流活动仍显缺乏；受院校间教研活动时间、空间限制，跨院校、跨地域的教研交流受到相当程度的限制。而其他教学区域则或多或少存在类似的问题。

2.3 开展具体课程教学联合体建设的意义

开展深度课程教学联合体的建设，通过整合教学联合体地方、军队院校优质教学资源，共享已有教学资源，实现优势互补，提升教学效果，优化教学质量。还可以充分利用学堂在线、雨课堂、腾讯会议等现代教育信息技术，以课堂教学改革为突破，以教师教学能力提升为目标，创新教研形态，打破院校间教研活动时间、空间限制，推动跨院校、跨地域的教研交流。预计可实现以下几个方面的突破。

一是打造航空动力人才质量提升的助推器。以课堂教学改革为突破，重构教学组织形态、创新教学方法手段、拓展教学时间空间，牢固树立“学为中心”的教学理念，优化教学总体设计，创新课堂教学模式，全面促进航空动力专业人才培养质量，服务国家航空发动机及燃气轮机重大发展需求。二是构建一线教师信息化教学能力提升的主渠道。经过航空发动机原理课程区域教学联合体的培训，显著提高相关院校航空发动机原理课程教师的教学能力和水平，熟练掌握“混合式、翻转式”等基于信息化手段的教学新模式，培育教学名师和教学骨干。三是形成优质教学资源共建共享的策源地。形成优质共享的航空发动机原理课程教习资源，在已有国家一流课程的基础上，辐射带动更多院校建设省级、校级一流课程。

3 航空发动机原理教学联合体建设方法初探

立足空军工程大学航空发动机原理课程已有建设成果，结合陕西地区航空优势地位，设想教学联合体建设方法如下。

3.1 依托现代信息技术，创新教研形态

充分利用学堂在线、雨课堂、腾讯会议等现代教育信息技术，以课堂教学改革为突破，以教师教学能力提升为目标，创新教研形态，打破院校间教研活动时间、空间限制，推动跨院校、跨地域的教研交流；定期组织线上、线下多种形式的教学研讨活动，各院校间相互交流经验做法，提升教研活动质量；创新教学活动组织样式，互相邀请教学联合体内教师进行穿插授课、专题授课，拓展教学时间、空间，丰富教学内容手段；探索教学联合体管理运行机制，形成制度化教学联合体管理运行方案。

3.2 突出航空动力特色，加强课程教学研究

突出课程航空动力特色，以线上一流课程、虚拟仿真实验教学一流课程、线上线下混合式

一流课程为指导，不断优化课程的教学体系、课程设计、教学内容、教学方法、教学手段、教学评价等；探索“辅助式、混合式、翻转式”等基于信息化手段的教研新模式，推动由“教为中心”向“学为中心”转变，由“课堂教学为主”向“多种学习融合”转变，由偏重“知识传授”向注重“能力培养”转变；邀请教指委相关教学名师、行业知名专家教授辅导授课，对教学联合体教研情况进行指导、帮带，形成具有专业特色、融合各家所长、体现不同院校特点的“航空发动机原理”案例式教学指导文件、人才培养模式及课程实施方案。

3.3　整合优质军地资源，共建优质教学资源

整合教学联合体地方、军队院校优质教学资源，共享已有教学资源，包括在线开放课程、数字图书、电子教材、微课视频、题库案例、虚拟仿真实验、课程思政案例等；同时，集合力量共建优质教学资源，合编相关专业教材，形成一批国家级系列化课程资源库。

3.4　发挥示范引领作用，开展教师培训

依托教指委继续开展全国性航空发动机类课程交流和教师培训活动；同时，在教学联合体内定期组织教师教学能力培训，发挥国家级教学名师、一流课程等的示范引领作用，突出混合式教学和信息化手段应用，邀请相关知名专家教授针对混合式教学、翻转课堂、项目探究、案例分析、任务牵引、专题研究等多样化教学方法进行授课，有效提升教师信息化教学能力。

4　小　结

课程教学联合体即是聚焦具体课程，加强兄弟院校同类课程组交流，通过教学资源共享、开展课程交流和教师培训等活动，提高教学联合体内教师教学能力，提升课程建设质量，增强课程教学效果。本文以航空发动机原理为例，立足本课程组课程建设成果，结合陕西地区航空院校教研优势，提出课程教学联合体建设初步构想，为同类课程开展课程教学联合体建设提供思路与参考。

参考文献

[1] 赵媛，王娟. 基于教育资源共享的区域教学联合体建设[J]. 江苏高教，2006(5)：60－62.
[2] 郭兆龙. 我国大学战略联盟运行机制研究[D]. 北京工业大学，2015.
[3] 高俊芳. 面向高校教学联合体的学科服务共享研究农业[J]. 图书情报学刊，2015(11)：195－196.
[4] 马金钟. 依托 MOOC 平台的高校课程联盟运行机制及实施策略[J]. 中国电化教育，2014(12)：81－84.
[5] 杨进中，张剑平. 国外开放课程平台及课程开发模式研究[J]. 中国电化教育，2012(4)：80－87.
[6] 吴岩. 建好用好学好国家精品在线开放课程努力写好高等教育“奋进之笔”[J]. 中国大学教育，2018(1)：7－9.
[7] 宗彦锞. 高校课程联盟影响因素及作用机理研究[D]. 西华师范大学，2018.
[8] 张凤丹. 中国高校课程共享联盟发展现状及对策研究[D]. 西华师范大学，2018.
[9] 陈淑仙，付尧明，刘爱中，等. 以“学”为中心的航空发动机原理课程建设[C]//第二届全国航空航天类课程思政教学改革论文集. 北京：北京航空航天大学出版社，2021：289－294.

5W1H 分析法在航空航天检测类课程教学中的探索与实践

周章文　张铁军　冯宇　张登成　陈涛
（空军工程大学 航空工程学院，西安　710038）

摘　要： 航空航天检测类课程涉及原理、仪器、方法和操作等内容，知识点多而杂，且具有理论与实践并重的特点，故这类课程的授课难度和挑战度较大，本文以“航空机械检测技术”课程为例，探索将经典思考问题方法——5W1H 分析法引入检测类课程教学中，提出需求牵引的 5W1H 教学法。通过解读 5W1H 分析法的具体含义，结合课程实际将“Where”修改为“What”，继而改良为 Why（检测需求）、What（检测原理）、What（检测仪器）、How（检测方法）、Who（检测对象）和 When（检测时机）六要素，作为教学核心理念和方法贯穿于课程始终，取得了较好的教学效果。本文所提出的需求牵引的 5W1H 教学法可推广至航空航天检测类课程教学，不仅有助于教师明确教学主线和系统组织教学，而且有助于提高学生多维度思考和分析问题的能力。

关键词： 检测技术；5W1H；需求牵引；课程教学；教学效果

航空航天检测工作是维修人员对飞行器进行的经常性工作，在保证飞行器结构完整、性能良好、质量可靠方面发挥着重要作用，因此，许多工科类院校都开设了航空航天检测类课程，如无损检测、传感器与检测技术、油液分析等。航空航天检测类课与理论课相比，除了要求学生理解课程的基本概念、基本理论和基本原理以外，还要求学生掌握工具仪器的功能构造、使用方法以及结果分析，因而这类课程涉及的知识点多而杂，最大的特点就是要求理论与实践并重。因此，这类课取得良好的教学效果具有一定的难度和挑战度。鉴于此，结合课程团队航空机械检测技术教学实践探索，本文尝试将经典思考问题方法——5W1H 分析法引入检测类课程教学，以期为提高此类课程的教学质量提供有益参考。

1　5W1H 分析法概述

5W1H（WWWWWH）分析法也叫六何分析法[1]，是一种思考方法。5W1H 中每个字母代表了一个英文单词，即从 Why（何因）、What（何事）、Where（何地）、When（何时）、Who（何人）、How（何法）等六个方面提出问题进行思考，这六个问题的具体含义如表 1 所列。

表1　5W1H分析法的具体含义

关键问题	具体含义	主要功用
Why?	为什么做?	考虑做事的原因
What?	做什么?	确立做事的目标
Where?	在哪儿做?	确定做事的地点
When?	什么时候做?	限定做事的时间
Who?	谁来做?	明确做事的对象
How?	怎样做?	思考做事的方法

由于该方法有助于人们理清工作思路和提高思维全面性,实现复杂问题简单化[2],因此在企业管理、日常工作生活和学习中得到广泛的应用。国外从事ESP(专门用途英语)研究的知名学者Hutchin son和Waters在其著作*English for Specific Purposes: A Learning-centered Approach*(1987)中引用了英国作家Rudyard Kipling的诗句"I keep six honest serving-men(They taught me all I knew). Their names are What and Why and When and How and Where and Who",并提出了5W1H教学法。5W1H教学法经过多年探索和实践,已经被证明是一种有效、实用的教学方法[3-5],主要是将讲授内容总结为What、Why、Who、Where、When和How,通过该教学法,使得教师保持清晰严密的授课思路,快速有效地进行教学工作。

在5W1H教学法中,第一个"W"是Why,它体现教学目标,即为什么要学习这个知识?第二个"W"是What,它体现教学内容,即要学习的知识是什么?第三个"W"是Where,它体现应用场合,即本知识用在什么地方?第四个"W"是When,它体现应用时机,即本知识点在什么时候使用?第五个"W"是Who,它体现作用对象,即对谁产生或发挥作用?"H"是How,它体现工作原理,即知识点的工作原理是什么或如何运作。5W1H各部分内容之间关系[6]如图1所示。

图1　5W1H教学法各内容关系图

应用教学方法时需要与课程实际相结合,才能做到"因地制宜",达到最优教学效果。因此作者以航空机械检测技术课程为对象,将经典5W1H分析法创新应用到课堂教学中,并将"Where"修改为"What",继而改良为Why、What、What、How、Who和When六要素,作为教学核心理念和方法贯穿课程始终，达到了凝练教学内容、提高教学效果的目的。

2　5W1H 在检测类课程中的具体含义

我校航空机械检测技术是飞行器动力工程专业和机械工程专业的岗位任职必修课，该课程针对的是机务人员维修飞机中，检测飞机发动机结构、油液以及发动机控制系统的各种检测技术。由于直接对接维修和检测飞机的工作岗位，因此是一门实践性极强的岗位任职课。本文将以该门课为研究对象，分析如何创新应用 5W1H 分析方法，来提高教学效果。

对于大学本科生，实践类课程的教学目标中既包含理论知识，也包含操作技能。比如航空机械检测技术课程的教学目标中明确规定：学生应理解并掌握检测飞机发动机结构、油液以及发动机控制系统的一般方法和理论；熟悉飞机/发动机机械无损检测、油液分析和航空发动机地面检测的内容及使用操作。为了保证教学目标的完成，在教会学生检测原理的基础上，着重提高实施检测技术的能力。基于以上两个目标，需要对 5W1H 分析方法进行创新和发展，作者提出需求牵引的 5W1H 教学法。5W1H 分别代表 Why? What? What? How? Who? When? 下面逐一分析。

2.1　Why?

Why 是指某项检测技术为什么满足特定的检测需求？检测需求，即飞机维修和检测岗位由于工作需要而产生的要求。对于飞机维修和检测专业的学生，最大的检测需求就是有效发现飞机和发动机的缺陷、故障和隐患，那么航空机械检测技术课程的教学就应该围绕发现飞机和发动机的缺陷、故障和隐患而展开。针对每一类缺陷、故障和隐患，所适用的检测技术会有所差异，因此课程教学主线就是论证某项检测技术为什么满足特定的检测需求？这也就是第一个 Why? 飞机维护过程中三大检测需求如下：1）检测飞机发动机结构的各种缺陷；2）监测滑油系统的磨损和污染程度；3）准确测试发动机性能参数变化情况。这部分内容一般作为课前导入，通过缺陷、故障和隐患等资料说明检测的重要性和必要性，激发学员的学习兴趣，主动探索适用于不同缺陷、故障和隐患的检测技术，并将为什么（Why?）这个悬念贯穿于课堂始终，使学生带着疑惑学习知识，学完所有内容归纳出解答该问题的要点。

2.2　What?

第一个 What 主要指检测原理是什么？检测原理是指关于检测技术的最普遍、最基本的规律，是在大量观察、实践的基础上，经过归纳、概括而得出的。为了让学生掌握每一种检测技术，首先必须学习它的原理，即从理论上对某种检测技术进行解读，为后续的检测工具和方法学习打下基础。检测原理涉及高等数学、大学物理、理论力学、材料力学、电工电子技术等学科的知识，因此需要在复习通用基础课和专业课相关知识的基础上，过渡至检测原理的学习，利用符号和变量等数学方法来描述检测原理，并将检测技术抽象成逻辑表达式。另外，任何一种检测技术的原理都与生活息息相关，所以在课堂上会采用生活实例来启发学员理解检测原理，比如渗透检测与生活中的毛细现象有关[7]，磁粉检测主要利用了漏磁场吸引磁粉的磁现象，超声检测的探头和蝙蝠一样会发出超声波……将检测原理与生活实例相关联，使枯燥的知识变得生动，体现出所学知识的趣味性和实用性。通过检测原理的剖析，从理论层面上解答了为什么某项检测技术可以满足特定的检测需求。

2.3 What?

第二个 What 主要指检测仪器是什么？即依据原理需使用哪些仪器来完成检测工作。检测工作的完成需要借助仪器设备，而仪器设备的制作和使用必须依托原理，并最终完成原理所要求的各项指标。对于检测仪器的学习，主要包括三个方面：一是仪器的功能，二是仪器的组成，三是仪器的基本操作。仪器的功能必须满足检测原理的要求，才能完成检测工作，因此这部分知识的学习应与原理相对应，这样既保证了知识学习的连续性，又实现了理论与实际相统一。仪器的组成主要针对的是复杂的检测仪器，比如超声探伤仪、光谱分析仪、涡流检测仪等。这些仪器内部构造复杂，学习难度较大，既要给学生们介绍仪器的各组成模块，又要重点说明仪器的工作原理，为正确操作提供前提条件。仪器的基本操作主要讲解每个仪器上按钮的操作方法，这里的操作不是完整的检测流程，只是让学生们学会使用单个仪器，并重点强调注意事项和错误操作的后果。

2.4 How?

How? 是指检测方法，即怎样使用检测仪器完成检测。这部分内容既与检测原理有关，也与检测仪器有关，是对前两部分内容的综合运用。对于检测方法的学习，主要包括两个方面：一是依据原理发展出来的不同检测方法。由于原理是对检测技术普遍性规律的揭示，因此同一检测原理会衍生出不同的检测仪器及其使用方法，以适应多样的检测条件和检测对象。比如磁粉检测的原理都是给铁磁性工件施加外磁场，在缺陷处形成漏磁场以吸引磁粉，从而显示磁痕证明缺陷的存在。但由于缺陷方向和检测对象的不同，磁化方法发展出周向磁化法、纵向磁化法以及多向磁化法[8]，这三种方法还可分成更多的子方法，其目的都是为了有效发现不同种类的缺陷，保证足够的检测灵敏度。对于不同检测方法的学习，不仅要说明这些方法的同源性，也要介绍所用仪器的差异性，更要对比分析不同方法的优缺点和适用性。二是实施检测的方法步骤。考虑到课堂时间的限制，一般只学习最典型和应用最广的检测技术的方法步骤，比如学习渗透检测时，只讲解机务工作中应用最广的溶剂去除型着色渗透检测法，分为预清洗→渗透→去除→显像→观察→后处理六步。学习每一步骤时，既要讲干什么，也要讲怎么干，更要讲怎样干好。这就要求教学时要紧扣原理，从理论方面解读每一步骤的原因和技巧，同时将各种检测标准引入教学，使学生掌握最优检测步骤，并养成按标准作业的良好习惯。通过检测方法的学习，不仅使学生对检测原理理解更深，而且帮助学生快速掌握实施检测的方法步骤。

2.5 Who?

Who? 是指检测对象，即检测技术的适用范围。由于不同检测技术的原理不同，仪器不同，方法不同，那么所适用的对象也就不同。比如渗透检测和磁粉检测比较适用于表面型缺陷，而超声检测主要适用于内部缺陷。即使原理相同，但方法会有差异，检测对象也会不同，比如磁粉检测中的周向磁化法适用于管棒材的周向缺陷，而纵向磁化法适用于管棒材的纵向缺陷。对于检测对象的学习，主要包括两个方面：一是检测对象的材料属性、结构形状、加工工艺等。材料、形状和工艺等特性对检测结果影响很大，也在一定程度上决定了检测方法的选择，因此对每一种检测技术的适用检测对象进行归类，重点介绍飞机维修领域的典型应用，使学生明确学习重点，并对未来工作内容有了初步的认知。二是检测对象的缺陷、故障和隐患的特点。发现缺陷、故障和隐患是检测工作的最终目标，不同类型缺陷的形貌和形成机理不同，所选择的检测方法也就不同，比如表面型缺陷应选渗透、磁粉或涡流检测，而内部型缺陷应选超声或X射线检测。帮助学生归纳总结出不同缺陷、故障和隐患的特点，可为正确选择检测技术提供依据，实现无缝对接未来岗位的具体检测工作。

2.6 When?

When？是指检测时机，即什么时候应用检测技术。对于飞机维修和检测工作，大体可以分为两种时机：一是定期检测，即正常情况按时间间隔检测，比如飞机或发动机周期性工作中要求对部分关键结构进行探伤，间隔一定的飞行小时对滑油取样进行光谱分析；二是不定期检测，即定期检测以外的其他时机。不定期检测的时机较多，比如机务人员怀疑某处存在缺陷、故障和隐患，这时通过检测技术确认或排除，又比如飞机或发动机某些参数异常时，需进行油液取样分析。定期检测在规程、标准和手册中一般有明确规定，而非定期检测主要服务于日常维修和保障。

3 5W1H在检测类课程中的应用方法

利用5W1H分析法可将每一种检测技术大体划分为6个知识模块，如图2所示。这6个知识模块共同组成课堂的教学内容，每一个教学内容都有对应的教学目标，一般为：了解飞机维修工作中的检测需求，理解检测基本原理，了解检测时所用仪器设备，掌握常见检测方法，了解检测技术的适用对象，了解不同的检测时机。由于检测原理涉及理论推导和多学科知识综合运用，所以一般作为教学难点，而检测方法是为了满足应用和实践要求，故一般作为教学重点。通过对教学内容、目标和重难点的把握，可以准确划分每个知识模块的用时，在教学中保证“突出重点，突破难点”。

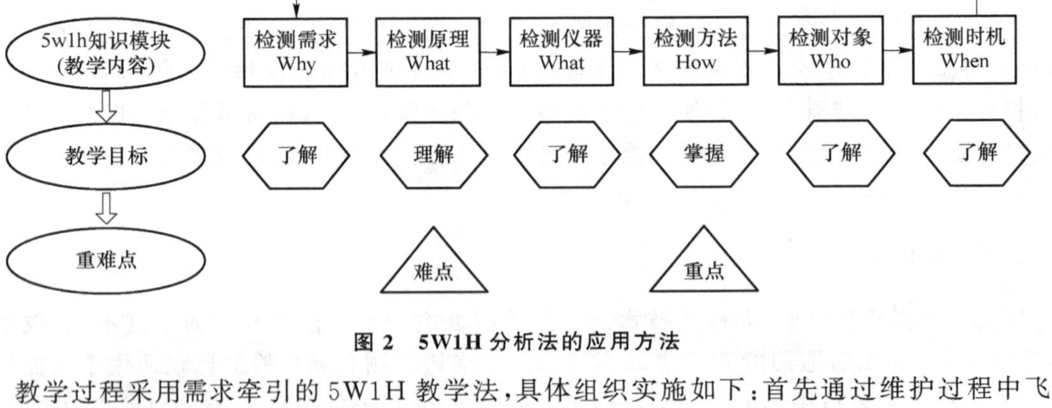

图2 5W1H分析法的应用方法

教学过程采用需求牵引的5W1H教学法，具体组织实施如下：首先通过维护过程中飞机和发动机出现的缺陷、故障、隐患案例，以及数据统计提出特定的检测需求，针对检测需求引出所要学习的检测技术这个主题，并明确课堂主线，即为什么这项检测技术能满足检测需求？(Why?)；然后分析检测技术的基本原理(What?)，从理论上剖析检测的依据和过程；由检测原理过渡至检测所用仪器设备的介绍(What?),重点学习仪器的功能、组成和使用;接着学习怎样实施检测(How?),也就是检测的方法步骤;随后概述检测技术在维修保障领域的应用时机和对象(When? Who?)。最后对所有知识模块进行梳理,归纳检测技术的优缺点,论证出特定检测技术可满足特定检测需求的结论。

4 小 结

5W1H分析法的本质是将事物从六个方面考虑,科学分析并剖析其内在联系,寻求最佳实践[9]。该方法可以应用到教学中,不仅适用于理论性强的原理课,也适用于操作性强的实践课。航空机械检测技术课的教学实践表明:在教学中应用5W1H分析法可以很好地将知识模块串联起来,即围绕检测需求,从原理→仪器→方法→对象→时机层面逐步论证分析。考虑到航空航天检测类课程的内容相似性和逻辑相通性,5W1H分析法实施教学具有很强的适用性,其最大优势在于教学主线更加明晰、思维逻辑更加流畅、课堂组织更加系统、授课时间更加精准,也有助于提高学生多维度思考和分析问题的能力,并形成全面、清晰、条理的良好思维习惯。

参考文献

[1] 佚名.5W1H[EB/OL]. http://baike. baidu. com. /item/5W1H%E5%88%86%E6%9E%90%E6%B3%95/10091536? fromtitle=5W1H&fromid=6062002&fr=Aladdin.

[2] 张楠,张学峰,姚晓军. 航空装备维修保障精细化管理理论研究与创新实践[M]. 北京:国防工业出版社,2014:14-15.

[3] 石志华.从5W1H要素入手解析ESP课程——以南京农业大学为例[J].福建教育学院学报,2013,14(03):97-99.

[4] 李锐鹏.用ESP理论的5W1H要素分析工程机械专业英语的课程需求[J].英语广场,2016(07):106-107.

[5] 王岩,代田风."5W1H"在高职院校教学资源建设中的应用[J].辽宁高职学报,2019,21(05):48-51.

[6] 孙志丹,王海涛,王小龙,等.BOPPPS模型和5W1H方法在教学中的应用研究[J].教育教学论坛,2019(48):220-222.

[7] 林猷文,任学冬. 渗透检测[M]. 北京:机械工业出版社,2004:11-15.

[8] 民航无损检测人员资格鉴定与认证委员会. 航空器磁粉检测[M]. 北京:中国民航出版社,2009:86-93.

[9] 邱泽伟.5W1H分析法在技工学校教学改革实践中的运用[J].职业教育研究,2014(02):127-130.

航空发动机原理混合式教学建设与探索

赵兵兵　尉洋　于锦禄　程邦勤　金涛
（空军工程大学 航空工程学院，西安　710038）

摘　要：混合式教学是将在线教学和传统教学的优势结合起来的一种“线上＋线下”的教学，通过两种教学组织形式的有机结合，将学习者引向深度学习。本文以航空发动机原理课程混合式教学开展过程为例，探讨了混合式教学内容设计、课程资源建设、教学组织实施、多元考核评估，可为工科院校相关课程开展混合式教学提供借鉴与参考。

关键词：航空发动机；混合式；课程建设；两性一度；布鲁姆教育目标分类

2018年，新时代中国高等学校本科教育工作会议上提出了“淘汰水课，打造金课”的口号。同年第十一届“中国大学教学论坛”上，教育部明确提出要努力打造五类“金课”，即线下、线上、线上线下混合式、虚拟仿真和社会实践“金课”，并给出了评价“金课”的“两性一度”标准，即“高阶性”“创新性”和“挑战度”[1]。2019年教育部下发了《关于一流本科课程建设的实施意见》，明确提出利用2019到2021三年时间，建成万门左右国家级一流本科课程，让课程优起来、教师强起来、学生忙起来、管理严起来、效果实起来，形成一流的课程体系[2]。

混合式教学是将在线教学和传统教学的优势结合起来的一种“线上＋线下”的教学，通过两种教学组织形式的有机结合，将学习者引向深度学习。混合式教学自2000年的“美国教育白皮书”首次提出以来，其概念演变经历了三个阶段：在技术应用阶段，混合式教学主要被理解为一种新的学习方式，重点强调技术在教与学中的核心作用。在技术整合阶段，混合式教学实现了教学策略、方法和环境的深入整合。在“互联网＋”阶段，混合式教学强调的重点是“以学生为中心”，实现基于移动通信设备等线上学习环境与线下课堂的有机结合[3-7]。

线上线下混合式教学虽然有诸多优点，但在具体的组织实施过程中，也存在教学内容“两性一度”设计标准不清、把握不准、体现不够，教学评价标准难以把握等操作性难题。

航空发动机原理课程是我校飞行器动力工程专业的主干核心课程，2008年被评为国家精品课程，2020年评为国家线上一流课程和虚拟仿真实验教学一流课程，2021年被评为陕西省线上线下混合式一流课程。课程组紧跟信息技术发展，持续深化改革，突出“两性一度”教学内容设计，形成课程“两性一度”教学设计方法，实现线上线下教学的有效融合；加大数字化教学资源建设，形成以慕课、虚拟仿真实验、航空发动机数字化资源为代表的航空发动机数字化教学资源体系；加强对学习过程的多元考核，对学习的全过程进行有效监控和评估。

1　基于布鲁姆教育目标分类和“两性一度”标准的混合式教学设计

美国著名教育学家、心理学家布鲁姆按认知领域将教育目标分为6个维度：记忆、理解、应用、分析、评价和创造，记忆、理解、应用属于低阶思维，分析、评价和创造属于高阶思维[8]。传统教学过程的时间分配基本呈金字塔状，大量的教学时间用于记忆、理解和应用类低阶认知思维上，体现分析、评价和创造类高阶思维的教学活动非常有限，高阶思维训练匮乏。

“两性一度”的课程标准强调培养学员高阶、创新的思维能力，与布鲁姆教育目标分类的对应关系如图1所示。基于“两性一度”的课程就是要颠倒传统教学时间分配的金字塔模式，实现高阶思维能力培养，更加关注分析、评价和创造这三个维度。

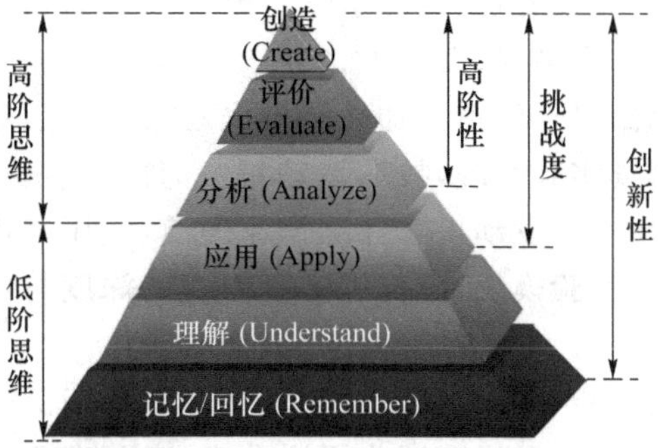

图1　布鲁姆教育目标分类与“两性一度”标准对应关系

一流课程的建设目标就是打造符合“两性一度”标准的课程，培养创新型、高素质专业人才，提高学员自主学习能力和解决复杂问题的能力。本课程从系统的观点出发，研究航空发动机各主要部件的工作原理与特性、各主要部件之间的匹配工作及整机性能变化规律，采用以第三代航空动力装置“加力式混合排气涡轮风扇发动机”为主线，并兼顾第二代航空动力装置“双转子涡轮喷气发动机”和第四代航空动力装置的课程教学内容体系。教学内容主要包括发动机部件特性、匹配工作和整机特性三大模块，具有极强的理论性、应用性和实践性。教学目标是使学生掌握发动机整机特性变化规律，具备分析发动机性能故障的能力。

课程组借鉴布鲁姆教育目标分类理论，结合一流课程“两性一度”标准对教学内容进行重构。高阶性教学内容体现在学员综合应用基础知识解决复杂问题的能力和高级思维培养上。本课程的部件匹配工作、整机特性分析内容模块就突出体现了高阶性，对应布鲁姆教育目标分类的分析、评价和创造三个维度。例如发动机安装推力评估就是典型的高阶性内容，要求学员在理解推力计算公式的基础上，不仅要掌握发动机各部件的原理与特性，还要会分析飞机前、后体对推力的影响规律。

创新性教学内容具有前沿性和时代性，在学习结果上体现探究性和个性化。课程中主要以部件新技术、新概念发动机等模块体现创新性。例如，线上教学紧随装备技术的发展，更新第四代航空涡扇发动机原理，增加变循环/组合动力等新概念发动机、压气机防喘新技术等前沿性知识；线下教学则聚焦探究性和个性化的作战使用问题，如变循环发动机在不同作战任务剖面下怎样选择工作方式。

挑战度教学内容要有一定的难度，增加研究性、综合性内容，但是要确保学员跳一跳能够得着。课程的挑战度内容主要包含发动机实际使用案例、故障机理分析等。例如，发动机喘振的故障机理分析、发动机控制规律设计等就是典型的具有挑战度的问题，要求学生在掌握发动机匹配工作和整机特性的基础上，通过查阅文献、分析、研讨等方式，明确典型发动机类型及使用环境对发动机稳定性的影响。

2 支撑混合式教学的课程资源建设

优质课程资源是开展混合式教学的必要条件。基于信息化教学及学员碎片化学习的需求，将课程教学内容分解为193个知识点，依据知识点之间的内在联系，将其聚合为49个微课，精选247道测试题，制作了飞机推进系统原理(课程原名)课程慕课。在慕课中融入精心开发的450个动画，有效化解了教学难点，提高了学习效果。

真实航空发动机实验存在风险高、费用大、实现难等问题，课程组瞄准现役主流发动机，秉持“虚实结合、以虚补实”理念，以小涵道比加力混排涡扇发动机为对象，利用虚拟仿真技术研发了航空发动机特性虚拟仿真实验系统，按照发动机“部件—整机—装机”的认知规律和突出重点核心部件的基本原则，精选了发动机部件工作原理演示、压气机流量特性、发动机地面节流特性、发动机飞行特性四个实验模块，延伸了实验内容的深度与广度，为学员提供了不受时空限制的实验平台。

针对学员缺乏工程实践经验和互联网上航空发动机专业资源分散的现状，课程组自主开发了分类清晰、内容丰富的航空发动机数字化资源系统，该系统包括590个视频，2 000余张图片，不断更新，并在互联网上线。学员可以通过该系统了解航空发动机历史、发展现状以及最新的行业动态，进而拓宽自身视野、提升知识储备，有力支撑了混合式课程教学，提高了学员解决复杂问题的能力。

3 符合学校实际的混合式教学组织实施

基于布鲁姆教育目标分类与“两性一度”标准，开展线上线下混合式教学组织。结合课程教学内容，将教学过程分为课前、课中和课后三个阶段。通过课前、课中、课后三阶段的教学组织实施，实现了低阶高阶、线上线下的对接融合。

课前主要学习低阶性和新概念内容，包括课程知识的记忆、部分理解和简单应用。学员首先根据教员给出的学习步骤在慕课平台上自主学习，并完成小组出题、平台测验、论坛/投票讨论等教学活动，以提高学员的自主学习和理解应用能力。教员则通过平台对学员的学习情况进行搜集分析，制定相应的教学策略。

课中主要围绕高阶性内容开展精讲和研讨，重点关注综合应用、分析评价和创造的能力。首先由教员根据线上学习情况进行重难点精讲串讲，对学员提出的疑难问题进行解答，进行封闭性问题讨论，接着开展小组出题讨论、开放性问题讨论/辩论、同伴互教，教员则进行课堂巡视实施差异化教学。

课后主要提高学员对知识的分析、评价能力，培养学员的创新能力，要求学员完成具有挑战度的学习任务，绘制思维导图、完成课后作业、阅读相关文献等。

针对军校学员手机、电脑使用限制等问题，课程组结合实际，分别建设适用于互联网和校园网的课程资源平台。将航空发动机基本工作原理、国外及民用先进航空发动机发展等通用资源放在互联网慕课平台上，方便学员利用碎片化时间开展学习。将军用航空发动机故障案例库、发动机型号相关内容等资源放在校园网SPOC平台上，学员可通过连接校园网的专用电脑、iPad等进行学习。

在课堂教学时间，教员和学员可以利用校园网SPOC平台实施测验、投票、讨论等教学活动；在课外时间，学员则可以通过互联网学堂在线慕课平台进行自主学习。教员则通过慕课平台对学员的学习情况实时跟踪，随时掌握学习效果和动态。最终形成基于"互联网＋校园网"的分层开放、分类管理的教学活动组织模式。

4　加强学习过程的多元考核评估

将"两性一度"标准要求细化分解为易操作可评价的指标体系，具体包括学员自学、思辨、表达、实践、团队合作和创新"六个能力"，围绕"六个能力"组织教学活动，注重分析评价和创造的高阶思维培养，更多地采用小组讨论、应用实践和同伴互教的主动学习方式，不断提升学员的综合素质和能力。

考评方式转变为形成性评估方式，采用"线上＋线下"和"课前＋课上＋课后"的多元考核方式，对学习的全过程进行有效监控和评估，做到实时反馈，提高学员学习的积极性和教师教学的针对性。加大课程的过程性评价比重。过程性评价成绩主要由在线学习(包括章节练习、过关测验、在线讨论、投票等)、课堂讨论、小组汇报、作业等四部分组成。在线学习成绩由慕课平台自动打分并实时公布，课堂学习成绩由老师评价，部分在线作业实施学生互评。课堂讨论、小组汇报、作业等环节通过精心设计相关内容，加强对学员自学、思辨、表达、实践、团队合作和创新能力的培养。

5　小　结

本文以航空发动机原理课程为例，基于布鲁姆教育目标分类理论，根据课程内容和特点，探索了体现高阶性、创新性、挑战度的教学内容设计；紧跟信息技术发展，开发了充分体现混合式"金课"内涵的课程资源；通过课前、课中、课后三阶段的教学组织实施，实现了低阶高阶、线上线下的对接融合；加强过程性考核，形成多元考核评估标准，探索了符合两性一度标准的混合式教学设计与组织实施，可为工科院校相关课程开展混合式教学提供思路与参考。

参考文献

[1]吴岩. 建设中国"金课"[J]. 中国大学教学，2018，340(12)：6－11.

[2] 宋专茂，刘荣华. 课程教学"两性一度"的操作性分析[J]. 教育理论与实践，2021(12)：48－51.

[3] 兰迪・加里森，诺曼・D・沃恩. 高校教学中的混合式学习：框架、原则和指导[M]. 上海：复旦大学出版社，2018.

[4] 乔纳森・伯格曼，亚伦・萨姆斯. 翻转课堂与混合式教学[M]. 北京：中国青年出版社，2018.

[5] 刘紫玉. 个性化视角下大学混合式教学模式研究[M]. 北京：知识产权出版社，2021.

[6] 成都大学教务处. 新课程・新课堂・新方法-成都大学混合式教学的探索与实践[M]. 北京：科学出版社，2020.

[7] 上海交通大学慕课研究院. 混合式教学设计优秀案例[M]. 上海：上海交通大学出版社，2021.

[8] 安德森. 布鲁姆教育目标分类学[M]. 北京：外语教学与研究出版社，2009.

飞行原理课程的信息化教学设计探究*

张艳华　张登成　苏新兵
（空军工程大学 航空工程学院，陕西西安　710038）

摘　要：紧跟国家教育信息化发展规划，为了将教学理论与教学实践紧密结合起来，探究飞行原理课程的信息化教学设计在教学过程中的重要作用。根据信息化教学设计的基本思路和主要环节，逐步开展课程的学习情况分析、设计思路策划、教学方法选择、教学组织实施和教学设计评价五个方面内容的研究。基于融合式教学设计思想，采用“任务驱动＋情景体验”式的教学方法，开展课前、课堂和课后三段式教学实施策略，以及多维度的教学设计评价，形成信息化教学设计的闭环控制，为培养适应岗位需求的专业化新型军事人才奠定课程基础，也为其他专业课程的信息化教学设计提供参考。

关键词：信息化；教学设计；教学方法；飞行原理

课程是人才培养的重要抓手，是教师从事教育教学活动的基本依据，是学生吸取知识的主要来源，合理的教学设计对学生全面能力的发展至关重要。

信息化教学是以信息技术为支撑，以现代教育教学理论为指导，强调新型教学模式的构建。应用信息技术构建信息化环境，获取、利用信息资源，支持学生的自主探究学习，培养学生的信息素养，提高学生的学习兴趣，从而优化教学效果。信息化教学设计是上海师范大学黎加厚教授提出的，是运用系统方法，以学为中心，充分利用现代信息技术和信息资源，科学地安排教学过程的各个环节和要素，以实现教学过程的优化。教学设计有利于教学理论与教学实践的结合，一方面，通过教学设计，可以把已有的教学理论和研究成果运用于实际教学中，指导教学工作的进行；另一方面，也可以将教师的教学经验升华为教学科学，充实和完善教学理论，这样就把教学理论与教学实践紧密地结合起来了。

为推进落实《国家中长期教育改革和发展规划纲要（2010－2020 年）》，同步制定了《教育信息化十年发展规划（2011－2020 年）》，旨在以教育信息化带动教育现代化，是我国教育事业的战略选择。对于飞行原理课程，为了实现信息技术与课程的深入融合，全面提高学生的高阶思维能力发展，开展课程的信息化教学设计是基本环节，是核心内容。飞行原理课程是航空宇航科学与技术学科的一门专业基础核心课程，在人才培养中占有十分重要的地位。课程是基于物理和数学知识，主要讲授飞机的飞行性能、飞行品质和飞行控制，来实现飞机在空中的精准飞行、有效飞行和安全飞行，是拓展战略空间，抢占高度速度优势，制胜强敌的关键。

为了充分发挥飞行原理课程在人才培养中的重要作用，对接学生的岗位需求，充分利用信

* 本文系 2019 年陕西高等教育教学改革研究项目“基于岗位需求的飞行器动力工程专业课程体系重构研究”项目和学校 2021 年度教育理论课题立足为战育人的飞机飞行动力学线上线下混合式“金课”建设与实践项目的阶段性成果。

息化教学资源，开展信息化教学设计，通过学情分析、设计思路、教学方法，组织实施和教学反思等几个方面深入探究，激发学生的学习兴趣，实现适应岗位需求的人才培养目标。

1 学习情况分析

学情分析一直是课程与教学改革的重要关注点，也是影响教学设计的重要因素。学情分析不仅是教师开展有效教学，提高教学质量的关键，还是教师明确学生学习的起点状态，组织教学内容和合理安排教学单元的前提条件。

本课程的学习者为本科三年级学生，经过大学两年的系统学习，已掌握了相关通用基础和学科基础课程的知识，包括高等数学、理论力学、流体力学、自动控制原理等知识，具备了分析飞机飞行原理的理论基础。由于学习者未来主要从事外场维护、总体设计和装备使用等工作，所以他们对“飞机在空中怎么飞行”“飞行事故是如何发生的”及“飞机模型如何设计和试飞”等特别感兴趣，这些问题为教学设计中任务驱动式教学方法的应用提供了前提输入。

在这一阶段，学员的学习态度端正，学习能力较强，理论基础扎实，精力充沛。学习者通过课程学习，反馈对飞行原理的重难点问题理解不深，对新装备新技术了解不够，对实践运用认知模糊，工程实践能力较弱。因此需要进行教学内容设计与改革，采取合理的教学策略来破解教学难点，提高学生的综合素质。

2 设计思路策划

基于学情分析，为了实现教学目标，充分利用信息化教学手段和教学资源，深入地开展融合式教学。采用线上与线下的有效融合，现实与虚拟的有机结合，课内与课外、校内与校外的有效衔接，实现了处处能学，人人皆学，实时能学，通过融合式教学设计思想，突破了学习的学校边界，课堂边界和求知边界。

2.1 线上与线下有效融合

根据布鲁姆教育目标分类，将学生的认知能力分为低阶思维和高阶思维，低阶思维包括学生的记忆、理解和应用能力，高阶思维包括学生的分析、评价和创造能力。低阶思维可以通过课前线上自学实现，而高阶思维要通过课堂线下讲授、讨论和课后拓展完成。为实现“以培养学生能力为中心”的教学理念，进行线上与线下有效融合，学员利用飞行动力学课程学堂在线MOOC、网络课程等教学平台，课前进行线上自主学习，掌握课程的基本知识，实现低阶思维目标（记忆和理解），并提出一系列高阶问题。课堂上教师根据课前线上的学习情况，开展内容分层式的线下讲解，组织讨论和问题探究，突破课程的重难点，实现高阶思维目标（分析与评价）。

2.2 现实与虚拟有机结合

针对院校缺少实际装备，不能开展飞行任务等现实问题，如何解决学员对飞行原理重难点问题理解不深，对新装备新技术了解不够，对实践运用认知模糊等问题，是飞行原理类课程目前面临的一个重要难题。

利用虚实结合,以虚补实的教学思路,开展现实与虚拟有机结合的信息化教学设计。学员利用飞行动力学虚拟实验系统、飞行模拟训练平台、飞机与发动机特性虚拟仿真实验系统等开展飞行原理验证,飞行性能分析和模拟空战飞行,加深了对原理的理解,提高了对新机机动飞行的认知,锻炼了小组合作意识,增强了毕业后的第一任职能力。

2.3 课内与课外的有效衔接

针对学员理论联系实际不够、工程实践能力不足和创新意识较弱等问题,采用将课内理论与课外实践有效衔接的教学思路,建设了航模俱乐部、机械工程坊等二课平台。

学员基于二课平台开展飞机模型设计、制作和试飞,将飞行原理、飞行性能、飞行故障等理论内容运用到其中,提高了理论知识的实践应用能力。教员针对航模试飞中出现的故障进行指导,提高学员分析问题,解决问题的能力。通过课内与课外的有效衔接创设了知识综合运用、航模竞技提升的能力生成新模式,有效提高了学员的知识应用、装备认知和工程实践能力。

3 教学方法选择

教学方法是完成教学任务、实现教学目标和提高教学质量的关键所在。在教学设计过程中,从宏观角度,教学方法是教学过程最重要的组成部分之一,如果没有运用合适的教学方法,就不可能实现教学的目的和任务,进而影响整个教学设计和教学功能的实现。从微观角度,教学方法在于唤起学生做好学习准备,维持他们的注意和兴趣,调节学生的行为,扩大因学习成就带来的满足感,对于提高学生的自主学习能力至关重要。

信息化教学设计的一个重要基本原则是以“任务驱动”和“问题解决”作为学习和研究活动的主线,在相关的有具体意义的情境中确定和教授学习策略与技能。依据信息化教学设计的重要基本原则,飞行原理课程结合教学内容特点设计了“任务驱动+情景体验”式的教学方法。

“任务驱动+情景体验”式教学方法是一种建立在建构主义理论基础上的教学法,教学时通过创设作业任务,营造情景体验,让学生主动参与其中,从而快乐地参与知识创建和能力建构的一种教学模式。以“飞机机动飞行性能”这部分内容讲授为例,采用“任务驱动+情景体验”式教学方法,在教学过程可分为四个环节。

1) 首先通过学员感兴趣的飞行视频导入,提出递进式问题任务。根据布鲁姆教育目标分类,将理论内容分为一般、简单和重点,任务设计为学员讲解简单内容,大家讨论一般内容,创设了学员充当教员角色和学员同伴互教的情景体验。

2) 利用任务式飞行模拟,构建飞行原理与操纵的对应关系,包括驾驶杆→升降舵和副翼→俯仰角和滚转角,脚蹬→方向舵→侧滑角等对应关系。根据学员的操作特点,开展任务1“单机动作重现”,任务2“双机模拟空战”,通过组员讨论,组员协作,创设了虚拟飞行的情景体验,实现由理论知识到虚拟操作的上升。

3) 通过观摩式新机飞行,创设战场情境,模拟新机的机动飞行动作和操纵。课堂教学贴近部队,贴近实战,学员开展实时远程学习,任务设计为新机飞行的操纵特性。实现由校内到校外,虚拟操作到新机飞行的上升,有利于提高学员的第一任职能力。

4) 依托第二课堂开展航模试飞,在前三个环节的基础上,学员的自信心倍增,任务设计为飞机模型设计、虚拟飞行、制作和现实试飞,其中设计和虚拟飞行是迭代进行的。通过该阶段的训练，学员学以致用，实践操作的能力迅速提高，实现了飞机设计者和操作者的情景体验，培养了学员的创新能力和探索精神。

4　教学组织实施

教学组织是实施教学设计，调整学生的情感和认知心理状态，达成教学目标的手段和过程。教学引入和环节过渡是教学组织的两项主要内容。在教学组织过程中，教师首先要通过有效的手段进行教学引入，激发学生的学习兴趣，激活学生的已有知识。其次，教师要注意各个教学环节的过渡和层次，做到过渡自然、逻辑清晰、环环相扣、层次分明，进而保证学生紧跟教学活动节奏，理解掌握相关内容，保证学生的认知需求。

以飞机机动飞行性能这堂课内容讲授为例，教学组织实施中开展教学活动设计，创设学生认知的学习情景，根据教学内容选择多样化的教学策略，充分利用各种教学资源，通过课前、课上和课后三个主要环节将教学设计落到实处。

4.1　课前激发兴趣，激活已有知识

课前，教师构建学习资源，依托飞行动力学学堂在线慕课平台，发布学习任务，设置主题讨论，激发学生的学习兴趣。引入飞行视频，制作教学视频、微课、动画等多种数字资源，激活学生已有的知识基础。通过课前学习、课前测试和问题反馈，教员将内容进行分层式整理，为课堂环节的设置提供基础。

学生自主开展线上学习，发挥线上学习的优势，满足学生的差异性学习，使得绝大多数学生掌握基础知识。学生完成课前测试题，教员在线评阅，提供个性化指导，学习过程中还可通过论坛讨论区交流讨论和互动评价。在理解理论知识的基础上学生可通过飞行模拟实验系统完成基本动作的操纵。

4.2　课堂环环相扣，满足认知需求

课堂是教学设计实施的主战场，通过任务引领，教员引导，学员通过情景体验，完成学习任务。采用“任务驱动＋情景体验”式教学方法，将课堂教学过程分为问题式课堂导入、分层式理论讲解、任务式飞行模拟、观摩式新机飞行四个环节，这四个环节循序渐进、理实结合、环环相扣，满足了学生的认知需求。

环节 1：问题式课堂导入

通过一段飞行视频导入新课，视频结束后设置问题：1）你看到了哪些机动飞行动作；2）正常盘旋和大迎角机动的姿态和轨迹变化特点是什么；3）你觉得正常盘旋和大迎角机动在空战中具有哪些优势；4）你想知道飞机机动飞行的基本原理吗，想去操纵飞机进行正常盘旋和大迎角机动飞行吗？从学员比较感兴趣的飞行视频开始，递进式的问题导入不仅让学员意识到机动飞行的重要性，而且激发出了学员学习飞行原理的兴趣和热情。

环节 2：分层式理论讲解

根据课前线上的微视频观看，主观、客观题的练习，将理论内容分为简单、一般和重点内容三个层次。简单内容由一名学员给大家讲解，一般内容通过大家讨论学习，重点内容由教员重点讲解。分层式讲解可以提高学员学习的主动性和积极性，便于不同内容的全面学习，掌握了

飞机机动飞行的原理。

环节 3:任务式飞行模拟

任务 1:单机动作重现

学员根据正常盘旋的飞行原理,利用飞行虚拟仿真系统操纵驾驶杆,偏转副翼和升降舵,感受滚转角和俯仰角的协调工作,体会高度不变情况下飞机所受外力的平衡关系。

任务 2:双机模拟空战

以尾随式攻击为空战原则,通过机动动作改变飞行姿态,飞行高度和飞行速度,进行盘旋和大迎角机动飞行,体验攻击和规避的机动飞行。进行竞赛考核,胜利者可以得到相应的分值。

两个任务都采用小组协作方式完成,聚集团队智慧,组员讨论,组员协作,集体完成飞行模拟训练,实现了现实与虚拟的有机结合,锻炼了学生的团队意识和动手操作能力。

环节 4:观摩式新机飞行

利用飞行模拟器,教员进行远程教学,从飞行员视角,模拟新机的机动飞行动作。学员在教室感受到了战场情境,课堂教学贴近部队,贴近实战,实现了校内与校外的有效衔接。远程学习一方面让学员提前了解了新机的飞行模拟,另一方面也提高了学员适应岗位需求的第一任职能力。

4.3 课后巩固知识,达到学以致用

课后,学员登陆慕课平台,完成相应章节的在线测试,就存在的疑问与教员进行在线交流和论坛讨论,巩固课堂所学知识。为了将理论应用于实践,达到学以致用的目的,课后开展航模设计、制作和试飞,对飞行原理和虚拟飞行的结果进行检验,实现了课内与课外的有效衔接。同时学员通过航模飞行训练,可以参加飞行器设计挑战赛,真正提高了学员的创新意识和探索精神。

5 教学设计评价

对教学设计和教学组织实施过程进行评价反思。评价过程分为课前、课上和课后三个阶段。课前包括观看微视频和做练习题,设置分值,由教员进行评价。课上包括学员充当教员角色讲课环节,学生飞行模拟练习环节,小组讨论问题环节等,前两个环节由教员进行评价,最后一个环节进行组员互评。课后包括航模实践环节,通过专家点评和组员互评完成。

系统对教员评价、组员互评和专家评价三类评价数据汇总,形成量化评价结果,作为学员本次课成绩。另外评价系统还可以对评价数据进行挖掘和分析,生成每名学员特定阶段的能力图形,形象直观地反映出教学目标的达成情况。

6 结束语

飞行原理课程通过开展信息化教学设计,指导教学组织和实施,在教学方法改革,信息化教学资源构建等方面做了多年的实践,2018 年建成了国内首门飞机飞行动力学慕课,2019 年建成了虚拟仿真实验系统,2019 年被评为陕西省混合式一流本科课程,2021 年被评为陕西省

线上一流本科课程，有效支撑了课程的信息化教学和实践教学。后续课程还会进一步加强信息化教学设计在教学理论与教学实践间的“桥梁”作用，充实和完善教学理论，提高教学实践效果，为培养适应岗位需求的专业化新型军事人才提供课程基础。

参考文献

[1] 李凤来.信息化教学设计与评价[D].天津大学，2006.

[2] 黎加厚.教育信息化环境下的教学设计[J].中小学信息技术教育，2002.10.

[3] 苏新兵，张登成，张艳华，等.飞机飞行动力学[M].空军工程大学，2020.

[4] 苑永波，吕强.教师信息化教学设计能力培养研究[J].当代教研论丛，2018.08.

[5] 张艳华，张登成，于锦禄.基于翻转课堂的军事院校教学模式改革探究[C].2017西北联盟教学年会会议论文集，2017.07，241～243.

[6] 严敏.信息化教学设计中的学习情境设计探究[J].科技视界，2016.07.

[7] 殷士勇.信息化教学设计的研究与实践[J].广西师范学院学报，2015.09.32(3)：125-132.

[8] 苏新兵，周章文，张登成.飞机飞行动力学课程混合式教学探索与实践[C]//教育部高等学校航空航天类专业教学指导委员会.第二届全国高等学校航空航天类专业教育教学研讨会论文集.北京：北京航空航天大学出版社，2021：277-281.

海军航空维修培训学员考核评价体系研究

邹刚　李合　耿海泉　王升福

（海军航空大学青岛校区航空机械工程与指挥系，青岛　266041）

摘　要：海军航空维修学员培训考核评价，是指按照相关规章制度和培养目标，对参加海军航空装备维修培训的学员进行的综合素质考核与评价活动。为了适应海军航空兵部队对学员培养的需求，提高航空装备实践教学的针对性和有效性，从而不断提高教学质量，提升部队打赢能力。文章根据航空装备实践教学的特点，从素质、能力等方面论述了考核评价的内容及标准，从民主性、综合性、全程性等方面论述了考核评价的基本原则，从发展性、多元性论述了考核评价的思路措施，对航空维修学员考核评价体系进行了探讨，可供大家借鉴。

关键词：航空维修；考核评价；考评内容；考评方法；考评机制；激励机制

航空维修人才培训考核评价，是指按照相关规章制度和新型航空维修人才培养目标，对参加培训的人员进行的综合素质考核与评价活动。科学合理的考核评价体系能促进教学内容和教学方法的不断改革创新，能激发学生学习的主动积极性，达到“以考促学、以考促教”的目的，促成人才培养目标的完成[1,2]。学员评价的主要目的是通过评价的结果提高学员的整体教学水平[3]。因此，在研究制订新型航空维修人才培养考核评价体系时，要将客观性与目的性相结合、多渠道性与综合性相结合、定性分析与定量分析相结合、静态评价与动态评价相结合、评价与指导相结合。

1　考核评价的主要内容及标准

航空维修人才的培训不同于学历教育，学历教育注重打牢学员发展的基础，注重学员素质的全面发展，而航空维修人才的培训着眼岗位任职的需求，侧重培养学员岗位任职能力、综合能力和创新能力。因此，新型航空维修人才考核评价的主要内容应包括以下四个方面。

1.1　任职基础素质

任职基础素质，是指维修人员胜任岗位任职所必需的知识、能力和素养的总和，是从事岗位任职的基本素质。我军院校历来比较重视学员的综合评价，注重以“知识、素质、能力”来衡量人才的培养质量[4]。评估时要重点考察以下内容：

一是考核基本素养。基本素养是做好任职工作的前提和基础。维修人员通过培训后，其任职素养是否有所提高，提高了哪些方面，提高了多大程度，应认真考察，特别是要考察其分析力、决断力、示范力、感召力等。

二是考核专业技能综合应用。专业技能综合应用是指做好任职工作所需要掌握的基本专业技能的综合应用程度，它是考察军官任职能力的重要方面，通过专业技能综合应用测试加以了解。

1.2 岗位业务素质

岗位业务素质是维修人员从事岗位任职所必须具备的业务能力，是履行岗位职责的核心要素。主要应考察以下几个方面：

一是考核岗位适应能力。岗位适应能力是维修人员培训后能尽快进入任职角色，熟悉岗位职责，做好本职工作的基本素质。维修人员通过培训后，其岗位适应能力是否有提高，提高多大，提高了哪些方面，应通过实习鉴定和掌握装备情况认真考察。

二是考核任职业务能力。任职业务能力是指培训人员适应岗位任职职责需要的专业业务能力水平。比如，专业技术岗位要有领导所属人员完成专业技术任务的能力等。

三是考核学术研究能力。学术研究是维修人员不断增强业务水平、进一步做好本职工作、提高工作质量和效率的重要保证。学术研究能力是干部岗位业务素质的重要组成部分，要认真考察其任职业务研究能力，考察其对任职工作特点和规律的把握。

1.3 创新能力素质

新型航空维修人才培养既要加强创新能力的培养，突出军事人才思维的流畅性、灵活性和独创性养成，又要搞好创新能力素质的考核评价。主要应考察以下几个方面：

一是创新精神。创新精神是个体在创新活动中所具有的自觉的意识、强烈的欲望、积极向上的情绪和坚持的意志，是一种活跃进取的精神状态。培养创新精神是创新型人才培养的首要任务。创新精神主要表现：是否总是自觉地、有意识地支配自己进行创造性心理的实践活动，是否表现出高度的创新自觉性，是否遵循创新规律等。评价创新精神状态，主要考核分析其创新意识、创新思维和创新计划。

二是创新技能。创新技能是个体完成创新所必备的新认识、创造新事物的技巧和能力的总和，是一系列连续、复杂的高水平的心理活动，是创新素质中最根本的要求，也是创新型人才最本质的特征。创新技能主要表现：是否有宽厚的基础知识、广阔的视野、丰富的想象力、独特的开拓能力等。评价创新技能主要考核分析其创新方法、创新能力和创新技巧。

三是创新人格。创新人格指个体从事创新活动所应有的人格力量，它是创新精神和创新行为的体现。创新人格主要表现：是否具有良好的心理素质，是否具有广泛的兴趣和科学合理的动机，是否具有敢于冒险、敢于怀疑和批判的科学精神等。评价创新人格主要考核分析其创新情感、创新意志和创新理智。

四是创新实践。创新实践指个体参与创新活动的具体过程与获取的成果，也是创新素质教育的出发点和落脚点。创新实践主要表现：参与创新活动的频数，在创新过程中取得的成果和获得的奖励等。评价创新实践应考核分析其创新活动、创新成果和创新奖励。

1.4 身体心理素质

良好的身心素质是维修人员胜任岗位职责的重要条件，也是适应未来高技术战争的前提基础。高技术条件下的战争艰苦、紧张、激烈、复杂多变，对军事人才的体能、灵活性等身心素质要求越来越高。身体心理素质是其他所有素质的基础,只有具备良好的身心素质,才能在紧张、疲劳的作战情况下,始终保持旺盛的斗志和稳定的情绪,从而保证军事人才发挥出最佳水平。因此,对培训人员的考核评价要基于岗位任职和实战化需要,要突出考核学员的体能、体格,重点考察学员的心理适应和承受能力。

2　考核评价的基本原则

针对培训人员特点,做好考核评价工作必须遵循一定的原则,除了应遵循全面性、明确性、过程性、导向性和以评促管等一般性考核评价原则外,尤其应遵循民主性原则、综合性原则、全程考评原则和评用一致原则。

2.1　民主性原则

民主性原则即全体培训人员都参与考核评价活动,使得考核评价结果客观真实、公平公正,有说服力。民主的前提是公开,不但要公开考核评价方法、标准,而且考评过程要透明,考核评价结果要公布。开展民主考评的形式多种多样,例如,可采用民主评议考核评价方案和指标体系、民主选举考核评价人员等方法展开。此外,考核评价不仅要考个人,而且还应考团体,以激发培训人员的集体荣誉感和参与考评的热情。

2.2　综合性原则

综合性原则即考核评价工作应与其他工作结合展开。对培训学员进行综合素质考核评价的目的是加强和改善教育管理,增强学习积极性、主动性,提高培训效益。因此,考核评价工作不应是独立存在的,不能为了考评而讲考评,必须与教学工作、思想政治工作、日常行政管理工作和其他各项任务融为一体,以评促学,以评促管。

2.3　全程考评原则

全程考评原则为给考评工作提供可靠制度依据,防止平时评估流于形式,给培训学员结业评估提供可参考的资料,应根据培训学员的特点和实际,制定全程考评的具体办法。从考评的组织领导、操作程序、实施办法等方面,对整个评估工作做出操作性强的规定和办法。按照“公开、公平、公正”的原则,采取“严格评估手段,加强评估监督”的办法,结合考评过程中可能出现的各种问题,及时予以指导纠正,达到增强评估针对性和有效性的目的。

2.4　评用一致原则

在考评活动中坚持评用一致原则,就是通过建立院校与部队在学员考评活动中的互动机制,一方面使部队及时了解本单位干部在院校的学习表现,为今后干部的提升与使用掌握、储存依据,另一方面院校可依据部队的需要,增强教学和管理的针对性。要杜绝“学与不学一个样、学得好不好一个样、成不成才一个样”的现象,坚持“优质优用”和“能者上、庸者下、平者让”的原则,进步完善维修人员评价、任用和激励机制。

3 考核评价体系改革思路和措施

从现代教育评价视角看，新型航空维修人才培养考评，院校学员考评体系调整要注意个性差异，突出任职能力、创新素质和综合素质；在制定考评方案、考评计划和考评标准时，要依据新型航空维修人才培养目标，参考任职教育学员的考核评价体系，广泛征求部队意见。

由于新型航空维修人才培训考核评价是一个全新的范畴，目前尚无规范成熟的评价指标和评价体系，考虑到评价指标的模糊性和培训对象的特殊性，可通过量化指标，建立数学模型来对每个培训人员的创新素质进行测评，汇总每个培训人员的评价结果，进行分析，就能比较准确评价培训质量和培训对象的知识、能力和素质水平。为确保考评过程的客观公正，院校要建立起包括学员、教员、管理干部相结合，学员入学考评、平时考评和结业考评相结合，上级主管部门、院校、部队相结合的多元化动态考评体系，如图1所示。

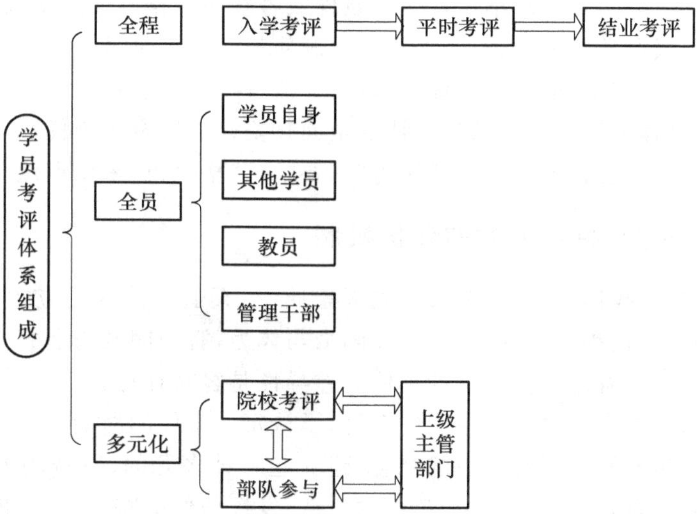

图1 院校学员考评体系组成

3.1 着眼学员能力和综合素质培养，调整考评内容和方法

综合素质测量的内容及其权重起着“指挥棒”的作用，是达到评价目标、发挥评价效能的有力支撑[5]。考评要从以考知识为主转变到以考知识运用和能力素质为主，从培养学员分析问题和解决问题的能力除非，科学安排考试内容和方法[6]。一是针对现代航空维修对人才培养新要求，在制定考核标准时，必须将综合素质、复合能力和创新能力考核纳入到考评内容中。为每名学员建立《考评情况登记本》，全面记录学员任职基础、岗位业务等方面的平时考评和日常表现情况，结合毕业前考评的结果，对学员进行全面质量评估。二是尊重个性差异，注重形成性考核。不以考分作为评价学员的唯一标准，引入奖励学分、创新学分、科研学分等。三是采用多样化的考核方法。可根据具体课程内容和授课方法，制定出多种考核形式，如采用阶段测试、口试、答辩、实操、网试、随机抽查和抽考、方案设计、样品制作、撰写调研报告或论文、故障研讨、想定作业等相结合的方式，做到不仅注重答题结果，也注重学员解答问题时的思维方

式及思维过程，考察学员的学习能力和综合素质，促进学员积极主动提高自己的创新意识与创新能力。四是实行毕业考核“双证制”。“双证制”就是毕业证和职业技能鉴定制度，既包括岗位任职课程的考核，又包括专业岗位资格认证的考核。重点突出岗位技能、跨专业组训和综合演练，达到进一步提高学员任职能力和综合素质的目的。通过建立科学、细化、可测量的考核科目和标准，全方位考查学员岗位任职能力[7]。

3.2 坚持发展性评价，建立全程考评机制

发展性评价通过过程评价和形成性评价及时向教员和学员提供反馈信息，使他们能够了解教育活动中存在的缺陷和不足，从而促使教员和学员能够不断改进、完善自己的教育活动和学习活动，是教育活动更好地为学员的发展服务[8]。因此，要建立入学考评、平时考评和结业考评相结合的全程考评体系。一是入学考评要严格。在对学员进行资格审查的基础上，按照不同的培训层次、专业方向，组织相关基本知识、技能考核，将考评结果与其他送学标准结合起来，一并作为质量评估的结果。对不符合送学条件或考核不合格的学员坚决取消入学资格，并报上级备案，同时通报送学单位，从源头上把好生源质量关。二是平时考评要细致。平时考评应根据不同的课程灵活实施，运用课堂提问、研讨交流、课堂作业、撰写论文、口试答辩训练、实际操作等手段开展过程考核。三是结业考评要全面。要建立符合中级任职教育特点的课程结业考评方式。结业必须突出“考应用”“考能力”的要求，严格执行“末位淘汰”制度。

3.3 建立多元的、特殊人才的评价机制

多元智能理论告诉我们，由于每个人在先天素质、后天适应性或适应能力方面存在差异，以及接受教育后的内化过程存在区别，反映在脑力与体力，智力因素与非智力因素等方面具有一定共性的同时，也存在着差异性。这种个体的差异性是客观存在，每一个体都有其自身的独特性。因此，在教学过程中必须尊重他们的个性，承认每一个体的潜能，激发他们的创造性，改变长期以重理论轻实践，重知识轻能力的观念，建立起一种多元的、特殊的人才评价和选拔机制，并与激励机制相结合，全方位地保护学员的个性，发挥他们的特长，培养他们的创新意识和创新能力。一是要改变以往“一考定全局”终结性评价模式，实行形成性评价和终结性评价相结合、课内教学与课外自主学习相结合的全程评价。二是变“单纯检验掌握知识的笔试”向“检验思维能力和创新能力的多种考核方式并用”转变；变偏重知识测试，忽视能力考核，单纯以分数作为学员水平高低的评价标准，向以知识与能力并重，理论与实践结合，重点测试学员理解、掌握、灵活运用所学知识的能力和解决实践问题的能力的考试方法转变。

3.4 适时修改考评标准，完善“三位一体”的考评机制

用人单位是最权威的质量监控机构，学员的岗位任职能力高低，不能只通过课程验收和考核的方式，因为部队对学员岗位任职能力是否认可、学员是否具备综合任职岗位竞争力都不可能只限于以院校的评价标准来衡量，这就要求院校要建立与部队接轨的综合评价体系，既包括理论教学的考核，又要包括实训教学的考核；既包括任教教员的评价，又要包括部队一线领导和专家的评价；既包括岗位任职课程的考核，又要包括专业岗位资格认证的考核；既包括院校综合考核，又要包括部队综合考核，这样才能对学员的岗位任职能力和综合素质进行综合而客观的评价。因此必须适时修改考核标准，完善由上级主管部门、院校和部队“三位一体”的考评

机制。院校必须把部队的衡量标准纳入考核机制中来，把部队的意见和建议及时反馈到教学过程之中。一是邀请部队直接参与制定考核标准和考评。确保学员在通过院校考评后，能够很快适应工作岗位，顺利进入角色，实现院校考评与部队考评的有效衔接。只有这样才能有效增强任职学员学习积极性，保证培训效果。二是在上级主管部门指导下，由部队组成专门机构对毕业学员在部队的表现进行实时监控，并及时反馈通报给院校。院校可以将这一结果作为一个重要的参考指数，从而使考评更加科学合理。三是成立由上级机关、部队和院校领导共同参加的考评领导小组，制订相关沟通协调机制，及时沟通协调部队评价机制构建和运行过程中出现的问题。

3.5 创新过程监控，形成促进创新人才培养的考评机制

现行教学培训管理对人才质量的评价，多重结果性评价，评价内容导向也大多重理论轻实践，重知识轻能力。因此应该创新教学培训监控体系，贯彻发展性、创新性和过程性评价思想，促进创新人才培养，发挥导向、监督作用。如美军院校有这样的规定，如果考生答案与书上或教员课堂上讲的一样，只能得及格，而稍有创新就会得高分。校方还设立相应的奖励制度，如果在某方面可能有重大学术建树或发明创造者，学校为其提供设备与经费，并论功行赏，诸如此类的措施还有很多。因此，在新型航空维修人才培养的考评中，要不断营造鼓励创新的环境，促进创新型人才快速成才。

一是对创新能力、创新想法、创新做法给予肯定及考核。院校和部队可以设立“创新基金”，设立创新奖学金，对培训人员参加军内外科技竞赛获奖者，解决了装备维修保障难题、在专业刊物独立发表论文者以及获得发明专利者，分别给予一定的精神上及物质上的奖励。

二是开创创新基地，设立创新实验室，在保证基本的验证性实验的基础上，大量增加学员自我设计的自主性实验。进入创新实验室的学员，可以从指导教师命题中选题，或自我拟题，自由想象，自我设计，以实现高层次的创新，题目完成后，由实验指导小组从创新的角度评定成绩，成绩合格者获得相应的科技实践学分，优秀者给予创新奖学金。

三是采用开卷考核、不设标准答案的形式鼓励学员对知识和问题的创新思考，并通过设想定作业、学术研讨、科研活动等多种形式全面考察学员的学习情况和能力素质；借鉴相关成功做法，引入信息化素质评价机制，从信息意识、信息知识、信息能力三个方面对学员的信息化素质进行评估鉴定，作为评判学员综合素质的一项重要指标。

四是开展数学建模、科技作品等竞赛，锻炼和培养学员的实践能力、创新精神、创新思维和创新能力，激发学员攀登科学高峰的斗志和团队合作意识，对取得优异成绩的学员给予物质和精神奖励。

3.6 建立科学有效的激励机制

除了改革考核评价体系外，院校和部队还应当在掌握每一位培训人员评价结果的基础上，建立完善的激励制度，通过运用这些考核结果，建立有效的激励机制，引导其改正学习方面存在的缺点，提升学习质量和效率，用奖优罚劣树立了正确的导向。一是建立并实施优生优分制度。通过把学员评价的结果运用于学员毕业分配中，通过优生优分，树立正确的导向。二是建立并实施优秀生高定等级制度。通过扩大奖励面，使之与优等生评选相互补充。三是建立并实施阶段性奖励、专项奖励。通过建立各种管理办法，对学习和各方面表现突出的学员和维修

人员进行物质和精神奖励，最大限度地激发其学习成才的主动性和积极性。四是严把人才“出口关”。院校要对考评不合格的学员，给予一次补考机会，对于补考合格的学员准予毕业，补考仍然不合格的学员要给予推迟毕业或退学处理，起到警示和鞭策作用。五是部队要制定相应政策，将学员考评结果纳入干部任用资格制度中，确保使用与培养相统一[9]。将业务培训同维修人员的成长和切身利益联系起来。对在各级考核、练兵中表现突出的维修人员实施立功受奖、提前晋职或调级；而对业务培训考评不合格的人员除批评教育外，规定其不能晋升任用、不能评功评奖、不能调职调级，坚决杜绝“业务学与不学一个样、学得好不好一个样”的现象。六是建立并实施榜样示范激励制度。注重用英模人物的先进事迹，特别是涌现出来的先进典型，树立成才的标准，激励学员成才，激发学员献身国防的激情，激励学员全面锻炼、全面成长。

4 结束语

本文主要是结合笔者从事航空维修人才培训考核评价体系研究的体会，论述了考核评价的内容和标准、评价的原则以及评价改革的思路和措施。当然，考核评价体系还应包括思想政治素质等方面的内容，同时，让学员和管理干部参与到评价中使之形成全员参与考评机制。由于篇幅有限不再一一展开论述。总之，考核评价是人才培养的重要环节，教员应针对教学特点和学员特点，尊重学员的个体差异和主体地位，正确发挥考评的激励导向功能，才能不断提高实人才培训质量。

参考文献

[1] 荣瑞芬，李祖明，闰文杰．技术应用型实践课程学生考核评价体系的建立与实践[J]．职业技术教育，2011，2(4)：73-75.

[2] 王朋朋，等．基于“问题模式”以能力培养为导向的工程力学考核评价体系的建立与实施[J]．海军航空工程学院学报(军事版)，2015，13(2)：71-76.

[3] 孙丽萍，等．学生能力达成评价激励下的人才培养[J]．教育教学论坛，2020，(17)：92-93.

[4] 郭强，钟斌．西点军校学员领导力评价的特点及启示[J]．海军院校教育，2014，24(3)：88-89.

[5] 徐敏飞，等．合训学员综合素质评价方式现状分析与对策研究[J]．高等教育研究学报，2009，32(1)：22-24.

[6] 沈如松，孟凡磊，叶勇．改进军校学员学习质量评价模式[J]．海军院校教育，2015，25(2)：17-19.

[7] 王德心，张陕辉，徐风磊．构建多重评价主体的任职教育人才培养质量考核模式[J]．中国军事教育，2012，24(2)：87-89.

[8] 鄢杰．对军队任职院校学员学习评价机制的几点建议[J]．空军第一航空学院学报，2013，21(4)：59-60.

[9] 程娜颖，梁书剑，魏如浩．实战化教学视域下学员考核评价体系建设[J]．海军院校教育，2017，27(1)：36-38.

航空电子设备交互式电路图册制作探析

蔡慧敏　卞金来　张鹏明　田建学
（海军航空大学 航空电子工程与指挥系，青岛　266041）

摘　要：航空电路图册利用配套连接图和电气电子设备明细表，对主要机载设备的电路进行图解和说明，目前存在图册类型不够完善、内容不够丰富等现实问题，而且在使用过程中存在查找信号要多张图跳转、图片模糊、文字不清晰、不具备查找和索引功能等诸多不便，不仅影响课堂实训效果，也不利于部队遂行保障和排故。重点以通信导航识别系统电路图册为例，通过复现检索式高清电路图册、升级彩色线高清电路图册、分解功能化高清电路图册、封装便携式电子书等四个步骤，将单一可读的电路图册，改造成为方便携带、快捷浏览、美观实用的交互式电路图册，成为维护工作和教学必备的信息化资源。

关键词：图册；电路；航空电子；交互；电子设备

电路图册是地勤人员维护飞机、排除电路故障必备的重要技术资料，让学员学会查找电路图册，是机务专业航空电子设备类课程一项重要的教学目标，是学员理清设备交联关系，掌握工作原理必备的前提基础，为从事机务维护工作奠定良好的技能素质。

但是目前配发的电路图册类型不够完善，缺乏必要的系统方框图。航空电子设备种类繁多、交联复杂，在使用过程中，存在经常要跳转多张图查找信号通路、扫描图文不清晰、查阅费时费力、不能通过索引定位等诸多不便利的因素。

通过制作交互式电路图册，在利用软件高清复现原电路图册的基础上，增加索引和追踪功能。以功能设备为中心，向前追踪输入信号，向后追踪输出信号，生成系统整图和功能电路图。并且对信号进行分类补色和原理说明，采用 EXE 格式进行封装，满足兼容性要求，增加可读性，为航空装备维修保障模式数字化转型（Digital Transformation）助力[1]。

1　制造厂配套电路图册现状

电路图册是飞机制造厂（商）为所生产的飞机、发动机及设备的电器、电子电路等提供图解和说明的手册。

飞机电路图册的内容应由馈电图、原理图、电路清单及电气标准实施四部分组成。ATA2200 规范中规定飞机电路图册主要分为原理图和馈线图两大类。原理图包括系统原理图、逻辑图和功能图，系统原理图又根据系统的复杂程度可分为三级，分别是系统方框图、简化系统原理图、系统原理图（包括电气/电子原理图和电气-机械系统原理图）。广义的馈电图可分为四种类型，分别是馈电图、区域划分图、走向图和面板图[2]。

电路清单分为电气电子设备清单和扩充的导线清单，包括飞机布线中用到的所有相关信息。扩充的导线清单包括:导管清单、导线清单、备用的导线清单、接线清单、端子清单、接头清单和接地清单。

现有的飞机电路图册中,原理图类型只有系统原理图,而没有绘制电气机械系统综合方式原理图。电路清单仅包含了飞机布线中用到的设备清单和导线清单。

目前国内电路类手册的编制主要使用 WORD 和 CAD 两种软件,采用 PDF 格式封装居多,但也有许多图册未带索引功能,查找信息耗时多。这种传统的工作方式当信息发布格式发生变化时,尽管内容并未发生变化,却依然需要重复整个制作过程。与国外“信息一次生成,多次传递使用”的设计理念存在差距,国外电路类手册制作模式建立了统一的电路数据数据库,利用软件实现样式,只需管理内容,样式和内容相互分离。

2　交互式电路图册制作过程

重点以某型机 CNI(通信导航识别)系统交互式电路图册制作为例,介绍交互式电路图册制作方法。主要利用 Altium Designer、PPT 软件绘制高清、彩色电路图,在统一转换成 PDF 文件的基础上,通过有益文书软件进行封装,具备目录索引、信号追踪和关键信息链接功能。

2.1　图片式原机电路图册复现为检索式高清电路图册

原机配发的 CNI 系统电路图册是由扫描图片制作而成,文字不清晰,特别是线路标号印刷后无法识别。利用 Altium Designer 软件绘图,复现原图册,共绘制 9 张高清系统电路图,统一转换为 PDF 格式的电路图册。

高清电路图册按照原图绘制,设备编号、名称、线号、符号、布局等保持不变,图册可以放大和缩小,所有标志保证高分辨率,并且具备搜索和追踪信号功能。

2.2　检索式高清电路图册升级为彩色线高清电路图册

设备种类多、交联复杂是 CNI 系统非常显著的特点,黑白色电路图册不便于识别和查找交联信号的路径。通过用不同的颜色标志信号类比,提高读图和识图效率。

按照同一类别信号颜色相近的原则,划分为 4 类(总线信号、模拟信号、射频信号、离散信号)19 种信号,并定义配色号,具体配色号如表 1 所列。

彩色电路图册美观,直观性强,可以在短时间内按照色号定位信号线,并追踪信号路径。更方便教员利用同步跟踪和异步跟踪两种策略,指导学员完成设备原理学习,掌控学员在学习过程中的综合表现[3]。

2.3　彩色高清电路图册分解为功能化高清电路图册

CNI 系统共有 4 类十余种功能设备,交联部件分散在 9 张电路图中,查找信号需要跳图,耗时多,严重影响对设备功能、信号流程的理解和分析排除故障。

为此将电路图册按照设备功能,整合分解为 13 张功能化图册,梳理与功能相关的所有器件,以完整性和重用性为拆分原则,形成器件归类表,符合 IETM 规范要求[4-6]。

功能化电路图册利用 PPT 软件进行绘制,便于教员授课时使用,如图 1 所示。图册在绘制时以功能设备为中心，按照归类表，所有相关器件都绘制在一张电路图中，明确每一个信号线的流向，合理调整图形布局，对图形、字号、色彩等进行统一，更好地为图册查阅、设备原理学习和维修排故提供便利。

表1　交联信号配色表

序号	线种类			颜色	配色号		
					red	green	blue
1	总线信号线	1553B总线		深褐色	98	50	14
2		RS422总线	发	浅褐色	166	84	84
3			收	浅浅褐色	205	155	155
4	射频信号线			粉红色	255	52	179
5	模拟信号线	音频信号线	发	蓝色	0	0	255
6			收	浅蓝色	7	135	255
7		导航方位信号线		深黄色	205	205	0
8		密钥信号线		浅紫色	161	131	223
9	离散信号线	27V直流电源线		红色	255	0	0
10		115V交流电源线		深红色	190	0	0
11		其他直流电源		浅红色	238	99	99
12		启动信号线		绿色	0	255	0
13		PTT信号线		橙色	238	154	0
14		毁钥信号线		深紫色	184	0	182
15		闭锁信号线		青色	31	173	164
16		静默信号线		浅粉色	248	222	222
17		电源地线		黑色	0	0	0
18		灯信号线		浅黄色	255	253	95
19		其他信号		灰色	125	117	120

2.4　系列高清电路图册封装为便携式电子书

单纯依靠电路图册进行理论学习和排除故障，信息单一，理论系统性和知识结构都不够完整。利用有益文书软件，将与电路图册密切相关的图册使用说明、设备接口定义、交联信号分析等内容，与图册封装在一起，生成EXE格式的电子书，满足兼容性要求。封装后的电子书具有以下功能。

1）高清电路图册配有详细书签目录，便于设备和连接器查找定位，可以利用搜索功能查找信号线。

2）彩色高清电路图册配有配色说明，便于不同颜色的信号线定位。

3）功能化高清电路图册配有设备接口定义和交联信号说明，重要信息配有链接，便于原理学习和故障分析。

4）电路图册可以放大和缩小显示，也可以进行标注，但不可以修改图册内容，保证图册权威性。

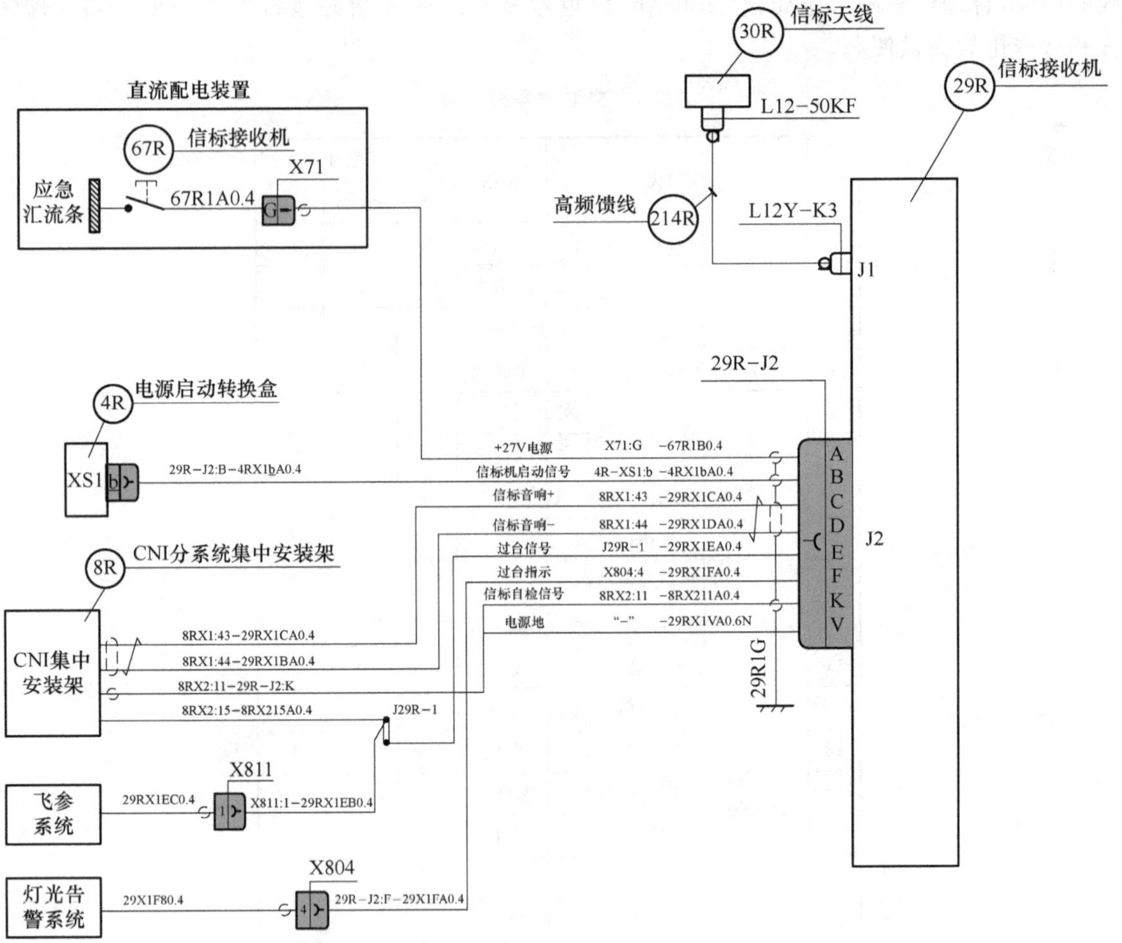

图 1　功能化电路图册

3　交互式电路图册推广应用

交互式电路图册重点在青岛校区生长军官高等教育、生长军官任职教育、士官职业技术教育、定向直招士官等教学层次的机载通信导航识别系统、故障分析与案例研讨、通信导航识别设备与维修、航空电子设备等课程中进行应用，提高了课堂授课效能，为后期实验室建设和线上线下教学内容改革提供必备信息化资源。

同时结合部队改装授课，在舰载机试训基地进行了推广应用，提高了装备改装和维护效率。

经日常训练、毕业联考和教育科研成果评比表明，交互式电路图册符合教学实际，与教学工作结合紧密，教学理念先进，可操作性强，具有一定的创新性和实用性，部分研究成果进入课程教材，推动了教育科研课题研究实效。

参考文献

[1] 侯建，王礼沅.航空装备维修保障模式数字化转型[J]. 测控技术，2020，39(12)：16－21.

[2] 李江.飞机电路图册编制标准浅析[J].国防制造技术，2017，9(3)：48－50.

[3] 卜昭锋，杜晓明，朱宁，等.基于xAPI的数字化学习过程数据跟踪[J]，2019(1)：86－92.

[4] 余容，蒙立荣，程铮，等.基于装备的IETM技术资料拆分模型研究[J].计算机测量与控制，2017，25(9)：210－212.

[5] 朱兴动，等.武器装备交互式电子技术手册－IETM[M].北京：国防工业出版社，2009.

[6] 徐宗昌.装备IETM技术标准实施指南[M].北京：国防工业出版社，2012.

多方融合多面提升教学模式的研究与实践

邵红　丁国臣　任秀芳　张芳　杨晓霞
（海军航空大学 青岛校区，青岛　266041）

摘　要：随着军队不同时期建设要求和人才培养方案的不断修订，士官职业技术教育学员培养质量的要求不断提高，尤其是疫情居家学习时期，传统的教学方法已不能很好地适应士官职业技术教育的需求。作为新型教学模式的线上线下混合式教学模式，并不意味着网络教学和传统教学这两种教学模式的简单组合，而是突出“融合”，线上与线下途径的融合、方法手段的融合、资源平台的融合。线上线下混合式教学模式通过教学实践中的多方融合，进而达到教员和学员多面提升的效果，是疫情居家学习的绝佳选择。

关键词：教学模式；线上与线下；多方融合；多面提升；混合式

士官职业技术教育是青岛校区任职教育的重要组成部分，士官学员的理论层次和工作经历有多样化的特点，培养要求也存在多技能和高标准的特征。随着军校教育逐渐走上“以学员为中心”的教育模式，加之信息技术的飞速发展，在校学员的学习方式有了很大改变，教员的教学方法应跟上学员的需求[1]。目前因新冠疫情的影响，学员居家学习时，以教员主讲为主、面对面的传统教学方法的弊端突出得非常明显。线上线下混合式教学可以很好解决不能当面授课的问题，从各方面调动学员的学习兴趣，使其由被动学习变为主动学习，也从不同方面锻炼不同学员的能力，相应地提高了士官培养质量。

1　模式改革，贴近需求

1.1　打好理论基石

以电类基础课程为依托，课题组人员借助各种资源平台，查阅与本研究相关的文献和网络文档，了解国内外关于混合式教学模式的理论与实践研究的历史和现状，为研究提供科学的理论借鉴，先从理论方面武装自己，提升自身素养；课题组成员共同讨论研究并根据各自的分工，分别对相关问题进行深入研究，形成具体的设计方案；依据前期理论论证，选一个典型内容进行初步课堂实践阶段；根据课堂实践情况反思，进行总结分析，为下阶段整门课程实施做好准备。

1.1.1　电类课程在传统教学模式中的几个问题

一是理论知识在教学课程中占比不够。对于电类课程这种知识点很多的课程来说，随着学时数的压缩，传统教学模式理论知识的课程进度会很赶，那么在理论知识的学习上，学员会因为这个原因对理论知识掌握不够深入，从而在后续实验操作课程中，产生很多问题。学员也可能因为对理论的不熟、理解不够深入而出现错误的操作,就好像建一座高楼,却没有打好地基一样,对于学员学习电类课程来说存在很大的问题。

二是练习巩固知识时间不足。一方面,军校学员的体能训练等时间较长,空余时间不足,对知识的练习巩固时间有限。传统教学模式通过大量上课讲授和较少的简单实验的方式来进行教学,教员要在一节课几十分钟的时间讲授很多的内容和知识,部分学习较慢的学员就会在存在大量疑惑的情况下完成每节课,而教员答疑解惑的时间也很少。另一方面,学员对于知识点的理解和学习深度远远不够,只是简单地从大脑流入或流出,完全没有贯彻到大脑中央处理器中,知识没有连贯不会做习题,最终对该课程失去学习兴趣。另外,学员缺乏跟教员之间的交流,课后欠缺对该课程其他资料的借鉴与分析,没有一个对知识点深入学习的过程,就传统教育而言是一个大问题[2]。

1.1.2 基于线上线下混合式教学模式的实施方案

第一阶段:课前—线上—实验预习。实验教学是电类基础课程中理论教学的深化和补充,是专业基础课程不可或缺的重要环节。学员课前无法接触到实验设备,只能单纯通过教材获取理论知识、实验仪器使用方法、实验操作步骤等知识,没有实物仪器的实际认知。大部分学员实验前是不会主动翻阅书本的,导致实验时学员不能快速上手,实验过程中问题不断,也不能高质量按时完成实验、甚至不能完成基本实验项目。

线上线下混合式教学模式下的教学,依托在线教学资源中视频,针对每个仪器的使用、实验过程中的重难点等视频都有相应的讲解。实验前一周,教员通过线上发布相关的预习任务,学员理解实验目的,通过线上的网络资料进行实验预习,掌握实验原理、学习实验过程;教员通过各种互动交流平台为学员线上答疑。线上的教学资料的优势在于可以随时随地、重复播放,学员可以根据自己的时间和节奏学习,使得实验前的预习环节落到实处,达到预期的目的。

第二阶段:课中—线下—实验过程。传统的电类课程中的实验课堂教学,教员先在黑板上讲解实验原理,并逐个讲解实验仪器的使用方法,然后再演示实验过程,最后学员自己动手操作整个实验内容,但是效果并不是很好。教学过程结束后,学员往往只记得部分操作步骤,而且演示操作是集中在一个实验台前,往往只有离教员近的学员能够看清整个过程,外围学员看不到具体操作过程,容易失去学习的动力。

混合教学模式下,学员在课前已经完成了传统教学方式中教员主讲阶段。为了检验学员的预习效果,教员首先在课堂上进行针对性提问,让学员动手操作实验器材阐述其使用方法及注意事项,让学员简单复述实验过程及实验步骤,并发现问题,教员进行现场指导解决;学员也可以对预习过程中遇到的问题向教员提问。经过认真预习后,学员提出的问题更加有针对性,效果更好。当所有问题都解决后,学员分组开始实验。

第三阶段:课后—线上—课后复习。在以往的电类实验教学过程中,实验结束后有些学员对实验结果并不完全理解,难以分析实验结果和实验现象。学员课后撰写实验报告只是将课堂所测实验数据简单填写上去,没有充分的论证和分析报告。

混合式教学模式中,学员在课后如果对实验数据有任何疑问,可以继续登陆线上平台查看实验过程视频,进一步理解实验原理,分析实验结果和实验现象,撰写实验报告。

教员也不断地反思总结教学经验。课后教员将教学重难点发布到线上平台中,供学员再次复习。学员可在完成课后作业后,针对自己还未完全掌握的内容在线上平台的讨论区与教员、同伴交流或者线下时请求教员的指导。

1.2 做实实践过程

1.2.1 叠加定理的教学实践过程

第一阶段:线上—实验预习。实验前一周,教员通过线上明确预习任务:在一线性电路中,由三个独立电源共同作用所产生的某一支路的电流 i_1,与各个独立电源单独作用时分别在该支路所产生的电流 i_{11}、i_{12}、i_{13}之间的关系。对学员进行分组,学员通过线上观看学习资料进行实验预习,每组指派学员代表与教员进行交流。

第二阶段:线下—实验过程。教员针对线上的交流问题,进行讲解或针对性提问,并强调重点难点,让学员动手操作实验器材、阐述其使用方法及注意事项,并让学员简单复述实验过程及实验步骤,发现问题。教员现场指导解决问题。具体过程如下:(1)学员做 1:准备器件,注意元件的种类、数量。学员做 2:连器件,搭建所需的四个电路。学员做 3:测试电路,测量 i_1、i_{11}、i_{12}、i_{13}。(2)学员总结、分析思考:找出四个电流的关系,并做习题验证。(3)师生互动、交流提问:先是理论分析“两个独立电源共同作用所产生的某一支路的电压与各个独立电源单独作用时分别在该支路所产生的电压的是什么关系”。然后,学员自建电路,并验证实验。根据实验数据,学员总结叠加定理的内容。(4)教员总结、作业启发:在学员总结叠加定理内容的基础上,教员做提升总结;最后归纳强调注意事项:实验过程中要注意电压、电流的准确测量方向必须与参考方向一致。

第三阶段:线上—课后复习。学员课后需按要求撰写实验报告。实验报告主要是写实验心得,要重点分析实验成功的关键,归纳常出现的错误,并会利用叠加定理解题。

1.2.2 整门课程的实施

根据前期打造的课例“叠加定理”的具体实施和教员学员的反馈情况,课题组计划对整门课程实施混合式教学模式。具体做法如下:

第一阶段:确定改革课程。经课程组研究讨论,初步确定电工技术课为改革对象。本学年电工技术课程的学员人数达到 150 多人,而教研室编制紧张,能分配的教员只有 2 名,任务相当繁重,而采用混合式教学模式,可以很好地解决这方面问题。

第二阶段:初步制定实施方案。实施方案主要包括三个确定。一是确定线上和线下的学时安排。部分研究人员认为线上线下学时的最佳比例是 2:1,但课程组基于士官学员对比于社会的大专、本科或研究生,理论基础薄弱、自学能力弱,线上线下学时的比例定为 1:1 作为试点。二是确定教学设计思路。每次课的设计主要分为三大部分,课前、课中和课后。课前—线上—自主学习,课中—线下—探究深化,课后—线上—巩固拓展。其中,课中 90 分钟,两节课实施,一节课 45 分钟。三是确定线上线下的课程内容。

2 资源手段,多方融合

2.1 平台资源,有效融合

线上和线下资源平台非常多,课程组首先把各种资源平台进行整合,在此基础上进行自建、补充。线上、线下资源绝不是简单的拼凑，而是基于课程教学目标的整体设计，通过线上、线下两种途径，线上、线下资源互为补充，对教学资源进行融合。

2.1.1　线上资源平台融合

灵活的学习平台是开展混合式教学的保障，也是学员自主学习的载体。学习平台通过共享资源、在线交流、过程监控、情况反馈、难点再现等方式贯穿线上教学的全过程。同时，学习平台是对线下教学的承接，是面对面教学的延伸，其作用可体现在：巩固重要知识点、实时发布作业、测评学习效果、收集反馈等。

对分易、微信、腾讯会议等平台可以提供简单便携的操作环境和双向交互的交流平台，学员可以根据自己的需求制定学习计划，选择合适的学习时间和地点等，充分地体现了“以学员为主体”的理念。多种平台组合可实现了优势互补，腾讯会议实现网上面对面授课，对分易可用于布置学习任务和批改作业，微信用于作业讨论等，实现课前、课内、课后三环节一体化，较好地保证了教学效果。

2.1.2　线下资源整合

线上资源是学员自主学习的关键，是培养学员自主学习能力的前提和基础。线下资源就是对线上资源的总结和补充，是对自主学习环节的巩固和强化。

线下资源融合主要包括三个方面：一是整合教材。选取主要教材，参考其他教材。二是整合已开发的、成熟的视频和音频资源。三是开发自编讲义。结合线上自主学习的不足、学习重点和难点，有针对地编写讲义、练习题等辅助材料[3]。

2.2　方法手段，有机融合

在具体的实践过程中，教员应深度解析教学需求，明确重难点部分，同时，要求把多种教学方法有机融合在一起。

2.2.1　主要方法手段

混合式教学运用的教学方法手段很多，教研室课程团队使用的方法手段主要有翻转课堂、大小单元结合教学法、发现问题法、实验探究法、问题牵引法、任务驱动法和合作学习法。

2.2.2　多种方法手段有机融合

混合式教学运用的方法手段种类丰富、各具特色，多种方法的运用并不是简单的罗列，而是有机地融合统一在一起，能够最大程度地提高教学效果。

实验牵引，寻因结果，以教学内容“探索普通二极管”为例，让学员带着任务问题，观察现象。

1）实验现象一：观察图片

问题1：两张图片的异同？

答案：相同点：万用表测普通二极管。不同点：①显示示数不同，图1显示为0.59V，图2显示为OL。②图1红表笔接二极管的正极和黑表笔接负极，图2红表笔接二极管的负极和黑表笔接正极。

问题2：为什么会出现上述现象？

答案：二极管（PN结）的单向导电性，将PN结封装，引出两个电极，就构成了一个半导体二极管，又称为晶体二极管，简称二极管。接P区的管脚称阳极，接N区的管脚称阴极。PN

结的单向导电性：正向导通，反向截止。

为了分析问题的方便，通常把二极管理想化，对于理想二极管，可以等效为一个开关。正向偏置（$V_P > V_N$）时：开关接通；反向偏置（$V_P < V_N$）时：开关断开。从上述引出，按材料分：有硅和锗二极管；导通压降：Si：0.5－0.7V　Ge：0.2－0.3V。

2）实验现象二：观看录像

问题1：观看实验录像。填写表格，找出0、0.3V、0.4V、0.5V、0.6V、0.7V、0.8V的电流值和相邻电压的电流变化。

答案：电压从0V调起，电流起始值0，0.3V开始有电流值0.03mA，刚0.5V可达到电流值0.86mA左右，变化很慢。0.6V可达到电流值3.3mA左右，0.7V可达到电流值12.8mA左右，0.8V可达到电流值28.5mA左右。

在教员引导下，学员分析实验结果，总结出二极管的伏安特性。

3）过程分析

在探索普通二极管的教学实施中，通过两个任务来实现：观察现象，找出原因—PN结的单向导电性—二极管的检测（重点）—二极管的结构（重点）；观察现象，总结规律—二极管的伏安特性（重难点）。

从中不难看出，发现问题法、问题牵引法、任务驱动法、实验探究法和合作学习法这几种方法是完全有机融合在教学过程中的。以实验探究法为主线方法，问题牵引法和任务驱动法融为一体发布任务为先导，发现问题法直接启发学员自主思考，最终以合作学习法，找出原因规律，完美完成任务。

3　学员教员，多面提升

3.1　师生角色，完美重塑

混合式教学的实施，本身就是一种创新行为，实现了师生角色的重塑，不论是传统教学，还是网络教学，教员对教学活动的监控始终是教学活动的重要方面。实施混合式教学对学员的学习习惯、学习能力和自我控制等方面提出了更高要求，也对教员的过程管理提出了更多挑战。鉴于在线学习中的教员缺位，过程管理是线上线下深度融合的必要举措。

教员的过程管理应宽严有度，既不损害学员自主学习的积极性和主动性，还要激发其学习动力，挖掘其学习潜能。混合式教学实践中，过程管理应富有艺术性，教员扮演的角色不再是单纯的指令下达者、作业检查者和效果评价者，更应向学习指导者、协调者和启发者的角色转换；要使学员意识到自身存在的不足，并内化为自我纠正、自我提高的行动。

学员在教员精心设计的教学环节中，发挥自身特长，提高自信心的同时，又能学习其他战友的能力，使各方面的素质能力得到有效的提高。

3.2　高压下，教员斗志得以激发、能力水平快速提升

在时间紧张、任务繁重的情况下，课程组全体教员克服困难勇于承担，顺利完成教学任务，在承担任务的过程中，取得了不少收获。

教员们普遍反映：大家在教学实施中，虽然很累、很苦，牺牲了大量的休息时间，但是为能

在特殊时期，顺利完成任务而感到自豪。因为这次教学模式改革，不仅解决了当下问题，自身教学能力也得到了提高。混合式教学模式首先要改变“教员、讲授、督促考查”传统的教学观念，树立以“学员、自主、扬长补短”为特点的现代教学理念，实现“多功能型教员”的自我转型。

3.2.1　理念加速转变

在职教员一直以来积累的都是传统教学模式的经验。混合式教学模式是多种新型教学模式的融合，是崭新的教学模式，需要教员们重新认识教学，从零开始打造教学方式和教学体系。

教学模式的转变，首先是理念的转变。对于一些老教员来说，传统教学模式和理念已经在他们的脑海中根深蒂固，想要彻底改变需要很长的时间。而这次基于疫情下的教学任务，使教员们深刻认识到教学改革的必要性，认识到混合式教学模式的先进性，加速了理念的转变。教员们下定决心投入精力重新构建教学模式，潜心研究混合式教学模式，发挥好混合式教学的优势，最大程度地提高了士官学员的教学效果。

3.2.2　能力水平快速提升

任何一种教学模式的有效实施都离不开教员的合理规划和引导，任何一种教育理念的倡导都要靠教员来扎实落实。传统教学中教员是知识的讲授者，混合式教学模式教学过程中，教员把主角、主体位置让给学员，自己成为的参与者和引导者。

混合式教学的实施对教员的理论水平、组织能力和驾驭课堂等能力都有很高的要求，不仅要求教员有高智商，还要有高情商，能够时刻把握学员行为和思想动向。

混合式教学是线上与线下途径的融合、方法手段的融合、资源平台的融合，在这样的教育模式中，教员需要准备大量的线上资源供学员学习，磨炼心性。线下互动中，教员必须宏观掌控每个学员的学习状况，精密思考，运用各种教学手段和资源，制定教学实施方案，来达到预期效果。教员在组织实施过程中的，对专业知识领悟得更加透彻，方法手段运用更加灵活，资源平台使用更加合理，课堂驾驭能力也快速提升。

新教员大量跟班学习，承担着辅导答疑、鼓励学员、统计成绩等工作；在老教员以身作则，传授经验教训下，成长速度加快，使梯队建设快速有序地完成。

3.3　学员扬长补短，综合素质全面提升

自古“教与学”是此消彼消，此长彼长的过程，能力素质强的教员，才能培养出的能力素质高的学员；有良好基础和较高素质的学员，才能拉动教员进入更高的教学水平。

混合式教学模式的一个重要实施目的是调动学员的主人翁意识，解决高校学员学习积极性不高的问题，从而让学员自主学习，完成知识建构，所以激发学习兴趣成了混合式教学的一项责任。

混合式教学模式的实施，把学员培养成“会主动、会自学、会思考、会自我管理”的“四会”学员。混合式教学模式的教学过程是理论知识、基本技能、能力素质在教学实践中的理解、运用、深化和融会贯通的过程。教学过程在教员的精心组织下，优秀学员的优势逐渐显现而且增长迅速，其他方面也紧随其后，与其他学员的差距逐渐拉开；其他学员，也紧跟步伐，各方面的素质全面提升。

4 结 论

(1) 线上线下混合式教学的整个教学过程,是一个“教与学”过程的结合体。它能让学员对所学知识独立思考、科学实践、发现问题、遇到新问题鼓励学员查找资料、拓展知识的深度和广度、运用所学的知识解决实际遇到的问题和促进学员创新思维和创新能力的养成。

(2) 绝大部分学员因为体会到了线上线下混合式教学对自身提高有很大帮助,所以觉得适当实施信息化教学是很有必要的。

(3) 教员除了良好的军政素质和职业道德外,与教学相关的综合知识结构、超前思维和更新意识等都得到了快速提升。

(4) 混合式教学模式的终极目标是培养学员具有很强的思维逻辑能力,能从不同的角度分析问题,发现事物的内在规律,会举一反三,解决新的问题,进而能使学员接受瞬息万变的军事任务。

致 谢

感谢王翠珍教员在教学改革实施过程中的指导。

参 考 文 献

[1] 殷枢铭. 士官教育的特征及其价值追求[J]. 海军院. 校教育,2013,(6):61.

[2] 张俊凤. 基于在线课程开展混合式教学的实践研究[J]. 智库时代,2018(51): 253.

[3] 林立芹,丁路娟. 以学生自主学习能力培养为导向的混合式教学设计[J]. 中国多媒体与网络教学学报,2018(12):71-72.

Jigsaw 教学法在任务驱动条件下合作学习中的应用研究

韩强　孙靖杰

（海军航空大学 青岛校区，山东青岛　266041）

摘　要：Jigsaw 教学法是一种以合作学习理论为指导的交互式教学方法，强调学生的深度参与、分工协作和沟通交流。适用于内容逻辑清晰可切分、方便开展分组共学的任务驱动式教学。本文结合某一典型任务驱动实践教学案例，对任务驱动条件下，运用 Jigsaw 教学法开展教学设计和组织实施。通过教学施训，验证了 Jigsaw 教学法的组织程序在开展任务驱动教学的有效性，对突出学生的主体地位，锻炼学生协作沟通能力，提升课堂教学效益，培养团队竞赛精神等方面都有明显的促进作用。

关键词：合作学习理论；Jigsaw 教学法；分组共学

1　引　言

合作学习是目前一种广泛应用于教学领域的互动式教学理论。它是一种组织学生在课堂中互相学习、交互作用，以使学习更为有效的教学方法[1]。其主旨是在教学上运用小组，使学生共同活动以最大程度地促进他们自己以及他人的学习。基于合作学习理论的教学活动，其核心是有效学习小组的建立和交互式的组织。

因此，“合作学习是一种旨在促进学生在异质小组中互助合作，达成共同的学习目标，并以小组的总体成绩为奖励依据的教学策略体系。”[2]

目前，应用较普遍的合作学习方法有游戏式、竞赛式、分工式、共学式等等[3]。其中，Jigsaw 教学法[4]就是基于分工式合作学习的理念，以 Jigsaw（拼图）活动为灵感而设计的一种合作学习方法。它的核心理念是将一个知识模块分块后分别开展针对性学习，再重新组合成一个知识整体。

Jigsaw 教学法的基本步骤包括[5]：下达任务→分组（原组）→分配子任务→小组学习→重新分组（新组）→新组学习→汇报交流→总结点评。Jigsaw 教学法强调的是在学习活动中各位小组成员的分工学习和对团队的贡献程度。采用 Jigsaw 教学法的课堂上，学生的学习成就感和责任感倍增，可以实现自己的学习价值，并能够从其他小组成员的表现中发现自己的不足，从而产生更强的学习动机。可以说，Jigsaw 教学法的实施，不但能够提升学生的课堂学习效率，而且对于团队精神的培养也大有裨益。

2　Jigsaw 教学法在教学实施中的运用

Jigsaw 教学法的组织形式简单，对教学条件和教学资源要求不高，因此被广泛应用于地方大中院校的基础学科及专业学科的理论教学中，在实践课程中运用较少，本文选取某专业实践类课程的一个教学单元“某设备的通电检查”开展Jigsaw教学实施。

2.1 下达任务

“某设备的通电检查”为典型实操类课程。常规教学组织分为教学示范和学生分组练习两个环节。本次实施，在教学示范环节开展Jigsaw教学。

教学目标：

1）掌握并能熟练开展某装备的通电检查操作。

2）能够正确判定装备故障并有效排除故障。

教学对象特点：

1）学历为大学本科。

2）受训人数为20人。

3）学习能力为中等偏上，动手能力较强。

2.2 分组及分配子任务

为确保原组的数质量平衡，遵循“组间同质，组内异质”的原则，进行小组划分。

按照教学任务，将任务分为工具准备、设备自检、设备检查及排故4个子任务，并结合任务将学生分为4组（A～D），每组5人。将子任务分别指派给4个原组。

表1 原组及子任务分配

子任务1	子任务2	子任务3	子任务4
A1	B1	C1	D1
A2	B2	C2	D2
A3	B3	C3	D3
A4	B4	C4	D4
A5	B5	C5	D5

2.3 原组学习、重新分组、新组学习及汇报交流

教师和学生在这个阶段的主要活动参见表2。

表2 学习活动

活动阶段	活动内容
原组学习	各成员学习讨论学习材料
重新分组	原组的成员均匀分配到新组，确保每个原组都有且只有1名成员在新组
新组学习	新组各成员向组内其他成员教授自己已学知识，并开展组内讨论，整合知识单元
新组汇报	每个新组各派一名代表发言，向全体学生汇报学习成果

在原组学习阶段，教师要将提前准备的学习资料下发到各组，同时，每组指定一名学习监督员，带领组员开展对子任务的专项学习，教师要巡视各组进展情况，并就理论知识和实操开

展适当的讲解和示范。

学习过程中，各组独立进行，互相之间不能干扰。只学习自己的子任务，对于该知识单元的其他知识不做了解。

待所有原组完成子任务的学习后，采用轮流随机抽取的方式，每组各选1人组成一个新组，共组成5个新组(E～I)。每个新组，均有4名各自掌握不同子任务的组员，保证一个新组对整个知识单元掌握的完整性。

教师安排各个新组进入第二轮的组内任务学习。学生作为自己子任务的教授者和其他子任务的学习者，在组内互教互学，使新组的每个成员都能够完整的掌握知识单元的所有子任务，也就是将知识切块整合成知识整体。

汇报交流是对学习成果的检验阶段，此时，各组已经经过充分讨论磨合，并开展了实际操练。选派的代表应该能代表该组普遍学习能力和操作水平，能够真正展现出该组对整个知识单元的掌握程度。汇报交流本质上也是一种竞赛学习的体现。

原组学习、新组学习和汇报交流是基于Jigsaw教学法的教学过程中最重要的几个环节，每个组组织实施得好与坏，会对组员的学习效果产生直接影响。这个过程中，教师要发挥好环节的把控、进程的推进、讨论方向的引导和辅正以及学习节奏的协调等工作。确保各组都能够同步同向开展学习，避免组内成员表现良莠不齐而影响全组成绩的情况。组员在完成学习任务的同时，也要做好角色的翻转，充分体现责任心和荣誉感，不但自己要掌握，还要确保自己的同伴掌握。教师和各组要相互配合、组员之间要通力协作，才能使学习任务顺利完成。

2.4　总结点评

最后，要开展对学习活动的评价和总结。评价可以包括组内自评、组间互评和教师评价三个部分，在遵循“公平、公正、公开”原则的前提下，对上述三类评价加权整合为最终的评价，作为小组的成绩和个人成绩。

在本次教学示例中，分别对实操和理论讲解采用了自评和互评，从测评的结果来看，大部分学生能够运用所学知识完成理论和实操测试，尤其是经历了两轮深度讨论后，学员对知识的理解和运用水平比在之前课堂上接受的示范＋实操的形式有明显的提高。

3　教学效果分析

经过本课程为期一期的教学施训，从本届学生的课堂调查反馈和结课考试成绩中发现，约有85.7%的学生对采用Jigsaw教学法的教学组织持支持态度；有76.4%学生认为，通过这种学习方式，对知识的掌握程度更加牢固；有81.5%的学生认为课上学习精力更加集中，学习紧迫程度增强，但课下复习压力有所缓解；有68.3%的学员认为对自己的协作能力、组织能力、分析归纳能力以及表达能力都有明显帮助。学生的团队意识明显增强，学习主动性和课堂参与程度也有了很大提高。

Jigsaw教学法的运用，本质上是在任务驱动[6,7]的前提下，开展有效的合作学习。它是对学生学习主体性地位的充分肯定，打破了传统教学单向性灌输的模式，使教师从课堂的主宰者变成了引导者，使学生从学习的被动接受者变成了知识的传输者。在课堂上多采用Jigsaw教学法，一方面，对挖掘学生的学习原动力，培养学习探究能力，建立学习自信的有效途径；另一方面，对教师的教学组织能力和课堂掌控能力也提出了更高的挑战。

参 考 文 献

[1] 王坦.合作学习——原理与策略[M].北京：中国人事出版社，2002.

[2] 李佩佩.基础教育中合作学习的问题与解决策略[D].石家庄：河北师范大学，2012.

[3] 何芳.自主学习与合作学习：共生关系[D].重庆：重庆师范大学，2012.

[4] Kemal Doymus . Teaching chemical bonding through jigsaw cooperative learning[J]. Research in Science & Technological Education，2008(25)：47 - 57.

[5] Yueh-Min Huang & Tien-Chi Huang. Using annotation services in a ubiquitous Jigsawcooperative learning environment [J]. Educational Technology & Society，2008，11 (2)：3 - 15.

[6] 白杨.从一个 Jigsaw 活动看任务型教学[J].许昌学院学报，2003，22(3)：34 - 38.

[7] 郑飞.利用 jigsaw 提高课堂小组活动的效率[J].宁波大学学报，2006，28(3)：139 - 140.

O-PIRTAS 翻转课堂教学法在涉密课程中的应用

李居伟　郭昕钰　冷洁
（海军航空大学青岛校区，山东青岛　264001）

摘　要：随着信息技术的发展，线上线下混合式教学方法已经成为一种有效的常用教学模式。特别是在新冠肺炎疫情影响下，许多课程虽然是被迫开启混合教学模式，但却意外取得了不错的效果。客观上，疫情促进了信息技术融入教学一线。但是，军队院校的部分课程由于受到保密限制，无法完全在互联网平台开展，如何更好地利用信息技术，增强教学效果成为必须研究实践的课题。本文论述了 O-PIRTAS 翻转课堂教学法，在互联网使用受限情况下的混合式教学应用。

关键词：O-PIRTAS；翻转课堂；教学法；混合式教学

1　O-PIRTAS 教学法基本内涵

O-PIRTAS 教学法（也称为 O-PIRTAS 翻转课堂教学法）是厦门大学郭建鹏老师根据线上线下混合式教学和翻转课堂教学的研究和实践，结合教育心理学理论研究成果提出的，一种操作性很强的，信息技术支持下的教学方法[1-2]。O-PIRTAS 是英文单词 Objective、Preparation、Instructional-video、Review、Test、Activity、Summary 的缩写，分别表示实施混合式翻转课堂教学的几个必要环节，前三个环节为课前内容，后四个为课上内容。

一是明确教学目标。明确课堂教学低阶目标和高阶目标，O-PIRTAS 翻转课堂和核心是将低阶目标移出课堂，把课堂时间聚焦高阶目标达成。

二是课前准备。学生在此阶段明确学习目标，有针对性地复习发展先前知识，为本节课学习做好准备。

三是教学视频学习。此阶段学生在进行课前准备发展先前知识的基础上，自主学习本节课的知识性教学内容，达成低阶教学目标。

四是回顾课前学习知识。尽快将学生注意力集中到高阶教学目标上。

五是课堂测试。检验知识性内容学习效果，深化对早期习得知识的理解，纠正自学阶段的错误认识。

六是课堂活动。针对高阶目标开展教学活动，例如汇报、辩论、互动交流等，锻炼学生应用课堂知识，分析问题，进行问题评价的能力。该阶段占用主要课堂教学时间。

七是总结。对学生表现进行评价，针对核心教学内容，帮助学生形成整合性知识，并布置下一步学习任务。

O-PIRTAS 教学法是一种基于信息化教学技术的线上线下混合式教学方法，其操作步骤简明流畅，便于教师开展对照执行。其课堂教学过程重点着力于高阶目标，能够更加有效地利用课堂时间。需要明确的是，O-PIRTAS教学法的本质特在还是“课前自学、课上翻转”，对学员课下学习要求比较高，对信息化教学手段依赖性比较强。显然，没有信息化手段的辅助自然不便于实施这种混合式教学方法。

2 网络受限课程的基本特点

对于非涉密类课程，O-PIRTAS教学法可以依托互联网广泛应用。而对于军队院校部分课程由于受到保密限制，无法全程依托互联网开展。所谓网络受限课程就是指因涉密等原因不适合教学过程全程使用互联网信息资源，导致教与学之间的授课信息交流受到限制，学员学习资源受到限制的课程。虽然受限课程在信息化教学条件方面受到限制，但课程中的某些教学内容又并非完全不能依托互联网开展。

课程受到的限制一般主要体现在以下两个方面：

一是依托互联网的师生交流受到限制。课前学习中的师生交流和Instructional-video学习阶段，依托互联网的师生交流受到限制，学员网上学习材料——视频、词条、图片等资源获取受到限制。部分军队院校课程，特别是装备类课程，一般含有大量涉密内容，不适合录制互联网教学视频。这就限制了学生开展课前学习的条件，也影响了课前开展线上师生交流效率，影响教学准备阶段效果。

二是课堂教学中，在Test、Action阶段互联网使用受到限制。课程部分授课内容不适合全程依托互联网开展，应用互联网平台的信息化教学条件受到限制，特别是在学员测评和学习任务监控方面，给教学组织带来一定困难。

3 网络受限课程应用探讨

网络受限课程在应用O-PIRTAS教学法时会受到限制是不可避免的，但是O-PIRTAS教学法并非完全不能使用。根据上文分析，网络受限课程主要在Instructional Video阶段学员获取信息化资源和Test、Action阶段课上依托互联网资源开展授课信息化手段运用受到限制。第一个方面主要限制了学员课前学习，从而影响低阶教学目标的实现；第二个方面主要限制了课堂活动的开展，从而影响了高阶教学目标的达成。

3.1 拓宽教学资源获取途径，助力低阶教学目标实现

针对基于网络资源实现低阶教学目标的限制，受限课程可以灵活采用多种途径和多样化的教学资源，多渠道协同作用，助力课前学习目标的实现。主要途径和渠道有如下几种：

一是合理利用基本科学原理的普适性，灵活获取互联网教学资源。受限课程虽然部分教学内容不宜上传互联网，但大多数课程的基本原理、基本知识往往是通用的。例如部队现役雷达装备，虽然具体参数、技术性能指标等信息属于保密范围，但其基本的目标测量原理与民用雷达并无本质区别，而相关装备原理类的教学内容则可以依托互联网方便获取，也可以广泛传播。因此，受限课程的基本科学原理在互联网上是普遍存在的，可以方便获取，也可以自行编辑处理。

二是充分利用军队网络平台，多渠道获取内部教学资源。受限课程涉及的部分涉军涉密信息虽然不能在互联网获取，但可以在军队内部网上流传下载。例如军事职业教育平台录制的各种微课幕课、各大学数据资源库等，提供的学习资料能够辅助学员开展自主学习。其前提是教员应当首先了解相关内容，掌握并告知学员资源获取方法。

三是制作课前纸质辅助资料，提前下发学员。在互联网和内部网络资源不足，或者无法获取的情况下，受限课程任课教员可以制作各种辅助资料，提供学员课前学习。纸质辅助学习资料一般是课程建设过程中的过渡性教学资源，一旦条件成熟，还是应当将其数字化，以方便信息化教学设备的使用。

3.2　采用多样化手段方法，促进高阶教学目标达成

针对受限课程依托互联网达成高阶教学目标的限制，受限课程可以充分利用局域网资源，支持网络化课堂活动。主要方法有如下两种：

一是运用多种手段测试低阶目标达成效果。如课上合理运用手机移动网络，依托微信、钉钉等通用化移动端社交软件，开展受限课程 Test 阶段的课堂测试结果统计和随堂测试结果汇总统计。受限课程也可以自制选择题卡，设计学生统计员角色，开展课堂测试统计分析。

二是使用局域网支持的教学软件监控课程教学过程。受限课程互联网资源使用时限时，可利用基于军内网或教室局域网的信息化教学软件开展课堂活动。教员也可以自主开发内网信息资源，向学员开放内网使用。其基本前提是，学员必须保证足够的课外自主学习时间。

3.3　有计划分步骤建设，逐步完善翻转课堂教学资源

受限课程开展 O-PIRTAS 翻转课堂教学方法应当采取循序渐进的方法，逐步完善教学资源，有计划分批开展建设。应当首先选取基础性内容较多的，能够更好依托互联网资源的章节开展翻转课堂。受限课程在初始开发阶段，可主要依托互联网资源进行教学，教员备课重点放在课堂活动（Action）设计上。然后，在方法运用逐步熟练的基础上，分批开展课程教学内容专用资源建设，逐步完成课程全面改造。

参 考 文 献

[1] 郭建鹏. 翻转课堂教学模式变式与统一[J]. 中国高教研究，2019(6)：8 - 14.

[2] 郭建鹏. 翻转课堂与高校教学创新[M]. 厦门：厦门大学出版社，2018.

MOOC 模式在航空雷达军事职业教育中的应用探索与实践

丁友宝　刘畅　高伟亮

(海军航空空大学青岛校区,青岛　266041)

摘　要: 传统的军事职业教育已经无法满足新形势下军事职业素质以及岗位技能的培训需求,MOOC(慕课)的兴起为军事职业教育带来了新的发展机遇。本文依托航空雷达专业MOOC 教学设计对加速推进 MOOC 模式在航空雷达军事职业教育中应用进行了探索与实践。

关键词: MOOC 模式;航空雷达;军事职业教育

MOOC 的出现为拓宽部队官兵军事职业教育服务渠道提供了良好的契机,为开展军事职业教育提供了很好的教育理念和模式。本文依托慕课 MOOC 模式进行航空雷达专业教学设计,为加速推进 MOOC 模式与航空雷达专业军事职业教育的深度融合应用进行了探索与实践。

1　MOOC 模式在军事职业教育中的必要性

1.1　传统的军事职业教学设计的有限性

军事职业教育是围绕提升军事人才职业特质、专业品质、创新素质,有计划开展的全员学习、开放学习、终身学习的活动,是院校教育、部队训练的拓展和补充,是素质教育在军事领域的重要实现方式。在传统的军事职业教育模式中存在很多的优点,但也带有相对一定的有限性。

一是学习时间与空间的有限性。传统的军事职业教育模式在学习时间和空间上,要求学员在特定的时间、并且要到特定的地点去进行学习,这就使得学习在时间和地点上都有了限定,而失去了自由的空间,无法做到自由地学习,学员无法拥有时间和空间上的自由,教学效果也会在一定程度上受到限制。

二是学制和学员数量的有限性。目前,实际军事职业教育培训中,大多是基于院校的短期培训等一次性培训,尚未形成长期有效的学习机制。

而且覆盖的学习对象范围还比较少,有机会接受正规的军事职业教育培训也只有少数学员。

三是教育资源的有限性。传统的军事职业教育中教育资源具有一定的有限性,并不能很好地及时地满足不同学员的需要,无法实现共享。在军事院校教育限定教育对象必须参加院校的入学考试合格，才能接受军事院校教育，参加学习，不能参加入学考试或者不合格的学员便无法享受军事教育资源，无法学习到军事教育资源。

1.2　军事职业教育需要MOOC

随着近几年慕课的出现，正是为我军军事职业教育注入了新鲜的血液。MOOC是一种针对大众人群的、通过网络进行学习的在线课堂，是远程教育的最新发展。MOOC的核心为大规模、在线和开放。大规模表现在学习者人数上，区别于传统课程数十或数百人的注册数量及范围限制，MOOC支持动辄上万人，甚至数十万人同时注册和学习。在线是指师生教学活动完全在网上完成，不受空间、时间的限制。开放是指课程资源免费开放，所有人都可以注册学习。MOOC与网络公开课之间的根本区别是：网络公开课的本质是资源的建设，课程提供者并不组织教学，也不会给学习者评价。而MOOC不仅提供免费资源，而且实现教学过程的全程参与。

慕课作为开放教育的新兴形式，从教学平台、教学对象、教学效果上都能很好地契合军事职业教育发展的要求。为实现的资源全军共享，构建全军互联互通的继续教育网络平台，建立庞大的数字资源库奠定了基础，学员能从中自主选择想要学习的教学资源，集中全军官兵的智慧，构建起具有部队特色、适用性强、内容丰富的资源库。从而将有利于推进我军军事职业远程教育体系的形成和发展、提升教学效果、提高教育水平。要高度关注和深入研究慕课发展趋势及影响，使其服务于部队，加速推进慕课与军事职业教育的深度融合。

2　MOOC模式在航空雷达军事职业教育中应用与实践

2.1　利用现有成熟技术，搭建航空雷达MOOC教育教学平台

目前，MOOC平台涉及众多网络交互应用资源，如Coursera、Udacity、EdX 、TED-Ede等，其中大部分主流MOOC平台已做到开源，且军内的国防科学技术大学梦课平台也已建成投入使用。MOOC平台还涉及众多网络交互应用资源，按照常规的“平地起高楼”的做法组织建设周期太长，技术先进性、可靠性验证困难，经费、人力资源投入巨大。为节约资源，减少建设难度，我们应该“站在巨人肩膀”，充分利用军内成熟技术，可根据已建成的×××大学MOOC平台，基于军事综合信息网展开军事职业专业的MOOC教学。

2.2　充分调研，搞好航空雷达MOOC军事职业教育模式教学设计

预想教学对象人像特征。在慕课大平台中，开放性十分明显，这就意味着在实施教学设计之初预想的学习对象和实际的教学对象具有不确定性，无法提前确定教学对象的特征。这就要求教员提前预想教学对象的特点，结合航空雷达课程的特点及应用前景，来设想本门课程潜在的教学对象的知识水平、理解能力以及学习习惯等。预想他们的学习需求，能够做到因材施教，设定的课程内容能够满足教学对象的需求。

教学视频以知识点为单位，零整结合。在设计慕课教学内容时，应该考虑到学习对象的现实需求，由于可能只是想学习某一个知识点。因此在设置教学视频时间上应注意简短，以知识点或者需要解决的基础问题为单位分成若干个微课。这样既可以避免将知识点拆散零碎化使其失去整体性，也不会造成一个教学案例中知识点过多，同时还可以增强学习对象的成就感。

提高教学资源质量。在慕课课程教学中,教学视频是学员学习的主要途径。因此教学视频的质量决定了学员学习的持久性、深入性和有效性。采用多机位、动漫、案例等方法丰富教学手段,使教学内容更具有吸引性。最终结合教学对象和教学内容,选择教学视频制作方式。

注重互动交流环节。在慕课课程教学中,学员在学习过程中进行互动交流的方式可以取得良好的学习效果,其中包括学员个体的活动、学员之间的互动以及学员与教员之间的互动。一是学员的活动。慕课教学设计相应的环节,使用提问引导式等多种教学方法教学,不断引导刺激学员发挥自主学习的主动性。二是学员之间的互动。慕课的学习对象数量较多,来自不同的地方,学习过程中,面对课程中的疑难问题,需要通过发帖的方式进行相互交流从而互相帮助,起到传帮带的作用,提高教学效果。课程设计中应该考虑可以让学员之间相互交流的功能。三是学员与教员之间的互动。在教学安排中,安排几次答疑、学习难点提示等,回答一些共性问题,对学员提出的一些共性问题,给予集中答疑是非常有必要的。

2.3 针对岗位实际,加强航空雷达 MOOC 课程标准与资源建设

MOOC 课程与传统网络视频课程、多媒体教学课件存在较大区别,有其鲜明的适用自主学习特点。航空雷达专业军事职业教育应首先考虑与航空雷达相关的岗位任职培训作用,重点安排航空雷达专业各领域岗位任职方面的必知必会知识课程,适当考虑安排航空雷达专业各领域的新知识、新技术、新装备等方面课程,制订适应 MOOC 模式的岗位任职培训类别课程标准,围绕适应性、针对性、系统性、趣味性特征,稳步推进课程资源建设(见表 1)。

表 1　教学资源列表

	资源名称	资源对应教学内容
自制授课视频	机载雷达系统组成	机载雷达概论第二讲
	机载雷达战术参数	机载雷达概率第三讲
	机载雷达技术参数	
雨课堂线上测试题库	雷达基本原理课前测试题	机载雷达概论第一讲
	雷达基本原理课后测试题	
	机载雷达系统组成课前测试题	机载雷达概论第二讲
	机载雷达系统组成课后测试题	
	机载雷达战技参数课前测试题	机载雷达概论第三讲
	机载雷达战技参数课后测试题	
	发射分系统概述课前测试题	机载雷达发射分系统第一讲
	发射分系统概述课后测试题	
	固态发射机和脉冲调制器课前测试题	机载雷达发射分系统第二讲
	固态发射机和脉冲调制器课前测试题	
	接收分系统概述课前测试题	机载雷达接收分系统第一讲
	接收分系统概述课后测试题	
	接收分系统辅助电路课前测试题	机载雷达接收分系统第二讲
	接收分系统辅助电路课后测试题	

续表 1

	资源名称	资源对应教学内容
慕课曲老师的课堂《雷达原理与系统》	雷达基本概念	机载雷达概论第一讲
	雷达基本任务	
	雷达发射机概述	
	雷达发射机主要质量指标	机载雷达发射分系统第一讲
	脉冲调制器	
	雷达接收机原理与组成	机载雷达接收分系统第一讲
	雷达接收机质量指标	
	PPT 课件	互联网线上教学所有章节
	电子版教材	
《航空雷达原理》慕课(自制)	舰载机雷达系统概述	舰载机雷达概述第一讲、第二讲
	舰载机雷达分机原理	舰载机雷达发射单元、天馈伺单元、高频接收单元、频综器单元、信数处理单元
	雷达的显示控制与操作使用	舰载机雷达显控与操作
军综网上线微课	神奇的太赫兹波	舰载机雷达概述第一讲
	歼-15 飞机雷达空空作战方式	舰载机雷达显控与操作
	脉冲压缩技术	舰载机雷达信数处理单元
	雷达发射参数测试	发射系统参数测试
自制多媒体资源	歼-15 飞机火控雷达	舰载机雷达概述、分机工作原理、显控操作
	歼-15 飞机火控雷达课程多媒体教材软件	舰载机雷达概述、分机工作原理、显控操作

2.4 MOOC 模式在航空雷达军事职业教育中应用实践

航空雷达系统是航空机务技术与指挥(电子信息工程)专业任职岗位课程。通过课程学习,学员能够掌握机载雷达系统的基本知识,建立航空雷达系统的总体概念,达到“懂原理、熟装备、擅检测”的能力要求。课程对于构建完整航空雷达系统专业知识结构,形成典型航空雷达系统专业维护技能和保障技能有重要支撑作用。

课程教学内容主要包含航空雷达系统原理、航空雷达系统实验、航空雷达系统参数测量三大模块。在航空雷达军事职业教学中如何设计 MOOC 更适合航空雷达专业教学对象、文化背景、作息时间和学习规律,让学员有时间学习,有空间学习,同时提高学员的学习效率和教学效果,形成一套科学合理的教学原则和方法。课程围绕“整体设计,分段实施,资源整合,双网推进”的教学实施思路将航空雷达课程教学进行校内、校外分段实施,通过线上、线下混合式教学,做到师生同步,探索协作,灵感共鸣,实时交互,使学员对所学知识会迁移、能应用、可拓展、能升华。

2.4.1 “理论、实装、操作”一体化融合

按照“强化雷达理论基础,突出舰载雷达应用,提升信号检测能力”的思路,优化教学设计。将教学内容分为雷达原理知识、雷达系统实验、雷达实装测试三大模块。图 1 为课程体系设计

结构示意图。

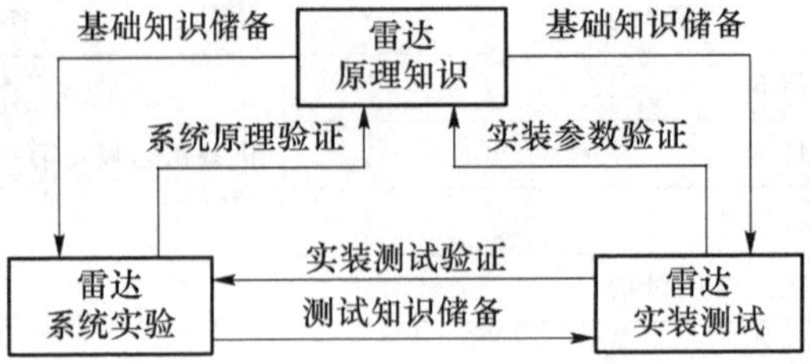

图 1　课程体系设计

雷达原理知识。以航空雷达分机组成为主线，主要讲解机载雷达发射系统、接收系统、天馈伺系统、显控系统、信号处理系统、数据处理系统的工作原理，突出舰载机雷达实装应用，落脚点在舰载机火控雷达各子系统，为雷达系统实验和实装测试打下坚实理论功底。

雷达系统实验。利用专用雷达原理实验平台，模拟实现雷达发射信号、接收信号、处理信号的过程，让学员从直观信号变化角度，加强对雷达系统工作原理的了解。

雷达实装测试。根据军事考核大纲，教员设计相应测试科目，在舰载机机载火控雷达实装上开展测试。将雷达系统级实验与分机信号级检测深入融合了部队工作需开展的雷达实装参数测试。

通过雷达原理知识的基础学习，为雷达系统实验和实装测试储备了坚实的基础理论知识，通过雷达系统实验与测试让学员建立起雷达整机的概念，从雷达工作流程角度体会雷达总体工作流程，从信号变换角度体会雷达分机工作原理，使学员既看到“树木”又能看到“森林”。

2.4.2　“校园内外，课堂上下”军地平台相融合

根据教学要求，课程组对课程授课时间、教学形式进行了科学规划。将课程教学内容分为“涉密”和“不涉密”两种类型。航空雷达原理部分“不涉密”，该部分教学在学员离校期间实施，课程组精心打造教学内容，广泛使用“PPT、动画、视频、图片”等直观生动的媒体资源，借助互联网教学平台如钉钉、雨课堂、微信群等开展线上教学。

航空雷达系统课程涉密，该部分教学在学员返校期间实施，课程组利用已建成的军综网资源幕课航空雷达原理、XX 飞机火控雷达多媒体教材，借助校园网智慧教室及卓智智慧教学平台开展线上教学，通过舰载机火控雷达实装实验室和雷达原理实验室开展 XX 型机火控雷达线上线下混合式教学。

在航空雷达系统非涉密内容教学过程中：开展“课前先行探讨，课中协作探讨，课后拓展巩固”模式教学，做到师生同步，实时交互。课前教学中教员发布导学任务清单，并提供学习资源，学员通过个人、小组讨论，提出疑问；课中教学中学员反馈先行学习情况，教员对认知误区进行纠错，讲解其中的重点难点，通过设置开放性的话题进行师生讨论，帮助学员对知识做到活学活用；课后教学中教员发布拓展学习任务，让学员自主学习资源，运用所学知识去探索国内外雷达系统性能、结构、实用问题，提高学员理论练习实际能力。如图 2 所示为雷达原理非涉密内容校外混合式教学架构图。

在雷达系统涉密内容的教学中：通过学习自学、小组协作、教员答疑等形式，借助 MOOC 平台进行自学和任务布置，课中采用线上授课、小组讨论、师生互动、课堂小结等形式开展，学生到校后，采取实装的现地教学和现场演示，和学员进行互动交流、小组讨论，课后利用智慧教

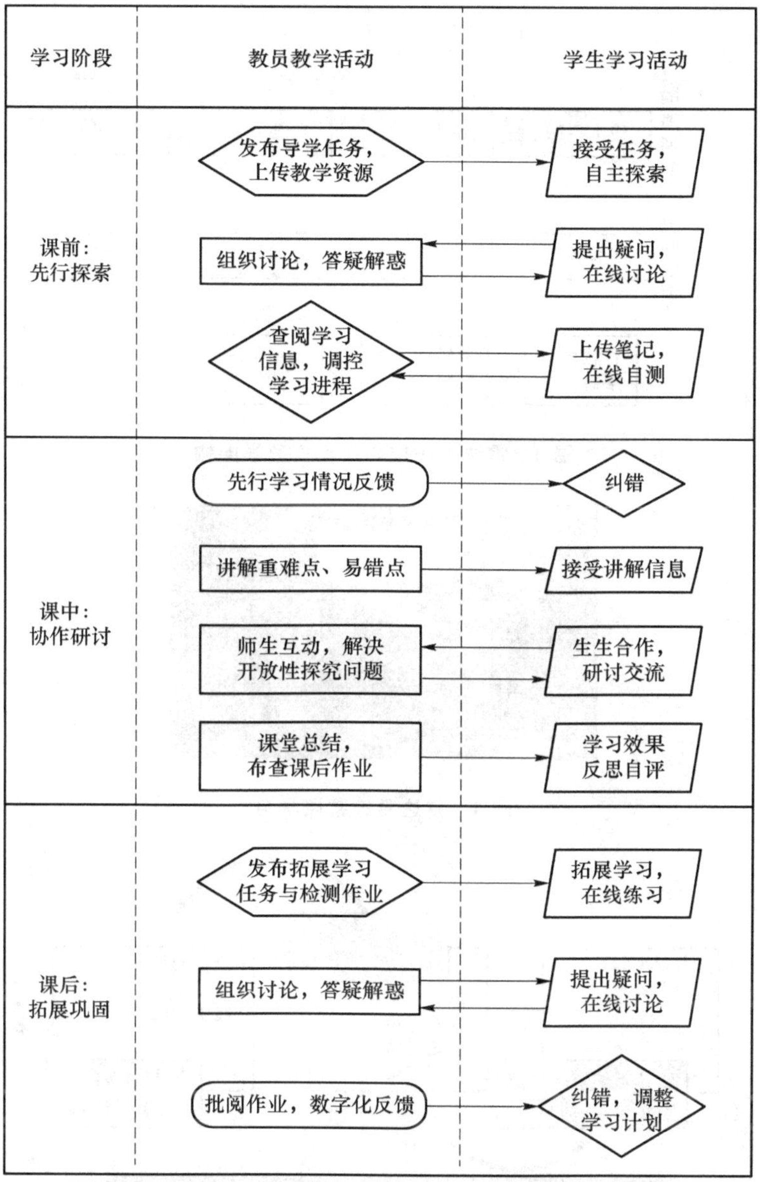

图2　雷达原理非涉密内容校外混合式教学架构

室平台进行课后答疑、利用多媒体教材进行复习与巩固、利用网络习题进行测试和作业。图3为雷达系统校内混合式教学架构。图4所示为雷达系统幕课学习。

在雷达系统实验与信号检测教学中，在课前主要通过录制视频和观看网上资源，完成雷达系统实验与信号检测方法的学习，在课中利用雷达原理实验箱、通用/专用检测设备、雷达实装开展信号检测检测并进行小组讨论与交流，课后利用智慧教室平台软件进行录像回放、互动交流和线下实时答疑。如图5所示为雷达实验与测试校内混合式教学架构。图6所示为雷达系统实验小组讨论。

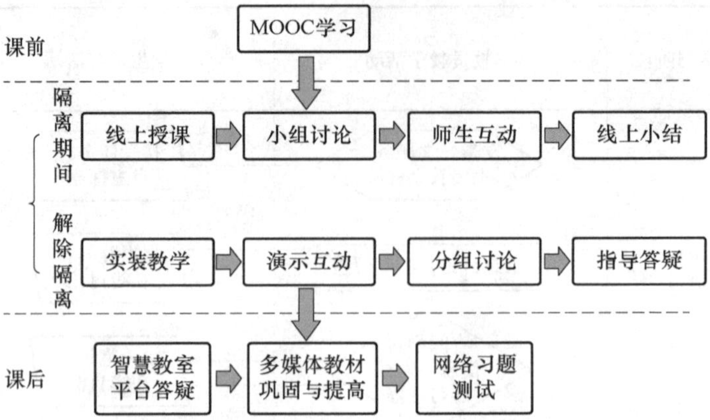

图 3　雷达系统校内混合式教学架构

图 4　雷达系统幕课学习

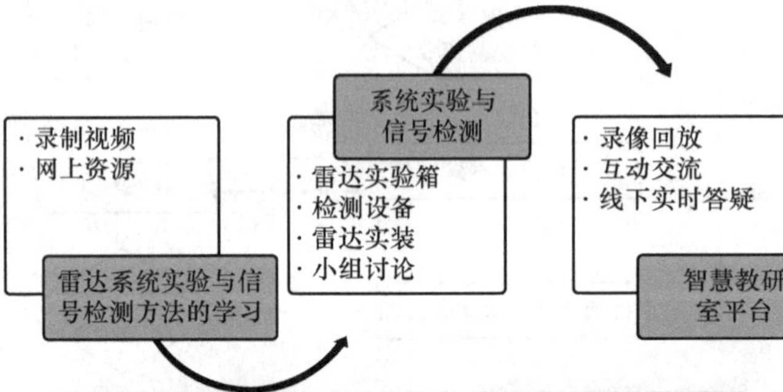

图 5　雷达实验与测试校内混合式教学架构

2.4.3　“思政育人，价值引领”隔空情更浓

机载雷达系统课程既有专业理论知识，又有专业装备应用的特点，课程组准确提炼课程中蕴含的世界观、方法论、职业伦理等思政元素，将思政教育渗透、贯穿在全教学过程中。从专业科学精神、探究和创新精神，以及为部队战斗力服务的责任意识等多方位进行价值引领。

通过图片、视频资料等介绍雷达技术创始人或事迹的情景教学法，激发学员的专业情怀。

通过任务驱动、角色扮演、小组讨论等方式，引领学员领悟科学思维方法，激发学习热情，培养探究和创新精神。图 7 为学员参与讨论。

通过装备故障造成飞机战斗力丧失的典型案例分析，激发学员的战斗精神和为提高部队战斗力而学习的强烈责任意识。

图6 雷达系统实验小组讨论

图7 学员参与小组讨论

3 MOOC模式在航空雷达军事职业教育中实施效果

3.1 “以学员为中心”，线上线下混合联动，拓展了传统教学“教”与“学”的空间

和传统雷达教学相比，利用雨课堂、钉钉平台、微信公众号-曲老师的雷达课堂以及线上网络教学资源，把传统教学的时间和空间都进行了扩展，使“教”和“学”可不在同一个时间、同一个地点、甚至是同一名教员就能够完成。雨课堂线上教学如图8所示。

图8 雨课堂线上教学

3.2 有益探索了军队院校涉密课程的混合教学模式，实现了教学方法的多样性

利用军综网、校园网、雷达专业智慧教室平台及内嵌卓智软件、XX型飞机火控雷达实装，实现了机载雷达系统课程涉密内容的线上线下混合式教学。实现了教学方法的多样性，如：自主互助式、研讨互动式、问题牵引式和理实结合式。

3.3 建立学习过程综合评价体系，开辟了课前、课中、课后的全方位学习模式和评价模式

通过建立学生的学习档案，注重对学习过程的评价，做到定量评价和定性评价相结合、个人评价和小组评价相结合、自我评价和他人评价相结合。更强调学生在课前学习、课堂签到、互动参与、实验记录、小组数据、课堂测试、活动记录和学习体会的评价内容和权重，开辟了全方位学习模式和评价模式。

4 几点思考

MOOC的出现为军事职业教育带来了新的发展契机。今后，应把MOOC课程学习作为航空雷达专业官兵军事职业能力培训的重要内容，建立相应的学习评价和管理制度，将学习成绩与岗位任职能力的考核挂钩、与部队入校学习深造的人员选拔挂钩、与院校课程修习学分的认定挂钩，促进官兵认真学习、主动学习，形成浓厚学习风气。应把MOOC课程教学作为院校教员的重要职责，计入教学工作业绩，还应建立MOOC课程教学质量评估机制，把课程教学成效作为教员晋职晋级、评功评奖的重要指标，促进院校教员积极改进教学、服务官兵。同时，MOOC的开展情况也应作为院校教学工作评估的重要内容，促进院校积极将教育资源向部队战斗力转化，为加快发展我军军事职业素质教育作出重要贡献。本文结合航空雷达专业MOOC推进军事职业教育教学实践谈几点思考。

4.1 抓好MOOC平台建设，引导兵深入学习

加快远程平台建设是加快发展军事职业教育的重要内容。MOOC模式平台以其创新性的教学模式，有利于形成全军的网络“智囊”，更有利于适应官兵远程在线学习 。一是加强教学条件建设。由于保密问题的客观限制，我军网络及远程平台建设相对于地方和国外相关行业一直处于滞后状态，因此，建设强大、实用的MOOC平台就需要我们积极借鉴国内外先进网络技术。首先要抓紧做好军队网络建设，加速推进军事综合信息网向基层部队和偏远单位延伸，为全军共享打好基础，而后基于稳定、全覆盖的军队网络将优质的教学资源向全军院校和部队推广，广泛开展在线学习。二是促进平台共建共享。依托梦课学习平台探索军事特色鲜明的MOOC发展新模式，为官兵远程自主学习提供了良好的支持。因此，建议全军以梦课平台为推进军事职业教育创新发展的窗口，抓紧建设全军MOOC平台，加强网络和技术建设，实现全军覆盖和共享。

4.2 构建MOOC资源体系，提高网络课程质量

一是科学设置课程和教材。我军院校军事教育已经构建以必修课为主，选修课为拓展的课程体系。因此，MOOC资源库建设要针对我军国防和军队改革后体制机制、指挥方式、训练手段等方面的深刻变化，有区分性、层次性，兼顾不同兵种、不同专业的教育对象，按照政治理论、军事知识、专业技术、任职能力等模块构建教学内容体系并根据形势、任务的变化，不断进行调整、更新、优化，尽可能改变当前教材与专业不配套的现状，切实解决官兵的岗位需要。

二是统一审核课程资源。为避免资源重复，建议由总部组织专家组统一审核挑选。以加

快推进军事职业教育创新发展思想为指导，制定全军职业教育内容总目录，聚集全军优质教育资源，并针对各门课程特点设置推荐系数，有利于官兵选择课程，保证了课程质量，提高了学习效率。

4.3　健全MOOC管理制度，严肃相关纪律法规

全军院校兵种行业多、专业技术复杂，各部队对官兵军事素质和专业知识要求参差不齐。因此，建议加快健全MOOC管理制度，其中包括：

一是学习管理制度。MOOC课程应该围绕以学习为中心的管理理念，建立定期学习制度、点名制度、交流制度和分析制度，各单位应加强对官兵MOOC课程学习的督促检查，大力培养和弘扬学习刻苦、献身实践的先进典型，由此带动更多的官兵自觉投入到本职岗位的课程学习，培养精品意识和工匠精神，切实扭转“学与不学一个样”的不良学习风气。

二是师资队伍建设制度。教员是军事职业教育的关键一环，教员教学的规范与否直接影响官兵的工作实践。因此，应该严格把控教员及技术人员的培养、选用、评估办法，建设一支由名师专家、教学骨干、技术保障人员组成的教员队伍，各部分人员各司其职，承担MOOC资源平台建设任务，满足远程学习的需要。同时，通过教学反馈、考核评估等制度奖优汰劣，有效调动个人和单位学习的积极性，保持师资队伍的活力。

三是考评奖惩制度。建设奖惩激励制度是激发官兵学习动力的最好方式，定期对官兵学习情况进行考核与评估，成绩与学员毕业量化考评、单位和个人评比先进、晋升晋级相挂钩，对学习成绩优秀的个人，各单位应给予表彰奖励，以有效调动单位和个人学习的积极性，形成鼓励学习、推动学习的有效机制。

参考文献

[1] 庞昆.发展军事职业教育是实现强军目标的战略路径[N].解放军报，2014-6-4.
[2] 丁双双，李宇庆，魏子任.我军军事职业教育发展探析[J].继续教育，2015.01.
[3] 杜建平，刘海声.军事职业教育教学质量不高的原因分析[J].继续教育，2015.02.
[4] 吕世平，姜海滨，张若钦，等.MOOC视域中的军事职业教育研究[J].继续教育，2015.06.
[5] 熊龙飞，胥霖.基于MOOC模式的军事职业教育探索与思考[J].继续教育，2015(1)：2.

基于局域网的某型机仿真训练系统教学应用初探

李岩　张泰峰　刘旭　张勇　吕航　樊伟杰

（海军航空大学青岛校区航空机械工程与指挥系，青岛　266041）

摘　要： 面对当前互联网时代的教育日益普及，军事航空院校的专业课程也逐渐开展了基于局域网的教学建设。结合我校推动的舰载转型和机电融合的教学改革，本文应用虚拟仿真系统和 VR 技术开发的某型机仿真训练系统，开展基于局域网的飞机构造课程教学实践，教学过程中充分利用仿真训练和视景仿真充分调动学员的学习兴趣，并配合部分维修仿真功能，让学员在做中学、学中做，初步探索了基于仿真与实装结合的教学模式。

关键词： 局域网；虚拟仿真（VR）；飞机构造课程；教学建设；机电融合

近年来，随着“互联网＋”教育的逐渐应用，基于互联网的教学模式不断发展，也推动了信息化教学的广泛普及[1]。不同于很多民航学院，军事航空学院开展航空专业课程的信息化教学，特别是网络化教学始终受限于保密要求，无法在互联网上广泛开展教学实践，更无法应用成熟的教学软件，例如云课堂 app、雨课堂 app 等。这些都严重制约了航空专业课程教学水平的提升以及教学效果的体现[2]。为了进一步拓展课程的教学内容及方式方法的更新，海军航空大学青岛校区提出面向海军特色，推动智慧校园建设。本文以我校区生长军官高等教育专业层次，航空机务技术与指挥（机械方向）等专业方向的某机飞机构造、飞机构造与系统等课程为例，结合我校开展的舰载转型和机电融合教学改革，以开发的某型机仿真训练系统为依托，探索如何利用校园内部建设局域网，拓宽学员自学途径，开展线上线下结合的教学模式，利用仿真训练、配合 VR 维修，充分调动学员的学习兴趣，加强学员对知识内容的深入理解和应用实践，以此为其他课程的线上线下教学实践提供参考。

1　课程教学现状

飞机构造类型课程是航空机务技术与指挥专业（机械方向）生长军官学员及士官学员的专业基础必修主干课程。该课程主要使教学对象掌握飞机各机械系统与附件的功能、原理、构造、工作、使用维护等知识，形成对飞机各机械系统的使用维护能力、故障分析和排除能力。该课程的特点是内容复杂，理论结合实践，应用性较强，与一线的飞机维护和维修工作所必需的专业知识紧密衔接。随着飞机各系统技术的不断进步，特别是机电技术的持续融合与应用，飞机构造教学内容也应结合实际不断完善，始终保持其先进性和丰富性，让学员真正地学有所用，以适应将来岗位任职所需。但是长期以来，该课程在教学过程中仍然存在很多问题，如受到教学理念、教学条件、教学装备、保密要求等的限制，特别是无法借助于当前互联网教育的很多便利条件，无法继续提升教学质量和学员的学习能力，具体可表现为以下几点：

1）学员的主体性并未充分突出。在该课程传统的教学活动中，教员不停地讲授知识，起到主导作用，甚至成为主体，而学员只是被动地接受知识，很多学员并不能真正理解或者主动探究知识，极易出现死记硬背和应付考试的现象，这种教学过程忽视了培养学员的学习兴趣或学习能力，教员也无法真正了解学员对知识的掌握程度，这无疑极大地影响教学效果[3]。

2)教学模式无法充分激发学员的学习兴趣。当前该课程的教员仍普遍采用板书加多媒体的模式，尽管会借助部分飞机系统管路图、部件解剖图进行学习，加之配合部分视频、动画等手段，将课本知识点逐一讲解；对有故障案例的系统或附件，会进行重点介绍，以激发学员的学习兴趣。但总的来看，教和学的过程仍以教为主，学员并未深入参与其中，这就会造成学员不会思考或者不愿思考，难以培养学员对问题分析和解决的能力，特别是影响形成专业岗位的任职能力[4]。

2 课程建设

基于以上对课程教学现状的分析，本课程组团队尝试借助开发的某机型的机械系统仿真训练系统，在教室内部建立课程教学用局域网，训练系统同时兼顾教与学双方面的需求。同时考虑到激发学员学习兴趣和对内容的深入理解，将飞行员在座舱内的操纵、机电液系统管路工作原理、执行机构动作效果、座舱及其他仪表的显示，直至各种常见故障和维护注意事项等一系列教学内容，统一打通并贯穿到教学和仿真训练中，适当安排课内教学内容和课前预先、课后复习内容，加深学员对系统工作整体的理解和把握，为建立后期岗位任职能力奠定基础。根据以上建设思路，在该课程改革中，主要进行了两方面的工作：

1)积极向实际装备挖掘教学内容：赴某机型部分开展实际调研，机体结构由以往的二维结构变成三维仿真建模，工作系统则从飞行员操纵、执行效果、座舱仪表显示、维护注意事项等一系列相关知识要点等，均吸收到仿真训练系统中，极大程度地还原飞机的结构，让学员真切感受到飞机各系统的真实工作过程，深入理解其原理；

2)机、电、液系统工作教学内容深入融合：以往课程教学中，对系统工作原理通常是电气控制、显示部分和液压管路分开讲解，这不仅造成学员对系统工作的整体工作情况无法真正理解，教员对此的理解也不够深入。引入了机电液系统原理的串讲后，教学内容和教学内容进一步得以丰富，学员更可以了解系统工作的全貌，配合仿真学习训练，对飞机操纵和维护工作也有了更为深入的理解。

3 教学实践

3.1 基于局域网构建课程教学平台

按照“练为战”、全面推进“舰载转型”的总改革思路，基于校园网、局域网，构建某机型的机械系统仿真学习训练系统，以及某机型维护半实物仿真系统联网学习平台，建设线上线下、理论实践一体化信息化教学模式，进一步完善教学手段及课程体系，建设思路如图1所示。

该课程教学平台主要具备以下几项主要功能：

1)不同于通用的智慧教学平台，该平台为飞机机型的专用教学平台，针对该机型或类似机型的机械系统教学均可在其中实施，突破传统课堂授课限制，充分利用软、硬件学习训练系统，

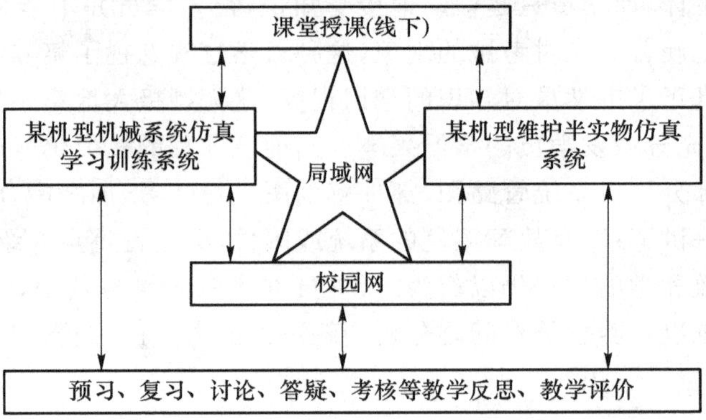

图 1　基于局域网的某机型构造类课程教学平台建设思路

利用校园网及局域网，开展线上线下教学。

2)平台上可不断积累、丰富教学资源：教员可充分利用平台不断丰富故障案例库、短视频、微课等教学资源，在学员预习、复习阶段充分利用这些教学资源，通过线上线下方式分析故障等加深学员对系统的理解、充分利用虚拟现实技术实现飞机主要机构的虚拟维修，拓展学员关于该机型的外围知识，从而加深学员对维护工作的理解，更加激发学员学习热情。

3)具备一定的教学评价功能：教员和学员均可在线上实现对方互相评价，学员也可使用教学平台进行辅助学习、预习、复习以及讨论、答疑、考核评价等活动。目前该平台还在进一步建设完善中。

3.2　构建某型机机械系统仿真训练及维护系统

3.2.1　某型机仿真训练系统的建立

某型机仿真训练系统的建立包括机体结构仿真建模和主要机械系统的工作过程仿真，包括机体结构详细结构三维建模、操纵系统、液压/气压系统、燃油系统、环境控制系统，以及座舱盖系统等的工作原理仿真。机械系统的工作原理仿真展示可用计算机双屏实现，一屏展示座舱操纵部分，包括显示仪表等，另一屏显示机、电、液工作管路视频和语音讲解，同时插入小屏配合显示系统工作中的主要附件，最后通过操纵效果的体现完成整个系统的讲解。例如介绍起落架收放系统时，教员可以代替飞行员在座舱界面上操作起落架收放手柄(或应急放手柄)等操纵部件，系统给出机电液系统管路图，中间小屏穿插播放主要附件的基本结构图，机电系统管路仿真图运行到最后，主屏呈现出起落架舱或起落架支柱收放的仿真图面，收放完毕后座舱相关仪表显示信号。其主要界面如图 2 所示。

3.2.2　某型机机构 VR 维护系统的建立

该系统基于某机型设备维修排故的三维实景仿真训练，以“角色扮演仿真应急处突训练”为方式，实现三维场景仿真环境下设备维护、维修训练及故障模拟排故的教学培训。通过常规学习、自我训练、技能考核三个模块对学员进行设备维护维修的专业培训，系统界面如图 3 所示。目前这两个系统还在继续完善中。

3.3　开展教学实践

课程组在 2020 年第一学期某机型飞机构造课程中，首次应用了该教学平台，每个学员均

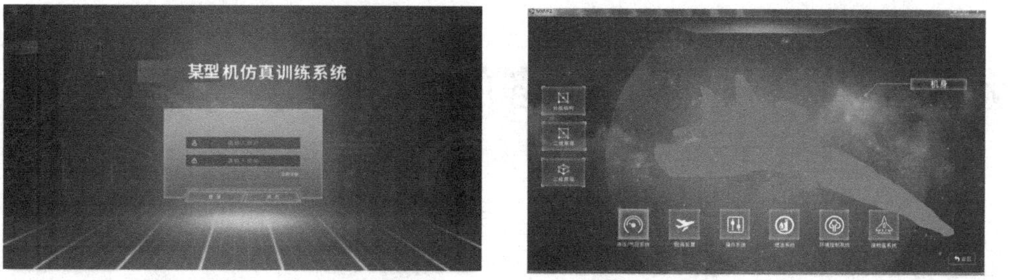

图2　某型机机械系统仿真训练系统界面

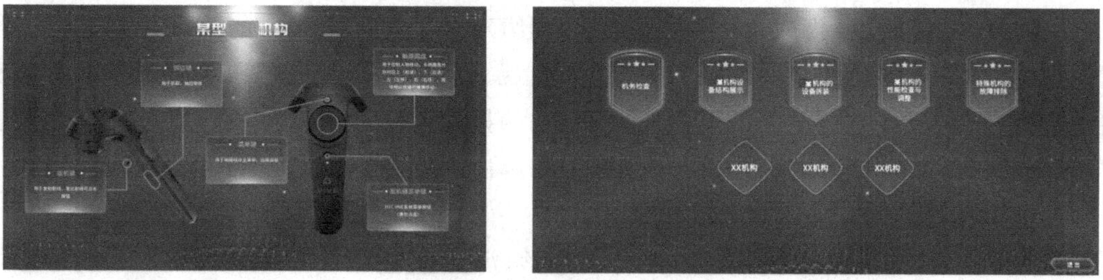

图3　某型机虚拟维护系统界面

配备一台笔记本电脑，教员在课前、课后分别布置预习和复习任务，学员可以在课后登录系统预习教学资源、完成并提交作业，教员在课上可针对作业提交情况重点讲解某些内容，并直观展示系统工作原理。学员普遍反映使用该平台教学内容更易理解，也更有兴趣学习。

4　结　论

飞机机型构造类课程是航空院校的传统课程，结合当前线上线下教育模式改革和仿真建模技术的发展，本文介绍了对此类课程开展基于局域网的课程教学平台建设，构建某机型的机械系统仿真系统，以及VR维修维护半实物仿真训练系统，给出了传统机型课程在面向学员学习需求、提升教学效果方面的一种解决办法，在实际教学中可结合具体课程内容实现翻转课堂的效果。

参考文献

[1] 刘超，李继中，邓君香，等．基于云课堂APP的高职课程的教学过程探索-以飞机构造基础课程为例[J]．科技创新导报，2018，04：210－211.

[2] 杨振博，陆轶．基于"职教云"的可持续性教学资源库建设方法的研究-以飞机构造基础为例[J]．职教科技，2017：165－167.

[3] 王博鳌．基于翻转课堂的飞机构造基础课程改革探索[J]．科教论坛，2021，1：71－72.

[4] 褚双磊，温瑞英，王玉，等．飞机性能工程精品资源共享课程建设的探索与实践[J]．中国民航飞行学院学报，2018，09：38－42.

“大思政”格局下“电路的谐振”教学探索实践

张芳　丁国臣　王翠珍　杨晓霞

（海军航空大学青岛校区，青岛　266041）

摘　要：当下，全国各高校正在全力推进课程思政工作，课程是课程思政的基础，在“大思政”格局下，以“立德树人、为战育人”为使命，课程组对电工技术课程中的思政元素进行了深入挖掘与探索，从培养学员的专业情怀、正确的人生观、创新意识、责任感和使命感等方面为出发点和落脚点进行教学。在“电路的谐振”这一章节的授课中，以学员为中心，通过混合式教学的方式，着重培养学员辩证看问题的思想、一分为二解决问题的思路，对于其他章节、其他课程起着良好的借鉴作用。

关键词：大思政；元素挖掘；谐振；混合式教学；辩证思想

“大思政”格局下，21世纪的国际新形势中，将思政教育融入军校学员的电工技术等专业基础课程教学，十分必要且十分重要，具有特殊的深远意义。电工技术课程作为士官职业技术教育的一门专业基础课，是桥梁和纽带，起着承前启后的作用，而“电路的谐振”选自电工技术课程第三章正弦交流电路的第六节，是交流电路部分比较重要的内容。课程思政与电工技术这样的专业课程的融入存在三个方面的困难[1]：一是教材编排上如何与思政教育理论相结合；二是单一的传统授课方式中很多讨论局限于理论探讨，缺少结合实际体会的深入；三是从学员自身而言，成绩大过一切的思想愈发明显，使思政教学推进缓慢，成效不佳。基于此，课程组以混合式教学的方式，采取多种教学手段，对“电路的谐振”一节进行了积极有效的教学探索。

1　“三维”教学目标

以“立德树人、为战育人”为根本宗旨，结合人才培养方案要求，基于OBE(Outcome Based Education)教育理念，设计确定了本堂课的教学目标：

1）知识目标

① 解释谐振，串、并联谐振的含义；

② 写出特性阻抗、谐振频率的表达式；

③ 总结串、并联谐振的特点及其在现实生活中应用。

2）能力目标

① 具备利用谐振的特点分析电路的能力；

② 灵活运用谐振的理论知识解决有关工程实践问题。

3）素质目标

① 养成严谨细致的工作作风；

② 具备努力钻研的学习意识；

③ 培养团队协作精神，增强团队凝聚力。

2　总体设计思路

总体上，采用线上线下混合式教学的方式组织实施，分为课前，课中，课后三个阶段[2]。课前，为学员线上自主学习阶段，发布导学单，着重培养学员的团队合作能力，促进思维养成。课中，为知识固化阶段，采用抢答、小组研讨等多种方法与手段，有针对性地查漏补缺、精讲多练，深度互动。课后，进行思维拓展和成果检验。整个过程，注重学员能力的训练，助力学员思想的提升。

3　课前自主学习

课前自主学习阶段，下发导学单，发布自学任务，分为个人自学和小组讨论两个部分，考虑到学员的基础参差不齐，个人自学又分为必学内容和选学内容，以满足不同学员的学习需求。自学部分提供与课程内容相匹配的地方大学优质 MOOC 资源，辅助有预习提纲，帮助学员构建知识体系，深刻把握本节课的知识体系与内容。小组讨论部分，给出如下三道思考题，由学员组内讨论后提交：

①要想使 RLC 串联谐振电路对信号的选择性好一点，可以采取哪些方式？

②如何比较不同的 RLC 串联谐振电路的性能好坏？

③阐述串联谐振的好与坏及实际应用。

通过小组讨论，一方面学员能够对于串联谐振的关键点有一个整体的把握和认识，另外一方面，能够促进学员开拓性思维的培养，在查阅资料、相互探讨的过程中，使学员能够初步感悟到谐振是一把双刃剑，在应用的时候要学会扬长避短，初步养成使用辩证的思想看问题的意识，这也是课前思政的一个考量点。

3　课中知识固化

课中，主要运用了讲授法、实验法和演示法三种教学方法，进行了翻转课堂的设计，将先进的多媒体教学手段和传统教学手段协调配合，精心设计抢答、练习题推送、小组展示等多个环节，确保线下教学气氛轻松愉快，学员生动活泼，学习深度有效。

坚持“主线清晰，重难点突出”的教学理念，整个教学过程按照“设疑引学—概念讲解—组成介绍—电路分析—性能探究—应用举例—归纳小结”的设计思路展开，主要探讨了如下四个“W”问题，以此来引导学员主动参与，积极思考，实现对相关知识点的理解、记忆和掌握。

①When：在什么时候能发生串联谐振？

②What：电路谐振时的特点有哪些？

③How：品质因数对于串联谐振有怎样的影响？

④Where：串、并联谐振有哪些实际应用？

3.1 设疑引学

兴趣是最好的老师，为激发学员的学习兴趣，从“实物进课堂，兴趣助提高”的理念出发，在课堂引入时，采用演示法，演示收音机收台和换台两个过程，并提出两个问题：为什么我们能从众多的电台信号中把青岛新闻广播电台选出来？从青岛新闻广播电台能够调到青岛音乐体育广播电台的这个本领又是如何实现的呢？从而引出 RLC 串联谐振电路。

3.2 概念讲解、组成介绍

谐振的概念与组成，是学习电路谐振的基础，根基牢不牢，将直接影响重难点问题的分析与突破，因此，解决自学疑难问题，打牢基础知识根基，是这一环节的主要任务。相对而言，这一部分，是比较容易掌握的内容，在学员能力范围内，可以通过自学完成。有了自学基础作支撑，本环节充分进行翻转课堂，突出学员的主体地位，以小组为单位，针对谐振的定义、RLC 串联谐振电路的结构组成等内容，结合线上预习任务，进行自学效果展示，“以组汇报，全员答疑”，发现并解决学员自学环节遗留下来的疑难问题。同时，引入“抢答”环节，在检验自学效果的同时，充分锻炼学员的语言表达能力和反应能力。

3.3 电路分析

在电路分析阶段，串联谐振电路的特点为电工技术课程的重点内容，传统的讲授方式，不够形象，并不利于学员的理解和记忆，因此，不乏学员不理解而死记硬背。

为了改变这种现状，通过信息化手段，让知识“鲜活”起来，先通过 Multisim 仿真实验，如图 1 所示，引导学员分析现象，使学员在观察中直观地感受串联谐振电路的特点，再通过理论推演来加深认识，既能够达到帮助学员理解和接受的目的，又促进了学员观察能力、分析归纳问题的能力的形成和提升。

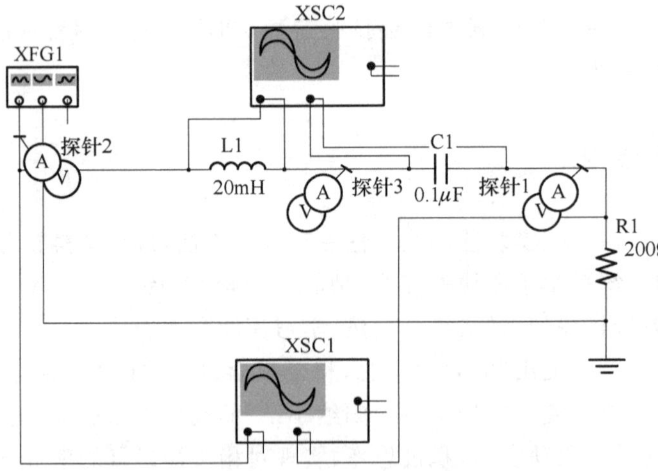

图 1 Multisim 仿真电路

在对串联谐振性能参数的探究中，有两个思政点考量，通过问题牵引和形象类比的方式，一方面，使学员明白事物都有两面性，串联谐振也是一样，有利也有弊。另一方面，从“品质因数和通频带这一对相互矛盾的量，在实际工程中该如何处理”的问题中，将统筹兼顾的处理方式提升到辩证的思想看问题的高度上，可以为学员将来解决工程实际及问题研究提供思路。

3.4　应用举例

在新“三维”目标的指引下，“突出应用，淡化推导”是我们一直以来必须坚守的准则。这一阶段，是学员应用能力培养的关键一环。在应用举例阶段，将思路返回到课程引入中提到的电台选频过程，进行引题回扣。在帮助学员理解的同时，本着“向实战聚焦、向部队靠拢”的原则，进行思维发散，引出机载电台的调谐也是同样道理。不仅如此，谐振在某对空台发射机陷波、滤波中的应用，也是本节课要重点探讨的问题。一方面，这体现了为装备和后续课程应用服务的特点，另一方面，将理论与实际装备结合的思路，也使知识的运用更加有针对性和说服力。

4　课后延展学习

对偶性是电工技术课程的突出特点之一，在对串联谐振电路深入理解和巩固的基础上，学员要具备充分利用对偶原理，梳理总结并联谐振的特点等相关内容的能力，这就对学员的综合能力提出了较高要求。

学有所得，思有所获。秉承“及时测，堂堂测，早反馈，早纠错”的原则，课后，通过对分易平台发布本节练习题，实时监测学员学习成效。从检测结果来看，80分以上学员占到30%左右，而且绝大部分学员都能够达到基本要求，成绩达到预期，成绩分布图如图2所示。

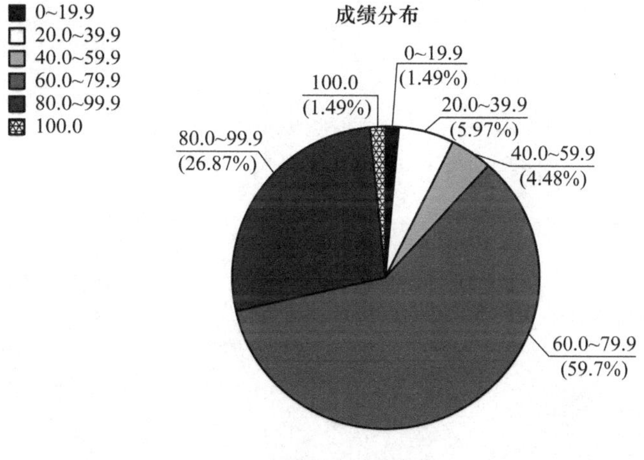

图2　成绩分布图

知识的巩固提高，不是最终目的，更重要的是思维能力的养成。为了提高学员的思维拓展能力和分析解决问题的能力，在对分易平台的讨论区发布思考题：在串联谐振电路中，如果电阻阻值较大，会有什么缺点？如何解决？供学员课后拓展学习。

5　结　论

1）大思政背景下，本轮教学改革，学员的积极性、主动性被充分调动。

2）绝大部分学员能够理解和把握本堂课的内容，达到三维教学目标，学员的学习成绩有所提高。

3）“电路的谐振”等示范课例改革的探索与实践初见成效。

致　谢

感谢课程组成员丁国臣、王翠珍、任秀芳、邵红、杨晓霞等几位教员，在本次混合式教学改革中的努力和付出。

参考文献

[1] 李华光，安菲菲. 电工技术课程思政的教学改革与探索[J]. 科技风，2019，(17)：43.

[2] 夏德昌. 线上＋线下混合式教学模式在高职数学教学中的实践[J]. 商情，2019，(4)：213.

[3] 崔婧娜，赵文静，贾艳艳. 关于串联谐振电路教学设计的思考[J]. 科技展望，2016，(30)：205.

基于网络媒体工具混合式教学改革的研究实践

丁国臣　任秀芳　张芳　詹昌文　杨晓霞

（海军航空大学青岛校区，青岛　266041）

摘　要：通过对课堂教法创新方面进行积极的研究与探索，借助丰富的网络媒体工具对课程进行课前导学、线上自主学习，课中重难点内容合作探究，课后对所学内容巩固提升，设计师生交互性教学，过程性考核贯穿始终，体现以学员为中心的教学理念，注重引入课程思政元素，形成一套自主学习可掌控、知识内化有效果、三全育人见成效的线上线下混合式课堂教法创新体系。

关键词：混合式；教学改革；多元化；课程思政；全程考核

为落实新冠肺炎疫情期间海军航空大学党委提出的“延返不延学，隔离不隔教；防疫不妨建、分散不分心”教学倡议，以及为响应青岛校区人才培养建设需求，大力推进教学改革深入开展需要，项目组成员就电类基础课程在课堂教法创新方面进行积极地研究与探索。通过丰富的网络媒体工具对电类基础课程进行线上线下混合式课堂教法创新体系。

1　成果简介

深入挖掘网络媒体平台可用性、可达性优势，积极筹建有用、能用教学资源，有效开发合规、合矩教学流程，推广应用到士官职业技术教育层次多班次、多课程电类基础课程教学当中，取得了很好的教学效果。具体教学成果如下。

1.1　构建了混合式教学多元化网络媒体平台应用体系

混合式教学多元化网络媒体平台应用体系如图 1 所示。

图 1　平台应用体系图

其中,交互平台主要有腾讯会议、微信群、对分易教学平台、QQ群、问卷网等,用于视频授课、与学员的交流答疑及共享资源等。

视频平台主要应用中国大学MOOC、军职在线和学堂在线等,用于向学员推荐使用校外优势资源。

实验平台主要体现在东南在线实验平台和电路模拟器APP,为实验教学的顺利实施打下了良好的基础。

1.2 加强了教学资源建设,丰富了知识储备

自建线上资源。包括电子版理论教材、实验教材、PPT课件、电子教案,帮助学员理清思路的章节知识关联图,帮助学员加深记忆的记忆口诀,涵盖答疑解惑的全部内容并可反复研究学习、温故而知新的线上交流辅导答疑文档,自建东南大学仿真实验平台演示讲解视频、电路模拟器APP演示讲解视频,帮助学员快速掌握软件使用方法与技巧,完成在线实验验证,电路模拟器APP仿真实验对促进实验教学提供了良好的基础工具等。

网络优选资源。主要包括适合于士官层次使用辅助的校外微课版教材,辅助自学习的校外PPT,众多电子类微信公众号,各类精选电子技术类论文,无锡科技职业学院的电工电子技术等国家精品MOOC,电子技术类Flash动画,有趣电工小视频,电子类知识点二维码等。

其他辅助资源。主要涵盖线上自主学习任务单,预习提纲,课后作业单,练习卷,试题卷,对分易讨论区思考题,对分易资源共享专区,详细的适合于混合式教学的课程考核评价标准,学员互评自评打分规则,调查问卷等。

1.3 形成了一套较完备的适合于混合式教学的教学流程

项目组精心打造了一套“以学员为主体、教员为主导、全过程多元化评价”的教学流程,具体如图2所示。

2 解决的教学问题

2.1 解决了疫情期间教学实施困难的问题

疫情使得学员的开学时间一再推迟,线上自学+云端课堂的特殊混合式教学成为“延返不延教,停课不停学”的重要手段。使得教研室士官职业技术教育层次的电工学、电路与信号基础、电工技术、模拟电子技术四门课程的教学得以顺利实施。

2.2 提高了士官学员学习的积极性、激发了学员学习的自主性

士官学员,学习基础相对薄弱,自主学习能力差,学习积极性不高。通过混合式教学改革,教员可以通过学习方法的指导、预习提纲、课后作业的引导等方式,帮助学员在课前和课后进行自主学习。通过及时地辅导,帮助学员化解学习的难度。通过为学员颁奖,使学员获得荣誉感。想方设法地发现学员的优点,赞美、表扬学员,提高学员的自信心。给学员创造平台让学员展示自己,提高学员的成就感。耐心地鼓励、引导、帮助每一位学员,想方设法地提高学员学

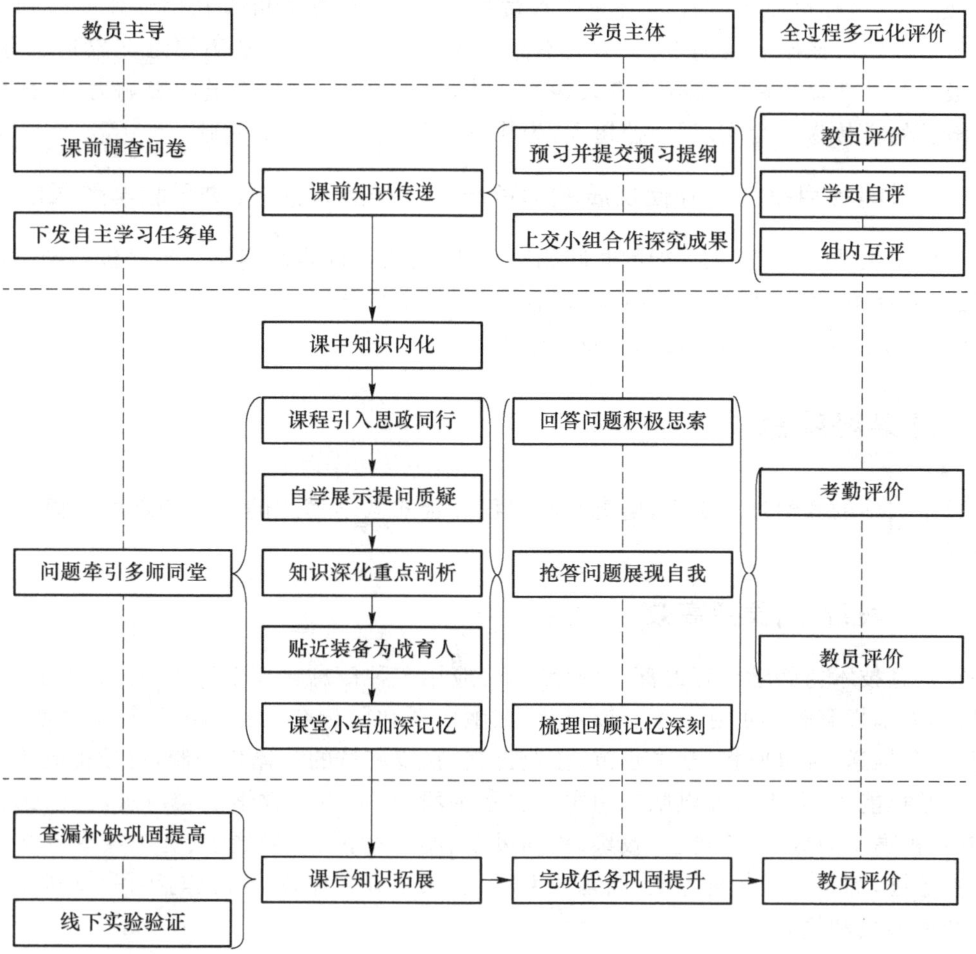

图2 全过程多元化评价流程图

习的积极性和自主性。

2.3 有效地突出教学重点、破解教学难点，提高教学效果

混合式教学，使教学更有针对性。教员可以将浅层次的认知学习放到课前，课堂上主要帮助学生进行深层次的认知学习。课前，学生在导学方案的引导下，充分利用网络资源自主学习，掌握部分简单的学习内容，找出自己的学习疑点。老师收集教学疑点，并结合教学重点、难点，确定教学要点。课堂上强化重点、突破难点、解释疑点，以点带面。课后，对本单元的知识进行巩固拓展。

2.4 增进了教员和学员之间的交流，提升了“立德树人、为战育人”成效

线上网络平台为师生提供了一个方便交流的平台。云端辅导，不仅解决了学员心中的疑问，帮助学员克服了学习上的困难，也建立了师生情谊。亲其师，信其道。教员可以一对一地辅导，也可以在对分易平台或微信群中集体辅导。方法是先提出一个简单的问题，让学员参与进来。然后逐渐加大难度，同时悄悄搭建思维脚手架，引导学员不知不觉间进入高阶学习。除

了课上交流，学员还可以用碎片的时间向教员提出问题，教员也可以利用碎片的时间进行答疑。在教员的耐心激励和帮助下，学员从不愿意提问到愿意提问，从不愿意交流到愿意交流，学习积极主动性明显提高。将教学育人融为一体，通过交流，提高教员的影响力，增强育人的效果。教员的言传身教为实现“立德树人、为战育人”打下了良好的基础。

2.5 时间利用率的提升使优质教学资源推广得到可能，促进了教学效果的提高

学员居家生活学习，自主支配的时间相对灵活、宽裕。课程组向学员提供包括网络优选资源、自建线上资源、其他辅助资源在内的课程资源，供学员学习使用，不仅拓展了学员的知识视野，还促进了学员学习的兴趣，提高了教学效果。

3 成果经验总结

从整个实施的教学过程来看，电类基础课程混合式教学模式的突出特点可以概括为以下六个方面。

3.1 手段综合，灵活高效

注重信息技术与教学过程的深度融合，综合应用多种信息化教学手段，有效帮助学员实现学习目标，大幅提高教学训练效率。以对分易、微信群和腾讯会议作为课堂管理核心，实现问卷调查、任务推送、屏幕监控、学员示范、作业提交、在线测试的一体化控制，有效提高了教员的学生情况掌控能力；以手机和电脑作为主要展示手段，根据不同教学场景需求，灵活选择应用模式，有效提高学习效率；将抢答、投票、头脑风暴、小组讨论、成果展示、资源共享等多种互动方式贯穿始终，综合运用翻转课堂、问题牵引、演示探究等多种教学方法与手段，促进学员应用能力的快速形成和提升。

3.2 内容重组，以点带面

线上线下混合式教学模式将一部分学习时间放在课前与课后，课堂时间被压缩。因此，需要重组课堂教学内容。将浅层次的认知学习放到课前，课堂上主要帮助学生进行深层次的认知学习。课前，学生在导学方案的引导下，充分利用网络资源自主学习，掌握部分简单的学习内容，找出自己的学习疑点。老师收集教学疑点，并结合教学重点、难点，确定教学要点。课堂上强化重点、突破难点、解释疑点，以点带面。课后，对本单元的知识进行巩固拓展。

3.3 成果牵引，高阶学习

引导学生创建团队，将电类基础课程中的核心内容，以短视频、文章等形式，形成学习成果。从选题、团队分工、收集资料，到形成作品、完善作品、评价作品，学生在打造成果的过程中，充分利用丰富的线上资源，发挥个人所长，通过相互讨论、深入思考、为他人讲解、相互借鉴等方式进行高阶学习。通过团队之间的竞争，促进学习的积极性。打造学习成果的同时，也掀起了学习热情，调动了学习积极性，提升了综合能力，真正实现全面学习，全员学习。

3.4 课程思政,润物无声

电类基础课程是专业基础课程,开设面广,对学员影响大,是非常重要的思想政治教育阵地。为践行“全程育人、全员育人、全方位育人”的理念,课程组在开展线上教学的过程中,积极发掘思政元素,将专业知识和课程思政有机结合,在知识学习的过程中进行思想政治教育,树立正确的价值观,传播正能量,实现“立德树人、为战育人”的教育目标。

3.5 全程考核,多元评价

考虑到线上、线下混合式教学的特点,在原有全过程考核的基础上,加大过程性考核和实操考核的比例,弱化终结性考核,增加学员自评、互评模式,并细化明确了考核评分细则,开展了贯穿课前、课中、课后的全过程、多元化的考核,全面考查学员的学习态度、学习能力和学习效果,保证了评价的客观性和公正性。具体课程考核评分标准如表1所列。

表1 课程考核评分标准参考表

序号	类型	项目和占比	方式和数量	评分标准
1	过程性考核50%	课堂表现(10%)	综合评价(每次课)	上限100分,具体计分规定如下: 加分项目:正确回答问题一次加2分,主动正确回答问题一次加5分,在课堂上能起积极引导作用加2分,帮学对子作用明显加5分,抢答题答对一次加2分(每次记录前20名抢答正确者)。 扣分项目:违反课堂纪律一次扣5分;课堂上提问不回答一次,扣5分。回答学习过的应知问题,根据问题的难易程度,酌情给予奖分或扣分+5~-5。
2		考勤(5%)	对分易签到、线下点名	总分100分,缺勤一次扣8分,迟到一次扣4分,请假一次扣1分,考勤5次不到取消考试资格
3		小组研讨(10%)	研讨结果汇报	总分100分,交齐研讨结果组内成员每人获基准分60分,课上分享研讨结果,每次加5分,荣获“最佳小教员”“小组智多星”称号者,每人加5分,上限100分
4		随堂练习卷(5%)	闭卷考试	对分易自动判分,100分/次,总分按比例折算
5		讨论区互动(5%)	互动贴回答问题	总分100分,积极发表观点,每次加10分,观点新颖独特者每次再加5分,上限100分
6		预习提纲(5%)	学员自评、互评	5分/次,按比例折算,评分标准详见学员自评、互评打分规则
7		拓展作业(5%)	作业按时上交、完成正确率	总分100分,交齐作业获基准分60分。按时上交一次作业加2分,(累计5次不按时提交者取消考试资格);作业正确率达80%以上者加2分,达60%以上者加1分,其他情况不加分
8		线下摸底测试(5%)	闭卷考试	按标准答案判分
9	终结性考核30%	闭卷笔试(30%)	闭卷考试(15套)	15套试卷库里抽取试卷,按标准答案判分

续表 1

序号	类型	项目和占比	方式和数量	评分标准
10	实操考核 20%	操作平时成绩（5%）	线上实验+线下实操操作规范性、正确性	总分 100 分，基准分 60 分。线上部分以东南大学实验平台记录为准。线下实验每次操作规范、正确的加 4 分；每出现 1 次失误的扣 1 分；因失误而导致仪器设备损坏的视情扣 2～5 分
11		实验报告（5%）	实验报告数量、质量	总分 100 分，交齐实验报告获基准分 60 分。按时上交一次作业加 2 分，报告正确率达 80%以上者加 2 分，达 60%以上者加 1 分，其他情况不加分
12		操作考试（10%）	操作规范性、正确性	总分 100 分，每出现 1 次失误扣 2 分，因失误而导致仪器设备损坏的视情扣 5～10 分，实验结果不正确者得分不超过 60 分
总成线		100 分		
13	加分项	资源分享	分享自学中发现的优质资源至对分易资源区	加精资源帖，0.5 分/次，上限 10 分

3.6 多师协同，各显其能

以“主教—助教”模式为主，开展多师协同教学，从课前、课中、课后三个阶段出发，明确主要任务和各自分工，全面发挥主讲教员和助教教员的才能和优势，具体情况如图 3 所示。

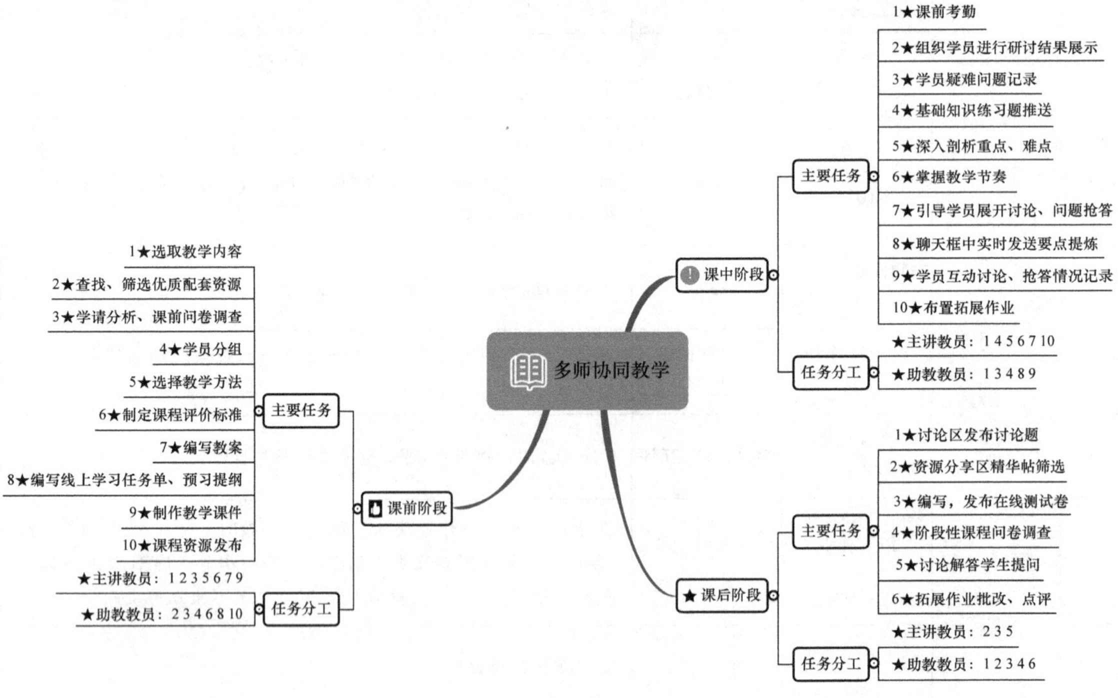

图 3　多师协同思维导图

4 推广应用

4.1 主要创新点

探讨了五个方面的有机融合，即多种资源的有机融合、多种教学手段的有机融合、培养能力目标的有机融合、多维考核模式的有机融合以及学员主体与教员主导有机融合的教学理念。

4.2 应用成效

教员教学能力得到极大提升。项目组通过打造 10 个电类基础课程典型课例、撰写 2 份教学过程掠影，极大地提升了教员的教学能力水平。其中电工技术课程“线上线下”混合式教学典型课例被校区推荐为山东省高等学校课程联盟 2020 年春季学期优秀教学案例。

课程团队建设得到加强。电类基础课程当中的电工技术课程团队和模拟电子技术课程团队均获大学金鹰杯、线上线下混合式教学竞赛优秀奖，明显提升了电类基础课程团队建设的水平。

学术水平有所提升。一是撰写与混合式教学直接相关的研究论文 3 篇，分别发表于各类教学杂志；二是撰写的 2 份教学改革成果被校区推荐到大学公众号混合式教学改革成果巡礼上。这些工作的开展，有力促进了项目组成员学术水平的提升。

成果辐射范围广、示范作用强。本教学成果已经在士官职业技术教育层次的电工学、电路与信号基础、电工技术、模拟电子技术四门课程中进行了实施，涵盖 9 个班次、1046 学时、共计 345 名学员的实际教学，取得了较好的教学效果。后续又推广应用到航空高频电子线路、数字电子技术、电子技术等 3 门课程的教学当中，有力扩大了教学成果的示范作用。

参考文献

[1] 周雨青.“互联网＋”背景下的课堂教学[J]. 中国教育信息化，2016(2)：10－12.
[2] 苏小红. 基于 MOOC＋SPOC 的混合式教学的探索与实践[J]. 中国大学教学，2015(7)；60－65.
[3] 陶雪萍，曾健南. 全过程、多元化统计学课程考核方式改革探索[J]. 科教导刊(下旬)，2019(6)：31－33.

机载雷达系统课程混合式教学改革探究

李宝鹏　高伟亮　夏栋　姜琴

（海军航空大学青岛校区，山东青岛　266041）

摘　要： 基于“教师为主导，学生为主体”的现代教育理念，将线上线下混合式教学模式应用于机载雷达系统课程设备课教学。分析了设备课实施混合式教学可行性，介绍了课程所实施的“理实一体化”教学内容设计，军地教学资源优化组合，线上线下互动协作、全程多元化师生相互评价等混合式教学改革做法。实践证明，任职岗位设备课实施混合式教学可将传统教学和网络教学的优势结合，既发挥了教师的指导作用，又提高了学生的积极性和创造性。

关键词： 混合式教学；线上线下；设备课；智慧教室

海军航空大学青岛校区机载雷达系统课程团队，针对专业任职岗位设备课程“原理装备结合紧密，实装技术参数涉密，信号交联关系复杂”的特点，对课程实施了“整体设计，分段实施，资源整合，双网推进”的混合式课程改革实施思路，对教学内容进行理实一体化设计，应用校外互联网平台及公开资源和校内智慧教室平台及军队幕课、多媒体教材、设备实装，将课程教学进行了校内、校外分段实施，通过线上、线下混合式教学，做到师生同步，探索协作，灵感共鸣，实时交互，使学员对所学知识会迁移、能应用、可拓展、能升华，取得了非常好的教学成效。

1　设备课混合式教学可行性分析

1.1　混合式教学特点分析

线上线下混合式教学是一种将网络在线学习与传统课堂教学相结合的教学方式。混合式教学结合了在线课程和传统课程教育的优点，提高了教学效率，改进了教学方法，创新了教学组织。一方面可以发挥教师在教学过程的引导、启发、监控作用，另一方面又可以充分发挥学生学习的主动性、探索性与协作性。混合式教学以传授知识精华、提升学生学习兴趣和培养学生能力素质（自主学习能力、探索创新能力、知识拓展能力）为目的，混合式教学一种新的教育模式需要有针对性地对教学资源、教学的环节、教学的组织等进行设计，在教学实施过程中需注意以下几个方面的问题：

一是根据学生特性开展教学设计。教师应当充分掌握学生的知识储备、能力素质、性格特点等情况，通过线上线下相互沟通定位学习需求，根据学生的特征制定学习计划、开发学习内容、选择评价策略。

二是知识学习与能力升华相互促进。混合式课程教学不仅帮助学生掌握课程内容，还要把课程内容置入与生活相关的更广阔的环境中，使学生能够运用所学在将来解决现实世界的问题。

三是通过互动评价及时解决存在问题。通过实时测评、网上留言给教师和学生提供有价值的反馈，以帮助教师改变教学方式，调整教学内容，帮助学生针对性地解决问题。

四是充分发挥学习群体交流优势。通过建立网上学习社区、学习交流群，使学习者互相发表自己的看法，在平等、宽松、活泼的情形之下进行协作探讨，培养学生与他人的交流能力和团队协作能力。

1.2 设备课教学特点分析

军队院校设备课多为专业任职岗位主干课程，设备课的教学内容一般由基础原理知识、设备结构与原理、设备参数测试三大模块组成，通过学习让学员达到“懂原理、熟装备、擅检测”的任职岗位需求。设备课的传统教学模式一般先进行基础原理知识、设备功能、参数、结构等课堂教学，然后再结合设备实装进行实物展示和参数测试等现地教学。以机载雷达系统课程为例，课程教学对象是航空机务技术与指挥（电子信息工程）专业生长军官，教学内容主要由雷达原理知识、机载雷达实装、雷达实装测试三大模块组成，通过对课程的学习，使学员能够掌握机载雷达系统工作原理，熟悉机载雷达系统的结构组成，学会机载雷达系统的参数测试方法。课程对于构建完整的机载雷达系统专业知识结构，形成典型机载雷达系统的专业维护技能和保障技能具有重要支撑作用。

1.3 设备课与混合式教学融合点分析

从教学手段上看，混合式教学分为线上教学和线下教学，设备课原理知识和设备系统知识教学可以实施线上教学，设备课的实物展示和参数测试教学可以实施线下教学。从教学资源上看，线上教学所需的幕课、微课、学习视频、多媒体教材等信息资源，可利用互联网和军网教学公开资源，也可以利用课程自建的信息资源开展。从教学平台上看，设备课教学内容不涉密部分可以依托互联网成熟的雨课堂、钉钉会议、卓智-智课堂等系统实施，设备课涉密教学内容可以利用军校内部校园网，借助智慧教室等信息化教学系统开展。从教学互动评估上看，设备课教学过程中的教学学员互动，学情分析、疑问解答、知识拓展等，可以利用混合式教学线上丰富的技术手段和实施方式开展，做到教学全程互动，相互进行建议评价，实时掌握学员学习情况，针对性地安排教学内容。

2 设备课混合式教学实施主要做法

2.1 教学内容“理实一体”融合设计

按照“强化雷达理论基础，突出机载雷达应用，提升信号检测能力”的思路，优化教学设计。将教学内容分为雷达原理与实装知识、雷达系统实验、雷达实装测试三大模块。雷达原理与实装以机载火控雷达分机组成为主线，主要讲解机载雷达发射系统、接收系统、天馈伺系统、显控系统、信号处理系统、数据处理系统的工作原理，突出机载火控雷达实装应用，落脚点在机载火控雷达各子系统，为雷达系实验和实装测试打下坚实理论功底。雷达系统实验利用专用雷达系统实验平台，模拟实现雷达发射信号、接收信号、处理信号的过程，让学员从直观信号变化角度，加强对雷达系统工作原理的理解。雷达实装测试根据军事考核大纲要求，将部队岗位工作中需开展的雷达测试科目作为教学重点，在机载火控雷达实装上开展信号测试实验，从而将雷达系统级实验与分机信号级检测深入融合，满足部队岗位工作开展雷达实装参数测试需求。

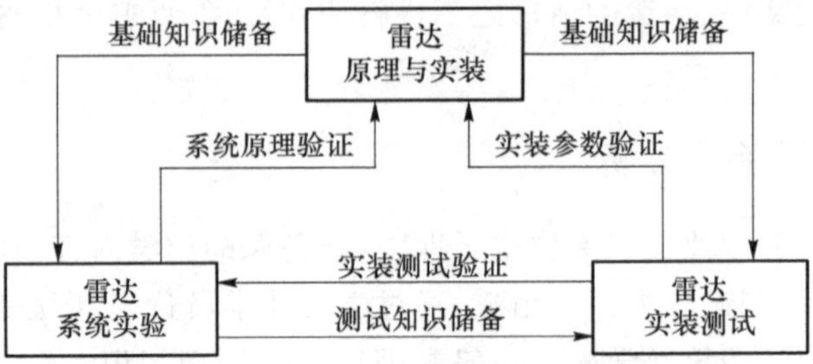

图1 课程内容设计

2.2 教学资源“校园内外”优化组合

将学员授课分为校外和校内两个阶段，课程组对课程授课阶段和教学形式进行了科学规划。将课程教学内容分为“涉密”和“不涉密”两种类型，“不涉密”内容在学员离校期间在校外开展，“涉密”内容在学员返校后在校内开展。雷达原理知识因为不涉密，该部分教学在学员离校期间实施，通过精心打造教学内容，广泛收集PPT、动画、视频、图片、曲老师课堂——微信公共号等直观生动的信息教学资源，借助互联网教学平台钉钉、雨课堂微信群等开展线上教学。机载雷达实装部分教学内容涉密，该部分教学在学员返校期间实施，课程组利用已建成的军综网资源幕课航空雷达原理、XX飞机火控雷达多媒体教材，借助校园网智慧教室及智慧教学系统开展线上教学，通过机载火控雷达实验室和雷达原理实验室开展XX型机火控雷达线下指导演示教学。

2.3 混合教学“线上线下”互动协作

2.3.1 雷达原理知识“探作讨协，巩固拓展”反馈式教学

在机载雷达系统非涉密内容教学过程中，开展“课前先行探讨，课中协作探讨，课后拓展巩固”模式教学，做到师生同步，实时交互。课前教学中教员发布导学任务清单，并提供学习资源，学员通过个人自学、小组讨论，提出疑问；课中教学中学员反馈先行学习情况，教员对认知误区进行纠错，讲解其中的重点难点，通过设置开放性的话题进行师生讨论，提高学员对知识活学活用的能力；课后教学中教员发布拓展学习任务，让学员自主学习资源，运用所学知识去探索国内外雷达系统性能、结构、故障案例等实用问题，提高学员理论应用和解决实际问题的能力。

2.3.2 雷达实装知识“幕课学习，现地教学”混合式教学

在雷达实装涉密内容的教学中，通过学习自学、小组协作、教员答疑等形式，借助MOOC平台进行自学和任务布置，课中隔离期间采用线上授课、小组讨论、师生互动、课堂小结等形式开展，隔离结束后，采取实装的现场教学和现场演示，和学员进行互动交流、小组讨论，课后利用智慧教室平台进行课后答疑、利用多媒体教材进行复习与巩固、利用网络习题进行测试和

作业。

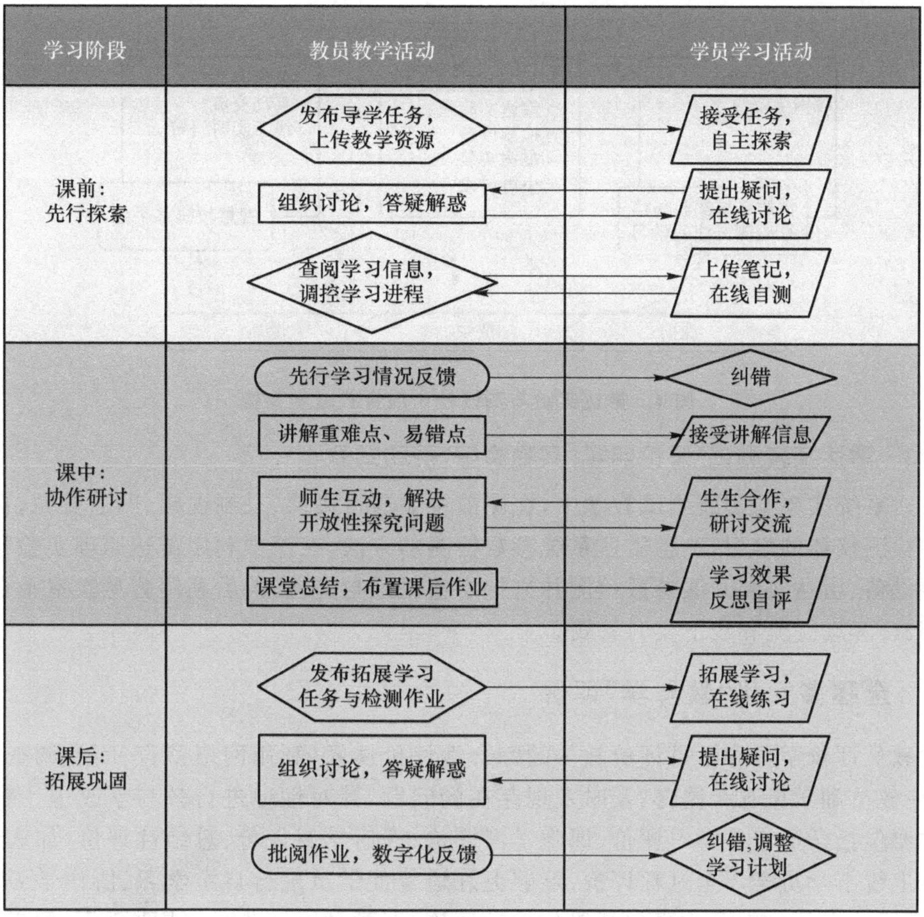

图2　雷达原理混合式教学架构

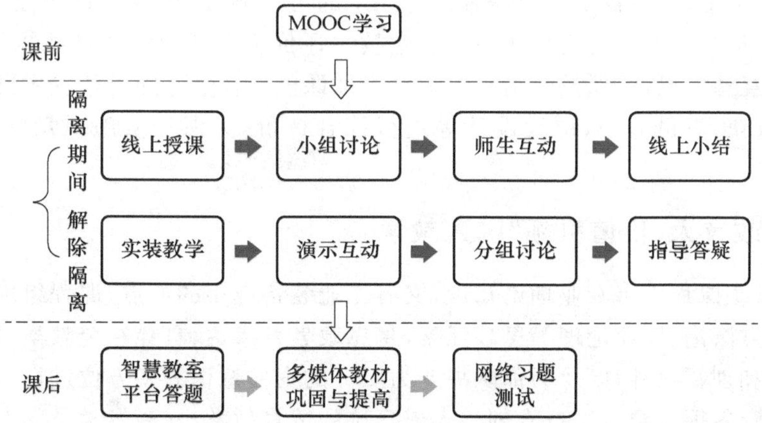

图3　雷达实装混合式教学架构

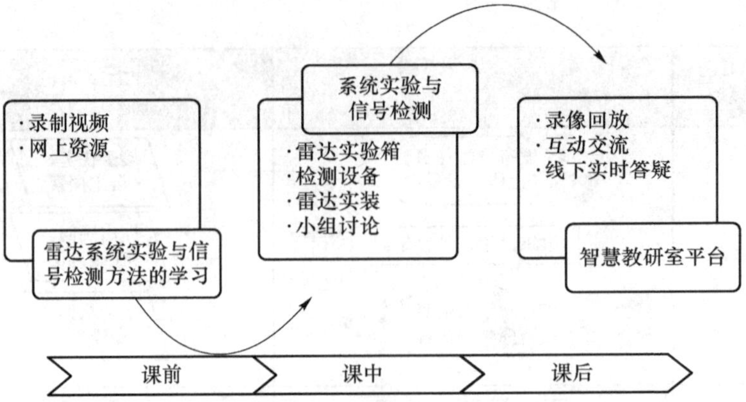

图4　雷达实验与测试校内混合式教学架构

2.3.3　雷达实装测试“理论自学,实物演练”互助式教学

在雷达系统实验与实装测试教学中,在课前主要通过微课、录制视频、网上资源,自主完成雷达通用检测仪器的学习,熟悉雷达系统参数检测的方法,在课中利用雷达原理实验箱、通用/专用检测设备、雷达实装开展参数检测并进行小组讨论与交流,课后利用智慧教室平台软件进行录像回放、互动交流和线下实时答疑。

2.4　全程多元化“教与学”评价

建立教员评价学员和学员评价教员的综合性评价体系,利用网络留言、问卷调查、学情统计功能,使教员和学员互相监督,及时发现存在的问题,针对性地进行教与学改进。教员对学员评价主要包括学员自主学习评价、课堂学习评价、课后学习评价、总结性评价,如表1所列,注重了线上线下学员学习全过程评价,能够更好地督促学员进行自主学习、协作学习、思考学习、实践学习。学员对教员主要包括课前教学评价、课堂教学评价、总结性评价,如表2所列,其中课前教学评价主要评价教员所提供的教学资源类型种类是否齐全,知识内容是否丰富,学习任务是否难易适中,学员自主学习是否具有一定的可实施性,该部分评价比重最大,体现了混合式教学中教员先期设计的主导作用。课堂教学评价主要评价教员在线授课时长、授课质量,与学员进行互动情况,督促教员精心组织网络授课模式教学。问卷调查主要是针对整个教学过程中学习收获、教员表现、课程设计等进行综合评价,为课程实施质量的提高收集改进建议。

2.5　“思政育人,价值引领”融入教学

机载雷达系统课程既有专业理论知识,又有专业装备应用的特点,课程组准确提炼课程中蕴含的世界观、方法论、职业伦理等思政元素,将思政教育渗透、贯穿在全教学过程中。从专业科学精神、探究和创新精神,以及为部队战斗力服务的责任意识等多方位进行价值引领。一是通过图片、视频资料等介绍雷达技术创始人或事迹的情景教学法,激发学员的专业情怀。二是通过任务驱动、角色扮演、小组讨论等方式,引领学员领悟科学思维方法,激发学习热情,培养探究和创新精神。三是通过装备故障造成飞机战斗力丧失的典型案例分析,激发学员的战斗精神和为提高部队战斗力而学习的强烈责任意识。

表1　教员对学员评价体系表

评价类型	评价阶段	评价指标	权重
过程性评价（40%）	自主学习评价（10%）	学习时长	3%
		发回帖数	2%
		课前测验	5%
	课堂学习评价（20%）	课堂签到	2%
		互动参与	3%
		课堂测试	5%
		小组合作	10%
	课后实践评价（30%）	实训成果	20%
		参与度	5%
		测试卷	5%
总结性评价（60%）	……	期末考试	40%

表2　学员对教员评价体系表

评价类型	评价阶段	评价指标	权重
过程性评价（80%）	课前教学评价（50%）	学习资源数量	30%
		学习资源质量	10%
		学习任务设计	10%
		教师在线时长	10%
	课堂教学评价（30%）	教师授课质量	10%
		与学生互动情况	10%
总结性评价（20%）	……	问卷调查	20%

3　设备课混合式教学总结与思考

3.1　有效拓展“教”与“学”的空间

和传统雷达设备课堂教学相比，利用雨课堂、钉钉平台、微信公众号-曲老师的雷达课堂及线上网络教学资源，把传统教学的时间和空间都进行了扩展，使“教”和“学”可不在同一个时间、同一个地点、甚至是同一名教员就能够完成。

3.2　多种教学方法相融合

充分利用校区军综网、校园网、雷达专业智慧教室平台及内嵌智慧教学软件、机载火控雷达实装，实现了机载雷达系统课程涉密内容的线上线下混合式教学。真正实现了教学方法的多样性，如：自主互助式、研讨互动式、问题牵引式和理实结合式。

3.3 建立综合过程评价体系

通过建立学生的学习档案，注重对学习过程的评价，做到定量评价和定性评价相结合、个人评价和小组评价相结合、自我评价和他人评价相结合。更强调学生在课前学习、课堂签到、互动参与、实验记录、小组数据、课堂测试、活动记录和学习体会的评价内容和权重，开辟了全方位学习模式和评价模式。

参考文献

[1] 赵小克，袁广琴．"互联网＋"背景下高校混合式教学模式研究[J]．智库时代，2019(44)：224－225.

[2] 梁燕冰．"互联网＋"思维下高职院校混合式教学模式的实证研究[J]．高等职业教育探索，2019(18)：75－80.

[3] 刘倩．混合式教学在数字信号处理课程中的应用[J]．电脑知识与技术，2019(5)：147－156.

[4] 刘萌．高校混合式课堂设计与实践研究[D]．华中师范大学，2015.

[5] 曾敏，唐闻捷，王贤川．基于"互联网＋"构建新型互动混合教学模式[J]．教育与职业，2017(05)：47－52.

[6] 周雨青，万书玉．"互联网＋"背景下的课堂教学——基于慕课、微课、翻转课堂的分析与思考[J]．中国教育信息化，2016(02)：10－12＋39.

[7] 赖志欣．基于智慧教学平台雨课堂的混合式教学设计与应用研究[D]．湖南大学，2018.

无人机专业飞行原理课程教学建设与研究

陈洁　柳泉　吴俊峰
（海军航空航天大学，烟台　264001）

摘　要：针对目前无人机专业学员岗位教育尚未完善的问题，从无人机飞行原理课程教学模式、教学手段和教学资源的建设等三个方面，提出构建教学内容优化的思路和教学方法改革的具体实施方法，实现在无人机专业教育过程中院校、用人单位能够协调一致，为构建真正满足无人机单位岗位要求、比较完善的无人机飞行原理课程教学体系提供理论依据和实践指导。

关键词：无人机专业；课程建设；教学模式；需求词；案例库

无人机作为现代化海战场的新质作战力量，在电子对抗、情报侦察、通信中继、环境探测等领域发挥了重要作用。随着无人机技术水平的不断提高及无人机的发展的进一步加快，无人机在国防建设、履行使命中的作用更加突出。院校是无人机专业人才培养的主阵地，因此，无人机飞行原理课程教学工作处于非常重要的地位，围绕无人机岗位需求，为深化该课程的改革带来了新的契机。

无人机飞行原理课程作为无人相关专业必修课，主要研究对象是无人机的空气动力学、飞行性能及控制系统的原理和方法。通过该课程的学习，使学员掌握无人机飞行原理的基本理论和方法，具备无人机飞控系统工作机理分析能力，为学员今后从事各类无人机操作系统使用和技术保障等相关工作奠定基础，是学员适应岗位任职，更好地掌握、运用现有无人机武器的培养需要。

1　教学设计

无人机专业教学秉承的基本思路是："以专业教育思想为指导，以岗位需求为牵引，以能力培养为根本"，但是在教学对象中却普遍存在着"技术欠缺、操作不规范、缺乏管理能力、不会处理特情"等诸多不可忽视的问题，为此在教学设计中遵循了"体现无人机飞行原理的内容与要求、打牢学员硬件基本维护知识和技能的基础、突出无人机的使用、维修与保障能力的培养、注重作风和综合素质的养成"的原则，针对学员特点，突出做好学员自学习能力的培养。

2　教学内容优化

针对学员对无人机系统的认知程度，对教学内容进行了深加工。

2.1 思　路

依托无人机模拟训练系统，让学员从宏观上认识到无人机的特点；在理解和掌握总体结构的基础上，紧紧围绕授课教材进行教学内容的深加工，为了学员的任职需要，所编教材内容紧贴无人机实际系统；在教材内容的讲授上，结合无人机讲理论，对无人机使用及维护过程中，涉及相关理论知识及未来发展趋势具体讲解，满足未来上岗需要。

2.2 实施方案

在课程教学中，坚持依据教材，紧扣教学计划，围绕课程目标，对全课程的教学内容进行优化，使学员既掌握必备的知识和技能，又提高学员的能力和素质。为使学员系统全面地理解无人机各子系统的基本原理，掌握无人机飞行控制管理系统分析和设计的基本方法，以无人机飞行控制管理系统的基本结构为主干，着眼当前常用无人机的飞行包线，兼顾固定翼无人机（含螺旋桨）和旋翼无人机，重点从应用的角度和物理意义上，介绍空气动力学基础、飞行品质、飞行性能分析和飞行控制理论等知识。对教学计划中每一章节的内容要求、重点和难点的把握均在每一讲的课堂设计中具体体现。

3　教学模式和方法选择

教学模式和方法的选择：课程教学的基本模式是采用多媒体课件进行讲授，结合例题和作业。在以启发式教学、问题教学、研讨式教学为基本方法的前提下，针对本课程内容的特点，采用针对方法。

3.1 教学模式

一是注重意识，端正学员学习心态教学模式。

近年来，课程组成员经常到无人机单位进行调研，与无人机单位同志进行交流探讨和梳理总结。课程组认为在学员培养上应重点培养自学习能力，这样不仅能够胜任无人机型号快速发展需求，也能为自己今后到单位工作奠定基础，因此，每次开课前，课程组都要和新学员进行面对面交流，让学员明白学习重点在哪里，明白学习的作用，以良好的心态投入到学习生活中去。

二是强化基本功，打牢对无人机系统的认知教学模式。

无人机研制门槛低，型号众多、技术千差万别，但飞控与管理子系统的工作原理是类似的。在教学中，围绕无人机机型，从机体基本组成、工作原理等方面，让学员牢固掌握飞控系统的重要作用和基本操作，具备扎实的专业基本功，并能融会贯通，举一反三，为今后在无人机相关岗位的可持续发展奠定坚实的基础。即便无人机型号升级换代，学员也可以很快进入角色，不至于回到起跑线，影响无人机战斗力的生成。强化专业知识的基本功，其目的是对学员的可持续学习能力进行培养，这就需要学员发挥自己在学校掌握的各种学习能力，自我探索，查询资料，解决问题。

三是大胆创新，在实践中探索思政教育与任职教育并举的教学新模式。

随着未来无人机型号的大量配装，管理者和使用者的能力素质提出了更高的要求，必须具备一定的维修技能，有一定动手能力。课程组在具体教学实践中边摸索边改进，整个教学过程分理论教学环节和实训教学环节，采用重点讲授、启发式教学思想，从而实现“消化专业理论、掌握维修技能、发展综合能力，全面提高学员综合素质”的教学目标。

四是贴合实际，实施无人机型号案例式教学模式。

在教学过程中大量使用教学案例作为思政要素，案例库资源紧贴无人机型号，注重无人机系统的组成、结构、工作原理、使用维护和故障分析，凸现案例库内容针对性和实用性。组织学员研讨分析，将教材的理论内容与实装特情相结合的思政教学模式，强化“学有所用”。实践证明，通过挖掘无人机系统特情资源，建立院校案例库资源，能够使学员身临其境，提高学员任职岗位处置突发情况的应变能力。同时结合无人机系统内容的思政要素，也可极大地增加学员的荣誉感和责任感。

3.2　教学方法

无人机飞行原理课程教学的基本方式是采用多媒体课件进行精讲，伴以自学、讨论、习题课、实验、作业及段落小结。在以启发式、合作式为基本方法的前提下，针对本课程的特点，实施了以下几种做法。

(1) 精讲串讲式

有针对性地实施课堂教学，在“讲授”上下功夫，采取精讲和串讲相结合的方法。明确精讲串讲不是以教员、课堂、教材为中心的传统教学方式，不是满堂灌。以课程飞控系统部分为例，陀螺及敏感元件、舵机及舵回路、数字式飞控系统设计等这些知识更新的重点要精讲，有意识地设立问题，有针对性地激发学员思考，使学员始终围绕教学重点进行学习和钻研，始终跟着教员思路进行释疑和解惑；而对于这些知识的相关背景要串讲，引导学员进行自学，教会学员怎样学习，培养学员自我学习、自我识别的能力和素质。

(2) 开放互动式

实施“双师型”共同教学模式。一方面，实施“走出去”教学，即拓宽实践教学渠道和领域，把课堂延伸到无人机单位，建立教学实践点，组织学员实地参观、见习调研。这种“走出去”教学是使学员直接观察、研究、验证和扩大所学知识的一种实践性教学方法，是找准理论学习与实际工作差距，了解将来任职岗位、职责任务、工作环境，帮助学员缩短任职适应期，促进理论向实践的转化的有效途径。另一方面，实施“请进来”教学，即邀请无人机专家讲学，介绍无人机建设的新情况新经验。使院校教学与单位训练形成良性互动。

(3) 专题讲座式

无人机专业学员都是带着岗前培训，带着充实自己、提高自己的愿望来学习的，有着强烈的学习新知识、接受新技能的责任感和紧迫感。基于此在教学中要有务实精神，本着“精实致用”的原则，采取专题讲座式教学。专题讲座式教学关键是要选择好主题。主题的选择要有时代性、前沿性、现实性和针对性，紧紧围绕无人机建设的重大理论和现实问题，紧扣当前无人机操作维护的热点、难点和重点问题突出新理论、新知识、新技术。同时也要考虑教学对象的实际，按照教学对象的岗位任职需求和“短板”进行选题。可采取课前调查分析，拟制多种教学预案等措施，摸清培训学员的真实需求，及时调整更新专题的内容，保证培训质量和效果。

4 教学资源的建设

无人机飞行原理课程案例资源的内涵丰富，包括课程要素来源及实施课程的必要而直接的条件。配套研究条件除了案例库建设及所涉及的教材、教案、教学课件、教学文档等课堂内课程资源以外，还包括各种专业教室、图书馆、网络资源，以及教员的任代职收获、学员的实习经历等课堂外课程资源。

(1) 智慧教室资源

智慧教室作为一种新的教学资源，突破了传统的无人机教学“黑板＋课件”的局限性，可以将教室划分为教学演示区、学习活动区、实装陈列区和多媒体学习区，为教学活动的多样化提供必要的支撑。如何结合智慧教室资源建设最大限度发挥效益，还有待于结合课程实施进行探索。

(2) 模拟器资源

通过无人机地面指挥控制系统模拟器，能够1:1模拟无人机实际战位，实现无人机任务控制、任务规划、飞行控制等全任务训练，能够实现教学过程中的可视化管理和故障特情的处置训练等。模拟器资源以其形象逼真、直观可视和学员能够亲自参与等特点，激发学员兴趣，使学员身临其境，在体验中增长知识，培养能力，这是传统的课堂教学无法替代的。

目前，配合案例教学，合理模拟器资源，满足“两个60%”的实践教学比例，是教学工作者面临的新挑战。

(3) 教具资源建设

无人机模型、航模等教具资源具有形象直观、小巧便携、成本低廉等显著优势。通过学员自制教具、亲自加工制作、组装调试、飞行测试、参加航模公开赛等形式，可以提高学员的动手能力，增强对航空器的感性认识，培养航空情结，有利于其职业发展。

(4) 实验室建设

无人机特种技术实验室及无人机动力与控制等实验室建设，可为无人机相关专业学员提供一体化的综合教学平台。利用已建设完成的教学条件，依靠信息技术推动教学能力生成模式转变，采用多媒体示教、实装过关升级训练、“驾照式”考核等手段，培养学员的自主学习和实践操作能力，实现从“保姆式”教学向“酵母式”教学转变，对推进无人机专业教学改革和培养学员“毕业即上岗”的岗位任职能力具有重要作用，有力地保障教改项目的实施。

(5) 线上线下混合教学模式探索

无人机飞行原理混合教学模式可以依托前期课程组已建好上线的无人机飞行原理MOOC资源，并凭借网上其他相关网络课程，实现线上线下的混合式教学模式，让学员在学习中思考，随时随地提供学习资源和学习机会。

(6) 强化教学案例库建设

教学的关键在于引导学员自主学习，通过启发引导促使学员成为学习的主体。教学案例库的建设至关重要，把教学案例编写与课程建设紧密结合起来，在不增加课时的条件下，完善案例体系，对教材的知识系统结构和知识应用系统结构进行科学设计，把一些教学内容设计成教学案例的形式，使教学案例成为教材的一个有机组成部分，形成课程的显著特色。一个成功的课堂引导案例可以很好地吸引学员的课堂注意力并调动其学习积极性。例如选择“无人机大过载水平盘旋机动”作为教学案例,“无人机过载机动”特技理解起来相对简单且富有时代感、真实性、趣味性和典型性的特征,并播放视频录像,可以很好地引发学员的探索热情,从而进入案例所创建的情境之中,最终理解过失速飞行效应。

5 总 结

无人机飞行原理课程教学改革不仅仅是教学内容的简单修补和编制人员的加减,而是办学理念、教学体系、师资培养和保障建设等全方位的转变。建设过程中必然会出现许多新情况和新问题,需要在更新教学理念、完善顶层设计、优化教学内容等方面下功夫,探索课程教育教学方法的改革,建立起适应无人机专业教育需要的教学方法体系。

借助无人机飞行原理课程教学改革,无人机飞行原理课程建设成效显著,已获院校级优秀课程,学员学习兴趣高涨,教学效果明显提高。

不断通过教学实践和教学研究来探索无人机专业教育教学的特点,把握它自身的发展规律,一切从实际出发,积极、灵活地采用多种形式和坚持多条腿走路的方针,形成较为健全的教育培养和课程体系,是无人机专业教育工作者下一步工作的重点。

参考文献

[1] 习近平. 把思想政治工作贯穿教育教学全过程开创我国高等教育事业发展新局面[N]. 人民日报,2016-12-09.

[2] 李元奎,马立峰. 军队院校任职教育研究[M]. 北京:海潮出版社,2005.

[3] 张宝书.军队院校教育学[M]. 北京:军事科学出版社,2007,24-37.

[4] 罗晨,刘勇,权冀川,杨飞. 基于在线教学案例的启发式教学模式研究[J],计算机工程与科学,2014(12):64-67.

[5] 李伟. 浅谈无人机教学能力生成及建设[J],航空杂论,2016(07):42-43.

[6] 王子强. 无人机系统在军队院校培训方法研究[J],科教论坛. 2018(06):26-26.

[7] 闵辉. 课程思政与高校哲学社会科学育人功能[J]. 思想理论教育,2017(7):21-25.

[8] 邵广. 铁振.课程思政与高校教师队伍建设[J].航海教育研究,2018(2):109-112.

浅谈地方航空院校创新教学模式的实践与认识

王云海　高翔　穆旭　丛伟　薛爱军　刘元涛　姜金华
（山东交通学院 航空学院，济南　250357）

摘　要：地方航空航天类院校人才培养多以应用型教学与实践为主，为社会和地方企业培养合格的工程师人才。在教学实践中，坚持以思政教育为德育的主线，以多媒体视频、虚拟仿真软件为教学辅助手段，以启发式教学法潜移默化地改变学生固有的思维习惯和认知方式，最终实现学生三大能力的提升：学习能力、思考能力、创新实践能力。

关键词：航空航天；创新教学与实践；虚拟仿真试验；混合式教学

引　言

近些年来，我国航空航天事业取得了全球瞩目的成就，包括大空间载人飞船长期驻留空间的试验、火星探测器的安全着陆及科学考察等项目。与此同时，民用航空企业的高速发展与地方航空院校人才培养之间的需求矛盾日益突现。为满足新形势下国家对人才的需求，教育部门对教育系统进行了全面的战略部署，要求航空航天教学领域探索真正适合的育人教学培养体系。这是摆在航空航天院校面前亟待解决的重大课题。山东交通学院航空学院在全面提升教育教学水平及人才培养质量方面，围绕构建“航空学科特色及专业特色的教学质量保障体系”，将“深化产教融合、建立良好的协同育人管理机制”作为航空教育改革的重要内容[1]，在航空课程思政方面获得省级立项，在创新教育教学实践方面，无人机总体设计、空气动力学、飞行原理等一系列课程正处于重点打磨与培育阶段。

围绕教学内容的理论与实践课程创新模式，结合山东省教育厅对应用型高校学科建设的要求，经过多年的教学实践与探索，逐步认识到：1）课程思政教学有助于抓住学生的心理活动，在学习动机、学习的积极性方面有重要的心理指导作用；2）多媒体视频的教学，视觉的冲击力很强，符合教育学的直观性教学原则；3）在线虚拟仿真试验室辅助教学方面，极大地降低了试验成本，理论与实践一体化教学的雏形逐渐清晰：教学时间可控、教学质量实时评估，能更好地激发起学生参与的兴趣，提升学习的获得感。4）多媒体资源库所提供的最新科研动态起到了更新书本知识的作用，开拓了学生的眼界，激发了学生自主学习的愿望。5）教材从来不是对知识的束缚，它是对历史科学家的赞誉，也是对历史科学成就的客观描述。今天的科学道路需要更多的基础理论创新，以及理论转化为生产力过程中工程实践技术的再创新。

1　高校课程思政建设在人才培养中的重要地位

根据 2020 年教育部下发的《高等学校课程思政建设指导纲要》，我们深刻认识到：“培养什么人、怎样培养人、为谁培养人是教育的根本问题”“立德树人成效是检验高校一切工作的根本标准”。2020年在南京理工大学召开的第二届全国高等学校航空航天类专业教育教学研讨会明确提出了学习能力、思考能力和创新实践能力紧密结合，缺一不可。全面推进课程思政建设，就是要寓价值观引导于知识传授和能力培养之中，帮助学生塑造正确的世界观、人生观、价值观，将显性教育和隐性教育相统一，形成协同效应，构建全员全程全方位育人大格局。

目前，我国航空航天院校总体上是以培养航空航天人才为基本目标。但在具体的实践过程中，由于地方院校在师资队伍、办公经费、试验室投入、生源等问题上受到限制，在培养合格的社会主义接班人的过程中存在一些不足，例如地方普通本科院校的教学质量不高、理论和实践存在脱节、创新性教育动力不足、在国家级学科技能创新创业大赛中能力有所欠缺。在中国共产党建党100周年之际，我们缅怀伟人和英烈的丰功伟绩时，不能忘记人民群众是历史的创造者。我们在教育教学过程中提出了什么是雷锋精神？什么是螺丝钉精神？每一次航天器的发射升空，无数的蓝领科技工作人员是不是国家的栋梁之才？学生分组讨论及发言，从课堂跟学到课下自学的风气日益浓厚，考研学生人数比例显著上升。

国内航空院校的增多不能简单地看作人才的竞争压力，它是市场需求的客观要求。全国民用航空机场的增加，未来的航空类维修机械师的需求将更加巨大，西方国家的舰船在南海挑衅，我们肩负着更多航空领域的专业维修、维护类工程师培养的重任。当重温入党、入团的誓词时，我们今天的努力学习，就是在兑现“时刻准备着”，为国家的航空事业奉献自己的青春和力量。

通过课程思政，消除了学生的后顾之忧，放弃了“行业歧视”“行业内卷”等思维认知，认识到社会分工不同导致就业上的差异化。科研院所以基础理论研究与创新技术研究为重点，着力培养理论研究人才：工程科学家、研发型人才，以及少量应用型人才。教学研究型高校重点开展应用技术研究和创新技术研究，重点培养应用研究型人才：设计工程师，以及部分研究型人才。教学型高校应围绕技术应用研究为重点，培养机械工程应用型人才、生产型技术型、服务型和管理维护型技术应用人才[2]。

我们在教学实践中，强调科学家的研究成果对人类社会的贡献，每一个定理都以他们的名字命名，体现了后人对他们的敬意，体现了人类对知识的尊重。当今社会，理论创新和技术创新同样重要，科学成果的转化要求当代大学生在扎实的理论基础上、在深度思维和实践的过程中去完成。同样地，每一项发明专利上都有你们的名字，每一项发明专利都将改变这个社会，这不就是中国共产党创始人周恩来总理“为中华之崛起而读书”的最好诠释吗？

为了巩固课程思政的成果，我们和山东太古航空公司紧密联系，派出学生现场观摩实习，了解行业背景与现状，了解航空知识在日常维护中的作用，激发了他们学习的兴趣，牢固树立起“为了将来更好地建设国家、保卫国家航空器的安全而努力学习”。部分大四学生考取了西北工业大学、南京航空航天大学的研究生，成为了学弟学妹们心中的榜样。

2 创新型教学模式应体现“教与学，以及多媒体应用场景”之间的互动

传统的教学模式，以教授传业、助教解惑的模式最为典型。教授的思维犹如明灯，让听众耳目一新，顿时感觉天空一片明亮，国内外学术会议交流中经常有意外的收获和感悟。然而，地方航空院校的教师授课难以凌驾于课本之上，而学生的思维方式难以跟上教师的节奏和思

路，知识的讲授与吸收消化成为矛盾。百家讲坛的成功举办，让我们仿佛看到了未来大学课堂的美妙前景：学生乐学，津津有味，句句入心。

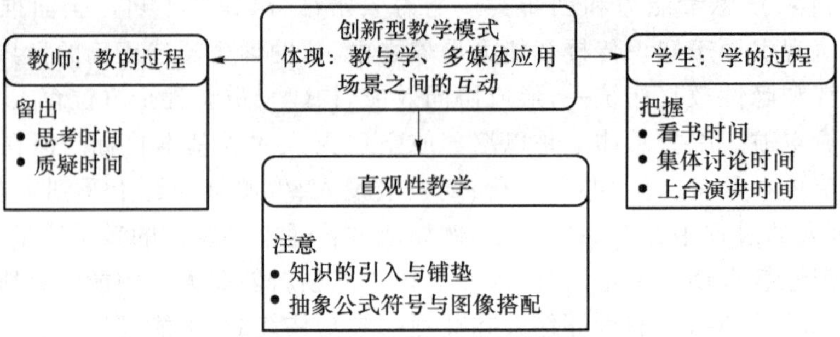

图 1 创新型教学模式技术路线图

2.1 教的过程，留出思考的时间、质疑的时间

我们在教学实践中认为，教材是已有科技成果的展台，章节标题的编著体现了知识的逻辑性和相互联系性。对于应用型高校而言，教材中大幅的理论和公式推导消耗了读者大量的理解的时间，而非阅读的时间。对于理论公式的解读，通常有很多方式和方法，教育学中称之为“教法”。我们认为最重要的是，要留给学生思考的时间、质疑的时间，以及自由表达的时间。

例如，无旋流动中的能量守恒定律(拉格朗日积分形式)：

$$\int \frac{\mathrm{d}p}{\rho} + \frac{V^2}{2} + \frac{\partial \phi}{\partial t} = U + f(t) \tag{B1}$$

教育学强调“知识的迁移性”，从学生的认知能力来看，第 2 项是容易理解的(代表是单位体积、单位质量的动能)，对于第 3 项而言，从“教”的方面看，它体现的是“非定常流动”所导致的系统能量的改变；从“学”的角度上看，为什么是$\partial\varphi/\partial t$，而非 $\mathrm{d}\varphi/\mathrm{d}t$ 呢？在学习过程中，及时消除学生的疑虑，及时地补足学生基础的短板，使得他们更爱科学、更爱质疑、更爱学习。青年教师在教学中与学生的沟通，关注学生的眼神、注意力方面经验有所欠缺，应当引起重视。

如果给学生一点思考的时间或质疑的时间，教师就会认识到自身的问题：知识远未讲透！课堂讨论环节，师生共同研究发现：时空的变化导致能量形式转化，而时间和空间坐标称之为“四维独立变量”，$\partial\varphi/\partial t$ 是单独由时间引起的能量变化，而时空变化引起速度的变化，以 $V^2/2$ 的形式体现在能量表达式中。

2.2 学的过程，留出看书的时间、集体讨论的时间、上台演讲的时间

我们学习的过程中，需要“悟”出真理，而不是学习真理！

在教学过程中，我们强调阅读教材的重要性，整理思路、做好笔记，独立撰写课堂笔记作为纸质版作业。课后习题也是必做题，以单元测试的方式进行，学生的学习积极性很高，学习压力因为勤奋而变低。小组集体讨论，大屏幕路演自己的理解，让学生更有成就感。文字组织、语言表达能力皆得到了极大的锻炼和提升。

2.3 直观性教学，注意知识的引入与铺垫、抽象的公式符号与图像搭配的效果

优秀的教科书，普遍认识到配图的重要性，有利于读者对文字的阅读产生正确的理解。教

学中，我们发现学生记不住公式，说明直观性教学和学生的认知水平之间的联系没有建立好。

例如，旋度的教学中

$$\omega_z=\frac{\partial v}{\partial x}-\frac{\partial u}{\partial y} \tag{B2}$$

学生对(B2)式容易产生“旋度是一对旋转角速度之差”的错误理解！阅读教材之后，师生共同发现，课本中的配图 θ_2 不规范，给出的是一个顺向角度(默认逆时针为负)。我们重新配图之后，很容易得到

$$\begin{cases}\omega_z=\dot{\theta}_1+\dot{\theta}_2\\ \theta_1=\dfrac{\partial v}{\partial x}\\ \theta_2=\dfrac{\partial(-u)}{\partial y}=-\dfrac{\partial u}{\partial y}\end{cases} \tag{B3}$$

再比如，质量守恒之连续方程的推导，我们强调两条技术路线：

① 微团质量的时空不变性质。学生理解到

$$\frac{\mathrm{d}m}{\mathrm{d}t}=\frac{\mathrm{d}(\rho V_\delta)}{\mathrm{d}t}=0 \tag{B4}$$

这里，我们采用了和教材不同的记号 V_δ，以防止被“错误理解成速度”。

② 经过固定体积的“盒式正方体”，利用时间和空间的独立性分析，有

$$\frac{\partial(\rho V_\delta)}{\mathrm{d}t}=\frac{\partial\rho}{\mathrm{d}t}V_\delta \tag{B5}$$

是时间引起的质量变化，以及

$$\begin{cases}\dfrac{\partial(\rho u)}{\partial x}\Delta x\mathrm{d}A_x=\dfrac{\partial(\rho u)}{\partial x}V_\delta\\ \dfrac{\partial(\rho v)}{\partial y}\Delta y\mathrm{d}A_y=\dfrac{\partial(\rho v)}{\partial y}V_\delta\\ \dfrac{\partial(\rho w)}{\partial z}\Delta z\mathrm{d}A_z=\dfrac{\partial(\rho w)}{\partial z}V_\delta\end{cases} \tag{B6}$$

是空间引起的流量变化。

从而得到质量守恒之连续方程表达式

$$\frac{\partial\rho}{\mathrm{d}t}+\frac{\partial(\rho u)}{\partial x}+\frac{\partial(\rho v)}{\partial y}+\frac{\partial(\rho w)}{\partial z}=0 \tag{B7}$$

或

$$\frac{\partial\rho}{\mathrm{d}t}+\nabla\cdot(\rho\vec{V})=0 \tag{B8}$$

3　应用型高校理论教学与实践教学的紧密结合，虚拟仿真试验进课堂的必要性

教育部第二届教育教学指导会议期间，我们看到了国内航空类重点高校在试验投入、仿真试验软件视觉开发方面的工作，深深地被吸引和震撼。国产软件早日向全国兄弟院校开放，将有助于消除教育资源的差距，体现社会主义教育的无差别对待，有助于实现教育的公平，共同

推进教育教学质量的提高。

山东交通学院航空学院拥有一套无人机视觉平台，拥有很多机型的数字化模型，在大学生飞行器仿真设计大赛中，发挥了积极的作用。国内风洞试验的软件平台在科研界引起了强烈的反响，我们希望教学类仿真算例试验能够早日通过网络共享的方式实现融合。

4 创新课程模式的一些其他问题与思考

经过多年的课程教学探索，我们认为还有一些工作需要扎实推进，包括：①强化师德师风建设，促进教师健全人格的形成，牢固树立“爱国守法，厚德敬业，爱岗敬业，严谨学风，服务社会”的伟大使命；②建立教师教学档案，推行课程负责制、教学团队 AB 岗制度、新课程开放制度、新课程教学考试制度，高校教师开展全员听课、评课，同时在青年教师中开展课堂教学竞赛等活动；③本科教学中的导师制度。本科生参与科研项目，坚持科研与教学共同提高的发展思路，既要重视论文专著发表，也要重视跨学科融合类教材的撰写，利用强大的科研优势，教学优势，逐渐转化成丰富的教育教学资源[3]。④建立航空航天人才实践基地，创建持续稳定的校企、校地联合培养模式，因为专业实践是航空航天学生专业拓展的重要生命线，长期稳定的校外实践基地是确保学生实践成效的重要基础与前提。⑤建设专业基础课、实践创新课和特色课程有机结合渐进式“课程体系”，突出课堂教学和课外实践紧密结合，以实践形式对学生进行全面的实践训练，实现学生在实践当中对理论的理解和处理[4]。⑥积极开展跨学科教学研究室之间的相互学习经验交流，促进学院教学体系的科学化、教学资源的共享化等方面的建设工作。

5 结　论

航空航天教育教学是一个动态的过程，坚持课程思政为德育的主线，坚持以学生三个能力的培养为导向，坚持教育学理论与教育实践相结合的时代要求，坚持科研与教学相长的教育模式，创建“乐学、好学、师生互动的、学生为主角的新型课堂”，激发起学生的求知欲、学习欲、表达欲之后，使之收获学习的喜悦感和成就感，最终促进教育教学质量的稳定提升。

参 考 文 献

[1] 何岚. 全日制专业硕士培养现状及对策——以北京航空航天大学机械专业为例[J]. 北京航空航天大学学报(社会科学版)，2021，34(02)：154 - 160.

[2] 赵辉，韩非非，代君. 构建工程思维培养体系——以航空航天专业为例[J]. 河南教育(高等教育)，2021(02)：33 - 34.

[3] 刘慧，丁美琴. 行业高校工商管理专业特色人才培养方案初探——以南京航空航天大学金城学院为例[J]. 大众标准化，2020(24)：206 - 207.

[4] 陶良彦，方志耕. 航空航天特色质量管理课程建设与实践[J]. 教育教学论坛，2020(41)：239 - 241.

结构设计教学法的研究与实践

赫志韦　朱昭君　张丽娜　耿直

（郑州航空工业管理学院 航空工程学院，郑州　450046）

摘　要：在航空航天类的课程中，发动机结构课程或飞机结构课程是其中的核心。结构课中机件的功能需要学生记忆，机件的结构需要他们认知。这些内容很重要，却又比较枯燥。笔者在授课过程中发现，一旦涉及到这类的内容，就会出现学生参与度较低、难以启发学生深入思考的问题。针对此种问题，笔者提出了结构设计教学法，即以所授结构的功能特点为主线，把授课过程分为“提出需求、需求分析、原型设计、改进优化”四个步骤，以此将结构认知的记忆过程转变为结构设计的实践过程。经过一个学年的实践应用，我们运用此教学法将学生随堂课测的满分成绩人数提升了大约 20％。

关键词：结构；功能；认知；设计；航空发动机；教法研究

飞机结构、航空发动机结构等结构类的课程，是航空航天类专业的核心课程。学生对课程知识的掌握情况，在一定程度上直接影响着学生专业能力的高低，因此课程的授课质量就显得尤为重要。

对于结构类课程，它们教学目标都是相似的，即通过课程学习，让学生了解所学结构的功能、组成、结构特点和设计思路等，从而学会分析、设计、检查或维修对应的结构。

对于如何提高机械结构课程的教学效果，已经有很多学者做了探索，总结起来可以归纳为 4 点。①教学内容的优化[1]，包括优化授课内容，添加前沿知识，设计思政内容[2]等；②教学方法的运用，主要有启发式教学、引导式教学、项目化教学[3]、讨论式教学[4]等；③教学手段的创新，主要有网络多媒体、虚拟仿真、实验[5]等在课堂上的应用研究；④考核方式的改革[6、7]，主要有多元化考核、过程性考核等方面的研究。

航空发动机结构是飞行器动力工程专业学生的专业必修课之一，课程是以航空发动机结构分析为主的工程设计性课程，目的是使学生掌握典型的航空发动机结构和结构设计中的共同性规律，具备结构分析的能力，为以后做发动机设计、检查、维修维护等工作做好知识储备。

笔者讲授航空发动机结构课程多年，在实际的教学过程当中，总感觉学生参与度不高，而且对结构的理解深度不够。特别是在学习结构认知、结构分析等略有枯燥的内容过程中，总会有学生走神。为了解决这种现象，笔者总结了前人对这类课程的教学研究成果，并与其他结构类课程的教师进行了探讨，进而提出了结构设计教学法。

1　结构设计教学法概述

航空发动机结构中，每个部件都有其存在的意义，即该部件所能完成的功能。结构设计教学法就围绕这个功能展开。

本教学法将部件的功能提炼为一个需求，并将整个授课过程分为“提出需求、需求分析、原型设计、改进优化”四个步骤，将原本的结构认知过程转变为学生在教师引导下的结构设计过程，在设计中增加学生对所学结构的工作特点和设计理念的理解深度。这四个步骤中的原型设计环节是整个教学设计的核心内容，因而命名为结构设计教学法。

本教学法具体的授课过程如下：

一是提出需求。将需要讲授机件的功能作为需求提出。可具体分析该功能的重要性，或者引导学生分析当该功能缺失时整个系统所面临的问题，进而提炼出功能需求。

二是需求分析。这一步骤的目的是引导学生分析需求的特点和满足需求的方法手段，进而启发学生思考什么样的结构能够满足需求。而这些特点本质上也是所授机件的结构特点，是教学内容的一部分。

三是原型设计。通过上面的分析，学生对这一结构已经有了自己的初步想法，因此在这一步，主要是给学生必要的提示，让学生自行设计能够满足需求的结构。这里只要求学生画出结构草图，辅以文字表达出自己的设计思想。此做法的目的在于两点：一是节省课堂时间；二是草图已经达到让学生认知结构，深刻理解结构特点的教学目标。

四是优化改进。学生自己的设计必然有各种缺陷和考虑不周的地方，这时就需要教师首先对学生的设计进行简单点评，而后讲解现有的成熟结构方案，最后让他们对比自己的设计，找出缺陷，提出优化措施。

总的来说，结构设计教学法的核心思想是以所要讲授结构的功能为主线，引导学生自行设计结构，在设计的过程中达到深入理解结构特点的教学目标。

在实际操作中，可以对学生进行分组，每组 5 人左右，指定一个负责人。让他们在讨论中形成设计方案，既可以提高学生的协作能力，也可以避免一个人设计时的思维局限。

2 课堂案例分析

为验证本教学法的效果，笔者对课程中较为典型的几个知识点按照本教学法的思路做了教学设计并试讲。其教学法取得了较好的授课效果。现将最有代表性的“火焰筒气膜冷却”知识点的教学思路展示如下。

2.1 教学思路展示

火焰在火焰筒内燃烧时，火焰筒的内壁必然会接触到高温燃气，烧蚀火焰筒，如图 1 所示。“火焰筒气膜冷却”是指将火焰筒外的气流分段引到火焰筒内壁表面，使高温燃气和火焰筒内壁隔离，用于冷却火焰筒，保护火焰筒安全。本知识点的教学目标是让学生深刻理解气膜冷却结构的设计思路以及结构特点。

主要教学过程如下：

1. 提出需求，约 3 分钟。教师通过数据分析火焰筒内火焰的高温，告知学生此高温能够将任何材料的火焰筒融化。以此引导学生提炼出需求：提高火焰筒的承温能力。

2. 需求分析，约 2 分钟。教师引导学生分析提高火焰筒承温能力的方法：材料、涂层、冷却等。而冷却是其中效果明显，成本最低的方法。通过这样的引导，使学生明白冷却是确保火焰筒安全必不可少的一环。

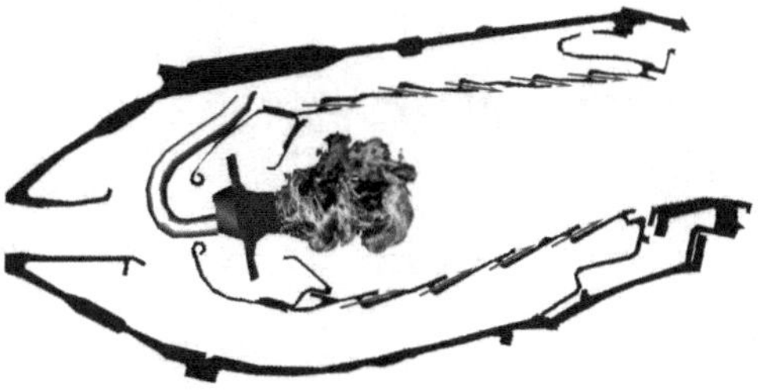

图 1　燃烧室

3. 设计引导,约 8 分钟。火焰筒需要冷却,那就要有冷却介质。常用的冷却介质有水和空气,对于航空发动机来说,水的热容虽大,但难以获取。随处可得的气流才是冷却剂的最佳选择。但如何选取气源就需要学生自己去决断。这里需要提示学生需要考虑的主要因素:空气压力、空气流量、空气温度。冷却空气只有接触到火焰筒才会起到冷却的作用,那么如何引导冷却空气就是学生需要考虑的问题。

4. 原型设计,约 26 分钟。通过引导,多数学生都能分析出将气流引入火焰筒内部才是最佳的冷却方案,而火焰筒外围的气流也是冷却剂的最佳选择。因此这一步,就需要学生自行设计结构,来满足火焰筒冷却的目标。教师需要做的是对学生遇到的问题进行必要的解答(尽量避免影响到他们的思路),同时把控好课堂进度。

5. 改进优化,约 6 分钟。这时已经到了课堂的尾声。即使个别组没有完成设计,也要停下来(一是控制时间,二是学生已经对该结构进行了深入思考,达到了目的)。教师首先讲解现有设计方案,即将火焰筒沿圆周方向开引流小孔,并引导气流沿着火焰筒内壁表面流动,形成气膜,如图 1 火焰筒壁上的小箭头所示。其目的是隔绝高温燃气,而不是降低火焰筒内部燃气的温度。一般来说气膜的有效长度只有 3～5 厘米,所以每隔一段距离就需要有一周的冷却孔;其次,点评较好的 1～2 个设计,并提出改进措施;最后让学生对比自己的方案,进行改进。

2.2　课堂分析

整堂课的重点在原型设计阶段。通过前面阶段的学习引导,同学们都有了利用气流冷却火焰筒的共识,但是在如何利用上仍然都是一头雾水。前一半的时间(约 13 分钟),学生们都在讨论,没有明确的设计思路。但讨论中形成了两个比较集中的观点:一将冷却气流引入火焰筒内;二在火焰筒外增加散热鳍片。后一半时间,逐渐有小组形成了较为合理的设计思路,并开始绘制方案草图。在设计时间结束后,基本上所有的小组都拿出了成型的设计方案。下面图 2、图 3 和图 4 是学生交出的设计方案草图。

在前面引导的时候,笔者仅提示学生如何选择合适的冷却介质,并未告诉他们如何利用,但是几乎所有的组都将气流引入火焰筒内来隔绝高温燃气。但他们的设计方案也有各种各样的问题,主要包括设计过于复杂、考虑问题片面等。

一些学生考虑到在火焰筒表面打孔会影响到火焰筒的强度如图 3 所示,所以将高压气流从火焰筒进口引入,并引流到火焰筒内壁,但忘了考虑冷却气膜长度的有效性。

一些学生通过增大火焰筒内壁的粗糙度的方法如图 4 所示,用以增加火焰筒内壁附面层的厚度,同时喷上涂层隔热,这也犯了和图 3 学生类似的问题。

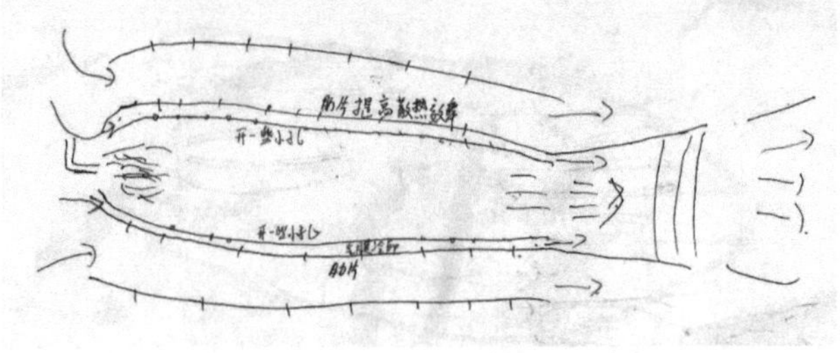

图 2　方案草图

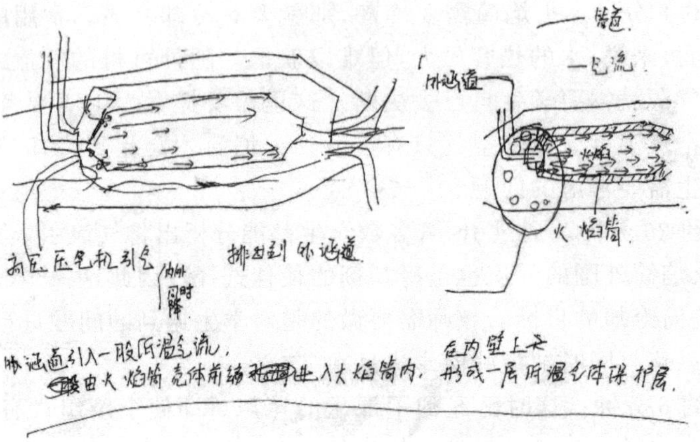

图 3　方案草图

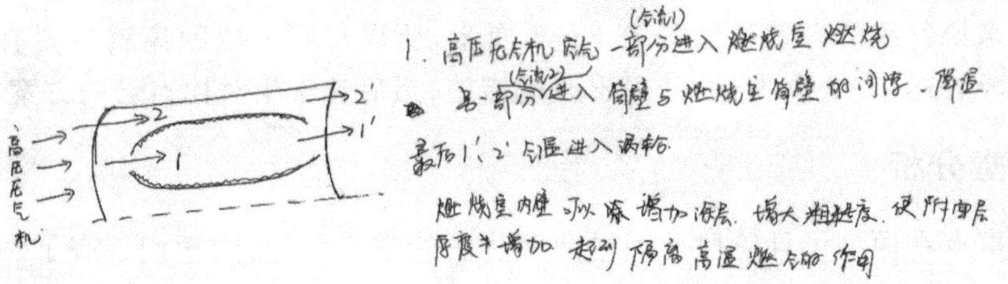

图 4　方案草图

还有的学生将飞机外涵道的低温气流引入火焰筒，却忽视了气压差问题。

但是也有非常有想法的设计，如图 2 所示。该组学生将火焰筒设计成双层，从头部引入冷却气流到夹层中，并在内层火焰筒上开孔，将冷却气流引入内部，形成气膜；同时在外层火焰筒上增加散热肋片，用以降低中间冷却气流的温度。甚至他们还考虑到了火焰筒末端，冷却气流可能会不够，因此还想在外层火焰筒中间开孔引流。但是时间不够了，就没有画上去。后来我在点评他们的设计时说，如果把外层火焰筒去掉，是不是既解决了对冷却气流的散热问题，又解决了冷却气流不足的问题，同时还减轻了重量。看着他们恍然大悟的样子，我认为，这个知识点将是他们终生难忘的。

意料之中，没有任何一组同学成功解决了散热问题，但是他们能在这么短的时间内交出有理有据的设计草图，已经证明学生对火焰筒冷却结构有了深入的思考。在后续的讲评和授课过程中，当我点出他们的问题，并讲解现有的成熟设计后，学生们都能立刻分析出自己设计的缺陷并提出改进措施。

教学结束后，笔者对学生进行了3道选择题的简单测试，全对的比例为95.3%(81人全对，共85人)，而作为对比的另一个教学班，全对比例为78%(32人全对，共41人)。鉴于题目的难度较低，因此笔者认为学生成绩提高的原因应该是在“结构设计教学法”下，学生更多地参与课堂活动，走神的现象减少所致。

课后笔者随机找了几名学生谈话，发现他们已经完全掌握了火焰筒气膜冷却结构的特点，相信他们对于气膜冷却的理解深度也远超对比组。

3 结构设计教学法的优势分析

经过理论研究和实践分析，笔者认为本教学法非常适合机械结构类课程的教学。本教学法最大的创新是将结构认知教学转变为了分析设计教学，通过设计引导学生对结构进行深入的思考。相比于传统教学法，结构设计教学法的优势有以下几点。

一是在教学理念上，将理论与实践融合。本教学法打破了“学”“练”分离的教学模式，将需求分析、基础理论、设计实践融合在了一起，形成了“需求为引导，设计为手段，优化为检验”的新型教学模式。

二是在教学内容上，本教学法将枯燥的结构功能转变成了具体的需求，使得学习重点更加明确。学生通过需求分析，结构设计等一系列的学习，能更加深刻地理解所学内容。相对于项目式教学法，本教学法省去了教学内容无关的步骤，更加聚焦于知识本身。

三是在教学方式上，本教学法更像半开放式教学，而且每个教学环节都能融入其他教学方法，提高教学效果；另外，分组讨论的模式还能培养他们团队合作、集思广益的精神。

四是在评价体系上，本教学法非常适合过程性评价。对每组的设计方案、讨论氛围、设计思路、优化方案等进行评价、打分。时间充足的话，可以组为单位，让学生对自己的设计做一个小的演讲，让同学们投票打分。

五是在思政教育上，对应课堂上“提出需求、需求分析、原型设计、改进优化”四个教学步骤，能让学生学习并体会工程问题常用的一种解决思路，即：提出问题、分析问题、解决问题、优化改进。同时让学生明白，工程是一门妥协的艺术，需用最小的代价去满足需求。

4 结构设计教学法应用注意事项

经过多次课的教学实践，笔者发现本教学法在应用时，有以下注意事项：

（一）选题方面：

① 选题内容尽量独立，用到的知识不能超出学生的能力。

② 若选题难度较高，则需要有充分的引导以降低难度，这样一方面能加快课程进度，另一方面避免打击学生的自信心。

③ 复杂课题，可以分解为若干简单的小课题，让学生按组分开设计，或要求学生课前设计，课堂中讲评，优化。

（二）授课方面：

① 课前需要教师做好教学设计，规划好各阶段时间。

② 可将部分理论知识通过网课布置给学生在课前阅读和准备。

③ 课中严格把控课堂节奏，特别要控制设计阶段的时长，否则容易造成拖堂。

④ 及时关注学生的设计进度，对他们的疑问及时给予提示，但尽量避免影响学生原有设计思路；对于思路较好但学生不够确定的，要给予鼓励。

⑤ 课堂上未完成的优化设计可留为课后作业。

⑥ 本教学法一旦使用，至少需要1课时的时间，教学进度略慢，因此只适合对部分重点内容使用。

（三）学生设计方面：

① 第一次使用本教学法，学生会不明白设计成什么样，因此需要教师提前准备一个范例。

② 设计前的引导很重要，要给学生定下的思考方向。一是降低设计难度，二是避免学生天马行空的想象，三是缩短学生设计时间。

③ 设计不要求规范、严谨，能表达出自己的设计意图即可。

（四）教学手段方面：本教学法可融合其他教学法共同使用，如在提出问题、分析问题的阶段，利用讨论法或启发法让学生自己发现问题，分析问题；对于重点、复杂内容，可以让学生课前准备，课堂上通过翻转课堂[8]让学生上台演讲自己的设计和想法等。

最应注意的是，设计环节虽然重要的，但设计只是让学生进行深入思考的一种手段，设计方案的好坏并不是主要的，只要学生能在设计中深入思考结构特点，深刻理解结构的设计思想和工作原理，教学的目的就达到了，而这也正是本教学法的初衷。

5 总 结

本文提出了结构设计教学法，并对其应用方式、教学设计、教学过程等方面做了详细研究。经过一个学年的教学实践后，笔者认为本教学法能明显地加大学生对所学结构的思考深度，提高学生对动手能力，取得了较好的教学效果。本教学法将结构的需求分析、工作原理、设计与优化等融合到了一起，锻炼了学生从理论上分析、解决问题的能力以及设计和优化结构的动手能力。虽然笔者将航空发动机结构课程作为试验对象，但在研究中发现该教学法适用于多数机械结构类的课程，特别是对结构设计分析有较高要求的课程。

参考文献

[1] 王珂，李永正，杨永祥. 船体结构教学方法改革与研究[J]. 中国电力教育，2011(19)：112－113.

[2] 王新军，张文军，左寅，等. 航空发动机构造与维护课程思政教学改革与实践[J]. 教育教学论坛，2020(25)：82－84.

[3] 杜友威，田玉芹，周新院. 船体结构设计课程模块项目化教学研究与实践[J]. 船舶职业教育，2018，6(05)：34－36＋72.

[4] 刘大为，杨文敏. "机械设计"讨论式课堂教学的思考与探索——以圆柱齿轮传动设计为例[J]. 当代教育理论与实践，2017，9(05)：64－68.

[5] 王邦国. 汽车构造课程中发动机结构认识教学方法研究[J]. 当代教育实践与教学研究，2019(21)：76－77.

[6] 刘娅，周龙. 高校课程考核评价方式改革探索与实践[J]. 教育教学论坛，2017(28)：129－130.

[7] 丁江民. 大学专业课课程考核方法的探究. 辽宁省高等教育学会. 辽宁省高等教育学会2016年学术年会暨第七届中青年学者论坛三等奖论文集[C]. 辽宁省高等教育学会：辽宁省高等教育学会，2016：5.

[8] 胡雷. 基于翻转课堂的高职项目教学模式构建与应用[J]. 职业技术教育，2015，36(29)：37－40.

实案化教学理论创新与改革实践

柏林　王保成　卢松　何定养　郭振滨

（空军勤务学院，徐州　221006）

摘　要： 本文重点阐述了航空勤务专业实案化教学改革创新的现实意义，以“实案”支撑“实战”落地、以“研案”提升“教战”水平、以“教案”催生“打赢”能力，以实案化教学改革为创新手段有效解决课堂对接战场现实问题；建构了实案化教学概念模型，阐述了勤务保障领域专业院校“实战化”教学的内在机理；探索了航空勤务专业实案化教学改革创新的具体措施，从实案化教学本质内涵探索、实战岗位人才培养需求对接、实案化改革课程教学内容重构和教学组织实施形态创新等四个方面进行具体阐述，为继续深化实案化教学理论创新与改革实践奠定了基础。

关键词： 实案化；概念模型；理论创新；改革实践；教战研战

习近平指出：“院校同部队对接越精准，课堂同战场衔接越紧密，培养的人才越对路子”*。在以往航空勤务专业实战化教学改革过程中，由于缺乏有效的理论研究和实践抓手，制约了课堂与战场的对接，主要表现在部队战训保障实际向教学内容转化浮于表面，牵引教学方法手段改革效用不明显，教员研战教战能力不强，难以真正实现培养学员胜任作战保障的目标。为着眼破解课堂与战场对接不紧、为战育人能力不强的问题，以实案化教学改革为抓手，用部队战训保障实案这个硬核牵引教学改革，切实提升实战化教学水平，实现了对为战育人核心价值的追求。

1　航空勤务专业实案化教学改革创新的现实意义

“实案化”教学是贯彻落实“为战育人”要求推进“作战牵引教学”的具体行动、是有效促进“实战化教学”与“实战化保障”精准对接的具体抓手、是深入开展“研战教战”实施教学内容改革的具体举措、是精准化解“教室对接战场”最后一公里问题的具体行动。

1.1　以“实案”支撑“实战”落地

实案化教学是综合运用“实案”提升学员“认识问题、分析问题、解决问题”能力的一种教学方式，是以“实案”为依托对课程教材、教学内容、教学方法、质量评估进行体系化革新的重要渠道，是有效促进“实战化”教学“落地”的具体抓手。教学改革实践体现为，在深入剖析部队战训保障实案的基础上，抽丝剥茧般地梳理出与课程教学相关联的知识点，进行“实案化”教学改造后，用“实案”架起部队战训保障实际与课程教学之间的桥梁，达到课堂与战场的精准“对接”。

---

*　习近平八一前夕视察空军航空大学时强调：深化改革创新　不断提高办学育人水平[EB/OL](2020-07-24)[2021-10-20]. http://jhsjk.people.cn/article/31795832.

1.2 以"研案"提升"教战"水平

实案化教学通过"选案""研案""编案""用案""教案"五个环节创新教学模式，把符合实际、贴近实战、注重实用的部队战训保障预案、方案等，转化为适合培养对象所需的内容和方法，在教学内容上实现源于部队、高于部队；在教学设计上实现教员从主讲向主导转变、从单向灌输向双向互动转变，学员从单纯学习知识向培养思维方法转变、从被动学习向主动研究转变；在教学目标上实现用实战需求设定教学内容，用实战标准衡量训练方法，确保"教战一致、训战一致"。

1.3 以"教案"催生"打赢"能力

实案化教学以培塑学员作战保障能力为逻辑起点，以日常战备、联合作战和非战争军事行动需求为牵引，确保培养的学员能够设计作战保障、胜任作战保障。理论讲授环节，以知识点引出"实案"，通过对"实案"的剖析讲解，加深学员对知识点的理解掌握；在实践训练环节，用"实案"导出知识点，达到营造教学氛围、实施教学引导、实现教学目标、提升教学效益，增强学员对专业的认同感、部队的亲近感、"实战"的体验感等效果，固化强化学员作战保障综合能力。

2 航空勤务专业实案化教学概念模型

围绕军队院校必须姓"军"、必须"为战育人""立德树人"这一时代主题，分析勤务保障类院校教学训练特点及人才培养特征，其人才产品将由原来的专业管理岗位"助理员"向作战保障岗位"保障员"转变，其中最大的转变就是将以业务管理为核心的"助理员"转变成为以作战保障为核心的"保障员"。一字之差，更加体现"指、技、管"综合能力融合培养的现实需求。

2.1 模型构建

部队实践训练，主要指部队按照《军事训练大纲》开展的有针对性的军事训练活动；部队任务、社会事件，主要指部队战训任务和勤务保障专业岗位上所发生的社会生活事件。院校教育教学关注的教学目标、教学内容、教学方法和教学条件四大要素，受控于勤务保障领域任务达成度，当面向航空兵场站的专业保障岗位，其任务达成度状态可描述为"0－、0"或"1、1＋"两大类四种状态。其中，"0"代表的是未能完成保障任务，"1"代表的是完成保障任务；在未能完成保障任务"0"状态下，包含有不但未能完成保障任务，还造成了不必要的自损或他损状态，即"0－"状态；在完成保障任务"1"状态下，包含有不但能保质保量完成保障任务，还大大提高了保障效率和效益，即"1＋"状态。每一项（次）保障任务，都可以浓缩为一个鲜活的教学实案，无论其任务完成度怎样，均可被描述为"0－、0"或"1、1＋"某一状态，可以用n个"状态实案"形成教学实案或任务实案库。

"状态实案"是指任务达成度"0－、0"或"1、1＋"某一状态下，部队任务、社会事件活动中所发生的可用于教学训练的"实案"。由于勤务保障类任务达成度状态具有有限边界，并且可穷尽，"状态实案"也可理解为具有有限边界、可穷尽特征，因此，"状态实案"与教学目标、教学内容、教学方法、教学条件等要素特征要求存在一一对应的关系。因此，应根据教学目标、教学内容、教学方法、教学条件等教学要素需要，有条件地选择相应状态实案反馈于教学训练入口，与院校教员备课状态融合，作为实施教学的激励，共同作用于受训学员，形成闭环控制系统。建构实案化教学概念模型如图1所示：

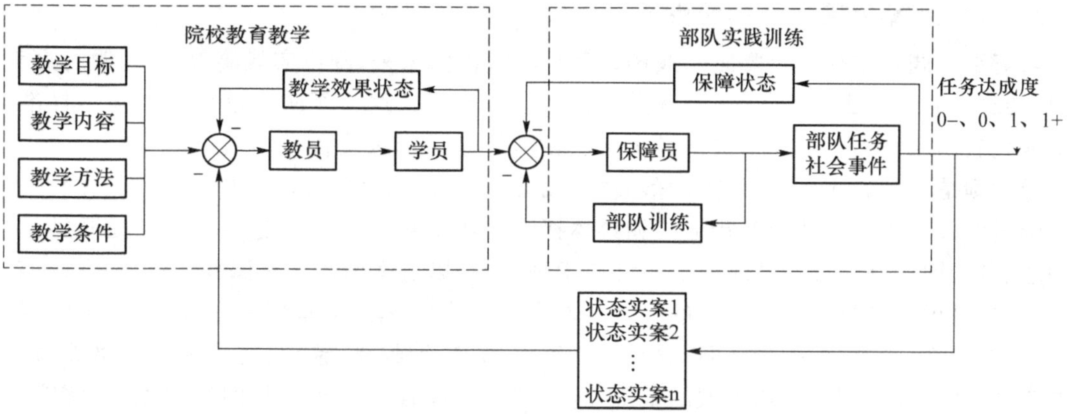

图1　实案化教学概念模型

2.2　内在逻辑

院校培养阶段，教员将自身知识内容与“状态实案”内容完全融合，促进院校教育教学全面改革创新。将基于任务达成度状态所形成的“状态实案”，以负反馈的方式作用于院校教员备课前的输入端，通过教员及教学活动，激励学员主体，教员随时依据学员动态响应，以收敛控制为目标，调整教学策略（即教学反思），形成教学效果状态循环控制，促使循环控制系统迭代优化，以求学员动态响应与教学目标达成一致。

在“为战育人”“部队由管理型向打仗型转变”要求下，将培养的学员由助理员转变为保障员。在实案教学中学员以保障员岗位身份，置身于任务保障活动之中，任务保障状态以负反馈的方式作用于保障员，保障员依据任务保障需求和任务保障状态之差，以收敛控制为目标，实现任务状态控制，以此构成了能力递增的循环控制系统，每一次循环均可锤炼专业岗位保障员任务保障能力，并促使其保障能力逐渐递增。由于任务保障的局限性，保障员的综合保障能力还需通过部队军事训练环节逐渐加以完善，以求全面适应部队任务或社会事件保障需要。从人才能力生成规律看，此类实践性任务保障能力生成隶属“三位一体”人才培养“部队实践训练”阶段。

3　航空勤务专业实案化教学改革创新的具体措施

实案化教学的组织实施，逻辑前提就是要紧密结合军事斗争准备形势和任务实际，利用部队作战保障方案、预案来开展教学，不同作战方向、不同作战任务、不同任务部队的作战保障千差万别，必须研透作战保障机理、总结与提炼保障规律，才能不断提升实案化教学质量效果。

3.1　聚焦为战育人，创新探索实案化教学本质内涵

从实战出发需要从难、从严、从实组织教学训练，这是提高院校实战化教学水平的根本途径。当前，院校教学不具备在战争中学习战争的客观条件，但部队战训保障活动、方案、预案等

形成的实案，无疑是反映部队实战化训练的重要载体，也是实现院校与部队精准对接的关键要素。

3.1.1 “实案化”教学的内涵特征

习近平强调：“军队院校要面向战场、面向部队、面向未来，围绕实战搞教学、着眼打赢育人才，坚持打仗需要什么就教什么、部队需要什么就练什么。”这为军队院校贯彻战斗力标准、提升实战化教学水平提供了根本遵循。实战化教学彰显了军队院校教学改革的目标指向，而实案化教学则是一种方式方法，是贯彻落实“为战育人”要求推进“作战牵引教学”的具体行动，是有效促进实战化教学落地的实践形式和具体抓手。实案化教学是综合运用实案提升学员“认识问题、分析问题、解决问题”能力的一种教学理念，是以实案为依托对课程教材、教学内容、教学方法、质量评估进行体系化革新的一种重要渠道。实案化教学坚持紧贴实战、模拟实战、符合实战，先将部队作战保障行动明确的内容、程序、方法等收集、整理、转化为适合培养对象所需的实案，并在深入剖析部队实案的基础上，梳理出与课程教学相关联的知识点，用实案架起部队战训实际与课程教学之间的桥梁，达到课堂与战场的精准对接。

3.1.2 “实案化”教学的基本要求

一是注重“实”，即符合实际、贴近实战、注重实用，用实战需求设计教学内容，依实案要求改进教学方法，确保“训战一致”。二是关注“案”，实案一定是源于部队，既包括作战保障、演习演练预案方案，也包括突发事件处置行动方案、部队战训保障中的典型案例、事例等。三是突出“化”，实案化教学就是要把部队的方案预案等，转化为适合培养对象所需的内容和方法，应更加关注转化过程。

3.1.3 “实案化”教学的环节路径

实案化教学以培塑学员“指、技、管”合一的作战保障能力为逻辑起点，改变了以往课堂理论灌输、单纯讲解为主的教学方式，用部队一个个鲜活的案例、事例，串联起学员想学、急需的理论知识和军事技能，通过“1×4”教学组织实施形态（1 即“教学反思”，4 即“教学设计与教学准备、实案还原与实案感知、实案剖析与实战挖掘、教学总结与为战拓展”）把符合实际、贴近实战、注重实用的部队战训保障预案、方案等内容转化为适合教学对象的内容和方法，实现“课堂—岗位—战位”的有效衔接。

3.2 紧扣实战岗位，对接人才培养需求

以部队实战岗位需求为牵引，以部队演习演训活动为平台，促进广大教员深入研究作战、研究实案、研究保障，进一步掌握部队作战岗位需求特点，科学采编基本案、教学案和训练案，为推进实案化教学奠定坚实基础。一是注重课题牵引。打破传统的调研式参训模式，严格要求参训教员带着具体课题参与部队演训活动，围绕保障力量运用，联合保障、直接保障、协同保障等作战保障模式以及不同作战方向、不同作战任务、不同任务部队的作战保障等研究课题，边实践边研究，在实践中研透作战保障机理、总结提炼保障规律。二是注重数据采集。在参加部队重大演训活动中采集后装保障资源消耗、保障力量抽组等数据，切实做到用数据分析、用数据说话，提升研案的科学性、针对性、实效性。三是注重难点问题。针对部队重大演训活动中作战保障的难点、热点问题，研提方法对策，编用实案，教会学员如何应对和解决作战保障棘手问题，提升学员岗位任职能力。

3.3 扭住教战关键,重构课程教学内容

实案源于部队,是基于部队保障需求所做的预案和方案。在教学过程中将“实案”的筹划过程、控制要求、行动指挥、特情处置方式方法等有关内容进行教学转化与改造,重构课程教学内容与设计,使学员在思维层面和保障筹划能力层面得到有效锤炼。即一是机制促新。结合教材、军事案例立项等工作,初步建立部队实案进课堂机制,及时组织各专业对研案教案和参与部队重大演训活动进行交流总结,建设形成了以各专业保障为主体的实案库、案例库,并投入教学使用。二是内容求精。严格按照“部队需要什么就教什么、打仗需要什么就练什么”的要求,根据不同专业学员岗位能力需求特点,突出作战保障核心能力培养,有针对性地选取实案进行转化,促进实案化教学与部队岗位、作战保障需求的精准对接。三是设计求准。注重在探寻规律中提升不同层次学员的思维能力和作战保障能力。现职军官培训在课程教学设计上注重将部队典型任务保障实案融入课堂,提升学员战训保障组织筹划和应急保障组织指挥能力培养;生长军官和士官培训在课程教学设计上,注重将战训保障中的典型案例、事例融入课堂,强化了实案的“引领、贯穿、深化、桥梁”的作用和功能,使学员能够熟练运用所学知识和技能解决保障实际问题。

3.4 聚焦组训施教,创新教学组织实施形态

按照“战训一致、按岗施训、既训技能、又教方法”的指导思想,统筹利用各种教学资源,遵循“教学反思”牵引教学过程,融合“教学设计与教学准备—实案还原与实案感知—实案剖析与实战挖掘—教学总结与为战拓展”四个教学阶段的“1×4”实案化教学组训新形态,实现教员从主讲向主导转变,从单向灌输向双向互动转变,既丰富了原有的教学训练内容,又提升了学员实际保障能力。

教学反思通常包括教学前反思、教学中反思和教学后反思。教学前反思,要结合教学目标和教学对象,围绕教学效果,对拟选用的实案内容、运用方法和教学过程中可能出现的情况进行预先预判;教学中反思,要根据学员的实时反馈情况,以及教员在教学过程中的具体感悟,对教学策略进行及时有效地矫正和纠偏;教学后反思,包括实案内容反思、实案运用反思和教学理念反思。实案内容反思,要重点剖析实案内容与教学目标的匹配性和达成度;实案运用反思,要重点剖析实案展示与还原的时机与方式,实案剖析的方法和引导控制策略,教学条件资源的适应性以及总结拓展的创新性与提高度等方面;教学理念反思,要重点剖析在实案内容、实案运用反思的基础上,发现新问题、检验新感知、寻求新策略,重新审视教学指导思想,形成独具特色的课程实案化教学理念。教学反思是以教学目标为遵循,从实案编制、实案选择、教学准备、教学组织等方面进行再优化、再深化的过程。

教学设计与教学准备是实案化教学组织实施的基础,应结合教学对象的岗位需求和角色特点进行,主要包括实案匹配性设计(与教学目标、内容的匹配性设计)、实案应用性设计(使用时机、方式、方法以及应用场景等)两项内容,以及实际教学过程当中所需各类教学条件资源的准备。

实案还原与实案感知是实案化教学组织实施的关键阶段,是实案化教学的特色要求,是教员引导学员进入实案情境和“角色”转化的过程,在充分体现实案内容要素的基础上,让学员充分感知作战保障氛围。通常包括以下步骤:(1)实案导入。根据实案应用性设计和教学情境,

实时导入教学实案，要注重体现实案内容要素。(2)要点提示。根据实案应用性设计、教学内容要求和教学对象特点，依据实案来源、相关背景、主要情境，引导学员以“角色”体会实案，沉浸其中，发现实案中的关键问题，用“问题”牵引教学内容。(3)实案感知。贯彻“双主”合作理念，在教员的引导下，学员按照教学要求，结合关键问题和内容要点进行广泛思考，归纳总结要点，感知实案问题引发的作战保障氛围，为开展“实案剖析与实战挖掘”奠定基础。

实案剖析与实战挖掘是以教员为主导、学员为主体，依据实案感知情况，分析具体问题、剖析问题成因，挖掘实战要素、研究实战对策，是学员进行思维训练和能力形成的过程，是实案化教学的核心阶段。应重点关注以下三个方面：(1)剖析探究引导。教员引导学员回顾实案的情境，引导学员确定剖析探究方式方法，引导学员剖析关键问题、探究问题成因，引导学员聚焦知识、能力、素质要求，适时拓展探究空间。(2)教学情境营造。教学情境营造对剖析探究、深入挖掘引导起到支撑性、关键性作用。教员要根据剖析探究、深入挖掘情况，及时调节课堂氛围、调动参与热情、控制教学节奏。(3)挖掘过程把控。剖析探究实战挖掘过程中，对于实战要素、问题对策等出现偏差时，要及时纠正。以上三个方面，不具有明确的时序性。

教学总结与为战拓展是实案化教学组织实施的重要阶段，目的是内化知识应用、满足岗位任职能力需求、提升适应未来作战保障的持续发展与创新能力。教学总结与为战拓展通常以教员为主，也可在教员引导下由学员自主归纳剖析探究、深入挖掘情况及收获。一是总结剖析探究过程效果，分析重难点问题理解把握情况，提炼归纳新观点、新思路、新对策等；并对学员学习情况进行总结讲评。二是为战拓展，基于教学中提炼归纳的新观点、新思路、新对策，以及更广泛、更深层次的问题进行为战拓展性引导；并注重学员思想品德、职业素养、勤务精神的培养。

4 结 语

实案化教学改革，是贯彻新时代军事教育方针，推进“为战育人”落地落实的重要抓手。聚焦实案化教学改革重难点问题，体系构建科学合理的实案化教学改革管理机制，坚持用部队战训保障的“硬核”，牵引教学改革，充分发挥实案化教学改革引领作用，不断提高研案、用案、教案能力，完善实案教学条件建设，从根本上破解教与战对接不紧的矛盾问题，提升为战育人质量水平，确保培养的人才能够胜任岗位、保障打赢。

参考文献

[1] 张惟. 厘清“实战化”与“实案化”的关系[N]. 解放军报，2019 年 07 月 25 日 07 版.
[2] 柏林. 实案化教学改革创新理论与实践指导手册[M]. 徐州：空军勤务学院，2021：6－7.

数学方法在导弹飞行原理教学中的应用初探

李从利　李兴山　胡博　刘永峰
（陆军炮兵防空兵学院，合肥　230031）

摘　要：本文主要介绍在军队院校导弹飞行原理的课堂教学中强调数学方法的一些尝试。目的是在课堂教学中突出重点、解决难点，在教授学员专业知识的同时，培养学员利用数学的方法论解决实际问题能力。同时结合案例教学法，采用案例进行讲解并组织学员分析和讨论，更好地理解和掌握数学方法及其实践应用，以提高学习效果，达成教学目标。

关键词：数学方法；导弹飞行原理；坐标转换；导引规律；导弹坐标系

导弹飞行原理是军队院校导弹工程专业的一门本科生专业核心课程，主要研究在大气中飞行的战术导弹的空间运动规律。本课程以高等数学、空气动力学、理论力学，以及自动控制等知识为依托，研究导弹在空间中的飞行轨迹和运动姿态，为学员进一步研究导弹结构和制导与控制提供理论基础。作为技指合一的军校学员，未来大多数从事指挥类岗位，在学会专业知识的同时，培养科学的世界观和方法论也十分重要。数学方法是一类在各种场景下得到广泛应用的分析问题、解决问题的方法和工具，对学员的成长进步有明显的促进作用；而导弹飞行力学与数学结合紧密，适合在此课程中体现数学方法。

1　数学方法的概念

本文中数学方法是指在数学学科中抽象总结出的处理问题的模式、程序和思路，其具有高度的抽象性和普适性，也可视作一种科学的思维方式。常用的数学方法包括符号思想、模型思想、化归思想、分解组合思想、集合思想、辩证思想、函数与方程思想，以及数形结合思想等。

导弹运动规律的研究过程本质是大量数学模型的建立和求解[3]。因此，结合具体案例，将数学方法引入导弹飞行力学的课堂教学，可以突出重点，解决难点，提高学习效果。

2　数学方法在导弹飞行力学教学中的应用

(1) 在导弹运动方程组教学案例中，所研究的导弹为一个变质量、可控系统的巡航导弹[4]。在对其建模时，一般视其为刚体质心的平移与绕质心转动运动的合成运动。因此可以通过牛顿第二定律与动量矩定理来研究弹体运动规律。本文中的导弹运动方程组主要分以下几个方面：导弹的动力学方程、导弹的运动学方程、导弹的质量变化方程、中间过渡几何关系方程与导弹气动力控制方程[5]。

其一，需要使用的是数学方法当中的模型思想。在导弹运动的数学建模中，需要引入以下几个坐标系：以地面为参照物的地面坐标系；以弹体几何轴为参照物的弹体坐标系；以导弹飞行轨迹为参照物的弹道坐标系；以来流为参照物的速度坐标系。

1）地面坐标系 $Oxyz$

地面坐标系的原点 O 选取为导弹质心投影到地面的某一点，Ox 轴为过 O 点的水平面内并指向瞄准方向；Oy 轴为过 O 点的垂直于水平面的直线；Oz 轴与 Oxy 水平垂直并构成笛卡尔坐标系，如图 1 所示。由于该坐标系与地球相对静止，因此该坐标系可视为一个惯性坐标系。

2）弹体坐标系 $Ox_1y_1z_1$

弹体坐标系的 O 点选为导弹质心，Ox_1 轴与弹体的纵向对称轴重合，指向弹头方向为正方向。Oy_1 轴在位于弹体纵向对称面内，垂直于 Ox_1 轴，向上为正方向，Oz_1 轴通过 O 点并垂直于 Ox_1y_1 平面，并遵行右手定则。弹体坐标系依附于弹体，因此为动坐标系，如图 2 所示。

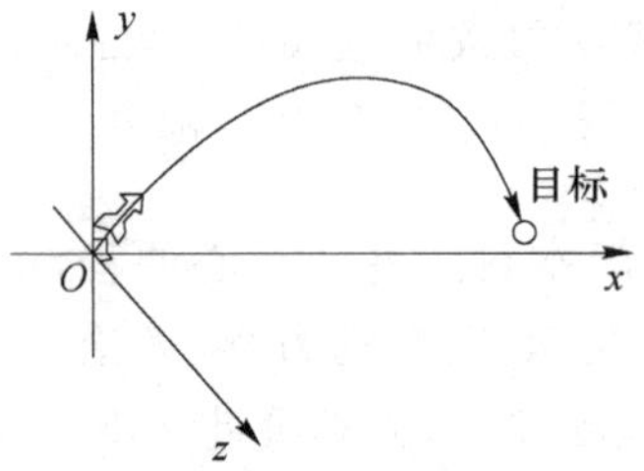

图 1　地面坐标系

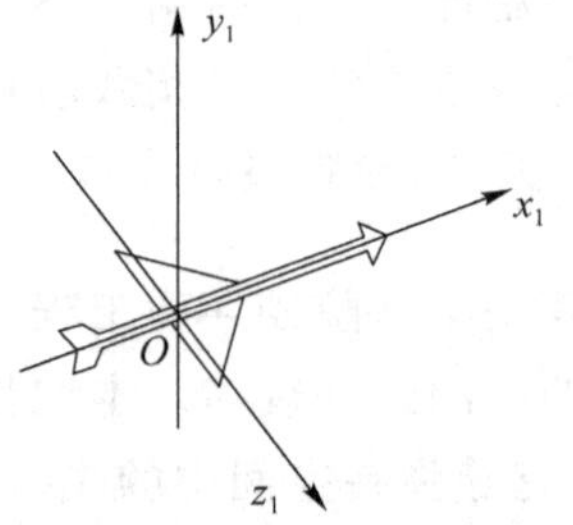

图 2　弹体坐标系

3）弹道坐标系 $Ox_2y_2z_2$

一般将弹道质心设为弹道坐标系 $Ox_2y_2z_2$，Ox_2 要与导弹质心的飞行速度 V 方向一致。Oy_2 轴在包含 Ox 轴铅垂平面内，且垂直于 Ox_2 轴，取向上为正方向。Oz_2 轴按照右手定则确定。弹道坐标系如图 3 所示。

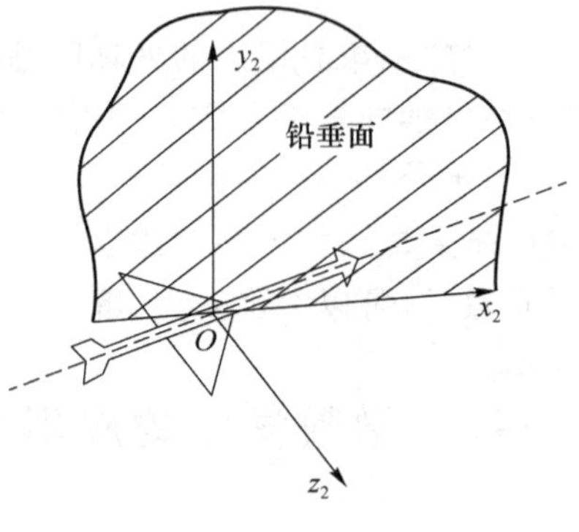

图 3　弹道坐标系

其二，需要使用的是数学方法当中的数形结合思想和化归思想。在导弹的飞行过程中，设立不同的坐标系都有其意义所在。并且，这几种坐标系之间存在转换关系。导弹发射到打击目标的过程中，所受力和力矩以及其所对应的运动参数为了便于使用，分别定义在不同坐标系下[6]。由于不同坐标系下建立一个描绘导弹质心运动的统一标量方程很困难，因此需要将不同坐标系下的参量投影到一个能够表征导弹运动特性的坐标系下来进行研究，因此需要进行坐标系变换。直角坐标系的转换通常采用连续旋转的方法，首先将两个坐标系原点重叠，然后将其中的一个坐标系按某个固定轴转动到一个角度，最后根据两坐标系的关系进行判断，确定是否要根据其他轴进行下一步转动，直到该坐标系达到目标坐标系的最终状态[7]。

本次教学仅介绍地面坐标系和弹道坐标系的转换过程，其他坐标系的变换由学生自行推导。根据地面坐标系和弹道坐标系的定义可知，地面坐标系 Oz 轴和弹道坐标系的 Oz_2 轴的同一平面内，故由地面坐标系到弹道坐标系的转换只需要转动两个角度即可[8]。为了便于研究，将地面坐标系与弹道坐标系原点相互重合。

如图 4 所示，θ 为弹体的飞行速度 V 与水平面之间的夹角。若速度矢量在水平面上方，则 θ 为正，反之为负。ψ_v 为单体飞行速度 V 位于水平面内投影与地面坐标系 Ox 之间的夹角，即弹道偏角。其正副为迎 Oy 轴往下看，如果 Ox 轴转至 Ox' 轴为逆时针旋转，ψ_v 为正，反之为负。

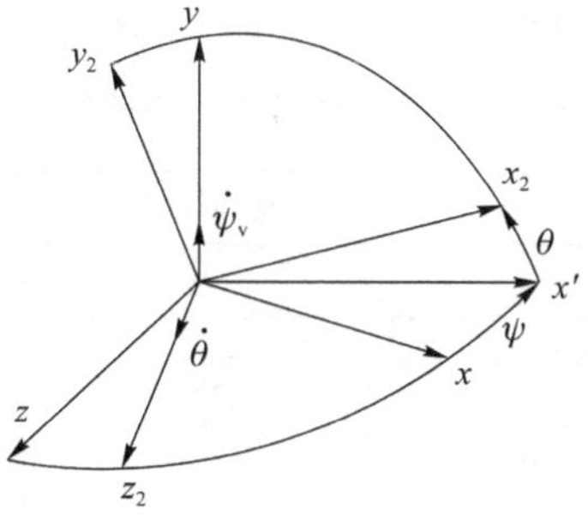

图 4　地面坐标系与弹道坐标系

第一次转换，将地面坐标系 $Oxyz$ 绕着 Oy 轴逆时针转动 ψ_v 角，使得 Ox 轴和 Oz 轴分别落到 Ox' 轴与 Oz_2 轴上，此时组成新坐标系 $Ox'yz_2$，第一次转换过程的矩阵表示为

$$\begin{bmatrix} x' \\ y \\ z_2 \end{bmatrix} = L_y(\psi_v) \begin{bmatrix} x \\ y \\ z \end{bmatrix} \tag{1}$$

式中，

$$L_y(\psi_v) = \begin{bmatrix} \cos\psi_v & 0 & -\sin\psi_v \\ 0 & 1 & 0 \\ \sin\psi_v & 0 & \cos\psi_v \end{bmatrix} \tag{2}$$

第二次转换，将新坐标系 $Ox'yz_2$ 转动 θ 角，使得 Ox' 与 Oy 轴分别转到 Ox_2 轴和 Oy_2 轴的位置，组成弹道坐标系 $Ox_2y_2z_2$。第二次的转换过程的矩阵表示为

$$\begin{bmatrix} x_2 \\ y_2 \\ z_2 \end{bmatrix} = L_z(\theta) \begin{bmatrix} x' \\ y \\ z_2 \end{bmatrix} \tag{3}$$

式中，

$$L_z(\theta) = \begin{bmatrix} \cos\theta & \sin\psi_v & 0 \\ -\sin\theta & \cos\theta & 0 \\ 0 & 0 & 1 \end{bmatrix} \tag{4}$$

将式(1)和式(3)进行联立,可得

$$\begin{bmatrix} x_2 \\ y_2 \\ z_2 \end{bmatrix} = L_Z(\theta)L_y(\psi_v)\begin{bmatrix} x \\ y \\ z \end{bmatrix} \tag{5}$$

令 $L(\theta,\psi_v)=L_Z(\theta)L_y(\psi_v)$,则

$$\begin{aligned} L(\theta,\psi_v) &= \begin{bmatrix} \cos\theta & \sin\psi_v & 0 \\ -\sin\theta & \cos\theta & 0 \\ 0 & 0 & 1 \end{bmatrix}\begin{bmatrix} \cos\psi_v & 0 & -\sin\psi_v \\ 0 & 1 & 0 \\ \sin\psi_v & 0 & \cos\psi_v \end{bmatrix} \\ &= \begin{bmatrix} \cos\theta\cos\psi_v & \sin\theta & -\cos\theta\sin\psi_v \\ -\sin\theta\cos\psi_v & \cos\theta & \sin\theta\sin\psi_v \\ \sin\psi_v & 0 & \cos\psi_v \end{bmatrix} \end{aligned} \tag{6}$$

由此可得两个坐标系之间的方向余弦表,见表 1。

表 1　地面坐标系和弹道坐标系的转换关系表

弹导坐标	地面坐标		
	Ox	Oy	Oz
Ox_2	$\cos\theta\cos\psi_v$	$\sin\theta$	$-\cos\theta\sin\psi_v$
Oy_2	$-\sin\theta\cos\psi_v$	$\cos\theta$	$\sin\theta\sin\psi_v$
Oz_2	$\sin\psi_v$	0	$\cos\psi_v$

其三,需要使用的是数学方法当中的函数与方程思想。导弹运动方程组描述了导弹运动规律,本案例中研究的导弹为一个变质量、可控系统。导弹运动方程分别描述相对地面的空间位移和弹体相对地面姿态变化的方程[9,10]。在地面坐标系中,根据位移和速度的关系知:$\frac{\mathrm{d}X}{\mathrm{d}t}=V$。将弹道坐标系下的速度转换到地面坐标系中,可以得到导弹的质心运动方程:

$$\left.\begin{aligned} \frac{\mathrm{d}x}{\mathrm{d}t} &= v\cos\theta\cos\psi_v \\ \frac{\mathrm{d}y}{\mathrm{d}t} &= v\sin\theta \\ \frac{\mathrm{d}z}{\mathrm{d}t} &= v\cos\theta\sin\psi_v \end{aligned}\right\} \tag{7}$$

在地面坐标系中,根据弹体相对于地面的三个角度的变化率关系,同理将地面坐标系转换到弹体坐标系下,可以得到导弹绕质心转动的运动学方程。

(2) 在导弹导引规律教学案例中,主要基于经典牛顿运动规律,利用模型思想、由一般到特殊的简化思想、由特殊推广到一般的近似思想等方法研究导弹和目标的运动关系,进而指导相关装备的作战运用。

这里简要介绍利用模型及简化思想分析追踪法导引弹道的特性。为了简化研究,在建模过程中,首先假设所研究的导弹、目标、制导站为一个可控的质点;导弹制导系统的工作是理想的;导弹速度是时间的已知函数等。从而建立一般条件下导弹与目标的相对运动关系图(见图 5)和弹-目相对运动方程组。

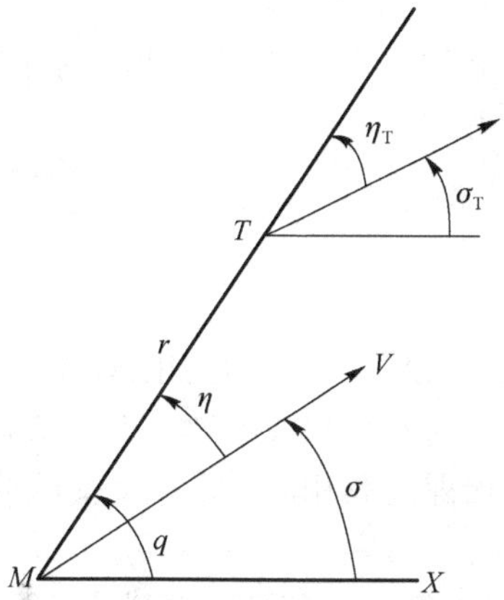

图5　导弹-目标相对运动关系图

$$\begin{cases}\dfrac{\mathrm{d}r}{\mathrm{d}t}=V_T\cos\eta_T-V\cos\eta\\ r\dfrac{\mathrm{d}q}{\mathrm{d}t}=V\sin\eta-V_T\sin\eta_T\\ q=\sigma+\eta\\ q=\sigma_T+\eta_T\\ \varepsilon=0\end{cases}\tag{8}$$

对于追踪法，其导引关系为 $\eta=0$，可由式(8)化简得追踪法导引时弹-目相对运动方程组：

$$\begin{cases}\dfrac{\mathrm{d}r}{\mathrm{d}t}=V_T\cos\eta_T-V\\ r\dfrac{\mathrm{d}q}{\mathrm{d}t}=-V_T\sin\eta_T\\ q=\sigma_T+\eta_T\\ q=\sigma\end{cases}\tag{9}$$

为了得到式(9)的解析解，可进一步假设目标做等速直线运动，同时取基准线 MX 平行于目标的运动轨迹，此时 $\sigma=0$，$q=\eta_T$，则式(9)可进一步转化为

$$\begin{cases}\dfrac{\mathrm{d}r}{\mathrm{d}t}=V_T\cos q-V\\ r\dfrac{\mathrm{d}q}{\mathrm{d}t}=-V_T\sin q\end{cases}\tag{10}$$

通过求解式(10)可得追踪法导引的导弹弹道方程：

$$r=c\frac{\sin(p-1)\dfrac{q}{2}}{2\cos(P+1)\dfrac{q}{2}},c=r_0\frac{\sin q_0}{\tan^{p}\dfrac{q_0}{2}}\tag{11}$$

从而分析出导弹命中目标的条件一：

$$p>1$$

基于上述弹道方程，可求出弹道过载，同理通过分析弹道过载可得导弹命中目标的条件二：

$$p\leqslant 2$$

进一步结合装备，可得出采用追踪法导引的制导武器的作战特点，从而为其作战运用提供理论支持、提升学员的岗位任职能力。

3 结 论

通过在导弹飞行原理教学中强调数学方法的应用，结合导弹运动方程组的建模和求解，在介绍专业知识的同时，给学员展示如何利用模型思想、数形结合思想、化归思想以及简化思想等数学方法解决实际问题，在实际授课过程中，学员普遍反映收获很大，对课程知识和数学方法的认识更加深刻。

未来需要将更多的数学方法引入导弹飞行原理课堂教学中，在学习导弹飞行原理知识的同时，更加自然、顺畅地展示各种数学方法的应用，同时主要培养学员应用科学的认识论和方法论分析解决实际问题的能力，实现更高水平的理论与实践的结合。

参 考 文 献

[1] 钱杏芳. 导弹飞行力学[M]. 北京理工大学出版社，2011.

[2] 朱又. 案例教学方法研究[J]. 西南民族大学学报，2003 ，24（10）：39 - 41.

[3] 李新国，方群. 有翼导弹飞行动力学[M]. 西安：西北工业大学出版社，2005.

[4] 刘兴堂. 精确制导，控制与仿真技术[M]. 北京：国防工业出版社，2006.

[5] 孟秀云. 导弹制导与控制系统原理[M]. 北京：北京理工大学出版社，2003.

[6] 肖业伦. 飞行器运动方程[M]. 北京：航空工业出版社，1987.

[7] 肖业伦. 航空航天器运动的建模[M]. 北京：北京航空航天大学出版社，2003.

[8] 张有济. 战术导弹飞行力学设计[M]. 北京：宇航出版社，1998.

[9] 闰野，赵汉元. 飞行器六自由度仿真方法[J]. 国防科技大学学报，2000，22(3)：80 - 83.

[10] KIANFAR K，BOZORGMEHR A. Designing the Non - Linear PID Controller for a Missile[C]. In：2011 First International Conference on Informatics and Computational Intelligence（ICI）. Piscataway：IEEE，2011：171 - 175.

[11] 张杉. 数学方法方法在中学教学中的应用[D]. 上海师范大学，2016.

议题 4

航空航天类专业
创新实验实践教学的建设与研究

环境人机工程课程教学实践探索

张兴娟　完颜笑如　杨涵　杨春信

（北京航空航天大学 航空科学与工程学院，北京　100191）

摘　要：环境人机工程是北京航空航天大学人机与环境工程学科的研究生专业学位课课程，是本科专业先修课程飞行器环境控制、救生与个体防护技术和人机工程等课程的延续。旨在使学生深入了解飞行器微环境舱内的人-机-环系统工程设计理念，培养学生人-机-环境系统科学方法和工程实践能力的综合专业素质。本文在课程特点及现状分析基础上，从课程教学内容和教学方法两方面，尝试课堂教学、专题讲座和参观实践等多种形式并行的授课环节，同时有机融入课程思政元素，充实课堂教学内容，丰富了教学手段。特别是科研项目专题讲座的引入，充分调动"教师-学生"的双主体作用，提升了学生的自主学习能力和创新思考能力，培养学生用系统思维解决工程实际问题的能力。在提升课堂效果的同时有效落实立德树人的根本任务。教学实践表明，课程改革在培养研究生的工程分析能力和应用能力方面取得效果，得到学生好评，可为其他课程改革提供借鉴。

关键词：课程思政；思政元素；人机工程；教学实践；立德树人

引　言

本科教育是我国高等教育的主体，在高等教育结构中居中心地位。研究生教育在本科教育的基础上培养高级专门人才，是高等教育结构中的最高层次，是追求创新价值的高端专业性教育，与本科教育最大的不同之处在于内在强烈的创新性及其知识贡献力[1]。2020年7月29日，全国研究生教育会议召开，习近平总书记对研究生教育工作作出重要指示，中国特色社会主义进入新时代，即将在决胜全面建成小康社会、决战脱贫攻坚的基础上迈向建设社会主义现代化国家新征程，党和国家事业发展迫切需要培养造就大批德才兼备的高层次人才[2]。"培养什么样的人，如何培养人，为谁培养人"是习近平总书记教育思想的重要组成部分，更是新时期教育事业改革发展根本指导[3]。处于高等教育最高层次的研究生教育，必须坚持正确政治方向，用正确的思想引导人，用科学的理论培养人，使我国的研究生教育切实担负起"立德树人、全方位育人"的历史使命和时代责任。对于硕士研究生培养而言，课程的设置与实施是影响其培养质量的关键，是人才培养的核心要素，其质量直接决定人才培养质量。

环境人机工程是国家重点学科人机与环境工程学科的特色专业课，该学科隶属于一级学科航空宇航科学技术。该课程涉及人体生理学、飞行器环境控制、安全救生技术、工效学和控制理论等诸多学科。通过本课程的教学，一方面使学生在具备一定的航空航天生理、心理和认知科学基础上，从"人-机-环"系统工程角度出发，培养学生分析和解决工程实际问题的能力；另一方面通过本课程学习，学生能够运用人-机-环境系统科学理论和系统科学方法，正确处理人-机-环境三大要素间的关系；通过研究人-机-环境系统的最优组合，掌握人-机-环境系统综合设计和评价方法[4-6]。

1　课程现状分析

为了描述清楚课程特点，先从人-机-环系统发展说起。人-机-环系统工程起源可以追溯到1857年，波兰教授雅斯莱鲍夫提出了工效学(Ergonomics)概念，它源于希腊文，其中Ergos是工作，nomes是规律，整个词是工作法则、工作规律的意思。同类名称的来源还有1940年美国起名的人因(或人素，human factors)以及人类工程(或人体工程，Human engineering)。人-机-环境系统研究经历了人适应机、机适应人、人机相互适应等阶段后深入到人、机、环境三者协调的人-机-环境系统[7-11]。

目前，国外与本课程类似学校信息见表1[12-21]，与本课程有知识交叉点；国内与本课程类似的高校课程信息见表2[22-24]。

表1　国外院校开设相关课程信息

院　校	开设课程
麻省理工学院	Human Systems Engineering
卡内基梅隆大学	Human-AI Interaction
佐治亚理工学院	Human-Computer Interaction Foundations、Human-Robot Interaction
密歇根大学	Introduction to Interaction Design
康奈尔大学	Human-Computer Interaction Design
普渡大学	INTERACTION DESIGN STUDIES
巴斯大学	Interactive communication design
约克大学	Human-Centred Interactive Technologies
伦敦大学	Interaction Design
诺丁汉大学	Human-Computer Systems

表2　国内高校开设相关课程信息

院　校	开设课程
哈尔滨工业大学	人机工程学
西北工业大学	人-机-环境系统计算机仿真及应用
南京航空航天大学	人机环境系统

课程共包括5个单元，基本内容见图1和图2。它是面向航空航天领域的人机与环境工程问题，分层次讲述航空航天“人-机-环”领域中面对物理、生理和心理影响因素情景下人机工程领域的原理及技术解决途径，重点解决航空航天人机环境系统工程中的实际问题。难点是构建以飞行员或航天员的生物物理特征为中心的知识体系，突出学科交叉特点。课程团队老师长期从事相关领域科研工作，重点讲述航空航天环境领域中环境对人的生理影响以及工程解决技术；“人”的认知以及人机交互，可以从基础理论、科研热点、项目开展等不同方面实现多

元化教学，加强学生对本课程的理解。通过本课程学习，学生能够运用人-机-环境系统科学理论和系统科学方法，正确处理人-机-环境三大要素间的关系[4]。

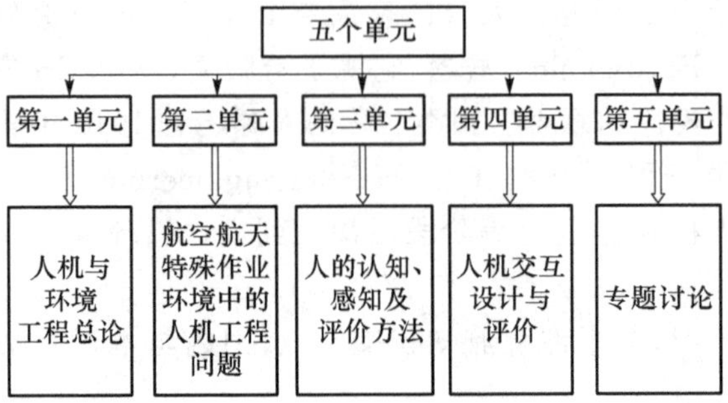

图 1　课程内容

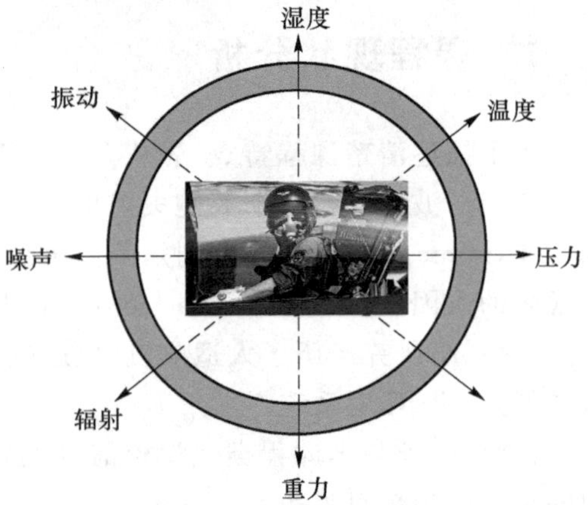

图 2　航空航天特殊作业环境

目前课程设置上，存在以下问题：

① 本课程涉及的知识点多，学科交叉性强。在课程内容设置方面，本课程是诸多本科阶段课程的拓展和深化，但在授课环节中，发现有的学生没有相关专业背景，如何在有限的学时内，让该部分学生掌握知识内容，是课程教学中面临的挑战。

② 在教学形式方面，目前的授课方式多以课堂学习为主，为了增加师生之间的互动，采取了学生参与汇报研讨的教学形式，但该课程内容与工程实际结合紧密，学生理解起来有一定难度，问题或疑惑无法很好地反馈给教师。这种缺乏沟通、交流的教学形式导致教师难以把握讲课进度和深度，学生理论学习不扎实，实践能力得不到提高。

③ 在立德树人方面，思政元素体现不足，无法在讲述专业课程的同时，激发学生科技报国的航空情怀和使命担当，培养学生精益求精的大国工匠精神，传递给学生"以人为本"的课程理念。

2　改革措施

2.1　课程内容多元化

充分考虑生源差异，着重改善本科生和研究生课程的无缝衔接和延续性，具体的改进和优化包括以下三个方面：

① 针对不同学生背景，采用分层法规划课程内容。例如，对于有航空航天背景和热工基础的学生，重点学习热环境（温/湿度、压力环境、空气品质）对乘员的影响及工程防护方法单元学习；余下的学生重点针对力学环境（重力、振动、噪声、辐射）对乘员的影响及工程防护单元学习。然后采取小组研讨和老师答疑模式，鼓励学生之间交流和师生之间答疑。

② 课程内容进一步深化，重点介绍本科阶段未涉及的内容。例如，"飞行器环境控制"课程已经包含了飞机温/湿度和压力调节系统原理及布局，因此在本课程中，重点围绕不同机型

及载人航天器生命保障技术方法及前沿技术，引导学生了解技术层面的机型代际关系。

③ 融入思政元素，本课程内容蕴含了杰出校友们在航空航天型号研制过程中的奉献精神，因此，拟通过邀请杰出校友录课，开展理想信念教育，推动研究生世界观、人生观和价值观的进一步定型，学习校友们“勇于创新，不忘初心”的高尚品德。通过思政元素与课程知识的有效融合，培养学生的创新精神和担当意识以及精益求精的大国工匠精神，激发学生科技报国的航空情怀和使命担当。

2.2　科研反哺教学

充分利用教师在相关科研领域的特长和已取得的科研成果，引入工程案例辅助课堂教学，以培养学生的工程观意识、工程素质和实践能力。例如引入教学团队承担的国家重大专项973项目《大型客机座舱内空气环境控制的关键科学问题研究（2012CB720100）》子课题“座舱环境控制系统全飞行状态的动态调节机理”，针对大飞机座舱环控系统，从被控对象特点、外环境参数、技术方案和工程手段等方面，引导学生思考电动增压引气、四轮式冷却以及座舱排气回功的原理，掌握大飞机座舱环控技术的设计特点。再例如，教学团队老师承担的科技冬奥研究项目，启发学生从运动员生物力学特性、滑冰装备和冰场环境等方面思考人机环系统工程设计思想，培养学生医学-工程-体育相融合的设计理念以及应用人机环系统工程方法解决实际问题的能力。通过将具有专业特色的工程实例引入课堂教学中，有助于学生加深对于原理方法的理解，对基本理论潜在的工程应用价值有更深刻的体会，培养了学生工程化的思维习惯、创新性和实践能力，同时也极大提升了课程的上课效果。

2.3　课堂内外教学活动并进

本课程除了课内教学和课程微信群外，还增设了学生参观环节。利用教学团队与相关院所多年的合作关系，安排了中国航天员科研训练中心[25]、北京卫星环境模拟研究所[26]和航空医学研究所[27]三个单位的实地参观。其中中国航天员科研训练中心是中国载人航天领域内医学与工程相结合的综合型研究机构，学生可以直接了解大型地面训练试验设施，如航天飞行模拟器、模拟失重水槽、舱外航天服试验舱等；也可以了解企鹅服和太空跑台等多项失重防护措施；同时也加深对航天工效学评价体系的认识；北京卫星环境工程研究所承担航天器环境试验工作，拥有航天器空间环境模拟试验设备，学生可以近距离感受空间冷/热环境、压力、振动、噪声等模拟方法；航空医学研究所从事航空军事医学研究的专业科研机构，学生可以了解航空环境因素和航空生物动力学因素对人体的影响，以及飞行人员供氧、抗荷、救生装备生理卫生学要求和飞行劳动负荷特点、评定方法和保障措施等工程手段。课外参观环节，学生在增加实践知识的同时，理解“特别能吃苦、特别能战斗、特别能攻关、特别能奉献”的载人航天精神以及“勇于创新、追求卓越”的航空精神，这一环节获得了学生们的一致好评。

3　结　语

研究生教育是支撑高等学校“双一流”建设的核心力量，本文以提高研究生的工程素质和创新实践能力为培养目标，针对“环境人机工程”课程内容具有“多学科、多维度、多领域”的特点，从“丰富课程内容，整合教学形式，强化工程思维”出发，对课程教学模式进行改革探究[28]。

因材施教，分层规划课程内容，突出加强本科和研究生课程的联系；融入思政元素，通过专业课讲述思政情，培养学生“以人为本，追求卓越”的课程设计理念，激发学生“科技报国”的空天情怀和使命担当；引入工程实例，强化学生理论联系实际和应用人-机-环系统思维解决工程实际问题的能力；增设课外参观教学活动，激发学生的学习兴趣、求知动力与探索精神；环境人机工程课程教学改革实施以来，在培养学生自主学习、创新思考和团队合作能力等方面取得了初步成果，获得学生好评，为本学科点其他相关课程提供借鉴。

致　谢

课程建设得到了北京航空航天大学研究生教育与发展研究专项基金(2021)、飞行器环境控制课程思政示范课建设(2020)的资助。

参考文献

[1] 苗耀祥. 我国高等教育质量保证政策研究[D]. 东北大学，2015 (03).

[2] 教育部，国家发展改革委，财政部. 关于加快新时代研究生教育改革发展的意见[EB/OL]. (2020-09-04)[2021-10-26]. http://www.mof.gov.cn/zhengwuxinxi/caizhengxinwen/202009/t20200923_3593379.htm.

[3] 新华社. 习近平对研究生教育工作作出重要指示[EB/OL]. (2020-07-29) [2021-10-26]. http://www.gov.cn/xinwen/2020-07/29/content_5531011.htm.

[4] 北京航空航天大学. 环境人机工程:课程大纲.

[5] 杨春信，张兴娟，杨涵，等. “飞行器环境控制”课程思政建设初探[J]. 南京航空航天大学学报，2020. S1.

[6] 杨春信，张兴娟，杨涵，等. 专业核心课建设现状分析[C]//教育部高等学校航空航天类专业教学指导委员会. 第二届全国高等学校航空航天类专业教育教学研讨会论文集. 北京：北京航空航天大学出版社，2021.

[7] 袁修干，庄达民，张兴娟. 人机环境系统工程计算机仿真[M]. 北京：北京航空航天大学出版社，2005.

[8] 陈信，袁修干. 人-机-环境系统工程总论[M]. 北京：北京航空航天大学出版社，2000.

[9] 陈信，袁修干. 人-机-环境系统工程生理学基础[M]. 北京：北京航空航天大学出版社，2000.

[10] 刘金秋，石金涛，李崇斌，等. 人类工效学[M]. 北京:高等教育出版社，1994.

[11] 龙升照，黄端生，陈道木，等. 人-机-环境系统工程理论及其应用[M]. 北京：科学出版社，2004.

[12] MIT Registrar's OFFICE. Course 16：Aeronautics and Astronautics，Fall 2021[EB/OL]，[2021-10-26]；http://student.mit.edu/catalog/m16a.html.

[13] Carnegie Mellon University. B. S. in HCI Major Curriculum[EB/OL]. [2021-10-26] https://hcii.cmu.edu/academics/hci-undergraduate/bs-human-computer-interaction/bs-hci-major-curriculum.

[14] Georgia Tech Human Computer Interaction. Core Course[EB/OL]. (2021-07-08) [2021-10-26]. http://mshci.gatech.edu/program/courses.

[15] Office of the University Registrar. INFO 3450-Human Computer Interaction Design[EB/OL]. [2021-10-26]https://courses.cornell.edu/preview_course_nopop.php? catoid=45&coid=812500.

[16] University of Michigan. Scholl of information-UX Research and Design[EB/OL]. [2021-10-26]. https://www.si.umich.edu/programs/master-science-information/curriculum/ux-research-and-design.

[17] Purdue University. Course Descriptions[EB/OL]. [2021-10-26]. https://cla.purdue.edu/academic/

rueffschool/ad/industrial/Courses. html.

[18] University of Bath. CM50150: Interactive communication design[EB/OL]. [2021－10－26]. https://www. bath. ac. uk/catalogues/2020-2021/cm/CM50150. html.

[19] University of York. MSc Human-Centre Interactive Technologies[EB/OL]. [2021－10－26]. https://www. york. ac. uk/study/postgraduate-taught/courses/msc-human-centred-interactive-technologies/.

[20] University College London. Human-Computer Interaction MSc[EB/OL]. (2021－09－28)[2021－10－26]. https://www. ucl. ac. uk/prospective- students/graduate/ taught-degrees/human-computer-interaction-msc? utm_source＝uol&utm_medium＝website&utm_campaign＝ucl.

[21] University of Nottingham. Human Computer Interaction MSc[EB/OL]. [2021－10－26] https://www. nottingham. ac. uk/pgstudy/course/taught/human-computer-interaction-msc.

[22] 南京航空航天大学航空学院. 航空学院 2020－2021－1 学期研究生课程表和选课说明[EB/OL]. (2020－08－28)[2021－10－26]. http://aero. nuaa. edu. cn/2020/0828/c9622a213711/page. htm.

[23] 哈尔滨工业大学. 学术学位硕士生培养方案[EB/OL]. [2021－10－26]http://sa. hit. edu. cn/_upload/article/files/41/42/77ec9294490bb176ac6664e76606/560d206c-7a5f-4ce7-924a-41e6eccd5cd3. pdf.

[24] 西北工业大学. 航空学院硕士研究生培养方案[EB/OL]. (2015－08－18) [2021－10－26]. https://hangkong. nwpu. edu. cn/info/1091/1363. htm.

[25] 中国航天员科研训练中心[EB/OL]. (2021－10－19)[2021－10－26]. https://baike. baidu. com/item/%E4%B8%AD%E5%9B%BD%E8%88%AA%E5%A4%A9%E5%91%98%E7%A7%91%E7%A0%94%E8%AE%AD%E7%BB%83%E4%B8%AD%E5%BF%83/6997591? fr＝aladdin.

[26] 北京卫星环境工程研究所[EB/OL]. (2021－04－08)[2021－10－26]. https://baike. baidu. com/item/%E5%8C%97%E4%BA%AC%E5%8D%AB%E6%98%9F%E7%8E%AF%E5%A2%83%E5%B7%A5%E7%A8%8B%E7%A0%94%E7%A9%B6%E6%89%80/20158992? fr＝aladdin.

[27] 空军航空医学研究所[EB/OL]. (2021－01－26)[2021－10－26]. https://baike. baidu. com/item/%E7%A9%BA%E5%86%9B%E8%88%AA%E7%A9%BA%E5%8C%BB%E5%AD%A6%E7%A0%94%E7%A9%B6%E6%89%80/50898519? fr＝aladdin.

[28] 高飞，岳振宇，陈杰，王俊. 北航研究生信息类课程教学改革与实践[J]. 工业和信息化教育，2017(8).

导弹结构原理课程案例式教学法实践探讨

李俊* 胡博 魏沛杰 李从利

(陆军炮兵防空兵学院,合肥 230031)

摘 要:案例教学是一种互动式的教学方式,通过讨论让学员参与到教学中,充分表达自己的意见,促使学员学会怎样解决问题,从中提高认真思考和推理的能力。本文在介绍案例式教学法的内涵及导弹结构原理课程教学特点的基础上,对案例式教学法在导弹结构原理课程中的应用进行了探索和思考。

关键词:案例教学;导弹结构原理;教学方法

现代教育观念普遍认为学员是教育活动中的主体,教员在教育活动中起主导作用,教学目的也从传授知识向培养学员的综合应用能力转变[1]。要体现学员的主体地位、达到以培养学员能力为主的教学目的,必须探索适合的教学方法、创新教学模式。案例式教学法是教员根据教学目标的需要,采用案例进行讲解并组织学员分析、讨论,从而引导学员从实际案例中学习、理解和掌握理论知识的一种教学方法。本文在分析案例教学法内涵和导弹结构原理课程特点的基础上,尝试将案例教学法应用于教学实践中。

1 案例式教学法的内涵及导弹结构原理课程教学特点

目前运用于教学的案例大量来源于实践,但从教学的角度看,案例不过是服务教学的载体或文本,教学的重点并不在于案例本身,而是通过案例这一"桥梁",使学员对知识要素获得丰富切实的理解,使学员能够运用专业知识对面临的复杂情景进行分析和解答。

教学案例从结构上讲最核心的是两个部分:一是问题,问题呈现的方式可以是书面或口头提问、实物展现、过程演示等等;二是案例素材,案例素材可以是真实的事例、自然现象、有意编写的符合逻辑发展的典型性情景等[2]。需要强调的是,对案例素材进行分析进而解决问题所关涉的知识域应当是有限和综合的,所谓有限是指其应当被规定在学员已有的知识或即将教授的知识范围内,不能过分超越其现有的知识能力水平;所谓综合是指应具有一定知识跨度,甚至涉及不同专业领域。因此,案例教学就是指围绕一定的课程目的,把实践中的真实事例加以典型化处理,或者将知识体系中的几种知识要点综合起来,编排成具有情景性、综合性和复杂性的故事素材,使案例成为课堂教学的载体。学员对教学内容的学习路径不是遵从知识本身的内在逻辑,而是置身于具体、生动的案例情景。通过熟悉案例素材、查阅有关资料、与学习共同体和教师相互讨论等办法,确立本案例要解决的关键问题,判断涉及的专业知识,建立分析的理论依据,撰写案例报告等步骤和办法,使学员在实际运用中建构知识体系,促进知识转化为能力。

导弹结构原理是我院导弹工程专业培养军官学员的专业背景必修课程,该课程重点围绕导弹结构组成、导弹发射与制导过程设置课程内容，对导弹武器系统从导弹、制导装置、发射系统三部分进行介绍。其中，导弹是从外部结构到内部各组成部分进行细化。最后以典型武器系统为例，将学习的知识融为一体，使学员对典型武器系统所具备的作战能力与特点有较为深刻的理解，达到融会贯通的效果。该课程教学特点：一是结构原理部分复杂难懂；二是原理技术与装备操作实践、射击指挥、战术指挥紧密结合。该课程可以通过技术原理与实际案例和操作实践等的结合，加深对课程内容的理解和掌握，提高解决装备实际使用问题的能力。

2　案例式教学法在“导弹结构原理”课程教学中的应用

案例式教学法利用事先设定的案例使学员将所学习的理论知识和工程实际结合起来进行思考，从而提高分析、解决问题的能力，教学的重点在于讨论和分析，希望得到的不是该案例的标准答案，而是解决问题的思维方法和能力[3]。案例教学中，教员与学员的关系不再是单纯的讲授者和接受者之间的关系，教员的角色从以前的讲演者转变成课堂教学活动的组织者和引导者，教学方式也从以前的单向灌输转变成教员与学员之间知识的相互交流。因此，在导弹结构原理课程的教学过程中有目的地引入案例教学法，将有利于解决传统教学模式下该课程理论教学与实践脱节的问题。具体实施过程如下：

2.1　编写案例

案例一般由以下要素组成：标题、教学目的、教学用途、内容摘要、案例正文、思考题、分析思路、教学建议等。案例是案例教学的基础，好的案例能吸引学员的注意力，提高教学互动性、学习主动性，因此案例的质量相当大的程度上决定案例教学的质量。编写案例时需要重点把握以下两个方面：一是案例的选题要考虑科学性、典型性及可行性。科学性是指选题必须与课程教学相统一，要贴近需要讲授的知识点，紧扣教学目的和教学对象。典型性是指案例要有广泛的代表意义，应对学员今后的学习有指导作用。现实性是指要考虑学员已有的条件和已掌握的知识，根据学员已有的知识设计难度适宜的案例。二是案例的写作要形象生动，富有故事性。为了使学员更快地投入到案例的学习之中，必须创设有血有肉的故事情节，用故事带出问题，用故事引出情境，用故事展现矛盾，用故事制造悬念，促使学员与案例中的人物同呼吸，共思考，寻求解决问题的良策。

2.2　分发案例材料

学员课前预习、阅读案例是案例教学成败的重要因素，因此在教学实施之前，教员应把握好案例分发的时机，在实践中通常有两种不同的做法：一种是哈佛大学教学法，即在每学期开学初时，就将案例全部发给学员，并说明每个案例在以后讨论的具体时间，同时对每个案例提出相关的引导性问题；另一种方法是当堂展示案例，学员在拿到案例后带着案例问题去探讨课本理论知识[4]。这两种方法各有优缺点：哈佛式教学法的优点是学员有充分的阅读、理解和准备时间，为此后的案例分析打下坚实基础；但其缺点是案例过早发给学员，等到学员正式进行案例分析时，反而由于缺乏新鲜感，而使案例分析效果大打折扣。与此相对，当堂展示法的优点是现读现析，新鲜感强，容易引起学员的兴趣，缺点是课堂时间有限，学员准备时间较短，不利于学员将系统理论知识与案例情景相结合。因此，在实际应用中可以采用两种方法折中的做法，在每次分析案例前 1～2 天把案例发放给学员，既保持案例分析时的新鲜感，又让学员有充足的时间去准备，从而使案例教学达到良好的效果。

2.3 课堂讨论

课堂讨论是学员相互学习、培养合作精神的综合过程，案例教学要取得良好的教学效果，关键是这一环节。课堂讨论的组织形式可以分为小组讨论和全班讨论。小组讨论一般 4～6 人为一组，每组推举出一名组长来负责组织本组讨论。在分组时要注意每个学员的优势和特点，并分别加以利用，让每个学员都能够找到适合自己的小组，能够畅所欲言。在这一环节中教员要组织、引导学员围绕关键性问题、重难点问题展开讨论。小组讨论时学员相互发表各自的见解，记录发言要点，解题思路及小组讨论中存在的疑难点，做好小组发言的准备并积极发言。全班讨论时各小组提出自己的意见，其他小组提出补充意见或反对意见，也可以从其他方面另行分析。学员在讨论中互相启迪，从中得到启发教育或产生新的知识，达到以“例”明“理”，以“理”释“例”。比如讨论探究三类导弹姿态控制装置的基本原理时，设置了“影响空气舵控制因素有哪些？”“改变推力方向的方法有哪些？”和“如何实现导弹先转弯后发动机点火？”3 个问题，组织学员学习讨论空气动力控制装置、推力矢量控制装置和直接力控制装置三种操作元件，通过对三种操作元件优缺点分析解决了前面提出的 3 个问题，并引导学员总结出操作元件的工作原理，即通过操作元件的偏转、摆动或振动等动作形式产生操纵力矩或力，实现对导弹姿态控制，从而解决了一开始教学案例中提出的核心问题。

2.4 总结点评

教员总结点评是案例教学法的归宿。教员要及时总结评价学员讨论案例的优缺点，分析案例问题的疑难点，有针对性地对案例进行深入分析。对学员讨论中暴露出来的问题进行针对性地点拨，要教会学员从不同角度、用不同方法来探究解决案例问题。总结点评中要有目的地指导学员对理论知识的运用，让学员把学到的理论知识延伸，进而解决工程实际问题。每一次案例教学后，学员案例分析报告中提出的解决问题的方法或思路，要及时补充进案例分析思路中，以不断深化对案例的理解与分析。

3 结束语

在导弹结构原理课程中用案例教学法克服了传统教学中理论与实践脱节的弊端，提升了授课质量，激发了学员的学习兴趣。但是，采用案例教学并不意味着是对传统教学方法的否定，而是对传统教学法的扩充，在实际教学过程中应当将案例教学与传统理论教学以及实践教学等方式结合起来。根据课程内容的差别，采用与之相适应的教学方法，才能使教学达到更理想的效果。

4 致　谢

本文研究受安徽省教改项目(2019jyxm918)、陆军炮兵防空兵学院教学改革项目资助。

参考文献

[1] 焦冰.问题驱动和思维引导的教学模式探索与实践[J].中国现代教育装备,2018,(07):33-35.

[2] 李青.让案例教学走进课堂[J].解放军理工大学学报,2002,3(4):52-55.

[3] 吴瑾颖,郭金库,马通,陈昊明.案例式教学在"导弹武器装备技术训练与指挥"课程中的应用[J].二炮院校教育,2013(2):31-33.

[4] 尚振国,曹丽娟.基于案例教学的机械制造类课程教学改革研究与实践[J].价值工程,2012,(3):249-250.

航空航天类专业本研贯通培养机制研究*

胡挺　宋汀　宗思雨　万永莲
（南京航空航天大学 航空学院，南京　210016）

摘　要：我国高等教育规模已经位居世界第一，但与世界高等教育强国相比，我国高等教育人才培养质量仍有待提高。进入新时代，我国对高等教育的需求比任何时候都迫切，希望能更好地培养拔尖创新人才。本研贯通式创新人才培养模式为学生的成长提供更大的空间、更多的机会和更好的平台。从管理部门协同不够、课程贯通性不够、学科交叉协同不够和保障性不足等方面提出了航空航天类专业本研贯通培养机制的问题，提出了优化教学管理机构、优化本研课程体系、为本研贯通提供制度保障等解决措施，培养和造就一批具有真正追求科学精神、创造研究能力和国际视野的优秀的高水平拔尖人才。

关键词：航空航天类；本研贯通；拔尖；创新；人才培养

习近平指出，“教育是国之大计、党之大计。”** 特别是近几年来，我国遭遇中兴事件、华为事件等“卡脖子”技术所带来的困扰，以及新冠肺炎疫情相关的疫苗、检测技术的研发竞争，我们对高等教育的需要比以往任何时候都更加迫切，对科学知识和卓越人才的渴求比以往任何时候都更加强烈，特别是拔尖创新人才培养尤为迫切。所有这些实际上是科技的竞争，是拔尖创新人才的竞争，归根结底是培养拔尖创新人才的教育竞争。这对我们如何立足国内更好地培养拔尖创新人才提出了新需求。

1　引　言

我国高等教育的规模已经位居世界第一，2020 年普通本专科招生 967.45 万人，在校生 3285.29 万人；2020 年研究生招生 110.66 万人，在学研究生 313.96 万人[1]。为适应新时期人才培养要求，为学生的成长提供更大的空间、更多的机会和更好的平台，我国实施了本研贯通式创新人才培养模式。该模式既符合现代社会对高层次人才及科学研究时效性的要求，又有利于学校人才培养方式的多层次、多元化和人才培养质量的提高。该模式实施以来，一些“211”和“985”院校进行了试点和探索，取得了较大成绩，但也存在一些不尽如人意的地方。

---

* 本论文的研究工作受南京航空航天大学研究生教育教学改革研究项目（2020YJXGG03）、英才培育计划（YJG21020）资助。

** 习近平在看望参加政协会议的医药卫生界教育界委员时强调[EB/OL]（2021-03-07）[2021-10-20]. http://jhsjk.people.cn/article/32044588.

2 各高校本研贯通机制介绍

2.1 四川大学

四川大学为贯彻落实全国研究生教育会议和《教育部 国家发展改革委 财政部关于加快新时代研究生教育改革发展的意见》文件，加快科技创新，培养学生创新意识和创新能力，加强基础学科人才培养，支持出类拔萃的优秀学生更好地发挥潜能，促进拔尖创新人才的涌现，针对基础学科、优势前沿学科，选拔优秀本科学生，通过制定本研一体化的人才培养方案，进行定向培养，选拔和培养高层次创新型研究人才，提高人才培养效率和质量。本研贯通式培养实行3+1+5培养模式(五年制本科为4+1+5)，学制为9年，学习年限为8～10年[2]。在本科三年级末，进行阶段考核，通过考核符合条件者，可以提前进入研究生培养阶段。本研贯通式培养学生在本科四年级完成规定课程，符合条件者，将授予学士学位；申请博士学位时，授位要求与学校其他直博生或硕博连续研究生的要求一致，必须完成各项培养要求，并达到相应学术成果的规定。

2.2 西安交通大学

西安交通大学本研贯通改革的首要举措，是实行“优秀本科生提前培养计划”，提前选拔优秀生源。根据实施办法，学校将选拔本科三年级的优秀学生进入“提前培养计划”，提前确定导师，并在其指导下完成本科毕业设计。进入“提前培养计划”的本科生，还可以提前选修研究生课程，充分利用第三学年小学期和第四学年进行本科、硕士衔接学习。并在缩短研究生阶段学习时间的同时，享有奖学金优先评定和过渡宿舍等优惠条件。同时，贯通式课程体系的构建，更加注重科研能力培养。硕士和博士培养阶段将统筹安排，只制订一个培养计划。学校在统筹梳理课程体系、优化课程内容的基础上，将课程学分进行了大幅压缩，硕博贯通研究生在第一学年，基本可修完硕博阶段所有课程。此外，西安交大还将通过设置学科基础文献集阅读、学术活动、学术讲座、社会实践等环节，促进课程学习和科研训练的有机结合，加强对学生科研能力的培养。

2.3 天津大学

天津大学为确保“本研贯通培养”人才培养模式的重大改革，各学院科学设置教学课程、合理规划课程衔接内容、明确教学课程层次；推动跨学科课程共建，推进课程资源共享；制订适应贯通培养的奖学金评定体系等。针对“本研贯通培养”的学生进行精英式教育，学习的研究生课程有一定专业深度，能与将来所从事的科研工作有效衔接。在现在开设的研究生课程做了诸多方面做出调整，以适应“本研贯通培养”的要求。天津大学本科生在第一、第二学年课程较多，第三到第四学年课程逐渐减少，大四阶段，已经确定保研的学生可自由支配的时间较多。他们有条件在本科阶段完成大部分研究生阶段的课程，而将节约出更多的时间投入到科研工作中。“本研贯通培养”的实施，大大激发学生学习的积极性和主动性，从体制上加快天津大学人才培养的进度，有利于天津大学更多优秀学生选择在本校继续深造，并将使研究生招生生源质量明显提高。

3 不足分析

3.1 管理部门协同不够

本研贯通式创新人才培养管理机制存在问题。我国本科生教育和研究生教育的管理权大多隶属于学校和学院的不同职能部门。从学校层面来看，研究生的管理由研究院（研究生工作部）负责，本科生的教育则由教务处管理[3]；从学院层面来看，负责研究生事务的是研究生教学秘书，负责本科生的是本科教学秘书，两个职位往往由不同的人承担，容易导致沟通不畅，监管空白等现象，影响了本研贯通式创新人才培养的顺利实施。

3.2 课程贯通性不够

高校课程是按照不同身份的学生（如本科生、硕士生、博士生）开放的，而不是向不同学习能力和学习需求的学生开放。贯通式博士生课程一般是从硕士生课程、博士生课程中选择若干，知识结构和逻辑上存在断裂，教学方式上也与一般博士生培养没有实质性的不同。另外，一些公共基础课程，如数学，存在专业和学科之别；管理类专业和工科类的数学课不管从学时、难度和深度都存在差异，课程间缺乏纵向兼容性，成为跨领域科学研究的拦路虎。

3.3 学科交叉协同不够

本研贯通人才在招生过程中容易产生“近亲繁殖”的现象，一位大学生要在同一所大学里学习8年。近8年的时间里，面对同一批教授、学者，学习一脉相传的观点，这种“近亲繁殖”式教学和培养环境的封闭，有可能使本研贯通培养存在很大的弊端[4]。研究生导师也普遍没有经历过系统的跨学科培养和全方位的培训，这将导致在培养跨学科研究生的过程中出现一系列的困难，例如无法从知识广度、结构及深度方面同时进行培养，这导致独立完成跨学科研究生的培养上存在着巨大挑战。

3.4 保障性不足

我国的本研贯通式创新人才培养机制一般中途是不授予学位的，这让一些学生望而却步[5]；同时人才培养的时间较长，学生毕业年龄平均都接近30岁，处于成家、立业等关键时期，但现有奖助体系奖助金额普遍偏低，这导致一些学生着急毕业，想早日工作，不利于本研贯通式创新人才培养。

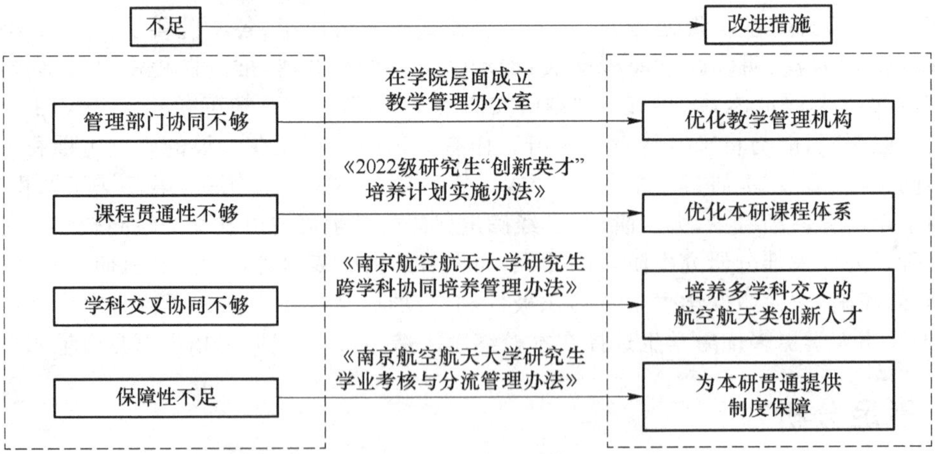

图1 本研贯通式创新人才培养机制的不足与改进措施

4　改进措施

4.1　优化教学管理机构

在学院层面成立教学管理办公室，对接校研究生院、教务处、教师发展与教学评估中心/高等教育研究所等部门，负责协调本科和研究生教学管理工作，协助领导制定教学文件、管理规章制度并落实执行。教学管理办公室主任可以在兼顾学院历史渊源和现实条件的基础上运作本研贯通管理机制。

4.2　优化本研课程体系

学校制定了《2022级研究生“创新英才”培养计划实施办法》，对本研课程体系进行优化，实行跨层次、跨学科、高弹性、模块化的灵活选课机制，入选培养计划的学生可在大四期间与2021级研究生同步修读硕士、博士研究生课程，成绩合格后，认定为硕士、博士生学习阶段学分。提前选择导师，优先推荐高水平指导教师，大四阶段提前进入导师科研团队。本科毕业设计可选择研究生导师相关课题进行。本科阶段可申请(主持或参与)各类研究生创新基金项目资助。优先获得出国短期访学项目和国际学术交流基金资助；获得直博资格的研究生，短期访学资助期限可择优延长6～12个月。

4.3　培养多学科交叉的航空航天类创新人才

为深化研究生教育综合改革、全面提升研究生培养质量，有序推进服务国家战略需求与提升研究生创新能力紧密结合的跨学科人才培养，强化跨学科研究生协同培养的质量监控，学校制定了《南京航空航天大学研究生跨学科协同培养管理办法》。导师组成员具有实质性的科研合作，具有跨学科的科研项目和适合跨学科研究的科研平台，具备产出创新科研成果的潜力，有望培养出复合型高层次创新人才。航空航天技术的发展越来越呈现出多学科相互交叉、相互渗透、高度综合以及系统化、整体化的趋势，学科交叉已经成为当代科学发展的时代特征。在当今社会从学科范式向学科交叉范式转型的大背景下，为应对科技迅猛发展以及社会飞速发展派生出的一系列复杂问题带来的挑战，航空航天类研究生培养的主要趋势应逐步从学科模式向学科交叉模式转变。

4.4　为本研贯通提供制度保障

为进一步加强研究生培养过程管理，畅通研究生分流机制，提高研究生培养质量，学校制定了《南京航空航天大学研究生学业考核与分流管理办法》，博士生在校学习时间超过1年，且没有在我校本学科获得过硕士学位的，可在最长学习年限内申请办理博转硕手续，转为硕士层次学习。同时，学校为解决博士生后顾之忧，安心学习，提高了博士生奖学金，优秀研究生入学第一学年享受学业奖学金一等奖10000元/生。设立新生特别奖学金，特等奖50000元/生，一等奖为20000元/生，二等奖为10000元/生，三等奖为3000元/生。其他奖助学金可兼得。

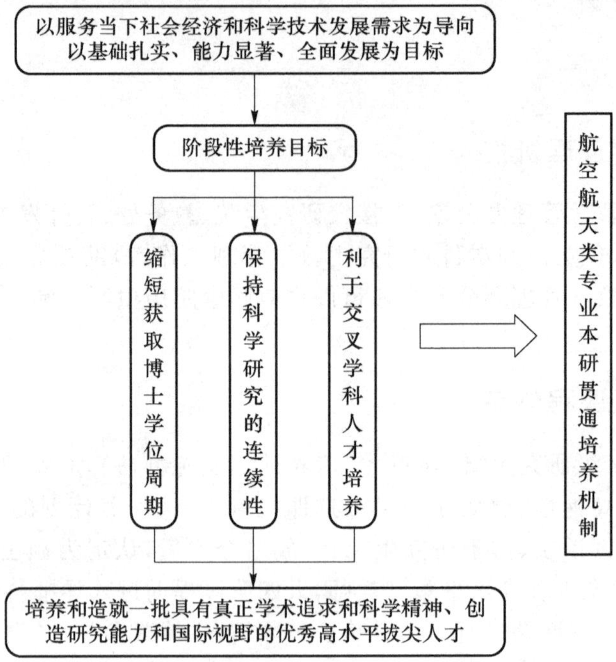

图 2　航空航天类专业本研贯通培养机制培养目标

5　总　结

实行本研贯通式培养应当以服务当下社会经济和科学技术发展需求为导向，以基础扎实、能力显著、全面发展为目标，培养和造就一批具有真正学术追求和科学精神、创造研究能力和国际视野的优秀高水平拔尖人才。本研贯通式培养模式虽然贯通了培养过程，但仍需科学制订相应的阶段性培养目标。该培养机制可为优秀学生创造缩短获取博士学位周期的机会；能保持科学研究的连续性，提高科研工作的效率，同时也为学生尽早确定事业规划提供了可能。此外，该机制相对弹性的学习时间安排，有利于交叉学科和跨学科人才的培养，为实施研究生教育创新计划提供了更大的空间。

参考文献

[1] 教育部.2020年全国教育事业发展统计公报，2021-08-28. http://www.gov.cn/xinwen/2021-08/28/content_5633911.htm.

[2] 陈达，王慧，仲建峰，等.基于流程再造的"本硕博"贯通式培养模式探索[J].现代教育科学，2019(12)：91-95.

[3] 熊玲，李忠.本-硕-博贯通的创新人才培养模式探究[J].学位与研究生教育，2012(01)：11-15.

[4] 张莉.本、硕、博贯通式人才培养模式的利弊分析及对策研究[J].学位与研究生教育，2015(06)：13-16.

[5] 冯文芳，常晓珂，相炎红.本研贯通创新人才培养机制研究[J].大陆桥视野，2020(10)：115-116+118.

导弹飞行动力学课程实作环节的几点思考

石晓航　隋先辉　张翼飞

（海军大连舰艇学院 导弹与舰炮系，大连　116001）

摘　要：针对导弹飞行动力学课程内容抽象晦涩、公式较多的特点，探讨了课程中实作环节设计和实施的一些相关问题。在授课过程中，通过理论和实践相结合的教学方法和手段，结合精心设计的实作环节和半实物仿真实验平台辅助，可以激发学生的学习兴趣，有利于学生对学习内容的理解和掌握，提高课程的教学效果。

关键词：导弹；飞行动力学；弹道；实作；半实物仿真平台

导弹飞行动力学是一门以数学、理论力学、空气动力学、控制理论和计算机技术为理论基础和研究手段的应用学科，是研究导弹飞行理论的基础[1-2]。导弹飞行动力学课程主要研究在大气中飞行的导弹的运动规律，其主体内容包括导弹运动研究和导弹动态特性分析。由于导弹在大气中的飞行问题是非常复杂的，因此即使对飞行过程进行简化处理，课程中的部分内容仍然具有公式较多、推导过程繁琐、理论性较强等特点[3]。针对这一问题，在多媒体教学、案例教学等教学手段的基础上[4,5]，课程小组考虑在“方案飞行与方案弹道”“导引飞行和导引弹道”两部分内容中增加实作环节，在半实物仿真实验平台的辅助下，辅导学生利用所学的理论知识进行编程仿真实验，理论与实际结合，将抽象的问题形象化、具体化。这样不仅有利于学生对所学知识的理解和掌握，同时还可以激发学生对课程的学习兴趣，取得较好的教学效果。

1　方案飞行与方案弹道实作

导弹的方案飞行与方案弹道这部分内容，是在导弹运动方程组和导弹在铅垂平面/水平面内的质心运动方程组基础上，通过给定的导弹飞行方案推导得出的。但是，导弹运动方程组共包含 20 个方程，即使通过简化与分解，导弹在铅垂平面和水平面内的质心运动方程组依然分别包含 7 个和 9 个方程。在理论授课过程中，只能通过板书和 PPT 的方式，讲解“将给定的导弹飞行方案代入简化和分解后的导弹运动方程组中，得到给定方案的导弹运动方程组”的过程。例如，在铅垂平面内，描述按给定俯仰角的方案飞行的导弹运动方程组如式(1)所示。

$$
\begin{cases}
\dfrac{\mathrm{d}V}{\mathrm{d}t}=\dfrac{P\cos\alpha-X}{m}-g\sin\theta \\
\dfrac{\mathrm{d}\theta}{\mathrm{d}t}=\dfrac{P\sin\alpha+Y-G\cos\theta}{mV} \\
\dfrac{\mathrm{d}x}{\mathrm{d}t}=V\cos\theta \\
\dfrac{\mathrm{d}y}{\mathrm{d}t}=V\sin\theta \\
\alpha=\vartheta-\theta \\
\vartheta=\vartheta_{*}(t)
\end{cases}
\tag{1}
$$

通过式(1)可以看出，得到的方案飞行的导弹运动方程组是一个比较抽象的表达式，仅仅通过理论讲授，无法使学生深入的理解和掌握这部分内容。其实，方案飞行是导弹在飞行过程中经常遇到的情况。例如，巡航导弹的爬升段、垂直发射导弹的初始段、弹道导弹的主动段等。因此，我们可以将具体的导弹方案飞行案例通过实作环节引入课堂，采用理论和实际相结合的方式进行讲解，消除复杂的公式和推导过程给学生带来的紧张心理，充分调动学生学习的积极性。例如，对于铅垂平面内的导弹方案飞行，在实作环节中，可针对某型导弹的具体飞行过程，将飞行方案、升力系数、阻力系数、空气标准气象条件等仿真实验相关参数提供给学生，辅导学生通过编写 MATLAB 仿真程序，计算导弹的飞行弹道，并画出相应的曲线。该环节使学生在编程过程中，充分理解方程组中参数的具体含义，同时，得到的仿真曲线也可以形象地展示导弹的飞行过程，使学生对导弹的方案飞行和方案弹道这部分内容有了更深入的理解和认识。

2 导引飞行和导引弹道实作

导弹的导引飞行和导引弹道这两部分内容，是建立在导弹和目标的相对运动方程组之上的。相比于导弹的运动方程组，相对运动方程组的原理和形式相对简单，比较容易理解。导弹导引弹道的特性取决于导引方法和目标的运动特性，在理论授课过程中，对于某种确定的导引方法，需要通过公式推导，讲清楚需用过载、导弹飞行速度、飞行时间、射程、脱靶量等与导引弹道相关的内容。例如，在讲解追踪法的命中条件时，我们需要通过相对运动方程组推导出以目标为原点的极坐标形式的导弹相对弹道方程(2)和导弹的过载表达式(3)。

$$
r=c\frac{\tan^{p}\dfrac{q}{2}}{\sin q}=c\frac{\sin p-1\dfrac{q}{2}}{2\cos(p+1)\dfrac{q}{2}}
\tag{2}
$$

$$
n=\frac{4VV_T}{gr_0}\left|\frac{\tan^{p}(q_0/2)}{\sin q_0}\cos(p+2)\frac{q}{2}\sin(2-p)\frac{q}{2}\right|
\tag{3}
$$

可以看出，推导得出的表达式较为复杂，在公式推导过程中，也会使学生产生畏难情绪。仅仅通过公式推导对这部分课程内容进行讲解，难以使学生对导弹的导引飞行和导引弹道有一个形象的认识。针对上述问题，我们在授课过程中增加了实作环节，在实作课中，让学生通过编写 MATLAB 程序，对追踪法、平行接近法、比例导引法和三点法等导引方法进行仿真，将导弹和目标的运动轨迹以图形的方式呈现，并画出导弹飞行过程中，法向过载、脱靶量等相关参数的曲线。将理论课中比较抽象的公式通过编程仿真可视化，加深了学生对各种导引方法中导弹飞行轨迹的理解和记忆。同时,还可以通过在程序中修改导引方法中的一些变量,观察导弹和目标运动轨迹、导弹法向过载等曲线的变化情况,使学生能够将理论授课的内容和实作环节结合起来,便于学生对知识的理解和掌握。

3 半实物仿真实验平台辅助教学

为了使学生对导弹的飞行过程有一个全面的了解和掌握,辅助导弹飞行动力学课程实作环节教学,同时也兼顾导弹专业其他相关课程的实验条件需要,课程小组与湖南长沙冠创控制科技有限公司合作完成了半实物仿真实验平台的开发和研制工作。

该实验平台由硬件和软件两部分组成。硬件部分主要由三轴电动转台、综合控制箱、弹体结构、弹载控制器和仿真计算机组成,如图1所示;软件部分主要包括:基础环境软件和用户软件等。

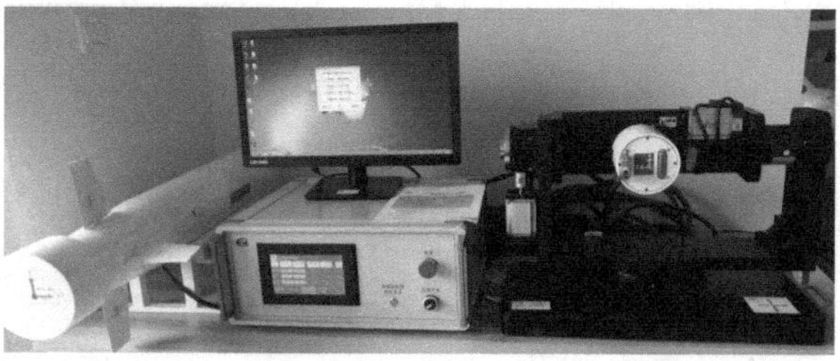

图1 战术导弹飞行动力学半实物仿真实验平台

实验平台可开设包括敏感装置、执行机构、弹载控制器和系统综合实验在内的四大实验模块20个实验项目,主要包括:原理演示实验、加速度计标定实验、舵机时域/频域响应实验、模拟飞行实验、标准弹道设计实验、追踪法制导与仿真实验、比例法制导与仿真实验等。可为学生提供一个从组件级、系统级到仿真评估级的实验环境,高效地组织教学实验。

在实验过程中,半实物仿真平台中的三轴转台可以形象地展示出导弹飞行过程中的姿态变化,同时,舵机可以带动弹体的4个舵面偏转,从而展示导弹在飞行过程中对控制输入的响应。结合导弹的飞行弹道曲线,可以使学生对导弹从发射到命中目标的飞行全过程有一个形象的认识。

通过实验,不仅可以激发学生的学习兴趣,提升动手能力,同时使学生对导弹在飞行过程中控制系统各组件以及系统的工作原理产生全面系统的认识,并深化学生对方案弹道、导引弹道设计和控制方法的理解,真正做到理论和实践相结合。

在实作过程中我们发现,由于操作台位有限,实作课程需要分组进行,导致不能保证每一名学生都得到操作平台的机会。下一步计划增加操作台位数量,力争使每一位学生都能得到操作的机会,真正发挥出半实物仿真平台对课程教学的作用。

4 结 论

教学实践证明,通过在"方案飞行和方案弹道""导引飞行和导引弹道"部分增加实作环节,并利用"战术导弹飞行动力学半实物仿真实验平台"进行辅助教学,可以将枯燥、抽象的课程内容变得更加生动、形象，调动学生学习的积极性、提升学生学习的主动性，对导弹飞行动力学课程教学效果的提高起到了推动作用。

参考文献

[1] 李国新，方群. 有翼导弹飞行动力学[M]. 西安：西北工业大学出版社，2005.

[2] 钱杏芳，林瑞雄，赵亚男. 导弹飞行力学[M]. 北京：北京理工大学出版社，2000.

[3] 孟云鹤，陈克俊，郑伟等. 导弹飞行动力学与控制课程建设的思考[J]. 高等教育研究学报，2009(32)：16-17，20.

[4] 张春玲. 利用多媒体技术提高整体教学效率与效果的研究[D]. 南昌大学，2007.

[5] 尹肖云，邹强，蔡春涛. 案例导入式教学法在导弹飞行力学课程中的实践探讨[J]. 高教学刊，2017(5)：75-76.

空间机构连接分离实验教学模式探索与实践*

赵海红[1]　岳洪浩[1]　陈文礼[2]　张博慧[1]
（1. 机电工程学院 哈尔滨工业大学，哈尔滨　150001
2. 土木工程学院 哈尔滨工业大学，哈尔滨　150001）

摘　要： 空间机构连接分离（Space Mechanism Connection and Separation，简称 SMCS）实验是航空宇航制造工程专业实验课程，即模拟两个航天器在轨对接与分离过程，是科研成果转化为教学资源的典型案例。该实验课程以空间机构连接分离为背景，从实验认知、注意事项、形状记忆合金（Shape Memory Alloys，简称 SMA）作动器预处理、SMA 作动器性能测试以及空间机构连接分离性能验证等方面设计了实验教学内容。课程旨在掌握空间机构连接分离测试验证的方法，采用"引导—探索—互动"的教学模式和多维度考核方法，以学生为中心，培养学生的工程创新意识和创新能力，实现从单一指标评价为主向多元指标评价的转变，为航空宇航制造专业实验教学模式探索与实践提供有益的参考。

关键词： 空间机构连接分离；引导—探索—互动；教学模式；多维度考核；实验教学

空间机构连接分离[1-2]（简称 SMCS）实验是空间智能结构与机构所属实践课程，也是航空宇航制造专业实验课程，具有知识点多，综合性强及多学科交叉融合的特点。实验中涉及的空间连接分离机构、智能材料形状记忆合金（简称 SMA）的应用[3-5]、性能验证技术等内容具有真实的工程背景，其目的是验证机构设计、制造工艺、智能材料应用的合理性提供必要的实验依据，也是空间机构设计与评估工程中的关键环节。SMCS 实验是科研成果转化为教学资源，加强实践教学与创新实验教学研究需求的典型案例。

SMCS 实验以空间机构连接分离为背景，开发智能材料应用方面的实验教学项目，让学生掌握智能材料 SMA 作动下连接分离机构工作的基本原理，了解 SMCS 的设计与验证方法，掌握 SMA 预处理方法和空间机构连接分离测试系统的基本原理，对培养学生的工程意识、创新意识和创新能力具有重要意义。

1　实验原理和方案介绍

SMCS 利用智能材料 SMA 的相变、形变特性[6-7]完成由热能到机械能的转化，将固定的切槽螺栓胀断，从而完成连接部分的快速分离。SMA 作动器具有激发能量小、输出能量密度高、作用迅速等独特优势[2,8]，这种驱动形式由于不存在火工品药剂爆炸或燃烧[9]产生的爆轰波或高压燃气，因此对分离机构产生的冲击力降低，结构可靠性提高。

* 基金项目：哈尔滨工业大学 2021 年虚拟仿真实验教学项目（213310）。

实验利用激光位移传感器进行 SMA 作动器受热发生形变的特性测试。高速摄像机进行空间机构连接分离性能验证的实时跟踪记录，通过后处理软件获得发生变形作用的时间和初始速度等数据。

2 实验知识点

该平台设计了 SMCS 性能验证实验原理介绍、实验注意事项以及试验设备操作、实验准备与平台搭建、试验前装调、开始试验和试验结果后处理，具体实验步骤如图 1 所示。

通过实验概况认知，展示 SMCS 性能验证实验过程，使学生认识 SMCS 性能验证实验的基本组成和工作原理，包括 SMA 作动器预处理，SMA 作动器性能测试和 SMCS 性能验证等。实验注意事项和实验设备介绍，包括设备参数、操作和维护保养等内容。学习并掌握静载试验机、激光位移传感器和高速摄像机等设备的操作方法。

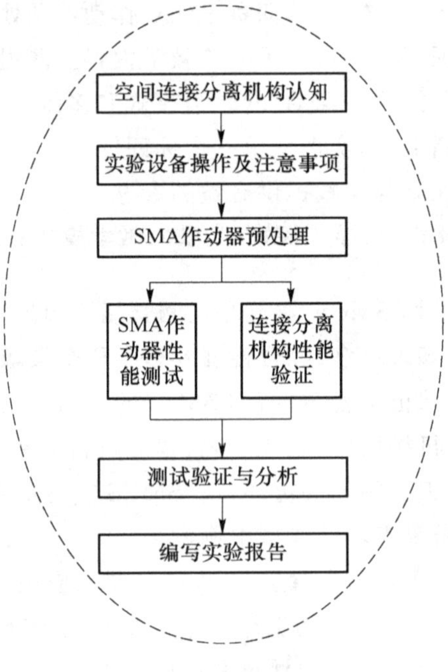

图 1 实验步骤

2.1 SMA 作动器预处理

SMA 具有记忆原始形状的功能，在高温下定型后，冷却到低温并施加外力作用变形，使其存在残余变形；被加热至高温后，就可以使原先存在的残余变形消失，恢复到变形前的形状或尺寸，从而获得作动分离时所需的剪切力。该实验通过英斯特朗 5 900 系列的双立柱台式静载试验机，实现马氏体状态下作动器的 SMA 压缩失稳预变形处理，即在一定的状态下施加应力产生百分之几到十几的大变形处理，SMA 作动器从热弹性马氏体转为变形马氏体如图 2 所示。

SMA 作动器预处理，首先，用游标卡尺测量 SMA 作动器的初始长度。然后，将带有固定座的 SMA 作动器放在静载试验机上。静载试验机有手动或软件自动加载两种模式，第一种

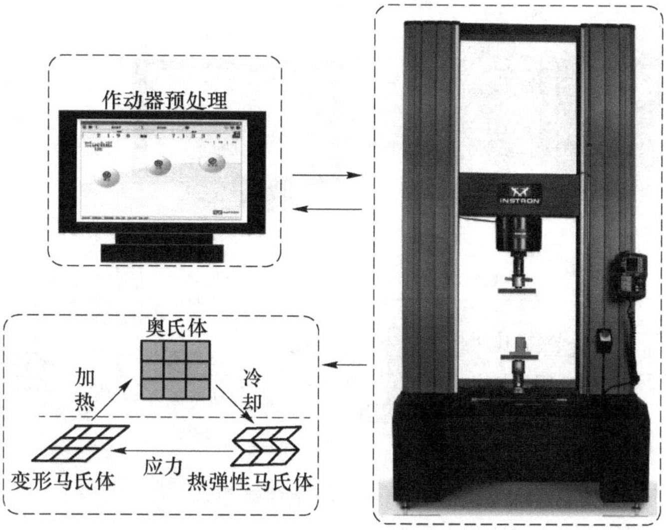

图 2　SMA 作动器预处理

模式可通过手动点击力加载按钮，观察并判断：载荷力是否大于或等于阈值，如满足上述条件时，则停止加载；第二种模式可采用软件自动设置结束条件，即载荷力等参数，点击测试，试验机自动进行加载，同样需要满足上述载荷力的条件后完成 SMA 作动器的压缩变形预处理。

通过设置静载试验机设置压缩速率 1 mm/min，SMA 作动器（原长 19.6 mm）随载荷力逐渐增大，压缩量不断变化，经过压缩到 16 000 N 时停止压缩预处理，压缩量随载荷变化情况如图 3 所示。该预处理为作动器加热分离获取更大的回复力做准备。

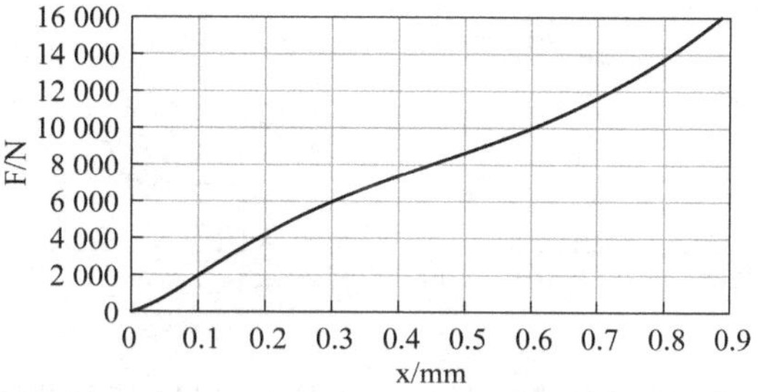

图 3　压缩量随载荷变化的曲线

2.2　SMA 作动器性能测试

SMA 作动器采用 NiTi 合金制作而成，该合金具有强度高、耐腐蚀、耐磨损等特性，热加工性能比较好。拥有相对合适的相转变温度范围和形状记忆效应，形变回复率可达 8%[4-6]，回复应力最大可达 400 MPa [9-10]。SMA 作动器在压缩失稳预变形处理后的加热过程中，如图 4 所示，由于存在马氏体的逆相变，随着奥氏体成分的逐渐增多，材料的弹性模量、屈服强度等不断提高，在形状恢复效应的作用下又可以恢复至“稳态”，从而实现作动器的位移和力的输出。

SMA 作动器应变与加热功率性能测试，将带有固定座的 SMA 作动器放在绝缘垫上，并与可调电源电缆连接，通过设置相应电压电流，进行加热功率驱动设置。

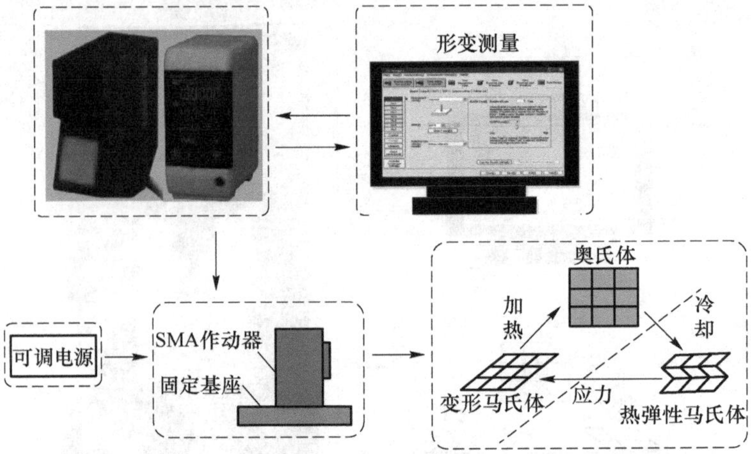

图 4　SMA 作动器性能测试

将激光位移传感器测头放置正确位置，连接控制器，完成 SMA 作动器形变实验的搭建。设置激光位移传感器参数，进行 SMA 作动器不同电压加热驱动试验：先打开 LK - Navigation 进行数据采集，然后通电加热，密切观察随加热时间变化的变形量，画出曲线并确定 SMA 作动器的最终伸长量。

实验采用 20 Ω 的 SMA 作动器分别在加热功率为 28.8 W/24 V 和 45 W/30 V 的作用下，作动器伸长量随加热时间的变化曲线，从图 5 和图 6 可以看出加热功耗越大达到相同伸长量所需时间越短。这为分离胀断的加热条件提供了参考依据。

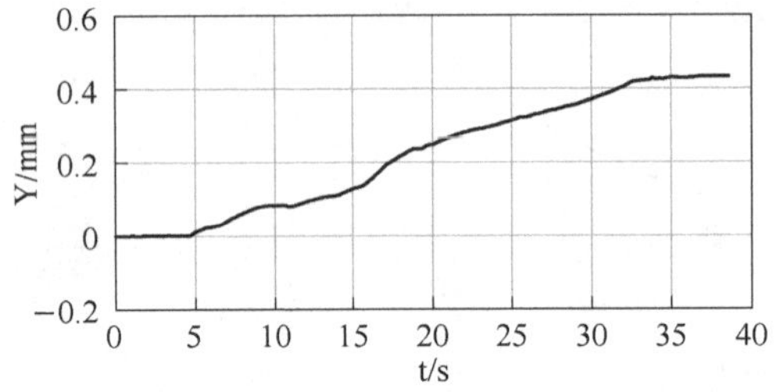

图 5　SMA 作动器加热时伸长量变化(28.8W)

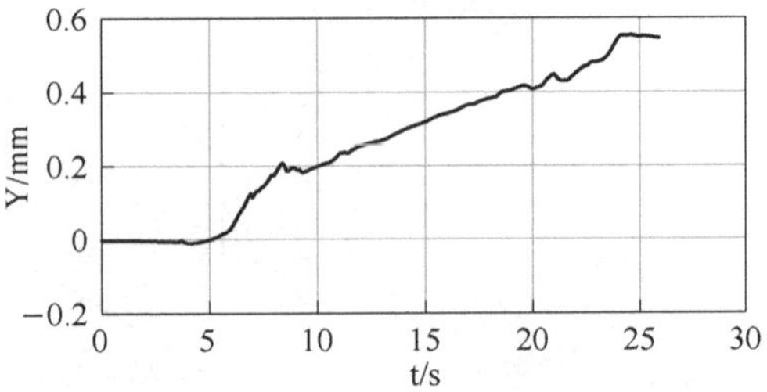

图 6　SMA 作动器加热时伸长量变化(45W)

2.3　SMCS 性能验证

SMCS 性能测试装置由切槽螺栓、SMA 作动器、加长筒、固定支座和分离螺母组成，示意如图 7 所示。其中，在 SMA 作动器未加热作动之前起，切槽螺栓需要将分离部件与固定座紧固在一起，且有一定的连接强度，不能出现意外断裂，即具有可靠紧固连接的机械特点。另外，在加热作动时，切槽螺栓胀断，分离部件解锁脱离固定支座，所以切槽螺栓矩有连接分离双重作用。螺栓在机械结构连接中，需要考虑结构疲劳强化处理，同时还需对螺接接头施加稳定而较高的预紧力。但是螺栓预紧力不能超过螺栓材料拉伸的屈服载荷[11-14]，否则就会发生安装过程中的意外断裂等问题。

由于正常分离和非正常胀断时均发生在切槽螺栓强度最小处，切槽螺栓在安装过程中需

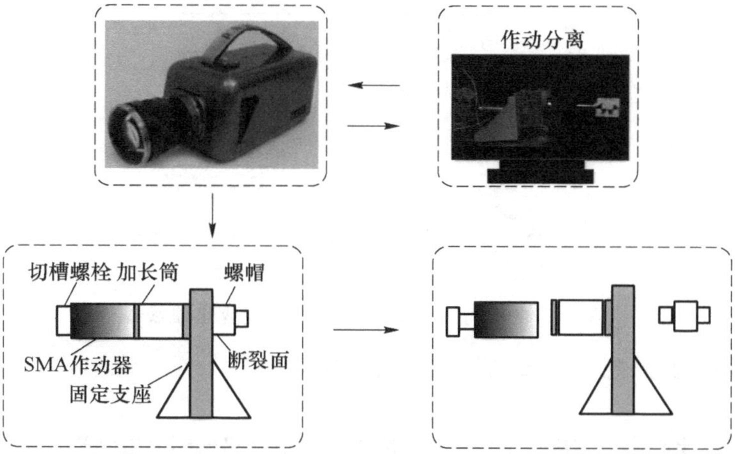

图 7　SMCS 性能测试

要进行受力情况分析，来保证螺帽旋紧过程中压紧固定座的有效预紧力。

当向空间机构连接分离通电流加热时，SMA 作动器受热产生恢复原来形状的形变，向前推动装在螺栓本体中的加长筒，加长筒带着螺栓本体相对固定座迅速前移，从而将螺栓本体预设的薄弱环节推断，并向前推动一定距离，解除两部分连接的影响。

对完成加热及冷却的 SMA 作动器进行复位压缩，重复前面 SMA 作动器预处理步骤。进行连接分离机构性能验证测试，将分离装置、切槽螺栓、垫片、复位后的 SMA 作动器，按要求进行装配；借助加载工具扭矩扳手，进行预紧力装配加载。状态检查无误后，将可调电源与其电线连接，设置相应电压电流，进行加热功率驱动设置。设置高速相机，摆放并调整相机视场能清晰覆盖分离的全过程，设置相应的软件参数。把靶标粘贴在分离的部件上，尽量保证靶标面与视场平行。完成连接分离机构性能验证测试系统搭建。

对 SMA 作动器实施较大功率加热，同步启动高速相机并拍摄记录加热和分离全过程视频参数。根据激光位移传感器和高速相机采集到的数据视频如图 8 所示，分析并计算分离的速度，绘制相应曲线如图 9 所示。

图 8　高速相机拍摄分离过程

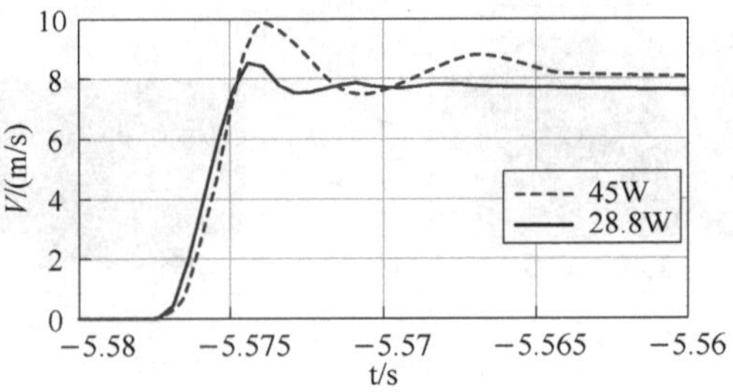

图 9　在不同加热功率时分离速度变化曲线

最后学生填写实验感想和建议，完成实验报告撰写。

3　“引导—探索—互动”实验教学模式探索与实践

本实验教学方法[18-20]依据实践条件有自己的特色，采用“引导—探索—互动”的教学模式，由指导教师从基础理论开始引导让学生探索现场实验的设计方法，并实验搭建；在实验过程中师生针对实验现象与结果进行探讨式互动，采用多维度考核，促进学生在实验过程中发挥主动性和能动性。

3.1　教师理论引导

指导教师在课堂上传授有关空间智能机构与结构所涉及的主要知识。学生通过基础理论知识的学习，对空间智能机构与结构有初步的了解。然后带领学生参观实验室，讲解实验测试验证技术，演示实验设备及其软件操作使用方法。指导教师挖掘科研项目中与实践课程相关的知识点，为学生们展示科研领域的相关动态，让学生感受到科研的魅力。同时，参与到学生的实践探索中，针对学生实践中可能遇到的问题进行答疑解惑，帮助学生消除为难的情绪，真正体验实践带来的乐趣。

3.2　学生实验探索

由于实验课时受限(2 学时)，且设备贵重数量受限，操作上有时须协同一致，学生在实验操作前，先进行分组，5～6 人/组，每组完成整个实验内容。组内分工协作，共同探索实验的设计方法和操作流程等。参与并负责实验系统连接、仪器设备操作、软件参数的设置、实验装置搭建、实验数据的记录、测试与验证等实践中的每个环节。组员通过负责其中的一个环节，既要发挥主观能动性，自主发现、分析和解决该环节出现的问题；还要通过其他环节观摩学习，取长补短，互相促进。

3.3　师生互动与团队协作

在实验过程中师生针对实验原理、实验搭建、实验现象与实验结果进行探讨式互动。组内成员积极思考，踊跃发言，对实验中设备承受的范围、实验现象及数据的有效性作出研判。同时互相督促、规范操作，在实际设备操作中保证相关学生的人身安全及设备安全。通过学生间共同设计与共同实践操作，既加强团结协作能力，又能够使学生清楚认识 SMCS 工作过程与性能验证技术。

该环节既加深了学生对理论知识的理解，展现科研方面的能力，又进一步提高了学生的组织协调和团结合作能力。

3.4　多维度考核评价

指导教师依据实验认知、实验方法，实验步骤、实验结果以及现场表现，对学生进行实验考核与验收。对不达标者需要重新操作实验，直到达标为止。考核要求主要从以下方面：实验认知与表达(10%)、实验协同与操作(60%)、实验报告编写(30%)进行多维度评价。

实验认知与表达，学生口述讲解实验原理以及相关技术理论(5%)，提高学生对空间机构连接分离性能验证实验的理解以及表达能力(5%)。

实验协同与操作，通过 SMCS 性能验证仿真实验，要求学生对实验的整个流程有全面的认识与掌握。考核学生在实验中的沟通交流(15%)、团队协调(15%)以及动手操作能力(30%)。

实验报告编写，重点要求实验报告的全面性(10%)、完整性(10%)以及正确性(10%)。同时，鼓励学生在实验报告中提出自己改进实验的想法，并给予详细说明。

通过“引导—探索—互动”的实验教学模式，教师问题引导，激发学生“我要学”的兴趣。学生探索解决方法，积极讨论，活跃课堂学习气氛，提高认知发展能力。项目任务分工合作，提升沟通协作能力，突出学生主体地位，实现教学过程由教到学的转变。实验认知与表达、实验协同与操作和实验报告编写等多维度的考核评价，实现了从单一指标评价向多维多元指标评价的转变，能够达到预期的教学效果。

4　结　语

SMCS 性能验证实验提供智能材料在空间机构与结构中应用的理论知识，展示 SMCS 性能测试和评估技术，有效衔接智能材料学科、航空宇航制造、机械设计等专业课程，提升学生对理论知识的直观认识，培养学生对专业知识的综合应用能力，拓展科学视野，提升科研经验。

“引导—探索—互动”的实验教学模式和多维度考核方式，实现学生从被动式向主动式学习的转变，加强学生团结协作能力，推动从单一指标评价向多维多元指标评价的转变。

参 考 文 献

[1] 张玉良，杨飞，岳洪浩，等. 基于频域法的星箭连接分离装置的冲击载荷识别，振动与冲击，2018(17).
[2] 高滨. 形状记忆合金在航天器分离机构上的应用[J]. 航天返回与遥感，2005(01)：48-52.
[3] 冷劲松，刘立武，吕海宝，等. 形状记忆聚合物基复合材料在航空航天领域的应用[J]. 航空制造技术，2012，414(18)：58-59. 李丰丰，刘彦菊，冷劲松. 形状记忆聚合物及其复合材料在航天领域的应用进展[J]. 宇航学报，2020(6).
[4] 吴瑞德，常英珂，陈小松，等. 基于形状记忆合金的分离装置驱动机构研究[J]. 火工品，2020，05：10-13.
[5] 曹乃亮，董得义，李志来. 基于形状记忆合金的空间分离装置研究进展[J]. 航天返回与遥感，2014，35(005)：9-18.
[6] 曹鹏军，马毅龙，陈刚，等. 金属材料学[M]. 北京：冶金工业出版社，2018：200-247.

[7] 殷景华，王雅珍，鞠刚著. 功能材料概论[M]. 哈尔滨：哈尔滨工业大学出版社，2017：47－55.
[8] 杨铭波，杜三虎，王智磊，等. SMA低冲击分离螺母设计与试验验证[J]. 航天器工程，29(5)：6.
[9] 路翠华，张旭，宋超，等. 基于建构主义的火工品安全教学改革[J]. 教育教学论坛，2020(51)：220－221.
[10] 叶耀坤，刘天雄，温玉全，等. 航天火工连接分离机构设计技术研究[J]. 载人航天，2016. 22(1)：62－67.
[11] RizzelloG，Mandolino M A，Schmidt M，et al. Modeling and Simulation of a Valve System Actuated by Polycrystalline Shape Memory Alloy Wires [C]// The 15th International Workshop on Advanced Motion Control. 2018.
[12] Jardine AP，Kudva J N，Martin C A，et al. Shape memory alloy TiNi actuators for twist control of smart wing designs [J]. Proceedings of SPIE - The International Society for Optical Engineering，1996.
[13] 中华人民共和国航空工业标准. HB/Z 251－93 螺栓连接拧紧力矩与轴向力的关系[S]. 北京：中国航空工业总公司发布，1994：1－2.
[14] Military handbook. MIL－HDBK－60 Threaded Fasteners－Tightening to Proper Tension. 1990：24－26
[15] 中国国家标准化管理委员会. GB 2965－2007－T 钛及钛合金棒材[S]. 2007：2－3.
[16] 林永福，佘公藩. 螺栓拧紧力矩—轴向力关系研究[J]. 紧固件技术，1992(6)：1－6.
[17] 张振华，应秉斌，娇明. 螺栓拧紧力矩的确定方法及相关探讨[J]. 化学工程与装备，2009，000(008)：105－107.
[18] 基于3D打印的聚合物成型加工综合实验设计 [J]. 实验技术与管理，2020，37(11)：170－173.
[19] 邹德滨；刘可；银燕；余同普；邵福球. 物理学研究生基础课程教学改革的探索与实践——以"高等电动力学"为例 [J]；高等教育研究学报；2019，42(01)：102－107.
[20] 郭艳婕，杨立娟，张留洋，孙瑜，陈雪峰，李兵权双璐."工程有限元与数值计算"实验教学模式探索与实践[J]. 实验技术与管理，2020，37(11)：199－204，240.

航空航天类专业课程实践教学改革研究
——以航天导航应用项目课程为例

王鼎杰　张洪波　吴杰
（国防科技大学 空天科学学院空天工程系，长沙　410073）

摘　要：基于国际先进的"以学生为中心，以产出为导向"CDIO 工程教育理念，在现有课程教学体系为学生提供专业场景下的全过程、全系统的工程综合能力训练，是当前航空航天类专业高等教育所面临的一项重大挑战。本文以航空航天类专业实践课程"航天导航应用项目"为例，从教学内容设置、教学方法优化、教学条件完善、考核方式改进等几个方面开展教学改革研究，旨在促进学生将理论应用到实践，培养学生设计、创新、协调、沟通和领导等全流程、全系统综合能力，使其成为满足我军发展需求的高素质新型军事人才。

关键词：实践教学；航天导航；实践项目；教学改革；教学设计

随着 CDIO(Conceive, Design, Implement, and Operate)工程教育理念和专业认证在国内的持续推进。"以学生为中心，以产出为导向"的先进工程教育理念深入人心，极大地促进了我国高等院校工程专业的发展、建设和改革。CDIO 以产品研发至运行的生命周期为载体，让学生以主动的、实践的、课程间有机联系的方式自主学习，在工程基础知识、个人能力、人际团队能力和工程系统能力等 4 个层面全面塑造工科学生[1]。

飞行器导航技术作为航空航天工程、空间科学与技术等本科专业的核心专业课程，针对航空器、导弹、运载火箭和航天器等飞行器应用场景，培养解决空天飞行器导航问题所需的基本能力，为后续学习制导、控制等应用课程提供理论支撑，也为型号设计、飞行试验、飞行仿真和飞行器奠定技术基础。经过近几年的建设与实践，本课程在教学内容、教学手段、教学资源等方面取得了显著的成效，但仍面临几大问题亟待解决：(1)教学内容上理论与实践的不均衡问题。教学内容理论性强，授课教师在有限课时内完成理论教学，实际工程案例讲解或实验环节占比低且难以有效拓展[2-4]。(2)学生学习主动性与参与度不足的问题。传统教学方式以教师讲授为主，学生参与教学活动的主动性不够，且难以满足不同类型学生的个性化学习需求，教学主体的学习主动性未能充分调动。(3)学生高阶能力培养难的问题。学生学习不仅要掌握专业知识，还要注重能力和素质的培养，但是在传统教学方式中，解决复杂空天空天飞行器导航问题的创新能力和高阶思维能力较难培养[5-7]。因此，围绕 CDIO 工程教育理念，开设"以能力产出核心、以自主解决工程问题为导向"的实践课程教学，是培养我国空天领域高素质新型军事人才培养的有效举措。为此，教研室为我校航空航天工程和空间科学与技术专业的本科生开设了高级项目设计课程航天导航应用项目，尝试探索一种新的航空航天类专业课程实践教学模式。

1 课程概况及实践教学困难

1.1 课程概况

航天导航应用项目是我校开设的、面向空间科学与技术专业本科生的一门实践类专业必修课，设置 40 学时。该课程以学生自主学习为主，模拟实际工程场景全过程、全系统地对学生工程综合能力进行训练。通过向学生发布一个具体工程技术问题，让学生以团队分组形式开展自主调研、理论分析、方案建模、实验验证等全流程研究工作，最终以项目汇报验收的形式检验学生问题求解情况。通过实践项目，学生有机会把相关专业课程知识有机地联系起来，并根据实际问题需要主动获取和应用知识，从而对设计、创新、协调、沟通和领导能力等全流程、全系统综合能力进行了有效培训。我校工学本科生课程体系如图 1 所示，而实践项目在课程体系中的层级如红色虚线框图所示。从图 1 中可以看出，体系最下方层级是配属某一门课程的三级项目即课程实验；多门课程相互结合可形成具有一定任务功能的二级实验项目即初级工程项目设计；而最接近顶层毕业设计的层级就是实践项目环节，可理解为最接近毕业设计的高阶工程项目设计。这三个层级实践教学体系的构建为学生顺利开展毕业设计工作及掌握工程综合能力提供了强有力的支撑。

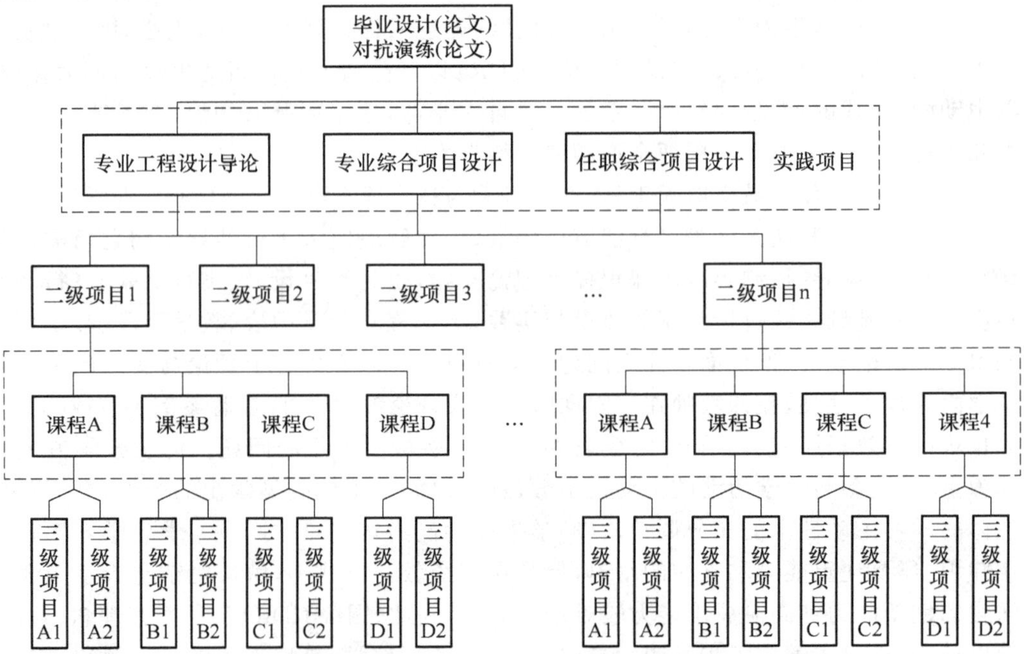

图 1 国防科技大学实践项目课程体系示意图

2021 年，“航天导航应用项目”发布实践项目是“北斗卫星导航系统对高轨飞行器的服务性能分析”。项目背景是高轨卫星的空间自主导航应用场景，已知现有导航星座(轨道高度通常约为 20 000 km)的卫星信号均指向地球方向发射，而高轨卫星的轨道高度可达 36 000 km，因而其接收机只可能利用从地球背面发射的微弱卫星信号进行导航，GNSS 卫星对高轨飞行器的导航服务原理图如图 2 所示。项目要求学生每 3 人一组，运用航天导航课程群、导航运维课程群讲授的理论知识，并自主查阅相关文献，分析北斗卫星导航系统对高轨飞行器的覆盖性，完成高轨飞行器导航仿真验证，并提出改进导航精度的可行措施。显然，该实践项目模拟了基于北斗卫星的高轨飞行器自主导航系统设计与结果分析等过程，并通过团队合作，培养学生协作精神和提高动手能力，为后续从事飞行器导航相关研究和开发工作奠定良好的实践基础[8]。

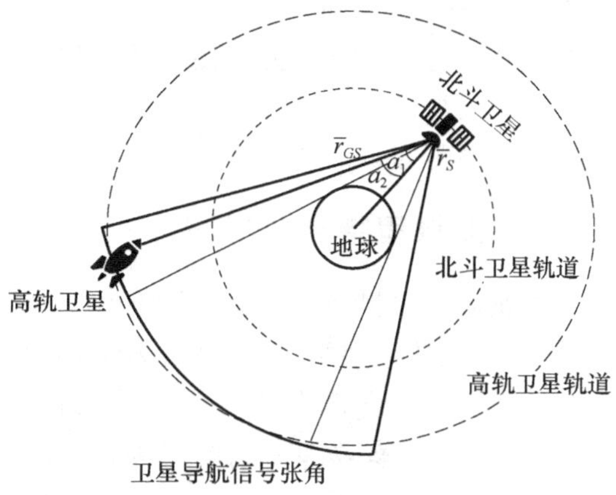

图 2 GNSS 卫星对高轨飞行器的导航服务原理图

1.2 实践课程教学存在的主要问题

目前，“航天导航应用项目”在实践教学过程中主要面临以下四方面问题：(1)教学内容存在滞后性、开放性较弱。实践项目内容通常取自课题组过去承担的科研项目，这些项目大多已经成功应用且具有明确结论，致使实验报告论证大同小异，难以充分发挥学生解决问题的主观能动性。(2)实践条件有限。现有航天导航应用项目实践教学系统尚无法满足学生所有理论学习和创新创造的实践需求，方案分析缺乏有效的实验环节。(3)教学团队建设不充分。实践教学的顺利开展离不开主讲教师、助教、实验员三者之间的高效配合，而助教和实验员在目前授课体系中是极度欠缺的，这种缺失导致主讲教师无法集中精力设计开放性选题和互动性方案。(4)学生参与程度不均匀。采用分组形式完成问题研究并非是实践教学的最佳方式，小组中欠缺主动性的学生在实践项目训练全程倾向于划水，参与度极低，此时实践课程无法有效地培养这些学生的应用能力和创新能力。

本文以航天导航应用项目课程教学目标为依据、以实际工程问题为切入点、以学生自主学习为中心、以能力产出为导向，探索一种基于 CDIO 理念的航空航天类专业课程实践教学模式。课题组依据上述实践教学中存在的主要问题，经过近年来的教学实践，从教学内容设置、教学方法优化、教学条件建设、考核方式改进等几个方面开展实践教学改革研究，旨在促进学生将理论应用到实践，培养学生设计、创新、协调、沟通和领导等全流程、全系统综合能力，使其成为满足我军发展未来高素质空天类军事人才的需求[8,9]。

2 CDIO 理念下航天导航实践教学课程改革

2.1 学情分析

本课程以国防科技大学空天科学学院空间科学与技术专业和航空航天工程专业学生为教学研究参与主体。2021 年共有 15 人选修本门课程，这些学生普遍具有数理基础良好、学习能力强、对新鲜事物强烈的好奇心等特点，综合素质优秀。但是，不能忽视的一点是，学生在导航学科上的基础较差，他们均未学习过有关通信原理、计算机编码、信号分析与处理、最优状态估计等方面的基础课程。因此，在实践过程中必须提前给同学们提供一定的预习材料（包括MOOC视频、技术资料和科技进展等），以确保学员在适当预习的基础上快速查找、学会相关知识。另外，这些本科学员由于习惯于理论学习和闭卷考试，所以在独立实践环节缺乏有效的培训。本门课程的设置正是为了促进学员学以致用、主动解决实际工程问题，将枯燥的理论以生动形象的形式加以领会，从而理清技术问题背后的逻辑思路，让同学们通过实践加深理解，享受学习并运用新知识的获得感。

2.2 专业课程特点分析

航天导航应用项目课程安排在第七学期，学生在课程学习之前，已完成的先修专业基础课程包括理论力学、轨道力学、空天飞行力学、天文学基础、飞行器设计、数值计算方法、飞行器试验统计学等。不同于理论课程，本门专业实践课程在以下几个方面具有独特的特点：

(1) 重视动手实践以加深理论理解和运用。本门课程侧用于实际的技术方案论证、数据处理、模型与算法实现，特别是结合当前北斗三号全球定位系统的发展与时俱进。

(2) 贴近现实生活、充分利用丰富的线上资源。课程内容背景涉及社会生活，学员可以利用所学理论内容分析生活现象、发现导航问题、独立解决问题，培养其科研创新和主动探索意识。另外，大量网络公开课、MOOC、教学视频、电子教材、新闻报道等均可以在线获取，有效延展了课堂空间。

(3) 突出空天特色，服务强军实践。一方面，课程针对航空器、导弹、运载火箭和航天器等空天飞行器导航问题，引导学生带入国防实战情景，能够有效地启发学员思考部队、装备导航需求及存在问题。另一方面，空天导航技术日新月异、问题层出不穷，学生调研了解前沿导航发展动态，培养创新意识。通过系统的实践培训，学员可以自主提出现存问题的解决方案，最终将自身塑造成掌握飞行器导航技术的基础理论和专业知识、具备飞行器导航系统及算法设计能力、能够在飞行器GNC导航制导控制（Guidance, Navigation and Control）领域从事导航系统设计及应用的通用专业技术人才。

(4) 有机融入思政要素。“激光陀螺、北斗导航、高超声速飞行器”作为我校的名片，是本门课程的核心知识点，其研究过程和背景知识本身就蕴含有大量思政元素。我们应通过深挖专业知识内容背后的底层逻辑或哲学基础作为思政元素，以在讲授专业知识的过程中潜移默化地进行国情阐述和价值观引导。对于我校师生而言，这种思政要素与教学知识点的结合可以是自然而然且潜移默化的，能够使学员和教师从课程思政中受益匪浅。

2.3 教学内容设置

教学内容遵照“工程需求、技术调研、问题陈述、问题分解、问题求解、方案验证”的逻辑思路分阶段设置。选题具有实践性和一定的前沿性，且大多出自课题组在研技术项目，为“科研成果有效转化为教学资源、科研成果反哺教学效果”创造了良好条件。例如，2021年的实践项目选题源自高轨飞行器（如GEO卫星）在特定应用场景下的高精度导航定位需求，该内容源自课题组承担的一项国家自然科学基金项目。

在技术和文献调研阶段，一方面教会学生如何利用文献检索数据库（如万方、知网、SCI/EI、AIAA等）查找技术资料；另一方面，适当要求一线科研人员为学生做关于技术原理、现状和进展的学术报告，提升学生了解实践问题的效率。例如，在2021年教学过程中，有幸邀请到我校高精度激光陀螺团队、北斗导航团队和星敏感器天文导航团队的老师，分别就高精度惯性导航技术、北斗卫星导航技术和天文导航技术做出了精彩的学术汇报，老师们现身说法、以实际工程需求和技术攻关经历激励学员探索解决问题。学员现场展开热烈的讨论，该汇报效果显著，反响极好。

在问题归纳陈述阶段，采用了翻转课堂的形式，由学生们上讲台汇报自己研究小组的技术调研结果和问题解决方案。教学经验表明，在给出学生解决问题的自由度以后，学生总是能够自主地给出不同且合理的解决思路。教师可以根据不同小组研究思路进行有针对性的指导，和学生一起探讨出各自小组独特的解决方案。例如，2021 年度的高轨飞行器使用北斗卫星导航问题上，5 个研究小组共形成了 5 种不同的求解思路。

在问题分解阶段，教师引导学生将复杂工程问题拆分为可解的子问题，助力学生将所提研究方案落实落地。例如，2021 年度高轨飞行器导航方案论证问题最终被分解为北斗星座仿真、高轨飞行器轨道生成、卫星信号遮挡关系判定、北斗信号功率衰减分析、北斗信号主旁瓣特性分析、导航精度仿真验证等 6 个子问题。

在问题求解阶段，学员自己查找教材、文献和线上资源解决各个子问题，最终完成整个大问题的求解。通过撰写技术总结报告和报告汇报验收，完成对整个实践项目的学习工作。

以上教学内容设置过程可见，学生在“做中学”和“学中做”，充分体现了 CDIO 工程教育理念，教师在授课过程中主要鼓励、提示和启发学生完成问题求解。学生通过结合前导课程内容以及查阅到的技术资料，先学会知识、再运用知识，最终解决了工程实际问题，培养了自身工程应用能力。

2.4 教学方法优化

教学方法是联系教学内容与学生之间的桥梁，体现为对课程资源的整合、组织和有序输出。传统的“填鸭式”“满堂灌”教学方法显然不适合航天导航应用项目实践教学要求。故本课程采用了启发式、研讨式和翻转课堂式的教学方法，坚持以学生为中心，使课堂讨论更加生动活泼，将“教师施教、学生被动接收”彻底转变为“学生和教师共同学习”。例如，在将总的工程问题分解为几个子问题时，教师要足够耐心，多提问学生一些看似简单的问题，指出学生思考过程中明确的逻辑或技术错误，一步步诱导学生得出自己的研究方案，不要表达任何预设方案，给足学生梳理思路的时间，最终由学生自己给出问题研究所需要解决的子问题。这一过程能够培养学生自主学习能力，教学效果较显著。

在子问题求解过程中，采用多媒体与板书相结合的方式，直观明确地把学生要解决问题的数学形式表述出来。需要强调的是，这一过程切忌“保姆式教学”，即教师不能把具体解题步骤一步一步教给学生。把问题的数学模型建立起来后，教师要及时抽离，把具体解决问题的过程交给学生，这一过程有利于帮助学生理清核心问题，提升工程问题的求解效率，培养学生的动手和创新能力。

值得一提的是，实践项目中学生采用的求解方法具有很强的代表性。具体而言，很多工程问题最终都可能化为相同或相似的数学形式。例如，选课学生在参加军事数学建模大赛时，利用到了本门课程编写的伪距单点定位算法，实现了 Wifi 信号基站定位问题的求解，并最终荣获了竞赛一等奖。这一事件启发教师在教学过程中可以考虑加强课赛融合、以技能竞赛引导和推动教学方法优化，提高教学的有效性、实用性，提升学生创新能力。教学过程中也可以尝试邀请国防关键技术骨干和行业专家进课堂，现身说法，理清工程技术关键问题，激励学生攻坚克难的勇气；邀请优秀学长分享竞赛经验或创业经历，启发学员能学以致用。

2.5 教学条件建设

“航天导航应用项目”的实践教学需要搭建完善的教学条件，主要包括完备的教学团队、先进的教学实验平台和良好的教学环境。完善的教学条件才能保证实践项目任务完成质量，确保学生工程能力和创新能力的培育效果。

现有的实践教学团队过于单薄，在后续建设过程中需要进一步增设教学辅讲教师、助教和实验员，便于对课程参与小组开展一对一全程在线指导。同时，要进一步提高团队青年教师的教学科研水平。充分发挥团队内老教师的“传帮带”作用，在青年教师上讲台前多次进行现场指导“试讲验收”，有效地帮助青年教师获取教学经验、提高教学水平；积极支持青年教师参与或主持国家自然科学基金、国家专项和科技委专项等高水项目研究，提升个人学术水平，将先进科研成果带回课堂，转化为优质教学资源。

航天导航工程问题通常需要先在地面进行方案设计和实验验证[10]。为了有效地模拟这一工程过程，实践课程需要建设先进的教学实验平台，包括硬件平台和软件平台两大类。利用“数字孪生”可以通过计算机数值计算手段对导航方案进行仿真分析；借助有限的核心导航器件（如星敏感器、卫星导航接收机、惯性测量单元等），搭建半实物仿真平台，可以对导航方案的可行性进行有效地验证评估。因此，须要及时引入高性能的导航敏感器件，并集成为相应硬件实验系统。同时，及时引入先进的计算工具（如高精度 GNSS 数据处理软件），并用 C 语言环境搭建仿真软件平台。学生通过操作实验硬件和软件平台，对所做实践项目进行效果直观感受和攻关全程体验，显著地改善学生的学习效果。

另外，还要加强面向实践项目的航天导航工程专业教材建设，构建良好的文献查找环境和多场景实验场地，进一步夯实实践教学条件。

总之，完善的实践教学条件将一方面能够助力学生对理论知识的融会贯通，另一方面有助于培养学生自主学习意识和创新实践能力。最终帮助学生建立科学的逻辑思维。

2.6 考核方式改进

针对现有教学考核形式单一、学生学习积极性低等问题[11]，建议采用综合考虑过程性与阶段性相结合、形成性评价与终结性评价相结合的学生实践教学全过程跟踪管理与评价方法。

实践教学的全过程跟踪管理，是要求每个学生全程参与、自主实践，并在实践项目完成后认真撰写总结报告。开展学习心得交流活动，增强学生与学生之间、学生与教师之间的探讨交流，以加深对实践教学内容的理解。

采用过程性与阶段性相结合、形成性评价与终结性评价相结合的考核方式，旨在真实反映学生的水平和能力，切实提高学生实践锻炼效果。从实践态度、算法设计、程序编制与实现以及提交技术总结报告质量、现场答辩汇报效果等多个方面进行综合考核，充分评估学生的学习表现，分析学生的不足并及时给出改征意见。同时，评价结果对于后续改进课程教学同样至关重要。

3 结 论

本文通过对航空航天类专业本科生航天导航应用项目实践课程教学改革进行了研究和探索，总结了目前实践课程教学中存在的一些主要问题，并探讨了针对这些问题的基于“以学生为中心、以能力产出为核心”CDIO工程教育理念的实践教学改进方式，重点从教学内容设置、教学方法优化、教学条件完善、考核方式改进等几个方面开展教学改革研究，旨在促进学生学以致用和实践创新，使其成为满足我军发展需求的高素质新型军事人才。对于其他航空航天类专业的实践课程教学研究和实践，本文工作也可提供一定的参考价值。

致 谢

本论文得到湖南省普通高等学校教学改革研究项目(编号 HNJG-2020-0002)和国防科技大学2021年研究生教育教学改革研究课题(编号 YJSY2021024)支持，特此致谢。

参 考 文 献

[1] 王潜心，邹艳，姚丽慧，等. CDIO理念下“卫星导航与定位技术”教学改革探讨[J]. 中国管理信息化，2016，19(16)：229-230.

[2] 邓健，何原荣，栾海军，等. “北斗+”新形态下GNSS原理与方法课程教学改革实践[J]. 测绘与空间地理信息，2021，44(7)：15-23.

[3] 周命端，丁克良，罗德安，等. “卫星导航定位”课程实践教学创新体系改革[J]. 测绘工程，2017，26(7)：76-80.

[4] 连达军，陈国栋，袁铭，等. “卫星导航定位原理”课程研究性教学法探讨[J]. 测绘通报，2018(1)：161-164.

[5] 许宝成，张冰，马开锋，等. “卫星导航定位原理与应用”课程实践教学模式改革研究[J]. 科技与创新，2021(15)：95-98.

[6] 李厚朴，边少锋，纪兵，等. “卫星导航原理及应用”课程改革实践[J]. 电气电子教学学报，2018(4)：22-24.

[7] 符强，任风华，赵中华，等. 导航工程专业实验室建设模式探索[J]. 高教学刊，2021(9)：22-24.

[8] 楼生强，唐小妹，李峥嵘，等. 基于北斗实践的高素质新型军事人才培养研究[J]. 高等教育研究学报，2020，43(1)：51-54.

[9] 王尔申，赵珩，李玉峰，等. 以微小项目为依托的“现代导航技术”教学方法研究[J]. 电气电子教学学报，2019，41(4)：118-122.

[10] 刘淑琼，汤俊. 面向“GNSS原理与应用”课程的综合实验平台构建[J]. 测绘工程，2020，29(4)：77-80.

[11] 于成金，李厚朴，李文魁. 基于北斗科教创新实验箱的卫星导航原理课程实践教学[J]. 科教导刊，2018，15(5)：100-102.

遥感与导航中的运动学原理虚拟仿真实验建设*

李海阳　梁彦刚　周剑勇　王海涛　张梦樱　张凡棒
（国防科技大学 空天科学学院，长沙　410072）

摘　要：为解决理论力学课程运动学实验资源不足的问题，以遥感测量和视觉导航技术应用为背景，设计了虚拟仿真实验。该实验场景设计为无人机对航母离港运动观测，构造了“无人机操作训练与运动图像采集”“平面复杂运动测量与分析”“观测平台三维运动反演”等三个虚拟仿真实验模块。实验包含10个知识点，14个交互步骤，可以通过线上和线下结合的方式开展训练和考核。通过实验学习，可以培养学生掌握工程问题的力学建模分析方法，锻造力学思维；训练学生针对探测目的，应用力学知识，获取有效测量图像的实践动手技能；训练学生针对力学问题的数值计算能力，支撑科学教育中的计算（Computing in Science Education，CSE）教学改革实践；着眼大国成就，助力扎根空天、爱国强军的价值观培养。

关键词：理论力学；运动学；虚拟仿真实验；遥感测量；视觉导航；无人机；运动图像采集；科学教育中的计算

航空航天是一个实践性很强的学科领域，但学生培养中的实物实验建设往往成本高、风险大，令人望而却步。近年来兴起的虚拟仿真实验正称为解决该问题的重要途径[1]。

另一方面，随着计算机技术的进步，科学计算能力的培养日益重要。挪威奥斯陆大学在国家教育部门支持下，从2010年开始在Knut Mørken教授带领下开始实施“科学教育中的计算”（Computing in Science Education，CSE）教学改革[2]，并拓展到基础力学教学。受此启发，国防科技大学从2015年开始在“大学计算机基础”课程加强了对本科学生计算能力和计算思维的培养[5]，并拓展到大学物理的教学工作。

理论力学作为航空航天类学生的重要专业基础课，虽然在课程内容上已经形成经典架构，但对其教学内容和方法的改革研究仍在持续开展[6]。理论力学实验设置相对较晚，各大高校有很大的差异，大多借用了物理和工程中的力学实验，并且多为动力学实验，运动学实验资源相对较少，容易让学生忽视运动学的重要性，难以把握坐标系变换、运动合成等知识点。

1　建设目的和思路

“知彼知己，百战不殆”，现代战争中知彼知己的代表是遥感测量和视觉导航。遥感测量是空间系统应用的重要方式之一，可以广泛用于天基平台以及空中平台的对地观测和监查，是未来航天产业和通用航空领域的主要应用之一。而视觉导航利用平台自身获取的图像进行定

*　湖南省教改项目资助（HNJG－2021－0272）。

位、定速、定姿，具有系统简单、适应范围广等特点，是未来智能装备自主导航、操作的发展重点之一。虽然遥感测量与视觉导航的应用领域和方式有所差别，但是两者背后隐含的技术原理却是相同，即通过观测平台与目标之间获取的图像信息和运动几何学关系，确定观测平台或目标的运动状态，这是理论力学中复合运动知识的典型案例。

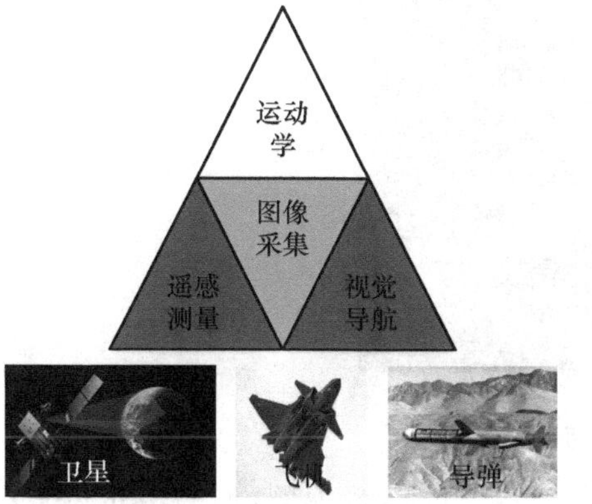

图 1　实验问题背景

本实验采用虚拟仿真手段，将抽象复合运动知识的课堂理论讲解，转变为形象化的在线虚拟交互操作，显著提升课程教学效果的同时，又避免了真实实验成本高、准备时间长、空天场景大、受气象条件等因素影响严重、误操作容易损毁等系列问题。

本实验预期达到以下教学目的：

(1) 以前沿技术为牵引，掌握工程问题的力学建模分析方法，锻造力学思维。

(2) 训练学生针对探测目的，应用力学知识，获取有效测量图像的实践动手技能。

(3) 训练学生针对力学问题的数值计算能力，支撑科学教育中的计算(Computing in Science Education，CSE)教学改革实践。

(4) 着眼大国成就，融入思政内容，助力扎根空天、爱国强军的价值观培养。

2　实验原理

运动学是独立于动力学的力学分支，它研究质点和刚体等物体系统的空间几何关系及其随时间的演变规律，而图像是空间点系的投影，利用序列图像信息可以有效地解算各种运动学关系。

图像测量涉及观测平台和观测对象两个方面，由此导出三个方面相互关联的问题：图像采集、观测对象运动测量(对应遥感技术)、观测平台运动测量(对应视觉导航技术)。本项目中的三个实验模块分别针对这三方面问题构建。

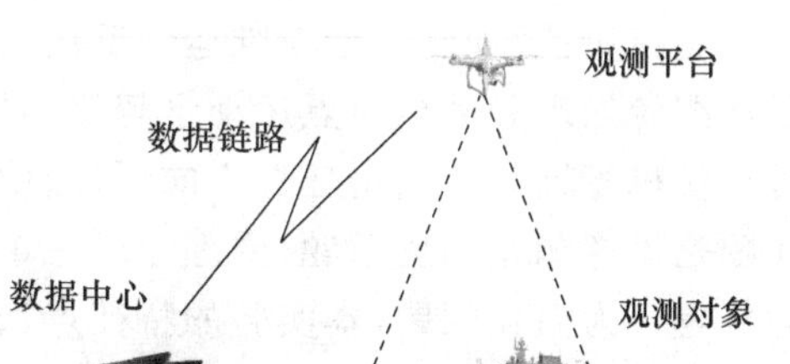

图 2　图像测量系统示意图

实验模块一“无人机操作训练与运动图像采集”围绕学员图像采集动手操作能力的培养，针对无人机平台的操控和运动测量数据获取(图像采集)问题设计，以复合运动讲解中船舶离岸这一经典案例为蓝本，将观测对象选择为航母离港时的运动场景，将观测平台选取为具有遥操作对地观测能力的四旋翼无人机。实验通过仿真手段模拟无人机的起飞、降落、飞行运动、运动操控、摄像机云台操控、图像传输等功能，以及船舶离岸过程中的船舶与人员运动。实验任务是分别完成航母上人员运动图像和地面已知参考目标图像的采集，用于后续两个图像分析实验。选取什么视角、采集什么图像，是本实验要训练的核心技能，图像采集的好坏将直接影响到后续测量分析的效果。

实验模块二“平面复杂运动测量与分析”围绕学员遥感图像与合成运动分析能力培养，针对航母离港场景中航母运动图像处理和运动学分析问题设计（目标测量），设定图像采集时摄像机光轴与地面垂直，这样可以把问题简化为刚体平面运动模型。

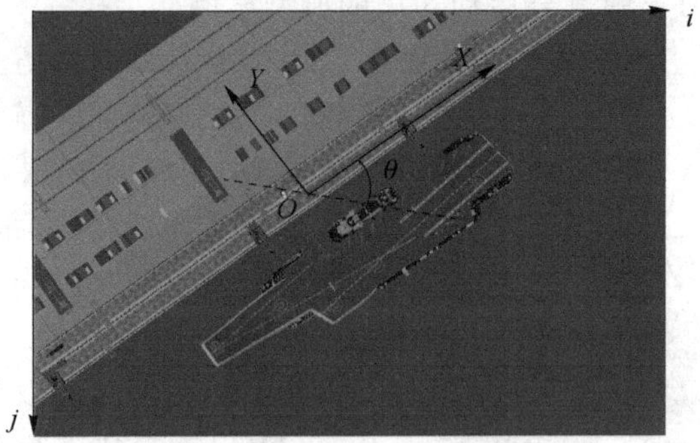

图3　图像坐标系与定系

平面刚体（定系、动系）的运动状态可以通过两点确定。以定系为例，如果给定两点 A、B 的定系坐标(X_A,Y_A)、(X_B,Y_B)和像素坐标(i_A,i_A)、(i_B,i_B)，即可求得定系相对图像的转角 θ，和动系所处平面在对应图像中的比例尺 K。

给定待求动点 M 的像素坐标(i,j)，可以求得其定系坐标

$$\begin{cases} X(i,j)=X_A+(i-i_A)K\cos\theta-(j-j_A)K\sin\theta \\ Y(i,j)=Y_A+(i-i_A)K\sin\theta-(j-j_A)K\cos\theta \end{cases} \tag{1}$$

当 M 点相对平面存在已知高度差时，可以引入高度修正关系，得到更一般的解算公式。

得到动点坐标后，其速度和加速度可以通过数值微分得到。数值微分算法可以有很多选择，本实验默认选择了三点公式。

特征点的选择和坐标提取是测量的关键，为适应低年级本科生的知识基础，这里回避了自动识别方法，而引入手工操作，即图像处理采用半手动半自动形式，手工筛选序列图片，手工标定地面参考点、船甲板参考点和运动人员位置点，手工选择解算算法，自动生成特征点报表，自动计算得到动点在定系和动系中的位置、速度、加速度曲线，并验证速度和加速度合成定理。

$$\vec{v}_M=\vec{v}_r+\vec{v}_e,\qquad \vec{a}_M=\vec{a}_r+\vec{a}_e+\vec{a}_C \tag{2}$$

实验模块三“观测平台三维运动反演”围绕学员视觉导航原理分析能力培养，针对地面参考目标图像处理和平台质点运动学解算问题设计（实质为测量设备检测与标定），设定图像采集时摄像机光轴可以采用任意方向，但图像中必须包含参考目标中的特征点。平台的位置确定问题是摄像测量的反问题，原理上由三个已知点的图像坐标和摄像机参数就可以反推出平台的位置。为简化问题，本实验的特征点选择四个特殊点，分别为地面参考系坐标原点和三个坐标轴上的点，称为正交四点法。该方法来源于载人飞船交会对接任务中航天员手动操作时用于判断飞行器相对运动状态的靶标。根据立杆顶点在表盘平面的投影位置，可以确定摄像机所处的方向；根据表盘在图像中的尺寸，可以反推摄像机与靶标的距离。

正交四点法应用中，坐标轴上特征点的选取可以由学生自主选择，通过给定计算公式可以得到观测平台的位置，进一步可以得到速度和加速度曲线。实验三的图像处理设计与实验二类似，同样采用半手动半自动形式。

实验模块一在无人机具体操作界面上有一定地简化，对实际操作中的飞机的扰动、故障等

因素未涉及，但突出了主要的控制操作，考虑了航母运动的随机扰动，核心操作环节以及运动场景与实物保持一致，整体仿真度为 85%。实验模块二和实验模块三在图像剪辑处理方面，为适应网络数据存储能力，稍有简化，而特征点标定、数据处理等核心操作与实物实验一致，整体仿真度为 95%。

3　实验模块设计

本实验完全以虚拟仿真软件作为支撑，实验软件在服务器上部署和运行，前端仅需要高性能计算机即可开展实验操作，使用火狐(Firefox)浏览器 50.0 以上(64 位)版本或者谷歌(Google Chrome)浏览器 55.0 以上(64 位)版本，无需额外硬件设备。本实验所涉及的虚拟仪器设备主要是四旋翼无人机和遥控器，构建了航母码头和航母离港运动的虚拟场景，如图 5 所示。

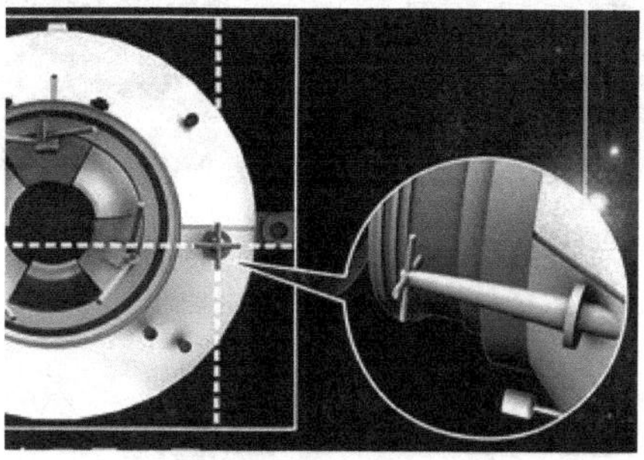

图 4　载人飞船交会对接手动操作靶标

本实验包括三个独立运行，又相互衔接的虚拟仿真实验模块。

(1) 无人机操作训练与运动图像采集模块

在可视化技术支持下，构建了四旋翼无人机、遥控器、图传系统等仿真模型，以及航母码头和航母离港运动的场景模型，实现了无人机基本操作训练、图像采集等功能，可以灵活切换无人机操控模式，如图 6 所示。

图 5　三维虚拟实验场景

图 6　无人机基本操作训练和航母运动图像采集实验

(2) 平面复杂运动测量与分析模块

依托图像处理和数值计算技术，实现了对航母离港场景中航母运动图像处理和运动学分析功能，可以进行目标运动序列图像剪辑、平面运动特征点标定、运动坐标识别、速度和加速度计算、速度和加速度合成定理分析、曲线数表演示、实验报告自动生成等系列操作如图 7 所示。

(3) 观测平台三维运动反演模块

依托图像处理和数值计算技术，实现了对地面参考目标图像处理和平台质点运动学解算功能，可以进行参照物序列图像剪辑、导航特征点标定、观测平台三维位置识别、三维速度和加速度计算、曲线数表演示、实验报告自动生成等系列操作如图 8 所示。

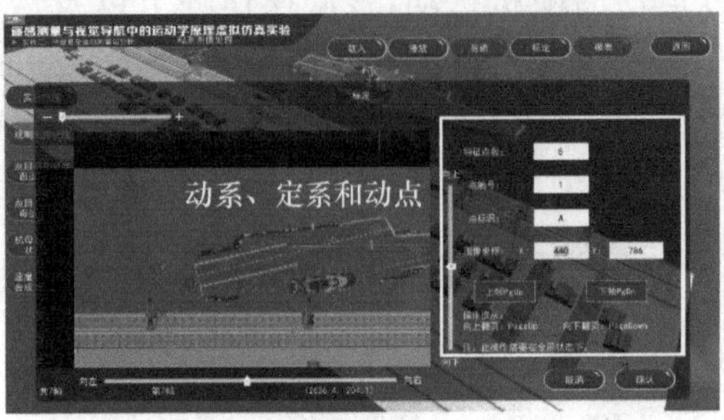

图 7　舰船运动特性分析实验

图 8　观测平台三维运动反演实验

4　实验方法与步骤

本实验设计了如下 10 个知识点：

(1) 四旋翼无人机基本操纵

(2)“遥感测量”图像采集

(3)“视觉导航”图像采集

(4) 图像剪辑与平面运动分析特征点标定

(5) 动点运动测量

(6) 刚体平面运动测量

(7) 速度合成定理和加速度合成定理

(8) 图像剪辑与平台三维运动反演特征点标定

(9) 观测平台空间位置坐标解算

(10) 观测平台空间运动解算

在以上 10 个知识点中，(1)～(3)针对学员图像采集操作能力培养设计；(4)～(5)针对学员遥感图像分析能力培养设计；(6)～(7)针对质点与刚体运动学分析能力培养设计；(8)～(10)针对学员视觉导航分析能力培养设计。这 10 个知识点可以为学员打牢运动学基础、拓展高科技视野。

仿真实验操作总体框架分为四大部分、14 个步骤，四大部分的任务目标分别是图像获取、目标测量、平台测量和实验总结，操作关系如图 9 所示。交互性操作步骤设计如下：

(1) 任务目标一“图像获取”能力训练

步骤 1：配置实验场景

步骤 2：进行四旋翼无人机飞行准备

步骤 3：操控无人机进行灵活性训练

步骤 4：采集航母运动图像

步骤 5：采集参考目标图像

步骤 6：传输回航与图像

(2) 任务目标二 复杂运动“目标测量”能力训练

步骤 7：处理航母离港观测图像

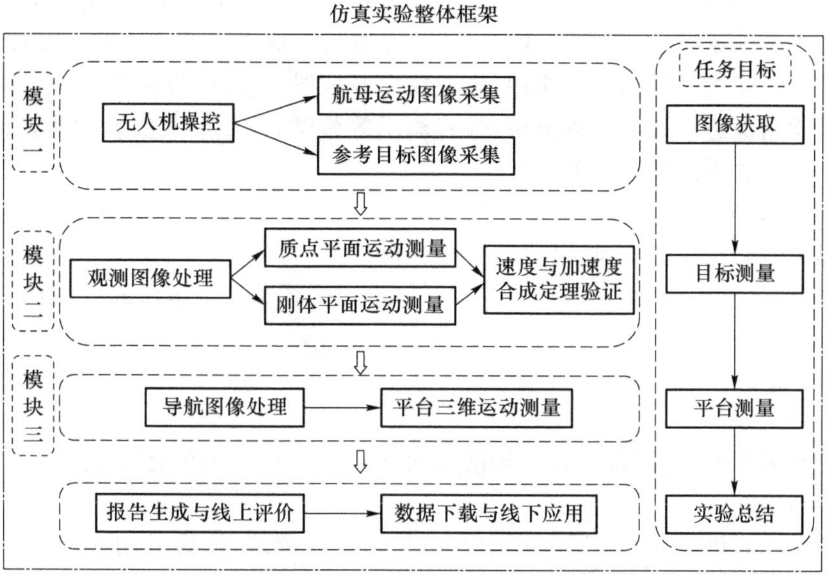

图 9　虚拟仿真实验框架图示

步骤 8:测量质点绝对运动和相对运动

步骤 9:测量刚体平面运动

步骤 10:验证速度与加速度合成定理

(3) 任务目标三 摄像机"平台运动测量"能力训练

步骤 11:处理导航图像

步骤 12:平台三维运动反演

(4) 任务目标四 实验总结

步骤 13:生成报告与线上评价

步骤 14:下载数据与线下应用

5　教学实践

本实验开发经历了两个版本,2019 年开发的初期版本命名为"基于序列图像测量的质点与刚体运动学虚拟仿真实验",经过两个学期的教学实践后,于 2020 年修订升级为当前版本(http://ame.nudt.owvlab.net/virexp/ygcl),并正式纳入我校理论力学课程教学。

实验开设面向航空航天专业二年级本科生。采用线上线下混合方式开展教学,学生完成相应实验设计,开展实验操作、采集实验数据、编写计算程序完成线下数据拓展分析,撰写提交实验结果分析与报告。

考核分为线上成绩和线下成绩两部分,权重比例各占 50%。线上成绩,采用自动打分方式,主要考核学生实验操作的正确性、运动参数辨识的准确性。线下成绩,以实验报告作为考核依据,结合科学教育中的计算(CSE)教学改革,对学生的实验设计、实验操作和编程分析能力进行综合评价。

教学中形成了"大小闭环"相结合的线上线下教学模式。本实验是理论力学课程的实验项目之一，与其他线下实验和线下理论教学形成了课程整体的线上线下“大闭环”教学模式，是课程混合式教学改革的重要措施之一。同时，系统既支持完成线上独立的操作实验，着重训练学生对复合运动等知识的理解和综合应用；也支持实验数据、实验报告的导入、导出功能，教师和学生可针对实验情况进行线下数据分析、编程演示等教学，从而形成实验本身的线上线下“小闭环”教学模式，显著提升课程和实验教学效果。

本实验具有浓厚的课程思政色彩。空天领域是我国战略成就丰硕的领域，本例包含了航母、无人机、遥感、导航等元素，课程教学中教师可以结合课程背景，介绍我国的航母梦、航天梦，介绍我国航空航天工业的奋斗史和航天精神，可以介绍保家卫国所需要的技能支撑。

6 结 论

本文设计研发了“遥感测量与视觉导航中的运动学原理虚拟仿真实验”，并开展了教学实践研究，表明：

(1) 该实验能够和理论力学课程中的核心知识点紧密结合，为运动学部分学习提供了有效的实践工具。

(2) 实验以前沿技术“遥感测量”与“视觉导航”为背景，以无人机对航母观测为场景，两方面相辅相成，统一于运动学原理，具有高端性，可以拓展低年级学生的科技视野。

(3) 实验建设把握了 CSE、课程思政、线上线下混合教学等前沿元素，具有丰富的操作环节，具有一定挑战性，实践应用中具有良好的教学效果。

参考文献

[1] 宋晓东，马沁巍. 微重力环境下大型航天结构展开虚拟仿真实验建设[C]//第二届全国高等学校航空航天类专业教育教学研讨会论文集. 北京：北京航空航天大学出版社，2021：625 - 628.

[2] UiO：Faculty of Mathematics and Natural Sciences. Computing in Science Education，A guide for universities and colleges in Norway[R]，2011.

[3] Anders Malthe - Sørenssen. Elementary Mechanics Using Python，A Modern Course Combining Analytical and Numerical Techniques[M]. Springer，2015.

[4] 刘万伟，毛晓光，张春元，等. CSE 教学实施过程与思考[J]，计算机工程与科学，2018：27 - 31.

[5] 李海阳，梁彦刚，周剑勇. 基于 CSE 理念的大学物理-力学课程教学实践[C]//湖南省宇航学会 2020 年度综合性学术会议论文集，2020：144 - 148.

[6] 洪嘉振，刘铸永，杨长俊. 理论力学(第 4 版)[M]. 北京：高等教育出版社，2011.

基于 CDIO 的实践教学改革法探索

周娴

（电子科技大学 航空宇航学院，成都　610041）

摘　要： 传统实验教学以验证性实验教学为主，实验内容设计、教学模式和方式以及考核方式单一等问题。随着“新工科”教学改革的推进，传统的实验教学方式已经不能适用当前人才培养需求，因此本文提出阶梯式教学内容设计，构建验证性实验、综合性实验和设计性实验的课程体系；借鉴 CDIO 模式，采用翻转课程模式改革实验教学模式，引导学生自主学习，在有限的课程时间内更加专注于解决重点难点问题，通过问题牵引学生深入思考，培养学生解决复杂工程问题能力以及创新思维和系统思维；同时提出构建多维度的实验课程考核评价方式。

关键词： 实践教学改革；实验教学改革；CDIO；翻转课堂；多维度考核方式；新工科

随着人工智能、大数据、云计算等前沿科技的高速发展，新一轮科技革命和产业变革蓬勃兴起。[1] 国家与社会对于人才需求发生了巨大的变化，尤其是航空航天领域人才的需求。进入本世纪以来，我国教育改革逐步深化，尤其是高校教育，已经进入了大众化阶段。但是我们仍须清醒地认识到，目前我国的高等教育还不能完全满足国家发展需求和社会的需求，如何培养高素质创新型人才是当今高校面临的迫切问题。为适应信息技术的发展，进一步提高工程教育质量，2006 年 3 月，教育部启动了工程教育专业认证工作，以此构建中国工程教育的质量监控体系；2010 年，教育部启动“卓越工程师教育培养计划”，强调走中国特色新型工业化道路、建设创新型国家、建设人才强国，迫切需要培养一大批能够适应和支撑产业发展的、具有国际竞争力的创新型工程人才；2017 年 2 月以来，教育部积极推进“新工科”建设，先后形成了“复旦共识”“天大行动”“北京指南”，为“新工科”建设指明了路线[2-5]。

在“新工科”高校改革过程中，加大培养学生的创新、交叉与融合以及实践能力的力度。实验教学作为高校培养方案中的重要环节，被提到了一个新的高度。如何通过实验教学提高学生的解决复杂工程问题能力以及创新能力，对接未来新的技术和国家重大发展仿真策略的需求，是航空航天类专业学生培养过程中值得改革探索的问题。

1　实验教学中存在的问题

过去，学生培养以理论教学为主，实验教学知识作为理论教学的补充，学时数较少。随着高校教学改革的推进，实验教学越来越受到重视，但是仍然存在一些不足和问题。

（1）教学内容设计单一。实验教学中，往往以验证性实验为主，学生只需要通过既定的实验步骤开展实验，从而验证某一理论知识点或者某一个公式就可以。通过这种教学内容的设计，学生无法进行深入思考，也没有机会去锻炼他们解决问题的能力，更不用谈创新能力的培养了。

(2) 教学方式手段单一。在实验课程的流程一般是教师讲解实验原理与步骤，学生照着实验指导书进行实验。大多数学生是课堂接触实验内容，没有预习过程，不能在课堂上快速地理解实验内容与实验目的，在实验过程中往往会手忙脚乱，很少会进行深入思考和广泛讨论，从而实验效果不理想。

(3) 教学考核方式单一。仅仅通过实验结果和实验报告等结果对学生进行考核，而忽视了实验过程中学生能力的锻炼，缺少过程性考核手段，这种考核方式设计并不十分合理，并不能客观地反映出学生的真实动手能力与水平，不能提起学生对实验的积极性和主动性。

2 实验教学改革措施

基于上述问题，以“新工科”为契机，结合 CDIO 模式即构思、设计、实施和运行的流程，提出航空航天类工科专业实验课程改革方法。具体包括教学内容改革，教学手段与模式改革以及实验课程考核方式改革这三个方面。

2.1 阶梯式实验教学内容设计，丰富实验教学内容

遵循学生的认知规律和多样化发展需求，设计阶梯式实验教学内容，增加综合性实验和设计性实验内容。不仅是整个教学体系进行阶梯式设计，单一实验课程中也应该递进式设计教学内容。实验课程中，学生首先通过验证性实验学习实验课程的基本理论知识和工具使用方法；通过综合性和设计性实验课程，增大实验课程的难度和挑战度，引导学生深入思考，培养他们解决问题的能力尤其是解决复杂工程问题的能力，同时还可以锻炼学生的系统思维以及创新能力。

2.2 借鉴 CDIO 工程教育理念，翻转课堂模式教学

基于“以项目为主线，教师为引导、学生为主体”的教学模式，让学生得以面对真实的、有价值的工程问题（可控的软体飞行器），并应用构思—设计—实施—运行（Conceive-Design-Implement-Operation, CDIO）这一先进的国际工程教育理念设计整个课堂流程，进而从能力建设、知识探究和人格养成三个维度实现立德树人的根本任务。在能力维度方面，通过团队合作，培养学生学习知识的能力以及运用知识解决实践问题的能力、团队协作能力和口头表达能力。在知识探究维度上，学生在课程学习过程中通过各类教学活动增强自身的知识获取能力、知识整合能力和运用能力，培养学生主动学习、积极探索的学习态度。在人格养成维度，以问题为导向指导学生通过小组合作完成实际工程项目，在团队合作中不断成长，培养其责任担当意识。

翻转课堂（flipped classroom）2007 年起源于美国科罗拉多州洛矶山林地公园高中，是指通过知识传授内化、师生角色定位和课堂时间安排的颠倒和重构，实现对传统教学模式的革新[6]。基于翻转课堂模式，实验课程可以分为课前预习，课中实验和课后总结三个阶段。

课前创建 QQ 群以及雨课堂班级，教师发送实验教学方案和安全注意事项等内容。同学们观看视频和学习资料，通过习题或者课程预习报告等检验预习效果。通过这种方式，学生可以用课外时间提前预习课件内容，同时还可以在留言区内留言提问，也可以针对不理解的内容让教师重点讲解。通过这一种方式引导学生自行自主学习，从而在课中实验阶段，教师可以利

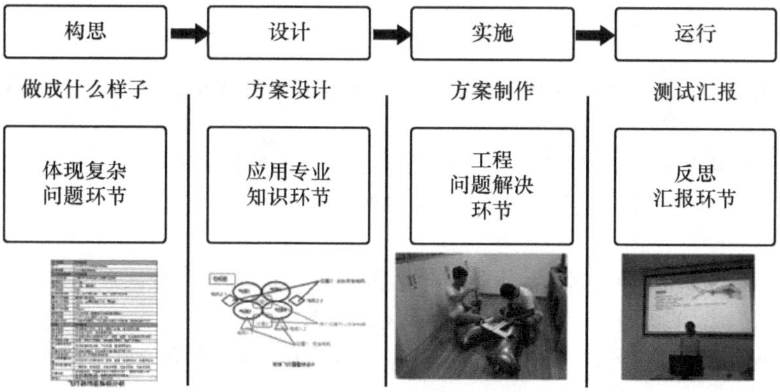

图 1　基于 CDIO 的实验课程流程

用有限的课程时间重点解决学生不懂的重点难点知识，同时引导学生深入思考，培养其解决复杂工程问题能力和创新思维。

2.3　构建多维度的实验课程考核评价方式

针对传统的终结式考核评价方式所存在的问题和不足，基于过程的多主体多维度实验课程考核方式特别适合实验类课程。对于设计类实验课程，从考核形式、过程性评价，能力培养评价等多方面进行探索实践。以学生为中心，关注能力培养的效果，引导和激励学生进行自主学习与创新，通过多维度课程考核收集学生学习证据，改善课程教学，支撑课程改革。

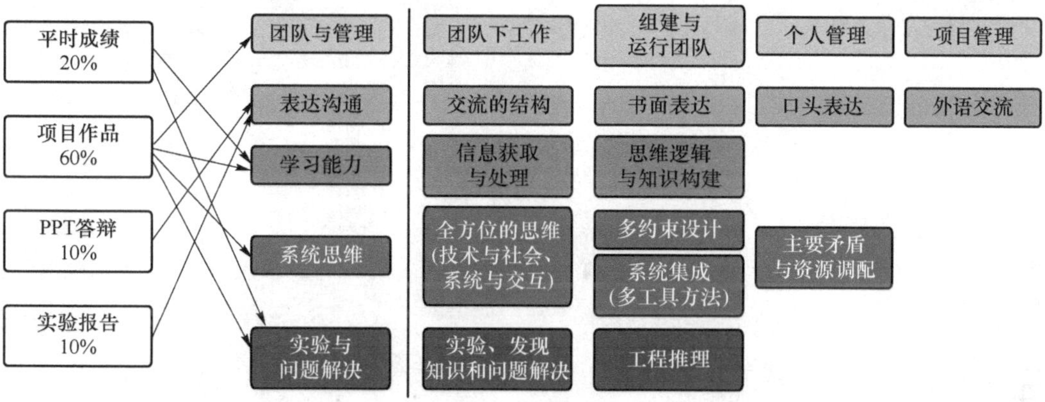

图 2　多维度实验课程考核实例

3　结　论

与传统实验课程相比较，改革后的实验课程更加重视学生能力的培养。学生普遍认为教学内容设计合理，教学方式新颖灵活，学习兴趣和自主学习能力大大提升。同时，综合性以及设计性的实验课程，实验过程中学生可以获得成就感。经统计，63％的学生建议此类实验课程；通过课程学习，94％(33％显著提高，61％有所提高)的学生问题解决能力有所提高；94％的学生有意愿继续参加项目类课程或者科研项目等。

参 考 文 献

[1] 魏江，李拓宇，赵雨菡. 创新驱动发展的总体格局、现实困境与政策走向[J]. 中国软科学，2015(5)：21-30.

[2] 高等工程教育研究编辑部."新工科"建设复旦共识[J].高等工程教育研究，2017(1)：10-11.

[3] 高等工程教育研究编辑部. "新工科"建设行动路线("天大行动")[J]. 高等工程教育研究，2017(2)：29-30.

[4] 高等工程教育研究编辑部."新工科"建设指南("北京指南")[J].高等工程教育研究，2017(4)：25-26.

[5] 钟登华."新工科"建设的内涵与行动[J].高等工程教育研究，2017(3)：1-6.

[6] 张金磊，王颖，张宝辉. 翻转课堂教学模式研究[J]. 远程教育杂志，2012，30(4)：46-51.

空间机器人实验中新工科能力培养的设计案例

张向刚　刘民岷

（电子科技大学大学 航空航天学院，成都　611731）

摘　要：空间机器人被广泛应用于太空探索中。空间机器人这门课程旨在教授给学生空间机器人的基础理论、基本方法。如何培养学生的实践动手能力和创新能力是教学中常常思考的问题。本文在空间机器人实验教学中，进行了如下的尝试。首先通过扩展实验的时间维度和空间维度、充分调动学习的主动性、增强学生的成就感等方法，建立形式灵活、思想活跃的课堂环境，避免单纯的教授-学习模式给学生带来的疲劳，增强教学效果。其次，尝试通过面对问题、思考问题、解决问题、表达交流和归纳总结这几个过程，培养学生的实践动手能力和创新能力。通过多次教学过程，验证了这些尝试有利于学生综合能力的提升。

关键词：教学；实践能力；创新能力；空间机器人；实验

空间机器人被广泛应用于太空探索中。首先空间机器人可以长时间工作（如进行航天器日常维护），大大减少天地运输的费用，提高航天器的工作效率。其次，对于人类而言，太空的高辐射、高真空等极端危险环境因素会对航天员身心健康造成极大伤害。空间机器人能够适应太空恶劣环境。不仅能更方便地独立进行长时间、高强度且危险的舱外作业；还能够为人类宇航员提供高精度、高可靠的作业辅助。因此，世界各航天大国均大力发展空间机器人技术。[1][7]

空间机器人这门课程旨在传授给学生空间机器人的基础理论、基本方法，培养学生的分析思考能力和实践解决问题的能力，建立学生理论和实践交互推进的自学能力。培养能够适应未来太空探索需要的科技人才，具备太空探索所需的基本知识和理论，具有创新设计的基本素质。

1　空间机器人教学存在的问题

空间机器人课程教学中存在的主要矛盾：如何更好地进行试验课程的设计，如何培养学生理论联系实际的动手能力，如何培养学生的创新能力。这些问题在一些文献中也有提及，如文献[8]。

第一，课程涉及的知识面广，教学时间有限，且机器人的实验涉及大量矩阵、微分等数学运算，计算大且烦琐。

第二，机器人价格比较昂贵，无法购买大量实际机器人作为教学设备。教学中，学生常常对相关理论理解不深入，缺乏充分的实验环节，影响教学效果。

第三，学生作为初学者使用实际机器人，容易发生事故（如电机失控），严重时可能造成人身伤害。

第四，实际机器人的操作涉及很多方面的知识。在一次试验中，学生的大多数时间用于电路调试和软件调试，没有更多的时间对核心的运动学和动力学进行实践和进一步思考。

最后，如果学生缺乏动手实践知识的环节，必然会导致无法根据实际环境提出创新性想法或改进想法，这进一步妨碍了学生创新能力的培养。

2 基于仿真的实验设计

针对上述问题，当前机器人教学中，很多教学单位通过引入仿真平台，解决实验环境的问题。本文作者主要针对基于仿真实验平台的实践能力培养和创新能力培养进行了一定的教学探讨。

本文采用的仿真平台是基于 MATLAB 的 Robot Toolbox。他是澳大利亚 Peter Corke 等人完成的基于 MATLAB 的机器人建模、仿真等工具箱，极大地简化了机器人学初学者的代码量，使学习者可以将注意力放在算法应用上而不是基础而繁琐的底层建模上。[2]

教案目标包括知识目标和能力目标。知识目标：通过仿真设计来完成对机器人建模 D-H 法、正运动学、逆运动学求解等知识的掌握和实践；能力目标：培养学生探索能力和实践动手能力。

实验题目设计原则应具有启发性和探索性。具体方法可参照文献[3]中的方法。①实验设计应该具有一定的难度，且具有一定的知识面广度，学生不仅需要全面掌握理论知识，还需要认真思考才能完成；②老师不要提供参考答案，便于学生自由发挥；③预留足够的讨论时间，便于师生互动，解决学生的疑问。

实验题目为“构建 6 连杆机械臂，运用轨迹规划、运动学等，使机械臂末端在空间中运行出圆形轨迹”。实验结果如图 1 所示。

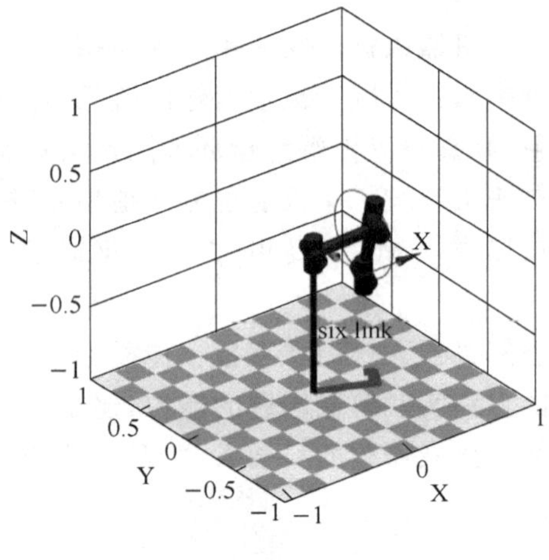

图 1　实验题目运行参考结果

3 实验设计中的新尝试

根据参考文献[4]的总结，相对于传统的实验设计，本文进行了如下的一些尝试。

3.1 重组学习时空结构，提升教学效果

学习空间的重构是指将新兴技术与学习空间原有的要素进行整合与赋能，构建开放共享的学习空间，为教与学提供有效的支持[4][5]。

本文实验设计中重构学习空间，首先，在网络上有机器人学的相关视频和资料，突破学生学习原有的时空结构，学生不仅能在课堂进行学习，还能够随时随地利用网络资源进行扩展和深入学习；其次，计算机设备的普及，基于仿真平台的实验教学，应该不仅仅限于实验室的空间环境；第三、利用网络交换平台 QQ，加强师生交流。

扩展了的实验时空结构有助于学生更好地掌握难以在课堂上实现的学习目标[4]。首先，对于基础较弱的同学，可以通过延长时间达到消化吸收知识的目的；其次，更多的时间有利于学生进行深入思考，提出创新观点。

3.2　激发和竞争共同调动学生的主动性

教育的目的在于保护和激发学生的求知欲和主动性，让学生从学习的被动接受者成为主动探究者[4]。传统的填鸭式教学模式，以教师教授为主，而学生被动地接受知识，容易造成学生的疲劳和抵触。传统的改进方式要求教师注重以人为本和因材施教，考虑学生的基础、心理、兴趣和需要。

本案例主要采用激发和竞争的方式协同调动学生学习的主动性。主要采用如下几点方法。

(1) 家国情怀、人类文明

过去探索太空的成就(如人造卫星)已经大大改变了我们的生活，提高了人类的知识水平。未来的太空探索已经成为人类文明发展的必然方向。它不仅仅是人类寻找新的家园，也是解开所有的宇宙谜团，揭示宇宙的本质的必经之路。

(2) 以人为本和因材施教

注意到个体差异是客观存在的，不同学生的智力水平、认知高度、学习动机、知识基础等方面存在不平衡现象。教学内容上包含高、低层次，不同的学生能够根据自己的情况学习到更多的知识，同时也让基础较弱的同学学有所得。教学方式上，更多地向薄弱同学倾斜和关心。针对具体学生，解决具体困难

(3) 刻苦努力、争当优秀

引入竞争机制，带动争当优秀的学习氛围。本案例的教学中采用了如下的评分机制。

“成绩评分标准：每个组评一个名次表。1～2 名组：16～20 分，3～4 名组：14～18 分，5～6 名组：13～17 分。(按总分 20 分计算)，每内按贡献率排名给分，若小组的贡献率为均分，则给这组所在档为平均分。”

3.3　学生参与教学过程

让学生与教师共同设计课程与教学活动，有利于将学生的感受融入教学之中，使他们深度参与教学过程，不仅有利于学生详细地理解知识，也能调节师生之间关系[4]。平等而非权威的关系更有利于学生创新意识的萌芽。

本案例中，学生以研究合作者和教学合作者的角色融入教学过程。以研究合作者而言，学生针对题目，进行研究，并在课堂上阐述其观点和方法。以教学合作者而言，学生将承担部分教学工作，其中会涉及资料收集、教案准备、PPT 制作和课堂讲解这几个方面。这更有利于优化教师的 PPT，使之更容易提高教学效果。图 2 和图 3 是本文中学生参与优化 PPT 的一个案例。坐标系的建立、D－H 参数含义和举例这三个部分是依次讲解，内容分布在不同的 PPT 中，如图 2 所示是举例的 PPT 页。但是学生作为初学者，对知识不熟悉，通过学生参与制作 PPT，改进为图 3 的形式，在图 3 中把前面的知识点提纲附加到同一页上，这样学生在理解例题时更容易和理论部分对应起来。

实践证明：这种教学方式能给学生带来展现自我的平台，会给学生带来一定的成就感。从

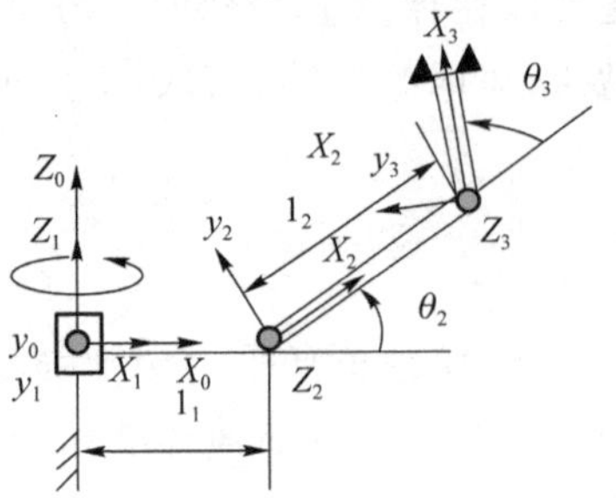

	a_{i-1}	a_{i-1}	d_i	θ_i
1	0	0	0	θ_1
2	90	i_1	0	θ_2
3	0	i_2	0	θ_3

图 2　原始的例题 PPT 页

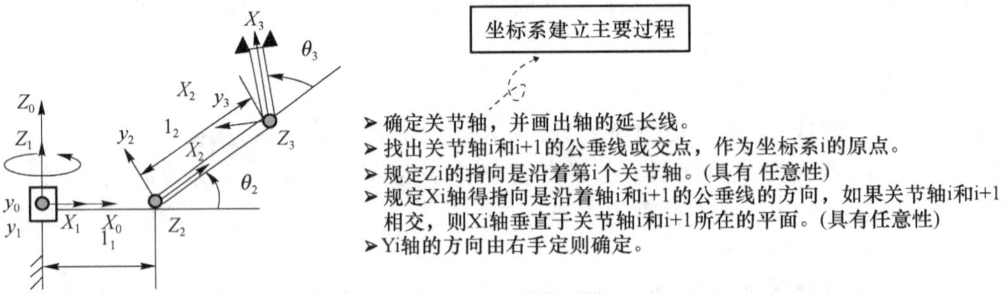

	a_{i-1}	a_{i-1}	d_i	θ_i
1	0	0	0	θ_1
2	90	i_1	0	θ_2
3	0	i_2	0	θ_3

a_i=沿X轴，从Z_i移动到Z_{i+1}的距离；
a_i=绕X_i轴，从Z_i旋转到Z_{i+1}的角度；
d_i=沿Z_i轴，从X_{i-1}移动到X_i的距离；
θ_i=绕Z_i轴，从X_{i-1}旋转到X_i的角度；

D-H参数含义

图 3　改进的例题 PPT 页

而激发他们的积极性和主动性，因此更有利于教学目的的实现。

3.4　培养小组合作型学习模式

学生以 3 人为一组，建立实验小组，通过交流、协作探索等互动过程完成实验题目，并优化性能。

在进行小组合作分组之前要充分考虑学生的意愿。首先根据学生意愿进行分组。教师根据平时教学中观察到的知识掌握情况和动手能力情况，进行分组协调，使得同学间高低搭配。分组明确后，需要进一步明确组员分工，实行动态管理。小组划分的更详细方案可参考文献[6]。

4　教学流程设计

教学流程设计如图 4 所示。整个过程包括预习阶段、实验室实验阶段、学生参与教学阶段和总结阶段。预习阶段的工作包括：学生根据题目进行相关理论知识的准备（包括：理论课资料、网上资料和教师转发的微视频），然后学生通过自己的思考形成一个初步的解决方案，这期间教师和学生之间保持 QQ 的联系，通过线上鼓励学生多进行思考和尝试。实验室实验阶段的工作包括：教师对一些基本原理和仿真程序进行讲解和示例，学生在实验室验证第一阶段设计的实验方案，师生之间进行面对面的讨论。学生教学阶段的工作主要是学生根据自己的实验方案，准备 PPT 等教学材料，并在全班进行讲解，同学之间相互学习。最后是总结阶段，将理论知识和实践结果对应起来，巩固和系统化知识，并撰写实验报告。

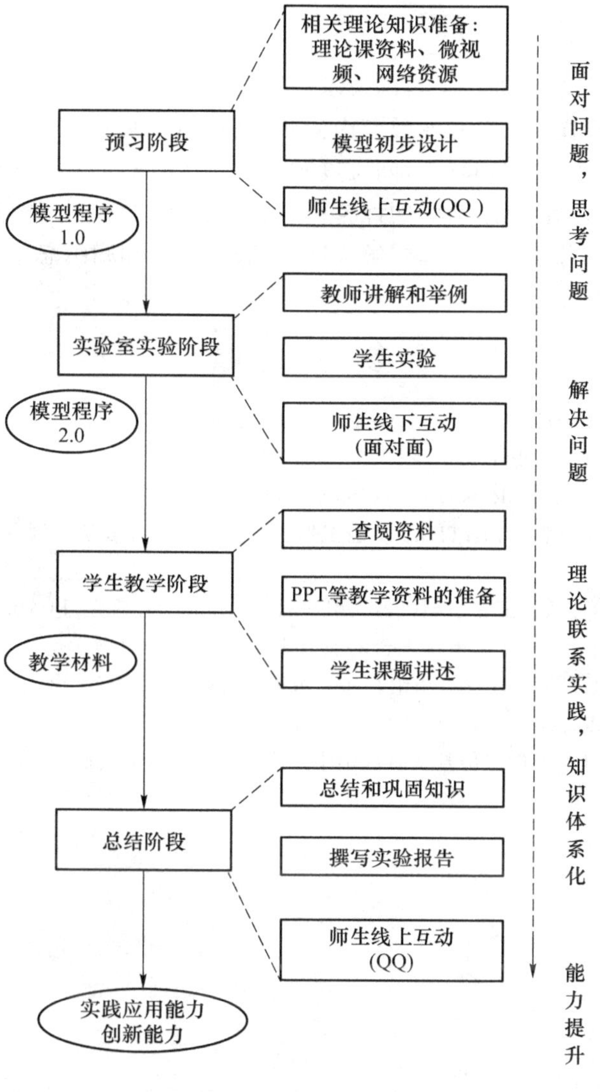

图 4　教学流程设计

整个实验教学中，学生通过面对问题、思考问题、解决问题、讲解交流、总结巩固这一过程，最后形成能力的提升。

新工科教学中将传统的知识传授提升为学生综合能力的培养，因此在实践教学考核方面，我们结合面向过程考核的思想和学生综合能力考察两个方面，制定了相应的评价体系。①每个阶段(即预习阶段、实验室实验阶段、学生参与教学阶段和总结阶段)都需要提交相应的阶段性成果，并设计相应的评价标准。② 每个阶段的评价标准包括了 2 个维度(能力和知识)。如：预习阶段的考核包括基本理论知识的了解和学生面对问题、思考问题的能力；实验室实验阶段的考核包括相关知识的掌握和实践动手能力、设计能力、协同能力的评价；学生教学阶段的考核包括知识体系结构和人文能力、组织能力的评价；最后总结阶段的考核包括知识总结和反思提升能力的评价。③最终通过加权综合获得最终成绩。

5 小　结

随着社会的发展，对教育提出了新的要求。在新工科建设的背景下，如何提高学生的创新能力和实践能力成为了航天航空专业教育内涵式、高质量发展的重要任务。本文在空间机器人实验教学中，首先通过扩展实验的时间维度和空间维度，调动学生的主动性，增强学生的成就感等方法，建立形式灵活、思想活跃的课堂环境，避免单纯的教授-学习模式给学生带来的疲劳；其次，尝试通过面对问题、思考问题、解决问题、表达交流和归纳总结这几个过程，培养学生的实践动手能力和创新能力。

参 考 文 献

[1] https://baike.baidu.com/item/%E7%A9%BA%E9%97%B4%E6%9C%BA%E5%99%A8%E4%BA%BA/16018421? fr=aladdin.

[2] http://www.petercorke.com/Robotics_Toolbox.html.

[3] 李光宇，葛海浪，李守军. 基于 MATLAB 工业机器人虚拟仿真实践教学案例设计 [J]. 电子制作，2021：65-66.

[4] 周盼盼，马志强，岳芸竹. 从循证教学到机器人引导教学. 开放学习研究[J]. 2021. 26(2)：30-37.

[5] 蒙银菊. 重构学习空间——基于云班课平台的混合式教学实践. 教育教学论坛[J]，2020(6)：254-255.

[6] 张赛. 基于以班为本的机器人教学中小组合作分组策略的初探. 新课程[J]. 2017. 233.

[7] https://www.renrendoc.com/paper/100302891.html.

[8] 刘相权 MATLAB 在机器人虚拟仿真实验教学中的应用. 教育教学论坛. 2018,(15)：261-262.

基于 OBE 的航天通信与网络课程实践建设路径

袁福[1]　吴竞子[2]
（1. 国防科技大学 空天科学学院，长沙　410073
2. 国防科技大学 文理学院，长沙　410073）

摘　要：信息类课程在航空航天类本科专业课程体系中逐渐发挥着越来越重要的作用，航天通信与网络课程成为支撑智能化、信息化航天课程培养体系的重要组成部分。基于成果导向教育（Output Based Education，OBE）对航天通信与网络课程实践建设路径进行了研究，明确了实践成果，介绍了实现成果导向教育理念的 3 类实践平台建设＋3 个实践项目的设计情况，并给出了实践成果的评价细则。本课程的实践项目是对 OBE 理念在实践课程中的应用探索，可为航天类专业人才培养提供支撑作用，为该专业电子信息类课程实践改革提供参考。

关键词：OBE 理念；航天信息类课程实践；实践课程路径；实践课程成果；实践课程评价

随着航天技术的发展的需求，国内多所高校设置了飞行器控制与信息工程专业课程，以期望培养满足国家在未来的信息化、智能化、体系化、无人化飞行器领域的工程技术人才需求。2020 年 12 月，国内首届飞行器控制与信息工程专业联盟在教育部高等学校航空航天类专业教育指导委员会的指导下在西北工业大学成功举办，联盟会议指出飞行器控制与信息工程作为现代航天、航空飞行器的核心组成部分之一，随着智能感知、先进导航等关键支撑技术的快速发展，该技术领域将在未来飞行器的设计中扮演更为重要的角色[1]。电子科技大学依托该校完整、强势的电子信息学科群，结合该校航空航天学院近年在空天信息科学与技术、测控通信、导航制导与控制等领域所做的大量原创性工作，也将全力打造以飞行器应用系统为载体，以“信息＋控制＋人工智能飞行器”为特色的高水平飞行器控制与信息本科专业[2]。可见，信息类课程在航空航天类本科专业中逐渐发挥着越来越重要的作用。

国防科技大学也十分重视航空航天类本科专业航天电子信息技术的教学，自 2015 年以来制定的培养方案中相继开设了航天电子技术、航天通信与测控、实时系统与软件、航天通信与网络、自动控制原理等信息类课程，向智能化、信息化航天本科专业建设迈出了坚实步伐。其中，航天通信与网络课程作为一门通信与信息类专业课程，其知识目标在于使学员掌握航天背景下的通信基本原理；能力目标包括两个方面，一是学生通过课程学习具备通信系统和网络分析验证的能力，二是通过课程学习能够运用通信系统仿真工具进行通信系统仿真测试和应用的能力；情感目标上通过课程的学习潜移默化地引导学员具有追求科学真理、爱国奉献等精神和价值追求。为进一步夯实本科航空航天类专业本科学员基础理论知识，提高学员的动手能力和航天类课程综合知识应用能力，在航天通信与网络课程的理论教学基础上，以成果导向教育（OBE）为指导开展航天通信与网络课程的实践教学。

课程实践教学是检验学生知识目标和能力目标是否达成的重要手段，好的实践教学设计可以激发学员对课程基本理论学习兴趣，同时也能进一步提高学员的动手能力和工作技能。

OBE 也称能力导向教育、目标导向教育或需求导向教育，作为一种先进的教育理念，已成为美国、英国、加拿大等国家教育改革的主流理念[3]。国内高校及高职院校基于 OBE 对通信相关课程或实践课程教学改革进行了相关的探索，文献[3]介绍了基于 OBE 的卫星通信课程改革，文献[4]和[5]对基于 OBE 的通信原理课程教学改革进行了探索，文献[6，7]对 OBE 指导下的通信相关实践课程建设进行了探讨。

本文聚焦于航天通信与网络课程涉及的知识单元建设卫星通信及网络实践平台，以 OBE 为指导明确课程实践成果，精心设计实践教学内容，合理构建实践评价体系，以达到航天通信与网络课程所构建的知识目标和能力目标。

1 课程实践教学成果

本课程开设对象为我校空天科学学院的飞行器设计和空间科学与技术两个本科专业的大四学员，课程涉及通信、电子、计算机网络等课程知识，知识覆盖面广，系统性及应用性强。本门课程的先修课程为学校其他学院开设的模拟及数字电路、信号与线性系统等课程，使学员具有了部分电子信息理论基础。但以上课程对支撑航天通信与网络课程的教学仍显不足。通过课前调查，学员对以上电子信息类课程的基本理论知识在航天背景下的应用还缺乏了解，导致学习动力和学习主动性不足。

OBE 的核心在于以学生为中心，产出为导向(结果导向)并持续改进教学。因此，为了让学员更好地达到课程实践教学目标，本门课程秉持以学生为中心的理念，课程注重知识点与先修课程知识点和航天应用的衔接，电子通信课程理论推导，达到学员课程知识学习的融会贯通。航天通信与网络课程根据学生专业课程学习情况和知识目标要求，课程建设以航天应用为背景、以通信基本理论为核心，以通信网络为外延进行教学内容更新；以航天通信系统中涉及的信息处理技术、信息流程和通信系统构成为纲梳理设置知识目标要求的知识单元，具体对应关系如表 1 所列。

表 1 课程知识单元设计

序号	信息处理技术	知识单元	通信系统组成
	信息输入/输出	信源编译码	信源/信宿
	信道处理	信道编译码	发射机/接收机
	信号波形处理	调制解调	发射机/接收机
	信道基础	天线及电波传播	信道
	信息网络	天基信息网络基础	网络节点

基于以上知识目标要求明确了课程实践教学的成果为：学员会应用仿真工具进行航天通信系统分析仿真验证，实现航天通信系统总体设计能力；熟悉并操作航天地面通信设备及软件，实现利用航天器通信设备及软件完成航天器测试与实践操作能力；能够运用航天测控通信的测量结果实现航天器轨道确定的能力。

2　课程实践教学建设路径

为了实现 OBE 理念中以学为中心，帮助学生到达学习目标，课程实践建设了 3 个课程实践平台，设计了 3 个实验项目达到课内实践的教学目标。3 个课程实践平台，包括卫星通信系统仿真平台、卫星测控通信半实物仿真平台和卫星测控通信实践平台；3 个包括卫星通信系统仿真实验，卫星统一载波测控通信实验和基于地面测控站的卫星测控通信实验。

卫星通信系统仿真平台基于 MATLAB 提供的通信工具箱、Simulink 仿真工具和卫星通信系统仿真实例构建，设计了卫星通信系统仿真实验项目。MATLAB 通信工具箱提供丰富的端到端仿真（End-to-End Simulation）实例，比如卫星射频仿真系统（RF Satellite Link）如图 1 所示、DVB-S2 卫星通信系统（DVB-S2 Link，including LDPC coding）、通信链路计算工具（LinkBudget-Analyzer）等，但以上通信仿真实例针对电子通信专业学员设置，涉及的通信理论知识面广，是本课程在面向航天类专业学员的授课过程中不能完全覆盖的。因此，选择合适的仿真实例并进行修改，则可以作为学员进行通信系统仿真学习的参考。学生通过修改仿真平台中的仿真模块和仿真参数，观察各模块输出信号波形和频谱，可加深对调制解调、信号自由空间传播模型和信道特性的认识。

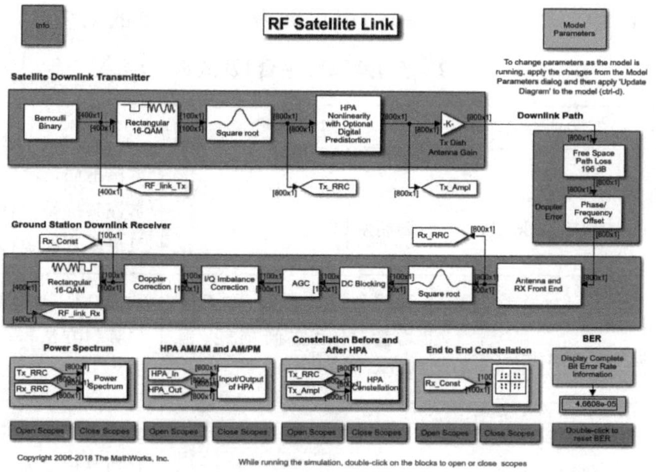

图 1　卫星射频仿真系统（RF Satellite Link）

卫星测控通信半实物仿真平台（如图 2 所示）的建设依托于教学团队的卫星研制任务而建设，包括卫星系统、测控通信地面测试设备、卫星姿态轨道模拟设备等，测控通信半实物仿真系统如所示。卫星系统包括姿轨控设备（反作用飞轮、星敏感器、太阳敏感器等）、星务计算机、S 频段统一载波应答机（USB）和能源控制单元（PCDU）等；测控通信地面测试设备支持 USB 及扩频测控，其与卫星实现有线或无线的链路连接；卫星供电设备为卫星系统供电。课程教学团队基于该卫星测控半实物仿真平台，设计了卫星统一载波测控通信实验。学生可以通过设置测控通信地面测试设备的软件参数与卫星建立通信链路，并采用频谱仪等测试设备观察信号波形，结合理论讲授要点，掌握 PM/FM 调制信号时域波形和频谱特点，掌握调制达到信道复用的原理，熟悉卫星测控通信测试及设备操作流程。

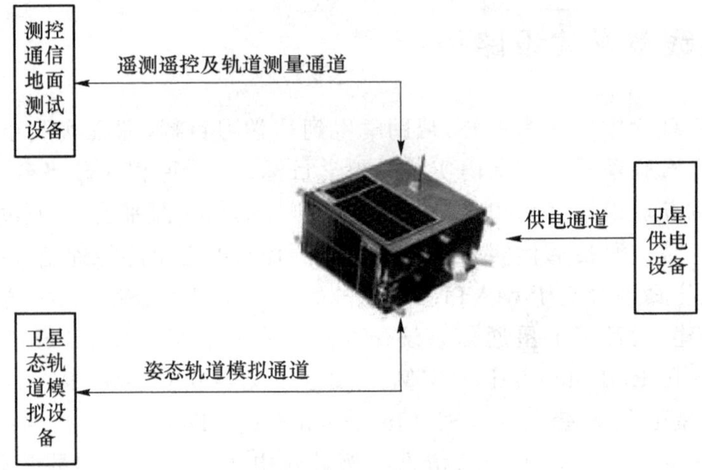

图 2　卫星测控通信半实物仿真平台

通过该卫星测控实验，学生可以熟悉卫星测控天线指标参数，掌握卫星测控工作过程、卫星轨道确定过程和卫星通信设备操作流程，培养学员航天通信和轨道确定知识的综合运用能力。

3 类课内实践平台和 3 类实践项目和知识单元及学习成果的对应关系如表 2 所列：

表 2　实验项目(平台)及成果

实验项目	实验内容	知识单元	学习成果
卫星通信系统仿真项目（卫星通信系统仿真平台）	卫星通信射频仿真（CommRFSatLink. slx）	2FSK/2PSK/2DPSK/FM 调制解调	掌握不同调制信号波形时域和频域区别，掌握其抗噪声性能，掌握自由空间损耗、卫星多普勒频移的影响
	通信链路仿真（linkBudgetAnalyzer）	天线与电波传播，如天线增益、自由空间损耗、雨衰等	掌握口径天线增益的计算，掌握卫星链路预算的方法，掌握影响通信链路预算的因素
卫星统一载波测控通信实验项目（卫星测控通信半实物仿真平台）	卫星测控通信测试	角度调制/扩频调制技术	掌握角度调制带宽——卡森公式、角度调制功率分配等原理，调制达到信道复用的原理，熟悉卫星测控通信测试及设备操作流程
卫星测控通信实践项目（卫星测控通信实践平台）	卫星 TLE 轨道数据获取及应用，卫星轨道确定，卫星测控设备操作	综合实践	熟悉卫星测控天线指标参数，掌握卫星测控工作过程、卫星轨道确定过程和卫星通信设备操作流程，培养学员航天通信和轨道确定知识的综合运用能力

3　课程实践教学评价

基于 OBE 理念，航天通信与网络课程的课内实践项目需要完善的评价。实践课程开设前，先将课程实践的内容、目标及实践操作流程通过雨课堂向学生发布，并通过雨课堂了解学员实验的预习情况，并设置预习小测验，以检验学生的预习情况。预习成绩达到70分以上的可以进行实践，预习成绩占实践总成绩的20%。完成预习后，在每个实践课程实施过程中，教师首先进行示范，然后组织学生3～5人一组实施，锻炼学员之间的团结协作能力和动手能力。实践完成后，各组分组完成实践报告。其中实践项目的完成度占实践总成绩的60%；实践项目的实验报告占实践总成绩的20%。该课程实践项目的评价表如表3所列。

表3　课程实践评价表

评价项目	评分细则	分值	总分值
预习及考勤	实践内容熟悉程度	4	20
	实践目标熟悉程度	4	
	实践操作流程熟悉程度	4	
	考勤	8	
实践项目实施	掌握2FSK/2ASK/2PSK调制信号波形时域和频域区别和抗噪声性能等	10	60
	掌握自由空间损耗及天线参数	15	
	掌握卫星通信链路预算方法	15	
	掌握卫星测控通信测试操作流程	5	
	掌握卫星测控通信设备操作流程及测控工作过程	5	
	掌握利用测量参数实现卫星轨道确定	10	
实验报告	报告内容原理正确，结论清楚	10	20
	报告格式规范美观	10	

4　教学效果及分析

2021秋季学期针对本校航天相关专业学员开展了表2中实践项目的教学，课程实践共计6学时，每个实践项目各占2学时；参与学员共102人，分为25个实践组别。依据表3对实践结果进行了分类统计，结果如图3～图5所示。

图3对三个实践项目的预习和出勤成绩进行了统计。实践项目二（卫星统一载波测控通信实验项目）和实践项目三（卫星测控通信实践项目）的预习情况较实践项目一（卫星通信系统仿真项目）好。通过与学员交流，较多同学反映原因在于后两个实践项目与硬件平台和航天应用背景联系紧密，能够激发学生更多的兴趣。

图4为实践项目完成度统计结果。实践项目一的完成度在90%～100%的有6组，完成度在80%～90%的有14组，完成度在60%～70%的有5组。随着实践项目的深入，实践项目二的完成度在90%－100%的提高至11组，完成度在80%～90%的提高至11组；实践项目三中基本所有组别都能完成该实践项目。这和前期预习成果相一致。统计结果表明，学生兴趣高，预习结果较好，则实践完成度也相对较好。

图5为实践报告成绩统计结果。实践项目一和实践项目二的实践报告成绩分布于16至20分，实践报告三的实践报告成绩分布于17至20分。从对实践报告的批阅情况看，原因在

于学生对实践结果的总结不够，撰写报告的训练不足，从而造成报告格式规范性有所欠缺、实践结论表述不够学术化。

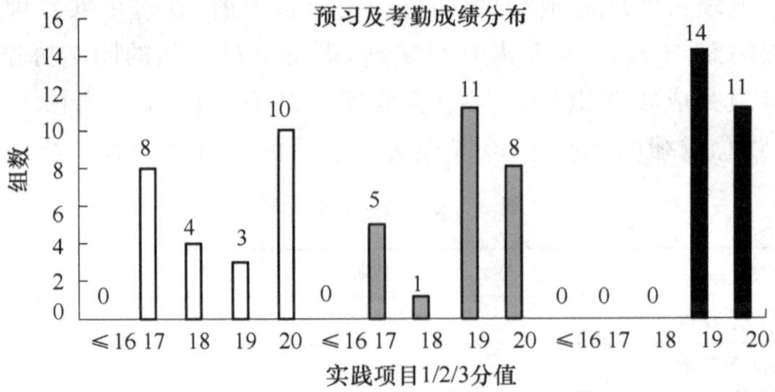

图3　实践项目预习及出勤成绩分布

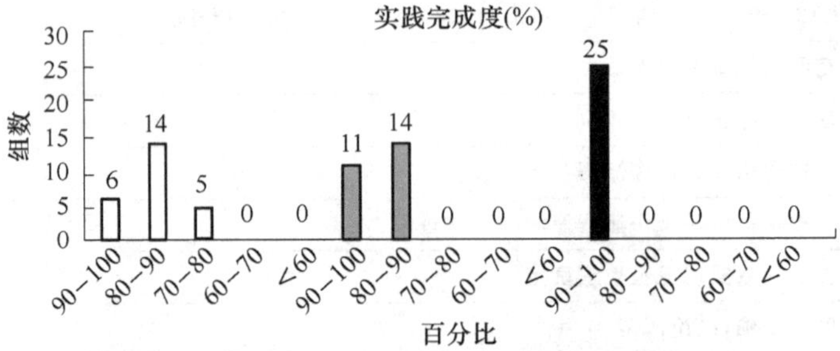

图4　实践项目实施完成度对比

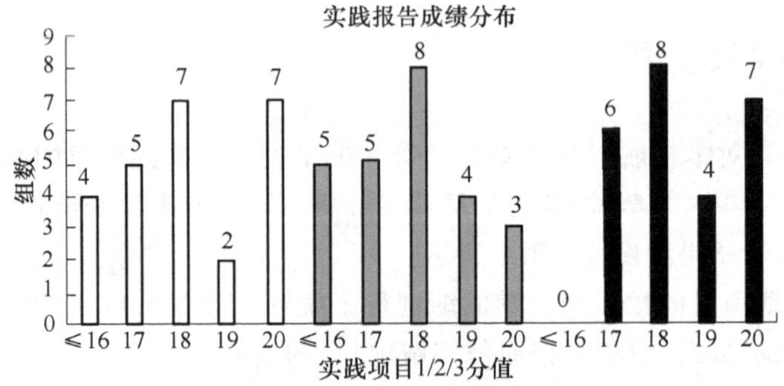

图5　实践报告成绩分布

5　结　语

本文结合我校航空航天类本科专业的学习情况，介绍了OBE理念指导下的航天通信与网络课程实践平台建设及实践项目设计，概要介绍了实践项目的实验内容和实施方式，并对基于OBE理念的成果评价进行了分析，给出了实践项目的评价细则。本课程的实践项目是对OBE理念在课程实践中的探索应用，可为本校航天类专业人才培养提供支撑作用，为相关信息类课程的实践改革提供参考。鉴于本课程的实践教学还处在建设及初步实施阶段，课程实施效果及成果检验还待进一步的考察，本课程将会结合实施效果并按照 OBE 理念持续改进实践教学。

参考文献

[1] 飞行器控制与信息工程专业联盟暨首届专业建设交流研讨会在西工大成功举办[EB/OL]. https://hangkong.nwpu.edu.cn/info/1064/2917.htm.

[2] 电子科大新增飞行器控制与信息工程本科专业 今年开始招生[EB/OL]. http://sc.china.com.cn/2020/kejiao_zixun_0313/361856.html.

[3] 王璐. 基于 OBE 的"卫星通信"课程改革与实践[J]. 电气电子教学学报，2019,41(06):73-76.

[4] 刘灵，王静. 基于 OBE 理念的"通信原理"教学模式改革初探[J]. 科教文汇(下旬刊)，2021(07):110-112.

[5] 李红岩. "通信原理"教学中 OBE 理念的探索与实践[J]. 科技视界，2016(26):90.

[6] 陈美娟，朱晓荣，沈建华，等. 基于成果导向教育理念的无线通信网络实践课程教学模式探索[J]. 实验室研究与探索，2020,39(08):166-170.

[7] 赵常松. 新工科背景下基于 OBE 教育理念的工科专业实验课程体系改革——以黑龙江工商学院通信工程专业为例[J]. 福建茶叶，2020,42(04):268-269.

面向实飞的无人机设计综合实践

贾高伟　郭正
（国防科技大学 空天科学学院，长沙　410072）

摘　要： 鉴于无人机在军事和民用领域中发挥着愈加重要的作用并呈现出愈加广泛的应用前景，无人机设计及其实践应用，已经成为广大高校竞相开展的必修课程。本文立足于无人机应用对多学科知识的需求，将无人机设计综合实践课程分为全机结构组装、气动分析计算、飞控系统仿真、通信电台配置测试、全系统实飞等五个科目，通过设置合理的知识点，引导学生系统性地完成了无人机实践知识学习，并在此过程中凸显障碍设置的必要性和相关技巧。本文的研究工作对相关高校开展无人机设计综合实践具有良好的参考意义。

关键词： 无人机；综合实践；障碍设置；组织方式；系统集成；全系统实飞

无人机具有机动性强、灵活易用，成本低廉等优势，在军用和民用领域发挥着重要作用[1-2]。无人机技术发展快，具有典型的多学科交叉属性，当前只有为数不多的传统型航空航天院校具有完备的相关专业基础，更多的大学同样在无人机领域有迫切的教学需求[3]，但相关的课程建设有所滞后甚至难以系统性开展。本文立足于航空航天优势专业基础，从无人机应用的角度出发，对无人机设计综合实践的内容设置和课程组织技巧进行设计与分析，制定了实践课程的目标，授课内容，重点包括课程的组织与实施。在此过程中，突出差异化和障碍设置，并最终实飞，是本文开展无人机设计综合实践的重要特点。

1　综合实践内容设计

无人机设计内容包括气动、结构、控制、通信、总装集成等等，麻雀虽小五脏俱全，具备航空工业典型的多学科属性。鉴于无人机在社会各行业的快速广泛应用，诸多高校更为重视无人机课程建设，在讲授理论课程的同时，探索开展无人机综合实践已经成为重要的教学途径[4]，它将通过实践带动学生巩固理论知识、强化动手能力，提升综合素质。本文阐述的无人机设计综合实践教学的设计理念，是以项目为基本形式，将无人机实践方面的关键方面，如总装、气动、飞控、通信等，系统地衔接，并以实际飞行的最终验收形式，带领学生完成知识—能力—素质一体化培养进程[5-6]。综合实践教学不是理论课程，但又需要学生们具有相关专业基础课的预备知识，它的开设需要同某一门或者多门理论课程相结合，具有配合性质但又不可或缺，是学生形成知识运用能力的重要途径。

本文阐述的无人机综合设计，最终的全机实飞是基本要求。奥托.李林塔尔的名言“to invent an airplane is noting，to build one is something, but to fly is everything”浓缩了飞行器设计的精华。飞行不但是验证实践质量的磨刀石，更是一个有效促进学生创新潜能、激发对无人机应用兴趣的认知活动[7]，毕竟无人机的应用是绝对离不开飞行的。在飞行准备和飞行过程中，相关辅助知识的学习掌握和设备应用也是学生们沉淀飞行器素养的关键环节。

在作者所组织开展的无人机综合实践中，所采用的是“睿鹰”商用无人机如图 1 所示。它是一种泡沫结构，具有良好的加工精度，一致性好，翼面积大，易于控制，且成本经济，满足课程授课的主要要求。授课内容选择方面，结合课时要求，在有限的时间里完成相关实践，这对实现内容的选择提出了要求。面向无人机实践应用，并结合无人机多学科属性，全机总装集成、气动特性分析，飞行控制实验，通信系统测试作为四个核心模块。这四个部分分别对应结构、气动、飞控、数据链，是无人机能够飞行的核心，缺一不可。而载荷系统，则属于附加内容，学有余力的同学可以申请加装并测试。实践内容如图 2 所示。

图 1　试验教具“睿鹰”无人机

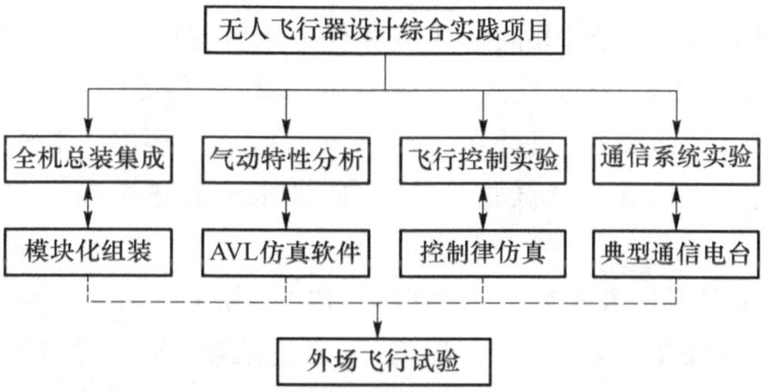

图 2　实践内容组织

全机总装方面，“睿鹰”无人机是由模块化设计完成，按照试验指导书即可完成对其组装。之所以将其作为实践的第一个环节，是作者多年教学实践的经验总结。实践表明，全机总装对学科基础知识要求最低，却对提升同学们的兴趣和信心、建立对无人机的通识认知十分重要。通过组装，学生们直观地了解到了机身、机翼、垂尾、平尾、水平安定面、垂直安定面的构型和组合关系；了解到副翼、升降舵、方向舵、油门（螺旋桨转速）是常规布局无人机的主要控制量[8]。通过观察与测量翼型，可以开展后续的气动计算，通过了解上述 4 个控制量，利于直观理解无人机的飞行控制系统；航电系统的模拟组装，能够促进学生对通信系统及其天线安装位置、结构要求等形成直观认识。

2 实践课程组织的基本思路

课程的组织基本思路包括四个方面：分组实践、障碍设置、发起挑战、分组汇报。

分组实践是基于无人机多学科特点，在各小组内，不同的学科专业有不同的学生负责，例如，有人专门负责气动，有人则负责通信系统，类似于无人机分系统的设计师。障碍设置是本次实践的主要特征，实践课程中为避免学生们按照试验指导书照本宣科，设置差异化的障碍是必要的。例如，在通信实践中，放置结构相似但 SMA 接头不同的天线或者馈线，粗心的同学就会用错天线，导致馈电断路。具体地，教员结合试验内容对各组学员进行不同的障碍设置，通过引导，督促学员在正确的方向实践、进步；通过设置障碍，促使同学们更加认真、集中注意力，避免滥竽充数，也间接培养其发现问题，解决问题的能力。障碍的大小要适当，太小了不能发挥作用，太大了又可能诱发学生的畏难情绪，需要结合实践效果，合理设置障碍。障碍的选择以及合理程度将在不断实践积累中逐步优化。

发起挑战这一原则用于灵活把握课程进度，各组的实践进度难免一致，进度快的同学们可以选择接受教师发起的挑战。挑战的内容源于实践，但难度有所增加，增加的内容源于无人机实际应用中出现的问题，以飞控试验为例，控制律仿真是基本实践内容，而挑战内容则是教师提供一个受损后修复飞机的气动参数，要求学生在这样的模型下完成控制律的调整，以达到良好的飞行效果。分组汇报是重要的考评环节，用于评估实践效果，同时也是促进师生交流、学生间交流的重要过程。

此外，实践的组织以“精讲多练、反馈及时”为宗旨。一般地，单个实践的第一学时主要用于教师讲解试验大纲，介绍试验操作，最后一个学时用于学员讲体会、教员做剖析。中间学时有明确的进度安排，以时间和任务，共同形成授课任务矩阵，确保每个学时工作的饱满。

实践的指导设计原则为，以教员为主，助教为辅，助教是必要的，在具体指导方面要结合学生分组配置数量合适的助教；坚持“设计在先，应对在后，有问再答”，积极观察学生，但一般不主动问询学生，逼着同学先认真阅读试验指导书，遇到困难后再求教，引导学生以正确的方式方法完成实验。

实践的实施要确保授课任务矩阵要素的健全：以“任务＋学时＋指导＋评估”为要素骨架，单个课时目标明确，学员任务清晰，教员全程关注，通过陷阱、障碍、反馈等手段掌握学员试验进度深度；并灵活调整授课进度。

3 实践实施的基本技巧设计

针对图 3 所示课程实施基本架构，针对性地设计教学技巧，相应的技巧包括：

“求大同存小异”：在分组实施方面，各组实践内容安排基本一致，但教师给每组学生的模型或者硬件系统，都有所差异，避免组间模仿抄袭。需要指出的是，这样的处理，教师承担的工作量将大幅增加。

“设障碍挖陷阱”：在障碍设置实施过程中要考虑差异化设置，引导学生定位问题，思考问题，解决问题，是评估学生试验效果的问路石。这要求教师熟悉试验环境，熟悉无人机在实际应用中存在的陷阱问题，并合理地筛选和提取，结合每学期的反馈，不断优化障碍的设置，以达到最优的授课效果。

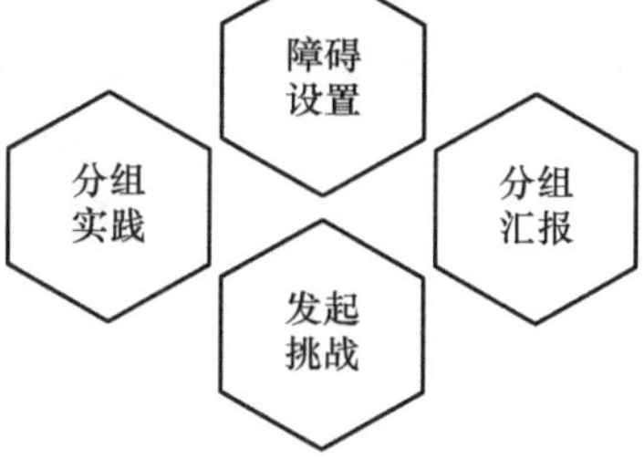

图 3 课程实施的基本架构

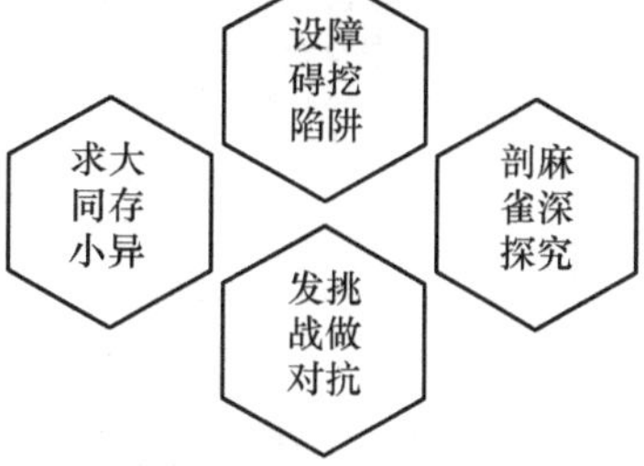

图 4 主要技巧设计

“发挑战作对抗”：对于学有余力的小组，由教员发起挑战，拓展实践内容，增加对抗性，使其在“难度加码”模式下进一步提升。这要求教师在课程准备方面要多做预案，并积累无人机应用经验。比如在无人机通信系统测试中，增加电磁干扰与数据链入侵环节，可以增强同学们对无人机实际工作所面临挑战的了解。

“剖麻雀深探究”：单个实践最后阶段，以小组为单位汇报体会；开展学生互评，由分实践对应的“总师”对小组各个成员的贡献进行评价，按贡献率获得组内评价分值。例如，单个实践的组内评价分值共 2 分，“总师”认为每个人贡献相同，则每人 0.5 分，若有组员贡献多则增加得分，其他人得分减小。教员剖析点评，评估实践效果，深究不足短板。区分各个小组出现的问题的共性和个性，提前预判，并做出解答，举一反三，让不同的问题在同学们脑海中重现，加深印象，形成共鸣[9]。

4 实践效果分析

在完成了上述四个环节的实践后，同学们具备了完成“睿鹰”无人机飞行的基本准备，他们将体会到气动力计算结果会用于飞控系统的建模；而机身机翼尾翼的组装提供了飞控四个基本控制量；无线通信系统是无人机的“生命线”，且通信系统有可能被环境干扰或者被不怀好意的人入侵。

关于前文阐述的教学技巧对应的效果，图 5 给出相应的展示。

图 5 中展示了两个不同实践对应的得分统计情况。在气动计算实践中，考虑到气动计算结果对后续控制系统设计的关键影响，未设置障碍陷阱，而在通信测试实践中设置了障碍陷阱并对学有余力的同学发起了挑战。得分统计表明，障碍设置能够增加得分难度，并大幅提升了差异性。

在完成上述的实践的基础上，仍需要做很多工作才能够将无人机真正飞行起来。这包括飞行前的相关辅助知识掌握、流程的规范以及必要的设备。

具体地，同学们需要利用风速计感知起飞区域的风力来判断试验条件；需要通过详尽的结构检查来确保无人结构是安全可靠的；需要通过一系列的航电系统检查，确保舵机、电调、螺旋桨、油门控制等环节都是正确可靠的。同时，通信系统的可靠性测试也是必要的。

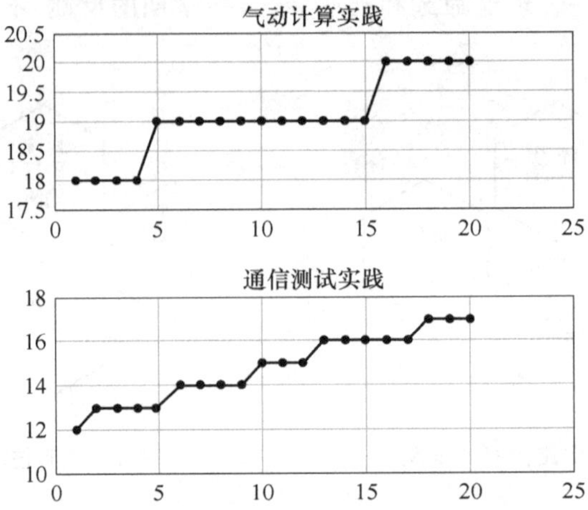

图 5　气动计算实践与通信测试实践得分

图 6　无人机待飞状态

在完成上述检查后，首先由助教手动遥控飞机完成起飞，随后无人机进入自驾状态，学生们通过地面控制站接手无人机的控制，通过更改航路点改变飞机航迹，也可切换不同的控制模式，体现不同控制律对应的控制精度。

载荷应用方面，进度较快的小组申请了微小型的相机以及微型图传设备，将其固定在飞机的鼻孔处，学生们通过 VR 眼睛，体验了第一视角飞行。载荷的应用不是本次实践的重点，但在无人机真实的应用中，载荷是必要的。为此，应鼓励学生们开展载荷系统的应用。

在作者开展的实践教学中，对无人飞行器有前期使用经验或者爱好无人机的同学，他们表现抢眼，提出了多样化的创新想法。

图 7 是某小组提出的通过小型四旋翼无人机，对飞行中的“睿鹰”无人机进行跟拍的行动。小型四旋翼无人机携带一个标清的相机，通过自带的基于模拟电路的图传，将画面传输至手持式控制器。图 8 展示了跟拍的画面。

实飞过程能够很好的检验前面 4 个实践模块的完成情况，倘若总装、飞控、通信环节中出现问题，飞行将不会是顺利的。

图 7　多旋翼无人机跟拍“睿鹰”无人机

图 8　跟拍画面展示

5　总　结

本文从无人机应用的角度，阐述并分析了无人机设计综合实践的组织方式和实施技巧，并以实际飞行作为最终检验实践效果的磨刀石。教学实践表明，本文阐述的无人机设计综合实践内容合理，难度适宜，适合于本科生无人机综合实践知识的学习和掌握，通过相关实践环节，同学们将具备初步的无人机应用经验，对其走向工作岗位或者从事更高层次的无人机研发与应用，均具有良好的促进意义。

参 考 文 献

[1] 王荣，闫溟，白鹏，等. 飞翼无人机平面外形气动隐身优化设计[J]. 航空学报，2017，38(S1)：1-8.

[2] 高超，巢增明，袁晓峰，白杨. 飞行器 RCS 近场测试技术研究进展与工程应用[J]. 航空学报，2016，37(3)：749-760.

[3] 贾高伟，杨希祥. 航空航天专业开展电子信息实验课的教学设计[J]. 大学教育，2021(9)：101-104.

[4] 杨希祥. CDIO 模式在航天学科创新实践项目指导中的用[J]. 实验技术与管理，2016(8)：18-20+40.

[5] 陈锦儒，郑春龙. 基于虚拟仿真的电子技术课程设计教学改革[J]. 实验科学与技术，2020(18)：100-106.

[6] 刘亚丰，杨祥良，等. 虚实融合/自主设计/研究型实验教学模式研究[J]. 实验科学与技术，2020 (18)：61-65.

[7] 陈霖，周廷，刘占超. 基于项目导向的《无人机系统》课程教学改革实践[J]. 教育现代化，2018(29)：43-44.

[8] 贾高伟，侯中喜. 美军有/无人机协同作战研究现状与分析[J]. 国防科技，2017，38(6)：57-59.

[9] 张晓琪，马学条，程知群，等. 大学生科技创新实践教学改革与实践[J]. 实验技术与管理，2019(6)：42-46.

实验记录在材料电化学实验教学中的作用探讨

刘慧丛　李卫平　陈海宁
（北京航空航天大学 材料科学与工程学院，北京　100191）

摘　要：在实验教学过程中，实验记录起着至关重要的作用。在材料电化学实验教学实践过程中，发现有些学生不重视实验记录、没有养成良好的记录习惯，造成实验报告撰写过程中无法提取足够的有效信息。本文结合材料电化学实验的特点，设计了材料电化学实验记录的规范化表格并用于实验教学课堂。与未进行规范化记录时相对比，有了实验记录的规范化要求之后，学生的实验报告质量、分析问题和解决问题的能力、记录意识和科学素质均有明显地提高。对相同学科甚至工科类的其他实验教学的记录规范化来说都具有一定的参考意义。

关键词：材料电化学实验教学；实验记录；规范化；实验报告；分析解决问题的能力；记录意识；科学素质

1　材料电化学实验过程中记录的重要性

实验教学是高等院校人才培养的重要环节之一，承担着培养学生实践动手能力、创新思考能力和综合素质的重要任务[1-3]。材料电化学实验属于北航材料学院材料科学与工程方向学生的核心实验课程，"以实验为基础"是其基本特征，在这个过程中，每个学生的实验习惯对其综合能力的提升起着非常重要的作用。所谓实验习惯[4-5]，是实验者在实验过程中逐渐形成，并能在行动中自觉运用的行为，包括实验者的实验意识，如何进行实验的前期准备，实验态度，实验的目的，观察实验的方法，实验的操作及过程，数据的采集及记录，实验结果的分析直至形成报告等很多方面，其中实验记录对实验的功能及效果有着决定性作用。

实验记录[6-7]不是简单抄写实验步骤的过程，而是实验过程及结果的唯一原始记录，他不应该根据回忆、推理或抄录讲义得到，而是原始、真实地反应实验过程，用于记录实验者做了什么、做的过程以及得到的结果，可以作为具有法律效力的证据[8-9]。

实际上，关于实验记录的作用探讨，在分析化学、化工原理、药学等学科领域已有研究[10-12]，但由于不同学科之间的特点不同，实验记录的侧重点也应有所不同。针对材料电化学实验来探讨规范化实验记录就显得非常必要。

对于北航这样一所研究型大学，所培养的本科生有很大一部分都是要继续读硕士甚至读博士的，因此培养其良好的实验记录习惯也是为其将来的科研学习和工作打下良好的基础。根据本人多年来从事材料电化学实验教学的总结，大多数实验课程通常培养了学生最基本的实验习惯，主要体现在以下一些方面：

（1）预习

在实验前，要求学生认真阅读实验教材、教科书和参考资料中的有关内容。通过预习，明确实验目的，领会实验原理，了解实验步骤、操作过程，并在此基础上写好预习报告。

（2）实验操作

① 实验操作之前，学生要认真听指导教师关于原理、细节的讲解及注意事项。

② 实验教学过程中，指导学生正确使用仪器设备，严格按照操作规程进行操作，细心谨慎，并进行数据记录。严格按照要求取用化学试剂，之后应及时盖好原瓶盖并放在指定位置；水、电用完之后要随手关好，避免由于使用不当造成的安全隐患及对仪器的损害。

③ 实验过程中实验台上的仪器应整齐地放在一定的位置上，并随时注意实验台的整洁及操作区域的环境卫生。

④ 实验完成之后，学生要拿记录的原始数据跟老师讨论，以便分析实验成败之因。

（3）实验报告的书写

在撰写实验报告的过程中，部分学生能够很好地将实验目的、实验原理、实验过程、实验结果按照要求写出来，并对结果进行一定的分析。但也有一部分学生，写实验报告时不加思考，完全照抄实验教材的内容，甚至抄袭其他同学的实验报告。

对上述问题进行分析发现，很重要的一个原因在于部分同学不重视且没有养成良好、规范的实验记录习惯，由于记录不规范（表现为没有记录本、随意用纸代替，数据的记录很随意、不按照要求），实验过程中较少主动思考、采集记录的数据信息不完整，进行数据处理和撰写报告就力不从心。因此，有必要使学生提高对记录的重视程度、并将实验记录规范化来杜绝这类现象的发生，使每个学生都能够采用正确的态度、按照规范的流程来进行实验记录，从而更好地完成实验及实验报告，以最终达到培养学生实践动手、动脑能力、提高其综合能力和科研素质、同时养成良好实验习惯的目标。

2 材料电化学实验记录的规范化

结合材料电化学类实验课程的特点，针对不同的实验内容（这里以静电位法测试材料的极化曲线为例），设计了材料电化学实验记录表格（如表1所列），内容包括实验准备、实验过程、实验后整理三大部分。在实验准备阶段，需要依次去进行实验仪器（恒电位仪）、实验溶液（3.5%NaCl）、电解池（三电极体系）、研究电极（铝合金、碳钢等）、辅助电极、参比电极的准备以及线路连接，完成后开始实验。在实验过程中，需要分别进行开路电位的测量和极化曲线的测试，测试完成后进行实验后整理。在实验整理阶段，需要实验者恢复仪器设备的状态并清理实验台面、地面。

表 1　材料电化学实验记录表格(以静电位法测极化曲线为例)

<table>
<tr><th>序　号</th><th colspan="3">实验内容</th><th colspan="4">过程记录</th><th colspan="2">时间</th></tr>
<tr><td rowspan="6">1</td><td rowspan="6">实验准备</td><td colspan="2">ZF－3 恒电位仪原始状态准备，并预热 15－20 分钟</td><td colspan="4"></td><td colspan="2">开始时间：</td></tr>
<tr><td colspan="2">配制实验溶液(3.5%NzCl 济镇)</td><td colspan="6"></td></tr>
<tr><td colspan="2">用水冲洗电解池，移入适量被测溶液</td><td colspan="6"></td></tr>
<tr><td colspan="2">铝合金(碳钢)研究电极的准备，打融水洗店插入疲测溶液中</td><td colspan="6"></td></tr>
<tr><td colspan="2">辅助电极和参比电极的准备</td><td colspan="6"></td></tr>
<tr><td colspan="2">将电极输入引线连接到电解池体系</td><td colspan="6"></td></tr>
<tr><td rowspan="25">2</td><td rowspan="25">实验过程</td><td colspan="2">开端电位测试</td><td colspan="2"></td><td colspan="2"></td><td colspan="2"></td></tr>
<tr><td rowspan="22">极化曲线的测试</td><td>序号</td><td>电压</td><td>电流</td><td>电压</td><td>电流</td><td>电压</td><td>电流</td></tr>
<tr><td>1</td><td></td><td></td><td></td><td></td><td></td><td></td></tr>
<tr><td>2</td><td></td><td></td><td></td><td></td><td></td><td></td></tr>
<tr><td>3</td><td></td><td></td><td></td><td></td><td></td><td></td></tr>
<tr><td>4</td><td></td><td></td><td></td><td></td><td></td><td></td></tr>
<tr><td>5</td><td></td><td></td><td></td><td></td><td></td><td></td></tr>
<tr><td>6</td><td></td><td></td><td></td><td></td><td></td><td></td></tr>
<tr><td>7</td><td></td><td></td><td></td><td></td><td></td><td></td></tr>
<tr><td>8</td><td></td><td></td><td></td><td></td><td></td><td></td></tr>
<tr><td>9</td><td></td><td></td><td></td><td></td><td></td><td></td></tr>
<tr><td>10</td><td></td><td></td><td></td><td></td><td></td><td></td></tr>
<tr><td>11</td><td></td><td></td><td></td><td></td><td></td><td></td></tr>
<tr><td>12</td><td></td><td></td><td></td><td></td><td></td><td></td></tr>
<tr><td>13</td><td></td><td></td><td></td><td></td><td></td><td></td></tr>
<tr><td>14</td><td></td><td></td><td></td><td></td><td></td><td></td></tr>
<tr><td>15</td><td></td><td></td><td></td><td></td><td></td><td></td></tr>
<tr><td>16</td><td></td><td></td><td></td><td></td><td></td><td></td></tr>
<tr><td>17</td><td></td><td></td><td></td><td></td><td></td><td></td></tr>
<tr><td>18</td><td></td><td></td><td></td><td></td><td></td><td></td></tr>
<tr><td>19</td><td></td><td></td><td></td><td></td><td></td><td></td></tr>
<tr><td>20</td><td></td><td></td><td></td><td></td><td></td><td></td></tr>
<tr><td>21</td><td></td><td></td><td></td><td></td><td></td><td></td></tr>
<tr><td colspan="2">实验数据的探讨</td><td colspan="6"></td></tr>
<tr><td>3</td><td colspan="3">实验结束后，将所用的仪器设备恢复至实验前的状态，桌面擦干净，地面扫、拖干净。</td><td colspan="4"></td><td colspan="2">结束时间：</td></tr>
</table>

在上述过程中，根据设计的记录表格，需要同学们在不同的实验步骤中，分别在相应位置记录进行了什么操作、观察到了什么现象、得到了什么数据。实验中认真观察实验现象并及时如实地对所有实验数据、实验现象做好详细记录，同时注意保持记录整洁。实验记录的数据不得随意修改，如必须修改，需在修改处画一斜线，不可涂黑或改动数字，保证修改前的记录能够辨认。

实验完毕后，引导学生把实验台面、仪器、地面整理干净，进一步检查水、电开关后，才能离开实验室。实验结束后固体部分扔到实验室的废弃物垃圾桶里，液体部分根据其性质进行回收处理。

3　记录规范化在材料电化学实验中的作用

根据材料电化学实验教学过程中的实践发现，对学生的实验记录进行规范化要求之后，起到了以下几方面的作用：

(1) 提高了实验报告的质量

没有对学生进行规范化记录要求时，有的学生记录很随意，经常由于信息不完整，实验报告相应信息无法完整填写，结果讨论部分要么很简单，要么写几句实验注意事项。有了规范化记录之后，使学生能够更好地了解如何进行特征数据的采集，详细的实验记录还有助于数据的分析讨论和实验报告的顺利完成。我们发现，那些实验记录做得较好的学生，实验报告也完成得较好。

(2) 提高学生分析问题和解决问题的能力

在做铝合金静电位极化曲线测试的时候，如果没有良好的记录，就无法获得正确的曲线并对横纵坐标的物理量进行准确描述。在实验记录过程中，对于学生由于各种原因所得到的与众不同的现象或结果进行思考并找出其可能的原因，当然这种思考可以自己独立进行，也可以与老师或同学讨论，不论哪种形式，学生的认知都可以得到有效拓展，都可以在提高学生的实验操作能力之外，增强学生思维的条理性和逻辑性，从而提高学生分析问题和解决问题的能力。

(3) 提高了学生的记录意识、培养了其良好的科学素质

规范化的记录要求使学生意识到，良好的记录对于实验过程和实验报告是非常重要的。同时使学生养成了按照一定的规则去进行记录的良好习惯，这不但使他们在这门课程的学习中受益，而且有助于其以后的科研工作或学习。

4　结　语

本文以本科材料电化学实验课程的教学实践为基础，从实验记录规范化的重要性出发，设计了适合材料电化学教学实验的实验记录模板，将记录分为实验准备、实验过程、实验结束的整理三个阶段，这三个阶段，可以分别将实验者要做的实验内容、实验过程和结果展现出来，能够起到记录的作用。通过这样的规范化要求，可以提高实验报告的质量、提高学生的分析问题和解决问题的能力、提高学生的记录意识、培养其良好的科学素质。

实际上，实验记录在所有的工科类实验中都是必需的，虽然每个学科的特点不同、实验内容不同，但是实验记录规范化的要求和要素是相同的，那就是实验记录一定要记清楚实验者什么时间、做了什么、怎么做的、得到了什么原始结果以及实验结束后的相关物品整理。

参考文献

[1] 张翔，孙怀宇，王明艳，等. 化工原理实验教学改革对学生综合素质和创新能力培养的实践与研究[J]. 山东化工，2018，47(9)：124 - 125.

[2] 张晓娟，张辰露，陈琛，等. 基于实践创新能力培养的生物工程综合实验教学改革研究[J]. 高师理科学刊，2020，40(9)：91 - 95.

[3] 程辉丽. 基于电工实验室规范管理的实验课教学效果改革[J]. 中国管理信息化，2018，21(12)：201 - 202.

[4] 翟璐. 培养安全意识与规范实验行为在预防医学实验教学中的探索与实践[J]. 科技资讯，2018(29)：152 转 154.

[5] 段丽萍，马学林. 师范类化学实验教学的规范与设计[J]. 阴山学刊，2015，29(3)：100 - 105.

[6] 杨继亮，岳贤田，晏娟. 化工专业综合实验教学课程中学生实践能力与责任意识的培养[J]. 广东化工，2019，46(17)：200 - 201.

[7] 康胜利，刘明生，魏娜，等. 实验记录是学生培养逻辑思维能力的重要手段[J]. 药学教育，2011，27(1)：61 - 63.

[8] 胡俐萍. 分析化学课程的实验记录与教学质量的相关性探讨[J]. 湖南中医杂志，2018，34(8)：139 - 140.

[9] 肖满，匡映. 研究生实验记录规范要求[J]. 科教导刊，2016(3 上)：19 - 20.

[10] 王新娅，张迪，弭凤玲，等. 某传染病科研院所医学实验记录存在的问题和规范化举措探讨[J]. 中国医刊，2017，52(3)：104 - 107.

[11] 张彤，陈浩如，焦键. 竹构鸭寮：稻鸭共养的建构诠释—东南大学研究生 2015"实验设计"教学记录[J]. 建筑学报，2015(8)：090 - 098.

[12] 侯桂革，王春华，孙居锋，等. 规范实验操作，深化教学改革[J]. 药学教育，2017，33(1)：47 - 49.

表面缺陷评估系统及其在实验教学中的应用*

有移亮　王博　陈皇昀　张王千睿
(北京航空航天大学 材料科学与工程学院,北京　100191)

摘　要: 航空航天领域对装备的服役安全和可靠性有较高要求,装备的服役安全是航空航天专业学生应掌握的重要知识点之一。金属结构在服役过程中,常常会出现划伤、凹坑等表面缺陷,从而影响结构服役安全。对表面缺陷尺寸进行准确测量存在较大难度,在实验教学中缺乏教学仪器和手段。据此开发了基于光学显微镜定焦距原理的缺陷测量装置,该装置与自主开发的安全评估软件组成了金属结构表面缺陷测量与安全评估系统,系统具有结构简单、易操作的特点,解决了航空航天专业无损检测与失效分析实验教学中的难点。

关键词: 表面缺陷;安全评估;BS7910;航空航天专业;实验教学

航空航天领域对装备的服役安全和可靠性有较高要求,装备的服役安全是航空航天专业学生应掌握的重要知识点之一。材料科学与工程专业作为一个工科专业,不仅需要理论基础,更需要操作实践。随着理论与技术的不断发展,其教学内容不再是概念、原理、方法和规则的简单结合,而是由知识传授、技能训练相互渗透所形成的完整系统[1]。在无损检测与失效分析实验课程教学过程中为了让学生更直观地学习金属表面缺陷测量的方法,更形象地理解安全评估的要点,开发了一种金属结构表面缺陷测量与安全评估系统。该系统设备体积较小、结构简单,软件安装方便、可操作性高。与之配套的使用说明清晰地展示出了该实验系统的原理、功能以及所参考的标准和所依据的理论基础,便于学生的研究和学习;同时,由于其具有图像的直观表现形式,适于课堂展示及实验教学。该系统的应用,能很好地培养学生将理论知识运用于工程实践的能力[2],有助于形成良好的学习方法,培养工科思维[3,4];也方便了教师的备课与教学,有利于打造学生自主的课堂,为航空航天领域输送更多优秀人才,符合“创新型人才”的培养要求[5,6]。

1　系统组成与结构

金属结构表面缺陷测量与安全评估系统由缺陷测量装置和安全评估软件两部分组成。系统利用缺陷测量装置测得金属表面缺陷的深度、宽度和长度,将数值输入到评估软件中,评估软件依据 BS 7910 金属结构缺陷可接受性评价指南,利用不同级别的效评估图对含单个或多个缺陷的结构进行安全性评定。

---

* 基金项目:北京航空航天大学教改项目(项目编号 2021001)

1.1 缺陷测量装置

传统的表面缺陷检测方法主要有超声检测法和激光测量法。超声检测法利用材料及其缺陷的声学特性差异对超声波传播波形发射情况和穿透时间的能量变化来检验材料缺陷，该方法使用简便，但无法准确地测量表面缺陷的尺寸。激光测量法通过计算机图像处理提高了精确度，是较为理想的表面缺陷检测设备。但该方法为了提高精确度，牺牲了视场范围，使得检测效率低，且设备体积较大、造价昂贵。

缺陷测量装置利用显微镜焦距不变的原理，分别聚焦缺陷底部和顶部，则聚焦过程中显微镜的移动距离即为缺陷的深度。缺陷测量装置示意图如图1所示，由光源、100X显微镜、数显游标高度尺、USB摄像头、光源和磁性座等部分组成。不锈钢数显游标高度尺精度为0.01 mm，读数方便，上下限位移动可调，标尺、读数器均可拆卸。系统采用LED光源提供视场照明，高清4K摄像头模组用于显示视场内容，镜头为高清100度广角无畸变镜头，提供USB接口，用于供电和图像传输。为方便固定显微镜筒、摄像头和游标卡尺，采用3D打印的方法制作了套筒，将显微镜筒和摄像头放入套筒内，将套筒与游标卡尺通过螺栓固定。

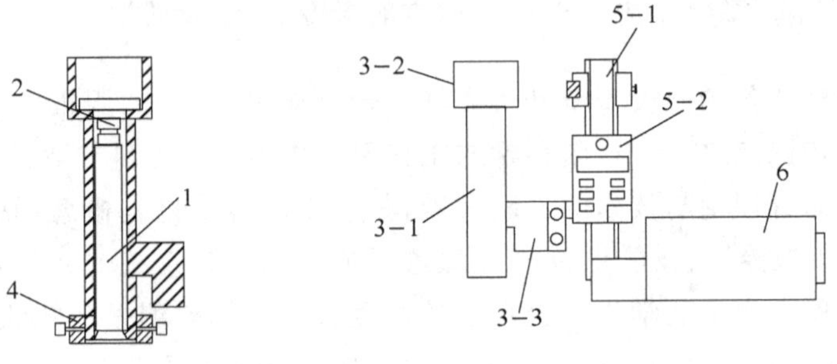

1-显微镜；2-USB摄像头；3-套筒；3-1-小径段；3-2-大径段；3-3-连接臂；
4-可控LED光源；5-数显游标高度尺；5-1-尺框；5-2-数显仪；6-磁性座

图1 缺陷测量装置示意图

1.2 评估软件

评估软件采用MATLAB软件进行编制，内嵌BS 7910标准算法，通过读取用户通过输入材料的基本参数、受力状况和测得的缺陷尺寸，调用相应的算法对结构安全性进行评价。BS 7910是英国标准委员会(BSI)制定的缺陷金属结构进行验收评定的方法导则，它是利用不同级别(一级、二级和三级)的失效评估图对含单个或多个缺陷的结构进行安全性评定的一种方法。其核心思想是，相应级别下的曲线、截断线与横纵坐标轴围成了一个类似四边形的平面区，如果计算得到的评估点坐标位于这个区之内，就认为该含缺陷结构是安全的；反之，如果该点位于平面区的边界线上或平面区之外，则不能认为该含缺陷结构是安全的[7]。对于不同的材料、不同的失效模式、所获得的关于材料性能或所施加应力信息的完整性不同的情况下，所采用的失效评估图级别不同。软件会将评价过程与结果以图像形式展示出来，便于学生们的理解和记忆，如图2所示。

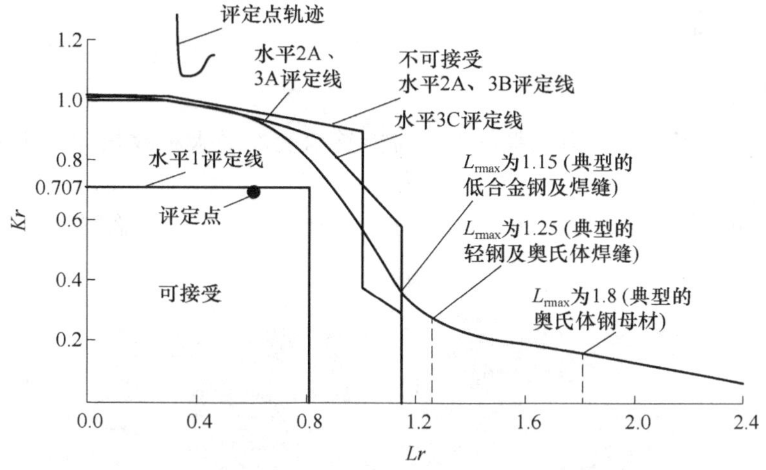

图 2 评估结果图像展示

2 系统操作流程

2.1 检测前的准备工作

首先将可控 LED 光源固定到套筒底部，打开光源开关，调整可控 LED 光源的光源亮度，使得观察视野清晰；打开数显游标高度尺的数显仪显示数据，确保读数系统正常工作；将检测装置放到被测试件上并进行移动使显微镜镜头对准缺陷，之后打开磁性座的开关，将检测装置固定在待检测试件上。如被测试件表面为柱形面，则使磁性座轴向与柱形面轴向平行。

2.2 获得材料表面的缺陷图像

利用 USB 线缆将摄像头与计算机连接，通过 USB 线将显微镜观察到的画面传送到计算机界面，以更为有效地观察待测试件表面的缺陷。

2.3 分别对缺陷底部和顶部进行聚焦

缺陷存在会使材料被测表面具有微小的峰和谷，通过调整数显游标高度尺的尺框，将显微镜焦距对准缺陷底部，直至摄像头显示图像为最清晰为止，此时将数显游标高度尺的数据清零，之后继续调整数显游标高度尺，将显微镜焦距对准缺陷顶部，直至摄像头显示图像为最清晰为止，此时，记录数显仪的显示数。

2.4 测得缺陷深度

由于检测装置中数显游标高度尺与内置显微镜的套筒固定连接，故显微镜的移动距离即数显仪的显示数，则数显仪的显示数为表面缺陷深度。

2.5 安全评估

2.5.1 临界裂纹尺寸评估

临界裂纹尺寸是指金属结构在服役工况时能够承受的最大裂纹尺寸。进入软件主页面，点击第一项“临界裂纹尺寸评估”，进入临界裂纹尺寸评估界面。在界面分别输入应力、抗拉强度、屈服强度、断裂韧性、裂纹深长比等条件，点击“计算”即可得到临界裂纹长度和深度，如图 3 所示。

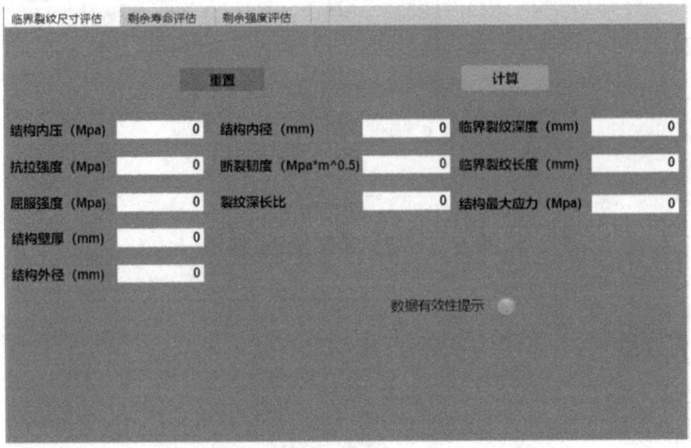

图 3 临界裂纹尺寸评估界面

2.5.2 剩余强度评估

结构所能承受的最大载荷随着裂纹尺寸增加而逐渐降低。在确定的裂纹尺寸下，通过调整垂直于裂纹面的远场应力，使评估点位于 FAD 评估曲线上时，此时的远场应力即为剩余强度。进入软件主页面，点击第三项“剩余强度评估”，进入剩余强度评估界面，在界面内分别输入抗拉强度、屈服强度、断裂韧性、裂纹深度、裂纹半长等条件，点击“计算”即可得到结构的剩余强度，如图 4 所示。

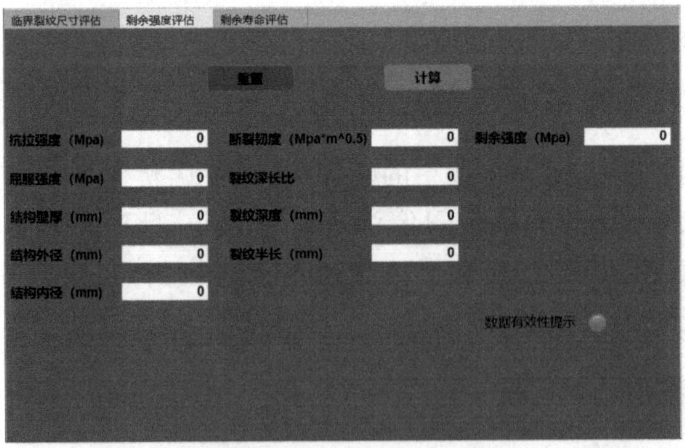

图 4 剩余强度评估界面

2.5.3 剩余寿命评估

剩余寿命指含缺陷结构材料，在承受循环载荷下，裂纹扩展直至材料断裂所需要的时间

（循环周次）。进入软件主页面，点击第三项“剩余寿命评估”，进入剩余寿命评估界面。在界面内分别输入最大应力、屈服强度、初始裂纹深度、初始裂纹半长、临界裂纹深度和 Paris 公式中的参数 C 和 m，点击“计算”即可得到结构的剩余寿命，如图 5 所示。

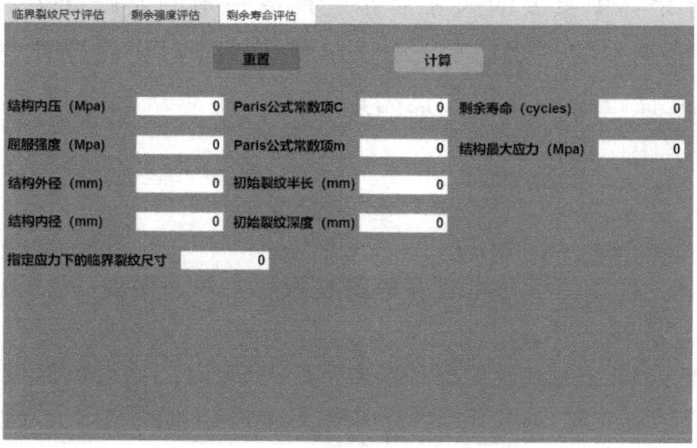

图 5　剩余寿命评估界面

3　系统的特点及应用

金属结构表面缺陷影响结构的使用寿命，对缺陷进行准确的测量和合理的评估有助于提高结构的安全性。对于航空航天材料专业的学生，应能够将专业知识用于解决材料专业这一类工程问题。北京航空航天大学材料科学与工程学院以工程问题为导向，面向本科生开设了无损检测与失效分析特色实验课，课程内容涵盖了无损检测方法、失效分析技术和安全评价方法等，在实验环节中使用了金属表面缺陷测量与安全评估系统，取得了较好的教学效果。

本系统采用的金属结构寿命评估方法具有严谨的理论基础。在此基础上，通过简易的便携式结构，可以检测裂纹尺寸，评估剩余强度和剩余寿命。整个系统从裂纹的检测到计算的整体设计，体现了将理论应用于工程实践的思想，有利于培养学生的结构设计能力和实际操作能力，使学生能够对含缺陷结构安全评估方法有更直观的了解。同时，通过动手操作实践的过程，学生可以对金属结构表面损伤的测量与安全评估有更深刻的理解与认识，有利于提高学生对知识的掌握程度，树立科学意识，提高动手操作能力。

本系统不拘泥于教材，与航空航天工程实际联系紧密，能够使学生了解实际工程中的需求，对学生未来的学习和发展具有指导性的意义，有利于培养学生将理论知识运用于工程实践的能力。学生不仅能掌握理论知识，还培养了动手操作实验仪器以及自行设计实验的能力。学生可以在利用该装置进行实验的同时，进一步优化和改进该系统算法，以此培养独立思考、批判性思维和综合设计评估系统的能力，符合新时代工科教育的要求，是素质教育的体现与应用，有利于培养学生的创新精神和实践能力，为国家培养创新型航空航天人才，推动创新驱动发展战略。

4　结　语

基于显微镜定焦距原理和 BS7910 方法开发了金属结构表面缺陷测量与安全评估系统，

该系统在结构简单、操作方便、成本低廉，不仅便于教师进行课堂演示，也有利于学生动手实践，在学习理论知识的同时，感受工程实际中的运用。同时，本系统简洁的界面与直接的显示方式，在学生们的自主探究过程中能发挥出独特作用，提供了一种将知识深化的途径。

航空航天专业人才培养中重要的人才素养是具备一定的实践能力和应用能力，一方面鼓励学生要具备想动手、能动手的主观愿望，另一方面学校要提供给学生探索、试错和体验的学习条件，在教与学中相互促进创新意识和能力的培养。本系统充分满足了航空航天专业的培养需求，适合在实验教学中广泛应用。

参考文献

[1] 王守玲，吴英，王丽丽. 材料科学与工程基础课程教学改革与实践[J]. 山东化工，2018,47(12)：176－177.

[2] 付佳，周春华，王林申. 以新工科建设促进高等教育发展研究[J]. 高教学刊，2020(35)：1－6.

[3] 路冬，魏艳，柯文德等. "新工科"背景下以国际引领、产教融合、能力递增为特色的工程素质与创新能力培养模式探索[J]. 高教学刊，2021(10)：17－20.

[4] 贾国辉，李娜. 新工科背景下大学生创新创业培养模式改革研究[J]. 科学咨询(教育科研)，2021(3)：296－297.

[5] 王雪洁，黄素芬，王国雄. 新工科视域下自动化专业创新人才"423"协同培养模式的探索与实践[J]. 高教学刊，2021(08)：32－35.

[6] 刘利，张进，姚思童，等. "双一流"背景下普通化学课程信息化建设[J]. 中国现代教育装备，2021(03)：10－12.

[7] Gabriel de C. Coêlho，Antonio A. Silva，Marco A. Santos，et al. Stress Intensity Factor of Semielliptical Surface Crack in Internally Pressurized Hollow Cylinder—A Comparison between BS 7910 and API 579/ASME FFS－1 Solutions[J]. Materials 2019，12(7)：1042.

基于复合材料学生竞赛的实验实践教学研究

王绍凯　顾轶卓[2]　石一[1]　刘海朋[1]　李敏[1]
（1. 北京航空航天大学 材料科学与工程学院，北京　100191
2. 北京航空航天大学 前沿科学技术创新研究院，北京　100191）

摘　要：以纤维增强树脂基复合材料为代表的先进复合材料具有高比强度、高比模量、可设计性强、耐腐蚀、抗疲劳、易于整体成型等优点，在航空、航天等领域获得了广泛应用，复合材料用量和应用水平已成为衡量飞行器先进性的重要标志，兼具坚实理论基础和专业技能已成为复合材料专业人才的培养目标。将本科生聚合物基复合材料课程与复合材料学生竞赛实践相结合的教学改革，探索出了全方位培养复合材料专业人才的新途径。复合材料学生竞赛全面涵盖结构设计、原材料、制造、评价四大关键技术，使课堂理论教学获得延伸，通过实践锻炼夯实了学生基础理论知识和实操技能，提升了基础知识的运用能力。

关键词：复合材料；实践教学；学生竞赛；设计；制造；评价

复合材料是指两种或两种以上物理和化学性质不同的物质组合而成的一种新的固体材料，其中刚度和强度性能相当于或超过铝合金的复合材料称为先进复合材料。以纤维增强树脂基复合材料为代表的先进复合材料因其具有高比强度、高比模量、可设计性强、耐腐蚀、抗疲劳、易于整体成型等优异的综合性能，在航空、航天等领域获得广泛应用，复合材料用量和应用水平已成为衡量飞行器先进性的一个重要标志。随着复合材料应用水平不断提升，工业界急需高等院校培养和输送复合材料专业技术人才，尤其是具有良好理论知识储备和复合材料专业技能的人才。

设计、材料、制造、评价是复合材料的四大关键技术，设计是先导、材料是基础、制造是关键、评价是保障，四大关键技术相互依存、相互影响，也贯穿于本科生“聚合物基复合材料”课程教学的全过程。而复合材料作为一门应用性极强的学科，受限于材料科学与工程专业本科生培养计划的学时，缺少系统的实验支撑，较难深入理解课堂教学的理论知识，对理论知识的实践应用能力更存在较大差距。

为普及先进复合材料结构设计及制造工艺等知识，近年来 SAMPE（The Society for the Advancement of Material and Process Engineering）学会和中国复合材料工业协会等组织相继开展了系列复合材料学生竞赛，强化了学生对复合材料的认知，通过综合运用复合材料设计、材料、制造和评价的理论知识和实操技能，提升了学生材料成型与加工和综合设计能力，加强了对复合材料结构性能的理解与分析方法的运用。以 SAMPE 学生竞赛为例，主要面向高校在读本/专科生，竞赛内容包括超轻复合材料机翼竞赛（预浸料成型工艺和液体成型工艺）、超轻复合材料桥梁等。学生竞赛主办方统一提供碳纤维预浸料和泡沫材料等，参赛复合材料制品的评价指标包括外观、重量、承载能力、海报和视频介绍等。这些系列学生竞赛使课堂教学得以延伸，已成为复合材料专业实验实践教学的高质量专业人才培养平台的重要组成部分。

1　剖析原材料性能特点，夯实学生材料工艺性表征与选材能力

先进树脂基复合材料的基体大部分是环氧、双马、酚醛等热固性树脂，他们在成型过程中会发生固化反应，一方面反应放出的热量会对体系内的温度场产生影响，另一方面也使树脂的流动性发生较大的改变。掌握树脂的流变特性，尤其是在成型过程中树脂粘度的变化规律和凝胶时间，对工艺参数的确定有着非常重要的意义。

同时树脂基复合材料成型过程中，在受热受压条件下树脂发生固化反应，生成不溶不熔的立体交联网络结构，最终获得优良的力学性能。在这个反应过程中，各种成型条件都会对通过影响固化反应特性而对最终固化产物的性能产生影响，尤其是温度对反应特性的影响最为显著。与此同时，在复合材料树脂基体的固化过程中，固化反应会伴随着较大的反应焓变，表现为反应体系自身的温度短时间内的快速上升，从而使得树脂基体的固化反应与温度产生复杂的耦合效应。为了优选固化工艺条件，必须要掌握树脂基体的固化反应规律和固化反应机制。

树脂的固化与流变特性是树脂体系的重要工艺特性，如何依据这些原材料特性确定工艺窗口、优化工艺制度是复合材料教学的重点。上述学生竞赛中，虽然原材料均由主办单位统一提供，但是材料特性和工艺条件并未提供或只提供部分信息。如何基于树脂固化与流变特性，结合成型工艺方法，优化工艺制度是制备高结构效率复合材料制品的前提。竞赛过程中，参赛学生了解了树脂流变与固化特性的测试方法，学会了解读流变曲线和 DSC 曲线，明晰了工艺窗口的确定方法，进而可以优化固化温度、加压时机等工艺参数，如图 1 所示。

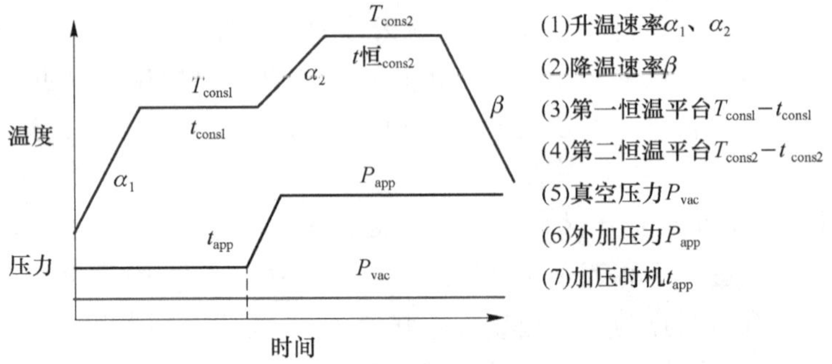

图 1　复合材料典型工艺制度

竞赛过程中通过组织不同类型复合材料制品竞赛小组间的技术交流，学生可以更深入地了解液体成型工艺、热压罐工艺的适配树脂体系特性。通过液体成型工艺锻炼，学生可以深入理解增强体的各向异性渗透特性，掌握预成形体渗透率对树脂渗透流动和复合材料工艺质量的影响；通过热压罐工艺的锻炼，学生可以系统掌握预浸料性能表征方法，同时了解了预浸料的取用原则和铺贴方法。

2　挖掘复合材料缺陷与工艺参数关联关系，锻炼学生工艺质量控制能力

复合材料结构的制造技术非常关键，与金属材料截然不同，复合材料的材料成型与结构成型同时完成，因此复合材料的结构性能对制造工艺敏感，材料的最终性能也是通过制造过程被赋予到结构。制造过程的控制影响着复合材料结构的质量，复合材料制造工艺自身的复杂性和对外界环境的敏感性，使得一旦工艺的某环节不合理，复合材料制件将产生缺陷和尺寸偏差。

先进复合材料的成型固化是在一定压力和加热条件下完成的，该过程是一个非常复杂且难以直接观察，复合材料工艺过程发生着物理、化学、物理/化学耦合、热/力耦合等复杂变化，涉及到了热量传递、固化反应、树脂流动、纤维密实、气泡形成、生长及迁移等，影响因素多，变化不可逆。原材料特性与工艺参数、模具方案、产品结构等交织在一起，若不能掌握这些变化之间的内在联系及对最终产品的影响，工艺质量将难以控制。即使学习了复合材料工艺基础理论知识，缺少必要的工程实践，制备高品质的复合材料制品仍存在很大难度。

每届学生竞赛后，同学们积极总结成功经验或失利原因，通过数届学生竞赛所积累的实验现象与结果，同学们明晰了复合材料缺陷的主要成因。例如，孔隙缺陷是学生竞赛复合材料制品中的主要缺陷之一，如图2(a)所示，其形成机制非常复杂，通过数届竞赛积累发现，对于预浸料/热压罐工艺，竞赛制品中的孔隙来源主要包括：① 纤维和树脂的不完全浸润以及纤维束中树脂的不完全渗透产生的细小孔隙；② 预浸料存放过程中从环境大气中吸收的水分；③ 预浸料制备或铺制过程中带入的空气；④由于成型模具配合间隙或真空袋泄漏进去的空气。

分层是学生竞赛复合材料制品中另一种常见的缺陷形式，如图2(b)所示，其对复合材料质量和性能有严重危害。通过多届竞赛的总结，发现其形成原因可归纳：① 加压不到位(加压过晚、压力不均造成复合材料层与层之间未密实)；② 其他类制造缺陷(孔隙含量较高并在局部富集、在层间存在夹杂物或预浸料表面受到污染造成层间分离)；③ 层间应力所引起(罐内成型固化过程中形成的内应力，出罐后机加、装配时产生的应力等)。

同时，复合材料在经历高温成型固化及冷却后，由于残余应力的作用，在室温下的自由形状与预期的理想形状之间存在一定程度的不一致，即固化变形。固化变形会导致制件尺寸精度下降，影响零件的装配，或者制件因残余应力过大而产生损伤(分层、裂纹等)。根据变形原因或残余应力来源不同，可将固化变形分为两类：热变形和化学收缩变形。学生竞赛中采用统一的原材料制备复合材料，热变形是学生进行模具设计时需要重点关注的问题。

复合材料构件在高温下固化定形时，其形状与同一时刻的模具形状相一致，若继续升温固化，模具与复合材料之间热膨胀系数的差异将导致内应力产生。在降温阶段，模具形状恢复到原形，而复合材料若与模具热膨胀系数不同，复合材料形状无法随模具同步恢复，产生残余应力，产品脱模后，一部分残余应力得以释放，促使构件产生变形。模具与复合材料之间的热胀效应是热压罐工艺主要的固化变形机理之一，为了减小变形，采用热膨胀系数与复合材料一致的模具材料是非常有效的途径。此外，复合材料热膨胀系数各向异性导致的固化变形是参赛学生进行铺层设计需要考虑的内容，采用均衡对称的铺层方式能够很大程度上减小结构变形程度。

(a) 孔隙缺陷

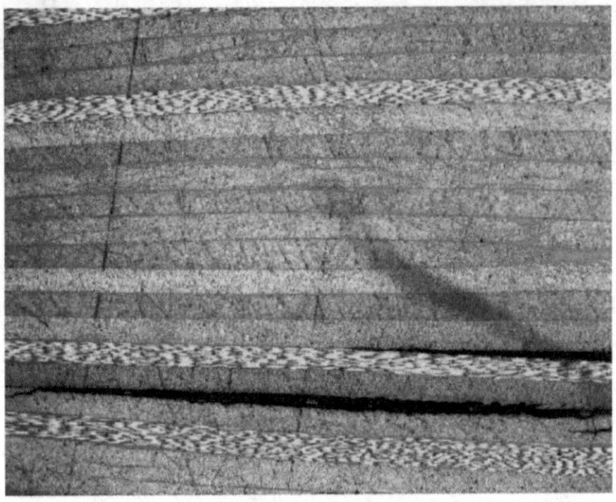

(b) 分层缺陷

图 2　复合材料典型制造缺陷

3　掌握复合材料力学特点与力学响应行为，提升学生结构设计与性能评价能力

复合材料既是一种材料，又是一种结构，其具有很强的可设计性。设计的内涵包括所用增强纤维与树脂的含量、预浸料铺层形式、夹层结构设计等。连续纤维增强复合材料是一种各向异性材料，沿纤维方向的性能和垂直于纤维方向的性能差异大，可根据结构性能要求进行铺层设计以满足强度、刚度和各种性能需求，可为结构设计优化提供更大的自由度。

设计出轻质高强的复合材料参赛作品，需要充分发挥复合材料的可设计性。全面评价并掌握所用材料体系制得的复合材料基本力学性能基础上，采用有限元模拟仿真等手段设计机翼、桥梁等复合材料制品，并进行力学分析。这个环节也有效提升了材料学专业学生力学设计与分析能力和软件操作技能。材料科学与工程专业学生可与飞行器设计专业学生联合组成竞赛小组，充分发挥出多学科交叉的互补优势，设计的过程中也充分兼顾到后续制造的可行性。

力学测试通常采用万能力学试验机以三点弯曲方式进行加载（如图 3 所示），获得破坏载荷，参赛同学通过分析所制备复合材料结构的失效行为，结合其结构特点和工艺质量，也可为后续参赛同学传承宝贵的参赛经验，如工型梁结构表现出优异的承载能力、测试过程中加载点处需局部增强等。

4　结　论

（1）复合材料学生竞赛使课堂教学获得延伸，通过实践锻炼夯实了学生基础理论知识和实操技能，提升了基础知识的运用能力。

（2）复合材料学生竞赛实践全面涵盖结构设计、原材料、制造、评价四大关键技术，掌握了原材料性能特点和工艺制度优化原则，明细了制造过程缺陷成因和工艺质量的主控因素，并能充分利用复合材料可设计性，设计出轻质高强复合材料结构。

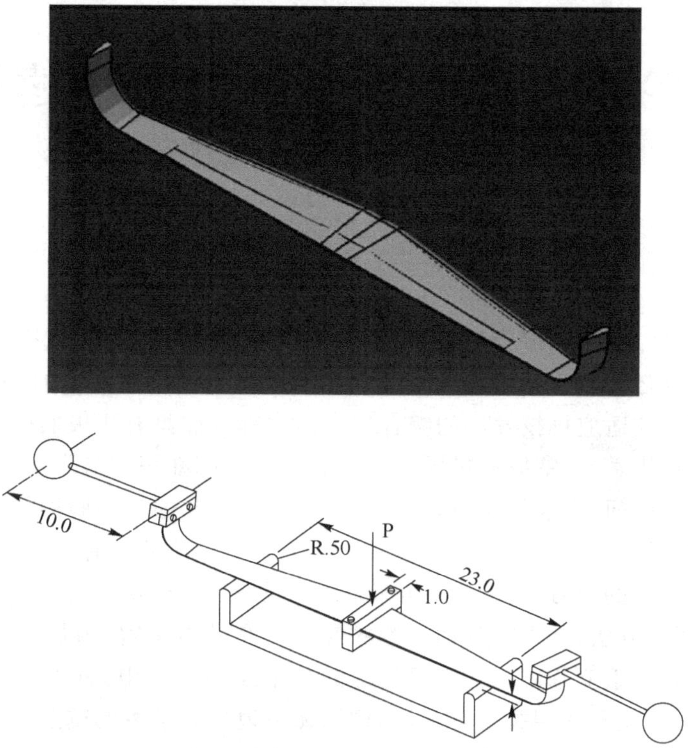

图3　参赛复合材料作品结构设计

致　谢

感谢北京航空航天大学教改项目《基于SAMPE超轻桥梁/机翼学生竞赛的复合材料教学改革》。

参 考 文 献

[1] 陈绍杰. 复合材料技术与大型飞机[J]. 航空学报，2008，29(3)：605－610.

[2] 张佐光，李敏，陈绍杰. 飞机结构用先进复合材料的应用与发展[C]. 第十四届全国复合材料学术会议论文集. 2006：28－34.

[3] 顾轶卓，李敏，李艳霞，等. 飞行器结构用复合材料制造技术与工艺理论进展[J]. 航空学报，2015，36(8)：2773－2797.

[4] 王绍凯，马绪强，李敏，等. 飞行器结构用复合材料四大核心技术及发展[J]. 玻璃钢/复合材料，2014，(9)：76－84.

[5] 中国复材展组委会. 心所至，无所不至——"上纬杯"第一届全国大学生复合材料设计与制作竞赛后评[J]. 玻璃钢/复合材料，2015，(9)：122－124.

[6] 张小敏，杨晓莉，王昆彦，等. 高等院校复合材料专业教改与实践探索[J]. 中国校外教育，2018，(6)：74.

[7] 洪晓东. 材料类专业本科生《复合材料》课教学改革[J]. 广州化工，2017，45(10)：169－170.

叶轮机设计与自主实验课程建设

刘贺　严明　宁方飞
（北京航空航天大学 能源与动力工程学院，北京　100083）

摘　要：在“五育并举”和课程思政建设的教育教学改革过程中，航空航天类实验实践课程也成为改革的重点之一。叶轮机设计与自主实验课程通过自主实验的课程内容建设，在培养学生理论联系实际和适应科技发展的综合应用能力等方面具有积极的促进作用。本课程是一门帮助本科生进一步学习、掌握和巩固“叶轮机机械原理”知识的自主实验课程，为同学们提供了较为宽广的发挥空间，要求学生将理论知识转化为应用，通过实验测量来检验每一个同学作品的设计合理性及加工质量，使学生掌握实验研究基本方法的同时，提高学生的分析能力和工程认识。经过本课程的学习，学生应对叶轮机机械原理、航空发动机离心压气机和向心涡轮的相关理论知识、实验方法、基本工具和仪器的使用等有基本了解，为从事现代高新技术和工程实验能力的培养打下重要基础。在实验课程的师生互动过程中，融入航空航天领域的英雄事迹，专家典型和知名校友的相关的案例，润物细无声地提高学生的航空报国理念。采用理论与实验相结合，课本与工程相结合的设计方法，为航空航天类实验实践课程的普遍设计提供一种建设思路。

关键词：叶轮机；自主实验；设计；课程建设

纵观世界一流大学的发展，全世界的高等工科教育越来越重视培养学生的创新实践能力，在“五育并举”[1]的课程改革大潮下，通过对原有的叶轮机设计实验进行建设和改革，实现全过程的自主实验，从而在培养学生的掌握实验研究基本方法的同时，提高学生的分析能力和工程认识，潜移默化地培养学生的自主创新的能力[2-3]。

叶轮机设计与自主实验课是北京航空航天大学能源与动力工程学院飞行器动力工程专业和能源与动力工程专业的核心专业类课程，是一门帮助本科生进一步学习、掌握和巩固“叶轮机机械原理”知识的自主实验课程[4-6]。课程涉及到“叶轮机机械原理”课程相关的理论知识，训练学生认识航空发动机离心压气机、向心涡轮的相关理论知识，掌握离心式压气机和向心式涡轮最基本的气动设计方法，掌握离心式压气机和向心式涡轮基本性能参数的测量方法，是培养学生科学实验能力、提高工程认识的重要基础[7]。

通过自主实验的课程内容建设，在培养学生理论联系实际和适应科技发展的综合应用能力等方面具有积极的促进作用[2,6-7]。在实验课程的师生互动过程中，融入航空航天领域的英雄事迹，专家典型和知名校友的相关的案例，润物细无声地提高学生的航空报国理念[8-9]。

1　课程的任务和教学目标

本课程是一门帮助本科生进一步学习、掌握和巩固“叶轮机机械原理”知识的自主实验课程，为同学们提供了较为宽广的发挥空间，要求学生将理论知识转化为应用，通过实验测量来检验每一个同学作品的设计合理性及加工质量，使学生掌握实验研究基本方法的同时，提高学生的分析能力和工程认识。经过本课程的学习，学生应对叶轮机机械原理、航空发动机离心压气机和向心涡轮的相关理论知识、实验方法、基本工具和仪器的使用等有基本了解，为从事现代高新技术和工程实验能力的培养打下重要基础。

学生通过实验过程，应掌握以下概念和基础知识：离心式压气机和向心式涡轮最基本的气动设计方法；掌握离心式压气机和向心式涡轮基本性能参数的测量方法。应用所学过的叶轮机原理基本知识，进行离心式压气机和向心式涡轮的气动设计，包括：压气机和涡轮共同工作参数确定、压气机和涡轮进出口速度三角形设计、叶型（中弧线）设计、转子和静子叶片数目确定等。

学生通过实验过程，应掌握以下实验方法：加工和制作试验用的压气机和涡轮，并进行压气机/涡轮的增压比/落压比、流量和转速等叶轮机基本性能参数的测量。课程可以为同学们提供较为宽广的发挥空间，要求学生将理论知识转化为应用，通过实验测量来检验每一个同学作品的设计合理性及加工质量。

2　实验内容建设

2.1　设计阶段

在实验课上，学生首先需要根据所学的理论课程的理论知识，通过确定压气机和涡轮共同工作参数，然后分别对压气机转子叶片、扩压器叶片、涡轮转子叶片和涡轮静子叶片进行设计。

2.2.1　压气机转子叶片设计

离心式压气机由动叶和静叶组成，静叶使气体的动能尽可能多地转换成静压升高。实际扩压过程的压升小于等熵过程的压升，扩压效率通常为 70%左右。

转子叶片可以是如图 1 所示的前弯、径向和后弯式，在转速一定的条件下，前弯角度越大，转子叶片出口的气流周向分速度越大，叶片对气体的加功量越大。或者在加功量一定的条件下，动叶的前弯角越大所需要的旋转速度越小，转速越低，压气机或涡轮的机械损失越小，但是这将增加气体离开动叶时的绝对速度，增加气体在静叶中的静压升，同时也将增加静叶中的流动损失。因此，在设计转速较高时，转子叶片选择后弯叶型，可以在满足一定加功量的同时，获得较高的效率。

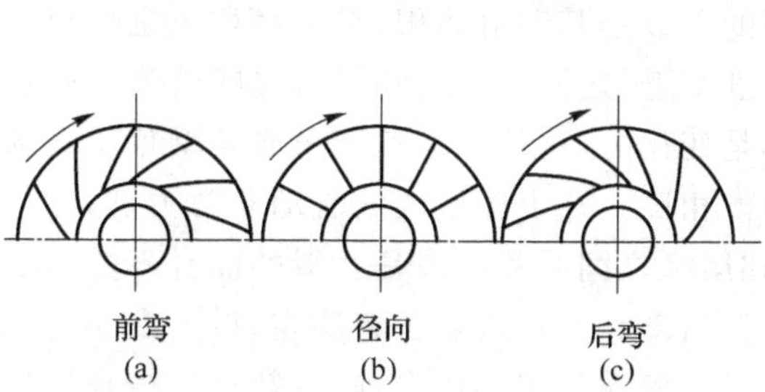

图 1　转子叶片的形式

动叶数目是一个很重要的参数，若叶片数目太多，叶片表面与气流的摩擦损失大，若叶片数太少，气流从叶片表面分离也将引起大的损失，可以通过相关方法简单估算所需的叶片数目。

2.2.2 扩压器叶片设计

在决定压气机效率方面，扩压器叶片起的作用可能比动叶大，扩压器叶片使气流减速并且尽可能地将动能转换为压力能。只要流动减速就有可能出现附面层分离，这会使扩压器的性能受到限制。

扩压器叶片的进口几何角确定后，可以通过改变叶片数和进口与喉道之间的叶片曲率来改变喉道面积，喉道面积对压气机性能来说是至关重要的，因为它是主要的控制流量的参数之一。扩压器设计示意图如图 2 所示。

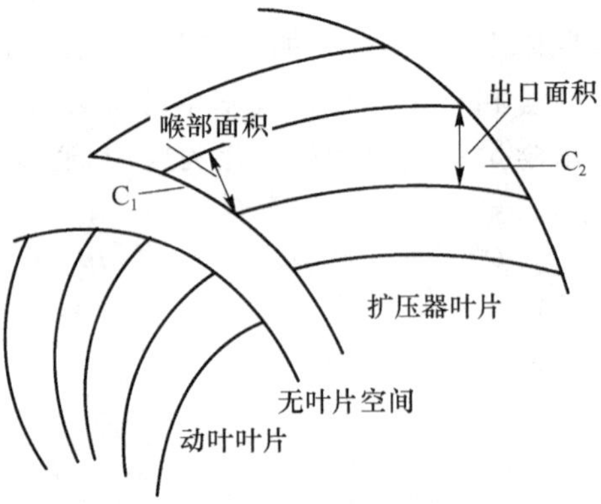

图 2 扩压器设计示意图

2.2.3 涡轮转子叶片设计

涡轮性能受涡轮叶片几何形状细节的影响小，这一点同压气机不一样，这是因为气流流经涡轮时是加速流动，边界层分离的可能性小，但是，应争取获得尽可能高的效率。涡轮转子的喉道面积是另一个影响流量的重要参数，应该使得气体在喉道处的速度与在涡轮出口处的速度相同。这样就要求转子叶片在出口附近可能曲率比较大，准确的喉道面积比叶型角更为重要，但是两者都尽可能地满足各自的设计要求，转子叶型可以按与压气机相同的方法进行设计。

2.2.4 涡轮静子叶片设计

涡轮静子叶栅最重要的参数是其喉道面积，喉道面积决定喉道处的速度大小，喉道处的速度应该与静子出口处的速度接近，这样在喉道和尾缘之间就没有减速扩压流动。然而，由于在喉道和尾缘之间半径大小是变化的，这就要求气流角或叶型角从喉部至尾缘是逐渐减小的，即在喉道下游叶片曲率应稍微相反。这个区域内的流动非常关键，因为该区域内气流速度最大，摩擦损失也最大，在喉部和尾缘之间叶片应该是光滑的而且不能有很大的曲率。

喉道面积由喉部的叶型角度和叶片数目二者决定，叶片数目过多会因为与气体接触面积过大而导致摩擦损失过大以及较大的尾迹损失，叶片数目过少会导致喉道位置不明显、喉道面积计算不准确和静叶出口气流沿周向不均匀。可粗略地借用轴流式涡轮静子的设计准则，按栅距与弦长比大约为 0.75 来确定静子叶片数目。

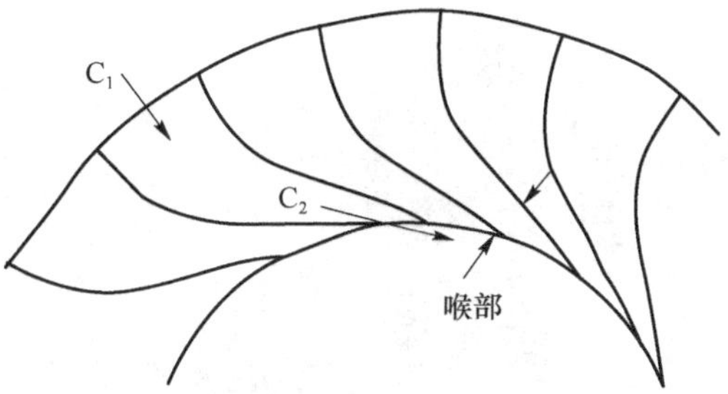

图 3　涡轮静子叶片设计示意图

2.2　加工制作阶段

学生采用 0.5 毫米厚，宽度相差 2 毫米的薄铝片按照自己独立设计的叶型和数量，按中弧线形状分别加工转子叶片和静子叶片，并粘贴在对应的轮盘上，为了防止测试时的剐蹭，转子叶片选用窄的铝条制作。

加工阶段独立使用工具清除前组的叶片，恢复轮盘至初始状态，然后叶片与盘用胶粘贴。为了使连接处有足够的强度，连接处胶体应堆砌成三角形，并且涂抹要均匀，整个过程锻炼同学们的动手能力和团队协作能力，并通过实际操作，实现知识和设计从纸面到实物的转化过程，学生在此环节可以得到综合能力的锻炼和培养，并且提前接触相关专业的设计与实验方法，对后续的研究生学习或单位工作，起到很好的铺垫作用。图 4 为学生加工制作的压气机和涡轮。

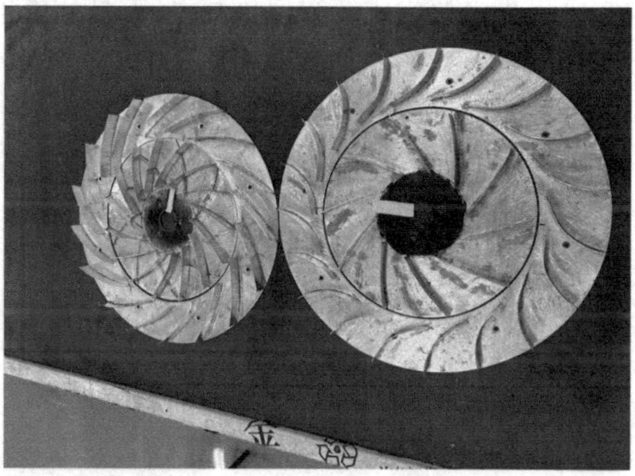

图 4　学生加工制作的压气机和涡轮

2.3　测试阶段

实验时接通 2～4 台真空泵，用光电测速仪测量转速，当转速稳定后，开始记录数据。由于涡轮出口总压沿半径是不均匀的，需要沿半径多点测量，取平均值。若转速、流量和总压升(降)等参数的设计值与实验值存在较大差别，需要同学在实验报告中尝试分析说明其中可能的原因。测试系统如图 5 所示。

图5 测试系统

3 课程建设成效

学生通过本门课程16学时，完成了叶轮机设计、加工制作、实验测量以及分析等环节的训练，在学中作，在作中学，既加深“叶轮机机械原理”相关理论知识的理解和掌握程度，又提高了学生的动手能力，完成了一个简化版本的工程设计案例，学会了相关工具的使用和实验测试的方法，锻炼了创新能力和团队协作能力，并通过最后的分析总结，进一步加深对叶轮机械的工作原理，关键参数，性能指标等问题的认识和感受。

课程考核过程中，不仅仅参考出勤和实验报告来评定成绩和评价结果，而是从学生出勤＋设计过程＋测试结果＋实验报告＋问题分析五个部分综合评定学生本门课程的成绩，实现理论设计、动手实践和结果分析的综合评定，更能体现学生自主设计的环节培养与理论与实际结合的效果。

在课程内容建设过程中，授课团队也不断与学生进行沟通，听取学生的反馈意见，逐步提升实验课堂的教学效果，长期课程的学生评价都是优良。并多次作为外单位参观的展示项目，与诸多单位进行交流和讨论。

并且随着课程思政建设的工作展开，教学团队在实验过程中，也不断融入相关的行业小故事，典型人物和事迹，通过与学生的互动交流，潜移默化地融入航空报国的思政理念。

4 结　论

(1) 实验课程要增加自主设计的内容，在培养学生的掌握实验研究基本方法的同时，提高学生的分析能力和工程认识，潜移默化地培养学生的自主创新的能力。

(2) 通过自主实验的课程内容建设，在培养学生理论联系实际和适应科技发展的综合应用能力等方面具有积极的促进作用。

(3) 实验课堂也可以穿插和融入课程思政的内容，且因实验课堂师生互动频繁，更易取得比较好的成效。

本实验课程建设从内容设计初期，是为了实现理论课与实验课的结合，并从自主实验的角度出发，结合国内外相关实验课程的特点，设计了此实验项目。后期为了突出自主实验的目的，结合航空发动机内叶轮机的专业特点，不断从内容上和测试仪器上加以改进，采用理论与实验相结合，课本与工程相结合的设计方法，为航空航天类实验实践课程的普遍设计提供一种建设思路，可为相关高校专业实验项目设计提供方法借鉴和参考。

参 考 文 献

[1] 常国良. 试从“五育并举”看蔡元培融通中西的教育思想[J]. 青海师专学报. 教育科学，2004(06)：220-221.

[2] 岳晓东. 大学生创新能力培养之我见[J]. 高等教育研究，2004(01)：87-94.

[3] 张鹏，于兰，刘助柏，等. 高校大学生创新能力培养现状及对策研究[J]. 大学教育科学，2005，000(003)：50-53.

[4] 王光义. 实验教学理念与创新能力培养[J]. 实验室研究与探索，2008(08)：76-78.

[5] 胡仁杰. 营造开放的实验教学环境，开展开放式自主实验教学[J]. 实验室研究与探索，2006(07)：822-826.

[6] 李天安，傅英姿. 学生自主实验教学模式探索[J]. 西南师范大学学报（自然科学版），2002(02)：290-292.

[7] 舒士甄. 叶轮机械原理[M]. 清华大学出版社，1991.

[8] 王秀敏. 大学物理实验课程教学中课程思政的实践与探索[J]. 教育现代化，2019(48).

[9] 陈庆，夏明兰，王桂娜，等. 自动控制原理课程实验中的思政教学[J]. 现代教育论坛，2020，3(10)：32-33.

北航空气动力学专业科研课堂尝试与思考

周越[1,2]　吕浩宇[3]　潘翀[1,2]　胡天翔[1,2]

(1. 北京航空航天大学 航空科学与工程学院，北京　100083

2. 北京航空航天大学 空间与环境学院，北京　100083

3. 流体力学教育部重点实验室，北京　100083)

摘　要： 将科研实力和科研成果反哺教学是教育部的明确要求，也是高等学校人才培养的重要课题和教学改革的方向。2020年北航开始试行本科生实验室课堂和科研课堂教学体系。本文介绍了北航空气动力学专业将最新科研成果转化为本科实验教学课程，同时将专业性强的科研实验引入本科不同年级，研究针对不同专业本科生的教学方法，尝试建立本科生"认知—实践—创新"的实验教学新模式，并将该模式制度化。通过讨论该教学模式的特点与不足，为探索高等工科本科实验教学模式的改进和发展提供经验。

关键词： 高等教育；教学模式；科研成果；实验教学；创新模式

1　引　言

北京航空航天大学(以下简称北航)积极响应教育部2019年《关于深化本科教育教学改革全面提高人才培养质量的意见》和2020年《未来技术学院建设指南(试行)》两个文件精神，充分利用学校科研方面的优势，大力推进科研项目服务本科生的实验实践教学改革。先后开展了科研实验室面向本科生开放、省部级科研成果转化为本科实验室课堂教学模块及最新科研成果转化为本科科研微课堂的教学尝试。

北航于2018年就已经开始试行校内48个省部级重点实验室面向本科生开放。以本科生实验室实践活动为导向，开展了77项科研实验面向本科生的开放项目，全校共有277名本科生参加，经过几轮的实践，取得了相应的效果和丰富的经验。

针对优秀学生，北航在本科二、三年级设有科研导师制度。积极鼓励学生进入实验室进行科研实践和科技创新。由于学校缺乏有效的制度保证及对教师的激励机制，科研导师制度难以惠及更多的学生，难以实现规模效应。从2020年开始，北航建立了专门以科研反哺教学为目的的实验室课堂及科研课堂教学体系。实验室课堂是探索将省部级科研成果转化为本科教学实验的初步尝试。学校有组织地安排各重点实验室将获奖科研项目转化为本科生教学实验，投入近300万元人民币建设必要的教学设备及设立教学研究项目。科研课堂将更多的最新科研成果转化为本科教学实验，是实验室课堂的深化和推广。促进更多本科生参与科研项目，用科研辅助教学，使本科生直接触及高新技术领域，训练、培养思维活跃的年轻创新人才。

2　空气动力学专业本科实验教学改革尝试

北航航空科学与工程学院空气动力学系(流体力学研究所)经过近70年的发展,建有计算流体力学国家实验室、流体力学教育部重点实验室、航空气动声学工业进而信息化部重点实验室及粉体技术研究开发北京市重点实验室。在流体力学和空气动力学领域科研人才、资源、项目、成果极具优势。六十多年来始终将"研究空气动力学基础前沿、服务国家航空航天战略需求"作为学科定位,研究方向和发展重点始终瞄准国际航空航天领域的最前沿,研究水平国内领先、国际一流,有力地支撑了北航航空宇航科学与技术、力学学科等双一流学科的建设和发展。为响应本科生实验实践教学改革,空气动力学系下辖各实验室于2018年起参与了基于科研课堂等的一系列本科实验教学模式的改革尝试。科研课堂以省、部级科研成果及教师的最新研究项目和研究成果转化为本科教学实验为目的,是进一步推进实验教学改革的又一尝试。

在将科研成果转化为本科实验的基础上,研究将专业性强的科研实验介绍给不同年级、不同专业本科生的教学方法,尝试建立本科生"认知-实践-创新"的实验教学新模式。

科研课堂的教学力求做到分级施教。针对低年级本科生,以了解实验室定位、学科专业发展、最新研究方向、代表性研究成果及当前学科交叉融合情况为主。针对高年级本科生则需要从参观交流演进到项目研讨,从认知实验环境演进到科学研究探讨,从简单地看到实验现象和结论演进到思考、调研并做出研究方向的文献综述报告,使学生全方位地沉浸到科研的实践中,激发其对科学研究的兴趣,培养科研素养,找到自己感兴趣的专业方向。以逐级递进的方式分层次、模块化地设置实验内容,使学生尽早了解最新的科研成果、科研方法和实验手段,体会学科交叉融合性。

空气动力学系的科研课堂由25个科研微课堂组成。每个微课堂针对教师指定学院的二、三年级本科生开放选课。微课堂授课内容均有专业针对性,内容涉及流体力学和空气动力学研究前沿、最新学科交叉融合的研究成果,从空气动力学模拟实验到数值实验,涵盖基础研究及工程应用,具体微课堂开设数目情况如表1所列。

表1　空气动力学系科研微课堂开设情况

实验室名称	数量
国家计算流体力学实验室	8
流体力学教育部重点实验室	8
航空气动声学工业和信息化部重点实验室	5
粉体技术研究开发北京市重点实验室	3

教师把已试验成功的科研实验转化为本科生的科研微课堂课程,编制有适合本科生的实验目的、实验步骤和实验要求,使本科生从中体会科学研究的基本过程,科研思路、研究方法等。课程的评价标准根据学生参与度由教师认可,选课采用学生和教师双向选择的方式。

3　科研课堂教学组织形式

空气动力学系由各重点实验室共同组成教学团队。将选出的省、部级科研成果及教师最

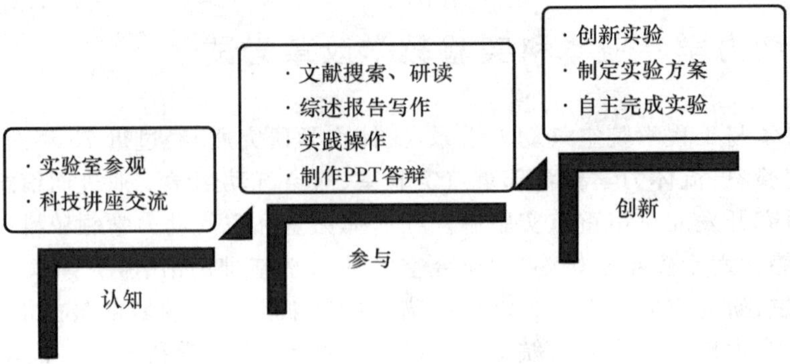

图 1　科研课堂的教学思路

新科研项目、研究成果转化为能充分体现学科前沿及交叉融合性的教学实验，开设科研微课堂，每个微课堂为 32 学时，2 学分。微课堂内容根据研究内容设定，面向全校二、三年级本科生开放选课。并根据科研和人才培养的规律和特点，采用小班化教学模式，每个微课堂学生最多 4～6 人。

科研课堂是某些学院开展的试点实验教学模式。根据选课学生是不同年级和专业本科生的实际情况，对课程模块进行教学内容和教学方法的细化，尽量做到使所有选课学生都能够参与到实际操作中并有所收获。教学内容：认知学科特色，参与设定的实验项目，在教师提供的创新平台上产生创新思维、完成创新实践等三个层次。教学方法是从易于操作的动手实践环节引入相关的基础理论知识，尽量减少冗长的理论讲授，多以学生能够直接体会的趣味操作形式介绍与实验相关的理论知识，逐步引导学生深入思考，培养学生独立深入思维的能力。

教学团队按开设新课程要求为科研课堂设置具体的教学大纲、有特色的教学方案和独特的评价体系。航空航天类科研课堂选课学生近 150 人。

4　科研课堂实施情况和教学效果

科研课堂已于 2021 年春季学期正式开课。学生对空气动力学系科研课堂的实验微模块选课热情非常高，很多学生直接联系开课教师，了解课程相关情况。针对所有选课学生，教学团队经过学生与教师双向选择机制进行了认真筛选，确定每个微课堂约 4～6 名二、三年级本科生入选。因空气动力学系的科研课堂教学方案、教学方法是由相应实验室组织教学团队经过细致研究分析确定的，所以学生在明确的实验目的、设备、材料、步骤和实验要求指导下进行实验操作；在教师带领下，认知学科特点，了解学科发展状况；以小组为单位亲自动手按详细的实验指导手册逐步自行完成实验；自行查阅文献资料，系统了解本项目的研究现状，写出相关研究领域的综述报告及研究报告，最后自制 PPT，完成研究报告答辩。学有余力的学生还提出了创新设想或完成了创新实验。选课学生全部顺利完成了预订的教学任务。

科研课堂上课时间不固定，由学生与教师共同协商确定，每课时长度根据具体授课内容确定。学生非常喜欢授课过程中设置的各种动手实践环节，对设定的课程模块也非常感兴趣，出勤率和课堂参与度均达到 100%，对空气动力学系开设的科研课堂的教学评价也非常满意。

根据 2021 年暑期对科研课堂教学工作及效果的总结，学生的反馈非常积极，对此类课程的需求度很高，学校决定继续科研课堂的教学形式，在北航更多的学院继续开展科研课堂教学形式的尝试，且每学期都开设科研课堂。

学生对科研课堂选课、教学等方面的意见反馈见下图：

(1) 影响学生选择科研课堂微课题的因素统计如图2所示；

(2) 科研微课堂上课过程中遇到的困难和问题统计如图3所示。

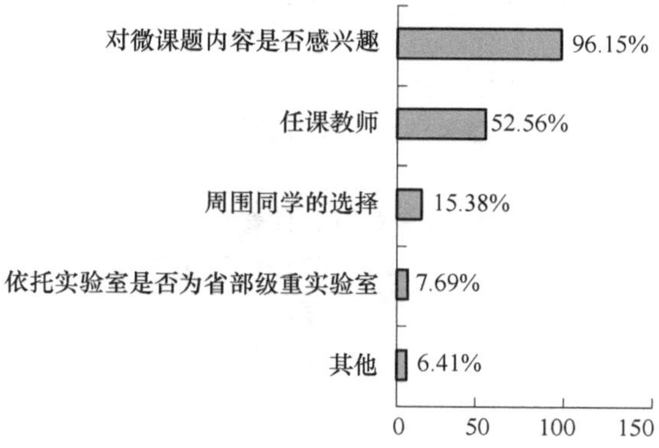

图2　影响选课因素

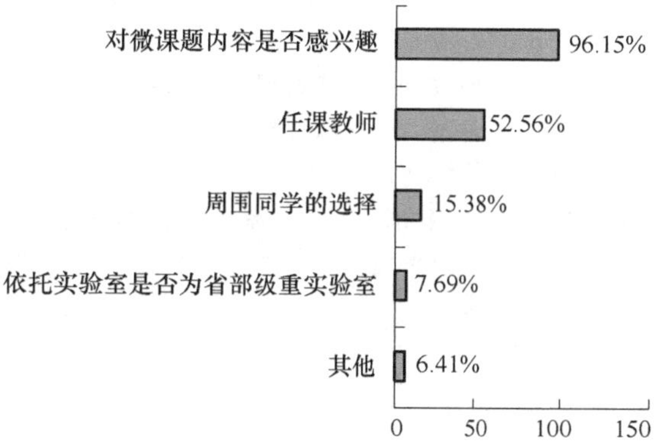

图3　遇到的问题和困难

5　思考与总结

本文结合北航空气动力学专业近年来在本科实验教学方面的实践，介绍北航空气动力学系高等工科实验教学模式的探索，为今后本科生实验实践类教学模式改进和发展提供经验。

本科生的实验教学改革，教师需在课程设置、讲解方式、方法、实验设置等多方面充分考虑低年级本科生专业基础知识的不足，课程准备等工作丝毫不亚于新开一门理论课程，甚至比新开设理论课程需要考虑更多的因素。但学校并没有在相应的教师工作量考核机制和职称评价体系中有所体现，所以教师投入的热情有限。

部分学生对科研课堂提出了意见或建议：希望选课前增加微课堂内容介绍的推送；感觉每周的学时有些多，有些同学感觉课时太短，希望增加更多实操性内容；个别学生不习惯科研引领的授课方式，希望制定明确具体的授课内容和考核内容；极少数学生感觉难度较大，希望降低难度。

所有实验教学改革课程，学生在没有教师陪伴的独立查阅文献、撰写综述报告、研究结果汇总分析等环节明显表现不佳。对研究结果的总结分析明显缺乏思路，总结归纳后综合、深入分析问题的能力及独立思考能力明显不足。甚至已有一定专业知识背景的三年级本科生，运用专业知识分析研究结果的能力也明显不足，可能是入大学以前的学习方法及入大学后的学业压力，导致无法仔细体会和深入认识相关理论知识导致。

关于科研课堂未来的改进措施，提出以下几点建议：(1)因科研试验与教学实验针对的主体不同，实验实践类课程需要充分、精心地做好课程准备工作，必要时学校应提供一定的资金支持，用于必要的且便于教学的实验设备购置和实验室安全设施的配备、购置必需的实验耗材等，保证学生的上课安全；(2)为达到预期的教学目的，科研实验实践类课程应在学习压力较小的年级或时段开设，甚至可以实践活动的形式利用暑假或寒假进行；(4)根据高校实验实践类课程特点，将本科生实验实践类教学改革课程工作量合理计入教师工作量考核和职称晋升评价机制中，同时对选课学生也要制定相应的奖励机制，进一步调动学生参与的积极性。

参考文献

[1] 张华，潘晓丽，郭辉，等. 依托学科优势建设有特色的流体力学教学实验体系[J]. 力学与实践，2007，29(4)：77-79.

[2] 刘沛清. 空气动力学研讨课建设的探索与实践[J]. 力学与实践，2016，38(1)：87-89.

[3] 郭昊，刘沛清，屈秋林，等. 基于创新实践理念的空气动力学课程教学体系建设[J]. 世界教育信息，2011(1)：45-51.

[4] 周越，潘翀，刘沛清，等. 航空工程创新型实验实践教学体系探索与实践[J]. 科教导刊，2020(35)：109-111.

基于产学研一体化的人机工效实验课建设

完颜笑如　钱春颖　刘双　陈浩　梁超然
（北京航空航天大学 航空科学与工程学院，北京　100083）

摘　要：本研究将“产学研一体化”这一理念重新释义后引入并聚焦到传统人机工效实验课的教学模式探索中，以北京航空航天大学航空科学与工程学院研究生人机工效实验课为教学实践载体，研究探讨“产学研一体化”在人机工效实验教学中的理念内涵、应用方法与实施效果。同时，本项目通过开发新型“人机工效实验课共享性与智能化平台系统”，对人机工效实验课的共享性教学与智能化研究方法进行实现。本研究有助于为人机工效实验课教学提供新的教学模式经验与优化设计建议，同时也可有效带动人机工效专业研究生的科研培养工作，以及提升企业的研发能力与市场竞争力，具有较好的应用与推广前景。

关键词：产学研一体化；人机工效；教学理念；教学案例；人工智能

人机工效学是一门工程实践特色非常突出的学科，一直以来，开展人机工效实验即是发现人机工效学科学问题、探究人机工效科学规律以及推动人机工效学科进步的重要技术手段之一。北京航空航天大学作为侧重工科优势、注重理论与实践相结合的高校，工科类实验在研究生教学与培养工作中历来占有重要比重。在北京航空航天大学面向人机与环境工程专业的研究生培养课程体系建设中，人机工效实验也被明确定位于专业实践类课程。以航空科学与工程学院的研究生人机工效实验课为例，根据教务处提供的研究生选课信息，近三年来，该门课程的选课人数均稳定保持在40～60人之间，选课学生表现出很高的学习热情。但结合近十年来人机工效实验课的授课情况，发现传统的人机工效实验课建设尚存在下述突出问题。

首先，往年授课中部分内容受实验支撑条件的限制简化为演示性教学，教学效果受到明显影响。作为一门实践类课程，人机工效实验课通常需要选课学生以主试者或被试者的身份完成实验实施过程。以北京航空航天大学人机工效实验课为例，学生需要根据下发的实验任务书在飞行仿真实验平台上完成起飞—巡航—降落的飞行模拟过程并借助人机工效测试设备开展主观评价、飞行绩效评价与生理测量评价。整个实验过程较为复杂，学生独立完成或结组完成均存在较大难度，往往须借助教师或助教的大量现场辅助指导工作。而在选课人数通常较多的情况下，因授课教师与课程配备的助教人数有限，导致授课压力较大，部分教学内容不得不由实操性简化为演示性，从而在很大程度上影响了课堂的教学品质。

其次，实验课所需实验测试设备更新速度通常较为迟缓。随着科技进步，先进的测试设备、测试手段与数据分析技术都在发生着快速变革，例如，眼动仪已从早期的接触式发展到红外非接触式，从屏幕固定式发展到轻便的眼镜移动式；脑电仪从湿式电极发展到干式电极；飞行模拟显控界面从传统的分离型多屏显示发展到平视显示、大屏显示、触屏显示、合成视景显示、增强视景显示等；实验后期的人体生理数据分析技术也由早期的单通道事后独立分析发展到多通道实时在线融合分析等。人机工效实验课的顺利开展高度依赖于实验测试设备的支撑，而高校用于教学科研的测试设备因采购流程、经费支持、更替周期等多方面原因，难以做到及时更新，从而逐渐落后于当前先进的技术发展现状，限制了人机工效实验课的课堂教学效果与学生的课程体验。

此外，传统的人机工效实验课的课程影响力有限，实验数据利用率低。与其他常规的理论性课程（以教师讲授为主）相区别，人机工效实验课因需要学生实际动手操作，因此通常不会借助公开的网络平台进行教学分享，从而导致课程的影响力较低，难以形成推广优势，也无法从更为广泛的渠道及时获得反馈与成长。同时，由于以往该门课程仅定位于完成基本的教学任务，因此对于每届学生实验操作所形成的大量人体测量数据并没有开展深入系统的整理与分析挖掘工作，随着每届课程的结束，这些数据信息随之失效，从而对课程所形成的间接科研资源造成浪费。

党的十九大报告指出，建设教育强国是中华民族伟大复兴的基础工程，必须把教育事业放在优先位置，深化教育改革，深化产教融合、校企合作。产学研相结合，是科研、教育、生产等不同社会分工在功能与资源优势上的协同与集成。一直以来，产学研深度融合就是高校重要的办学理念之一，其多在由高校、科研院所、企业合作开展的科研项目中进行集中体现，并获得良好成效。产学研协同创新的概念最早始于美国，通常表现为高校与企业展开合作教育，“产—学”结合开展人才培养和科学研究合作。多项研究已证明，合作教育在提升学术成果以及培育人才市场方面的有效价值[1]。随着合作教育模式在美国的推广、成熟，有研究者提出将合作教学整合到课堂教学过程中、使用先进的技术来加强合作教育等建议[2-3]。国内许多研究者在分析借鉴国外产学研联合培养模式后，对国内“产学研一体化”建设也提出了许多积极建议。例如重视协同创新中心的建设、建设更为完备的产学研科技信息服务平台等设想[4-9]。然而，这一理念在传统的研究生教学过程中的应用则相对有限，存在产学研合作育人建设功能定位不够明确、重复性较高、机制建设不健全、政策落实不到位等问题。

因此，如何针对传统人机工效实验课存在的问题，与时俱进，通过构建良好的“产学研一体化”生态链，将先进的实验测试设备与实验测试技术借助产学研三方共赢模式引入研究生课堂教学与研究生科研培养工作中，同时推动人机工效实验课程的共享性与智能化建设，是本研究需要解决的问题。

本研究将“产学研一体化”这一理念重新释义后引入并聚焦到传统人机工效实验课的教学模式探索中，以北京航空航天大学航空科学与工程学院研究生人机工效实验课为教学实践载体，研究探讨“产学研一体化”在人机工效实验教学中的理念内涵、应用方法与实施效果。同时，本项目通过开发新型“人机工效实验课共享性与智能化平台系统”，对人机工效实验课的共享性教学与智能化研究方法进行实现。本研究有助于为人机工效实验课教学提供新的教学模式经验与优化设计建议，同时也可有效地带动人机工效专业研究生的科研培养工作，以及提升企业的研发能力与市场竞争力，具有较好的应用与推广前景。

1 基于“产学研一体化”的人机工效实验课教学模型研究

本研究对“产学研一体化”这一理念进行重新释义后引入人机工效实验课的教学理论与教

学方法研究中，其中：

(1)“产学研一体化”中的“产”指人机工效实验设备研发供应单位，其承担着先进人机工效实验测试设备的研发、生产、销售/代理、培训等任务，从而可为人机工效实验课相关教学内容提供先进必要的设备资源与技术支持。

(2)“产学研一体化”中的“学”指人机工效实验课教学，主要面向北京航空航天大学航空科学与工程学院人机工效实验课程的全体选课研究生，并可基于网络平台资源推广至对该门课程教学内容感兴趣的行业内/行业外其他广泛意义上的学习者。

(3)“产学研一体化”中的“研”指人机工效专业研究生课题科学研究，主要面向教学团队所在课题组的硕士研究生和博士研究生，他们同时在人机工效实验课中担任助教任务，同理也可基于网络平台资源推广至对该门课程研究内容感兴趣的行业内/行业外其他广泛意义上的研究者。

基于“产学研一体化”的人机工效实验课教学概念模型如图 1 所示，该理论模型的内涵包括下述几个层面：

首先，“产”方是该协同育人模式的软硬件条件输入方，在同教学团队沟通后，协助提供适合于人机工效课程教学内容的先进实验测试设备，以及辅助提供先进的实验测试技术建议。“研”方(教学团队所在课题组的硕士研究生与博士研究生，担任实验课助教)与“学”方(选课研究生)是该协同育人模式的交互核心，双方合作共同完成人机工效实验课的教学活动，包括构建先进的实验测试环境、形成先进的实验设计方案、实验项目具体实施以及采用先进的数据处理方法完成实验数据处理。

在上述过程中，实验方案的设计可以同课题组研究生的研究课题需求进行结合，由课题组研究生担任助教，并引导实验过程的实施。选课研究生则可以作为实验主试或被试学习体验全部实验过程。这样一方面提高了“研”方参与教学活动的热情，可以配合授课教师提高多人选课操作的人机工效实验课的授课精细度，即“以研带学”；而另一方面，因实验课内容与研究生的研究课题有所结合，所以同时也以教学活动带动提升了课题组研究生的科研培养工作，即“以学助研”。这一点在需要多人作为被试的人机工效实验研究中体现得更为明显。

在基于“产学研一体化”的人机工效实验课教学模型中，输出目标为产学研三方互动共赢。其中，对于“学”方，该协同育人模式有助于在完成实验课基本教学要求的同时，优化人机工效实验课的课堂教学效果；对于“研”方，该协同育人模式有利于研究生完成课题研究任务，提升研究生的科研成果水平；而“产”方则可通过“学研反哺”深度参与到人机工效实验的教学与研究过程，及时获取实验测试需求与测试效果反馈，从而完善自身设备测试功能的优化升级，增加市场竞争力。

需要说明的，在上述教学模型研究框架中，“学”方和“研”方均不限于校内学生，可以基于人机工效实验课共享性与智能化平台系统拓展到行业内外对该门课程教学内容与研究内容感兴趣的更广泛意义上的学习者与研究者，以此扩大课程影响力、形成推广优势、拓宽反馈渠道，推动实验课程设计和智能化平台系统进一步优化。

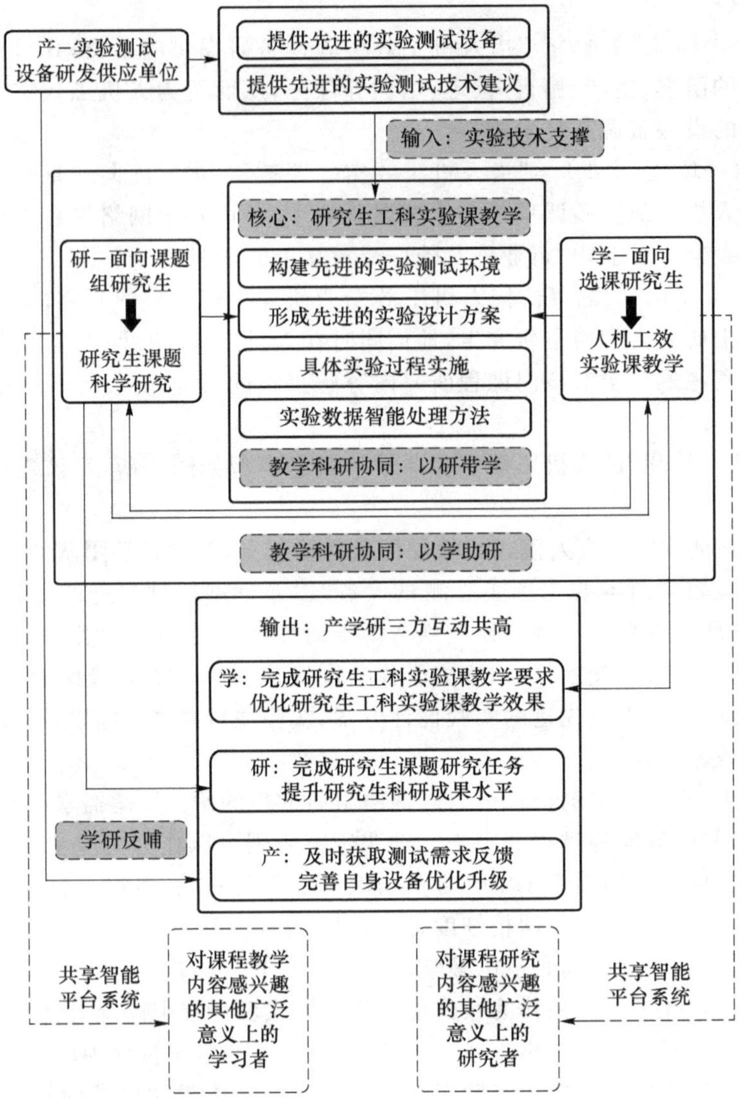

图 1　基于“产学研一体化”的人机工效实验课教学概念模型

2　基于“产学研一体化”的人机工效实验课共享性与智能化平台系统开发

基于“产学研一体化”的人机工效实验课教学概念模型，进一步开发了新型人机工效实验课共享性与智能化平台系统，如图 2 所示。该平台系统主要包括人机工效实验课共享性教学平台系统以及人机工效实验课智能化研究平台系统。

2.1　共享性教学平台系统开发

传统的人机工效实验课通常局限于教学实验室和有限的选课学生，难以借助网络平台进

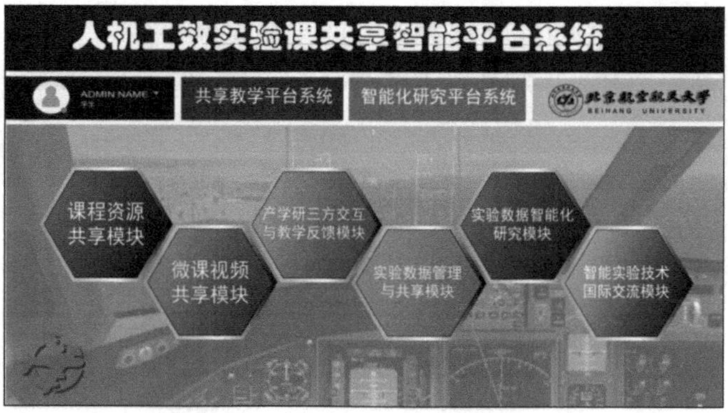

图2　人机工效实验课共享性与智能化平台系统

行教学推广。针对这一问题，本研究开发了共享性教学平台系统，基于网络平台这一优质资源将课程内容进行更大范围的推广并及时获取有效反馈。选课学生以及更多的行业内外对该门课程教学内容感兴趣的学习者均能够通过共享性教学平台系统参与到整体的互动教学过程中，从而有助于改善课堂教学效果，增强课程影响力，拓展课程的行业视野。共享性教学平台系统共包括六个模块，即课程概况介绍模块、实验入组与观摩预约模块、课程资源共享模块、微课视频共享模块、产/学/研三方交互模块、教学反馈与评估模块，各模块内容设计如下。

课程概况介绍模块用于对课程基本信息与基本要求进行介绍，具体包括：人机工效实验教学大纲工作界面、人机工效实验教学模块工作界面、教学改革项目支持情况工作界面、共享智能平台使用说明工作界面、教学团队介绍工作界面、实验选课与实验观摩注意事项工作界面等内容。

实验入组与观摩预约模块用于选课学生的实验入组与实验预约，以及非选课学生的现场观摩预约。对于选课学生的实验入组与实验预约，系统将根据实验项目以表格形式设定好可选的实验项目名称、可选择的实验时段以及选课学生在本次实验中所担任的角色（如主驾角色、副驾角色）。之后选课学生可以根据系统空额情况自主选择希望参与的实验项目并预约实验时段和实验角色。对于非选课学生的现场观摩预约，有兴趣以及有条件进行实验课现场观摩的其他非选课学生或其他学习者可以根据系统设定的观摩时间（配合实验时段进行设置）和观摩人数信息进行提前预约，并根据预约时间来实验课现场进行观摩学习。

课程资源共享模块用于基于网络平台进行课程前教学资源的分享。通过该模块，学生可以对本次实验课的教学内容与教学要求进行查询和课前预习。该模块主要包括实验任务指导书工作界面、模拟飞行大纲工作界面、人机工效实验课电子教案工作界面、实验报告撰写要求工作界面等内容。

微课视频共享模块用于基于网络平台进行课程中教学资源分享，包括录制与课程内容紧密相关的教学视频（如眼动追踪系统教学视频、脑电采集系统教学视频、飞行模拟平台教学视频等）。同时，微课视频共享模块还包括对选课学生的现场实验操作所录制的视频，从而便于选课学生进行实验内容的回顾复习，也供没有机会亲自参与实验课的学生或其他学习者更直观地查询了解实验实施过程，如图3所示。

教学效果反馈与评估模块构建教学效果满意度评价指标体系，具体包括5个评价指标："总体来说，学习这门课程很有收获"；"总体来说，我对教师的教学表现很满意"；"我理解了这

图 3　某组选课学生的现场实验操作视频

门课程的内容，掌握了相关的概念、理论、应用和最新进展”；“这门课程注重思维训练，使我的创新意识有所增强”；“这门课程注重能力训练，使我分析问题和解决问题的能力有所提高”。教学效果反馈与评估模块指标体系被外化为可供学生填选的主观评价量表，在人机工效实验课程结束后，选课学生可基于该模块对本次人机工效实验课的实施效果进行分级量化评价，该模块将根据内置的数学评价模型给出选课学生对各评价维度以及综合满意度的评价结果。通过该模块，“教学团队能及时获得教学评价，并根据反馈结果进行教学模式的敏捷式调整。

2.2　智能化研究平台系统开发

智能化研究平台系统的开发目的在于充分利用实验资源。以往的人机工效实验课因主要面向教学需求，因此由实验课测试所获得的实验数据仅用于学生撰写实验报告，而在课程结束后，这些实验数据也随之废弃。为充分利用本门课程所形成的间接资源，发挥课程独特优势，本研究开发了智能化研究平台系统。该平台系统利用人机工效实验课所获得的大量人体生理、心理测量数据，借助机器学习等智能化计算算法，开展深层次的人机工效基础与应用研究。实验数据将面向产、学、研三方开放共享，通过三方联合协作研究，发挥各自优势，推动人机工效科研水平的提升和科研成果的形成。智能化研究平台系统包括三个模块，即实验数据管理与共享模块；实验数据智能化研究模块；智能实验技术国内外交流模块。各模块内容设计如下。

通过实验数据管理与共享模块，对人机工效实验课测试所获得的不同类别的实验数据进行分类别存储与管理，并支持产、学、研三方访问共享。实验数据类别包括：被试基础个人信息，如性别、年龄、职业、左右利手等，部分如被试姓名等隐私信息不支持对外开放；飞行操作绩效数据，如反应时间、正确操作率、飞行姿态偏差、误操作率等；各类主观评价量表数据，如工作负荷评价量表数据、疲劳评价量表数据、情绪评价量表数据等、情境意识评价量表数据等；多维度生理数据，如脑电数据、眼动数据、呼吸数据、皮电数据、心电数据等，如图 4 所示。通过进一步建立数据标签以便于开展后续的实验数据智能化研究。

实验数据智能化研究模块用于构建一个面向人体测量数据的智能化研究方法交流平台，核心目标在于对与飞行任务相关的人的作业能力和作业状态进行评估，以期应用于飞机智慧座舱的设计中。产、学、研三方可充分利用人机工效实验课所采集到的人体测量数据，基于数据智能化分析技术，综合运用多种智能算法开展人机工效基础与应用技术研究。基于该模块平台，产、学、研三方可积极开展算法算例的交流分享以及联合推进科研成果的形成与落地转

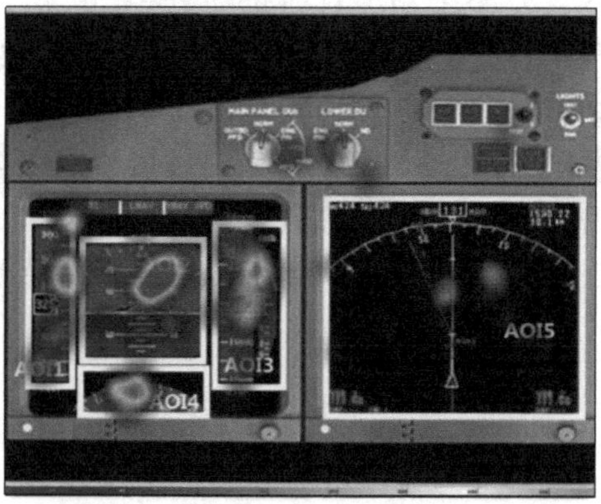

图4 某名被试在飞行模拟条件下的注视热区图

化。所关注的研究内容范围包括:构建多分类人体测量数据基线数据库、不同注意力分配模式判别研究、不同脑力负荷/疲劳水平判别研究、不同情境意识水平判别研究、人员作业能力评估与培训策略优化等。

为促进人机工效实验研究与人工智能技术的交叉融合,进一步建设了智能实验技术国内外交流模块,从而可为人机工效实验测试技术与智能研究技术提供一个教学交流与科研分享平台。该模块主要用于发布与国内外教学团队、科研团队所开展的交流活动,以对所形成的人机工效实验测试技术、智能数据分析技术方面的研究成果进行交流分享。交流分享的方式包括发布线上会议、线下会议、实验室实地参观等学术活动所形成的会议报告、技术报告、交流视频等多种形式。

3 基于"产学研一体化"的人机工效实验课实践成效分析

本研究以一轮次的人机工效实验课为研究对象,采用"产学研一体化"的协同育人模式,基于人机工效实验课共享性与智能化平台系统,开展了人机工效实验课的教学实践与科研实践研究,并获得下述成效。

(1) 通过"以研带学"提高了人机工效实验课的教学水平。通过开发并应用新型人机工效实验课共享性平台系统,使选课学生以及行业内外对该门课程教学内容感兴趣的广泛意义上的学习者均能够实时参与到整体的互动教学过程中,实现课程内容更大范围的推广与反馈,从而增强了课程影响力,拓展了课程的行业视野。实施效果表现为选课学生对本次实验课的教学评价较往年有较为明显的提升(本次人机工效实验课教评各项指标评优率均超过95%,而往年各项指标评优率不足90%),选课学生与授课教师产生了良好的教学互动,学生普遍反映学习积极性高,学习体验好。

(2) 通过"以学助研"推动了人机工效专业研究生的科研培养工作。通过开发并应用新型人机工效实验课智能化平台系统,充分利用人机工效实验课所获得的大量人体测量数据这一附加资源,基于机器学习等智能技术,联合产学研三方开展了较为深入的人机工效基础与应用研究,推动了人机工效科研水平的提升和相关科研成果的形成,同时注重拓展智能人机工效实验研究的国际化视野。实施效果表现为基于人机工效实验课所获得的实验数据,围绕飞行员脑力负荷与情境意识判别方法，发表了相关科研论文[10-11]，申报了相关发明专利。这些科研成果的形成，也对人机工效专业研究生的培养与顺利毕业起到了积极的促进作用。

(3) 通过“学研反哺”提升了企业的研发能力与市场竞争力，实现了产学研三方互动共赢。本项目在教学实践过程中获得了合作单位北京津发科技股份有限公司研究团队所提供的先进实验设备(ErgoLAB软硬件平台)的支撑，并在使用过程中对实验设备的数据采集指标、采集性能、数据分析能力等有了较为深入的使用体验，相关设备使用感受与可能的改进建议均已反馈设备研发单位北京津发科技股份有限公司，从而有助于推动相关实验设备的优化升级与市场竞争力。

致　谢

本研究受到教育部高等教育司“人因与工效学”产学合作协同育人项目“基于“产学研一体化”的智能人机工效实验课建设”的资助。

参 考 文 献

[1] Blair, BF., Millea, M., Hammer, J. The Impact of Cooperative Education on Academic Performance and Compensation of Engineering Majors[J]. Journal of Engineering Education. 2004, 93: 333-338.

[2] Rizzi, V., Pigeon, C., Rony, F., et al. A reflection on cooperative education: from experience to experiential learning[J]. Asia-Pacific Journal of Cooperative Education, 2007, 8(1): 67-76.

[3] Wild, S., Alvarez, S. Cooperative Education in the Higher Education System and Big Five Personality Traits in Germany[J]. International Journal of Work-Integrated Learning, 2020, 21(1): 37-49.

[4] 李永涛，苏晶，朱靓，张学建. 产学研结合实践育人机制的研究[J]. 吉林省教育学院学报，2019(01): 96-99.

[5] 陈恒，初国刚，侯建. 国内外产学研合作培养创新型人才模式比较分析[J]. 中国科技论坛，2018 (1): 164-172.

[6] 陈恒，初国刚，侯建. 产学研培养创新人才培养效果影响机理[J]. 科研管理，2018(04): 124-131.

[7] 郭卫云. 产学研合作培养应用型人才途径探析[J]. 中国科技资源导刊，2014(06): 97-100.

[8] 李伟铭，黎春燕. 产学研合作模式下的高校创新人才培养机制研究[J]. 现代教育管理，2011(05): 102-105.

[9] 郑海鹏，包晓琳. 产学研一体化教学模式在高职动漫专业中的应用[J]. 高师理科学刊，2018, 38(12): 80-83.

[10] 张洁，庞丽萍，完颜笑如，陈浩，王鑫，梁晋. 基于脑电功率谱密度的作业人员脑力负荷评估方法研究[J]. 航空学报，2020, 41(10):1-8.

[11] Qu Hongquan, Shan Yiping, Liu Yuzhe, Pang Liping, Fan Zhanli, Zhang Jie, Wanyan Xiaoru, Mental Workload Classification Method Based on EEG Independent Component Features. Appl. Sci., 2020(9), 10: 3036.

飞行器适航专业研究生综合实验教学探索

唐鹏　刘晓锋　张艳来　白江波　陈海兵
（北京航空航天大学 交通科学与工程学院，北京　100191）

摘　要：针对航空器适航技术综合实验研究生必修课开展教学探索和实践。结合适航专业教学特点和现状，在教学内容方面，设定失速特性和极限载荷两个典型适航条款为核心实验内容，体现了适航技术专业系统综合的特征，并且通过自主设计实验着重培养学生的创新能力。在教学模式方面，引入分组设计实验和研讨式教学等方式，获得了师生的一致好评，培养了学生一专多能的全面专业素质。今后还将加强实验设备和教学模式建设，为我国大飞机专项等重点工程培养具有创新精神和实践能力的高级适航技术专业人才。

关键词：飞行器；适航；研究生；分组实验；研讨式教学

2020 年 7 月的全国研究生教育会议上，习近平总书记强调："研究生教育在培养创新人才、提高创新能力、服务经济社会发展、推进国家治理体系和治理能力现代化方面具有重要作用[1]。"在科技前沿和关键领域上，培养具有创新精神和实践能力的高级专门人才也正是教育法中规定的高等教育任务[2]。

飞行器适航技术专业正是面向我国大飞机专项这一关键领域应运而生的新兴专业，我国各个航空专业高校都在积极为国家培养具有扎实的基础理论知识和工程实践能力，掌握航空专业知识、适航法规、适航验证与审定技术以及适航工程管理等理论和工程实践能力的高级技术人才[3-6]。特别是在研究生培养中，涉及飞机/发动机在气动、结构、控制等多个专业方向，也对学生的实践能力提出很高要求。结合北航深厚的飞行器设计底蕴，在培养飞行器适航专业研究生时更加突出了适航性设计与综合能力，尤其是对学生实践能力的培养至关重要，为此设立了航空器适航技术综合实验研究生必修课[7-8]。

为了在实验课程中更加突出对学生创新能力、实践精神和团队协作意识的培养，针对适航学科特点和研究生现状，课程团队在实验教学内容、教学模式上开展探索与实践，取得了研究生及导师满意的教学成效。

1　适航专业实验课程面临的挑战

在我国大飞机专项背景下，教育部在 2009 年批准北京航空航天大学新增设立了"航空器适航技术"专业，率先在高等院校培养适航技术与管理方面的高素质人才，2012 年国家高等院校本科专业目录修订后，作为特设专业，更名为"飞行器适航技术"。北航在十余年的适航专业培养体系建设过程中，逐渐形成了具有特色的本科、研究生课堂教学体系，在此基础上通过汇集建设资源，专业实验教学平台也取得长足进步。但是研究生的适航专业实验课程仍然面临着以下挑战：

（1）研究生对飞行器的系统综合技术特征认识不足。飞行器适航技术专业强调培养学生的对多个专业领域知识的系统综合能力，针对研究生所研究问题的专业领域，往往其导师能够给予指导。而适航标准则面向飞行器涉及的所有专业方向，单一专业的实验课程无法有效体现各个专业之间的系统关联，专门的系统安全相关课程内容又缺乏实践环节。

（2）适航技术专业研究生从事的研究方向相对分散。适航技术专业领域跨度较大，要培养研究生在气动、结构、控制等多个专业领域的专业技术能力，这给实验教学带来了困难。如果参照注重基础的适航专业本科生培养方案，按照各个方向针对所有学生分别安排实验教学内容，就会走向了“撒胡椒面”方式，影响整体培养效果。学生对于导师相关的研究方向的实验非常重视，而对于其他研究方向的实验课程明显丧失学习兴趣。

（3）传统实验课程内容相对固定，不利于培养学生创新能力。在气动、结构、控制等各个航空专业方向的专业实验课程内容相对比较固定，适合在本科阶段培养同学们对航空专业的基础认知能力。而如果将课程中的实验与研究工作结合过于紧密，又不利于多数同学的全面培养，如何兼顾实验课程培养的基础性和创新能力培养的创造性也是适航专业综合实验课程的挑战之一。

总之，从课程教学内容方面，适航技术综合实验既要全面覆盖适航规章各个主要分部的内容，又要突出研究生各自的研究方向特色，还要体现飞行器多个专业之间系统综合特征。从教学模式和具体教学实施方面，如何将多个研究方向的教学内容与每个研究生所选择的研究方向有机结合起来。以上这些都是飞行器适航技术专业实验教学课程开展所面临的挑战。

2 实验内容设置

为了全面提升研究生培养质量，应对上述挑战，在教学内容方面，面向我国大飞机专项的重大需求，设定了适航条款中 25.203 失速特性和 25.305 极限载荷两个典型条款的符合性验证实验作为课程的两个实验内容。并且根据符合性验证实验的要求学生开展实验中安全边界的分析计算和实验设计工作，研究生们结合自己的研究方向选择其中之一开展分组实验，如图 1 所示。

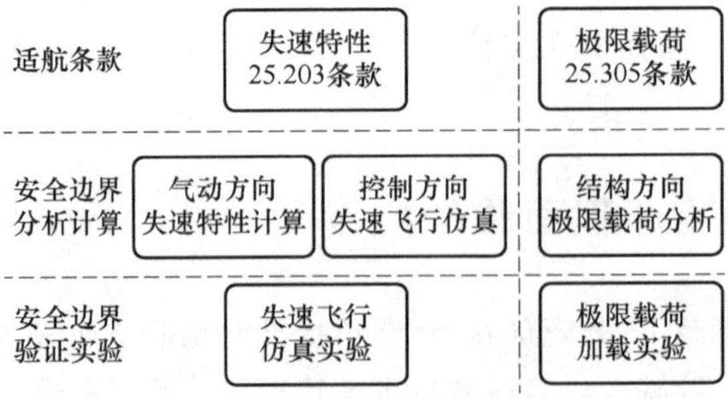

图 1　实验内容与学生研究方向的对应关系

失速条款的实验主要针对气动和控制方向，需要学生通过气动分析计算确认失速边界及气动特性，并且建立飞机/发动机的非线性模型，并进行操稳特性分析确定失速边界的动力学特性，按照失速特性条款的符合性方法要求，通过模拟器仿真实验进行失速特性的模拟。极限载荷加载实验主要针对结构研究方向，需要学生进行缩比机翼部件的结构设计和加工，根据其失效形式以及解算所得的极限载荷，并且按照符合性验证方法进行加载实验，并且将实验结果与计算结果进行对比分析。

2.1　从研究生需求出发

在设置实验课程内容时，以学生为中心，基于对学生真正需求的了解。北航飞行器适航技术专业研究生在导师的带领下主要从事气动、结构和控制等方向科研工作，针对适航规章中飞行分部、结构分部等规章涉及的适航技术开展研究，每名在选定导师的时刻开始就要在其中某一个方向尽全力开展研究工作。

通过对多名一年级研究生的调研表明，无论是学生的学习兴趣还是来自于科研工作的压力，每个研究生个体都不会有过多精力投入到所有方向的课程学习之中，而只会对与论文方向最为密切的课程内容感兴趣和全力投入。因此，在本课程的内容设置上，要体现飞行器适航技术专业的培养目标，而课程教学内容又不能面面俱到，照顾到每个同学的细分方向需求。

经过教研组的综合研讨和权衡，最终确定出适航综合实验课程上从规章涉及的航空技术专业，包括气动、控制和结构等三个方面的教学内容。结合适航技术实验室的实际情况，将适航规章中飞行分部的失速条款，以及结构分部中的极限载荷条款的符合性验证实验设定为本课程的核心内容。

2.2　掌握飞行器系统综合特征

现代飞行器作为人类创造得最为复杂的系统之一，在历经各类航空事故的痛定思痛之后，基于系统工程的安全性理论和方法得到广泛认可和应用，适航技术专业也因此具有了更加旺盛的生命力。

那么在研究生教学过程中更要从各个研究方向之间的有机关联，为学生讲授系统安全的知识，并且树立系统综合的思想意识，使“不谋全局者，不足谋一隅”的意识，成为每名适航技术专业研究生的专业基石。

传统航空技术专业往往是通过总体设计相关课程来了解各个专业之间系统综合特征，而适航技术专业则是要通过系统综合验证，来凸显飞行器系统综合特征，以及涉及飞机研制全流程的系统安全思想。

因此，教学内容上要突出适航条款中的安全性要求所体现的各个专业系统综合性和交互性，同时也让学生在实验过程中体会到这些要求对应的航空技术基础。为我国培养紧缺的具有系统综合能力的领军人才。

2.3　突出创新人才培养需求

以培养创新人才为目标的实验教学内容应突出研究和探索，而不是简单重复实验。在以适航规章中典型条款的符合性验证方法为实验内容主体的内容框架下，研究生能够按照规章中规定的符合性实验方法开展教学实验，只是达到了初级目标。

而更高层次的要求则是，研究生根据教师给出的背景飞行器特征，通过气动、控制、结构等多个方向的协同研究和探索,在课程期间自行确定飞行器失速和结构破坏的安全边界。结合实验室现有的人在环桌面仿真模拟、动基飞行模拟器、拉伸载荷试验机等实验教学设备,按照规章的符合性验证方法实施验证,并与研究生自行确定的理论安全边界值进行对比分析。

这样学生们既开展了本专业方向的理论计算,又进行了符合性验证试验设计。同学们能够较为完整地开展适航规章所要求的安全性边界的设计分析和符合性验证实验工作,在理论和实验结果的对比和分析中,研究生得到了科研能力的全面提升。同时,每届研究生所面对的飞机构型是不同的,这样确保了每名学生都是在开展创新性的工作,锻炼了学生的自主创新能力。

3 教学模式探索

为了达到培养技术过硬的航空领军创新人才的目标,结合课程内容设置和学生知识背景、学习需求等客观情况,分为气动、结构、控制等三个组开展分析和实验。同时为了充分调动同学们的积极性,展示各组实验的工作成果,引入研讨式教学模式,每个小组在课堂上充分展示自己的分析结果,根据各组之间的关联关系,相互设置和应答设计要求,从而使得各个小组之间密切协同推进,在实验课程中体会到航空器专业之间的系统综合特征,以及飞行器内在系统安全要求。

3.1 分组设计实验

按照研究生的专业方向设置3个实验设计小组,包括气动设计、建模控制、结构设计等专业,结合符合性验证实验内容,在课程开始时学生们就选定本人所在的小组,在课程中始终专注于本小组工作,并且需要根据本组实验进度与其他专业小组协调沟通。

气动设计组:从涡格法气动初步计算出发,确认总体气动布局,解算初步的气动设计参数和气动载荷,并且将此结果给结构和建模操稳组作为设计输入条件;在此基础上,利用 Fluent 软件构建三维网格气动计算模型,解算气动计算结果,重点是失速迎角附近的气动特性。

建模控制组:根据气动组计算的气动参数、结构组给出的重量特性构建飞机6自由度非线性模型,并且由负责动力装置建模的同学构建动力系统的适当精度模型,与飞机模型有机结合,能够模拟飞机6自由度运动。并且根据失速条款的符合性验证要求,根据桌面模拟器、6自由度动基模拟器等实验设备设计符合性验证实验方案。

结构设计组:根据气动载荷输入条件,开展结构总体设计,按照机身、机翼等各个飞机部件分别开展结构设计和强度校核计算,并且针对气动计算的极限载荷条件,结合结构试验设备条件构建缩比机翼模型,计算极限载荷条件,按照条款要求设计符合性验证实验,加工试验件后具体开展验证实验并且与计算的极限载荷条件加以对比分析。

研究生在分组理论分析的基础上,专注于本组的实验设计和分析,并且对其他小组的实验进行观摩。这种方式能够培养学生成为“一专多能”的人才,而且学生的系统综合、团队协作、技术交流等各方面能力都会得到明显提升。

3.2 研讨式教学

在课程进展的前半部分,学生按照小组开展规章中安全边界的分析计算,由任课教师为学生提供飞机总体设计基础参数，以及各个小组开展设计的必要输入条件。同时，为学生提供充足的参考资料，以便研究生们能够课下自主研究和学习。

在实验课上，每个小组分别针对各自的实验设计进展进行汇报。包括各个小组人员分工，开展实验设计时所需要的输入条件，实验方案的设计，以及实验基础模型和数据的分析计算等。在汇报之后任课教师和各个小组开展研讨，确定各个小组之间数据交互内容。而任课教师需要与每个小组单独研讨，帮助学生开展分析计算和实验方案设计等工作，以确保结论的正确性。

在实验课后，同学们为了能够在课上进行高效地研讨，也需要各自分头开展工作后，由各个小组长召集组内的课后研讨。梳理组内成员进展和遇到的困难，也会视情邀请负责本方向的教师参与指导，在潜移默化中提升学生的专业造诣。

4　课程建设和实践

4.1　课程团队

由于实验课程内容涉及多个研究方向，为了确保研究生培养质量，需要气动、结构、控制等研究方向的 4 名老师组成跨研究方向的教学团队，具体指导本研究方向的小组开展具体的设计和实验，并且在课程中期和结束时给予评价。同时还需要由责任教师把握课程整体进度，以及各个小组之间数据交互的合理性。

教师们需要在开课前集中研讨，确认本轮课程中的案例飞机构型，以及各个小组的初始设计输入条件。并且在课程中期对于学生们对于规章中安全边界的理论分析和计算，以及符合性验证实验的方案进行中期评估。课后根据小组和个人的课程报告，对每个同学进行评价。

4.2　课程评价

学生对于课程的评价以及课后的交流表明，研究生普遍给予本课程很高的评价，据统计本课程是在本学院所有课程中获得学生评价最高的课程之一，也被评为本年度学校的研究生卓越课程教学奖。

每名研究生都在课下为了本门课程花费了大量时间和精力，但是这些有利于其在所专注的研究方向上的充实和积累。因此学生都认为本课程能够充分积累所学专业方向的科研技能，且能够全面了解飞行器适航技术各个方向之间的内在联系，同时也体会到了教师团队的精心筹划和付出。对于多数研究生而言，本门课程学习是第一次在研究生阶段开展团队协作的研究工作，对课程投入的积极性非常高，这也为学生今后从事创新性研究工作奠定了良好的基础。

4.3　后续建设

目前本课程建设已经初见成效，并且获得了研究生的广泛认可，为了把课程建设得更好，还需要针对实验设备升级、课程教学管理等方面进一步开展课程建设工作。

在实验设备方面，目前缺乏直观的失速条款演示实验设备，如果应用无人机自由飞试验演示失速条款，则风险过高，且组织难度大。近期经过教研团队研讨和双一流建设项目的支持，本团队已经自主设计和研发了三自由度风洞虚拟飞行试验风洞，在后续课程教学之中将能够开展大迎角条件下验证失速特性条款的符合性方法提供支撑。

在课程教学过程中，还需要更加关注每个小组组员的工作进展情况，尤其是不主动发言和交流的学生，他们往往在小组的团队协作中积极性差，也没有得到足够的锻炼。对比教研组需要进一步强化课程管理机制，各个方向的教师和学生组长加强督促每名学生，认真完成课程小组分配的任务，从而提升整个班级的教学质量。

5 结 论

“飞行器适航技术综合实验”课程团队面向飞行器适航专业培养目标，结合多个研究方向的教学需求，开展了课程建设探索和实践，形成如下结论：

(1) 以适航规章典型条款的符合性验证教学实验为核心教学内容，能够覆盖适航技术的主要研究方向，突出了适航系统综合性强的特色。

(2) 分组设计实验教学模式，满足了研究生专注自身研究方向的需求，又给学生全方位了解其他专业方向的适航安全性设计和验证技术提供了平台，锻炼了学生协同设计的实践能力。

(3) 引入了研讨式教学方法，尤其适合在研究生阶段开展，极大地激发了学生的学习和创新热情，帮助学生全方位地梳理各专业方向的知识体系。

(4) 在课程建设取得初步成果的基础上，在实验设备建设和教学管理模式方面进一步提升，以满足国家对于高水平人才培养的迫切需求。

参 考 文 献

[1] 新华社. 习近平对研究生教育工作作出重要指示 http://www.gov.cn/xinwen/2020-07/29/content_5531011.htm. 2020.

[2] 北京航空航天大学研究生院. 研究生课程:研究性教学的探索与实践. 北京. 北京航空航天大学出版社，2021:81-130.

[3] 张超，田薇，王海涛，等. 面向新工科的《安全性分析与适航》课程教学模式改革与探索[J]. 高教学刊，2019(1)：119-121.

[4] 葛红娟，陆晓华，吴海桥，等. 航空器适航技术与管理本—硕连读培养模式探索[J]. 教育教学论坛，2015(30)：86-87.

[5] 陆中，丁萌，吴薇薇，等. 面向卓越适航工程师培养的飞行器适航技术专业建设实践—以南京航空航天大学为例[J]. 工业和信息化教育，2019(1)：55-60.

[6] 蔡景，徐一鸣. 飞行器适航技术专业人才培养及运行模式研究[J]. 工业和信息化教育，2019(1)：29-32.

[7] 吴江浩，何田，张曙光，等. 航空器适航技术全日制专业硕士培养模式研究[J]. 教育教学论坛，2013(05)：186-189.

[8] 何田，潘强，刘晓锋，等. 适航交叉学科青年教师的研究生联合培养模式研究[J]. 教育教学论坛，2018(05)：20-21.

数字驱动液体火箭发动机虚拟实验平台

王辉　包恒　王鹏　苏凌宇　聂万胜　黄卫东

（航天工程大学 宇航科学与技术系，北京　101416）

摘　要： 液体火箭发动机系统极为复杂，特别需要通过实验直观认识发动机结构和工作过程，深入理解发动机工作原理。目前教学中，实装发动机就像黑匣子，只能直观感受发动机外形，而实验危险性较高，只能观看实验结果，学生参与度不够。虚拟仿真技术具有通用性、直观性等优点，特别适合针对发动机推力室系统高温高压极端环境实验开展虚拟仿真教学。教学理念上始终围绕“会指挥、懂装备”指技融合型航天测发人才培养需求，内容设计上紧密围绕动力系统关键部件、服务“懂装备”根本需求。结合火箭推进原理课程教材和工程实际，主要建设虚拟仿真教学管理系统、低温动力系统结构与工作原理虚拟仿真系统、低温动力系统工作特性虚拟仿真系统、低温动力系统测试虚拟仿真系统和虚拟仿真显示与交互系统。系统建设中，通过高精度 CFD 得到的液体火箭发动机工作特性数据驱动虚拟仿真实验，保证了虚拟仿真实验的准确性和先进性。

关键词： 液体火箭发动机；低温动力系统；数字驱动；虚拟仿真；教学平台

我国 CZ-5、CZ-6、CZ-7 等新一代运载火箭广泛采用液氧（－183℃）、液氢（－253℃）等低温推进剂动力系统，低温动力系统成为我国进入空间的主要装备。

液体火箭发动机系统极为复杂，包括推进剂供应系统、燃气发生器涡轮本增压系统、控制系统和推力室系统，工作过程涉及剧烈的喷注雾化、高温高压燃烧、高速喷射等物理化学过程[1]，工作过程极为抽象，工作原理非常难以理解，特别需要通过实验直观认识发动机结构和工作过程，深入理解发动机工作原理。

目前实践教学过程中，实装发动机就像黑匣子，只能直观感受发动机外形，无法认识内部详细结构与组成，而对发动机工作原理只能凭空想象；液体火箭发动机工作过程实践教学主要依托实操实验区实验台开展，由于液体火箭发动机内喷注雾化、蒸发燃烧、热试车等典型工作过程实验危险性较高、准备周期长、消耗大、操作要求高，实际教学中只能认知实验系统组成和观看实验结果，学生参与度不够，学习积极性不高。

虚拟仿真技术具有低成本、便捷性、通用性、直观性等优点，特别适合针对发动机推力室系统高温高压极端环境实验开展虚拟仿真教学。虚拟仿真实验利用现代信息技术，结构上可以构建实装发动机全尺寸高精度数字模型，通过爆炸图、剖视、漫游等多种形式对火箭发动机结构进行系统细致认知，基于高精度数值仿真结果和实验数据库驱动，可实现火箭发动机内喷注雾化、高温高压燃烧等极端物理化学过程高精度复现，使学生身临其境，直观感受火箭发动机工作过程，深入理解发动机工作原理。

1 建设思路

教学理念上始终围绕“会指挥、懂装备”指技融合型航天测发人才培养需求，坚持能力素质融为一体，注重学员知识向能力素质的转化，将知识的获取与应用有机结合。实验教学首先进行基本知识认知，然后在基本知识基础上进行规律探索和把握，最后在掌握系统原理的基础上进行自主探究，最终将知识转化为能力，以能力培养驱动知识掌握。

内容设计上紧密围绕液体火箭发动机关键部件，服务“懂装备”根本需求，虚实结合，以虚补实[1]。虚拟仿真实验中以动力系统关键部件为对象设置 3 个层次实验，在渐进探究过程中使学员真正做到知其然并知其所以然，有效提升学员航天测试发射故障诊断与应急处置能力。

实验系统设计主要考虑：

(1) 将多年教学科研成果应用于虚拟仿真实验系统，将课程思政结合航天精神融入实验过程，服务人才培养；

(2) 通过高精度 CFD 得到的液体火箭发动机工作特性数据驱动虚拟仿真实验，保证了虚拟仿真实验的准确性和先进性；

(3) 虚拟仿真实验系统兼顾不同推进剂组合、不同工况、不同构型推力室，通用性强；

(4) 采用开放式构架和通用数据标准，后期可方便植入新型发动机特征和数据库，维持教学内容先进性。

2 低温运载火箭动力系统虚拟实验平台

低温运载火箭动力系统虚拟实验平台建设内容结合火箭推进原理课程教材[2]和工程实际，由虚拟仿真教学管理系统、低温动力系统结构与工作原理虚拟仿真系统、低温动力系统工作特性虚拟仿真系统、低温动力系统测试虚拟仿真系统和虚拟仿真显示与交互系统组成。

虚拟仿真教学管理系统提供基础软硬件运行支持、底层仿真计算服务、教学学习组织和学习效果分析等，实行网络化管理[3]。低温动力系统结构与工作原理虚拟仿真系统、低温动力系统工作特性虚拟仿真系统和低温动力系统测试虚拟仿真系统为高精度数字驱动的虚拟空间，可进行虚拟仿真实验，是虚拟仿真教学的核心内容。虚拟仿真显示与交互系统为虚拟仿真实验提供场地，三维立体呈现虚拟空间及内容，并为虚实空间交互提供软硬件支撑。

3 低温动力系统结构与工作原理虚拟仿真系统

依托低温动力系统结构与工作原理虚拟仿真系统，学生可直观认知典型低温动力系统结构组成、典型部件及其运行原理，深入理解低温动力系统典型工作过程及其原理。

结构与工作原理虚拟仿真系统通过三维高精度建模构建典型低温火箭动力系统数字样机，从循环方式和推进剂种类上覆盖中国航天现役主力型号。其中循环方式包括燃气发生器循环、补燃循环和膨胀循环，推进剂覆盖液氧/煤油、液氧/液氢等。

在数字样机基础上，开发典型部件及工作过程原理动画。实验系统包含 3 个模块，分别为：液体火箭发动机结构组成、液体火箭发动机工作原理和液体火箭发动机虚拟拆装。

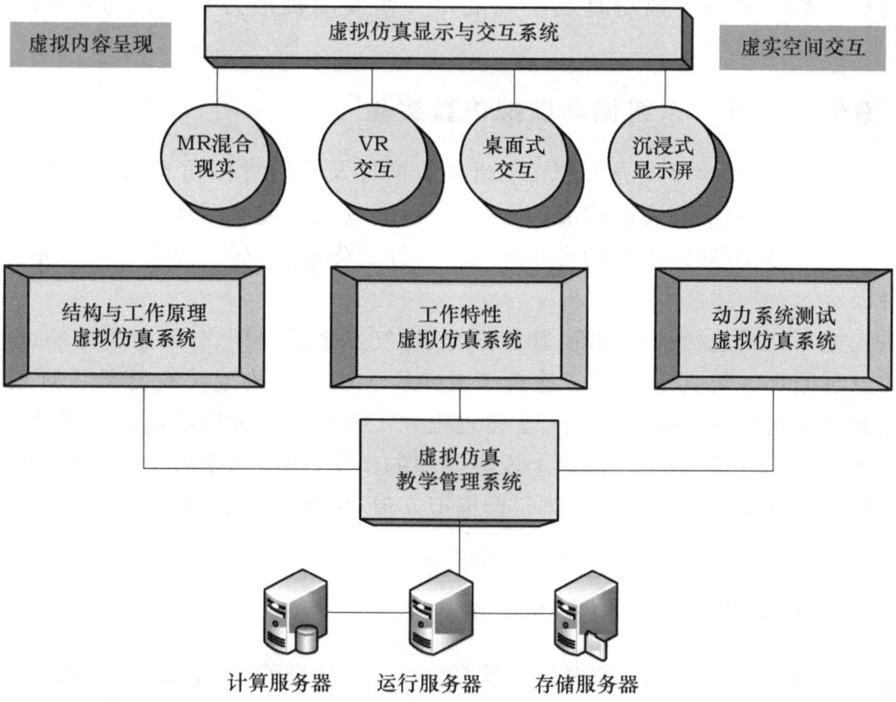

图 1　低温运载火箭动力系统虚拟实验平台组成

结构组成模块采用人机交互方式，将结构化文本与二维图片相结合，在教学书籍和相关文献资料的基础上补充大量相关图片，遵循随时点击随时查看的原则，完成图文热点关联跳转，做到学生选择某一零部件，教学系统便实时呈现零部件的结构图片，以此指导学生了解学习液体火箭发动机结构组成。

液体火箭发动机工作原理模块包括介绍液体火箭发动机的技术特点、性能参数和主要工作过程原理。实验系统利用三维软件的粒子模拟、流体模拟、爆炸模拟、刚体运动模拟等多种仿真技术手段，特效展现增压过程、冷却过程、燃烧过程、做功等过程中动力系统内部流动传热燃烧状态，通过动画演示设备使用方法，整个过程以可视化的方式展开，并配以文字讲解。利用 3D 动画特效展示主要工艺设备工作原理，设备的内部结构可以清晰呈现。

液体火箭发动机虚拟拆装模块主要利用虚拟仿真技术，通过逼真的三维立体图像，使用户作为主角沉浸于模拟环境中，对虚拟环境中的设备进行拆卸安装，从而了解液体火箭发动机基本结构。其功能包括设备结构爆炸图展示、查看组件、设备结构剖切、设备虚拟拆卸与装配、孤立显示、高亮显示、热点交互等。

4　低温动力系统工作特性虚拟仿真系统

低温动力系统工作特性虚拟仿真系统主要建设高精度数字驱动的探究型实验[4]，主要保障深入探究动力系统工作过程中的现象及规律，采用快速 CFD 仿真方法，保证虚拟实验的保真度和时效性。主要开发、液体火箭发动机增压输送虚拟仿真实验、液体火箭发动机推力室虚拟仿真实验、喷嘴雾化特性虚拟仿真实验和动力系统变推力回收任务规划虚拟仿真实验，这里以液体火箭动力系统循环虚拟仿真实验和液体火箭发动机推力室虚拟仿真实验为例进行说明。

4.1 液体火箭动力系统循环虚拟仿真实验

通过虚拟仿真实验，学习先进火箭发动机动力循环及实验虚拟仿真系统火箭发动机的实验理论和实验方法，了解实验系统构成和实验设备；通过自主设计循环方式和典型部件工作参数，探究不同循环方式下液体火箭动力系统工作特性变化规律，深入理解不同循环方式的根本区别及关键因素。

动力系统循环方式包括挤压循环、膨胀循环、燃气发生器循环、分级燃烧循环、全流量分级燃烧循环和电泵循环。仿真平台基于建模工具 AlgDesigner，构建关键部件机理模型。由于使用了机理的物理模型，在虚拟实验中，实验过程并不要求学生按照既定的顺序进行操作。每个实验都有多种操作方式，只要在原理上没有问题的操作，都能够获得正确的实验结果。

学员可以开展发动机动力系统总体联调虚拟实验，掌握发动机各关键参数对发动机系统的影响，了解发动机总体测试技术。

4.2 液体火箭发动机推力室虚拟仿真实验

通过液体火箭发动机推力室虚拟仿真实验，结合所学理论知识，深入掌握推力室设计方法，探究推进剂组合、推力室工况参数、推力室结构参数对推力室工作特性的影响规律以及推力室热防护规律。

虚拟实验系统基于降阶模型的火箭发动机跨平台流-固-热高精度 CFD 快速虚拟仿真算法，采用 MPICC 多尺度程序构建流动传热模拟(CFD)和应力应变有限元模拟多物理场的跨接的耦合模拟方法，在系统运行参数和各部件最佳匹配工况约束下的进出口参数下对火箭发动机内部流动、传热和形变的结构和运行状况进行参数优化。

液体火箭发动机推力室虚拟仿真实验流程如图 2 所示，实验内容主要包括：

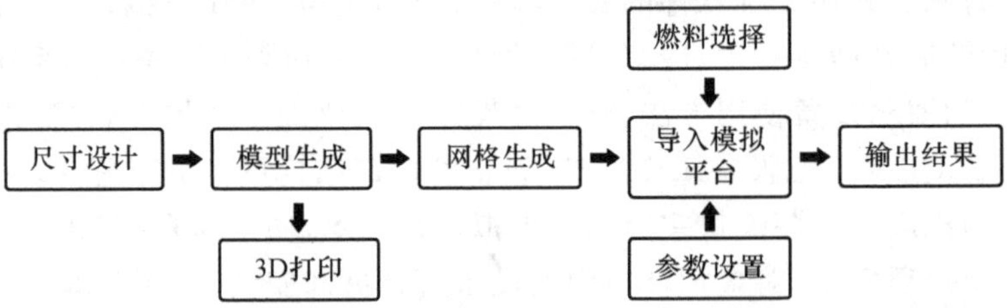

图 2 推力室虚拟仿真实验流程

(1) 基于任务驱动的推力室总体设计，包括推进剂组合选取，喷嘴、燃烧室、喷管等关键部件结构参数设计以及推力室热力性能初步评估，如图 3 所示。

(2) 基于快速 CFD 仿真方法的推力室虚拟热试车，测量不同工况、结构参数下推力室推力、室压、温度分布、压力分布以及冷却通道温度压力分布，评估推力室性能与工作状态，如图 4 所示。

(3) 结合任务需求，迭代进行推力室总体设计优化和推力室虚拟热试车，直到满足任务需要。在确认无误后可画出设计图纸以及撰写设计说明书，对于较好仿真的仿真实验结果，学员可利用画图软件将设计图纸转化成几何模型，并利用金属 3D 打印机加工成实物进行进一步热试车实验探究。

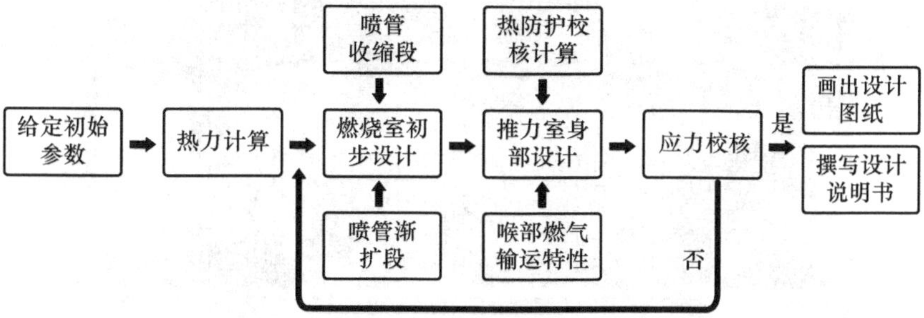

图 3　推力室结构参数设计实验流程

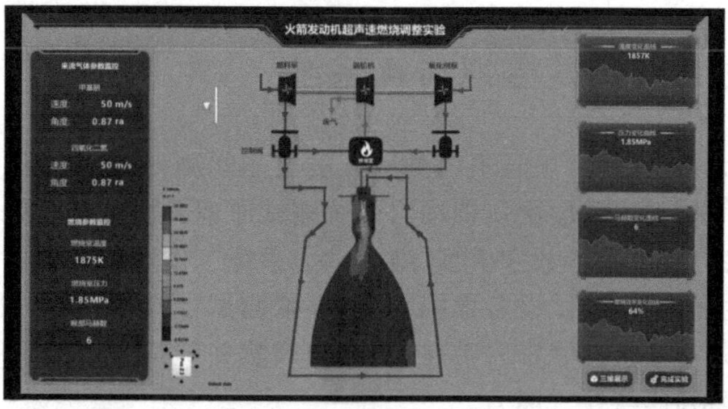

图 4　推力室虚拟热试车

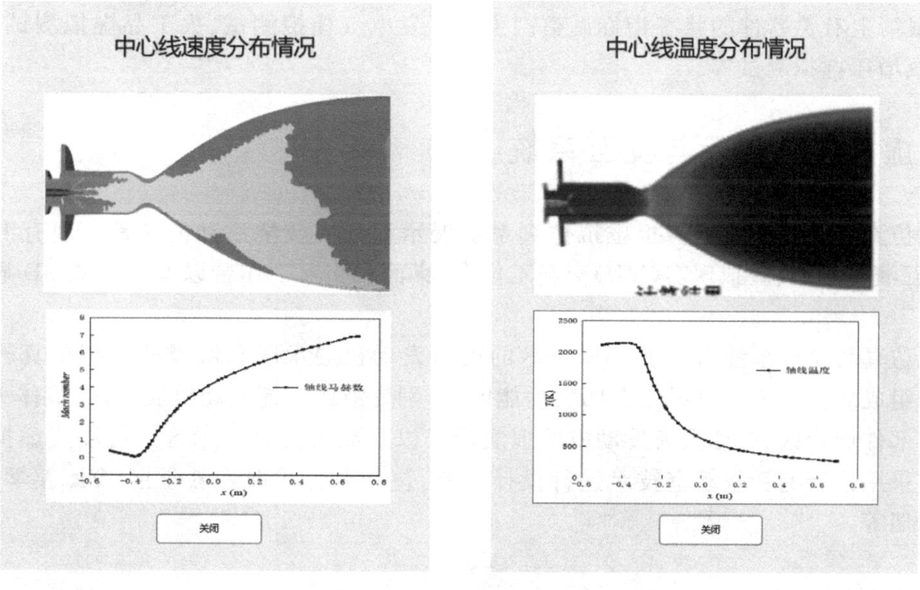

图 5　推力室内温度速度分布

图6　3D打印推力室热试车

5　低温动力系统测试虚拟仿真系统

工程实际中，动力系统就像“黑匣子”，测试人员只能观测外部测试设备参数变化，不了解动力系统内部工作过程，无法深层次认识动力系统测试原理，故障判读、处置能力较弱。

通过构建动力系统测试设备数字模型，结合动力系统工作过程虚拟仿真实验，可三维立体复现动力系统测试过程，进行测试设备虚拟装配、虚拟测试，同时可观测动力系统内部工作状态，把测试结果和测试对象状态紧密联系在一起，知其然并知其所以然，深入认识动力系统测试原理，有效提升故障判读与处置能力。

实验系统主要对动力系统分系统进行虚拟测试，主要包括地面、箭上协同测试操作，考核箭上产品功能、性能、指标是否满足使用条件；考核地面设备在协同测试操作中是否满足使用条件；完成箭上有关器件的状态指标调整。主要开发电气模拟测试、火工品虚拟测试、抽真空虚拟测试、增压虚拟测试等。

6　虚拟仿真显示与交互系统

虚拟仿真与交互系统是承担虚拟仿真系统展示和开展教学活动的场地。内有混合现实(MR)交互演示系统、虚拟现实(VR)交互工作台、桌面式交互工作台以及沉浸式3D显示屏等设备。

虚拟仿真与交互系统由基于MR技术的火箭发动机展示区和沉浸式虚拟仿真教学实验室两部分组成。火箭发动机展厅有四大功能区，分别为液体火箭发动机展示区、液体火箭发动机关键零部件展示区、液体火箭发动机原理演示区以及航天文化展示区。沉浸式虚拟仿真教学实验室采用最新的智慧教室技术进行设计装修，包括混合式课程教学区、VR教学体验区、教学展示墙等。

7　教学效果

虚拟仿真实验教学采用小班导师制模式，在教师引导下充分发挥学生个人能动性，考核成

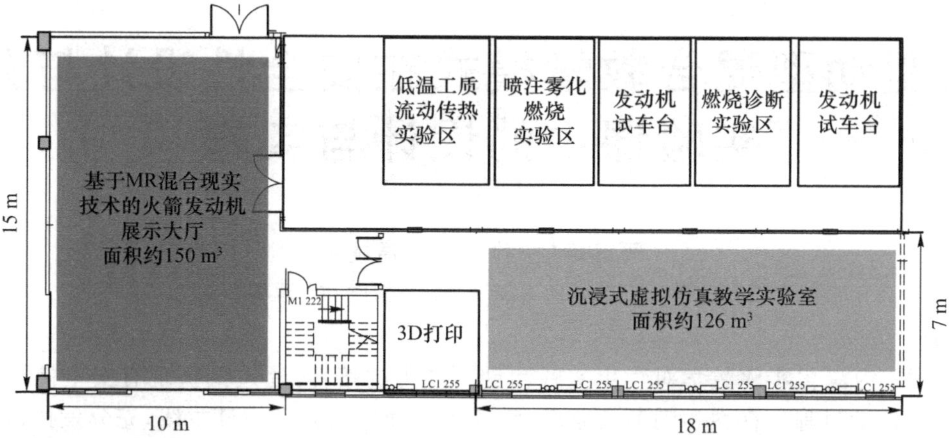

图7 虚拟仿真与交互系统布局

绩按比例计入平时成绩。通过虚拟系统观察火箭发动机内部结构，激发学习兴趣；自主设计探究实验，使学生养成主动学习和不断反思的习惯；不受时空限制开展虚拟实验，大幅提高学习效率，学员满意度测评达到90%。

8 总 结

低温运载火箭动力系统虚拟实验平台以新一代运载火箭低温动力系统为背景，针对航天动力系统测发人才培养，通过虚实结合实验训练深入认识低温动力系统工作原理与使用特性，具备低温运载火箭动力系统结构与工作原理虚拟现实实验、低温动力系统工作特性虚拟仿真实验和低温动力系统测试虚拟仿真实验功能，可开展低温动力系统相关的理论培训、模拟训练和应急处置模拟训练等。

项目建设中将多年教学科研成果应用于虚拟仿真实验系统，将课程思政结合航天精神融入实验过程，服务人才培养，通过高精度CFD得到的液体火箭发动机工作特性数据驱动虚拟仿真实验，保证了虚拟仿真实验的准确性和先进性。同时依托现有实装发动机、动力系统实验台等开展虚实结合教学，大大提升教学效果。

参考文献

[1] 吕新颖，余文胜. 国家级虚拟仿真实验教学项目建设与思考[J]. 教育教学论坛，2020，No.10：389-390.

[2] GEORGE P. 火箭发动机基础[M]. 谢侃，李世鹏，李军伟等，译. 北京：北京理工大学出版社，2019.6.

[3] 陈国辉，刘有才，刘士军，等. 虚拟仿真实验教学中心实验教学体系建设[J]. 实验室研究与探索，2015，34(8)，169-172.

[4] 徐伟杰，徐明，郭彤等. "金课"背景下土木类虚拟仿真实验教学发展趋势[J]. 高等建筑教育，2020,29(1):74-85.

任务驱动型混合教学模式在安全性设计与分析实验课中的设计与实施

阚丽娟* 徐吉辉 高建国

（空军工程大学 装备管理与无人机工程学院，西安 710051）

摘 要：为深化实验教学对学生实践和创新能力的培养，通过剖析现有安全性设计与分析课程实验教学过程中存在的问题及原因，将任务驱动作为教学设计主线，充分发挥以翻转课堂为主体的混合式教学模式的优势，依托学院教研专网平台，对该课程的 Isograph 上机实验教学进行全面改革。新型教学模式下，学生自主围绕驱动任务进行仿真建模，利用"线上＋线下"翻转课堂沟通交流、答疑解惑。实践表明，该教学模式能够真正使学生成为主导，有效提升学生高阶思维能力，实验教学效果得到显著提升。

关键词：任务驱动；翻转课堂；混合式；建模仿真；安全性分析实验

1 引 言

实验教学作为本科生培养过程中的重要组成部分，着重以能力为导向，培养学生理论联系实际的实践能力以及发现问题并解决问题的创新能力。随着教育信息化的不断深入开展，实验教学也从教师辅导实验为主、学生动手为辅，转移到培养学生自主学习及创新能力上来，这需要通过对实验内容、实施手段、考核方式的不断优化设计来促进学生认知结构的发展[1]。这势必导致学生学习方式、教师角色、教学模式和方法的转变。

任务驱动与混合式教学都通过改变传统教学中教与学的结构，使学生真正成为学习的主体，有效培养学生的自主学习及创新能力[2]。鉴于此，本文针对安全性设计与分析课程传统实验教学中存在的问题及原因，以任务驱动为主线，结合混合式教学的优势，提出了任务驱动型混合教学的新模式，对该课程 Isograph 实验教学的教学设计和教学过程进行全面改革。

2 课程简介与现状分析

2.1 安全性设计与分析课程简介

空军装备作战使用的特点，决定了安全问题将是装备系统永恒的主题。安全性设计与分析课程是面向安全工程专业本科生开设的一门学科基础类必修课。该课程立足装备研制工作实际，重点围绕安全性分析、设计与验证等内容开展教学，培养学生具备安全性工程相关的能力和素养，为将来从事装备安全管理工作打下良好的基础。

2.2 实验教学现状分析

安全性设计与分析课程的传统实验教学以上机实验为主，学生在 Isograph 软件平台上结合起落架系统案例开展安全性分析，存在很多亟待解决的问题：

(1) 教学模式陈旧。通常先由实验教师讲解实验任务和过程，之后学生按照实验指导书模仿案例进行验证性实验，学生的参与程度不高，处于被动状态，其主动性、积极性难以发挥，分析问题、解决问题的能力得不到锻炼。

(2) 未能满足差异化学习需求。由于不同学生的知识结构差异较大，教师按照固定的内容讲解，不能因材施教、满足各层次学生的需要，使得部分学生觉得太过容易的知识点，而另一部分学生却掌握不了。

(3) 考核评价方式单一。以实验报告为主的考核评价方式太过片面，导致学生认为实验教学只是形式，以完成实验报告为最终目的，对实验项目的深度学习兴趣不高。

3 任务驱动型混合式实验教学模式

针对传统安全性设计与分析课程实验教学面临的问题，本文采用基于任务驱动的混合式教学形式和手段，以任务驱动为主线改革教学设计，利用以翻转课堂为主体的混合式教学改革教学过程，有效地解决以上问题。

3.1 基于任务驱动的教学设计

任务驱动教学法是一种建立在建构主义教学理论基础上的教学法，他强调以完成任务为中心，把学习设置到复杂而有意义的任务情境中，通过让学生完成真实的任务来学习隐含在任务背后的科学知识，以探索问题来引导和维持学习者的学习兴趣和动机[3,4]。本文将任务驱动与教学设计相结合，改革了实验课的教学设计。

(1) 创设任务情境

FHA(功能危险分析)、FMECA(故障模式影响与危害性分析)、FTA(故障树分析)、PRA(特定风险分析)、ZSA(区域安全性分析)、CMA(共模分析)等安全性分析方法是安全性分析理论的核心部分。这些分析方法理论性强、不易理解和掌握，为了提高学生对安全性分析方法的高阶认知层次，需要以实验室仿真实验贯穿安全性分析理论教学的全过程。实验过程中，选取航空装备安全敏感的结构或系统，创设安全性分析任务情境。

(2) 确定实验任务

为了实现从表面学习到深层学习的转化，在装备安全性分析理论和实验教学过程中，设置了 8 个典型的专题任务，包括飞机风挡防鸟撞安全性分析、高压航空气瓶安全性分析、教八飞机起落架安全性分析、结冰探测系统安全性分析、发动机非包容性转子爆破安全性分析、飞机燃油系统防火安全性分析、飞机机轮刹车系统安全性分析、主起落架液压系统安全性分析等。

各专题任务贯穿整个安全性分析理论和实验教学过程，综合性强、时间跨度长，因此任务下达的时间非常重要，一般在课程开课之初就为学生提供实验指南(包括分组要求、任务选题、各阶段实验目标等)，由学生在课下完成分组，每组 3～4 人，且所选专题任务不能重复。

(3) 改革教学设计

在教学设计方面,运用任务驱动教学法的理念,考虑如何针对每个专题通过实验任务的设置来驱动学生对安全性分析方法的理解和应用,目的是有效提升学生的高阶认知层次。任务的设置不仅要具有趣味性、综合性、真实性、可操作性,还要考虑学生的基础水平差异,按由浅入深进行层次分解,每个分解任务都包含了相应的学习目标[5]。本文在分析现有知识体系、结构框架、配套资源等方面的基础上,提出“任务环、问题环、知识环、方法环、应用环”的五环教学设计模型,用于指导教学理念、教学过程、知识点开展、教学手段、教学互动等教学活动,以全面提升教学效果。图 1 为飞机结冰探测系统安全性专题任务的五环教学设计。

图 1　基于“五环”模型的飞机结冰探测系统任务教学设计

一是“问题环”。主要从以下几个层次开展分析:发现问题、认识问题、工程问题、应用问题。二是“过程环”。将教学过程分为 5 大步骤:(1)事故案例问题导入;(2)学生依据结冰机理,完成飞机结冰危险性评价;(3)飞机结冰危害性防控考虑,向学生展示结冰探测系统结构、组成,并通过阅读相关报告了解其工作原理;(4)组织学生在实验室,基于 Isograph 安全性分析,完成故障模式及其影响分析(FEMA);(5)结合分析结果,启发学生提出结冰探测系统安全性设计要求。三是“知识环”。针对飞机结冰工程问题进行知识点组织,按照“是什么、为什么、怎么办和表现形式”的逻辑顺序进行组织。四是“方法环”。采用“精讲-研讨-翻转-实验-实践”等教学方法综合,增长学生知识,提升解决工程问题能力,提升学生深度思维层次,从培养学生逻辑思维层次角度,提升教学效果。五是“应用环”。基于结冰探测系统安全性分析及设计要求,思考在不同机型的结冰防护设计中有哪些不同处理。这些问题激发学生对科学探索欲,激发自我学习、探索的兴趣,实现知识、能力、素质、方法和思维“五位一体”提升。

3.2　基于翻转课堂的“线上+线下”混合式教学过程

混合式教学是把传统学习方式和互联网相结合,即“线下”(面授教学)与“线上”(网络教学)有机结合,将课堂教学与信息技术高度融合,并根据课程特点达到一个合理的学时分配[6-8]。而翻转课堂是混合式教学的主要类型之一,他是近年来教育理论研究与教育实践探索的热点,是对传统课堂“范式”的革命。在当前以学生的学习活动为主要特征的现代课堂教学范式下，翻转课堂能更好地满足学生的个性化学习能力及方式[9]。为此，本文利用翻转课堂为主体的混合式教学优势，改革了该课程的实验教学过程，如图 2 所示[10,11]。

(1) 课前准备

课前包括教师对教学资源的准备和学生课前自主学习两方面。一方面，教师在教学对象和教学目标分析的基础上，借助于学院教研专网平台(见图 3)，重构实验内容并录制微课，准备相关教学资料，明确课前学习任务。微课能够更好地激发学生学习动机，也能更好地满足学生的个性化学习、按需选择学习，照顾了不同层次学生的要求。另一方面，学生首先根据教师布置的课前任务，利用课下时间观看微课，完成通用验证性实验原理、步骤及方法的自主学习，提交线上测试或练习；其次借助 PPT、文献等学习资源，结合所承担的专题任务初步设计出一个可行的综合性实验方案。对于所遇到问题，学生可借助专网平台开展师生交流或与学生之间进行交流，解决不了的问题可以线上反馈给老师，待上课再解决。

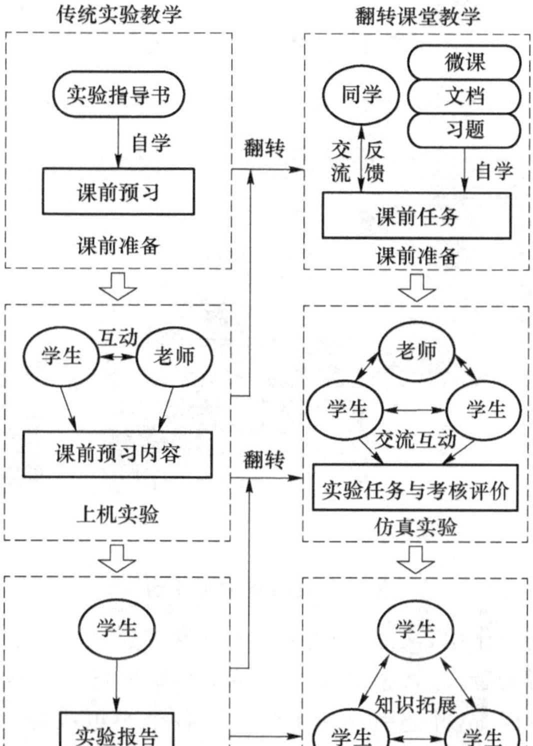

图 2　基于翻转课堂的教学过程

(2) 仿真实验

实验教学结合 Isograph 软件平台(见图 4)进行，教师不要急于讲解，也不要让学生急于去完成，而要让学生讨论、分析任务，提出要完成任务需要做哪些事情，即由学生提出问题。提出的问题中有一些是没有学习过的，即隐含在任务中的新内容，这也正是实验的核心任务。在此基础上，进一步总结、归纳，明晰和确认学生需要完成的实验任务。

上机实验过程要注重培养学生协作学习的能力，提倡师生与生生互动[12]。协作学习策略

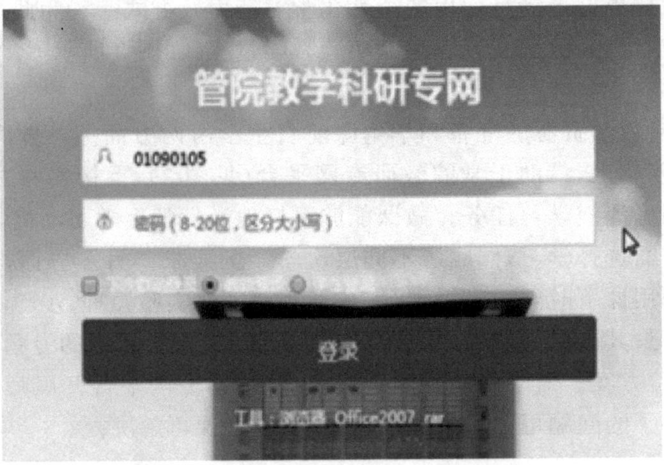

图 3　学院教研专网平台

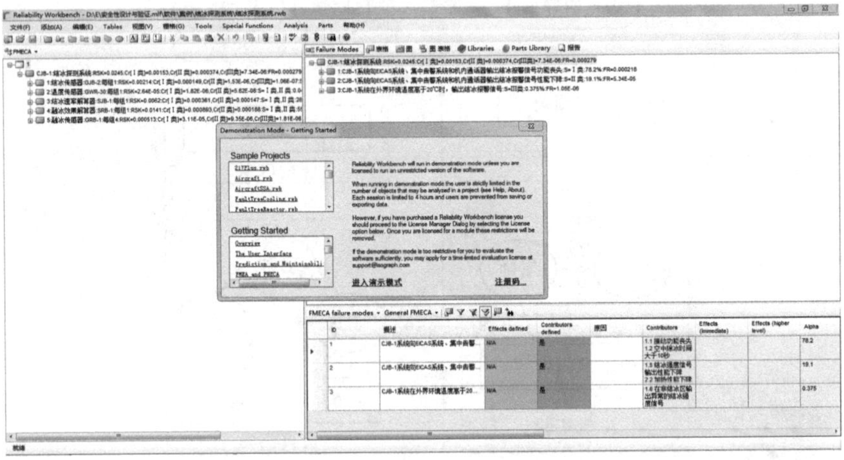

图 4　Isograph 软件平台

是一种既能发挥教师的主导作用，又适合学生自主发现的学习策略。教师应该作为学生完成任务过程中的指导者和帮助者，监管整个课堂中各个小组的任务进行情况。通过观察指导，及时发现学生存在的问题和困难，并能引导学生学习。各个小组成员既要明确自己的职责与任务，又要顾全大局整体协调，通过学生间相互学习、取长补短，不仅有利于发展个体思维能力和团体合作精神，也有利于实验教学活动的开展和学生对于知识的获取[13]。比如对于飞机结冰探测系统的专题任务，各小组通过分工查找关于系统组成及功能的相关资料、画出系统各组成部分故障树、分析各层级间故障模式及影响、选取适用的 Isograph 分析模块、分析系统中潜在危险并提出改进措施、完成实验报告（如图 5 和图 6 所示）。

在每次上机实验任务结束后，都需要进行全过程的考核评价，包括成果展示、组间互评和总结点评。成果展示是由每一小组的代表讲解完成任务过程中的构思、创意以及遇到的困难和解决办法，这有利于学生优化认知结构、发展多元化思维；组间互评的过程也是学生加深对知识认知的过程，通过对成果是否达标、分工是否合理、沟通是否良好等进行互评，能够提高学生比较和分析能力；总结点评是由教师结合教学目标、情境创设、实验任务和学生自主实验情

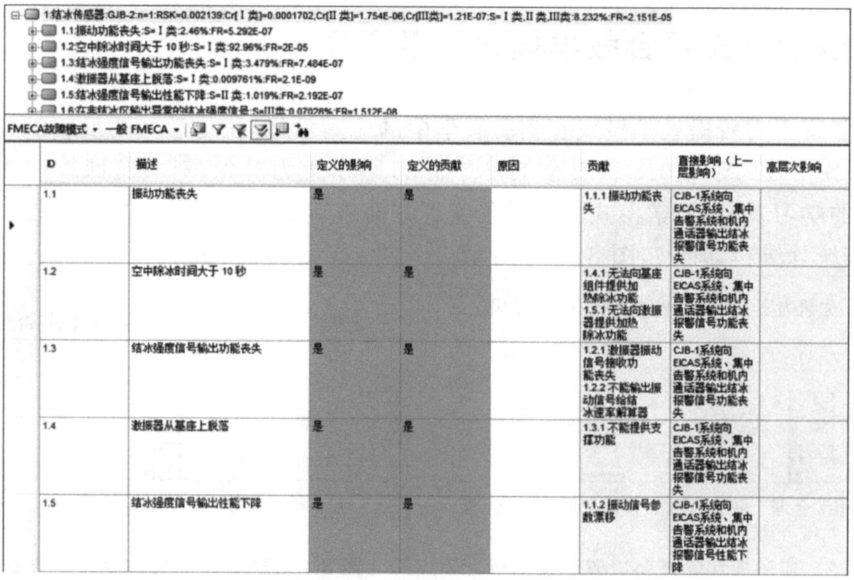

图 5 飞机结冰探测系统 FMECA 分析

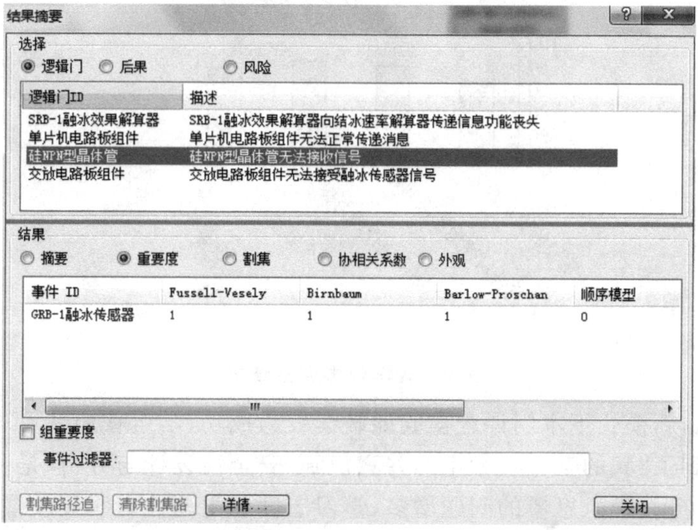

图 6 飞机结冰探测系统 FTA 分析

况给出更为综合和准确的评价，以保证在后续的实验任务中能够充分调动学生的主动性与积极性[14]。

(3) 课后拓展

课后学生需围绕每次实验教学的内容，针对以下两个方面进行相应的拓展训练，进而巩固所学知识。①工程拓展。学生可以有针对性地寻找相关资料进行阅读，目的是让自己更全面地理解相关知识点在安全性工程中的地位、作用、实现工具和方法等。②应用拓展。学生在做应用拓展时需要思考针对的是学术应用还是型号应用，这一拓展是为了学生在将来毕业设计和岗位任职时能够进一步强化知识应用。

4 任务驱动型混合教学模式效果评价

为客观了解本文所提教学模式在实验教学中的应用效果，获得学生的反馈信息，采用调查问卷法，以我院2014级～2016级安全工程专业86名学生为对象，对实验课教学资源、与传统课堂相比较的学习效果、教学模式的接受程度等方面进行了分析。共发放和回收86份有效问卷，问卷数据统计分析如图7、图8、图9所示。

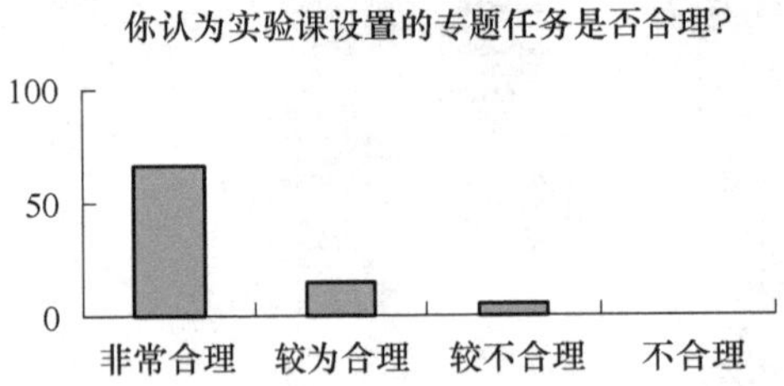

图7　实验课实验任务设置调查结果

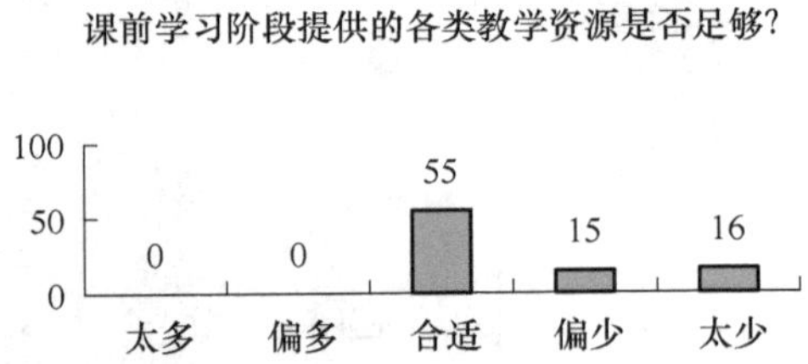

图8　教学资源丰富程度调查结果

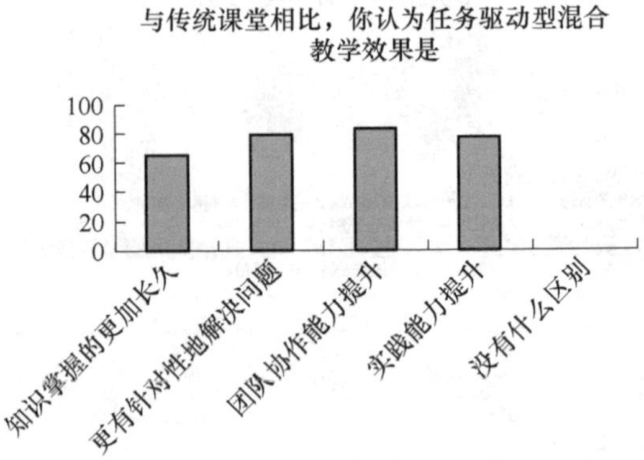

图9　教学效果调查结果

问卷结果显示，新模式下本门课程实验课教学较为成功，学生普遍认可这种新型的学习方式，认为他真正做到了“我的学习我做主”，并意识到“安全性设计与分析”是一项非常重要且富有挑战性的学习任务。学生思考的问题增多，学习态度和主动性有明显改善，有利于学生能力培养。

5 结　论

以互联网为代表的现代信息技术，作为一种新的生产力推动着生产关系的变革，而教育是生产关系中的重要组成部分，必将被互联网所改变，这是历史发展的潮流，不可逆转[15]。安全性设计与分析作为安全工程专业的核心主干课程，任务驱动型混合教学模式可以实现以任务为导向的信息技术与教学内容、教学方法的深度融合，激发学生的求知欲及对实践的兴趣，既实现了理论与实践的真正融合，又培养了学生发现问题、认识问题、解决问题的创新思维与能力，对培养学思结合、知行统一、因材施教的创新人才发挥了重要作用。

参考文献

[1] 王峥，连培红，李琳，等. 在基础无机化学实验教学中培养学生自主学习能力[J]. 大学化学，2017,32(6):23-26.

[2] 曾祥光. 任务驱动教学法在翻转课堂实践中的应用研究[J]. 中国成人教育,2014(7):130-132.

[3] 杨洪雪. 任务驱动式教学方法的特点及过程设计[J]. 教学与管理，2006(30):129-130.

[4] 郭焕萍，洪亮，刘源. 运用混合教学开展任务驱动式教学项目的研究[J]. 黑龙江高教研究，2017(10):165-167.

[5] 于建均，乔俊飞等. 基于任务驱动的“自动控制系统课程设计”教学实践[J]. 实验室研究与探索，2013,32(11):398-399.

[6] 王国华. 国内混合式学习研究现状分析[J]. 中国远程教育，2015(2):25-31.

[7] 冯晓英，王瑞雪，吴怡君. 国内外混合式教学研究现状述评[J]. 远程教育杂志，2018，246(3):13-24.

[8] 李逢庆. 混合式教学的理论基础与教学设计[J]. 现代教育技术，2016，26(9):18-24.

[9] 何克抗. 从“翻转课堂”的本质看“翻转课堂”在我国的未来发展[J]. 电化教育研究，2014(7):5-16.

[10] 林青松. 基于翻转课堂的“现代教育技术”实验课程设计[J]. 实验室研究与探索，2014，33(1):194-198.

[11] 周平. 基于现代教育技术的翻转课堂及其理论基础溯源[J]. 外语电化教学，2015(2):72-77.

[12] 陈凤燕. 在线互动课堂心智调控高阶认知训练研究[J]. 教育评论，2017(8):61-66.

[13] 何文涛. 协作学习活动的结构化设计框架[J]. 电化教育研究，2018(4):73-79.

[14] 金燕. 基于微课的翻转课堂教学模式实践研究——以《计算机应用基础》课程为例[J]. 职教论坛，2014(23):55-58.

[15] 陈丽. “互联网＋教育”的创新本质与变革趋势[J]. 远程教育杂志，2016 (4):3-8.

基于 CDIO 工程教育模式的航空机械设计课程综合实践教学改革

张晓露　姚东野　林梅　周章文　苏新兵
（空军工程大学 航空工程学院，西安　710038）

摘　要：综合实践是航空机械设计课程教学必不可少的实践环节，对培养学员分析和解决实际问题的能力起着十分重要的作用。通过分析传统的"机械设计课程设计"课程教学中存在的问题，基于 CDIO 工程教育模式，从增加设计题目的多样性、引入计算机辅助分析设计手段、分组实施锻炼学员团队协作能力、改革考核方式等几个方面提出了综合实践教学改革的具体措施。经过两年的改革实践，学员的学习成绩、实践能力及团队协作精神等有了明显的提升，更好地满足了人才培养方案对学员岗位任职能力培养的要求。

关键词：CDIO；工程教育；航空机械设计；综合实践；教学改革

引　言

依据新的训练大纲，航空机械设计综合实践（原机械设计课程设计）是我校航空工程类专业继工程图学、理论力学、材料力学与航空机械设计理论课教学之后的重要实践环节。他不仅担负着融会贯通四门课程知识的任务，更是拓展学员视野、培养学员技能、锻炼学员素质的重要平台。传统的机械设计课程设计课程教学中墨守成规的教学方法已不适应新大纲的要求，为了培养高素质、专业化新型军事人才，有必要开展新的教学改革与探索。CDIO 是构思（Conceive）、设计（Design）、实现（Implement）、运作（Operate）4 个英文单词的缩写，他是"做中学"原则和"基于项目的教育和学习"（Project based education and learning）的集中体现。他以工程项目（包括产品、生产流程和系统）从研发到运行的生命周期为载体，让学生以主动实践、课程之间有机联系的方式学习工程[1]。在改革实践中，从实际出发，以 CDIO 工程教育模式为指导，改革了航空机械设计综合实践。

1　传统的机械设计课程设计课程教学存在的问题分析

1.1　设计题目单一，以减速器为主，偏传统，不能突出航空特色

传统教学中机械设计课程设计的题目仅以减速器设计为主，因为减速器是很典型的机械部件，基本上涵盖了机械设计课程所学习的主要内容，有利于学员全面地掌握有关知识。所以减速器设计这个题目，被大多数高校采用作为"机械设计课程设计"的题目[2]。然而，课程设计的题目单一，偏传统，新意少，不能突出航空特色，学员热情不高，设计过程千篇一律，设计过程

中大部分学员是机械式的模仿设计，而非主动积极思考。且该设计题目偏重减速器的零部件结构设计，缺乏对执行机构进行分析与综合的内容。

1.2　学员基础偏弱，时间短，工作量大，完成质量不高

机械设计课程设计虽是机械设计理论教学过程中的一个实践环节，也是对学员先学课程知识综合运用能力的检验，要求学员在设计中能够灵活运用以前学过的基础知识解决工程实际问题，但学员在课程设计中，先学知识的综合应用能力欠缺。因为学员在选择零件材料时尚未学习航空材料学课程，照搬教材上的例题选择材料，因此没有在这一环节做到对适用工程材料间各项性能的比较、分析，也没有做到灵活选用零件材料；在对零件进行结构设计时，因缺乏机械制造相关课程知识（未开设相关课程），对工艺、装配、调整等几乎没有概念，从而使所设计的零件不满足制造工艺；在标注零件的尺寸公差及形位公差时，不能运用公差与测量技术的相关知识（未开设相关课程）；在绘制装配图和零件图时，因学员工程图学基础较弱（只学习了40学时，很多学员都看不懂简单的机械图），学员很难建立起通过绘制设计图将设计对象具体化，然后通过计算进行正误验证，最后对设计图纸再修改的总体设计思想。之前的机械设计课程设计安排了连续2周每天上午4节课共计40课时，下午和晚上还要安排其他的课程和进行紧张的体能训练，而课程设计要求完成装配图、零件图绘制以及设计说明书编写，工作量较大，加之学员基础较弱，完成质量不高。

1.3　设计手段传统

要求学员手工绘图，这样的好处是可以提高学员的绘图与识图能力，但也失去了运用计算机辅助分析设计工具进行机械设计训练的机会。以上这些问题导致课程设计完成质量不高。

2　CDIO工程教育模式下改革的思路与措施

2.1　增加设计题目的多样性和新颖性

设计题目的多样化和新颖性能够吸引学员，锻炼学员综合运用先修机械类课程知识的能力，促使学员建立整体设计的理念，激发学员的独立设计能力和创新能力。选择题目时，一是要满足教学大纲的基本要求，并能够对航空机械设计课程所学内容进行设计训练，新大纲理论学时压缩较多，主要教学内容侧重机械原理（机构学），在选题上，应适当增加执行机构的设计与分析内容，相应减少结构设计内容；二是要保证设计工作量合适，学员能在规定的时间内顺利完成。对于学员而言，过难或过于复杂的题目都是不现实的，因此在题目选择上，要从学员的能力和设计兴趣入手，调动学员的能动性，培养独立设计能力。为突出航空机务专业特色，加深学员的专业认知程度，提升学员的学习兴趣。可选择专业结合度高的课程设计题目，在开展课程设计过程中融入专业知识的学习，例如：发动机附件机匣的设计、升降舵操纵系统设计、飞机起落架机构设计等。设计题目也可从教员相关的科研项目中抽取，或者与部队建立联系，去实际中提炼一些综合性、创造性的设计题目，这样一方面替部队解决技术问题，另一方面学员设计过程具有挑战性，同时达到了学以致用的目的。另外也可让学员自主选题，与指导教员进行交流讨论，题目确定后可自行设计。考虑到减速器具有十分典型的机械特征，值得初学者

学习，因此予以保留，供部分基础较弱的学员选择（限制比例）。这既保留了原有内容的精华，又减少了重复性劳动，更为新内容的引入节省出大量的时间。

2.2 将综合实践与机械创新设计大赛相结合激发学员创新实践能力

全国大学员机械创新设计大赛是由教育部高等学校机械学科教学指导委员会主办，机械基础课程教学指导分委员会、全国机械原理教学研究会、全国机械设计教学研究会、北京中教仪科技有限公司联合著名高校共同承办的高规格创新设计赛事，在高校师生中具有较高的知名度和影响力。每届大赛的时间与航空机械设计开课时间重叠，综合实践与机械创新设计大赛难以兼顾，若将二者结合起来，直接把大赛的题目作为综合实践的选题，可进一步激发学员学习的主动性，提高学员的学习兴趣和创新能力，形成教学和竞赛相辅相成、共同促进的良性循环。

2.3 引入计算机辅助分析设计手段

为提高综合实践的效率，在设计、分析、计算、校核、绘图等环节中，鼓励学员采用 ProE、SolidWorks 等多种计算机辅助分析设计工具进行机构的创新设计、运动学与动力学分析、强度设计与校核、优化设计等，探索将现代设计方法与计算机辅助分析设计手段相融合来实现创新设计的教学模式，综合提升学员的机械设计技能。

2.4 采用项目式教学法，锻炼学员综合能力

为提高学员解决实际问题的能力和团队协作能力，采用项目式教学法，通过实施一个完整的设计项目，把理论和实践有机结合起来。学员可以自由组成 3～5 人小组，经小组成员民主选出组长全面负责设计工作，小组各成员按照自己的学习优势进行合理分工：数据计算与整理、查阅手册资料、绘制图样、三维造型与装配等，每人各负其责，独立完成，但要数据共享，步调一致。每组提交一份设计作品，按照贡献大小排序署名并在说明书中详细说明各自完成的工作。

2.5 教学组织上“理实一体”

按照“理实一体”组织课程教学，课程设计与理论教学融合，解决了传统的分两门课且不在同一学期开设带来的理论与实践脱节的问题，实现了从原理分析到零件设计再到综合应用的一体化教学。在开课之初就让学员选定综合实践的题目，将设计工作贯穿到理论教学的整个过程，而不是等到理论教学完成后才统一布置题目，即将传统的集中式设计模式，变为先分散再集中的设计模式，理论设计计算跟理论教学同步进行。综合实践部分的学时采用讲授和辅导答疑相结合的方式进行。在教学过程中，讲授机械设计的流程，详细讲解各环节的主要工作，使学员了解每一环节所需知识，从而指导学员有目的地学习相关内容。学员在理论教学的同时，以综合实践为牵引，进行自主学习和自主攻关完成设计工作，锻炼学员独立解决实际问题的能力。同时，充分发挥教员的引导作用，为学员厘清机械设计的正确思路。注重告诉学员“做什么”和“为什么做”，放手让学员通过查询资料去“如何做”，指导教员通过监督和指导，能及时发现问题或不合理的设计，并督促学员及时改正。

2.6　改革考核方式

综合实践的考核成绩根据初期检查、中期检查、设计计算说明书质量、图纸(或模型)完成质量和答辩来综合评定,这样有助于全面、真实地评价学员设计质量和教学效果,使学员端正学习态度,避免应付了事。其中平时设计过程中的表现占10%,设计计算说明书占35%,图纸(或模型)完成质量占35%,现场答辩成绩占20%。设计计算说明书应包括功能原理设计、机构选型设计、结构强度设计等内容。图纸(或模型)要求绘制装配图及主要零件的零件图(或建立三维模型)。现场答辩要求每个学员(或小组)首先简单自述设计过程、方法及步骤,然后由答辩小组教员提出问题,学员进行回答,最后答辩小组根据现场答题情况给出学员答辩环节的成绩。答辩结束后,还要求学员修改设计说明书及图纸(或模型)中出现的错误。

结合机械创新设计大赛完成的综合实践,对于推荐参加比赛并获奖的,可根据获奖等级直接给出合格以上的成绩。

以小组为单位完成的综合实践设计作品,根据完成质量给出作品成绩,由小组成员根据贡献自主分配组员的成绩。

3　教学实践

改革后的航空机械设计综合实践主要教学过程如图1所示。

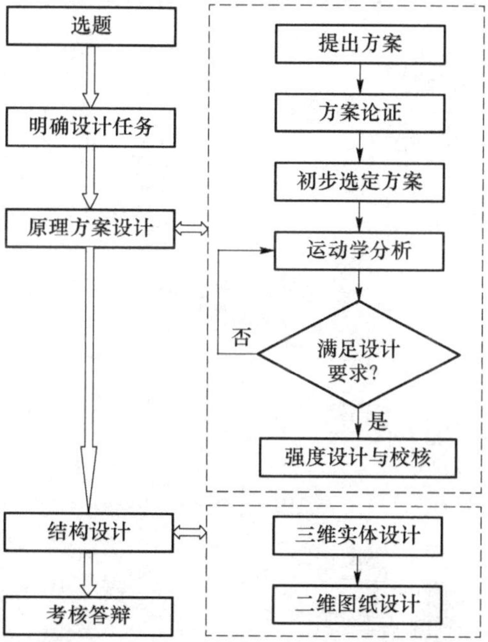

图1　航空机械设计综合实践主要教学过程

4 结论

为了向部队输送高素质、专业化新型军事人才，以COIO工程教育模式为指导，进行了"航空机械设计"综合实践的教学改革。从实际工程中选题，既增加设计内容的多样性，又能够更好地调动学员的主动性和积极性；通过思考训练，培养学员的整体设计思想和创新能力；通过计算机技术的应用，加强学员利用计算机技术进行机械设计和仿真分析的能力；通过让学员接触工程实际，进一步增强学员独立分析、解决航空机械实际问题的能力。

经过两年的教学实践和不断改进，已经取得了一定的成果。在一个学期之内，大部分学员能够协调合作，利用相关课程所学知识，运用CAD/CAE软件完成从原理方案设计到结构设计再到图纸输出的基本设计流程，建立了系统性的设计理念，在规范整理文档方面也得到了锻炼，综合能力明显提高。部分优秀的学员还能够利用3D打印、激光切割等方法加工制作样机进行功能验证，动手实践能力也得到了很大的提升。课程综合实践极大地提高了学员的设计兴趣、效率和质量，同时培养了学员的团队协作精神及创新实践能力，获得了较好的教学效果，更好地满足了人才培养方案对学员岗位任职能力培养的要求。

参考文献

[1] 查建中. 论"做中学"战略下的CDIO模式[J]. 高等工程教育研究，2008，(03)：1-6.
[2] 周蜜，刘国春，丰世林. 民航机务类专业"机械设计课程设计"教学改革与创新实践研究[J]. 机械设计，2018，35(S2)：300-302.

舰载机调运专业“实战化”教学条件建设研究

杨茂胜　范加利　王云翔　丁飞　曹建平
（海军航空大学青岛校区，山东青岛　266041）

摘　要：实战化教学是军队院校培养学员任职岗位能力的必要条件，实战化教学条件直接影响着学员岗位技能的水平。根据舰载机调运专业实践教学条件的现状，针对装备教学“空口无凭”、教材建设“不接地气”、教学考核“学考两张皮”等问题，在实验室体系、课程教材和考核模式等方面进行了深入研究和实践，完善了舰载机调运专业“实战化”教学条件，锻炼了“三贴近”的合格教员，培养了“三熟悉”的优秀学员，丰富了“贴近实战”的教学手段，提升了教学质量。

关键词：调运、实战化；教学条件；教材；考核

1　引　言

习近平强调，军队院校“要坚持面向战场、面向部队，围绕实战搞教学、着眼打赢育人才”的目标，使培养的学员符合部队建设和未来战争的需要[1]。贯彻落实这一重要指示，军队院校必须树立起为战育人的鲜明导向，紧紧围绕“能打仗、打胜仗”的目标要求，全面提高实战化教学训练水平[2]。而要实现这些目标，其中之一就是要构建实战化教学条件体系。

舰载机调运是指舰载机在航母上的转运、引导、系留等，舰载机调运专业是2012年全军院校改革后新增加的5个航母航空保障专业之一，后在2019年的院校专业调整时与其他两个航保专业合并成立舰载机起降保障与指挥专业，不管专业怎么调整，为航母培养舰载机调运作业与指挥人才的目标始终没变。为落实军委、海军和大学关于院校教学改革的相关指示精神，舰载机调运专业从成立之初就按照校区关于特色任职教育“实战化、规范化、品牌化”建设的总体部署，根据人才培养方案的总体要求，突出“贴近部队、贴近装备、贴近岗位”的理念与“深入开展特色任职教育舰载转型建设”的教学改革思路，重点加强本专业实验室、教材、课程考核资源等教学条件建设，以满足教学训练需求。有效解决本专业学员能力培养存在的薄弱环节，不断适应部队对舰载机调运保障军官、士官及士兵的任职岗位培养需求，改变以往施训过程中“重技术、轻指挥”“重理论、轻技能”等教学弊端，实现院校教学与任职岗位的无缝对接。

2　建设举措

在广泛调研军内外有关实践教学条件建设的优秀成果，借鉴其先进思想和好的经验的基础上，经过反复研究论证，形成了本专业教学条件建设思路，完成了三个方面的建设，建设举措

框图如图 1 所示。

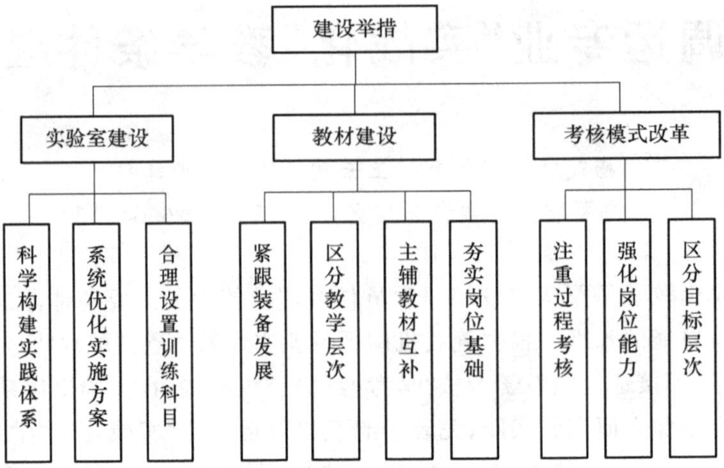

图 1　建设举措框图

2.1　以“2110 工程”三期实验室建设为依托，大力推进实践教学条件建设

针对航母舰载机调运专业设立时间不长、装备列装时间短、训练资源与器材匮乏的问题，以“2110 工程”三期航空勤务保障工程为平台，高质量完成了“舰载机调运系统综合实验室”的建设，很好地满足了舰载机调运专业实践教学需求。

一是按照“系统规划、分布实施、急用先建”的原则，科学构建实践教学体系。根据本专业的教学现状及未来发展，系统规划了舰载机调运专业实践教学体系，如图 1 所示。考虑到航母上调运专业的岗位一方面是负责调运装备的使用与维修，另一方面还要负责整个调运作业的组织指挥，因此在整个体系框架中，既有接近实装、可用于实操的调运装置操作维修训练系统，又有依托虚拟系统、用于理论教学与训练的舰载机调运模拟训练系统，还有用于舰载机牵引、引导、系留和指挥等调运作业的训练与考核系统，同时考虑到建设经费、建设周期、建设场地等方面的因素，优先建设了图 2 实线框的部分，而虚线框中的内容是后续逐步建设完成的。

二是针对实装“机电液交联、体积庞大、布局分散”的特点，系统优化建设实施方案。调运装置皆为集机械、液压和电气一体的大型设备，在航母上的安装位置分散、占用空间大。为此，在实验室设计中分为模拟训练和实操训练两个区，模拟训练区采用半实物半仿真的设计理念，而实操训练区采用操作界面和工作原理全功能模拟实装，相近功能合并(升降机和机库大门共用一套液压站)、机械结构缩比减小的全实物技术方案。通过这种系统优化设计，既节省了空间和经费，又满足了功能需求。

三是落实“贴近实战”的改革思想，合理设置训练科目。依据舰载机调运专业各层次人才培养方案，结合训练考核大纲对本专业岗位的实操技能要求，将实验室有关装备的训练科目设置为三类 18 个，如图 3 所示。其中操作类 5 个，维修类 3 种 9 个，性能调节与试验类 4 个。在课程实施中，可以区分层次来选择对应的训练科目，如初级预选士官和直招士官只需训练操作类、维护类和拆装更换类，士官职业技术教育学员需要在此基础上增加故障排查类科目，而生长军官任职学员则需要训练所有科目，只是在学时安排上，弱化操作维护类科目，把训练重点放在故障排查及性能调节与试验类科目上。

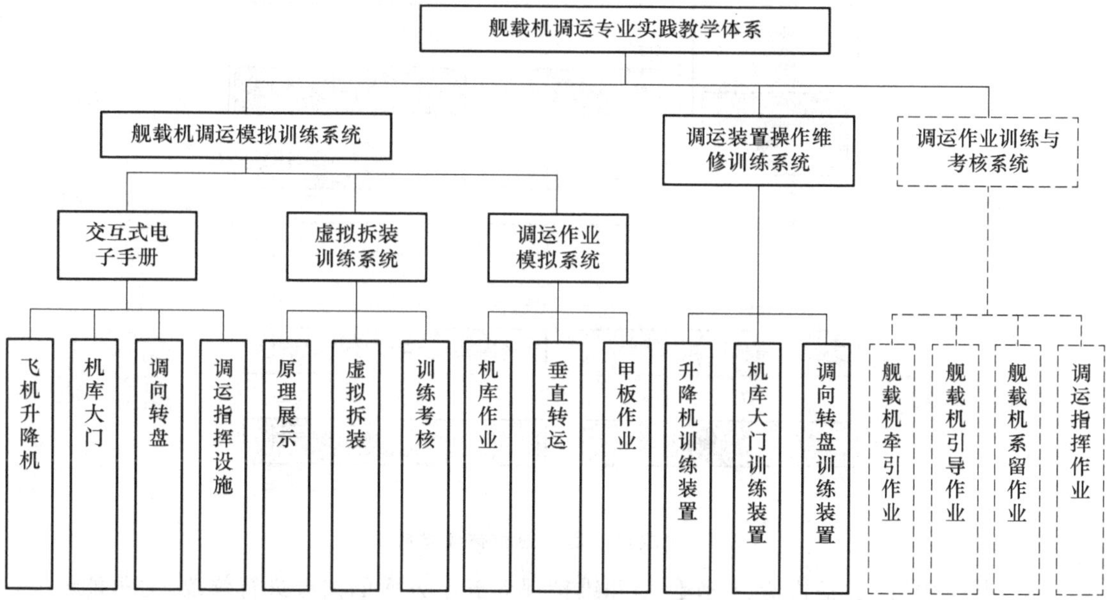

图2　舰载机调运专业实践教学体系结构图

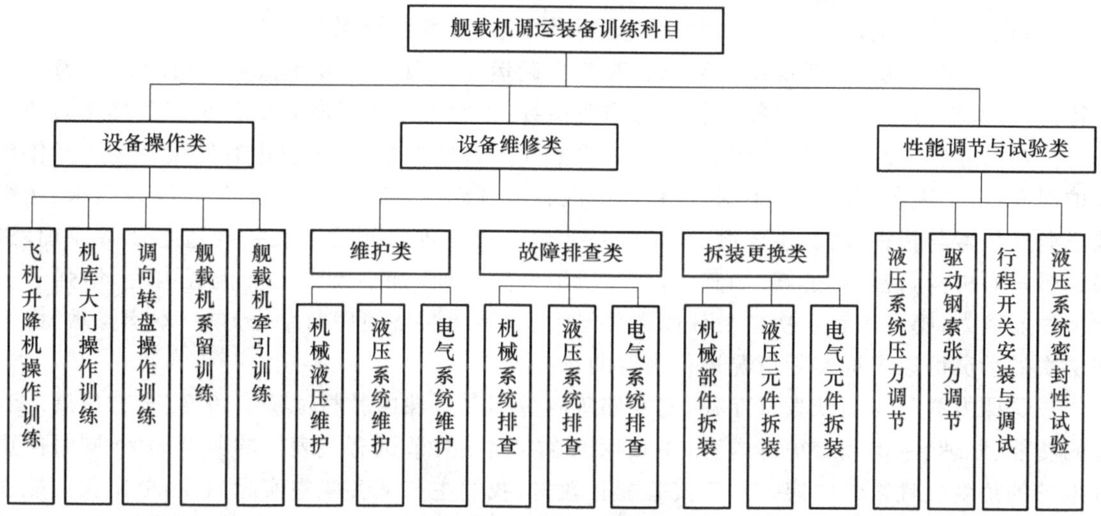

图3　舰载机调运装备训练科目

2.2　贴近部队，区分层次，抓住重点，扎实推进课程教材建设

经过近几年的建设，本专业新编课内教材5部，辅助教材4部，如图4所示，基本满足了本专业的教学需求。

一是贴近部队实际，紧跟装备发展。针对001舰调运装置在使用过程中暴露出诸多问题，厂家在002舰上对其控制系统和机械结构进行改装，飞机升降机和机库大门重新布置，操作方式与维护方法与之前相比改变明显。根据这一特点，一方面对教材内容进行动态更新，持续对

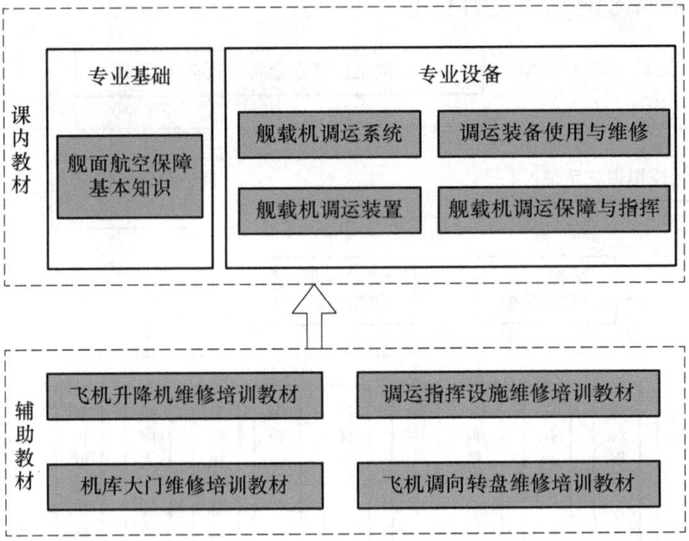

图 4　舰载机调运专业教材建设成果

装备布置、基本原理、装备构造、操作使用和维护保养五个方面的内容进行修改，力争能够符合一线工作实际。另一方面，由于两艘舰都是学员岗位方向，在内容更新时对相同装备的不同内容进行了独立区分，《舰载机调运系统》这部教材内容以初始装备为主，《舰载机调运装置》教材内容以新型装备为主，教员在授课时根据需要进行节选，增强授课针对性。

二是区分教学层次，瞄准岗位需求。舰载机调运专业具有集装备保障与流程指挥为一体的特点，军官学员毕业岗位是装备管理与作业指挥，士官层次学员毕业岗位是装备操作与装备维护。在区分层次时，《舰载机调运系统》主要面向士官层次学员，教材内容侧重于装备操作与维护保养，对于装备原理展开不深，流程作业内容体现较少，符合部队士官岗位工作需求。《舰载机调运保障与指挥》教材主要面向军官层次学员，教材内容侧重于装备构造与装备原理，深层解析核心机构，使学员能够"知其然，知其所以然"，同时，加强调运作业流程内容，增强学员调度作业能力，提升军官层次学员任职岗位能力。《调运装备使用与维修》是一本实操教材，不同层次的学员可以根据实际情况进行内容的选择。

三是课内教材与辅助教材互补，充实部队故障案例。课内教材注重多角度、全方位展现装备的功能、原理、结构和维护等内容，在故障排除方面主要节选有代表性的典型案例，同时侧重从维护的角度梳理教学内容。对于实验配套教材，我们主要从实验室实际出发，根据我们能够完成的科目，结合部队实际需求安排教学内容。而辅助教材不同，飞机升降机等装备维修培训教材着重介绍部队实际故障案例及故障处理，从一线工作实际的角度组织教学内容，使专业设备教学更加形象，更加具体，也使学员对岗位工作形成更清晰的认识。

四是抓住岗位重点，夯实学员基础。《舰面航空保障基本知识》教材全面梳理专业基础知识与专业岗位知识，针对学员缺乏舰艇工作经历的特点，从舰船装备基本概念、舰面航空保障基本概念、舰船维修基本理论和航空勤务保障法规等方面完善学员基础知识体系。选取学员到部队急需用到的重点内容，灌输舰艇理念、舰面航空理念，培养甲板安全作业意识，强化学员记忆，同时，培树"爱舰、爱岛、爱海洋"的工作作风，缩短学员部队适应期，达到学为部队所用的人才培养目标。

2.3 以检验岗位技能生成效果为目标，努力探索改革考核模式和内容

建立平时考核、理论考核和实作考核的综合评价机制，突出学员实践技能和指挥能力生成这一关键出口，着重考虑考核评价对学员能力生成效果的检验作用，以知识掌握和技能生成作为考核的两条主线，把考核向纵深推进，引导课程教学训练紧贴实战、靠拢部队，不断提升课程实战化教学水平。

一是在考核模式上更加注重学员学习过程的检验。突破过去单纯地依靠平时作业和结课考核来计算成绩、检验学习效果的模式，依靠新编教材、新补充学习资料，将学员学习与考核从课堂全面拓展至分组任务专题、课堂实操验证等，并贯穿学习全程。任务专题上，通过国内外装备对比、本专业类似装备对比、部队故障案例研究等专题讨论增强并检验岗位能力生成；课堂实操验证上，则分散至不同的教学节点中，模块式累积技能点，每个技能点先练再考。这样，在教学的全程中，促进学员自主学习，逐步做到会查资料、会分析资料、会由表及里分析本质、会举一反三抓住使用维修核心要点。

二是在考核内容上更加注重学员岗位能力的巩固与检验。根据部队岗位需要和本专业教学顶层设计指导，明确岗位能力所包含的具体内容与指标，针对性地丰富和完善题库等配套资源，突出试题对部件识别、操作流程、日常维护与保养、安全事项、特情处置等内容的检查和考核能力。近年来，先后建立并逐步完善了5门课程的配套题库、28套操作工卡，增加和丰富调运保障与指挥特情处置的案例库。此外，还通过训练装置信息终端建设，丰富装置训练情景生成和故障模拟，使学员“被迫”在贴近实战的环境下进行岗位操作和问题分析。

三是在配套资源上注重区别不同层次学员能力生成的目标检验。士官层次的侧重点是识装备、会使用、会维护，因此按“平时讨论＋实作考核＋笔试”的模式进行考核，一般将学员在学习时分成若干组，采取分组完成指定题目讨论、分组完成装备操作与考核的模式，增强并检查装备操作协作能力。军官层次的侧重点是识装备、懂原理、会排故、善指挥，按“任务专题＋实作考核＋笔试”的模式进行考核，由于学员人数相对较少，一般不分组，直接指定专题、实作、指挥等到个人。

3　建设效果

经过几年的建设，舰载机调运专业方向教学条件基本完善，教员队伍得到了充分锻炼，教学施训手段更加灵活丰富，教学质量显著提高。

3.1　完善了“实战化”教学条件，提升了“实战化”教学能力

以“2110工程三期”实验室建设为突破口，构建了实践教学条件体系，完成了“调运装置操作维修训练系统”“舰载机调运模拟训练系统”“调运作业训练与考核系统”等“实战化”训练平台建设；以院校教学和部队训练需求为牵引，形成了完善的课程教材体系和训练考核体系，先后完成海军重点建设教材1部、校内教材4部、实验指导书1部、舰员维修培训教材4部、电子交互手册4套、考核题库5套、特情案例库1套和实操工卡28套等教学资源建设任务，为本专业各门课程教学施训和考核提供了良好的保障条件。

建成以上教学条件，经过实际教学的充分利用，本专业教员的课堂教学效果明显好转，教学能力显著提高。其中3名教员被评为学院优秀教员，2名教员成为A级教员，2名新教员顺利通过教学审定并取得优异成绩，其中1名获2016年教学审定比赛一等奖，1名获2017年新教员审定总成绩第二名。另外，通过教学条件建设，教员在教学研究方面也有了长足进步，近五年来获院校级教育科研优秀成果二、三等奖各1项，立项教育科研课题4项，发表教学研究论文15篇。

3.2 锻炼了"三贴近"的合格教员，培养了"三熟悉"的优秀学员

通过实验室建设，教员"贴近部队、贴近装备、贴近保障"的各项能力得到了充分的锻炼。2名教员到部队代职，4名教员参加各种演习活动，2名教员在机电液一体化装备总体设计及施工方面的能力有了大幅提升，5名教员熟悉了教学装设备调试、验收和管理的程序与方法。通过教材建设，大大提升了教员教材编写能力，其中4名教员成为教材主编。通过考核题库和考核模式改革建设，所有教员进一步熟悉了调运作业流程和保障内容，消化吸收了调运专业训练考核大纲，为提升本专业课程教学水平奠定了良好的基础。

学员在校学习期间，通过专业课的学习，既掌握了装备的功能原理和结构组成，还通过实验室实装训练，学会了装备的操作使用和基本维修方法，熟悉了装备保障程序及方法；通过舰面飞行保障组织与实施课程的学习和毕业前的综合演练，既掌握了航母舰面保障的总体组织实施程序和方法，也熟悉了舰载机调运作业流程、保障战位和岗位职责，达到了航母舰面航空保障舰员所应具备的"熟悉流程、熟悉战位、熟悉保障"能力，学员分配到部队后获得单位领导的认可度显著提高，如表1所列。

表1　学员获得部队认可度变化情况

学员层次	部队满意度(%)		
	士兵	士官	军官
建设前	65	68	70
建设后	86	90	94

3.3 深化了"聚焦实战"的教学改革，丰富了"贴近实战"的教学手段

在前几年的教学中，由于缺乏实装，教员只能在教室采取PPT的传统教学模式，教学手段单一，教学效果一般。通过完善"实战化"教学条件，理实一体化教学模式得以普遍采用，案例式、任务驱动式、研讨式等"贴近实战"的教学方法手段在各门课程中得到灵活运用，教学效果显著提升。统计发现，在最近几年的军官和士官两个层次的装备课教学中，理实一体化教学学时数分别占到了总学时数的66.7%和61.4%，案例式、任务驱动式、研讨式等教学方法的运用次数也大大提升。

4 结　论

通过本课题的研究与实践，在以下三个方面取得了成效：

（1）坚持“贴近实战”的改革思想，按照“系统规划、分布实施、急用先建”的原则，科学构建了舰载机调运专业实践教学条件体系，很好地满足了岗位技能训练和岗位知识教学的需求，摆脱了装备教学“空口无凭”的问题。

（2）针对“学员层次多、实装不断更新”的实际情况，按照“区分学员层次确定内容深度”的原则，采用“教材＋辅助讲义”的教材建设模式，组织“实战化”与岗位能力要素重构教材内容，构建体系化专业教材，很好地解决了装备动态变化和学员层次差异大的难题，摆脱了教材建设“不接地气”的问题。

（3）以检验岗位技能生成效果为目标，以过程检验和能力巩固为主线，科学建立了平时考核、理论考核和实作考核相结合的综合评价考评机制，为理论知识和专业技能考核效果的科学评价奠定了坚实的基础，摆脱了“学考两张皮”的问题。

参考文献

[1] 习近平. 习近平在全军院校长集训开班式上的讲话[N]. 解放军报，2019-11-28(01).

[2] 周志远，王正刚. 推进军队院校专业教学实战化的实践[J]. 教育观察，2020，9(14)：135-137.

基于任务驱动进阶教学的“飞机与发动机维修技术及组织管理”课程改革

孔光明　于德会　邹刚　张玎　杨振

（海军航空大学青岛校区，青岛　266041）

摘　要：为了实现院校实践教学与任职岗位的无缝对接，提升驻舰机务保障专业人才综合能力，提出了基于任务驱动进阶教学的“飞机与发动机维修技术及组织管理”课程改革。通过对课程整体设计、任务驱动进阶教学组织实施、职业能力和素质培养三方面的有机嵌入，以期形成翻转课堂视域下“典型工作任务、任务驱动、进阶教学、能力提升”为主要特色的实践教学新模式。经过探索实践，该教学模式对于提升学员能力素质、提高实践教学质效效果明显，也为驻舰机务保障实战化教学能力建设提供了开创性思路。

关键词：任务驱动；进阶教学；实践教学；翻转课堂；职业能力

实践教学是军队院校任职教育教学中的一个重要环节，是培养具有创新意识的高素质军事人才的有效途径。目前，军队院校任职教育在学员实践能力、解决分析问题能力和创新能力的培养上已取得了较大成果，但在实践教学环节中也暴露出组织管理能力、机务作风及安全意识、操作技能等方面和实战化要求存在差距的问题[1,2]。究其原因，可能是在训练过程中未能充分考虑受训者个体学习能力和学习积极性等方面因素致使单兵训练效益不足，训练过程与训练时长没有形成科学的对应关系，训练考核内容不全面、训练难度与训练质量未进行动态评估，严重降低了教学效率。

本文依据驻舰机务保障岗位需求和职业标准，结合前期教学改革的经验教训，以进阶为主线，有效融合学员认知发展规律，将实践教学划分为翻转课堂视域下的自学质疑和操作训练两个有效衔接教学阶段，力求形成以“典型工作任务、任务驱动、进阶教学、能力提升”为特色的实践教学新模式，提高学员能力素质培养和满足部队作战训练要求，实现院校教育与任职岗位的无缝对接。

1　课程整体设计

随着航母和两栖攻击舰列装后，机舰高度融合、驻舰机务保障人才短缺等问题带来了保障体制、作业流程、人才培养和技术管理等方面的深刻变化，实践教学改革逐步转变为以部队需求和学员第一任职需要为导向，以培养学员创新精神、实践动手能力和高素质实用型和创新型军事人才为主要目标[3]。为此，“飞机与发动机维修技术及组织管理”课程依据高职教育培养目标要求，以驻舰机务保障岗位需求和职业标准为依据，融入多元智能的人才观和能力本位的教育观，依据学员由简单到复杂的思维发展的顺序将教学过程设计成一系列逐级进阶的层级任务活动，通过进阶完成各项子任务，逐步确立了“典型工作任务、任务驱动、进阶教学、能力提升”为主要特色的实践课程设计理念。

2 任务驱动进阶教学组织实施

基于任务驱动进阶教学的“飞机与发动机维修技术及组织管理”实践教学实施主要从典型任务进阶式分解、教学组织实施和评价考核机制三个方面展开。

(1) 典型任务进阶式分解。当前学员还缺乏部队岗位任职经历，对于机务指挥岗位典型工作任务也没有形成宏观认识，因此遵循任务驱动模式、利用进阶教学方法在教学过程中对主任务分解成若干个具备独立教学环节的子任务，每一子任务包含学习、训练和考核三部分。各子任务之间由易到难、由简到繁进行排列，任务之间通过进阶的方式训练，既明确了训练目的，又保证了训练质量和标准。以“驻舰机务保障与实施”模块中“鱼叉装置收放试验”为例，按照从“接受任务—先导知识—外检—性能检测试验”这一条主线，将总任务“鱼叉装置收放试验”切分成 11 个子任务，每个子任务又由若干知识点组成。这些子任务环环相扣，依次推进，逐步进行迭代和升级，以点连线，多线成面，最终形成一个完整的进阶教学实施方案，如图 1 所示。

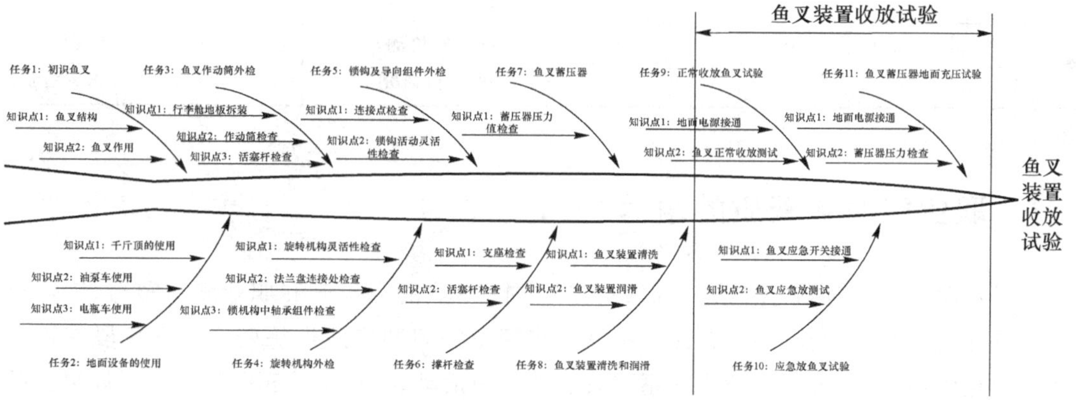

图 1 “鱼叉装置收放试验”任务进阶式分解

(2) 教学组织实施。按照“总任务的导入—逐个完成由知识点有机衔接的子任务—完成总任务(获取学习成果)—评价考核”的流程展开实施。依据子任务的性质和内容，采取不同的教学模式，如图 1 所示的“鱼叉装置收放试验”课例可划分为翻转课堂视域下的自学质疑和操作训练两个有效衔接、逐级进阶的教学阶段，对于鱼叉装置基础知识的学习，采用基于翻转课堂的线上线下的混合教学方法，学员依据任务需求利用在线课程自主开展课前学习，教师依据讨论留言问题及答题情况，有针对性讲解共性问题以及课程内容的重点难点，并引导学员完成知识内化；鱼叉装置外检和清洗润滑采用任务驱动式翻转课堂实践教学方法，教员按照任务清单引导学员完成在线课程自主学习和测试，并将操作要点和测试中发现的重难点问题严格把关，依据学员设计的外检方案和示范操作的完成情况检验学生学习效果；鱼叉装置收放试验采用研究式和启发式教学，依据试验原理开展试验，教师开展启发式提问，引导学员设计试验方案，激发学员的求知欲和好奇心，引导学员快速掌握知识和技能、提升创新思维和创新能力。

(3) 评价考核机制。评价考核应以学员为中心，侧重于知识运用能力、操作规范程度、团队协作程度、解决问题能力和机务作风的培塑等内容的考核。学员通过考核反思整个工作过程中的得与失，总结经验和教训，提高克服困难的自信心。

考核分为阶段性考核和终结性考核，每一子任务结束后都有阶段性考核，只有该子任务考核通过才能进入下一子任务，否则继续该子任务的学习训练，直到合格为止，以保证每阶段的训练质量和标准；终结性考核考核整体的任务完成情况。坚持多种评价方法型结合，各子任务评价考核如表1所列。

表1 “鱼叉装置收放试验”任务驱动进阶教学实施方案

子任务	教学模块	教学模式	考　核	职业能力培养
任务1、任务2	鱼叉装置基础知识	翻转课堂线上线下混合式教学	基础知识的掌握程度	自学意识、自主探究意识，提升分析问题、解决问题的学习能力
任务3～任务7	鱼叉装置外检	任务驱动式翻转课堂	知识运用、实操能力	培养创新性思维，对新知识深入理解和应用的能力
任务8	鱼叉装置清洗与润滑	任务驱动式翻转课堂	团队协作、实操能力	分析问题、解决问题的能力，对新知识深入理解和综合应用的能力
任务9～任务11	鱼叉装置收放试验	研究式和启发式教学	系统性能检测与调整试验，故障研究	注重装备指挥、创新和协同能力，操作能力以及知识运用能力

3 职业能力和素质的培养

在进行课程设计时，聚焦理论知识和实践技能、专业能力提升和职业素质塑造、工作过程与学员认知规律有机融合，在翻转课堂视域下将理论知识和实践训练两个教学阶段有机衔接形成进阶整体，将学习过程设计成一系列阶段性学习活动，实现院校实践教学与任职岗位的无缝对接。

(1) 以学员为主体，利用基于翻转课堂线上线下混合式教学模式，开展探究式学习

对于理论知识，在翻转课堂视域下，学员依据任务需求利用在线课程自主开展课前预习、视频学习、任务分析、讨论留言等环节，完成技术知识储备。在任务实施阶段，教师依据讨论留言问题及答题情况，有针对性讲解共性问题以及课程内容的重点难点，并引导学员完成知识内化、知识拓展和子任务进阶学习[4,5]，开拓学员的视野，增强学员的信息素养。

(2) 任务驱动式翻转课堂实践教学，提升学员对新知识深入理解和综合应用的能力

实践训练以岗位任职需求为牵引，以按纲施训为依据，按照“课前任务布置—学员线下自学—操作方案引导—工作实施(任务内容、任务准备、任务讨论、任务执行)—评价考核”为内容的教学方式开展，将学习过程与完成任务过程有机融合，以任务完成程度作为检验学员学习效果。与此同时，施训中突出学习的实践性和探究性、学习主体的自主性和合作性、学习内容的发展性和综合性、学习评价的开放性和多元性[6,7]，加强“四有”“三爱一献身”、强军梦等思政元素的融入，将课程知识点、技能训练与思政教育有机融合起来，不断增强课程内涵式发展的育人质效。

（3）试验内容研究式教学，强化学员对基本知识或原理的掌握

研究式教学是提高学生创新能力的重要方法。在试验过程中，学员根据试验原理开展试验，在关键步骤或涉及关键概念处，教师进行启发式提问，引导学员注重规范和流程，提升创新思维和创新能力，促进学习、考试型思维向学习、思考、研究、创新型思维转变。

4 结 论

在翻转课堂视域下，将任务驱动进阶教学改革施训于“飞机与发动机维修技术及组织管理”实践教学课程中，通过对岗位任职典型任务进阶式分解，使受训者在完成具体子任务的过程中构建相关理论知识，逐步进行迭代和升级，以点连线，多线成面，有效地解决了实践教学中理论与实践契合度不高、教学效果不理想等问题。

此外，教学施训过程中不断追求信息化资源平台利用最大化，多种教学资源全方位地把教员、学员引入任务驱动进阶教学的指导与监督之中，以提高学员的学习效果，提升岗位任职能力。

参考文献

[1] 吴正茂，李思海，等. 飞机维修类专业实践教学体系建设的研究与实践[J]. 成都航空职业技术学院学报，2016(1)：40－43.

[2] 曲长海，王越芬. 高校多元协同培育大学生职业素养的研究[J]. 教育理论与实践，2015(12)：3－5.

[3] 李桂春. 基于 Moodle 平台的项目教学研究与实践[J]. 湖南工业职业技术学院学报，2013(6)：68－70.

[4] 文韬，李向新等. 飞机维修专业实训教学模式改革探索[J]. 长沙航空职业技术学院学报，2009(1)：13－15.

[5] 朱颖. 高职学生职业素养培育体系研究[J]. 教育理论与实践，2014(6)：24－25.

[6] 丁奕然. 巧用主线教学建构学习进阶——以中学生物教学为例[J]. 教育理论与实践，2016(20)：59－61.

[7] 赵彦. 基于任务驱动进阶教学的 Java EE 课程改革探索[J]. 常州信息职业技术学院学报，2013(3)：46－50.

基于飞机制造实训中心的生产实习教学改革研究

王巍　李锐　李建军　李伟杰

（沈阳航空航天大学　航空宇航学院，沈阳　110136）

摘　要：在《中国制造2025》颁布实施的背景下，积极对航空航天类相关专业的专业生产实习实训内容进行补充，制定飞机制造实训中心的建设框架，搭建飞机制造实训中心的生产实习教学平台，为我校培养先进制造专业领域基础扎实、实践能力强、创新意识高、具有技术前沿视野的高质量航空航天类相关专业人才奠定基础。

关键词：实训中心；基地建设；生产实习；实践教学

引　言

《国家职业教育改革实施方案》明确提出"面向先进制造业等技术技能人才紧缺领域，统筹多种资源，建设若干具有辐射引领作用的高水平专业化产教融合实训基地"，《中国制造2025》提出通过制造业创新中心建设、智能制造等五项重大工程，加快从制造大国转向制造强国、"中国制造"向"中国创造"和"中国智造"转型发展[1]，航空宇航制造工程作为突破口和主攻方向越来越受到关注和重视。沈阳航空航天大学为适应新的发展趋势，积极对航空航天类相关专业的专业生产实习实训内容进行补充，加快培养一大批先进制造专业领域基础扎实、实践能力强、创新意识高、具有技术前沿视野的高质量航空航天类相关专业人才，同时完善学科领域结构，适应航空企业对人才的需求，建立起人才队伍齐全、学术思想活跃、发展态势更快的创新研究团队和实习实训教育基地。

学校紧紧围绕"一心三环"体系，构建以飞机生产线为核心，其他各类相关配套为辅的飞行器制造实习实训中心。该中心作为航空工程国家级实验教学示范中心重要组成部分，依托中心现有的各种仪器设备，承担了科研、教学、实验、毕业设计、课程设计、专业综合训练、实习实训等一系列工作。

1　研究的意义

生产实习就是验证课堂所学理论知识，是贯彻理论联系实际原则使认识进一步深化的过程。同时是学生在校学习期间接触和了解社会、了解企业的重要环节，是学生向工人师傅学习、向实际学习的最好机会[2]。航空工业需要应用型、复合型、技能型人才，而航空航天企业因生产任务、保密性等原因[3]，学生前往实习，往往参与生产实际工作的深度不够，学生创新精神和创新能力都得不到有效发挥。为提升学生的专业实践能力，解决实验对象特殊、资源稀缺、环境匮乏和周期长等问题，建立飞机制造实训中心，可实现现场操作，体验真实感，促进优质资源的共享。为适应我国航空制造产业发展的需求，以培养具有专业胜任能力和社会适应能力的创新应用型飞机数字化人才为目标，坚持“学生中心、问题导向、创新实践”的实践教学理念，以解决现实航空制造中专业化数字化人才培养的瓶颈问题。

学校重构了具有航空特色的实践教学体系，努力构建实验、实训和实习紧密融合的实践平台，打破学科专业壁垒和学用转化的瓶颈，打通了校门与企业之间的屏障。实训中心覆盖全校航空、机械、材料、电子、控制、计算机、管理等专业。比如，计算机专业的学生可以开展虚拟仿真项目，管理专业的学生可以学习飞机生产线的调度。飞机制造实训中心还承担一定数量的外校学生综合实训任务、开放性实验实训项目和高层次大学生课外科技竞赛的实践指导和制作任务。

2　飞机制造实训中心的建设定位及方案

2.1　飞机制造实训中心建设定位

实训中心是衡量学校办学水平的重要标志之一，对搞好专业建设，提高学校教学、科研水平，增强学生的专业技能起着举足轻重的作用[4]。我校在建设飞机制造实训中心过程中定位明确即为学校特色专业学生人才培养中心。实训中心主要特点是合作单位在航空航天制造领域有着先进的技术和较强的开发创新能力，中心的教学团队既有院校教师又有企业工程技术人员，长年从事飞行器制造专业教学和科技研究，有较强的理论和实践基础，同时中心的设备及软件是学校新购买或合作企业提供，为目前行业最为先进。

2.2　飞机制造实训中心建设方案

新建的飞机制造实训中心由学校航空工程国家级实验教学示范中心牵头建设，沈阳飞机工业集团有限公司、江西洪都航空工业集团有限公司等企业提供飞机装配工装作为实习实训平台的支撑，面积合计为 4 000 m^2，按照功能划分为 4 个区域：

(1) 用于学生从认识到动手操作的飞机装配生产线

该区域主要包括塞斯纳 162 飞机装配线、某型飞机典型工装、多个型号飞机装配线，波音 747 地板梁和口框装配线，锐翔 RX1E 复合材料电动飞机机翼机身及对接工装，歼 6 飞机整机及部件结构拆解件如机翼、机身 Q400 机身段等，如图 1 所示。主要实现现场教学，让学生对飞机装配过程使用的工装有初步了解，认识定位器、加紧器等工装零组件，同时飞机各部分的分解结构不再是书本上的图纸，而是真实地呈现在学生眼前。学生可以到飞机上进行操作，在驾驶舱体验如何控制飞机的升降舵、方向舵等，更有参与感。

(2) 三维扫描，逆向设计及增材制造

该区域主要有关节臂测量系统，三维扫描仪，摄影测量系统及增材制造等设备，学生在此区域可以完成飞机零部件测量，获得点云，逆向设计，将设计的零件通过增材制造设备加工，并完成装配，让学生掌握扫描等测量设备的使用，点云处理软件、逆向设计软件的学习，培养对于逆向工程软硬件的实际操作能力，如图 2 所示。

(3) 飞机部件自动制孔

在该区域内，学生通过学习自动制孔机器人的使用方法，进行离线编程仿真，实现机器人

图 1　飞机装配生产线区

图 2　扫描,逆向设计的学习成果

在平面及曲面上自动制孔,培养学生在智能设备上的全方面技能,促进智能制造领域高素质复合型技能人才培养,如图 3 所示。

图 3　工业机器人区

（4）飞机装配三维工艺设计

飞机装配三维工艺设计在机房完成,配套有 CAD/CATIA/DELMIA/3DCS 软件,学生在此针对飞机装配工艺过程进行梳理和学习,利用仿真软件对飞机装配过程进行工艺仿真,并将飞机装配过程进行工艺分解，将每个组合件和部件的装配过程进行三维工艺设计，实现数字设计与制造教学、培训，虚拟装配仿真，飞机建模和装配型架设计，飞机装配过程的三维工艺设计，工艺规划等，如图4所示。

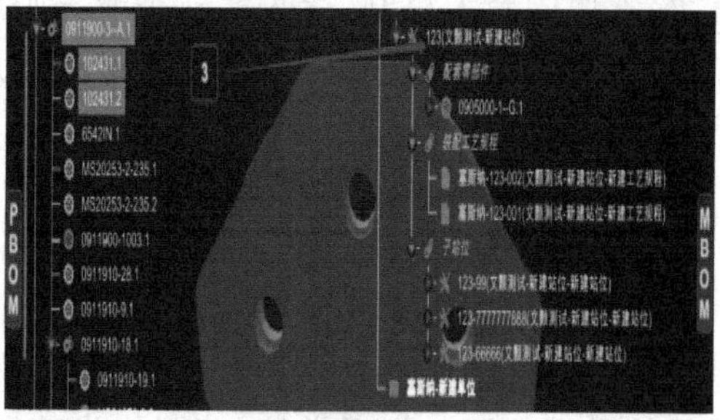

图4　飞机装配三维工艺实验室

3　建立以飞机制造实训中心为依托的生产实习教学平台

在搭建飞机制造实训中心的生产实习教学平台中，学生是计划的主体和核心，学校和老师是计划的执行者和推动力，只有三者之间相互联系、相互促进、相互作用才能建立出更好的资源平台为师生服务。项目的实施将充分利用学校资源，依托现有条件，充分发掘利用各学院自有资源并加强与其他学院之间的交流合作，采取转变观念、改革实训教学模式→融合各专业实训内容→实训中心建设的路线、有计划、有步骤地解决关键问题。

首先，在教学改革过程中，要突出专业实验开放式教学对于本科生教育的重要性。实训中心开放式教学不仅是为了加强学生实践动手能力的培养，也是对理论课程的一种补充或验证，更是引导学生灵活运用专业知识，构建学校和生产现场的桥梁。学校针对各专业所学的不同的专业课开设相应的实训课程，并贯穿专业课教学的整个过程，实验内容不局限于课本，鼓励在校学生就相关学科内容进行中长期实训。

其次，实训内容要和不同专业的所学知识相融合。根据对各专业学生的专业课背景分析调研，课程内容改革要分类进行重点建设，为各个专业学生提供实训，主要内容如下：

表1　专业实训内容

专　业	实训内容
飞行器制造	飞机建模和装配型架设计、飞机装配过程的三维工艺设计、虚拟装配仿真、装配与测量工装建模、工艺规划等
飞行器设计	装配仿真飞机建模和装配型架设计、飞机装配过程的三维工艺设计及其过程中的力学分析
飞行器动力工程学	三维工艺设计、柔性工装、自动制孔机器人配AGV车、虚拟仿真
机械、自动控制、计算机科学与技术、软件工程等	虚拟装配仿真、三维工艺设计、柔性工装、自动制孔技术、AGV车等
金属材料、功能材料、焊接、成型	三维建模、3D打印、飞机部件材料组成等

实训教学是普遍存在的实践教学的薄弱环节，加强实训教学对培养学生实践能力、创新精神有着重要的意义。更新教学观念，制定科学合理的实训教学大纲，精心组织，规范管理，选派责任心强、有指导实训经验教师担任实训指导教师。加强产教融合大楼建设，推进校企合作、产学结合，探索协同育人机制，逐步实施企业导师聘任制度，促进对学生实习实训的现场指导，探索多样化实习实训教学模式。加强实习过程的质量监控，确保学生实习的时间和效果。

4 生产实习实践教学内容

生产实习实践教学是人才培养的重要环节，是高等院校工科类专业的重要实践性教学环节[5]，是培养学生实践能力和创新能力的主要方法和手段，构建科学的实践教学体系是提高人才培养质量的重要保证。根据学校“培养作为基层骨干、行业中坚的上手快、能吃苦、有后劲的应用型人才”的人才培养目标定位和我国高等教育的素质教育要求[6]，实习教学应当是“由浅入深，从传统到现代，从了解到理解，从听到见到动手到掌握的分阶段、分层次进行的过程”，飞机制造实训中心也是学生在校期间进行生产实习教学的主战场。因此，根据学生的认知规律，搭建并完善多层次的教学体系，是实训中心建设工作的核心内容。

认知实习依托飞机制造实训中心建设的认知区域仪器及各实训室内部的展示区域，这一部分是整个生产实习教学体系的基础，也是惠及面最广的一部分。可以在全校范围内普及基本航空专业知识来拓宽学生眼界，同时引导学生进行简单的动手实践，帮助学生初步建立工程概念，如图 5 所示。通过实训中心、实训室的展示、上手操作的基本流程，在最大范围内激发学生对相关理论和工程技术的兴趣，从而为学生参与创新训练打下基础。

图 5　学生正在学习飞机部件结构

生产实习是利用优质的教学软硬件条件，通过学生实际操作，培养基本工程技能。由于参与工程训练的专业较多，各专业基础不一、参训时间不一，在选择基本技能训练内容时，应充分考虑各专业自身特点，既要打破学科界限，培养学生工程意识，又要从学生自身能力水平出发，开发出多套不同训练时长、不同训练内容、不同类型的教学大纲菜单，由各专业负责人组合选择。选定组合后，通过一两个学期，根据实际情况对不同项目进行优化调整，尽可能在有限的训练时长中，丰富地展现航空工业的主流制造技术。

基本生产实习以实际典型飞机部件制造过程为基础，进行现场教学，让学生测绘现代飞机外形几何形状及内部结构，学习测量工具及设备的操作（如图 6 所示），掌握绘图的核心以及正向建模的关键技术。学生不仅能够更好地理解装配部件制造过程、原理和装配的关键技术，而且能够更好地掌握目前飞机制造过程中工具、设备的使用方法，达到理论与实践相结合的目的，进而提高学生的专业技能，强化动手能力和创新能力。

图6 学生正在测绘飞机壁板

专业生产实习是更高一层次的要求，多采用小组组队、项目管理的方式进行，主要面向制造类学生。为各组配备具有专业和工程背景的指导教师，以飞行器制造工程实际为背景，是在指导教师的指导下，综合运用航空知识独立地完成一项逆向工程设计，要求学生学会使用先进的数字化测量设备，熟悉三维快速成型制造工艺原理及模型制作过程(如图7所示)，掌握逆向建模的关键技术。这种训练难度相对较高，学生在训练过程中，通过发现问题、解决问题循环递进，最终完成整个训练，对学生的整体知识储备、技能应用能力有很大提升。学生既能通过查阅资料完成项目设计，又可以适当地加入自己创新创意想法，极大地提升了他们对于工程设计的热情。

图7 学生正在3D打印并组装飞机工装

综合生产实习主要是激发学生创新精神，鼓励学生探索未知。以项目、竞赛、毕业设计(论文)为载体，项目训练与基地建设相结合、校内竞赛与校外参赛相结合、毕业设计(论文)与工程实际相结合的“三载体，三结合”的综合生产实习体系，切实加强学生创新创业能力的培养。用项目驱动学生综合运用已有理论、实践知识，进行工程设计。其训练内容一般是多学科交叉的产品开发设计制造任务，其实习过程是未知的，学生要凭借自己的专业知识开发制作。

从简单到复杂，从传统到新技术，训练方法从模仿到创新。一方面保留了传统方法的基本训练，帮助学生了解和掌握传统飞机装配的基本方法、基本工艺；另一方面又引入现代装配技术，使学生了解新工艺和新技术，帮助他们建立对现代先进技术的整体认识。通过这种训练，帮助学生建立传统装配方式和先进的技术的对比，培养学生的工程意识和创新能力，实现应用型人才的培养目标(如图 8 所示)。

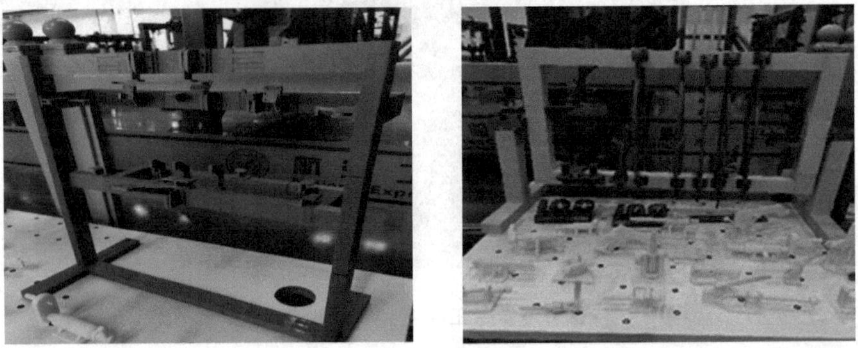

图 8　学生成果展示

5　结束语

生产实习是我校培养高素质应用型人才的重要环节。顺应时代发展的需要，将航空制造专业学科特点与企业发展联系起来，贯彻落实我校“产学研”一体化基本思路，不断总结、探索、创新改进生产实习实践教学方式。加强飞机制造实训中心的沟通协调，为学生创建良好的生产实习环境。采取有效提高学生生产实习效果的措施，为社会和企业输入高水平航空应用型人才努力。学校认真学习了习近平在庆祝中国共产党成立 100 周年大会上的重要讲话精神，用重要讲话精神指导实践，我们要坚持为党育人、为国育才[7]，立足打造通航特色，建立高质量人才培养体系，用高质量人才培养赋能高质量发展，为东北老工业振兴和区域经济发展贡献航空人的力量。

参考文献

[1] 王茂旗，綦振强. 产教融合模式的港机智能制造实训中心建设[J]. 内燃机与配件，2020，(20)：249－250.
[2] 白海清. 加强实习基地建设和实习管理，提高生产实习教学质量[J]. 科技信息，2007，(28)：155－156.
[3] 廖俊. 航空航天类专业生产实习教学改革与探索[J]. 科教导刊，2021，(01)：33－34.
[4] 谭海林，张治坤，王范. 高职院校智能制造实训中心建设探索[J]. 中国现代教育装备，2018，(17)：9－11.
[5] 于秋红，王富强，郝晓文，等. 生产实习教学改革与实践[J]. 教育教学论坛，2020，(20)：70－71.
[6] 林金忠，庄学文，肖郑颖. 依托工程实训中心，培养学生“三创”能力的探索与实践—以莆田学院为例[J]. 职业，2019，(24)：100－101.
[7] 吕玉刚. 坚持为党育人为国育才 全面提高义务教育质量[J]. 旗帜，2019，(10)：65－66.

PBL 教学法在机翼蒙皮成形仿真研究中的应用

朱延娟　李军　袁国青　范武

（同济大学 航空航天与力学学院，上海　200092）

摘　要：飞机典型零部件的制造工艺是飞行器制造工程专业需要掌握的核心知识和能力，但是大型结构件的制造工艺复杂，设备昂贵，无法开展真实的实践教学。相关的实践教学需借助于仿真实验来完成。以机翼蒙皮为主要研究对象，针对蒙皮成形的实践教学需求，结合PBL 教学法，以学生为主体，开发一款轻量化仿真教学系统。从三维模型的构建、演示动画制作到人机交互功能的实现，形象直观地呈现了机翼蒙皮成形过程。同时，通过仿真教学系统的研发，让同学们不仅能知其然，而且能知其所以然。

关键词：飞行器制造工程；PBL 教学法；机翼；蒙皮成形；仿真

飞机制造过程包括毛坯制造、零件加工、装配安装和试验四个阶段。作为飞行器制造工程专业，飞机典型零部件的制造工艺是本专业需要掌握的核心知识和能力，但是大型结构件的制造工艺复杂，设备昂贵[1][2]，无法开展真实的实践教学。相关制造工艺的实践教学需借助于仿真实验来完成[3][4]。

飞机的机翼蒙皮，作为流线型的外表面附着于机翼骨架上，直接承受气动载荷，是飞机结构中至关重要的部件之一。蒙皮拉形是一项重要的航空钣金成形工艺，也是飞机蒙皮成形最主要的加工方法[4]。实际生产中，飞机蒙皮拉形采用实体模具[5]。

目前，已有学者对飞机成形制造工艺与装配的仿真教学展开了相关研究。赵熹[6]等人从认识机翼结构、蒙皮成形制造、数字化装配机翼三个模块出发建立了机翼蒙皮虚拟装配仿真实验平台，涵盖了“飞机装配工艺学”等专业课程知识。董亮[7]等人使用飞机装配一体化模型，对飞机装配工艺 3D 环境下规划与仿真过程的集成和统一，简化了产品与资源之间的关系，研发了飞机中央机翼部件装配仿真系统。常正平[8]等人基于飞机部件数字化装配原理，设计搭建了包含机身、控制系统等的实验平台，为学生的专业学习提供了新方法，启发学生对多学科专业知识的探索。

上述的研究工作，主要是通过同学们操作相关的软件来展示相应的工艺过程，同学们能够感知到的是输入相关参数，得到相应的输出结果。

论文以机翼蒙皮为主要研究对象，结合以问题为导向的教学法，针对蒙皮成形的实践教学需求，以学生为主体，开发一款轻量化仿真教学系统。从三维模型的构建、演示动画制作到人机交互功能的实现，形象直观地呈现了机翼蒙皮拉形过程。同时，通过仿真教学系统的研发，让同学们不仅能知其然，而且能知其所以然。

1　以问题为导向的教学法

1969 年美国的神经病学教授 Barrows 在加拿大的麦克玛斯特大学医学院首先试行了

PBL(Problem Based Learning,PBL)教学模式[9],即以问题为导向的教学模式。在当时的教学环境中,为学习者设置具体的问题情境,在教师引导下,以学生为主体,通过查阅文献、共同讨论来解决问题,进而系统地学习问题当中所包含的理论知识。

同济大学飞行器制造教学团队提出了将以问题为导向的教学法引入机翼蒙皮成形仿真系统的研发过程中。将具体的问题作为导向,参与研发的同学以小组为单位,通过讨论、合作和自主学习的形式,将问题进行分解,在问题的分解过程中,一步一步地去解决问题,从而达到最终目标的实现。在这一教与学的过程中,充分调动同学们学习的积极性,将抽象的概念、较为深奥的算法推导在讨论、交流中去思考、理解、认识和掌握,从而培养同学们认识问题、分析问题、解决问题的能力,并且更好地激发同学们自主学习的热情。

2 以问题为导向的教学法在机翼蒙皮成形仿真研究中的应用设计

2.1 基础知识的学习

PBL 教学法的运用和实施,是以学生掌握一定的基础知识为前提的[10]。在机翼蒙皮成形仿真研究中,首先需要理解和掌握运用参数化造型的方法对蒙皮成形过程中的三维物体建立数字化模型。参数化造型使用约束来定义和修改几何模型,这些约束反映了设计时要考虑的因素[11][12]。实现参数化的那组参数与这些约束保持一定的关系,初始设计的形体要满足这些约束,当输入那组参数的新值时,也将保持这些约束关系并获得一个新的几何模型。

如图 1 所示的机床模型,首先绘制二维平面草图,随后通过约束草图尺寸来定义几何形状,再经由凸台拉伸的相关操作获得三维物体模型。论文的研究工作按照静态、动态物体分开进行建模,即机床、模具为静态物体。机械臂如图 2 所示,由于之后要被赋予动画,因而归为动态物体。分开建模可满足后续动画制作的需求。

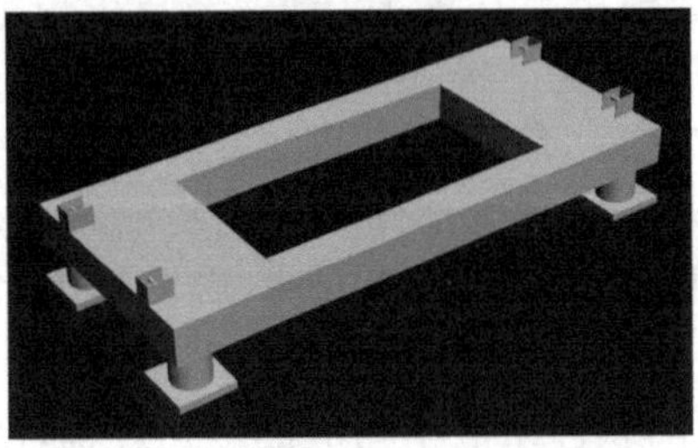

图 1 机床

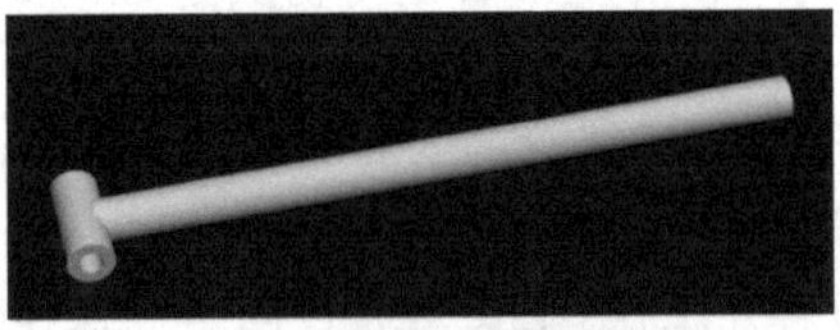

图 2 机械臂旋转臂

2.2 问题的设计和提出

在以问题为导向的教学法中,问题的设计和提出是其中最为重要的一个环节。问题的导向直接关系到学生的学习成效和研究成果。

指导教师首先根据同学们已经学习过的基础知识,结合机翼蒙皮成形仿真研究将要涉及的内容,设计出一个综合性的问题,如:蒙皮成形过程中机械臂的动画制作。学生根据教师给定的问题,查阅资料,并提出方案。

在动画制作平台中，打开在上一节内容中完成的机床、机械臂等三维数字化模型。根据先前设定的参数化模型尺寸数据，将各个部件移动组装为一个整体，如图 3 所示。对于动态物体，即机械臂及其各个部件，建立转动杆-伸缩杆-加持部件的父子物体关系，如图 4 所示。同学们在问题的解决中发现，这里的父子物体关系操作思路较为便捷，不会出现缺少约束或约束过多情况，这也为相似演示模型的制作提供了一种借鉴。

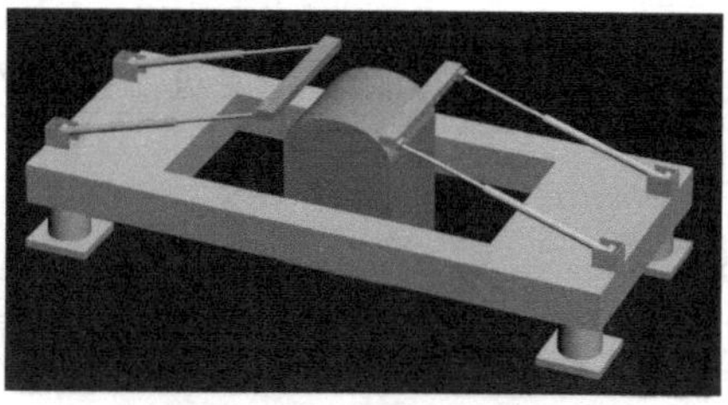

图 3　装配好的机床平台

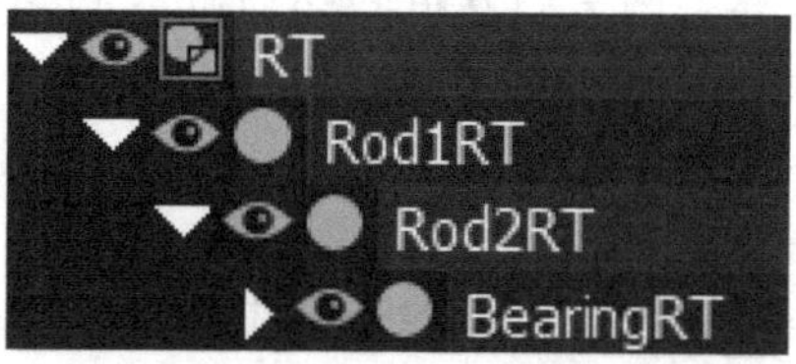

图 4　物体间的父子关系

当约束好各个部件的相对位置后，进行机械臂动画的制作。机械臂的加工动作可简化为，转动杆的旋转—伸缩杆沿轴向伸缩移动—夹持部件的旋转，这些动作将在跟随父类物体运动的基础上完成自己的动作并带动子类运动，相互协调相互配合，达到加持蒙皮使其产生形变的视觉效果。

2.3　教师的指导

指导教师和同学们对一周成果每个星期进行陈述和展示。在展示之后，师生之间可以相互提问，指出不足和需要改进的地方，教师参与其中的讨论。这一过程不仅增强同学们之间的交流，而且还可以使其有自我实现的成就感，进而激发学生学习的兴趣和动力。

在讨论中，同学们提出，不同平台下进行文件的输入或者输出的时候，容易出现部分文件或者部分相关信息丢失的情况。如丢失有关弯曲的动画。因此需要在相关平台软件中补充蒙皮弯曲动画，如图 5 所示。经过师生的讨论分析，这一问题通过平台插件 Mega-Fires 得到解决。

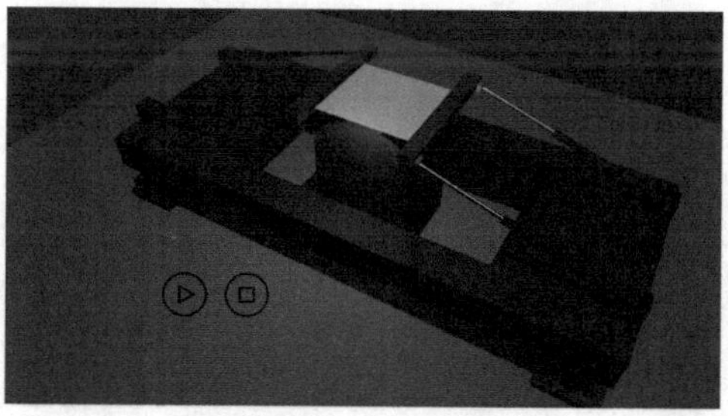

图 5　模型弯曲动画

模型的构建、动画的制作和融合，人机交互，能够使得同学们能够直观、形象地理解机翼蒙皮的成形过程。

3 总 结

（1）将以问题为导向的教学法融合到机翼蒙皮成形仿真研究过程中，不仅能够让同学们对机翼蒙皮成形有一个深刻的理解和认识，同时还巩固了同学们所掌握的理论知识，提高学习的主动性，增强学习的自觉性。

（2）锻炼了同学们分析问题与解决问题的能力、团队合作的能力。促进了学用结合，为将来解决工程问题打下了基础。

参考文献

[1] 郭宇，陈文亮，金霞. 面向现代航空制造需求的飞行器制造工程专业本科培养方案改革——基于南京航空航天大学实践的思考[J]. 南京航空航天大学学报(社会科学版)，2013，15(04)：86－89.

[2] 刘长青，李迎光，郝小忠. 飞行器制造工程专业航空特色教学案例设计[J]. 高教学刊，2016(20)：60－61＋64.

[3] 王珉，郝小忠，陈文亮. 飞行器制造工程专业实践教学和实验体系研究与实践[J]. 实验技术与管理，2009，26(10)：129－132.

[4] 彭静文，李卫东，万敏，等. 机翼前缘蒙皮拉形工艺参数优化与试验[J]. 塑性工程学报，2011，18(04)：74－78.

[5] 卿光辉，张宏伟，卢翔，等. 飞行器制造工程专业课程体系改革方向与任务[J]. 中国民航大学学报，2012，30(05)：38－40，50.

[6] 赵熹，陈凯，郭拉风，等. 飞行器制造工程机翼装配虚拟仿真试验[J]. 教育教学论坛，2021(12)：65－68.

[7] 董亮，余剑峰，李原，等. 3D 环境下飞机装配工艺规划与仿真一体化模型[J]. 计算机集成制造系统，2012，18(06)：1158－1167.

[8] 常正平，夏松，杨根军，等. 飞机部件数字化对接装配实验平台及教学项目设计[J]. 实验技术与管理，2020，37(12)：52－56.

[9] O. Neill，PA. The role of basic sciences in a problem-based learning clinical curriculum[J]. Med Education，2000(34)：608－613.

[10] 王济华. “基于问题的学习”(PBL)模式研究[J]. 当代教育理论与实践. 2010，2(3)：98－100.

[11] 王才勇. FBX 模型处理工具的研究与实现[D]. 电子科技大学，2020.

[12] 丁德红，方逵，饶大鹏，等. 三维植物花朵动态仿真模型技术研究与实现[J]. 农机化研究，2014 (5).

OBE理念下航模实习创造性思维的培养与实践*

路向阳*　但永平　耿世勇　张利民

（中原工学院 电子信息学院，郑州　450007）

摘　要：实践教学是工学学生培养的重要环节，也是我国普遍执行的工程认证教育的普遍要求，工程教育要求以成果为导向，以学生为中心，持续改进的理念推进教学工作，而成果导向教育理念（Outcomes-based Education，OBE）就是以成果导向为指导，在教学环节的设计中充分发挥学生的主动性积极性，教师在训练过程中不断监督，持续改进的教学方法，这种方法用来指导实践教学，必然能获得良好的效果。航模实习是我校无人驾驶航空器以及飞行器控制与信息工程的基础实践课程，采用OBE的成果导向理念，设计航模实习的教学成果，指导学生自主学习，从网上查找设计资料，熟悉飞行理论，完成图纸绘制，并在实验室将自己的设计变成具体的航模，在此过程中教师全程监控教学过程，持续指导改进学习过程，确保学生圆满完成教学目标，实践表明，该方法以航模设计为成果，并辅以航模大赛为依托，能够提高学生的学习兴趣，实现全过程的教学管理，取得了良好的效果。

关键词：OBE；航模实习；创造性思维；培养

1　引　言

社会的快速发展对高等教育提出了新的挑战，人们更加关注教育投入的回报与实际产出的现实需要，特别是工科学生、应用型人才培养，以互联网＋为代表的创新创业活动如火如荼，一系列的创新成果也在逐步推出，这些都是以成果为导向的教育理念为指导[1,2]。成果导向教育（OBE）在美国、英国、加拿大等国家成为了教育改革的主流理念。同时，我们国家大力倡导工程认证，工程认证的基本理念就是成果导向、以学生为中心、持续改进等。这些理念对引导和促进专业建设与教学改革、保障和提高工程教育人才培养质量至关重要[3,4]。用成果导向教育理念引导我国工程教育实践类课程教学改革具有现实意义。

航模实习是我校飞行器控制与信息工程，无人驾驶航空器系统工程的专业基础，也是学生动手能力的一部分，是提高学生学习兴趣，培养航空知识的重要内容，也是应用型人才培养的重要环节，通过航空航模展，有利于激发学生的求知欲望，培养航模制作的兴趣，而组织我们学生进行航模的制作、试航、试飞等一系列的制作航模的实践活动，可以提高自身的动手能力，培养自身全面发展，提高综合能力。航模实习如何结合OBE成果导向引导学生进行基本理论知识学习，动手实践能力培养是我们一直思考的重要问题。

*　项目支持：2021年度中原工学院教学改革研究与实践项目2021ZGJGLX095，2021年度“纺织之光”中国纺织工业联合会高等教育教学改革项目2021BKJGLX561，2021BKJGLX557，2021BKJGLX555。

2 OBE 的教学理念

OBE 是指教学设计和教学实施的目标是学生通过教育过程最后所取得的学习成果，这里所说的成果既包含有形的成果形式，也有无形的成果形式。有形的成果包括作出符合要求、形状精美、能够翱翔蓝天的航空模型，无形的学生理论知识的学习，航空飞行知识的储备，兴趣和爱好的提升，航空文化的推广，以及学生通过学习后所提升的创新实践和动手能力[5,6]。根据最后取得的航模成果，按照反向设计原则设计实践教学过程，首先进行顶层设计，先明确学习成果，绘制出成果蓝图，并让学生将他们的学习目标聚焦在这些学习成果上，要求学生在一定的期限内完成相关知识的熟悉，设备制作知识充实。此环节教师必须清楚地阐述具体目标，并致力于帮助学生发展知识、能力和境界，使他们能够达成预期成果。

其次，分析达成目标的条件，并根据每个学生个体差异，配合多元弹性的个性化学习要求，制定个性化的评定等级，并适时进行评定，从而准确掌握学生的学习状态，对教学效果进行及时让学生通过学习过程完成自我实现的挑战，再将成果反馈来改进原有的课程设计与课程教学[7]。

再次，创造环境，为学生达成预期成果提供适宜的条件和机会。OBE 的实施要点就是确定学习成果，成果可清楚表述和测评，最好能够构建测评的指标。构建体系，建立适合教学的课程体系，确定教学策略，参照评价。为达到教学目标的成果，探寻提高学生能力，又能够实现学生的学习积极性的路径和方法[8]。其具体执行过程如图 1 所示。

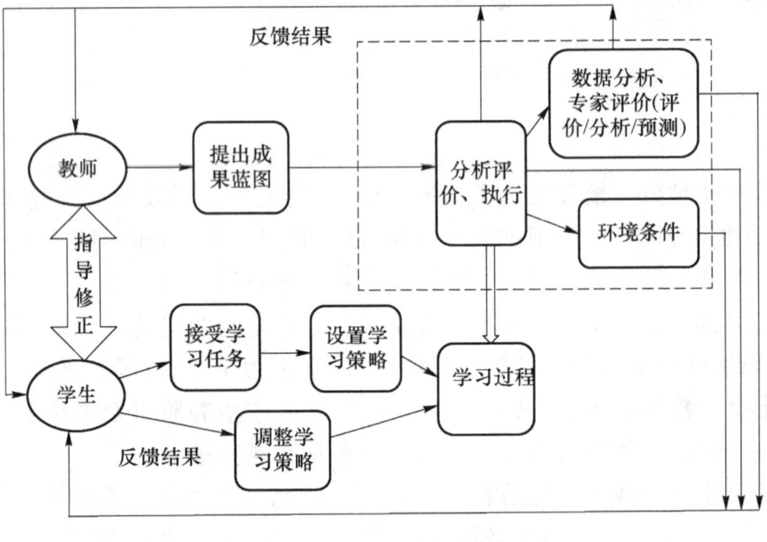

图 1　基于 OBE 理念的教学过程示意图

航模实习是我校飞行器控制与信息工程，无人驾驶航空器系统工程的专业基础，也是学生动手能力的一部分，对于应用型人才培养具有十分重要的作用，是提高学生学习兴趣，普及航空知识、提升民族自信、民族自豪感、激发广大同学们爱国热情的重要内容。航空模型活动作为一项科技实践的活动项目，通过航空航模展，有利于激发学生的求知欲望，培养航模制作的兴趣，而组织我们学生进行航模的制作、试航、试飞等一系列的制作航模的实践活动，可以提高自身的动手能力，培养自身全面发展，提高综合能力。

3 基于成果导向教育的航模实习教学设计和分析

实现从知识课堂向能力课堂的转变，需要在教学目标、教学方式、学习方式和评价方式等方面进行变革。成果导向教育作为一种先进的教育理念，已经形成了一套比较完整的理论体系与操作模式。利用成果教育成熟的方法和策略，改革与此不相适应的做法。结合我校学生的具体情况，基于成果导向教育实现的步骤如下。

首先在具体的航模实习阶段，确定本次实习的目的和达到的目标，航模实习达到目的有四个方面，一方面是通过实习使得学生增强对航空专业知识的了解和兴趣，提高学习的积极性，培养创新性思维，扩大航空知识的普及率，形成良好的校园文化；另一方面航模实习后期会跟进举行校级航模比赛，所以前期要求学生画出航模设计图，并根据设计图做出相应的产品；第三个方面是航模大赛为明年的未来飞行器设计大赛选拔种子选手，所以在设计图时要求学生会用 AutoCAD 软件绘图，这部分可以要求部分同学完成，并能够简要分析设计的理由和方法，这样可以为后期的比赛奠定良好基础。本年度的实习又增加了任务是组建航模表演队，选拔一批同学能够按照航模表演的专业化要求进行飞行设计和控制，对学生提出了更高要求。

其次，制定相应的教学大纲，确定成果形式，采购原材料，准备相应条件。寻找比赛的赞助商，赞助商能够提供部分经费和产品，对航模比赛是有利的支撑。这部分也是由学生自己完成，指导教师仅仅引导和联络，培养学生的社交和驾驭事情的能力。

航模实习一共分为2周，提前两周将任务布置下去，要求学生在课外查找资料，设计图纸，实习开始的第一周指导学生如何使用 AutoCAD 软件绘图，设计产品图纸，在实习过程中指导教师持续跟进，对及时发现问题。第二周制作产品、试飞，制作产品过程中预测评估，加强过程指导，在航模实习即将结束时举行比赛，最后一天要求学生写出实习报告。

3.1 确定课程需求，制定教学大纲，确定成果实现形式

传统实践教学教育模式倾向于解决确定的、线性的、静止封闭问题，教学设计更加注重具体实现的需要，忽视了专业的需求。航模实习是航空专业的专业实践基础，要求学生在2周时间内通过查找资料，设计制作出能够实现飞行的航空模型，有别于兴趣小组或者是专业性的航模队伍。在课程目标的设计上将梳理航空模型的相关知识，如飞行原理、制作工艺、控制策略、竞赛种类以及创新设计，把航空模型这一领域的种种展现给学生，为其提供一个较为开阔的视野，任其驰骋。对航模实习提出较高的标准要求，国内提出了一系列航模赛事，如全国航空航天模型锦标赛、未来飞行器大赛，国际航空飞行器设计挑战赛等，这些专业化的赛事活动一方面引领了国内航模发展的方向，另一方面也给出了未来发展的趋势，在航模实习的过程中，将这些赛事的要求部分引入到航模实习的工作中，达到在航模设计的结束后，能够挑出一批比较好的苗子，经过整理和修改就可以参加这些比赛具体目标如下：①让各专业学生充分利用所学专业知识、发挥专业特长；②培养学生的团队合作能力；③在扩充新的知识领域的同时培养发散性创新思维，锻炼动手能力。

3.2 分析评估，统筹规划，早作安排，做深做细

在上述目标的指引下，航模实习的准备前期需要准备的东西较多，分为几个部分，首先是

材料的准备，比如KT板，遥控器，电机，电桥，舵机等繁杂，每一步准备不到位都可能延误工作的开展，需要早做筹划，还需要协调场地，准备工具，加强安全教育，制作过程中需要切割KT板，安全非常重要。其次作品的准备，在实习即将开始的前三周，要求学生查找资料，了解相关知识，画出设计图，并针对设计图进行评审，指出其中不足之处，整改后作为设计方案备存。航模实习结束后每个学生都要写出自己的实习总结，分析设计中存在的问题，提出解决方案。

3.3 实现从教师中心向学生中心转变

美国著名心理学家、教育家布卢姆(Bloom)将认知过程分为记忆、理解、应用、分析、评价和创造6个层次，结合成果导向要求，教学过程要求学生主动查找资料，学习CAD画图工具，以学生为中心地要求整个教学设计与教学实施围绕促进学生达到学习成果来进行，引导学生改变高中教师盯着学、督促学的习惯，进行自主有效学习，并要求在实施过程中适时掌握学生的学习成效。同时创造条件，课堂开放，实验室由学生自主管理，实现时间、空间和内容上的开放。时间上从课内向课外延伸，空间上向实验室拓展，内容上参考资料向实际制作扩展。

为了更好地协调实习课程，成立了我校航模协会，并将航模实习作为协会日常活动的一部分，实现学生自主决策，独立思考，解放思想，才能有创新、有发展。爱因斯坦说过："学习知识要善于思考、思考、再思考。"思考从质疑开始，才可以达到深刻理解。

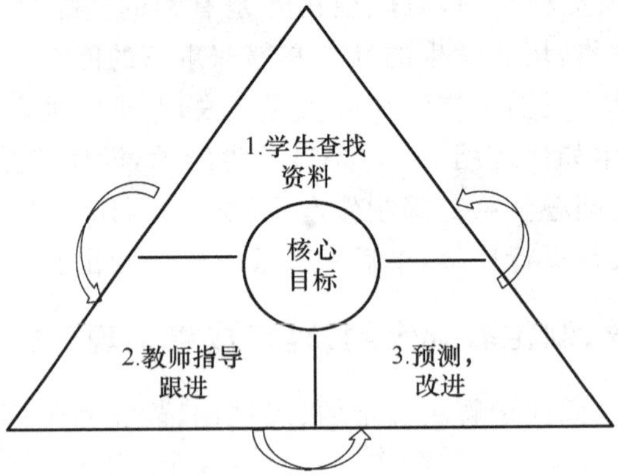

图2　过程管理的航模实习示意图

3.4 加强过程管理，实现全周期的监控指导

对标航模实习的目标要求，在过程控制过程中，首先设计阶段航模实习对标国内省内赛事，高标准，严要求，不是问题发了下去就不管不问，在实施过程中需要进行监督、调控，形成"闭环"管理，及时纠正偏差和学生懈怠的思想；其次，分析产生这些偏差的原因，并对系统进行改进；再次，鼓励学生对外交流合作，寻找比赛的赞助单位，为比赛补充良好的条件和产品，培养学生的社会活动和交往的能力。成果导向的实现过程是一种有效的持续改进机制，从而实现持续地改进培养目标，以保障其始终与培养目标要求相符合。具体和执行过程如上图2所示。

3.5 组织航模比赛,激发同学们的积极性创造性

为了更好地组织航模实习活动,展示中工的精神风采,丰富同学们的课余生活提高同学们的动手能力与实践能力进一步普及航模设计知识,发掘广大同学创新潜力,激发同学创作热情,活跃校园科技创新氛围为动力,中工飞行器协会推出以提高同学们设计与创作能力为目的的遥控航模制作大赛,为同学们提供一个科技创新的舞台。

激励大家做好航模,激发大家的学习积极性,在航模实习的基础上,我们举办了第一届航模飞行器大赛,设置了最佳设计,最佳飞行,最佳控制三个方向,要求航模实习的同学必须参加,其他同学根据兴趣可自主参加,为了提高知名度和影响力,我们还拉来省内企业赞助,为大赛提供奖品,第一届航模大赛的成功举办,提高了全校同学的参与度,提高了全校同学了解航空知识,学习航空制作的积极性和创造性。

同时考虑到和国际国内的航模比赛接轨,飞机都是同学们自己动手制作的,凝聚着每个人的心血,颜色自然也是各有各的不同。参赛机一个接一个地摆放在指定位置,飞机形状既有传统型的,也不乏有大胆的思维,敢于创新的同学,创造出独一无二,与众不同的机型。

图3 第一届航模比赛作品

对于航模实习的持续推进,经过近三四年的努力,航模实习教学进入了一个良性的循环,组建航空飞行表演队,出精品,上高度。在18级学生第一届航模实习结束后,我们组织大家参加了未来飞行器设计大赛河南赛区比赛,获得了省二等奖等多个奖项,参加工训杯未来飞行器设计大赛等赛事,获得了河南省一等奖两项,二等三等奖多项的好成绩。

在航模大赛的基础上,筹建以比较优异成绩组成的航模飞行表演队,航空表演队对标国内航空专业比赛,设计能够满足高水平飞行的航空模型,按照国内航模比赛要求实现定点、定时的飞行。

4 结 论

成果导向教育理念和工科教育的工程教育环节一脉相承,为实践教学提出了一种指导方法,该方法能够发挥学生的主动性积极性,提高教师教学过程的参与度,能够持续改进的教学方法,航模实习是实践性要求比较高的课程,也是提高学生学习兴趣、激发学习热情的先导课,采用OBE的成果导向理念,在实验室将成果变成具体的航模,确保学生圆满完成教学目标,实践表明,该方法能够提高学生的学习兴趣,实现全过程的教学管理,取得了良好的效果。

参考文献

[1] 李志义. 解析工程教育专业认证的成果导向理念[J]，中国高等教育，2014，17：7 - 10.

[2] 陈以一，张伟平. 本科工程专业要立足于培养工程师[J]，高等建筑教育，2019，28 (3). 63 - 69.

[3] 秦俊，肖静. 基于 OBE 理念的高校创新型工程人才的培养路径，武汉理工大学学报(社会科学版) 2021 . 34(4)：149 - 153.

[4] 李振，孙晴. 基于 OBE 教育理念的制药工程专业创新创业型人才培养体系的构建与实践[J]. 广东化工，2021，48(18)：238.

[5] 许吉. 基于 OBE 理念的课程教学评价与实践[J]. 黑龙江教师发展学院学报，2021(1)：46 - 48.

[6] 杨瑞玲. 应用型人才培养目标下管理会计教学改革研究 [J]. 现代商贸工业，2018(04)：177 - 178.

[7] 许勇，王雪茹，肖丽英，等. 基于 OBE 理念的水利类工程专业课程设计教学体系建设与探索[J]. 高教学刊，2021(5)：103 - 106.

混合式教学在飞机结构强度课程试验教学实践中的应用

缑百勇　周向东[*]　崔荣洪　周章文

（空军工程大学 航空工程学院，陕西西安　710038）

摘　要：试验教学在巩固知识和培养能力方面有着特殊的地位。本文以"飞机结构强度"试验教学为研究和实践载体，分析了试验教学的重要作用以及传统试验教学存在的问题，讨论了线上线下混合式教学的特点及其应用于试验教学的潜在优势，探索了混合式教学在"飞机结构强度"试验教学改革中的应用。实践表明，混合式教学可提高学生的参与度，降低试验教学的安全风险和费用支出，节约试验操作时间，实现试验教学效益的显著提升。实践中的经验，可为其他课程试验教学提供借鉴参考。

关键词：混合式教学；试验教学；飞机结构强度

试验教学在对理论教学知识的巩固和提升，以及创新精神、创新能力和动手能力培养方面有着特殊的地位。要搞好试验教学，必须充分理解试验教学在教学中的重要作用，准确把握试验教学的特点和存在的问题，不断创新发展试验教学的方式方法，尽可能提升试验教学的教学效果。

1　试验教学在教学体系中的重要作用以及面临的主要问题

1.1　试验教学在教学体系中的重要作用

自然科学的创新离不开试验。在现代自然科学研究中，绝大数科学上的重大发现和发明创造，都是从科学试验中发掘和提炼出来的。诺贝尔奖获得者 P. A. 密立根在获奖大会上说：科学是在用理论和试验这两只脚前进的，有时是这只脚先迈出一步，有时是另一只脚先迈出一步，但是前进要靠两只脚。

中科院资深院士冯端教授指出：实验室是现代化大学的心脏，是培养创新人才的摇篮。科学的创新发展离不开试验，学习自然科学知识也离不开试验。只有在学习理论知识的同时，又注意掌握科学试验的基本功，才有可能成为有创新能力的研究生。可见，试验教学在教学过程中是一个非常重要的环节，试验教学效果将直接影响学生的培养质量和创新能力。

* 通讯作者：周向东（1970—），男，汉族，陕西西安人，副教授，研究方向为高等教育研究；Tel.：029 - 84787552（13991126752）；E-mail：gby.kgy@163.com。

1.2 试验教学的特点和面临的主要问题

试验教学的最大特点在于其实践性。理论教学有老师、黑板、粉笔、电脑和投屏系统就可以开展教学,而试验教学在此基础上还需要专门的教学场地、设备、经费、时间等,有的还存在安全风险。受各种因素的限制,试验教学在实施过程中还普遍面临一些共性的问题。

首先,受设备、场地和课时的限制,试验课常常难以保证每个学生都能参与动手试验,影响了动手能力的提升。许多大型的试验设备往往占地面积大且价格昂贵,实验室一般没有足够数量试验设备供学生进行试验。学生只能集体观看老师的试验演示,这样,学生的动手能力、分析和解决问题的能力得不到锻炼。以"飞机结构强度"课程中的疲劳失效试验课为例。教学过程中需要用到液压伺服疲劳试验机,该试验机单台价格约百万元,学校的教学试验室一般配备数量在1～2台,但是每次课的教学人数一般都在30～60人,在有限的试验教学课时内,不可能让每个学生都进行试验操作。

其次,受经费限制,很多学校难支撑学生进行创新性试验,限制了学生的探索精神。试验课除了需要试验设备外,很多时候还要购买试验件等原材料。然而,很多学校的情况是,购进设备后没有或者很少有后续教学试验经费投入,授课老师只能从其他经费中"挪用"少量经费来弥补试验课所需。这样,实验室受经费限制只能按最低需求配备原材料。教学试验过程中,为了完成教学试验,老师严格规定了试验的方法和操作流程,没有给学生留下探索性试验的机会,严重制约了学生创新精神的培养。

最后,受课堂时间限制,学生操作试验设备之前缺少时间充分学习设备的使用注意事项,这样,学生在操作试验设备的过程中就存在巨大的安全隐患,人员受伤或设备损坏的事情时有发生。试验课的时间是固定的,一般每次课一个半小时,老师如果在试验设备演示带教上花大量时间,给学生留下动手操作的时间就很紧张;反之,如果老师因为时间关系没有带教到位,可能给学生后续试验带来风险。以"飞机结构强度"课程中的疲劳试验课为例,试验机最大载荷达50吨,如果在试验过程中学生不慎将手夹到,后果不堪设想。为了降低风险,很多老师将这部分工作"代劳",破坏了学生试验的独立性,影响了教学效果。

2 线上线下混合式教学的特点和在试验教学中的优势

2.1 线上线下混合式教学的特点

教学的发展应随着时代的变化与时俱进。随着信息技术的发展与创新,近年来"互联网+"思想已经影响到了各行各业,对高等教育的冲击也是巨大的。传统单一的"流水线式"教学模式已经不能适应时代发展的需要,新媒体融入整合的教学模式必将成为今后高校教学改革的方向。混合式教学顺应了这一发展潮流,是一种新的教育理念和教学模式,具有教育现代化的重要特征。

所谓混合式教学就是把传统的实体校园教学方式与数字化、网络化的在线学习有机结合起来的一种教学模式。目前国际教育技术界的共识是只有将传统教学和网络教学结合起来,使其优势互补,才能获得最佳的学习效果,为学生提供高效的知识建构与创造实践的新途径。

混合式教学也是学习理念的提升，这种提升会使学生的认知方式发生改变，教师的角色发生改变。混合式教学让授课模式从传授式转为探究式，从而让教师有更多的时间与学生深度互动，使学习者从被动学习变成主动学习，并主动构建知识架构。

2.2　线上线下混合式教学在试验教学中的优势

根据混合式教学的特点，如果在试验教学中合理地安排线上、线下教学内容，充分利用微课、慕课等线上教学资源和虚拟试验等教学手段，可以显著提高线下课堂试验教学的效率和效果，降低安全风险。

一方面，混合式教学可以把传统课堂讲授内容通过微视频上线的形式进行前移，突破了教学资源、教学经费和教学时间等的限制，为线下教学节约经费和时间，并能提供充分的准备，降低安全风险。传统的试验教学，老师要在授课时段内给学生讲授试验原理、试验过程，演示操作流程，再让学生按规定流程进行试验操作。而在混合式教学中，试验原理、试验过程的讲授以及操作流程的演示完全可以通过线上微课、慕课以及虚拟试验的方式进行，为线下授课节约很多时间，这些节约出来的时间可让更多学生有更多的时间进行动手操作。由于线上资源的便利性，学生可根据自己的情况反复收看，这个过程无须占用试验场地、设备等资源，又不受时空的限制，能让学生充分地学习并掌握相关知识，为后续线下试验教学打下良好基础。对有安全风险的操作过程，可通过虚拟试验先行安排学生进行线上培训，而且培训次数和时间不受限制，每个学员都可在充分熟悉试验操作过程后再进行线下操作，降低安全风险。

另一方面，混合式教学线下有活动，线下试验教学用来实现一些更加高级的教学目标。比如让学生更多地参与试验设计、动手操作、讨论和思考，达到提升学生创新精神和创新能力的目的。

3　混合式教学在飞机结构强度试验课教学实践中的应用

飞机结构强度课程是我校飞行器与动力工程专业的一门专业基础课，是主干课程之一，在培养飞行器创新人才中发挥着极其重要的作用。在近三年的教学过程中，我们在克服试验课存在的矛盾问题，提高课程试验教学效果方面进行了一些改革探索，收到了一定的实效。下面是该课程试验教学改革的一些基本情况和经验。

3.1　飞机结构强度课程试验课教学计划

按照我校教学计划安排，飞机结构强度课程试验课有4次，每次一个半小时，分别要完成静力测试试验、疲劳测试试验、腐蚀影响测试试验和动力学性能测试试验。

3.2　飞机结构强度试验课教学分析

飞机结构强度问题经历了上百年的发展，已经发展为一个非常庞大的学科，其中涉及到静强度、疲劳强度、动强度等各种知识，而且强度问题与实践应用联系紧密，实践性非常强。根据以上特点，“飞机结构强度”教学大纲在每个关键的理论模块后都安排了试验课。这些试验课为学生巩固理论课知识，锻炼实践能力发挥着重要作用。但传统教学模式下，该课程的试验教学也面临着和前述和其他试验课类似的问题。比如，虽然总体上试验课有 8 个学时，但分配给每个试验的课时仅为 2 个学时，是非常少的。再考虑到经费、安全等问题，改革以前，试验课基本上以教员讲解和演示为主，而不是以学员操作和探索为主。这种重“教”轻“学”的模式不利于学员创新精神的培养。再比如，试验内容基本上以验证性试验为主，缺乏设计性、综合性及创新性的试验，不利于学员团队协作能力、批判思考能力、综合解决问题能力等创新能力的培养。

3.3 基于线上线下混合式教学思想的试验课教学实践

“混合”的本质在于组合优化和创新。在课程教学实践中，结合学校教学模式改革要求，围绕重点构建以学员为主体，教员为主导的“研究性”教学模式，结合“飞机结构强度”课程的具体特点和上述需要解决的教学问题，采用线上、线下混合式教学方式，突破教学时间、资源等问题的束缚，在教学目标、教学内容、教学手段等多个维度进行了优化，突出“混合”的组合优势，全方位实施课程重塑与再造。

3.3.1 创建试验课“高阶”教学目标，突出创新精神和创新能力的培养

思想是行动的指南，只有在思想上确定了高阶的教学目标，才能在行动上调动一切可以调动的资源为目标服务。为适应对创新能力素质的核心要求，首先从教育观念上创建试验课教学目标要求。参考培养目标，“飞机结构强度”课程提出了明确的试验课教学目标：使学员通过试验课巩固和提升对理论课教学内容的理解，锻炼试验操作技能；激发学习兴趣，锻炼独立操作能力，培养创新精神。在教学目标中将培养目标分为两类：初阶目标（巩固和提升对理论课教学内容的理解，锻炼试验操作技能）和高阶目标（激发学习兴趣，锻炼独立操作能力，培养创新精神）。显然，初阶目标是传统试验课就能达到的，高阶目标是试验课改革的方向。

3.3.2 重构试验课教学内容，安排探索性试验环节

飞机结构强度课程试验内容原来都是想定性试验，根据新创建的教学目标，试验课安排了探索性试验。

以疲劳测试试验为例，改革前，只安排由老师完成一个如图 1 所示完好试件的疲劳破坏过程演示试验。虽然老师按预定程序会得到一个 38 万次左右的疲劳寿命，但学生的印象并不深刻，他们的学习兴趣没有被调动起来，独立操作能力没有得到锻炼，更谈不上创新精神的培养。

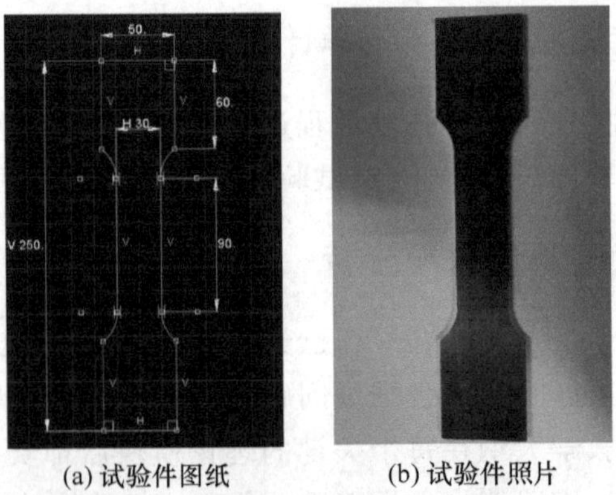

(a) 试验件图纸　　(b) 试验件照片

图 1　试验件图纸和照片

改革后的试验课，试验件的数量、缺口形式、缺口尺寸由学员自行设计；疲劳试验操作也由学员亲自动手完成；后期的断口定性、定量分析更是作为“重头戏”，由学生自主分析，写成报告。表1为最近一个期班学生设计的试验件类型和试验结果。

表1　缺口试验件类型及试验结果

组别	试验件类型（尺寸单位：mm）	疲劳寿命（次）
1	半圆缺口 R2.5	29073
2	半圆缺口 R2.5	33563
3	线切割缺口 a2.5	7244
4	线切割缺口 a2.5	7607
5	线切割缺口 a0.5	24157
6	线切割缺口 a0.5	21983

可以看出，改革后，探索性试验使学生的中心地位更加突出，课堂更加安全高效。学生通过探索会发现很多原来课堂上发现不了的现象，并留下深刻印象。比如，有的学生就在总结中写道：“当线切割缺口仅仅0.5 mm时，试验件的平均寿命就下降到完好件的6%，难怪机务维护课上老师要求大家不要穿硬底鞋，以免划伤飞机”。

3.3.3　合理设计线上、线下内容，发挥“混合式”教学优势

安排探索性试验后，试验课所需时间成倍甚至几倍的增长，试验经费和安全风险矛盾加剧。为了解决这些矛盾，改革授课方式迫在眉睫。混合式教学正好可以解决这些矛盾，成为改革的首选。

以疲劳测试试验为例，通过合理安排线上线下教学内容，圆满实现了改革的目标。具体做法：试验原理、方法、过程的讲述由教员制作成微课和慕课，放在网络平台上供学员预习；预习后，学员在课前进行试验件数量、缺口形式、缺口尺寸等的自主设计，将设计方案发给教员审核，教员审核完善方案后再发回给学员（这个过程可以反复多次）；试验方案确定后，学员在虚拟试验平台上反复练习试验操作过程，教员进行试验设备和试验件的准备；线下课堂开课后，学员按照已经设计好的方案，在教员的辅助指导下，完成各试验件的疲劳试验；课后，学员对试验进行总结，撰写试验报告，遇到有疑问的地方和教员进行网上的交流讨论。

从上述过程可以看出，线上课堂延伸拓展了试验课的课堂时空概念，为线下课堂节约了时间、提供了准备，特别是虚拟试验降低了试验成本和安全风险；在线下课堂，学生的实践能力得到进一步的锻炼提升，试验过程优质高效。“混合式”试验教学充分发挥线上、线下教学活动各自优势，提高了课堂效率，完成了创新培养的高阶教学目标。

3.3.4　加强试验教学资源建设，提高“混合式”教学水平

提高“混合式”教学水平，离不开线上资源和网络环境的建设。课程在系统建设过程中不断累积优质资源，录制了视频公开课和微课，建设了虚拟试验系统，借用教研室网络自主学习平台，依托校园网提供课程在线支持。平台和环境条件建设为开展混合式试验教学探索提供了有力的支撑。图2为网络学习平台及平台上的资源。

(a) 网络学习平台　　(b) 微视频

图 2　支撑混合式教学的网络平台及资源

4　结束语

飞机结构强度课程作为航空结构专业方向的一门主干课程，其试验教学在加强学生对理论知识的理解，培养学生创新精神和创新能力中发挥着极其重要的作用。试验教学实践中以混合式教学理论为指导，紧密围绕课程特点和教学目标确定教学改革思路方法。充分应用慕课、微课、虚拟试验等先进理念和手段，从教学内容、教学组织实施、教学资源建设等多个维度进行改革，充分探索了混合式教学的应用方法，并在该门课程的具体实践中进行了效果检验。结果表明：混合式教学可提高学生的参与度，激发学生的学习热情，体现了学生为中心的教育理念，还能降低试验教学的安全风险和费用支出，节约试验操作时间，实现试验教学效益的显著提升。课程教学实践中形成的经验，可供类似试验课程教学借鉴，发挥辐射效益。

参 考 文 献

[1] 刘丽丽，范家伟，孙启冀. 基于线上线下混合模式的“工程流体力学”课程教学改革[J]. 黑龙江教育(高教研究与评估)，2021，6：18 - 19.

[2] 蒋田勇，田仲初，张中脊. 结构试验课程教学大纲的建设与实践[J]. 高教论坛，2015，8：24 - 27.

[3] 吕森林. 在线教育微课修炼之道[M]. 北京：人民邮电出版社，2015：40 - 60.

[4] 秦瑾若. 基于 MOOC 的大学生混合式学习适应性影响因素及干预研究[D]. 陕西师范大学，2019.

[5] 吴彦茹. 混合式学习促进大学生批判性思维能力发展的实证研究[J]. 电化教育研究，2014，34(8)：83 - 88.

[6] 王春晖，刘志国. 基于 MOM 平台的混合式教学模式探索[J]. 内蒙古师范大学学报，2015(7)：144 - 147.

[7] 金智林，毛建国，翁建生，等. 工科研究生实验教学改革的探讨[J]. 2010，2：197.

[8] 孙浩，邹焕新，计科峰，等. 从 MOOC 到 MOORE——面向创新能力培养的军校研究生混合式课程教学[J]. 高等教育研究学报，2013，36 (4)：10 - 13.

[9] 郁翰萍. 培养研究生的创新能力完善研究生的实验教学[J]. 实验室研究与探索，2005，24(6)：88 - 89.

[10] 冯端. 实验室是培养创新人才的摇篮[J]. 实验室研究与探索，2008，27(10)：1 - 5.

[11] 张振虹，刘文，韩智. 从 OCW 课堂到 MOOC 学堂：学习本源的回归[J]. 现代远程教育研究，2013(3)：21 - 27.

[12] 郭冠平，张小宁. 生态视域下的混合式学习模型构建[J]. 现代教育技术，2013 (5)：42 - 46.

“以赛促培”助力航空航天专业拔尖人才培养

方黎勇　徐丽梅　魏明珠　陈屹　李波　李辉

（电子科技大学 航空宇航学院，成都　611731）

摘　要：航空航天作为大国竞争的战略领域，对国家安全、科技发展和经济推动的重要性不言而喻。高等教育肩负着为我国航空航天领域培养拔尖人才的重任。本文结合新工科教改思路，以电子科技大学航空航天学院参与 MBZIRC 2020 国际高水平竞赛为例，初步探索了“以赛促培，以赛促建”的思路，促进拔尖人才培养的教学改革方式和方法。该模式伴随着 MBZIRC 2020 备赛开始，于 2018 年初开始摸索，并在近几年电子科技大学重点新工科建设背景和支持下，进行了初步的探索性实施，在高水平人才培养、教学课程设置等方面取得了一定的效果。其相关模式和方法对其他工科专业的以赛促培的拔尖人才培养模式具有一定的借鉴作用。

关键词：以赛促培；航空航天；本科拔尖人才培养；培养模式

航空航天是大国竞相发展的领域，对国家安全、科技水平和经济发展的重要性不言而喻。我国很早就把航空航天作为优先发展的战略位置。近年来，载人航天、北斗系统、空间站、五代机、C919 等一系列令人瞩目的成果不断涌现，极大地推动了我们国家的国防建设和科技水平的提高。人才是推动高科技发展的重要动力。然而，作为高科技领域的航空航天对高质量科技人才的需求是巨大的。

高校在服务国家战略需求、培育航空航天一流人才方面肩负重任。教育部高等教育司徐源从科教兴国战略出发，指出人才是航空航天事业发展的核心资源，希望各高校能结合自身特色，共同建设航空航天类专业高水平人才培养体系[1]。人民科学家叶培建院士在会上谈到，当前航空航天类专业教育教学工作在取得诸多成果的同时，还存在一些不足，如作为工程类学科，其培养体系对学生系统级的工程训练和实践，以及运用所学知识来解决工程实际问题的能力存在一定的不足[1]。航空航天作为系统工程，对人才的要求既要有扎实的专业知识，也需要有系统思维和工程能力。传统的知识灌输式教学模式难以激发学生学习的积极性和主动性，不能适应高水平创新人才的培养[2][3]。学科竞赛作为促进和检验人才培养质量的有效方式，也能激发学生自主学习动力和兴趣，因而得到教育管理部门和各高校的重视。本文结合竞赛模式，探讨“以赛促培”来激发学生自主学习的拔尖人才培养模式方法。

1　赛事牵引的主动学习现状分析

学科竞赛可以将课堂教学的内容用在实践中，通过解决实际问题来对学习的知识进行深化、巩固和扩展，也可以将不同课程中离散的知识点和技能融会贯通，构建系统化的知识体系，提升学生解决实际工程问题的能力。因此，深受相关管理部门、高校、老师和学生们的关注和重视。很多教育管理部门和咨询部门，也将学科竞赛成绩作为依据，发布了一系列相应的排行榜，来评价各个学校人才培养的质量。

目前，各个高校对竞赛的指导和管理主要采用了集中培训和个别指导的方式进行。集中培训主要是将参加比赛的学生集中起来，由指导教师来对其进行集体授课和培训。这种方式主要适合参赛队伍或人员比较多的情况下，由学校或学院统一指派指导教师进行指导。如针对某个比赛的暑期或周末集训营，将校内参加此项比赛的学生集中起来进行培训，然后设置校内选拔的方式，通过竞争选拔出优秀的队伍进行下一级别的赛事。个别指导是指导老师利用自己的空余时间，对参与竞赛的学生进行自由沟通交流的方式进行指导，其主要内容涉及针对性的赛事任务分解、技术分析、方案制定、任务分配、节点控制和报告撰写等工作。这一类的工作主要是针对参赛队员和队伍较少的情况，且比较依赖老师的责任心和学生的学习兴趣。

通过近年来作者自己带队实践和观察，这两种方式都能有效地促进本科拔尖人才的培养和成长，也取得了一定的效果。但是目前这类基于竞赛辅导的拔尖人才培育工作都是属于本科培养方案或是计划外的工作，都是需要指导老师和学生花费大量的课外时间和精力来推进和实施的。同时，竞赛对学分制教育体系的学生而言，获取学分帮助并不大。而学科竞赛属于“成王败寇”类的活动，除了平常的努力和工作积累之外，还容易受比赛现场发挥和一些现场突发情况的影响，这给竞赛结果造成了一定的随机性和偶然性。如很多实践类比赛由于疫情影响而取消或是推迟，以及由于疫情防控要求不能外出比赛等问题。但是，目前学校或学院管理部门和单位对学科竞赛的奖励都是基于成绩而定的，而对没有取得一定名次的学生，则没有相应的奖励和学分。因此，这也给参与学生和指导老师带了一定的顾虑，从而影响学生和带队老师参赛的积极性。

因此，目前基于竞赛的拔尖人才培养体制尚属于培养方案或体制之外的工作。虽然目前的模式也在优秀人才培养上取得了一定的效果，但是仍然缺乏系统化、以竞赛为牵引的拔尖人才培养方案和制度，这也是本文需要探讨的问题。

2 以赛事驱动的培养模式初探

基于上述分析，认为基于竞赛牵引的本科拔尖人才培养可以从培养方案、经典赛事指导课和毕业设计优化三个方面进行拔尖人才培养模式的探讨。

2.1 融入竞赛学分的培养方案优化

目前，国内大部分的航空航天类专业本科人才培养方案基本没有涉及本专业学科竞赛相关的内容。表 1 所列为 2019 级电子科技大学航空航天工程本科人才培养方案的课程设置情况。通过近几年的新工科教改实践，逐渐压缩本科的课程和课时情况，已经将学分压缩到 160 学分以下，但是有具体涉及竞赛等相关内容[4]。

表 1 2019 级电子科技大学航空航天学院本科人才培养方案情况表

课程大类 Course Category	大类学分/分 Category Credits	课程类别 Course Type	学分/分 Credits
公共必修课	30	思政	16
		军体	6
		外语	8
通识教育课	13	核心通识课	6
		新生研讨课	1
		其他	6
学科基础课	44.5	数学与自然科学基础课	26.5
		学院要求课	18
专业教育课	28	专业核心课(组)	15
		专业限选课(组)	13
*集中实践教学	34	毕业论文	6
		实践实习实训等	28
多元化教育课	10	全校任意课程	10
合计	159.5		

人们在思考作为双一流本科院校对本科人才的培养目标,也就是说国家和教育部对双一流高校本科人才培养的质量要求就是要对标国际国内一流人才培养目标。考虑到国内外一流学科竞赛也是评价人才培养质量的方式。因而建议将参与并获得国内外一流的学科竞赛名次的学生,通过将比赛工作撰写成相关技术报告,由学院教学指导委员会评估,来获得本培养方案中的"集中实践教学环节"中的"实践实习实训等"的学分。学分获得的数目可以通过对获奖情况和报告质量进行酌情评估。这样可以有效地解决学生因参与一流竞赛备战,而影响集中实践教学环节的参与程度和质量,解决学生全身心投入到一流的学科竞赛的后顾之忧。目前我校的 2020 级以后培养方案中,已经将学生参与相应的学科竞赛获得相应成绩,从而获得培养方案中的实践学分。培养方案是人才培养的指挥棒,相信通过培养方案的优化,可以有效地促进本科拔尖人才培养[5]。

2.2 经典赛事指导选修课程开设

通过作者对穆罕默德-本-扎耶德国际机器人挑战赛(Mohamed Bin Zayed International Robotics Challenge,MBZIRC)的带队经验和对该赛事三届竞赛内容的追踪研究,发现该赛事内容的核心技术都具有一定的延续性和共性。核心技术主要涉及:智能体(无人车、无人机和无人船)的感知与决策技术;静态和动态目标的定位与追踪技术;执行机构(机械臂)设计与控制技术等。这些技术所涉及的相关课程如图 1 所示。

其中,智能体(无人车、无人机和无人船)的感知与决策技术主要包括了传感器基础知识与选择、传感器校正、数据处理与分析等,相关的专业课程主要涉及传感器技术、图像处理和多旋翼飞行器设计与实践等。动、静态目标识别与定位技术主要涉及图像处理、机器学习与

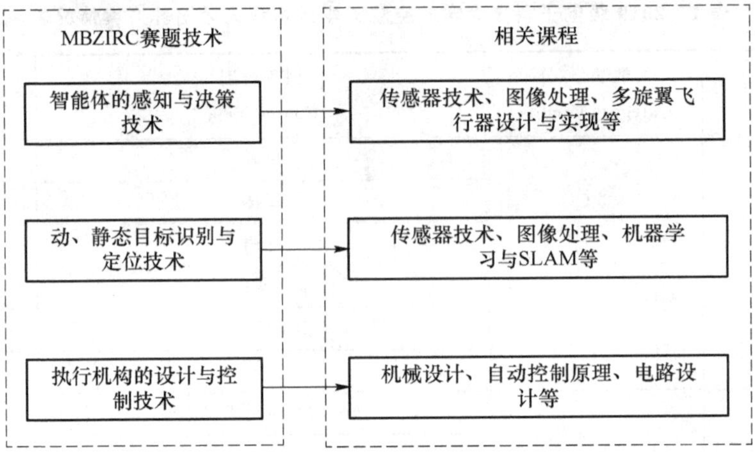

图 1　MBZIRC 赛题技术相关课程

SLAM 等。执行机构的设计与控制主要涉及机械设计、自动控制、电路设计与分析等课程。因此，作者建议可以将其竞赛的相关技术内容和解决方案抽象成相应的竞赛指导课，将这些零散的专业知识系统地应用起来，解决相应的竞赛问题。同时，也可以通过竞赛辅导课程开设，吸引更多愿意参与到竞赛的学生们，通过课程的形式，更为正式地对其进行系统的组织和辅导。指导老师可以通过这类课程的开设，完成自己的教学任务，吸引和选拔优秀的学生参与该项竞赛中来。而学生们则可以通过课程的学习，系统学习赛题相关的知识和技术，获得学分的同时，也完成了对赛事的准备。因此，这种类型的指导课程的开设，无论对赛事的准备，还是老师、学生而言，都是非常不错的选择。在电子科技大学教务处和航空航天学院的大力支持下，作者以本科跨学科与集成创新人才培养项目(跨学科课程)为牵引，开设了“阿布扎比国际机器人挑战赛指导课”，通过 2 年的课程运行，也取得较好的效果。

2.3　赛事牵引的毕业设计题目

本科毕业设计是对学生在本科阶段所学知识的综合考察，也是本科教育最后一项课程，历来受到教育主管部门和师生的重视。教育部分别在 2004 年发布的《教育部要求加强普通高等学校毕业设计(论文)工作》的通知，2020 年印发的《本科毕业论文(设计)抽检办法(试行)》的通知，来强调毕业设计的重要性。

考虑到当前本科拔尖学生都存在考研、出国申请、找工作相关的考察和考试的时间与毕业设计时间具有较大的重合性，导致了其实际的毕业设计时间并不能完全保证。因此，提早规划和准备毕业设计相关工作也是目前本科生教育的一个趋势。

航空航天领域的大部分本科生相关赛事的内容，大都是具有一定工程实际背景的题目，对本科生而言具有一定的难度和挑战性。所以，指导老师可以考虑在其完成竞赛的基础上，对赛事题目的内容进行提炼和深化，获得毕业设计的题目，然后对所指导的竞赛学生进行定向发布。从而便于将竞赛的技术问题进行进一步地细化研究，也便于优秀的本科生能够在完成竞赛后，持续对相关技术问题和难点问题进行研究。这样也能够保证其毕业设计的质量和深度的同时，也为学生们赢得一定的时间。综上分析，将竞赛题目深化后获得本科毕业设计的题目，让参与竞赛的学生持续深化的研究，对提升优秀学生毕业设计水平和深度具有较好的帮助，也进一步提升本科生培养水平。

3 案例分析

电子科技大学航空航天学院自2018年5月开始准备参与2020年穆罕默德-本-扎耶德国际机器人挑战赛，本论文以此为案例，分析该赛事对我校本科人才培养的促进作用。在立项该赛事之初，学校学院领导本着“以赛促培”的新工科教改为方向，推进本科拔尖人才的培养。具体相关工作如下。

（1）“以赛促培，沿途下蛋”

考虑到是赛事备战时间过长，MBZIRC2020赛题的相关技术与国内一些竞赛题目的技术具有一定的相似性。因此，鼓励队员在参赛队员在备战MBZIRC2020的同时，充分利用现有团队、技术和平台，积极参与国内外的相关赛事。通过这样“以赛促培”，更好地培养和锻炼队员的技术能力，增加竞赛经验，培育团队精神。通过该项措施，MBZIRC2020参赛队员获得了国家级竞赛一等奖1项、二等奖5项、三等奖3项。

（2）开设MBZIRC竞赛指导课

得益于电子科技大学新工科教改契机，在备战“MBZIRC2020”的同时，申请了教务处的本科跨学科与集成创新人才培养项目（跨学科课程）“阿布扎比国际机器人挑战赛指导课”。通过了立项，以选修课的形式，面向全校学生，每年开设一次。该课程每年吸引全校三十余名优秀学生参与，完成了课程学习，获得了相应的学分，取得了良好的效果。同时，该项目与深圳大疆创新科技有限公司合作，获批准了2021教育部产学合作协同育人项目——基于竞赛的智能机器人系统开发课程建设。

（3）提炼毕业设计题目

MBZIRC2020教练组将赛题进行了细化和提炼，完成了5个研究生和近10本科生的毕业设计题目的开设。参赛队员们也顺利完成了选题和毕业工作，取得了良好的效果，2位本科生也顺利获得了出国深造机会。

通过上述实例，作者得出以经典赛事为牵引，可以推进相关联的竞赛工作、相关指导课程的开设和毕业设计的开展，促进本科生专业人才的培养。

4 结论与展望

本文就航空航天专业的特点以及对拔尖人才的迫切需求，分析了目前该学科中的竞赛对人才培养的现状，提出了以竞赛来促进拔尖人才培养的一些探索性思考和建议。同时，本文结合了电子科技大学航空航天学院以MBZIRC 2020为主线，促进拔尖人才培养模式的初步探索和效果分析。当然，在推进实施过程中，必定会出现一些问题。但是有理由相信，我国工程教育正处于“新工科”教改的再深化、再落实阶段，各种教学的新方式、新方法不断涌现，来推进我国航空航天专业拔尖人才培养工作。

致　谢

感谢教育部产学合作协同育人项目“基于竞赛的智能机器人系统开发课程建设”对本项目的支持，感谢电子科技大学教务处对本科跨学科与集成创新人才培养项目(跨学科课程)“阿布扎比国际机器人挑战赛指导课”的资助，感谢电子科技大学航空航天学院对 MBZIRC 相关教改项目的支持和帮助。

参 考 文 献

[1] 李依环，王婧宁．高校如何培养航空航天人才？[EB/OL]．http：//edu. people. com. cn/n1/2019/1021/c1006-31411949. html.

[2] 吴爱华，杨秋波，郝杰. 以“新工科”建设引领高等教育创新变革[J]. 高等工程教育研究，2019(1)：1－7.

[3] 吴岩. 新工科：高等工程教育的未来——对高等教育未来的战略思考[J]. 高等工程教育研究，2018(6)：1－3.

[4] 任玉琢，徐利梅，谢晓梅，等. 面向新工科的本科专业培养方案及创新课程设计与实践[J]. 高等工程教育研究，2019(3)：29－32.

[5] 徐利梅，谢晓梅，陈彦，等．新工科专业课程体系重构：从新生项目课程到高峰体验项目课程[J]．高等工程教育研究，2019(4)：33－39.

全国大学生“互联网+”创新创业大赛对航空航天类专业人才培养的启示

郑侃

（南京理工大学机械工程学院，南京　210094）

摘　要：以全国大学生“互联网+”创新创业大赛的创新性比赛模式为切入点，结合我国航空航天类专业领域特点，分析了思政教育特色、重创新、强化技术落地等大赛理念对航空航天类专业人才培养的影响。阐明了大赛模式对航空航天类专业人才培养的重要意义和示范效应。

关键词：互联网+创新创业大赛；航空航天专业；创新人才培养

引　言

近年来，由我国教育部高教司举办的全国大学生“互联网+”创新创业大赛（以下简称大赛）逐步兴起，吸引了来自全国各地各层次高校学生的踊跃报名。特别是从第四届大赛开始还吸纳了来自国际赛道的高校学生参加，参赛国家、参赛学校、参赛队伍和参赛人数屡创新高。这与大赛的宗旨密切相关，旨在深化高等教育综合改革，激发大学生的创造力，培养造就“大众创业、万众创新”的主力军[1-2]。推动赛事成果转化，促进“互联网+”新业态形成，服务经济提质增效升级，以创新引领创业、创业带动就业，推动高校毕业生更高质量创业就业[3]。

1　大赛模式对航空航天专业人才培养的影响

在当前的时代背景和经济形势下，开展创新创业教育，加强对学生创新创业能力的培养，鼓励大学生和研究生自主创新创业不仅仅是缓解就业压力的问题，更是让学生走上创新之路，让学生意识到从事与社会发展需求同频共振的研究领域的重要性和迫切意义。学生通过大赛的熏陶不仅对自己承担的项目有了更为深刻的认识，同时汲取了来自其他学校的新鲜养分，更为重要的是得到专家对项目的点评和关注，让自身对航空宇航学科，对飞行器设计工程、航空宇航制造等相关专业有了更深层次的认识。近年来，哈尔滨工业大学、北京航空航天大学、西北工业大学、南京航空航天大、南京理工大学等高校在航空航天领域的参赛项目取得了不俗的成绩，对于航空航天类专业人才培养模式的牵引和变革起到了举足轻重的作用。

1.1　思政教育提升政治站位

青年红色筑梦之旅赛道是在2018年第四届大赛中首次提出，旨在更大范围、更高层次、更深程度推动创新创业教育与思想政治教育相融通，创新创业实践与乡村振兴战略、精准扶贫脱贫相结合，打造一堂全国最大的有温度的高校思政课。这是高校学生接受课外思政教育契机，是以自主参与的方式去接受红色教育，以帮扶群众的方式提升认知，以实际行动落实“四个意识”。特别是对于航空航天专业的学生而言，思政教育是首要任务，未来从事航空航天领域的创新创业工作都是围绕国家的重大战略部署开展的，需要有过硬的政治素养和甘于奉献的精神。通过思政教育让学生在大赛过程中理解“两个维护”，谨记做祖国需要的事，建设祖国要懂得舍小家为大家的家国情怀。在创新创业的过程中学习并感悟“特别能吃苦、特别能战斗、特别能攻关、特别能奉献”的航天精神和钱学森精神。因此，通过青年红色筑梦之旅赛道让学生在比赛中树立正确的人生观、价值观是切实可行的，是提升自身政治站位的好方法、好思路。

1.2 创新理念牵引自主突破

大赛主旨重点突出激发大学生的创造力，这与航空航天专业人才培养的目标不谋而合。航空航天类专业是典型的多学科交叉型专业，包括飞行器设计与工程、飞行器动力工程、飞行器制造工程、飞行器环境与生命保障工程、探测制导与控制技术等主体学科专业。然而，无论是航空飞行器还是航天飞行器，都是综合科学技术的互融互通，涉及材料、电子通信设备、仪器仪表、遥控遥测、导航、遥感等诸方面。在如此多的学科交叉中，给创新提供了良好的平台和基础，并且我国航空航天企业一直是把技术创新、模式创新和管理创新放在工作的首位，始终坚持发展是第一要务，创新是第一动力。因此，从高校育人的角度而言，学生创新能力的培养是航空航天专业人才培养的首要任务。而大赛在选拔评比过程中最重视的部分就是项目的原始创新性，这对参赛队伍、参赛学生来说是一种牵引，一种面向创新理念的价值引导。对于航空航天专业学生的自主学习和思考创新的能力的提升起到重要的牵引作用。

1.3 创业目标强化创新实效

大赛除了强调原始创新的重要性之外，特别重视成果未来的“可落地性”。换而言之，学生提出的创新理念、创新技术、创新模式是否能在展现与其创新性相匹配的内在价值属性。大赛通过采用投资人作为评委的方式来对创新成果进行评价。这种看似“外行”的评价实际上是对学生提出的创新成果的一次综合性评价，也是对学生自身综合素质的一种锤炼。创新不能脱离实际，必须符合科学发展规律。为了创新而创新，不分析事务规律，不以国家需求、市场需求为导向的创新，看似推陈出新，实则画蛇添足。如此缺乏“实效性”根基的创新，谈何“落地”，更别说是推动社会进步了。特别是对于航空航天领域而言，所有的技术探索、产品研发都具有高附加值、高风险、高投入的特征，在该领域决定了创新必须赋予实效性的属性。因此，对于高校而言，航空航天类专业人才的培养也应该在呼吁重视学生自主创新性的同时把握实效性，注重务实的基本原则。

2 结　语

全国大学生互联网＋创新创业大赛自 2015 年创办以来，一直在不断地改革和提升，从对学生思政意识的提升、创新理念的培育以及创业能力的培养等方面展现出了良好的效果。特别是对于航空航天类专业人才培养地起到了良好的示范效应，对于高校改革航空航天类专业人才培养模式具有重要的指导意义。

参考文献

[1] 王峰,陈雪芹,陈健,等.科研带动教学、促进学生创新能力培养的教学实践[J].大学教育,2020.146-148.
[2] 王瑜,刘金详,牛晓峰.指导"互联网+"创新创业大赛参赛的实践与思考[J].学科探索,2019,35:68-69.
[3] 刘罡,耿俣.基于学科竞赛的机械专业创新创业能力培养研究[J].2019,27:85-88.

飞机复合材料结构设计能力培养改革与实践

李淑萍　邱福生　程蕾
（沈阳航空航天大学 航空宇航学院，沈阳　110034）

摘　要：飞机结构设计是飞行器设计与工程专业本科核心专业课程，对飞行器结构设计人才的培养具有重要作用。针对新时代先进复合材料的应用日益增加的现实，基于 OBE 教学理念，面对解决复杂的工程实际问题，提出了新的飞机结构设计课程 6 点教学目标。根据新的教学目标，对教学实践内容进行改革，并依托竞赛提高教学效果。结果表明，在教学过程中，通过采用多种教学方式，能够有效地提高学生复合材料结构设计的能力，受训学生普遍受到用人单位的欢迎。

关键词：飞机结构设计；改革内容；实施方法；实施效果；复合材料；学科竞赛

近年来通用航空在我国得到了蓬勃的发展。首先，据统计目前国内有十几个在研型号正在进行适航审定，预计不久的将来这些飞机将投入运营，届时现有的维修保障工作会产生新的工作需求。

其次，结构是飞机、直升机、导弹和火箭等各种飞行器的主体，结构技术水平的高低不仅决定了一般飞行器的先进程度，而且决定了飞行器空天往返的能力和使用寿命，在航空航天技术中起着至关重要的作用[1]。从飞行器研制立项开始到最终报废的全寿命周期中，与结构设计相关的工作（包括设计分析、定寿、生产超差处置、使用维护和报废处理等）非常多，对结构设计专业人才的需求量大[2]，尤其是复合材料结构设计方面的人才。

再次，先进复合材料的应用让航空航天事业如虎添翼，比如 1.5 g 的结构质量能承受 24 kN 的压力，极好的材料性能给予了航空器结构设计巨大的发挥空间。因此，发达工业国家都在不遗余力地发展先进复合材料产业。为了研制出工艺性更好，力学性能更强的材料，复合材料的生产厂商对复合材料结构人才也产生了巨大的需求。

此外，船舶、超高速列车、移动发射装置、应急桥梁工程等都涉及先进复合材料结构的应用，其设计要求与航空飞行器结构有一定的相似度。因此，相关工业部门或单位对我校飞行器设计与工程专业的学生也产生了需求。

综上所述，在我国飞行器结构技术取得快速发展以及先进复合材料大量应用的大背景下，工业部门对新进人才在掌握先进复合材料设计方面的要求越来越高。目前飞机结构设计课程的内容[3]以及讲授方法难以满足当今社会对复合材料结构设计人才的需求，因此迫切需要对传统课程的教学模式、方法以及目标进行调整与升级。

1　改革内容

根据 OBE(OUTCOME BASED EDUCATION)教学理念，学生在毕业时需要具备如下知识和能力：

(1) 工程知识：能够将数学、自然科学、工程基础和专业知识用于解决飞行器设计领域的复杂工程问题；

(2) 创新思维与批判性思维能力：能够将创新思维与批判性思维能力用于解决飞行器设计领域的复杂工程问题；

(3) 问题分析与研究能力：能够应用数学、自然科学和工程科学的基本原理，识别、表达并通过文献研究分析飞行器设计领域的复杂工程问题，能够根据问题设计实验，并对实验结果进行综合分析，通过信息综合得到有效结论；

(4) 设计/开发解决方案：能够针对飞行器设计领域复杂工程问题，提出满足特定需求的飞行器的结构设计方案，并能够在设计环节中体现创新意识，考虑社会、健康、安全、法律、文化及环境等因素；

(5) 先进工具使用能力：能够采用先进的工具方法对飞行器设计领域的复杂工程问题进行设计与分析；

(6) 协调沟通能力：结构设计中很多的工作是协调总体、材料供应商、结构制造商、成品供应商、结构验证与试验方等多方面的关系，需要具备良好的协调沟通能力。

现在的飞机结构设计课程以培养学生结构分析能力为主，对复合材料设计制作能力的培养非常欠缺。因此，学生进入工业部门后，需要经过比较长的时间才能胜任结构设计工作。对目前的教学过程进行总结，发现如下问题：

(1) 单一的课堂讲授加考试，对学生的培养比较单一，只能考查出学生的记忆能力；

(2) 培养出的学生面对实际问题时考虑问题比较单一，缺乏综合思考能力，更别说创新能力；

(3) 复合材料设计制作的内容比较欠缺，尤其是低成本的复合材料设计建模、分析和制作。

与毕业要求相对照，需要对目前的教学进行改革，改革内容可以从如下几个方面着手：

(1) 优化结构设计内容：增加先进复合材料设计制作知识，将材料的选择与相关的工艺知识融入结构设计中。

(2) 增加实训环节，积累复合材料设计经验；在实训环节中，实训的题目是来自通航飞机实际结构。这里，老师需要补充《航空工程软件技术Ⅰ》和《航空工程软件技术Ⅱ》的讲解，增加复材建模的模块讲解。其中制作部分主要以观看视频的自学为主，老师指导为辅。复合材料的制作是一个系统工程，需要动用各方面的资源才能完成。在这个过程中，能够很好地培养学生解决复杂问题的能力，包括人际沟通、问题提炼、语言表达、创新与批判性思维、先进工具的使用能力。这个过程也能很好地激发学生自主学习。

(3) 增加试验环节：通过这个客观公正的环节能够很好地评价学生的设计与制作能力。

(4) 增加选拔环节：根据实训部分测试结果进行选拔，将表现优秀的同学代表学校参加国家级的大赛，结果完全客观、公正，具有竞赛性质，该环节有助于提高学生参与热情。

2 具体实践

(1) 新编《飞机结构设计与分析实训》大纲：增加复合材料设计制作和试验等实训环节。

(2) 制作复合材料软件工具教学视频：增加复合材料的设计与分析模块，这部分的实施放在实训环节里进行，等学生对实际有所了解后再跟着学习，有不懂的地方再请教老师，老师的任务主要是答疑解惑，基本的操作由学生跟着视频自行学习。

(3) 开展实训教学：将教研室这方面的老师统一调动起来，分成设计、分析、制作、试验的指导老师，分别对实训的各个环节开展指导。将学生分成每 5 名学生组成 1 组，轮流做组长，先要对翼梁的受力情况进行分析，用 CAD 软件设计梁，用有限元软件进行力学分析，利用泡沫雕刻机制作泡沫芯材，利用下料机对预浸料进行下料切割，叠层，用热压罐进行固化，用试验机进行试验，最后总结，给出实训部分成绩。这个过程可以分散在一个学期内进行。

经过近十年的实践，表明此项实训效果很明显。开展此项实训的学生在复合材料设计制作全国比赛国赛中取得第一名的多项大奖，发表科研论文 10 余篇，获得专利授权 22 项，其中发明专利 2 项，受理 2 项，大学生获批创新创业项目 20 多项，其中国家级 1 项，省级 1 项。

3 结 论

(1) 学生对复合材料的结构设计的理解能力增强。

(2) 学生的动手能力增强。

(3) 学生的创新思维能力得到提高。

参 考 文 献

[1] 王向明. 飞机新概念结构设计与工程应用[J]. 航空科学技术，2020，31(4)：1-7.

[2] 程小全. 飞机结构设计课程教学目标探讨[J]. 力学与实践，2021，43(3)：453-456

[3] 陶梅贞. 现代飞机结构综合设计[M]. 西安：西北工业大学出版社，2001:10-25.

议题 5

航空航天类专业
产学研用协同育人机制的建设与研究

人工智能专业国际化人才培养多元化模式探索

王炜烨　李擎　李亚峰　刘云龙
（北京信息科技大学 自动化学院，北京　100192）

摘　要：新工科背景下，人工智能专业国际化创新型人才需求急剧增长。针对现阶段人工智能培养课程体系和教学内容设计不合理、教学方法与教学手段陈旧、国际化创新型教学达不到预期教学效果等问题，以北京信息科技大学人工智能勤信实验班为例，对现有教学体系、教学方法进行全方位多元化探索。在牢牢把握立德树人根本指导思想的基础上，实施"场景驱动"的模块化培养体系，形成教育、科研、产业深度融合，创新型人才培养与技术应用型人才培养互补，宽口径培育与定制型培育相结合的培养体系，培养能够将人工智能技术应用于产业创新、社会治理、国家安全等方面的国际化应用型创新型人才。

关键词：人工智能专业；人才培养；多元化；国际化；场景驱动

人工智能正成为新一轮产业变革的核心驱动力，推动着"第四次工业革命"的到来。2017年7月8日，国务院印发了《新一代人工智能发展规划》，指出人工智能发展进入新阶段，已成为国际竞争的新焦点、经济发展的新引擎、社会建设的新机遇。2018年4月2日，教育部发布了《高等学校人工智能创新行动计划》，对人工智能专业建设、教育体系、人才培养提出了新的要求。

人工智能现已成为当代交叉科学群的创新前沿，扮演着越来越重要的角色。2016年3月DeepMind研制的人工智能围棋系统AlphaGo以大比分战绩战胜了人类围棋世界冠军，把世界对人工智能的关注推向前所未有的高潮。在此形势下，发展人工智能已经不再是一种孤立性、局部性行动，而是能够带动和引领整个科学技术的创新发展[1]。随着新一代人工智能落地和产业发展持续提速，对人工智能等相关专业人才的需求也急剧增长[2]。为了发展我国人工智能，加快我国人工智能教育，构建人工智能学科教学体系及培养人工智能高层次国际化创新人才成为高等院校的紧迫任务[3]。高等院校需瞄准世界科技前沿，不断提高人工智能领域科技创新、人才培养和国际合作交流等能力[4]。

1　现状和背景分析

近年来，全球智能技术发展突飞猛进，世界各国都十分重视人工智能前沿研究、技术发展与教育培养。例如，2016年10月13日，美国白宫科技政策办公室（OSTP）下属国家科学技术委员会（NSTC）发布了《为人工智能的未来做好准备》（Preparing for the Future of Artificial Intelligence）和《国家人工智能研究与发展战略计划》（National Artificial Intelligence Research and Development Strategic Plan）两份重要报告，探讨了人工智能的发展现状，并制定了美国人工智能发展的战略方向以及行动建议，同时也提出促使人工智能教育成为“全民计算机科学教育”项目组成部分的建议[5]。另外，国外许多重点大学都成立了自己独立的人工智能研究所，如麻省理工学院计算机科学与人工智能实验室、斯坦福大学人工智能实验室、加州大学伯克利分校机器人和智能机器实验室等，对人工智能的研究涉及现代高新技术以及边缘学科新理论与新技术。

在我国，人工智能课程的地位正随着该技术的不断发展和广泛应用得到迅速提升[6]。然而，在培养人工智能国际化创新型人才方面，国内该专业培养模式尚存在一些亟待解决的问题，主要表现在以下几个方面：

(1) 课程体系和教学内容设计不合理。人工智能学科课程知识体系不尽完善，教学内容陈旧，跟不上国际该领域知识更新飞快、最新动态发展的步伐。

(2) 教学方法与教学手段陈旧。教学过程缺乏互动；教学注重知识要点学习而轻视实践应用；注重专业知识传授而轻视综合素质与能力培养；教学与产业应用脱节导致无法满足社会需求。

(3) 国际化创新型教学达不到预期教学效果。不能正确处理好英文教学与专业教学的关系，学生难以适应理论性强、难度大的全英文课程学习；理论与实际相互脱离使得学生创新能力严重不足。

人工智能专业培养的学生正是人工智能领域高新技术研究及产业发展急需的人才，我国高等院校应注重创新型多元化人才的培养。在人才培养的过程中，应该以就业、开发、科研等方向均衡引导[7]。本文以现代教育思想为指导，深入研究人工智能学科特点，对现有教学体系、教学方法进行全方位探索。紧跟世界教育潮流，加强国际合作交流，实施“场景驱动”的教育教学模块学习，形成教育、科研、产业深度融合，创新型人才培养与技术应用型人才培养互补，宽口径培育与定制型培育相结合的教育科研培养体系，打造人工智能相关学科发展和高层次人才培养的新格局。

2 北京信息科技大学人工智能勤信实验班模式

北京信息科技大学人工智能专业是北京信息科技大学特色优势专业，综合了优势学科资源，并设立勤信实验班，于2020年开始招生。我校人工智能专业秉承“勤以为学、信以立身”的校训和“建最好的大学、做最好的自己”发展共识，培养能够将人工智能技术应用于产业创新、社会治理、国家安全等方面的高素质国际化应用型创新型人才。本文以北京信息科技大学人工智能专业培养模式为例，对国际化人才培养的多元化模式进行了深入探索，对此加以陈述及分析。

2.1 国际化人才培养的思政教育

从培养具有一定全球化意识或国际视野的高素质应用型人工智能人才的全局出发，将立德树人融入专业知识教育、实训实践教育各环节，加强马克思主义理论学习，增强传统文化教育，引导厚植爱国主义情怀，建立民族自信心。

从马克思主义哲学思想出发，挖掘思政元素，引导学生运用马克思主义观点分析问题，让学生懂得:学好辩证法是深入理解人工智能专业技术的关键。通过专业知识和德育元素的结合,让学生体会科学的方法论中严谨、实事求是的重要性,从而达到培养科学思维方式的目的。例如,在专业课程的讲授中,将专业技术的发展历史或者研究案例凝练,形成课程思政小故事,引导学生树立正确的人生观、价值观,保持对科学的热爱和积极的探究精神;也可以从中国科学家故事出发,挖掘思政元素,引出国家意识,树立文化自信、民族自豪感,歌颂自强不息的精神;还可以从专业课程所涉专业、行业、国家、国际、文化、历史等角度,增加课程的知识性、人文性,提升引领性、时代性和开放性,加强社会主义核心价值观教育,培养学生的爱国主义情怀;另外,教师可以将人工智能的科研创新与实际应用融合,指导学生对该领域的前沿先进技术、我国的卡脖子技术、人才缺口等做初步了解,让学生学习前沿科研文献,开展科研实训项目,学生也能够将科学方法紧扣实际应用需求,从而培养学生学好前沿技术知识的使命感和责任感。

2.2 “场景驱动”的模块课程设置

针对课程体系不合理,教学内容陈旧等问题,我校人工智能专业设置了“场景驱动”的模块化课程体系,建立人工智能专业核心知识(课程)模块化结构。从信息获取到知识表示/学习;从知识学习到思维决策;从决策执行到反馈、再学习的“场景驱动”的模块化课程系统。课程模块分为基础课程模块和专业核心课程模块,基础课程模块包括数理基础模块和计算机基础模块,专业核心课程模块在人工智能基础类课程之上,分为信息感知与融合、系统学习与推理、系统决策与执行三个模块。课程体系保障学生具有坚实的数学基础、程序设计基础,人工智能的专业知识,以及分析决策能力。

同时,在授课过程中,教师应确定科学的人工智能知识体系以及教学大纲与教学内容,确保所讲授的课程内容最大程度地体现出人工智能学科的内涵、发展趋势以及与相关学科的关系,并且能覆盖人工智能研究方向所涉及理论、方法、技术的最新国际前沿研究成果,具有足够的广度与深度。通过模块化的课程体系设置和以人工智能理论方法和应用技术为核心的教学过程,致力于培养学生良好的科学研究素养和系统的专业基础知识,促进学生知识、能力、素质协调发展。

2.3 以学生为主导的培养模式

我校人工智能专业在学生培养过程中,坚持以学生为主导的培养模式。在课堂授课方面,不仅要内容充实、重点突出、思路清晰,授课教师还需注重课堂互动交流,及时掌握学生学习情况,关注每一个学生的学习情况;每一节课后都有保证巩固学习内容的课后作业,并全批全改,及时反馈,每周有固定时间答疑,和学生交流学习心得,在习题课上对作业和练习进行详细的讲解。在教学方式上,采用案例教学方法、项目教学或研讨课的形式。人工智能课程包含大量的基本概念,内容抽象且算法复杂,教师按照人工智能课程知识体系以及知识点,对人工智能教学案例库进行总体详细设计,形成规范化教学案例并引入课程教学中,充分运用多媒体教学手段展示和讲解教学案例;教师还可以组建 3～4 人项目小组,分配给每个小组不同的研究课题,通过查阅文献和算法设计等,每个小组完成课题任务,撰写项目报告;在项目教学的基础上,组织学生讨论在项目进行中所遇到的问题以及解决方案,评价每个组所采用的算法优劣,以及可能的改进方法,提交讨论报告,小组研讨交流,深入掌握教学内容。从传统的以“学会”

为中心转化为以“创新应用”为中心，从传统的以“课堂教学”为中心转化为以“课堂教学＋实践活动”并重为中心，不仅可以加深学生对教学内容的理解，提高学生的学习兴趣，而且能够提高学生的实际操作能力以及思考能力。

我校人工智能专业学生培养采用“导师制”的培养方式，学生入校始，给每位学生配置专业指导教师，指导学生课程学习、科技创新、开放性实验和学科竞赛活动等，重点培养学生的实践创新能力。

2.4 在实践中提升英语水平

人工智能专业国际化人才培养旨在培养学生成为具有创新能力、国际视野、英语技能的复合型人工智能人才。在此过程中，由于使用英文教材，加上中外教育背景、学生英语水平的差异等因素，双语教学、英文授课成为培养过程中的瓶颈。英文课堂授课不能一味追求英文形式而忽视教学效果，需要把握专业与英语的比例。在教学过程中，我们发现，在应用实践中，能够更大程度地提高英语能力。我校与美国密苏里大学（堪萨斯市）（UMKC）合作开展暑期项目实践活动，邀请国际知名教授授课，学生通过项目实战、分组讨论、报告、演讲等形式，在专业实践中，大大提高了英文听说读写各方面的能力，同时也培养学生的综合素质与创新能力。另外，通过邀请国际知名学者讲解人工智能国际前沿，包括专题讲座和专题研讨环节，学生不仅可以提高专业英语水平，还能够理解和把握人工智能基础知识、学科前沿。与单纯采用英文或双语授课方式相比，在实践中的英语学习模式具有更好的预期效果。

2.5 产学研协同育人

基于“场景驱动”的教育教学模块的学习，整合我校在人工智能领域的优势资源，依托教育部、北京市重点实验室，并与人工智能企业签订人才培养战略协议，将人工智能前沿技术、科研成果转化为培养本科生的教育教学平台，实现产学研协同育人。

针对本科生可塑性强的特点，基于“导师制”的培养方式，从本科生开始培养学术型学生，鼓励学生参加课外科研和科技活动，注重鼓励学生创新精神、培养学生创业意识、保护学生创造能力。

3 结 语

在新工科背景下，人工智能专业立足于国际化人才的多元化培养，打造前沿性的国际化教学理念，建立独特的多元化教学方法，发展创新性的教学实践模式。从本专业自身定位出发，牢牢把握立德树人的根本指导思想，构建集先进性、实用性和前沿性为一体的人工智能学科知识体系、教学大纲和教学内容、国际化人才培养方案，培养具有综合能力、创新能力、国际视野的复合型人才。同时，国际化人才培养多元化模式的实施，不仅有利于促进人工智能专业学生个性化发展及专业基础技能的提高，而且能够培养学生的创新意识和创新能力。

高校处于科技第一生产力、人才第一资源、创新第一动力的结合点。面对新一代人工智能发展的机遇，高校要进一步强化基础研究、学科发展和人才培养方面的优势，要进一步加强应用基础研究和共性关键技术突破，要不断推动人工智能与实体经济深度融合，为经济发展培育新动能，不断推动人工智能与人民需求深度融合，为改善民生提供新途径，不断推动人工智能与教育深度融合，为教育变革提供新方式，从而引领我国人工智能领域科技创新、人才培养和技术应用示范，带动我国人工智能总体实力的提升。

致 谢

基金资助：

(1) 北京信息科技大学人工智能勤信实验班项目资助。

(2) 2020 年度北京信息科技大学校级教育教学改革项目“基于国际化培养的人工智能专业多元化教学方法的探索与改革”。

(3) 2021 年度北京信息科技大学校级教育教学改革项目“人工智能勤信实验班全程导师制培养模式探索与实践”。

参考文献

[1] 蔡蔚. 国际化背景下新工科应用型人才培养的策略探究[J]. 中国管理信息化，2020，23(07)：234－235.

[2] 张海生，张瑜. 多学科交叉融合新工科人才培养的现实问题与发展策略[J]. 重庆高教研究，2019，7(06)：81－93.

[3] 董晓梅. 地方工科院校国际化应用型创新人才培养模式探讨[J]. 创新与创业教育，2012，3(02)：72－75.

[4] 钱佳. “一带一路”背景下地方工科院校国际化人才培养探究[J]. 南昌航空大学学报(社会科学版)，2018，20(02)：50－56.

[5] 付晓. “新工科”背景下中国高校国际化人才培养路径探索[J]. 中国石油大学学报(社会科学版)，2017，33(06)：97－102.

[6] 郝晓玲. 工科本科专业国际化人才培养模式的选择研究——以研究型大学为例[D]. 北京：北京理工大学，2016.

[7] 周玲，刘甘雨. 工科优势高校国际化人才培养路径研究[J]. 化工高等教育，2021，38(02)：16－20.

航空维修信息分析人才培养实践教学研究

李江龙　张锐丽　崔骏夫　张琦
（海军航空大学青岛校区 航空装备保障指挥系，青岛　266600）

摘　要：针对航空维修信息分析理论知识基础薄弱，操作实践性较强的问题，在对航空维修信息分析人才培养现状研究之后，找出传统培养模式中的不足之处，进而从航空维修保障信息统计分析人才岗位能力需求为出发点，研究健全航空维修信息分析专业技术人才的培养体系、创新实践教学模式，力求培养出满足航空维修信息分析方面"精""专"人才。

关键词：航空维修信息分析；人才培养；教学模式；教学研究；综合素质能力

随着航空装备维修保障水平的不断提高，对航空装备维修保障人才提出了更高的要求，为了充分保障装备的作战效能，节约保障资源，发挥保障人才的重要作用，近年来国家投入大量精力研究装备的精确维修。精确维修需要精确的数据分析技术作为支撑，这对航空维修保障人员的信息统计分析能力提出了更高的要求[1]。航空装备数据的主要特点是数据种类繁多，数据结构复杂，形式多样，而且非结构化的数据越来越多。要想挖掘数据的真正价值，就需要拥有过硬的数据统计分析能力的专业信息分析人才[2,3]。军队院校担负着"立德树人、为战育人"的重要使命任务，目的是为部队培养能够可靠顶用的专业人才。目前，各军队院校都在积极研究传统人才培养模式中的不足[4]，结合航空维修信息分析专业岗位素质能力需求，在人才培养过程中注重理论知识与素质能力并重的原则，努力实现让学员"学中做，做中学"，在关注学员的理论知识掌握情况的同时也关注学员综合素质能力提升的情况。目前学校在航空维修信息分析人才培养方面已取得一定的成效，积累了一些经验，对其他高校信息分析人才培养具有重要的借鉴意义。

1　航空维修信息分析人才培养现状

1.1　理论知识比重较大，忽略素质能力

传统专业授课方式大多以理论基础为重点，辅助一些简单课堂练习，目的是让学员能够理解掌握所学理论知识，了解所学技术的用途，存在过度关注知识技能的掌握程度，而忽略学员在学习过程中综合素质能力的变化情况。例如学员学习过程中运用知识解决问题的能力是否提高，自主学习掌握新知识、新技术的能力是否提升，团结协助的能力是否提高，组织协调的能力有没有变化。以上这些素质能力是我们在培养维修信息分析专业人才所不能忽略的，也是综合性人才素质能力培养的基本要求[5]。航空维修信息分析过程中，针对不同的数据来源，不同的类型，不同的统计分析目的，所采用的方式和方法是不同的，所以我们很难在短短的课堂教学过程中将所有类型的问题情况都转化为理论知识传授给学员，但是我们可以通过课程打

牢学员的理论基础，培养学员不断学习和自主解决问题的能力，这样让学员在工作中能够不惧新的问题和新的挑战，出色地完成任务。

1.2 知识体系传统守旧，未能与时俱进

现在大多数院校的维修信息分析专业课程教学内容仍旧以传统的数理统计知识为主体内容，未能引入一些数据分析新方法新技术的拓展内容。近年来，我国新型航空装备不断列装使用，而新型装备的突出特点就是部署了很多感知装备状态的传感器，这些传感器在装备工作时不断采集信息，随着使用和维修保障的时间不断增加，采集到的数据逐渐呈现出海量数据 4V 特征。另外由于部队信息化水平建设步伐的不断加快，越来越多的数据信息得以保存下来，数据量呈指数级增长，传统的数据统计分析方法难以处理海量数据，或者处理效率较低，并且很难保证精确度。要处理海量数据，挖掘有用信息，掌握航空装备的目前状态，提前预判航空装备可能发生的故障，精确分析装备的使用寿命，必须借助大数据相关分析技术进行处理，这就需要我们培养的航空维修信息分析专业人才在掌握传统知识理论的同时必须掌握大数据分析的相关知识，学会运用大数据分析的相关技术，具有大数据分析能力。因此我们的教学课程内容要与时俱进，结合航空装备维修信息的特点，不断更新我们的教学知识体系和课程内容，切实做到贴近实战，为战育人。

1.3 以教员为主导，未能激发学员主动性

传统的授课过程中，往往以教员为主导教学。当然，不可否认以教员为主导的教学模式有很大的优势，能够结合教员多年的教学工作经验，结合学科教学内容特点，将最重要的知识理论和方法传授给学员，保证学员学会所学知识，掌握基本理论。但是，在当前航空维修信息分析专业人才综合素质能力需求背景下，显然以教员为主导的教学模式存在一些弊端，体现在以下几个方面：

1）以教员为主导，不利于培养学员的创新思维和创新意识。教员主导的教学模式传授的知识内容是基于教员个人的理解和掌握，而教员对于知识的理解和掌握会受到教员工作和学习经历限制而存在一定的片面性。部分教员在校园工作时间较久，对于实际工作岗位的现状并不能时刻跟踪和掌握，或者说缺乏实际工作经验。教员的这些制约因素，容易导致学员的视野或者知识面受限，往往授课以知识灌输方式，难以很好地激发学员的学习兴趣，发挥学员的主动性，启发学员开拓创新，培养学员的创新思维和创新意识。

2）以教员为主导，不利于学员的层次化培养。与普通高校相比，在军队院校，同一专业的学员可能来自不同的工作岗位，他们接受的教育程度差异也比较大，因此他们对于同一知识的理解和掌握也就不同。特别对于像航空维修信息分析这样的专业课程，既有理论知识又有实践操作，不同层次的学员接受能力是差异比较大的，如果采用传统以教员为主导的教学模式，就会导致基础差的学员学得吃力，基础好的学员感觉没学到东西这种现象，难以做到让学员学有所得，更不利于知识掌握向深度发展。

3）以教员为主导，不利于学员的团队协作和组织能力培养。航空维修信息分析专业人才在工作岗位上需要面向不同专业、不同部门的航空装备维修保障人员来统计装备信息，查找问题还需要各专业的配合和支持，因此需要具有较好的人际交往和团队协作能力。以教员为主导的教学模式难以发挥学员的主动性，缺乏学员之间的交流合作，不利于综合素质和实践能力

的培养。

2　注重综合素质能力的实践教学模式

针对航空维修信息分析专业人才培养过程中存在的以上问题，我们以航空维修保障信息统计分析人才岗位能力需求为出发点，研究健全航空维修信息分析专业技术人才培养体系、创新实践教学模式，努力培养出满足航空维修信息分析方面"精""专"人才。具体采用了以下措施。

2.1　依托专业知识体系，健全专业人才培养体系

建立航空维修保障信息统计分析专业人才培养体系，要秉承以学员为中心的教育理念，以航空维修保障岗位的岗位能力需求为出发点，构建与军队院校办学定位和教育特色相匹配的学科专业体系，提托学科专业知识体系，建立健全人才培养体系，集中教育资源，避免专业人才培养内容的盲目性和碎片化，健全专业人才培养体系更不能"多而散"，必须聚焦"精又专"。高水平的人才培养体系要更加强调突出学员的主体地位，注重培养内容的质量导向，精准把握军队航空维修保障信息分析需求，主动适应未来岗位能力发展要求。

2.2　结合工作岗位内容，创设课堂实践教学案例

在课程制定教学计划过程中，时刻以部队航空维修信息分析专业人才工作岗位内容和素质能力需求为牵引，将统计分析的理论知识融入岗位工作的实际案例中，弱化公式推理推导，力求在对典型问题的解决过程中领悟原理、理解技术、掌握方法，做到深入浅出，通俗易懂。这样让学员充分理解基本理论知识，学会在实际工作中应用，实现举一反三的目的。对于大数据分析技术方面内容，注重实战操作，多让学员参与实例操作，简化理论讲解灌输，切实做到学以致用。

2.3　突出学员主体地位，学员主导实践教学过程

由于航空维修信息分析专业的实践性较强的特殊属性，采用传统的"重理论、轻实践"的人才培养模式培养的学员难以满足部队的用人需求。在教学实施过程中，突出学员的主体地位，处处以学员为中心开展教学[6]。针对学员的理论知识掌握程度和基础水平，采用了分层次分组的教学模式，针对不同的层次，以学员实际需求为出发点，设置不同难易程度的实践操作内容。与此同时设置小组学习带头人，既能培养学员之间的团结互助意识，又能发挥优秀学员的模范带头作用，起到事半功倍的作用。

2.4　注重启发研讨交流，培养创新思维和实践能力

课程中多采用任务驱动的方式，通过教员引导学员形成正确分析数据解决问题的思路，让学员通过分组自主研讨交流的方式，采用正确的方法和手段，进行信息的统计分析，发现装备存在问题，分析出现的原因并且交流解决问题的办法，让学员边学边做边交流，不断激发学员的学习兴趣，培养创新思维，提高综合素质能力。

3 总 结

在具体的实施过程中，我们在使用的实践教学案例都来源于真实的岗位内容情景，通过让学员主动分析案例，找出问题，研究分析解决问题的方法，然后通过教员总结凝练成知识点，符合学员认知规律，更尊重知识的产生过程，这样的案例教学模式能够充分调动学员的主观能动性，激发学习兴趣，并且获得一定的成就感，树立了解决问题的信心。采用这种教学模式之后，教学效果明显提升，学员对所学知识掌握更加牢固，学习成绩也有了很大的提升。

经过我们在航空维修信息分析专业课程开展过程中不断探索，目前已经取了一定的教学成果，培养的学员能够满足部队岗位素质能力要求，受到用人单位的一致好评。特别是学员在之后的工作中遇到问题时，能够通过自学、研究或者与他人合作，运用知识解决问题，综合素质能力得到明显的提升。随着国防现代化建设步伐不断地加快，部队航空装备数量不断增多，装备的使用频率和使用时间呈指数增长，给航空装备的维修保障带来很大的压力，因此我们培养航空维修信息分析的专业人才也要与时俱进，不断提高专业人才的综合素质能力，才能发挥信息化的专长，充分保障航空装备的作战效能。

参 考 文 献

[1] 刘润，王姝歆. 具有航空航天特色的工程训练课程标准的探索与研究[J]. 教育现代化，2018，5(39)：154-156.

[2] 王砚，韩小军，王晓明. 航空维修保障技术发展趋势研究[C]//2019 航空装备服务保障与维修技术论坛暨中国航空工业技术装备工程协会年会论文集.

[3] 李卫斌，杨家锋，王保保. 数据仓库在航空维修信息分析中的应用研究[J]. 电子科技，2010，23(9)：118-121.

[4] 徐厚礼，尹熳，赵玲玲. 军队院校学习型人才培养存在的问题及对策[J]. 海军工程大学学报(综合版)，2018，15(1)：38-42.

[5] 邢超，贾红丽，尹承督. 军队院校生长干部学员综合素质评估指标体系的构建探析[J]. 价值工程，2016，10：15-19.

[6] 李晓华，袁晓萍，王晓凤. 学生主导的实践教学模式在创新型工程人才培养中的应用[J]. 河北科技大学学报(社会科学版)，2016，16(3)：96-101.

“三位一体”航空装备初级指挥人才培养研究

王利明　祝华远　纪云飞　马海洋　刘杨
（海军航空大学青岛校区 航空装备保障指挥系，山东青岛　266041）

摘　要：在“三位一体”新型军事人才培养背景下，以提升航空装备保障能力和指挥军官的岗位任职能力为目标，提出了一种融合式全过程学习逻辑模型，探索了“三位一体”新型军事人才培养体系的建设路径，即建设基于基础理论学习的军事职业教育资源及学科网站、专业系统的军队院校教育系统及教学模式、融于保障任务的部队训练实践机制模式以及基于能力提升的考评机制模式，最后，提出了人才培养体系构建的具体实施策略并取得了显著的成效，对新型军事人才培养具有参考价值和启示意义。

关键词：三位一体；军事人才；航空装备保障；初级指挥；培养方式

2020 年 10 月，中央军委印发了《关于加快推进三位一体新型军事人才培养体系建设的决定》(以下统称为《决定》)。《决定》指出要着眼加快推进军队院校教育、部队训练实践、军事职业教育三位一体新型军事人才培养体系建设。这对于加快培养大批德才兼备的高素质、专业化新型军事人才，实现党在新时代的强军目标——把人民军队全面建成世界一流军队提供有力人才和智力支持，具有重要意义。治军之道，要在得人。目前，我军人才建设整体水平与实现党在新形势下的强军目标要求还不相适应，突出表现为“两个能力不够”“两个方面不足”“两类人才紧缺”。解决上述矛盾问题，必须把教育创新作为战斗力新的增长点，突破原有院校教育、部队训练的线式培养模式，突破知识传播的时空界限，探索与转变战斗力生成模式相适应的人才培养模式。

军队院校教育是人才培养主渠道，在军队建设中具有基础性、先导性、全局性作用。院校教育的优势在于理论积淀厚实、知识技术密集、人才资源集中、思想交流活跃。院校教育的主要功能，是传授基本理论、基本知识、基本技能，培养思维方法、学习能力和创新意识。从效果看，院校教育对人才成长发展的作用是潜移默化的，效用持久深远。

因此，在“三位一体”新型军事人才培养背景下，本文提出了一种“基于基础能力的军事职业教育学习”“基于专业系统的院校教育学习”“融于保障任务的部队训练实践学习”和“基于能力提升效果的交流评价”的四合一融合式全过程学习逻辑模型，探索了航空装备初级指挥人才培养体系的建设路径，提出了具体的实施策略，为破解航空装备保障初级指挥军事人才“两个能力不够”“两个方面不足”，以及“两类人才紧缺”提供有力参考。

1　总体思路

军队院校教育突出抓内涵、强基础。关键在于做好院校改革“下篇文章”，将工作重心向苦练内功、夯实基础、强化特色、积蓄发展后劲上转移。部队训练实践突出抓对接、促转化。关键在于将个体培养融入整体训练,抓好院校所学知识与岗位实践应用有效衔接。军事职业教育突出抓试点、带全局,关键在于试点推进“建、教、学、维、管”全方位创新,逐步建成覆盖全军各类岗位的教育资源体系和管理运行体系,形成全员全时全域的教学格局。因此,针对“三位一体”新型军事人才培养背景下航空装备保障初级指挥人才培养路径研究的基本框架和主要研究内容构建如下。

1.1 确立培养目标,明确建设要求

以装备战斗力建设为根本,以提升航空装备保障能力和指挥军官的岗位任职能力为目标,以提升组织的决策指挥能力和干部的岗位任职能力为目标,构建航空装备保障初级指挥军官“三位一体”教育培训体系。

1.2 入学前:军事职业教育奠定基础能力

通过军事职业教育平台,要求拟入学的航空装备保障初级指挥学员开展基础能力的舰载机概论、大国航母与舰载机等课程的补差学习,之前院校教育和个人已学习过课程可免学习,目的是要使学员具备相同的基础能力。

1.3 入学后:军队院校教育强化能力培塑

以航空装备保障指挥能力培养为核心,构建以航空装备保障、航空装备管理学、航空装备指挥和航空装备保障运筹分析作战类课程专题式理论教学内容体系,探索实践战(案)例教学、专题研究、想定教学和综合演练等理论及实践教学模式方法,大力开展教学条件配套建设,系统培塑航空装备保障初级指挥能力。

1.4 毕业后:部队训练实践聚焦能力提升

主要是指基于部队任职岗位和实际保障任务,全面提升航空装备保障初级指挥能力。

2 建设路径

2.1 建设基于基础理论学习的军事职业教育资源及学科网站

军事职业教育是航空装备保障指挥人员在岗继续教育,学习资源建设是其核心和关键,因此要建设基于基础理论学习的军事职业教育资源及学科网站。

一是MOOC、微课学习资源建设。通过精心制作MOOC、微课,为拟入学航空装备保障初级指挥学员开展军事职业教育提供基础能力课程,完成补差学习,达到相同的基础能力。

二是网络学习资料建设。通过构建航空装备保障、管理和指挥理论体系,形成教材、专著、论文集、案例等理论资料模块;系统梳理航空装备保障法规、标准、规章制度等,形成法规类资料模块;系统梳理航空装备保障经验总结、爱装教育、计划执行等日常工作,形成业务指导类资料模块。

三是航空装备保障与管理学科专业网站建设。引入专业化知识管理平台,运用知识管理

与导航工具，设计了点击率统计、上传下载记录、定点咨询和广播式咨询等管理功能，为军事职业教育学习提供了有效的网络支持平台。

2.2　建设专业系统的军队院校教育系统及教学模式

一是教学实体与学科专业建设。以航空装备保障指挥能力培养为核心，探索实践战（案）例教学、专题研究、想定教学和综合演练等理论及实践教学模式方法，大力开展教学条件配套建设，形成职业教育培训体系的组织实施实体力量。

二是师资队伍建设。聘请知名专家，形成相对固定的理论前沿教学专家队伍；依托部队专家组资源，组成应用技术兼职教员队伍，形成持续在岗学习的教学师资队伍。建成了院校教员、特邀专家和部队航空装备保障专家组的三合一师资队伍。

三是课程及教材体系建设。打造政治理论、任职基础、岗位业务等开放式的教学模块，包括10次理论授课、12个专题讲座、1次专题研究、1次现地教学和1次综合演练的课程体系，如表1所列。

表1　航空装备保障初级指挥专业主要课程列表

模块	序号	课程（实践环节）名称	参考学时		
			理论	实践	小计
政治理论	1	习近平强军思想专题研究	12	8	20
	2	新时代基层政治工作专题研究	24	16	40
	3	坚持党对军队绝对领导专题研究	12	8	20
任职基础	1	现代管理科学与领导艺术	22	8	30
	2	航空装备保障运筹	18	12	30
	3	航空兵作战运用	22	8	30
	4	装备参谋业务	16	4	20
岗位业务	1	航空装备保障	30	20	50
	2	航空装备指挥	30	20	50
	3	航空装备管理	30	20	50
	4	训练大纲个人训练	0	20	20
	5	现地教学	0	40	40
合计			216	184	400

2.3　建设融于保障任务的部队训练实践机制模式

一是任职岗位工作过程中的能力提升模式。明确以岗位任职能力为主体的训练任务要求，细分个人训练课目和整体训练课目，不断提升典型任务保障筹划与组织指挥能力，具体包括决策优化分析能力、指挥作业能力和特情处置能力等。

二是执行重大保障任务中的能力提升模式。通过系列重大演习演练演训活动，锤炼航空装备保障指挥人员的创新思维、运筹决断能力、形势研判能力和预案准备能力，不断提升航空装备保障指挥能力。

三是专家送教指导下的能力提升模式。针对不同类型航空装备部队,精选相关专业专家,从航空装备保障指挥与管理理论、安全管理、战勤训练、保障实践、能力建设、法规标准等方面,打造系列讲座课程,实时响应需要,送课到部队,全方位指导和支持航空装备保障指挥人员的能力提升。

2.4 建设基于能力提升的考评机制模式

一是基于理论水平提升的考评机制。结合优秀论文评比交流活动,根据评定等级,优先推荐到正式刊物发表。

二是基于经验做法提升的考评机制。定期收集整理学员的工作总结、工作经验等的资料,运用学科专业网站管理,分类汇总,选出好的做法和方案,作为模板充实网站学科资源库,分享共用。

三是基于业务能力提升的考评机制。及时收集学员岗位晋升,以及被评为先进模范、工作典型、专家等情况,同步在学科专业网站的人才库中动态更新,持续跟踪学员的业务能力提升。

按照以上逻辑过程,形成基于基础能力的军事职业教育学习、基于专业系统的院校教育学习、融于保障任务的部队训练实践学习和基于能力提升效果的交流评价的融合式全过程学习逻辑模型。

3 实施策略

3.1 构建基于知识管理的军事职业教育教学资源体系

一是依托军事职业教育平台,精心制作和优选航空装备保障指挥专业精品 MOOC,制作航空装备保障指挥相关等微课;二是依托军事综合信息网,引入专业化知识管理平台,建成航空装备保障与管理学科专业网站,形成教学技术环境资源;三是运用知识管理技术,建设整理航空装备指挥、装备管理、装备保障等方面的著作、教材、法规、资料、网络课程等,形成教学知识资料资源;四是运用隐性知识的人机转化理论,建立院校教员、军内外专家、教学实践基地等紧密型协调机制,形成教学师资力量资源,实现了教学资源体系化构建。

3.2 实现军队院校培训的系统化、规范化和开放式教学

编写基础理论系列教材、演练指导系列教材、保障案例教材,形成系统化教材体系;规范教学目标、教学内容、教学模式、教学保障和教学管理,打造政治理论、任职基础、岗位业务等开放式的教学模块;构建融理论教学、战(案)例教学、想定教学和综合演练于一体的航空装备保障指挥专业作战指挥教学模式方法体系。建成由专著式教材、教学专题汇编、教学战(案)例库、想定作业库、演练想定、相关教学资源库和综合演练实验室等构成的配套完善的教学资源与条件。以此保证了院校培训内容的系统化,教学管理的规范化和教学实施的开放式。

3.3 建设部队训练实践能力提升的机制模式

对标训练任务要求,明确和细化航空装备保障指挥岗位任职能力的个人训练课目和整体训练课目,形成在岗学习的持续机制;通过参加重大演习演练演训活动,锤炼航空装备保障指

挥人员的创新思维、运筹决断能力、形势研判能力和预案准备能力,形成关键能力提升的推进机制;精心制作航空装备保障指挥与管理理论、安全管理、战勤训练、保障实践、能力建设、法规标准等方面,打造系列讲座课程,构建全方位指导和支持航空装备保障指挥人员的快速响应机制。

4 总结

本文探索了在"三位一体"新型军事人才培养背景下航空装备初级指挥人才培养体系,提出了一种融合式全过程学习逻辑模型,探索了建设路径及具体实施策略。经过前期探索和全面展开改革实践,提升了学员岗位任职能力,提高现职军官学员学习的主动性和积极性,有效推动了装备保障初级指挥专业人才培养质量,为新型军事人才培养提供了重要的参考价值。

参考文献

[1] 郭晓磊.基于深度学习的主题教学设计研究[D].新乡:河南师范大学,2018.
[2] 戴歆紫,王祖浩.国外深度学习的分析视角及评价方法[J].外国教育研究,2017,44(10):45-58.
[3] 穆肃,王孝金.在线学习中深层次学习发生策略的研究[J].中国远程教育,2019(10):29-93.
[4] 张屹,郝琪,陈蓓蕾,等.智慧教室环境下大学生课堂学习投入度及影响因素研究——以"教育技术学研究方法课"为例[J].中国电化教育,2019(1):106-115.
[5] 陈明,陆建峰,牛浩.基于深层次学习理论的翻转课堂发展性评价体系的构建[J].现代远距离教育,2017(6):20-26.
[6] 张浩,吴秀娟,王静.深度学习的目标与评价体系构建[J].中国电化教育,2014(07):51-55.
[7] 余胜泉,段金菊,崔京菁.基于学习元的双螺旋深度学习模型[J].现代远程教育研究,2017(06):37-47,56.

数字孪生在航发人才培养中的理念和方法*

王佴剀[1]　赵妮[2]　吴斌[3]　雷晓波[4]

（1. 西北工业大学 动力与能源学院，西安　710068

2. 西北工业大学 机电学院，西安　710072

3. 空军工程大学 航空工程学院，西安　710038

4. 西安航空学院 飞行器学院，西安　710089）

摘　要：以国家的战略发展为导向，根据学生自身的特点，因材施教培养航空发动机人才培养的教学理念已经得到了各方认同。但是，在育人过程中，如何实践“以学生为中心”，如何在教学活动把个性十足的学生引向国家需求的方向发展，是目前教育改革讨论的热点。作者将数字孪生的新技术引入育人过程中，以航空发动机人才培养为例，提出了数字孪生育人的16字方针和框架，定义了8种培养过程数据，总结了3条实践原则。这些育人举措和经验可以给具有相同特点的航空航天类教育教学提供参考和借鉴。

关键词：数字孪生育人；新工科；航空发动机；培养数据；能力培养

航空发动机研制是国家的重大战略方向，需要大量的卓越工程师投身其中。我国发动机正经历从仿制到自主研制的关键阶段，需要培养具有创新性、开拓性的人才，要求将新技术、新理念及时融入人才培养的过程[1]。本文正是在这样的背景下，开展数字孪生在航空发动机专业人才培养中的理论和方法研究。

航空发动机研制包括发动机设计、零部件加工、整机装配和试车等4个环节[2]。过程数据在推动发动机设计水平方面发挥了重要的作用。数字孪生技术建立了设计数据和生产过程的联系，形成了数字空间和实体空间的映射，成为发动机研制的新技术[3]。其实，航空发动机专业人才培养过程中，也可以充分利用育人过程数据，分析学生特点，优化教学安排，优选教学手段，评价育人效果，为重构课程内容、建设课程体系提供依据。如此迭代循环，达到新时代需求动态调整和改进人才培养手段的目标，如图1所示。

1　数字孪生育人理念

育人需要目标导向。对个体学生形成“数字孪生体”，尽可能准确地描绘学生的成长过程，预测学生的职业发展，助力学生正确认识远大抱负和脚踏实地的关系，把远大抱负落实到实际行动中，这是数字孪生育人理念的最根本目标。

“数字孪生体”建立过程中，遵循16字方针：“量化描述、指标完整、挖掘规律、以评促育”。

* 项目资助：①借力陕西科技探索5维度数字育人方法，陕西省第二批新工科研究与实践项目，2020年；②西北工业大学学位与研究生教育研究项目基金（2021AG53）。

量化描述:将学生成长过程中的点点滴滴记录在案,并努力形成数字化的记录。事实上,各高校已经在数字化档案的建设中做了很多的努力。例如,描述教学方案的数字化信息是学时数和学分数;描述教学手段效果的数字化信息是教评分数,描述教学效果的数字化信息是学生的成绩。这些数字化信息,给数字孪生育人提供了前提条件。

指标完整:针对德智体美劳全面发展的人才培养要求,尽量包含学生成长的全面数据。既有教学过程数据,也有思政评估和职业规划数据。建议的数据信息至少包括:学情分析信息、个体兴趣和特点、教学过程数据、知识点考核成绩、能力培养评价、素质培养评价、职业规划信息、敬业协作和团队精神等8种。数据越多,刻画越全面,学生的个性也就反映得越生动。

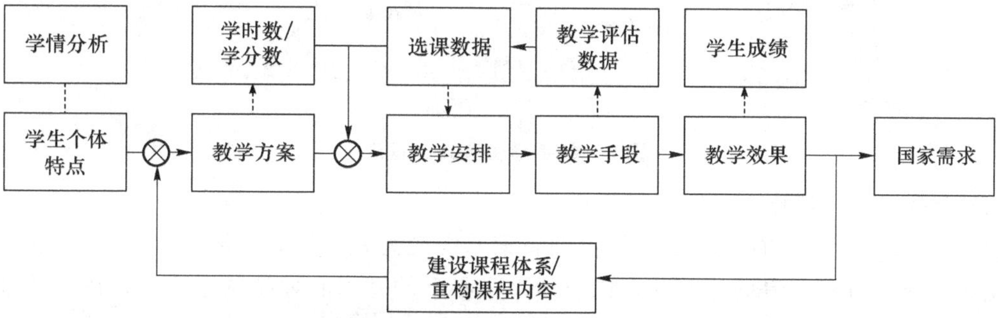

图1 航空发动机专业人才培养的环节与目标

挖掘规律的内涵:寻找影响育人效果的因素,探索不同因素对人才培养的规律。涉及的规律包括教育学规律、心理学规律和思想政治教育规律。高校思想政治工作根本在于做人的工作,中心环节在于立德树人,核心在于提高人才培养能力[4]。做人的工作,规律都不是简单的线性规律。人耳对不同频率声音的敏感性是"计权规律",人眼对不同波长的光波感受是"颜色规律",人类大脑对不同的教育手段的敏感程度又是什么规律呢?希望在"数字孪生体"中可以挖掘获得。

以评促育的内涵:通过考核和评价的量化结果(学分绩点、综测成绩),分析学校、教师和学生的影响因素,优化学业监测、三全育人和职业规划工作,促进育人工作的开展。形成教与学的良性循环,其中教学过程数据正是教育内涵式发展的关键。

图2展示了数字孪生育人理念的内涵和框架。

2 数字孪生育人涉及的内容

数字孪生育人是教师运用数据优化教学的内驱力和前提。秉持以学生为中心的教学原则,围绕学生的成长,我们建议至少关注以下几种数据:

(1) 学情分析信息

学情分析又称为教学对象分析,是为了解学生的实际需要、能力水平和认知倾向,为学习者设计教学,优化教学过程,更有效地达成教学目标,提高教学效率所开展的工作。通过学生的先修课程、课程成绩等信息了解学生的认知发展水平和已有的知识基础。通过提问、交流、课堂观察等方式了解学生的学习状况,敏锐地发现学生学习中出现的问题和难点,及时对教学内容及方法进行调整,促进精准化教学,达到教学设计优化的目的。

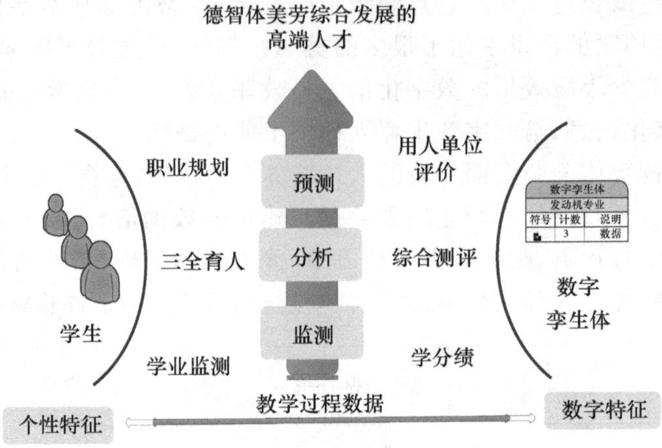

图 2　数字孪生育人的框架

(2) 个体兴趣和特点

随着人类对创新素质的认识发展，将创新素质定义为人在先天遗传素质基础上，通过后天的环境影响和教育所获得的稳定的在创新活动中必备的基本心理品质与特征。在教学过程中要分析学生的个体差异，多角度、多层次、多方位地实施教学[5]。例如，课题设计项目的选择，可在涵盖课程教学目的的条件下，拓宽选题范围，与学生的兴趣爱好、个人能力拓展(例如个人额外有先修的知识)相衔接。通过不同挑战难度的项目，发挥合作等方式，实现长短互补，在保持学生学习积极主动性的前提下有效提升学生能力，同时促进个性化发展。

(3) 教学过程数据

教学过程数据包括课前导学或预习信息、课堂互动信息、作业情况、课后学生评价等信息。目前采用小程序或者雨课堂等信息化手段，学生也乐意加入这样的互动方式，信息获取方便，利于定量分析，及时掌握教学情况。利用这些信息评价学生在整个课程过程中能否达到既定的教学目标和要求。

(4) 知识点的考核成绩

在课程的教学设计上，课程章节之间的逻辑关系，每一章的基本概念、基本理论、基本方法，知识难点和重点都应清晰地呈现给学生。知识点的考核可灵活采取笔试成绩、平时成绩和实践项目成绩等方式，并不断加强实践项目成绩的比重，加强主观创造性题目的设计，达到知识进阶要求。

(5) 素质培养评价

目前高校多用综合素质测评表征素质指标，更多的是从学习成绩、竞赛、发表论文和思想政治教育角度评价，与社会对人才要求的匹配度较差。采取与科研院所、社会企业的广泛交流，了解社会及企业院所的需求，同时结合科研前沿发展，优化人才素质培养指标。

对学生的评价更应注重过程性，采取教师评价、学生互评、学生自评和反馈等多元评价体系，使得学生了解自我评价和别人对自己认识之间的差距，有针对性地找出自己的差距与不足。

(6) 敬业、协作和团队精神

通过组队项目合作，实现个人价值和集体价值相结合，创设自我管理的良好合作环境，协调发展，培养学生的交际能力、领导能力、责任感和协作精神。

(7) 能力培养评价

美国教育评价标准联合委员会(Joint Committee on Standards for Educational Evaluation,JCSEE)认为[6]:"学生学习结果是对学生特定学习的期望，即学生在特定的学习、发展及表现等方面将会获得的各种结果。通常包括:知识与理解力(认知)、实践技能(技能)、态度与价值观(情感)及个体行为"。因此，评价学生能力时，评价因素包括自学能力、获取知识、运用知识的能力，有利于创新活动的认识能力，实践操作能力，表达能力，组织交往能力等的综合评价，才能满足社会发展对创新型人才的需求。

(8) 职业规划信息

职业生涯规划现已成为高校人才培养计划中不可或缺的一部分[7]。各大高等院校对大学生进行职业生涯辅导，指导大学生通过实践辅导课程进行职业生涯自我设计规划与实现，各专业课程教师尤其要激发学生树立明确的学习就业目标，激励调动学生学习的主观能动性，制定一个较为清晰的学习工作路线，鞭策自己不断进步以求全面专业的发展。

通过上述8类数据的积累、管理、分析和挖掘，从课程体系的"大数据"和专业课程的"小数据"中，提炼有用的信息，构建育人数字孪生体。

3 实践举措及指导原则

(1) 以未来需求为导向，培养具有家国情怀的卓越工程师

育人目标是培养德才兼备的高层次专业人才。以往，"德"的培养方式，常常集中在政治课程;"才"的培养手段，则通过专业课程讲授知识。人文课程和专业课程是两条平行线，思政课程和课程思政相对独立，学生并不容易实践价值塑造、能力培养和知识传授的多元统一。

为此在实践的过程中，尝试以本专业的理论知识为基础，以学生的思想成熟度为着力点，以多元评价与过程考核为抓手，帮助学生"瞄准方向-动力十足-奋斗奉献-幸福一生"。在专业知识学习的同时深化思政教育，以工科知识点借喻人生的道理，引导工科学生利用熟知的思维观和科学观深入思考，形成积极向上的人生观、乐于奉献的价值观、爱岗敬业的职业观和为国家、人民服务的社会观。

(2) 考核的目的是培养，而不是淘汰

课程结课考核后，不但统计成绩分布，还应该进行成绩分析。统计考生失分最多的知识点，在下一轮授课的过程中改进教学方法。分析学生群体的薄弱思维方式，刻意在学术讲座和毕业设计过程中贯穿讲解。

注重过程考核，并不断加强实践项目成绩的比重，加强主观创造性题目的设计;实践项目遵循"分组完成，独立考核"的原则;着意培养学生的实践能力、领导能力、团队意识和合作精神。尝试从"知识型"向"素质型"人才培养过渡，向知识-能力-素质的高阶性理念迈进。

(3) 虚实结合、数教结合和医工结合的教改手段

开展教改的过程中，加强实践平台建设，既加强发动机实物教学的传统，又建立虚拟仿真平台，虚实结合，激发学生积极性。基于学生主观评价数据和生理指标客观数据，以大数据处理的思路，开展教改效果评价。在传统工科教学过程中，借鉴西医的监测手段，融合形成学科的交叉。

例如,已经尝试的"基于人脸检测的课堂专注度评估"项目。基于AI平台的表情分析,通过拍摄学生上课时的正面照片,分析表情,姿态数据计算"关注度"。计算公式：N(关注度)＝(EyeStatus_Left ＋ EyeStatus_Right) * W_1(眼睛状态权重) ＋ E(表情得分) * W_2(表情权重)。由此得出关注度分值,具体分类如下:100－90全神贯注;90－70比较投入;70－60一般投入;60－20心不在焉;20－0完全没有听课。课堂专注度反映了学生整节课的注意力和兴趣点分布情况,依据时间点设计合理的教学内容,有助于提高老师对课堂节奏的控制和把握。比如,班主任可以对照分析本班各科目之间的课堂专注度,任课老师可以对比不同班级同一科目的课堂专注度变化。班级与班级之间、学科与学科之间的比较,能帮助老师及时发现问题,进而及时调整和改进教学设计。

4 方法的推广价值

航空发动机作为一种典型的能源与动力机械,其产业链很长,覆盖面十分广泛。其上游涉及机械、冶金、材料、化工、能源、电子、信息等诸多工业部门,本身又涉及气动热力学、传热学、结构力学、材料学等众多基础学科和工程科学技术领域,下游除了在军民用航空领域的应用之外,还在能源、电力、钢铁、石化等重工业领域扮演了重要的角色。航空发动机人才培养模式改革具有天然的示范效应。

"数字孪生育人"特征是借助育人过程数据来描述学生个性;关键是如何利用数据监测、分析和预测学生的成长,保证育人质量;实质则是"以学生为中心,因材施教"育人理念的落地与实现。其内涵与方法可以为航空航天学科和具有类似特点的传统学科人才培养提供参考和借鉴。

参考文献

[1] 中国航空报.中国航发召开2021年人才工作会[EB/OL].(2021－04－13)[2021－11－03]. http://www.cannews.com.cn/2021/04/13/99324091.html.

[2] 王俨剀,廖明夫,丁小飞.航空发动机故障诊断[M].北京:科学出版社,2020.

[3] 刘永泉,黎旭,任文成,等.数字孪生助力航空发动机跨越发展[J].航空动力,2021(02):24－29.

[4] 习近平.把思想政治工作贯穿教育教学全过程[EB/OL].(2016－12－08)[2021－11－03]. http://www.xinhuanet.com//politics/2016－12/08/c_1120082577.htm.

[5] 高艳,武晓伟.心理资本视角下的高校创新人才心理品质培养[J].社科纵横,2018,33(09):129－133.

[6] 黄海涛.美国"学生学习成果评估"研究评析[J].清华大学教育研究,2011,32(02):119－124.

[7] 张燕华."大学生职业生涯规划"课程教学改革创新初探[J].教育教学论坛,2021(36):93－96.

基于训学研融合的航空雷达人才培养能力提升研究

陈小龙　张海　黄勇　张财生

（海军航空大学 航空作战勤务学院，烟台　264001）

摘　要：针对新时期航空雷达人才培养所面临的“教学理念之争”“人才培养宽窄口径之争”“工程技术与岗位技能之争”三个突出矛盾问题，从未来学员岗位实际需求出发，分析了科研、教学和实践训练成果对提升航空雷达人才培养的支撑作用，给出了“工程技术—岗位扩展”提升教学能力、“夯实理论—创新发展”提升科研能力、“理实结合—服务实际”提升实践能力的三个有效途径，实现科研、教学和实践训练成果的有机融合。最后，总结了教学团队近年来的经验做法及所取得的成果。研究成果可为航空雷达岗位课程建设和教学内容设计提供坚实支撑，有利于提升学员贴近实战的能力素质和培养质量，为院校学习和未来雷达岗位无缝衔接奠定基础。

关键词：航空雷达；人才培养；训学研融合；课程体系建设；岗位技能

在工程应用型人才培养过程中，许多专业课程具有较强的实践性，不仅需要学员掌握相关基础理论，而且能够应用理论知识来解决实践中的真实问题。因此，专业课程应尽量采用贴近实际的素材和案例进行教学与课堂互动活动[1]。近年来，随着航空雷达技术的不断发展，大批新型航空雷达装备走向实际应用，实现跨越式发展，对军队院校航空雷达岗位的人才培养和任职能力提升提出了更高的要求。院校学员作为航空雷达装备人才的培养对象，其理论基础相对扎实，但缺乏岗位实践经验，装备保障实践运用能力薄弱[2]。传统教学往往采用以讲授为主的教学模式，不利于对学员雷达装备运用实践能力培养；并且飞机机上教学成本高、协调难。应充分利用院校学习时间，将教学内容与科研成果、训练实践成果相结合，构建贴近实际需求的教学环节和资源，提升航空雷达专业学员的教学质量[3-5]。

国外非常重视科研、教学与实际装备的融合，典型的是美国麻省理工学院（MIT）林肯实验室和德国弗劳恩霍夫（Fraunhofer）研究院。他们在 20 世纪 70 年代就开设了雷达慕课课程，与世界著名雷达军工研究所合作，如雷音公司、泰勒斯公司等，将装备的研制与教学内容相结合，并开设雷达暑期学校，教学与现役雷达装备结合紧密，如航空预警探测专业方向与 E－2D“鹰眼”预警机、P8－A 反潜巡逻机雷达为典型装备讲解，同时结合实战经验和战法成果建设了案例库[6]。

本文针对航空雷达专业方向课程教学成果、科研成果和训练实践成果之间融合不紧密的问题，聚焦人才培养质量，从岗位需求与实际要求出发，重点研究科研、教学改革、训练成果之间的融合需求分析、融合建设思路和方法，提出促进提升课程教学能力的措施，用以指导航空雷达专业课程教学，有效提高学院综合能力素质，为提高航空雷达专业人才培养水平提供有效支撑。

1 航空雷达专业方向教学体系中的“三个关键矛盾”

在航空雷达专业方向人才培养过程中，容易出现的课程体系建设与人才培养需求不匹配的问题，其根本性的原因是在课程体系建设中存在的思路不统一的问题，主要是“三个关键矛盾”。

1.1 教学理念之争

航空雷达专业是2017年新开设的本科专业，从设立之初，一致存在着以工程技术为核心与以使用运用为核心的教学理念之争，思想没有统一。以工程技术为核心的教学理念认为，工程技术是航空雷达使用的基础，并且该专业在确立时属于电子信息工程大类，因此在人才培养方案、课程体系设置、教学内容方面，应该以工程技术为导向进行论证、设置，增加航空雷达专业学员的发展潜能。以雷达使用运用为核心的教学理论认为，会操作使用才是航空雷达岗位的核心要求，应突出实践和训练在人才培养方面的比重，并以实际需求和运用为核心进行教学体系建设。

1.2 人才培养宽窄口径之争

航空雷达专业瞄准机载雷达人才培养，涉及雷达探测、电子对抗、电子侦察、数据传输、装备使用等多项内容，存在着针对单一内容进行精细化培养还是针对所有内容进行宽口径培养之争，专业课程体系设置难以抉择。

宽口径人才培养模式主要观点是，航空雷达专业所学内容是一个统一的整体，并且各个内容在实际工作中具有很强的关联关系，因此人才培养中，应该宽口径培养，按照雷达技术、雷达装备、雷达运用等分为三大类实施，使学员掌握各个环节的知识，学员分配到单位后，再按具体的岗位培训。窄口径人才培养模式主要观点是，航空雷达专业未来涉及的装备不同，岗位职能不同，专业背景课程不同，学员没有精力学习掌握不同岗位的知识，应该是“开小口，挖深井”，使学员能够掌握某一雷达装备所涉及的基本理论、装备原理、操作使用，分配单位后能够增强岗位适应能力，快速补充人才缺口。

1.3 工程技术与岗位技能之争

航空雷达专业对雷达装备操作技能要求高，部分人员认为以装备使用、模拟训练为核心，增强受训学员的岗位适应能力；另一部分人员认为应以专业理论技术为核心，强化理论技术课程教学，增强受训的发展潜力。

以上所述的在航空雷达专业教学体系建设中，“三个关键矛盾”导致教学思想难以统一，在人才培养方案拟制、教学内容确定、教材编写、教员培养、教学条件建设等方面，没有明确的方向，左右摇摆，难以落地，严重制约了人才培养的质量。

2　训学研融合转化对提升航空雷达专业人才培养的作用

2.1　科研、教学、训练成果多维融合是提升航空雷达人才培养质量的重要手段和途径

航空雷达犹如飞机的“眼睛”，是飞机获取信息的关键装备。受飞机平台的约束和下视探测的要求，机载雷达的发展集中反映了雷达最新的体制和技术。体制方面，机载雷达由单一功能的测距雷达发展到单脉冲体制、脉冲多普勒体制，再到主流的相控阵雷达和新型数字阵列雷达等。技术方面，由多普勒域动目标显示、动目标检测发展到空时二维自适应杂波抑制，显著提高了机载雷达在强杂波背景下检测微弱目标的能力。随着合成孔径雷达和逆合成孔径雷达等高分辨成像技术的发展，机载雷达的距离、方位和多普勒分辨力也进一步提高，为目标的判性和识别提供了有力支撑。对于航空雷达的学习不仅要掌握机载雷达系统的组成、性能指标、信号和数据处理原理和方法等，也需要了解航空雷达最新的技术发展动态，学会使用并领会有效提升雷达探测能力的有效途径。因此，航空雷达专业岗位面临的探测环境和任务日益复杂，这对学生的技术素质以及人才的培养提出了更高的、更加明确的要求。

制信息权是现代战争中制胜的关键，而军用飞机充当了“信息堡垒”的角色，航空雷达专业要学习的东西有很多，在有限资源的条件下，要保证航空雷达岗位教学与训练任务的圆满完成，就要求每位航空雷达专业人员在上岗之前就必须具备较高的专业素质和实战化能力，而实战化能力的获得只能来源于实战化的教学训练。学员在院校期间，很难接触到装备，仅依靠原理理论的讲解无法满足航空雷达人才培养的需要。院校能够获取多种信息资源，将最新的科研学术成果、重点学科建设和教学改革成果与训练相融合，是提升航空雷达专业人才培养质量的重要手段和途径。

2.2　科研、教学、训练成果多维融合是航空雷达课程教学内容和资源的重要补充

一名合格的航空雷达岗位人员必须达到如下三个条件：一是熟悉工作环境和工作岗位，对自身的使命、任务和定位有着清醒的认识；二是熟悉雷达装备，具备岗位任职所需的足够的理论基础和操作经验；三是具备较强的突发情况临场处置能力，以应对诡谲莫测的电磁空间作战形态。

要想达到上述三个条件，常规的课堂教学是很难实现的，而要通过飞行训练来使战勤人员达到上述三个条件，代价又是高昂的，因此必须充分整合利用现有资源，将教员擅长的科研和教学成果以及用人单位积累的训法、案例、战例等优秀训练成果融合，互相促进补充，从教学内容设置、教学资源整合和教学方法创新三个方面下功夫，使学员在教学过程中，紧密贴近雷达装备，贴近雷达作战环境，使学员的理论学习与实践操作紧密结合在一起，并根据实际的雷达数据和案例设置相应的教学实践环节，培养学员对突发情况的临场处置能力。

2.3　科研、教学、训练成果多维融合是激发航空达人才培养过程中“教”与“学”主观能动性，提高教学效率的重要保证

教学包括教员的“教”和学员的“学”两个方面。这两个方面的主观能动性的发挥很大程度

地影响着航空雷达人才培养效果。科研、教学、训练成果多维融合能够促使教员在熟悉和掌握书本内容的基础上，去分析航空雷达人才培养对教学的要求，去熟悉和掌握雷达装备的原理与操作，在原有课堂教学的基础上，去创新教学方法，在已有教学资源的基础上，去拓展新的教学资源。反过来，丰富多样的科研、教学、训练成果融入教学环节，能使学员认识到自身的使命任务，认识到所学内容对于自己将来的岗位任职的重要意义，并能使学员深刻体会到所学内容并不是他们自己以前所认为的空洞的理论，而是能够提升雷达作战能力的真本领，进而激发学员的学习积极性和主观能动性。

因此，对于教员和学员来说，科研、教学、训练成果多维融合是促进“教”与“学”两方面主观能动性，提高教学效率的重要保证。

3　训学研融合对航空雷达人才培养能力提升的具体实践

3.1　“工程技术—岗位扩展”提升教学能力

针对目前人才培养存在的三个关键矛盾，即教学理念之争、岗位宽窄口径之争、理论技术与岗位技能之争，从实际岗位需求出发，分析人才成长对工程技术、岗位技能、实践能力的具体要求，以“工程技术—岗位拓展”为主线，提出航空雷达专业方向教学体系建设理念、体系框架结构，满足未来对多方面人才需求。主要措施有：

(1) 调整人才培养方案，优化课程体系。包括“装备-环境-目标-作战”四个关键要素，采用“四位一体教学体系要素建设方法”。与装备相关的课程把握“原理-技术-装备-模拟训练”四个环节进行课程设置。

(2) 贴近实战关注前沿，创新教学内容。一是教学内容与部队装备发展适应。借鉴国外知名雷达科研院所的网络教学资源，与国际前沿雷达装备接轨。二是教学方法与课程内容适应。以历次演习演练中复杂电磁环境下的信息对抗为背景，提出问题，引导学生思考。三是培养理论与高素质军事人才适应，对于未来的先进技术具备自学和认知的能力。图 1 为学员进行专题研讨以及参加比赛取得的证书。

图 1　研讨教学和学生获奖

（3）注重现代教学手段的应用。深化课程教学和人才培养方式改革，提高自主创新能力。结合国内外优秀的慕课资源，扩展学术视野。要求学生使用现代化的检索手段，养成积累、整理资源的好习惯，鼓励资源信息共享，有利于发现新视点，新问题，进而发挥个人的创造力。图2为团队自建的“雷达海杂波特性及抑制”微课以及国外公开的雷达教学资源。

图2 自建的微课及国外公开的教学资源

（4）瞄准实战化要求，提升团队教师能力素质。根据教员专业技术能力突出的特点，突出实战化教学能力培养，坚持“专业技术能力、战术运用能力与教学业务能力全面建设，科研创新、训法战法创新、教学创新三者并重的原则”，按照“新手、胜任、能手、专家”4个阶段和“懂原理、精技术、通装备、晓战术”四个方面，由浅入深、循序渐进的培养路线，实现用人单位、军队院校、科研院所三位一体的联合培养。

3.2 “夯实理论—创新发展”提升科研能力

3.2.1 教学与科研并重，共同提升创新能力

重视科研对学生创新能力的培养作用，促进学生与老师共同参与科研活动。指导本科毕业设选题100%来自实际需求，挑选优秀学生参与科研项目，科研结果作为毕业论文的重要支撑。将部队雷达实装所采集到的雷达数据用于课程实验，引导学生思考处理方法，关注前沿方向开展研讨教学，为提升创新战斗力提供支撑。图3为本科生参加雷达对海探测试验及验证。

图3 本科生参与科研实验

3.2.2 积极探索院校和科研院所联合培养模式

采用“请进来”和“走出去”的模式。一方面，邀请地方院校的专家授课，提高学生理论结合实际能力；另一方面，定期到相关科研所实习或参观见学、参加国际雷达年会等，有力促进教学和科研工作。图4为学生参加国际雷达年会等学术交流活动。

图 4 参加国际学术交流

3.2.3 培养学生捕捉学术热点

教师在授课时抽出部分时间用于自由讨论交流，师生互动，探讨本专业前沿课题或学术争议。定期举办交流会，交流前沿课题，搜集的资料及论文写作过程、参会收获等相关内容。对达到一定级别的科研成果进行奖励，提高学生参与科研的积极性的同时提高创新培养的质量。

3.3 "理实结合—服务实际"提升实践能力

3.3.1 航空雷达专业学员应具备的实践能力

1）综合操作和使用技能，具备熟练的××雷达模拟器操作、运用所学知识分析空海情态势的能力。

2）较强的组训管理能力，掌握××基本的指挥、训练、管理法规和流程。

3）初步的指挥能力，熟悉××指挥流程和相关的基本规程，具备筹划与指挥能力。

3.3.2 重构实验体系，强化教学条件建设

实验室体系建设贴近实际，以满足人才培养需求为目标，瞄准未来装备发展需求，形成体系完善、功能完备的实验体系。具体思路如下：

实验室在建设方面，在整合现有实验室资源的基础上，进行系统规划，各相关教研室参与筹划、建设，同时扩大合作范围，与雷达研究所合作共建实验室。

在实验室使用上，打造开放共享平台，学员除正课时间外，可以利用自习课时间到实验室进行实验、训练；在统筹前提下，各教研室均可利用实验室为学员开设实验课程；相关工业部门可以与教研室合作进行雷达使用、信号检测、信号处理、职能决策等方面的实验，共享实验成果。图 5 为构建的航空雷达系统、原理实验室，以及基于实验平台学生正在开展相关实验。

3.3.3 在实践中学习，提升岗位任职能力

四年的本科学习中，安排工厂实习、岗位模拟训练、综合演练和毕业设计，并利用课外时间鼓励学生参加数学建模、电子设计、计算机仿真、机械设计等各类专业比赛，实现学员能力的全面均衡发展。学员赴工厂、雷达研究所等单位调研实习。参观和学习主要雷达装备，掌握雷达工作模式、信号和数据处理流程、目标录取和判性、情报处理和上报模式等，并进行实际操作。通过系列实践活动，提升学员综合素质和岗位任职能力，对雷达装备技术状况和操作训练有系统和客观的认识，更加贴近未来岗位，增强献身国防、服务国家的决心。

(a)雷达系统实验室

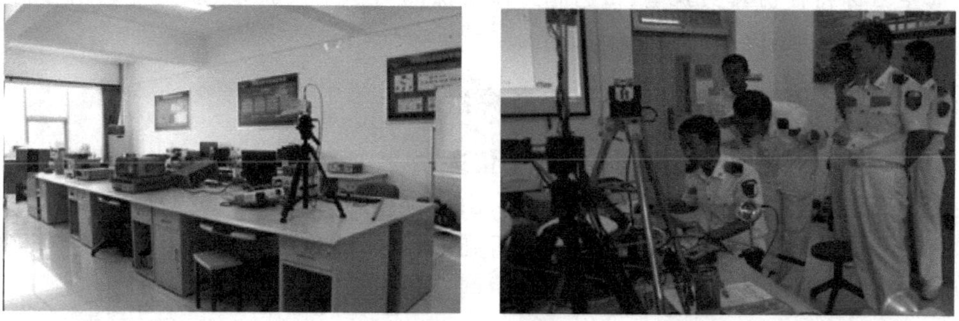

(b)雷达原理实验室

图 5 雷达专业实验室及学生实践

4 训学研一体化融合提升航空雷达人才培养能力实践效果

教学团队紧密围绕电子信息(航空雷达)专业学科建设需求,始终瞄准未来岗位能力素质需求,不断加强教员师资队伍力量建设,持续更新教学内容、创新教学方法,不断建设完善实验教学条件和装备教学条件,取得了较好的改革效果。

4.1 构建了相对完善的课程体系

抓住“工程技术、军事技能、延伸拓展”三条主线,关注要素集成,按照专业背景课程服务专业原理课程,专业原理课程服务专业技术课程,专业技术课程服务装备使用课程,最终服务未来岗位,将课程体系划分为专业背景、首次任职两个模块。承担了军队级重点学科建设项目 1 项、重点教材建设 1 项、重点课程建设 9 项、系列教材 9 项;出版教材 3 部,在教学方法运用和课程体系构建方面发表教学论文 10 余篇。

4.2 整合了立体融合的教学资源

根据不同培养层次特点,将各类实装、模拟训练器材和软件,以及相关科研成果有机地融合到教学活动中,以满足不同培养层次的需求,促进了训练成果和科研成果进课堂。

4.3 形成了丰富的教学成果经验

近三年,教学团队立集体三等功 1 次;多人获得大学优秀教员、优秀党员称号。获得大学教学改革成果二等奖 2 项，首届微课二等奖 1 项，7 人次参加大学级教学竞赛并获奖，指导全国大学生电子设计竞赛并获奖。

4.4 实验和实践条件优越

根据航空雷达教学需求，参照航空雷达实际装备，研制了 S 波段和 X 波段试验雷达各 1 部，用于数据采集、算法软件开发和教学演示，为科研促进教学提供了装备教学平台。实验室体系方面，按照规划申请并获得立项 9 项，实验室建设专项 2 项：航空雷达模块化教学平台建设、复杂电磁环境雷达预警探测训练与评估专业教室；建设了机载任务系统数据库与示教系统、雷达海空目标特性仿真实验室、雷达海空预警探测与识别实验室、航空雷达信号仿真教学训练系统等多个教学系统和实验室。

4.5 突破多项关键技术，科研能力稳步提升

坚持需求导向和问题导向，围绕机载预警雷达、机载对海监视雷达目标探测及使用等国防急迫需要和长远需求，承担国家自然科学基金、山东省重点研发计划、装发预研项目、军内科研等 10 余项项目，提出的方法均在实测数据中得到了验证，部分在机载雷达等装备中得到应用，获得军队科技进步一等奖 1 项，二等奖 1 项，中国专利优秀奖 1 项。

5 结 论

本文针对航空雷达专业人才培养过程中的教学理念、人才培养宽窄口径、工程技术与岗位技能之间的矛盾关系问题，从岗位实际需求出发，分析教学、科研、实践训练之间的关系，提出以“工程技术—岗位扩展”提升教学能力、“夯实理论—创新发展”提升科研能力、“理实结合—服务实际”提升实践能力的训学研融合提升航空雷达人才培养能力的有效途径，并总结了长期教学实践中取得效果和成果，为后续进一步提高航空雷达教学能力和水平提供支撑。

参考文献

[1] 范越，陈少昌. 军校电子技术类课程教学改革建设研究[J]. 教育教学论坛，2020(27)：156 - 157.

[2] 初晓军，彭志刚，纪晓佳. 岗位任职课程航空雷达检测技术教学施训改革[J]. 现代职业教育，2016(25)：190 - 191.

[3] 黄勇，张海，卢仁伟，等. 特种机雷达专业教员队伍的实战化教学能力建设[J]. 高教学刊，2021，7(12)：160 - 163.

[4] 刘爽. 试论产学研结合的人才培养体系的构建[J]. 文教资料，2021(02)：172 - 173.

[5] 皮灿军. 高校计算机专业产学研相结合的实践教学模式探析[J]. 科教导刊(上旬刊)，2020(34)：61 - 62.

[6] 陈小龙，李亚妮，等. 外训电子信息类课程教学质量提升方法探究[J]. 大学教育，2021(10)：95 - 97.

协同育人视域下的实验课程改革初探

闫涛　刘平安　宋乃孟　王璐
（哈尔滨工程大学 航天与建筑工程学院，哈尔滨　150001）

摘　要：依据“政产学研用”协同育人目标，以哈尔滨工程大学飞行器动力工程专业实验课程为改革对象，初探了实验课程的重点改革方向。通过完善实验课程体系建设，重新设计实验教学内容，加强了专业实验课程与核心课程的联系，规划了设计型与研究创新型实验项目；以行业需求为导向，依托科研项目、校企合作及虚拟平台，逐步完善了科研反哺教学模式，推动了行业需求与专业知识的紧密结合，探索出一条适合培养具有自主创新能力的复合型和应用型人才的新思路。

关键词：政产学研用；飞行器动力工程；专业实验课程；教学改革；创新人才

近年来，国家加快实施了创新驱动发展战略，推动了经济发展方式转变和产业结构的转型升级[1]。在这样的背景下，加强产学研协同育人，培养具有自主创新能力的复合型和应用型人才具有非常重要的现实意义。《国家中长期教育改革和发展规划纲要（2010－2020年）》指出，高等教育“要支持学生参与科学研究，强化实践教学环节，促进科研与教学互动、与创新人才培养相结合”[2]。“政产学研用”五位一体协同培养应用型人才模式，是指政府、企业、高校、科研院所和用人单位等人才培养主体围绕人才培养目标[3]，通过共同参与、相互配合、各施所长和优势互补的方式，将生产、教学、科学研究与实践应用相结合[4]。目前这种育人模式仍不成熟，存在高校知识创新潜力与优势尚未完全发挥[5]，校企协同育人的合作形式较为单一[6]，缺少相关法律、政策保障和激励措施[4]，以及各参与主体责任和权利缺乏有效的制度体系规定等问题[7]。

针对以上问题，结合学校办学特色和专业发展战略，依据“视野宽、基础厚、能力强、素质优、可靠顶用”的人才培养目标[8]，以飞行器动力工程专业实验课程为改革对象，教学团队进行了协同育人教学模式的探索与实践。

1　加强与专业核心课程的联系

哈尔滨工程大学开设的专业综合实验课程（以下简称实验课程）为创新创业综合实践课程，面向飞行器动力工程专业的大学三年级本科生，内容涵盖气体动力学、固体推进剂、燃烧理论基础、火箭发动机原理、火箭发动机设计、航空发动机原理、推进系统测试技术、流体力学等课程内容。实验课程的教学目标是通过现场操作、实地观察与数据处理等过程验证在课堂上学习的理论知识，深化学生对理论知识的理解，培养学生观察现象、发现问题和解决问题的能力，锻炼学生的实际动手能力，增强实践经验，提高学生的专业认可度及使命感。

在以往的教学安排中，专业核心课程分布在四个学期，其中在第6学期较为集中，实验课程设置在第7学期。这种课程配置形式的优势在于学生在学习了大部分专业知识后开始实验教学，更容易利用课程知识理解实验内容，并能从实验操作过程中加深巩固所学知识。但是这样的课程设置存在弊端，主要体现在：专业课程与实验课程设置的时间间隔较长，课程之间若不注重强化联系，会使得学生在学习实验课程的时候不能很好地回顾和理解与专业课程相关的知识点，严重影响学习效果。为此，在实验理论教学方面，我们以"实验教学与专业知识密切结合"为切入点，整合原有课程内容，将专业课程与专业实验项目紧密结合，注重课程之间的交叉融合，以及单个知识点的纵向溯源，提炼出不同项目对应的知识点。部分实验项目与专业课程的联系如图1所示。

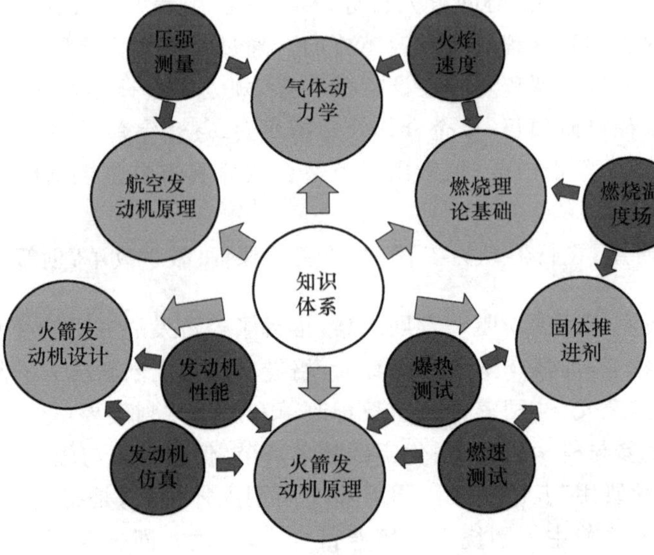

图1　专业实验与核心课程的联系

单个实验项目常会涉及多门课程，所以提炼知识点时尤其注重课程之间的交叉融合。例如讲解固体推进剂燃速测试实验时，不仅从固体推进剂课程出发，带领学生回忆了推进剂成分、密度等因素对燃速的影响，重点巩固了BDP多火焰模型和平行层燃烧规律，而且推演了推进剂燃速特性，这部分内容则是火箭发动机原理课程的重要知识点。

由于实验课程综合性较强，因此在教学过程中要发挥综合课程的纵向引领作用，由一个实验操作、一种实验现象、一组实验数据回溯到知识层面并不是其综合性的最佳体现，而是应该把每个知识作为"锚点"，牵出一条条清晰的知识脉络。例如在进行激波管内压力测量实验教学时，鉴于激波管实验内涵丰富，涉及超声速流动领域的基本理论问题，涵盖了压力信号采集和光学观测方法的训练，也可为数值计算方法中的黎曼解问题奠定直观的物理基础。在讲解激波的形成过程时，我们对声波的传播机理进行了回顾，对马赫锥的形成和声波的可传播区间进行了介绍，阐述了流动控制方程特征线的交汇等理论知识，还拓展到对斜激波、脱体激波以及激波极线等理论。在进行实验演示时，由于实验中涉及的空气压缩机、激波管等设备均为压力容器，各种压力仪表的校准、安装与测量均与流体力学知识密切相关，因此为了让学生更好地掌握测量流体静压和动压的不同手段，提炼了流体力学课程的知识点。

2　规划设计型与研究创新型实验教学

实验教学是综合实践课程的重要部分，是学生了解各种仪器设备的结构、熟悉其基本原理和操作技能，加深理解和验证有关理论知识，并通过实际操作，培养实验技能和动手能力的重要途径。实验教学质量直接影响到学生后续毕业实习、毕业设计(论文)的学习效果。飞行器动力工程实验课程的实验对象多为含能材料，实验中可能存在一定的危险性。在以往的教学中，实验材料主要由教师准备，实验以演示和基本操作为目的，学生根据实验指导书的要求，完成基本的实验步骤即可。由于实验课程涉及力学、化学、材料、工程热力学等学科，专业覆盖面广，专业性强，单纯地讲解与演示，学生很难有直观的认识，因此实验课程是促进产学研用改革、培养创新型人才的重点改革方向。

学以致用是课程教学和课程设置的终极目标。为了使学生在掌握实验课程内容的同时能够科学、灵活地运用课程知识，深入探究实验结果蕴含的内在规律，认识到实验现象背后的本质问题，以教学大纲为依据，以加深学生对实验项目的理解为目的，规划了系列虚拟仿真项目，其中固体推进剂燃速测试实验、固体发动机性能测试实验和金属燃料发动机工作过程实验已开始启动。采用虚拟现实等先进的技术理念和技术手段，基于真实的测试实验环境、实验设备和实验流程构建而成的全流程、高仿真的虚拟实验平台，使得实验操作不受场地、时间、空间的制约，最大化利用了教学资源。教师着重解决学生在实验中遇到的问题，进行交流拓展、个性指导与案例分析。学生则利用虚拟仿真实验平台以第一视角的体验，进行安装、调试等实验步骤及要点的练习。为了适应航空航天领域基础研究和应用研究的需要，在常规实验操作之外，增添了实验设计环节。例如在开展固体推进剂燃速测试实验虚拟仿真项目时，除了核心仿真要素与交互性实验步骤的设计以外，还收集了不同类别、变量的燃速数据。目前收集到的有效样本接近300种，涉及5个类别和5种变量。大量的实验数据为激发学生的探索精神提供了便利条件，将原本单一工况的实验参数变得灵活起来。学生可通过小组合作进行系列实验测试。教师除了讲解实验要求、操作流程和检查实验结果以外，可以引导学生对实验现象和实验结果进行系统的分析和处理。学生有目的、有步骤地去设计实验，完成实验任务，不再是简单地、被动地验证基础知识。这样的研究创新型实验的目的在于对实验的探索，体现实验内容的自主性和实验结果的未知性，有利于创造型思维能力、创新实验能力的培养，是“研”和“用”有机结合的一种重要形式。

3　完善科研反哺教学模式

随着航空航天事业的快速发展，应不断扩展飞行器动力工程专业的内涵建设，推动“科研进入课堂”教学模式，强化课程基础理论知识与科学研究的紧密联系，以适应国防建设的人才需求和行业的发展方向。在授课过程中，不仅加入了航空航天领域的科学研究概览，介绍了学科研究领域发展历史及里程碑事件，概述了国内外领域科学与技术的研究现状，还展望了未来的发展方向、机遇与挑战。同时依托科研团队，把科研一手资料融入授课过程中，将科研案例与课程知识有机结合，添加了紧跟研究热点的实验项目，激发学生兴趣，提升教学效果。

科技水平的迅速发展为实验课程的更新迭代带来了不可忽略的影响，新型测量、诊断和校准手段的加持，将长久以来无法观测的微观变化、无法解释的微观现象以及无法测量的微小变量，逐渐掰开了、揉碎了呈现在世人面前。相应地，课程知识体系也逐渐发生变化。在近期的教学安排中，将成熟度和认可度较高的研究成果引入到教学过程中，尤其是能够结合自身的科研积累，引用最新的理论成果解释实验现象，带领学生查阅文献深挖原因，扩展学生知识面的同时传授了正确的科研方法。

为了推动实验课程的“科研反哺教学”改革，不但停留在课程知识的与时俱进，还更新了部分实验项目。如在近期的实验课程中增加了金属燃料发动机工作实验项目。该项目以金属燃料发动机这一新型水下动力推进系统为建设对象，以提升学生对特种发动机真实工作过程物理场景的感知为目的，搭建了实验平台，设计了实验操作步骤，并提出了以课堂教学、实践操作及网络学习考核评价为主的多元化过程式考核评价体系，旨在使学生掌握契合专业发展方向的课程知识。

4 推动行业需求与专业知识相结合

深化产教融合是培养高素质创新人才和技术技能人才的必由之路，对加快现代产业体系的发展具有重要意义。改变传统“以学科为中心”的教学模式，充分利用企业技术市场化、产业化的优势[9]，把企业中的工程实践经验转化为授课内容，优化飞行器动力工程专业的实验教学内容供给。教学中将企业研发、生产有关的实验技术，如地面点火试验、高空模拟试验等，以实物图片、视频、实际运行流程图等形式展示给学生，并邀请相关从业人员对实际发动机的工作过程进行讲解，注重从校外引进优秀专家学者作为兼职教授参与专业的教学与建设工作，使学生对生产实践有更深刻的体会。

为了建设一支“产研兼备”的师资队伍，以满足飞行器动力工程专业复合型人才的培养方案，教学团队重视提升教师的实践经验，推动从“学术型”向“专业型”的转变。在开展教研的过程中，教师主动学习领域前沿知识，熟悉并了解新技术和新方法，用新理论、新知识更新教学内容。同时定期参加国内外的学术会议、师资培训等，与国内外的专家学者交流，开阔思路。通过这些活动提升职业水平，将行业中具有创新思路的理念融入教学内容当中。

5 结　论

1）实验课程是促进“政产学研用”改革、培养创新型人才的重点改革方向。在以往的教学安排中，教学团队完善了飞行器动力工程专业人才培养方案的顶层设计，加强了专业综合实验课程体系的建设，结合核心理论课程的引领作用，规划设计了专业综合实验教学内容，设计出了适合于飞行器动力工程专业的实验项目和实验手段。

2）推动产教融合，加强师资队伍建设，以行业需求为导向，以学科前沿为依托，采用虚拟实验教学、科研反哺教学和校企协同教学，初步达到了飞行器动力工程专业实验课程的协同育人目的。

参考文献

[1] 唐红波，张永年．“四位一体”产学研协同育人的创新实践——以厦门理工学院为例[J]．文教资料，2015

(19)：94－95.
[2] 中共中央，国务院. 国家中长期教育改革和发展规划纲要(2010－2020年)[M]. 北京：人民出版社，2010：51－55.
[3] 杨扬，李守军. “双一流”目标驱动下“产学研用思”多元协同育人模式研究[J]. 南方农机，2021，52(18)：101－104.
[4] 张俊. “五位一体”协同创新下的高校应用型人才培养模式探索与实践——以黄山学院为例[J]. 黄山学院学报，2019，21(02)：92－94.
[5] 王钰慧. “双一流”背景下高校知识体系和技术体系的实现路径——以东北大学的融通创新为例[J]. 中国高校科技，2020(06)：35－38.
[6] 丁爱萍. “产学研用”在高职计算机类专业人才培养中的应用探究[J]. 无线互联科技，2021，18(09)：161－162.
[7] 雷明镜，张华，武卫东，等. “政产学研用”多元协同育人机制探索——以上海理工大学制冷空调产业学院(含山)为例[J]. 高等工程教育研究，2020(06)：81－85.
[8] 哈尔滨工程大学. 立足人才培养、服务国家战略促进毕业生高精准高质量就业[J]. 中国大学生就业，2018，2(14).
[9] 邱琳，陈文璨，冯妍卉，等. 机械专业热工学课程产学研用协同育人模式的探索[J]. 高等工程教育研究，2019(S1)：276－279.

“两机”背景下校企协同育人机制的探索与构建

陈绍文　李德友　罗磊　杜巍　帅永
（哈尔滨工业大学 能源科学与工程学院，哈尔滨　150001）

摘　要：航空发动机和燃气轮机“两机”重大专项的实施，对新时代人才培养提出了更高的要求，为关键核心领域培养紧缺人才、培养一大批能够为国家解决“卡脖子”问题的高质量工程技术人才成为了新的目标。总结了“两机”背景下校企协同育人中亟需解决的四个主要问题，以哈尔滨工业大学能源科学与工程学院校企合作及协同育人为例，对未来校企协同育人的发展方向和目标进行了初步探索；此外，以新工科的总体建设思路为基础，持续推进卓越工程师计划2.0版的施行，尝试对强化校企深度协同的卓越工程人才培养模式进行改革，提出了“坚持一个引领，实施四个提升”的具体措施。

关键词：航空发动机；燃气轮机；校企协同育人；新工科；卓越工程师；人才培养

习近平曾做出重要指示强调：“航空发动机是国之重器，是装备制造业的尖端，尽快在这一领域实现突破，对于增强我国经济和国防实力、提升综合国力具有重大意义。”* 在《国家中长期科学和技术发展规划纲要》和“十三五”规划纲要中，航空发动机和燃气轮机被列为“重中之重”的重大专项工程，要求在大型飞机中配装具有自主知识产权的先进航空发动机，在清洁能源装备领域应用我国自主研发的先进重型燃气轮机，这都被认为是必须要实现的国家战略目标[1]。2016年，国家开始启动航空发动机和燃气轮机重大专项。作为排在国家100项大工程之首的“两机”重大专项，党中央、国务院高度重视航空发动机及燃气轮机的发展。该项工作具有较强的综合性和学科交叉性，对基础理论和科学技术方面的创新性要求较高。

为了培养和造就一批创新能力强、适应经济社会发展需要的高质量各类型工程技术人才，为国家走新型工业化发展道路、建设创新型国家和人才强国战略服务，促进高等教育面向社会需求培养人才，全面提高工程教育人才培养质量，教育部通过实施“卓越工程师教育培养计划”（卓越计划）。该计划的一个重要特点就是行业企业深度参与培养过程。卓越计划强调要特别重视国家产业结构调整和发展战略性新兴产业的人才需求，创立高校与行业和企业联合培养人才的新机制，面向工业界、面向世界、面向未来，培养造就一大批创新能力强、适应经济社会发展需要的高质量各类型工程技术人才[2]。

近年来，随着“两机”重大专项的实施，相关领域的人才变得日益紧缺，需求量也越来越大。教育部高度重视航空发动机及燃气轮机等方面人才培养工作，2018年组织发起了对航空发动机及燃气轮机的学科专业设置、招生、培养、就业的针对性和有效性意见建议和讨论，专门组织行业专家着力打造重型燃气轮机、航空发动机课程体系，服务于相关领域的高端人才培养，重

---

* 习近平对中国航空发动机集团公司成立作出重要指示 李克强作出批示，2016年8月28日。http://jhsjk.people.cn/article/28671346

点强化该领域人才培养的政策措施，以解决目前“两机”人才紧缺，知识储备不足的问题。

面对“两机”国家战略，相关领域的高校和研究机构相继展开积极应对，尝试在机制体制方面创新[3-6]。哈尔滨工业大学充分发挥在“两机”专项科研项目的特色和优势，对接国家高层次紧缺人才培养专项计划，抓住学校学科发展和扩大高层次人才培养规模的机遇，鼓励人才培养模式的创新与改革，探索新型交叉学科的发展，服务国家需求，促进高水平大学建设。本文将结合哈尔滨工业大学航空发动机和燃气轮机专业方向人才培养的特点和定位，探索构建“两机”发展战略背景下的校企协同育人的新机制，分析和讨论实践中的问题和收获与体会。

1　专业方向情况简介

哈尔滨工业大学能源科学与工程学院（以下简称能源学院）一直坚持立德树人根本任务，坚持人才培养中心地位，秉承“规格严格，功夫到家”的校训。落实“以学生为中心，学生学习与发展成效驱动”的教育理念，建立了通识教育与专业教育相结合的本科教育体系，构建核心价值塑造、综合能力养成和多维知识探究“三位一体”的人才培养模式，建立了通识教育、专业教育、实践创新、个性发展有机融合的课程体系，强化了“厚基础、强实践、严过程、求创新”的人才培养特色。

学院目前的专业方向主要基于一级学科“动力工程及工程热物理”（也是国家一流学科）下设的能源动力工程与核工程与核技术专业为国家一流本科专业建设点，飞行器动力工程专业为省级一流本科专业建设点，另有储能科学与工程和新能源科学与工程两个新建专业方向。拥有1个国家级教学基地、1个国家级教学示范中心、1个国家级工程实践教育中心、1个国家级示范性工程硕士联合培养基地，以及3个省部级实验教学中心。曾经获得国家级教学成果特等奖1项、国家级教学成果二等奖1项，以及省部级教学成果10余项。2010年作为首批高校参与启动卓越计划。

学院按照能源动力大类来进行培养，承担着哈尔滨工业大学重要的航空发动机及燃气轮机相关人才培养任务，有着密切关联的专业方向包括能源与动力工程专业中的热力发动机及自动化和流体机械及自动化两个方向、飞行器动力工程专业中的飞行器热推进和飞行器电推进两个方向，共四个专业方向。所涉及专业方向培养的本科毕业生每年约70～80人，硕博士研究生每年不少于50人，占据了整个能源科学与工程学院毕业生规模的近1/2。在航空发动机及燃气轮机专业人才培养方面已经建立起相应的实验教学平台，为全面推进该专业方向的教学质量和培养成效打下了一定的基础。

哈尔滨工业大学为2019年制定了“一流本科教育提升行动计划2025”，深入贯彻落实习近平总书记在全国教育大会上的重要讲话精神和新时代全国高等学校本科教育工作会议精神。在学校的整体方针和政策的指引下，着力培养信念执着、品德优良、知识丰富、本领过硬、具有国际视野、引领未来发展的拔尖创新人才。在推进校企协作、产教融合方面，充分发挥企业技术创新和高校知识创新优势，形成产教结合、创新创业人才培养的外循环；加强与行业企业部门的协同合作，共同建设校内校外创新实践育人平台基地。经过两年多的建设，学校全员、全过程、全方位育人氛围日益浓厚，实习实践教学和体系的持续建设回应了国家创新发展战略和“双一流”建设的新要求。

2 “两机”背景下人才培养的挑战

教育部2020年发布《关于加快新时代研究生教育改革发展的意见》，进一步支持和促进关键领域核心技术高层次人才培养行动，聚焦关键领域核心技术，以超常规方式加快培养一批紧缺人才，为国家解决“卡脖子”问题和推进科技创新做出贡献。在“加快创新型国家建设”的时代背景下，航空发动机和燃气轮机人才的培养正面临着新的挑战——为关键核心领域培养紧缺人才和为国家解决“卡脖子”问题的目标对“两机”人才质量提出了更高的要求，能源动力类学科内涵与外延面临着必由的提升与扩张。厚基础、强实践、严过程、求创新已成为能源动力类学科发展和专业教育教学改革的重要特点与必然趋势，一些具有普遍性和时代特殊性的问题也浮现出来，亟待解决。

为了不断提升“两机”人才培养的目标达成度和社会满意度，面临并需要解决的四个主要问题包括：

(1) 面对航空发动机和燃气轮机领域的重大变革带来的发展机遇，现阶段人才培养模式跟不上新时代对人才定位的要求，专业人才培养目标的制定该如何回应时代的要求？

(2) 针对传统校企合作人才培养和实习实践教学环节存在的不足，如何建构与培养目标对应的实习实践教学体系、积极集聚优质的教育资源、优化人才的培养机制？

(3) 如何根据航空发动机和燃气轮机相关领域企业的优势和特点，建立高效的质量保障体系和评估监督体系，创新管理制度和科学合理的合作方案，保障校企合作的有序实施与高质量运行？

(4) 面向“两机”国家重大战略，如何充分利用好现有的国家级人才培养实践基地，高质量地培养工程类研究生，为国家输送更多具有超强工程实践能力的人才？

3 实践建设思路和主要措施

哈尔滨工业大学能源学院校企合作工作的开展具有良好的工作基础——2017年哈尔滨工业大学与哈电集团签署了战略合作协议，成立了哈电集团—哈尔滨工业大学联合创新研究院学院。依托校企合作的大背景，基于能源动力类学科，能源学院与哈电集团下属哈尔滨电机厂有限责任公司开展了广泛且深入的多元合作。此外，2021年哈尔滨工业大学相继与中国联合重型燃气轮机技术有限公司、中国航发集团签署了战略合作协议；在能源动力类学科领域，学院前期分别与中船重工七〇三研究所联合申请了黑龙江省舰船动力装置协同创新团队、与哈尔滨汽轮机厂成立了重型燃气轮机联合实验室、与中国航发四川燃气涡轮研究院签署深化产学研合作的框架协议(图1为部分合作企业情况)。在此基础上，学院充分利用前期良好的校企合作基础，通过学院牵头的航空研究院的优势平台，尝试推动研究生联合培养基地的建立，深入探索工程硕士和工程博士校企合作“产教融合”培养模式，建立招生、培养和就业三位一体的新机制，不断提升毕业生输送和引进的规模与质量。

新工科的总体建设思路是面向工业界、面向世界、面向未来，主动应对新一轮科技革命和产业变革挑战，服务制造强国等国家战略，紧密对接经济带、城市群、产业链布局，以加入国际工程教育《华盛顿协议》组织为契机，以新工科建设为重要抓手，持续深化工程教育改革，加快培养适应和引领新一轮科技革命和产业变革的卓越工程科技人才，打造世界工程创新中心和人才高地。以上述建设思路为纲领，充分加强学院能源动力类学科校企合作协同实践育人体系的建设，发挥企业技术创新和高校知识创新优势，形成了主要的实践建设思路，如图 2 所示。

(1) 持续推进卓越工程师计划 2.0 版及工程领军人才培养计划的有效实施，加强与重点行业企业部门（如哈电集团、中国航空发动机集团等）的协同培养合作，共同建设校内校外创新实践育人平台基地。

图 1　哈工大能源学院部分校企合作情况

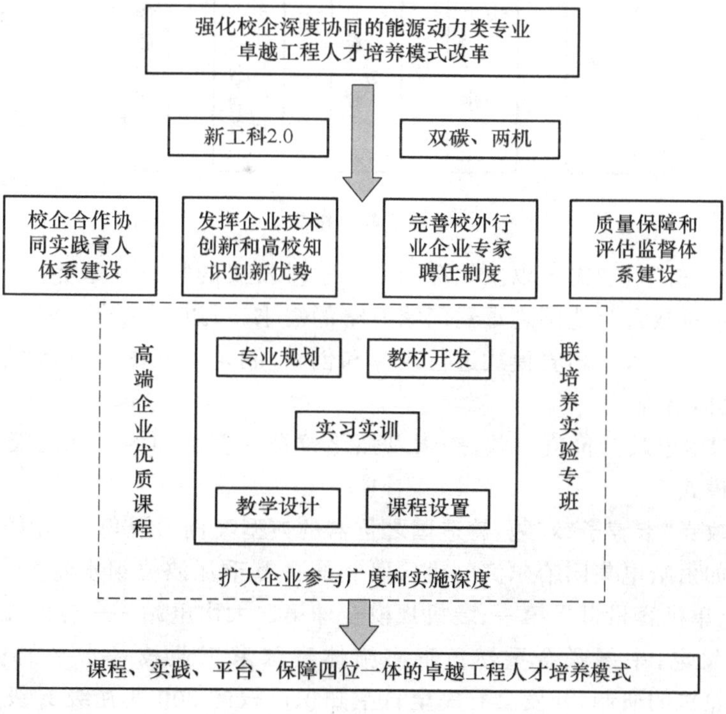

图 2　主要的实践建设思路

(2) 探索行业企业参与学校的专业规划、教材开发、教学设计、课程设置、实习实训等环节，促进企业需求深度融入人才培养，加强对学生的就业指导工作，提升学生的工程素养和工程创新意识，探索订单式人才培养模式，完善全过程人才培养体系的建设。

(3) 建立和完善校外行业企业专家聘任制度，聘请校外行业企业专家为本科生、研究生授课，提供创新创业及毕业设计指导与评价，协助指导教师参与硕士生、博士生的科研指导、毕业论文各环节的评审工作。

(4) 建立和完善校企合作协同育人的质量保障和评估监督体系，完善相应的管理制度和本科生、研究生培养要求，积极探索产教深度融合的卓越工程人才培养模式。

(5) 引入大批高端企业优质课程，与高端企业联合开办人才培养实验班，强化教育部产学合作协同育人项目的建设工作，扩大参与广度和实施深度，加深实习实践环节学生独立思考和创新思维习惯的养成，以项目支撑提高人才培养质量，深度服务于卓越工程人才培养。

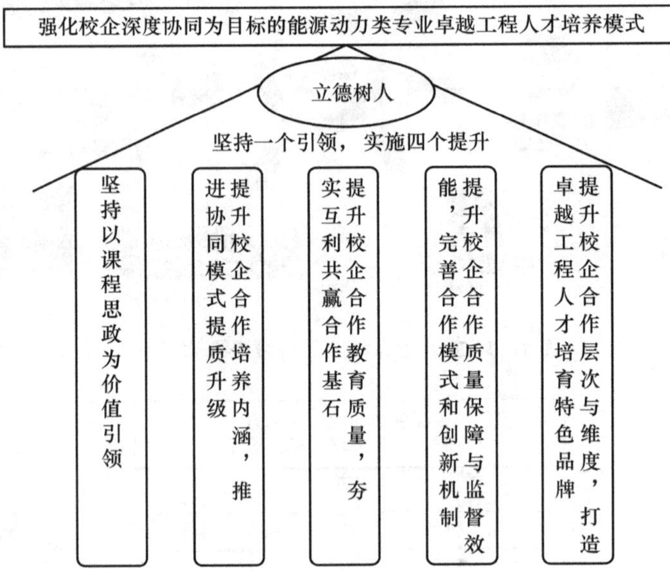

图 3　具体措施

针对新时代“两机”行业需求以及能源动力类学科发展的特点和趋势，为了应对新一轮科技革命和产业变革挑战及打造国之重器国家战略的需求，对以强化校企深度协同为目标的能源动力类专业卓越工程人才培养模式进行改革和创新，制定了如图 3 所示“坚持一个引领，实施四个提升”的具体措施：

(1) 坚持以课程思政为价值引领，探索以强化校企深度协同为目标的能源动力类专业卓越工程人才培养模式。

以核心企业攻克“卡脖子”难题、铸造国之重器的典型案例为视角，推动校企合作与课程思政与时俱进。例如由哈电集团哈尔滨电机厂研制的百万千瓦波绕组水轮发电机定子，助力在建规模全球第一、单机容量世界第一、装机规模全球第二大水电站——金沙江白鹤滩水电站首批机组正式投产发电；中国联合重燃负责实施体现国家工业技术水平的重大核心动力装备——重型燃气轮机的研制，开发具有完全自主知识产权的 300 兆瓦级 F 级重型燃气轮机产品；中国航发涡轮院突破国产航空发动机的关键技术，建立航空发动机产品自主创新研制能力与研发体系的过程等。坚持把立德树人作为校企协作育人的根本，通过校企合作积极引导学生树立正确的国家观、民族观、历史观、文化观。

(2) 提升校企合作培养内涵，推进协同模式提质升级。

“新工科”建设，校企合作是必由之路；“发展＋创新”“交叉＋融合”“协调＋共享”将成为未来校企合作协同育人体系的新特征。传统能源动力类学科培养方案面临着新一轮的升级改造，人才培养理念和机制的创新与改革迫在眉睫，校企合作培养新内涵的理解是校企合作顺利开展的基础。邀请企业家全过程参与学科培养方案的制定，通过调研、访谈、问卷反馈等形式，结合学生就业及在企业的工作情况，对培养方案进行调整和优化，双方共同探索贯穿人才培养全过程的校企协同育人模式。此外，与重点行业企业部门开展深入协同培养合作，以“两机”专项等国之重器打造为契机，充分了解并提升校企合作培养内涵，共同建设校内校外创新实践育人平台基地。

(3) 提升校企合作教育教学质量，夯实互利共赢合作基石。

择优挑选企业优秀专家做企业导师，参与专业规划、教材开发、教学设计、课程设置、实习实训等环节，支持企业深度参与学校教育教学改革，把企业专家的智慧和企业对人才的需求与学科建设、人才培养紧密结合，深化人才培养供给侧结构性改革。加强交叉性、综合性和实用性的新工科学科和专业建设特点，把有企业导师参与的课程规划好、讲授好，将生涯规划、职前角色转变等内容合理增加到课程内容中，或者邀请企业专家专门讲授职业生涯规划课进行就业指导，不仅可以帮助学生树立科学的职业发展理念、实现更好的工作过渡，也有利于企业将企业文化、理念等内容向学生宣传，增进学生对企业的全方位了解，为企业培养和输送后备人才，达到双方合作的互利共赢。

(4) 提升校企合作质量保障与监督效能，完善合作模式和创新机制。

校企合作中质量保障和监督效能决定了双方的合作能否高效和长远。学校和企业首先要以保障内部教学质量为根本，商讨确定内部质量保障体系，在课程设置、教材建设、课时安排、实践条件和讲授方式等方面进行优化完善和把关，通过实践课程双导师制、企业科研课题进学校、创新创业辅导同出力等合作模式和机制的创新；充分发挥信息与反馈系统在内部质量保障体系中的调整和监督作用，将学生、教师、企业专家、用人单位的信息反馈与评价，结合行业协会和社会团体的外部评价，在互惠互利的基础上建立校企双向参与机制，做好内部质量保障的同时，关注外部行业和企业的监控，重点应侧重于用人单位的满意度，以探索基于能源动力类学科校企合作的内部质量保障体系建设，有效促进校企合作培养质量的提升。

(5) 提升校企合作层次与维度，打造卓越工程人才培育特色品牌。

传统校企合作模式单一，随着时代的变迁，双方在合作过程中的需求也发生变化，需求不均容易制约校企合作的长效性，影响校企合作协同育人的质量。校企合作涉及多学科交叉和产学研融合，包括现有工程学科之间、工程学科与其他学科之间的交叉和融合。为改善模式单一，校企合作的层次需要不断提升，从校企双方为主体向多元主体构成过渡，形成以高校为主体、政府为主导、行业为指导、企业深入参与的协同育人共建共享模式，以保障校企合作协同育人的质量和水平，打造卓越工程人才培育的新模式。在合作方式上，探索向研究生培养、创新创业指导、科研合作、优质特色课程等多维度拓展合作的思路，尤其是要结合“两机”专项等国家重大需求，拓展合作空间、深化多元的合作层次，以深度服务于卓越工程科技人才培养。问题和收获与体会。

4 初步建设成效

经过对人才培养模式和育人机制的探索改革和逐步完善，已经初步构建起依托校企协同育人的创新人才培养框架，与“两机”相关的专业方向已经成为学生热衷的选择，并且在大类招生的背景下质量和数量均稳中有升。2020 年，能源动力类专业校企合作下卓越工程师培养实践基地入选中国高等教育博览会“校企合作 双百计划”典型案例；学院培养的飞行器动力工程专业学生连续两届获得全国高等学校航空航天类专业本科毕业设计成果交流会特等奖，取得了初步的建设成效，为后续创新人才培养打下了坚实的基础。

5 结 论

(1) 面对“两机”背景下的机遇和挑战，为关键核心领域培养紧缺人才和为国家解决“卡脖子”问题的新目标对人才培养质量提出了更高的要求。厚基础、强实践、严过程、求创新已成为相关专业教育教学改革的重要特点与必然趋势。

(2) 总结了“两机”背景下校企协同育人中亟需解决的四个主要问题，介绍了哈尔滨工业大学能源科学与工程学院校企合作以及协同育人的情况，对未来校企协同育人的发展方向和目标进行了初步探索。

(3) 以新工科的总体建设思路为基础，以持续推进卓越工程师计划 2.0 版为根本，为了应对新一轮科技革命和产业变革挑战及打造国之重器国家战略的需求，对强化校企深度协同的卓越工程人才培养模式进行改革，制定了“坚持一个引领，实施四个提升”的具体措施，形成了初步的建设成效。

参 考 文 献

[1] 佚名.“两机”重大专项全面启动，迎来高峰期[J]. 风机技术，2016，58(6)：2.

[2] 林健.“卓越工程师教育培养计划”专业培养方案研究[J]. 清华大学教育研究，2011，32 (2) ：47－55.

[3] 王振洪，邵建东. 构建利益共同体——推进校企深度合作[J]. 中国高等教育，2011(Z1)：61－63.

[4] 刘全忠，王洪杰，宫汝志. 校企合作下工程教育的改革与实践[J]. 中国电力教育，2013(28)：10－11＋21.

[5] 刘全忠，王洪杰. 能源与动力工程专业卓越工程师培养模式研究与实践[J]. 黑龙江教育学院学报，2013，32(12)：40－42.

[6] 肖凤翔，陈凤英. 校企合作的困境与出路——基于新制度主义的视角[J]. 江苏高教，2019(2)：35－40.

基于竞赛的产学协同育人的创新培养模式探索

魏明珠　谢晓梅　方黎勇　李翔　徐利梅
（电子科技大学 航空航天学院，成都　611731）

摘　要： 新工业革命的发展不仅推动了行业的变革，而且提出了对工程人才的新需求。而当前高等教育对工程人才的培养模式落后，思想观念陈旧，师资工程实践能力不足等原因，导致企业需求与高校培养之间的矛盾，进而对高校创新工程人才的培养提出新的要求，因此开展产教协同育人模式的探索成为新工科背景下的一种必然趋势。首先探索以知识、能力和素养为目标的创新型复合工程人才的培养思路，然后从企业创新平台建设、高校跨学科课程建设以及校企联合开展创新竞赛三个方面分析产教协同育人的培养目标、建设内容和实践方法等，最后通过研究多元化协同育人活动深化产教融合培养模式，从而推动教育与工业的共同发展。

关键词： 产学协同；创新型人才；新工科；跨学科；赛课共建

以科技革命和产业变革为主要特征的第四次工业革命对工程人才提出了新要求，工程人才应具有全球视野、工程伦理意识、创新意识、合作意识、发展意识和服务意识，特别需要跨界创新能力[1]。人工智能、机器人、无人机等新兴领域的发展对工程人才培养提出了新挑战。作为国家战略必争的航空航天领域比以往任何时候都更加需要能够适应行业需求的工程人才。行业的发展要求高等院校面向新工科构建创新教育新平台对该类人才进行跨学科、跨行业、跨文化的“跨界培养”[1]。

然而以工程训练为主要形式的工程实践教育正面临诸多问题，如思想观念陈旧、协同办学机制不健全、师资工程实践能力弱化等[2]。实践课程内容更新缓慢，落后于产业技术的发展速度；实践训练的仪器和设备陈旧，与企业先进生产模式和制造技术存在不同程度的脱节；实践教学环境封闭，缺乏开放共享的学生自主创新实践条件和创新氛围；实践训练教师队伍知识结构老化，缺乏实际工程经验。综上所述，当前工程实践教育模式与学科交叉、跨界培养、开放共享、新技术快速迭代更新、激发学生的创新兴趣和创新潜质的需求有较大差距[3,4]。

因此，当前高校人才培养与行业、企业对人才需求之间的脱节亟待通过学校与企业的深度融合来解决，开展人才培养模式、培养方案、课程体系和课程内容等一系列改革，培养能够适应和引领未来工程需求的创新型复合人才[5,6]。

1　新工科背景下创新型人才的培养目标

面对不断涌现的新产业和新行业，传统工程教育的培养模式需要优化为“工工互鉴、理工交叉、文理结合”的新模式，以便培养交叉文化背景和复合型的工程技术人才。首先在当前本科教育中注重通识教育，通过通识教育提升人才的文学素养、艺术素养、社会科学素养、工程技术素养等。其次重视自学和终身学习能力的培养，这将有助于推动人才素质结构的全面发展，有助于在实践活动中产生新灵感和新思路，还有助于培养探索未知的创新精神和解决实际问题的工程能力。再次是跨界思维的锻炼，跨界思维是要突破惯性思维的局限性，超越不同学科的边界，多角度、多视野看待问题。大胆尝试，敢于探索，将不相关的事物联系在一起，将工程和艺术、将自然科学与人文科学联系在一起，在彼此的契合点寻求新的创新思路，这是一种创新能力的体现。最后是家国情怀的熏陶，家国情怀是中华优秀传统文化的精华，是一个人对自己国家和人民表现出来的深情大爱，是对国家富强、人民幸福所展现出来的理想追求，是对国家和民族高度的认同感、归属感、责任感和使命感[7]，人才价值观的培养恰恰是高校立德树人的重要组成。

2 基于竞赛的产学合作育人模式思路

新的工业革命的发展，社会的重大变革，带动了产业的转型升级，驱动了产业对人才能力的新需求，进而推动高校重新思考新型工程人才培养体系和培养模式。新工科背景下，产学协同育人是高校教育发展的必然趋势，也是培养符合未来发展的创新型复合工程人才的“助推器”[8-10]。

学科竞赛是高校培养创新人才的一个重要牵引机制，因此需要探索一种基于学科竞赛的产学协同育人模式。随着人工智能、机器人学和航空航天等技术的发展，世界各国也参与了对全球的科技与人才资源的竞争。鉴于这样的背景，阿联酋哈利发大学组织了国际机器人挑战赛，即穆罕默德-本-扎耶德国际机器人挑战赛（Mohamed Bin Zayed International Robotics Challenge，MBZIRC）。比赛汇集了全球先进的技术和专业的团队，引领了机器人、无人机、人工智能等领域技术的发展和应用。

参与 MBZIRC 竞赛不仅是一个巨大的挑战，更是一个难得的机遇。因此高校以 MBZIRC 挑战赛为牵引，联合企业，探索具有跨界能力、实践能力和综合素养的创新型工程人才产学协同育人培养模式，构建校企联合育人培养体系。高校基于竞赛建设跨学科课程，企业为课程提供创新合作实验平台，包括基础的教育平台和科研平台。校企共同设计组织多种创新竞赛，并协同参与国际竞赛。

产学协同育人模式从知识、能力到素养三个层面开展具体建设内容，其设计思路如图 1 所示。高校课程建设采用由低阶到高阶的进阶式培养方式。课程设置为两个阶段，低阶课程以参加校级创新竞赛为牵引，综合企业技术需求，设计课程任务和内容，实践题目相对简单，侧重学生专业知识应用、跨学科知识迁移和工程实践问题解决能力。经过低阶课程的学习学生能够参与校级创新竞赛。当通过低阶考核，学生可以参与高阶学习。在高阶课程中，课程根据历届 MBZIRC 比赛内容设计实践任务。高阶课程侧重学生科研思维的训练和科研素养的培养，以解决具体工程问题为主要方式，学生会系统性地完成项目方案设计、方法仿真验证、系统实验分析和文档撰写等几个环节。通过高阶课程的学习，学生具备基本的科研能力，达到科研育人的目标，从而成为 MBZIRC 竞赛的种子选手，并参与高阶科研育人项目。

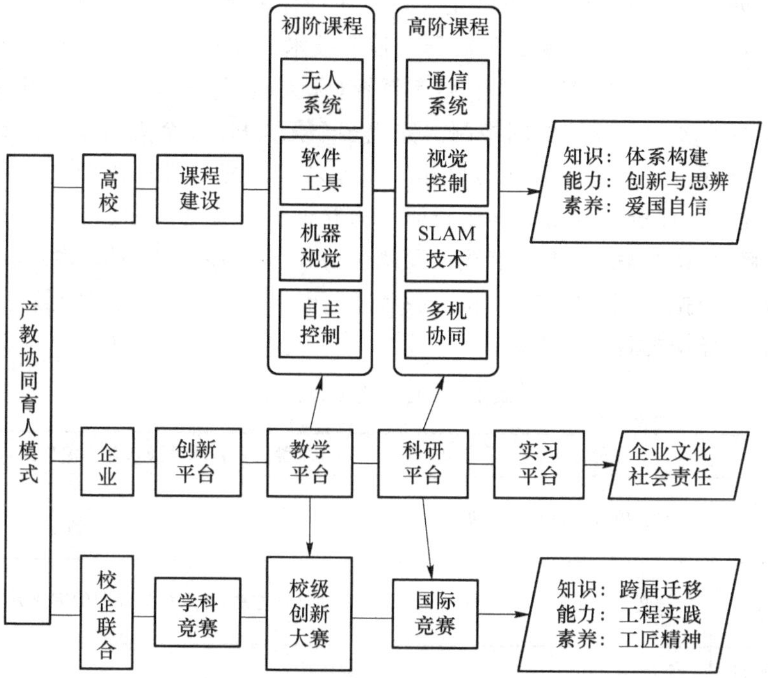

图1　产学协同创新人才培养思路

3　基于竞赛的跨学科课程的建设

通过课赛结合实现以赛促学和以赛促教。依托校企双方优势，开展校级创新竞赛，将竞赛作为课程教学的重要一环，以课赛结合的方式，激发学生的实践热情和创新潜能。主要从两个方面入手，其一是以国际竞赛为牵引的跨学科课程建设；其二是以企业技术难点为牵引的校级创新竞赛的筹建与组织。

3.1　基于创新能力培养的跨学科课程的建设

跨学科课程建设以进阶形式分为两个阶段，第一阶段以学生知识体系构建、跨学科知识迁移及工程实践能力为培养目标设计课程内容。第二阶段以学生创新能力和科研素养为培养目标设计课程内容。课程跨越两个学期，春季学期开设低阶课程，秋季学期开设高阶课程。

低阶课程以无人机 DJI RoboMaster TT 和地面车 DJI RoboMaster EP 为实验平台，基于校内赛的赛题设计课程项目。课程内容包含四个单元，每个单元都包含理论讲解和单元实验两个环节。四个单元分别为：(1) 无人平台的认知。了解无人机和地面车的基本功能，掌握无人系统的基本操作。(2) 软件工具的操作。完成对 Linux 操作系统、ROS 系统、OpenCV、Python 和 C++等基本工具的使用，并完成相关 SDK 的测试。(3) 机器视觉的应用。学习图像处理的基本方法，并完成基于图像特征的目标检测功能模块设计。(4) 无人系统的自主运动控制。了解无人机和地面车自主控制方法，完成无人机系统定轨迹自主行进的功能。

高阶课程以无人机和地面车为基础实验平台，并扩展到 DJI M100 的研究型实验平台。基于 MBZIRC 赛题设计课程任务。课程内容由四个单元组成，每个单元包含理论讲解和单元实验两个环节。四个单元分别为，(1)多无人系统通信体系的构建。完成无人机、无人车和地面站通信系统的设计。(2) 基于视觉的机器人控制技术。完成无人机系统基于视觉的自主控制。(3) 机器人 SLAM 技术。完成单个无人系统(无人机/地面车)基于视觉/激光的未知环境的三维重建。(4) 多无人系统协同控制。完成多个无人机/多个无人车的一致性控制。

课程通过设计评价体系来引导能力培养。课程采用以能力指标为牵引，基于过程的多维度考核方式，通过综合评价达到培养学生科研能力与创新思维的目标。能力指标包括：知识学习、问题分析与解决、系统思维、工程实践以及团队协作等，如表 1 所列。多维度的评价方式更有助于学生潜力的挖掘与能力的培养，从自我评价、组内互评、组间互评和教师评价四个维度开展以能力指标为导向的评价机制。

表 1　项目达成度评价表

序号	评价项	评价标准：优秀[9,10]；良好[7,9)；中等[5,7)；较差[3,5)；不及格[0,3)	得分
1	知识理解与应用	能够运用跨学科知识解决工程问题	
2	领域调研	能对文献和书籍进行查阅、分析，归纳总结已有方法，寻求相应问题的解决方案	
3	工程问题的理论推理能力	能够针对复杂工程问题进行推理分析，设计满足需求的总体设计和详细设计	
4	工程问题方案设计	能够针对复杂工程问题进行归纳总结，提出需求定义；针对需求提出实施方案并进行可行性研究；能通过文献分析找出可替代解决方案	
5	实验设计与测试验证	在单元测试中能够使用相应技术工具，完成实验设计，构建测试环节，对运行结果进行预测和仿真	
6	文档规范	报告书结构严谨，逻辑性强，论述层次清晰，语言准确，文字流畅，符合规范要求；术语、图表等符合标准	
7	汇报展示	汇报思路清晰，内容完整，要点明确	
8	交流与协作	能够体现与团队其他成员有效沟通，听取反馈意见，并综合团队成员的意见，进行合理决策	

3.2　以企业技术难点为牵引的创新竞赛的组织

课程以国际竞赛 MBZIRC 的比赛任务为牵引，与企业联合筹建和组织面向全校所有专业开放的校级创新竞赛。根据真实的企业技术问题，综合本科生的创新能力和实践能力，设计比赛题目，同时企业为比赛提供实验平台和必要技术支持。校内赛在每年秋季举行，即在学生完成低阶跨学科课程学习后，利用已掌握的基础知识和实践能力通过校内赛的集中训练，培养学生系统解决问题的能力。

校内赛考验学生对无人系统的自主控制、视觉导航、目标识别、目标追踪、路径规划与飞行控制能力。例如，需要参赛队员使用 1 架 DJI TT 无人机，以停机坪为起点起飞，在一个 10m×20m的区域内，沿着一条总长为 18.28m，宽为 5cm 的黑色航行线巡线，在巡线的最后

6米段，无人机识别3个障碍物，避障或者穿越它们，最后到达一个10m×12m的区域，在该区域有一架载有一个绿色小球的小车正在行驶，要求无人机识别小球并对其进行跟踪到达指定区域。校内赛由技术答辩及现场比赛两部分组成。通过报告及答辩质量、比赛完成程度及比赛用时等的综合评分对参赛各队进行排名。

4 多元化产教融合模式的探索

在开展跨学科课程建设以及创新竞赛筹建等合作的同时深入思考产教融合的多种方式，开展多元化合作模式。

4.1 产学合作实验平台构建

校企联合共建创新实验平台，通过引入某公司的技术和产品，以"兴趣驱动，自主实践，重在创新"的理念建立梯度式本科人才培养的实验平台，覆盖整个本科人才培养。大一的学生侧重入门级的实践活动，重在兴趣培养，大二的学生侧重工程实践能力的培养，大三的学生侧重创新能力培养。经过三年的工程训练，本科生可以将前三年的成果延伸到毕业设计中，从而将毕业设计环节真正做到贯通四年，使知识、能力和素养得到培养与升华。

4.2 创新人才综合能力的培养

基于创新实验平台的训练，遴选出优秀学生。企业对这部分学生开放实习平台，学生可以进入企业，完成指定期限的实习内容。通过实习环节，使学生了解企业文化，接触真实项目，同时体会企业对人才能力的需求。当他们再次回归校园的时候，能够定位自身的学习目标和未来的发展方向。

4.3 校企合作建立优质资源共享平台

依托校企双方优势，以国际学科竞赛为主，开展创新大赛，将竞赛作为课程教学的重要一环，课赛结合，以赛促学。利用创新实验平台，开设的跨学科课程，采取线上线下混合方式，提供丰富的工程案例和基于云平台的实践项目。通过改进课程设计，深入实践项目，将基于项目的教学、翻转课堂等最新教学方法融入其中，以创新项目演讲、专家组评审与答辩等考核办法，培养了学生解决实际工程问题能力和团队合作精神。同时将课赛相关的所有教学资源，包括课件、教案、视频、代码等开放共享，辐射兄弟院校[2]。

4.4 借助高校产教融合带动中小学科技活动

将产教融合的成果延伸到中小学课堂中，通过组织无人机课程的讲座和实践活动等，一方面使中小学生深入了解无人机的结构与工作原理，同时让他们对新技术产生兴趣，通过实践活动，让学生体验到科学与技术的魅力与乐趣，在他们心中埋下一颗创新的种子。

5 结 论

产教协同育人是新工科背景下高校教育探索的必然趋势。为了应对新的工业革命对行业创新人才能力的新需求,从平台建设、课程建设和竞赛建设三个方面探索产教融合模式。研究了以竞赛为牵引的跨学科课程的建设,以课程为依托的产教协同创新实验平台的构建,以及在创新平台的基础上的创新竞赛的开展和国际竞赛的参与等。以此设计了从知识、能力和素养三个层面培养创新型复合工程人才的思路,同时深化产教融合模式,开展多元化活动,促进工业和教育的共同发展。

致　谢

感谢电子科技大学本科跨学科与集成创新人才培养项目(Y03094023701019165)和本科课程思政校级示范课程建设项目(Y030202062003590)的支持。感谢深圳市大疆创新科技有限公司提供的技术支持和实验平台支持。

参考文献

[1] 周绪红. 中国工程教育人才培养模式改革创新的现状与展望[J]. 高等工程教育研究，2016(1)：1-4.

[2] 夏建国，赵军. 新工科建设背景下地方高校工程教育改革发展刍议[J]. 高等工程教育研究，2017(3)：15-19.

[3] 仝月荣，陈江平，李翠超. 面向新工科的实践教育体系构建——以上海交通大学学生创新中心为例[J]. 高等工程教育研究，2020(1)：56-61.

[4] 李翠超，张培艳，凌芳. 能力输出和过程控制的实践教学改革探索[J]. 实验室研究与探索，2019，38(8)：227-231.

[5] 陈磊，辜方清，吴孟波. "新工科"背景下的人工智能课程建设[J]. 创新教育研究，2021，9(1)：237-241.

[6] 仝月荣，陈江平，张执南，等. 产教深度融合协同探索面向新工科的创新人才培养模式—以上海交通大学学生创新中心为例[J]. 实验室研究与探索，2021，39(11)：194-198.

[7] 连选，彭志宏，杏建军，等. 新工科建设背景下拔尖创新人才核心素养培育研究[J]. 创新与创业教育，2020，11(6)：107-111.

[8] 耿乐乐. 发达国家产学研协同育人模式及启示[M]. 中国高校科技. 2020，9：35-39.

[9] 陈艳丽，王旭，刘建，等. 国内外产学研用协同育人模式研究现状分析[J]. 热带农业工程. 2021，45(2)：151-153.

[10] 娜茜泰，翁智，齐志远. 新工科建设背景下地方高校产学研协同育人面临的机遇与挑战[J]. 赤峰学院学报(自然科学版)，2021，37(8)：92-95.

基于 AHP 和熵权法耦合的定向培养士官和初级预选士官训练效益对比分析

孔光明　于德会　李旭东　张玎　马元
（海军航空大学青岛校区，青岛　266041）

摘　要：为了综合评价院校初级预选士官和定向培养士官两类不同生源的训练效益，依据海军航空装备保障士官人才培养方案构建了以政治素养、科学文化、军事素养、专业业务能力和身心健康为关键要素的评价指标体系。采用基于 AHP 和熵权法耦合的评价模型分析了各级指标权重及其对评估结果的影响，实现了两类不同生源训练效益的综合评定。对 2021 级航空机械维修专业分析表明，定向培养士官入伍动机、技能水平、身体和心理素质优势明显，后续发展好，但军政素养偏弱。该方法为海军航空装备保障人才培养质量综合评估提供了一种新思路。

关键词：海军航空装备保障；评价指标体系；层次分析法；熵权法；训练效益

随着我国军队现代化军事变革的不断深入，士官作为海军航空装备保障力量的重要组成部分，其能力素质的强弱直接影响到部队建设和战斗力生成。随着国家征兵政策的调整，尤其是“两征两退”政策实施以来，每年都有一大批有志青年参军入伍，为海军航空装备保障人才队伍建设增添了新活力，对改善士兵的文化层次和知识结构、提升官兵整体素质、夯实部队战斗力起到了积极的作用[1]。

当前，海军航空装备保障士官队伍主要来自初级预选士官和定向培养士官，这两类不同生源的文化层次、知识结构、培养规律和学员综合能力素质、成长特点不尽相同。初级预选士官生源主要来自高中毕业生、在校大学生和大学毕业生，具备一定的文化素质，但缺乏专业基础知识和专业素养；定向培养士官是部队依托普通高等学校培养高素质士官人才的一种新模式，整体文化素质较高，具备较强的部队适应能力，但职业认知度模糊、军政素养深度不够。因此，针对两类不同生源的海军航空装备保障士官队伍开展训练效益的差异化分析，对于提升院校新兵训练质量、提高士官人才培养质量、深化士官岗前教育改革具有十分紧迫的实践意义。

海军航空装备保障士官训练效益评估主要依据人才培养方案，涉及要素多、限制条件多，对士官学员未来从事指挥、管理以及保障工作影响深远，是一个复杂的系统工程。针对此类问题，目前国内外一般采用层次分析法（AHP）、模糊诊断等线性规划或多目标规划解决，而海军航空装备保障士官训练效益评估包含多个评价类型且各个评价类型的影响因素存在很大的差异，现行的模糊综合评价方法实施起来有所限制，需要一种更为有效的定性与定量相结合的多目标决策与分析方法。因此，本文考虑将 AHP 和熵权法相耦合，有效解决了 AHP 在计算指标权重时重专家主观经验而对指标实测数据特征考虑不够和熵权法在计算指标权重时重客观数据而未顾及专家主观经验的不足问题[2]，使评价的结果更可信。

1　基于AHP和熵权法耦合评价法对海军航空装备保障士官训练效益评估的适用性

1.1　AHP层析分析法

层次分析法(Analytic Hierarchy Process,AHP)是美国运筹学家、匹兹堡大学数学家T. I. Satty于20世纪70年代初提出来的一种解决多目标复杂问题的层次权重决策分析方法。其原理是依据问题的性质和达到的总目标,将一个复杂的多目标决策问题分解为多个有序的递阶层次结构的子目标或准则,通过构造判断矩阵、层次单排序计算特征值和一致性检验、层次总排序和一次性检验,从而对多目标、多指标的多方案进行优化决策。

层次排序是利用求解判断矩阵特征向量的办法,求得每一层次的各指标对相邻上一层次指标的优先权重,最后再加权获得总目标的最终权重。

对于n阶判断矩阵$\mathbf{A}$

$$\mathbf{A}=(a_{ij})_{n\times n}=\begin{pmatrix} a_{11} & a_{12} & \cdots & a_{1j} & \cdots & a_{1n} \\ a_{21} & a_{22} & \cdots & a_{2j} & \cdots & a_{2n} \\ \vdots & \vdots & & \vdots & & \vdots \\ a_{i1} & a_{i2} & \cdots & a_{ij} & \cdots & a_{in} \\ \vdots & \vdots & & \vdots & & \vdots \\ a_{n1} & a_{n2} & \cdots & a_{nj} & \cdots & a_{nn} \end{pmatrix} \tag{1}$$

特征值μ定义为

$$\mu=\frac{1}{n}\sum_{i=1}^{n}\frac{(\mathbf{AW})_i}{\mathbf{W}_i} \tag{2}$$

式中,$\boldsymbol{a}_{ij}(i=1.2,\cdots,n;j=1,2,\cdots,m)$为指标$\mathbf{A}_i$相对$\mathbf{A}_j$重要程度的数值,$\boldsymbol{W}$为正规化的特征向量$(\omega_1,\omega_2,\cdots,\omega_i,\cdots,\omega_n)^{\mathrm{T}}$,$\omega_{\mathrm{i}}$为各指标的单排序的权重。

利用层次分析法建立的多阶判断矩阵$\mathbf{A}$是由专家定量或定性打分获得的,具有模糊性和不一致性,因此必须对判断矩阵最大特征值$\mu_{\max}$和维数n进行一次性检验。若判断矩阵平均随机一致性指标$\mathrm{CR}=\frac{\mathrm{CI}}{\mathrm{RI}}<0.1$,则判断矩阵$\mathbf{A}$满足一致性检验。其中,$\mathrm{CI}=\frac{\mu_{\max}-n}{n-1}$,RI是平均随机一致性检验指标[3]。

1.2　熵权法

熵权法是一种客观赋权方法,其基本思路是依据指标变异性的大小确定客观权重。熵权法中熵是对不确定信息的一种度量,评价指标的不确定性越小,反映的信息量越少,对应的熵在该评价体系中越小,其原理是依据各指标情况构建判断矩阵,依次将各指标信息的熵计算出来,根据所求出的指标熵值计算出对应的指标熵权。熵权法在很大程度上可以避免人为主观因素所带来的干扰,从而得出较为客观的指标权重。具体步骤如下:

(1) 构造正规化判断矩阵

设由n个评价对象,m个评价指标构成的原始矩阵$\boldsymbol{X}_{ij}(i=1.2,\cdots,n;j=1,2,\cdots,m)$是依

据专家对指标的评分构造的判断矩阵，该矩阵正规化可得

$$Y_{ij}=\frac{x_{ij}-x_{\min}}{x_{\max}-x_{\min}} \tag{3}$$

式中，Y_{ij}为第 i 个评价对象在第 j 个评价指标上的正规值。

(2) 评价指标熵值的计算

在 (n,m) 评估问题中，第 j 个指标的熵定义为

$$H_j=-\frac{1}{\ln n}\left(\sum_{i=1}^{n} f_{ij}\ln f_{ij}\right)\quad(j=1,2,\cdots,m) \tag{4}$$

式中，$f_{ij}=\frac{Y_{ij}}{\sum_{i=1}^{n}Y_{ij}}$，当 $f_{ij}=0$ 时，令 $f_{ij}lnf_{ij}=0$。

(3) 评价指标的熵权 ν

第 j 个指标的熵权定义为

$$v_j=(1-H_j)/\left(m-\sum_{j=1}^{m}H_j\right) \tag{5}$$

式中，$0\leqslant v_j\leqslant 1$，$\sum_{j=1}^{m}v_j=1$。

1.3　基于 AHP 和熵权法耦合评价法

为了有效地解决层次分析法在计算指标权重时重专家主观经验而对指标实测数据特征考虑不够和熵权法在计算指标权重时重客观数据而未顾及专家主观经验的不足问题，采用最小二乘法对 AHP 和熵权法进行耦合，确保指标权重 w 既考虑专家主观经验又考虑客观实测数据，更加符合实际。

$$w=A-1\times\left[B+\frac{1-e^{T}A-1B}{e^{T}A-1e-1}\times e\right] \tag{6}$$

式中

$$A=\text{diag}\left[\sum_{j=1}^{m}z_{i1}^{2},z_{i2}^{2},\cdots,z_{im}^{2}\right](i=1,2,\cdots,m),$$

$$B=\left[\sum_{i=1}^{m}\frac{1}{2}(\mu_1+v_1)z_{i1}^{2},\frac{1}{2}(\mu_2+v_2)z_{i2}^{2},\cdots,\frac{1}{2}(\mu_m+v_m)z_{im}^{2}\right]^{T},$$

z_{im} 为 (n,m) 评价体系的标准化矩阵。

2　海军航空装备保障士官训练效益评估指标体系构建

评价指标体系是由若干个相互联系的评价指标及其相互关系和评价准则所组成的有机整体，建立评价指标体系是进行评价研究的前提和基础。海军航空装备保障士官训练效益评价工作必须依据人才培养目标实施，海军初级预选士官航空机械维修专业人才培养目标为：培养具备良好的军政素质和机务工作作风，掌握本专业岗位基本知识和基本维护技能，能够适应世界一流海军建设和航空兵转型建设需要的初级技术士官。

因此，以人才培养目标为基本遵循，将其内涵逐层细化分解，并把训练效益按照相互关联

影响或隶属关系分解成为若干具有递阶层次结构的子目标，继而构建出海军航空装备保障士官训练效益评价指标体系是合理和可行的。与此同时，在构建训练效益评价指标体系时必须满足其目的性、科学性、系统性、实用性、可比性原则，遴选的各项指标要尽量独立避免交叉重叠，确保所建立评价体系对象的实际情况能够科学准确地呈现出来[4]。

表1给出了航空机械维修专业航空装备保障士官训练效益评估指标体系一级和二级指标，其中政治素养主要考核学员政治立场、政治理论学习能力、法纪意识和保密意识，可由政治理论系列公共基础课程考核成绩和学员连队党支部定量或定性评价；科学文化主要检验学员对公共基础课的学习情况和参加竞赛情况；军事素养考查学员对军事共同基础课程、体能、军人作风和指挥管理能力的掌握程度；专业业务能力定量描述学员专业领域理论和知识基础、专业研究方法和技能的掌握程度；身心健康定性表征学员身心健康和体能状态。

表1　航空机械维修专业航空装备保障士官训练效益评估指标体系

总目标	一级指标	二级指标	评价方法
海军航空装备保障士官训练效益评估A	政治素养A_1	政治立场A_{11}	由学员连队党支部通过日常表现、任务活动、个人汇报等环节开展定性评价
		政治理论学习能力A_{12}	政治理论系列公共基础课程考核、主题教育考核、法规考核等定量评定
		法纪意识、保密意识A_{13}	学员违反院校、大队、连队规定的情况定量评价
	科学文化A_2	自然科学与工程技术基础A_{21}	军队信息安全保密概论、航空装备技术保障基础、信息安全、航空概论等公共基础课修课程考试情况定量评价
		交往合作能力A_{22}	学习互助活动、团队竞赛
		知识获取能力A_{23}	学科竞赛、创新活动
	军事素养A_3	军事共同基础A_{31}	军事体育、军队基层管理军事共同基础系列公共基础考核
		军事体能A_{32}	军事体能考核
		指挥管理能力A_{33}	担任骨干、担任院级以上(含)重大任务、大型活动等组织指挥者或负责人
		军人作风养成A_{34}	单个军人队列动作考核、军容风纪检查、队列训练、内务卫生评比等环节
	专业业务能力A_4	专业领域理论和知识基础A_{41}	飞机与发动机构造、机械识图、舰载机概论、航空装备维修通用技术考核
		专业研究方法和技能A_{42}	飞机与发动机维修技术考核
	身心健康A_5	身体素质A_{51}	依据学员军事体育基本训练考核判断体能达标情况
		心理素质和健康意识A_{52}	依据心理测评情况和参加运动会、校园文化晚会、演讲比赛等文体活动定量评价

表1的各个指标相互之间都遵循着系统性和相对独立性原则，对于其中的每个一级指标$\boldsymbol{A}_i\ (i=1,2,3,4,5)$，都有

$$\mathbf{A}_i = \left\{A_{i1}, A_{i2}, A_{i3}, A_{i4}, A_{i5}, \text{且} \sum_{i=1}^{5} A_i = A, A_i \cap {}^? A_j = \varnothing (i \neq j)\right\}$$

3　海军航空装备保障士官训练效益评估

在层次分析法中，依据 *T. L. Satty* 相对重要性等级表[5]，遵循人才培养目标，建立由教学岗位专家、学员队管理干部等组成的专家组，对每一层次的评价指标两两相比较的重要程度进行评价，并综合考虑海军航空装备保障士官特点建立一级指标权重的判断矩阵：

$$\mathbf{A} = \begin{bmatrix} 1 & 0.25 & 1 & 0.25 & 4 \\ 4 & 1 & 3 & 2 & 4 \\ 1 & 0.33 & 1 & 0.25 & 4 \\ 4 & 0.5 & 4 & 1 & 4 \\ 0.25 & 0.25 & 0.25 & 0.25 & 1 \end{bmatrix} \tag{7}$$

该判断矩阵为五阶矩阵，经一致性检验计算，该判断矩阵的相对权重系数 $w_i = (0.121, 0.393, 0.127, 0.304, 0.055)^{\mathrm{T}}$，平均随机一致性指标 CR＝0.082＜0.1 满足一次性检验。一级评价指标政治素养、科学文化、军事素养、专业业务能力、身心健康的权重分别为 0.121、0.393、0.127、0.304、0.055。

在海军初级预选士官航空机械维修专业人才培养方案中，学员在校总学时 300 学时，政治理论系列公共基础课程学时占 12%，军事基础课程占 16%，自然科学与工程技术基础课程学时占 38%，专业基础知识和技能课程学时占 34%。与一级评价指标权重分布特点基本吻合，说明了层次分析法计算权重是科学可行的。

结合公式(5)和公式(6)分别应用熵权法、基于 AHP 和熵权法耦合评价法计算海军航空装备保障士官人才训练效益评估一级评价指标的权重，结果如表 2 所列。

表 2　不同方法计算的海军航空装备保障士官训练效益评估指标权重对比

指标 权重	政治素养	科学文化	军事技能	业务能力	身心健康
AHP 权重 μ_{i}	0.121	0.393	0.127	0.304	0.055
熵权法权重 v_{i}	0.209	0.222	0.158	0.202	0.209
耦合的权重 w_{i}	0.165	0.304	0.147	0.252	0.132

从表 2 可以看出，三种方法计算的权重值相差还是较为明显，相应的权重排序变化幅度也较大。出现这样的结果是由于层次分析法主观性较大，其权重数值相差较大能够反映出各指标的差异程度，体现了专家们的智慧与意见，排序结果较为合理，但一定程度上还是无法避免人为主观因素随意性较大的缺陷；运用熵权法计算出的各指标权重值大小比较均匀，相差的数值较小，排序较为平缓。排序结果对专家主观赋权有一定修正，排序结果较为客观，具有较高的可信度和精确度。但这样的排序结果不能很好使关键指标的重要程度体现出来，也使专家的智慧经验不能很好体现出来；基于 AHP 和熵权法耦合的指标权重值大小变化较为平稳，排序变化平稳，其权重分布特点与海军航空装备保障士官人才培养方案课程设置、学时学分分配特点基本吻合，既考虑专家经验又考虑客观数据，更加符合实际。

因此，利用基于 AHP 和熵权法耦合的方法将各层评价指标权重叠加整理，最终获得海军航空装备保障士官人才训练效益评价指标体系权重总表，如表 3 所示。

表 3 海军航空装备保障士官人才训练效益评价指标体系权重总表

总目标	一级指标	二级指标
海军航空装备保障士官训练效益评估	政治素养(0.165)	政治立场(0.072)
		政治理论学习能力(0.056)
		法纪意识、保密意识(0.037)
	科学文化(0.304)	自然科学与工程技术基础(0.173)
		交往合作能力(0.084)
		知识获取能力(0.047)
	军事素养(0.147)	军事共同基础(0.0482)
		军事体能(0.0237)
		指挥管理能力(0.0142)
		军人作风养成(0.0609)
	专业业务能力(0.252)	专业领域理论和知识基础(0.158)
		专业研究方法和技能(0.094)
	身心健康(0.132)	身体素质(0.051)
		心理素质和健康意识(0.081)

4 基于 AHP 和熵权法耦合的定向培养士官和初级预选士官训练效益对比分析

采用无记名调查问卷的方式，利用 AHP 和熵权法耦合的评价方法对 2021 级航空机械维修专业定向培养士官和初级预选士官分别随机抽取 50 名进行调查，获得定向培养士官平均训练效益为 $\overline{A}_{定向直招}=81.678$，初级预选士官平均训练效益为 $\overline{A}_{初级预选}=79.602$。

图 1 为 2021 级航空机械维修专业定向培养士官和初级预选士官训练效益对比示意图，从中发现两类生源在政治素质、军事素质、技术素质、身体和心理素质五类一级指标的优势与差异：

(1) 从军政素养方面来看，定向培养士官偏弱。主要原因在于初级预选士官管理属于军营式管理，从入伍训练、生活和学习都在军营，开展最高层次的管理，人文环境、军营文化的不断熏陶，潜移默化地改变着个人的习惯。而定向培养属于军事化管理，贴近部队但弱于部队，训练的严肃性、军营文化的熏陶等不足。

(2) 从科学文化和专业能力方面来看，初级预选士官较弱。这是由于初级预选士官学员文化水平参差不齐、文化基础相对薄弱，入伍前未经系统培训，学习深度和学习专业面较窄；学习主观能动性差异大，目标不明确，主动学习意识不强，创新能力差。而定向培养士官入伍前经过院校系统培训，课程学习较为系统，底子牢固、后续发展好，学习效果好，但因学习与实践机型不匹配，存在再次改装培训的隐患。

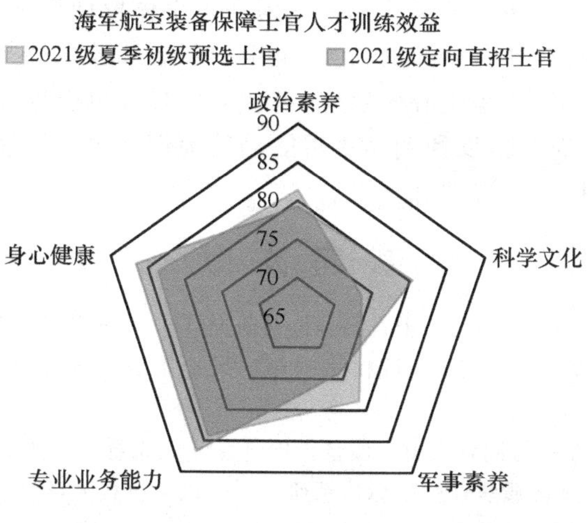

图1　2021级航空机械维修专业定向培养士官和初级预选士官训练效益对比

(3) 从身心健康素质方面来看，初级预选士官较弱。部分初级预选士官受应试教育和自身参军动机的影响，进入军校学习前潜意识认为自己基础差学不好，产生了自卑感和失落感，随着训练科目的增多，学习负担的加重，考试评比的压力增大，部分学员产生自暴自弃等心理压力，给心理状态造成负面影响，产生焦虑厌倦心理。

(4) 从部队反馈情况看，学员普遍能够迅速进入角色并发挥技术骨干作用，但部分初级预选士官学员对相关理论知识掌握不深、组训能力偏弱，而一些定向培养士官学员军政素养有待提高，教育、管理等能力偏弱，爱岗敬业信念培塑有待进一步加强，与评估结果相吻合。

5　结　论

将基于AHP和熵权法耦合的评价方法较好地运用到海军航空装备保障士官训练效益评估中，能较好地处理评价的模糊性、多属性与不相容等问题，完成了两类生源的训练效益综合评价。从评价结果中发现2021级航空机械维修专业定向培养士官平均训练效益略高于初级预选士官，说明定向培养士官在岗位任职和后续发展占优势。同时，评价结果也指出了院校提升初级预选士官和定向培养士官两类不同生源的训练效益的建议：

(1) 适时增加定向培养士官政治理论系列公共基础课程课时量，强化军政素养的培育。一方面强化政治信念和“军人”意识，将坚定的政治信念、强烈的使命感、严明的纪律、扎实的军事基础理论、过硬的组训能力融入一日生活制度中，另一方面发挥毛泽东思想概论、军事理论、三大条令等思政、军事课程教学的主渠道作用，依托“红色记忆传承时代”“弘扬优良传统，赓续红色基因”主题教育、手机网络使用管理教育、“政治小教员上讲台”、英模传承、党史学习教育专题组织生活会等活动，提升学员的军政素质。

(2) 突出岗位任职能力，增强教育训练实效。结合士官学员知识面广、接受能力强等优点，充分发挥学员在教育训练过程中的主体地位和主观能动作用，启发学员自主参与教育训练，不断强化军人意识，注重战斗精神养成和组织管理能力的锻炼提高。教学施训时，注重运用网络教育、模拟训练等现代化手段，遵循科学规律，提高训练质效[6]。

(3) 加强初级预选士官的体育运动和心理健康意识。身心健康是士官能打仗、打胜仗的基本条件，士官学员需了解运动生理学的基本知识和军事体育训练标准的相关知识，了解心理学和军人心理学的基本知识，具有充沛的精力、坚定的意志和较强的集体观念。教学施训时还应结合预选士官心理特点，巧妙运用心理效应，有效对学员加以引导和鼓励，重新树立信心，加强学员性格、品格的塑造，充分激发和调动主观能动性他们的主观能动性，使学员获得认同感、归属感成就感和荣誉感，提高学习训练水平。

参考文献

[1] 丁昭洋. 基于能力素质模型的直招通信士官培训体系研究[D]. 电子科技大学，2012.

[2] 侯恩科，纪卓辰，等. 基于改进 AHP 和熵权法耦合的风化基岩富水性预测方法[J]. 煤炭学报，2019(10)：3164－3173.

[3] 屈正庚. 基于 AHP 的产学研协同育人教学质量评价研究[J]. 系统仿真技术 2019(4)：258－262.

[4] 李思. 军校本科学员人才培养质量评估指标体系研究——以某科技大学科学和工程技术类为例[J]. 教育教学论坛，2018(15)：200－203.

[5] 余锦秀. 基于 AHP 模糊综合评价法的高等院校公共艺术教育课程教学质量评估研究[J]. 高教学刊，2019(14)：1－5.

[6] 邵宁宁，朱俊，等. 空军定向士官生军政素质培养浅析[J]. 教育教学论坛，2019(10)：247－248.

浅谈飞行器制造工程专业应用型人才的产教融合培养模式

王乾[1]　李志歆[2]　贾彩霞[1]　许朋[2]
（1. 沈阳航空航天大学 航空宇航学院，沈阳　110136
2. 中国南方航空股份有限公司 沈阳维修基地附件部，沈阳　110169）

摘　要：高等教育在人才供给侧方面的改革，需要部分高校由学术型向应用型转变，并建立适合于应用型人才培养的协同育人模式，进而作为根本保障实现高水平应用型人才培养目标。在国内经济高速发展以及全球经济格局呈现剧变的背景下，如何构建符合于新时代需求的协同育人机制成为人才供给侧改革的重点研究方向之一。本文以协同育人机制中典型的产教融合培养模式为例，从培养模式中具备密切联系的高校、教师、学生和企业四个角色定位入手，对如何实现高校-教师-学生-企业间的有效联动，以及高校平台搭建、“双师型”教师队伍建设，学生综合能力提升、企业核心能力增强等方面展开了系统性研究工作，为解决飞行器制造工程等工科专业应用型人才的协同育人培养提出新的思考方向。

关键词：飞行器制造工程；复合材料维修；应用型人才；协同育人；产教融合

引　言

高等院校可以是聚集科技创新人才开展科学研究的重要场所，也可以是优化教育资源直接服务于社会的主要阵地，但归根结底其核心职责是作为培养高水平人才的主战场[1]。习近平在全国高校思想政治工作会议上指出：“办好我国高校，办出世界一流大学，必须牢牢抓住全面提高人才培养能力这个核心点，并以此带动高校其他工作。”[2]深刻阐明了高校在中国发展进程中所应起到的作用，即培养综合能力突出、德育水平过硬的高水平人才。面对建设中国特色社会主义新时代的历史定位，需要部分高校平衡社会需要与自身发展，由学术型向应用型转变，并优化人才培养模式，以服务社会经济发展需求为导向，以培养应用型人才为目标，在实践中探索应用型人才培养的教育观念和路径，培养大批兼备创新精神和创业能力的高质量人才，以满足国家战略需求和科技创新需要[3]。

我国即将进入高等教育的普及化阶段，高等教育的高速发展也随之带来人才供给与产业需求在结构、质量、水平等方面的不适应问题[4]，这就需要不断地创新高校人才培养机制，推动高校教育教学改革。例如面对高等教育在人才供给侧方面改革的迫切需求，如何构建符合于时代需求的协同育人培养模式，成为实现应用型人才培养的关键[5]。其中，建立适合于当代人才培养的模式是实现应用型人才培养目标的根本保障，而为企业定向培养人才以及高校基于目标导向培养高水平应用型人才是目前大力创建产教融合培养模式的共同目标与核心出发点[6,7]。基于协同育人培养机制的校企间产教融合以其合作模式的多样化，对于应用型人才培养将具有十分重要的意义。因此，本文以飞行器制造专业航空复合材料维修方面人才的协同育人培养模式为例，从高校、教师、学生、企业四个角色定位出发，建立校-师-生-企四位一体的联动机制，形成应用型人才的产教融合培养模式，旨在为航空航天类工科专业的产学研用协同育人机制建设提供参考。

1 现有产教融合培养模式的问题溯源

开展应用型人才的产教融合培养工作，需要高校、教师、学生及企业四个角色有效参与其中，高校要充分利用其理论研究及人才培养主战场的优势，教师要充分凸显其科研与教学的双重能力，学生要充分发挥其教育培养主体的潜质，企业要充分表现其对技术与管理人才的需求。但当前产教融合培养模式仍存在四个角色间合作过程脱节、合作模式单一，合作缺乏主动性和意向性等问题，难以发挥产教融合模式对于应用型人才的培养作用。

1.1 高校角色被动性

目前，源于产教融合培养模式的校企间合作机制的不完善性，产教融合模式内的师资队伍建设、后勤保障、多方权责等方面的问题有待于解决，校企间仍以建立校外实习基地为基础，通过生产实习等传统培养模式为主为学生提供一些接触实际生产的机会，无法充分发挥产教融合培养模式对各方角色的促进作用。一方面，存在高校对上述合作细则方面的重视程度不高，在合作方面缺乏主动性，针对如何实现应用型人才培养目标的立足点把握不准等原因[8]；另一方面，由于传统教育模式下校企间有效沟通的匮乏，高校对企业的技术研发及运营模式缺乏认知，且考虑到对合作风险的规避，进而错过了产教融合为应用型人才培养过程多方所带来的红利[9]。

1.2 合作模式单一化

同时，由于校企间合作方式的单一性以及现有产教融合培养模式的不完善性，也导致教师与企业间联系大多仅以科研为主，以解决企业特定工程问题为唯一目标，教师能够获取到的收获仅停留于科研履历方面，缺乏持续稳定性的工程经验积累和实践能力提升。而且，现有高校的评聘考核机制也导致教师缺乏对工程应用研究以及角色定位转变的诉求，难以激发教师通过产教融合培养模式提升应用型人才培养质量的主动性[10]。此外，缺乏主动融入产教融合培养模式的积极性，也导致教师在教学过程中忽略对实践教学内容优化以及人才实践能力培养方面的考量，难以将生产与教学有效结合，造成理论与实际脱节的同时加剧教学、科研以及人才培养的无目的性。

1.3 学生缺乏主动性

以传统上教师通过讲授过程将知识灌输给学生的教学模式为主，学生所接触到的知识往往是以语言、想象、图文和表格数据等形式呈现，学生对知识使用环境和应用方式缺乏认知，而且固定的教学角色定位导致学生被动性参与教学过程的同时也会禁锢学生的思维方式。并且，现有的校企间合作培养学生模式仍以实习为主，高校和企业的职责主要是为学生联络和提供实习机会，学生鲜有针对就业和深造目标相对应、相匹配的实践机会，对学生后续环境适应能力等方面的提升作用微乎其微。更重要的是，传统培养模式下教学内容的理论枯燥化以及实践匮乏化，根本无法激发当代学生的学习主动性、提升其创造性和创新性，自然也无法实现基于企业需求的高质量应用型人才培养目标[11]。

1.4 企业诉求无指向

相比于高校而言，企业对于人才的需求是基于自身技术发展规划而考量的，传统意义上企业的定位仅是招募人才、使用人才，针对企业需求筛选人才即可，而缺乏人才培养意识，但转变思维并不容易。首先，部分企业缺乏宏观上远景发展的战略思维，无法基于企业长远目标分析应用型人才对企业综合实力提升的重要性，忽视产教融合培养模式对于应用型人才培养的作用[12]；其次，部分企业以劳动密集型产业为主，对产业升级或转型等方面的诉求较弱，虽能规避资金方面的风险，但会严重制约企业的后续转型升级及综合实力的提升；再者，部分以知识密集型产业为主的企业，技术提升方面高度依赖企业自身，仅以严苛的人才招聘来作为解决问题的唯一方案，忽略了高校在科学研究和定向性应用型人才培养方面的重要性。

2 产教融合培养模式的改革举措

校企间的产教融合要杜绝传统单一化的实习模式或科研合作模式，要以培养满足企业需求的应用型人才为立足点，把产教融合过程中高校、教师、学生和企业四个角色的共赢作为出发点，以高校的主动牵引、教师的角色转变、学生的积极响应和企业的思维转换为着力点，建立健全多方面协同提升的合作培养模式。

2.1 高校的主动牵引

作为应用型人才培养的“主战场”，高校应主动出击，借助于校企间产教融合培养模式，提升高校教学和科研水平以及服务社会的能力。首先，立足于综合实力自主投入资金和场地用以加强软件及硬件等方面的条件建设，例如在满足于教学使用基础上搭建能够为企业解决复材维修技术瓶颈的科研平台，从硬实力方面论证参与产教融合模式的企业所需的航空复材维修人才及技术的可行性；其次，在政策上鼓励企业通过多样化、灵活性的合作方式参与复材维修应用型人才的协同育人过程，满足于企业发展诉求的同时获取更多企业的支持，并将更多资源投入平台建设使其迭代优化，基于共赢理念规划出有助于保持高校教学内容先进性、专业结构合理性、培养目标明确性等特征的产教融合培养模式。

2.2 教师的角色转变

作为应用型人才培养的“领路人”，教师应转变角色，通过筛选校企间合作框架内定制的多元化教师实践能力培养方案，制定适合于教师个体特征的培养计划，赋予教师更大的自由选择性并激发教师能力提升诉求。基于高校教师队伍“双师型”建设目标，旨在将教师在高校中从事科研教学的单一化角色定位转变为兼具理论教学能力和实践教学素质的教师与工程技术人员的双重角色定位。同时，高校可以有效衔接教师与企业间的交流合作，定向性地修筑教师科研与企业生产间的“绿色通道”，促进教师科研成果转化的效率和质量，并且激励教师联合企业针对共性问题基于政策导向搭建多样化的合作模式，解决教师科研经费不足或科研成果难于落地等问题，通过产学研用四位一体模式实现科研水平与技术提升间的良性循环。

2.3 学生的积极响应

作为应用型人才培养的“主人公”,学生应发挥主观能动性,积极响应及配合产教融合培养过程,快速融入有别于传统高等教育模式的产教融合培养机制,提升工程实践能力、适应能力、行业的认知及判断能力。为了扩大学生层面的响应效果,高校及教师可基于产教融合优化培养方案,将复材维修理论中的数据可视化、技术可触化、参数可量化,从感官和逻辑等方面的提升促使学生更为透彻地理解知识。而且,进一步调整课程体系框架,配套相应复材维修实训课程或者加大教学内容中实践层面的比重,增强教学内容的实践性以及学生的课堂参与度。此外,鼓励学生参与校企间合作框架内多元化的复材维修技术研究合作,协助教师完成技术瓶颈问题的提炼、分析及解决过程,改变传统培养模式学生-书本间的虚构关系为产教融合模式下的学生-工程间的实体关系,增加学生从工程师角度分析解决实际工程问题和进行职场规划的机会。

2.4 企业的思维转换

作为应用型人才培养的“需求方”,企业应尽快转换思维,充分借助产教融合培养模式的东风来为解决企业复材维修技术瓶颈做好人才预备,协同高校共建新型技术团队并定向性解决企业人力资源问题。第一,借助于产教融合模式,以高校科研平台为基础,以企业产业升级和转型为牵引,在不断解决复材维修技术问题和完成技术研发的过程中完善高校平台建设;第二,促进教师角色转变的同时将其“引入”企业技术运营管理体系内,使教师在掌握航空企业复材维修技术问题溯源的前提下针对性地开展科教工作,培养具备问题解决指向性特征的技术生力军;第三,联合高校以产教融合培养模式为基础,搭建多样化的新型研发机构和技术创新平台,在技术专业化、管理精细化、产业特色化、运营新颖化方面持续性做实、做强、做优。

3 产教融合培养模式的改革成效

高校-教师-学生-企业四角色间的有效联动可实现高校的平台搭建、“双师型”教师队伍建设、学生综合能力提升、企业核心能力增强等目标。

3.1 高校人才培养与科研实力的双丰收

产教融合培养模式的有序实施为高校创造出更多来源于企业的经费和软硬件支持的机会,有助于高校在教学和科研方面的相关软硬件设施上加大投入,更好地根据行业人力资源供求关系调整专业结构,强化高校基础建设水平的同时优化教学环境,利于推进高校人才培养和科研平台的建设。而且,产教融合拓宽了高校获取实践素材的途径,通过校企间多样化的合作方式,更多来源于企业的维修原材料、维修装备及航空复材零部件等实践素材可用于实践教学,将有效充实高校的实践教学资源。并且,针对性地将航空复材维修工程案例或经验融合于教学过程,可有效提高航空复材维修方面应用型人才培养质量,提升高校的社会影响力与学科领域知名度,通过经费和平台等方面综合实力的提升,增强包括招生、就业等在内的学校核心竞争力。

3.2　教师理论基础与实践能力的协同提升

校企间产教融合培养模式的形成为教师创造了更多与企业建立多元化合作关系的机会，能够更好地解决现有人才培养模式中存在的理论与实际、科研与生产间无法有效衔接等问题。一方面，通过教师在航空复材维修企业的兼职、挂职及技术交流等形式，锻炼工程实践能力的同时夯实了自身实践教学水平，借助于若干能力提升的教师个体，基于“$1\times n>N$”的叠加效应，促进飞制专业教师队伍的高水平建设；另一方面，通过教师针对航空企业复材维修技术问题开展“揭榜挂帅”式的定向研究，或者联合企业通过产学研联盟模式共同完成复材维修共性基础技术研究及研发，扩大理论指导实践、实践优化理论的双向效应，同步提升教师理论、复材维修实践教学能力与工程素质，促进飞制专业教师队伍建设向“双师型”模式迈进。

3.3　学生专业能力与适应能力的综合进阶

基于产教融合理念的培养模式，学生能够将对航空复材维修技术的认知从图片和文字转换为问题和应用，能够充分了解专业知识的对口领域及潜在应用，使自身的知识体系更加完善。通过产教融合培养过程，学生能够将专业知识应用于复材维修工程实践，在问题的分析-提炼-优化-解决过程中，通过工程验证反馈夯实对理论知识的理解，并且在理论指导实践问题解决的过程中提升个人工程实践能力。此外，在基于产教融合模式的人才培养周期内，学生与复材行业、航空复材维修企业间的联系和互动被强化，学生对企业的认知更清晰，可以有针对性地开展复材维修实训，提前适应课堂与岗位、学生与技术人员间的转换，减少就业时角色转换的时间及风险，较大程度上提升学生就业能力，提高学生对就业和深造选择的合理性。

3.4　企业市场竞争力及转型能力的同步增强

首先，产教融合培养模式下高校针对性的科研工作有助于提升航空复材维修企业的核心竞争力，解决制约企业发展复材维修方面技术问题的同时，能够充分利用高校的科研平台共同研发维修工艺及装备，并借此同步服务于产业和回馈于社会，增强企业市场竞争力及品牌价值；其次，产教融合培养模式下通过教师-机务工程师间的有效协作，可以综合提升航空维修企业工程技术人员的问题分析及解决能力；通过学生-企业间的相互认知，为企业定向预备航空复材维修方面的应用型人才，夯实技术个体素质的同时优化企业技术团队架构；最后，通过将校企间的单一化产教融合模式拓展至全方位的产教合作，企业利用高校多学科理论研究的前瞻性，实现学科间技术的交叉融合，助推产业发展和行业进步，加快企业转型质量和效率，增强企业应对市场供求变化的能力。

3.5　高校、教师、学生和企业间的有效协同

以我校与南方航空公司间的协同育人合作为例，双方通过在平台建设、科研合作及人才培养等方面开展全面的校企合作，已完成以学生为核心的高校-教师-企业间协同育人模式的初步尝试，如图1所示。

协同育人成效主要体现在：

(1) 学生就业能力加强，企业基于校企合作可为学生提供实践环境、实践条件、实践零部件等资源支持，学校通过学生培养为企业的潜在生产需求进行人才储备，学生可以提前了解实

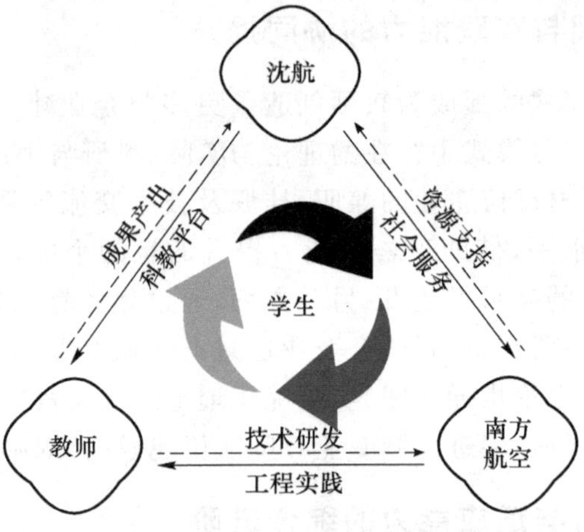

图 1　高校、教师及企业对学生的协同影响

际生产模式及企业的技术问题，加强与企业之间的契合度，提升了学生的就业能力与服务社会的价值，因此，我校每年均有大量的专业化人才就职于南方航空公司；

（2）学生实践能力提升，教师基于企业的科研合作项目可为学生提供结合实际工程案例的、全流程的实习实训教学，一方面通过获取工程实践机会提升教师实践教学水平，另一方面以技术研发手段促进学生实践能力与创新能力的提升，体现在近年来我校学生在复材行业技术及创新竞赛中取得的优异成绩；

（3）学生综合能力强化，校企共建、教师承担产学研课题，对于完善学校的实践平台及硬件建设、对于提升教师的实践教学水平产出有促进作用，基于此学校可为教师提供更好的科教平台和更丰富的教学资源，有助于施教过程中拓宽学生知识体系、激发学生积极主动性、增强学生的创新意识，促进教师与学生的成果产出。

4　结　论

针对航空航天类工科专业的产学研用协同育人目标，从高校-教师-学生-企业四位一体的联动机制出发，形成面向应用型人才的产教融合培养模式，将具备全覆盖性的有益效果。

（1）产教融合培养模式有助于推动高校人才培养和科研平台建设，调整高校专业结构，强化高校基础建设水平的同时优化教学资源，提升学校核心竞争力；

（2）产教融合培养模式有助于推动高校“双师型”教师队伍建设，夯实教师实践教学能力的同时，基于个体叠加效应促进高校教师队伍的高水平建设；

（3）产教融合培养模式有助于推动高校学生与企业间建立联动关系，增强学生角色转换适应能力，提升学生的综合素质及个人发展方向选择的合理性；

（4）产教融合培养模式有助于推动企业转型及产业升级质量，增强企业市场竞争及风险应对能力，实现学科间技术的交叉融合，助推产业发展和行业进步。

致　谢

感谢中国学位与研究生教育学会研究课题重点项目（2020ZDB80）、沈阳航空航天大学教改项目(JG2020002、E-HTJT20201715-sjzx03008 和 YJSJG202106)、2021 年中国南方航空股份有限公司产学研用项目和河北菲奥姆复合材料有限公司对飞制学生培养过程的支持,感谢航宇学院航空复材制造及维修技术团队的成员们在教学改革中所付出的努力。

参考文献

[1] 梁玉国，李秋华，王平，等. 应用型高校助力新旧动能转换的路径研究[J]. 中国高校科技，2019，(11)：77-80.

[2] 习近平:把思想政治工作贯穿教育教学全过程 开创我国高等教育事业发展新局面[EB/OL].(2016-12-09). http://jhsjk.people.cn/article/28936173.

[3] 刘献君. 应用型人才培养的观念与路径[J]. 中国高教研究，2018，(10)：6-10.

[4] 吴帅. 如何改进人才的"供给侧"[N]. 光明日报，2016-2-16.

[5] 张君. 协同育人视域下应用型高校产教融合创新研究[J]. 教育与职业，2020，(19)：51-59.

[6] 蔡志奇. 应用型本科协同育人模式多样化刍议[J]. 教学研究，2014，37 (4)：5.

[7] 李志义. 解析工程教育专业认证的成果导向理念[J]. 中国高等教育，2014，17：7-10.

[8] 杨岭，赵光锋，毕宪顺. 地方高校应用型人才培养供给侧改革的路径研究[J]. 江苏高教，2021，(9)：60-63.

[9] 钱程，陈鹏，韩宝平. 应用型高校产教融合的思维转换与模式建构[J]. 中国高校科技，2020，(7)：74-77.

[10] 陈星，张学敏. 依附中超越：应用型高校深化产教融合改革探索[J]. 清华大学教育研究，2017，38 (1)：46-56.

[11] 沈云慈. 基于政校企合作的地方高校创业教育实践平台构建研究[J]. 中国高教研究，2020，(9)：37-42.

[12] 张翠罗. 深化"校企合作产教融合"教学改革探索[J]. 现代企业，2021，(9)：144-145.